シグマベスト

理解しやすい
物理＋物理基礎

三浦　登
前田京剛　共編

JN063847

文英堂

はじめに

「物理基礎」・「物理」の学習を通して，物理学的な自然観を身につけよう。

● 物理は面白い学問である。しかし，勉強のしかたを間違えると，大変むずかしいつまらない学問になってしまう。物理の考え方は論理的であるから，順序よくものを考える習慣をつけなければならない。はじめのほうのやさしい問題は，解き方を覚え込むだけでも，どうにかついて行くことができるが，自分でしっかりとその論理を考えながら勉強しないと，先に進むにつれてだんだんにむずかしくなってしまう。

● 科学の基本は，疑問を持つことから始まる。疑問に対して，それまでに学んだ法則を使って考え，また観察や実験を通じて，自然の真理を解明していく。そして，その疑問が解けたときには，心から喜びを感じるものである。それは，高い山への登山に似ている。五合目ぐらいまでは，樹木に視野をさえぎられて，展望がきかないが，辛抱して登り続けると，ついには広々とした下界を見渡せるようになって，登山の喜びを感じることができるようになる。

● 登山には筋力をつけることが必要である。同様に，物理の勉強には思考力をつけることが必要である。自分の頭でなぜだろうと考え，考え抜くことが強い頭をつくる秘訣(ひけつ)である。そして，蓄えた物理の知識を使って，さらに新しい問題を考えて行く。こうすれば，物理はむずかしいどころか，大変楽しい学問になるはずである。

● この本は，長年，高校物理の教育に情熱を傾けてこられた，北村俊樹先生，吉澤純夫先生，他1名の先生のご努力によりできあがったものであり，きっと，強力にみなさんのお役に立つと確信している。

編　者　　しるす

本書の特色

1 **日常学習のための参考書として最適**	本書は,「物理基礎」と「物理」の教科書の学習内容を整理して5編, 19チャプター, 49セクションに分け, さらにいくつかの小項目に分けてあるので, どの教科書にも合わせて使うことができます。 その上, 皆さんのつまずきやすいところは丁寧にわかりやすく, くわしく解説してあります。本書を予習・復習に利用することで, 教科書の内容がよくわかり, 授業を理解するのに大いに役立つでしょう。
2 **学習内容の要点がハッキリわかる編集**	皆さんが参考書に最も求めることは,「自分の知りたいことがすぐ調べられること」「どこがポイントなのかがすぐわかること」ではないでしょうか。 本書ではこの点を重視して, 小見出しを多用することでどこに何が書いてあるのかが一目でわかるようにし, また, 学習内容の要点を太文字・色文字やPOINTではっきり示すなど, いろいろな工夫をこらしてあります。
3 **豊富で見やすい図・写真**	本書では, 数多くの図や写真を載せています。図や写真は見やすくわかりやすく楽しく学習できるように, デザインや色づかいを工夫しています。 また, できるだけ説明内容まで入れた図解にしたり, 図や写真の見かたを示したりしているので, 複雑な「物理基礎」と「物理」の内容を, 誰でも理解することができます。
4 **テスト対策もバッチリOK!**	本書では, テストに出そうな重要な実験やその操作・考察については「重要実験」を設け, わかりやすく解説してあります。また, 計算の必要な項目には「例題」を入れ, 理解しやすいように丁寧に解説し, 必要に応じて「類題」も載せました。 またチャプターの最後に「練習問題」, 編末に「定期テスト予想問題」があり, 解くことで実戦的な力を養えます。

本書の活用法

1 学習内容を整理し，確実に理解するために

POINT! ①重要

学習内容のなかで，必ず身につけなければならない重要なポイントや項目を示しました。ここは絶対に理解しておきましょう。

補足 注意 参考 視点

本書をより深く理解できるよう，補足的な事項や注意しなければならない事項，参考となる事項，注目すべき点をとりあげました。

このSECTIONのまとめ

各セクションの終わりに，そこでの学習内容を簡潔にまとめました。学習が終わったら，ここで知識を整理し，重要事項を覚えておくとよいでしょう。また，□のチェック欄も利用しましょう。

2 教養を深めるために

発展ゼミ

教科書にのっていない事項にも重要なものが多く，知っておくと大学入試などで有利になることがあります。そのような事項を中心にとりあげました。少し難しいかもしれませんが読んでみてください。

重要実験

テストに出やすい重要実験について，その操作や結果，そして考え方を，わかりやすく丁寧に示しました。

\ COLUMN /

直接問われることは少ないものの，理解の助けになるような内容です。勉強の途中での気分転換の材料としても使ってください。

3 試験に強い応用力をつけるために

例題 類題

計算問題は，「例題」と「類題」でトレーニングしましょう。すぐに答を見ずに，まず自力で解いてみるのがよいでしょう。

練習問題

各チャプターの終わりには，学習内容に関する基本的な問題をつけました。まちがえたところは，必ず本文にかえって読み返しましょう。

定期テスト予想問題

各編末には，定期テストと同レベルの問題をつけました。目標は正解率70％です。ここで学習内容の理解度を確認しましょう。

もくじ CONTENTS

第1編 物体の運動

CHAPTER 1 物体の運動と加速度

CHAPTER 2 力と運動

CHAPTER 3 エネルギー

CHAPTER 4 円運動と万有引力

第2編 熱とエネルギー

CHAPTER 1 熱

CHAPTER 2 気体分子の運動

CHAPTER 3 気体の内部エネルギー

CHAPTER 4 エネルギーの利用

第3編 波

CHAPTER 1 いろいろな波

CHAPTER 2 音波

CHAPTER 3 光波

第4編 電気と磁気

CHAPTER 1 電場と電位

CHAPTER 2 直流回路

CHAPTER 3 電流と磁場

CHAPTER 4 電磁誘導と電磁波

第5編 原子と原子核

CHAPTER 1 電子

CHAPTER 2 原子の構造

CHAPTER 3 原子力エネルギー

CHAPTER 4 原子と原子核

重要実験 の一覧

発展ゼミ の一覧

第1編

物体の運動

• CHAPTER

1 » 物体の運動と加速度

SECTION 1 運動の表し方 〈物理基礎〉

1 | 物理量の測定と表し方

1 物理量と単位

❶物理量の表し方　長さや時間，質量，速さ，加速度[★1]，力の大きさ，エネルギー量など，物理の現象や性質を表すさまざまな量があり，これらを物理量という。

物理量は，数値に単位をつけて表す。たとえば，長さはメートル(記号**m**)，時間は秒(記号**s**)，質量はキログラム(記号**kg**)，速さはメートル毎秒(記号**m/s**)という単位を使って表すことができる。

❷基本単位と組立単位　速さの単位m/sは，長さの単位mと時間の単位sを組み合わせて作ることができる。

このとき，mやsのように基本となる単位を，基本単位という。また，m/sのように基本単位を組み合わせてできた単位を，組立単位という。組立単位には特別な名前がつけられているものもある。たとえば，力の単位ニュートン(記号N)は，$1\,\text{N} = 1\,\text{kg}\cdot\text{m/s}^2$という組立単位である。(☞p.68)

❸単位系　基本単位と組立単位をあわせた体系を，単位系という。物理量の定義や物理法則から，基本単位を使って組立単位を表すことができる。力学では，基本単位として長さにm，質量にkg，時間にsを用いることが多い。この単位系を，基本単位の頭文字からMKS単位系という。

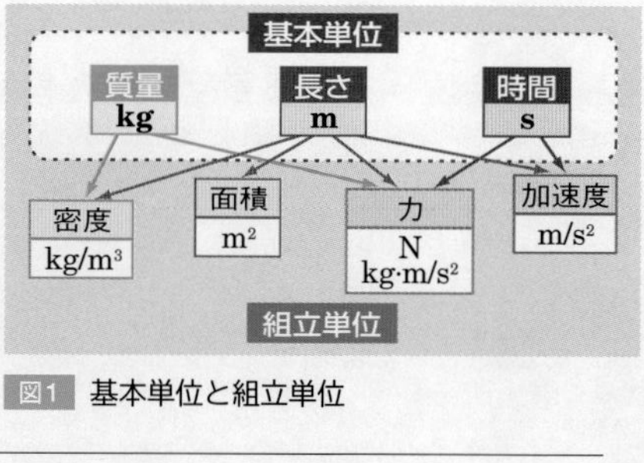

図1 基本単位と組立単位

★1 加速度については，p.24で学ぶ。

❹次元　速さは，m/sやkm/h（キロメートル毎時）など，いろいろな単位で表されるが，どのような単位で表しても**「長さを時間で割った物理量」**だということに変わりはない。このとき，m/sとkm/hは同じ次元であるという。**次元は，物理量が，基本単位をどのように組み合わせたものかを示している。**物理量どうしの間で計算するときは，等式の両辺の次元を同じにしなければならない。また，足し算や引き算をするときも，それぞれの物理量の次元は同じでなければならない。

補足　物理量の次元は[　]で表し，**長さ，質量，時間をそれぞれ[L]，[M]，[T]と書く。**たとえば，面積の次元は[L^2]，速さの次元は[$L T^{-1}$]，密度の次元は[$L^{-3} M$]である。

参考　長さを長さで割った量や，時間を時間で割った量などのことを，**次元をもたない量**または**無次元量**という。相対誤差（☞p.14）や摩擦係数（☞p.76）は無次元である。

POINT!
基本単位…**m，kg，sなど組み合わせの基本となる単位**
組立単位…**m/sなど，基本単位を組み合わせた単位**

⊕発展ゼミ　MKS単位系と国際単位系

●単位系として，長さの単位m，質量の単位kg，時間の単位s（秒）を基本単位としたMKS単位系や，これに電流の単位A（アンペア）を加えたMKSA単位系などが広く用いられてきた。
●しかし，これらの基本単位を組み合わせても表せない物理量もある。たとえば，力学で使う物理量は，m，kg，sから組み立てた単位で表すことができるが，電磁気学や熱力学など他の分野で用いる温度や光度なども，この3つからだけでは組み立てることができない。
●そこで，1960年の国際度量衡総会で国際単位系（SI）が採択された。**国際単位系（SI）ではm，kg，s，Aに加えて温度の単位K（ケルビン☞p.179），光度の単位cd（カンデラ），物質量の単位mol（モル☞p.202）を基本単位とし，**N（ニュートン）やW（ワット）など22の組立単位にはそれぞれ個別の名前を定めている。
●SIとは，フランス語の“Le Système International d'Unités”（英語では“The International System of Units”）の略称である。

2 測定値と誤差，真の値

❶誤差　実験や観察を行うとき，定規で長さをはかったり，電流計で電流をはかったりと，物理量を測定することになる。このときに得た値を測定値という。物理量を測定するとき，どれだけ注意を払ったり高価な装置を使ったりしても，**測定値には必ず真の値（正しい値）からのずれ，すなわち誤差が含まれる。**すなわち，測定値は真の値に近い近似値である。誤差には，2種類の表し方がある。

①**絶対誤差**　「誤差何メートル」というときの誤差を，**絶対誤差**という。通常「誤差」とは絶対誤差を表し，これにより真の値からいくらずれているかがわかる。

$$絶対誤差 = 測定値 - 真の値 \quad (1\cdot1)$$

②**相対誤差**　「誤差何パーセント」というときの誤差を，**相対誤差**という。絶対誤差が同じ0.2cmでも，10mの物体を測定するときと10cmの物体を測定するときでは，精度が異なる。このようなとき，相対誤差を使うと精度の良さを表すことができる。

$$\text{相対誤差〔\%〕} = \frac{|\text{絶対誤差}|^{\star 1}}{\text{真の値}} \times 100 = \frac{|\text{測定値} - \text{真の値}|}{\text{真の値}} \times 100 \qquad (1\cdot2)$$

測定方法を改良したり測定回数を増やしたりすることで，測定値の誤差を小さくすることができる。

❷目盛りの読み方　測定を行う場合，**測定器具の最小目盛りの$\frac{1}{10}$まで目分量で読みとることが基本**である。

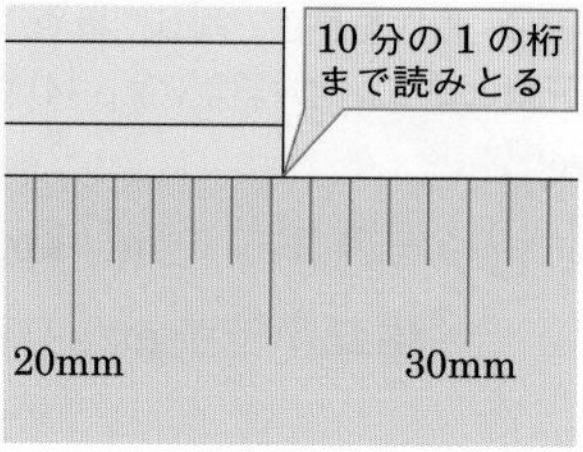

図2　目盛りの読み方

たとえば，右の**図2**のように最小目盛りが1mmの物差しで物体の長さをはかるときは，目分量で0.1mmの値まで読みとる。**図2**での測定値は，25.3mmとなる。

測定値の最後の桁(けた)は目分量で得た数値なので，±1程度の誤差が含まれている。

POINT!
誤差

$$\text{絶対誤差} = \text{測定値} - \text{真の値}$$

$$\text{相対誤差} = \frac{|\text{絶対誤差}|}{\text{真の値}} \times 100 = \frac{|\text{測定値} - \text{真の値}|}{\text{真の値}} \times 100$$

❸有効数字と桁数(けたすう)　たとえば，A君の身長を最小目盛り1cmの定規ではかり，168.7cmという値を得たとする。このとき，各桁の数値1，6，8，7は，**測定して得られた意味のある数値**であり，**有効数字という。**有効数字の数を**有効数字の桁数**といい，この場合は有効数字4桁である。

同じ物理量をはかっても，測定の精度によって有効数字は変わる。たとえばA君の身長を最小目盛りの異なる定規ではかった場合，右の**表1**のようになる。

表1　最小目盛りと有効数字

最小目盛り	最小目盛りの10分の1	測定値	有効数字
1cm	0.1cm	168.7cm	4桁
10cm	1cm	168cm	3桁
1m	0.1m	1.7m	2桁

★1 ｜ ｜は絶対値を表す記号で，たとえば|1|＝1，|−2|＝2を意味する。このように，ふつう相対誤差は正の数値で表す。

❹有効数字の表し方

測定値を表すときは，次のような規則に従う。

①測定値の右側にある **0** は，有効数字に含める。

②測定値の左側にある **0** は位取りを表すので，有効数字には含めない。

③大きな値や小さな値は，指数表記（しすう）で表す。

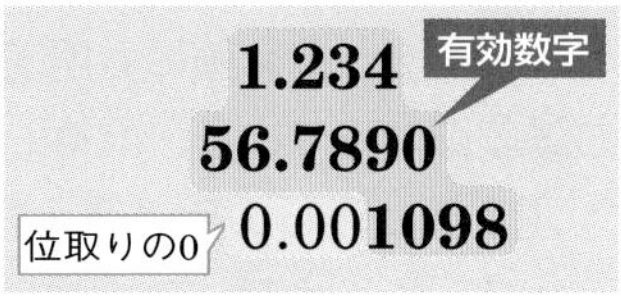

図3　有効数字

測定値の有効数字部分をA（**仮数**（かすう）という）としたとき，適当な整数B（**指数**という）を使って$\boldsymbol{A \times 10^B}$と表すことができる。これを指数表記または**科学表記**という。このとき，仮数Aは1以上10未満の数値とし，これに合わせて指数Bの値を決める。

補足　10^nは10のn乗と読み，10をn回かけた数である。たとえば$10^2 = 100$，$10^5 = 100000$となる。また，10^{-n}は10のマイナスn乗と読み，$\frac{1}{10^n}$という意味である。たとえば$10^{-1} = \frac{1}{10} = 0.1$，$10^{-4} = \frac{1}{10^4} = 0.0001$である。

指数表記は，非常に大きい数値や非常に小さい数値を表すときにも便利である。

注意　日常では300 cmと3 mは同じ意味を表すが，物理量を表すときには区別される。

例　① $300\,\mathrm{cm} = 3.00\,\mathrm{m} = 0.00300\,\mathrm{km} = 3.00 \times 10^2\,\mathrm{cm} = 3.00 \times 10^{-3}\,\mathrm{km}$（有効数字3桁）

② $3\,\mathrm{m} = 3 \times 10^2\,\mathrm{cm} = 0.003\,\mathrm{km} = 3 \times 10^{-3}\,\mathrm{km}$（有効数字1桁）

POINT!

指数表記

$A \times 10^B$　　　（$1 \leqq A < 10$，Bは整数）

A：仮数　　B：指数

例題　有効数字の表し方

(1)　次にあげるそれぞれの物理量は，有効数字何桁か。

① 0.13 m　　② 1.3×10^{-1} m　　③ 0.00200 m　　④ 3.210 m

(2)　18 km（有効数字2桁）を，単位mを使って指数表記せよ。

着眼　(1) 測定値の左側にある0は位取りを示し，有効数字には含めない。
(2) 仮数Aが1以上10未満の整数になるようにする。

解説　(1)　①の有効数字は“1, 3”，②の有効数字は“1, 3”，③の有効数字は“2, 0, 0”，④の有効数字は“3, 2, 1, 0”である。

(2)　$18\,\mathrm{km} = 18000\,\mathrm{m}$である。有効数字2桁なので，仮数$A$，指数$B$を$1 \leqq A < 10$となるように定めると，$A = 1.8$，$B = 4$となる。

答 (1)① 2桁　② 2桁　③ 3桁　④ 4桁
(2) 1.8×10^4 m

❺測定値の計算と有効数字

どのような測定値にも誤差があるので，**測定値どうしを計算して得られる物理量も誤差をもっている。**計算して得られた値の有効数字は次のように考える。

①**測定値どうしの掛け算・割り算　最も有効数字の少ない数値に合わせて答えを出す。**たとえば，有効数字 2 桁 × 4 桁 × 3 桁の計算を行う場合，最終的な答えは有効数字 2 桁になる。このとき，計算結果の 3 桁目を四捨五入して，有効数字 2 桁にする。

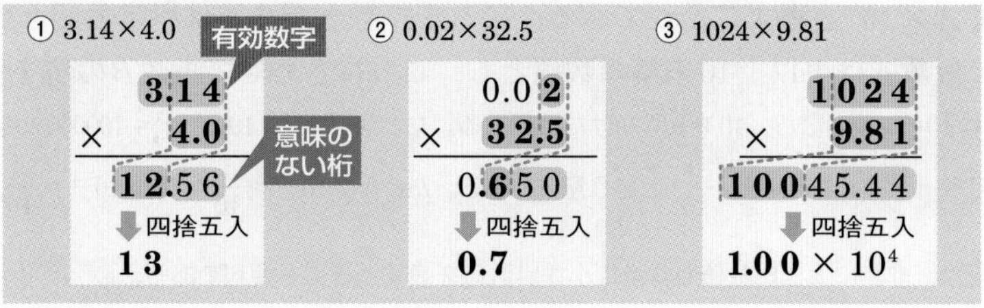

図4　測定値どうしの掛け算・割り算

POINT!

掛け算・割り算と有効数字
有効数字を最小の数値にそろえる。

例題　測定値どうしの掛け算・割り算

有効数字を考慮して次の計算を行い，指数表記で答えよ。

(1)　2.35×4.7　(2)　0.017×0.2768　(3)　31.4×28.67

(4)　$1000 \div 30.00$　(5)　$2005 \div 5.0$

着眼　答えの有効数字は，測定値のうち有効数字が最も少ない数値にそろえる。

解説　(1)　$2.35 \times 4.7 = 11.045$ となるが，有効数字がそれぞれ 3 桁，2 桁なので，答えの有効数字は 2 桁になる。よって，計算結果の 3 桁目を四捨五入する。

(2)　$0.017 \times 0.2768 = 0.0047056$ となるが，有効数字がそれぞれ 2 桁，4 桁なので，答えの有効数字は 2 桁になる。よって，計算結果の 3 桁目を四捨五入する。

(3)　$31.4 \times 28.67 = 900.238$ となるが，有効数字がそれぞれ 3 桁，4 桁なので，答えの有効数字は 3 桁になる。よって，計算結果の 4 桁目を四捨五入する。

(4)　$1000 \div 30.00 = 33.333\cdots$ となるが，有効数字がどちらも 4 桁なので，答えの有効数字は 4 桁になる。よって，計算結果の 5 桁目を四捨五入する。

(5)　$2005 \div 5.0 = 401$ となるが，有効数字がそれぞれ 4 桁，2 桁なので，答えの有効数字は 2 桁になる。よって，計算結果の 3 桁目を四捨五入する。

答　(1)1.1×10　(2)4.7×10^{-3}　(3)9.00×10^{2}　(4)3.333×10　(5)4.0×10^{2}

②**測定値どうしの足し算・引き算**　小数点をそろえて計算したあと，**最後の桁の位(末位)が最も高いものに合わせて答えを出す。**たとえば，最後の桁が小数第1位＋小数第3位の計算を行う場合，最終的な答えの最後の桁は小数第1位になる。このとき，計算結果の小数第2位を四捨五入して，小数第1位までにする。

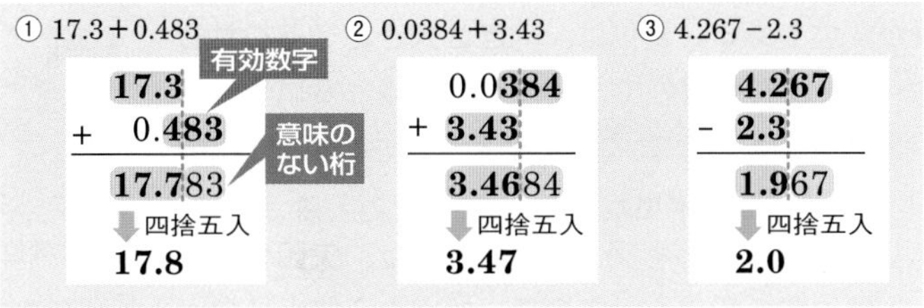

図5　測定値どうしの足し算・引き算

POINT!
足し算・引き算と有効数字
末位を最も高い数値にそろえる。

例題　**測定値どうしの足し算・引き算**

有効数字を考慮して，次の計算をせよ。

(1)　8.236＋4.3　　(2)　123.5＋5.6－35.435　　(3)　2.0×12.8＋21.3

着眼　答えの末位は，測定値のうち末位が最も高い数値にそろえる。

解説　(1)　8.236＋4.3＝12.536となるが，末位がそれぞれ小数第3位，小数第1位なので，答えも小数第1位までにする。

(2)　123.5＋5.6－35.435＝93.665となるが，末位がそれぞれ小数第1位，小数第1位，小数第3位なので，答えも小数第1位までにする。

(3)　2.0×12.8＋21.3＝46.9となる。2.0×12.8＝25.6の有効数字が2桁であり，意味のある値は一の位までなので，答えも一の位までにする。

答 (1)12.5　(2)93.7　(3)47

③**倍数・定数と有効数字**　倍数や個数，定数などは，**有効数字が無限にある**と考える。この場合，最も精度の低い物理量より**1桁～2桁程度多くとって計算する**とよい。

例　2倍の2，10個の10，1kg＝1000gの1000，円周率π＝3.14159…などの数学定数，光速度c＝2.99792458×10^8m/sなど

補足　問題を解くときは，与えられた条件によって定数の有効数字が無限にならない場合もある。たとえば，問題文中に「円周率π＝3.14とする」とあれば，πを有効数字3桁として考える。

2 | 変位

1 変位ベクトル

❶**変位** 物体が運動して位置を変えるとき，その位置の変化を表す量が変位である。変位は，**向きと大きさをあわせもつ量**(ベクトル☞p.506)なので，**変位ベクトル**ともいう。変位は位置の変化なので，たとえば基準となる点から，**「正の向きに3m」，「北西向きに2m」**などと表される。

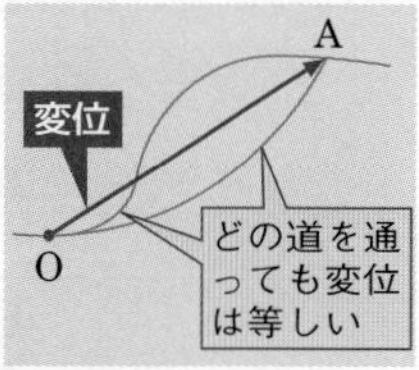

図6 変位

❷**変位の表し方** ベクトルを図上に表すときは，**矢印を描く**。変位ベクトルは位置の変化を示すので，始点から終点に向かう矢印で表す。

いま，人が図6のような道すじを通って，点Oから点Aまで移動したとすると，このときの変位は，ベクトル$\overrightarrow{OA}$で表される。点Oから点Aまで移動するのに，いくつかの道すじがある場合，**どの道を通っても，変位ベクトル$\overrightarrow{OA}$の向きと大きさは変わらない。**

補足 ベクトルは$\overrightarrow{OA}$や$\vec{x}$のように，文字の上に矢印をつけて表す。$\overrightarrow{OA}$はOからAに向かうベクトルという意味である。ベクトル$\vec{x}$の大きさを示すときは$|\vec{x}|$，またはたんにxと書く。

❸x**軸上を運動する物体の変位** 一直線上を運動する物体の変位は，移動する向きが決まっているので，その向きにそってx軸をとり，どちらかを正にすると，逆向きを負で表すことができる。このとき，**出発点を原点Oにとれば，x座標(図7のx_1，$-x_2$など)が変位を表す。**

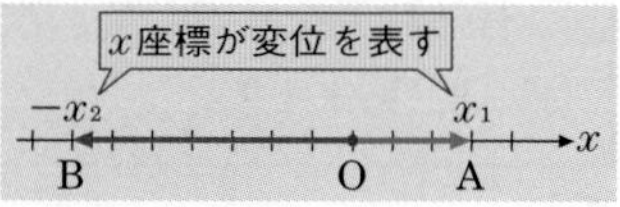

図7 x軸上の変位

また，x_0にあった物体がx_1に移動したとき，その変位はx_1-x_0で表される。

補足 一直線上の運動では向きを正負で表せるので，変位や速度などの記号の上につける矢印を省略することが多い。

2 移動距離

❶**変位と移動距離のちがい** 変位は**ベクトル(向きと大きさをもつ量)**であるが，移動距離はスカラー(**向きをもたず大きさだけをもつ量**)である。図6の変位$\overrightarrow{OA}$の大きさはOAの直線距離であるが，OからAまでの移動距離というのは，道すじに沿って測った長さである。したがって，OからAまで移動する道すじがちがえば，移動距離もちがう。

❷x**軸上の移動距離** 図7で，物体が原点Oを出発し，点Aまで行って引き返し，点Bに達したとする。原点から点A，点Bまでの距離をそれぞれx_1，x_2(ともに正)とすると，このときの変位は$-x_2$であるが，移動距離は$2x_1+x_2$である。

3 速さと速度

1 速さ ①重要

❶速さの単位　1m離れた2点間を移動するのに1秒かかったとき，その速さを1m/s（メートル毎秒）といい，これを速さの単位とする。一般に，Δx[★1]〔m〕の距離をΔt〔s〕かかって移動するときの速さv〔m/s〕は，次の式で表される。

$$v=\frac{\Delta x}{\Delta t} \qquad (1\cdot3)$$

すなわち，**速さは単位時間あたりの距離の変化量**を表す。

POINT!

Δx〔m〕の距離をΔt〔s〕かかって移動するときの速さv〔m/s〕　$v=\dfrac{\Delta x}{\Delta t}$

❷速さの単位の換算　乗り物などの速さを表すときは，1kmの距離を1時間(1h)かかって移動する速さ**1km/h**を基準として用いることが多い。1km/hと1m/sの間の換算は，次のようにして行う。

$$1\,\mathrm{km/h}=\frac{1\,\mathrm{km}}{1\,\mathrm{h}}=\frac{1000\,\mathrm{m}}{60\times60\,\mathrm{s}}=\frac{1}{3.6}\,\mathrm{m/s}$$

上式の両辺に3.6を掛けると，

$$1\,\mathrm{m/s}=3.6\,\mathrm{km/h} \qquad (1\cdot4)$$

$$1\,\mathrm{km/h}=\frac{1}{3.6}\,\mathrm{m/s}$$
$$1\,\mathrm{m/s}=3.6\,\mathrm{km/h}$$

❸平均の速さ　人が歩く場合でも，乗り物が走る場合でも，速さはたえず変化しているのがふつうであるが，このような変化を無視して，**物体が移動した距離をそれに要した時間で割って求めた速さ**を平均の速さといい，$\bar{v}$で表す。

❹瞬間の速さ　自転車を強くこぐと，スピードはどんどん上がり，ブレーキをかけると，スピードは急速に落ちる。この場合のスピードは，平均の速さではなく，**刻々と変わっていく速さ**のことで，これを瞬間の速さという。

ふつう速さといえば，瞬間の速さを意味する。ある点Pを物体が通過するときの瞬間の速さv〔m/s〕は，点Pをはさむ**非常に短い距離Δx〔m〕を，そこを進むのにかかった時間Δt〔s〕で割って**，次のように表される。

$$v=\frac{\Delta x}{\Delta t}$$

図8　瞬間の速さ

★1　Δはデルタと読み，物理量につけてその変化量を示す。Δx（デルタ・エックスと読み，xの変化量を表す）やΔt（デルタ・ティーと読み，tの変化量を表す）でそれぞれ1つの物理量を表し，$\dfrac{\Delta x}{\Delta t}$を約分して$\dfrac{x}{t}$などとはできない。

2 速度

❶速さと速度　物理では，「速さ」と「速度」をちがう意味で用いる。**大きさだけを考える**速さに対し，**大きさだけでなく向きを含めた量**を速度という。ここで，速度$\vec{v}$〔m/s〕はベクトル(☞ p.506)であって，同じくベクトルである変位(位置の変化量)$\Delta\vec{x}$〔m〕(☞ p.18)と時間の変化量Δtを用いて，

$$\vec{v} = \frac{\Delta\vec{x}}{\Delta t} \tag{1·5}$$

と定義される。このとき，**速度$\vec{v}$の向きは変位$\Delta\vec{x}$の向きと同じになる。**

❷x軸上の運動における平均の速度　時刻t_1〔s〕のとき位置x_1〔m〕にあった物体が，時刻t_2〔s〕のとき位置x_2〔m〕まで移動していたとき，平均の速さ$\bar{v}$〔m/s〕は，

$$\bar{v} = \frac{\Delta x}{\Delta t} = \frac{x_2 - x_1}{t_2 - t_1} \tag{1·6}$$

となる。ここで，Δx〔m〕は位置の変化量(変位)$x_2 - x_1$，Δt〔s〕は時間の変化量$t_2 - t_1$である。

図9　平均の速度

注意　時刻t_2のときにt_1と同じ場所に戻ってきている場合，$\Delta x = x_2 - x_1 = 0$となり，平均の速さ$\bar{v} = 0$となる。

❸瞬間の速度の向き　物体が図10のような曲線経路に沿って運動しており，ある時間の間に点Aから点Bまで移動したとすると，この間の変位は$\overrightarrow{AB}$で表される。

ここで，点Aを出てからの時間をしだいに短くとると，点Bはしだいに点Aに近づく。このとき，**点Aを出てから非常に短い時間Δt〔s〕の変位$\overrightarrow{AB'}$の方向は物体の軌跡に対する接線の方向になる。点Aにおける瞬間の速度の向き**は変位ベクトル$\overrightarrow{AB'}$の向きと同じだから，点Aにおいて軌道に対して引いた**接線の方向でAからB′に向かう向き**になる。

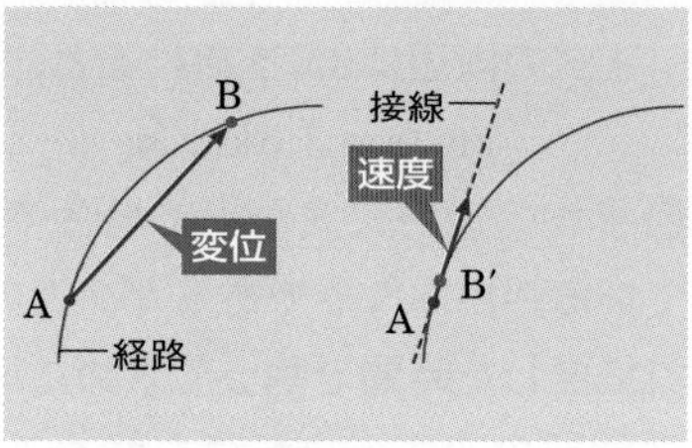

図10　瞬間の速度の向き

補足　たんに「速さ」や「速度」という場合，**瞬間の速さ**や**瞬間の速度**を意味することが多い。

3 等速直線運動　①重要

❶等速直線運動　速度が一定の運動を等速度運動という。速度が一定であるということは，速さも運動の向きも一定ということであるから，物体は一直線上を同じ速さで運動する。つまり，等速度運動は等速直線運動ということができる。

❷等速直線運動の移動距離　物体が一定の速度 v〔m/s〕で等速直線運動するとき，移動距離は1秒につき v〔m〕ずつ増えるから，t〔s〕間の移動距離 x〔m〕は，

$$x = vt \tag{1·7}$$

POINT!

速度 v〔m/s〕で等速直線運動する物体の t〔s〕間の移動距離 x〔m〕は，　$x = vt$

❸ x-t グラフ　物体の移動距離 x〔m〕を縦軸に，時間 t〔s〕を横軸にとって，移動距離と時間の関係を表したグラフを x-t グラフという。等速直線運動の x-t グラフは，図11(a)のような原点を通る直線になる。**x-t グラフの傾き $\dfrac{\Delta x}{\Delta t}$ は速さを表す。**

❹ v-t グラフ　速さ v〔m/s〕を縦軸に，時間 t〔s〕を横軸にとって，速さと時間の関係を表したグラフを v-t グラフという。等速直線運動の v-t グラフは図11(b)のような横軸に平行な直線になる。**グラフの直線と t 軸とに囲まれる長方形の面積は移動距離を表す。**

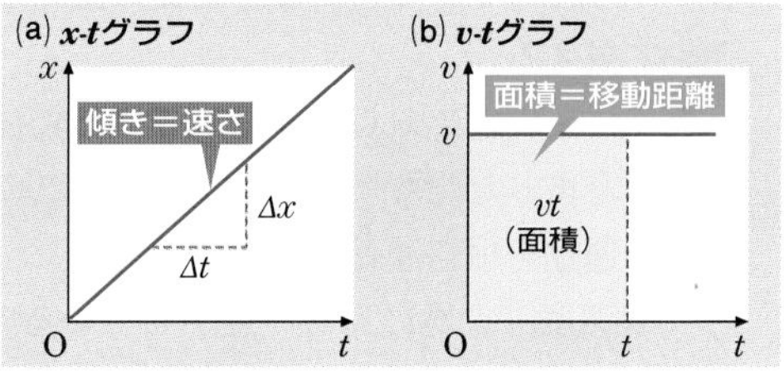

図11　等速直線運動の x-t グラフと v-t グラフ

4 一直線上の運動における合成速度と相対速度

1 速度の合成

速度 v_A〔m/s〕で進む電車の中で，人が速度 v_B〔m/s〕で歩いている運動を考える。このとき，歩く人の，地表から見た速度 v〔m/s〕は，

$$v = v_A + v_B$$

と表される。これは，v_A，v_B が正の向きでも負の向きでも成りたつ。このように2つの物体の速度を足しあわせることを速度の合成，足しあわせた速度を合成速度という。

図12　電車内で歩く人

両者が**同じ向き**に動いている場合，**合成速度の大きさは両者の速さの和**で表され，両者が**反対向き**に動いている場合，**合成速度の大きさは両者の速さの差**で表される。

たとえば，**図13**で右向きを正とすると，①では $v_A = +5\,\text{m/s}$，$v_B = +1\,\text{m/s}$ なので，合成速度 $v = v_A + v_B = 5 + 1 = 6\,\text{m/s}$ である。

②では $v_A = +5\,\text{m/s}$，$v_B = -1\,\text{m/s}$ なので，合成速度 $v = v_A + v_B = 5 + (-1) = 4\,\text{m/s}$ となる。

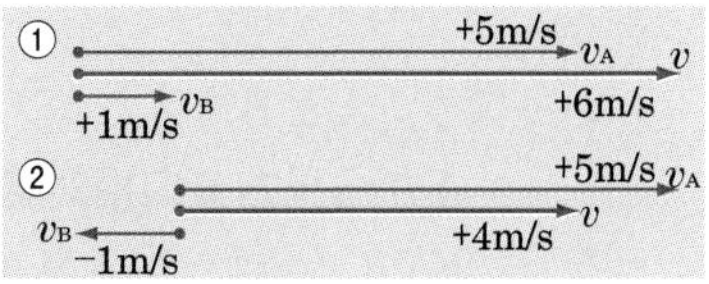

図13　速度の合成

2 相対運動

❶運動の基準　私たちの感覚では，大地は静止しているものである。ある物体が大地に対して移動しているとき，私たちはこの物体が運動していると感じる。このように，私たちは運動の基準を大地においている。

❷相対運動　電車に乗っているとき，隣りの線路を走る電車に追い越されると，まるでこちらの電車があと戻りしているように錯覚することがある。これは，いつも運動の基準と考えている大地が見えないために，無意識のうちに，相手の電車を運動の基準にしてしまうからである。このように**運動の基準が変わると，同じ運動でもまったくちがう運動に見える。**

とくに，大地に対して運動している物体を運動の基準にとると，大地を基準にした場合とまったくちがう運動になる。このように，**運動している物体から見た他の物体の運動**を**相対運動**という。

❸相対速度　大地に対して運動している物体A，Bがあるとき，**Aを基準にして見たBの速度をAに対するBの相対速度といい，記号v_{AB}で表す。**また，**Bを基準にして見た物体Aの速度をBに対するAの相対速度といい，記号v_{BA}で表す。**

3 相対速度の求め方　①重要

❶一直線上での相対速度　図14のように，一直線上を2台の自動車A，Bがそれぞれ速度v_A，v_Bで運動している場合を考えよう。自動車Bから見ると，大地は速度$-v_B$で後ろへ移動していく。自動車Aは，その大地の上を速度v_Aで走っているから，自動車Bから見た自動車Aの相対速度v_{BA}は，自動車Aの大地に対する速度v_Aと，大地の自動車Bに対する速度$-v_B$の合成速度になる。

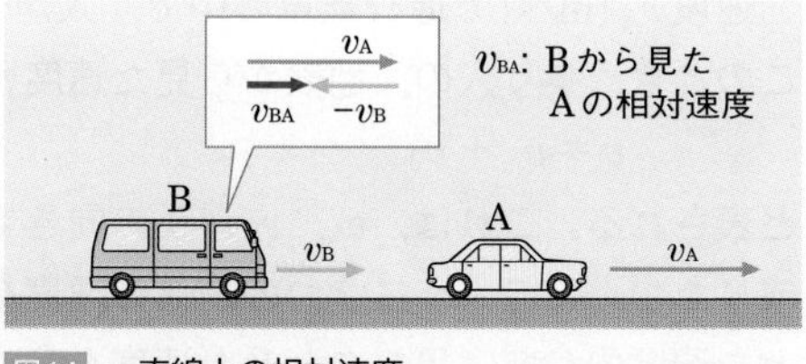

図14　一直線上の相対速度

よって，

Bから見たAの相対速度　$v_{BA} = v_A + (-v_B) = \boldsymbol{v_A - v_B}$　(1･8)

となる。

いっぽう，AとBを入れかえて同様に考えると，

Aから見たBの相対速度　$\boldsymbol{v_{AB} = v_B - v_A}$　(1･9)

となる。v_{BA}とv_{AB}は，大きさが同じで向き(符号)が逆である。

このように，観測者から見た物体の**相対速度**は，物体の速度から**観測者の速度を引いた速度**で表される。

すなわち，相対速度を$v_{相}$，観測する側の速度を$v_{観}$，物体の速度を$v_{物}$とすると，次のようにまとめることができる。

POINT!

相対速度

$$v_{相} = v_{物} - v_{観}$$

〔$v_{相}$〔m/s〕：相対速度　$v_{物}$〔m/s〕：物体の速度
$v_{観}$〔m/s〕：観測者の速度〕

例題　**相対速度**

物体Aが速度$v_A = 30$ m/s，物体Bが速度$v_B = 20$ m/sで，それぞれ右向きに進んでいる。このとき，次の各問いに答えよ。

(1)　Aから見たBの相対速度を求めよ。

(2)　Bから見たAの相対速度を求めよ。

着眼
(1) Aから見た相対速度なので，Aの速度を引けばよい。
(2) Bから見た相対速度なので，Bの速度を引けばよい。

解説　物体Aも物体Bも右向きに進んでいるので，右向きを正にとって考える。

(1)　Aから見たBの相対速度$v_{AB} = v_B - v_A = 20 - 30 = -10$ m/s
右向きが正なので，v_{AB}の向きは左向き，大きさは10 m/s。

(2)　Bから見たAの相対速度$v_{BA} = v_A - v_B = 30 - 20 = 10$ m/s
右向きが正なので，v_{BA}の向きは右向き，大きさは10 m/s。

答 (1)左向きに10 m/s　(2)右向きに10 m/s

類題1　船Aが北に向かって15 m/sの速さで，船Bが北に向かって10 m/sの速さで，船Cが南に向かって5 m/sの速さで航行している。3せきの船はすべて同一直線上を航行しているものとして，次の各問いに答えよ。(解答☞p.510)

(1)　船Aから見た船Bの相対速度は，どちら向きに何m/sか。

(2)　ある時刻に，船Aは船Cの21.4 km南を航行していた。船Aと船Cが同じ位置にたどり着くのは，この時刻から何s経過した後か。

類題2　まっすぐな道路を，自動車Aが東に速さ30 km/hで進み，自動車Bが西に速さ50 km/hで進んでいる。このとき，次の各問いに答えよ。(解答☞p.510)

(1)　自動車Bから見た自動車Aの相対速度v_1を求めよ。

(2)　自動車Aから見た自動車Bの相対速度v_2を求めよ。

(3)　v_1とv_2にはどのような関係があるか。向きと大きさそれぞれについて答えよ。

5｜加速度

1 直線運動における加速度　①重要

❶加速度　加速度は，**単位時間あたりの速度の変化量**である。物体の速度が変化しているとき，**物体に加速度が生じている**という。速度が変化するというのは，速さがしだいに大きくなったり小さくなったりする場合のほかに，速さが変わらず，向きだけが変化する場合も含まれる。

❷直線運動　加速度は速度を時間で割ったものなので，変位や速度と同じ**向きと大きさをあわせもつ量(ベクトル)**である。物体に生じた加速度の方向が運動の方向と同じとき，物体は直線上で速さを変える。このような運動を**直線運動**という。直線運動について考えるときには，**加速度の向きも正負で表すことができる。**

❸平均の加速度　いま直線上を走っている物体の速度が，時刻 t_1〔s〕において v_1〔m/s〕，時刻 t_2〔s〕において v_2〔m/s〕であったとすれば，時間 $\Delta t = t_2 - t_1$〔s〕の間に速度が $\Delta v = v_2 - v_1$〔m/s〕だけ変化したことになるから，単位時間あたりの速度の平均変化量，すなわち平均の加速度 $\bar{a}$ は，

$$\bar{a} = \frac{\Delta v}{\Delta t} = \frac{v_2 - v_1}{t_2 - t_1} \qquad (1\cdot10)$$

となる。

❹瞬間の加速度　加速度を求める時間 Δt〔s〕を非常に短くとると，速度変化 Δv〔m/s〕も小さくなる。これらを用いて求めた加速度 $a = \dfrac{\Delta v}{\Delta t}$ を瞬間の加速度という。

　ふつう，単に加速度というときは，瞬間の加速度のことである。

❺加速度の単位　加速度は速度を時間で割った量なので，その単位は，〔m/s〕÷〔s〕=**〔m/s²〕**となる。これを**メートル毎秒毎秒**と読む。

❻加速度の正負　物体が直線上を正の向きに進んでいるとき，速度が**だんだん大きくなる場合は**，加速度の式の $v_2 - v_1 > 0$ になるので，**加速度は正($a > 0$)である。**反対にだんだん遅くなる場合は，加速度が負($a < 0$)である。

POINT!
加速度

$$a = \frac{\Delta v}{\Delta t} = \frac{v_2 - v_1}{t_2 - t_1}$$

a〔m/s²〕：加速度　Δv〔m/s〕：速度変化　Δt〔s〕：経過時間
v_1〔m/s〕：時刻 t_1〔s〕における速度
v_2〔m/s〕：時刻 t_2〔s〕における速度

重要実験　加速度の測定

操作

❶ 床から1.5mぐらいの高さに記録タイマーを設置し，**図15**のようにおもりをつけた紙テープを通す。

❷ 紙テープの端を手でもち，おもりを床から1.2mぐらいの高さに引き上げる。

❸ 記録タイマーのスイッチを入れてから手を離し，紙テープに打点を記録する。

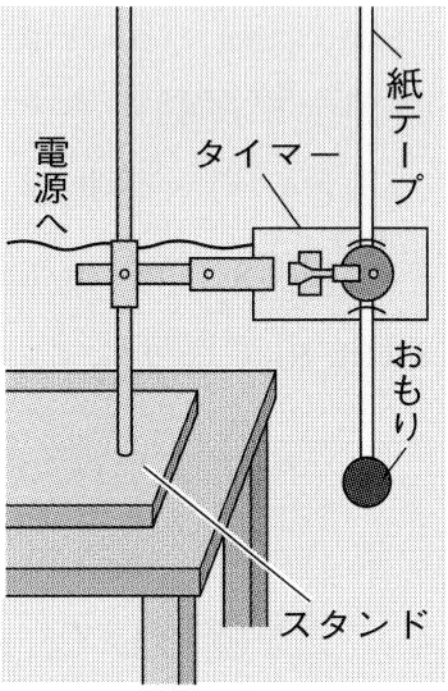

図15　加速度の測定

結果　**考察**

❶ 最初のほうの打点は重なっているので，すてる。打点がはっきりしている部分の紙テープを2打点ごとに切り離し，**図16**のように，下端をそろえて並べる。

❷ 記録タイマーは，東日本では$\frac{1}{50}$秒，西日本では$\frac{1}{60}$秒ごとに打点するので，切り離されたテープの長さは，東日本では$\frac{1}{25}$秒間，西日本では$\frac{1}{30}$秒間にそれぞれおもりが落下した距離である。したがって，テープの長さが1.0cmであれば，その間のおもりの平均の速さは，

東日本では，$\bar{v}=\dfrac{1.0\,\mathrm{cm}}{\frac{1}{25}\,\mathrm{s}}=25\,\mathrm{cm/s}=0.25\,\mathrm{m/s}$

西日本では，$\bar{v}=\dfrac{1.0\,\mathrm{cm}}{\frac{1}{30}\,\mathrm{s}}=30\,\mathrm{cm/s}=0.30\,\mathrm{m/s}$

になる。

❸ このように，テープの長さは速さに比例，テープの幅は時間に比例するので，テープの下端を通る直線を横軸とし，テープの長さの方向に縦軸をとる。横軸の目盛りはテープの幅と同じにすると，1目盛りが$\frac{1}{25}$秒$\left(\text{西日本では}\frac{1}{30}\text{秒}\right)$，縦軸の目盛りは1cmごとにとり，1目盛りが0.25m/s (西日本では0.30m/s)となる。

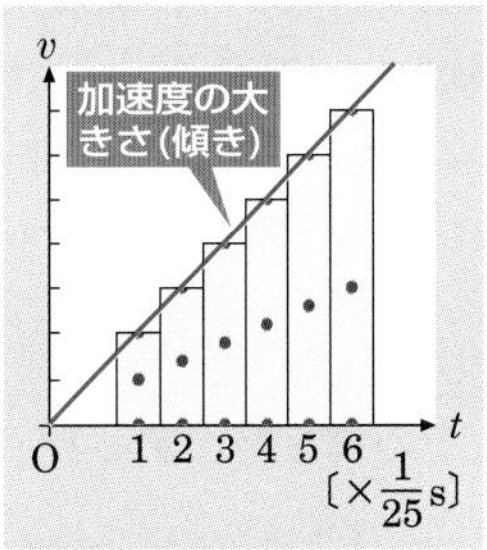

図16　紙テープの処理

❹ テープの上端を結ぶとv-tグラフになる。**加速度の大きさは，**

$$a=\frac{v_2-v_1}{t_2-t_1}$$

であるから，v-tグラフの傾きを求めればよい。

6 等加速度直線運動

1 速度

❶速度を求める式 ある物体が一定の加速度a〔m/s²〕で一直線上を運動するとき，物体は**等加速度直線運動**をしているという。等加速度直線運動をしている物体の速度が，時刻0sでv_0〔m/s〕(これを初速度という)，t〔s〕後にv〔m/s〕だとすると，加速度aは，

$$a=\frac{v-v_0}{t-0}=\frac{v-v_0}{t}$$

となる。

この式を変形して，vを求める式にすると，

$$v=v_0+at \qquad (1\cdot11)$$

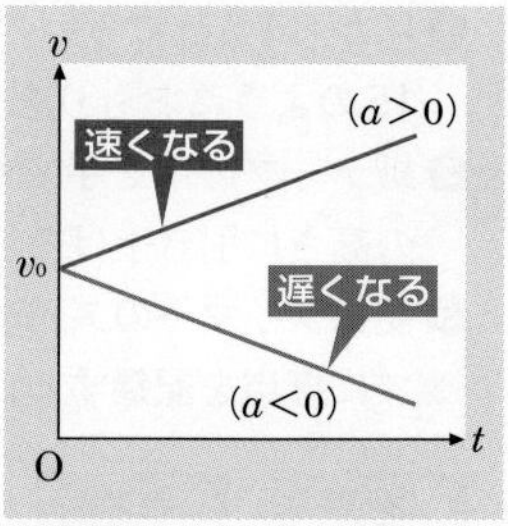

図17 等加速度直線運動のv-tグラフ

> **POINT!**
> **等加速度直線運動の速度** $v=v_0+at$
> v_0〔m/s〕：初速度 a〔m/s²〕：加速度 t〔s〕：経過時間

❷v-tグラフと加速度 等加速度直線運動のv-tグラフは，**図17**のようになる。加速度はv-tグラフの傾きで表されるので，加速度が正のときは，v-tグラフの傾きも正になる。加速度が一定であるから，傾きは一定で，v-tグラフは直線になる。

2 変位 ①重要

❶変位を求める式 変位はv-tグラフから求められる。初速度v_0〔m/s〕，加速度a〔m/s²〕の物体のt〔s〕後の速度がv〔m/s〕である場合，v-tグラフは，**図18**のようになり，v-tグラフの直線とt軸に囲まれた**台形OABCの面積が変位x〔m〕を表す。**よって(1・11)式より，

$$x=\frac{1}{2}(v_0+v)t=\frac{1}{2}(v_0+v_0+at)t$$

この式を整理すると，

$$x=v_0t+\frac{1}{2}at^2 \qquad (1\cdot12)$$

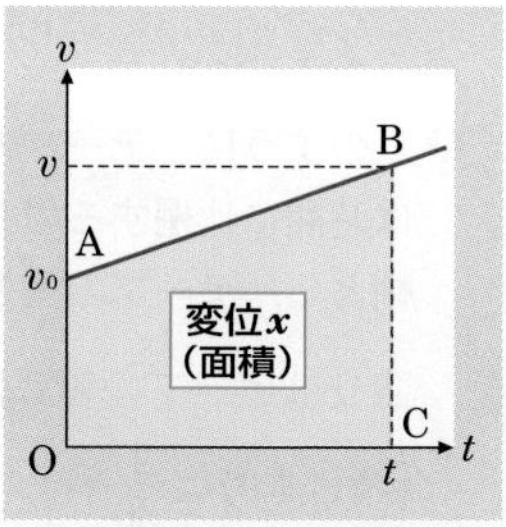

図18 v-tグラフと変位

> **POINT!**
> **等加速度直線運動の変位** $x=v_0t+\frac{1}{2}at^2$
> v_0〔m/s〕：初速度 t〔s〕：経過時間 a〔m/s²〕：加速度

❷ x-t グラフ　等加速度直線運動の変位 x は時間 t の2次関数になるので，x-t グラフは図19のような放物線になる。

❸ 時間を含まない式　等加速度直線運動の速度を求める(1・11)式 $v = v_0 + at$ から，$t = \dfrac{v - v_0}{a}$ として，これを変位を求める(1・12)式 $x = v_0 t + \dfrac{1}{2}at^2$ に代入すると，

$$v^2 - v_0^2 = 2ax \qquad (1\cdot13)$$

が得られる。

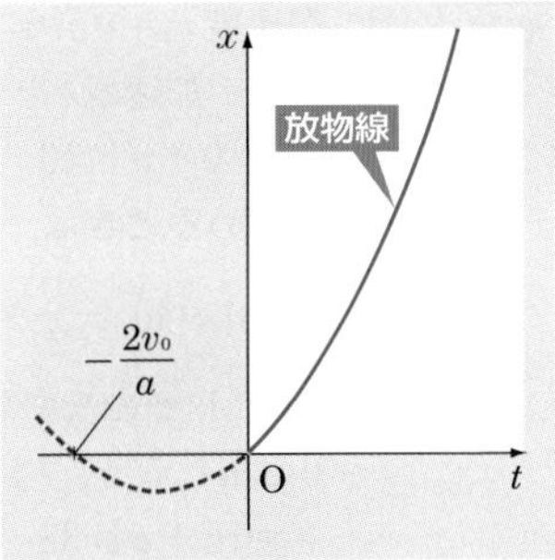

図19　等加速度直線運動の x-t グラフ

この式は，等加速度直線運動の問題で，時間 t が与えられていない場合などに使うとよい。

POINT!

等加速度直線運動の時間を含まない式

$$v^2 - v_0^2 = 2ax$$

[v_0〔m/s〕：初速度　v〔m/s〕：終わりの速度
a〔m/s²〕：加速度　x〔m〕：変位]

例題　等加速度直線運動

駅を出発した電車が直線状のレールの上を走っていく。静止していた電車が一定の加速度で速さを増しながら，40秒後に16m/sの速さになった。進行方向を正として，次の各問いに答えよ。ただし，必要なら $\sqrt{3} \fallingdotseq 1.73$ を用いること。

(1)　このときの加速度の大きさはいくらか。

(2)　(1)のときに進んだ距離は何mか。

その後，一定の速さで80秒間進んでから，ブレーキをかけて一定の加速度で減速し，ブレーキをかけはじめて32秒後に止まった。

(3)　ブレーキをかけているときの電車の加速度はいくらか。

(4)　ブレーキをかけはじめてから64m進んだときの速さはいくらか。

(5)　電車が駅を出発してから停止するまでの v-t グラフをかけ。

(6)　電車が駅を出発してから停止するまでの a-t グラフ(加速度と時間の関係)をかけ。

着眼　電車は直線レール上で加速度運動をするから，等加速度直線運動の3つの公式をうまく使う。

解説　(1)　初速度$v_0=0\,\mathrm{m/s}$で，そのほかに時間t，終わりの速度vなどの値が与えられている。加速度aを未知数とすればよいから，(1・11)式を用いて，

$16=0+a\times 40$　　よって，　$a=0.40\,\mathrm{m/s^2}$

(2)　変位xを求めるときは，(1・12)式を使う。

$$x=0\times 40+\frac{1}{2}\times 0.40\times 40^2=320\,\mathrm{m}$$

(3)　初速度はブレーキをかける前の速さであるから，初速度$v_0=16\,\mathrm{m/s}$で，止まったとき$v=0\,\mathrm{m/s}$となる。(1・11)式を使うと，

$0=16+a\times 32$　　よって，　$a=-0.50\,\mathrm{m/s^2}$

(4)　経過時間tが与えられていないから，(1・13)式を使う。vが未知数である。

$v^2-16^2=2\times(-0.50)\times 64$　　よって，　$v=13.86\fallingdotseq 14\,\mathrm{m/s}$

(5)　時刻$t=0\,\mathrm{s}\sim 40\,\mathrm{s}$の間は等加速度運動だから，グラフは直線。$t=40\,\mathrm{s}$で$v=16\,\mathrm{m/s}$になり，その後80秒間は速度が一定。その後32秒間は等加速度で減速する。

(6)　時刻$t=0\,\mathrm{s}\sim 40\,\mathrm{s}$の間の加速度は，(1)より$0.40\,\mathrm{m/s^2}$。$t=40\,\mathrm{s}\sim 120\,\mathrm{s}$の間は等速直線運動だから，加速度は0。$t=120\,\mathrm{s}\sim 152\,\mathrm{s}$の間は，(3)より$-0.50\,\mathrm{m/s^2}$。

答 (1)$0.40\,\mathrm{m/s^2}$　(2)$320\,\mathrm{m}$　(3)$-0.50\,\mathrm{m/s^2}$　(4)$14\,\mathrm{m/s}$

(5)
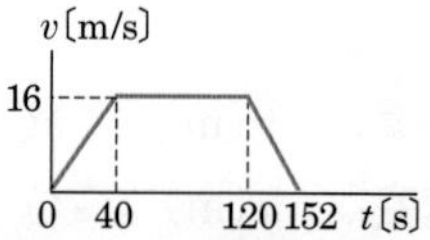

(6)
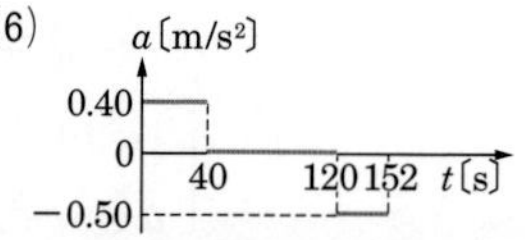

類題3　50.4 km/hの速さで走っている自動車の運転手が道路上に障害物を発見して急ブレーキをかけるとする。運転手が障害物を発見してからブレーキをかけるまでに0.60秒かかり，ブレーキによる加速度が$-4.0\,\mathrm{m/s^2}$である場合，運転手が障害物を発見してから自動車が止まるまでに，自動車は何m走るか。(解答☞p.510)

3 負の等加速度直線運動　①重要

❶ v-tグラフ　初速度v_0が正で，加速度aが負の場合のv-tグラフは図20のようになる。加速度が負であるから，速度はしだいに小さくなり，ついには0になる。速度が0になる時刻t_1は，$0=v_0+at_1$より次のようになる。

$$t_1=-\frac{v_0}{a}$$

速度が0になった後も同じ加速度で運動し続けるとすると，速度が負になる。つまり，**時刻t_1以後は，物体が初速度と反対の向きに運動して，原点(出発点)のほうへ戻ってくる。**

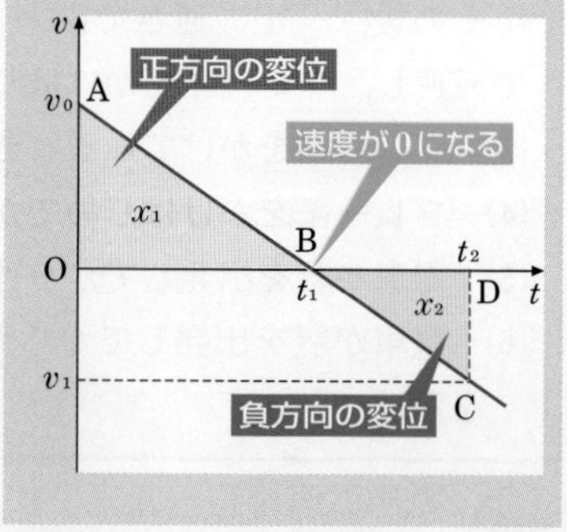

図20　負の等加速度直線運動のv-tグラフと変位

このような運動は，投げ上げた物体(☞p.33)や斜面をのぼる物体などに見られる。

❷変位と移動距離　図20のv-tグラフで，$t=0\sim t_1$の変位x_1は，グラフの直線とt軸の間に囲まれる三角形OABの面積で表される。次に，$t=t_1\sim t_2$の間のグラフの直線とt軸の間に囲まれた三角形BCDの面積x_2は，速度が負であるから，停止した点からの負の向きの変位$-x_2$を表す。したがって，時刻t_2における原点からの変位xは，

$$x=x_1+(-x_2)=x_1-x_2$$

である。いっぽう，移動距離Sは全行程の長さであるから，次のようになる。

$$S=x_1+x_2$$

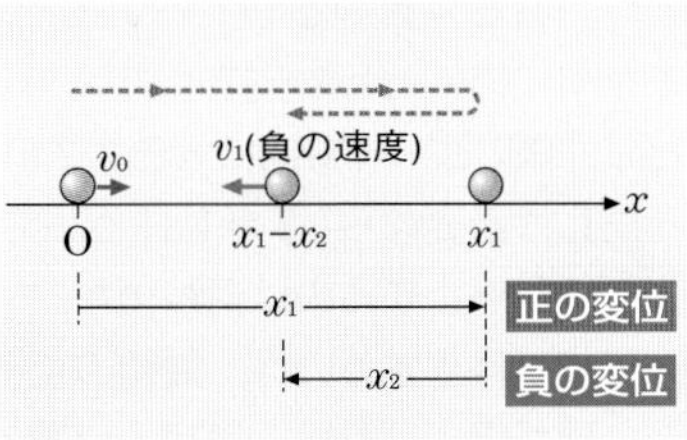

図21　負の等加速度直線運動の変位と移動距離

例題　**斜面をのぼる球の運動**

なめらかな斜面上で球をころがしてのぼらせる。斜面の下端から0.50mの点を原点Oとし，斜面に沿って上向きにx軸をとる。球が原点Oを正の向きに通り過ぎる瞬間の速さを2.6m/sとし，球にはつねに$-2.0\,\mathrm{m/s^2}$の加速度が生じているものとして，次の問いに答えよ。

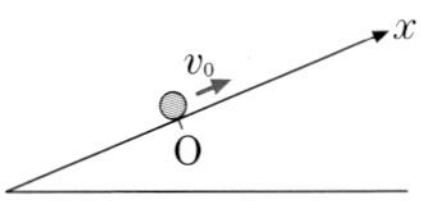

(1)　球が斜面上で停止するのは，原点Oを通ってから何秒後か。

(2)　球が再び原点Oを通過するときの速さは何m/sか。

(3)　球が斜面の下端に到達するのは，最初に原点Oを通ってから何秒後か。

着眼　斜面上をころがってのぼる運動は負の等加速度直線運動である。公式に代入する速度，加速度，変位の正負をまちがえないように注意すること。

解説　(1)　球の速度が0になるときの時刻を求めればよい。(1・11)式に，$v=0\,\mathrm{m/s}$，$v_0=2.6\,\mathrm{m/s}$，$a=-2.0\,\mathrm{m/s^2}$を代入し，時刻tを未知数として解く。

$$0=2.6+(-2.0)t \qquad \text{よって，} \quad t=1.3\,\mathrm{s}$$

(2)　球が再び原点を通過するというのは，変位xが0になるということである。ここでは時間が与えられていないので，(1・13)式を使う。vが未知数で，$v_0=2.6\,\mathrm{m/s}$，$a=-2.0\,\mathrm{m/s^2}$，$x=0\,\mathrm{m}$であるから，$v^2-2.6^2=2\times(-2.0)\times0$となり，これを整理して$v=\pm2.6\,\mathrm{m/s}$となる。速さを求めるときは絶対値を求めればよいから，2.6m/sとなる。

(3)　斜面の下端の座標は，$x=-0.50\,\mathrm{m}$である。したがって，変位が$-0.50\,\mathrm{m}$になる時刻を求めればよい。(1・12)式で，時刻tを未知数とし，その他の数値を代入すると，

$$-0.50=2.6t+\frac{1}{2}(-2.0)t^2$$

これを整理すると，　$t^2-2.6t-0.5=0$から，　$t\fallingdotseq1.3\pm1.5\,\mathrm{s}$

$t>0$であるから，　$t=2.8\,\mathrm{s}$

答　(1)1.3秒後　(2)2.6m/s　(3)2.8秒後

類題4　なめらかな水平面上に糸のついた球をおき，糸の他端にはおもりをつける。右図のように，糸を滑車にかけ，おもりをつるしておいて，球に3.0 m/sの初速度を，糸が引く方向と反対向きに与える。初速度の向きにx軸をとり，球には $-x$方向に大きさ$2.5\,\mathrm{m/s^2}$の加速度が生じるものとして，次の各問いに答えよ。ただし，必要なら$\sqrt{2} = 1.41$として計算すること。（解答☞ p.510）

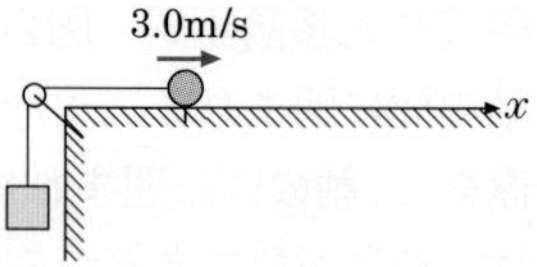

(1)　球が停止するのは何秒後か。

(2)　球が停止するのは，最初の位置から何m離れた所か。

(3)　球が停止した後，最初の位置とのちょうど中間まで引き返すのに要する時間を求めよ。

このSECTIONのまとめ　運動の表し方

□物理量の測定と表し方 ☞ p.12	・**基本単位**…m，kg，sなど。基本単位を組み合わせてほかの単位を組み立てることができる。 ・**誤差**…測定値の，真の値からのずれ。 ・**有効数字**…測定した値のうち，意味のある数字。
□変位 ☞ p.18	・**変位**…位置の変化を表す量。向きと大きさを合わせもつベクトルなので，**変位ベクトル**ともいう。 ・**移動距離**…運動の道すじに沿って測った長さ。
□速さと速度 ☞ p.19	・**平均の速さ**…途中の速さの変化を無視して，物体の移動距離Δx〔m〕と所要時間Δt〔s〕とから求めた速さ$\overline{v}$〔m/s〕。 ・**瞬間の速さ**…非常に短い距離Δx〔m〕と，それを移動するのにかかる時間Δt〔s〕とから求めた速さv〔m/s〕。 $v = \dfrac{\Delta x}{\Delta t}$ ・**速度**…速さに向きを含めたベクトル。 ・**等速直線運動**…一定の速度v〔m/s〕でt〔s〕間運動したときの移動距離x〔m〕は， $x = vt$ ・**x-tグラフ**…等速直線運動のx-tグラフは，原点を通る直線。**グラフの傾きが速度を表す。**

	・**v-tグラフ**…等速直線運動のv-tグラフは，t軸に平行な直線。グラフとt軸によって**囲まれた面積が移動距離を表す。**
□一直線上の運動における合成速度と相対速度 ☞p.21	・**合成速度**…ある速度で運動する物体に対して別の速度で運動する物体の速度。2つの速度ベクトルの和で求められる。 $\vec{v} = \vec{v_1} + \vec{v_2}$ ・大地に対して運動している物体を基準にして見た他の物体の速度を**相対速度**という。 ・**Bから見たAの相対速度$\overrightarrow{v_{BA}}$** $\overrightarrow{v_{BA}} = \vec{v_A} - \vec{v_B}$
□加速度 ☞p.24	・**加速度**…単位時間あたりの速度の変化量。 直線運動では， $a\,[\mathrm{m/s^2}] = \dfrac{\Delta v\,[\mathrm{m/s}]}{\Delta t\,[\mathrm{s}]} = \dfrac{v_2 - v_1}{t_2 - t_1}$
□等加速度直線運動 ☞p.26	・**速度**…初速度v_0〔m/s〕，加速度a〔m/s²〕で運動する物体のt〔s〕後の速度v〔m/s〕は， $v = v_0 + at$ ・**v-tグラフ**…等加速度直線運動のv-tグラフは直線。グラフの直線とt軸との間に囲まれる図形の面積が変位を表す。 ・**変位**…初速度v_0〔m/s〕，加速度a〔m/s²〕で運動する物体のt〔s〕後の変位x〔m〕は， $x = v_0 t + \dfrac{1}{2}at^2$ $v^2 - v_0^2 = 2ax$ ・**x-tグラフ**…等加速度直線運動のx-tグラフは**放物線**。

SECTION 2 空中での物体の運動 〈物理基礎〉

1 | 自由落下運動

1 重力加速度

図22は小球を落としたときのストロボ写真である。ボールの像の間隔がしだいに広くなっていることから，小球には加速度が生じていることがわかる。落下の加速度は，物体の質量と無関係に一定の値となり，この大きさを写真から求めると，約 9.8 m/s² である。これを重力加速度といい，記号 g で表す。★1

補足 運動方程式（☞p.68）で学ぶように，質量 m〔kg〕の物体にはたらく重力を W〔N〕とすると，$W = mg$ という関係が成りたつ。

重力加速度

$$g = 9.8\,\mathrm{m/s^2}$$

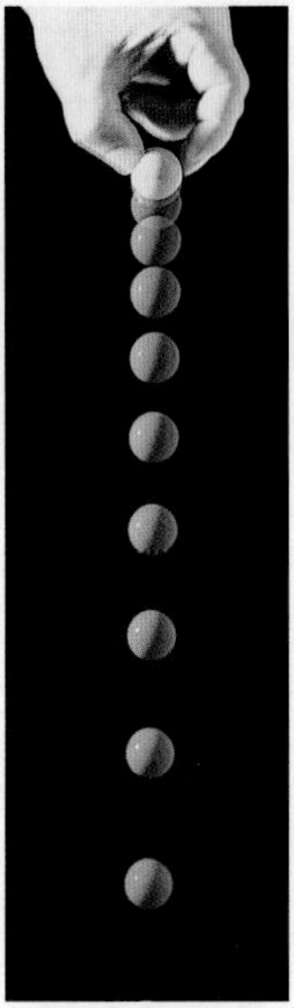

図22 自由落下運動する小球

2 自由落下運動 ！重要

❶自由落下運動 重力のはたらく方向を鉛直（えんちょく）方向，それに垂直な方向を水平方向という。物体が静止の状態から重力だけを受けて鉛直下向きに落下する運動を，自由落下運動という。★2

参考 ボールが空気中を落下する場合，重力以外に空気の抵抗力がはたらくが，速度が小さいうちは，抵抗力は非常に小さく無視してもよい。

❷自由落下運動の関係式 自由落下運動は等加速度直線運動の1つであるから，p.26～27で導いた公式を使えばよい。自由落下運動は鉛直下向きの運動であるから，鉛直下向きに y 軸をとって座標を表す。初速度 $v_0 = 0$，加速度は g であるから，(1・11)～(1・13)式の，v_0 を 0，a を g，x を y とそれぞれ書きなおせばよい。

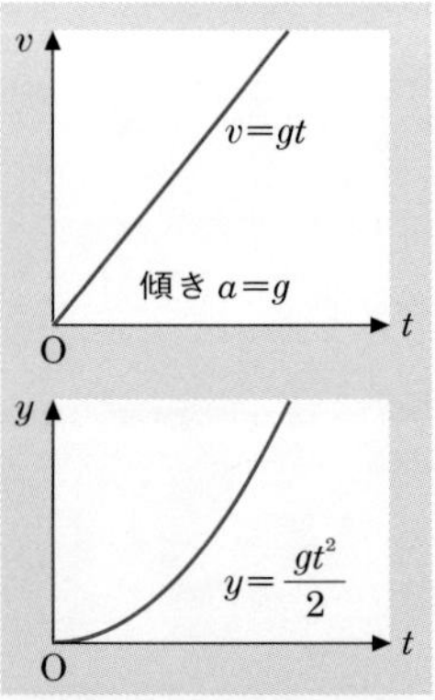

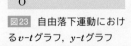

図23 自由落下運動における v-t グラフ，y-t グラフ

POINT!

自由落下運動

速度 $v = gt$ (1・14)

変位 $y = \dfrac{1}{2}gt^2$ (1・15)

時間を含まない式 $v^2 = 2gy$ (1・16)

★1 本書では以後，特にことわりのない場合には，$g = 9.8\,\mathrm{m/s^2}$（有効数字2桁）とする。

★2 自由落下運動に，鉛直投射や水平投射（☞p.35）など初速度をもつ場合を含める場合もある。

例題　自由落下運動

重力加速度を$9.8\,\mathrm{m/s^2}$として，鉄球が初速度0で自由落下を始めてから4.9m落下したときの速さを求めよ。また，落下を始めてからこの位置にくるまでの時間を求めよ。

着眼　自由落下運動の公式は3つある。どの公式を使うのがいちばん能率がよいか考えて解答しよう。

解説　最初の問題は，速度v〔m/s〕が未知数で，変位$y=4.9\,\mathrm{m}$が与えられているから，(1・16)式を使うとよい。

$v^2=2\times9.8\times4.9$　　よって，　$v=9.8\,\mathrm{m/s}$

次の問題は，時間tが未知数で，変位$y=4.9\,\mathrm{m}$と速度$v=9.8\,\mathrm{m/s}$が与えられているから，(1・14)式と(1・15)式のどちらを使ってもよいが，tの1次式である(1・14)式のほうが簡単である。

$9.8=9.8t$　　よって，　$t=1.0\,\mathrm{s}$

答 速さ…9.8m/s　時間…1.0s

2 | 投げ上げと投げおろし

1 投げ上げた物体の運動　①重要

❶式の導き方　物体を**真上**(鉛直上向き)に初速度v_0で投げ上げる運動を，**鉛直投げ上げ**という。y軸の向きを初速度の向きにそろえて鉛直上向きにとると，重力加速度は$-g$となり，負の等加速度直線運動となるから，(1・11)～(1・13)式の，aを$-g$，xをyとそれぞれ書きかえると，次のようにまとめることができる。

このときのv-tグラフ，y-tグラフはそれぞれ右の図25のようになる。

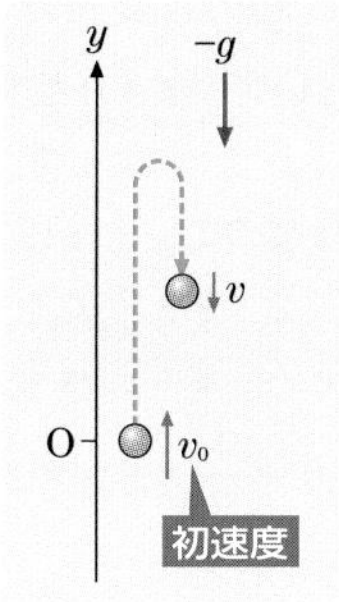

図24 投げ上げ運動

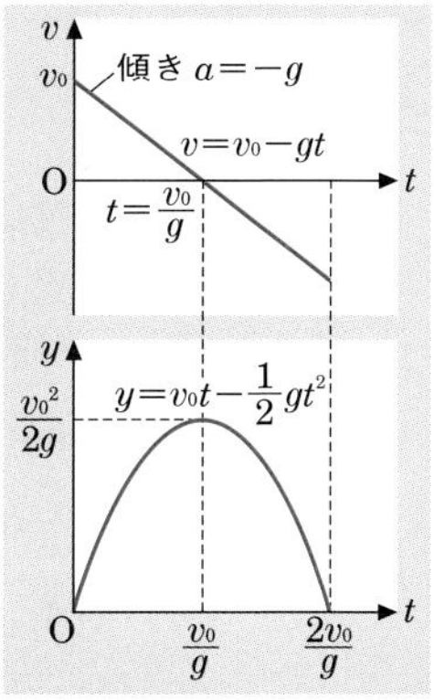

図25 鉛直投げ上げのv-tグラフ，y-tグラフ

POINT!

投げ上げ（鉛直投げ上げ）

速度	$v=v_0-gt$	(1・17)
変位	$y=v_0t-\dfrac{1}{2}gt^2$	(1・18)
時間を含まない式	$v^2-v_0^2=-2gy$	(1・19)

❷最高点の高さ　投げ上げた物体はしだいに速度が小さくなり，ついには0になって，そこから落下をはじめる。すなわち，**速度が0になった瞬間が最高点である。**

したがって，$v=v_0-gt$において，$v=0$とすると，

$$0=v_0-gt \quad から, \quad t=\frac{v_0}{g}$$

このtを，$y=v_0t-\frac{1}{2}gt^2$に代入すると，最高点の高さが求められる。

$$y=v_0\cdot\frac{v_0}{g}-\frac{1}{2}g\left(\frac{v_0}{g}\right)^2=\frac{v_0^2}{2g} \quad (最高点の高さ)$$

注意　どの向きを正にとるかによって，加速度aの符号が変わってしまうので気をつけよう。ここでは鉛直上向きを正としているので，加速度は負になる。

例題　真上に投げ上げた物体の運動

真上に向けて，初速度19.6m/sでボールを投げた。重力加速度を9.8m/s²として各問いに答えよ。

(1)　ボールは投げてから何秒後に最高点に達するか。

(2)　投げた点からボールの最高点までの高さは何mか。

(3)　ボールが再び投げた点にもどるまでの時間は何秒か。

着眼　(1) 最高点では速度が0になることから，$v=0$とすればよい。
(3) 投げた点にもどるのは変位が0になることだから，$y=0$とすればよい。

解説　(1)　(1・17)式において，$v=0$とすると，

$$0=19.6-9.8t \qquad よって, \quad t=2.0\,\mathrm{s}$$

(2)　最高点での速度は0なので，(1・19)式に$v_0=19.6\,\mathrm{m/s}$，$v=0\,\mathrm{m/s}$を代入すると，

$$0-19.6^2=-2\times9.8\times y \qquad よって, \quad y=19.6\,\mathrm{m}\fallingdotseq20\,\mathrm{m}$$

(1・18)式に$v_0=19.6\,\mathrm{m/s}$，$t=2.0\,\mathrm{s}$を代入しても求めることができる。

$$y=19.6\times2.0-\frac{1}{2}\times9.8\times2.0^2=19.6\,\mathrm{m}\fallingdotseq20\,\mathrm{m}$$

(3)　(1・18)式で$y=0$とすると，

$$0=19.6t-\frac{1}{2}\times9.8t^2=4.9t(4-t) \qquad よって, \quad t=0.0\,\mathrm{s},\ 4.0\,\mathrm{s}$$

$t>0$であるから，$t=4.0\,\mathrm{s}$

答 (1)**2.0秒後**　(2)**20m**　(3)**4.0秒**

類題5　鉛直方向に初速度v_0で投げ上げた物体が，はじめの点にもどるまでの時間tをv_0とgで表せ。(解答☞p.510)

類題6　小球Aを自由落下させると同時に，その真下の地上の点から小球Bを初速度v_0で真上に投げ上げたところ，AとBの速さが同じになったときに衝突した。(解答☞p.510)

(1)　Aを自由落下させてからBに衝突するまでの時間をv_0とgで表せ。

(2)　Aの最初の地上からの高さをv_0とgで表せ。

2 投げおろした物体の運動 重要

初速度v_0で投げおろした物体の運動は，下向きをy軸の正の向きにとれば，初速度も加速度も正であるから，速さがしだいに大きくなる**正の等加速度直線運動**となる。そこで，(1・11)～(1・13)式の，aをg，xをyとそれぞれ書きかえれば，投げおろした物体の運動を表す式になる。

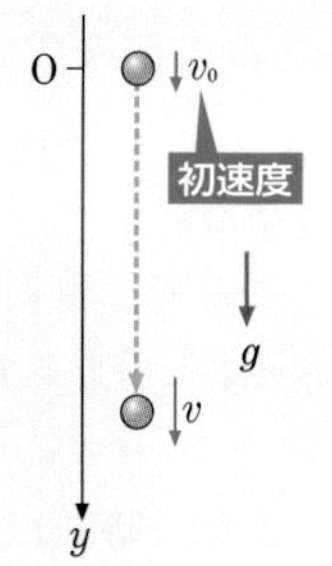

図26 投げおろした物体の運動

補足 鉛直投げ上げと鉛直投げおろしをあわせて，**鉛直投射**という。

POINT!

投げおろした物体の運動
- 速度　$v = v_0 + gt$　(1・20)
- 変位　$y = v_0 t + \frac{1}{2}gt^2$　(1・21)
- 時間を含まない式　$v^2 - v_0{}^2 = 2gy$　(1・22)

3 放物運動

1 水平投射した物体の運動 （くわしくは☞p.43～）

❶**水平投射**　物体を水平に投げることを水平投射という。水平投射された物体の運動は，水平方向の運動と鉛直方向の運動に分けて考えることができる。

図27のように初速度v_0で水平方向(x軸方向)に物体を投げ出す。このとき，

① 水平方向には，重力がはたらかないので物体は速度v_0の**等速直線運動**をする。
② 鉛直方向には初速度が0，重力加速度gの**自由落下運動**を行う。
③ 物体の運動の経路(軌跡)は，**最初の投射位置を頂点とした放物線**をえがく。

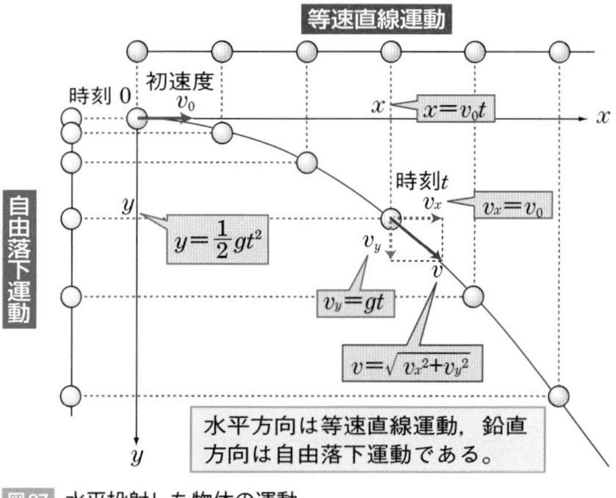

図27 水平投射した物体の運動

❷水平投射した物体の運動　時刻$t=0$のときの水平方向の初速度をv_0とし，出発点を原点として水平方向にx軸，鉛直下向きにy軸をとれば，時刻tにおける速度$\vec{v}$の，x方向の値（x成分☞ p.40）v_xおよびy方向の値（y成分）v_yは，それぞれ，

$$v_x = v_0 \qquad v_y = gt$$

となる。

ここで，時刻tにおける速度$\vec{v}$は$\vec{v_x}$と$\vec{v_y}$との合成速度（☞ p.39）なので，その大きさvは三平方の定理を使って，次のように表せる。

$$v = \sqrt{{v_x}^2 + {v_y}^2} = \sqrt{{v_0}^2 + (gt)^2} \qquad (1\cdot23)$$

また，時刻t[s]における位置$(x,\ y)$は，

$$x = v_0 t \qquad \text{（等速直線運動）} \qquad (1\cdot24)$$

$$y = \frac{1}{2}gt^2 \qquad \text{（自由落下運動）} \qquad (1\cdot25)$$

(1・24)，(1・25)式より，tを消去すると，この物体の運動の軌跡を表す方程式

$$y = \frac{1}{2}g\left(\frac{x}{v_0}\right)^2 = \frac{g}{2{v_0}^2}x^2 \qquad (1\cdot26)$$

が得られる。(1・26)式のyはxの２次関数であるから，物体の運動の軌跡は放物線であることがわかる。

2 斜方投射した物体の運動

❶斜方投射　物体を斜め上方に投げ上げることを**斜方投射**という。斜方投射された物体の運動は，水平方向の運動と鉛直方向の運動に分けて考えることができる。

①水平方向には重力がはたらかないので，物体は**等速直線運動**をする。

②鉛直方向では**鉛直投げ上げ**（☞ p.33）の運動になる。

③物体の運動の経路は，上に凸の**放物線**をえがく。

❷斜方投射した物体の運動　時刻$t=0$のときに，**水平方向と角$\boldsymbol{\theta}$をなす方向に初速度$\boldsymbol{v_0}$で投げ上げ**られた物体の運動は，**初速度$\vec{v_0}$のx成分が$v_0\cos\theta$，y成分が$v_0\sin\theta$**（☞ p.37）で，それぞれx方向，y方向に出発した運動に分けて考えることができる。

次ページの**図28**のように，物体の出発点を原点にとり，水平方向にx軸，鉛直上向きにy軸をとれば，時刻t[s]における速度$\vec{v}$のx成分v_x，y成分v_yは，それぞれ

$$v_x = v_0\cos\theta \qquad \text{（等速直線運動）} \qquad (1\cdot27)$$

$$v_y = v_0\sin\theta - gt \qquad \text{（鉛直投げ上げ）} \qquad (1\cdot28)$$

時刻t[s]における位置$(x,\ y)$は，それぞれ

$$x = (v_0\cos\theta)t = v_0\cos\theta\cdot t \qquad \text{（等速直線運動）} \qquad (1\cdot29)$$

$$y = (v_0\sin\theta)t - \frac{1}{2}gt^2 = v_0\sin\theta\cdot t - \frac{1}{2}gt^2 \qquad \text{（鉛直投げ上げ）} \qquad (1\cdot30)$$

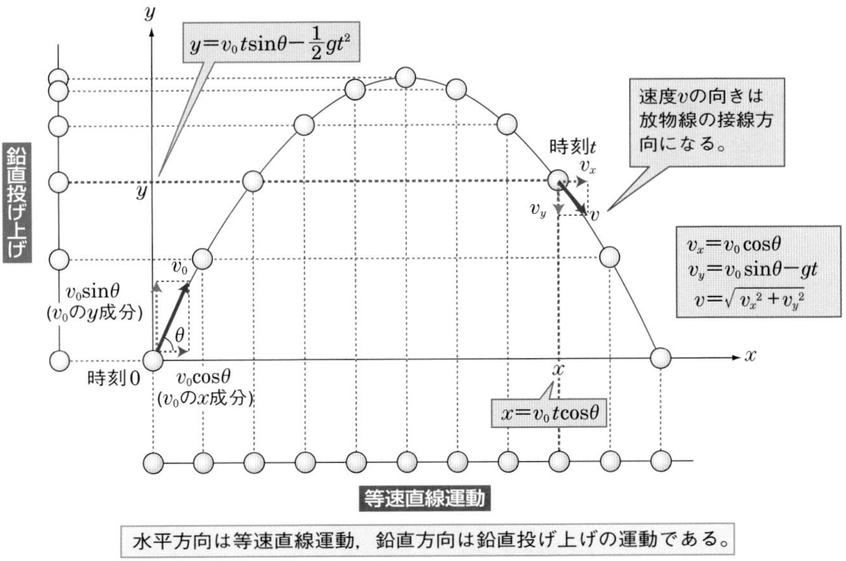

図28 斜方投射した物体の運動

(1･27)，(1･28)式より，時刻t〔s〕における速さv〔m/s〕は，水平投射と同様に，

$$v=\sqrt{v_x^2+v_y^2} \tag{1･31}$$

となる。

また，(1･29)，(1･30)式よりtを消去すると，物体の運動を表す方程式は，

$$y=v_0\cdot\frac{x}{v_0\cos\theta}\cdot\sin\theta-\frac{1}{2}g\left(\frac{x}{v_0\cos\theta}\right)^2$$

$$=-\frac{g}{2v_0^2\cos^2\theta}x^2+\tan\theta\cdot x \tag{1･32}$$

これはxの2次関数であるから，斜方投射した物体の運動の軌跡も放物線であることがわかる。

補足　右の図29のような∠ACB＝90°となる直角三角形ABCを考える。∠BAC＝θ（シータ）とすると，各辺の長さの比は，それぞれθの大きさだけで決まる。このとき，

① $\frac{対辺}{斜辺}=\frac{BC}{AB}=\frac{y}{r}$を$\theta$の**正弦**（せいげん）または**サイン**といい，**sinθ**と書く。

② $\frac{底辺}{斜辺}=\frac{AC}{AB}=\frac{x}{r}$を$\theta$の**余弦**（よげん）または**コサイン**といい，**cosθ**と書く。

③ $\frac{対辺}{底辺}=\frac{BC}{AC}=\frac{y}{x}$を$\theta$の**正接**または**タンジェント**といい，**tanθ**と書く。

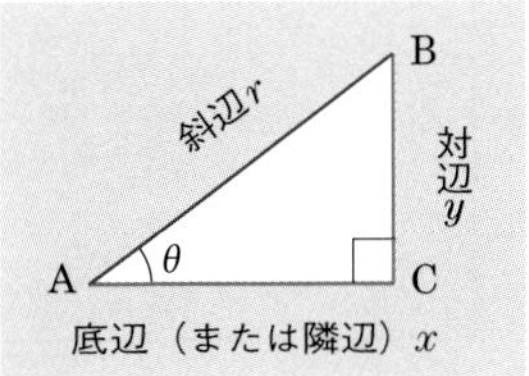

図29 三角比

①～③をまとめて**三角比**といい，次の関係が成りたつ。

$$\frac{\sin\theta}{\cos\theta}=\frac{\frac{BC}{AB}}{\frac{AC}{AB}}=\frac{BC}{AC}=\tan\theta,\ (\sin\theta)^2+(\cos\theta)^2=1$$

この関係は，$\theta>90°$に拡張した場合(**三角関数**)でも成立する。(☞p.506)

このSECTIONのまとめ 空中での物体の運動

□ 自由落下運動 ☞ p.32	・**重力加速度**…質量とは無関係に，$g = 9.8\,\mathrm{m/s^2}$ ・**重力**…質量 m〔kg〕の物体にかかる重力は mg〔N〕。 ・**自由落下運動**…鉛直下向きを $+y$ とすると， $\begin{cases} \textbf{速度} & v = gt \\ \textbf{変位} & y = \dfrac{1}{2}gt^2 \end{cases}$ t を消去して，$v^2 = 2gy$
□ 投げ上げと投げおろし ☞ p.33	・**投げ上げた物体の運動** 鉛直上向きを $+y$ とすると， $\begin{cases} \textbf{速度} & v = v_0 - gt \\ \textbf{変位} & y = v_0t - \dfrac{1}{2}gt^2 \end{cases}$ t を消去して，$v^2 - {v_0}^2 = -2gy$ ・**投げおろした物体の運動** 鉛直下向きを $+y$ とすると， $\begin{cases} \textbf{速度} & v = v_0 + gt \\ \textbf{変位} & y = v_0t + \dfrac{1}{2}gt^2 \end{cases}$ t を消去して，$v^2 - {v_0}^2 = 2gy$
□ 放物運動 ☞ p.35	・**水平投射した物体の運動** { **水平方向**…等速直線運動 { **鉛直方向**…自由落下運動 ・**斜方投射した物体の運動** 鉛直上向きを $+y$ とすると， $\begin{cases} v_x = v_0\cos\theta \\ v_y = v_0\sin\theta - gt \\ v = \sqrt{{v_x}^2 + {v_y}^2} \end{cases}$ $\begin{cases} x = v_0\cos\theta \cdot t \\ y = v_0\sin\theta \cdot t - \dfrac{1}{2}gt^2 \end{cases}$

SECTION 3 さまざまな運動

1 | 平面上の運動

1 平面上の速度の合成

❶変位の合成　海面上を走っている船のデッキを歩く人の運動を考えてみよう。

いま，人がデッキ上で**図30**の点Aから点Bまで歩く間に，船も移動して，点Aが点A′まで移動したとすると，人の海面に対する変位は$\overrightarrow{AB'}$である。これは，**船の変位$\overrightarrow{AA'}$と人のデッキ上での変位$\overrightarrow{AB}$とを合成したものである。**

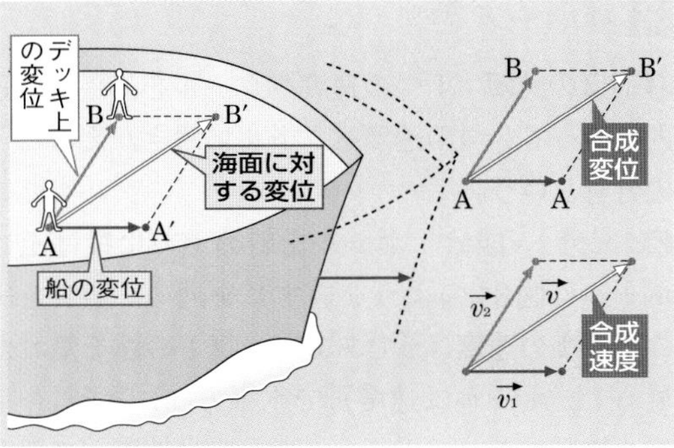

図30　速度の合成

❷速度の合成　上に述べたのは変位の関係であるが，変位を時間で割ったものが速度であるから，速度の関係も変位の関係と同じで，人の海面に対する速度$\vec{v}$は，船の海面に対する速度$\vec{v_1}$と人のデッキに対する速度$\vec{v_2}$を合成したものになる。速度の合成には，力の合成(☞p.57)と同じように，平行四辺形の法則を使う。

例題　川を横切るモーターボートの速さ

1.2m/sの速さで流れている川を，静水なら8.4m/sの速さで走るモーターボートで横切った。モーターボートから見て，モーターボートは川を垂直に横切ったとして，岸から見たモーターボートの速さを求めよ。$\sqrt{2}=1.41$とする。

着眼　流れている水の上をモーターボートが走るから，流れの速度とモーターボートの速度を合成すればよい。

解説　モーターボートは川の流れと垂直な方向に進もうとするから，モーターボートの速度ベクトルと流れの速度ベクトルは右図のような関係になる。よって，合成速度を$\vec{v}$とすると，三平方の定理により，

$$v^2=8.4^2+1.2^2$$

よって，

$$v=6\sqrt{2}\fallingdotseq 8.5\,\mathrm{m/s}$$

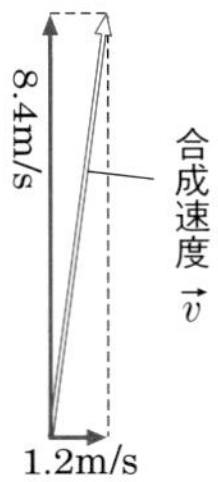

答 8.5m/s

類題7　静水中を3.0m/sの速さで航行する船がある。この船が，東向きに1.5m/sの速さで流れる川を船から見て真北の向きに航行するとき，岸から見た船の速さは何m/sか。ただし，必要なら$\sqrt{5}=2.24$を用いよ。（解答☞p.510）

類題8　幅100mの川を水が2.5m/sの速さで流れている。この川を川岸に垂直に横断して，40秒後に対岸の船着場に船を着けたい。船員から見たとき，船をどの方向に向けて，いくらの速さで進めればよいか。必要なら$\sqrt{2}=1.41$を用いよ。（解答☞p.511）

2 速度の分解

❶速度の分解　1つの速度ベクトルを，平行四辺形の法則を使って2つの速度ベクトルに置きかえることを速度の分解という。

❷x成分・y成分　ボールを斜め上方に投げ上げると，ボールは図31のような道すじを通る。点Pを通るときのボールの速度は$\vec{v}$であるが，真下の遠く離れた点から見ると，ボールは速度$\vec{v_x}$で水平方向に運動し，x軸上の遠く離れた点から見ると，ボールは速度$\vec{v_y}$で鉛直方向に運動しているように見える。速度$\vec{v}$は，これら2つの速度$\vec{v_x}$と$\vec{v_y}$に分解でき，このときの，$\vec{v_x}$，$\vec{v_y}$をそれぞれ$\vec{v}$のx成分，y成分という。

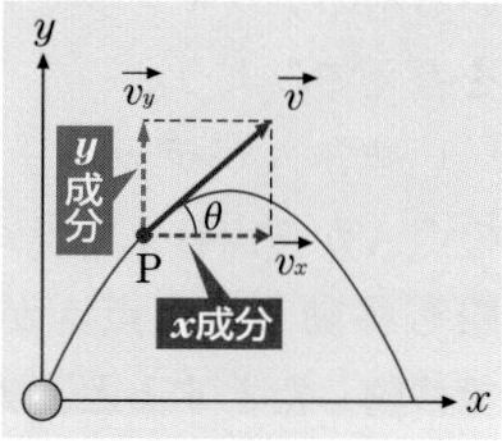

図31　速度の分解

　速度$\vec{v}$とx軸のなす角をθとして，三角関数(☞p.506)を使うと，次式のような関係がある。

$$\begin{cases} v_x = v\cos\theta & (1\cdot33) \\ v_y = v\sin\theta & (1\cdot34) \\ v^2 = v_x^2 + v_y^2 & (1\cdot35) \end{cases}$$

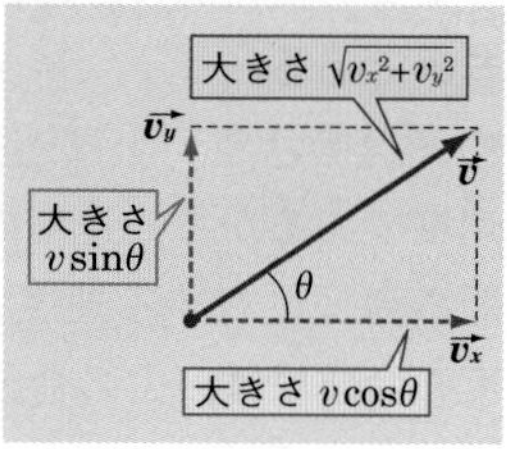

図32　x成分・y成分

POINT!

速度の分解

速度$\vec{v}$〔m/s〕とx軸の正方向とのなす角がθのとき，

$$\vec{v}\text{の}\begin{cases} x\text{成分} & v_x = v\cos\theta \\ y\text{成分} & v_y = v\sin\theta \end{cases} \qquad v^2 = v_x^2 + v_y^2$$

例題　**平面上の速度の分解**

　ジェット機が，水平方向に対して角度$\theta=30°$をなす向きに上昇しながら，速さ$v=4.0\times10^2$m/sで進んでいる。$\sqrt{3}=1.73$として，次の各問いに答えよ。

(1)　ジェット機の速度の，水平方向の大きさv_xを求めよ。

(2)　ジェット機の速度の，鉛直方向の大きさv_yを求めよ。

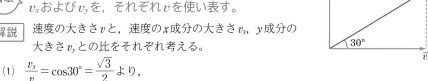

着眼 水平方向をx方向，鉛直方向をy方向として，v_xおよびv_yを，それぞれvを使い表す。

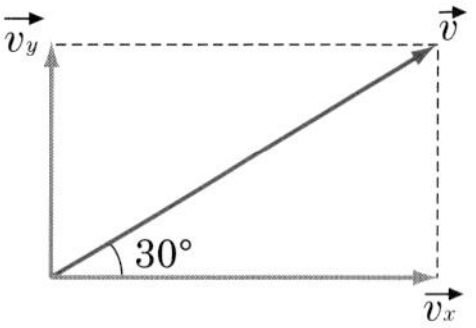

解説 速度の大きさvと，速度のx成分の大きさv_x，y成分の大きさv_yとの比をそれぞれ考える。

(1) $\dfrac{v_x}{v} = \cos 30° = \dfrac{\sqrt{3}}{2}$ より，

$$v_x = v\cos 30° = 4.0 \times 10^2 \times \frac{\sqrt{3}}{2} = 2.0 \times 1.73 \times 10^2 \fallingdotseq 3.5 \times 10^2\,\mathrm{m/s}$$

(2) $\dfrac{v_y}{v} = \sin 30° = \dfrac{1}{2}$ より，

$$v_y = v\sin 30° = 4.0 \times 10^2 \times \frac{1}{2} = 2.0 \times 10^2\,\mathrm{m/s}$$

答 (1)$3.5 \times 10^2\,\mathrm{m/s}$　(2)$2.0 \times 10^2\,\mathrm{m/s}$

3 平面上の相対速度

❶平面上の相対速度　一直線上の運動についての相対速度はすでに学んだ(☞ p.22)。一般に物体A，物体Bが平面内をそれぞれ速度$\vec{v_A}$，$\vec{v_B}$で運動しているとき，Bから見たAの相対速度$\vec{v_{BA}}$を求めてみよう。

いま，A，Bに対して静止している点(たとえば大地)を考える。物体Bから見ると，大地は自分とは逆向き，すなわち速度$-\vec{v_B}$で運動しているように見える。このとき，物体Aは大地に対して速度$\vec{v_A}$で運動している。

よって，Bから見たAの相対速度$\vec{v_{BA}}$は，Aの大地に対する速度$\vec{v_A}$と，大地のBに対する速度$-\vec{v_B}$を足しあわせた合成速度となる。したがって，

Bに対するAの相対速度　$\vec{v_{BA}} = \vec{v_A} + (-\vec{v_B}) = \vec{v_A} - \vec{v_B}$　(1･36)

となる。逆に考えて，次のようにいえる。

Aに対するBの相対速度　$\vec{v_{AB}} = \vec{v_B} - \vec{v_A}$　(1･37)

❷相対速度の作図　作図で求める場合は，$\vec{v_{BA}} = \vec{v_A} + (-\vec{v_B}) = \vec{v_A} - \vec{v_B}$より，たとえば次のようにかく。

① 2つの速度ベクトル$\vec{v_A}$と$\vec{v_B}$を平行移動し，始点をそろえる。

② $\vec{v_B}$と逆向きのベクトル$-\vec{v_B}$をつくる。

③ $\vec{v_A}$と$-\vec{v_B}$で平行四辺形をつくり，対角線のベクトルをかけば，相対速度$\vec{v_{BA}}$が求められる。

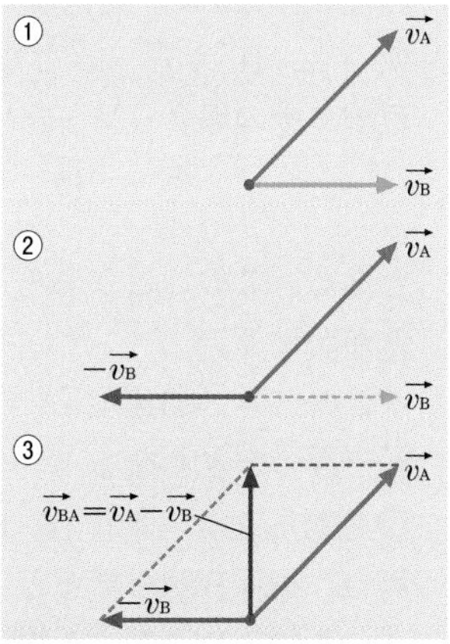

図33　相対速度の作図

POINT!

B(観測者)から見たA(物体)の相対速度
：物体の速度から観測者の速度を引く
$\vec{v_{BA}} = \vec{v_A} - \vec{v_B}$

例題　**電車から見た雨の相対速度**

風がないとき，速さ50 km/hで走っている電車の窓から見ると，雨が鉛直方向と60°の角をなして降っているように見えた。雨滴の落下する速さは何m/sか。ただし，$\sqrt{3}=1.73$とする。

着眼　電車から見た雨の相対速度の方向が鉛直と60°の角をなしている。電車の速度は水平方向，雨滴の速度は鉛直方向で，相対速度はベクトルの差になる。

解説　雨滴の落下速度を$\overrightarrow{v_A}$，電車の速度を$\overrightarrow{v_B}$とすると，電車から見た雨滴の相対速度$\overrightarrow{v_{BA}}$は，

$$\overrightarrow{v_{BA}}=\overrightarrow{v_A}-\overrightarrow{v_B}$$

である。

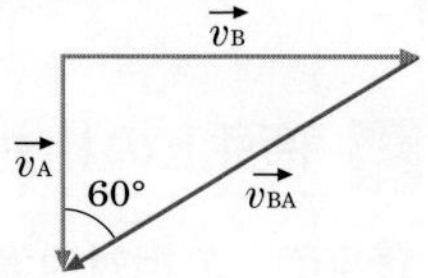

$\overrightarrow{v_{BA}}$は鉛直方向と60°の角をなすから，$\overrightarrow{v_A}$，$\overrightarrow{v_B}$，$\overrightarrow{v_{BA}}$の関係は右図のようになっている。よって，

$$v_A=\frac{v_B}{\tan 60°}=\frac{50}{\sqrt{3}}\text{km/h}=\frac{50\sqrt{3}}{3}\times\frac{1}{3.6}\text{m/s}$$

$$\fallingdotseq\frac{50\times1.73}{3\times3.6}\text{m/s}\fallingdotseq 8.0\text{m/s}$$

答 8.0 m/s

類題9　直線状の道路を，自動車Aが西向きに一定の速さ$v_A=45$ km/hで進み，自動車Bが南向きに一定の速さ$v_B=60$ km/hで進んでいる。このとき，自動車Bに対する自動車Aの速度$\overrightarrow{v_{BA}}$の大きさを求めよ。(解答☞p.511)

4 一般の加速度と相対加速度

❶一般の加速度　速度の方向が変わる場合でも，速度の変化量$\Delta\vec{v}$は，変化前の速度$\overrightarrow{v_1}$と変化後の速度$\overrightarrow{v_2}$を使うと，$\Delta\vec{v}=\overrightarrow{v_2}-\overrightarrow{v_1}$となる。この場合の加速度は，直線運動の場合(☞p.24)と同様に，

$$\vec{a}=\frac{\Delta\vec{v}}{\Delta t}=\frac{\overrightarrow{v_2}-\overrightarrow{v_1}}{\Delta t} \quad (1\cdot38)$$

となる。このことからも，**加速度もベクトルである**ことがわかる。

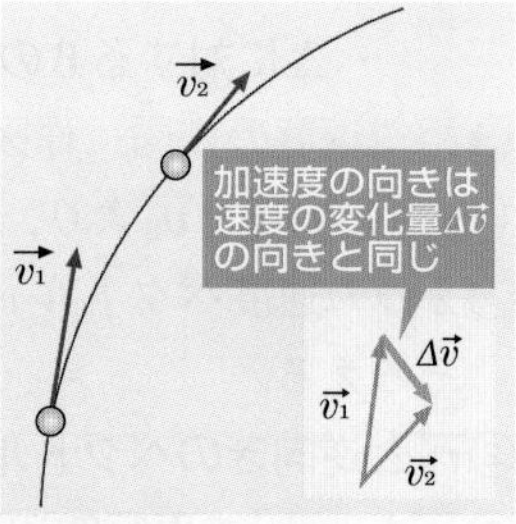

図34　速度の変化量

このとき，加速度$\vec{a}$や物体にはたらく力$\vec{F}$の向きは，速度の変化量$\Delta\vec{v}$，すなわち$\overrightarrow{v_2}-\overrightarrow{v_1}$の向きとなる。

❷相対加速度　物体A，Bが大地に対して，それぞれ加速度$\overrightarrow{a_A}$，$\overrightarrow{a_B}$で運動している場合，物体Bから見ると，物体Aは加速度$(\overrightarrow{a_A}-\overrightarrow{a_B})$で運動しているように見える。これを物体Bに対する物体Aの**相対加速度**という。

2 平面上の放物運動

1 水平投射 ①重要

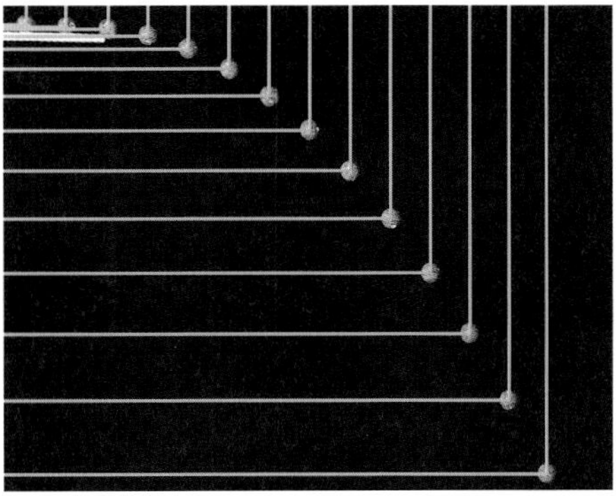

図35 水平に投げ出した小球の運動

❶運動の分解　図35は水平に投げ出した小球の運動を示すストロボ写真である。これを見ると，小球は水平方向には等速運動をしているが，鉛直方向ではしだいに速度が大きくなることがわかる。よって，水平投射した物体の運動は，水平方向にx軸，鉛直方向にy軸をとり，この2つの方向に分解して考えるとよい。

❷速度　空中に投げ出された物体には**重力だけがはたらく**。重力の向きは鉛直下向きで，水平方向の成分は0であるから，物体には**水平方向の加速度は生じない**。したがって，投げ出したときの初速度をv_0とすると，t〔s〕後の速度の水平成分v_xはv_0のままで等速直線運動となる。

$$v_x = v_0 \tag{1·39}$$

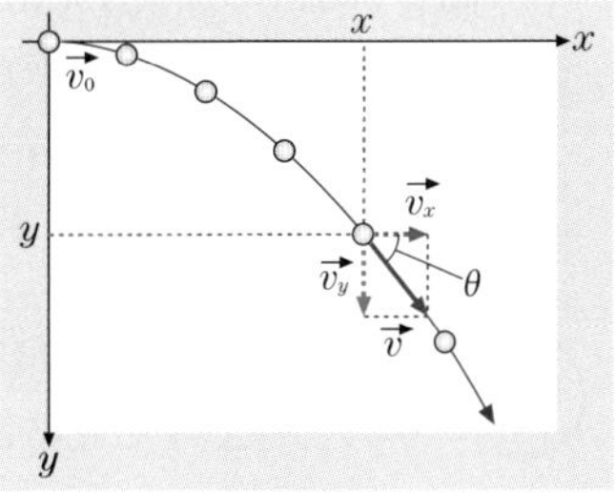

図36 水平に投げた球の速度と位置

鉛直方向には重力加速度gの等加速度直線運動をする。初速度は水平成分のみで，**鉛直成分は0**なので，t〔s〕後の速度の鉛直成分v_yは次のようになる。

$$v_y = gt \tag{1·40}$$

したがって，t〔s〕後の速さvは，

$$v = \sqrt{v_x^2 + v_y^2} = \sqrt{v_0^2 + (gt)^2} \tag{1·41}$$

となる。速度ベクトル$\vec{v}$の向きは，$\vec{v}$が水平方向となす角をθとすると次のようになる。

$$\tan\theta = \frac{v_y}{v_x} = \frac{gt}{v_0} \tag{1·42}$$

これは，物体の軌跡である放物線の接線方向である。

❸位置　水平方向には等速直線運動をするので，t〔s〕後の物体の位置のx座標は，

$$x = v_0 t \tag{1·43}$$

鉛直方向には，初速度0，加速度gの等加速度直線運動をするので，t〔s〕後の物体の位置のy座標は，

$$y = \frac{1}{2}gt^2 \tag{1·44}$$

❹**軌跡の式**　t〔s〕後の物体のx座標を表す式$x = v_0 t$より，$t = \dfrac{x}{v_0}$となる。これをyの式に代入してtを消去すると，

$$y = \frac{g}{2{v_0}^2}x^2 \qquad (1\cdot45)$$

という式が得られる。これが**物体の通った経路**すなわち軌跡(軌道)を表す式であり，xの**2次関数**であるから，軌跡は**放物線**になる。このような運動を放物運動という。

POINT!

水平投射した物体の運動

水平方向…初速度v_0の等速直線運動
鉛直方向…初速度0，加速度gの等加速度直線運動

速度 $\begin{cases} v_x = v_0 \\ v_y = gt \end{cases}$　　位置 $\begin{cases} x = v_0 t \\ y = \dfrac{1}{2}gt^2 \end{cases}$

速度の向きθ：$\tan\theta = \dfrac{v_y}{v_x}$

例題　**飛行機から落とした物体の運動**

高さ980mの所を196m/sの速度で水平に飛んでいる飛行機から，地上にあるA点の真上で物体を静かに投下した。物体が落下する時間，A点と落下点との距離，および地面に落下する直前の物体の速さを求めよ。ただし，重力加速度$g = 9.8\,\mathrm{m/s^2}$，$\sqrt{2} = 1.41$，$\sqrt{3} = 1.73$とし，空気抵抗は無視する。

着眼　落ちる前の物体は飛行機と同じ速度で飛んでいる。飛行機から物体を落とすのを地上から見ると，物体は水平に投げ出されたのと同じ運動をする。

解説　物体の初速度は水平方向に196m/sで，鉛直成分は0であるから，鉛直方向の運動は自由落下運動と同じ。落下する時間をt〔s〕とすると，(1・44)式より，

$$980 = \frac{1}{2}gt^2 \qquad \text{よって，} \quad t = \sqrt{\frac{2\times980}{g}} = \sqrt{\frac{2\times980}{9.8}} = 10\sqrt{2} \fallingdotseq 14\,\mathrm{s}$$

A点と落下点との距離x〔m〕は，水平方向の変位を求めればよい。(1・43)式より，

$$x = v_0 t = 196\times10\sqrt{2} \fallingdotseq 2.8\times10^3\,\mathrm{m}$$

落下直前の速さは，まず，水平成分v_xと鉛直成分v_yを求める。(1・39)，(1・40)式より，

$$v_x = v_0 = 196\,\mathrm{m/s},\ v_y = gt = 9.8\times10\sqrt{2} = 98\sqrt{2}\,\mathrm{m/s}$$

したがって，速さvは，(1・41)式より，

$$v = \sqrt{{v_x}^2 + {v_y}^2} = \sqrt{196^2 + (98\sqrt{2})^2} = 98\sqrt{6} = 239.\cdots \fallingdotseq 240\,\mathrm{m/s}$$

答 時間…14s　距離…2.8×10^3m　速さ…240m/s

類題10　高さ30mのがけの上に高さ10mの建物がある。建物はがけのふちから20m離れた所に建てられている。この建物の屋上から小石を水平に投げて，がけの向こうに落とすためには，小石の初速度をいくら以上にしなければならないか。また，このとき小石は，がけの真下の点からいくら以上離れた所に落ちるか。重力加速度を$9.8\,m/s^2$とし，有効数字2桁で答えよ。（解答☞p.511）

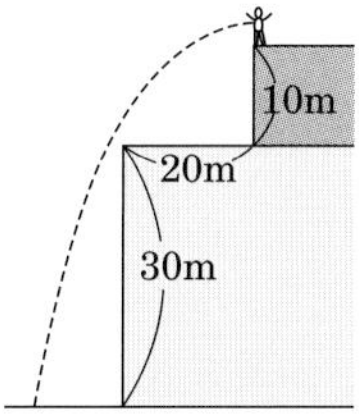

2 斜方投射　①重要

図37は斜め上方に投げ出した小球の運動をうつしたストロボ写真である。この運動も，**図35**（☞p.43）の場合と同じで，水平方向には等速直線運動をし，鉛直方向では一定の加速度が生じている。そのため，この場合も，運動を水平方向と鉛直方向の運動に分解して考える。

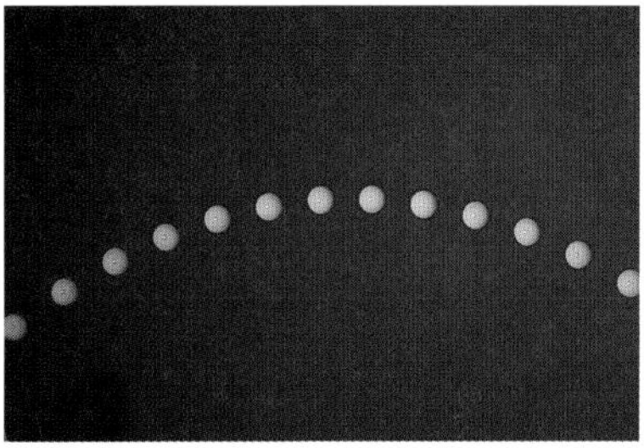
図37　斜めに投げ上げた小球の運動

❶初速度の分解　物体を，水平方向x軸に対して角θ(これを**仰角**(ぎょうかく)という)をなす向きに，初速度v_0で投げ出す。物体を投げ出した点を原点Oとし，水平方向にx軸，鉛直方向にy軸(上向きが正)をとる。初速度のx成分v_{0x}，y成分v_{0y}は，初速度$\overrightarrow{v_0}$とx軸とのなす角θを使って，

$$v_{0x} = v_0\cos\theta$$
$$v_{0y} = v_0\sin\theta$$

と表せる。

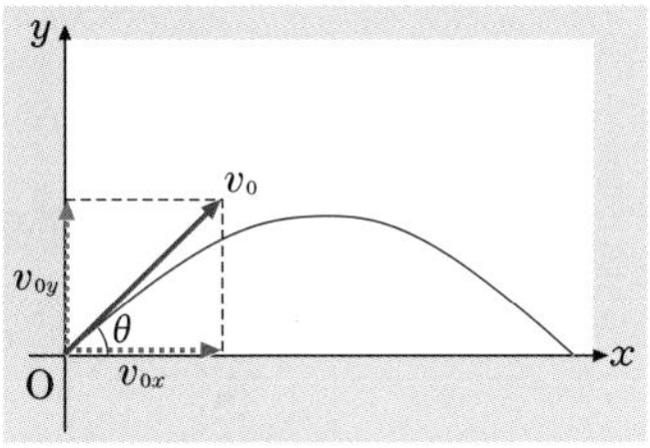

図38　初速度の分解

❷速度の変化　水平方向では等速直線運動をするから，t[s]後の速度の水平成分v_xは次のようになる。

$$v_x = v_{0x} = v_0\cos\theta \qquad (1\cdot46)$$

鉛直方向では，初速度v_{0y}，加速度$-g$の負の等加速度直線運動をするから，t[s]後の速度の鉛直成分v_yは次のようになる。

$$v_y = v_{0y} - gt = v_0\sin\theta - gt \qquad (1\cdot47)$$

(1·46)，(1·47)式より，時刻tにおける速さvは，

$$v = \sqrt{v_x{}^2 + v_y{}^2} = \sqrt{(v_0\cos\theta)^2 + (v_0\sin\theta - gt)^2}$$

となり，$\sin^2\theta + \cos^2\theta = 1$（☞p.506）より，次のようになる。

$$v = \sqrt{v_0{}^2 + (gt)^2 - 2gv_0t\sin\theta} \qquad (1\cdot48)$$

また，速度の向きθは，$\tan\theta = \dfrac{v_y}{v_x} = \dfrac{v_0\sin\theta - gt}{v_0\cos\theta}$をみたす。

❸物体の位置　物体のt〔s〕後の位置のx座標は，速さv_{0x}〔m/s〕の等速直線運動の結果，次のとおり。

$$x = v_{0x}t = (v_0\cos\theta)t = v_0\cos\theta\cdot t \qquad (1\cdot49)$$

y座標は，初速度v_{0y}〔m/s〕，加速度$-g$〔m/s^2〕の等加速度運動の結果，次のとおり。

$$y = v_{0y}t - \frac{1}{2}gt^2 = (v_0\sin\theta)t - \frac{1}{2}gt^2 = v_0\sin\theta\cdot t - \frac{1}{2}gt^2 \qquad (1\cdot50)$$

❹軌跡の式　(1･49)式から$t = \dfrac{x}{v_0\cos\theta}$を求め，(1･50)式に代入して$t$を消去し，$x$と$y$の関係式を求めると，

$$y = -\frac{g}{2{v_0}^2\cos^2\theta}x^2 + \tan\theta\cdot x \qquad (1\cdot51)$$

が得られる。これが，物体のたどる軌跡(軌道)を表す式である。この式でも，**yはxの2次関数となるので，軌跡は放物線となる。**

POINT!

斜方投射した物体の運動

速度 $\begin{cases} v_x = v_0\cos\theta \\ v_y = v_0\sin\theta - gt \end{cases}$　　位置 $\begin{cases} x = v_0\cos\theta\cdot t \\ y = v_0\sin\theta\cdot t - \dfrac{1}{2}gt^2 \end{cases}$

時刻tの速度の向きϕ：$\tan\phi = \dfrac{v_y}{v_x}$

［v_0〔m/s〕：初速度　θ：初速度の向き(仰角)
v〔m/s〕：時刻t〔s〕における速度　g〔m/s^2〕：重力加速度］

❺最高点の高さ　最高点では**速度の鉛直成分v_yが0**になるので，(1･47)式において$v_y = 0$とすると，最高点に達する時刻tは，

$$0 = v_0\sin\theta - gt \qquad より， \qquad t = \frac{v_0\sin\theta}{g}$$

このtを(1･50)式に代入すると，**最高点の高さH**が求められる。

$$H = v_0\sin\theta\cdot\frac{v_0\sin\theta}{g} - \frac{1}{2}g\left(\frac{v_0\sin\theta}{g}\right)^2 = \frac{{v_0}^2\sin^2\theta}{2g} \qquad (1\cdot52)$$

❻水平到達距離　投げ上げた物体が投げた地点と同じ高さの所まで落ちると，**y座標が0になる。**そこで，(1･50)式において$y = 0$とすると，物体が落下する時刻tが求められる。

$$0 = v_0t\sin\theta - \frac{1}{2}gt^2 = t\left(v_0\sin\theta - \frac{1}{2}gt\right)$$

$t \neq 0$であるから，　$t = \dfrac{2v_0\sin\theta}{g}$　(1･53)

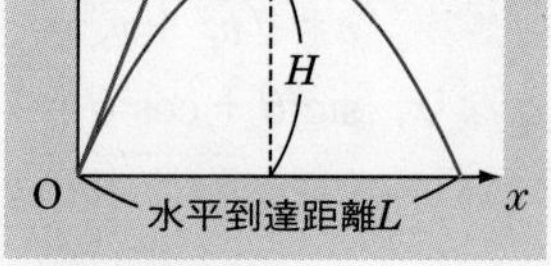

図39 斜方投射

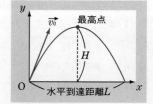

補足 投げた地点と同じ高さまで落下する時間は，最高点に達するまでの時間の2倍になる。

(1･53)式のtを(1･49)式に代入すると，物体を投げ出した点から水平面上の**落下点までの距離L（水平到達距離）**が求められる。

$$L = v_0\cos\theta \cdot \frac{2v_0\sin\theta}{g} = \frac{2{v_0}^2\sin\theta\cos\theta}{g}$$

三角関数の公式(☞ p.506) $2\sin\theta\cos\theta = \sin 2\theta$を用いて，

$$L = \frac{{v_0}^2\sin 2\theta}{g} \qquad (1\cdot54)$$

参考　(1･54)式によって，水平到達距離Lは，初速度v_0が一定ならば，投げ上げの仰角θの大きさによって決まることがわかる。$\sin 2\theta$の最大値は1で，そのとき，$2\theta = 90°$であるから，仰角を$\theta = 45°$としたときにいちばん遠くまで飛び，このときの水平到達距離は$\frac{{v_0}^2}{g}$である。

例題　斜方投射した物体の運動

高さ80mのがけの上のA点から石を60m/sの速さで水平方向と30°の角をなすように投げると，石は右図のような軌道に沿って地上のC点に達した。重力加速度$g = 10\,\mathrm{m/s^2}$，$\sqrt{7} = 2.65$として，次の問いに答えよ。

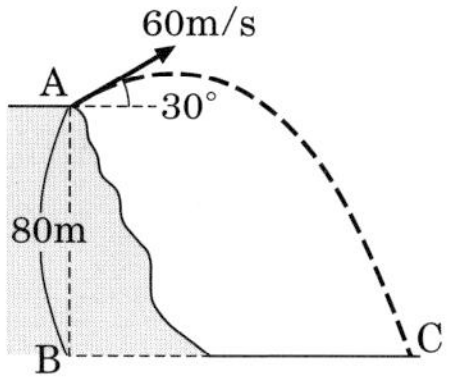

(1)　石がC点に達するまでの時間はいくらか。

(2)　AC間の距離はいくらか。

着眼　石を投げ出した点を原点にとり，鉛直上向きをy軸の正の向きにとれば，C点のy座標は$-80\,\mathrm{m}$となる。

解説　A点を原点とし，水平方向にx軸，鉛直方向上向きにy軸をとる。初速度の水平成分v_{0x}，鉛直成分v_{0y}は，

$$v_{0x} = 60\cos 30° = 30\sqrt{3}\,\mathrm{m/s}$$
$$v_{0y} = 60\sin 30° = 30\,\mathrm{m/s}$$

(1)　C点のy座標は，$y = -80\,\mathrm{m}$であるから，(1･50)式を用いると，

$$-80 = 30t - \frac{1}{2}gt^2 = 30t - 5t^2$$

整理すると，

$$t^2 - 6t - 16 = 0$$

よって$t = 8.0\,\mathrm{s}$，$-2.0\,\mathrm{s}$

$t > 0$であるから，$t = 8.0\,\mathrm{s}$

(2)　Aの真下でCと同じ高さの点をBとすると，BCの長さはC点のx座標で与えられるので，

$$\mathrm{BC} = v_{0x}t = 30\sqrt{3} \times 8.0 = 240\sqrt{3}\,\mathrm{m}$$

よって，
$$\mathrm{AC} = \sqrt{\mathrm{AB}^2 + \mathrm{BC}^2} = \sqrt{80^2 + (240\sqrt{3})^2}$$
$$= 80\sqrt{1 + (3\sqrt{3})^2}$$
$$= 160\sqrt{7} \fallingdotseq 4.2 \times 10^2\,\mathrm{m}$$

答 (1) $8.0\,\mathrm{s}$　(2) $4.2 \times 10^2\,\mathrm{m}$

3｜空気抵抗を受ける物体の運動

❶遅い物体の空気抵抗　物体が空気中を運動すると，物体が空気を引きずって進むために，抵抗力(空気抵抗)を受ける。空気抵抗の大きさは，物体の形状，速さ，温度などによって複雑に変化する。形が球で速さが小さいとき，空気抵抗の大きさFは，球の半径Rと速さvとの積に比例する。

$$F=\kappa Rv \quad (\kappa は比例定数)$$

空中を落下する霧や雨の粒は，ほぼこの関係にしたがう。

❷速い物体の空気抵抗　球が速くなると球の後方に渦(うず)ができ，空気抵抗は球の半径Rの2乗と速さvの2乗に比例するようになる。

$$F=\kappa' R^2v^2 \quad (\kappa' は比例定数)$$

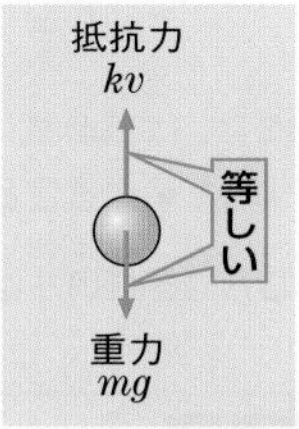

図40　終端速度

❸終端速度　質量mの物体が空気中をゆっくりと落下し，抵抗力が速度vに比例するならば，物体の運動方程式(☞p.68)は比例定数$k=\kappa R$をつかって

$$ma=mg+(-kv) \qquad (1\cdot55)$$

となる。時間がたつと，速度が大きくなるので，やがて，抵抗力kvと重力mgの大きさが等しくなる。こうなると，加速度が0になるので，物体はこの後ずっと**等速直線運動をする**。このときの速度v_fを終端速度といい，

$$mg-kv_f=0 \quad より， \quad \boldsymbol{v_f=\frac{mg}{k}}$$

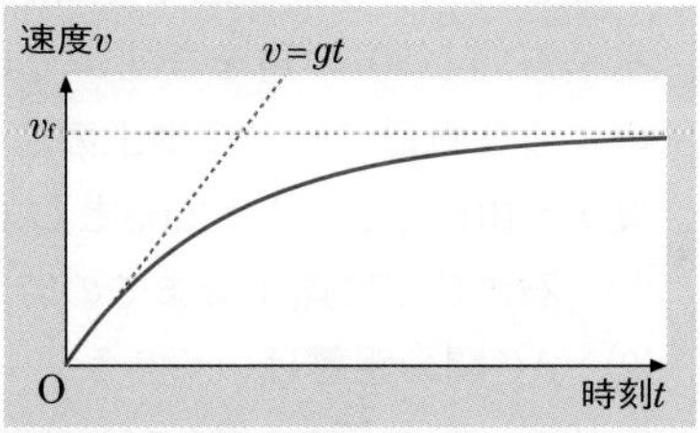

図41　落下速度の変化

例題　**落下する油滴の終端速度**

密度ρの油を霧吹きで細かい油滴にして空気中に吹き出すと，油滴は空気中をゆっくりと等速で落下する。このとき油滴は球になっていて，油滴が空気から受ける抵抗力は油滴の半径rと速度vに比例する(比例定数をκとする)として，油滴の落下する速さをρ，r，κ，および重力加速度gで表せ。

着眼　油滴にはたらく力は重力と抵抗力の2つであり，油滴が等速で落下するから，力はつり合っている。

解説　油滴の体積は$\frac{4}{3}\pi r^3$より，油滴の質量は$\frac{4}{3}\pi r^3\rho$であるから，重力は$\frac{4}{3}\pi r^3\rho g$である。

次に，抵抗力はrとvに比例するから，κrvである。油滴が等速で落下するのは，重力と抵抗力とがつり合った(☞p.60)ときだから，

$$\frac{4}{3}\pi r^3\rho g=\kappa rv \qquad よって， \quad v=\frac{4\pi r^2\rho g}{3\kappa}$$

答　$\frac{4\pi r^2\rho g}{3\kappa}$

このSECTIONのまとめ　さまざまな運動

□ 平面上の運動
☞ p.39

- **速度の合成**…速度$\overrightarrow{v_A}$で運動している物体A上で，Aに対して速度$\overrightarrow{v_B}$で運動する物体Bの合成速度$\vec{v}$は，ベクトルの和で求められる。

$$\vec{v}=\overrightarrow{v_A}+\overrightarrow{v_B}$$

- **速度の分解**…x成分，y成分に分解することが多い。

$$\begin{cases} v_x = v\cos\theta \\ v_y = v\sin\theta \\ \dfrac{v_y}{v_x} = \tan\theta \\ v = \sqrt{v_x{}^2+v_y{}^2} \end{cases}$$

- **相対速度**…速度$\overrightarrow{v_B}$で運動する物体Bから見た，速度$\overrightarrow{v_A}$で運動する物体Aの相対速度$\overrightarrow{v_{BA}}$は，ベクトルの差で求められる。

$$\overrightarrow{v_{BA}}=\overrightarrow{v_A}-\overrightarrow{v_B}$$

- **平面上の加速度**…加速度$\vec{a}$はベクトルであり，大きさと向きをもつ。

$$\vec{a}=\frac{\Delta\vec{v}}{\Delta t}=\frac{\overrightarrow{v_2}-\overrightarrow{v_1}}{t_2-t_1}$$

- **相対加速度**…Bから見たAの相対加速度

$$\overrightarrow{a_{BA}}=\overrightarrow{a_A}-\overrightarrow{a_B}$$

□ 平面上の放物運動
☞ p.43

- **水平に投げた物体の運動**　（鉛直下向きが $+y$）

速度 $\begin{cases} v_x = v_0 \\ v_y = gt \end{cases}$　　位置 $\begin{cases} x = v_0 t \\ y = \dfrac{1}{2}gt^2 \end{cases}$

- **斜めに投げ上げた物体の運動**　（鉛直上向きが $+y$）

速度 $\begin{cases} v_x = v_0\cos\theta \\ v_y = v_0\sin\theta - gt \end{cases}$　　位置 $\begin{cases} x = v_0\cos\theta\cdot t \\ y = v_0\sin\theta\cdot t - \dfrac{1}{2}gt^2 \end{cases}$

□ 空気抵抗を受ける物体の運動
☞ p.48

- **空気抵抗力**…球形の物体なら，低速では半径Rと速さvに比例する。
- **終端速度**…時間がじゅうぶんたち，重力と抵抗力がつり合って，等速直線運動を行うときの速度。

CHAPTER 1 練習問題 解答 ☞ p.511

1 〈単位の変換〉 物理基礎

有効数字を考慮して，次の各物理量の単位を変換せよ。

(1) 36 km/h は何 m/s か。

(2) 25 m/s は何 km/h か。

2 〈x-t グラフと変位・速度〉 物理基礎 テスト必出

右図の x-t グラフで表される運動をしている物体がある。

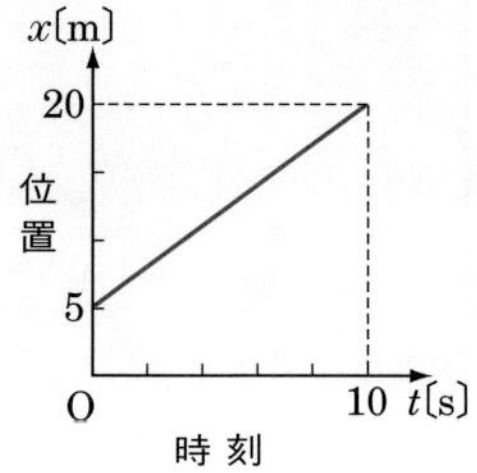

(1) この物体の速さは何 m/s か。

(2) この物体の加速度はいくらか。

(3) 5 秒から 10 秒までの変位は何 m か。

3 〈平均の速度と平均の加速度〉 物理基礎

ある物体の位置 x〔m〕と時刻 t〔s〕の関係を調べたところ，$t_1 = 2\,\mathrm{s}$ で $x_1 = 5\,\mathrm{m}$，$t_2 = 4\,\mathrm{s}$ で $x_2 = 11\,\mathrm{m}$，$t_3 = 6\,\mathrm{s}$ で $x_3 = 21\,\mathrm{m}$ だった。

(1) 時刻が 2 ～ 4 秒における平均の速度を求めよ。

(2) 時刻が 4 ～ 6 秒における平均の速度を求めよ。

(3) (1), (2)で求めた速度を使って，時刻が 3 ～ 5 秒における平均の加速度を求めよ。ただし，$t = 3\,\mathrm{s}$ における瞬間の速度は時刻 2 ～ 4 秒の平均の速度に等しく，$t = 5\,\mathrm{s}$ における瞬間の速度は時刻 4 ～ 6 秒の平均の速度に等しいものとする。

4 〈一直線上の運動の相対速度〉 物理基礎 テスト必出

南北に走る直線道路を北向きに 15 m/s で動くバスの中から乗客が外を見ている。

(1) 乗客から見て，次の物体はどの向きにどれだけの速さで運動するように見えるか。

① バスと同じ方向に 20 m/s で動いている自動車

② バスと逆の方向に 20 m/s で動いている自動車

(2) 乗客から見て 10 m/s でバスを追い越したバイクは，バスの外から見てどの向きにどれだけの速さで運動しているか。

5 〈平面上の運動における相対速度〉 テスト必出

水平方向に 21 m/s の速さで走っている電車の中から外を見たとき，雨が鉛直方向に対して 60° の角をなして降っているように見えた。電車の外には風はなく，雨は鉛直に降っていた。雨の落下速度を求めよ。ただし，$\sqrt{3} = 1.73$ とする。

6 〈平面上の運動の合成速度〉

静水に対して4.0m/sの速さで進む船がある。ここで，川の流速を3.0m/s，川幅を100mとして次の問いに答えよ。ただし，川上から川下に向かう向きをx軸の正の向き，川岸に対して垂直方向で対岸に向かう向きをy軸の正の向きとし，$\sqrt{7}=2.645$とする。

(1) 船から見て川の流れに対し垂直に進むとき，岸から見た船の速さvは何m/sか。また，このとき，岸から見た船の速度のx成分v_x，y成分v_yはそれぞれ何m/sか。

(2) 船が川を渡りきるのにかかる時間は何sか。

(3) 船が川を渡りきるまでに，x方向に何m流されたか。

(4) 川岸から見た，川岸と船の進む方向とのなす角度をθとしたとき，$\tan\theta$を求めよ。

(5) 船から見た，川岸と船の進み出す方向とのなす角度をθ'としたとき，船は川岸から見て対岸に対して垂直に進んでいった。このときの角度θ'は何度か。必要なら三角関数表(☞ p.508)を用いて答えよ。

7 〈加速度の大きさ〉 物理基礎 テスト必出

物体が次のような等加速度運動をしたとき，それぞれの加速度の大きさを求めよ。

(1) 5秒間に，速度が10m/sから25m/sに変化した。

(2) 20m/sで走っていた車が急ブレーキをかけて4秒後に止まった。

(3) 右向き3m/sで運動していた物体が5秒後に左向き7m/sになった。

8 〈v-tグラフと位置・加速度〉 物理基礎

一直線上を運動している物体がある。右図は，運動の正の向きを右向きにとったときの，この物体のv-tグラフである。

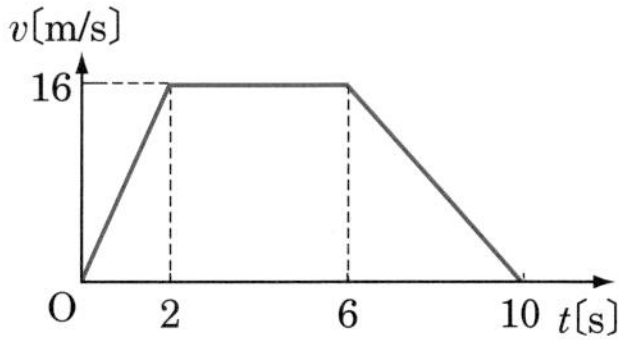

(1) 時刻0s～2.0s，2.0s～6.0s，6.0s～10.0sの間における物体の加速度は，それぞれ何m/s^{2}か。

(2) 時刻0s～10.0sにおける物体の移動距離lは何mか。

(3) 時刻0s～10.0sにおける物体の平均の速さ$\bar{v}$は何m/sか。

9 〈負の等加速度直線運動〉 物理基礎 テスト必出

直線上を右向きに運動する物体があり，時刻$t=0$のときに位置$x=0$（原点），速度$v=10$m/sだった。この物体は等加速度直線運動を行い，時刻$t=12$sでは左向きに14m/sの速さで進んでいた。右向きを正として，次の各問いに答えよ。

(1) 物体の加速度a〔m/s^2〕の向きと大きさを求めよ。

(2) 時刻t〔s〕における物体の速度v〔m/s〕を，tを用いた式で示せ。

(3) 速度が0m/sになるのは，時刻が何秒のときか。

(4) 時刻t〔s〕における物体の位置x〔m〕を，tを用いた式で示せ。

(5) 時刻$t=12$sのとき，物体は最初の位置から左右どちらの向きに何m離れているか。

(6) 時刻$t=0$s～12sにおける，物体の移動距離は何mか。

10 〈正の等加速度直線運動〉 物理基礎

等加速度直線運動を行っている次の各物体について，それぞれ問いに答えよ。

(1)　はじめ速度10 m/sで運動していた物体が，一定の割合で加速して，25秒後には速度が30 m/sとなった。このとき，加速度の大きさは何 m/s^2 か。

(2)　初速度5.0 m/sで運動していた物体が，100 m移動する間に，速度15 m/sになった。この間の平均の加速度の大きさは何 m/s^2 か。

(3)　初速度2.0 m/s，加速度0.5 m/s^2 で運動していた物体の，10秒後の速さを求めよ。また，その間の変位を求めよ。

11 〈等加速度直線運動における v-t グラフ〉 物理基礎

初速度 $\boldsymbol{v_0}$ ＝12 m/sで一直線上を移動する物体がある。この物体が時刻 $\boldsymbol{t}$ ＝0 sから一定の加速度 $\boldsymbol{a}$〔m/s^2〕で等加速度運動を行い，18 m進んで止まった。

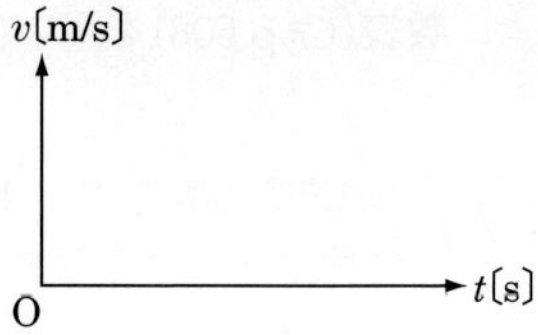

(1)　この物体の加速度 a を求めよ。

(2)　この物体が止まった時刻を求めよ。

(3)　この物体が止まるまでの v-t グラフをかけ。

12 〈自由落下①〉 物理基礎　テスト必出

高さ19.6 mのビルの屋上から物体を自由落下させた。重力加速度を9.8 m/s^2，落下しはじめて $\boldsymbol{t}$〔s〕後の物体の速さを $\boldsymbol{v}$〔m/s〕，落下距離を $\boldsymbol{y}$〔m〕とし，空気抵抗は無視する。

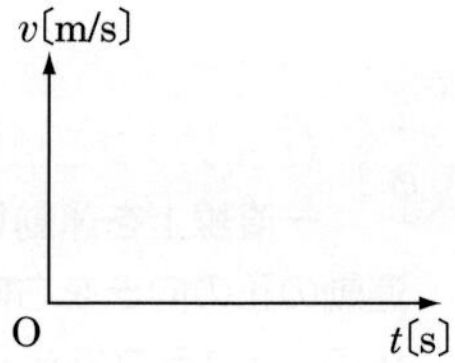

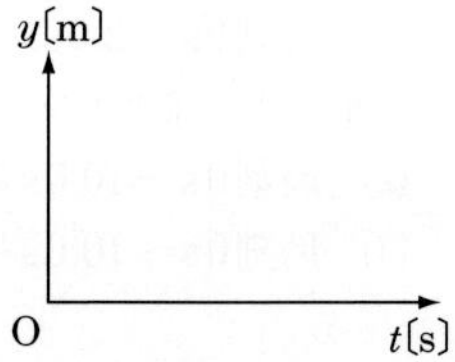

(1)　物体に生じる加速度は，どの向きにいくらか。

(2)　物体が落下しはじめて1.0秒後の速さ v_1 を求めよ。

(3)　物体が落下しはじめて1.0秒間の落下距離 y_1 を求めよ。

(4)　物体が落下しはじめてから地面に達するまでにかかる時間 t_2 を求めよ。

(5)　物体が地面に達する直前の速さ v_2 を求めよ。

(6)　物体が地面に達するまでの v-t グラフをかけ。

(7)　物体が地面に達するまでの y-t グラフをかけ。

13 〈自由落下②〉 物理基礎

次の文中の空欄に適当なことばまたは式を入れよ。

物体が重力だけを受けて落下していく運動のうち，初速度が0の運動を①［　　］という。重力の大きさは物体の②［　　］で決まるが，このときの落下の加速度は，空気の抵抗を無視すれば物体の②［　　］にかかわらず一定であり，有効数字2桁で表すと③［　　］ m/s^2 である。この加速度のことを④［　　］とよび，記号⑤［　　］を用いて表す。

①［　　］している物体の，落下しはじめてから t〔s〕経過したときの速度 v〔m/s〕は，t と⑤［　　］を用いると v＝⑥［　　］と表せる。また，落下距離 y〔m〕は，t と⑤［　　］を用いると y＝⑦［　　］と表すことができる。

⑭ 〈鉛直投射のy-tグラフ〉 物理基礎　テスト必出

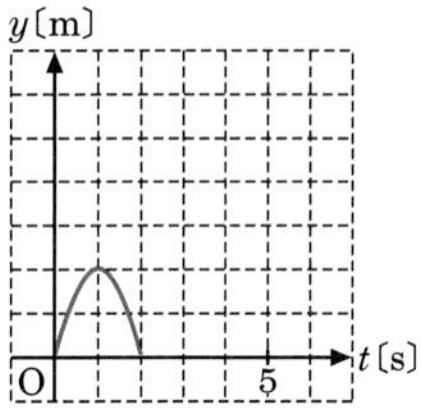

地上である物体を鉛直方向に投げ上げた。このとき，物体の高さyと時刻tの関係は，図に示すグラフのようになった。ただし，このグラフの横軸の1目盛りは1秒である。縦軸の1目盛りの大きさは記入していない。

(1) 重力加速度を$9.8\,\mathrm{m/s^2}$として，最高点の高さを求めよ。

(2) 火星上の重力加速度の大きさはおよそ$3.7\,\mathrm{m/s^2}$である。火星上で，同じ物体を，同じ初速度で鉛直方向に投げ上げたとき，その運動を表すグラフはどのようになるか。最も適当なものを，次の**ア**～**エ**から選べ。

ア

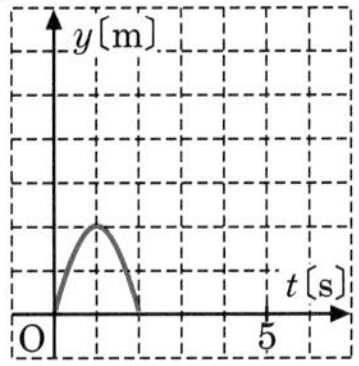

イ

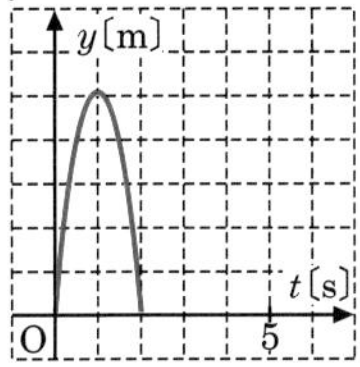

ウ

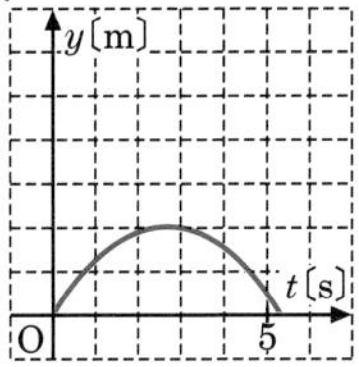

エ

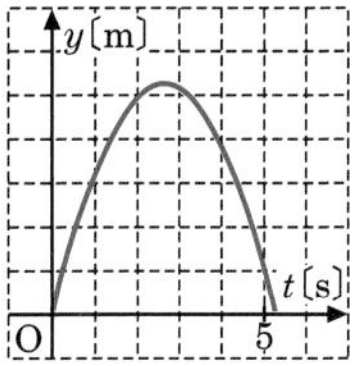

⑮ 〈鉛直投射〉 物理基礎　テスト必出

地表(高さ$y=0$)から，初速度$v_0=19.6\,\mathrm{m/s}$で小球を真上に投げ上げた。小球を投げてからの経過時間をt〔s〕とする。ただし，上向きを正とし，重力加速度の大きさ$g=9.8\,\mathrm{m/s^2}$とする。また，空気抵抗は無視できるものとする。

(1) 投げてから1.0秒後の小球の速度v_1と高さy_1を求めよ。

(2) 小球が最高点に達するまでの経過時間t_2と，そのときの小球の速度v_2を求めよ。

(3) 小球の最高点の高さy_{max}は何mか。

(4) 小球が再び地表に戻ってくるまでの経過時間t_3を求めよ。また，t_3はt_2の何倍になるか求めよ。

(5) 小球が再び地表に戻ってきたときの速度v_3を，正負をつけて答えよ。

(6) 物体が再び地表に戻ってくるまでのv-tグラフ，y-tグラフをそれぞれかけ。

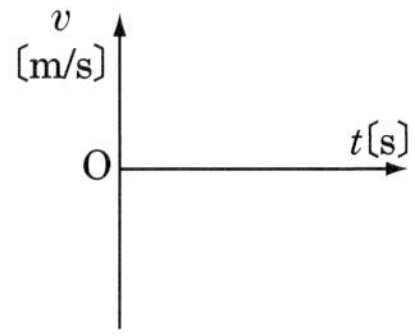

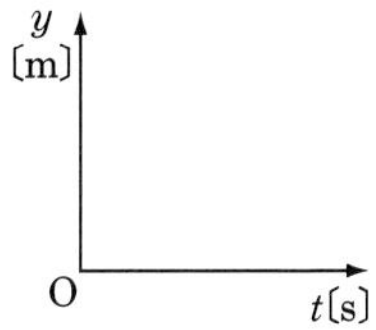

⑯ 〈水平投射〉

高さ19.6mのビルの屋上から，ボールを水平方向に14.7m/sの速さで投げ出した。重力加速度を$9.8\,\mathrm{m/s^2}$とし，空気抵抗は無視できるものとする。

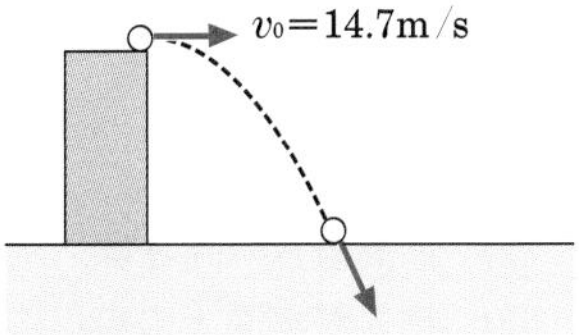

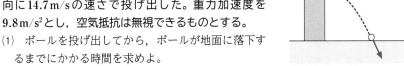

(1) ボールを投げ出してから，ボールが地面に落下するまでにかかる時間を求めよ。

(2) ボールは，投げ出した地点から水平方向に何m離れた地点に落下するか。

(3) 地面に落下する直前のボールの速さを求めよ。

(4) (3)のときのボールの速度と地面とがなす角をθとしたときの，$\tan\theta$の値を求めよ。

17 〈運動している物体からの投射〉物理基礎

水平面上を速さ5.0m/sで右向きに等速直線運動しているバスの中から，小球を速さ9.8m/sで真上に投げ上げた。その後，小球は図のような放物線をえがき，再び手に戻ってきた。小球を投げた点を原点Oとし，水平右向きをx方向，鉛直上向きをy方向とする。また，重力加速度を$9.8\,m/s^2$とし，空気抵抗は無視する。

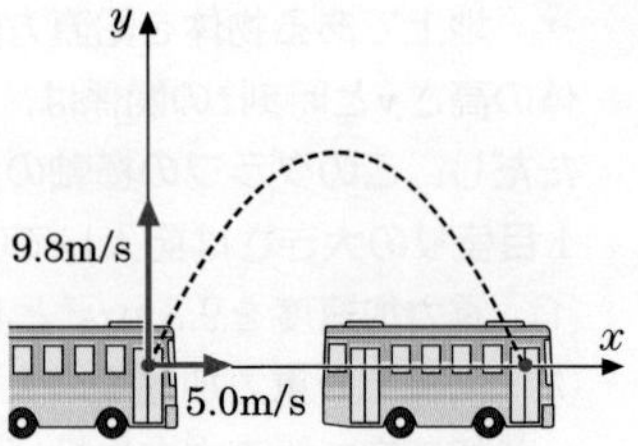

(1)　水平面上から見て，小球のx方向，y方向の運動はそれぞれ何運動といえるか。

(2)　小球が最高点に達するのは，小球を投げ上げた何秒後か。

(3)　小球が再び手に戻ってくるのは，小球を投げ上げた何秒後か。

(4)　小球が再び手に戻ってくるまでの間に，バスの進んだ距離は何mか。

18 〈斜方投射〉テスト必出

水平な地面上の点Aから斜め上方に物体を投げ出したところ，6.0秒後にAと同一水平面上のB点に落ちた。AB間の距離は88.2mであったとして，次の問いに答えよ。ただし，重力加速度を$9.8\,m/s^2$，$\sqrt{5}=2.24$とし，空気抵抗は無視して考えること。

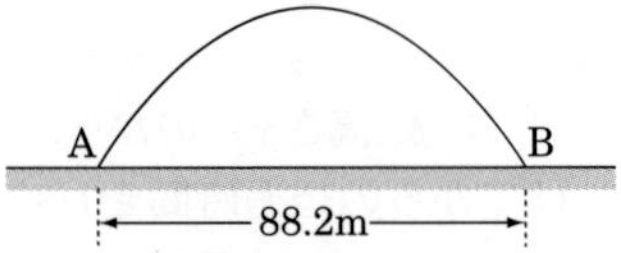

(1)　この物体が最高点に達するのは何秒後か。

(2)　この物体が通る最も高い所は地上何mか。

(3)　初速度の水平方向の成分を求めよ。

(4)　初速度の鉛直方向の成分を求めよ。

(5)　この物体の初速度は何m/sか。

19 〈高い場所からの斜方投射〉

水面からの高さが14.7mの橋の上の点Aから，初速度19.6m/s，仰角30°の向きに物体を投げ出した。重力加速度を$9.8\,m/s^2$，$\sqrt{3}=1.73$とし，空気抵抗は無視して次の各問いに答えよ。

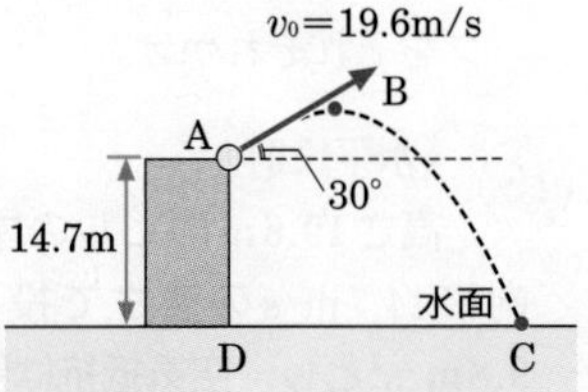

(1)　物体が最高点Bに達するのは，投げ出してから何秒後か。

(2)　最高点Bの高さは，水面から何mか。

(3)　物体が水面上の点Cに達するのは，投げ出してから何秒後か。

(4)　点Aと点Cの水平方向の距離DCは何mか。

CHAPTER

2 » 力と運動

SECTION

1 力の性質 物理基礎

1 力のはたらき

1 力とその種類

❶力とは何か　力は目に見えないが，次のような現象によって，物体に力がはたらいていることがわかる。

①**物体が変形する**　ボールをおすとへこんだり，ばねを引っぱると伸びたり，プラスチックのものさしの両端をおすと曲がったりする。これらはすべて力のはたらきによる。

②**物体の速度が変化する**　物体を手から離すと落下したり，自動車のアクセルをふむと加速したり，ボールを打つと向きを変えたりする。これらも力のはたらきによる。

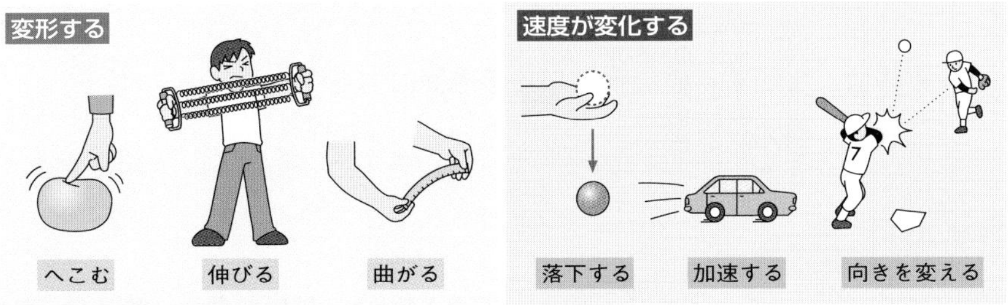

図42 物体に力がはたらいているときの例

POINT!

力は { 物体を変形させる / 物体の速度を変化させる } 原因となる。

❷力の種類

①**張力** ぴんと張った糸や金属線が物体を引く力を張力という。張力は**糸や金属線が引っぱる向きにはたらく。**(☞p.72)

②**弾性力** 物体の変形によって生じる力，たとえば引き伸ばされたばねや曲げられた金属板が他の物体に及ぼす力を一般に弾性力という。(☞p.72)

③**垂直抗力** 物体が他の物体とふれあっているとき，物体の面に対して，**物体の内側への向きに垂直にはたらく**力を垂直抗力という。(☞p.75)

④**摩擦力** 物体が他の物体とふれあっているとき，物体の面に対して，**物体の面と平行にはたらく**力を摩擦力という。摩擦力は，**物体の運動をさまたげる向きにはたらく。**(☞p.75)

⑤**重力** 地球が，地球上の物体に及ぼす力を重力という。(☞p.71)

⑥**静電気力** 電気を帯びた物体どうしの間にはたらく力を静電気力(電気力)という。(☞p.317)

⑦**磁気力** 磁石の磁極どうしの間にはたらく力を磁気力(磁力)という。(☞p.386)

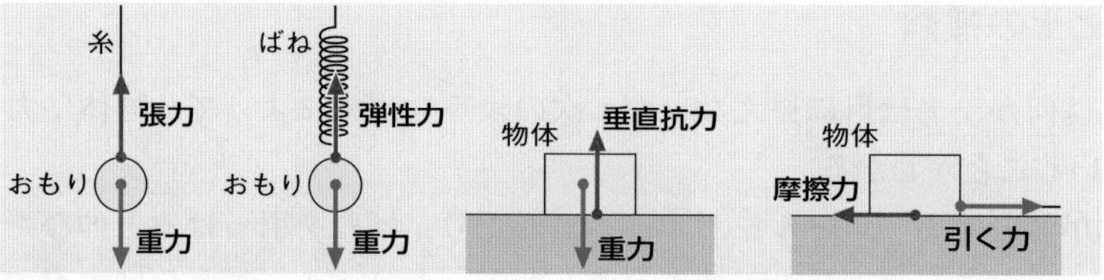

図43 いろいろな力

❸近接力と遠隔力 多くの力は物体どうしが接触していなければ作用することができない。すなわち，**物体は他の物体との接触面に力を受けるのである。**このような力を近接力という。これに対して，重力，静電気力，磁気力などは，物体どうしが離れていても作用する。このような力を遠隔力という。★1

> POINT!
> **物体は，接触する他の物体から接触面に力を受ける。**
> **例外：重力，静電気力，磁気力**

2 力の表し方

❶力の単位 力の大きさは，ニュートン(記号N)という単位で表す。質量1kgの物体に$1\,m/s^2$の加速度を生じさせる力の大きさが1Nである(☞p.68)。

補足 1Nは，質量がおよそ102gの物体の重さ(物体にはたらく重力)と等しい。

★1 遠隔力では，空間自体が変化することによって力がはたらく。静電気力がはたらくように変化した空間を**電場**(☞p.322)，磁気力がはたらくようになった空間を**磁場**(☞p.386)などという。

❷力ベクトル

①**力ベクトル**　力のはたらきは，その大きさだけでなく，向きによっても変わる。つまり，変位ベクトル(☞p.18)や速度ベクトル(☞p.20)などと同じように，**力は，大きさと向きを合わせもつ量(ベクトル)である。**そのため，**力ベクトル**ともいう。

②**力の作用点**　力が作用する点を力の作用点といい，作用点を通って力の方向に引いた直線を作用線という。重力，静電気力，磁気力以外の力(**近接力**)では，**作用点は他の物体と接している表面**にある。たとえば，手で顔をたたくと顔の表面が作用点となる。一方，重力の作用点は物体の重心である。

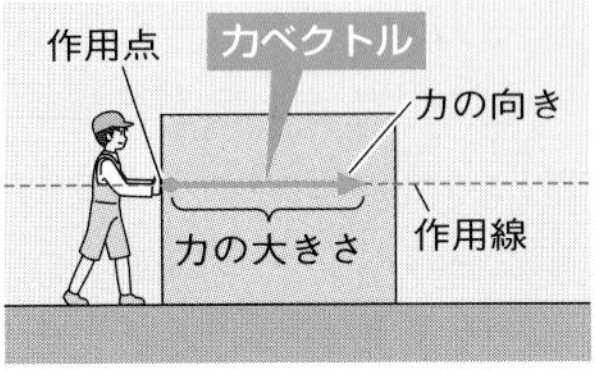

図44　力の表し方

③**力の表し方**　図44のように矢印を用いる。このとき，**矢印の長さが力ベクトルの大きさに比例する**ように，また**矢印の向きが力ベクトルの向きを表す**ようにする。

注意　力を図で表すとき，物体の表面に作用点をかくと作用・反作用の関係(☞p.62)にある2つの力がわかりづらくなるので，本書では物体表面よりも少しだけ内側にあるものとして描くことがある(図45)。また，矢印が重なったり，見づらくなってしまう場合には，少しだけずらして描く場合もある。

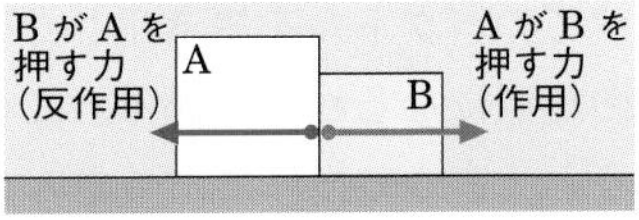

図45　力の作用点

④**力の三要素**　力の大きさ，向き，作用点の3つをあわせて，力の三要素という。

⑤**力の作用線の法則**　物体に作用する力は，その力の作用点を作用線上のどこに移しても，そのはたらきは変わらない。したがって，図46(a)のように作用している力を，考えやすいように，(b)のように描きなおしてもよい。

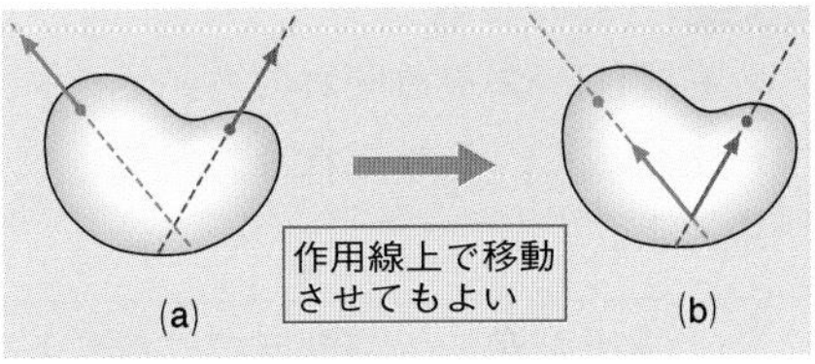

図46　力の作用線の法則

2 | 力の合成と分解

1 力の合成　(!)重要

❶**合力**　図47のように，ばねに2本の糸をつけ，それぞれの糸を$\vec{F_1}$，$\vec{F_2}$(矢印はベクトルを示す)の力で引いたとする。2つの力が異なる方向にはたらいても，ばねの伸びる方向は1つで，図47の$\vec{F_3}$で表される1つの力がはたらいたのと同じことになる。このとき，2つの力$\vec{F_1}$，$\vec{F_2}$と**同じはたらきをする1つの力**$\vec{F_3}$を，$\vec{F_1}$と$\vec{F_2}$との合力であるという。また，合力を求めることを力の合成という。合力は，**平行四辺形の法則**か，**ベクトルの加法**を用いて求めることができる。

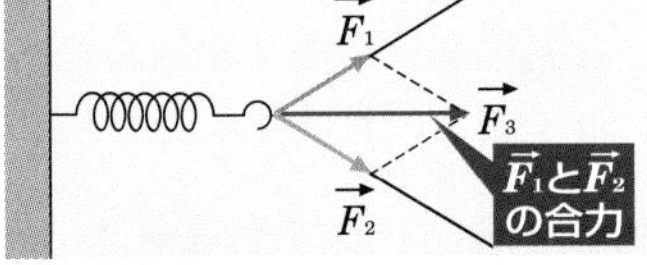

図47　合力

❷平行四辺形の法則　実験によれば，合力$\vec{F_3}$の向きと大きさは，$\vec{F_1}$と$\vec{F_2}$のベクトルを2辺としてえがいた**平行四辺形の対角線の向きと大きさにそれぞれ等しい。**

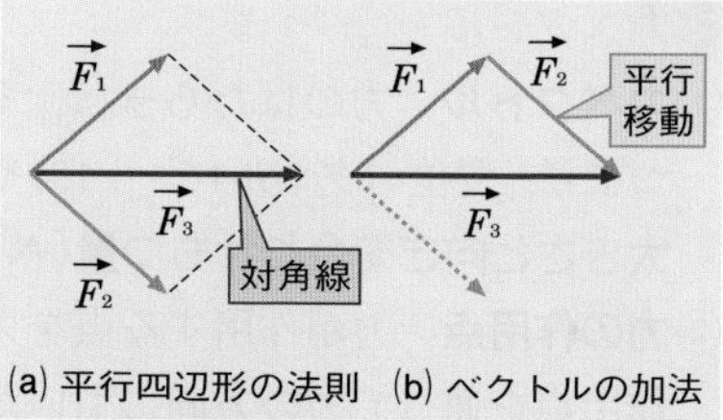

(a) 平行四辺形の法則　(b) ベクトルの加法

図48　合力の求め方

①$\vec{F_1}$，$\vec{F_2}$のベクトルの始点を一致させるようにベクトルを平行移動させる。

②$\vec{F_1}$，$\vec{F_2}$が2辺となる平行四辺形を描く。

③2つのベクトルの始点から対角線を引き，反対側の頂点が矢印の先となるようなベクトルをつくる。これが合力$\vec{F_3}$となる。

❸ベクトルの加法　$\vec{F_1}$と$\vec{F_2}$の合力を求めるには，図48(b)のように，**$\vec{F_1}$の終点に$\vec{F_2}$を平行移動して継ぎ足し，**$\vec{F_1}$の始点から$\vec{F_2}$の終点に向かう$\vec{F_3}$をつくってもよい。

これは，力は向きと大きさをもつベクトルであり，最初のベクトルの始点からすべてのベクトルを継ぎ足した終点の位置が，すべてを足しあわせたベクトル(合力)の終点になるからである。この方法をベクトルの加法という。ベクトルの加法を使うと，1つの物体にたくさんの力が作用しているときも，力ベクトルをつぎつぎに継ぎ足して，合力を求めることができる。

例題　力の合成

右図(1)，(2)それぞれの力$\vec{F_1}$と$\vec{F_2}$を合成し，それぞれ合力$\vec{F_3}$を求めよ。

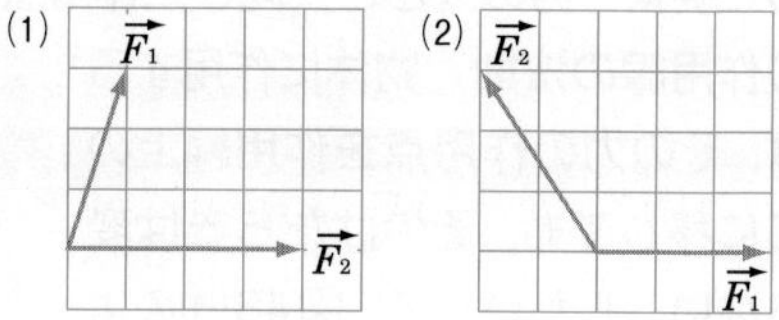

着眼　平行四辺形の法則またはベクトルの加法を使う。

解説　(a)　平行四辺形の法則を使い，$\vec{F_1}$と$\vec{F_2}$で平行四辺形をつくって対角線のベクトルを合力$\vec{F_3}$とする方法

(b)　ベクトルの加法を使い，$\vec{F_1}$の矢印の先に$\vec{F_2}$を平行移動させ，$\vec{F_1}$の始点から$\vec{F_2}$の矢印の先まで結んだベクトルをつくり，これを合力$\vec{F_3}$とする方法

答

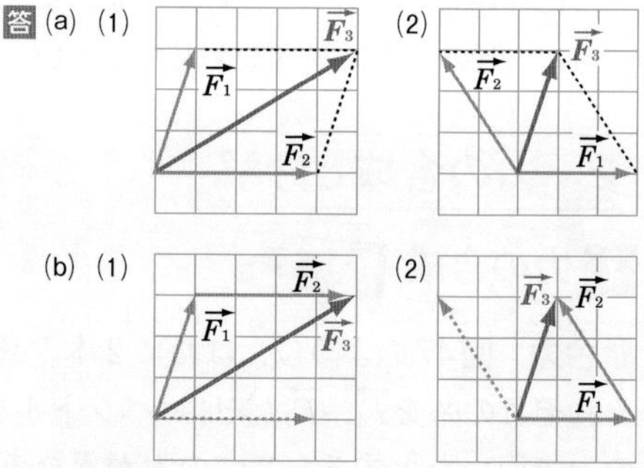

2 力の分解　①重要

❶分力(ぶんりょく)　力の合成とは反対に，1つの力と同じはたらきをする2つの力を求めることを力の分解といい，この2つの力をもとの力の分力という。

❷分力の求め方　平行四辺形の法則を逆に使うと，分力を求めることができる。

①もとの力を対角線とする平行四辺形をつくる。

②もとの力の始点から，2辺のベクトルを描く。このとき，2辺のベクトルがそれぞれの方向の分力となる。

❸力の x 成分と y 成分　力の分解で多く使われるのは，もとの力 $\vec{F}$ を互いに直交する x 方向，y 方向の2力に分解する場合である。このとき，x 方向の分力を力 $\vec{F}$ の x 成分 F_x，y 方向の分力を y 成分 F_y という。図49のように，もとの力 $\vec{F}$ と x 軸とが角 θ をなすとき，$\vec{F}$ の x 成分 F_x，y 成分 F_y は，

$F_x = F\cos\theta$　　$F_y = F\sin\theta$　　と表される。

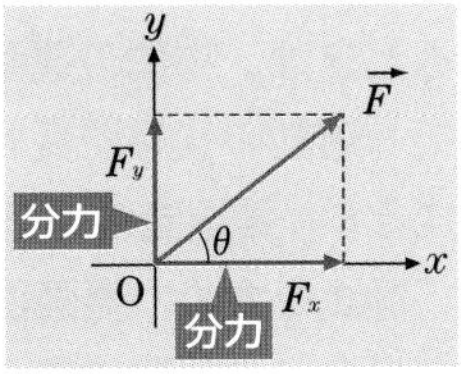

図49 力の分解

POINT!

力の分解　$\vec{F}$ の $\begin{cases} x\text{成分} & F_x = F\cos\theta \\ y\text{成分} & F_y = F\sin\theta \end{cases}$　(1·56) (1·57)

F〔N〕：力 $\vec{F}$ の大きさ　　θ：力 $\vec{F}$ と x 軸とのなす角

補足　力 $\vec{F_1}$ の x 成分と y 成分をそれぞれ F_{1x} と F_{1y}，力 $\vec{F_2}$ の x 成分と y 成分をそれぞれ F_{2x} と F_{2y} としたとき，これらの合力 $\vec{F} = \vec{F_1} + \vec{F_2}$ の x 成分 $F_x = F_{1x} + F_{2x}$，y 成分 $F_y = F_{1y} + F_{2y}$ となる。(☞ p.507)

例題　力の分解

力 $\vec{F}$ の x 方向，y 方向の分力をそれぞれ $\vec{F_x}$，$\vec{F_y}$ としたとき，これらをそれぞれ作図し，その大きさを求めよ。ただし，1目盛りの長さは1Nを表し，(1)，(2)ともに $\vec{F}$ の大きさは5.0Nとする。また，$\sqrt{3} = 1.732$ とする。

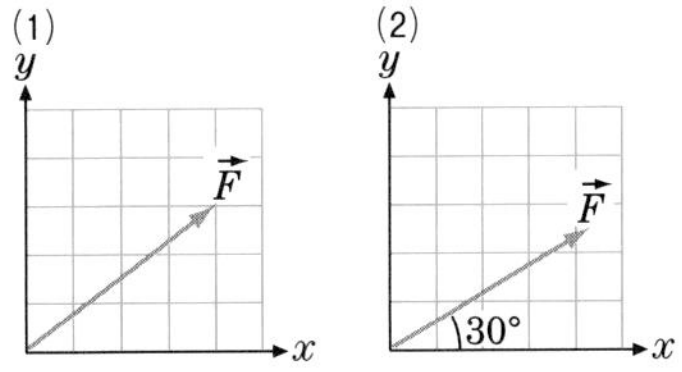

着眼　平行四辺形の法則から分力を求める。(2)は角 $\theta = 30°$ より成分を求める。

解説　(1)　平行四辺形(この場合は長方形となる)をつくり，2辺から分力 F_x，F_y を作図する。各成分は，図の目盛りより，$F_x = 4.0$N，$F_y = 3.0$N となる。

(2)　平行四辺形(長方形)をつくり，2辺から分力 F_x，F_y を作図する。各成分は $\theta = 30°$ より，

$F_x = F\cos 30° = 5.0 \times \dfrac{\sqrt{3}}{2} \fallingdotseq 5.0 \times \dfrac{1.732}{2} \fallingdotseq 4.3\text{N}$，$F_y = F\cos 60° = 5.0 \times \dfrac{1}{2} = 2.5\text{N}$ となる。

答 (1) $F_x = 4.0$N
$F_y = 3.0$N

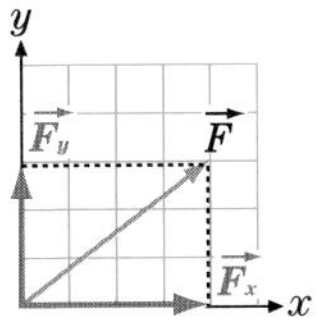

(2) $F_x = 4.3$N
$F_y = 2.5$N

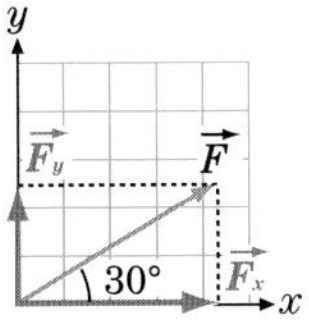

3 | 力のつり合い

1 2力のつり合い ①重要

❶力のつり合い 物体にいくつかの力が作用しても，その**合力の大きさが0になるときは，物体の運動の状態は変化しない。**この状態を**力のつり合い**という。ここで「運動の状態が変わらない」とは，物体が静止または同じ向きに同じ速さで運動する(＝**等速直線運動**する☞p.20)ことをいう。

静止を含め，**等速直線運動をしている物体は力のつり合いの状態にあるし，力のつり合いの状態にある物体は等速直線運動を続ける**と考えてよい。

補足 力がつり合ったとき，物体の運動状態は変わらないが，物体の変形は起こる(☞p.55)ので，力がはたらかない状態と全く同じというわけではない。

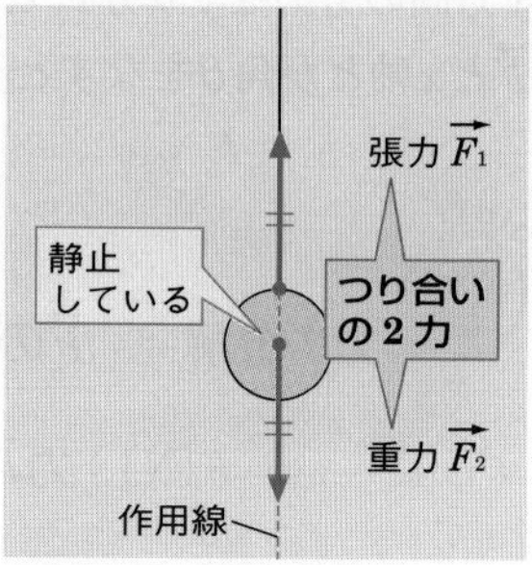

図50 2力のつり合い

視点 糸でつるした物体は静止している。このとき，張力$\vec{F_1}$と重力$\vec{F_2}$は
①同一作用線上にあり
②大きさが等しく
③互いに反対向きになっている。

❷2力のつり合いの条件 物体に2つの力$\vec{F_1}$，$\vec{F_2}$が作用したとき，つり合うためには合力が$\vec{0}$★1でなければならないから，

$$\vec{F_1}+\vec{F_2}=\vec{0} \qquad (1\cdot58)$$

よって，

$$\vec{F_1}=-\vec{F_2}$$

が成りたつ。つまり，$\vec{F_1}$と$\vec{F_2}$とは，**大きさが同じで向きが反対**でなければならない。

また，$\vec{F_1}$と$\vec{F_2}$の**作用線は同一**でなければならない★2。

POINT!

2力のつり合いの条件(合力＝$\vec{0}$)
①同一作用線上にあり，
②大きさが等しく，
③互いに反対向き。

2 3力のつり合い ①重要

❶3力のつり合いの条件 次ページの**図51**のように，1点に3つの力$\vec{F_1}$，$\vec{F_2}$，$\vec{F_3}$が作用してつり合っている場合，合力が$\vec{0}$になっているから，

$$\vec{F_1}+\vec{F_2}+\vec{F_3}=\vec{0} \qquad (1\cdot59)$$

が成りたつ。

★1 $\vec{0}$はゼロ・ベクトルと読み，大きさが0のベクトルである。$\vec{0}$では始点と終点が同じ点になるので，向きを考えることはできない。

★2 $\vec{F_1}$と$\vec{F_2}$の大きさが同じで向きが反対であっても，2力が同一作用線上になければ，物体が回転しはじめる(☞p.94)。

ここで，3つの力のうちどれか2つの合力を考える。たとえば，$\vec{F_1}$と$\vec{F_2}$との合力を$\vec{F}$とすると，$\vec{F}=\vec{F_1}+\vec{F_2}$であるから，前ページの(1･59)式は，

$$\vec{F}+\vec{F_3}=\vec{0}$$

となり，$\vec{F}$と$\vec{F_3}$とがつり合いの式を満たすことになる。

つまり，作用点が同じ3力のうち，**任意の2力の合力と残りの力とが同一作用線上にあり，大きさが等しく，互いに反対向き**であれば3力はつり合う。

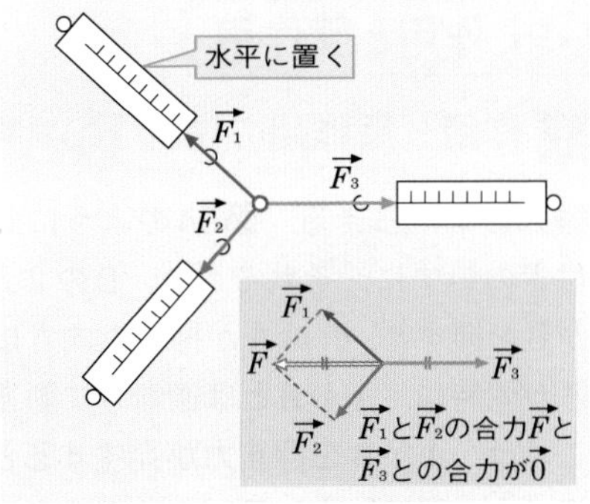

図51　3力のつり合い

❷力の三角形　図52のように$\vec{F_1}$，$\vec{F_2}$，$\vec{F_3}$のベクトルを順に継ぎ足していくと，ベクトルの加法により閉じた三角形ができる。これを力の三角形という。力の三角形ができることは，3力がつり合うための条件となる。

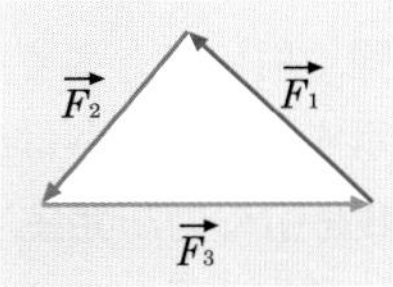

図52　力の三角形

❸離れた点にはたらく3力のつり合い

図53のように，1つの物体上の離れた所にある3点にそれぞれ力$\vec{F_1}$，$\vec{F_2}$，$\vec{F_3}$がはたらく場合，この物体にはたらく力がつり合うためには，やはり，ベクトル$\vec{F_1}$，$\vec{F_2}$，$\vec{F_3}$が閉じた三角形をつくらなければならない。

さらに，**3つの力の作用線が1点で交わる**，という条件が必要である。この条件がないと，任意の2力の合力と残った力とは，作用線が一致しないため，物体にはたらく力はつり合わず，回転しはじめる(☞p.94)。

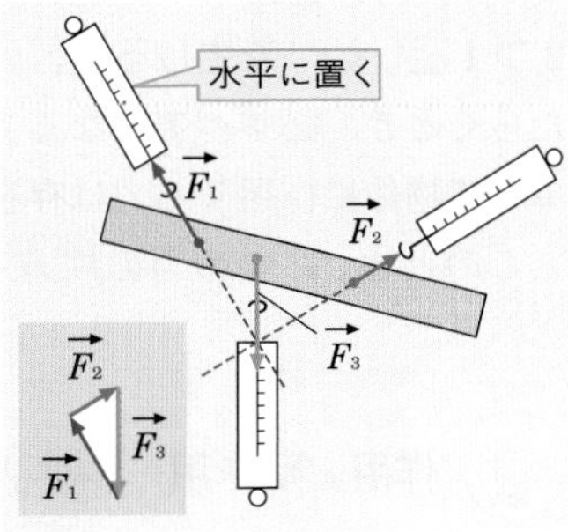

図53　離れた3点にはたらく3力のつり合い

POINT!

3力のつり合う条件

①3力の合力が$\vec{0}$　　②3力の作用線が1点で交わる

❹4力以上のつり合い　1点に4つの力が作用してつり合っている場合でも，3力の場合と同様に考えると，すべての力の合力$\vec{F_1}+\vec{F_2}+\vec{F_3}+\vec{F_4}=\vec{0}$となり，力のベクトルを順に継ぎ足すと閉じた四角形ができることが確かめられる。

一般に，複数の力$\vec{F_1}$，$\vec{F_2}$，$\vec{F_3}$，…が1点に作用してつり合う場合，次式が成りたつ。

$$\vec{F_1}+\vec{F_2}+\vec{F_3}+\cdots=\vec{0} \quad (1･60)$$

4｜作用と反作用

1 作用・反作用の法則 ①重要

❶力のはたらき方　図54のように，キャスター付きのいすに，それぞれA，Bの2人が座る。AがBを押すと，BはAが押した向きに動く。ところが同時に，AもBとは逆向きに動きはじめる。これは，**AがBを押す力が発生すると，BがAを押す力も同時に生じる**からである。

また，図55のように，A，B 2つのばねばかりを向かい合わせて引くとき，Aのばねばかりを強く引いても弱く引いても，2つのばねばかりが示す力の大きさは必ず同じになる。これは，**AがBを引く力が発生すると，BがAを引く力も同時に発生する**からである。

すなわち，**力は2つの物体の間で作用しあい，2つ1組(ペア)で生じる。**言いかえると，力がはたらくとき，必ずペアになる力が存在していて，単独で物体に作用する力は存在しない。

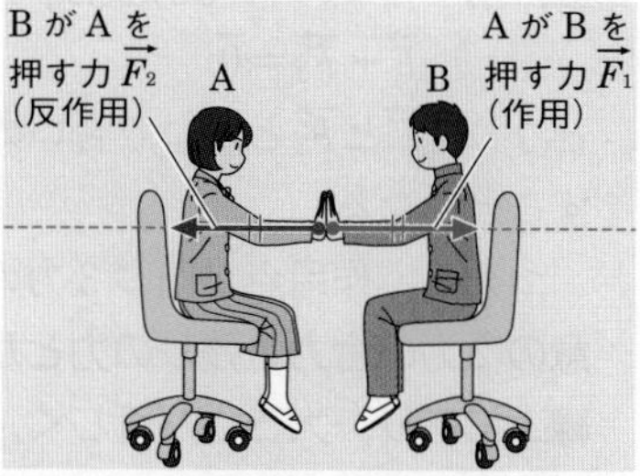

図54 物体どうし押しあう力

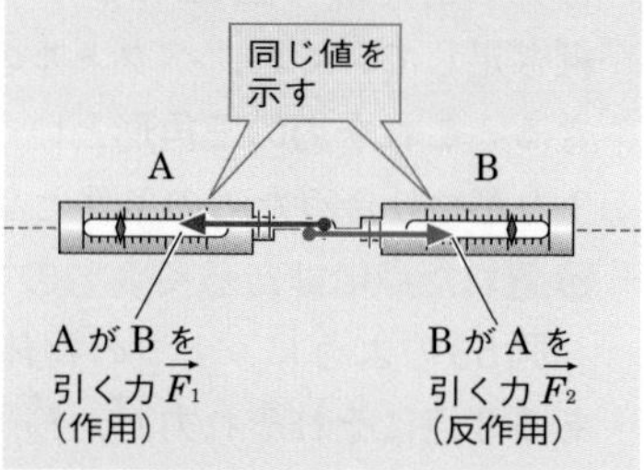

図55 物体どうし引きあう力

このとき，2つの力の片方を作用(action)といい，もう片方を反作用(reaction)という。

> POINT!
> **作用・反作用…物体Aが物体Bに力(作用)を加えると，BがAに加える力(反作用)も同時に発生する。**

❷作用・反作用の法則　図54・55の例から，力は2つの物体間で作用しあい，2つ1組で生じる。そしてその2力は**同一作用線上にあり，互いに逆向きであり，大きさが等しい**ことがわかる。これらのことは，作用・反作用の法則または**運動の第3法則**として知られている。

> POINT!
> **作用・反作用の法則**
>
> 作用と反作用の2力はそれぞれ異なる物体にはたらき
> ①同一作用線上にあり，
> ②大きさが等しく，
> ③互いに反対向き。

2 作用と反作用の例 ①重要

❶反作用の探し方　物体A，Bがあり，AがBに力(作用)を及ぼすとき，**反作用はAとBを入れかえた力となる。**つまり，たとえばAがBを押す力を作用とすると，反作用はBがAを押す力となる。

> **POINT!**
> **反作用の探し方**
> 作用　：AがBを押す力　とすると，AとBを入れかえて
> 反作用：BがAを押す力　とすればよい

❷反作用の作図　**作用や反作用の作用点は，力がはたらく(力が加えられた)物体，すなわち「〜を」と表される物体にある。**

重力などの遠隔力をのぞくと，作用点は物体の表面上にあるが，2つの物体の接触面上に作用点を描いてしまうと，どちらの物体にはたらく力かわかりづらくなるので，作図する際にはやや物体の内側に描くとよい。また，重なってしまう場合は少しずらして描くとよい。

補足　作用・反作用を記号で示すとき，個別に作用F_1，反作用F_2としたり，作用Fに対して反作用が逆向きなので$-F$としたり，大きさのみを考え作用Fに対して反作用もFとしたりするなどの表記法がある。あとから学ぶ運動方程式(☞ p.68)を扱う場合などは，作用と反作用を同じ記号Fで表す表記法が簡単である。

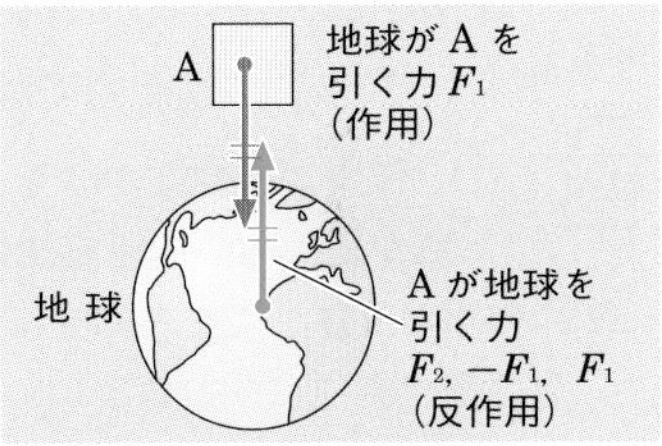

図56　万有引力の作用・反作用

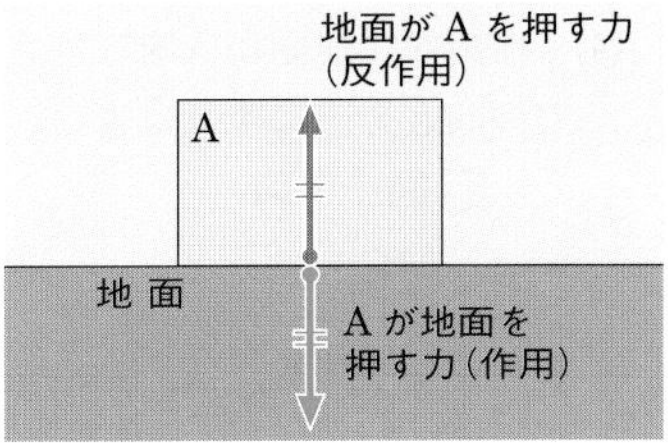

図57　垂直抗力の作用・反作用

❸作用と反作用の例

①**しっぺは打つほうも痛い**　腕にしっぺをすると，打たれた腕だけでなく，打ったほうの指も痛くなる。指が腕を打つ(**作用**)と，指は腕から同じ大きさの力を受ける(**反作用**)からだ。

②**高くジャンプ，速くターン**　高くジャンプするには，自分が地面を下向きに強く押す(**作用**)。すると，地面から自分を押す強い力(**反作用**)が生じる。水泳のターンでも，壁を強くける(**作用**)ほど，壁から強い力をうけ(**反作用**)，速く進む。

③**水ロケットの推進力**　水ロケットは水を下向きに高圧で押し出す(**作用**)。すると水がロケットを上に押す力(**反作用**)が生じて上昇する。実際の宇宙ロケットも，大量のガスを高速で噴射して，その反作用で進む。

例題 **作用と反作用**

下図(1)~(4)の力(作用)が物体Aにはたらくとき，反作用はどのような力になるか。その力を図に描きいれよ。また，その力はどの物体からどの物体にどのような向きではたらく力か簡単に説明せよ。

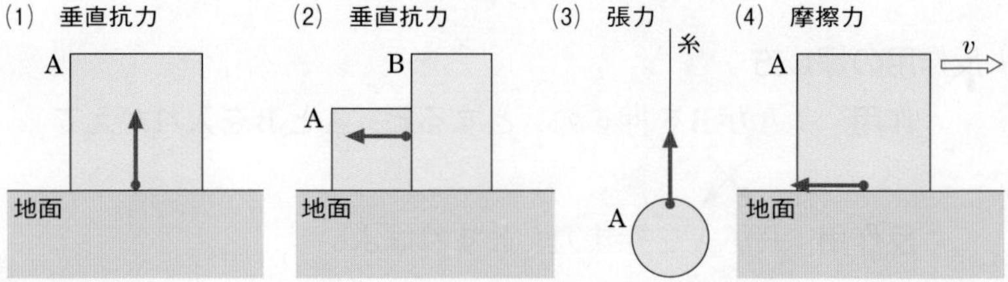

着眼 作用する力が「AがBを~する力」ならば，反作用の力は「BがAを~する力」である。近接力では，接触している面に作用点があることに注意する。

解説 (1) 作用が「地面がAを上向きに押す力」なので，押す物体と押される物体を入れかえ，力の向きを逆にすればよい。

(2) 作用が「BがAを左向きに押す力」なので，押す物体と押される物体を入れかえ，力の向きを逆にすればよい。

(3) 作用が「糸がAを上向きに引く力」なので，引く物体と引かれる物体を入れかえ，力の向きを逆にすればよい。

(4) 作用が「地面がAを左向きに押す力」なので，押す物体と押される物体を入れかえ，力の向きを逆にすればよい。

答 図…下図

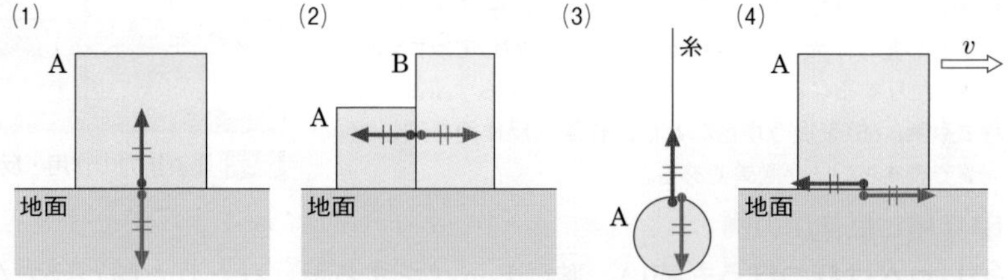

説明…(1)Aが地面を下向きに押す力
(2)AがBを右向きに押す力
(3)Aが糸を下向きに引く力
(4)Aが地面を右向きに押す力

5｜力のつり合いと作用・反作用

1 力のつり合いと作用・反作用 (!)重要

❶力のつり合いと作用・反作用　図54 (☞p.62)のようにAがBを押すと，AとBは2人とも遠ざかってしまう。AがBを押す力の大きさが20Nなら，**作用・反作用の法則**からBがAを押す力は20Nである。

このとき「**2力の合力＝$\vec{0}$**」なので，**物体は静止するのではないか，というのは誤った考えである。**つり合っている2力も，作用・反作用の関係にある2力も，ともに，向きが逆で大きさが等しく，同一作用線上にあるため，両者を混同しやすい。

POINT!

力のつり合いと作用・反作用

つり合いの2力…1つの物体にはたらき，**同じ大きさで，逆向き。**

作用と反作用…常に2つの物体にはたらき，**同じ大きさで，逆向き。**

❷つり合い，作用・反作用と力の合成　**1つの物体にはたらく2力がたまたま同じであるとき，その2力はつり合っているという。**このとき，つり合いの関係にある2力の作用点は同じ物体内にあるので，2力の合力を求めることができる。

いっぽう，**作用・反作用の力**は，2力が必ずペアで発生するので，**どんな力にも，作用・反作用の関係にある力が存在する。**そして，作用・反作用の関係にある2力の**作用点は互いに別の物体上にあるので，合力を求めることはできない。**

図54の場合でも，AがBを押す力が**作用**であり，その**反作用**としてBからAを押す力が加わり，これによって遠ざかったのである。この場合も，作用と反作用は，力の作用する物体が異なるので，合力を求めることはできない。

2 力のつり合いと作用・反作用の例

図58のように物体Aが静止しているとき，物体とその周りには地球が物体を引く重力$\vec{W}$，地面が物体を押す垂直抗力$\vec{N_1}$，$\vec{N_1}$の反作用であり，物体が地面を押す垂直抗力$\vec{N_2}$がはたらいている。

このとき，$\vec{W}$と$\vec{N_1}$は1つの物体Aにはたらいているつり合いの力であり，合力は$\vec{0}$である。いっぽう，**$\vec{N_1}$と$\vec{N_2}$は異なる物体にはたらいている作用と反作用**であり，合成して合力を求めることはできない。

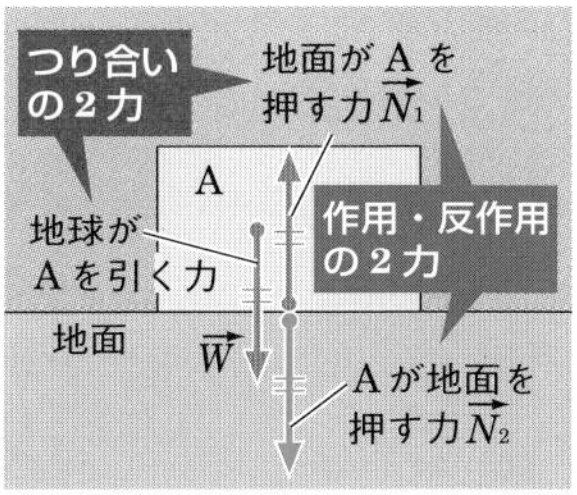

図58　力のつり合いと作用・反作用

例題 力のつり合いと作用・反作用

静止している物体A～Cにそれぞれ図のような力がはたらいている。このとき，次の各問いに答えよ。

(1) 作用・反作用の関係にある力の組み合わせをすべて示せ。

(2) つり合いの関係にある力の組み合わせをすべて示せ。

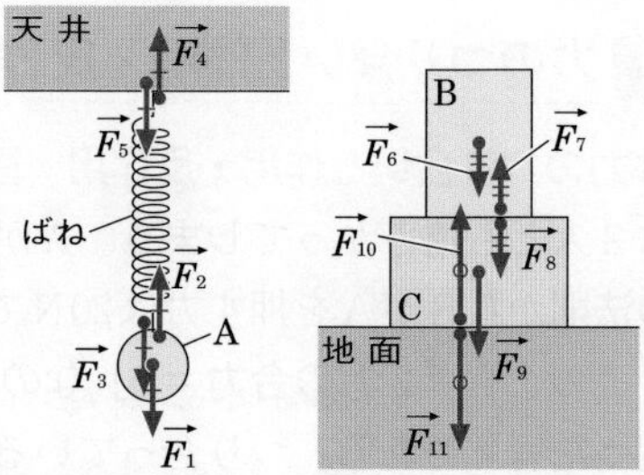

着眼 つり合いの力は1つの物体内にはたらき，物体が等速直線運動しているときには合力が$\vec{0}$となる。作用・反作用は，異なる物体にはたらく力である。

解説 $\vec{F_1}$と$\vec{F_2}$はAにはたらくつり合いの力，$\vec{F_2}$と$\vec{F_3}$はAとばねにはたらく弾性力と反作用，$\vec{F_3}$と$\vec{F_4}$はばねにはたらくつり合いの力，$\vec{F_4}$と$\vec{F_5}$はばねと天井にはたらく弾性力と反作用である。

また，$\vec{F_6}$と$\vec{F_7}$はBにはたらくつり合いの力，$\vec{F_7}$と$\vec{F_8}$はBとCにはたらく垂直抗力と反作用，$\vec{F_8}$と$\vec{F_9}$と$\vec{F_{10}}$はCにはたらくつり合いの力，$\vec{F_{10}}$と$\vec{F_{11}}$はCと地面にはたらく垂直抗力と反作用である。

答 (1)$\vec{F_2}$と$\vec{F_3}$，$\vec{F_4}$と$\vec{F_5}$，$\vec{F_7}$と$\vec{F_8}$，$\vec{F_{10}}$と$\vec{F_{11}}$
(2)$\vec{F_1}$と$\vec{F_2}$，$\vec{F_3}$と$\vec{F_4}$，$\vec{F_6}$と$\vec{F_7}$，$\vec{F_8}$と$\vec{F_9}$と$\vec{F_{10}}$

このSECTIONのまとめ 力の性質

□力のはたらき p.55	・**力**は…物体の形や運動状態を**変化させる**原因となる。 ・**力の単位**…ニュートン(N)
□力の合成と分解 p.57	・**力の合成**…**平行四辺形の法則**や**ベクトルの加法**を使って，**合力**を求める。 ・**力の分解**…平行四辺形の法則を用いて，**分力**を求める。力$\vec{F}$のx成分$F_x = F\cos\theta$，y成分$F_y = F\sin\theta$
□力のつり合い p.60	・**2力のつり合い**…**同一作用線上にあって，大きさが等しく，向きが反対。** ・**3力のつり合い**…3力のベクトルが**閉じた三角形をつくり，作用線が1点で交わる。**
□作用と反作用 p.62	・**作用と反作用**は別べつの物体にはたらき，**同一作用線上にあって，大きさが等しく，向きが反対である。**

SECTION 2 運動の法則 物理基礎

1 | 慣性の法則

1 慣性

❶慣性　自転車で平地を走るとき，こぐのをやめても，自転車はしばらくの間は同じように走りつづける。また，机の上に置いた物体は，ほかから力を加えて動かさない限り，ひとりでに動きだすことはない。このように，物体には，**その速度(速さと運動の向き)を維持しようとする性質**がある。この性質を慣性という。

❷慣性の例

①**ダルマ落とし**　図59はダルマ落としというおもちゃである。いくつかの木片の上にダルマが置いてあって，木片の1つを木づちでたたき出すと，上の木片とダルマが真下に落ちて，下の木片の上に乗る。これは，**たたき出された木片以外は，慣性によってその位置に静止しようとする**からである。

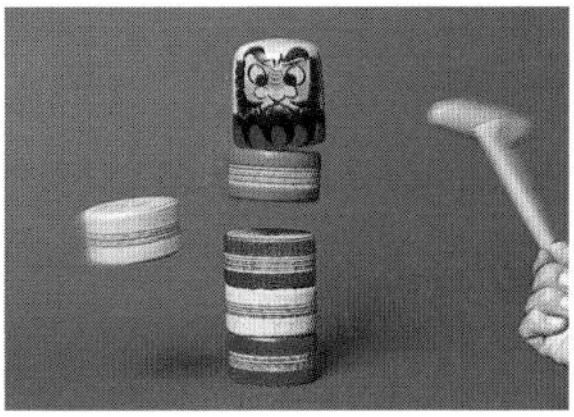

図59 ダルマ落とし

②**電車の発車と停車**　電車が発車するとき，立っている乗客は後方に倒れそうになる。**乗客は慣性によって静止しようとする**のに，電車の床が前方に動くために，足がそれにつれて前方に動かされるからである。反対に電車が停止するときは，**乗客は慣性によって同じスピードで動こうとする**のに，電車の床と足はスピードを落とすので，乗客は前方に倒れそうになる。

2 慣性の法則 (!)重要

❶慣性の法則　慣性の法則(運動の第1法則)は，ニュートンがまとめた法則である。

POINT!

慣性の法則…物体に外部から力が作用しないかぎり，最初に静止していた物体はいつまでも静止の状態を保ち，運動していた物体はいつまでもその速度を保って等速直線運動をつづける。

❷慣性の法則の成立　地球上の物体には重力がはたらくので，力がまったくはたらかない状態にすることは難しい。しかし，物体にはたらく力がつり合う場合，運動に関しては力がはたらかないのと同じになり，慣性の法則が成りたつ。すなわち，**物体に力がはたらいていても，その合力 $=\vec{0}$ のとき，慣性の法則は成立する。**

2 | 力と加速度

1 加速度と力の関係

❶加速度を生じる原因 物体の外部から力が作用しないか合力が$\vec{0}$であれば，物体は慣性によって静止または等速直線運動をつづける。しかし，物体に外部から力がはたらくと静止していた物体は動きだし，等速直線運動をしていた物体は速さや運動の向きが変わる，すなわち加速度を生じる。このことから，**加速度を生じる原因となるのは力である**ことがわかる。

❷加速度と力 加速度を生じる原因が力であるとすれば，加速度の大きさを決めるのも力の大きさであると予想される。次ページのような実験をして調べてみよう。

2 運動方程式 (!)重要

❶運動の第2法則 実験から，質量mの物体に力Fが作用したときの加速度aは，力Fに比例し質量mに反比例するとわかる。これを運動の第2法則という。

❷力の単位 ニュートンの運動の第2法則を式にすると，

$$a \propto \frac{F}{m} \quad \text{よって，} \quad F \propto ma$$ ★1

比例定数をkとして，等式で表すと，$F = kma$ となる。ここで，質量mの単位がkg，加速度aの単位が$\mathrm{m/s^2}$のとき比例定数kの値が1になるように決められた力の単位がニュートン(N)なのである。すなわち，**質量$m = 1\,\mathrm{kg}$の物体に作用したとき加速度$a = 1\,\mathrm{m/s^2}$を生じさせる力の大きさFが1Nである。**

❸運動方程式 以上から，質量m〔kg〕の物体にF〔N〕の力が作用したとき，加速度a〔$\mathrm{m/s^2}$〕を生じるとすれば，これらの間に，

$$ma = F \tag{1·61}$$

という関係が成りたつことになる。これを運動方程式という。一般に，加速度を$\vec{a}$で表すと，力も$\vec{F}$となり，

$$m\vec{a} = \vec{F} \tag{1·62}$$

である。この式は，**加速度$\vec{a}$の向きが力$\vec{F}$の向きと同じ**であることを示す。

> **POINT!**
> **運動方程式** $m\vec{a} = \vec{F}$
> m〔kg〕：質量 $\vec{a}$〔$\mathrm{m/s^2}$〕：加速度 $\vec{F}$〔N〕：力

物体にいくつかの力がはたらいているとき，力$\vec{F}$は**すべての力の合力**である。

★1 ∝は比例を表す記号で，$y \propto x$は，yがxに比例することを意味する。このとき，適当な定数(**比例定数**)をkとして，$y = kx$と表すことができる。

重要実験　加速度と力や質量の関係

操作

❶ 質量1kgの力学台車の前にゴムひもをつけ，後ろに記録テープをつける。ゴムひもの端をものさしの先にひっかけ，ゴムひもを一定の長さまでのばして，台車を引っぱる。このときの台車の運動を記録タイマーで記録する。

❷ ゴムひもの数を2本，3本，……と増やして，❶と同じ実験をする。

❸ テープの記録は，p.25の実験と同じ処理をして加速度を求める。

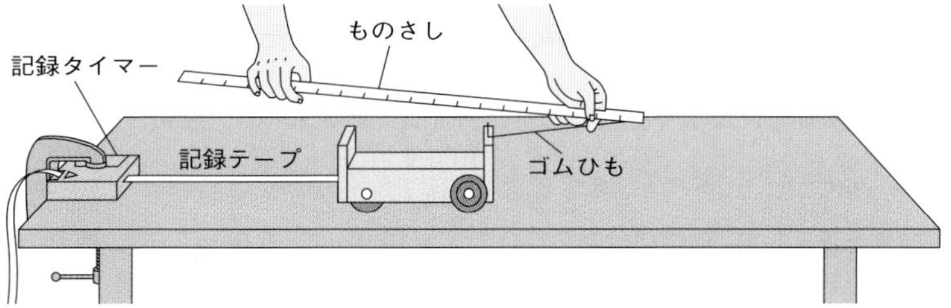

図60　加速度と力の関係を調べる実験

❹ 次に，台車に1kgのおもりをのせて，❶と同様に引っぱり，台車の運動を記録する。

❺ 台車にのせるおもりの数を2個，3個，……と増やし，ゴムひもの数とゴムひもをのばす長さを変えないようにして，台車を引っぱり，運動を記録する。

結果　**考察**

❶ ゴムひもをのばす長さを一定にすると，ゴムひも1本あたりの張力が一定の大きさ(fとする)になるので，台車を引っぱる力の大きさはゴムひもの数に比例する。

❷ ❶～❸は，同じ質量の台車にいろいろな大きさの力を加えて，加速度と力の関係を調べるための実験である。

❸ ❷のようにゴムひもの数を変えて台車を引っぱったときの加速度の大きさを調べてみると，図61のように加わる力に比例して大きくなることがわかる。したがって，**加速度の大きさは力の大きさに比例する**といえる。すなわち，$\boldsymbol{a \propto F}$。

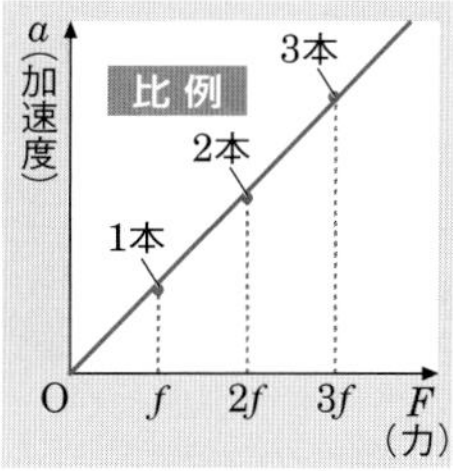

図61　加速度と力

❹ ❺でゴムひもの数もゴムひもをのばす長さも変えないのは，台車を引く力の大きさを一定にするためである。

❺ ❹，❺は，同じ大きさの力をいろいろな質量の台車に加えて，加速度と質量の関係を調べるための実験である。

❻ ❺の結果をa-$\dfrac{1}{m}$グラフにすると，図62のような直線になる。このことから，**加速度の大きさは物体の質量に反比例する**ことがわかる。すなわち，$\boldsymbol{ma}$＝(一定)。

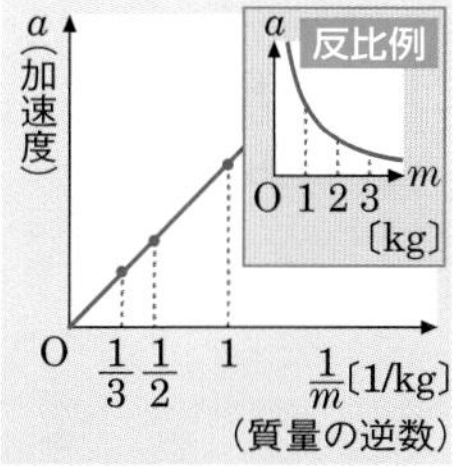

図62　加速度と質量

例題　**運動方程式**

なめらかな水平面上に質量5.0kgの物体を置き，次の(1)，(2)の力を加えたとき，物体に生じる加速度はそれぞれいくらか。右向きを正として答えよ。

(1)　図の力Bのみがはたらく場合

(2)　図の力Aと力Bがはたらく場合

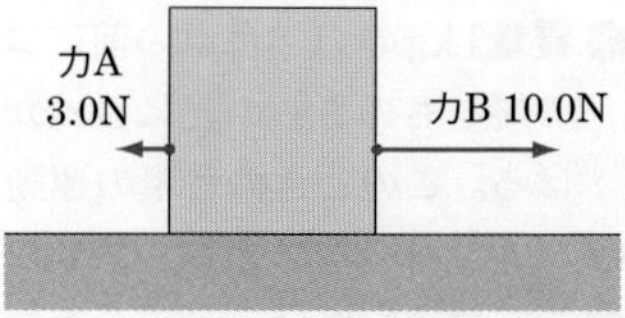

着眼　合力Fを求め，運動方程式$ma=F$よりaを求める。

解説　(1)　右向きを正として，物体にはたらく合力$F=10.0$N。運動方程式より，

$$ma=F \qquad \text{よって} \quad a=\frac{F}{m}=\frac{10.0\,\text{N}}{5.0\,\text{kg}}=2.0\,\text{m/s}^2$$

(2)　右向きを正として，物体にはたらく合力$F=10.0+(-3.0)=7.0$N。運動方程式より，

$$ma=F \qquad \text{よって} \quad a=\frac{F}{m}=\frac{7.0\,\text{N}}{5.0\,\text{kg}}=1.4\,\text{m/s}^2$$

答 (1)$2.0\,\text{m/s}^2$　(2)$1.4\,\text{m/s}^2$

類題11　なめらかな水平面上に，質量3.0kgの物体がある。この物体が，正の向きに加速度$2.5\,\text{m/s}^2$で加速しているとき，この物体に作用している力の大きさを求めよ。(解答☞p.515)

類題12　なめらかな水平面上に，質量1.5kgの物体がある。この物体が，東向きに4.5Nの力を受けるとき，この物体にはどちら向きにどれだけの加速度が生じるか。(解答☞p.515)

このSECTIONのまとめ　運動の法則

□慣性の法則 ☞p.67	・**慣性の法則(運動の第1法則)**…物体の外部から力が作用しなければ(または作用している力がつり合っていれば)，物体はその運動状態を変えない。
□力と加速度 ☞p.68	・**運動の第2法則**…加速度の大きさは，力の大きさに比例し，物体の質量に反比例する。 ・**運動方程式**…質量m〔kg〕の物体に力$\vec{F}$〔N〕が作用したときの加速度を$\vec{a}$〔m/s²〕とすると，$m\vec{a}=\vec{F}$ このとき，物体に作用する力の向きと，物体に生じる加速度の向きは同じ。

SECTION 3 いろいろな力のはたらき 〈物理基礎〉

1 重力

1 重力

❶万有引力（ばんゆういんりょく）　質量をもつすべての物体どうしは，互いに引きあう力(引力)を及ぼしあっている。この力を万有引力(☞p.159)という。

❷重力　地球と地球上の物体とは互いに万有引力を及ぼしあう。この引力の作用線は地球の中心と物体とを結ぶ直線なので，地表で見ると，物体は地球の中心に向かう引力を受ける。この引力が重力である。

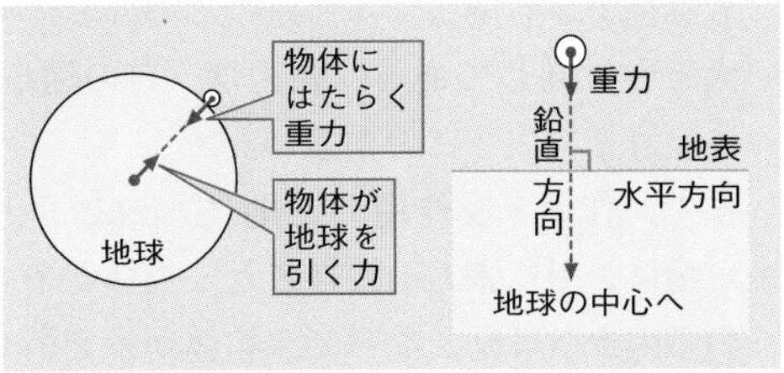

図63 重力の方向

重力の作用点は物体の重心であり(☞p.96)，大きさが 0 の物体(**質点**☞p.92)での作用点は物体の位置となる。

補足　厳密にいうと，重力は地球の引力と地球の自転による遠心力(☞p.147)との合力なので，万有引力の大きさや向きとはわずかにちがう(☞p.161)。

2 重さと質量

❶重さ　物体にはたらく**重力の大きさ**を重さまたは重量といい，単位N（ニュートン）で表す。

❷質量　物体に含まれている物質の量は，その物体をつくっている原子や分子の種類や数で決まる。この物質の量を質量といい，単位kg（キログラム）で表す。

❸質量の決め方　質量は,①，②の 2 通りの方法で決めることができ，くわしい実験によって，どちらで決めても同じ値になることがわかっている。

①**重力質量**　同一地点では，同じ質量の物体にはたらく重力は等しい。これより天びんの分銅と物体の重さを比較して決めた物体の質量を重力質量という。

②**慣性（かんせい）質量**　物体に力を加えると加速度を生じる。この加速度と加えた力の大きさから決めた物体の質量を慣性質量という。

3 重力の大きさ

重力加速度g〔$\mathrm{m/s^2}$〕は，物体の質量によらず一定である(☞p.32)。

よって，物体にはたらく**重力の大きさ** W〔N〕は物体の質量 m〔kg〕に比例し，$W = mg$ となる。

重力　$W = mg$

2｜張力と弾性力

1 張力

❶張力　ぴんと張った**糸や綱が物体を引く力**を張力ということがある。張力の向きは常に**糸のほうに引っぱる向きだけにはたらき，押す向きの張力はない。**

軽い★1糸で，糸と接触する滑車との摩擦力が小さくて無視できる場合には，糸のどの部分でも張力の大きさは同じである。張力は，右の図64のように記号 T で表すことが多い。

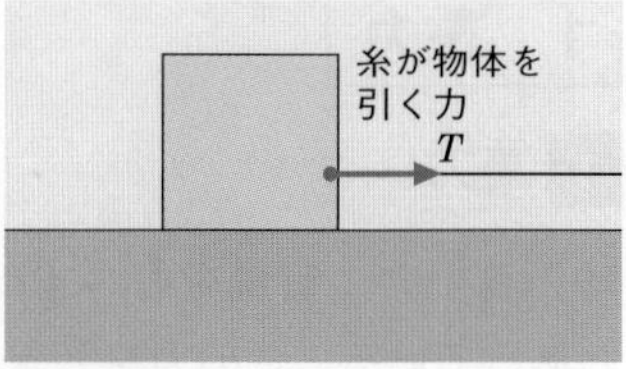

図64　張力

また，**作用・反作用の法則**(☞ p.62)より，糸が物体を引く張力の大きさと，物体が糸を引く力の大きさは同じなので，物体が糸を引く力の大きさも T で表すことが多い(**図65**)。

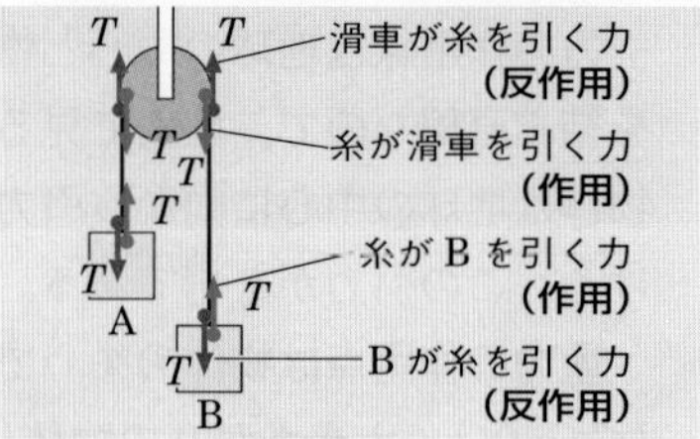

図65　張力とその反作用

視点　同じ糸がはたらかせる張力の大きさは等しい。

❷張力の原因　糸の一端を物体につなげて他端を引くとき，糸はわずかに伸びる。すると糸はもとの長さまで縮もうとして，次に述べる**弾性力**を生じる。これが張力発生のしくみである。

2 フックの法則　❗重要

❶弾性と塑性　物体に力を加えたときに生じた変形が，**ばね**のように力を取り去ると元にもどる性質を弾性といい，**粘土**のように力を取り去っても変形が元に戻らない性質を塑性という。多くの物体は，加わる力が小さいうちは弾性を示すが，その力がある限界をこえると塑性を示すようになる。

❷フックの法則　ばねなどの物体が弾性変形をしているとき，物体がもとの形にもどろうとして，まわりを引く(押す)力を，弾性力という。弾性力は，元に戻ろうとする向きにはたらき，**引く向きにも押す向きにもはたらく。**

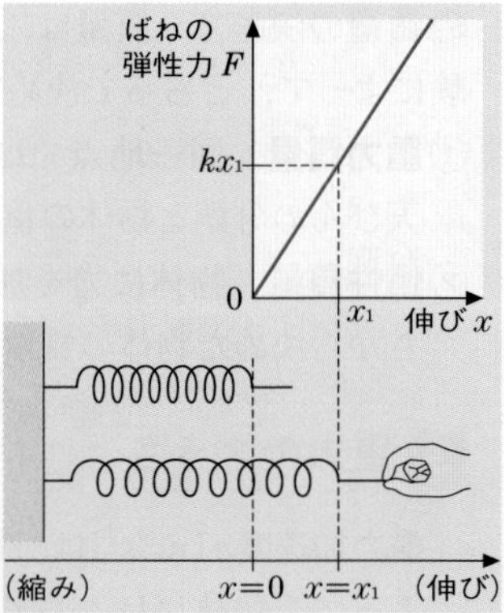

図66　変形量 x と弾性力 F

実験によると，物体の変形量が一定の範囲内にあれば**弾性力の大きさは物体の変形の大きさ(変形量)に比例する。**この関係をフックの法則という。

★1 物理では，「軽い」を無視できるほど質量が小さいという意味で使うことが多い。

❸ばねの伸び・縮み　ばねに力が加わっていないときの長さを，そのばねの自然の長さまたは**自然長**(しぜんちょう)という。ばねの弾性力もフックの法則にしたがって，ばねの伸び(または縮み)に比例する。ばねが静止しているとき，ばねの弾性力とばねを引く(または押す)力の大きさは同じである。すなわち，ばねにF〔N〕の力を加えたときx〔m〕伸びて(縮んで)静止したとすると，

$$F = kx \qquad (1\cdot63)$$

が成りたつ。このときの比例定数kは，ばね定数とよばれる。

❹ばね定数の単位　(1・63)式より，

$$k = \frac{F〔\mathrm{N}〕}{x〔\mathrm{m}〕}$$

なので，ばね定数の単位はニュートン毎メートル(**記号**N/m)となる。たとえば，あるばねに10Nの力を加えたときの伸びが0.010mなら，ばね定数kは

$$k = \frac{10\,\mathrm{N}}{0.010\,\mathrm{m}} = 1.0 \times 10^3\,\mathrm{N/m}$$

となる。

POINT!

ばねの弾性力　$F = kx$

［F〔N〕：ばねの弾性力　x〔m〕：ばねの伸び(縮み)
k〔N/m〕：ばね定数］

3 ばねのつなぎ方と伸び・縮み　重要

❶ばねの片端を固定する場合　図67のようにばねの左端を固定し，右端に力Fを加えて引っぱって，ばねを静止させる。このとき，ばねにはたらく力のつり合いより，ばねの左端にも同じ大きさで逆向きの力がはたらいている。すなわち，ばねの弾性力は必ず両端に同じ大きさで生じる。

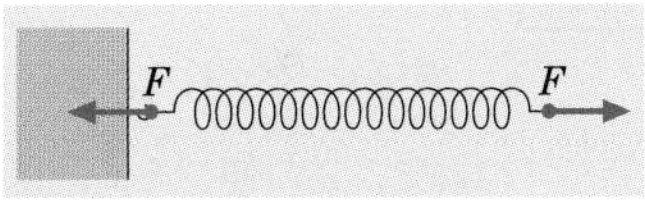

図67　片方を固定したばね

❷ばねを直列につないだ場合　図68のように，ばね定数k_1，k_2の2本のばねを直列につなぎ，力Fを加えて引っぱる。それぞれの伸びがx_1，x_2であったとすると，**どちらのばねにも力Fが加わっている**ので，

$$F = k_1x_1 = k_2x_2$$

全体を1本のばねと考えたときのばね定数をKとすると，全体の伸びは$(x_1 + x_2)$であるから，

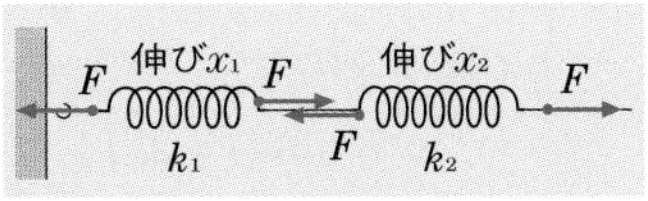

図68　ばねの直列つなぎ

$$F = K(x_1 + x_2) = K\left(\frac{F}{k_1} + \frac{F}{k_2}\right) \qquad よって，\frac{1}{K} = \frac{1}{k_1} + \frac{1}{k_2}$$

補足　ばねが縮む場合でも同様の関係が成りたつ。

❸ばねを並列につないだ場合　図69のように，ばね定数k_1，k_2の2本のばねを並列につなぎ，力Fを加えて引っぱったとき，どちらもxだけ伸びたとする。それぞれのばねに加わる力をF_1，F_2とすると，

$$F_1 = k_1 x \qquad F_2 = k_2 x$$

全体を1本のばねと考えたときのばね定数をK'とすると，全体に加わる力は，$F = F_1 + F_2$であるから，

$$F = F_1 + F_2 = k_1 x + k_2 x = (k_1 + k_2)x$$

この式を，$F = K'x$と比較することにより，

$$K' = k_1 + k_2$$

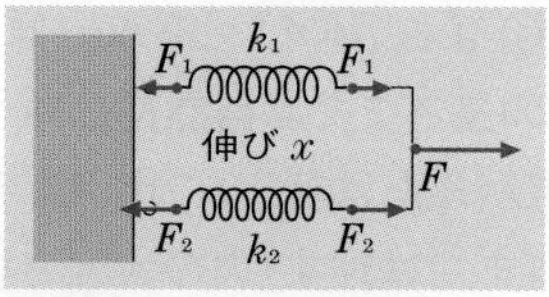

図69　ばねの並列つなぎ

直列　$\dfrac{1}{K} = \dfrac{1}{k_1} + \dfrac{1}{k_2}$

並列　$K' = k_1 + k_2$

例題　**ばねの組み合わせ**

ばね定数k，自然の長さl_0のばね4本を下図のようにつないで，距離lだけ離れた壁の間に張った。ただし，張る前の全体の長さが$3l_0$であるものとし，$l > 3l_0$とする。

(1)　全体を1本のばねと考えたときのばね定数を求めよ。

(2)　ばね1の伸びはいくらか。

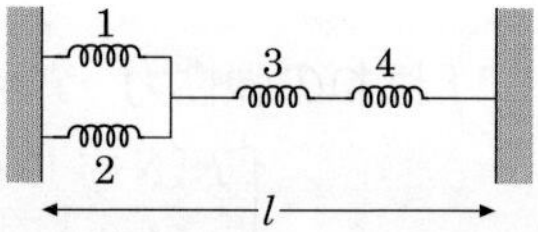

着眼　ばねを直列につなぐと，どのばねにも同じ大きさの力が加わる。ばね定数の等しいばねを並列につなぐと，両方のばねに同じ大きさの力が加わる。

解説　(1)　$l > 3l_0$だから，ばねはすべて伸びている。ばね3，4に加わっている力をFとすると，ばね1，2に加わっている力は$\dfrac{F}{2}$である。

ばね1，2の伸びをx_1，ばね3，4の伸びをx_2とすると，フックの法則により，

$$\frac{F}{2} = kx_1 \quad \cdots\cdots① \qquad F = kx_2 \quad \cdots\cdots②$$

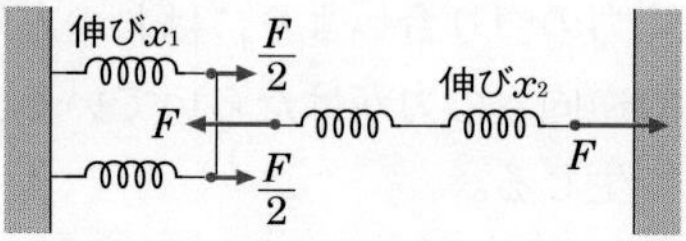

全体の伸びは$(l - 3l_0)$であるから，

$$l - 3l_0 = x_1 + 2x_2 \quad \cdots\cdots③$$

③式に①，②式からx_1，x_2を代入すると，

$$l - 3l_0 = \frac{F}{2k} + \frac{2F}{k} = \frac{5F}{2k} \qquad \text{よって，} \quad F = \frac{2k}{5}(l - 3l_0) \quad \cdots\cdots④$$

全体を1本のばねと考えたときのばね定数をKとすると，

$$F = K(l - 3l_0) \quad \cdots\cdots⑤$$

④式と⑤式を比較して，　$K = \dfrac{2k}{5}$

(2)　①式と④式より，　$x_1 = \dfrac{F}{2k} = \dfrac{l - 3l_0}{5}$

答　(1) $\dfrac{2k}{5}$　(2) $\dfrac{l - 3l_0}{5}$

類題13　自然長が3.0cmで強さの同じばねを組み合わせる。（解答☞p.515）

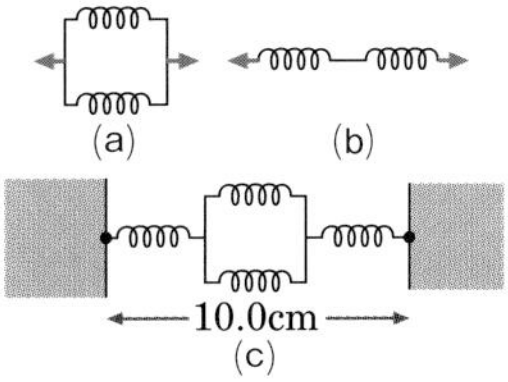

(1)　右図(a)のように，ばねを2本並列にしたものと，右図(b)のように，ばねを2本直列にしたものとを同じ長さだけ伸ばすためには，(a)は(b)の何倍の力を要するか。

(2)　4本のばねを右図(c)のようにつないで，10.0cmへだたった壁の間に水平に張った。このとき，左端のばねの長さは何cmになるか。小数第1位まで求めよ。

(3)　右図(c)のとき，左端のばねは，1.0×10^{-2}Nの力で引っぱられていた。1つのばねのばね定数は何N/mか。

(4)　1本のばねを半分に切ったとき，切ったばね1本のばね定数は，もとのばねの何倍か。

3 | 垂直抗力と摩擦力

1 垂直抗力

❶垂直抗力　面の上に物体を置くと，物体が面を押すため，面が少しへこむ。これをもとの形にもどそうとして弾性力が生じる。このときの面に垂直な弾性力を垂直抗力といい，**記号$\vec{N}$で表す。**

❷垂直抗力の向き　**垂直抗力$\vec{N}$は面が物体を垂直に押す力であり，物体の内側への向きに垂直にはたらく。**この面は地面などに限らず，2つの物体が接しており，面が押しつけられているときには垂直抗力がはたらく。

❸垂直抗力の反作用　物体の面に垂直抗力がはたらいているとき，**作用・反作用の法則**（☞p.62）によって，面をはさんで**大きさが等しく逆向きの2つの垂直抗力が生じる。**

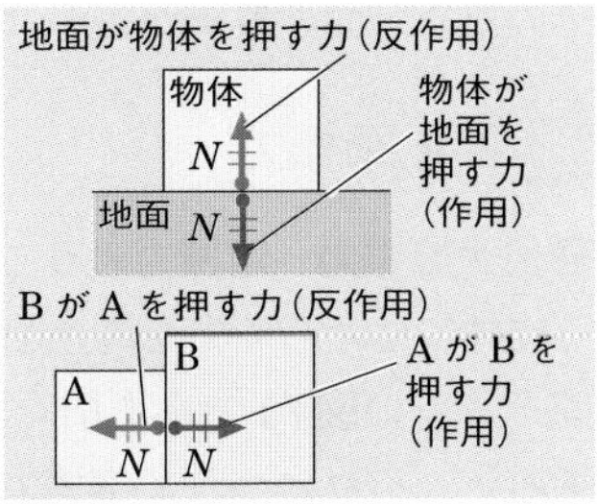

図70　それぞれの物体にはたらく垂直抗力

視点　それぞれにはたらく垂直抗力は面をはさんで逆向きで物体内部へ向かう。

2 摩擦力

❶摩擦力（まさつりょく）　**図71**のように，水平面上に置いた物体を水平方向に引く。引く力が小さい間は，物体は動かない。これは物体にはたらく張力$\vec{T}$と反対向きに大きさの等しい力$\vec{F}$が面から物体にはたらいてつり合うからである。このように，面の上の物体には面から**物体の動きをさまたげる力**がはたらく。この力を摩擦力という。

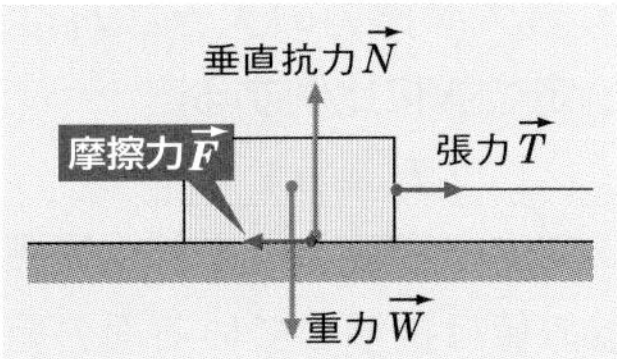

図71　静止する物体の摩擦力

視点　$F=T$，$N=W$

補足　垂直抗力の作用点は，正確には重心の真下より張力の向きにずれる（☞p.102）。

❷摩擦力の向き　**摩擦力は，物体の運動をさまたげる向きに生じる。**

①物体に右向きの外力を加えても物体が静止しているとき，摩擦力は左向きに生じる。

②斜面を物体がすべりおりているとき，斜面にそって上向きの摩擦力が生じる。

③斜面上で物体を引き上げているとき，斜面にそって下向きの摩擦力が生じる。

④物体があらい面の上を右にすべっているとき，物体には左向きの摩擦力が生じ，物体は運動をさまたげられて減速する。

❸なめらかな面とあらい面　摩擦力の大きさは，物体にはたらく力と，2つの物体が接触する面の組み合わせで決まる。

このとき，摩擦力が無視できるほど小さい面をなめらかな面といい，**摩擦力を0として考える。**いっぽう，あらい(粗い)面やなめらかでない面と書いてある場合には，**摩擦力が生じるものとして扱う。**

一般に，2つの物体どうしが接している場合，摩擦力を無視できないことが多い。そのため，面の性質が書かれていない場合は，摩擦力が生じるものとして考える。

3 静止摩擦力

❶最大摩擦力　摩擦力のうち，静止している物体にはたらく力を静止摩擦力という。前ページの図71で糸を引く力Tを大きくすると，それにつれて摩擦力Fも大きくなり，しばらくは，$T=F$の関係のままつり合いが保たれる。しかし，摩擦力にはある限界があり，張力Tがこの限界を越えると，つり合いが破れて物体が動きだす。この限界の大きさの摩擦力を最大摩擦力または**最大静止摩擦力**という。

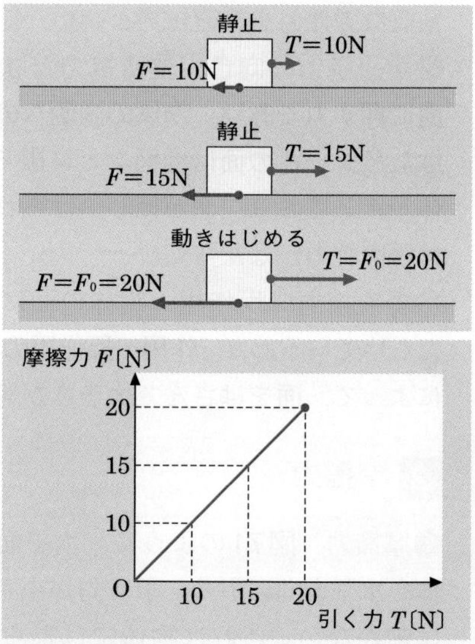

図72　最大摩擦力$F_0=20$Nのときの静止摩擦力Fと外力T

❷静止摩擦係数　**同じ面どうしにはたらく最大摩擦力の大きさF_0は，垂直抗力の大きさNに比例する。**

$$F_0=\mu N \qquad (1\cdot64)$$

この比例定数μ(ミュー)を静止摩擦係数[★1]という。μの値は接触している面の組み合わせによって決まるが，見かけの接触面積にはほとんど関係がない。

★1 摩擦係数は力〔N〕を力〔N〕で割った量なので，単位をもたない**無次元量**(☞p.13)である。

したがって，平らな面をもち，各面の性質が同じ物体を地面の上に置くとき，どの面を地面に接するように置いても最大摩擦力は変化しない。

POINT!
最大摩擦力

$$F \leqq F_0 = \mu N$$

［F〔N〕：静止摩擦力の大きさ　F_0〔N〕：最大摩擦力の大きさ
μ：静止摩擦係数　N〔N〕：垂直抗力の大きさ］

❸摩擦角　物体を斜面上に置き，斜面の傾斜角をしだいに大きくしていくと，ある傾斜角のところで物体がすべりはじめる。このときの傾斜角θを摩擦角という。図73のように，重さWの物体を傾斜角θの斜面上に置くと，重力Wの斜面方向の成分W_xと斜面に垂直な方向の成分W_yは，

$$W_x = W\sin\theta \qquad W_y = W\cos\theta$$

物体が静止しているときは，斜面方向および斜面に垂直な方向の力がそれぞれつり合っているから，

$$W_x = F \qquad W_y = N$$

となっている。

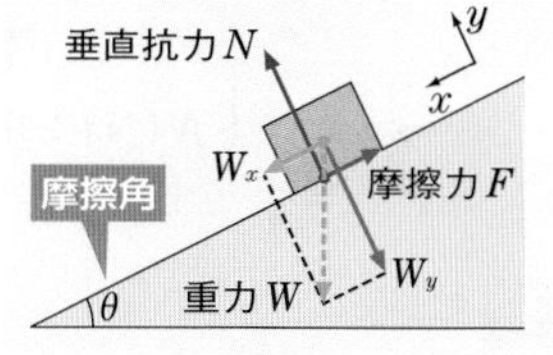

図73　摩擦角

物体がすべりだす直前には，$F = \mu N$になるから，

$$W_x = \mu W_y \quad よって，\boldsymbol{\mu} = \frac{W_x}{W_y} = \frac{W\sin\theta}{W\cos\theta} = \tan\boldsymbol{\theta}$$

となり，**静止摩擦係数$\boldsymbol{\mu}$の値が摩擦角$\boldsymbol{\theta}$から求められる。**

摩擦角$\boldsymbol{\theta}$
$\tan\boldsymbol{\theta} = \boldsymbol{\mu}$

例題　摩擦角と静止摩擦係数

質量3.0kgの物体を板にのせて板を傾けていくと，水平と30°の角をなしたときに物体がすべりだした。板を水平にして物体を水平方向に引くとき，何Nの力を加えると物体は動きだすか。重力加速度を$9.8\,\mathrm{m/s^2}$，$\sqrt{3} = 1.73$とする。

着眼　物体が動きだすときの力は最大摩擦力である。最大摩擦力は，$F_0 = \mu N$で与えられ，μは，$\mu = \tan\theta$を利用して求めればよい。

解説　板の傾きが30°になったときに物体がすべりだしたことから，摩擦角が30°であることがわかる。よって，静止摩擦係数μは，

$$\mu = \tan 30° = \frac{1}{\sqrt{3}}$$

水平な板の上で物体が動きだす直前には，物体を水平方向に引く力Fと最大摩擦力$F_0 = \mu N$とが等しくなる。また，このときの垂直抗力Nは重力mgに等しい。よって，

$$F = F_0 = \mu N = \mu mg = \frac{1}{\sqrt{3}} \times 3.0 \times 9.8 = \sqrt{3} \times 9.8 \fallingdotseq 17\,\mathrm{N}$$

答 17N

4 動摩擦力 重要

なめらかでない面の上をすべり動く物体にも，物体の運動方向と反対向きの力が面から物体にはたらいて，物体の運動をさまたげる。このように，運動している物体にはたらく摩擦力を動摩擦力という。

動摩擦力の大きさF'も垂直抗力の大きさNに比例する。

$$F' = \mu' N \tag{1・65}$$

この比例定数μ'を動摩擦係数という。μ'の大きさは面の性質などで決まり，物体の速さには無関係である。

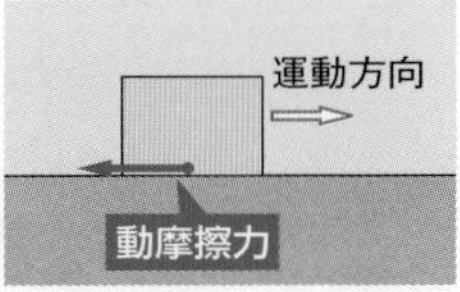

図74 動摩擦力

POINT!

動摩擦力

$$F' = \mu' N$$

［F'〔N〕：動摩擦力の大きさ　μ'：動摩擦係数
N〔N〕：垂直抗力の大きさ］

5 摩擦の法則

❶摩擦の法則　摩擦力については，実験的に次のようなことがわかっている。

①摩擦係数μ，μ'の値は，物体の見かけの接触面積とは無関係に，触れあっている2物体の面の性質によって決まる。

②最大摩擦力の大きさF_0や動摩擦力の大きさF'は垂直抗力の大きさNに比例する。

$$F_0 = \mu N,\ F' = \mu' N$$

③動摩擦力の大きさは，物体の速度によって変化しない。

④同じ面の組み合わせの動摩擦係数μ'は，静止摩擦係数μより小さい。

動摩擦力の大きさF' < 最大摩擦力の大きさF_0

❷静止摩擦力と動摩擦力　**一般に動摩擦力の大きさF'は最大摩擦力の大きさF_0よりも小さい。**そのため，静止した物体に外力を加えて引っぱりながら外力を大きくしていくとき，**動かしはじめるためには大きな力が必要だが，いちど動きはじめると，動かしはじめの力よりも小さな力で動かし続けることができる。**（図75）

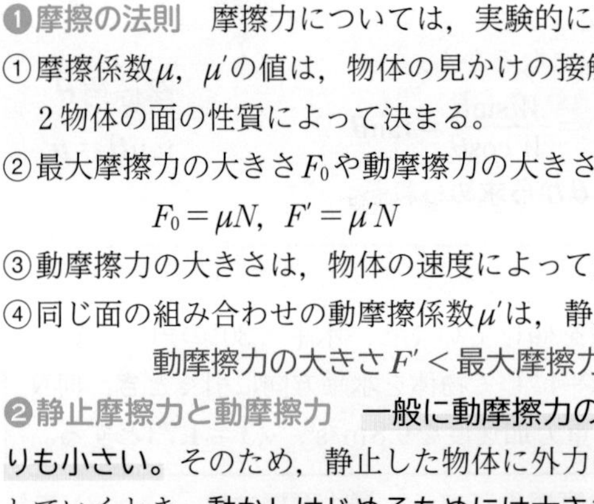

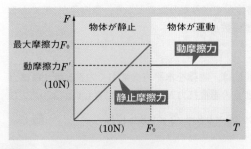

図75 静止する物体に横から加える張力を大きくしていったときの摩擦力

視点　静止しているあいだ，張力Tと静止摩擦力Fはつり合っている。いちど動きはじめると，加える張力Tの大きさにかかわらず，動摩擦力F'の大きさは一定である。

例題　**静止摩擦力と動摩擦力**

なめらかでない水平面上にある物体を，外力fで水平右向きに引いたところ，物体は次の①～④のように運動した。このとき，それぞれの段階（②では動きだす直前）における摩擦力の大きさと，その種類を答えよ。

① $f=10$ Nで引くと，物体は動かなかった。

② しだいに外力を大きくしていったところ，$f=50$ Nに達したとき物体が動きはじめた。

③ 動きだしたあと$f=30$ Nで引くと，物体は等速直線運動を行った。

④ 動きだしたあと$f=40$ Nで引くと，物体は等加速度直線運動を行った。

着眼 静止摩擦力の大きさは変化するが，動摩擦力の大きさは一定である。

解説 ① 物体は面に対して静止しているので，摩擦力は静止摩擦力である。また，力を加えても動かなかったので，摩擦力は外力fとつり合っている。

② 力を加えても動かなかったので，摩擦力Fは外力fとつり合っている。このときの摩擦力Fは静止摩擦力だが，物体が面に対して動きだす直前なので最大摩擦力ともいえる。

③ 物体は運動しているので，摩擦力は動摩擦力である。また，物体が等速直線運動をしているので，摩擦力F'は外力fとつり合っている。

④ 物体は運動しているので，摩擦力は動摩擦力である。また，同じ物体にはたらく動摩擦力の大きさは物体の速度によらないので，摩擦力F'の大きさは③と同じになる。

答 ①大きさ…10 N　種類…静止摩擦力
②大きさ…50 N　種類…最大摩擦力［静止摩擦力］
③大きさ…30 N　種類…動摩擦力
④大きさ…30 N　種類…動摩擦力

6 抗力

物体が床や他の物体と接触しているとき，物体が接触面から受ける力を抗力といい，一般に記号$\vec{R}$で表す。

抗力$\vec{R}$を接触面に対し垂直な力と平行な力に分解したとき，**面に垂直な分力が垂直抗力$\vec{N}$，平行な分力が摩擦力$\vec{F}$である。**すなわち，

$$\underset{(抗力)}{\vec{R}} = \underset{(垂直抗力)}{\vec{N}} + \underset{(摩擦力)}{\vec{F}} \qquad (1\cdot66)$$

図77のようにあらい斜面上で物体が静止しているときは，重力$\vec{W}$と抗力$\vec{R}$がつり合っていて一直線上にあり，その抗力$\vec{R}$は垂直抗力$\vec{N}$と静止摩擦力$\vec{F}$に分解できる。

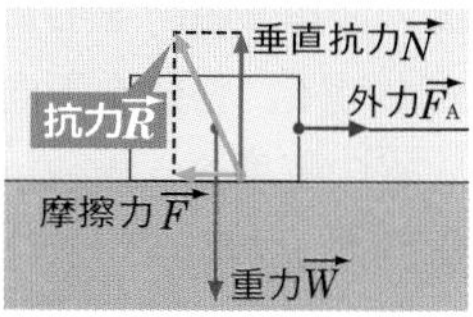

図76 抗力$\vec{R}$

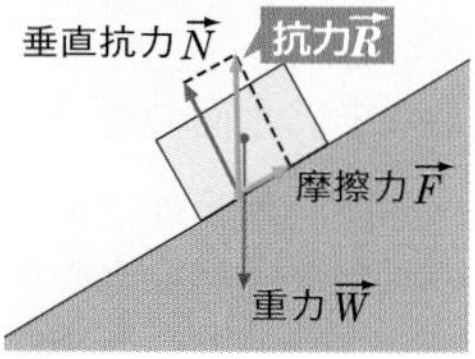

図77 斜面上での抗力

4｜圧力と浮力

1 圧力とその単位 ①重要

❶**圧力**　力がある面全体に加わるとき，**面の単位面積あたりに加わる力の大きさ**を圧力という。

いま，面積S〔m²〕の面にF〔N〕の力が加わったとすると，その圧力p〔N/m²〕は，次の式で表される。

$$p=\frac{F}{S} \qquad (1\cdot67)$$

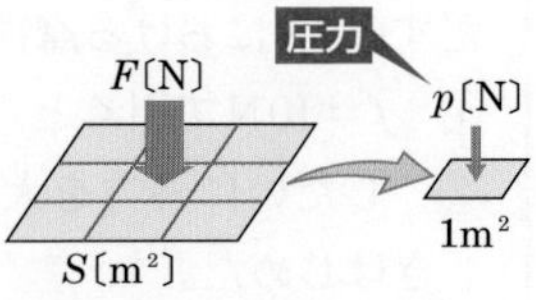

図78　面に加わる力と圧力

❷**圧力の単位**　SI（国際単位系☞p.13）では，圧力の単位はN/m²となり，これを**パスカル**（記号Pa）という。気象関係では**ヘクトパスカル（hPa）**という単位をつかい，1 hPa＝100 Paである。

2 流体による圧力 ①重要

❶**流体による圧力**　気体と液体とを総称して**流体**という。流体の中にある物体は，まわりにある流体から圧力を受ける。この圧力は**物体の表面に垂直かつ内側に向かってはたらき，同じ位置なら面の向きによらず同じ大きさである。**

❷**大気圧**　大気による圧力を**大気圧**または単に**気圧**という。大気圧の大きさは標高や気象条件などによっても変化するが，標準値として**1013 hPa**（＝**1.013×10⁵Pa**）が定められていて，この値を**1気圧（1 atm）**ということがある。

> 1 Pa＝1 N/m²
> 1 hPa＝100 Pa
> 1気圧＝1013 hPa

❸**水圧**　水による圧力を**水圧**という。水圧は，上にある水の重さで，さらに下にある水が押されることによって生じる。**図79**のように，水深h〔m〕の水中に，上面の面積S〔m²〕をもつ物体があるとき，この物体の上面の上には体積hS〔m³〕の水があって，物体を下向きに押している。

水の密度をρ（ロー）〔kg/m³〕とすると，物体の上にある水の重さは$mg=\rho hSg$〔N〕となるので，物体の上面が受ける水圧の大きさp〔Pa〕は，

$$p=\frac{\rho hSg}{S}=\rho hg \qquad (1\cdot68)$$

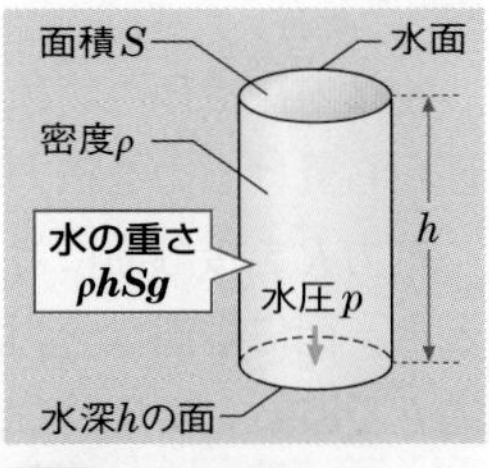

図79　水深hでの水圧

となる。水面の受ける大気圧p_0も考え，

$$p'=p_0+p=p_0+\rho hg \qquad (1\cdot69)$$

のp'を水圧とすることもある。

注意　単に水圧という場合，（1·68）式のpをあらわす場合と，（1·69）式のp'をあらわす場合があるので気をつけること。本書では，特にことわりのない場合（1·68）式の意味で用いる。

3 水中ではたらく浮力 重要

❶水中の物体が受ける浮力　図80のように，深さh〔m〕のところに，底面積S〔m^2〕，高さl〔m〕の物体があるとする。この物体の上面，下面が受ける圧力をp_1〔Pa〕，p_2〔Pa〕とすると，

$$p_1 = \rho gh \qquad p_2 = \rho g(h + l)$$

となる。物体の側面が受ける水圧はつり合うから，物体の上面と下面が水から受ける力の合力F〔N〕は，

$$F = p_2S - p_1S = (p_2 - p_1)S = \rho Slg \text{〔N〕}$$

この物体の体積を，$V = Sl$〔m^3〕とすると，上の式は

$$F = \rho Vg \qquad (1\cdot70)$$

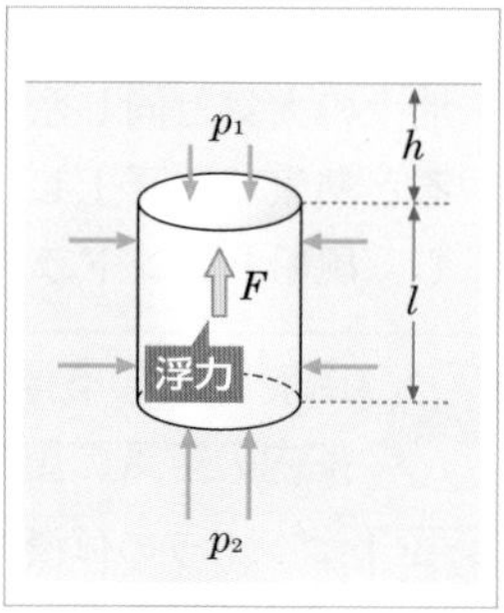

図80　浮力

となる。この合力$\vec{F}$は上向きで，物体を浮かべる向きに押すので浮力という。

❷アルキメデスの原理　(1·70)式より，**液体中にある物体が受ける浮力の大きさは，物体と同じ体積の液体の重さに等しい。**これをアルキメデスの原理という。

4 大気中ではたらく浮力

❶大気圧と高さ　空気にも質量があるので，下の空気は上の空気の重さによって押されている。これが大気圧が発生する原因である。したがって，水圧と同じように，大気圧も高度が高くなるほど小さくなる。

補足　水圧とはちがって，大気圧は高度に比例して小さくなるわけではない。これは，気体の密度が温度や圧力によって大きく変化する(☞p.182)からである。

❷大気中の物体が受ける浮力　大気中にある物体の上面が受ける大気圧は下面が受ける大気圧よりわずかに小さい。そのため，物体が大気から受ける力の合力は上向きとなり，水中の場合と同じように浮力を受ける。浮力の大きさF〔N〕は，大気の密度をρ〔kg/m^3〕，物体の体積をV〔m^3〕とすると，次のようになる。

$$F = \rho Vg$$

そのため，**水圧と同じようにアルキメデスの原理が成りたつ。**

POINT!

浮力

$$F = \rho Vg$$

〔F〔N〕：浮力　ρ〔kg/m^3〕：流体の密度
V〔m^3〕：物体の体積　g〔m/s^2〕：重力加速度〕

アルキメデスの原理…**流体中にある物体が受ける浮力の大きさは，物体と同じ体積の流体の重さに等しい。**

例題　**熱気球**

風船部分とゴンドラからなる熱気球がある。風船の体積はV〔m^3〕で，最初は地上の大気と同じ密度ρ_0〔kg/m^3〕の空気が入っている。風船内の空気を加熱すると熱気球は浮上しはじめる。この瞬間の風船内の空気の密度を求めよ。ただし，風船とゴンドラの質量の和をM〔kg〕とし，ゴンドラの体積は無視する。

着眼　風船に加わる浮力が気球とゴンドラの重さを支える。気球の重さには，風船内の空気の重さも含まれることを忘れないように。

解説　ゴンドラの体積を無視するから，浮力は風船部分だけにはたらく。その大きさは$\rho_0 Vg$〔N〕である。風船が浮上しはじめたときの風船内の空気の密度をρ，重力加速度をgとすると，気球内の空気の重さはρVg〔N〕である。熱気球が浮上しはじめるのは，風船の浮力と全体の重さがつり合ったときであるから，

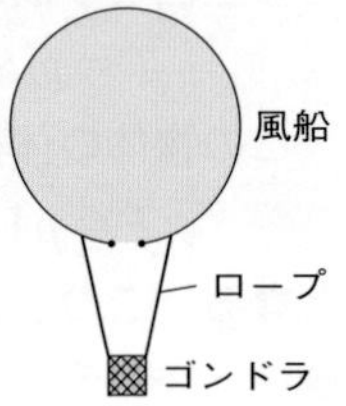

$$Mg + \rho Vg = \rho_0 Vg \qquad よって，\ \rho = \rho_0 - \frac{M}{V}$$

答　$\rho_0 - \dfrac{M}{V}$

5｜いろいろな力による等加速度直線運動

1　糸で引き上げられる物体の等加速度直線運動　①重要

物体に糸(ひも，綱などでも同じ)をつけて引っぱると，糸はわずかに伸び，もとの長さにもどろうとして物体を引く。この力を張力という(☞p.72)。張力は糸がぴんと張っているときだけ発生し，糸がゆるんでいるときは0である。糸は引く力をはたらかせることはできるが，押す力をはたらかせることはできない。

例題　**糸で引き上げられる物体の運動**

質量1.0kgの物体を軽くて伸びない糸で引き上げた。このときの物体の速さの変化を示したのが右下図のグラフである。次の各問いに答えよ。

(1)　物体の質量をm，糸の張力をT，重力加速度の大きさをg，物体の上昇の加速度をaとして，物体の運動方程式をつくれ。

以下，重力加速度$g = 10\,m/s^2$とする。

(2)　時刻$t = 0$sから2.0sまでの加速度はいくらか。

(3)　(2)のときの糸の張力は何Nか。

(4)　時刻$t = 2.0$sから4.0sまでの糸の張力は何Nか。

(5)　時刻$t = 4.0$sから5.0sまでの糸の張力は何Nか。

(6)　時刻$t = 5.0$sの直後の糸の張力は何Nか。

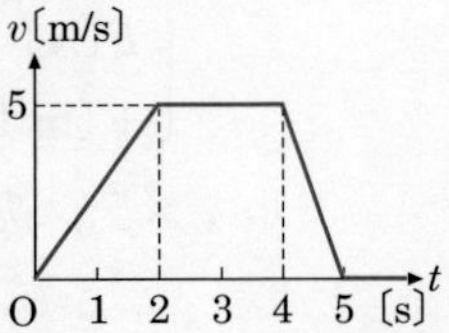

着眼　運動方程式 $ma=F$ の F は，物体にはたらくすべての力の合力である。

解説　(1)　物体には，鉛直下向きの重力 mg と糸の方向(鉛直上向き)の張力 T がはたらいている。上向きを正とするので，合力は $T+(-mg)$ となり，運動方程式は，

$$ma=T+(-mg)=T-mg \quad \cdots\cdots①$$

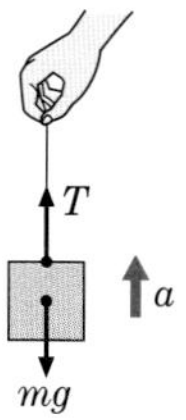

(2)　このグラフは v-t グラフだから，傾きが加速度を表す。$t=0\,\mathrm{s}\sim2.0\,\mathrm{s}$ の加速度を a_1 とすると，

$$a_1=\frac{5.0}{2.0}=2.5\,\mathrm{m/s^2} \quad \cdots\cdots②$$

(3)　①の a を a_1 として，①，②より T を求めると，

$$T=m(a_1+g)=1.0\times(2.5+10)=12.5 \fallingdotseq 13\,\mathrm{N}$$

(4)　$t=2.0\,\mathrm{s}\sim4.0\,\mathrm{s}$ は v-t グラフの傾きが0だから，加速度 $a=0$ である。

①より，　$0=T-mg$

よって，　$T=mg=1.0\times10=10\,\mathrm{N}$

(5)　$t=4.0\,\mathrm{s}\sim5.0\,\mathrm{s}$ の加速度 a_2 は，v-t グラフの傾きから，

$$a_2=\frac{0-5.0}{5.0-4.0}=-5.0\,\mathrm{m/s^2}$$

であるから，(3)と同様に，

$$T=m(a_2+g)=1.0(-5.0+10)=5.0\,\mathrm{N}$$

(6)　$t=5.0\,\mathrm{s}$ の直後は物体が静止するので，加速度 $a=0$ となり，(4)と同じ。

答　(1) $ma=T-mg$　(2) $2.5\,\mathrm{m/s^2}$　(3) 13N　(4) 10N　(5) 5.0N　(6) 10N

類題14　質量2.0kgの物体にひもをつけ，静止状態から22.6Nの力で真上に引き上げた。重力加速度を $9.8\,\mathrm{m/s^2}$ とすると，4.0秒間に物体は何m上昇するか。(解答☞ p.515)

2 連結された物体の等加速度直線運動　①重要

連結された物体が外力を受けて加速度運動をするときは，それぞれの物体どうしも作用・反作用を及ぼしあっている。このような問題を解くときは，それぞれの物体について運動方程式をつくって考えればよい。

例題　**並べた物体を押して動かす運動**

なめらかな水平面上に質量 m_1，m_2，m_3 の3つの物体A，B，Cを図のように接して置き，Aを一定の力 F で押すと，A，B，Cは一体となって等加速度運動をした。

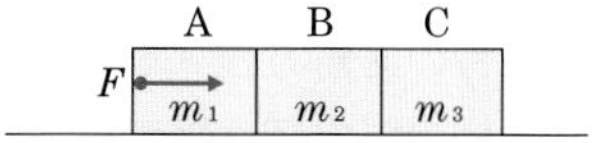

(1)　このときの加速度の大きさを求めよ。

(2)　AとBとが及ぼしあう力の大きさを求めよ。

(3)　BとCとが及ぼしあう力の大きさを求めよ。

着眼 AとBとは互いに作用・反作用の力を及ぼしあう。BとCも互いに作用・反作用の力を及ぼしあう。AとBとが及ぼしあう力の大きさとBとCとが及ぼしあう力の大きさは同じではないから，それぞれ別の記号をつける。

解説 (1) A，B，Cを一体と考えると，質量は$(m_1+m_2+m_3)$であるから，加速度をaとすると，運動方程式は次のようになる。

$$(m_1+m_2+m_3)a=F \qquad \text{よって，} \quad a=\frac{F}{m_1+m_2+m_3} \quad \cdots\cdots①$$

(2)，(3) AとBとが及ぼしあう力をF_1，BとCとが及ぼしあう力をF_2とすると，A，B，Cにはたらく水平方向の力は右図のようになる。よって，A，B，Cのそれぞれについての運動方程式は，右向きを正とすると，

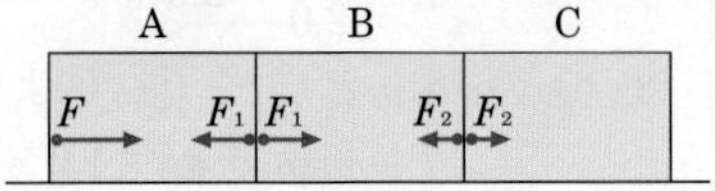

A：$m_1a=F+(-F_1)$ ……②

B：$m_2a=F_1+(-F_2)$ ……③

C：$m_3a=F_2$ ……④

①，②より，$F_1=F-m_1a=(m_1+m_2+m_3)a-m_1a=(m_2+m_3)a=\dfrac{m_2+m_3}{m_1+m_2+m_3}F$

①，④より，　$F_2=m_3\times\dfrac{F}{m_1+m_2+m_3}=\dfrac{m_3}{m_1+m_2+m_3}F$

答 (1) $\dfrac{F}{m_1+m_2+m_3}$　(2) $\dfrac{m_2+m_3}{m_1+m_2+m_3}F$　(3) $\dfrac{m_3}{m_1+m_2+m_3}F$

類題15 質量Mの物体Aと質量mの物体Bを軽い糸でつなぎ，Aをなめらかな水平面上に置いて，Bは滑車を通し図のようにつるした。手を離すと，AとBは動きだした。重力加速度をgとする。(解答☞p.515)

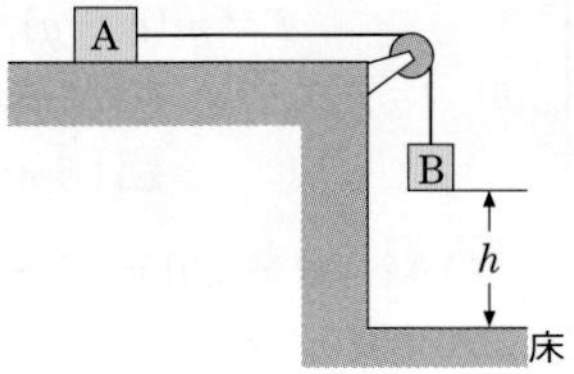

(1) 糸の張力はいくらか。

(2) Bの加速度はいくらか。

(3) Bが床に着く直前の速さはいくらか。

例題 **滑車で自分を引き上げる運動**

質量Mの人が質量mの台の上に乗り，図のように滑車を用いて綱を引き，加速度aで上昇したとする。重力加速度の大きさをgとし，滑車の質量は無視でき，綱は軽くて伸びないとする。

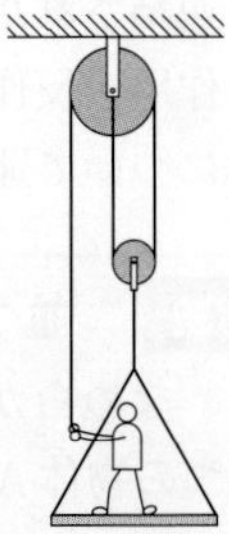

(1) 綱の張力をT，台が人に及ぼす垂直抗力をNとし，人および台の運動方程式をつくれ。

(2) 綱の張力T，垂直抗力Nを求めよ。

着眼 1本の綱の張力はどこでも等しいから，滑車にかけられた綱が及ぼす張力はすべてTである。動滑車は2本の綱でつるされているのと同じである。

解説 まず，はたらいている力のベクトルをすべて描きこむ。人が引いている綱の張力はすべてTである。台と人とは作用・反作用の関係にある垂直抗力を及ぼしあうから，両方にNのベクトルを描く。以下，鉛直上向きを正とする。

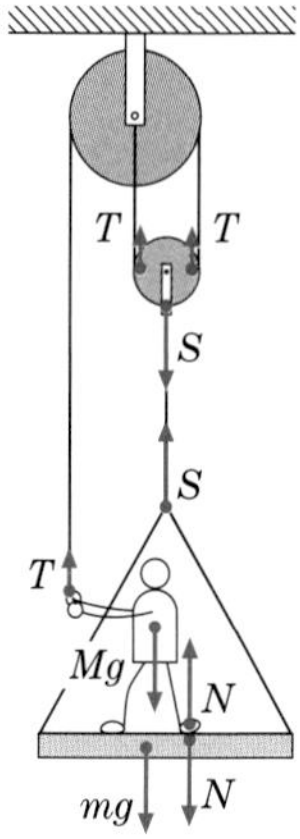

(1) 動滑車を下に引く力をSとすれば，動滑車の運動方程式は，

$$0\times a=2T+(-S) \quad \text{から，} \quad S=2T \quad \cdots\cdots①$$

このように，質量が無視できる物体は，加速度運動をしていても，力はつり合っていると考えてよい。人にはたらく力は，張力T，重力Mg，垂直抗力Nの3つであるから，運動方程式は，

$$Ma=T+N+(-Mg) \quad \cdots\cdots② \quad \cdots\cdots\text{答}$$

台にはたらく力は，張力S，重力mg，垂直抗力Nの3つであり，$S=2T$であるから，運動方程式は，

$$ma=2T-N+(-mg) \quad \cdots\cdots③ \quad \cdots\cdots\text{答}$$

(2) ①～③より，　$T=\frac{1}{3}(M+m)(a+g)$　　$N=\frac{1}{3}(2M-m)(a+g)$　……答

例題　滑車を通してつながれた2物体の運動

図のように，糸の一端を天井の点Cに固定し，軽い動滑車Dと定滑車Eに通した後，他端に質量mの物体Bをつるす。動滑車Dにも質量mの物体Aをつるした後，全体を支えてから手を離すと，Bは一定の加速度で下降した。重力加速度をgとする。

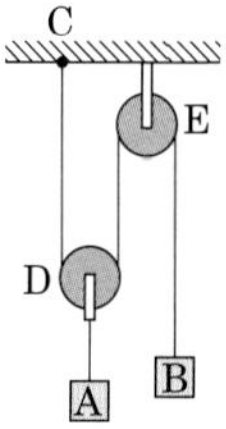

(1) A，Bの加速度の大きさを求めよ。

(2) 糸が点Cを引く力を求めよ。

着眼 物体Bが下降する距離は同じ時間内に動滑車Dが上昇する距離の2倍であるから，BとAの加速度はちがう。糸の張力はどこでも同じ。

解説 A，Bの加速度の大きさをそれぞれa，bとすると，時間tでBが下降する距離$\frac{1}{2}bt^2$は，Aが上昇する距離$\frac{1}{2}at^2$の2倍だから，

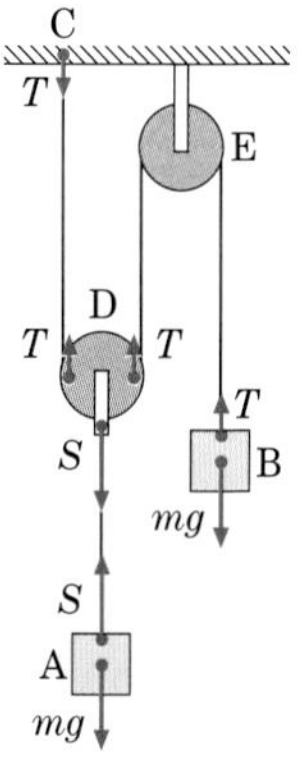

$$\frac{1}{2}bt^2=2\times\frac{1}{2}at^2 \quad \text{より，} \quad b=2a \quad \cdots\cdots①$$

Bをつるしている糸の張力をT，Aをつるしている糸の張力をSとしてすべての力を図示すると，右図のようになる。上向きを正とすると，

Aの運動方程式は　$ma=S+(-mg)$　……②

Bの運動方程式は　$-mb=T+(-mg)$　……③

Dの運動方程式は　$0\times a=2T+(-S)$　から，$S=2T$　……④

①～④より，　$a=\frac{g}{5}$　　$b=\frac{2}{5}g$　　$T=\frac{3}{5}mg$

答 (1)A…$\frac{g}{5}$　　B…$\frac{2}{5}g$　　(2)$\frac{3}{5}mg$

類題16　前ページの例題で，物体Aのかわりに質量Mの物体Pをつるしたところ，Pは一定の加速度で下降した。Pの加速度をM，m，gで表せ。（解答☞p.515）

3 摩擦力を受ける物体の等加速度直線運動　①重要

❶動かない面の上をすべる物体　物体が床や机などの上をすべる場合は，摩擦力は必ず物体の運動方向と反対向きにはたらくので，**負の加速度を生じる。**

例題　**急ブレーキをかけた自動車の運動**

20m/sの速さで走っていた質量1.0トン（1.0×10^3kg）の自動車が急ブレーキをかけたところ，2.0秒間すべって停車した。重力加速度$g=10\,\mathrm{m/s^2}$として，次の各問いに答えよ。

(1)　停車するまでの加速度はいくらか。

(2)　タイヤと道路面との間の動摩擦係数はいくらか。

(3)　停車するまでにすべった距離はいくらか。

着眼　ブレーキをかけた後，自動車に水平方向にはたらく力は動摩擦力$\mu' N$だけである。動摩擦力は運動方向と反対向きにはたらくから，符号に注意しなければならない。

解説　(1)　2.0秒間に速さが20m/sから0になるので，加速度aは，

$$a=\frac{0-20}{2.0}=-10\,\mathrm{m/s^2}$$

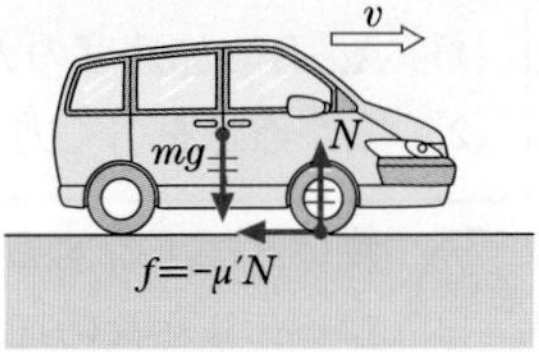

(2)　自動車の運動方程式は，

$$ma=-\mu' N \quad \cdots\cdots ①$$

自動車の鉛直方向の力のつり合いより，

$$N=mg \quad \cdots\cdots ②$$

①，②より，$\mu'=-\frac{ma}{N}=-\frac{ma}{mg}=-\frac{a}{g}=\frac{10}{10}=1.0$

(3)　自動車の走った距離をx[m]とすると，

$$0^2-20^2=2ax$$

よって，

$$x=-\frac{20^2}{2a}=\frac{20^2}{2\times10}=20\,\mathrm{m}$$

答　(1)進行方向と反対向きに$10\,\mathrm{m/s^2}$　(2)1.0　(3)20m

類題17　質量1.0×10^3kgの車が速さ72km/hで走っていたが，急ブレーキをかけて車輪の回転を止めたところ，すべって4.0s後に止まった。タイヤが地面から受けた平均の摩擦力の大きさは何Nか。（解答☞p.515）

❷動く物体の面上をすべる物体の運動　床の上に物体Bがあり，Bの上に別の物体Aが乗っていて，AがBに対して動くとき，Bも床に対して動くような場合の摩擦力の向きは，**与えられた条件によって判断しなければならない。**

①**Aに初速度を与えた場合**　図81①のように，物体Bの上に乗っている物体Aに右向きの初速度v_0を与えると，AはBに対して右向きに動くので，Bから左向きの摩擦力fを受ける。すると，Bはその反作用として，Aから右向きの摩擦力fを受けるので，BがAに引きずられるようにして，右向きに動きだす。摩擦力がはたらくと，Aは減速し，Bは加速するので，**やがて，AとBの床に対する速さが等しくなる。**こうなると，AはBに対して静止するので，AとBの間の摩擦力は0になる。

②**Bに力を加えた場合**　図81②のように，Bに右向きの力Fを加えて動かすと，BはAに対して右向きに動き，Aから左向きの摩擦力fを受ける。**Aはその反作用として右向きの摩擦力fをBから受け，**床に対して右向きに動きはじめる。

③**Aに力を加えた場合**　図81③のように，Aに右向きの力Fを加えて動かすと，AはBに対して右向きに動き，Bから左向きの摩擦力fを受ける。**Bはその反作用として右向きの摩擦力fをAから受け，**床に対して右向きに動きはじめる。

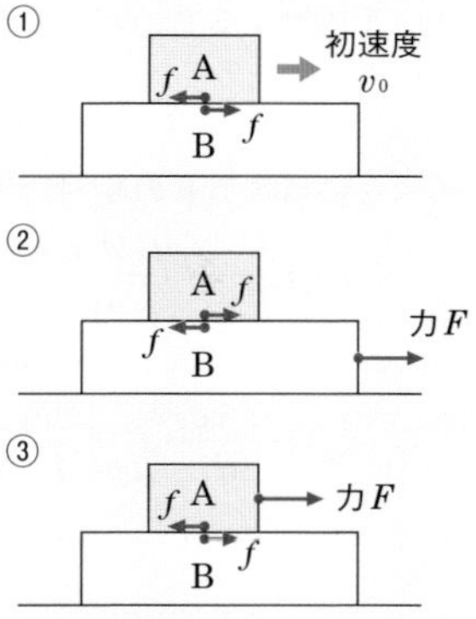

図81　摩擦力の向き

例題　**物体の上に乗り移った物体の運動**

質量Mの直方体Aが，Aと同じ高さの水平な台OPの側壁PQに接して，なめらかな水平面上に置かれている。いま，台OP上をすべってきた質量mの物体Bが速度v_0でAの上に乗り移り，Aの上ですべりつづけたところ，Aも右方にすべりはじめた。右向きを正とし，またAとBの間の動摩擦係数をμ'として，各問いに答えよ。

⑴　物体A，Bの加速度を求めよ。

⑵　物体BがAの上に乗り移ってからBがAに対して静止するまでの間の，時間t後のA，Bの床に対する速度を求めよ。

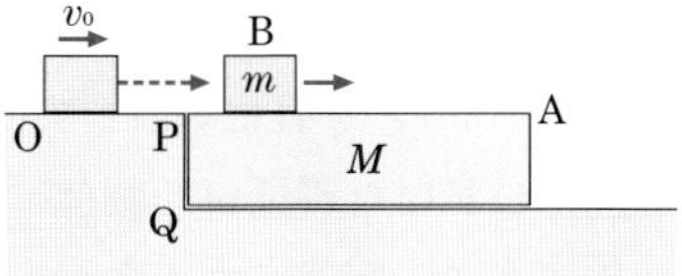

⑶　⑵のときの物体Aに対する物体Bの速度を求めよ。

⑷　物体BがAに対して静止するのは，BがAの上に乗り移ってからどれだけ時間がたったときか。

⑸　⑷のときの，A，Bの床に対する速度を求めよ。

着眼　BはAに対して右向きに動くので，Aから左向きの動摩擦力を受ける。したがって，AがBから受ける反作用の摩擦力は右向きになる。

解説　(1)　A，Bの加速度をそれぞれa_A，a_Bとする。AとBが及ぼしあう動摩擦力の大きさは，$f'=\mu'N=\mu'mg$で，向きは右図のようになる。A，Bそれぞれの運動方程式は，

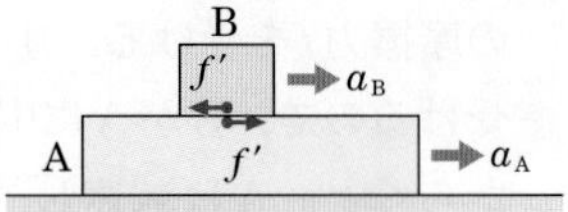

A：$Ma_A=\mu'mg$　　よって，$a_A=\dfrac{\mu'mg}{M}$

B：$ma_B=-\mu'mg$　よって，$a_B=-\mu'g$

(2)　求めるA，Bの速度をv_A，v_Bとすると，

$$v_A=a_At=\frac{\mu'mgt}{M}\qquad v_B=v_0+a_Bt=v_0-\mu'gt$$

(3)　Aに対するBの相対速度は，

$$v_{AB}=v_B-v_A=v_0-\mu'gt-\frac{\mu'mgt}{M}=v_0-\frac{\mu'gt(M+m)}{M}$$

(4)　Aに対するBの相対速度が0になるときだから，(3)の結果を用いて，

$$0=v_0-\frac{\mu'gt(M+m)}{M}\qquad よって，\quad t=\frac{Mv_0}{\mu'g(M+m)}$$

(5)　$v_A=v_B$なので，(2)のv_Aに(4)を代入して，

$$v_A=\frac{\mu'mg}{M}\cdot\frac{Mv_0}{\mu'g(M+m)}=\frac{m}{M+m}v_0$$

答 (1) A…$\dfrac{\mu'mg}{M}$　B…$-\mu'g$　(2) A…$\dfrac{\mu'mgt}{M}$　B…$v_0-\mu'gt$

(3) $v_0-\dfrac{\mu'gt(M+m)}{M}$　(4) $\dfrac{Mv_0}{\mu'g(M+m)}$　(5) $\dfrac{m}{M+m}v_0$

類題18　なめらかな机の上に物体A，Bを図のように重ねて置いてある。A，Bの質量はそれぞれM，mである。いま，物体Aに右向きの力Fを加えて動かしたとき，BはAに対して左に動いた。BがAの端まで距離lだけ移動する時間を求めよ。ただし，重力加速度をg，AとBの間の動摩擦係数をμ'とする。（解答☞p.516）

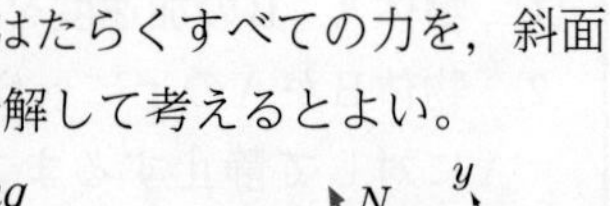

4 斜面上での物体の等加速度直線運動　①重要

斜面上での物体の運動の問題を解くときは，物体にはたらくすべての力を，斜面の方向(x方向)とそれに垂直な方向(y方向)の成分に分解して考えるとよい。

斜面上においた質量mの物体にはたらく重力$W=mg$を分解すると，次のようになる。

x方向の分力 $W_x=mg\sin\theta$

y方向の分力 $W_y=mg\cos\theta$

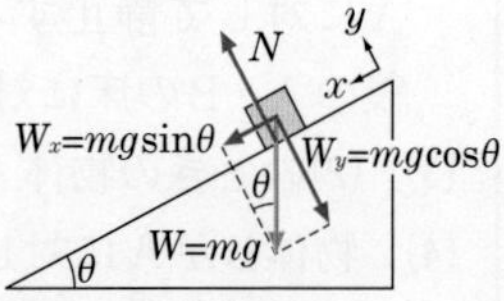

図82　重力の分解

物体は斜面から垂直抗力や摩擦力を受ける。物体は斜面に垂直な方向には運動しないから，重力の斜面に垂直な方向の分力W_yと垂直抗力Nの合力はつねに0になる。

斜面方向の力の合力が0にならないときは，物体には加速度が生じるので，斜面方向の運動方程式をたてる。

例題 連結した2物体の斜面上の運動

水平面と30°より小さい角θをなす斜面上に，質量$2m$の板Aと質量mの板Bとが糸でつながれて静止している。板Aと斜面との間には摩擦があるが，板Bと斜面の間には摩擦はない。角θをしだいに大きくしていくと，$\theta=30°$になったとき，板がすべりはじめた。

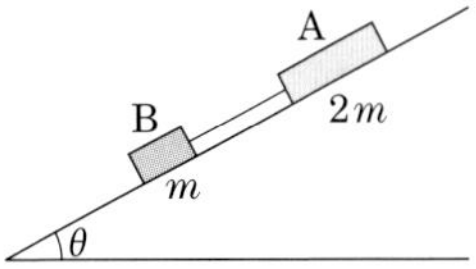

(1) 板Aと斜面との間の静止摩擦係数はいくらか。ただし$\sqrt{3}=1.73$とする。

(2) 重力加速度をgとして動摩擦係数を静止摩擦係数の$\dfrac{1}{\sqrt{3}}$とするとき，板A，Bの加速度をそれぞれ求めよ。

(3) 重力加速度をgとして板A，Bが距離sだけすべったときの速さを求めよ。

着眼 板がすべりだす直前の摩擦力が最大摩擦力である。運動中は動摩擦力がはたらく。摩擦力の向きは斜面に沿って上向きである。

解説 (1) 板Aが動きだす直前，Aにはたらく摩擦力は最大摩擦力μN（μは静止摩擦係数，Nは垂直抗力）になる。糸の張力をTとすると，Aの斜面方向のつり合いの式は，

$$T+2mg\sin30°+(-\mu N)=0 \quad \cdots\cdots①$$

Aの斜面に垂直な方向のつり合いの式は，

$$N+(-2mg\cos30°)=0 \quad \cdots\cdots②$$

Bの斜面方向のつり合いの式は，

$$mg\sin30°+(-T)=0 \quad \cdots\cdots③$$

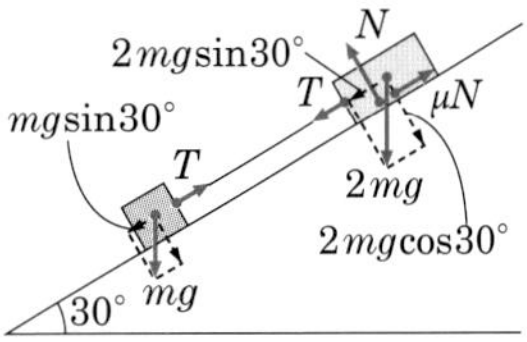

①～③より，$\mu=\dfrac{3mg\sin30°}{N}=\dfrac{3mg\sin30°}{2mg\cos30°}=\dfrac{3}{2}\tan30°=\dfrac{\sqrt{3}}{2}=0.865\fallingdotseq0.87$

(2) 動摩擦係数は，$\mu'=\dfrac{\sqrt{3}}{2}\times\dfrac{1}{\sqrt{3}}=\dfrac{1}{2}$ ……④

糸の張力をT'とし，斜面方向下向きを正とする。A，Bのそれぞれについて運動方程式をたてると，

$$\text{A}:2ma=2mg\sin30°+T'+(-\mu'N) \quad \cdots\cdots⑤$$

$$\text{B}:ma=mg\sin30°+(-T') \quad \cdots\cdots⑥$$

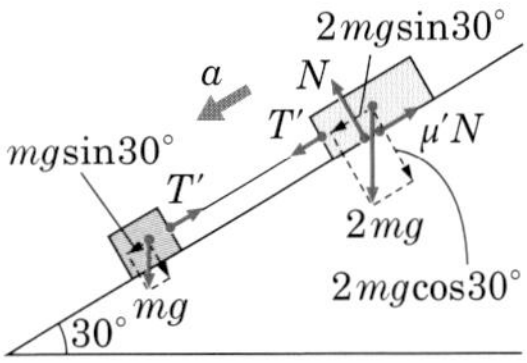

②，④，⑤，⑥より，$a=\dfrac{3-\sqrt{3}}{6}g$

(3) 求める速さをvとすると，

$$v^2-0^2=2as \qquad \text{よって，} \quad v=\sqrt{2as}=\sqrt{\frac{3-\sqrt{3}}{3}gs}$$

答 (1)0.87 (2)$\dfrac{3-\sqrt{3}}{6}g$ (3)$\sqrt{\dfrac{3-\sqrt{3}}{3}gs}$

類題 19　図のように，水平な床面に対する傾角30°のなめらかな斜面があり，斜面の頂上に滑車が取りつけてある。質量がMで等しい２個の物体A，Bを軽い糸で結び，Bを斜面上に置いて，糸を滑車にかけてAをつるした。Aを床面から高さhの所で静かに離したところ，Aは落下し，Bは斜面をすべり上がった。重力加速度をgとする。（解答 ☞p.516）

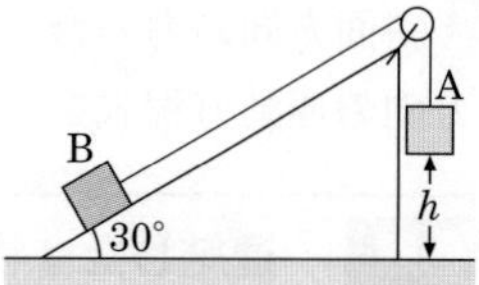

(1)　Aが落下するときの加速度はいくらか。
(2)　床面に達する直前のAの速さはいくらか。

このSECTIONのまとめ　いろいろな力のはたらき

□重力 ☞p.71	・地球が物体を引く力。作用点は重心で，鉛直方向下向きにはたらく。 ・重力は質量に比例する。質量m〔kg〕の物体にはたらく重力W〔N〕は，重力加速度をg〔m/s²〕とすると， $W = mg$
□張力と弾性力 ☞p.72	・**張力**…糸や綱が物体を引く力。質量の無視できる糸の張力は，どの部分も同じ大きさTとなる。 ・**フックの法則**…ばねの**弾性力**F〔N〕は，ばねの伸び(または縮み)x〔m〕に比例する。ばね定数をk〔N/m〕として， $F = kx$
□垂直抗力と摩擦力 ☞p.75	・**垂直抗力**…面が物体を垂直に押す力。作用・反作用の法則より，面をはさんで大きさが等しく逆向きの２つの垂直抗力Nが生じる。 ・**静止摩擦力**…物体を動かすために加えた力と等しい大きさ，反対向きではたらき，加えた力とつり合う。 ・**最大摩擦力**…静止摩擦力の最大値。これ以上の大きい力を加えると，物体は動きだす。 $F_0 = \mu N$　（μは**静止摩擦係数**，Nは垂直抗力） ・**動摩擦力**…動いている物体にはたらく摩擦力。 $F' = \mu' N$　（μ'は**動摩擦係数**，Nは垂直抗力） ・**抗力**…物体が接触面から受ける力。 $\vec{R} = \vec{N} + \vec{F}$ （抗力）（垂直抗力）（摩擦力）

□ 圧力と浮力 ☞ p.80	・**圧力**…面の単位面積あたりに加わる力の大きさ。面積 S〔m²〕に力 F〔N〕が加わったときの圧力 p〔Pa〕は, $p=\dfrac{F}{S}$ ・圧力の単位〔Pa〕=〔N/m²〕と表すことができる。 ・**浮力**…流体(液体または気体)中にある物体が，上下の圧力差によって受ける上向きの力。体積 V〔m³〕の物体が流体中で受ける浮力の大きさ F〔N〕は，流体の密度を ρ〔kg/m³〕とすると, $F=\rho Vg$
□ 糸で引き上げられる物体の等加速度直線運動 ☞ p.82	・**1本の軽い糸の張力はどこでも等しい。**
□ 連結された物体の等加速度直線運動 ☞ p.83	・連結された物体は**作用・反作用の力を及ぼしあいながら運動する。** ・それぞれの物体について運動方程式をたてる。 ・動滑車は2本の糸でつるされている物体として扱う。
□ 摩擦力を受ける物体の等加速度直線運動 ☞ p.86	・あらい面の上をすべる場合は，**すべる向きに対して負の等加速度運動となる。** ・動く物体の上をすべる場合は，反作用の摩擦力による等加速度運動を考えなければならない。
□ 斜面上での物体の等加速度直線運動 ☞ p.88	・はたらく力を**斜面方向と斜面に垂直な方向に分解する。** ・斜面方向は運動方程式をたてる。斜面に垂直な方向はつり合いの式をつくる。

SECTION 4 剛体にはたらく力のつり合い

1 剛体

1 剛体と質点

❶剛体(ごうたい) 力を加えても変形せず，かつ大きさのある理想的な物体を剛体という。剛体に力を加えると，力の作用点の位置や作用線の方向によって，全体が平行にある向きに移動する並進(へいしん)運動や，ある部分を軸として回転する回転運動，または**両者が合わさった運動**をする。**大きさや形のある物体に力を加えるときは，並進運動だけではなく回転運動についても考えなければならない。**

❷質点 大きさが0で，ある1点に質量が集中しているとみなせる理想的な物体を質点という。質点に力がはたらくとき，質点は並進運動だけを行う。

大きさの無視できる物体あるいは**小物体**などと書いてあるときは，**物体を質点として扱う。**たとえば，質量mの小物体には，鉛直下向きに，重力mgが1点に加わると考える。

❸剛体の運動と質点の運動 物体を質点とみなすときは，並進運動のみを考えればよい。また，**物体を剛体とみなす場合には，並進運動と回転運動の両方を考える。**

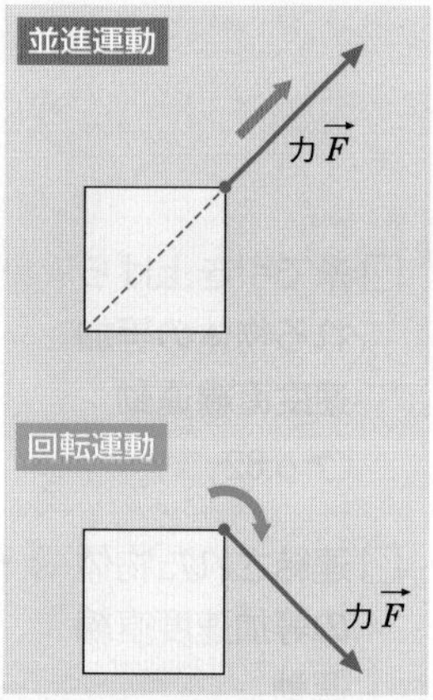

図83 剛体の運動

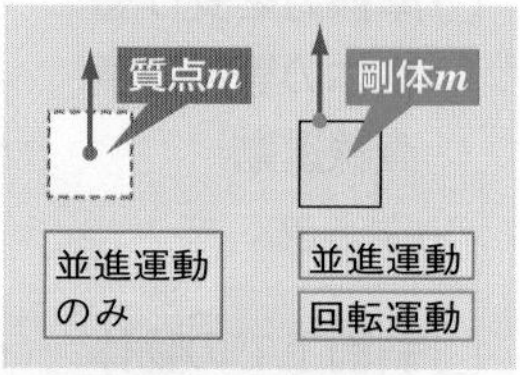

図84 質点と剛体の運動

2 剛体にはたらく力の移動

剛体にはたらく力の作用は，作用点の位置，力の大きさ，作用線の向きによって決まる。このとき，**剛体にはたらく力を作用線上で移動させても，力の作用は変わらない。**すなわち，剛体にはたらく力は，作用線上ならどの位置に移動させても，物体の並進運動や回転運動を生じさせる効果は同じだといえる。

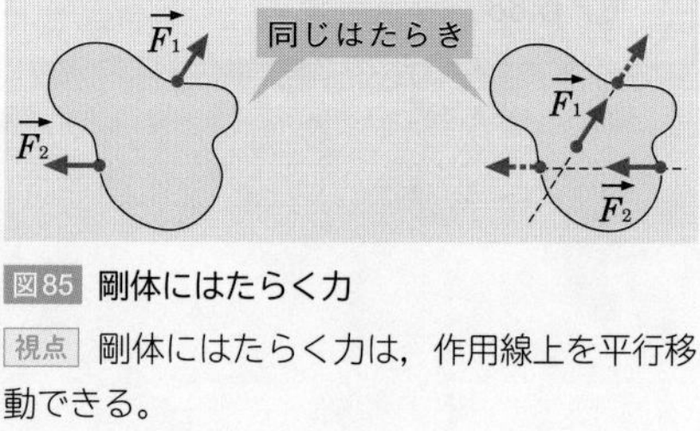

図85 剛体にはたらく力

視点 剛体にはたらく力は，作用線上を平行移動できる。

2 | 力のモーメント

1 物体を回転させるはたらき　①重要

❶力のモーメント　剛体に回転運動をさせるはたらきを，力のモーメントという。長さLの剛体棒の一端Oを図86のように固定し，点Oを軸として棒が自由に回転できるようにする。棒の他端Aに棒と垂直な力$\vec{F}$を加えると棒は回転しはじめる。このとき力$\vec{F}$による回転作用を，**点Oのまわりの力のモーメント**という。

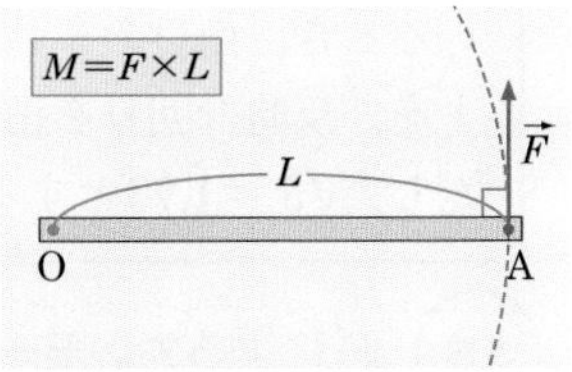

図86　力のモーメント

❷垂直な力による力のモーメント　物体の回転について考えるとき，回転軸から力の作用線までの距離をうでの長さという。図86のように，**力$\vec{F}$〔N〕と，回転軸Oから見た作用点の方向が垂直なとき**，力のモーメントMは，力の大きさと，軸から力の作用点までの距離L〔m〕の積で表される。すなわち

$$M = FL \qquad (1\cdot71)$$

となり，その単位は**ニュートンメートル(記号N·m)**である。図86では軸から作用点までの距離がうでの長さに等しい。

❸一般の力のモーメント　一般には，物体に力が加わっているとき，力$\vec{F}$と，回転軸から見た作用点の向きが垂直だとは限らない。このとき，両者のなす角度をθ，軸と作用点の距離をLとすると，力のモーメントは次の2つの方法で求められる。

①軸と作用点の距離L，力のうでに垂直な成分F'

力$\vec{F}$の，回転軸から見た作用点に対して垂直な成分の大きさをF'とすると，$F' = F\sin\theta$となるので，

$$M = F' \times L = F\sin\theta \times L = FL\sin\theta \qquad (1\cdot72)$$

②力の大きさF，垂直なうでの長さL'

図87より，垂直なうでの長さ$L' = L\sin\theta$である。力$\vec{F}$を作用線に沿って作用線と垂線の交点Bまで移動させると，

$$M = F \times L' = F \times L\sin\theta = FL\sin\theta$$

棒の形でなくても，回転軸から力の作用線へ下ろした垂線の長さ(回転軸と作用線の距離)が，力のモーメントを計算するときのうでの長さとなる。

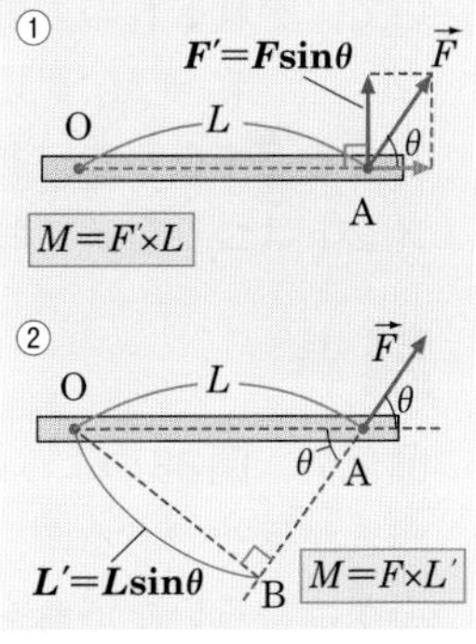

図87　2つの方法で求める力のモーメント

POINT!

力のモーメント　$M = FL\sin\theta$

M〔N·m〕：力のモーメント　　F〔N〕：力の大きさ
L〔m〕：うでの長さ　　θ：力と軸から見た作用点の向きのなす角

例題　**力のモーメント**

右図のように，棒に2つの力，$F_1 = 20.0\,\mathrm{N}$，$F_2 = 10.0\,\mathrm{N}$の力がかかっているとき，点Oのまわりの力のモーメントを，反時計回りを正として求めよ。ただし，$\sqrt{3} = 1.73$とする。

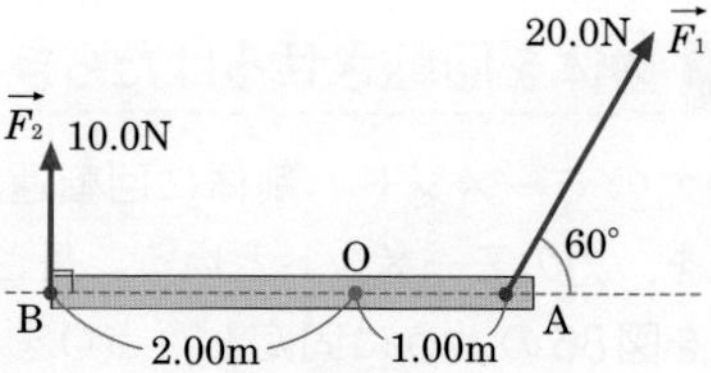

着眼　F_1による力のモーメントは正，F_2による力のモーメントは負となる。

解説　F_1のOAに対して垂直な成分$F_1' = F_1\sin60°$であり，棒を反時計回りに回転させようとするので，F_1による点Oのまわりの力のモーメントM_1は，

$$M_1 = F_1'L_1 = F_1\sin60° \times L_1 = 20.0 \times \frac{\sqrt{3}}{2} \times 1.00 = 10.0\sqrt{3} = 17.3\,\mathrm{N\cdot m}$$

また，F_2はOBに対して垂直であり，棒を時計回りに回転させようとするので，F_2による点Oのまわりの力のモーメントM_2は，

$$M_2 = F_2'L_2 = -F_2 \times L_2 = -10.0 \times 2.00 = -20.0\,\mathrm{N\cdot m}$$

よって，点Oのまわりの力のモーメントMは，

$$M = M_1 + M_2 = 17.3 + (-20.0) = -2.7\,\mathrm{N\cdot m}$$

答　$-2.7\,\mathrm{N\cdot m}$

❹力のモーメントのつり合い　物体にいくつかの力F_1，F_2，F_3，……がはたらいていて，それぞれの力のモーメントがM_1，M_2，M_3，……で表されるとき，

$$M_1 + M_2 + M_3 + \cdots\cdots = 0 \tag{1·73}$$

となる。すなわち，**ある点のまわりの力のモーメントの合計が0**ならば，力のモーメントはつり合っており，**物体は回転しない。**

2 偶力

❶偶力　図88のように，静止した物体に大きさが等しく，向きが反対であるが，作用線が一致していないような2力がはたらいた場合を考えてみよう。この場合，2力を足しあわせたものは0であるから[★1]，物体は移動しない。しかし，力のモーメントは0ではないので，物体は回転しはじめる。このような**大きさが同じで逆向きの2力**を偶力という。ねじまわしやねじぶたなどをまわすときの力が偶力である。

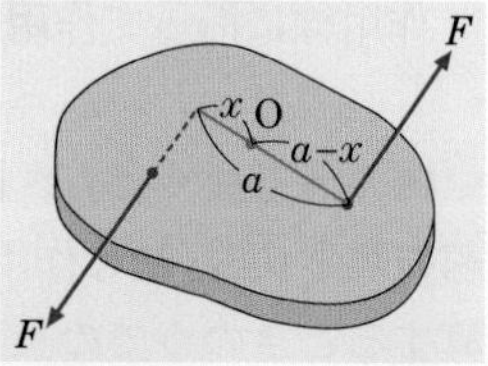

図88　偶力

★1 この場合の作用点は無限遠となり，合成できない。p.101 注意 参照。

❷偶力のモーメント　図88で，任意の点Oのまわりの各力のモーメントの和を求めると，

$$M = Fx + F(a - x) = Fa \qquad (1\cdot74)$$

となる。これを**偶力のモーメント**といい，単位**ニュートンメートル(記号N·m)**で表せる。

式からわかるように，偶力のモーメントは力の作用線間の距離によって決まり，**回転軸の位置には無関係**である。偶力のモーメントのみが物体にはたらくとき，物体にはたらく力のモーメントはつり合わず，物体は回転しはじめる。

POINT!

偶力のモーメント

$$M = Fa$$

M〔N·m〕：偶力のモーメント
F〔N〕：偶力の大きさ
a〔m〕：作用線間の距離

発展ゼミ　分力のモーメントと合力のモーメント

●下の図89のように，力$\vec{F_1}$と$\vec{F_2}$の合力が$\vec{F}$であり，$\vec{F_1}$, $\vec{F_2}$, $\vec{F}$がx軸となす角をそれぞれα(アルファ)，β(ベータ)，γ(ガンマ)とする。

●$\vec{F_1}$と$\vec{F_2}$のx成分の和はFのx成分に等しいから，

$$F\cos\gamma = F_1\cos\alpha + F_2\cos\beta \qquad \cdots\cdots ①$$

が成りたつ。

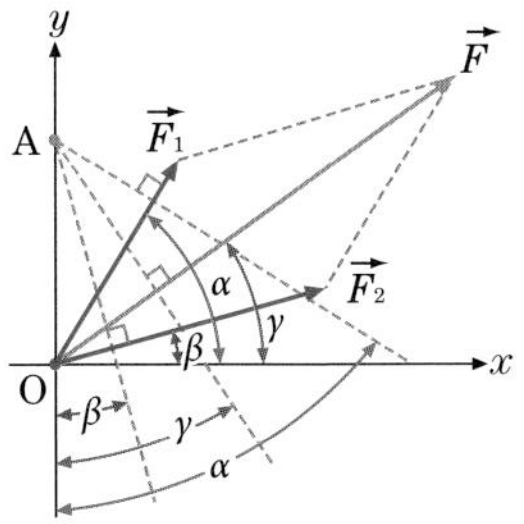

図89　合力のモーメント

●次に，y軸上の点Aのまわりの$\vec{F_1}$, $\vec{F_2}$, $\vec{F}$のモーメントをそれぞれM_1, M_2, Mとすると，OA＝aとして，

$$M_1 = F_1 a\cos\alpha \qquad \cdots\cdots ②$$

$$M_2 = F_2 a\cos\beta \qquad \cdots\cdots ③$$

$$M = Fa\cos\gamma \qquad \cdots\cdots ④$$

②～④から

$$F_1\cos\alpha = \frac{M_1}{a}$$

$$F_2\cos\beta = \frac{M_2}{a}$$

$$F\cos\gamma = \frac{M}{a}$$

となる。これらを①式に代入すると，

$$\frac{M}{a} = \frac{M_1}{a} + \frac{M_2}{a}$$

よって，　$M = M_1 + M_2$

となる。

●これから，**合力のモーメントが分力のモーメントの和に等しい**ことがわかる。

3 重心 ①重要

❶重心 物体にはたらく重力は，物体の各部分にはたらく重力の合力である。この**合力の作用点**が重心である。

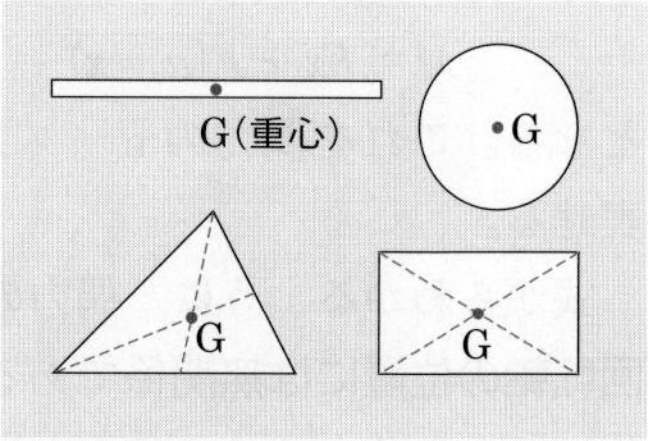

図90 重心の位置

❷単純な形の物体の重心 同じ材質でできた，一様な太さや厚さをもつ物体の重心は，次のようになる。(図90)

①棒状の物体の重心は，その中心にある。
②球状や円板状の物体の重心は，その中心にある。
③三角形の板の重心は，その中線の交点(中線を頂点から2：1に内分した点)にある。
④平行四辺形(長方形，正方形を含む)の板の重心は，その対角線の交点(対角線の中点)にある。

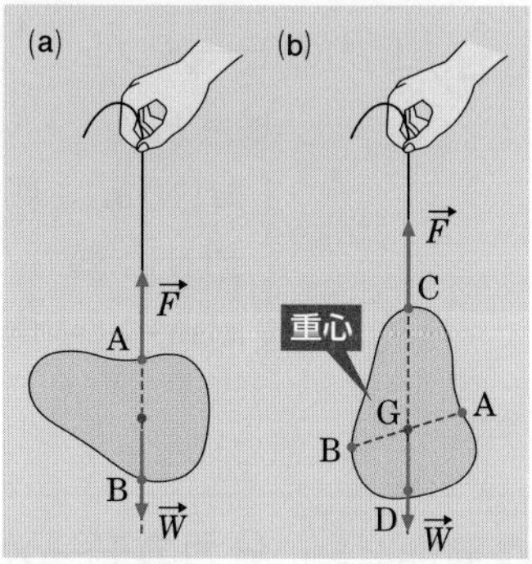

図91 不定形の物体の重心

❸不定形の物体の重心の求め方 図91(a)のように不定形の板の1点Aに糸をつけて物体をつるす。物体が静止したとき，糸の張力$\vec{F}$と重力$\vec{W}$は同一作用線上にあるから，重心Gは点Aを通る鉛直線AB上のどこかにある。直線ABを板の上にかいておいて，次に別の点Cに糸をつけて物体をつるす。この場合も，重心はCを通る鉛直線CD上のどこかにあるはずであるから，直線CDを板の上にかくと，重心はABとCDの交点として求められる。

❹物体系の重心の求め方 質量m_1，m_2，m_3の3枚の板が，図92のように並べられていて，各板の重心G_1，G_2，G_3の座標が，図92のように与えられているとき，この物体系の全体の重心Gの座標$(x_G,\ y_G)$を求めよう。

原点に関する重力のモーメントを考える。**各板の重心にはたらく重力のモーメントの和は，全体の重心にはたらく重力(各板にはたらく重力の合力)のモーメントに等しい**ので，重力が$-y$の向きにはたらくとき，

$$-m_1gx_1-m_2gx_2-m_3gx_3=-(m_1+m_2+m_3)gx_G$$

よって，

$$x_G=\frac{m_1x_1+m_2x_2+m_3x_3}{m_1+m_2+m_3}$$

となる。

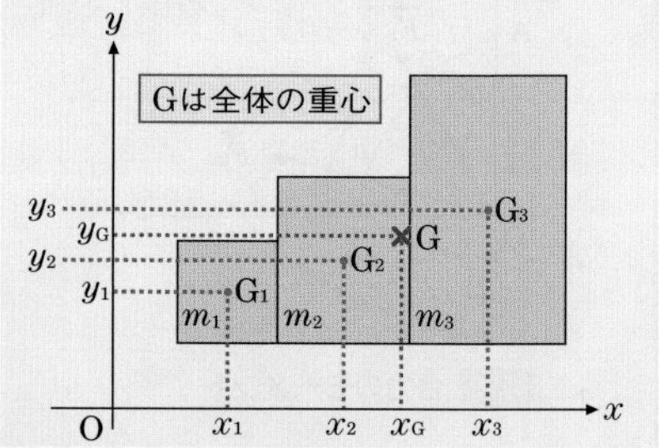

図92 物体系の重心

同様に，重力が $-x$ の向きにはたらいているとき，次のようになる。

$$y_G = \frac{m_1y_1 + m_2y_2 + m_3y_3}{m_1 + m_2 + m_3}$$

POINT!

いくつかの物体または質点からなる物体系の重心

$$\left.\begin{aligned} x_G &= \frac{m_1x_1 + m_2x_2 + m_3x_3 + \cdots}{m_1 + m_2 + m_3 + \cdots} \\ y_G &= \frac{m_1y_1 + m_2y_2 + m_3y_3 + \cdots}{m_1 + m_2 + m_3 + \cdots} \end{aligned}\right\} \quad (1\cdot75)$$

$(x_G,\ y_G)$〔m〕：重心の座標
m_1〔kg〕：物体 1 の質量　　$(x_1,\ y_1)$〔m〕：物体 1 の重心の座標
m_2〔kg〕：物体 2 の質量　　$(x_2,\ y_2)$〔m〕：物体 2 の重心の座標
m_3〔kg〕：物体 3 の質量　　$(x_3,\ y_3)$〔m〕：物体 3 の重心の座標
⋮　　　　　　　　　　⋮

例題　**重心の位置**

同じ材質でできた同じ厚さの正方形の板が 2 枚ある。これらを右図のように x，y 座標上に並べて置いたとき，全体の重心の位置はどこになるか。重心の x，y 座標を最も簡単な分数で表せ。

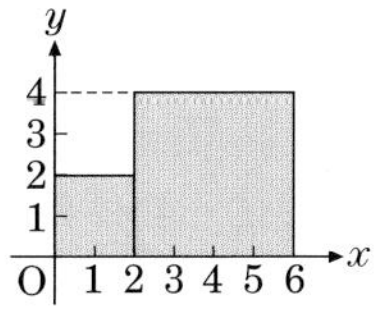

着眼　各板の質量は面積に比例する。各板の重心は，それぞれの正方形の中心と考えて座標を決め，重心の座標を求める式を適用する。

解説　それぞれの正方形板の重心 G_1，G_2 の座標は，$G_1(1,\ 1)$，$G_2(4,\ 2)$ である。

小さい正方形の質量を m とすれば，大きい正方形の質量は，面積から考えて $4m$ である。

重心の座標 $(x,\ y)$ を求める式 $(1\cdot75)$ を適用すると，

$$x = \frac{m \times 1 + 4m \times 4}{m + 4m} = \frac{17}{5}$$

$$y = \frac{m \times 1 + 4m \times 2}{m + 4m} = \frac{9}{5}$$

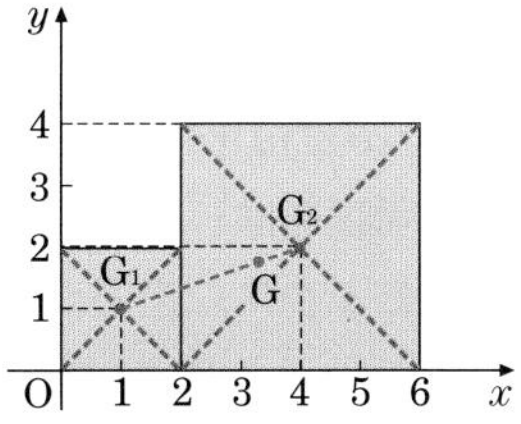

答　$\left(\dfrac{17}{5},\ \dfrac{9}{5}\right)$

類題20　月の重心と地球の重心とは約38万km離れており，月と地球はその共通重心のまわりをまわっている。月と地球の共通重心は，地球の重心からどれだけ離れた点にあるか。月の質量は地球の質量の $\dfrac{1}{100}$ として，有効数字 2 桁まで求めよ。（解答☞p.516）

3 | 剛体のつり合い

1 重心が静止しているための条件

剛体に$\vec{F_1}$, $\vec{F_2}$, $\vec{F_3}$, ……の力がはたらくとき，その**重心が静止しているためには，それらを合成したものが$\vec{0}$であればよい**から，次の条件が成立すればよい。

$$\vec{F_1}+\vec{F_2}+\vec{F_3}+\cdots\cdots=\vec{0}$$

すなわち，それぞれの力のx成分，y成分を$(F_{1x},\ F_{1y})$，$(F_{2x},\ F_{2y})$，$(F_{3x},\ F_{3y})$，……として，x成分の和，y成分の和がそれぞれ0になればよいから，

$$\left.\begin{array}{l} F_{1x}+F_{2x}+F_{3x}+\cdots\cdots=0 \\ F_{1y}+F_{2y}+F_{3y}+\cdots\cdots=0 \end{array}\right\} \qquad (1\cdot76)$$

が成立すれば，剛体の重心は静止している。

2 剛体が回転しないための条件 (!)重要

❶力のモーメントによる条件　剛体にはたらく力の合力が0という条件だけでは，偶力となる場合も含まれるので，剛体のつり合いの条件としては不十分である。剛体が回転しないためには，それぞれの力の任意の定点のまわりの**モーメントM_1, M_2, M_3, ……の和が0**にならなければならない。

$$M_1+M_2+M_3+\cdots\cdots=0 \qquad (1\cdot77)$$

一般に，物体にはたらく力がつり合うのは，上の(1・76)式，(1・77)式の両方が成りたつ場合である。

❷作用線による条件　重心が静止していて，剛体にはたらく力が2つの力$\vec{F_1}$, $\vec{F_2}$のとき，**2力が同一作用線上にあれば回転をはじめない**。また，重心が静止していて，はたらく力が3力以上の場合でも，**それぞれの力の作用線が1点で交われば，剛体は回転をはじめない**。

このように，重心が静止している場合は力のモーメントMを計算しなくても，作用線を作図し，すべての作用線が1点で交わっていれば回転しないとわかる。

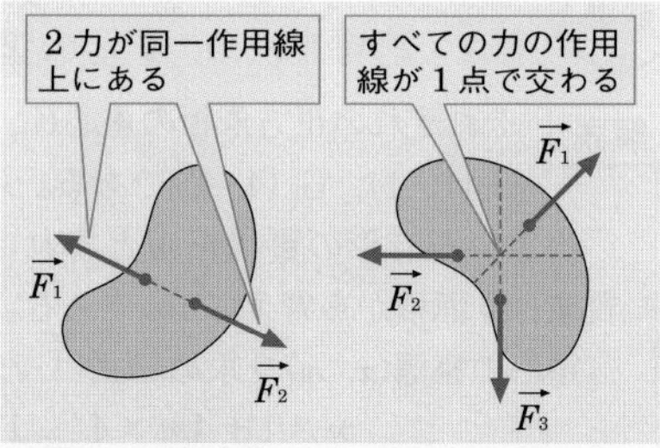

図93　物体が回転しない条件

POINT!

一般のつり合いの条件

$$\begin{cases} F_{1x}+F_{2x}+F_{3x}+\cdots\cdots=0 \\ F_{1y}+F_{2y}+F_{3y}+\cdots\cdots=0 \\ M_1+M_2+M_3+\ \cdots\cdots=0 \quad \text{（任意の軸について）} \end{cases}$$

例題 壁に立てかけた棒のつり合い

1本の棒が壁に立てかけてある。壁はなめらかであるが，床には摩擦がある。棒にはたらく重力$\vec{W}$のベクトルをもとにして，棒にはたらく力のベクトルをすべて図示せよ。

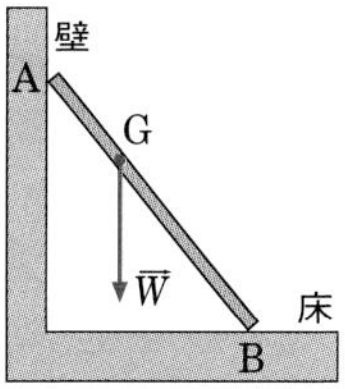

着眼 棒がつり合うためには，棒にはたらく力の合力が0になることと，力のモーメントの和が0になることの両方が満足されなければならない。

解説 棒は壁から垂直抗力$\vec{N_1}$を受ける。壁はなめらかだから，摩擦力はない。床からは垂直抗力$\vec{N_2}$と摩擦力$\vec{F}$を受ける。摩擦力の向きは，棒がすべり出そうとする向きと反対だから，左向きである。

棒にはたらく力の合力が0になるためには，水平方向で$N_1=F$，鉛直方向で$W=N_2$とならなければならない。よって，$\vec{N_2}$のベクトルは$\vec{W}$のベクトルと同じ長さである。

次に，力のモーメントの和が0になるためには，$\vec{N_2}$と$\vec{F}$の合力を$\vec{R}$（抗力）としたとき，$\vec{R}$と$\vec{N_1}$，$\vec{W}$の3つの力の作用線が1点で交わればよい。

そこで，$\vec{N_1}$と$\vec{W}$の作用線の交点をDとし，Dを通るように$\vec{R}$の作用線を決めれば，$\vec{F}$の大きさが決まり，$\vec{N_1}$の大きさが決まる。

答 下図

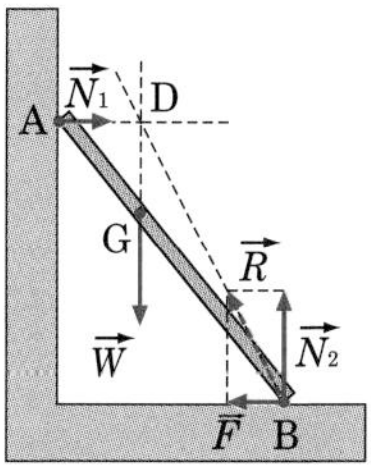

例題 壁に糸で固定した棒のつり合い

長さl，重さWの一様な棒ABの両端に糸1，糸2をつなぎ，糸をなめらかな壁の点Pにピンどめし，図のように固定した。このとき，壁と棒ABは垂直，糸2と棒ABのなす角は30°，糸1は壁にそっていた。棒の重さは，ABの中点Qにかかっているものとして，各問いに答えよ。ただし，点Aにおける棒の垂直抗力の大きさをNとする。

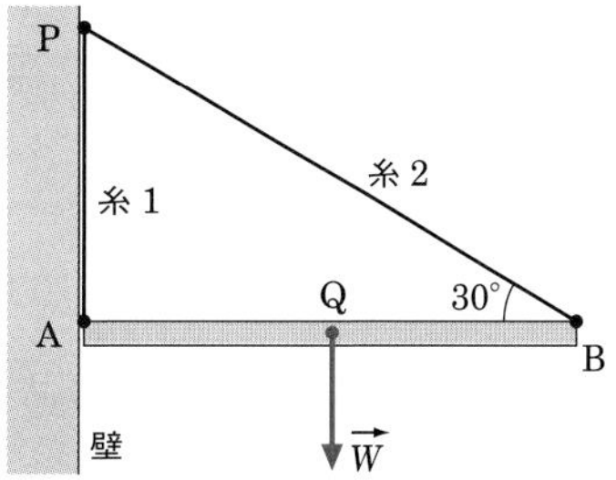

(1) 力のつり合いから点Aにおける糸1の張力の大きさT_1，点Bにおける糸2の張力の大きさT_2をそれぞれ求め，W，Nを使って表せ。

(2) モーメントの和が0であることからNを求め，Wを使って表せ。

着眼 壁はなめらかな面なので，壁が点Aから受ける力は垂直抗力$\vec{N}$のみ。

解説 剛体のつり合いの条件より，棒に加わる力の合力$\vec{F}=\vec{0}$と，任意の点のまわりの力のモーメントの合計$M=0$から，力の大きさを求める。

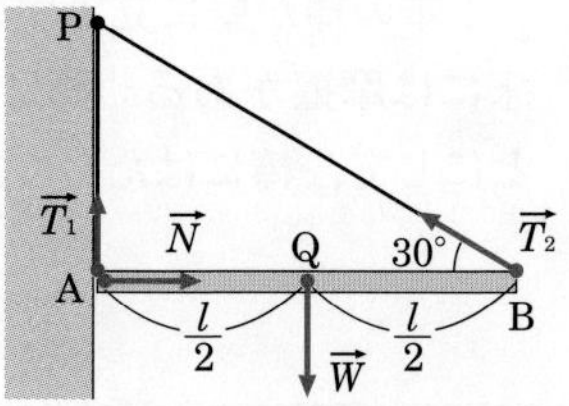

(1) 水平方向の力のつり合いより，右向きを正として

$$N+(-T_2\cos30°)=0 \quad \cdots\cdots①$$

鉛直方向の力のつり合いより，上向きを正として

$$T_1+T_2\sin30°+(-W)=0 \quad \cdots\cdots②$$

①，②を連立させて解くと，

$$T_1=W-\frac{\sqrt{3}}{3}N,\quad T_2=\frac{2\sqrt{3}}{3}N \quad \cdots\cdots③$$

(2) 力がつり合っている剛体が回転しないためには，任意の点のまわりの力のモーメントの合計が0となればよい。この問題では，点Bを軸とすれば計算が簡単になるので，これをMとおくと，

$$M=T_1\times l+(-W)\times\frac{l}{2}=0 \quad \cdots\cdots④$$

③，④より，$N=\frac{\sqrt{3}}{2}W$

答 (1) $T_1\cdots W-\frac{\sqrt{3}}{3}N$　$T_2\cdots\frac{2\sqrt{3}}{3}N$

(2) $\frac{\sqrt{3}}{2}W$

4 | 剛体にはたらく力の合力

1 平行でない2力の合力

力を作用線にそって平行移動させても，力の作用は変わらない。そこで剛体の異なる作用点に，平行でない2力$\vec{F_1}$，$\vec{F_2}$がはたらいているとき，**それぞれの力を作用線の交点に移動させて，平行四辺形の法則を使って合力を求められる。**いくつかの力が剛体に作用するときも同様に任意の2力の合力を求め，この合力と他の力との合力を順次求めていけばよい。

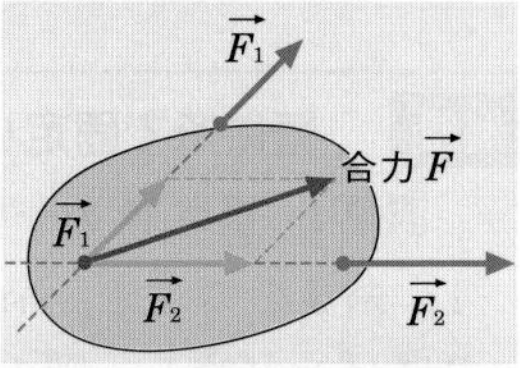

図94 平行でない2力の合力

2 平行な2力の合力 ①重要

❶同じ向きの2力の合力 剛体の異なる作用点に，平行で同じ向きの力$\vec{F_1}$，$\vec{F_2}$ががはたらいているとき，次のことが成りたつ。

① 2力の合力は2力と同じ向きであり，合力の大きさは**2力の和F_1+F_2**となる。

② 合力の作用線は，2力の作用点間の距離Lを，力の逆比$F_2:F_1$に**内分**する点を通る。

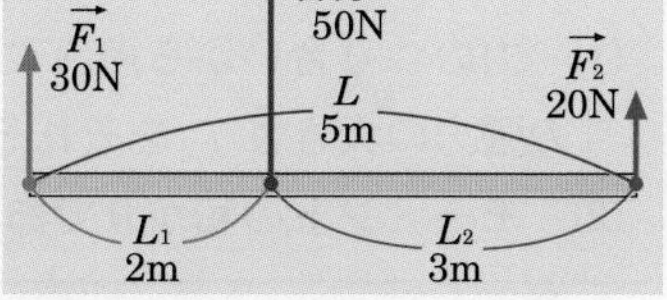

図95 平行で同じ向きの2力の合力

すなわち，L の内分点(合力の作用点)から，力 $\vec{F_1}$ および $\vec{F_2}$ の作用点までの距離をそれぞれ L_1，L_2 とすると，次式が成りたつ。

$$\boldsymbol{L_1 : L_2 = F_2 : F_1} \qquad (1\cdot78)$$

このとき，**合力の作用点のまわりの力のモーメントは 0** である。

補足　AとBを通る直線上に，AP：BP＝a：b となるような点Pをとる場合，条件を満たす位置がふつう2か所存在する。このとき，点PがAとBの間にあれば，点PはABを a：b で**内分**しているという。また，点PがAまたはBよりも外側にあれば，点PはABを a：b で**外分**しているという。

❷逆向きの2力の合力　剛体の異なる作用点に，平行で逆向きの力 $\vec{F_1}$，$\vec{F_2}$ がはたらいているとき，次のことが成りたつ。

① 合力は2力の大きい方の力と同じ向きであり，その**大きさは2力の差 $|F_1-F_2|$** となる。

② 合力の作用線は，2力の作用点間の距離 L を，力の逆比 F_2：F_1 に**外分**する点を通る。

すなわち，L の外分点(合力の作用点)から，力 $\vec{F_1}$ および $\vec{F_2}$ の作用点までの距離をそれぞれ L_1，L_2 とすると，

$$\boldsymbol{L_1 : L_2 = F_2 : F_1}$$

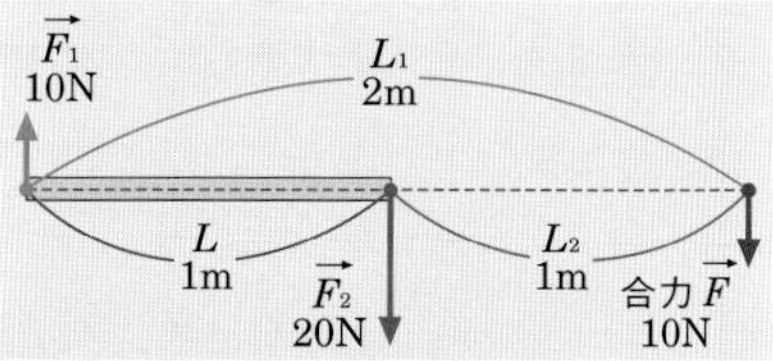

図96　平行で逆向きの2力の合力

このとき，合力の作用点のまわりの力のモーメントは0である。また，外分点は大きいほうの力の外側にある。

注意　偶力(☞p.94)は大きさが等しいことから $|F_1-F_2|=0$ であり，また L_1：L_2＝1：1に外分するような作用点も決まらないので，合力を考えることができない。

例題　平行な2力の合力

次の図の(1)，(2)それぞれについて，2力を合成し，合力の大きさを答えよ。また，合力の作用点の位置は，点Aからどちら向きに何m離れた位置にあるか求めよ。

(1)

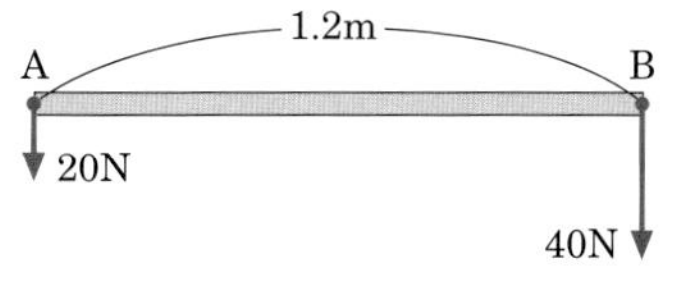

(2)

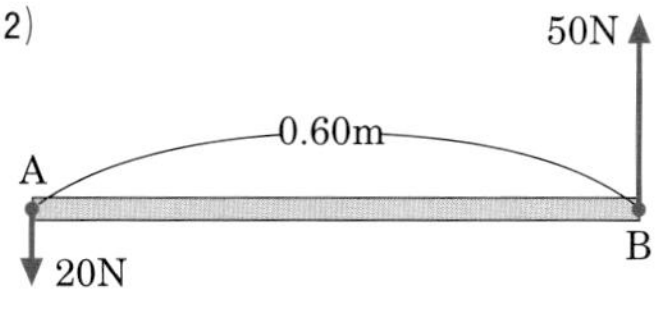

着眼　平行な2力の合力の作用点は，2力が同じ向きのとき力の逆比の内分点，2力が逆向きのとき力の逆比の外分点である。

解説　(1)　平行で同じ向きの2力なので，作用点は$AB = 1.2\,m$を力の逆比$40 : 20 = 2 : 1$に内分する点である。よって，作用点は，点Aから

$$1.2 \times \frac{2}{2+1} = 0.80\,m$$

だけ右の位置となる。

また，合力の大きさは，2力の和に等しいので，$20 + 40 = 60\,N$となる。

(2)　平行で逆向きの2力なので，作用点は$AB = 0.60\,m$を力の逆比$50 : 20 = 5 : 2$に外分する点である。ここで，右向きを正として，点Aから見た作用点の位置をx〔m〕とおくと，

$$L_1 : L_2 = x : (x - 0.60) = 5 : 2$$

よって，$2x = 5(x - 0.60)$　　これを解いて，$x = 1.0\,m$

また，合力の大きさは，2力の差に等しいので，$|50 - 20| = 30\,N$となる。

答 (1)作用点…点Aから右に$0.80\,m$
合力の大きさ…$60\,N$
(2)作用点…点Aから右に$1.0\,m$
合力の大きさ…$30\,N$

3 垂直抗力の作用点

❶垂直抗力の作用点　図97のように，摩擦のある水平面上に置いた物体の側面中央に糸をつけ，糸を水平右向きに引っぱる場合を考える。

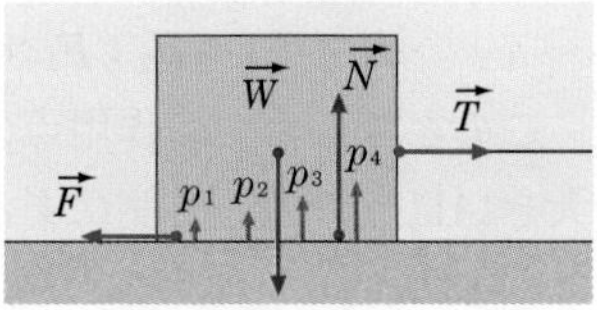

図97　垂直抗力の作用点

物体が動かなければ，水平方向では張力$\vec{T}$と摩擦力$\vec{F}$，鉛直方向では重力$\vec{W}$と垂直抗力$\vec{N}$がそれぞれつり合っていることになる。このとき，**張力$\vec{T}$と摩擦力$\vec{F}$の作用線は平行なので偶力となり，**物体を時計回りに回転させるはたらきが残る。

これを打ち消しているのは**重力$\vec{W}$と垂直抗力$\vec{N}$で，この2力もまた偶力となっている。**物体全体の力のモーメントが0になっているので，重力と垂直抗力は物体を反時計回りに回転させるはたらきをもつ。

このことから，このときの**垂直抗力の作用線は，重力の作用線よりも糸をつけた点に近くなる**ことがわかる。垂直抗力は物体の底面の各部分が水平面から押される力の合力であるから，水平面から押される力が，糸をつけた点に近い所ほど大きくなっていることになる。

❷物体が倒れる条件　張力$\vec{T}$を大きくしていくと，張力と摩擦力$\vec{F}$が物体を回転させようとするはたらきが大きくなる。それにしたがって垂直抗力$\vec{N}$の作用線は糸の側に動いていき，ついには物体の底面の端に達する。

垂直抗力の作用線は物体の底面より外側には出られないので，張力をさらに大きくすると物体を支えることができなくなり，物体は倒れてしまう。

このSECTIONのまとめ　剛体にはたらく力のつり合い

□ 剛体 ☞ p.92	• **剛体**に力がはたらくとき，剛体は**並進運動**や**回転運動**をする。 • 剛体にはたらく力は，その作用線上で移動させても，その力の作用は変わらない。
□ 力のモーメント ☞ p.93	• **力のモーメント＝力×(回転軸と作用線間の距離)** • 左まわりのモーメントを正，右まわりのモーメントを負としたとき，すべての**力のモーメントの和が** 0 になれば，力のモーメントはつり合い，物体は回転しない。 • **偶力**…大きさが等しく，向きが反対で，作用線が同一でない 2 力。物体を回転させる。 • **重心**…物体の各部にはたらく重力の合力の作用点。物体系の重心の $x\,(y)$ 座標は，各物体の質量と重心の $x\,(y)$ 座標との積の和を全体の質量で割った値である。
□ 剛体のつり合い ☞ p.98	• 次の 2 つの条件を満たすとき，剛体はつり合う。 • **重心が静止する条件** **…物体にはたらく力を足しあわせたベクトル＝$\vec{0}$** • **物体が回転しない条件…力のモーメントの和が** 0 または，**重心が静止していて，力の作用点が** 1 **点で交わっていること。**
□ 剛体にはたらく力の合力 ☞ p.100	• **平行でない 2 力の合力…作用線の交点**に 2 力を移動し，**平行四辺形の法則**を使って作図する。 • **平行で同じ向きの 2 力 $\vec{F_1}$，$\vec{F_2}$ の合力** { **向き**…2 力と同じ　**大きさ**…F_1+F_2 { **作用点の位置**…2 力の作用線の間を，力の逆比 $F_2:F_1$ に内分する点 • **平行で逆向きの 2 力 $\vec{F_1}$，$\vec{F_2}$ の合力** { **向き**…大きいほうの力と同じ　**大きさ**…$\lvert F_1-F_2\rvert$ { **作用点の位置**…2 力の作用線の間を，力の逆比 $F_2:F_1$ に外分する点

CHAPTER 2 練習問題

解答 p.516

1 〈合力と分力，力のつり合い〉 物理基礎 テスト必出

右図のように，点Oに2つの力$\vec{F_1}$，$\vec{F_2}$が作用している。図の1目盛りは10Nを表すものとして，次の各問いに答えよ。ただし，外せない根号はつけたままで答えること。

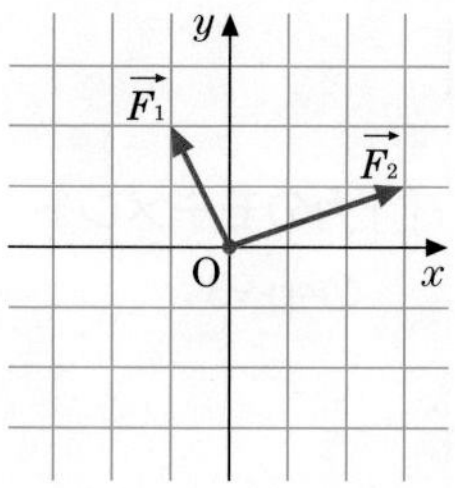

(1)　$\vec{F_1}$のx成分は何Nか。

(2)　2力の合力$\vec{F_1}+\vec{F_2}$のy成分は何Nか。

(3)　$\vec{F_1}$，$\vec{F_2}$につり合うような第3の力を$\vec{F_3}$としたとき，$\vec{F_3}$のx成分は何Nか。

(4)　(3)の$\vec{F_3}$の大きさは何Nか。

2 〈3力のつり合い〉 物理基礎 テスト必出

右図のように，質量5.0kgの小球を糸Aでつるしている。この小球にもう1本の糸Bをつけ，水平方向に引っぱると，糸Aは天井と30°の角度になってつり合った。このときの糸A，Bそれぞれの張力をT_A，T_B，重力加速度$g=9.8\text{m/s}^2$として，次の各問いに答えよ。ただし，必要なら$\sqrt{3}=1.73$とせよ。

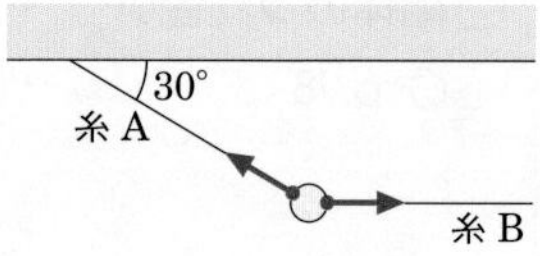

(1)　小球にはたらく重力Wの大きさは何Nか。

(2)　張力T_A，T_Bをそれぞれ求めよ。

3 〈弾性力とつり合い〉 物理基礎

ばね定数kのばね2本S_1，S_2と，質量mのおもりA，質量MのおもりBを右図のように並べ，天井からつるして静止させた。このときのばねS_1の伸びx_1，ばねS_2の伸びx_2をそれぞれ求めよ。ただし，重力加速度をgとし，ばねの重さは無視できるものとする。

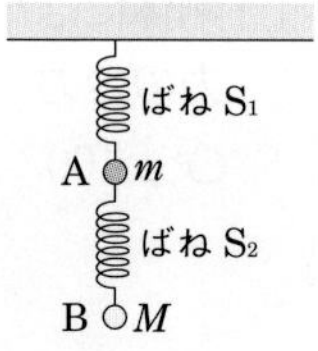

4 〈ばねにはさまれた物体の運動〉 物理基礎

自然長がどちらもl，ばね定数がそれぞれk_A，k_Bのばね2本と，大きさの無視できる小球をつなぎ，これを，左右に壁をもつ長さ$2l$の容器につないで，右図のように容器を固定した。

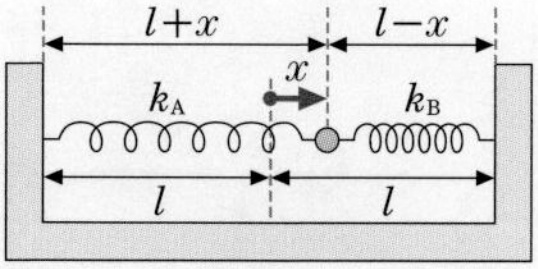

(1)　小球を元の位置から右にxだけ動かして手を離した。手を離した瞬間の小球にはたらくばねの弾性力の向きを求めよ。

(2)　(1)の瞬間に，小球にはたらくばねの弾性力の大きさを求めよ。

5 〈最大摩擦力〉物理基礎

図のように，あらい水平面に置かれた質量2.0kgの物体を，糸で傾角30°をなす向きに引く。糸の張力Tをしだいに大きくしていくと，4.9Nになったときに物体が動きだした。重力加速度$g=9.8\,\mathrm{m/s^2}$，$\sqrt{3}=1.73$とする。

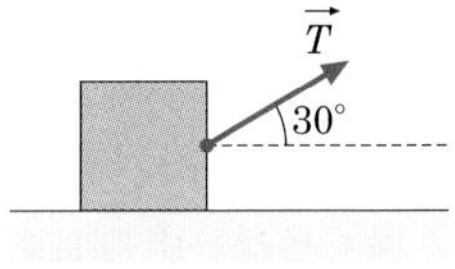

(1) 動きだす直前に物体にはたらく垂直抗力Nは何Nか。

(2) 物体と水平面との間の静止摩擦係数μの値はいくらか。

6 〈斜面上の物体の運動〉物理基礎　テスト必出

傾角θのなめらかな斜面に，質量mの小物体を静かに置いて手を離すと，斜面に沿って加速度aですべりおりた。それぞれ斜面と水平ですべりおりる向きをx軸の，斜面と垂直で斜め上向きをy軸の，正の向きにとる。また，物体にはたらく垂直抗力をN，重力加速度をgとする。

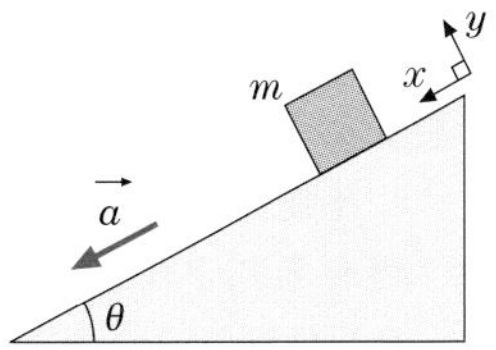

(1) すべりおりるとき，物体にはたらく力を図に描きいれよ。

(2) x軸方向(斜面に平行な方向)についての運動方程式をたてよ。

(3) y軸方向(斜面に垂直な方向)についての運動方程式をたてよ。

(4) 加速度a，垂直抗力Nの大きさをそれぞれ求めよ。

次に斜面を傾角θ，動摩擦係数μ'のあらい斜面に変えてから，質量mの小物体を静かに置いて手を離すと，斜面に沿って加速度a'ですべりおりた。

(5) x軸方向(斜面に平行な方向)についての運動方程式をたてよ。

(6) 加速度a'の大きさを求めよ。

7 〈台車上の物体の運動〉物理基礎

右図のように，水平な床面上に質量m_Aの台車Aを置き，さらに，その上に質量m_Bの物体Bをのせた。台車と床面の間には摩擦はなく，台車Aと物体Bの間には静止摩擦係数μ，動摩擦係数μ'であるような摩擦力がはたらく($\mu>\mu'$)。また，重力加速度をgとし，x軸を図のようにとるものとする。

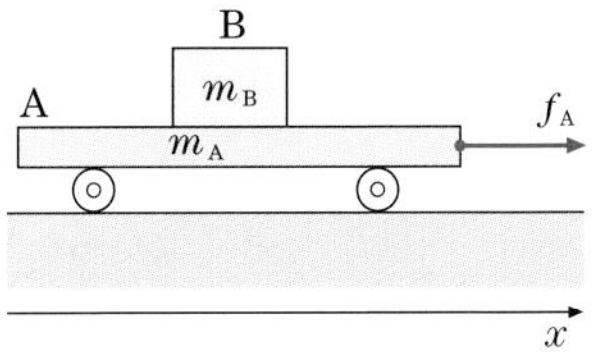

(1) 台車にx軸の正の向きに一定の力f_Aを加えつづけたとき，物体は台車上をすべることなく，一体となって運動した。f_Aはいくら以下か。

(2) 台車にx軸の正の向きにじゅうぶんに大きな力Fを加えつづけたところ，台車上を物体がすべって運動した。台車Aの加速度をα，物体Bの加速度をβとして，それぞれの運動方程式をつくり，αとβを求めよ。

(3) 次に，台車に力を加えずに，物体Bに一定の力F'をx軸の正の向きに加えつづけたら，物体は台車上をすべった。台車Aの加速度をα'，物体Bの加速度をβ'として，α'とβ'をそれぞれ求めよ。

8 〈壁に押しつけた物体〉 物理基礎 テスト必出

図のように，質量mの物体を手で鉛直な壁に押しつけた。物体と壁の間の静止摩擦係数をμとするとき，物体が落ちないようにするために，水平方向に手で加えなければならない最小の力はいくらか。重力加速度はgとし，手と物体の間の摩擦は無視できるものとする。

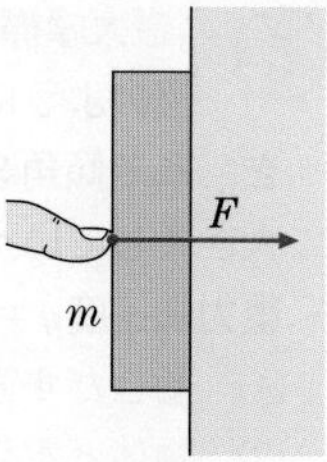

9 〈異なる加速度で運動を行う2物体〉 物理基礎

図のように，なめらかな水平面上に質量Mの長い板Bが静止しており，その左側には板Bの厚さと同じ高さのなめらかな台がある。台上を速さv_0で右向きに進む質量mの小物体Aが，板Bの上に乗った。小物体Aと板Bとの間の動摩擦係数をμ'，重力加速度をgとし，右向きを正の向きとする。

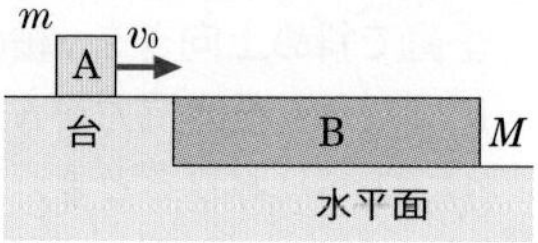

(1) 小物体Aが板B上をすべっている間のAとBの加速度をそれぞれα，β，AB間の垂直抗力をNとして，A，Bそれぞれについての運動方程式をたてよ。

(2) (1)のα，βをNを用いずに表せ。

小物体Aはやがて板Bに対して静止し，両者とも同じ速度v'となった。

(3) 小物体Aが板B上をすべっていた時間T，AがBに対して移動した距離Lを求めよ。

(4) 小物体Aが板Bに対して静止したあとの，両者の速度v'を求めよ。

(5) 小物体Aが板Bの上に乗った瞬間を時刻$t=0$として，水平面に対するA，Bの速度V_A，V_Bとtとの関係をそれぞれグラフに描け。

10 〈浮力〉 物理基礎

底面積S，高さh，密度ρの円柱が，密度ρ'の液体中にある。液面と円柱の上面との距離をx，重力加速度をgとし，液体の圧力は深さに比例する圧力と液面での大気圧pの和になるとする。円柱の全体が液体中にあり，$\rho>\rho'$のとき，次の各問いに答えよ。

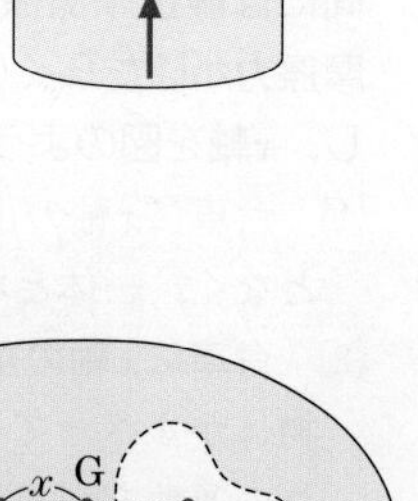

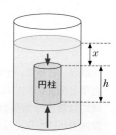

(1) 円柱の上面にはたらく力の大きさを求めよ。

(2) 物体に生じる浮力の大きさを求めよ。

(3) 物体にはたらく合力の大きさと向きを求めよ。

11 〈重心〉

右図のような，密度が一様で厚みがどこも同じである面積Sの薄い平板があり，その重心はGである。この平板の一部を点線のように切り取った。切り取った部分の面積はS_2，重心はG_2である。GとG_2の距離がdのとき，切り取られた残りの平板の重心G_1とGの間の距離xはいくらか。

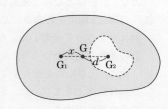

⑫ 〈壁に引っ張られた棒〉 テスト必出

質量mの一様な細い棒がある。図のように棒の一端を水平な床と壁の隅につけ，他端を水平に張られたひもで引っ張り，棒が床となす角をθに保つようにする。このとき，ひもの張力Tはいくらか。ただし，重力加速度はgとする。

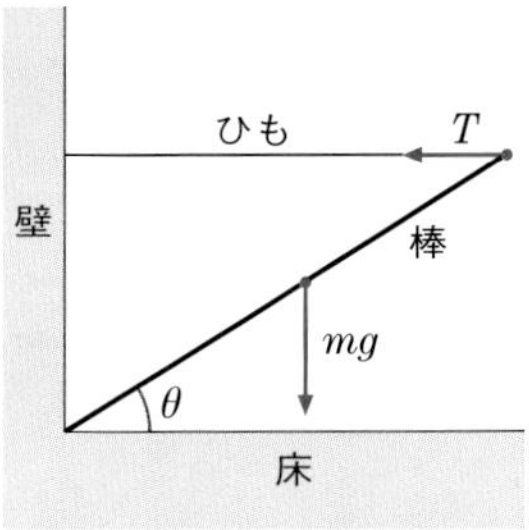

⑬ 〈水平に置かれた角棒〉

質量M，太さおよび密度が一様で長さがLの角棒が図のように水平に置かれている。支点Aは角棒の左端から$\frac{1}{10}L$，支点Bは支点Aから$\frac{7}{10}L$の距離にある。

この角棒の右端に質量mのおもりを，質量が無視できる糸を用いてつり下げたところ，角棒は水平のままであった。このとき，支点A，Bで支点が角棒に及ぼす力は鉛直上向きである。その大きさをそれぞれF_A，F_Bとする。重力加速度をgとして，次の問いに答えよ。

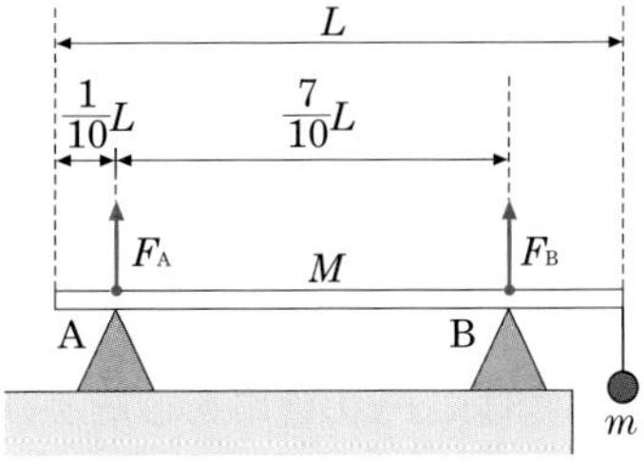

(1) F_Aを求め，Mとmを使って示せ。

(2) F_Bを求め，Mとmを使って示せ。

⑭ 〈壁に立てかけたはしごのつり合い〉 テスト必出

右図のように，なめらかな鉛直壁の前方$6l$の所から，長さ$10l$，質量Mの一様なはしごが壁に立てかけてある。これについて，次の問いに答えよ。ただし，重力加速度をgとし，床とはしごの間の静止摩擦係数を$\frac{1}{2}$とする。なお，図の1目盛りの長さはlである。

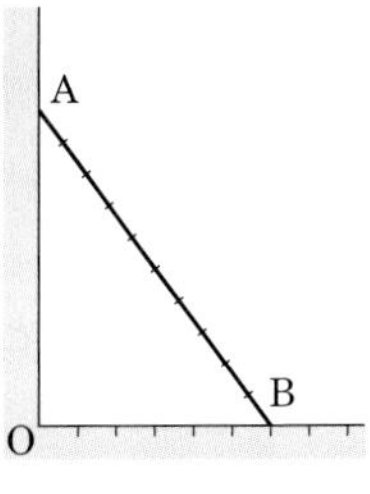

(1) はしごの上端にはたらく力の大きさと，下端にはたらく力の大きさを求めよ。

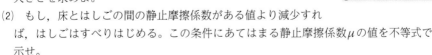

(2) もし，床とはしごの間の静止摩擦係数がある値より減少すれば，はしごはすべりはじめる。この条件にあてはまる静止摩擦係数μの値を不等式で示せ。

(3) いま，このはしごに質量$5M$の人がのぼりはじめ，はしごの下端から$2l$の所までのぼったとき，ベクトル$M\vec{g}$の大きさを任意にとり，はしごにはたらいている力を図中に作図せよ。特に，はしごの上端Aと下端Bにはたらく抗力の作用線の交点Pの位置を明示せよ。

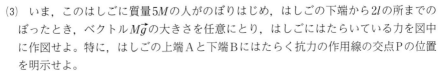

(4) (3)で，この人ははしごの下端からいくらの距離の所までのぼることができるか。

CHAPTER

3 » エネルギー

SECTION

1 仕事と仕事率 〈物理基礎〉

1 | 仕事

1 仕事の定義

❶仕事　物体に一定の力F〔N〕を加えながら，力の向きに距離x〔m〕動かしたとき，**力は物体にFxの仕事をした**という。すなわち，

力のした仕事　$W = Fx$　(1・79)

で表せる。加える力が2倍になると仕事も2倍，動かす距離が2倍になると仕事も2倍になる。

補足　仕事には正負があるが，向きはない。

❷仕事の単位　仕事は力F〔N〕と距離x〔m〕の積であるから，仕事の単位はN・mとなり，これをJ(ジュール)という。

❸F-xグラフと仕事W　物体に一定の力Fを加えたとき，力Fと移動距離xの関係を表すF-xグラフは図99のようになる。グラフと横軸(x軸)が囲む図形の面積がFとxの積になり，仕事を表す。

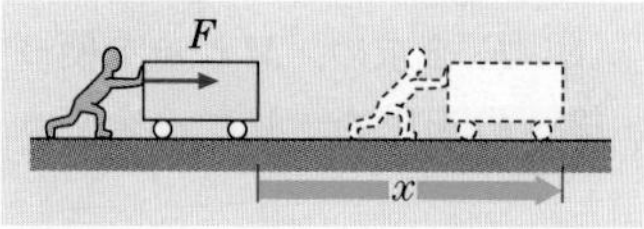

図98 仕事 $W = Fx$

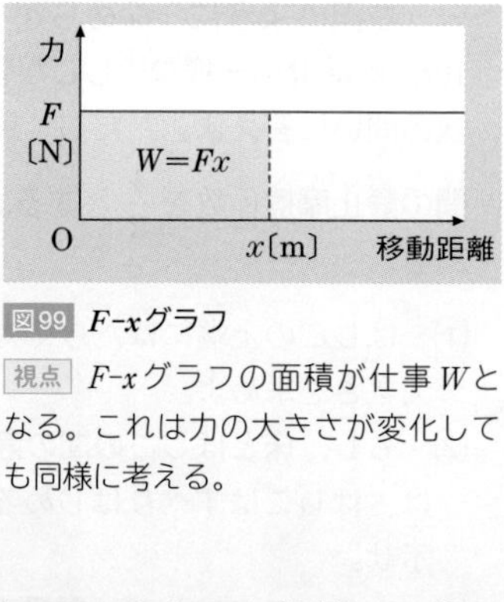

図99 F-xグラフ

視点　F-xグラフの面積が仕事Wとなる。これは力の大きさが変化しても同様に考える。

2 力や移動の向きと仕事 ①重要

❶力の向きと移動方向がちがう場合　次ページの図100のように，物体に一定の力$\vec{F}$を加えて，力の向きと角θをなす向きに距離xだけゆっくりと動かす。

補足　静止している物体を動かしはじめるとき，はじめはつり合いよりもわずかに大きな力が必要だが，動きはじめたあとはつり合うだけの力を加えつづけることで，物体は等速直線運動をする。このように動かすことを，物理では**ゆっくりと動かす**または**静かに動かす**などということが多い。

力$\vec{F}$の物体の移動する向き($\vec{x}$方向)の成分をF'とすると，$F'=F\cos\theta$となるから，仕事Wは，

$$W=F'x=(F\cos\theta)\times x=Fx\cos\theta \qquad (1\cdot80)$$

である。このかわりに，変位$\vec{x}$の力の向き($\vec{F}$方向)の成分を$x\cos\theta$として，$W=F\times(x\cos\theta)$と考えても結果は同じになる。

補足　仕事はベクトルの内積(☞p.507)を使って，$W=Fx\cos\theta=\vec{F}\cdot\vec{x}$とも表せる。

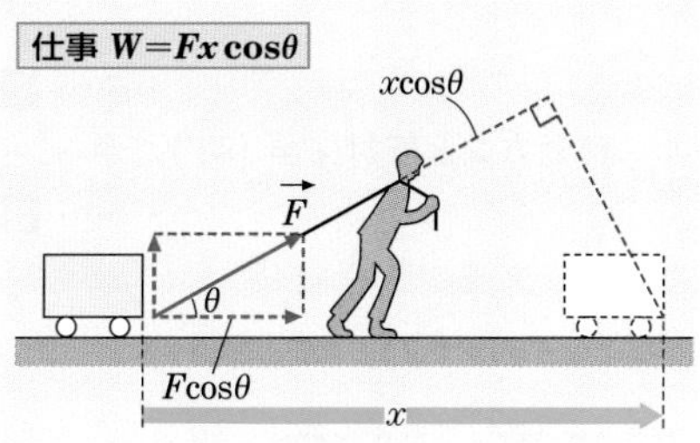

図100　力と移動方向が角θをなす仕事

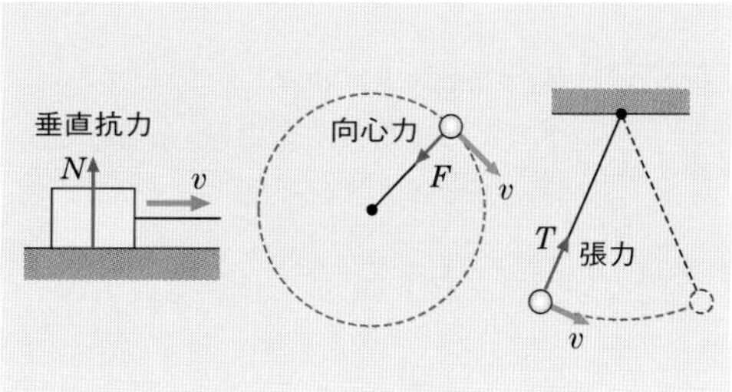

図101　仕事が0の場合($\theta=90°$)

❷仕事が0になる場合　**力$\vec{F}$と物体が動く向きとのなす角が90°**のときは，$\cos90°=0$となるので，仕事$W=0$となる。これには次のような例がある。

①平面上を運動する物体にはたらく垂直抗力
②水平面上を運動する物体にはたらく重力
③等速円運動をする物体にはたらく向心力(☞p.144)
④単振り子(たんふりこ)(☞p.119)のおもりにはたらく糸の張力

❸仕事が負になる場合　**力の向きと物体の移動する向きが逆向き**の場合は，(1·80)式の$\theta=180°$で，$\cos180°=-1$であるから，$W=-Fx$となり，仕事は負になる。これには次のような例がある。

①平面上を運動する物体にはたらく摩擦力
②鉛直上向きに上昇中の物体にはたらく重力

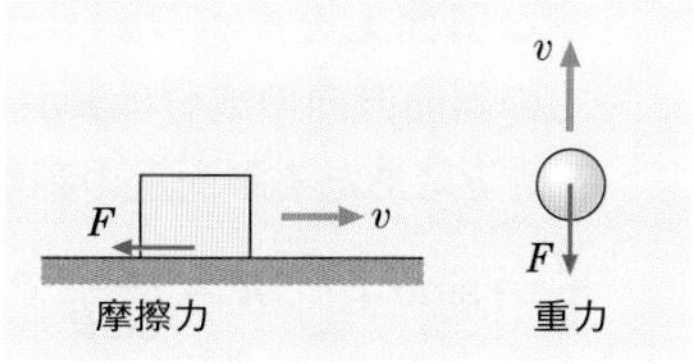

図102　仕事が負の場合($\theta=180°$)

❹仕事の正負の意味　仕事はスカラー(大きさのみで向きがない量☞p.18)であるから，仕事の正負は向きを表すのではない。**力が物体に負の仕事をしたというのは，物体が外部に対して，正の仕事をしたという意味**である。

POINT!

仕事　$W=Fx\cos\theta$

［W〔J〕：仕事　F〔N〕：力
x〔m〕：移動距離　θ：力と移動する向きのなす角］

$\boldsymbol{\theta=90°}$**のとき**　$\boldsymbol{W=0}$　　$\boldsymbol{\theta=180°}$**のとき**　$\boldsymbol{W=-Fx}$

例題　**仕事**

質量 m〔kg〕のボールを手で鉛直上向きに高さ h〔m〕だけゆっくりともち上げる。このとき重力加速度を g〔m/s²〕として，手が物体にした仕事 W_1，重力が物体にした仕事 W_2 を求めよ。

着眼　ゆっくりともち上げるとき，外力は重力とつり合っている。

解説　$W_1 = mg \times h = mgh$　………答

ボールにはたらく重力は mg〔N〕で，ボールの移動方向と反対($\theta = 180°$)だから，

$W_2 = mg \times h \times \cos 180° = -mgh$　………答

3 いろいろな力のする仕事

❶重力のする仕事

①**物体が落下する**　質量 m〔kg〕の物体が鉛直方向に h〔m〕落下する場合，重力 mg〔N〕の向きと物体の移動方向は同じだから，重力のする仕事 W〔J〕は，

$$W = mgh$$

②**なめらかな斜面上をすべりおりる**

質量 m〔kg〕の物体が傾角 θ のなめらかな斜面上をすべりおりる場合，重力の斜面方向の成分は $mg\sin\theta$ であり，高さ h にあたる斜面上の距離 h' は $\dfrac{h}{h'} = \sin\theta$ より，$h' = \dfrac{h}{\sin\theta}$ である。よって，このとき重力のする仕事 W'〔J〕は，

$W' = mg\sin\theta \times \dfrac{h}{\sin\theta} = mgh$　となり，①と②の値は同じになる。

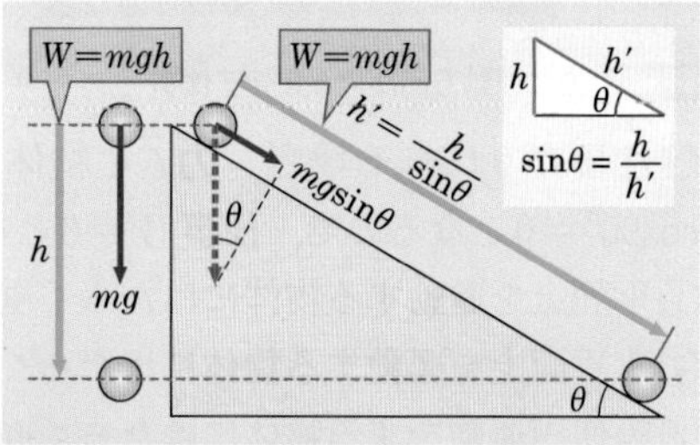

図103　重力のする仕事

視点　重力のする仕事は高さで決まる。

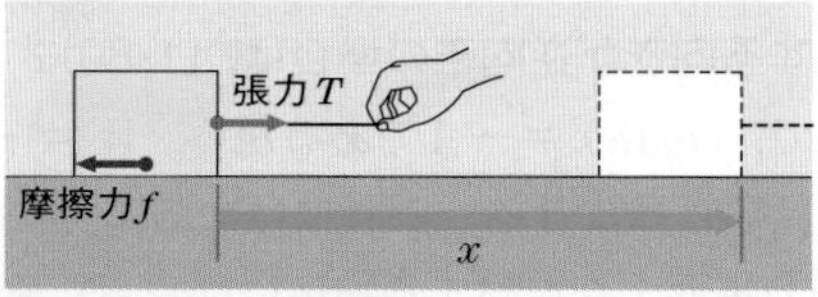

図104　摩擦力のする仕事

❷重力にさからってする仕事　質量 m〔kg〕の物体をゆっくり h〔m〕引き上げる。力は上向きに mg で，力の向きと移動方向が同じだから，仕事 W は，$W = Fh = mgh$

❸摩擦力のする仕事　図104のように摩擦のある面上で，物体を面に沿って x〔m〕だけ動かす。摩擦力 f〔N〕の向きはつねに物体が移動する向きと反対($\theta = 180°$)であるから，摩擦力のする仕事 W は，$W = fx\cos 180° = -fx$　となる。

4 仕事の原理　①重要

質量 m〔kg〕の物体を，高さ h〔m〕の所までゆっくり引き上げる仕事を求める。

❶なめらかな斜面上を引き上げる場合

斜面の傾きをθ，引く距離をh'〔m〕とすると，仕事は，$W_1 = mg\sin\theta \cdot h'$ となる。

$\dfrac{h}{h'} = \sin\theta$であるから，$h' = \dfrac{h}{\sin\theta}$

よって，$W_1 = mg\sin\theta \times \dfrac{h}{\sin\theta} = mgh$

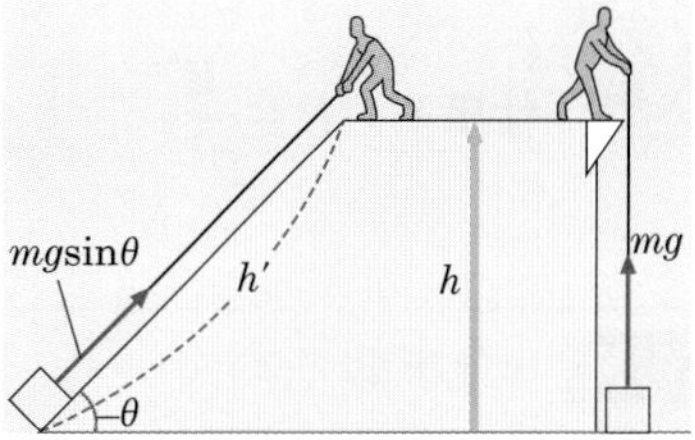

図105 仕事の原理

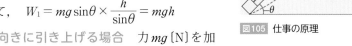

❷上向きに引き上げる場合 力mg〔N〕を加えてh〔m〕引き上げるから，仕事は，$W_2 = mgh$ となる。

❸仕事の原理 なめらかな斜面上を引き上げる場合，力は小さくてすむが，移動距離が長くなり，**仕事の量は変わらない。**これを仕事の原理という。

補足 摩擦がある場合や滑車の重さが無視できない場合は，直接の仕事より大きくなる。

POINT! **仕事の原理…道具や装置を使っても仕事の総量は変化しない。**

例題 仕事の原理

質量mの物体を高さhだけ引き上げる。傾き30°のなめらかな斜面上を引き上げるとき加える力と引く距離は，真上に引き上げる場合のそれぞれ何倍か。

着眼 仕事の原理より，斜面を用いても，直接引き上げても，仕事の大きさは変わらない。

解説 直接真上に引き上げる場合，加える力はmg，引く距離はh，仕事はmghである。

傾き30°のなめらかな斜面を用いる場合，加える力は，$mg\sin30° = \dfrac{1}{2}mg$

斜面上で引く距離をxとすると，仕事の原理より仕事の総量は変化しないので，

$\dfrac{1}{2}mgx = mgh$ これより，$x = 2h$ 　答 加える力…$\dfrac{1}{2}$倍 引く距離…2倍

2 仕事率

1 仕事率 重要

❶仕事率 仕事の能率を表すのが仕事率である。仕事率は**単位時間(1s)あたりにする仕事の量**で表す。Wの仕事をする時間がtなら，仕事率Pは次のとおり。

$$P = \frac{W}{t} \qquad (1\cdot81)$$

❷仕事率の単位 仕事率の単位は，$P = \dfrac{W〔\mathrm{J}〕}{t〔\mathrm{s}〕}$よりJ/sとなり，1J/sを**1W**（ワット）ともいう。また，1000Wを**1kW**（キロワット）という。

POINT!

仕事率　$P=\dfrac{W}{t}$　　W〔J〕の仕事をするのに t〔s〕かかるときの仕事率 P〔W〕

例題　仕事率

質量50kgの人が1階から3階まで10mの高さの階段を40秒かかってのぼった。この間に人が重力に抗してした仕事の仕事率はいくらか。重力加速度 $g=9.8\,\mathrm{m/s^2}$ として求めよ。

着眼　この人が重力に抗してした仕事は $W=mgh$，仕事率は(1･81)式より求める。

解説　上向きに mg の力で，上向きに h 移動するので，
人のした仕事は，$W=mgh=50\times9.8\times10\,\mathrm{J}$

仕事率は，$P=\dfrac{W}{t}=\dfrac{50\times9.8\times10}{40}=122.5\fallingdotseq1.2\times10^2\,\mathrm{W}$　　**答** $1.2\times10^2\,\mathrm{W}$

類題21　消費電力100Wの電球が1h点灯するときの仕事は何Jか。(解答☞p.519)

2 仕事率と速さ

飛行機や自動車などの推進力が空気抵抗や摩擦力と等しくなると等速直線運動をする。このときの速さを v，推進力を F，距離 x を進むのにかかる時間を t とすると，仕事率 P は，

$$P=\frac{W}{t}=\frac{Fx}{t}=F\cdot\frac{x}{t}=Fv \quad (1\cdot82)$$

COLUMN

自動車のギア

自動車が急な坂道を登るときは，推進力を大きくするためにギアを切りかえて，**車輪の回転数を小さくする**。これは，(1･82)式 $P=Fv$ において，エンジンの仕事率 P を一定にしたまま推進力 F を大きくするためには，**速さ v を小さくしなければならないからである。**

このSECTIONのまとめ　仕事と仕事率

□仕事 ☞p.108	・物体が F〔N〕の力を受けて，力の向きと角 θ をなす向きに x〔m〕動かされるときの仕事は，$W=Fx\cos\theta$ ・**仕事の単位**…$1\,\mathrm{J}=1\,\mathrm{N\cdot m}$ ・**仕事の原理**…道具や装置を用いても，仕事の量は不変。
□仕事率 ☞p.111	・仕事をする能率を表す。単位は，$1\,\mathrm{W}$(ワット)$=1\,\mathrm{J/s}$ $P=\dfrac{W}{t}=Fv$

SECTION 2 力学的エネルギー 〈物理基礎〉

1 | 運動エネルギー

1 エネルギー

❶**エネルギー**　高い所から水を落下させて水車にあてると，水車をまわす仕事をする。このときの水のように，物体が他の物体に**仕事をする能力をもつ**とき，その物体は**エネルギーをもっている**という。つまり，エネルギーとは**仕事に変換することのできる物理量**のことである。

❷**エネルギーの単位**　エネルギーの大きさは，相手の物体に与えられる仕事の大きさで表されるので，エネルギーの単位には仕事と同じジュール(**記号J**)を使う。

2 運動エネルギー 〈重要〉

❶**運動エネルギー**　運動している物体が他の物体に衝突すると，他の物体を動かすので，仕事をすることができる。つまり，**運動している物体はエネルギーをもっている。**運動している物体がもっているエネルギーを運動エネルギーという。

❷**運動エネルギーの大きさ**　図106のように，質量m〔kg〕の弾丸Aが右向きに速さv〔m/s〕で進み，静止している壁Bに撃ちこまれたあと，距離x〔m〕だけ動いて止まったとする。この間に弾丸Aが壁Bに行った仕事は，衝突前に弾丸Aがもっていた運動エネルギーの大きさに等しい。弾丸Aが壁Bを一定の力$\vec{F}$〔N〕で押しつづける(作用)とすると，AはBから$-\vec{F}$の力で押される(反作用)から，Aの加速度a〔$\mathrm{m/s^2}$〕は，運動方程式より，

$$ma = -F \quad よって,\quad a = -\frac{F}{m}$$

ここで(1・13)式(☞p.27)を用いると，

$$0^2 - v^2 = 2\left(-\frac{F}{m}\right)x \quad よって,\quad Fx = \frac{1}{2}mv^2$$

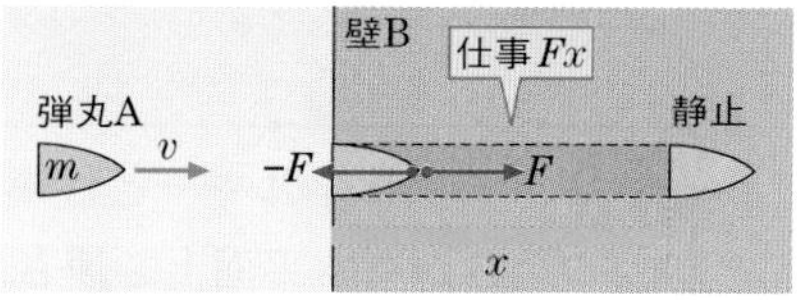

図106　運動エネルギーの求め方

となる。AがBにした仕事FxとAがもっていた運動エネルギーK〔J〕が等しいから，

$$K = Fx = \frac{1}{2}mv^2 \qquad (1\cdot83)$$

POINT!

運動エネルギー　$K = \dfrac{1}{2}mv^2$

K〔J〕：運動エネルギー　　m〔kg〕：質量　　v〔m/s〕：速度

3 エネルギーの原理 ①重要

❶正の仕事をされた場合の運動エネルギーの変化 図107のように，摩擦のない水平面上を右向きに速さv_0〔m/s〕で運動している質量m〔kg〕の物体に，右向きに一定の力F〔N〕を加えながら距離x〔m〕動かしたとき，物体の速さがv〔m/s〕になったとする。このときの物体の加速度は，$a=\frac{F}{m}$であるから，(1･13)式(☞p.27)より，

$$v^2-v_0{}^2=2\left(\frac{F}{m}\right)x$$

となる。両辺に$\frac{1}{2}m$をかけると，

$$\frac{1}{2}mv^2-\frac{1}{2}mv_0{}^2=Fx=W \quad (1･84)$$

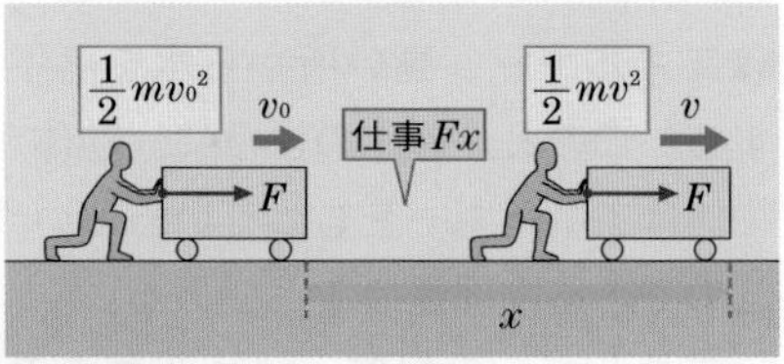

図107 運動エネルギーと仕事

(1･84)式から，力が物体に正の仕事をすると，そのぶんだけ**運動エネルギーが増える**ことがわかる。これをエネルギーの原理という。

補足 (1･84)式を変形すると，$\frac{1}{2}mv_0{}^2+W=\frac{1}{2}mv^2$となる。これは，物体がはじめにもっていた運動エネルギーに外力が行った仕事を加えると，変化後の運動エネルギーになることを意味する。

❷負の仕事をされた場合の運動エネルギーの変化 図107の力Fが物体の進行方向と逆向きにはたらく(たとえば摩擦力)と，(1･84)式の仕事Wが負になるので，なされた仕事のぶんだけ**運動エネルギーが減少する**ことになる。

POINT!

エネルギーの原理…運動エネルギーの変化量は加えた仕事に等しい。

$$\frac{1}{2}mv^2-\frac{1}{2}mv_0{}^2=W$$

例題 運動エネルギーと仕事

なめらかな水平面上を速さ2.0m/sで運動している質量1.0kgの物体に，運動方向に力を加えつづけたところ，速さが4.0m/sになった。

(1) 最初に物体のもっていた運動エネルギーはいくらか。

(2) 外力が物体に加えた仕事は何Jか。

着眼 運動エネルギーの増加量は，物体がされた仕事の量に等しい。

解説 (1) $K=\frac{1}{2}mv^2=\frac{1}{2}\times1.0\times2.0^2=2.0\,\mathrm{J}$

(2) エネルギーの原理より，運動エネルギーの増加量が物体に加えた仕事に等しいから，

$$W=\frac{1}{2}mv'^2-\frac{1}{2}mv^2=\frac{1}{2}\times1.0\times4.0^2-2.0=6.0\,\mathrm{J}$$

答 (1)2.0J (2)6.0J

類題22　質量m〔kg〕，速度v〔m/s〕の物体が摩擦のある面の上を運動して，距離x〔m〕だけ進んで静止した。動摩擦係数をμ'，重力加速度をg〔m/s^2〕とする。(解答☞p.519)

(1)　物体が最初にもっていた運動エネルギーはいくらか。

(2)　物体が静止するまでに面に対してした仕事をμ'を使って表せ。

(3)　動摩擦係数μ'を求めよ。

(4)　速度vが2倍になると進む距離xは何倍になるか。

2｜位置エネルギー

1 重力による位置エネルギー　①重要

❶**重力による位置エネルギー**　高い所から物体が落下して，他の物体に衝突すると，その物体を動かすので，仕事をする。**この仕事は物体の高さ，すなわち位置で決まる**ので，この物体のもつエネルギーを**重力による位置エネルギー**という。

❷**重力による位置エネルギーの大きさ**　図108のように，質量m〔kg〕の物体を高さh〔m〕の点から初速度0で自由落下させた。地面に衝突する直前の速さをvとすると，(1・13)式(☞p.27)より，

$$v^2-0^2=2gh \qquad したがって，\quad v=\sqrt{2gh}$$

よって，衝突する直前の運動エネルギーは，

$$\frac{1}{2}mv^2=\frac{1}{2}m\cdot 2gh=mgh$$

となる。この運動エネルギーは物体の位置エネルギーが変換されたものなので，重力による位置エネルギーU〔J〕は次のようになる。

$$U=mgh \qquad (1\cdot 85)$$

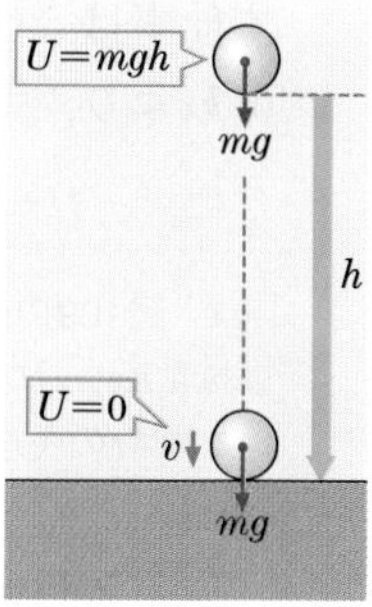

図108　重力による位置エネルギー

POINT!

重力による位置エネルギー　$U=mgh$

［U〔J〕：位置エネルギー　m〔kg〕：質量
h〔m〕：高さ(上向きを正とする)］

補足　質量m〔kg〕の物体を地面から高さh〔m〕まで，重力に逆らってゆっくりもち上げる。このときの仕事は，上向きにmg〔N〕の力を加えてh〔m〕引き上げるのであるから，$W=mg\times h=mgh$であり，この仕事が物体の位置エネルギーとしてたくわえられている。

❸**位置エネルギーの基準点**　重力による位置エネルギーは高さに比例するので，**高さの基準となる点($h=0$)をどこにとるかで，位置エネルギーの値は変化する。**基準点のとり方によって，同じ位置にある物体でも位置エネルギーが異なり，負になることもある。しかし，任意の2点間の位置エネルギーの差は，基準点のとり方がちがっても変わらない。**基準点はどこにとってもよいが，**1つの現象を論じる間は同じ基準点を使わなければならない。また，**鉛直上向きを常に正の向きとする。**

2 弾性力による位置エネルギー

❶弾性力による位置エネルギー 引き伸ばしたり，押し縮めたりしたばねに物体をつけて手を離すと，ばねがもとの長さにもどるときに物体を動かして仕事をする。このエネルギーはばねに取りつけられた物体がたくわえていて，これを**弾性力による位置エネルギー**という。物体ではなく変形したばね自身がたくわえていると考えることもでき，これを**弾性エネルギー**という。

❷弾性力による位置エネルギーの大きさ

ばねを引き伸ばすと，外力の仕事が位置エネルギーとしてたくわえられる。ばね定数k〔N/m〕のばねをゆっくりx〔m〕だけ引き伸ばすとき，ばねを引く力F〔N〕は，$F=kx$より伸びxに比例するから，F-xグラフは図109のようになる。ばねをx〔m〕だけ伸ばす仕事は△OABの面積で表され，底辺はx，高さはkxより，弾性力による位置エネルギーU〔J〕は，

$$U=\frac{x\times kx}{2}=\frac{1}{2}kx^2 \qquad (1\cdot86)$$

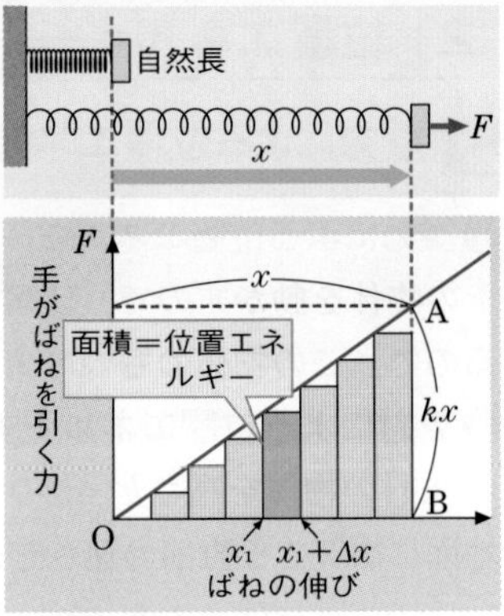

図109 弾性力による位置エネルギー

補足 図109のグラフで，ばねの伸びを短い距離Δx〔m〕に等分し，ばねをΔx〔m〕だけ伸ばす間は力も一定とすると，ばねを伸ばす仕事はグラフの直線とx軸との間にかいた幅Δxの長方形の面積の和に等しい。Δxを細かくとれば，△OABの面積に近づく。

> POINT!
> **弾性力による位置エネルギー** $U=\frac{1}{2}kx^2$ 〔k〔N/m〕：ばね定数，x〔m〕：ばねの伸び(縮み)〕

3 力学的エネルギー保存の法則

1 力学的エネルギーの保存 ！重要

❶力学的エネルギー 物体のもつ位置エネルギーUと運動エネルギーKの合計を**力学的エネルギー**という。すなわち，重力による位置エネルギー，弾性力による位置エネルギー，運動エネルギーの合計が力学的エネルギーである。

> POINT!
> 力学的エネルギー＝位置エネルギー＋運動エネルギー

❷力学的エネルギーの保存 質量m〔kg〕の物体を高さh〔m〕から自由落下させる。

①高さh〔m〕の点では，位置エネルギー＝mgh，運動エネルギー＝0であるから，
　このときの力学的エネルギー＝mgh　である。

②高さh'〔m〕の点を通るときの速さをv'〔m/s〕とすると，(1・16)式(☞ p.32)より，$v'^2=2g(h-h')$であるから，

$$位置エネルギー=mgh',\quad 運動エネルギー=\frac{1}{2}mv'^2=mg(h-h')$$

よって，このときの力学的エネルギーは，$mgh'+mg(h-h')=mgh$　である。

③地面(高さ0)での速さをv〔m/s〕とすると，(1・16)式より，$v^2=2gh$であるから，

$$位置エネルギー=0,\quad 運動エネルギー=\frac{1}{2}mv^2=mgh$$

よって，このときの力学的エネルギーは，$0+mgh=mgh$　である。

以上①～③より，どの状態でも力学的エネルギーは一定である(図110)。

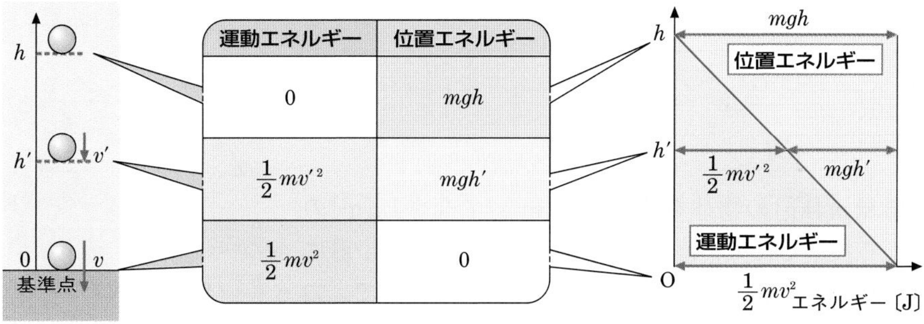

図110　力学的エネルギーの保存　　視点　運動エネルギーと位置エネルギーの和はつねに一定。

❸力学的エネルギー保存の法則　上記より，力学的エネルギーはつねに一定になることがわかる。この関係を力学的エネルギー保存の法則(**力学的エネルギー保存則**)といい，物体にはたらく力が**重力や弾性力のみの場合にはつねに成りたつが，摩擦力や空気の抵抗力などの力がはたらく場合は成りたたない**(☞ p.118)。

POINT!

力学的エネルギー保存の法則…重力や弾性力のみがはたらくとき
位置エネルギー＋運動エネルギー＝一定

2 保存力と非保存力

❶保存力　力学的エネルギー保存の法則を成りたたせる力を保存力という。**重力**や**弾性力**および**万有引力**(☞ p.159)や**静電気力**(☞ p.317)なども保存力である。保存力だけがはたらく場合は，力に逆らって2点間を移動する仕事は2点の位置(高さ)の差だけで決まり，途中の経路(道すじ)によって変化しないから，力学的エネルギー保存の法則が成りたつ。

補足　重力や弾性力による仕事やエネルギーは道すじで変化しないが，摩擦力では距離が長くなると大きくなる。

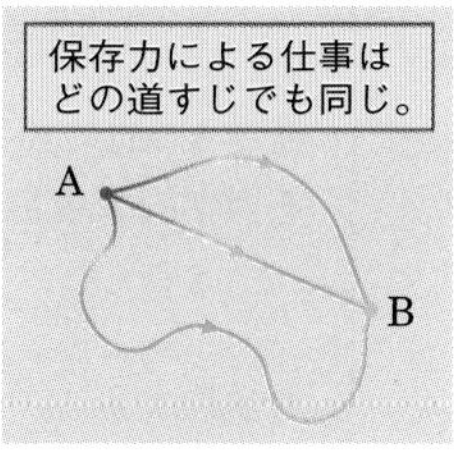

図111　保存力による仕事と道すじ

❷非保存力 摩擦力や抵抗力などのように，力学的エネルギー保存の法則を成りたたせない力を**非保存力**という。非保存力の場合は，同じ2点間を移動する場合でも，経路によって仕事の量が異なり，**力学的エネルギー保存の法則が成りたたない。**

> 保存力…重力・弾性力・静電気力
> 非保存力…摩擦力・抵抗力

COLUMN

エネルギーのシーソー

力学的エネルギー保存の法則は，エネルギーでシーソーをしているようなものである。片方のエネルギーが増加するためには，エネルギーを相手からもらわなければならず，そのぶんだけもう片方のエネルギーが減少する。そのため，力学的エネルギーの総量は変化しない。

4 | 力学的エネルギー保存の法則の応用

1 斜方投射

質量m〔kg〕の物体を初速度v_0〔m/s〕で高さh_0〔m〕の点から投射した後，高さh〔m〕の点で速度がv〔m/s〕になったとすると，物体には重力のみがはたらくので，**力学的エネルギー保存の法則が成りたつ。**よって，

$mgh_0 + \frac{1}{2}mv_0^2 = mgh + \frac{1}{2}mv^2$ という関係が成りたつ。

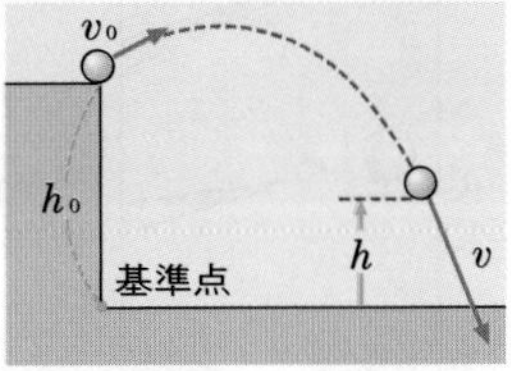

図112 投射の力学的エネルギー保存

視点 どこでも力学的エネルギーは同じ。

例題 放物運動の力学的エネルギー

重力加速度をg〔m/s²〕として，初速度v_0〔m/s〕で仰角θをなす方向に投げ上げた物体の，高さh〔m〕における速さと最高点の高さをそれぞれ求めよ。

着眼 物体を投げ出した後は，物体にはたらく力は重力だけであるから，力学的エネルギー保存の法則が成りたつ。最高点では，速度の鉛直成分が0になる。

解説 投げ上げた点を位置エネルギーの基準点($h=0$)とすると，この点における力学的エネルギーE_A〔J〕は，

$$E_A = \frac{1}{2}mv_0^2$$

高さh〔m〕の点での速さをv〔m/s〕とすると，この点における力学的エネルギーE_B〔J〕は，

$$E_B = \frac{1}{2}mv^2 + mgh$$

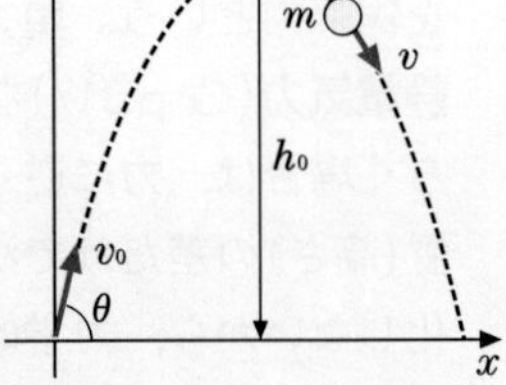

力学的エネルギー保存の法則により，$E_A = E_B$だから，

$$\frac{1}{2}mv_0^2 = \frac{1}{2}mv^2 + mgh \quad よって，\quad v = \sqrt{v_0^2 - 2gh}$$

次に，最高点では速度の鉛直成分が 0 になるから，最高点での速さは初速度の水平成分 $v_0\cos\theta$ に等しい。したがって，最高点の高さを h_0〔m〕とすると，最高点における力学的エネルギー E_C〔J〕は，

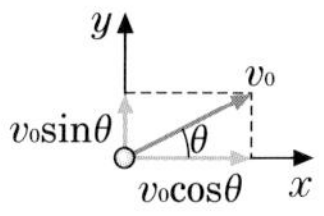

$$E_C=\frac{1}{2}m(v_0\cos\theta)^2+mgh_0$$

力学的エネルギー保存の法則により，$E_C=E_A$ だから，

$$\frac{1}{2}m(v_0\cos\theta)^2+mgh_0=\frac{1}{2}mv_0^2 \qquad h_0=\frac{v_0^2(1-\cos^2\theta)}{2g}=\frac{v_0^2\sin^2\theta}{2g}$$

答 高さ h での速さ… $\sqrt{v_0^2-2gh}$　最高点の高さ… $\dfrac{v_0^2\sin^2\theta}{2g}$

類題23　がけの上から水平方向に初速度 v_0 で小石を投げた。小石の速さが初速度の 2 倍になるのは，小石の高さがどれだけ低くなったときか。（解答☞ p.520）

2 単振り子　①重要

図113のように，1 本の糸におもりをつけてつるしたものを単振り子（たんふりこ）という。単振り子を振らせるとき，おもりには重力と糸の張力がはたらくが，おもりは糸(張力)の方向と垂直な方向に移動するので，**張力は仕事をしない。**したがって，重力だけが運動に関与し，力学的エネルギー保存の法則が成りたつ。

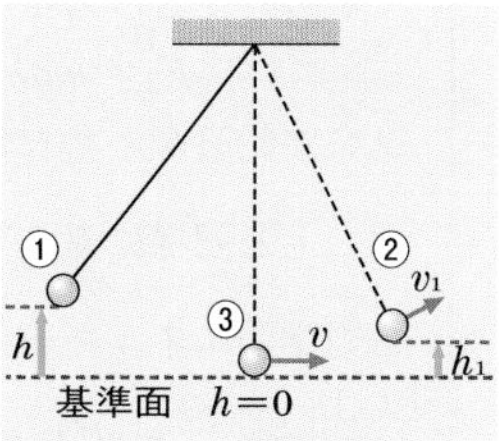

図113　単振り子の力学的エネルギー

視点　最初の位置エネルギーが保存される。

① おもりを水平方向に引っぱって，最下点より h〔m〕の高さの点から静かに離す。おもりの質量を m〔kg〕とし，おもりの最下点の位置を位置エネルギーの基準点とすると，最初のおもりの力学的エネルギーは，$E_A=mgh$

② おもりの高さが h_1〔m〕になったときの速さを v_1〔m/s〕とすると，このときの力学的エネルギーは，

$$E_B=mgh_1+\frac{1}{2}mv_1^2$$

力学的エネルギー保存の法則より，$E_A=E_B$ だから，

$$mgh=mgh_1+\frac{1}{2}mv_1^2$$

③ 最下点での速さを v〔m/s〕とすると，②の式に $h_1=0$，$v_1=v$ を代入して，

$$mgh=\frac{1}{2}mv^2$$

よって，　$v=\sqrt{2gh}$

この v がおもりの速さの最大値となる。★1

★1 単振り子の周期については，p.155でくわしく学ぶ。

例題 **単振り子の力学的エネルギー**

長さl〔m〕の軽い糸に質量m〔kg〕のおもりをつけた単振り子がある。振り子が静止しているとき，おもりに初速度v_0〔m/s〕を与えると，振り子は糸が鉛直線と角θをなす所まで振れた。v_0および糸が鉛直線と角θ'をなすときのおもりの速さv〔m/s〕をl，θ，θ'および重力加速度g〔m/s^2〕を用いて表せ。

着眼 単振り子のおもりの最下点を位置エネルギーの基準点にとる。おもりの基準点からの高さをlとθで表して，位置エネルギーの式に代入する。

解説 おもりの最下点を位置エネルギーの基準点にとると，最下点での力学的エネルギーは，

$$E_1 = \frac{1}{2}mv_0^2$$

糸が鉛直線と角θをなしたときのおもりの基準面からの高さh〔m〕は，$h = l - l\cos\theta = l(1-\cos\theta)$であるから，この点でおもりがもつ力学的エネルギーは，

$$E_2 = mgh = mgl(1-\cos\theta)$$

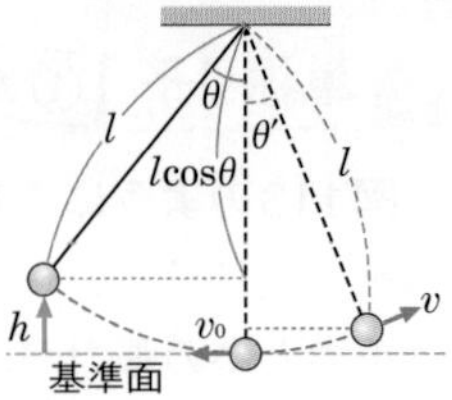

糸が鉛直線と角θ'をなすときのおもりの力学的エネルギーは，上と同様に考えて，　$E_3 = mgl(1-\cos\theta') + \frac{1}{2}mv^2$

力学的エネルギー保存の法則により，$E_1 = E_2 = E_3$であるから，

$\frac{1}{2}mv_0^2 = mgl(1-\cos\theta)$　よって，　$v_0 = \sqrt{2gl(1-\cos\theta)}$ ……**答**

$mgl(1-\cos\theta) = mgl(1-\cos\theta') + \frac{1}{2}mv^2$　よって，　$v = \sqrt{2gl(\cos\theta' - \cos\theta)}$ …**答**

類題24 長さl〔m〕の軽い糸におもりをつけた単振り子がある。単振り子のおもりを糸が水平になるまでもち上げて離す。おもりが最下点を通って，再び上昇し，糸が鉛直線と60°の角をなしたときのおもりの速さv〔m/s〕を，lと重力加速度g〔m/s^2〕を用いて表せ。(解答☞p.520)

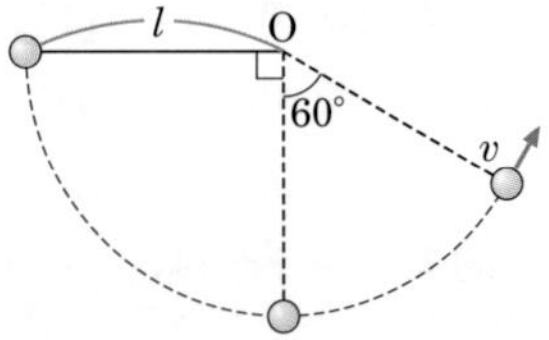

3 ばね振り子 (!)重要

❶水平に置いたばね振り子　図114のように，ばね定数(☞p.73) k〔N/m〕のばねの一端を固定し，他端に質量m〔kg〕のおもりをつけ，おもりを引っぱってから離すと，おもりは**つり合いの位置**(ばねが自然長になる所)を中心にして往復運動をする。これをばね振り子という。おもりに仕事をするのは弾性力のみであるから，力学的エネルギーが保存される。**ばねが自然長のときのおもりの位置が弾性力による位置エネルギーの基準点である。**

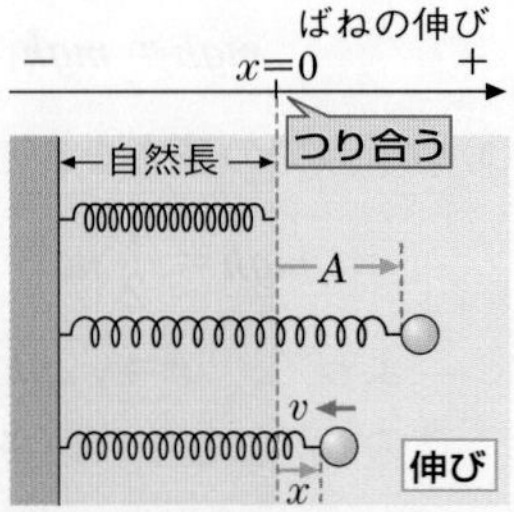

図114 ばね振り子

最初にばねを引き伸ばした長さをA〔m〕とし，ばねの伸びがx〔m〕になったときのおもりの速度をv〔m/s〕とすると，力学的エネルギー保存の法則より，次の式が成りたつ。

$$\frac{1}{2}kA^2 = \frac{1}{2}kx^2 + \frac{1}{2}mv^2$$

このとき，ばねの伸びが$x = \pm A$のとき速さ$v = 0$となる。また，つり合いの位置$x = 0$では速さが最大となり，このとき$\frac{1}{2}kA^2 = \frac{1}{2}mv^2$より，$v = \pm A\sqrt{\frac{k}{m}}$となる。[★1]

❷鉛直につるしたばね振り子　図115のように，ばね定数k〔N/m〕のばねの上端を固定し，下端に質量m〔kg〕のおもりをつけて鉛直につるすと，ばねがx_1〔m〕伸びた所で，おもりにはたらく重力と弾性力がつり合うとする。このとき，次のようになる。

$$mg = kx_1$$

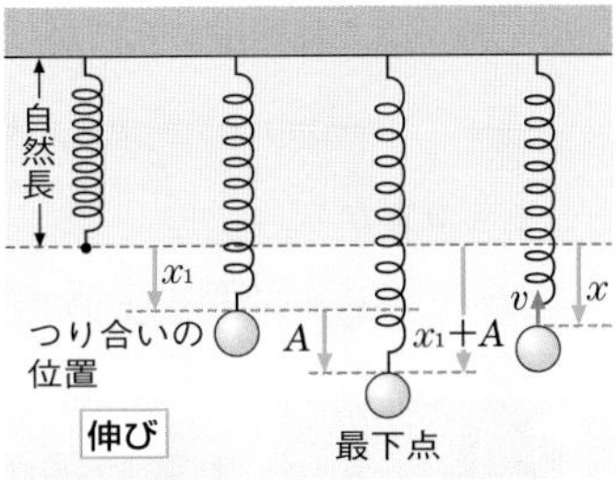

図115 鉛直につるしたばね振り子

ここからさらにおもりをA〔m〕下げてから離すと，おもりはつり合いの位置を中心に振幅(しんぷく)A〔m〕で上下に単振動(☞ p.151)をする。

弾性力による位置エネルギーの基準点はばねが自然長のときのおもりの位置である。重力による位置エネルギーの基準点も同じ高さにとり，ばねの伸びがx〔m〕のときのおもりの速さをv〔m/s〕とすると，力学的エネルギー保存の法則により，

$$-mg(x_1 + A) + \frac{1}{2}k(x_1 + A)^2 = -mgx + \frac{1}{2}kx^2 + \frac{1}{2}mv^2$$

このとき，最高点$x = x_1 - A$と最下点$x = x_1 + A$で速さ$v = 0$に，つり合いの位置$x = x_1$で速さは最大となる。

例題　ばね振り子の力学的エネルギー　重要

ばね定数k〔N/m〕のばねの上端を固定し，下端に質量m〔kg〕のおもりをつけて鉛直につるす。この後，ばねが自然長になるまでおもりをもち上げて離したところ，上下に振動した。重力加速度をg〔m/s^2〕として，以下の各問いに答えよ。

(1)　おもりがつり合いの位置を通るときの速さv_1〔m/s〕を求めよ。

(2)　おもりが最下点にきたときのばねの伸びx_2〔m〕を求めよ。

着眼　ばねが自然長のときのおもりの位置が弾性力による位置エネルギーの基準点となる。おもりがつり合ったときのばねの伸びをx_1〔m〕とすると，$mg = kx_1$　である。

★1 ばね振り子の周期については，p.153でくわしく学ぶ。

解説 (1) ばねの伸びをxとして，自然長のときのおもりの位置$x=0$を重力による位置エネルギーの基準点とする。力学的エネルギー保存の法則により，つり合いの位置と自然長の位置を比較すると，

$$-mgx_1+\frac{1}{2}mv_1{}^2+\frac{1}{2}kx_1{}^2=mg\cdot 0+\frac{1}{2}m\cdot 0^2+\frac{1}{2}k\cdot 0^2=0$$

$mg=kx_1$から，$x_1=\dfrac{mg}{k}$を上式に代入してv_1を求めると，

$$v_1=g\sqrt{\frac{m}{k}}$$

(2) 最下点では速度が0だから，力学的エネルギー保存の法則により，

$$-mgx_2+\frac{1}{2}kx_2{}^2=0$$

$x_2 \fallingdotseq 0$だから，

$$x_2=\frac{2mg}{k}\quad (x_1\text{の2倍})$$

答 (1)$g\sqrt{\dfrac{m}{k}}$ (2)$\dfrac{2mg}{k}$

重要実験 単振り子の力学的エネルギー保存

操作

❶鋼球をつけた糸をスタンドから鉛直につるし，かみそりの刃を糸に接するように固定する。
❷模造紙を床にしき，鋼球の真下の点Aにしるしをつけ，鋼球が落下するあたりにカーボン紙をしく。
❸点Aから鋼球までの高さh_1〔m〕を測る。
❹鋼球を横に引き，このときの高さh_2〔m〕を測る。
❺鋼球を放して運動させると，糸の支点の真下を通るときに糸がかみそりの刃にふれて切れる。そこからは鋼球は放物運動をして，カーボン紙の上に落下する。
❻鋼球の落下点BとAとの距離L〔m〕を測る。

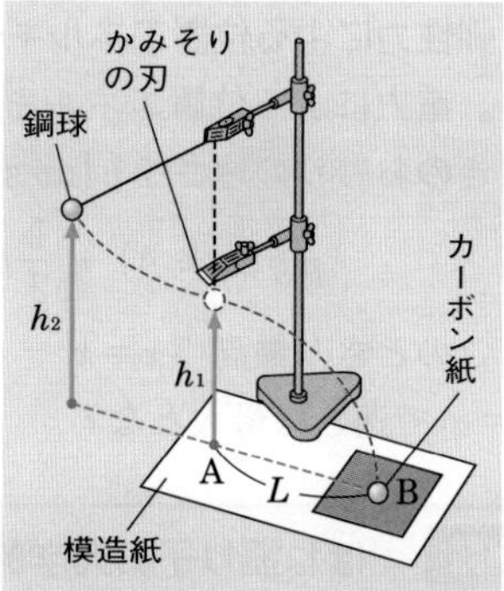

図116 力学的エネルギーの測定

結果 **考察**

❶糸が鉛直になったときの鋼球の速度をv_0〔m/s〕，糸が切れてから鋼球が床に落下するまでの時間をt〔s〕とすると，力学的エネルギー保存の法則から，

$$mg(h_2-h_1)=\frac{1}{2}mv_0{}^2$$

水平投射の関係から，

$$L=v_0t \qquad h_1=\frac{1}{2}gt^2$$

以上の3式から，$L=2\sqrt{h_1(h_2-h_1)}$

❷Lの理論値と測定値が一致すれば，力学的エネルギーは保存されている。

5 | 力学的エネルギーが保存しない運動

1 非保存力による仕事と力学的エネルギー

❶動摩擦力がはたらくときの力学的エネルギー　**動摩擦力**(☞ p.78)は**物体の運動に対して逆向きにはたらく**ので，つねに**負の仕事**をする(☞ p.110)。物体が動摩擦係数μ'の平面に垂直抗力Nを加えながら運動すると，$-\mu'N$の動摩擦力をうける。このまま距離xだけすべると，動摩擦力は物体に$-\mu'Nx$の仕事をする。

したがって，このとき力学的エネルギー保存の法則は成りたたず，$\mu'Nx$だけ**減少する**。**抵抗力**(☞ p.48)を受ける場合も同じように力学的エネルギーは**減少する**。

❷内力と外力　1個以上の物体のあつまりを**物体系**という。ある物体系に含まれる物体どうしで及ぼしあう力を内力という。いっぽう，物体系の外から及ぼされる力を外力という。たとえば，AとBという2つの物体が1つの物体系だとするとき，AとBの間にはたらく力が内力であり，物体系の外からAやBにはたらく力が外力である。

❸外力による仕事と力学的エネルギー　物体に摩擦力や抵抗力などの**非保存力**がはたらくと，物体の力学的エネルギーが**変化する(保存しない)**。このとき，変化前と変化後の力学的エネルギーをそれぞれE_1とE_2，外力が行った仕事をWとすると，

$$E_2 - E_1 = W \qquad (1\cdot87)$$

という関係が成りたつ。上記の動摩擦力の例では，$E_2 - E_1 = -\mu'Nx$となる。

また，(1･87)式を変形すると，$E_2 = E_1 + W$となる。これは，**物体のもつ力学的エネルギーは，外力の行った仕事Wだけ増加する**ことを意味する。

❹非保存力が正の仕事をする場合　重力や弾性力などの**保存力だけ**がはたらいている場合は，**力学的エネルギーは保存される**。しかし，上記のようにモーターや熱機関(☞ p.191)による力など**非保存力**の外力が物体に正の仕事Wをすると，**力学的エネルギーはWだけ増加する**ので，力学的エネルギー保存の法則は成りたたない(**エネルギーの原理**☞ p.114)。

例題　**あらい斜面上をすべりおりる物体**

水平面との角度がθのあらい斜面上を，質量mの物体が斜面に沿って初速度0で距離Lだけすべりおりた。物体と斜面との間の動摩擦係数をμ'，重力加速度をgとして，物体がすべりおりたときの速さを求めよ。

着眼
① 摩擦力は非保存力で，物体に対して負の仕事をする。
② 力学的エネルギーは摩擦力の仕事のぶんだけ減少する。

解説　垂直抗力が$N = mg\cos\theta$であるから，物体にはたらく動摩擦力f'は，$f' = \mu' N = \mu' mg\cos\theta$

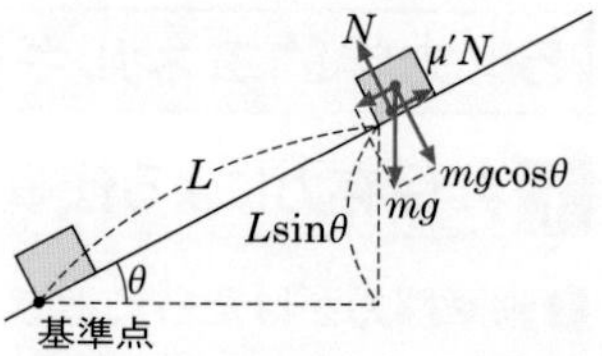

物体が斜面をLだけすべりおりた点を位置エネルギーの基準点にとると最初の力学的エネルギーは$mgL\sin\theta$である。求める速さをvとすると，物体が斜面をLだけすべりおりたときの力学的エネルギーの変化量が摩擦力のした仕事となるので，

$$\frac{1}{2}mv^2 - mgL\sin\theta = -(\mu' mg\cos\theta)L \qquad v = \sqrt{2gL(\sin\theta - \mu'\cos\theta)}$$ …**答**

補足　$mgL\sin\theta + (-\mu' mg\cos\theta)L = \frac{1}{2}mv^2$としてもよい。

例題　抵抗力の行う仕事と力学的エネルギー

質量mの小さな弾丸が初速度v_0で水平に飛んできて，厚さdのサンドバッグを貫通し，その後の速さがvになった。このとき，弾丸がサンドバッグ中で受ける抵抗力は，向きが運動と逆向き，大きさが一定であるとして，抵抗力の大きさfを求めよ。ただし，サンドバッグは固定されており，変形も移動もしない。また，重力は無視できるものとする。

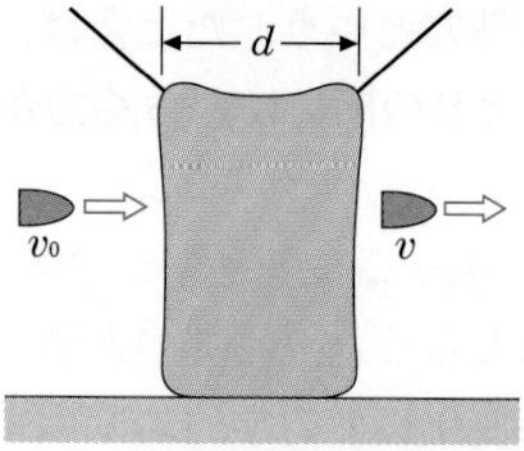

着眼　抵抗力の行う仕事は負である。また，エネルギーの原理より，運動エネルギーの変化量は抵抗力の行う仕事に等しい。

解説　力fと移動方向とは逆向きなので，抵抗力が弾丸に行った仕事Wは

$$W = fd \cdot \cos 180^\circ = -fd$$

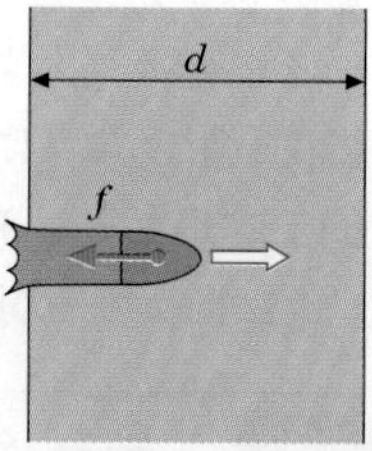

いっぽう，弾丸のもつ運動エネルギーの変化量$\varDelta E$は，

$$\varDelta E = \frac{mv^2}{2} - \frac{mv_0^2}{2}$$

ここでエネルギーの原理より，運動エネルギーの変化量$\varDelta E$は抵抗力の行った仕事Wに等しいので

$$-fd = \frac{mv^2}{2} - \frac{mv_0^2}{2}$$

よって，$f = \dfrac{m(v_0^2 - v^2)}{2d}$

答　$\dfrac{m(v_0^2 - v^2)}{2d}$

類題25　質量Mの物体Mと質量mの物体mを糸でつなぐ。Mを水平面に置き，手でおさえておいて，右図のように糸をなめらかな滑車にかけ，mをつるす。手を離すと，Mとmは動きだす。mがhだけ落下したときの速さを求めよ。ただし，Mと面との間の動摩擦係数をμ'とする。（解答☞p.520）

このSECTIONのまとめ　力学的エネルギー

□ 運動エネルギー ☞ p.113	• 質量 m〔kg〕の物体が速さ v〔m/s〕で運動しているときにもつ運動エネルギー K〔J〕は，$K=\frac{1}{2}mv^2$ • **エネルギーの原理**…物体に仕事 W〔J〕をすると，そのぶんだけ運動エネルギーが増減する。 $\frac{1}{2}mv^2-\frac{1}{2}mv_0^2=W$
□ 位置エネルギー ☞ p.115	• 質量 m〔kg〕の物体が高さ h〔m〕のところでもつ**重力による位置エネルギー** U〔J〕は，$U=mgh$ • ばね定数 k〔N/m〕のばねを x〔m〕だけ伸び縮みさせたときの**弾性力による位置エネルギー** U〔J〕は，$U=\frac{1}{2}kx^2$
□ 力学的エネルギー保存の法則 ☞ p.116	• **力学的エネルギー＝位置エネルギー＋運動エネルギー** • **力学的エネルギー保存の法則**…保存力(重力，弾性力など)のみがはたらくとき，物体の**力学的エネルギーは一定に保たれる。** • 力が運動の向きと垂直にはたらくとき，その力は仕事をせず，力学的エネルギーは一定に保たれる。
□ 力学的エネルギー保存の法則の応用 ☞ p.118	• **単振り子**…1本の糸におもりをつけてつるした振り子 • **ばね振り子**…ばねの一端を固定し，他端におもりをつけた振り子
□ 力学的エネルギーが保存しない運動 ☞ p.123	• **非保存力**が物体に正の仕事をすると，物体の力学的エネルギーは，その仕事のぶんだけ増える。 • **摩擦力**や**抵抗力**は物体に負の仕事をするから，物体の力学的エネルギーは，その仕事のぶんだけ**減少する。**

SECTION 3 運動量と力積

1 ｜ 運動量と力積

1 運動量

❶運動量　運動している物体が他の物体に衝突すると，その物体の運動の状態を変える。そのはたらきの大きさは，物体の速度vと質量mそれぞれに比例するので，**質量×速度という量mv**を考えると便利である。これを運動量と呼ぶ。

❷運動量ベクトル　速度をベクトル$\vec{v}$で表すと，運動量もベクトル$m\vec{v}$になる。運動量ベクトルは速度ベクトルと同じ向きである。

❸運動量の単位　運動量の単位は，質量の単位と速度の単位をかけて，

〔kg〕×〔m/s〕＝〔kg･m/s〕(キログラムメートル毎秒)

POINT!

(運動量)	＝	(質量)	×	(速度)
$m\vec{v}$〔kg･m/s〕		m〔kg〕		$\vec{v}$〔m/s〕

2 力積

❶力積(りきせき)　物体に力がはたらくと，物体は加速度を生じて，速度が変化する。速度の変化量は，加速度が一定，すなわち加わる力が一定ならば時間に比例するから，**物体の運動状態を変化させる力のはたらきは，力の大きさFと力がはたらく時間Δtそれぞれに比例する。**そこで，**力×時間**という量$F\Delta t$を考えると便利である。これを力積と呼ぶ。

❷力積ベクトル　力をベクトル$\vec{F}$で表せば，力積もベクトル$\vec{F}\Delta t$になる。力積ベクトルの向きは力の向きと同じである。

❸力積の単位　力積の単位は，力の単位と時間の単位をかけて，

〔N〕×〔s〕＝〔N･s〕

となる。

〔N〕×〔s〕＝〔kg･m/s^2〕×〔s〕＝〔kg･m/s〕

となるから，**力積と運動量は次元が同じであり，同じ単位で表せる。**

POINT!

(力積)	＝	(力)	×	(時間)
$F\Delta t$〔N･s〕		F〔N〕		Δt〔s〕

2 | 運動量の変化と力積

1 運動量の変化と力積 ①重要

一定の力$\vec{F}$が作用する物体の運動方程式$m\vec{a}=\vec{F}$の両辺に，力が物体に作用する時間Δtをかけると，

$$m\vec{a}\Delta t=\vec{F}\Delta t \quad \cdots\cdots\cdots ①$$

が得られる。時間Δtの間に速度が$\vec{v_0}$から$\vec{v}$まで変化したとき，これを加速度$\vec{a}$と定義するので，

$$\vec{a}=\frac{\vec{v}-\vec{v_0}}{\Delta t} \quad \cdots\cdots\cdots ②$$

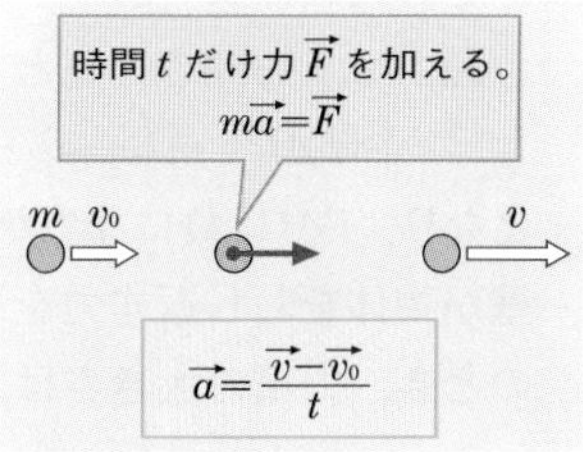

図117 速度変化と力F

である。②式を①式に代入すると，

$$\vec{F}\Delta t = m\vec{v} - m\vec{v_0} \quad (1\cdot88)$$

が得られる。(1･88)式の左辺は力積，右辺は運動量の変化量を示すから，この式から，**運動量の変化は物体に作用した力積に等しい**ことがわかる。

補足 運動量の変化を$m\Delta\vec{v}$というベクトルで表すと，(1･88)式は，$\vec{F}\Delta t=m\Delta\vec{v}$となり，力積ベクトルの向きは運動量の変化を示すベクトルの向きと同じである。

POINT!
運動量の変化量は力積$\vec{F}\Delta t$に等しい。　$\vec{F}\Delta t = m\vec{v} - m\vec{v_0}$

COLUMN
撃力

バットでボールを打つと，一瞬にしてボールの飛ぶ向きが変わるので，力がはたらく時間もひじょうに短い。このような短い時間に加わる大きな力のことを撃力という。撃力の大きさを直接測定することはむずかしいが，物体の運動量変化と力のはたらく時間を測定できれば，平均の力を求めることはできる。

視点 撃力の力積はF-tグラフとt軸とで囲まれる図形の面積で表される。これと等しい面積の長方形の縦の辺の長さが平均の力の大きさを表す。

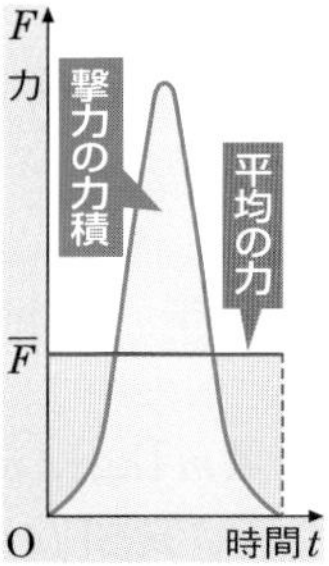

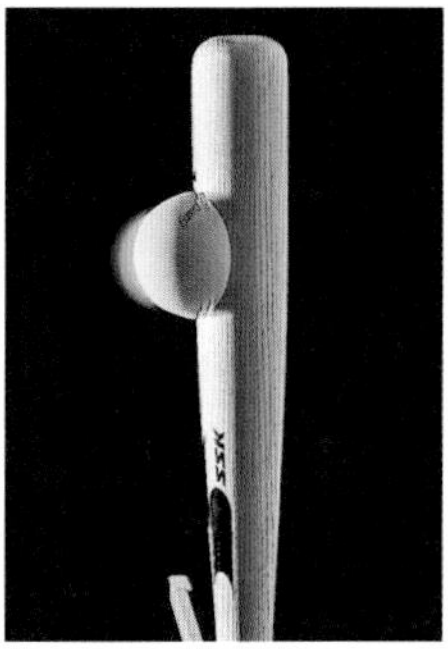

図118 バットでボールを打ったときの撃力

2 力積を求める方法

力積の大きさや向きは，力の大きさや力のはたらく時間がわからなくても，運動量の変化量から求めることができる。

❶直線上の運動　物体が壁に垂直に衝突し，垂直にはね返るとき(図119)のように一直線上で運動する場合は，力積の方向もその直線の方向であるから，向きの正負だけを考えればよい。

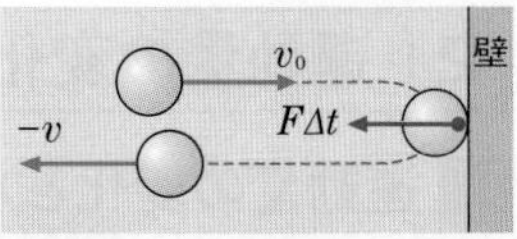

図119　壁への正面衝突

図119で右向きを正とすると，

$$F\Delta t = m(-v) - mv_0 < 0$$

となり，$F\Delta t$は負になるから，力積の向きは左向きで，壁が物体をおし返す力を及ぼしたことがわかる。このとき，力積の大きさは，

$$|F\Delta t| = mv + mv_0$$

である。

❷平面上の運動　物体が壁に斜めに衝突するとき(図120)のように，物体が力積を受けて平面上を運動する場合は，ベクトルを用いて，

$$\vec{F}\Delta t = m\vec{v} - m\vec{v_0}$$

となり，(1･88)式が成りたつから，運動量ベクトルの差$m\vec{v} - m\vec{v_0}$を図120のように作図すると，その向きが力積の向きになる。

また，物体と面との間に摩擦力がはたらかない場合(図120(a))は，面から受ける力の面と平行な成分は0なので，垂直な成分だけになる。このため，**物体が面から受ける力積の向きは，壁に垂直になる。**

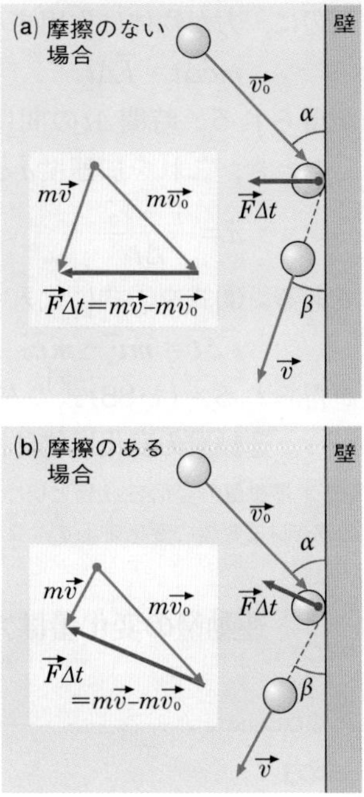

図120　壁への斜め衝突

このSECTIONのまとめ　運動量と力積

□運動量と力積 ☞p.126	・質量m〔kg〕，速度$\vec{v}$〔m/s〕の物体の運動量 $m\vec{v}$〔kg･m/s〕 ・力$\vec{F}$〔N〕が時間Δt〔s〕間はたらいたときの力積 $\vec{F}\Delta t$〔N･s〕 ・運動量と力積はどちらもベクトル。
□運動量の変化と力積 ☞p.127	・運動量の変化量は物体に作用した力積に等しい。 $\vec{F}\Delta t = m\vec{v} - m\vec{v_0}$

SECTION 4 運動量保存の法則

1｜運動量保存の法則

1 一直線上の2物体の衝突 ①重要

❶**2物体の衝突**　図121のように，一直線上を質量m_Aの物体Aが速度v_Aで運動し，その前方を質量m_Bの物体Bが速度v_Bで運動しているとする。$v_A > v_B$であれば，やがてAはBに衝突する。**衝突すると，AとBは短時間接触し，この間に作用・反作用の力(☞p.62)を及ぼしあう。**

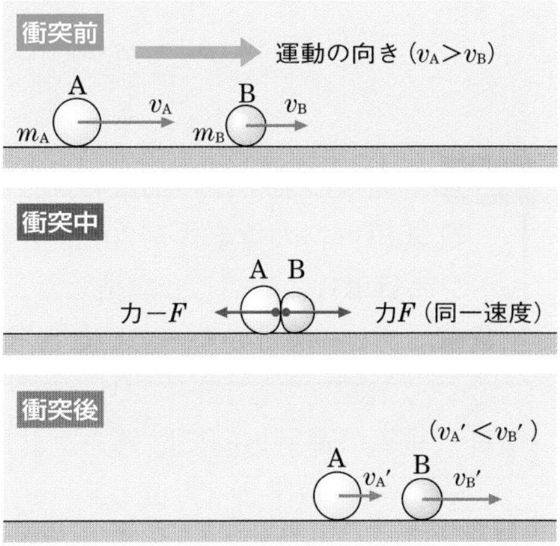

図121　一直線上の2物体の衝突

❷**力積と運動量**　AとBの接触中にBがAから受けた力(作用)をFとすると，AはBから$-F$の力(反作用)を受ける。接触していた時間をΔtとし，衝突後のA，Bの速度をv_A'，v_B'とすると，運動量変化を考えて，

Aが受けた力積：　$-F\Delta t = m_Av_A' - m_Av_A$　……①

Bが受けた力積：　$F\Delta t = m_Bv_B' - m_Bv_B$　……②

❸**運動量保存の法則**　上の①，②式から$F\Delta t$を消去して，移項すると，

$$m_Av_A + m_Bv_B = m_Av_A' + m_Bv_B' \qquad (1\cdot89)$$

という式が得られる。(1･89)式の左辺は衝突前のAとBの運動量の和であり，右辺は衝突後のAとBの運動量の和である。したがって，(1･89)式の意味は，

（衝突前のAとBの運動量の和）＝（衝突後のAとBの運動量の和）

ということである。いいかえれば，衝突によって，**個々の物体の運動量が変化しても，それらの運動量の和は変化しない。**これを運動量保存の法則という。

❹**運動量保存の法則の成立条件**　(1･89)式の導かれた過程からわかるように，①式や②式にF以外の力の力積が入っていると成りたたない。つまり，運動量保存の法則が成立するのは，AとBの運動量を変化させる力積が，**A，B間にはたらく作用・反作用の力によるものだけ**という場合である。2つの物体が1つの**物体系**だとすると，A，B間にはたらく力が物体系A，Bの内力，物体系A，Bに外からはたらく力が外力である(☞p.123)。このときBにはたらく力(作用)とAにはたらく力(反作用)は，向きが逆で大きさが同じなので，物体系の内力の合力は0となる。

よって，外力が加わっていない場合は，物体系の重心の速度は変化せず，運動量が保存することになる。いっぽう，外力による力積が無視できない場合は，運動量保存の法則は成立しない。なお，この場合でも，外力に垂直な方向の運動量の和は保存される。

POINT!

運動量保存の法則：物体間の力（内力）だけがはたらき，外力が無視できるとき，物体系の運動量の和は保存される。

$$m_A v_A + m_B v_B = m_A v_A' + m_B v_B'$$

例題　**貨車の連結と運動量の保存**

質量10トンの貨車Aが30km/hで走ってきて，前方に静止していた質量20トンの貨車Bに衝突し，連結した。連結直後の貨車の速度はいくらか。ただし，貨車にブレーキはかかっていなかったものとする。

着眼　貨車の進行方向には外力がはたらかないので，運動量の和は保存される。

解説　貨車Aの質量を$m_A = 10$t，初速度を$v_0 = 30$km/h，貨車Bの質量を$m_B = 20$tとする。衝突後の速度v'は，運動量保存の法則より$m_A v_0 = (m_A + m_B)v'$なので，★1

$10 \times 30 = (10 + 20) \times v'$　　　よって，　$v' = 10$km/h　　　**答** 10km/h

類題26　同じ質量の貨車3台が水平なレールの上で連結したまま，速さv_1〔m/s〕で走っている。その後ろから，これも同じ質量の貨車2台が速さv_2〔m/s〕で追突し，連結して一体となって進行した。この貨車の速さはいくらになったか。（解答☞p.520）

2 物体の分裂 ①重要

❶力積と運動量　ローラースケートをはいて大きな石をもち，石を前方に勢いよくほうり出すと，人はその反動で後方に動く。この場合も，人と石とは作用・反作用の力を及ぼしあう。人が石に及ぼした力をFとすれば，石が人に及ぼした力は$-F$である。人の質量をM，石の質量をm，人が動く速度をV，石に与えられた速度をvとすれば，

石の受ける力積：　$F\Delta t = mv$　　……①

人の受ける力積：$-F\Delta t = MV$　　……②

①＋②より，$mv + MV = 0$

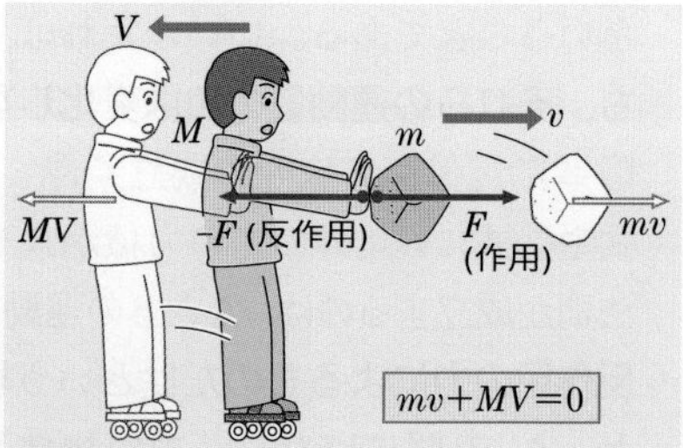

図122　力積と運動量

★1 左辺も右辺も(質量)×(速度)で，両辺の単位はそろっており，MKS単位系に換算する必要はない。

例題　床に置いた板の上の運動

水平な床の上をなめらかにすべり動くことのできる質量5.0kgの板がある。板の上には質量60kgの人が乗っており，最初はどちらも静止している。

(1) 人が床に対して0.20m/sの速さで，板の上をAからBに向かって進むと，板の速さはいくらになるか。

(2) 人がB端から床に対して0.50m/sの速さで水平に飛び出すと，板はどれだけの速さで運動するか。

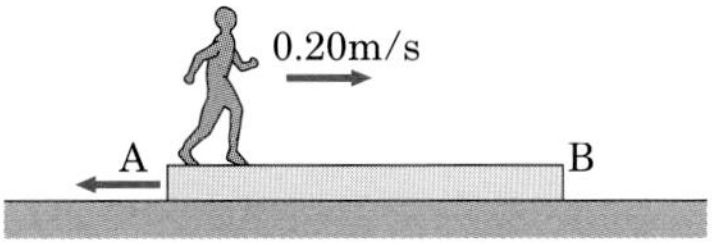

着眼 人と板には，水平方向の外力がはたらいていないから，運動量の和は保存される。板と人は最初静止していたから，運動量の和はいつでも0である。

解説 (1) 板の速度をv〔m/s〕とすると，運動量保存の法則により，右向きを正として，

$60 \times 0.20 + 5.0v = 0$　よって，$v = -2.4$ m/s（負号は左向きを示す）

(2) 板の速度をv'〔m/s〕とすると，運動量保存の法則により，

$60 \times 0.50 + 5.0v' = 0$　よって，$v' = -6.0$ m/s（負号は左向きを示す）

答 (1)左向きに2.4m/s
(2)左向きに6.0m/s

類題27　質量Mのロケットが速度Vで飛んでいる。このロケットが質量mの燃料ガスを後方に噴射した。加速後のロケットから見て，燃料ガスの速度は$-v$となっていた。ロケットの速度はどれだけ速くなるか。差を求めよ。（解答☞p.520）

3 平面上の2物体の衝突 ①重要

❶ 2物体の衝突　2つの物体が衝突すると，衝突後は衝突前の速度とちがう方向に進むのが一般的である。そのような場合の運動について考えてみよう。

図123のように，物体A（質量m_A）と物体B（質量m_B）がそれぞれ速度$\vec{v_A}$，$\vec{v_B}$で進んで衝突し，衝突後，速度が$\vec{v_A}'$，$\vec{v_B}'$になったとする。また，AとBが衝突し，接触している間にAがBにおよぼした力を$\vec{F}$，BがAにおよぼした力を$-\vec{F}$とする。次に**これらの速度および力をすべてx成分とy成分に分解**し，x成分にはx，y成分にはyの添字をつけて示す。たとえば，$\vec{v_A}$のx成分はv_{Ax}となる。

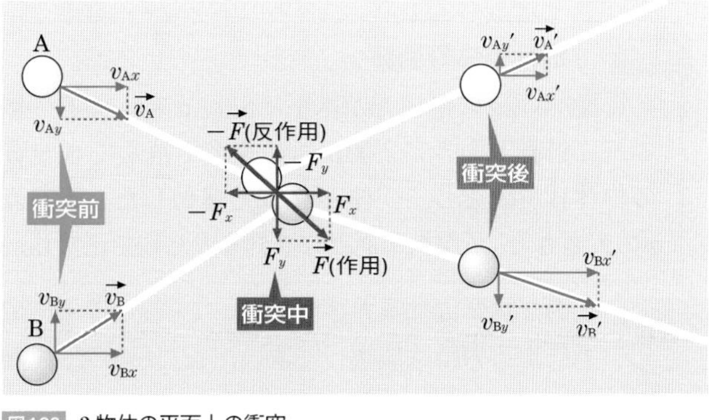

図123　2物体の平面上の衝突

❷ x 方向の運動量の保存　速度および力の x 成分について，力積と運動量の関係を考えると，接触時間を Δt として，

A の x 方向の運動量の変化：　$-F_x\Delta t = m_A v_{Ax}' - m_A v_{Ax}$　……①

B の x 方向の運動量の変化：　$F_x\Delta t = m_B v_{Bx}' - m_B v_{Bx}$　……②

となり，①，②から，$F_x\Delta t$ を消去すると，

$$m_A v_{Ax} + m_B v_{Bx} = m_A v_{Ax}' + m_B v_{Bx}' \quad \cdots\cdots③$$

となる。これから，x 方向では運動量の x 成分の和が保存されることがわかる。

❸ y 方向の運動量の保存　速度および力の y 成分についても同様に考えると，

A の y 方向の運動量の変化：　$-F_y\Delta t = m_A v_{Ay}' - m_A v_{Ay}$　……④

B の y 方向の運動量の変化：　$F_y\Delta t = m_B v_{By}' - m_B v_{By}$　……⑤

④，⑤から，$F_y\Delta t$ を消去すると，

$$m_A v_{Ay} + m_B v_{By} = m_A v_{Ay}' + m_B v_{By}' \quad \cdots\cdots⑥$$

となる。これから，y 方向でも運動量の y 成分の和が保存されることがわかる。

❹運動量ベクトルの和の保存　③式と⑥式の意味を，x，y 成分に分解する前の運動量ベクトルを用いて考えると，図124からわかるように，③式の左辺，右辺はそれぞれ，衝突前，衝突後の運動量の和の x 成分であり，⑥式の左辺，右辺はそれぞれ，衝突前，衝突後の運動量の和の y 成分である。したがって，これらを合成した，

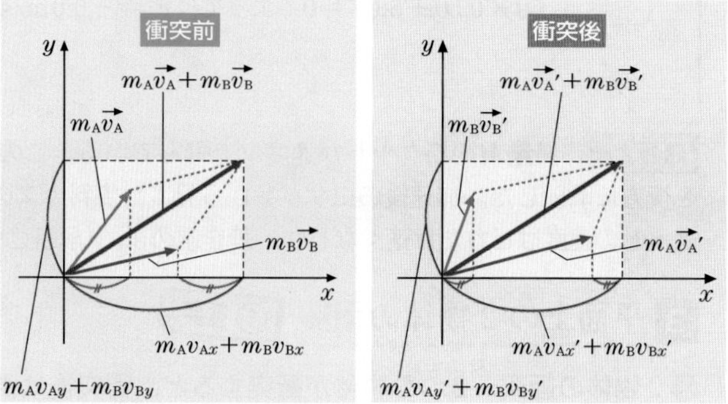

図124　運動量ベクトルの和の保存

$$m_A\vec{v_A} + m_B\vec{v_B} = m_A\vec{v_A}' + m_B\vec{v_B}' \quad (1\cdot90)$$

も成りたつ。これが一般的な運動量保存の法則を示す式である。

例題　**飛行物体の衝突**

質量3.00 kgの物体Aが水平に8.00 m/sの速度で飛んでいる。これに鉛直上向きに2.00 m/sの速度で飛んできた質量5.00 kgの物体Bが衝突し，一体となって運動した。衝突直後の速度 $\vec{v}$ の大きさと，$\vec{v}$ が水平面となす角を θ として正接 $\tan\theta$ を求めよ。

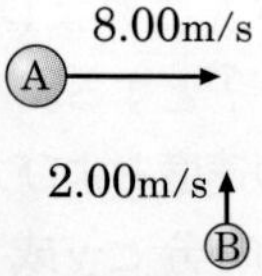

着眼　この 2 物体には重力がはたらいているが，衝突の時間は非常に短いので，重力による力積は無視してよい。したがって，運動量保存の法則が成りたつ。

解説 水平方向と鉛直方向のそれぞれについて，運動量保存の法則を適用する。
衝突後の速度の水平成分を v_x，鉛直成分を v_y とすると，

水平方向：$3.00\,\mathrm{kg} \times 8.00\,\mathrm{m/s} = (3.00 + 5.00)\,\mathrm{kg} \times v_x$　より，$v_x = 3.00\,\mathrm{m/s}$

鉛直方向：$5.00\,\mathrm{kg} \times 2.00\,\mathrm{m/s} = (3.00 + 5.00)\,\mathrm{kg} \times v_y$　より，$v_y = 1.25\,\mathrm{m/s}$

よって，速さ v は　$v = \sqrt{{v_x}^2 + {v_y}^2} = \sqrt{3.00^2 + 1.25^2} = 0.25\sqrt{169} = 3.25\,\mathrm{m/s}$

速度ベクトル $\vec{v}$ が水平方向となす角を θ とすると，　$\tan\theta = \dfrac{v_y}{v_x} = \dfrac{1.25}{3.00} = \dfrac{5}{12}$

答 大きさ…$3.25\,\mathrm{m/s}$　$\tan\boldsymbol{\theta}$…$\dfrac{5}{12}$

類題28　なめらかな水平面上で，質量 m_A の物体Aを速度 $\vec{v_0}$ で，静止していた質量 m_B の物体Bにあてたところ，物体A，Bは衝突前のAの進行方向とそれぞれ60°，30°の角をなす方向へ，速度 $\vec{v_\mathrm{A}}$，$\vec{v_\mathrm{B}}$ で進んだ。$\vec{v_\mathrm{A}}$，$\vec{v_\mathrm{B}}$ の大きさを求めよ。（解答☞ p.520）

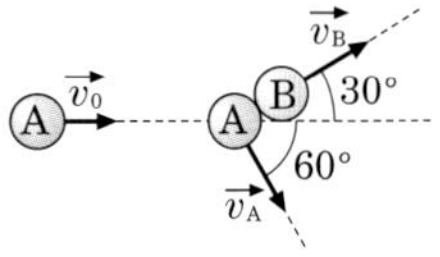

重要実験　物体の分裂と運動量の保存

操作

❶ 2台の台車A，Bの間にばねをはさんでおし縮め，糸で2台の台車をつなぐ。
❷ それぞれの台車に記録テープをつけ，テープを記録タイマーに通しておく。
❸ 糸をマッチの火で焼き切り，台車の運動をタイマーでテープに記録する。
❹ 台車にいろいろな重さのおもりをのせ，**質量のちがう台車を組み合わせて**，いく通りかの実験をする。

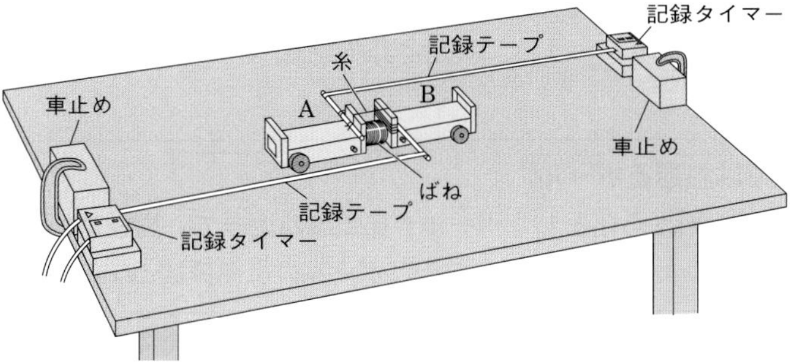

図125　物体が分裂するときの運動量保存の法則を確かめる実験

結果　考察

❶ テープの記録から，台車がばねの力で走りだすときの速さを求める。テープの記録は，最初ばねがもとの長さにもどるまでは打点の間隔が広がっていくが，ばねがもとの長さになると，等間隔になる。この等間隔になったときの速さを求めるとよい。
❷ 台車A，Bの質量 m_A，m_B（おもりの質量も含める）と，走り出すときの速さ v_A，v_B の積 $m_\mathrm{A}v_\mathrm{A}$ と $m_\mathrm{B}v_\mathrm{B}$ の間にどんな関係があるか調べる。$m_\mathrm{A}v_\mathrm{A} = m_\mathrm{B}v_\mathrm{B}$ の関係になっていれば，**運動量保存の法則が成りたっている**といえる。

2 | 反発係数

1 床や壁との衝突 (!) 重要

❶**反発係数** 物体を静止した壁に垂直に衝突させると，垂直にはね返る。**衝突直前の物体の速度をv_0とすると，衝突直後の速度vは，ふつうv_0より小さい。**このvとv_0の比を反発係数または**はね返り係数**といい，eで表す。速度v_0とvは反対向きだから，eを正の値で表すために，

$$e = -\frac{v}{v_0} \quad \text{または} \quad e = \left|\frac{v}{v_0}\right| \qquad (1\cdot91)$$

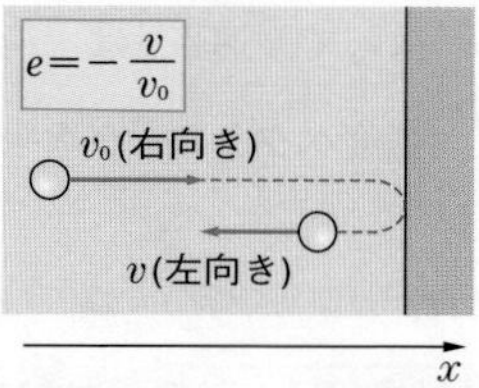

図126 壁ではね返る速度

と表す。壁や床のような動かない面に垂直に衝突して垂直にはね返る場合の反発係数はすべて上の式で表される。

❷**反発係数の大きさ** 反発係数eは，0から1までの値をとる。

①**完全弾性衝突(弾性衝突)** $e = 1$の場合。v_0とvが同じ大きさになる。

②**非弾性衝突** $0 < e < 1$の場合。vはv_0より小さい。

③**完全非弾性衝突** $e = 0$の場合。$v = 0$で，**はね返らない。**

このとき，力学的エネルギーは$e = 1$なら変化しないが，それ以外なら減少する。

POINT!

反発係数 $e = -\frac{v}{v_0}$
- 完全弾性衝突 $e = 1$
- 非弾性衝突 $0 < e < 1$
- 完全非弾性衝突 $e = 0$

例題 床ではね返るボール

高さh〔m〕の所から落としたボールが床ではね返って，高さh'〔m〕に達した。重力加速度をg〔m/s^2〕として，この床とボールの反発係数eの値を求めよ。

着眼 力学的エネルギー保存の法則から，ボールが床に衝突する直前と衝突した直後の速さをそれぞれ求め，その比から反発係数を求める。

解説 鉛直下向きを正として，ボールが床に衝突する直前の速度をv_0，衝突した直後の速度をvとすると，力学的エネルギー保存の法則より，

衝突前：$mgh = \frac{1}{2}mv_0^2$ 衝突後：$\frac{1}{2}mv^2 = mgh'$ よって $v_0 = \sqrt{2gh}$，$v = -\sqrt{2gh'}$

反発係数eは速さの比なので，$e = -\frac{v}{v_0} = \frac{\sqrt{2gh'}}{\sqrt{2gh}} = \sqrt{\frac{h'}{h}}$ 　**答** $\sqrt{\frac{h'}{h}}$

補足 鉛直下向きを正として，等加速度運動の(1・19)式(☞p.33)を使い，$v_0^2 - 0^2 = 2gh$より$v_0 = \sqrt{2gh}$，同様に$0^2 - v^2 = 2g(-h')$より$v = -\sqrt{2gh'}$と求めてもよい。

類題29　ボールを床からの高さhの所から落とす。ボールと床との反発係数が$e=0.50$のとき，ボールはどこまで上がるか。また，ボールがはね返って$\dfrac{h}{2}$の高さまで達したとすれば，そのときのボールと床の反発係数はいくらか。(解答☞ p.520)

❸床との斜め衝突　なめらかな床に物体が斜めに衝突するときは，床が物体に与える力積は垂直抗力によるもののみであるから，**物体の速度の床に平行な成分は変化せず，床に垂直な成分のみが変化する。**

図127のように，物体が床に斜めに速度$\vec{v_0}$で衝突し，速度$\vec{v}$ではね返るとする。このとき，摩擦がないとすれば，$\vec{v_0}$の床に平行な成分v_{0x}と$\vec{v}$の床に平行な成分v_xとは等しい。$\vec{v_0}$の床に垂直な成分v_{0y}と$\vec{v}$の床に垂直な成分v_yとの間には，次の関係が成りたつ。

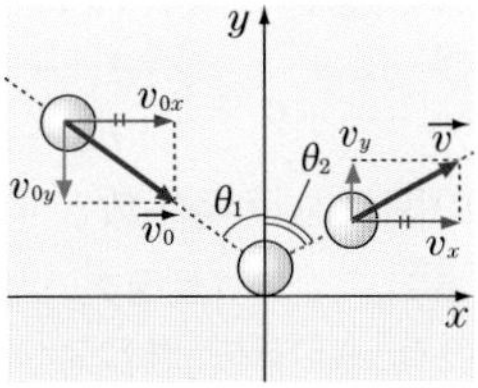

図127 床に斜めに衝突するときの速度の変化

$$e=-\frac{v_y}{v_{0y}}$$

①**完全弾性衝突のとき**　$e=1$であるから，$v_y=-v_{0y}$となり，$\vec{v}$と$\vec{v_0}$の大きさも等しい。また，入射角θ_1と反射角θ_2は等しい。

②**非弾性衝突のとき**　$0<e<1$であるから，v_yはv_{0y}より小さくなる。そのため，$|\vec{v}|$は$|\vec{v_0}|$より小さくなり，反射角θ_2は入射角θ_1より大きくなる。

補足　床と物体との間に摩擦があるときは，v_xもv_{0x}より小さくなる。

例題　床との斜めの衝突

なめらかな床に小球が速さv，入射角θで衝突するとき，衝突直後の速さv'と反射角θ'に対する$\tan\theta'$の値を求めよ。ただし，小球と床との反発係数をeとする。

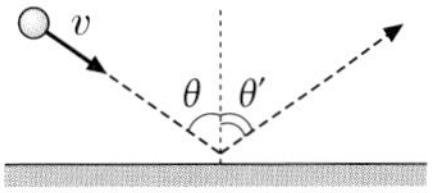

着眼　速度の床に平行な成分は変化せず，床に垂直な成分だけが変化する。

解説　衝突直前の速度vと直後の速度v'を床に平行な成分と垂直な成分に分解する。
床に平行な成分は変化しないから，

$$v'\sin\theta'=v\sin\theta \quad \cdots\cdots①$$

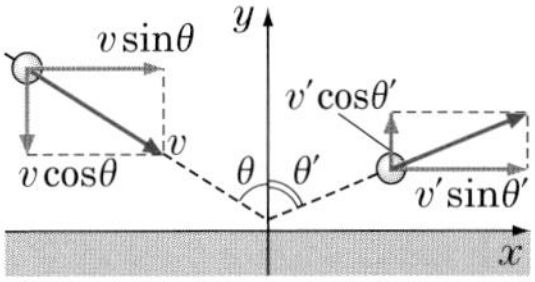

床に垂直な成分は，反発係数の定義から

$$e=-\frac{v'\cos\theta'}{v\cos\theta}\quad よって\ v'\cos\theta'=-ev\cos\theta \quad \cdots\cdots②$$

①式の各辺を②式(向きを考えないので負号を取る)の各辺で割ると，

$$\frac{\sin\theta'}{\cos\theta'}=\frac{\sin\theta}{e\cos\theta}\quad よって\ \tan\theta'=\frac{\tan\theta}{e}\cdots\cdots 答$$

①式と②式の両辺を2乗し，各辺を足しあわせると，

$$v'^2(\sin^2\theta'+\cos^2\theta')=v^2(\sin^2\theta+e^2\cos^2\theta)\quad よって\ v'=v\sqrt{\sin^2\theta+e^2\cos^2\theta}\cdots\cdots 答$$

2 動いている物体どうしの衝突 ①重要

動いている物体どうしが衝突するときは，その**相対速度の比の絶対値が反発係数となる。**図128のように，速度v_Aで進んでいる物体Aが，前方を速度v_Bで進んでいる物体Bに衝突し，衝突後それぞれの速度がv_A'，v_B'になったとすると，

$$e = -\frac{v_A' - v_B'}{v_A - v_B} \qquad (1\cdot 92)$$

の関係を反発係数とする。

補足　完全非弾性衝突の場合は，$v_A' = v_B'$となるので，AとBが一体となって運動する。

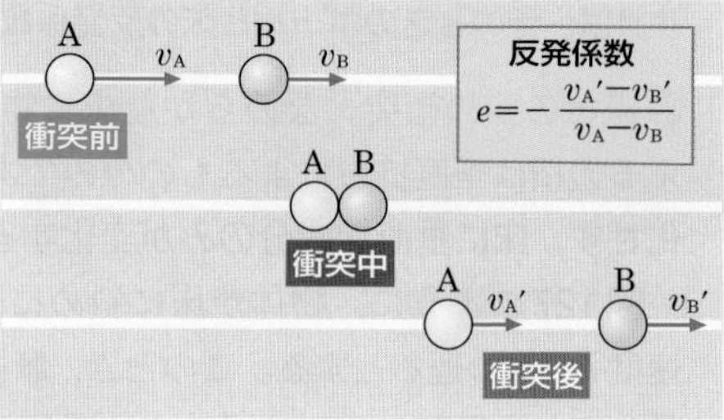

図128　動いている物体どうしの衝突

例題　質量の等しい2球の完全弾性衝突

質量mの小球Aが速度v_Aで，前方を速度v_Bで同じ方向に進んでいる質量mの小球Bに完全弾性衝突をした。衝突直後のA，Bの速度を求めよ。

着眼　衝突直前と衝突直後の相対速度の比の大きさが反発係数に等しい。外力がはたらいていないから，運動量保存の法則が成りたつ。

解説　衝突直後のA，Bの速度をそれぞれv_A'，v_B'とし，反発係数の公式(1・92)を用いて，

$$1 = -\frac{v_A' - v_B'}{v_A - v_B} \quad \text{より，} \quad v_A - v_B = -v_A' + v_B' \qquad \cdots\cdots ①$$

運動量保存の法則から，

$$mv_A + mv_B = mv_A' + mv_B' \quad \text{よって，} \quad v_A + v_B = v_A' + v_B' \qquad \cdots\cdots ②$$

①，②より，$v_A' = v_B$　　$v_B' = v_A$　（衝突前の速度と入れ替わっている）

答 A…v_B　B…v_A

このSECTIONのまとめ　運動量保存の法則

□運動量保存の法則 ☞p.129	・**外力による力積が無視できる**とき，物体系の運動量の和は保存される。 $m_A\overrightarrow{v_A} + m_B\overrightarrow{v_B} = m_A\overrightarrow{v_A'} + m_B\overrightarrow{v_B'}$
□反発係数 ☞p.134	・床や壁に垂直に衝突する場合　$e = -\frac{v}{v_0}$ ・動いている物体どうしの衝突　$e = -\frac{v_A' - v_B'}{v_A - v_B}$ ・負号－があるのは，衝突で相対速度が逆になるため。

CHAPTER 3

練習問題 解答 p.520

1 〈水平面上での仕事〉 物理基礎 テスト必出

水平面の上に置いてある質量10kgの物体を，20Nの力で引いて4.0mだけ等速で移動させた。次の力のした仕事を求めよ。

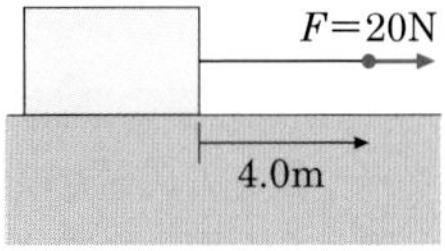

(1) 20Nの力のした仕事

(2) 摩擦力のした仕事

(3) 重力のした仕事

2 〈斜面上での仕事〉 物理基礎 テスト必出

水平面とθの角をなすあらい斜面上で，質量mの物体をAからBまで高さhだけ引き上げた。動摩擦係数をμ'，重力加速度をgとして，あとの各問いに答えよ。

(1) 物体に斜面と平行な力を加えて移動させるためには，物体にいくらの力を加えなければならないか。

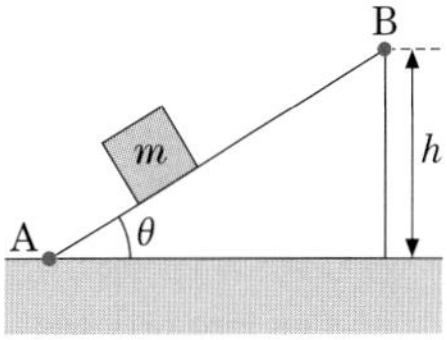

(2) 加えた力の行った仕事はいくらか。

(3) 摩擦力の行った仕事はいくらか。

(4) 重力の行った仕事はいくらか。

(5) 垂直抗力の行った仕事はいくらか。

(6) 物体が，加えた力にされた仕事はいくらか。

3 〈仕事と仕事率〉 物理基礎

なめらかな水平面上を，右向きに6.0m/sの速さで運動している質量1.0kgの物体がある。物体が原点Oを通過した瞬間から，右図のように一定の割合で変化する力を右向きに加えつづけながら6.0m動かした。次の各問いに答えよ。

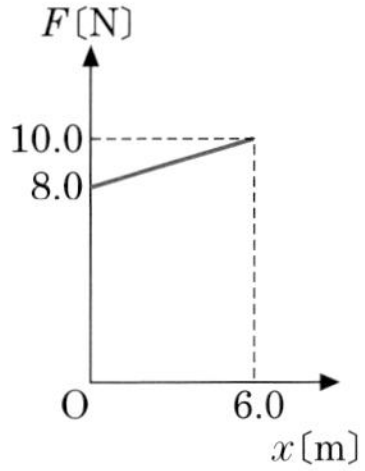

(1) 点Oから6.0mの点を通過するまでに物体がされた仕事は何Jか。

(2) 点Oから6.0mの点を通過する瞬間の，物体の速さは何m/sか。

4 〈エネルギーの原理〉 物理基礎

水平面と角θをなすなめらかな斜面上に質量mの物体を置き，手で押さえて静止させた。ここで，この物体から手を離すと，斜面上を距離lだけすべりおりた。重力加速度をgとする。

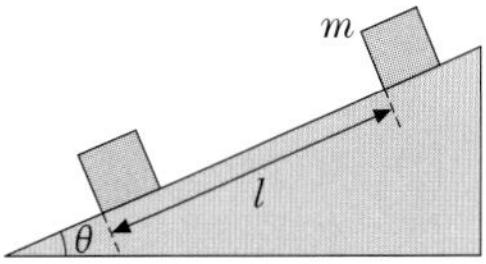

(1) 距離lだけすべりおりるまでに，物体が重力からされる仕事W_Gを求めよ。

(2) 距離lだけすべりおりるまでに，物体が垂直抗力からされる仕事W_Nを求めよ。

(3) 距離lだけすべりおりたときの，物体の速さvを求めよ。

5 〈位置エネルギーの基準点〉物理基礎

図のように，2階の床から1.0mの机上に質量10kgの小さな物体が置かれている。次の①～③の各場所を基準点として，物体のもつ重力による位置エネルギーを求めよ。ただし，重力加速度$g=9.8\mathrm{m/s^2}$とする。

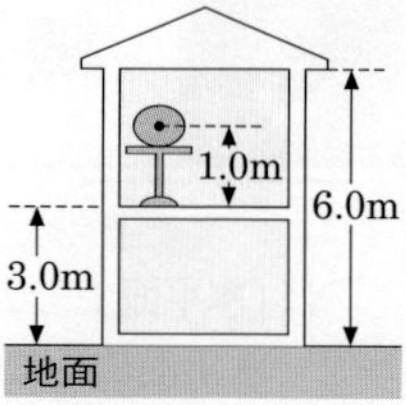

①　地面　　②　2階の床　　③　2階の天井

6 〈振り子の運動と力学的エネルギー保存の法則①〉物理基礎　テスト必出

長さLの軽い糸に質量mのおもりをつけ，糸の他端を天井に固定する。糸が鉛直線とθの角をなすように，おもりを点Aにもち上げてから静かに放す。重力加速度の大きさをgとして，次の各問いに答えよ。

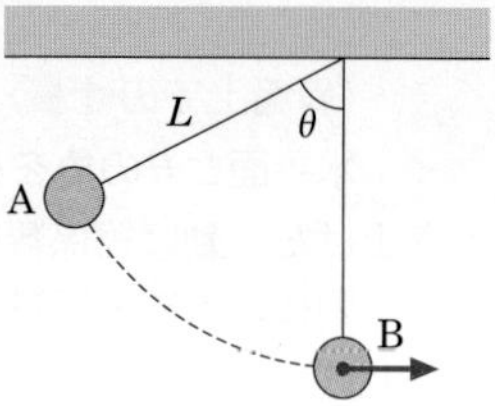

(1)　点Aから最下点Bに達するまでの鉛直方向の位置変化はいくらか。上向きを正として，θを含む式で示せ。

(2)　おもりが最下点Bに達するまでに，糸の張力Sおよび重力mgのする仕事はそれぞれいくらか。

(3)　点Bに達したときのおもりの速さはいくらか。

7 〈振り子の運動と力学的エネルギー保存の法則②〉物理基礎

長さLの糸の一端を点Oに固定し，他端には質量mのおもりをつけ，糸がたるまないように，点Oと同じ高さQまでもち上げて静かに放した。糸が鉛直方向になったとき，糸の上半分を固定し，おもりを点Pのまわりで円運動させる。このとき，糸が鉛直方向と60°の角度をなすPSの位置にきた瞬間に糸を切ると，おもりは放物運動をした。重力加速度をgとし，糸の質量は無視する。

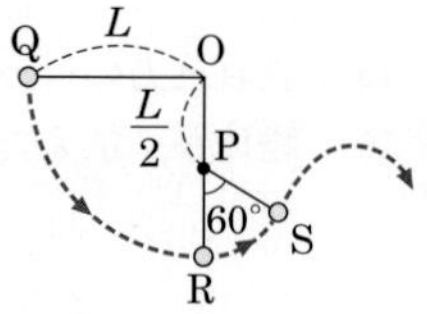

(1)　最下点Rでのおもりの速さはいくらか。

(2)　点Sでのおもりの速さはいくらか。

(3)　糸を切った後のおもりの放物運動の最高点は，円運動の最下点Rよりいくらの高さか。

8 〈ばねの運動と力学的エネルギー保存の法則〉物理基礎

質量m〔kg〕の小球を，ばね定数k〔N/m〕のつるまきばねに結びつけ，図のようにばねが自然長の位置を点Oとして，点Oよりr〔m〕だけ伸びた状態で手を放した。小球と床との間には摩擦がないものとする。

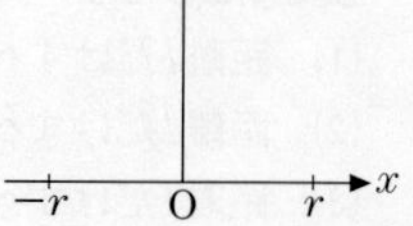

(1)　点Oからの変位x〔m〕における小球の速さv〔m/s〕を求めよ。

(2)　小球の速さが最大となる変位はいくらか。

(3)　小球の速さが0となる変位はいくらか。

(4)　ばねの弾性力による位置エネルギーと運動エネルギーをそれぞれ変位xの関数としてグラフに描け。

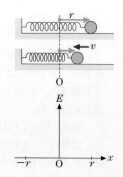

9 〈ばねの力学的エネルギー〉 テスト必出

ばね定数k〔N/m〕のばねの上端を天井に固定し，下端には質量m〔kg〕のおもりを取りつけたところ，自然長よりx_0〔m〕のびたところで静止した。このつり合いの位置を点Oとする。次に，おもりをさらにA〔m〕だけ下に引いて，静かに放した。点Oを重力による位置エネルギーの基準点と考える。

(1) 重力加速度をg〔m/s²〕として，x_0を求めよ。

(2) おもりが点Oを通過するときの速さv_1〔m/s〕を求めよ。ただし，x_0を含まないこと。

(3) おもりの最高点でのばねののびx_1〔m〕を求めよ。

(4) 点OからA〔m〕だけ引き下げるときの手がした仕事W〔J〕を求めよ。

10 〈摩擦力と運動エネルギー〉 物理基礎 テスト必出

質量1.0kgの物体が初速度3.0m/sで運動して，あらい水平面上で2.0mすべって静止した。重力加速度を9.8m/s²とする。

(1) 摩擦力のした仕事を求めよ。

(2) 摩擦によって失われた力学的エネルギーを求めよ。

(3) 摩擦力はいくらか。

(4) 動摩擦係数を求めよ。

11 〈鉛直投射における運動量と力積〉

質量5.00kgの物体を初速度19.6m/sで真上に投げ上げた。投げ上げてから最高点に達するまでの間に，物体が受けた力積はいくらか。ただし，鉛直上向きを正とする。

12 〈壁との衝突における運動量と力積〉 テスト必出

質量0.50kgの物体が右向きに10.0m/sの速さで壁にぶつかり，左向きに5.0m/sの速さではね返った。

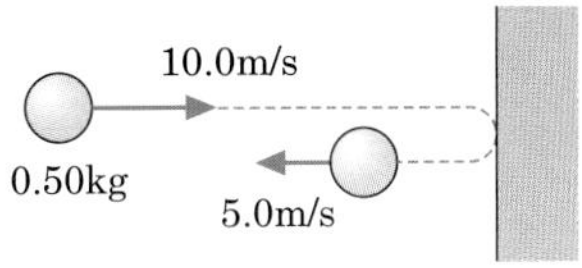

(1) 物体の運動量変化は，どの向きにいくらか。

(2) 壁が受けた力積は，どの向きにいくらか。

13 〈物体の衝突〉

質量m〔kg〕，速さv〔m/s〕の弾丸が，滑らかな水平面においてある質量M〔kg〕の木片に垂直にあたった。木片と弾丸は一体となって，弾丸の運動方向に速さ$\dfrac{mv}{m+M}$〔m/s〕で動き出した。また，弾丸は木片に距離d〔m〕だけめりこんでいた。

(1) 失われた運動エネルギーはいくらか。vを使って表せ。

(2) 弾丸が木片にした仕事はいくらか。

(3) 抗力を求めよ。ただし，弾丸が木片から受ける抗力は一定であるとする。

14　**〈平面上の運動量と力積〉**

速さv_1で水平に飛んできた質量mのボールが，バットで打たれた直後，仰角60°で逆向きに速さv_2ではね返された。バットがボールに与えた力積の大きさはいくらか。

15　**〈運動量と運動エネルギー〉** テスト必出

速さ5.0 m/sで等速直線運動している質量1.0 kgの物体に，一定の力を4.0秒間加えたところ，速さが13.0 m/sになった。

⑴　物体の運動量の増加量はいくらか。
⑵　物体に加えられた力の大きさはいくらか。
⑶　物体に加えられた力の力積はいくらか。
⑷　物体の運動エネルギーの増加量はいくらか。
⑸　力がした仕事の大きさはいくらか。

16　**〈運動量保存の法則〉**

次の文中の空欄に，適当なことばまたは式を入れよ。

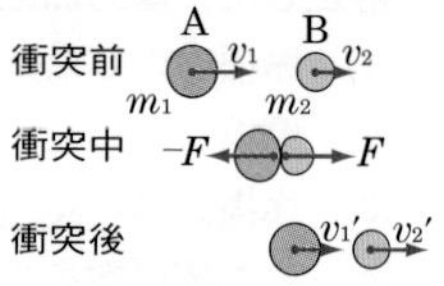

右図のように，物体Aが物体Bに衝突する場合を考える。衝突時間Δtの間にAがBに力Fをあたえつづければ，①[　　]の法則により，BはAに$-F$の力をあたえる。このとき，運動量の変化が力積に等しいので，

物体A：$-F\cdot\Delta t = m_1v_1' - m_1v_1$

物体B：②[　　]

となる。この両式を足して$F\cdot\Delta t$を消去すると③[　　]となり，④[　　]の法則が導かれる。

17　**〈運動量保存の法則と反発係数〉** テスト必出

質量40 kgのA君と，質量60 kgのB君が氷上でアイススケートをしている。A君が15.0 m/sの速さで右向きにすべってきて，静止しているB君に衝突し，B君は右向きに押されて9.0 m/sの速さですべりはじめた。氷との間の摩擦は無視できるものとし，A君もB君も同一直線上を運動するものとする。

⑴　A君は衝突後，どちら向きに何m/sの速さで運動したか。
⑵　衝突の際，A君がB君に与えた力積の大きさと向きを求めよ。
⑶　このときの反発係数eの値を求めよ。

次に，A君とB君が手をつないで右向きに6.0 m/sの速さですべってきた。ここで，A君がB君を右向きに突き放すと，B君は12 m/sの速さで右向きにすべっていった。

⑷　突き放したあとのA君の速さを求めよ。
⑸　突き放した際，A君がB君に与えた力積の大きさと向きを求めよ。

18　**〈斜め方向の衝突〉** テスト必出

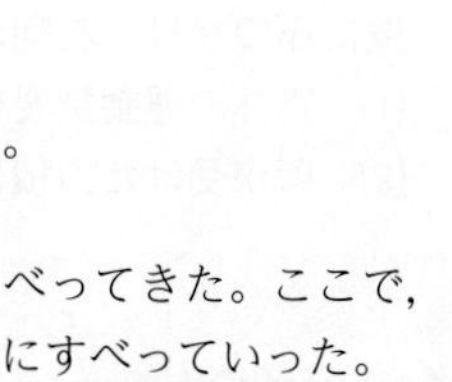

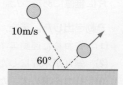

速さ10 m/sで運動していた小球が，なめらかな水平面に対し60°の角度で衝突した。小球と水平面との反発係数を0.50，$\sqrt{7}$を2.65として，衝突後の小球の速さを求めよ。

19 〈一体となる運動〉 テスト必出

なめらかな氷でできた水平面上に，質量Mの長くて平らな板が乗っている。いま，質量mの人が氷上を走ってきて水平速度v_0で板にとび乗った。走ってきた人は板の上を数歩走り，やがて板に対して静止した。

(1) 人が板にとび乗る直前の，人と板の運動量の和を求めよ。

(2) 人と板が一体となって運動しはじめたときの板の速さをvとして，vを求めよ。

20 〈分裂する運動〉

摩擦のある平らな氷面上で静止していた体重50 kgの人が，水平と60°の角をなす斜め上方に1.0 kgの物体を10 m/sの速さで投げた。人はどのくらいの距離を後退して止まるか。ただし，人と氷の動摩擦係数は0.01，重力加速度は$g = 9.8\,\mathrm{m/s^2}$とする。

21 〈ボールと床との衝突〉

質量mのボールが高さHから自由落下して床に衝突した。重力加速度をg，反発係数をeとして，次の各問いに答えよ。

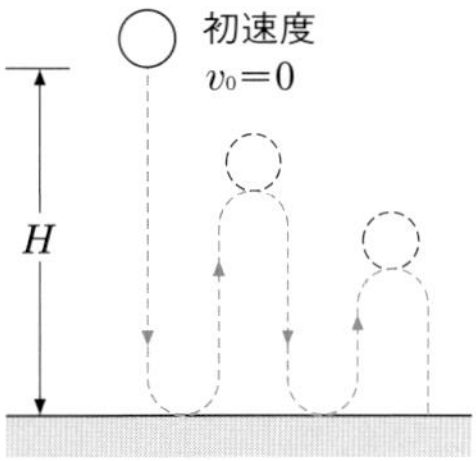

(1) ボールが床に衝突する直前の速さを求めよ。

(2) ボールが床にあたえた力積を求めよ。

(3) 衝突後のボールの上昇する高さをe，Hで表せ。

(4) ボールが再び落下して床と衝突した。2回目の衝突によって，ボールはどれだけの高さまで上昇するか。

22 〈ボールとバットとの衝突〉

速度30 m/sで飛んできたボールをバットで打ったところ，逆向きに −20 m/sの速度で飛んでいった。バットの打撃前の速度は −20 m/s，打撃後の速度を5 m/sとするとき，ボールとバットの反発係数を求めよ。

23 〈壁の間の2球の衝突〉

右図のように，固定された鉛直の壁にはさまれたなめらかな水平面上に，質量$3m$の球Bが静止している。これに，質量mの球Aが右向きにvの速度で正面衝突する。このあと，どちらも壁にあたってはね返り，2回目の衝突をする。2回目の衝突直後の速度はそれぞれいくらか。ただし，球と球，球と壁との衝突はいずれも弾性衝突であるものとする。

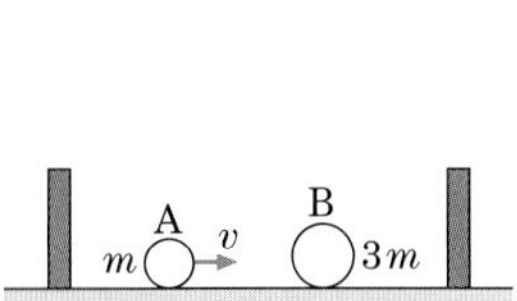

• CHAPTER

4 » 円運動と万有引力

SECTION 1 等速円運動

1 | 等速円運動

1 等速円運動の速さ ①重要

❶弧度法(こどほう) 図129のような扇形(おうぎがた)を考える。半径rを大きくしたとき弧の長さLも比例して大きくなるので，**弧の長さLを半径rで割った値**は変化しない。この値は中心角θに比例して決まるので，次式を用いて角度θの大きさを定義したものが弧度法である。

$$\theta = \frac{L}{r} \qquad (1\cdot93)$$

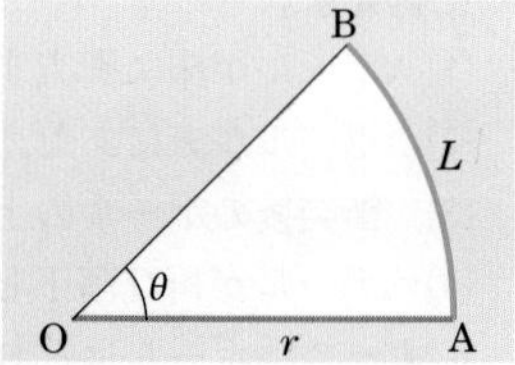

図129 弧度法

このとき，θは長さLを長さrで割った量なので本来単位をもたない**無次元**の量(☞p.13)であるが，ラジアン(**記号rad**)という単位がつけられている。(1･93)式より弧の長さLは，

$$L = r\theta \qquad (1\cdot94)$$

と表せて便利である。以後，角度は弧度法を用いて表すことにする。

補足 半径rの円の円周は$2\pi r$なので，$360° = 2\pi$ rad。

❷角速度 円周にそってまわる物体の運動を円運動という。円の中心から物体に向けて引いた線分が1秒間に回転する角度を角速度という。この線分がΔt〔s〕間に$\Delta\theta$〔rad〕回転するときの角速度ω(オメガ)〔rad/s〕は，次式で与えられる。

$$\omega = \frac{\Delta\theta}{\Delta t}$$

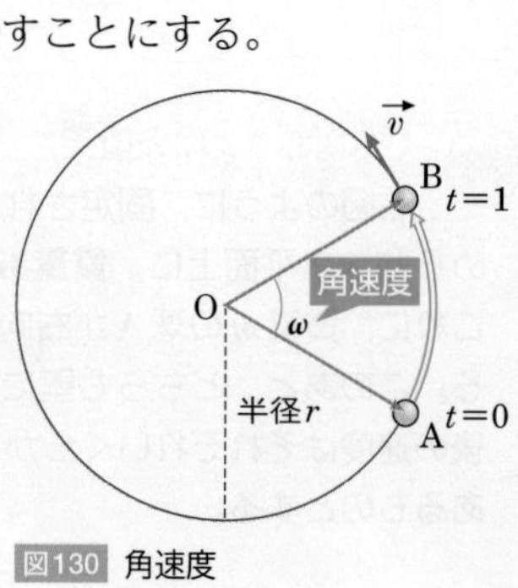

図130 角速度

❸等速円運動　一定の速さでまわる円運動を等速円運動という。等速円運動では，**時間tの間に回転する角度θは，$\theta=\omega t$となる。**また，物体が**円周上を1回転するのに必要な時間T〔s〕**を等速円運動の**周期**といい，半径r〔m〕の円周上を速さv〔m/s〕で等速円運動している物体は，周期T〔s〕の間に円周上を$2\pi r$〔m〕だけ進むので，

$$v=\frac{2\pi r}{T} \quad (1\cdot95)$$

が成りたつ。ここで，物体が半径rの円周上を1回転するときの回転角は2π radであるから，角速度の定義より，

$$\omega=\frac{2\pi}{T} \quad (1\cdot96)$$

が成りたつ。(1･95)と(1･96)からπとTを消去すると，次の関係が得られる。

$$v=r\omega \quad (1\cdot97)$$

POINT!

等速円運動の速さ　$v=r\omega$　$\begin{bmatrix} r〔m〕：半径 \\ \omega〔rad/s〕：角速度 \end{bmatrix}$

❹等速円運動の回転数　物体が1秒間に円周上を回転する回数を回転数という。周期T〔s〕のときの回転数nは，次のように表される。

$$n=\frac{1}{T} \quad (1\cdot98)$$

回転数は振動数(☞p.235)の単位と同じ**ヘルツ**(**記号**Hz)または回/sで表す。

2 等速円運動の加速度と力　①重要

❶加速度の大きさ　等速円運動をしている物体の速さはつねに一定であるが，**速度の向きはたえず変化している。**したがって，この運動には**加速度が生じている。**この加速度の大きさを求めてみよう。

図131のように，半径rの円周上を速さvで等速円運動している物体が，短い時間Δtの間にA点からB点まで進んだとする。A点，B点における物体の速度ベクトルを$\vec{v}$，$\vec{v'}$とすると，このときの速度の変化量$\Delta\vec{v}$は，$\Delta\vec{v}=\vec{v'}-\vec{v}$であり，図131の$\Delta\vec{v}$の矢印で示される。

ここでOAとOBのなす角を$\Delta\theta$とし，$\Delta\theta$は小さい角であるとすれば，$\Delta\vec{v}$の大きさは$\vec{v}$，$\vec{v'}$にはさまれた半径$v(=|\vec{v}|=|\vec{v'}|)$の扇形の弧の長さで近似できるので，$|\Delta\vec{v}|\fallingdotseq v\cdot\Delta\theta$と表せる。

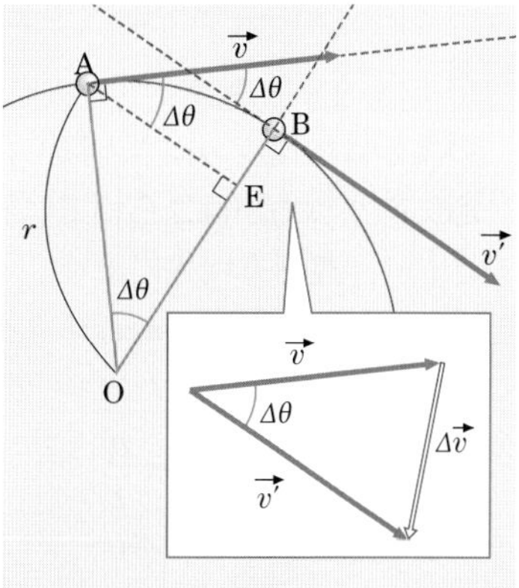

図131　等速円運動の速度変化

加速度は単位時間あたりの速度の変化量であるから，加速度をa〔m/s^2〕とすると，

$$a=\frac{|\Delta\vec{v}|}{\Delta t}=v\cdot\frac{\Delta\theta}{\Delta t}$$

となる。$\dfrac{\Delta\theta}{\Delta t}$は角速度$\omega$に等しいから，上の式は，

$$a=v\omega \qquad (1\cdot99)$$

となる。これが等速円運動の加速度の大きさである。(1･99)に(1･97)を代入すると，

$$a=r\omega^2 \qquad (1\cdot100)$$

または，

$$a=\frac{v^2}{r} \qquad (1\cdot101)$$

となる。

❷加速度の向き　加速度$\vec{a}$の向きは速度変化$\Delta\vec{v}$の向きと同じである。前ページの図131は，わかりやすくするために$\Delta\theta$をかなり大きくしてあるが，実際は，$\Delta\theta$は短い時間Δtの間にまわった角度であるから，小さい角度である。したがって，図131の$\vec{v}$，$\vec{v'}$，$\Delta\vec{v}$が作る二等辺三角形($\vec{v}$と$\vec{v'}$の大きさは等しい)は実際は，ひじょうに細長い三角形であり，$\Delta\theta \fallingdotseq 0$より，$\Delta\vec{v}$は$\vec{v}$と垂直になっているとしてよい。

このことから，**加速度$\vec{a}$の向きは速度$\vec{v}$の向き(円の接線方向)と垂直で，円の中心を向いている**ことになる。このように，等速円運動をしている物体には，円の中心の向きの加速度が生じている。これを向心加速度という。

POINT!

等速円運動をしている物体には，円の中心の向きの加速度(向心加速度)が生じている。

$$a=r\omega^2 \quad , \quad a=\frac{v^2}{r}$$

〔a〔m/s^2〕：加速度　r〔m〕：半径
ω〔rad/s〕：角速度　v〔m/s〕：速度〕

❸向心力　加速度を生じる原因は力である。運動の第2法則(☞p.68)により，力の向きは加速度の向きと同じであるから，等速円運動をしている物体には，**円の中心に向かう力がはたらいている**ことになる。この力を向心力という。向心力の大きさFは，運動方程式により，

$$F=ma=mr\omega^2 \qquad (1\cdot102)$$

または，

$$F=ma=m\frac{v^2}{r} \qquad (1\cdot103)$$

と表される。

補足　向心力というのは，重力，張力などの単独の力ではなく，物体にはたらくすべての力の合力が中心を向く場合の呼び名である。

例題　**向心力**

一定の角速度で回転する水平な円盤がある。この円盤上で中心から40cmの所に小さなナットを置き，円盤の回転数を少しずつ増やしていったところ，ある回転数になったとき，ナットがすべりだした。静止摩擦係数を0.50，重力加速度を$9.8\,\mathrm{m/s^2}$として，このときの回転数を求めよ。

着眼　ナットに作用する水平方向の力は，円盤からナットに作用する摩擦力だけであるから，この摩擦力が向心力になる。

解説　ナットの質量をm，ナットの回転半径をr，円盤の角速度をω，円盤からナットに作用する摩擦力をfとすると，

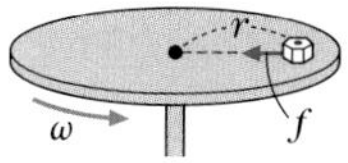

$$mr\omega^2 = f$$

となる。静止摩擦係数をμ，ナットに作用する垂直抗力をNとすると，

$$f \leqq \mu N = \mu mg$$

であるから，ナットがすべりだしたとき，$f = \mu mg$である。よって，

$$mr\omega^2 = \mu mg \quad より，\ \omega = \sqrt{\frac{\mu g}{r}}$$

円盤の回転数をnとすると，(1·96)，(1·98)より，

$$n = \frac{\omega}{2\pi} = \frac{1}{2\pi}\sqrt{\frac{\mu g}{r}} = \frac{1}{2 \times 3.14} \times \sqrt{\frac{0.50 \times 9.8}{0.40}} \fallingdotseq 0.56\,\mathrm{Hz}$$

答 0.56Hz

2　慣性力と遠心力

❶慣性力　止まっている電車が加速しはじめると，つり革（かわ）がいっせいに後ろに向かって傾くのが見られる。その後，電車が等速直線運動をするようになると，つり革は鉛直方向にもどる。駅が近づいて電車が減速するようになると，つり革は前方に傾く。この運動を，つり革のかわりに質量mのおもりをつけた振り子を電車の天井からつり下げたとして考えてみよう。

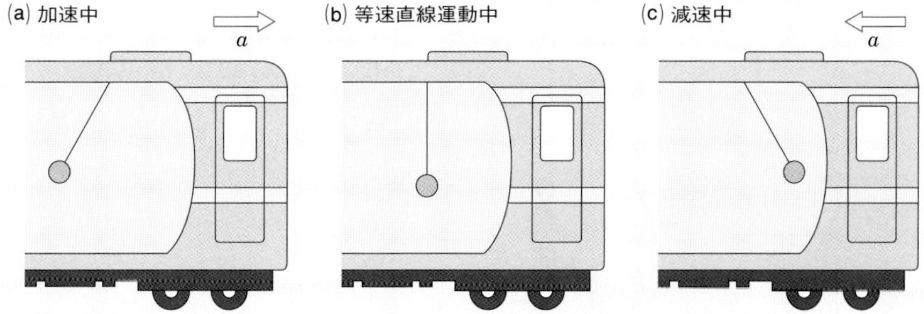

図132　慣性力

電車が静止しているときは，もちろん糸は鉛直になっていて，

糸の張力 T ＝重力 mg

というつり合いの関係にある。

電車が出発して，加速度 a で運動をはじめると，振り子は後ろに傾いたままとなる。**この現象を地面に立って見ている人Aは，図133(a)のように，糸の張力 T と重力 mg の合力が ma に等しくなって，振り子は電車と同じ加速度で運動すると考えるだろう。**

一方，**電車の中にいる人Bから見れば**，振り子は傾いたまま静止しているので，おもりはつり合いの状態にあると考えるのが自然である。しかし，糸の張力 T と重力 mg だけでは，つり合うことはできない。そこで，図133(b)のように，**第3の力 $-ma$（(a)の合力と大きさが等しく向きが反対の力）をつけ加えて，つり合いが成立している**と考える。この $-ma$ のような力を慣性力という。この名前は加速度運動をしている系の中で，**慣性の法則**（合力 $\vec{0}$ のとき物体はそのままの運動を続ける☞ p.67）を成立させるために導入された力という意味をもっている。

注意　慣性力は観測者の運動によって決まる力なので，慣性力には反作用がない。

POINT!

慣性力…加速度 $\vec{a}$ で運動している観測者から見ると，質量 m の物体には，$\vec{a}$ とは逆向きで大きさが ma の力（$-m\vec{a}$）がはたらいている。

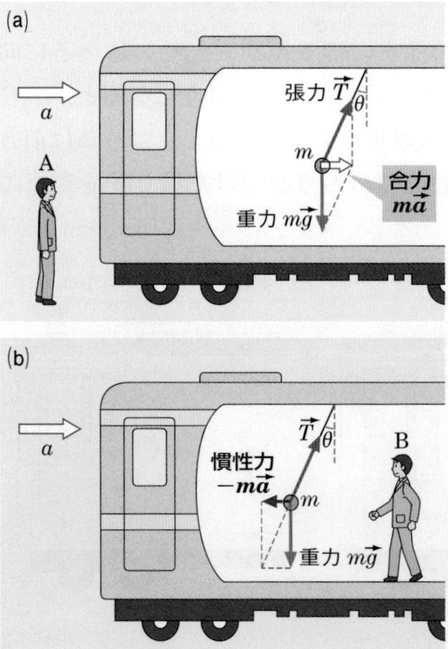

図133　電車の内外にいる人から見た力

視点　(a) 地面に立っている人Aから見ると，**おもりは加速度 $\vec{a}$ の等加速度直線運動**をしている。その原因となる力は，重力 $m\vec{g}$ と糸の張力 $\vec{T}$ との合力 $\vec{F}$ である。ここで，$F = T\sin\theta = mg\tan\theta$ だから，**運動方程式**を立てると，$ma = mg\tan\theta$ となる。

(b) 電車の中にいる人Bから見ると，**おもりは傾いたまま静止している。**Bが $\vec{a}$ で等加速度運動をしているから，おもりには $-m\vec{a}$ の慣性力がはたらく。よって，右向きを正として**水平方向のつり合いの式**を立てると，$0 = mg\tan\theta - ma$ となる。

例題　**慣性力**

右図のように，おもりが電車の天井から糸でつるされている。電車は右向きに正の等加速度直線運動を行っており，糸は電車に対して傾いている。ここで，おもりにつながっている糸を切った。

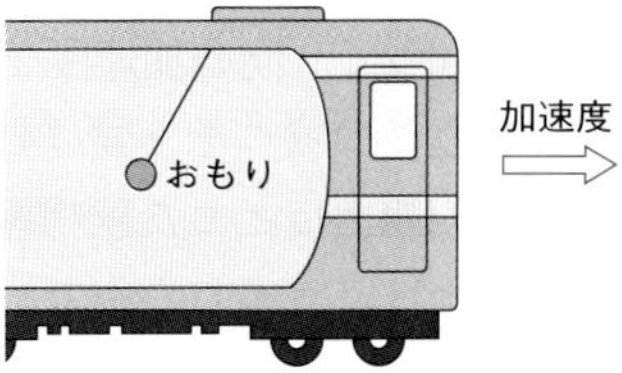

(1)　電車の外にいる人Aから見ると，糸を切った後おもりはどのように運動するか。あとの**ア**～**エ**からもっとも適当な軌道を選べ。

(2)　電車の中にいる人Bから見ると，糸を切った後おもりはどのように運動するか。あとの**ア**～**エ**からもっとも適当な軌道を選べ。

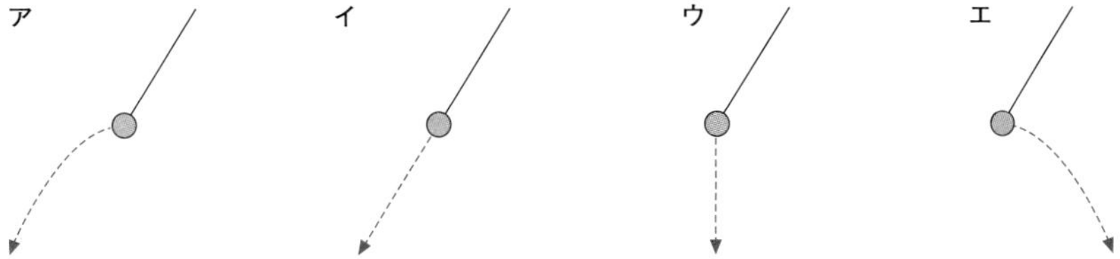

着眼　糸を切ると，糸の張力がなくなる。視点によって初速度が違うことに注意する。

解説　(1)　Aから見ると，糸の張力がなくなり，重力だけが残る。したがって重力だけを受けた運動になるが，糸が切れたときにおもりはAから見て右向きの速度をもっていたので，水平投射の放物運動をすることになる。

(2)　Bから見ると，糸の張力はなくなるが重力と慣性力は残る。重力と加速度の合力の向きに等加速度直線運動することになるので，糸と反対向きに直線運動する。

答 (1)エ　(2)イ

❷遠心力　自動車が曲がるとき，中に乗っている人はカーブの外側のほうに押しつけられ，まるで外部から何かの力で引っ張られているように感じる。観測者が加速度$\vec{a}$で運動をすると，質量mの物体には$-m\vec{a}$の慣性力がはたらくのであった。このときの慣性力を遠心力という。この慣性力の向きは，円の中心に向かう向心加速度$\vec{a}$と反対向きになり，**円の中心から外側に向かう。速さvで半径rの円周上を等速円運動する質量mの物体にはたらく遠心力の大きさは向心力の大きさに等しく，**

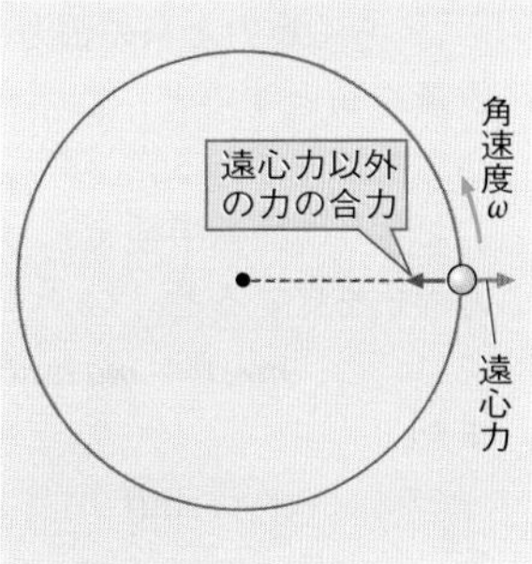

図134　遠心力

$$F = mr\omega^2 \quad , \quad F = m\frac{v^2}{r}$$

❸遠心力と向心力の関係

等速円運動をしている物体を静止座標系から見ると，物体にはたらく力の合力が向心力となって，向心加速度を生じていて，運動の向きがたえず変わる。

いっぽうこの物体を，物体と同じ角速度で**等速円運動する座標系(たとえば物体をのせた円盤上にとった座標系)から見ると，物体は静止していて，慣性力である遠心力とそれ以外の力の合力とがつり合っている。**

静止座標系から見た物体にはたらく合力が向心力となるが，等速円運動をする座標系から見た場合は，向心力と逆向きで同じ大きさの遠心力(慣性力)が発生しているように見える。

POINT!

遠心力：円の中心と反対向きにはたらく慣性力

$$F = mr\omega^2$$

$$F = m\frac{v^2}{r}$$

F〔N〕：遠心力　m〔kg〕：物体の質量
r〔m〕：運動の半径　ω〔rad/s〕：角速度
v〔m/s〕：速さ

例題　**円すい振り子**

長さlの糸におもりをつけて振り子をつくる。糸を鉛直方向と角θをなすように傾けて，ある大きさの初速度を与えると，おもりは水平面内で等速円運動をし，糸と鉛直線とのなす角はθのままであった。おもりの角速度はいくらか。ただし，重力加速度の大きさをgとする。

着眼　おもりにはたらく力は重力と糸の張力で，この2力の合力が向心力になっている。

解説　おもりは水平面内で等速円運動をしているので，おもりにはたらく重力と糸の張力の合力は水平方向を向いている。おもりの質量をmとすると，この合力の大きさは$mg\tan\theta$で，この合力が向心力になっている。

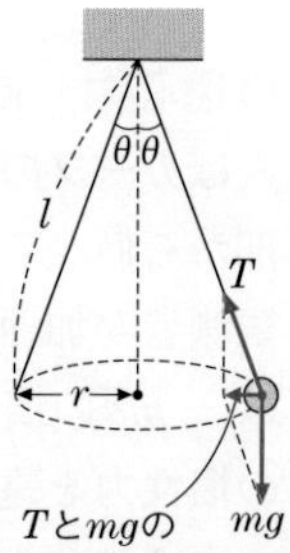

おもりの回転半径をr，角速度をωとして，おもりについての運動方程式を立てると，

$$mr\omega^2 = mg\tan\theta \quad \cdots\cdots①$$

また，

$$r = l\sin\theta \quad \cdots\cdots②$$

①，②より，

$$\omega^2 = \frac{g\tan\theta}{r} = \frac{g\tan\theta}{l\sin\theta} = \frac{g}{l\cos\theta} \qquad よって，\quad \omega = \sqrt{\frac{g}{l\cos\theta}}$$

答 $\sqrt{\dfrac{g}{l\cos\theta}}$

例題　**カーブを走っている電車にはたらく遠心力**

電車の軌道は，カーブのところで外側を少し高くして，図のように傾斜をつけてある。

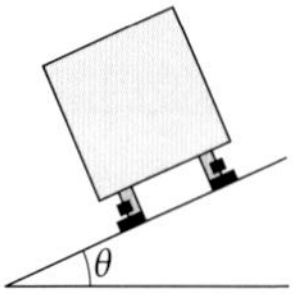

(1)　この理由を遠心力で説明せよ。

(2)　曲率半径500mのカーブを最大時速72kmで走るためには，傾斜角θをいくらにすればよいか。
重力加速度$g=9.8\,\mathrm{m/s^2}$として，$\tan\theta$の値を答えよ。

(3)　(2)のとき，車内にいる質量60kgの人の受ける遠心力の大きさを求めよ。

着眼　電車の質量をMとして，重心にはたらく垂直抗力N，重力Mg，遠心力Fのつり合いを考える。

解説　(1)　電車の中に観測者がいるとして問題を考えよう。

電車の質量をMとすれば，電車に作用する力は，遠心力を含めてつり合っているから，右図のようにつり合いの図をかくことができる。

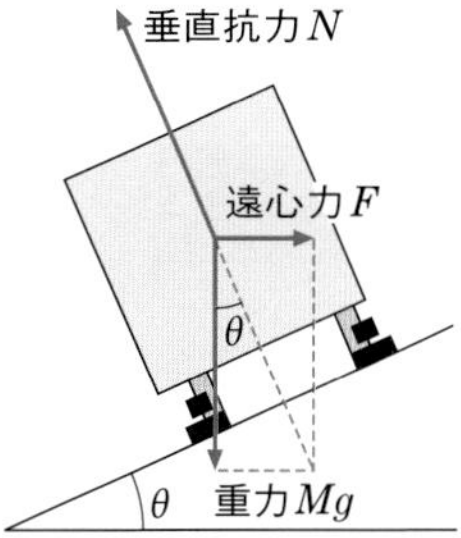

電車には，重力Mg，遠心力$F=M\dfrac{v^2}{r}$，垂直抗力Nが，それぞれ右図のようにはたらいて，つり合っている。つまり，レール面に傾斜をつけることによって，垂直抗力の向きを斜めにし，重力と垂直抗力との合力が遠心力とつり合うようにしたのである。

もし，レール面に傾斜をつけなければ，垂直抗力と重力とはつり合うが，遠心力とつり合う力がないので，電車は遠心力を受け，車輪が浮いて危険である。

(2)　右図から，$\tan\theta=\dfrac{F}{Mg}=\dfrac{M\dfrac{v^2}{r}}{Mg}=\dfrac{v^2}{rg}$

これに

$$\begin{cases} r=500\,\mathrm{m} \\ v=72\,\mathrm{km/h}=72\,\mathrm{km/h}\times\dfrac{1000\,\mathrm{m/km}}{3600\,\mathrm{s/h}}=20\,\mathrm{m/s} \\ g=9.8\,\mathrm{m/s^2} \end{cases}$$

を代入すると，

$$\tan\theta=\frac{20^2}{500\times9.8}\fallingdotseq0.082$$

なお，このとき$\theta\fallingdotseq4.7°$である。

(3)　人が受ける遠心力F'は，遠心力の式に各値を代入して，

$$F'=m\frac{v^2}{r}=60\times\frac{20^2}{500}=48\,\mathrm{N}$$

答 (1)重力と垂直抗力との合力が遠心力とつり合うようにするため。
(2)0.082　(3)48N

このSECTIONのまとめ　等速円運動

□ 等速円運動 ☞ p.142	・**弧度法**…扇形の弧の長さLを半径rで割った値が，そのときの中心角の大きさになるように定義した角度の表し方。 $\theta〔\mathrm{rad}〕=\frac{L}{r}$ ・**角速度**…動径ベクトルが1秒間に回転する角度。 $\omega=\frac{\Delta\theta}{\Delta t}$ ・**等速円運動の速さ**…$v=r\omega$（rは回転半径） ・**等速円運動の加速度**…円の中心を向く。 $a=r\omega^2$ $a=\frac{v^2}{r}$ ・**向心力**…等速円運動をする物体にはたらく力の合力は，円の中心を向く。 $F=mr\omega^2$ $F=m\frac{v^2}{r}$
□ 慣性力と遠心力 ☞ p.145	・**慣性力**…加速度運動をしている物体系で観測される力。 ・**遠心力**…等速円運動をしている物体にはたらく慣性力。 ・**遠心力**は**回転の中心から遠ざかる向き**。大きさは向心力と同じ。

SECTION 2 単振動

1 単振動

1 単振動を表す式 ①重要

❶等速円運動と単振動の関係　図135は半径rの円周上を物体Pが速さv_0で等速円運動しているところを示している。この円と同一平面上にとった直線に対して，物体Pからおろした垂線の足P′のことを物体Pの正射影(せいしゃえい)という。正射影P′は，物体Pが円周上を1周する間に，点Oを中心とする距離$2r$の区間を1往復する。この正射影P′と同じような往復運動を単振動という。

❷単振動の変位　図135において，正射影P′が運動する直線をx軸とする。物体Pが点Aから出発して，反時計まわりに等速円運動をはじめると，正射影P′は点Oから右向きに出発する。そこでx軸は右向きを正とする。出発してから時間tだけたったとき，Pの回転角θは，角速度をωとすれば，$\theta=\omega t$であるから，P′の点Oからの変位xは，次のようになる。

$$x=r\sin\theta=r\sin\omega t$$

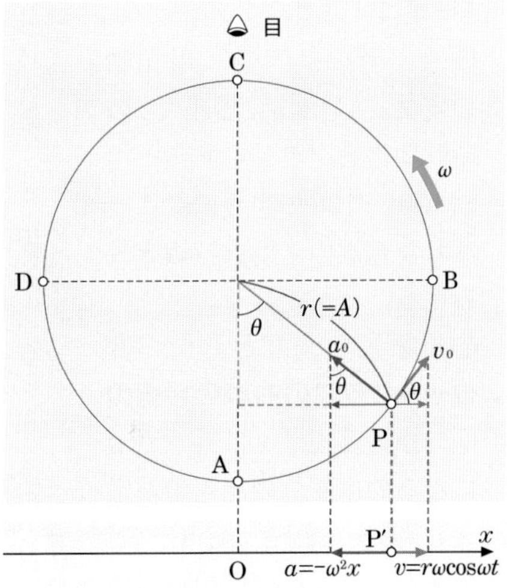

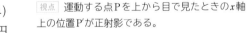

図135　等速円運動と単振動

視点　運動する点Pを上から目で見たときのx軸上の位置P′が正射影である。

❸振幅(しんぷく)と位相(いそう)　変位xの最大値を振幅という。図135の場合の振幅はrであるが，これを以後Aと表すことにする。したがって，単振動の変位の式は，

$$x=A\sin\omega t \qquad (1\cdot104)$$

と書きかえられる。$\theta(=\omega t)$は，等速円運動の場合は回転角といったが，単振動では，これを位相と呼ぶ(☞p.235)。

❹単振動の速度　P′の速度vは，Pの速度$v_0(=r\omega)$のx成分に等しいから，

$$v=v_0\cos\theta=r\omega\cos\omega t=A\omega\cos\omega t \qquad (1\cdot105)$$

である。

❺単振動の加速度　P′の加速度aは，Pの加速度$a_0(=r\omega^2)$のx成分に等しい。また，加速度aは変位と反対向きであるから，次のようになる。

$$a=-a_0\sin\theta=-r\omega^2\sin\omega t=-A\omega^2\sin\omega t=-\omega^2x \qquad (1\cdot106)$$

❻単振動の周期と振動数　単振動の1往復に要する時間 T〔s〕を**周期**といい，1秒間の往復回数 f〔Hz〕を**振動数**という。振動数は等速円運動の回転数に対応したものであるから，(1·96)式，(1·98)式より，

$$T = \frac{2\pi}{\omega} = \frac{1}{f} \qquad (1\cdot107)$$

の関係が成立する。なお，ω は，単振動では**角振動数**と呼ぶ。

POINT!

単振動 { 変位が　$x = A\sin\omega t$（Aは振幅）で表されるとき，
速度　$v = A\omega\cos\omega t$
加速度　$a = -A\omega^2\sin\omega t = -\omega^2 x$ }

2 単振動のグラフ

❶単振動のグラフ　単振動の変位x，速度v，加速度aの時間変化をグラフにすると，**図136～138**のようになる。これから次のような特徴を読みとることができる。

❷単振動の速度と変位　**変位xのグラフの曲線の接線の傾きが速度**を示す。速度が0になるのは変位の絶対値が最大になったとき（A，C，E）である。反対に速度の絶対値が最大になるのは変位が0になったとき（O，B，D）である。

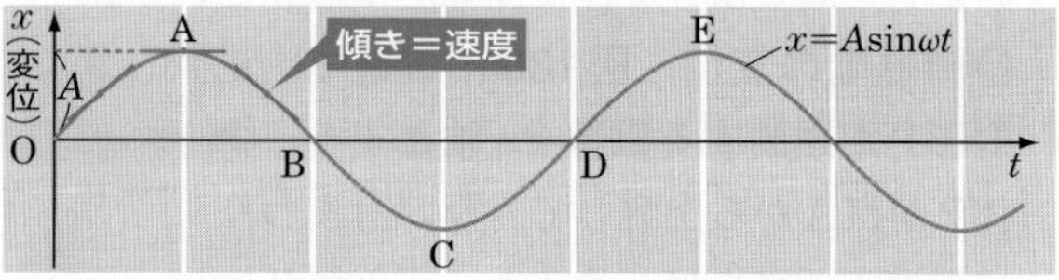

図136　単振動の変位　視点　A，C，Eで速度は0。

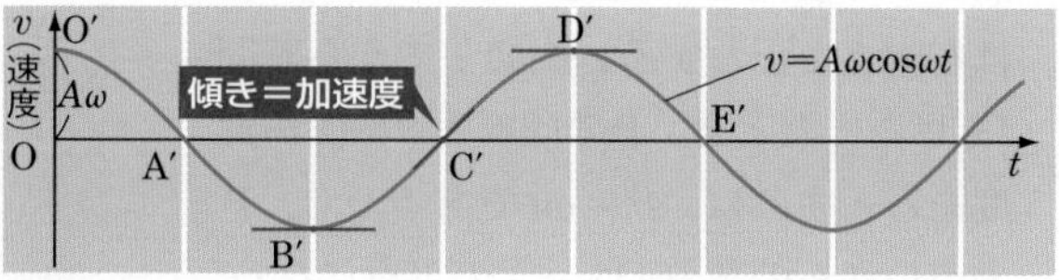

図137　単振動の速度　視点　O′，B′，D′で加速度は0。

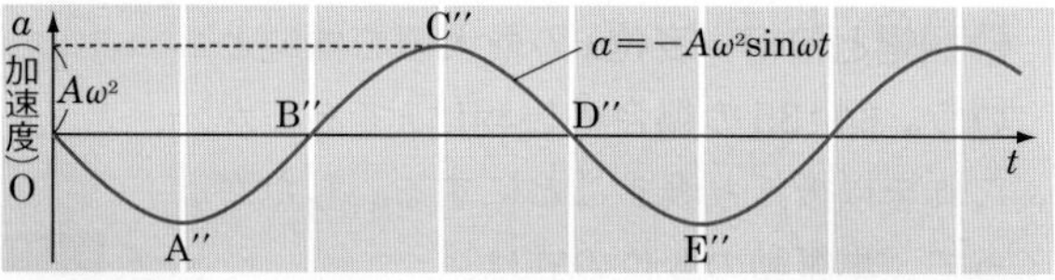

図138　単振動の加速度

❸単振動の加速度と変位の関係　**速度vのグラフの曲線の接線の傾きが加速度**を表すから，加速度が0になるのは変位が0になったとき（O′，B′，D′）である。加速度の絶対値が最大になるのは変位の絶対値が最大になったときである。ただし，$a = -\omega^2 x$ より，変位と加速度のベクトルの向きは反対である。

補足　接線の傾きが負の場合は，それが表す速度や加速度も負である。

POINT!

振動の中心では，変位0，速度最大，加速度0
振動の両端では，変位最大，速度0，加速度最大

3 単振動を引きおこす力

❶**復元力**　質量mの物体が角振動数ωでx軸上を単振動している場合を考える。物体の運動方程式を立てると，$F=ma=-m\omega^2x$である。$m\omega^2>0$をKとおくと，

$$\boldsymbol{F=ma=-Kx} \quad （復元力） \tag{1・108}$$

となる。よって，$x>0$のとき$F<0$となり，$x<0$のとき$F>0$となる。つまりこの力Fは，物体を振動の中心に戻そうとする力となっている。このようなはたらきをする力を復元力という。逆に，(1・108)式のように**変位xの大きさに比例する復元力が物体にはたらくと，その物体は単振動をする。**

❷**単振動の周期**　(1・108)式より，$a=-\dfrac{K}{m}x$と表すことができる。

いっぽう，単振動の加速度aは$a=-\omega^2x$であることから，2つの式を比較すると

$$\omega^2=\frac{K}{m} \tag{1・109}$$

となり，ωから単振動の周期を次のように求めることができる。

$$T=\frac{2\pi}{\omega}=2\pi\sqrt{\frac{m}{K}} \tag{1・110}$$

2 振り子の周期

1 ばね振り子の周期 ①重要

❶**ばね振り子**　ばねにおもりをつるし，少し引っぱってから放すと，おもりが振動する。これをばね振り子という(☞p.120)。このおもりの振動を，フィルムを一定の速度で移動させることのできるカメラ(流しカメラ)を使ってストロボ写真にとると，図139のように，(1・104)式で表される**正弦曲線ができる。このことから，おもりは単振動をしていることがわかる。**

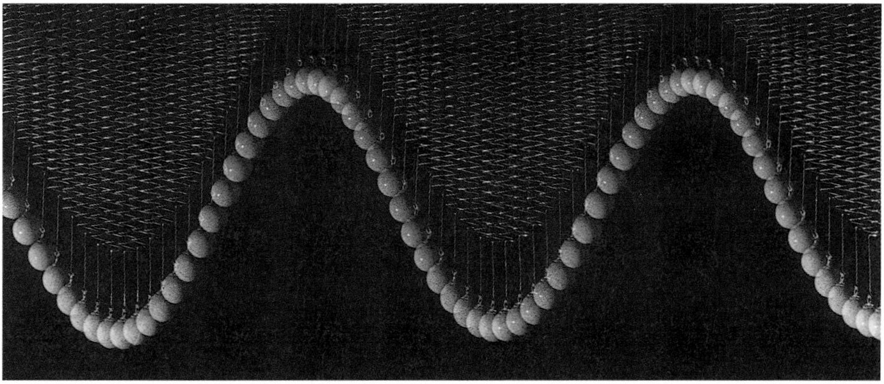

図139　ばね振り子の振動(流しカメラによる撮影)

❷ばね振り子の復元力　図140のように，ばね定数kのばねに質量mのおもりをつるしたとき，ばねがx_0だけ伸びたとする。このとき**フック の法則**(☞p.72)により，

$$mg = kx_0$$

の関係がある。このおもりに下向きの力fを加え，さらにばねをxだけ伸ばしたとすると，

$$f + mg = k(x_0 + x)$$

となる。ここで，力fを取りのぞいて，ばね振り子を振動させる。力fを取りのぞいた直後の合力Fは，鉛直下向きを正とすると，

$$F = mg - k(x_0 + x) = -kx \qquad (1\cdot111)$$

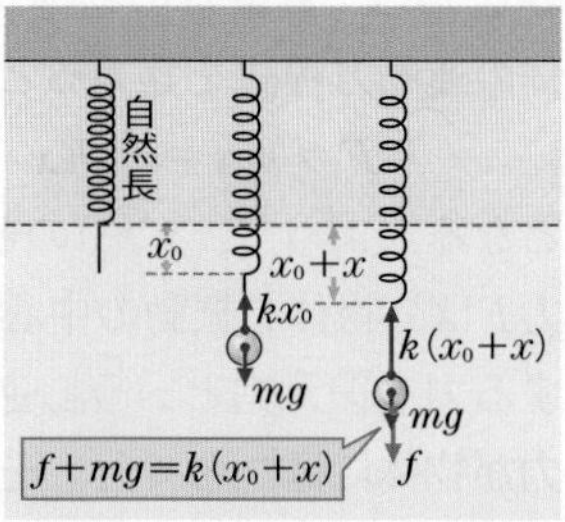

図140　ばねの伸びと力

となるから，Fはおもりの**つり合いの位置からの変位xに比例し，変位の向きと反対向き**になっている。このFがばね振り子の**復元力**を表す。

補足　ばね振り子の周期は，ばね定数kとおもりの質量mによって決まるので，ばねを水平にしても同じである。ばねを水平にしたときは，振動の中心は，ばねが自然長となる位置である。

❸ばね振り子の周期　おもりの運動方程式を立てると，$ma = -kx$より

$$a = -\frac{k}{m}x \qquad (1\cdot112)$$

いっぽう，単振動の加速度aは，(1・106)式$a = -\omega^2 x$である。この2式を比較することにより，

$$\omega^2 = \frac{k}{m} \qquad (1\cdot113)$$

となる。したがって，ばね振り子の周期Tは，

$$T = \frac{2\pi}{\omega} = 2\pi\sqrt{\frac{m}{k}} \qquad (1\cdot114)$$

となる。

POINT!

ばね振り子の周期　$T = 2\pi\sqrt{\dfrac{m}{k}}$　［m〔kg〕：おもりの質量　k〔N/m〕：ばね定数］

例題　ばね振り子の周期

ばねにおもりをつるしたら，ばねは4.9cm伸びてつり合った。この状態から，おもりを上下に振動させたときの周期と振動数はいくらか。
重力加速度$g = 9.8\,\text{m/s}^2$，$\sqrt{2} = 1.41$として求めよ。

着眼　振動数は周期の逆数であるから，周期を(1・114)式を用いて求めればよい。おもりの質量もばね定数も与えられていないが，$\dfrac{m}{k}$の値が得られればよい。

解説　おもりの質量をm，ばね定数をkとすると，つり合ったとき，フックの法則より，

$$mg = k \times 4.9 \times 10^{-2} \qquad \frac{m}{k} = \frac{4.9 \times 10^{-2}}{g} = \frac{4.9 \times 10^{-2}}{9.8} = \frac{1}{2} \times 10^{-2}$$

ばね振り子の周期Tは，(1･114)式により，

$$T = 2\pi\sqrt{\frac{m}{k}} = 2 \times 3.14 \times \sqrt{\frac{1}{2} \times 10^{-2}} = \sqrt{2} \times 3.14 \times 10^{-1} \fallingdotseq 0.44\,\mathrm{s}$$

求める振動数fは，周期の逆数であるから，

$$f = \frac{1}{T} = \frac{\sqrt{2}}{2 \times 3.14 \times 10^{-1}} = \frac{1.41}{0.628} \fallingdotseq 2.2\,\mathrm{Hz}$$

答 周期…0.44秒　振動数…2.2Hz

類題30　自然の長さが10cmのばねに1.0gの物体をつるしたところ，2.0cm伸びた。この物体をさらに下に引っぱってから放したとき，振動の周期はいくらか。ただし，重力加速度を$9.8\,\mathrm{m/s^2}$とし，$\sqrt{10} = 3.16$を用いよ。(解答☞p.525)

2 単振り子の周期　①重要

❶単振り子　おもりを糸につるして左右に振らせるだけの簡単な振り子を単振り子という(☞p.119)。糸の固定点からおもりの重心までの距離を振り子の長さという。

❷単振り子の復元力　質量mのおもりをつるした長さlの単振り子について考える。図141のBのように，糸が鉛直方向と角θをなしているとき，糸の張力Sと重力mgの合力は，おもりの軌道の接線方向を向いており，その大きさは$mg\sin\theta$である。この合力はつねにおもりのつり合いの位置(図141のA)からの変位の向きと反対であるから，復元力としてのはたらきはあるが，その**大きさが変位に比例しない**点で，ばね振り子とはことなる。

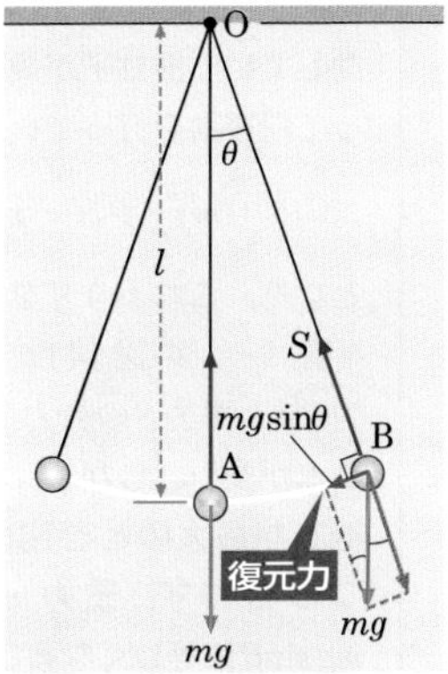

図141　単振り子の復元力

❸振幅が小さい場合　**単振り子の振幅がひじょうに小さければ，おもりの軌道も直線とみなすことができる。**そこで，おもりの軌道をx軸と考えると，おもりの変位xは，θを[rad]で表して，

$$x = l\theta \qquad \cdots\cdots①$$

となる。さらに，θがひじょうに小さいから，$\sin\theta \fallingdotseq \theta$という近似が成りたつ。したがって，おもりにはたらく力の合力は，

$$F = -mg\sin\theta \fallingdotseq -mg\theta \qquad \cdots\cdots②$$

①，②からθを消去すると，

$$F = -\frac{mg}{l}x \qquad (1･115)$$

となり，合力Fは変位xに比例する復元力であるとみなせる。

❹単振り子の周期　おもりの運動方程式を立てると，$ma=-\frac{mg}{l}x$となるので，$a=-\frac{g}{l}x$である。また，単振動の加速度aは，$a=-\omega^2x$である。この2式を比較することにより，$\omega^2=\frac{g}{l}$となる。したがって，単振り子の周期Tは，次のとおり。

$$T=\frac{2\pi}{\omega}=2\pi\sqrt{\frac{l}{g}} \qquad (1\cdot116)$$

POINT!

単振り子の周期（振幅が小さいとき）　$T=2\pi\sqrt{\frac{l}{g}}$　［T〔s〕：周期　l〔m〕：振り子の長さ　g〔m/s^2〕：重力加速度］

＋発展ゼミ　単振り子の張力

●静止している振り子の張力Sはおもりの重力mgとつり合っているので，$S=mg$である。振動している振り子が最下点にきたときの張力をS'とすると，このとき，$S'-mg$が向心力となって円運動を行っているので，$S'>mg$である。運動方程式を立てると，

$$m\frac{v^2}{r}=S'-mg$$

となり，これよりS'を求めることができる。

●前ページの図141における$mg\sin\theta$が，重力mgと張力Sの合力であると勘違いされることが多い。しかし，$v=0$のとき(振り子の振れが最大のとき)以外は，Sと$mg\cos\theta$はつり合わず，重力mgと張力Sの合力が$mg\sin\theta$に等しくなることもない。$mg\sin\theta$は，合力の接線方向の成分である。

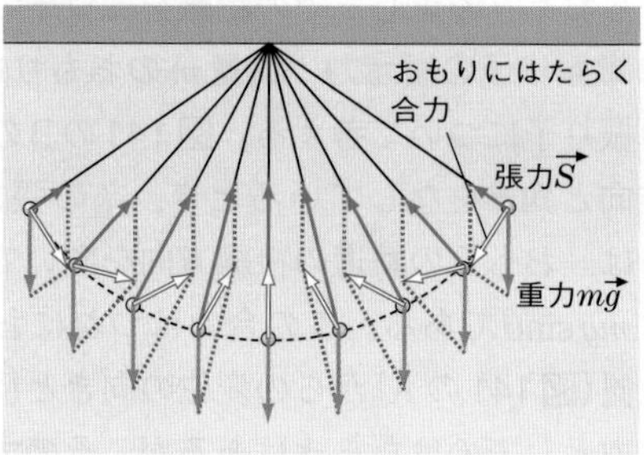

図142　単振り子のおもりにはたらく張力

●張力Sは，おもりの角度によって時々刻々変化する。図142は張力Sと重力mg，およびそれらの合力を表したものである。両端以外では，合力は接線方向でないことがわかる。

例題　くぎにひっかかる単振り子

　長さ130cmの振り子をつくり，糸を点Aに固定する。点Aから鉛直下方50.0cmのところにくぎBを打ち，振り子が右から左に振れるとき，中央鉛直線を過ぎると，糸がくぎBにひっかかるようにしておく。いま，おもりを右へわずかに引いて静かに手を離すと，おもりは振動する。重力加速度を9.80m/s^{2}として，この振動の周期を求めよ。

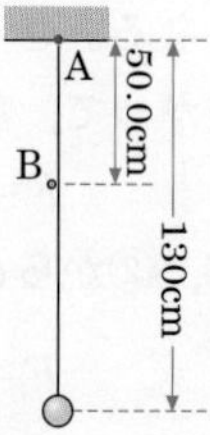

着眼　この振り子は，右半分では長さ130 cmの単振り子となり，左半分では80 cmの単振り子となるから，右と左の周期を別々に求めなければならない。

解説　この振り子が中心から右へ振れて再び中心へ帰るまでの時間t_1は，長さ130 cmの単振り子の周期T_1の半分であるから，

$$t_1=\frac{T_1}{2}=\frac{1}{2}\times 2\pi\sqrt{\frac{l_1}{g}}=3.14\times\sqrt{\frac{1.30}{9.80}}=1.143\cdots\text{ s}$$

この振り子が中心から左へ振れて再び中心へ帰るまでの時間t_2は，長さ$130-50=80$ cmの単振り子の周期T_2の半分であるから，

$$t_2=\frac{T_2}{2}=\frac{1}{2}\times 2\pi\sqrt{\frac{l_2}{g}}=3.14\times\sqrt{\frac{0.80}{9.80}}=0.897\cdots\text{ s}$$

求める周期Tは，t_1とt_2の和に等しいから，

$$T=t_1+t_2=1.143+0.897\fallingdotseq 2.04\text{ s}$$

答 2.04秒

3　単振動のエネルギー

1　単振動をする物体の力学的エネルギー

水平面上にあるばね振り子を例にとって考える。ばね定数をk，おもりの質量をmとする。ばねは，はじめAだけ伸ばされていたので，振動の中心Oからの変位がxであるおもりの力学的エネルギーEは，

$$E=\frac{1}{2}kx^2+\frac{1}{2}mv^2\left(=\frac{1}{2}kA^2\right)\qquad(1\cdot117)$$

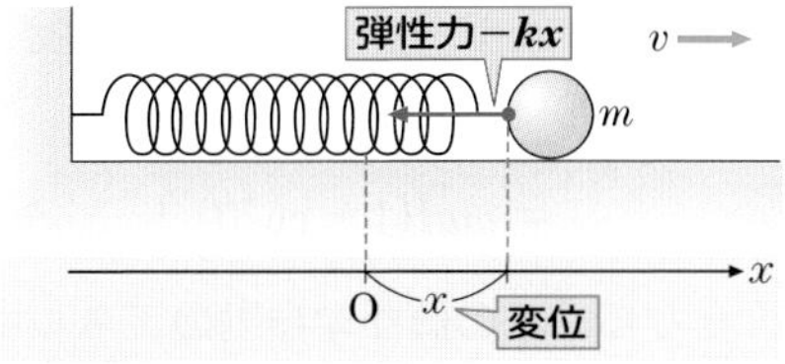

図143　単振動のエネルギー

となる。ただし，vはおもりの速さである。この力学的エネルギーのことを単振動のエネルギーという。

発展ゼミ　単振動のエネルギー

●(1・117)式に，(1・104)式$x=A\sin\omega t$，(1・105)式$v=A\omega\cos\omega t$，(1・113)式より得られる$k=m\omega^2$をそれぞれ代入して整理すると，

$$E=\frac{1}{2}kx^2+\frac{1}{2}mv^2$$
$$=\frac{1}{2}m\omega^2(A\sin\omega t)^2+\frac{1}{2}m(A\omega\cos\omega t)^2$$
$$=\frac{1}{2}mA^2\omega^2\qquad\cdots\cdots①$$

となる。

●ここで，角振動数ωと振動数fには，

$$2\pi f=\omega$$

という関係があるので，①式に代入して

$$\boldsymbol{E=2\pi^2mA^2f^2}\qquad\cdots\cdots②$$

となる。

●②式より，単振動のエネルギーEは，**振幅Aの2乗と振動数fの2乗に比例すること**がわかる。また，**位相によって変化することはなく，保存すること**もわかる。

2 つるしたばね振り子の単振動のエネルギー

ばね定数kのばね振り子に質量mのおもりをつるすと，ばねがx_1だけ伸びたところでつり合った。さらにおもりをAだけ下げて単振動させたときの力学的エネルギーEは，ばねが自然長にある位置を位置エネルギーの基準点として，

$$E = -mg(x_1 + A) + \frac{1}{2}k(x_1 + A)^2$$

$$= -mgx + \frac{1}{2}kx^2 + \frac{1}{2}mv^2 \quad (1\cdot118)$$

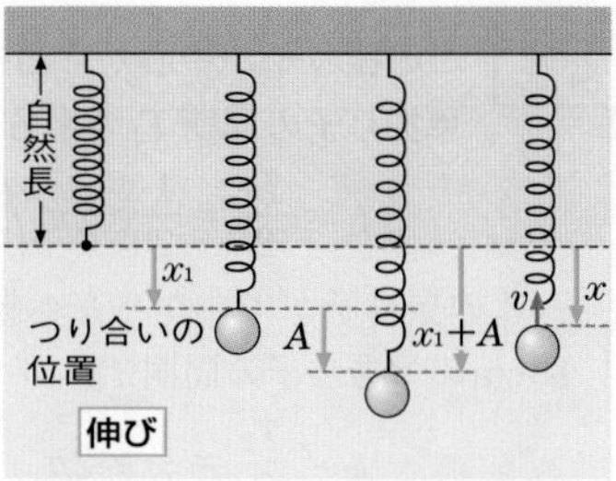

図144 鉛直なばね振り子のエネルギー

となる。**この値が単振動のエネルギーである。**このとき，$x_1 = \dfrac{mg}{k}$ である。

3 単振り子の単振動のエネルギー

右図のような長さl，質量mの単振り子の力学的エネルギーEは，最高点の高さをhとすると，

$$E = mgh$$

$$= mgl(1 - \cos\theta) + \frac{1}{2}mv^2 = \frac{1}{2}mv_0^2$$

となる。**この値が単振動のエネルギーである。**

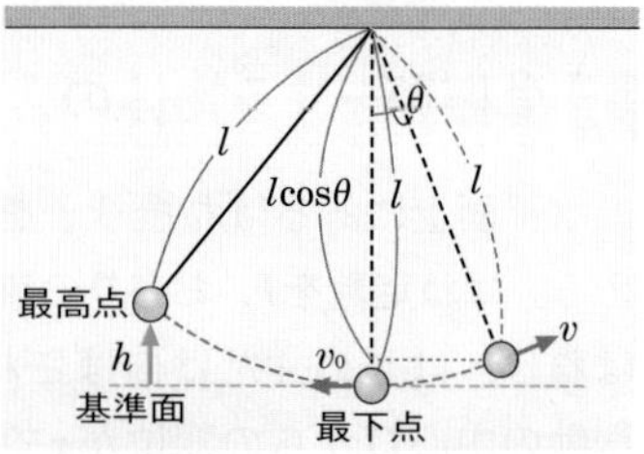

図145 単振り子のエネルギー

このSECTIONのまとめ 単振動

□単振動 ☞p.151	・**単振動の変位が** $x = A\sin\omega t$ (Aは振幅)のとき， **単振動の速度** $v = A\omega\cos\omega t$ **単振動の加速度** $a = -A\omega^2\sin\omega t = -\omega^2 x$ ・**復元力** $F = -m\omega^2 x = -Kx$ **周期** $T = 2\pi\sqrt{\dfrac{m}{K}}$
□振り子の周期 ☞p.153	・**ばね振り子の周期** $T = 2\pi\sqrt{\dfrac{m}{k}}$ (kはばね定数) ・**単振り子の周期** $T = 2\pi\sqrt{\dfrac{l}{g}}$
□単振動のエネルギー ☞p.157	・**単振動のエネルギー**…弾性力および重力による位置エネルギーと運動エネルギーの総和で，一定に保たれる。

SECTION 3 万有引力

1 万有引力の法則

1 ケプラーの法則

ドイツの天文学者ケプラーは，惑星の運動に関する3つの法則を発見した。

❶ケプラーの第1法則 惑星は太陽を1つの焦点とする**楕円軌道**上を運動する。

補足 太陽系の惑星の軌道はいずれも円にひじょうに近い楕円である。

❷ケプラーの第2法則 惑星と太陽とを結ぶ線分が単位時間に描く面積(**面積速度**)は，それぞれの惑星について一定である。**面積速度一定の法則**とも呼ばれる。

図146はある惑星の軌道を示す。惑星のA点での速さがv_1で，単位時間にB点まで進む。v_1とFAのなす角をθ_1，FA＝r_1とすると，面積速度S_1は，

$$S_1 = \frac{1}{2}r_1v_1\sin\theta_1$$

となる。次に，惑星がC点にあるときの速さがv_2で，単位時間にD点まで進む。S_2は次のようになる。

$$S_2 = \frac{1}{2}r_2v_2\sin\theta_2$$

面積速度一定より，次の関係が成りたつ。

$$\boldsymbol{r_1v_1\sin\theta_1 = r_2v_2\sin\theta_2} \quad (1\cdot119)$$

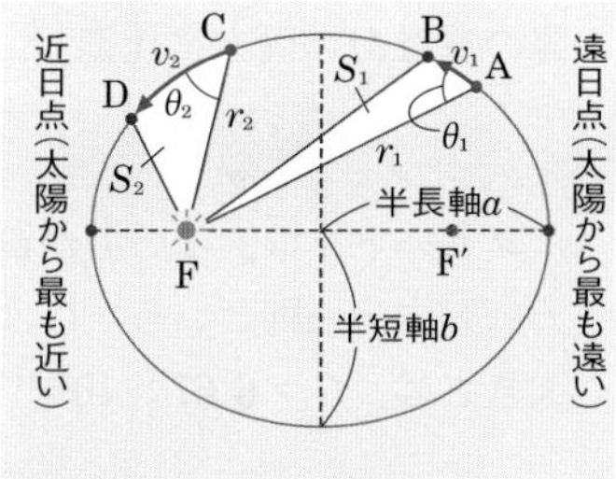

図146 惑星の速度と面積速度

視点 $S_1 = S_2$となる。楕円の2つの焦点を通る径を長軸，長軸と垂直な径を短軸という。

特に，Aが遠日点，Cが近日点になった場合，$\theta_1 = \theta_2 = \frac{\pi}{2}$ (＝90°)となるので，

$$r_1v_1 = r_2v_2$$

❸ケプラーの第3法則 惑星の**公転周期Tの2乗は，楕円軌道の半長軸aの3乗に比例する。**すなわち，下の式のkの値はすべての惑星について同じ値である。

$$T^2 = ka^3 \quad \text{または，} \quad \frac{T^2}{a^3} = k \quad (1\cdot120)$$

2 万有引力の法則

❶惑星にはたらく向心力 イギリスの物理学者ニュートンは，惑星を回転運動させている力は，太陽が惑星に及ぼしているものと考え，さらにこの力は，地球上の物体が受ける重力と同じ種類の力であると考えた。

この力を万有引力という。

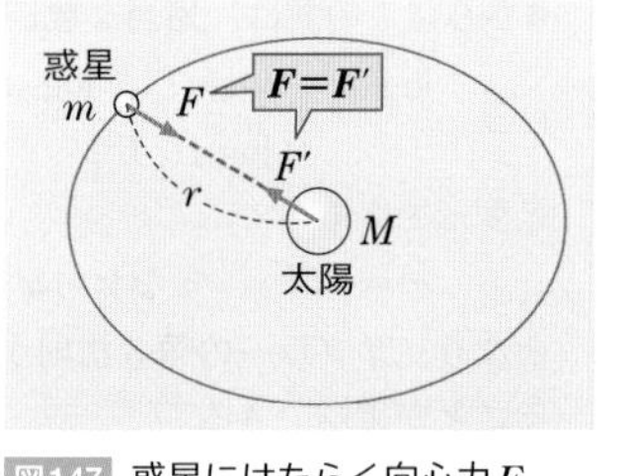

図147 惑星にはたらく向心力F

視点 FとF'は作用・反作用の力。

惑星の軌道は円に近い楕円なので，近似的に等速円運動であると考えよう。惑星の公転運動の速さをv，公転周期をT，軌道半径をr，惑星の質量をmとすれば，

$$\begin{cases} \text{円運動の速さ} \quad \boldsymbol{v} = \dfrac{2\pi \boldsymbol{r}}{\boldsymbol{T}} \\ \text{ケプラーの第3法則} \quad \boldsymbol{T}^2 = \boldsymbol{kr}^3 \\ \text{惑星にはたらく向心力} \quad \boldsymbol{F} = \dfrac{\boldsymbol{mv}^2}{\boldsymbol{r}} \end{cases}$$

となる。この3式からTとvを消去すると，$F = \dfrac{4\pi^2}{k} \cdot \dfrac{m}{r^2}$ となり，**惑星と太陽の間には，惑星の質量mに比例し，惑星と太陽との距離rの2乗に反比例する力がはたらく**ことがわかる。

❷万有引力の法則　惑星が太陽に及ぼす力をF'とすると，F'は太陽の質量Mに比例する。FとF'の力の大きさは同じであるから，Fの大きさは，惑星の質量mと太陽の質量Mの両方に比例し，惑星と太陽との距離rの2乗に反比例する。

$$F = G\frac{mM}{r^2} \tag{1・121}$$

ニュートンは，この力が質量をもつすべての物体間にはたらくと考えた。これを万有引力の法則という。Gは物体によらない定数で，万有引力定数と呼ばれ，その大きさは，$G = 6.67 \times 10^{-11}\,\mathrm{N \cdot m^2/kg^2}$である。

発展ゼミ　ケプラーの第3法則

●太陽系の惑星のデータからケプラーの第3法則を確かめる。普通のグラフ用紙の縦軸を半長軸aの3乗(a^3)に，横軸を周期Tの2乗(T^2)にしてグラフをかくと直線上に並ぶはずだが，水星から火星までが原点付近に集まってしまい，読みとれない。

●**そこで両軸の常用対数(☞p.507)をとり，縦軸に$\log_{10} a$を，横軸に$\log_{10} T$をとってプロットする。**すると，図148のようにすべての惑星が一直線上に並ぶ。

●このグラフの傾きは$\dfrac{2}{3}$なので，切片bを使って，$\log_{10} \boldsymbol{a} = \dfrac{2}{3}\log_{10} \boldsymbol{T} + \boldsymbol{b}$と表せる。

●さらにこの式は，適当な数cを選んで，

$$\log_{10} a^3 = \log_{10} T^2 + \log_{10} c$$
$$= \log_{10}(cT^2)$$

と変形できるので，

$a^3 = cT^2$　　すなわち$\boldsymbol{a}^3 \propto \boldsymbol{T}^2$[★1]

となり，ケプラーの第3法則が成りたっていることが確認できる。

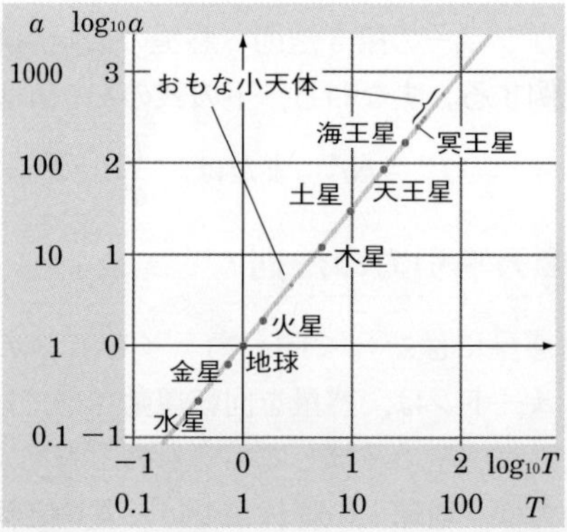

図148　a-T対数グラフ(地球を1とする)

★1 ∝は，比例することを表す記号である。

❸万有引力による位置エネルギー　万有引力は保存力(☞ p.117)の1つであり，**万有引力による運動では，力学的エネルギー保存の法則が成りたつ。**図149のグラフは，地球の中心と質量mの物体との距離と，万有引力の大きさの関係を表したものである。このとき，物体を地球からrの点から無限遠の点まで万有引力に逆らって運ぶ仕事Wは緑色の部分の面積で表され，$W=G\dfrac{mM}{r}$となる。**無限遠を位置エネルギーの基準点にとり，**無限遠での位置エネルギーを0とすると，**万有引力による位置エネルギー**は次のようになる。

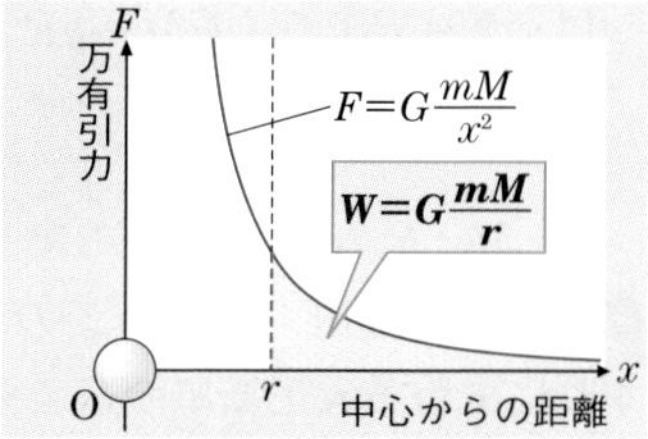

図149　万有引力に逆らう仕事

$$U=-W=-G\frac{mM}{r} \qquad (1\cdot122)$$

3 重力

地上の物体が地球から受ける引力は，地球各部が及ぼす万有引力の合力で，**これは地球の全質量が中心にあるとしたときの万有引力に等しい**ことがわかっている。この引力と地球の自転による遠心力との合力が重力である。自転による遠心力の大きさは，最大となる赤道上でも万有引力の約300分の1である。重力が万有引力と等しいとすると，

$$mg=G\frac{mM}{R^2} \quad よって，\quad g=\frac{GM}{R^2} \qquad (1\cdot123)$$

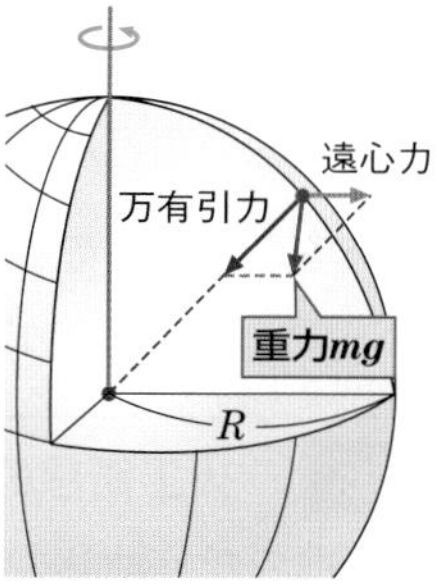

図150　重力

注意　実際の遠心力は極めて小さい。

2｜人工天体の運動

1 人工衛星　①重要

❶人工衛星の速さ　地上からロケットを打ち上げ，地表からの高さhで，ロケットから人工衛星を打ち出して，地球を中心とする円軌道上を運動させる。**人工衛星の円運動の向心力は万有引力である。**人工衛星の質量をm，速さをv，地球の質量をM，半径をRとすれば，この円運動の運動方程式は，

$$m\frac{v^2}{R+h}=G\frac{mM}{(R+h)^2}$$

よって，$v=\sqrt{\dfrac{GM}{R+h}}$　　……①

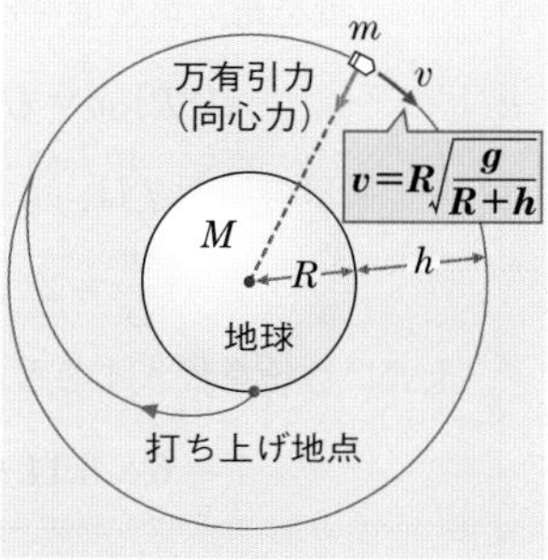

図151　人工衛星の運動

(1·123)式より，$GM=gR^2$となり，これを①式に代入すれば，次式を得る。

$$v=R\sqrt{\frac{g}{R+h}} \quad \cdots\cdots ②$$

G，M，R，gは定数なので，人工衛星の速さvは地表からの高さhできまる。

❷第1宇宙速度　前ページの①式または②式で，$h=0$のとき，つまり，地表すれすれにまわる人工衛星の速さを第1宇宙速度という。この大きさは，

$$v=\sqrt{\frac{GM}{R}}=\sqrt{gR} \quad \cdots\cdots ③$$

と表される。$g=9.8\,\mathrm{m/s^2}$，$R=6.4\times10^6\,\mathrm{m}$を代入して，その値を求めると，

$$v=\sqrt{9.8\times6.4\times10^6}=\mathbf{7.9\times10^3\,m/s\,(=7.9\,km/s)}$$　となる。

❸静止衛星　赤道上の円軌道上を**地球の自転と同じ角速度でまわる**人工衛星を地上から見ると，静止しているように見える。これを静止衛星という。静止衛星の軌道の半径をr，地球自転の角速度をωとして，運動方程式からrを求めると，

$$mr\omega^2=G\frac{mM}{r^2} \qquad よって，\quad r=\sqrt[3]{\frac{GM}{\omega^2}}=\sqrt[3]{\frac{gR^2}{\omega^2}} \quad \cdots\cdots ④$$

地球自転の角速度は，$\omega=\dfrac{2\pi}{T}=\dfrac{2\pi\,\mathrm{rad}}{24\times60\times60\,\mathrm{s}}=7.27\times10^{-5}\,\mathrm{rad/s}$

であるから，この値とg，Rの値を④式に代入して，rの大きさを求めると，

$r=4.2\times10^7\,\mathrm{m}$　　となる。これは**地球の半径の約6.6倍である。**

例題　**人工衛星の周期**

地表から地球の半径の2倍に等しい高さの所で円軌道をえがいて運動している人工衛星の周期を求めよ。ただし，地球の質量を$6.0\times10^{24}\,\mathrm{kg}$，地球の半径を$6.4\times10^6\,\mathrm{m}$，万有引力定数を$6.7\times10^{-11}\,\mathrm{N\cdot m^2/kg^2}$とする。

着眼　人工衛星は地球から作用する万有引力が向心力となって等速円運動をすると考えて，運動方程式を立てる。周期は角速度から求められる。

解説　地球の半径をRとすると，この人工衛星の軌道半径は$3R$である。人工衛星の質量をm，角速度をω，地球の質量をMとして，運動方程式を立てると，

$$m(3R)\omega^2=G\frac{mM}{(3R)^2} \qquad よって，\quad \omega=\sqrt{\frac{GM}{(3R)^3}}$$

人工衛星の周期Tは，

$$T=\frac{2\pi}{\omega}=2\pi\sqrt{\frac{(3R)^3}{GM}}=6\pi R\sqrt{\frac{3R}{GM}}$$

上式に数値を代入すると，

$$T=6\times3.14\times6.4\times10^6\times\sqrt{\frac{3\times6.4\times10^6}{6.7\times10^{-11}\times6.0\times10^{24}}}\fallingdotseq2.6\times10^4\,\mathrm{s}\,(\fallingdotseq7.3\,\mathrm{h})$$

答 2.6×10^4秒［7.3時間］

発展ゼミ　地球から月へのロケットの軌道

●地球からある初速度で打ち上げられたロケットが，**途中でエンジンの噴射をしないで，地球からの万有引力と月からの万有引力だけを受けて飛んでいく。**このとき，飛行の軌跡はどのようになるだろうか。

●ロケットには地球(質量M_e，距離r_e)からの万有引力F_eと，月(質量M_m，距離r_m)からの万有引力F_mがはたらいていて，万有引力の法則より，次の関係が成りたつ。

$$F_e = G\frac{mM_e}{{r_e}^2},\quad F_m = G\frac{mM_m}{{r_m}^2}$$

●**図152**は，地球の位置を原点(0，0)，月の位置を(X_m，0)とし，ロケットが(x，y)にあるとき，ロケットにはたらく力である。

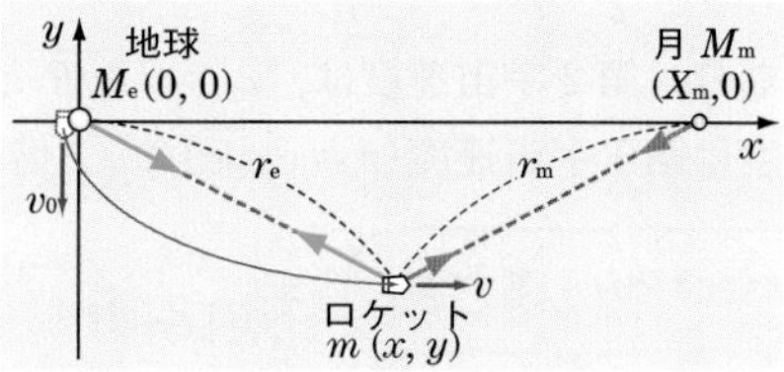

図152　ロケットにはたらく力

●ロケットについての運動方程式を立て，生じる加速度を求める。ここで，短い時間Δtでは等加速度運動と考えてよいので，Δt後の速度と位置が求まる。この計算を表計算ソフトなどで繰り返すことで，軌道を得られる。

●計算してみると，軌道は初速度などの初期条件で大きく変化する。初速度が小さければ月まで到達できず，大きすぎれば地球に帰ることなく遠い宇宙に飛びさってしまう。

●初期条件をうまく設定すると，**図153**のように細長い軌道をえがき，8の字の形で月を回って地球に戻ってくる。

●アメリカの宇宙船アポロ8号～11号や，日本の月探査衛星かぐやなどは，この8の字軌道(自由帰還軌道)で月に向かった。

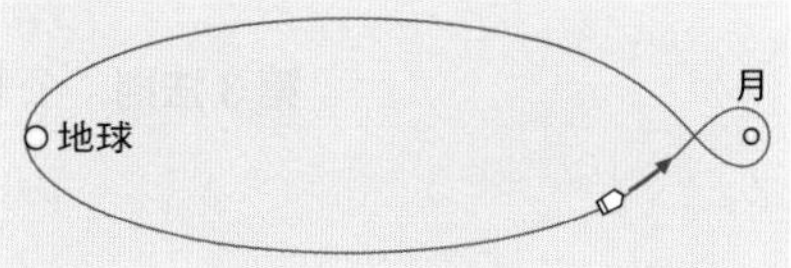

図153　8の字軌道(自由帰還軌道)

2 人工惑星　重要

❶天体の力学的エネルギー　質量Mの大きい天体のまわりを質量m ($m \ll M$)の小さい天体がまわっているとき，その速さをv，2天体間の距離をrとすると，

$$\frac{1}{2}mv^2 - G\frac{mM}{r} = 一定 \qquad (1\cdot124)$$

の関係が成りたつ。上式は，質量mの天体の力学的エネルギー保存の法則を表す。

❷第2宇宙速度　人工衛星が地球の引力圏を脱出し，**人工惑星**となるために，地上で与えなければならない初速度の最小値を第2宇宙速度という。人工惑星となるためには，地球の引力にさからって無限遠の点まで行けるだけの運動エネルギーをもっていなければならない。いま，質量mの人工惑星を地上から初速度v_0で打ち出すとする。人工惑星が地球の中心から距離rの点にきたときの速度をvとすると，力学的エネルギー保存の法則により，次の式が成りたつ。

$$\frac{1}{2}mv_0^2 - G\frac{mM}{R} = \frac{1}{2}mv^2 - G\frac{mM}{r}$$

rが無限大では，$G\frac{mM}{r} = 0$となるから，

$$\frac{1}{2}mv_0^2 - G\frac{mM}{R} = \frac{1}{2}mv^2$$

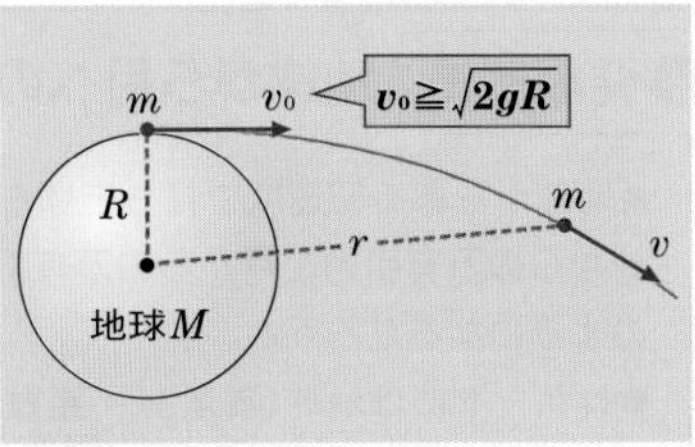

図154　人工惑星

人工惑星となるためには，無限遠点で$v \geqq 0$であればよいから，

$$\frac{1}{2}mv_0^2 - G\frac{mM}{R} \geqq 0 \qquad \text{よって，} \quad v_0 \geqq \sqrt{\frac{2GM}{R}} = \sqrt{2gR}$$

となり，第2宇宙速度は，$v_0 = \sqrt{2gR}$となる。この式からわかるように，第2宇宙速度は第1宇宙速度($v = \sqrt{gR}$)の$\sqrt{2}$倍になっており，約11 km/sである。

このSECTIONのまとめ　万有引力

□ 万有引力の法則

☞ p.159

- **ケプラーの法則**
  第1法則：惑星の軌道は太陽を1つの焦点とする楕円。
  第2法則：動径ベクトルが単位時間にえがく面積は一定。
  $r_1v_1\sin\theta_1 = r_2v_2\sin\theta_2$
  第3法則：公転周期の2乗と太陽からの半長軸の3乗の比は一定。$\frac{T^2}{a^3} = k$
- **万有引力の法則**…すべての物体の間には，質量の積に比例し，距離の2乗に反比例する引力がはたらく。
  $F = G\frac{mM}{r^2}$　　(Gは**万有引力定数**)
- **重力加速度**…地球の半径をR，質量をMとすると，
  $g = \frac{GM}{R^2}$
- **万有引力による位置エネルギー**…無限遠点を基準点とし，
  $U = -G\frac{mM}{r}$

□ 人工天体の運動

☞ p.161

- **人工衛星の運動方程式**…$m\frac{v^2}{R+h} = G\frac{mM}{(R+h)^2}$
- **第1宇宙速度**…地表すれすれにまわる人工衛星の速度。
  $v = \sqrt{gR}$
- **第2宇宙速度**…人工衛星が地球の引力圏を脱出し，人工惑星となるための最小の初速度。$v = \sqrt{2gR}$

CHAPTER 4

練習問題

解答 ☞ p.525

① 〈等速円運動・摩擦力〉 テスト必出

水平面に細い棒OPを置いて，穴のあいた質量mの小さなおもりを通した。点Oを中心にして角度θだけ傾け，棒を点Oを通る鉛直な軸のまわりに角速度ωで回転させたところ，おもりは点Oからの距離lの点Aの位置から動くことはなかった。棒とおもりの間の静止摩擦係数をμ，重力加速度をgとするとき，次の問いに答えよ。

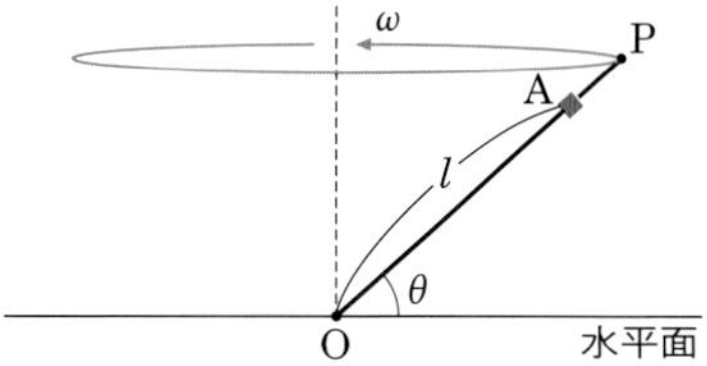

(1) おもりにはたらく遠心力の大きさfを求めよ。

(2) 角速度が$\omega = \omega_0$のとき，おもりには摩擦力がはたらかなくなる。ω_0を求めよ。

(3) おもりが点Aの位置からすべりはじめず，おもりが静止していられる最大の角速度ω_mを求めよ。

② 〈ばね振り子〉 テスト必出

質量2.5kgの物体が，長さ0.60mの直線AB上を，Oを中心として単振動をしている。このとき，中心Oから0.10m離れた点Pを通るとき，物体にはたらく力が1.0Nであった。これについて，空欄にあてはまることばや数値を書け。

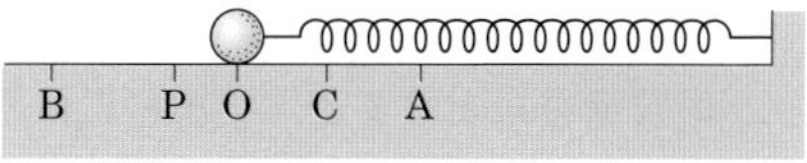

(1) 速さが最大になるのは点① [　　] を通るときで，加速度が最大になるのは点② [　　] を通るときである。

(2) 物体がC点を通るとき，加速度の向きは③ [　　] 向きである。また，この力の向きは④ [　　] 向きである。

(3) 物体がAにあるときの力の大きさは⑤ [　　] Nで，その向きは⑥ [　　] 向きである。

(4) この物体の単振動の周期は⑦ [　　] 秒である。

(5) この物体の速さの最大値は⑧ [　　] m/sである。

(6) この物体の加速度の大きさの最大値は⑨ [　　] m/s^2である。

③ 〈加速度運動する電車内の単振り子〉 テスト必出

長さlの糸の一端に質量mのおもりをつけ，これを電車内の天井からつり下げた。電車が水平方向に一定に加速度aで走っているとき，この単振り子を小さな振幅で振らせる。重力加速度をgとして，この単振動の周期，およびおもりに働くみかけの重力を求めよ。

4 〈円すい振り子〉 テスト必出

図のように長さlの糸に質量mのおもりをつるし，糸の他端を固定して，おもりを糸と鉛直軸とのなす角度がθになるように水平面内で等速円運動させた。ただし，糸の質量や空気の抵抗は無視できるものとし，重力加速度をgとする。

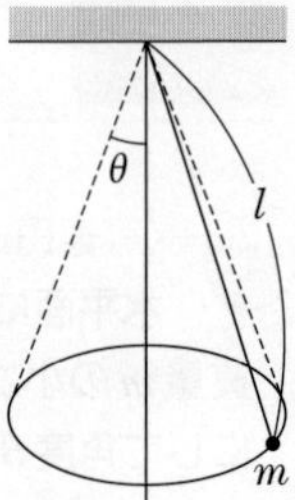

(1) この円すい振り子の角速度ωを求めよ。

この円すい振り子の糸は，円運動前の静止状態において，質量$2m$以上のおもりをつるすと切れることがわかっている。この円すい振り子の角速度をしだいに大きくしていったところ，ある角度になった瞬間に糸が切れた。

(2) 糸が切れたときの角度θの値を求めよ。

(3) 糸が切れた瞬間のおもりの速さはいくらか。

5 〈宇宙船の運動〉

宇宙船がエンジンを切って，質量Mの太陽のまわりを公転周期T，半径Rの等速円運動をしている。万有引力定数をGとして，空欄にあてはまる値を求めよ。ただし，惑星の重力による影響はないものとする。

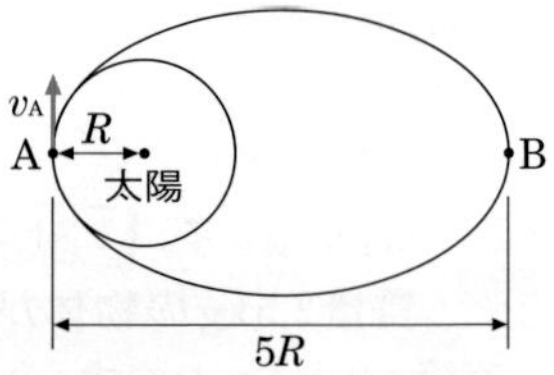

(1) この宇宙船の速さは① ＿＿ である。また，宇宙船の質量をmとすると，宇宙船にはたらく向心力の大きさは② ＿＿ である。

太陽と宇宙船の間の万有引力の大きさは③ ＿＿ である。この万有引力が向心力となるので，関係式$\dfrac{R^3}{T^2}=$④ ＿＿ が成りたつ。したがって，公転周期と軌道半径を測定すると，太陽の質量は$M=$⑤ ＿＿ と求められる。

(2) さて，宇宙船が図の点Aに到達したとき，接線方向に瞬間的にエンジンを噴射させて，その速さをv_Aに増加させたのちエンジンを切った。その結果，宇宙船の軌道は長軸ABの長さが$5R$の楕円軌道となった。

点Aにおける宇宙船の面積速度(宇宙船と太陽を結ぶ線分が単位時間に通過する面積)の大きさは⑥ ＿＿ である。これを図の点Bにおける面積速度の大きさと比べると，v_Aと点Bにおける速さv_Bの比が

$$\frac{v_A}{v_B}=\text{⑦ ＿＿}$$

と求められる。

したがって，力学的エネルギー保存の法則により，

$$v_A=\text{⑧ ＿＿}\times\sqrt{\frac{GM}{R}}$$

となる。

6 〈地球をつきぬける物体の運動〉

地球の万有引力による小物体の運動について考える。地球を半径が $\boldsymbol{r}$，密度が $\boldsymbol{\rho}$ の一様な球とみなし，万有引力定数を G とする。図1のように地球の中心を点Oとしたとき，小物体Aの質量を $\boldsymbol{m}$，地球の中心点Oと小物体Aとの距離を $\boldsymbol{h}$ として，以下の各問いに答えよ。

ただし，地球の質量は小物体Aの質量にくらべてじゅうぶんに大きく，また地球の自転や公転の影響，小物体Aの受ける空気抵抗や摩擦力は無視できるものとする。

図1

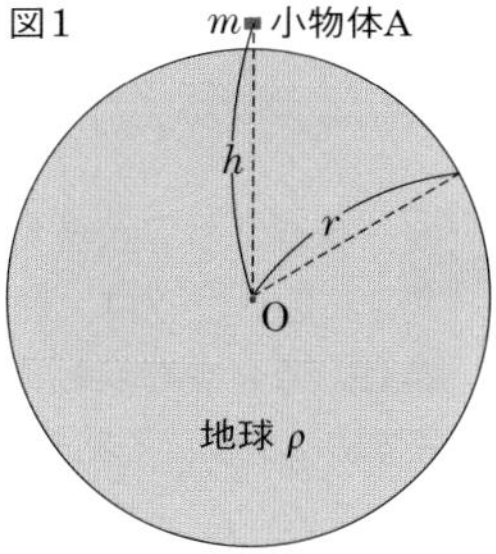

(1)　$h>r$ のとき，小物体Aにはたらく力の大きさを求めよ。

ここで，図2のように，地表の点P，地球の中心点Oを通り，地球をつきぬけて反対側の地表の点Qに至る直線状のトンネルを考える。

図2

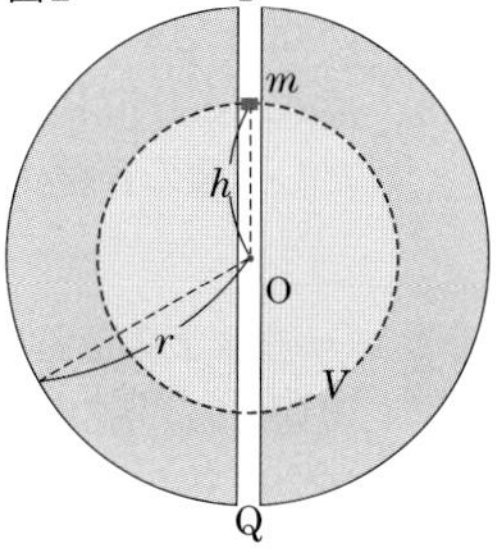

このとき，トンネル中で点Oからの距離が h の位置にある小物体Aが地球から受ける力は，点Oからの距離が h 以内となる部分 V にある質量すべてが点Oに集まったとしたときに，小物体Aが受ける万有引力に等しい。

(2)　$h<r$ のとき，小物体Aにはたらく力の大きさを求めよ。

いま，小物体Aを点Pから静かにはなし，落下させた。

(3)　小物体Aをはなしたあと，はじめて点Pに戻ってくるまでの時間 T を求めよ。

(4)　小物体Aが中心点Oにいるとき，すなわち $h=0$ のときの速さ v_0 を求めよ。

7 〈重力と万有引力〉

次の文中の空欄に，最も適当なことば，数または数式を入れよ。

密度が一様で球形の星がある。この星は，中心を通る一定軸のまわりを周期 T〔s〕で自転している。この軸が星の表面と交わる2つの交点を極とよび，2つの極を結ぶ線分を垂直に2等分する平面と星の表面が交わってつくる円周を赤道とよぶことにする。

さて，1つの極で長さ l〔m〕の振り子の微小振動の周期を測定したところ，t〔s〕が得られた。したがって，この地点での重力加速度 g' は $g'=$ ①［　　］〔$\mathrm{m/s^2}$〕である。また，同じ地点で，地球からもってきたばねはかりを使って物体の重さを測定したところ，1kgの目盛りを指した。地球上の標準重力加速度を g とすると，この物体の真の質量は g，g' を用いて②［　　］kgである。ただし，ばねはかりのばね等の自重は無視する。

次に，この星の赤道上で同じ実験を行ったところ，0.8kgの目盛りを示した。よって，赤道上における重力加速度は③［　　］$\times g'$〔$\mathrm{m/s^2}$〕である。極と赤道において同じ物体の重さが異なる原因は，この星の④［　　］による⑤［　　］力にもとづくものである。この星の質量および半径をそれぞれ M〔kg〕，R〔m〕とし，万有引力定数を G〔$\mathrm{N\cdot m^2/kg^2}$〕とすると，極と赤道における重力加速度の差は R，T を用いて⑥［　　］〔$\mathrm{m/s^2}$〕と書けるし，また，極における重力加速度 g' は，R，M，G を用いて⑦［　　］〔$\mathrm{m/s^2}$〕と書くことができる。

定期テスト予想問題❶

解答 ☞ p.527

時　間60分
合格点70点

得点

1 〈x-tグラフと変位・速度〉物理基礎

右のグラフは，時刻$t=0$sに原点Oから出発して一直線上の道を進む自転車の，時刻t〔s〕と位置x〔m〕の関係を表すx-tグラフである。右向きを正として，各問いに答えよ。

〔各4点…合計12点〕

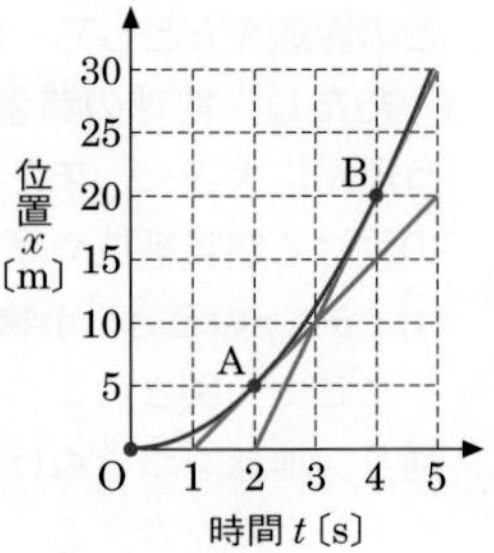

(1)　$t=2$s～4sでの変位は，どの向きにいくらか。

(2)　$t=2$s～4sでの平均の速度はいくらか。

(3)　点A，点Bにおける瞬間の速度はそれぞれいくらか。ただし，図の青線は各点での接線である。

2 〈一直線上の運動の合成速度〉物理基礎

流速5.0m/sの川の中で，静水に対して8.0m/sで進むことのできる船を動かした。これについて，次の各問いに答えよ。

〔各3点…合計6点〕

(1)　上流に向かって船を進めたとき，船の速さは川岸に対して何m/sか。

(2)　下流に向かって船を進めたとき，船の速さは川岸に対して何m/sか。

3 〈加速度運動〉物理基礎

一直線上で，右のv-tグラフのような運動をしている物体がある。時刻$t=0$での位置を原点Oとして，以下の各問いに答えよ。

〔各4点…合計20点〕

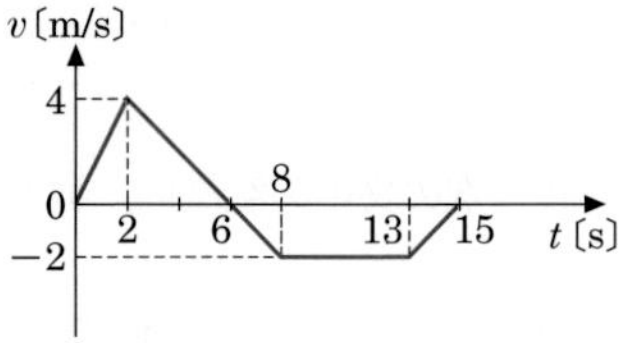

(1)　物体が動きだしたあと，原点Oから最も離れるのは，出発した何秒後か。

(2)　(1)のとき，物体は原点Oから何m離れた点にいるか。

(3)　物体が原点Oに戻ってくるのは，時刻tが何sのときか。

(4)　物体が動きはじめてから最後に停止するまでに動いた道のりは何mか。

(5)　物体が最後に停止したとき，原点Oから何m離れた点にいるか。

4 〈等加速度運動〉物理基礎

x軸上を運動している物体がある。この物体は，時刻$t=0$のときに原点$x=0$を20m/sで右向きに通過し，その後左向きの加速度2.0m/s^{2}で等加速度運動を行った。右向きを正として以下の各問いに答えよ。

〔各4点…合計12点〕

(1)　物体が最も右に達するときの時刻t_1と，そのときの位置x_1を求めよ。

(2)　物体が再び原点を通過するときの時刻t_2と，そのときの速さv_2を求めよ。

(3)　時刻$t_3=25$sにおける速さv_3と，そのときの位置x_3を求めよ。

5 〈斜面上の等加速度運動〉 物理基礎

なめらかな斜面上に物体がある。ここで斜面上に原点Oをとり，斜面に沿って上向きをx軸の正の向きとした。ここで，原点Oを初速度$v_0 = 10.0\,\mathrm{m/s}$でx軸の正の向きに出発した物体がある。物体は等加速度直線運動をして，3.0秒後には負の向きに速さ5.0m/sになった。 〔各4点…合計12点〕

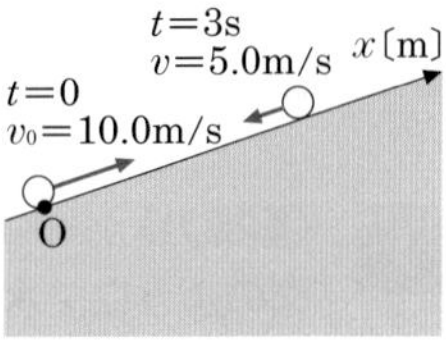

(1) 物体の加速度は，正負どちらの向きにどれだけの大きさか。

(2) 物体が静止するのは，原点Oを出発した何秒後か。

(3) 物体がふたたび原点Oを通過するのは，出発した何秒後か。

6 〈鉛直投射①〉 物理基礎

高さ24.5mのビルの屋上から，小球を19.6m/sの速さで真上に投げ上げた。重力加速度を$9.8\,\mathrm{m/s^2}$として，次の各問いに答えよ。 〔各4点…合計12点〕

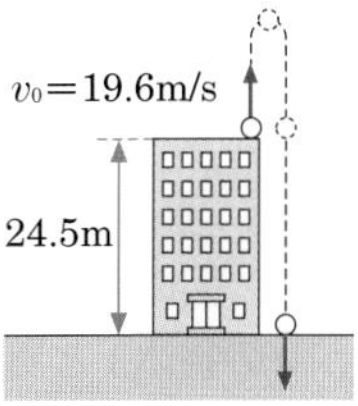

(1) 小球の最高点の高さは，地面から何mか。

(2) 小球を投げ上げたあと，地面に達するまでの時間tを求めよ。

(3) 小球が地面に達するときの速さvを求めよ。

7 〈鉛直投射②〉 物理基礎

小球を鉛直上向きに投げ上げたところ，最高点の高さは10mだった。重力加速度$g = 9.8\,\mathrm{m/s^2}$とする。 〔各4点…合計20点〕

(1) 小球を投げるときの速さは何m/sか。

(2) 小球が最高点に達するときの速さは何m/sか。

(3) 小球が最高点に到達するのは，投げ上げてから何秒後か。

(4) 小球が再び投げたところに戻ってくるときの速さは何m/sか。

(5) 小球が再び投げたところに戻ってくるのは，投げ上げてから何秒後か。

8 〈摩擦力〉 物理基礎

図のように板を用いて水平な床の上に傾きθの斜面をつくる。斜面の静止摩擦係数をμ，動摩擦係数をμ'とする。 〔各3点…合計6点〕

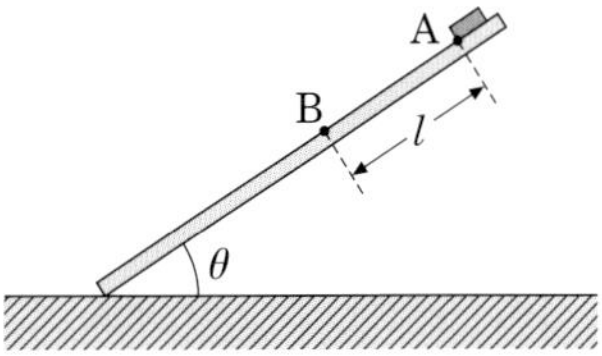

(1) 面の傾きをゆっくりと大きくしていくと，点Aに静止していた物体が角度$\theta = \theta_0$のときすべりだした。静止摩擦係数μをθ_0を含む式で表せ。

(2) 次に，θをθ_0より大きな値に固定して点Aに物体を置いたところ，初速度0ですべりはじめた。点Bでの物体の速さvを求めよ。ただし，重力加速度をg，AB間の距離をlとする。

定期テスト予想問題❷

解答 ☞ p.528

時　間60分
合格点70点
得点

1 〈摩擦力〉物理基礎

図のように，水平面上に置かれている質量1.5kgの物体に斜め上方からF〔N〕の力を加えた。重力加速度を$9.8\,m/s^2$，物体と面との間の静止摩擦係数を0.30として，次の各問いに答えよ。ただし，必要なら$\sqrt{3}=1.73$を用いること。〔各４点…合計16点〕

(1)　$F=10$Nのとき，物体にはたらく垂直抗力はいくらか。

(2)　$F=10$Nのとき，物体にはたらく摩擦力はいくらか。

(3)　加える力Fを何N以上にすると，物体は動きだすか。

(4)　物体が力Fを大きくしても動かないためには，静止摩擦係数の値がどのような範囲にあればよいか。

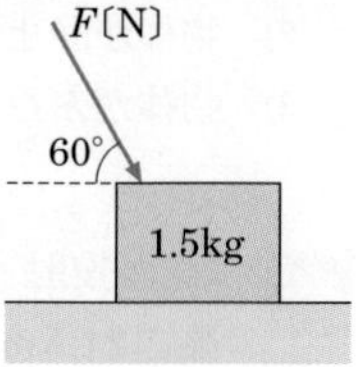

2 〈滑車につないだ物体の運動〉物理基礎

図のように，２つの滑車と伸び縮みしないひもを使い，質量Mの物体１と質量mの物体２をつり下げた。はじめ，物体１，２は動かないように手で支えられている。静かに手を離したところ，物体１，２が運動しはじめた。このときの物体１の加速度をα，物体２の加速度をβとする。ただし，加速度は鉛直下向きを正とする。また，滑車とひもの質量は無視でき，滑車はなめらかに回転するものとする。〔各４点…合計16点〕

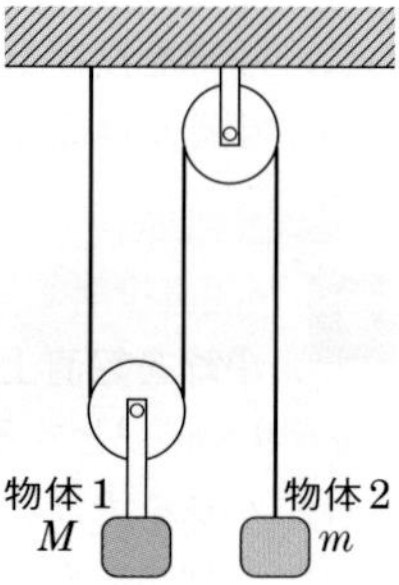

(1)　加速度αとβの間に成りたつ関係式を求めよ。

(2)　ひもの張力をT，重力加速度をgとして，物体１，２の運動方程式をつくれ。ただし，物体１についてはMとα，物体２についてはmとβを使って示すこと。

(3)　ひもの張力TをM，m，gを使って示せ。

(4)　物体１が上昇するときのM，mの関係を求めよ。

3 〈連結した物体の運動〉物理基礎

図のようにして，質量2.0kgの木片を1.5kgのおもりで引いた。木片と机の面の間の動摩擦係数を0.25，重力加速度を$10\,m/s^2$として，次の問いに答えよ。〔各４点…合計12点〕

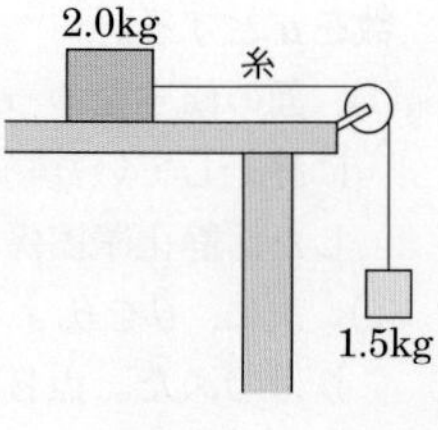

(1)　木片の加速度をa〔m/s^2〕，糸の張力をT〔N〕，木片と机との間の抗力をN〔N〕として，木片とおもりについての運動方程式をそれぞれつくれ。ただし，木片は水平方向と鉛直方向それぞれについて考えること。

(2) aとTを求めよ。

(3) 動いている木片の上に静かに荷物をのせて，木片が一定の速さで運動するようにしたい。荷物の質量はいくらにすればよいか。ただし，荷物と木片は一体となって動くものとする。

4 〈摩擦力と仕事〉 物理基礎

図のように，傾き30°の摩擦のある斜面を質量5.0kgの物体が10mすべりおりた。斜面と物体の間の動摩擦係数を0.10，重力加速度を$9.8\,\mathrm{m/s^2}$として，次の問いに答えよ。ただし，必要なら$\sqrt{3}=1.73$を用いること。 〔各5点…合計20点〕

(1) 重力のした仕事を求めよ。

(2) 重力の斜面方向の成分のした仕事を求めよ。

(3) 物体にはたらく垂直抗力のした仕事を求めよ。

(4) 摩擦力のした仕事を求めよ。

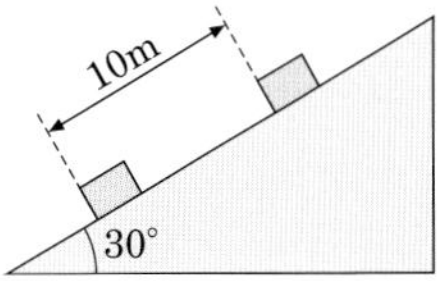

5 〈力学的エネルギー保存の法則①〉 物理基礎

水平面とθの角度をなすなめらかな斜面の下端に，長さl，ばね定数kのばねの一端を固定して，上端に質量mのおもりをつないだ。重力加速度をgとして，以下の各問いに答えよ。 〔各4点…合計12点〕

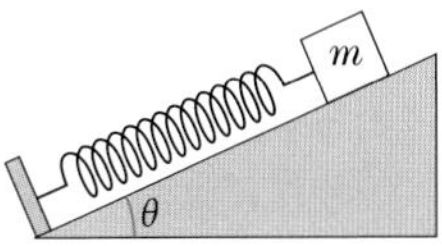

(1) おもりが静止しているとき，ばねの縮みはいくらか。

(2) ばねが自然長になるまでおもりを斜面に沿って持ち上げ，静かに手を離した。おもりが，(1)で静止していたときの位置を通り過ぎるときの速さはいくらか。

(3) (2)で，ばねが最も縮んだときの，ばねの長さはいくらか。

6 〈力学的エネルギー保存の法則②〉 物理基礎

壁に固定された軽いつるまきばね(ばね定数k)に質量mの小物体を押しつけ，自然長よりaだけ縮めて離した。水平面ABと斜面BCはなめらかにつながっており，水平面のうち長さlの部分はあらい面(動摩擦係数μ)であるが，それ以外の水平面と斜面はなめらかな面である。小物体を離すとばねの弾性力に押されて動きはじめ，ばねから離れたあと高さhの点まで上がった。重力加速度をgとして，以下の各問いに答えよ。 〔各6点…合計24点〕

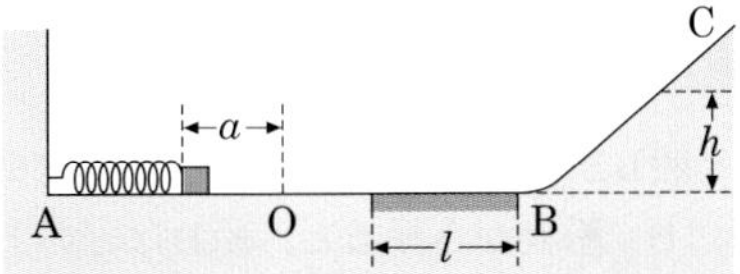

(1) ばねがaだけ縮んでいるときの弾性力の大きさを求めよ。

(2) (1)のときのばねの弾性エネルギーを求めよ。

(3) 小物体がばねから離れるときのばねの伸びと，小物体の速さを求めよ。

(4) 動摩擦係数μの値はいくらか。

定期テスト予想問題❸

解答 p.531

時　間60分
合格点70点
得点

1 〈水平投射〉物理基礎

高さhのビルの屋上から，小球を水平方向にv_0の速さで投げた。小球を投げた位置を原点Oとし，水平方向かつ初速度の向きにx軸，鉛直下向きにy軸をとる。重力加速度をgとして，各問いに答えよ。〔各3点…合計12点〕

(1) 投げてから時間t後の小球の速度$\vec{v}$のx成分v_x，y成分v_yをそれぞれ求めよ。

(2) x方向，y方向の運動は，個別に考えるとそれぞれ何運動だといえるか。

(3) 投げてから時間t後の小球の位置の座標$(x,\ y)$を求めよ。

(4) 小球の軌道の式を，$y=$の形で，xおよびv_0，gを含む式で求めよ。

2 〈斜方投射〉物理基礎

次の文の空欄に，適当なことばや式を入れよ。

〔①～④，⑨，⑪各1点，⑤～⑧，⑩各2点…合計16点〕

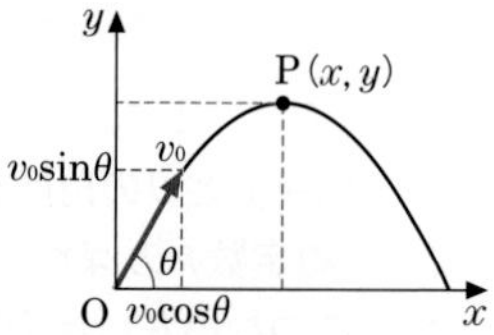

水平な地面から，物体を初速度v_0で仰角θの向きに投げだした。水平方向，鉛直方向にそれぞれx，yの座標軸をとって，物体の運動を考える。

物体にはたらく力は，①□方向の②□力だけなので，この方向に③□運動をする。一方，それに垂直な方向には④□運動をする。したがって，投げ出してからt[s]後の速さ$\vec{v}$は，$v_x=$⑤□，$v_y=$⑥□で表され，このときの物体の位置$(x,\ y)$は$x=$⑦□，$y=$⑧□となる。

最高点では⑨□$=0$となり，投げ出してから最高点に達するまでの時間をt_1，再び地面に達するまでの時間をt_2とすると，t_2はt_1の⑩□倍となる。また，地面に達するときの速さは⑪□である。

3 〈平面上の相対速度〉

北西に10 m/sの速さで航行している船Aと，北東に10 m/sの速さで航行している船Bがある。$\sqrt{2}=1.4$として，次の各問いに答えよ。〔各4点…合計8点〕

(1) 船Aから見ると，船Bはどの方角にいくらの速さで航行しているように見えるか。

このとき，この付近一帯の海上では一定の風が吹いており，Aの船上では風速7 m/sの北風が観測された。

(2) 実際の風向，風速はいくらか。

4 〈斜方投射〉

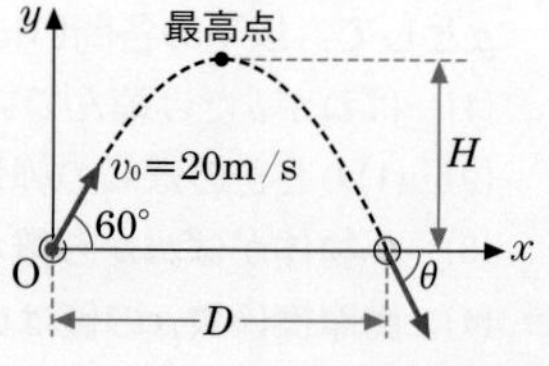

水平な地面の1点Oから，初速度$v_0=20$ m/sで，仰角60°の向きに小球を投げ出した。ただし，重力加速度$g=9.8$ m/s^2，$\sqrt{3}=1.73$とする。〔各4点…合計36点〕

(1)　初速度$\overrightarrow{v_0}$のx成分v_{0x}，y成分v_{0y}の大きさをそれぞれ求めよ。

(2)　投げ出してから1.0秒後の小球の速度$\overrightarrow{v_1}$のx成分v_{1x}，y成分v_{1y}の大きさをそれぞれ求めよ。

(3)　最高点における小球の速度$\overrightarrow{v_2}$のx成分v_{2x}，y成分v_{2y}の大きさをそれぞれ求めよ。

(4)　投げ出してから最高点に達するまでの時間t_2を求めよ。

(5)　地表を基準として，小球の到達する最高点の高さHを求めよ。

(6)　投げ出してから小球が再び地表に達するまでの時間t_3を求めよ。

(7)　小球の水平到達距離Dを求めよ。

(8)　小球が再び地表に達する直前の速度$\overrightarrow{v_3}$の大きさを求めよ。

(9)　(8)の$\overrightarrow{v_3}$が水平面となす角をθ ($0° \leqq \theta < 90°$)として，$\tan\theta$を求めよ。

5 〈剛体のつり合い〉

長さL，質量mの一様な棒の一端を天井に取り付け，他端にばね定数kのばねをつないで一定の力で水平に引いたところ，棒は静止して鉛直面と角θをなした。このとき，重力加速度をgとして，ばねの伸びを求めよ。ただし，棒とばねはそれぞれ自由に回転でき，ばねの質量は無視できるものとする。

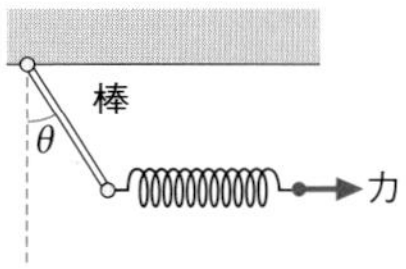

〔4点〕

6 〈運動量保存の法則と反発係数〉

一直線上を，質量0.20kgの小球Aが右向きに4.0m/sで進み，質量0.10kgの小球Bが左向きに2.0m/sで進んでいる。いま，小球Aと小球Bが正面衝突し，反発係数$e=0.50$ではね返った。右向きを正とし，衝突後の小球A，小球Bの速度をそれぞれv_A，v_Bとして，以下の各問いに答えよ。　〔各4点…合計16点〕

(1)　運動量保存の法則より成りたつ関係式を，v_A，v_Bを用いて示せ。

(2)　反発係数の定義より成りたつ関係式を，v_A，v_Bを用いて示せ。

(3)　v_A，v_Bの値をそれぞれ求めよ。

(4)　衝突で失われた力学的エネルギーの大きさを求めよ。

7 〈斜衝突〉

なめらかな水平面上に静止している質量mの小球Aに，質量mの小球Bを初速度v_0で衝突させたところ，A，Bは図のように進行方向に対してそれぞれ60°，30°の角をなす向きに進んだ。衝突後のA，Bの速度をそれぞれv_A，v_Bとして，あとの各問いに答えよ。ただし，図のようにBの初速度の向きをx軸の正の向きとし，それを反時計回りに90°回転させた向きをy軸の正の向きとする。

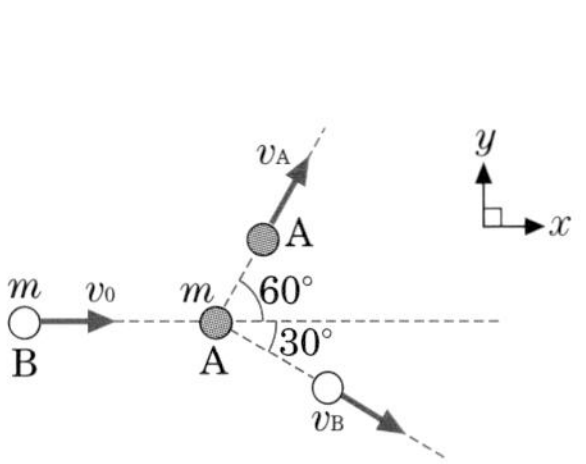

〔各4点…合計8点〕

(1)　衝突後のAの速さv_A，Bの速さv_Bをそれぞれ求めよ。

(2)　物体Bの受けた力積I_Bの向きと大きさを求めよ。

定期テスト予想問題④

解答 p.533

時　間90分
合格点70点
得点

1 〈等速円運動〉

摩擦のない水平面上で質量0.010 kgの物体が，半径0.50 m，速さ0.30 m/sで等速円運動をしている。
〔各２点…合計10点〕

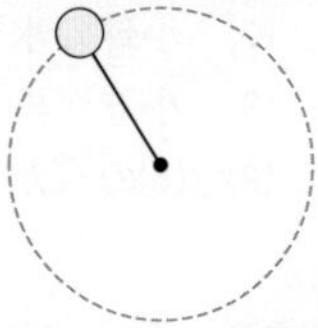

⑴　円運動の周期を求めよ。
⑵　円運動の回転数を求めよ。
⑶　角速度を求めよ。
⑷　加速度の大きさを求めよ。
⑸　物体にはたらく合力の大きさを求めよ。

2 〈円運動〉

摩擦のないレール上を質量$\boldsymbol{m}$の小物体が点Aからすべり始めた。　〔各２点…合計12点〕

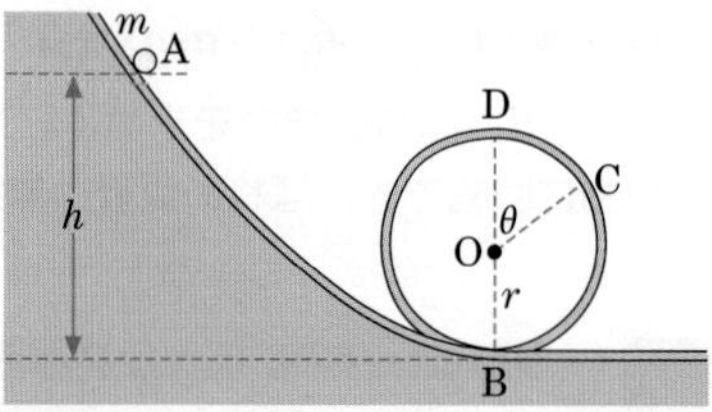

⑴　小物体が点Bにきたときの速さv_Bを求めよ。
⑵　点Cでの速さv_Cを求めよ。
⑶　物体は円形のレール上を円運動をする。向心力になっている力は何か。
⑷　点Cでの垂直抗力の大きさNを求めよ。
⑸　小物体が点Dでもレールから離れない条件を示せ。
⑹　⑸の条件が満たされるとき，A点での高さ$\boldsymbol{h}$の最小値を求めよ。

3 〈直線運動の慣性力〉

水平右向きに加速度$\boldsymbol{a}$で等加速度直線運動をしている電車の中で，質量$\boldsymbol{m}$の物体に糸をつけて天井からつるしたところ，糸は鉛直方向に対して$\boldsymbol{\theta}$の角度になった。　〔各２点…合計14点〕

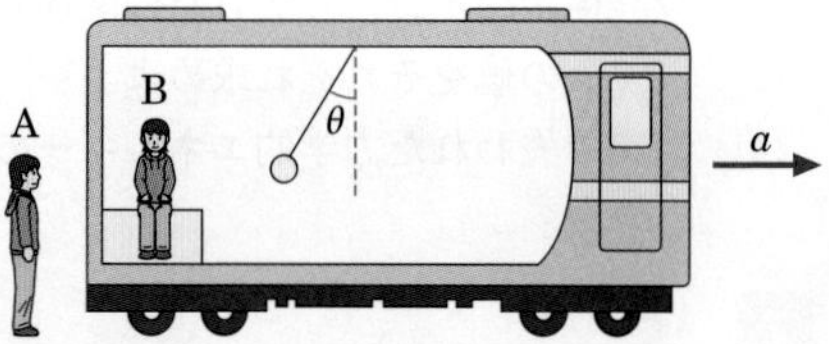

⑴　地面に静止している人Aがこの物体を観察した場合，物体にはたらいている力は何か。名前を答えよ。
⑵　Aから見て，物体はどんな運動をしているか。
⑶　Aから見た，物体の加速度方向の運動方程式を，m，a，g，θを用いて書け。
⑷　電車に乗っている人Bがこの物体を観察した場合，物体にはたらいている力は何か。名前を答えよ。
⑸　Bから見て，物体はどんな運動をしているか。
⑹　Bから見た，物体の加速度方向の運動方程式を，m，a，g，θを用いて書け。
⑺　電車の加速度の大きさを，θおよび重力加速度gを用いて表せ。

4 〈円運動の慣性力〉

摩擦のない円盤上で，質量mの物体がばね定数kのばねにつながれて，半径r，角速度ωで等速円運動をしている。ばねの伸びをxとして問いに答えよ。〔各2点…合計14点〕

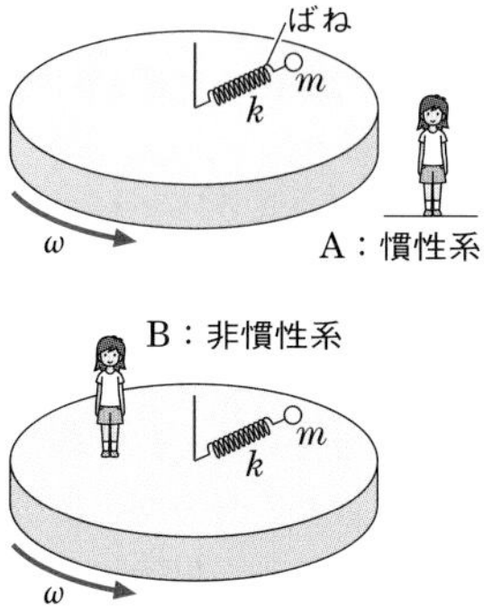

(1) 地面に静止している人Aがこの物体を観察した場合，物体にはたらいている力は何か。名前を答えよ。

(2) Aから見て，物体はどんな運動をしているか。

(3) Aから見た，物体の半径方向の運動方程式をm，k，r，ω，xを用いて書け。

(4) 円盤に乗っている人Bがこの物体を観察した場合，物体にはたらいている力は何か。名前を答えよ。

(5) Bから見て，物体はどんな運動をしているか。

(6) Bから見た，物体の半径方向の運動方程式をm，k，r，ω，xを用いて書け。

(7) 円板の角速度ωの大きさを，m，k，xを用いて表せ。

5 〈単振動〉

ばね定数kのばね2本を質量mのおもりをつけて，自然の長さになるように図のように固定した。さらに，おもりをAだけ右にずらして静かに離したところ，おもりは振動した。右向きを正として各問いに答えよ。ただし，水平面はなめらかであるものとし，おもりを離した時刻を$t=0$，つり合いの位置を$x=0$とする。〔各3点…合計12点〕

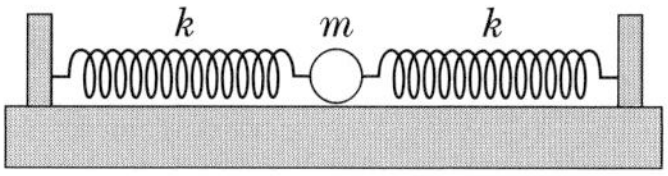

(1) 振動の周期を求めよ。

(2) おもりの変位xを，時間tを用いて表せ。

(3) おもりが振動の中心を通過するときの速さを求めよ。

(4) おもりの速さvを，時間tを用いて表せ。

6 〈単振り子〉

図のように，質量m，糸の長さLの振り子が鉛直線と小さな角θをなす位置から静かに離された。天井から$L-L'$の場所に釘があり，振り子の糸はこの釘に引っかかって運動をする。重力加速度の大きさをgとし，摩擦や空気抵抗は無視できるものとして，以下の各問いに答えよ。〔各3点…合計15点〕

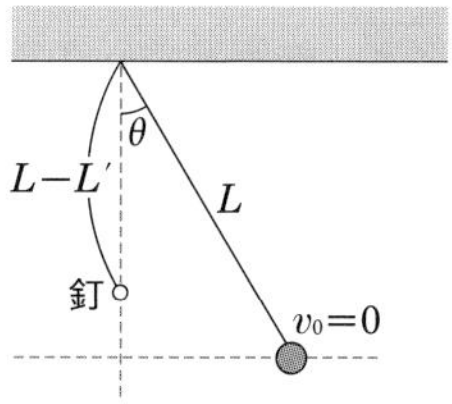

(1) おもりが最下点に来たときの速さを求めよ。

(2) 最下点までに，重力がおもりにした仕事を求めよ。

(3) 最下点までに，糸の張力がおもりにした仕事を求めよ。

(4) 振り子の糸が釘に引っかかったあと，おもりが最も上昇する位置を求めよ。

(5) おもりが振動する周期を求めよ。

7 〈ばねでつながれた物体の単振動〉

図のように，質量Mと質量mの2つの物体A，Bがばね定数kの軽いばねで結ばれて，水平でなめらかな床の上に置かれている。以下の問いに答えよ。

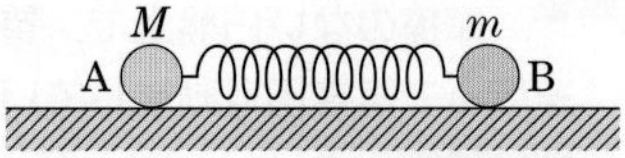

〔各2点…合計10点〕

(1) これら2つの物体に両方向から同じ大きさの力を加え，ばねの長さを自然長からx_0だけ縮めた。ばねにたくわえられているエネルギーの大きさはいくらか。

いま，(1)のように縮めた状態で物体Aを固定し，物体Bに加えている力を時刻$t=0$で取り除いたら，物体Bは単振動をした。

(2) ばねの長さが自然長にもどったときの物体Bの速さはいくらか。

(3) 物体Bの単振動の周期はいくらか。

(4) 単振動の中心を原点とし，水平右向きをx軸の正方向として，時刻tにおける物体Bの変位xを表す式を書け。

再び，この物体A，Bに両方向から同じ大きさの力を加え，ばねの長さを自然長からx_0だけ縮めたあと，加えた力を同時に取りのぞいた。

(5) ばねの長さが自然長にもどったときの物体Bの速さはいくらか。

8 〈地球の万有引力〉

地球の半径をR，地球の表面での重力加速度をgとして，以下の各問いに答えよ。

〔各2点…合計4点〕

(1) 物体を自由落下させたときの加速度の大きさが$\dfrac{g}{2}$であるような場所は，地球の中心からどのくらい離れたところか。Rを用いて答えよ。

(2) (1)の場所に質量mの物体があるとき，この物体の万有引力による位置エネルギーはどれだけの大きさか。ただし，無限遠での位置エネルギーを0とする。

9 〈万有引力による位置エネルギー〉

無限遠でv_0の速さをもっていた質量mの物体が，質量Mの天体に万有引力で引かれて，図のような軌道をえがいた。物体と天体が最接近したときの距離をr，無限遠点での万有引力による物体の位置エネルギーを$U_\infty=0$として，以下の各問いに答えよ。ただし，物体の質量mは天体の質量Mにくらべてとても小さいものとする。

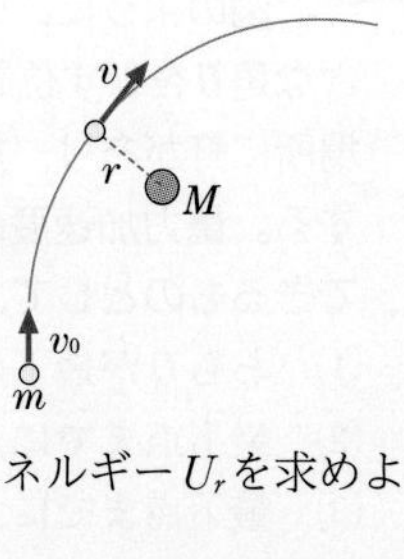

〔各3点…合計9点〕

(1) 物体と天体が最接近したときの，万有引力による物体の位置エネルギーU_rを求めよ。

(2) 物体と天体が最接近したときの，物体の速さv_rを求めよ。

(3) 物体がふたたび無限遠に離れたときの速さv_∞を求めよ。

第2編

熱とエネルギー

CHAPTER

1 » 熱

SECTION 1 熱と温度 物理基礎

1 熱と温度

1 熱運動

❶原子や分子の運動　煙の微粒子や，水に１滴の牛乳を入れたものを顕微鏡で観察すると，煙や牛乳の微粒子は図1のようにでたらめな動きをする。このような微粒子の運動をブラウン運動という。微粒子の動きは，**液体や気体の分子が乱雑に運動しており，**これらが微粒子に不規則に衝突することで引きおこされたものである。また，**固体中では，原子や分子が乱雑に振動している。**これらの運動を原子や分子の熱運動という。

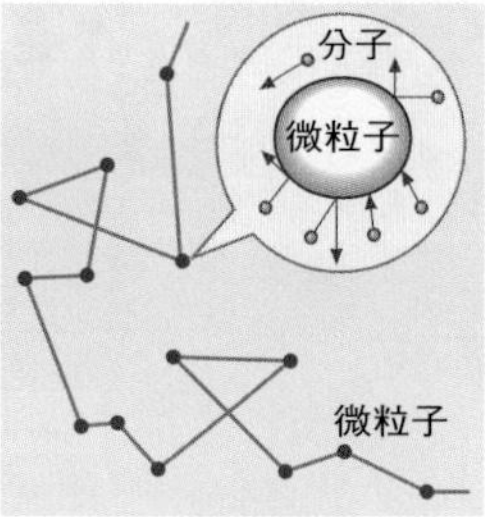

図1 ブラウン運動

視点 微粒子は分子と衝突し不規則な運動をする。

❷熱運動の激しさと温度　分子レベルで見ると，**温度は原子や分子の熱運動の激しさを表す。**このため，高温の物体ほど，固体分子の振動が激しく，気体分子の速度が大きい。

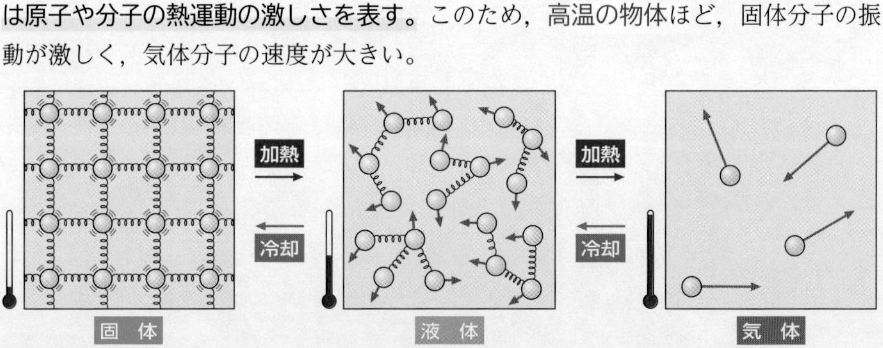

図2 熱運動のモデル

視点 固体よりも液体，液体よりも気体のほうが自由に熱運動できる(☞p.182)。

2 温度の表し方

❶セルシウス温度　日常生活で用いられている温度目盛りをセルシウス温度またはセ氏温度といい，単位℃で表す。1気圧のもとで氷がとける温度(**融点**)を**0℃**，水が沸騰する温度(**沸点**)を**100℃**と定める。

❷絶対温度　理論的に熱運動がなくなる**－273℃**を基準の0とする温度目盛りを絶対温度という。単位K（ケルビン）で表し，目盛り幅はセルシウス温度と同じである。セルシウス温度〔℃〕の数値tと絶対温度〔K〕の数値Tには次の関係がある。[★1]

$$T = 273 + t \tag{2・1}$$

3 熱の表し方

❶ジュール　物体を加熱すると，原子や分子の運動エネルギーが大きくなる。このとき物体が得たエネルギーを熱エネルギーまたは単に熱といい，熱エネルギーの量を熱量という。熱はエネルギーの一形態なので，単位にはエネルギーや仕事と同じジュール(**記号J**)(☞p.108)を用いる。

❷カロリー　日常生活では，カロリー(**記号cal**)という単位も用いる。**1cal**は水1gの温度を1K上昇させる熱量で，ジュールとカロリーには次の関係がある[★2](☞p.181)。

$$1\,\text{cal} = 4.19\,\text{J} \tag{2・2}$$

4 熱の流れ

図3のように，高温の物体Aと低温の物体Bを接触させておくと，Aは温度が下がり，Bは温度が上がって，最後にはAとBの温度は等しくなる。これは，Aの熱運動のエネルギーがBへ移動するためである。このように自然状態では，熱は**温度の高いものから低いものに向かって移動する。**熱を逆向きに(温度の低いものから高いものへ)移動させるためには，エアコンなど機械を使った外部からの仕事が必要である。

POINT!
熱…**自然には**高温の物体から低温の物体へ**向かって流れる。**

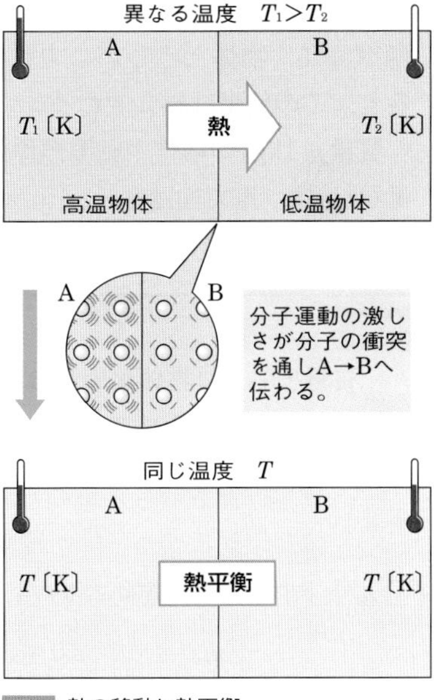

図3　熱の移動と熱平衡

2つの物体の温度が等しくなり熱エネルギーの移動がなくなった状態を熱平衡という。

★1 通常Tやtといった記号は単位を含んだ物理量を表すが，この式では数値のみを示している。
★2 この値は条件によって多少変化するので，いくつかの標準値が決まっている。

5 熱の伝わり方

❶**熱伝導** 高温の物体から，それに接触している低温の物体に直接熱が伝わる現象を熱伝導または単に伝導という。熱伝導は，高温の物体の分子の運動のエネルギーが，接触面を通して直接低温の物体の分子に伝わったり，1つの物体で高温部から低温部にエネルギーが流れたりする現象である。たとえば，火にかけたなべで，時間がたつとなべの底以外の全体が熱くなるのがその例である。

❷**対流** 気体や液体が循環しながら熱を運んで全体が暖められる現象を対流という。たとえば，ストーブで暖められた空気が上にのぼり，かわって冷たい空気が下におりて，部屋全体の空気が暖められるのがその例である。

❸**熱放射** 高温の物体のもつ熱が光などの**電磁波**(☞ p.423)となって離れた所にある別の物体にまで伝わる現象を熱放射または単に放射という。たとえば，太陽の熱が途中の真空の空間を通って地球にとどくのがこの例である。

参考 2000℃程度の物体の熱放射による光は赤く見えるが，高温になると青白くなる。これは，放射された電磁波に含まれる波長(☞ p.287)の割合が，物体の温度によって変化するからである。

2 | 仕事と熱

1 仕事による熱の発生

❶**摩擦熱** 物体どうしがこすれ合って，動摩擦力(☞ p.78)にさからって仕事をすると，この仕事は熱に変わる。この熱を摩擦熱という。

質量m〔kg〕の物体が**動摩擦係数**μ'の水平面上をx〔m〕すべったときに発生する熱量Q〔J〕は，重力加速度をg〔m/s^2〕，**動摩擦力**をf'〔N〕とすると，次のようになる。

$$Q = f'x = \mu' mgx$$

例題 **摩擦熱**

質量2.0kgの物体が摩擦のある水平面上で初速度10m/sですべりだした。この物体が停止するまでに発生する熱量は何Jか。

着眼 動摩擦係数が与えられていないのでとまどうかもしれないが，要するに，物体が最初にもっていた運動エネルギーがすべて熱になる。

解説 物体の最初の運動エネルギーが，摩擦力にさからう仕事にすべて使われ熱となる。

$$\frac{1}{2}mv^2 = \frac{1}{2} \times 2.0 \times 10^2 = 100\,\text{J}$$

答 100J

❷**衝突** 高い所から落とした物体が地面に衝突して静止したとき，熱が発生する。このときに発生する熱量は物体が最初にもっていた位置エネルギーに等しい。物体どうしの衝突(☞ p.136)でも，力学的エネルギーの一部が熱に変わることがある。

2 熱の仕事当量

仕事と熱の関係は，ジュール(イギリス，1818～1889)によって調べられた。W〔J〕(ジュール)の仕事が全部Q〔cal〕の熱に変わるとき，

$$W = JQ \qquad (2\cdot3)$$

という比例関係がある。J(ジェイ)は比例定数で，熱の仕事当量と呼ばれ，熱1calが何Jの仕事に相当するかを表す量である。実験の結果，Jの値は，次のような値であることがわかっている。

$$J = 4.19\,\text{J/cal}$$

$W = JQ$
$J = 4.19\,\text{J/cal}$

例題　高い所から物体を落としたときの発熱量

質量6.0kgの物体を高さ10mの所から地面に落としたところ，最終的に物体は静止した。このときに発生する熱量は何calか。ただし，熱の仕事当量を4.2J/cal，重力加速度を9.8m/s^{2}とする。

着眼　物体が最初にもっていた位置エネルギーは，最後にはすべて熱になる。したがって，位置エネルギーを熱量に換算すればよい。

解説　位置エネルギーを熱量に換算すると，

$$mgh = 6.0\times9.8\times10 = 588\,\text{J} = \frac{588\,\text{J}}{4.2\,\text{J/cal}} = 140\,\text{cal}$$

答 140cal

⊕発展ゼミ　仕事当量の測定

●ジュールは図4のような装置で，仕事が熱に変わる場合の量的な関係を調べる実験をした。

●ハンドルAをまわして，おもりBとCを一定の高さまで引き上げ，ハンドルから手を離すと，おもりが落下しながら，熱量計の中の羽根車をまわす。

●熱量計の中には水が入れてあり，羽根車によってかきまぜられるが，固定翼があって動きにくいので，すぐ止まる。ここで水の運動エネルギーは熱になり，水の温度が上がる。この温度変化を温度計ではかる。

●おもりBとCが重力からなされる仕事をW〔J〕，水が得た熱量をQ〔cal〕とすると，その比率Jは，$J = \dfrac{W}{Q}$と求められる。

●その結果，1calの熱を発生させるには，つねにおよそ4.2Jの仕事が必要であることを確かめた。

●この定数Jを，**熱の仕事当量**という。

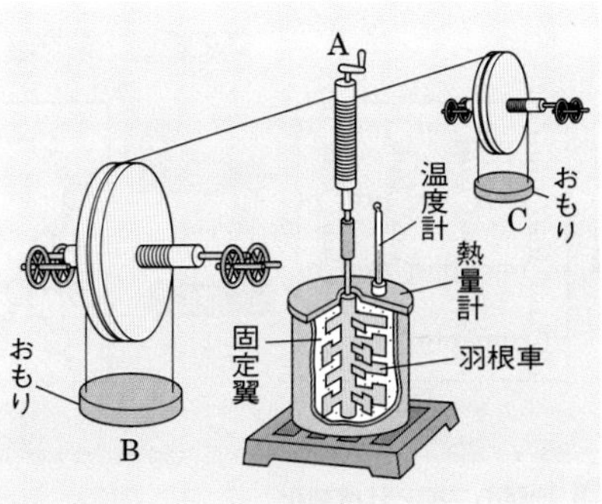

図4　ジュールの実験装置

3 物質の三態

1 物質の三態と分子の運動

❶物質の三態　水を冷やしていくと，やがて氷になる。逆に温度を上げていくと，水蒸気になる。一般に物質は，温度や圧力のちがいにより，**固体・液体・気体の3つの状態**に変化する。この3つの状態を，物質の三態という。

❷固体　固体中の分子や原子，イオンは，互いに強い力で引きあっており，決まった位置に並んでいる。分子や原子，イオンは，並んだ位置を中心にして細かく不規則な振動をしている。**分子間，原子間にはたらく力は強い**ので，固体を変形させるのには大きな力がいる。

❸液体　固体の温度を上げていくと，原子や分子の運動が激しくなる。すると，分子や原子の強い結合がところどころで切れ，分子や原子が互いに位置を入れ替わりながら運動できるようになる。これが液体である。液体は，**容器の形に応じて変形できる。**

❹気体　さらに温度を上げていくと，分子や原子の速度が大きく自由に運動できるようになる(☞ p.205)。分子や原子間の距離が固体や液体と比べて大きいので(1atm＝1気圧で10倍程度)**分子間にはたらく力はほとんど無視できる。**これが気体であり，分子や原子は自由に移動できるので容器の形に応じて変形できる。また，分子や原子の距離が離れているので，収縮や膨張しやすい。

❺分子の熱運動と物質のエネルギー　物質のもつエネルギーは，分子間力や原子間力による位置エネルギーと，熱運動による運動エネルギーからなる。固体では，分子間力や原子間力による位置エネルギーが大きく，気体では熱運動による運動エネルギーが大きい割合をしめる。

参考　分子間にはたらく力を，分子を結びつけているばねの弾性力にたとえると，分子間力による位置エネルギーは弾性エネルギー(☞ p.116)に相当する。

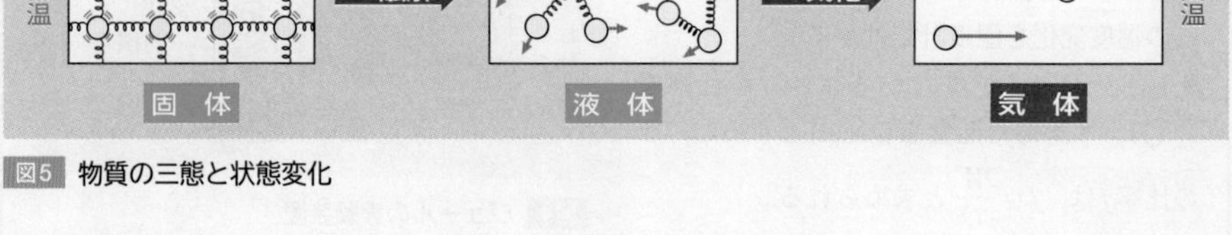

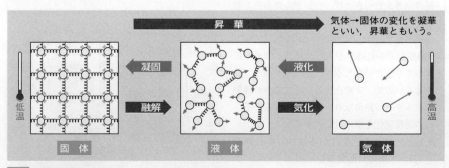

図5　物質の三態と状態変化

2 状態変化

❶熱と状態変化　水に氷(固体)の状態から熱を加えていく場合を考える。

①氷では，0℃より低い温度では，熱を与えると温度がしだいに上昇していく。

②0℃の状態で氷に熱を加えても，氷が少しずつ水(液体)になり**全部の氷がとけるまで温度が上昇しない。**この水と氷の共存している温度を，融点という。固体から液体への変化を融解といい，そのために必要な熱量を融解熱という。

③水だけになると，再び熱を与えるぶん温度が上昇するようになる。

④100℃になると，水は沸騰(ふっとう)しはじめ，**すべての水が水蒸気に変化するまで温度上昇が止まる。**この温度を沸点という。液体から気体への状態変化を気化(または蒸発)といい，そのために必要な熱量を気化熱(または蒸発熱)という。

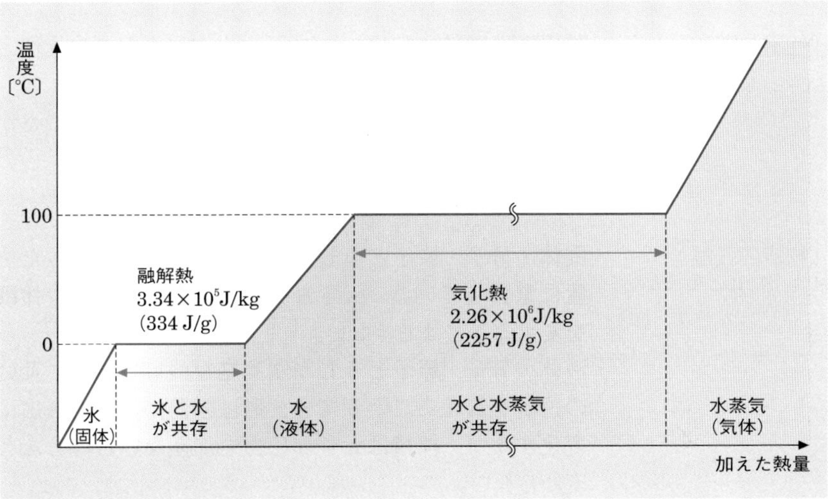

図6　水の状態変化と加えた熱量・温度の関係

温度を下げていくとき，気体から液体への変化を液化(または凝縮)，液体から固体への変化を凝固という。

❷潜熱(せんねつ)　固体から液体への変化などの状態変化に必要な熱量を潜熱という。熱を加えても温度変化が起こらないのでそう名付けられた。**共存状態で加えられた熱は分子間の結合を引き離すために使われる。**融解熱や気化熱は潜熱である。

❸昇華　**ドライアイス**(固体の二酸化炭素)や**ナフタレン**などは，常圧(1 atm☞p.80)下で固体から気体に変化する。このように**固体から直接気体になる状態変化**を昇華という。また，**気体から直接固体になる状態変化**のことを**凝華**といい，これも昇華ということがある。昇華の際に必要な昇華熱も潜熱の一種である。

このSECTIONのまとめ　熱と温度

□熱と温度 ☞ p.178	• 物質は，原子・分子レベルで**熱運動**している。 • **温度**…原子・分子の**熱運動の激しさ**を表す量。 • **セルシウス温度(セ氏温度)**…1気圧のもとで氷が融解する温度を0℃，水が沸騰する温度を100℃とした温度。 • **絶対温度**…−273℃を0K（0**ケルビン**)とした温度。セ氏温度〔℃〕と絶対温度〔K〕の数値t，Tには$\boldsymbol{T = 273 + t}$の関係がある。0Kでは理論的には熱運動が0。 • **カロリー(cal)**…1gの水の温度を1K上昇させる熱量。1cal＝4.19Jの関係がある。
□仕事と熱 ☞ p.180	• **熱の仕事当量**…W〔J〕＝JQ〔cal〕とおいたときの比例定数Jのこと。$\boldsymbol{J = 4.19}$**J/cal**である。 • 物体どうしに**動摩擦力**がはたらくと，動摩擦力にさからう仕事が熱に変わる。これを**摩擦熱**という。 • **衝突**でも力学的エネルギーが熱に変わることがある。
□物質の三態 ☞ p.182	• **固体**…分子・原子どうしが強く結びつき，決まった位置に整列している。大きな力を加えないと，形や体積を変えることはできない。 • **液体**…分子・原子どうしが弱く結びついている。互いの位置を変えることができ，形は容器によって自由に変化するが，体積は大きな圧力を加えないとほとんど変わらない。 • **気体**…分子・原子どうしが結合から離れて自由に運動している。決まった形や体積をもたず，容器の形と大きさによって変化する。 • **融解熱**…融解(**固体→液体**)の際に吸収し，**凝固**(**液体→固体**)の際に放出する。 • **気化熱**…**気化**(**液体→気体**)の際に吸収し，**液化**(**気体→液体**)の際に放出する。 • **昇華熱**…**固体→気体**で吸収し，**気体→固体**で放出。 • **潜熱**…状態変化に必要な熱量。分子どうしの結合力による位置エネルギー変化に必要なエネルギーである。

SECTION 2 エネルギーの保存と変換　物理基礎

1 物体の温度変化

1 比熱と熱容量　重要

❶**比熱**　フライパンをガスバーナーで熱するとすぐに熱くなるが，同じ質量の水を同じように熱しても，なかなか熱くならない。このように，同じ質量の物質に同量の熱量を与えても，温度の上がり方はちがう。このちがいを表す量が比熱(**比熱容量**)である。比熱は，**物質1gの温度を1Kだけ上げるのに必要な熱量**で表し，単位はジュール毎グラム毎ケルビン(**記号J/(g·K)**)である。

補足 比熱は，1kgの温度を1Kだけ上げるのに必要な熱量で表すこともある。この場合の単位はJ/(kg·K)となる。

いま，比熱c〔J/(g·K)〕の物質m〔g〕に熱量Q〔J〕を与えたとき，温度がΔT〔K〕上がったとすると，これらの間に，次の関係が成りたつ。

$$Q = mc\Delta T \qquad (2\cdot4)$$

❷**熱容量**　物質を熱するとき，物質の質量が大きければ，必要な熱量もそれに比例して大きくなる。そこで，**ある物体全体の温度を1K上げるのに必要な熱量**を考え，これを熱容量という。熱容量の単位はジュール毎ケルビン(**記号J/K**)である。

いま，熱容量C〔J/K〕の物体に熱量Q〔J〕を与えたとき，温度がΔT〔K〕上がったとすると，これらの間に，次の関係が成りたつ。

$$Q = C\Delta T \qquad (2\cdot5)$$

❸**比熱と熱容量の関係**　(2·4)式と(2·5)式より，次の式が成りたつ。

$$C = mc \qquad (2\cdot6)$$

物体がいくつかの物質(比熱をc_1，c_2，c_3，……，質量をm_1，m_2，m_3，……とする)からできているとすると，次の関係が成りたつ。

$$C = m_1c_1 + m_2c_2 + m_3c_3 + \cdots\cdots\cdots \qquad (2\cdot7)$$

例題　**銅と鉄でできている物体の温度変化**

ある物体は質量が1.5kgであるが，質量比でちょうど$\frac{2}{3}$は銅，残りは鉄でできている。この物体を100℃から500℃まで上昇させるには何Jの熱が必要か。ただし，銅と鉄の比熱をそれぞれ0.385J/(g·K)，0.482J/(g·K)とする。

着眼　この物体は2種類の物質でできているから，その熱容量は(2·7)式で求められる。熱容量がわかれば，必要な熱量は(2·5)式で求められる。

解説　この物体の熱容量は，(2･7)式により，

$$C = m_1c_1 + m_2c_2 = \left(1500 \times \frac{2}{3}\right) \times 0.385 + \left(1500 \times \frac{1}{3}\right) \times 0.482 = 626\,\mathrm{J/K}$$

よって，求める熱量は，(2･5)式により，

$$Q = C\Delta T = 626 \times (500 - 100) \fallingdotseq 2.5 \times 10^5\,\mathrm{J}$$

答 $2.5 \times 10^5\,\mathrm{J}$

注意　この例題のように，与えられた条件中の質量の単位がそろっていないことがあるので，計算する前にしっかりと確認すること。

類題 1　比熱0.80 J/(g･K)の砂100 gを，比熱1.34 J/(g･K)の合成樹脂100 gで固めた物体の比熱はいくらか。(解答☞p.535)

2 熱量保存の法則

外部と熱の出入りがない状態で，高温の物体と低温の物体とを接触させると，**高温の物体から低温の物体へ熱が移動**し，最後に両方の温度が等しくなって熱平衡に達する。このとき，**高温の物体が失った熱量と低温の物体が得た熱量は等しい。** つまり，全体の熱量の総和は一定である。これを熱量保存の法則といい，熱に関する**エネルギー保存の法則**(☞p.191)といえる。

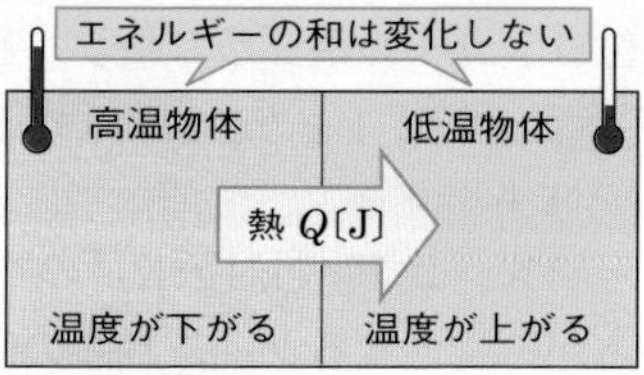

図7　熱量の保存

POINT!

熱量保存の法則…外部との熱の出入りがなければ，
高温物体の失った熱量＝低温物体の得た熱量

例題　**熱量保存の法則**

質量200 g，温度70℃の銅製の球を，10℃の水2000 gの中に入れて，よくかきまぜたところ，最後に全体の温度がt℃になった。銅の比熱を0.38 J/(g･K)，水の比熱を4.2 J/(g･K)として，問いに答えよ。

(1)　銅球の熱容量はいくらか。

(2)　銅球の失った熱量をQ Jとしたとき，tを用いてQを表せ。

(3)　温度の値tを求めよ。

着眼　銅球からそのまわりを包んでいる水に熱量が移動したと考え，熱量保存の法則を使って解く。

解説　(1)　(2･6)式により，　$C = mc = 200 \times 0.38 = 76\,\mathrm{J/K}$

(2)　銅球の温度は70℃からt℃まで下がったから，温度変化は，$\Delta T = 70 - t$である。

銅球の失った熱量は，(2･5)式により，　$Q = C\Delta T = 76 \times (70 - t)$

(3)　水の温度は10℃からt℃まで上がったから，温度変化は，$\Delta T = t - 10$である。

水の得た熱量は，(2･4)式により，$Q' = mc\Delta T = 2000 \times 4.2 \times (t-10)$
熱量保存の法則により，$Q = Q'$となるから，$76(70-t) = 2000 \times 4.2 \times (t-10)$
　よって，$t = 10.5\cdots$　　**答** (1)76 J/K　(2)$Q = 76(70-t)$　(3)11

3 熱膨張

❶固体・液体の熱膨張　固体や液体の体積がほぼ変わらないのは，構成する原子や分子どうしが結合しているからである。分子や原子はお互いの距離が最も安定になる位置を中心に運動している(☞ p.178)ので，ほとんどの**固体や液体は，温度が上昇すると振動中心の間隔が広がって体積が増加する。**これが熱膨張である。

❷気体の熱膨張　気体は決まった体積をもたないので，条件をつけなければ膨張・収縮といっても意味がない。温度が上昇すると気体分子の熱運動が激しくなり，容器の体積を一定に保つと内部の圧力が上昇する。また，**一定の圧力に保つには容器の体積が大きくならなければならない。**これが**気体の熱膨張**である。

重要実験　比熱の測定

操作

❶ 比熱をはかる金属の球の質量m_1〔g〕，水熱量計の銅製容器の質量m_2〔g〕，銅製かくはん棒の質量m_3〔g〕，水熱量計に入れた水の質量m_4〔g〕を求める。
❷ 水の入った容器を水熱量計の箱に入れ，ゆっくりかきまぜて水温t_1〔℃〕をはかる。
❸ 別のビーカーに水を入れ，金属球を底につかないように入れて沸騰させ，しばらく熱して水温t_2〔℃〕をはかる。
(➡金属球の温度＝水温)
❹ 金属球を容器に入れてふたをし，ゆっくりかきまぜ，水温t_3〔℃〕をはかる。

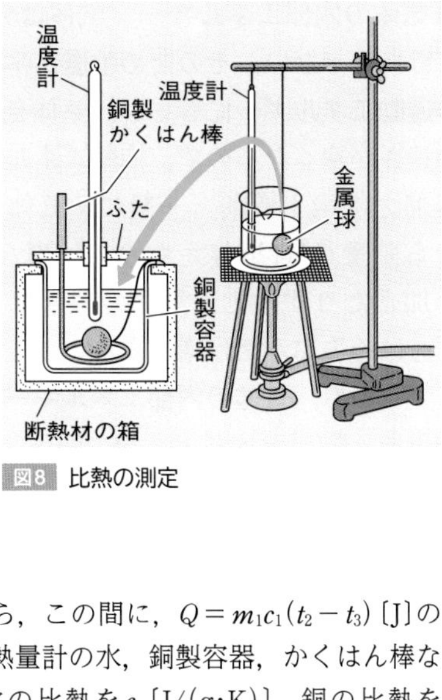

図8　比熱の測定

結果　考察

❶ 金属球の温度はt_2〔℃〕からt_3〔℃〕に下がるから，この間に，$Q = m_1c_1(t_2 - t_3)$〔J〕の熱を放出する(c_1は金属の比熱)。この熱で水熱量計の水，銅製容器，かくはん棒などの温度がt_1〔℃〕からt_3〔℃〕まで上がる。水の比熱をc_2〔J/(g･K)〕，銅の比熱をc_3〔J/(g･K)〕とすると，熱量保存の法則から金属球の比熱c_1を求めることができる。

$$m_1c_1(t_2 - t_3) = [m_4c_2 + (m_2 + m_3)c_3](t_3 - t_1)\quad \text{より,}$$

$$c_1 = \frac{[m_4c_2 + (m_2 + m_3)c_3](t_3 - t_1)}{m_1(t_2 - t_3)}$$

2 エネルギーの保存

1 内部エネルギー

❶内部エネルギー 物体が運動したり，高い位置にあったりするとき，その物体は力学的エネルギー(☞p.116)をもつ。同様に，物体を構成する分子や原子も，**それぞれが熱運動の運動エネルギーや分子間力による位置エネルギーをもっている。**このような物体内部で原子や分子がもっているエネルギーを内部エネルギーという。すなわち，内部エネルギーは**それぞれの原子や分子がもっている位置エネルギーと運動エネルギーの総和**である。

❷内部エネルギーの増加 物体に外部から熱を与えたり，仕事を行ったりすると，物体の内部エネルギーが増加し，分子や原子の熱運動がさかんになる。すなわち，物体の温度が上がる。また，衝突や摩擦などによって失われた力学的エネルギーは，最終的には物体や周囲の空気などの内部エネルギーとなって，それらの温度を上昇させる(☞p.180)。

2 熱力学第1法則 ⓘ重要

❶気体の内部エネルギー 気体は分子間の距離が大きいので，分子間力はほとんどはたらかない。そのため**位置エネルギーは無視でき，内部エネルギーはほぼ分子の運動エネルギーに等しい。**気体を圧縮すると，ピストンに衝突する分子の衝突後の速さが速くなるので，内部エネルギーは大きくなる。

❷熱力学第1法則 一般に，気体に外から熱量 Q〔J〕を与えたり，仕事 W〔J〕を加えたりすると，気体の内部エネルギーはそのぶんだけ増加する。

すなわち，気体の内部エネルギーの増加量を ΔU〔J〕とすると，次の関係

$$\Delta U = Q + W \qquad (2\cdot8)$$

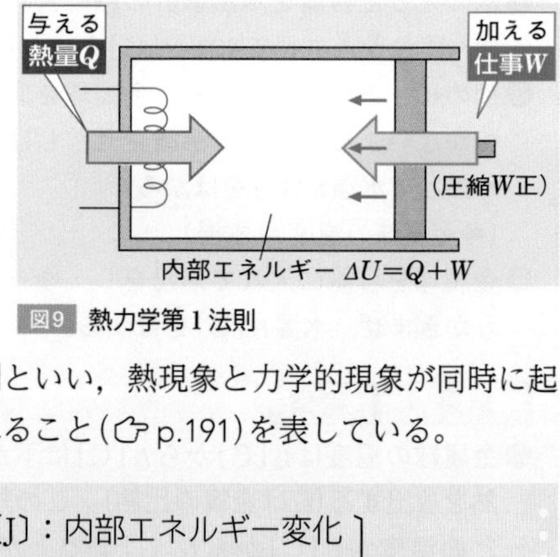

図9 熱力学第1法則

がつねに成りたつ。これを熱力学第1法則といい，熱現象と力学的現象が同時に起こる場合にもエネルギーの総量が保存されること(☞p.191)を表している。

POINT!

熱力学第1法則

$$\Delta U = Q + W$$

- ΔU〔J〕：内部エネルギー変化
- Q〔J〕：外から与えた熱量
- W〔J〕：外から行った仕事

補足 気体を圧縮するとき外から加える仕事 W は正，膨張させるとき W は負である。

3 断熱変化 ！重要

❶断熱変化　気体を熱を伝えない容器に入れ，外部との間で**熱の出入りができないようにして**おいて，圧力，体積，温度を変化させることを断熱変化という。また，**反応時間が短くて熱が出入りできない変化も断熱変化とみなせる。**

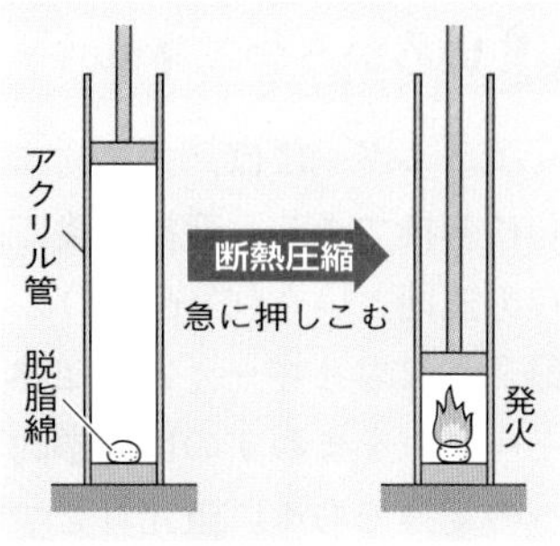

図10 断熱圧縮の例

❷断熱圧縮　外部との間で熱の出入りができないようにして気体を圧縮すると，熱力学第１法則における与えた熱量Qが0になるから，

$$\Delta U = 0 + W = W > 0$$

となり，気体の内部エネルギーΔUは，**外部が行った仕事Wのぶんだけ増加し，気体の温度が上昇する。**図10のように，一端を閉じたアクリル管の中に脱脂綿を入れて，ピストンを急激に押しこみ，内部の空気を圧縮すると，空気の温度が上がって，脱脂綿が発火する。

❸断熱膨張　気体を断熱的に膨張させると，気体が外部に正の仕事をする。よって，**外力は気体に負の仕事W'をすることになる。**したがって，熱力学第１法則により，

$$\Delta U = 0 + W' = W' < 0$$

となり，内部エネルギーは減少するので，**気体の温度が下がる。**

　中身の入っていないペットボトルにふたをして横から押し縮め，急に離すとペットボトル中の空気がくもることがある。これは，空気の断熱膨張で温度が下がり，空気中の水蒸気が液化するからである。

> COLUMN
> ### 自転車の空気入れ
> 　空気入れで自転車のタイヤに空気を入れた後，空気入れの根もとのところをさわってみると，びっくりするほど熱くなっていることがある。これは摩擦による熱というよりも，むしろ断熱圧縮によって発生した熱である。
>
> 
>
>
> 　高速で飛行する宇宙船が大気圏に突入すると，前方の空気を極度に圧縮しながら進む。このとき，断熱圧縮された空気は温度が上がり，1万℃を超えることもある。

POINT!

断熱圧縮…温度が上がる

$$\Delta U = W > 0$$

断熱膨張…温度が下がる

$$\Delta U = W < 0$$

［ΔU〔J〕：内部エネルギー変化
W〔J〕：外から気体にした仕事］

3 エネルギーの流れと変換

1 いろいろなエネルギーとその変換

エネルギーには，力学的エネルギーや熱以外にも多くの種類があり，これらは互いに変換できる。**変換前後でエネルギーの総量は変化しない。**これをエネルギー保存の法則という(☞ p.191)。

❶電気エネルギー　電気エネルギーはさまざまなエネルギーに変換して利用される。モーターをまわすのは力学的エネルギーへの変換で，電気ストーブは熱エネルギーへの変換である。蛍光灯をつけるのは波のエネルギーへの変換で，水の電気分解は化学エネルギーへの変換である。

❷化学エネルギー　化学反応が起こる際に，原子や分子がもつ化学エネルギーを別の形のエネルギーとして取り出すことができる。石油を燃やす場合は，化学エネルギーを熱エネルギーとして取り出している。火薬の爆発の際には，力学的エネルギーや，光や音などの波のエネルギーにも変わる。電池は化学エネルギーを電気エネルギーとして取り出している。

図11 ソーラーカー

視点 光のエネルギーを電気エネルギーに変え，さらに運動エネルギーに変換する。

❸波のエネルギー　光，音，電波などは，波(☞ p.234)として空間を伝わるときにエネルギーも伝える。光合成は化学エネルギーへ，太陽電池は電気エネルギーへの変換である。電子レンジでは電磁波が熱エネルギーに変わる。

❹核エネルギー　原子核崩壊や核分裂，核融合などの際に生じるエネルギー(☞ p.485)。原子炉では核分裂で出る熱エネルギーを利用して発電をする。太陽内部では核融合が起こり，エネルギーが光など電磁波に変化する(☞ p.223)。

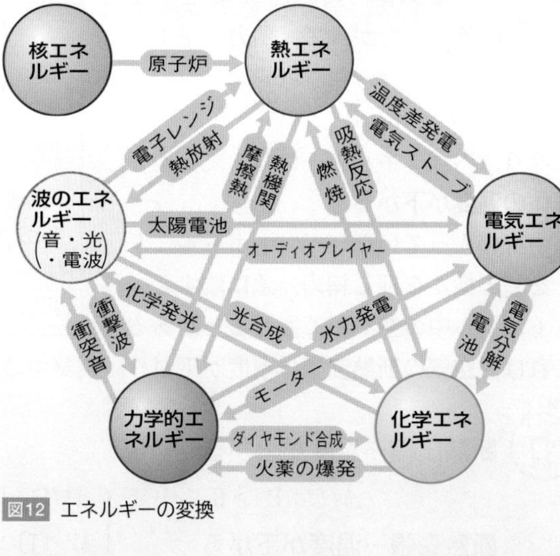

図12 エネルギーの変換

2 エネルギーの保存

❶エネルギー保存の法則　エネルギーは他の種類のエネルギーに変換することができるが，このとき，変換前のエネルギーの合計と変換後のエネルギーの合計はつねに等しい。これをエネルギー保存の法則または**エネルギー保存則**という。これは自然現象を支配するきわめて重要な原理で，どのような場合でもつねに成りたつ。

POINT!
エネルギー保存の法則…現象にかかわるエネルギーの総和はつねに一定である。

❷力学的エネルギー・熱量の保存　力学的エネルギー保存の法則(☞ p.116)や熱量保存の法則(☞ p.186)は，エネルギー保存の法則を力学的エネルギーまたは熱エネルギーのみに限定してあてはめたものであるといえる。

3 熱機関

❶熱機関　蒸気機関，ガソリンエンジン，ディーゼルエンジンなどのように，**熱エネルギーを仕事に変換する装置**を熱機関という。

❷熱機関の仕事　熱機関では高熱源から吸収した熱量の一部を仕事に変換し，残りを低熱源に放出する。たとえば，ガソリンエンジンではガソリンを燃焼させ高温・高圧の気体(高熱源)をつくり，ピストンを押す仕事を取り出して，残りの熱を外部の大気(低熱源)中に放出する。熱機関が高熱源から Q_1〔J〕の熱を吸収し，これから仕事 W〔J〕を取り出して，低熱源に Q_2〔J〕の熱を放出したとすると，エネルギー保存の法則より，$Q_1 = Q_2 + W$　なので，熱機関で取り出す仕事は，

$$W = Q_1 - Q_2 \tag{2·9}$$

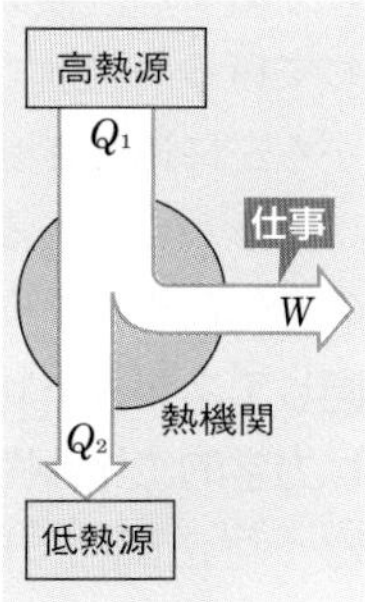

図13 熱機関

❸熱機関の効率　熱機関が高熱源から吸収した熱量のうちどれだけの割合を仕事に変えることができるかを熱機関の効率または熱効率という。熱効率 e は，

$$e = \frac{W}{Q_1} = \frac{Q_1 - Q_2}{Q_1} = 1 - \frac{Q_2}{Q_1} < 1 \tag{2·10}$$

と表される。このとき，つねに $e < 1$ となる。すなわち $Q_1 > Q_2 > 0$ となるので，熱機関では吸収した熱をすべて仕事に変えることはできない。一般に仕事をすべて熱に変換することはできるが，**熱エネルギーをすべて仕事に変換することはできない。**これは**効率100％の熱機関は存在しない**ともいえる。

参考　実際の熱機関の効率は，蒸気機関で20％以下，ガソリンエンジンで20～50％程度，ディーゼルエンジンで30～50％程度である。

例題 **熱機関の効率**

毎秒8.0gのガソリンを消費し，90kWの出力を発生するエンジンがある。このエンジンの効率は何%か。ガソリンの燃焼熱は1gあたり4.0×10^4Jである。

着眼 仕事率$P = 90$kWであり，1Wは1J/sである。

解説 ガソリンの燃焼によって毎秒発生する熱量は，

$$Q_1 = 8.0 \times 4.0 \times 10^4 = 32 \times 10^4 \text{J/s}$$

エンジンの毎秒の出力は，$P = 90\text{kW} = 9.0 \times 10^4$J/sであるから，熱機関の効率は，

$$e = \frac{P}{Q_1} = \frac{9.0 \times 10^4}{32 \times 10^4} \fallingdotseq 0.28$$

答 28%

4 可逆変化と不可逆変化

❶可逆変化 図14は，斜めに投げ上げた球の運動をストロボ写真に撮影したものである。この球は左から右に運動したのであるが，写真ではどちら向きに運動しているか判別できない。これは球を右から左に運動させても，同じような写真になるからである。このように，**ひとつの変化とその逆向きの変化とがまったく同じエネルギー状態をともなって存在する**場合，これを可逆変化という。可逆変化は**力学的エネルギー保存の法則**(☞p.116)が成りたつときにだけ見られる。

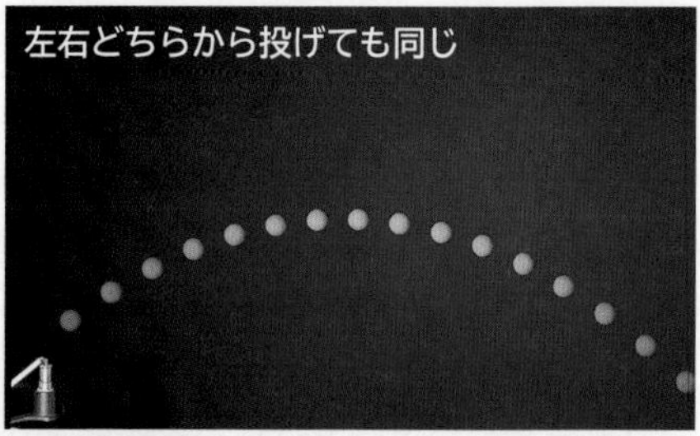

図14 可逆変化

❷不可逆変化 図15は，摩擦のある面の上で模型の自動車を走らせたときのストロボ写真である。自動車は運動エネルギーを少しずつ摩擦熱に変換させながら，しだいに遅くなり，やがて静止する。これと逆向きの変化，すなわち静止していた自動車が走り出し，熱を吸収しながらしだいに速度を上げるという変化は存在しない。このように，**自然状態では現象の進む向きが片方向だけで，ひとりでに逆向きに進むことのない**ような変化を不可逆変化という。

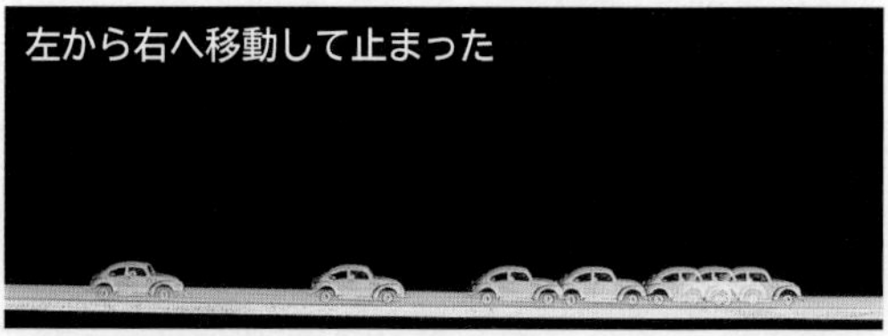

図15 不可逆変化

❸不可逆変化の例 熱をともなう現象はすべて不可逆変化である。摩擦のある面上の運動(☞p.123)や非弾性衝突(☞p.134)など，**力学的エネルギーが保存されない場合**は，失われたエネルギーは最終的に熱に変わるので，**不可逆変化**である。

①高い所から鉄球を落とすと，位置エネルギーが熱に変わる。逆に鉄球を熱しても，最初の位置には戻らない。

②空気中で振り子を振らすと，しだいに振幅が小さくなり，最後に静止する。静止した振り子が自然に動き出すことはない。

③インクを1滴水中にたらすと，しだいに全体にひろがり，全体が同じ濃さの色水になる。この後，自然にインクが1か所だけに集まることはない。

④高温の水と低温の水を混ぜると，全体が同じ温度の水になる。この後，高温の水と低温の水に分かれることはない。

COLUMN

動画の逆再生

いろいろな運動を動画にとり，それを逆再生してみるとおもしろい。おもしろいのは，それが不自然で，起こりそうもないことがつぎつぎと起こるからである。私たちの身のまわりで日常起こっていることは，たいてい熱の発生をともなう不可逆変化で，これを逆再生しても，それは実際には起こらない不思議な現象になるのである。われわれの一生も不可逆変化だといえる。

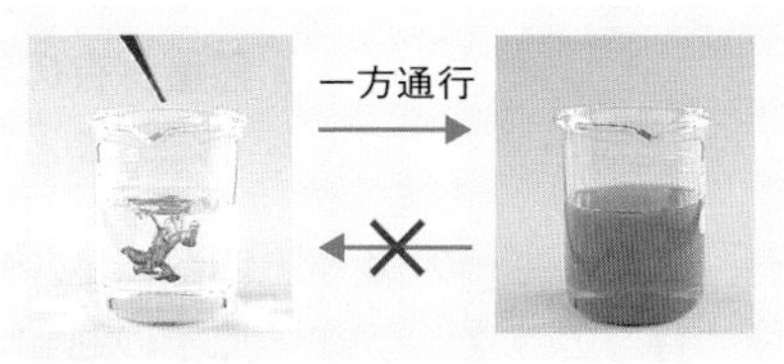

図16 不可逆変化の例

5 熱力学第2法則 ①重要

❶不可逆性の表現　熱力学第1法則(☞p.188)は，熱と仕事に関するエネルギーの保存を表現しているが，これだけでは熱の移動方向が決まらず，熱が低温物体から高温物体へ移ることが理屈のうえでは可能になる。そこで，熱の移動方向を規定する別の法則が必要となる。これが熱力学第2法則で，いくつかの表現法がある。

❷熱力学第2法則

①**「熱が高温物体から低温物体へ移動する現象は不可逆変化である。」**（クラウジウスの原理）熱は自然に高温物体から低温物体に移り，低温物体から高温物体へひとりでに移ることはない。クーラーは低温の室内から熱を取り出し，高温の外部に捨てるが，その際に電気による余分な仕事を必要とするので，室内と室外全体ではエネルギーの総和が増加し，熱エネルギーは保存していない。

②**「仕事が熱に変わる現象は不可逆変化である。」**（トムソンの原理）仕事はすべてを熱に変えられるが，外部に何の変化も及ぼさずに熱をすべて仕事に変えることはできない。これは熱機関の効率が100％未満であることに対応する。

COLUMN

永久機関

いちど動かしはじめるとエネルギーの供給なしに永久に仕事を続ける装置を第1種永久機関，熱源の熱を100％仕事に変える装置を第2種永久機関という。どちらも多くの人が試みたが，実現できなかった。これは，熱力学第1法則，第2法則のためである。

このSECTIONのまとめ　エネルギーの保存と変換

□ 物体の温度変化 ☞ p.185	・**比熱**…単位質量の温度を1Kだけ上げるのに必要な熱量。 $Q = mc\Delta T$ c〔J/(g・K)〕：比熱　m〔g〕：質量　ΔT〔K〕：温度変化 ・**熱容量**…物体の温度を1Kだけ上げるのに必要な熱量。 $Q = C\Delta T$ C〔J/K〕：熱容量　ΔT〔K〕：温度変化 ・物体の温度をΔT上げるのに必要な熱量Q〔J〕は， $Q = mc\Delta T = C\Delta T$ ・**熱量保存の法則**…外部との熱の出入りがないとき， **高温物体の失った熱量 = 低温物体の得た熱量**
□ エネルギーの保存 ☞ p.188	・**内部エネルギー**…分子・原子の位置エネルギーと分子・原子の運動エネルギーの和。 ・**熱力学第1法則**…気体に加えられた熱量Q〔J〕と仕事W〔J〕の和は内部エネルギーの増加ΔU〔J〕に等しい。 $\Delta U = Q + W$ ・**断熱変化**…外部との熱の出入りがない状態変化。 { **断熱圧縮**…温度上昇 { **断熱膨張**…温度下降
□ エネルギーの流れと変換 ☞ p.190	・**エネルギー保存の法則**…現象にかかわったエネルギーの総和はつねに一定。 ・**熱機関**…高熱源から熱量Q_1を吸収し，仕事Wをして低熱源に熱量Q_2を放出する。 ・**熱機関の効率**…$e = \dfrac{W}{Q_1} = \dfrac{Q_1 - Q_2}{Q_1}$，$e < 1$ ・**可逆変化**…逆向きの変化がまったく同じ状態をとるような変化。 ・**不可逆変化**…ひとりでには逆向きに進まない変化。 ・**熱力学第2法則**…熱の移動方向を規定。熱が高温物体から低温物体へ移動する現象は**不可逆変化**である。また，仕事が熱に変わる現象は**不可逆変化**である。

CHAPTER 1

練習問題 解答 ☞ p.535

① 〈仕事と熱〉 物理基礎

質量0.50 kgの木片が机上で初速度2.0 m/sを与えられ，机上をしばらくすべって停止した。木片の運動エネルギーがすべて熱に変わったとすると，その熱量は何Jになるか。

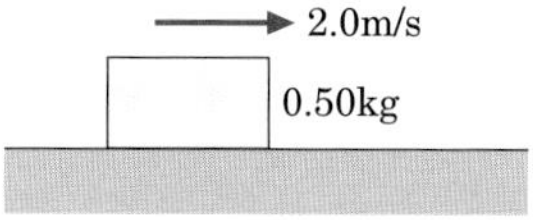

② 〈熱の仕事当量〉 物理基礎 テスト必出

質量200 gの水が入った容器がある。この容器の中に電熱線を入れ，電流を流して加熱した。電熱線での消費電力が20 Wで，6分20秒の間に水温が20℃から28℃に上昇した。水の比熱を1.0 cal/(g･K)として答えよ。

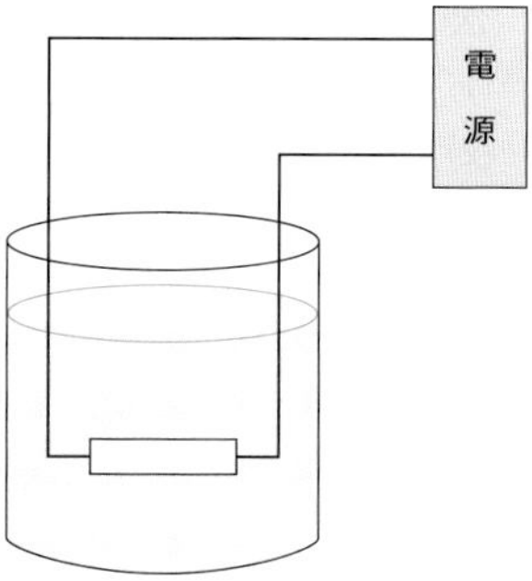

(1) 電熱線を発熱させるための仕事は何Jか。

(2) 電熱線での発熱がすべて水の温度上昇に使われたとすると，熱の仕事当量はいくらになるか。

(3) (2)で求めた値は，実際の値とは大きく異なる。考慮すべき要因として考えられるものを挙げよ。

③ 〈物質の三態〉 物理基礎

右図のように，冷凍庫から取り出した氷を細かくくだいてビーカーに入れて，ビーカー内の温度を測りながら一定の強さで加熱したところ，下図のような結果が得られた。

それぞれの時間区分①～④において，ビーカーの中の状態としてどれが最も適切か。次のア～エから1つずつ選び，記号で答えよ。

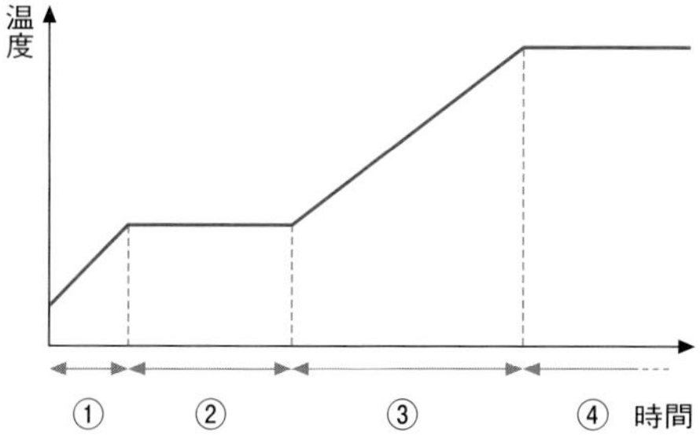

ア 氷のみ　　**イ** 水のみ　　**ウ** 氷と水が共存　　**エ** 氷も水もない

4 〈比熱と熱量保存〉 物理基礎 テスト必出

ある金属でできた100gの球を沸騰している水でじゅうぶんに温めて取り出し，すぐに10℃，400gの水に入れた。しばらくたつと水温は20℃になり，その後水温は変化しなかった。水の比熱を4.2J/(g·K)とし，金属と水の間以外では熱のやりとりがないものとして，次の各問いに答えよ。

(1) この金属の比熱をc〔J/(g·K)〕として，熱量保存の式をつくれ。

(2) (1)の結果を用いて，この金属の比熱cを求めよ。

5 〈潜熱〉 物理基礎 テスト必出

断熱容器に入れた20℃，500gの水の中に0℃の氷20gを入れた。氷が完全にとけ，全体の温度が一様になったとき，温度はt〔℃〕であった。水の比熱を4.2J/(g·K)として，次の各問いに答えよ。

(1) 氷の融解熱をQ〔J/g〕として，熱量保存の式をつくれ。

(2) $Q=3.3\times10^2$ J/gとし，(1)の結果を用いてtの値を求めよ。

6 〈エネルギーの変換〉 物理基礎

次の(1)～(5)の機器や設備におけるエネルギー変換は，図のア～セのどの変換にあたるか。それぞれもっとも適切なものを選んで答えよ。

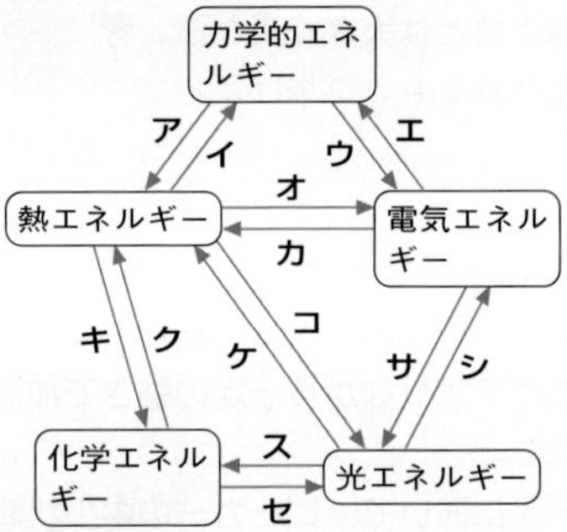

(1) 石油ストーブ　(2) 太陽電池　(3) 発光ダイオード

(4) 水力発電所　(5) 電磁調理器

7 〈不可逆過程〉 物理基礎

次の(1)～(3)の過程は不可逆過程である。どのような変化が起こることによるものであるか，それぞれについて説明せよ。

(1) 一般的なボールの落下による地面との衝突

(2) 熱した金属と水との間の熱伝導

(3) 水槽の中の水に赤インクをたらしたときの拡散

• CHAPTER

2 » 気体分子の運動

SECTION 1 気体の圧力と体積

1 | 気体の圧力

1 気体の圧力

❶**圧力**　力が面に対して加わるとき，面の単位面積あたりに垂直に加わる力の大きさを**圧力**という。気体は，触れている面のどの部分にも同じ圧力を及ぼすので，圧力 p〔Pa〕の気体が面積 S〔m^2〕の面を押す力の大きさを F〔N〕とすると，$\boldsymbol{F=pS}$ となる(☞ p.80)。(図17)

❷**大気圧**　大気圧の標準値は 1013 hPa＝1.013×10^5 Pa と定められており，この圧力を**1 気圧**または**1 atm**という(☞ p.80)。

補足 圧力を測定するとき，ガラス管などに水銀を入れた**水銀柱**を使う方法があり，高さ 1 mm の水銀柱の底が受ける圧力を**1 ミリメートル水銀柱**(記号**mmHg**)とよぶ。1 気圧は高さ 760 mm の水銀柱の底が受ける圧力と等しいので，1 atm＝1.013×10^5 Pa＝760 mmHg となる。

❸**気体の圧力**　図17(a)のように，断面積 S の容器に気体を入れ，なめらかに動けるピストンの上に質量 M のおもりをのせる。大気圧を p_0 とすると，ピストンは大気から p_0S，おもりから Mg の下向きの力を受ける。いっぽう容器内の気体の圧力を p とすると，ピストンは気体から pS の力を上向きに受ける。ピストンが静止していれば，$pS=p_0S+Mg$ なので，次の関係が成りたつ。(図17(b)についても同様に考える)

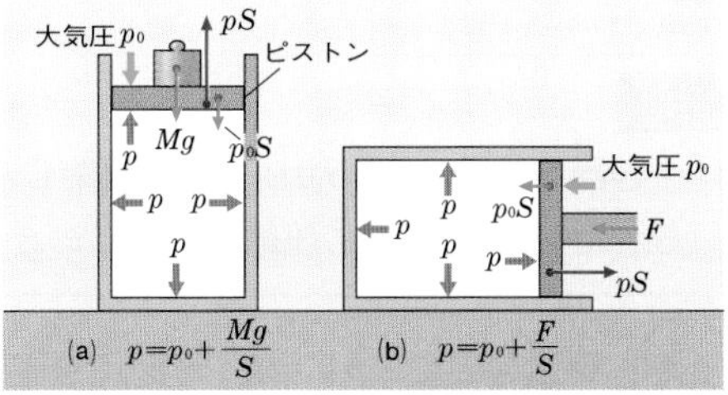

図17 気体の圧力

$$p=p_0+\frac{Mg}{S} \qquad (2\cdot11)$$

2 ボイルの法則 ①重要

❶等温変化　気体の温度を一定に保って圧力や体積を変化させることを等温変化という。

たとえば，熱を伝えやすい物質でできた容器に気体を入れてゆっくりと収縮や膨張をさせると，気体の温度はつねに外部と同じ温度に保たれるので等温変化をする。

❷ボイルの法則　シリンダーの中に気体を入れ，温度を一定に保ちながらピストンを押して圧力を増やしていく。圧力を2倍，3倍，4倍にしていくと，体積は$\frac{1}{2}$，$\frac{1}{3}$，$\frac{1}{4}$になる。このように等温では気体の圧力p〔Pa〕と体積V〔m^3〕とは反比例し，

$$pV = k\ (一定) \qquad (2\cdot12)$$

の関係が成りたつ。これを発見者の名にちなんでボイルの法則という。

> COLUMN
> ### ダイバーの心得
> スキューバダイビングをする人は，ボイルの法則をよく知っていなければならない。たとえば，水面下20mの水圧は2atmなので，大気圧と合わせて3atmの圧力になっている。つまり，肺の中には3atmで体積Vの空気が入っている。このまま急速に水面に浮上すると，水面の圧力は大気圧1atmでありボイルの法則より$3 \times V = 1 \times V'$で，体積は$3V$となり，肺が破裂してしまう。このような危険を避けるため，急浮上するときは，息をはき続けなければならない。

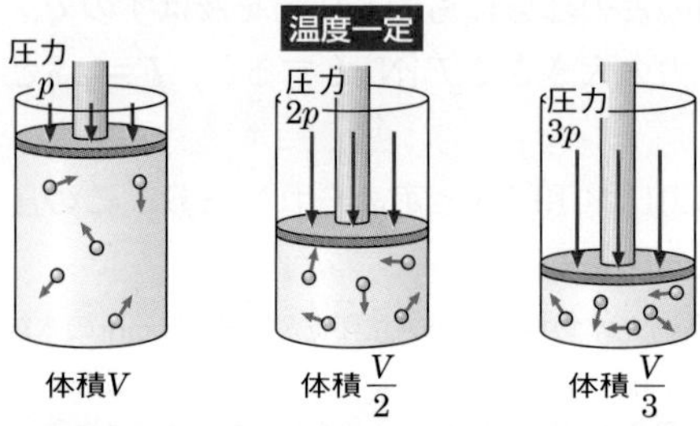

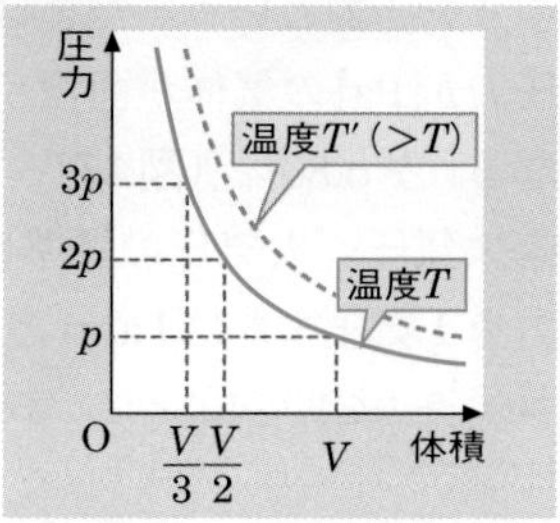

図18 ボイルの法則　　視点 等温では気体の圧力と体積は反比例する。

> **例題**　ボイルの法則
>
> 容器に1.0atmで5.0Lの空気を閉じこめ，温度を一定にしたまま，閉じこめられた空気を2.0Lに圧縮した。このときの圧力を求めよ。

着眼　等温なので，$pV = k$（一定），$p'V' = k$　よって，$pV = p'V'$　である。

解説　求める圧力をp〔atm〕とすると，ボイルの法則より，

$$p \times 2.0 = 1.0 \times 5.0$$

よって，　$p = 2.5\,\text{atm}$　　　　**答** 2.5atm

補足 ボイルの法則において圧力や体積の単位は両辺が同じなら何でもよい。

類題2　断面積12 cm^2 の円筒形容器を縦に置き，ピストンをはめて，中に 1.0×10^5 Pa の空気を閉じこめた。ピストンの上におもりを置いたところ，ピストンはゆっくり下降して，空気の体積が最初の4分の3になった。おもりの質量を求めよ。重力加速度は10 m/s^2，大気圧は 1.0×10^5 Paとする。（解答☞ p.536）

3 シャルルの法則　①重要

❶定圧変化　気体の圧力を一定に保って温度や体積を変化させることを定圧変化という。なめらかに動くピストンをもつ容器に気体を入れて加熱すると，気体は膨張するが，ピストンがなめらかに動き，つり合いの位置まで移動するので，気体の圧力はつねに大気圧と等しい。

❷シャルルの法則　一定量の気体を圧力を一定に保って圧縮または膨張させると，気体の体積 V〔m^3〕は絶対温度（☞ p.179）T〔K〕に比例し，

$$\frac{V}{T} = k\ (\text{一定}) \qquad (2\cdot13)$$

の関係が成りたつ。これを発見者にちなんで，シャルルの法則という。

注意　シャルルの法則において体積 V の単位は両辺が同じなら何でもよいが，温度 T は必ず絶対温度を使わなければいけない。絶対温度（K）の数値はセルシウス温度（℃）の数値に273を加えたものである。

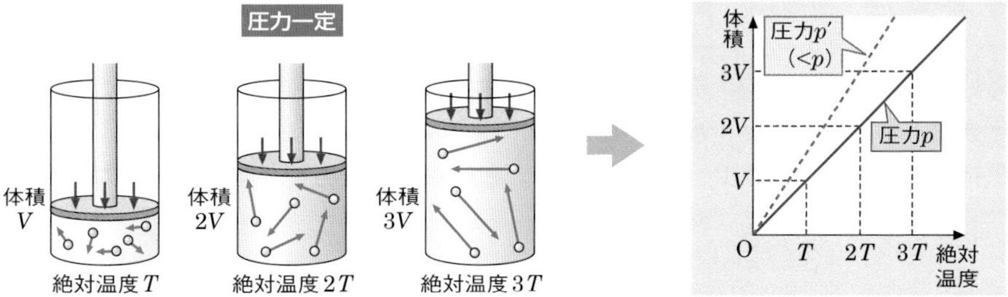

図19 シャルルの法則　　視点　定圧では気体の体積は絶対温度に比例する。

例題　シャルルの法則

シリンダーの中に乾燥した0℃の空気が入っている。ピストンの面積は20 cm^2 でなめらかに動く。最初のピストンはシリンダーの底から10cmの高さにあった。シリンダーを熱して温度を223℃にすると，ピストンは何cm上昇するか。

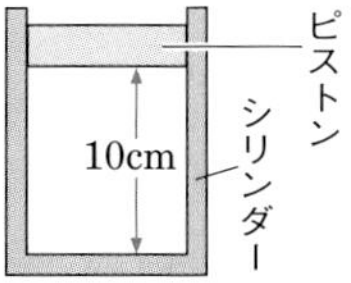

着眼　シリンダー内の空気の圧力は，つねに大気圧とピストンの重さによる圧力の和に等しいから，定圧変化である。よって，シャルルの法則が成りたつ。

解説　ピストンが上昇する高さを x〔cm〕とすれば，シャルルの法則より，

$$\frac{20 \times 10}{273} = \frac{20 \times (10 + x)}{273 + 223} \quad \text{よって，} x \fallingdotseq 8.2\,\text{cm}$$

答 8.2 cm上昇

発展ゼミ　シャルルの法則と絶対温度

●**シャルル**は，18世紀末に圧力一定のもとで気体を熱すると，すべての気体が，温度が1℃上昇するごとに，0℃のときの体積V_0の273分の1ずつ増加することを発見した。

●これをグラフにすると**図20**のようになる。これを左に延長すると，気体の体積は -1℃で$\frac{272}{273}V_0$，-2℃で$\frac{271}{273}V_0$，-273℃で0になる。

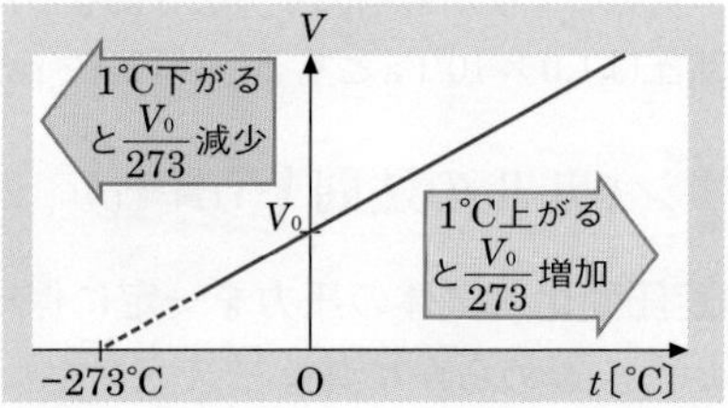

図20　気体の体積の変化

●-273℃を0Kとする絶対温度は，シャルルよりずっと後の19世紀半ばになって，イギリスの科学者**ケルビン**による熱力学の研究を通して定められた。

4　ボイル・シャルルの法則　重要

ボイルの法則から，一定量の気体の体積V〔m^3〕は圧力p〔Pa〕に反比例する。また，シャルルの法則から，体積V〔m^3〕は絶対温度T〔K〕に比例する。まとめると，**一定量の気体の体積V〔m^3〕は絶対温度T〔K〕に比例し，圧力p〔Pa〕に反比例する**ので，

$$V=k\frac{T}{p}\qquad \frac{pV}{T}=k\,(\text{一定})\qquad (2\cdot 14)$$

という関係が成りたつ。これをボイル・シャルルの法則という。

また，ボイル・シャルルの法則は，次のように表すこともできる。一定の質量の気体が，圧力p_1，体積V_1，絶対温度T_1の状態から，圧力p_2，体積V_2，絶対温度T_2の状態に変化したとき，$\frac{p_1V_1}{T_1}=\frac{p_2V_2}{T_2}$　となる。

POINT!

ボイル・シャルルの法則　$\frac{pV}{T}=$一定

p〔Pa〕：圧力　　V〔m^3〕：体積　　T〔K〕：絶対温度

例題　状態図とボイル・シャルルの法則

一定量の気体を容器に入れて，圧力や体積を右図のA→B→C→Aの順で変化させた。Aの状態では温度は300Kであった。

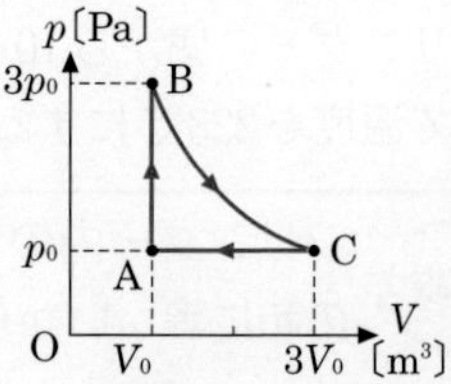

(1)　状態Bの温度T_1〔K〕を求めよ。

(2)　B→Cの間は等温変化であった。気体の圧力pと体積Vの関係を示せ。

(3)　C→Aは定圧変化である。気体の体積Vと絶対温度Tの関係を示せ。

着眼　それぞれの状態変化をつかみ，ボイル・シャルルの法則$\dfrac{p_1V_1}{T_1}=\dfrac{p_2V_2}{T_2}$を用いて解く。

解説　状態Aの温度は300K，圧力はp_0，体積はV_0である。

(1)　$\dfrac{p_0V_0}{300}=\dfrac{3p_0V_0}{T_1}$　よって，$T_1=900\,\mathrm{K}$

(2)　$\dfrac{p_0V_0}{300}=\dfrac{pV}{900}$　よって，$pV=3p_0V_0$

(3)　$\dfrac{p_0V_0}{300}=\dfrac{p_0V}{T}$　よって，$\dfrac{V}{T}=\dfrac{V_0}{300\,\mathrm{K}}$

答 (1)900K　(2)$pV=3p_0V_0$
(3)$\dfrac{V}{T}=\dfrac{V_0}{300\,\mathrm{K}}$

例題　気体の混合とボイル・シャルルの法則

容積4.0Lの容器A内に圧力3.0atm，温度27℃の空気が，容積12Lの容器B内に圧力2.0atm，温度127℃の空気が，それぞれ入っている。容器Aと容器Bの間のコックは閉じてあった。

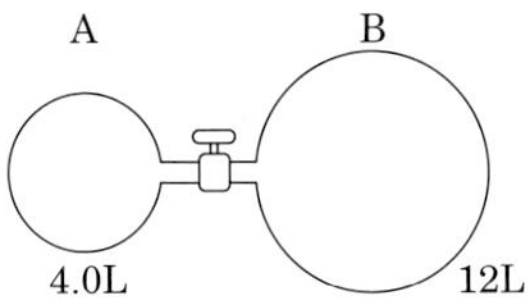

(1)　Aに空気が入っていない(真空)と仮定したとき，コックを開けて全体を127℃にすると，全体の圧力はいくらになるか。

(2)　Bに空気が入っていないと仮定したとき，コックを開けて全体を127℃にすると，全体の圧力はいくらになるか。

(3)　A，Bにそれぞれ上の条件の空気が入っているとき，コックを開けて全体を127℃にすると，全体の圧力はいくらになるか。

着眼　A，Bの空気が，単独で容器全体に広がるときの圧力をボイル・シャルルの法則より求める。容器全体の圧力は，同じ温度の圧力の和となる。

解説　(1)　等温変化なのでボイルの法則より，$2.0\times12=p_1\times16$　$p_1=1.5\,\mathrm{atm}$

(2)　ボイル・シャルルの法則より，$\dfrac{3.0\times4.0}{273+27}=\dfrac{p_2\times16}{273+127}$　$p_2=1.0\,\mathrm{atm}$

(3)　127℃に容器を保つとき，Bの空気単独では1.5atm，Aの空気単独では1.0atmの圧力なので，混合した場合は2つの圧力の和となる。

よって　$p=p_1+p_2=1.5+1.0=2.5\,\mathrm{atm}$

答 (1)1.5atm　(2)1.0atm　(3)2.5atm

補足　混合気体の圧力は，それぞれの気体が単独で示す圧力(**分圧**)の和に等しい(☞p.204)。

参考　$\dfrac{pV}{T}=k$(一定)の定数kは，気体の分子数に比例している。kが2倍なら2倍の量の気体があることを意味する(☞p.203)。

2 | 理想気体の状態方程式

1 理想気体

❶理想気体　現実の気体(実在気体)では，**ボイル・シャルルの法則**は高温かつ低圧では比較的よく成りたつものの，低温や高圧では近似的にしか成りたたない。これは，気体分子の大きさや分子間力の影響によるものである。

そこで，ボイル・シャルルの法則が厳密に成りたつような仮想的な気体を考え，このような気体を理想気体とよぶ。実在気体でも，**分子の大きさや分子間力の影響が少ないとき(低圧で密度が小さいときや高温で分子運動が盛んなとき)**は，理想気体と同じふるまいをするので，理想気体として取り扱ってよい。

❷気体分子の数　原子や分子を1つずつ数えることはできないので，**6.02×10^{23}個を1まとまりとした集団**で扱う。このように表した物質の数量を物質量といい，6.02×10^{23}個の物質量を1 mol (モル)という。

また，1 molの個数をアボガドロ定数といい，記号N_Aで表す。すなわち，

$$N_A = 6.02\times10^{23}/\mathrm{mol}$$

❸気体分子の数　原子や分子1 molあたりの質量をモル質量といい，単位**グラム毎モル(記号g/mol)**や**kg/mol**で表す。たとえば1 molの水素分子H_2の質量は約2 gなので，水素分子のモル質量は$2\,\mathrm{g/mol} = 2\times10^{-3}\,\mathrm{kg/mol}$といえる。

補足　1 molの物質量は，炭素12原子($^{12}_{6}C$ ☞ p.480) 12 gの個数をもとに定められた。

参考　分子や原子において，炭素12原子を基準にとり，その質量を12とした相対質量を，それぞれ**分子量**や**原子量**という。炭素12原子のモル質量は12 g/molなので，たとえばモル質量が2 g/molである水素分子の分子量は2，モル質量が32 g/molである酸素分子の分子量は32といえる。

❹標準状態　容器内の気体の状態は，圧力p，体積V，絶対温度Tによって決まる。そこで，一般に0℃(273 K)，1 atm ($1.013\times10^5\,\mathrm{Pa}$)の状態を標準状態という。

標準状態で1 molの理想気体がしめる体積は，$V = 2.24\times10^{-2}\,\mathrm{m^3} = 22.4\,\mathrm{L}$である。一般の実在気体でも，標準状態で$V = 2.24\times10^{-2}\,\mathrm{m^3}$と考えてよい。

2 理想気体の状態方程式

❶気体定数　理想気体ではボイル・シャルルの法則が成りたつ。このときボイル・シャルルの法則の比例定数$k = \dfrac{pV}{T}$を気体定数といい，記号Rで表す。その値は，標準状態下での1 molの理想気体の体積が$2.24\times10^{-2}\,\mathrm{m^3}$ということから，

$$R = \frac{1.013\times10^5\times2.24\times10^{-2}}{273} = 8.31\,\mathrm{J/(mol\cdot K)} \qquad (2\cdot15)$$

となる。

❷理想気体の状態方程式　気体定数Rを用いてボイル・シャルルの法則を表すと，1molの気体では，$R=\dfrac{pV}{T}$すなわち$pV=RT$と書ける。

一般に，気体分子の物質量がn〔mol〕なら，体積Vは1molのときのn倍になるので，

$$pV=nRT \qquad (2\cdot16)$$

となる。この式を理想気体の状態方程式という。

注意　実在気体の状態は，高圧や低温になると，(2･16)式からのずれが大きくなる。

POINT!

理想気体の状態方程式　$pV=nRT$

［p〔Pa〕：圧力　V〔m^3〕：体積　n〔mol〕：物質量
R〔J/(mol･K)〕：気体定数　T〔K〕：絶対温度］

例題　圧力のちがう気体の混合

右図のように，容積Vおよび$\dfrac{V}{2}$の2つの容器A，Bをコックのついた細い管でつなぎ，Aには1molの酸素，Bには1molの窒素を入れ，温度をいずれもT_0に保つ。次に，コックを開き，Bの温度をT_0に保ったまま，Aの温度をtだけ上昇させてからコックを閉じた。このときのA内の気体の物質量n_A，圧力p_Aを求めよ。ただし，気体定数をRとする。

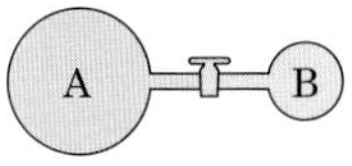

着眼　コックを開くと，両方の容器内に気体の圧力が等しくなるまで，圧力の高いほうから低いほうへ気体が流れこむ。しかし気体が移動しても，全体のモル数は変わらない。

解説　AとBの気体の総量は2molであるから，A内にある気体の量をn_A〔mol〕とすると，B内の気体の量は(2mol－n_A〔mol〕)である。Aの温度が(T_0+t)，Bの温度がT_0のとき，A，Bそれぞれの気体について状態方程式を立てると，

$$p_AV=n_AR(T_0+t), \qquad p_A\cdot\frac{V}{2}=(2-n_A)RT_0$$

p_A，Vを消去して，

$$\begin{cases} n_A=\dfrac{4T_0}{3T_0+t} \\ p_A=\dfrac{4RT_0(T_0+t)}{V(3T_0+t)} \end{cases}$$

答 $\begin{cases} n_A=\dfrac{4T_0}{3T_0+t} \\ p_A=\dfrac{4RT_0(T_0+t)}{V(3T_0+t)} \end{cases}$

❸分圧の法則　温度T〔K〕で2種類の気体A，Bを混合する場合の圧力を考える。それぞれの物質量をn_A，n_B，混合後の圧力をp，体積をVとする。気体の状態方程式は気体の種類によらないので，混合気体の物質量(n_A+n_B)を用いると，

$$p = \frac{(n_A + n_B)RT}{V} \quad \cdots\cdots①$$

となる。また，気体A，Bが単独で容器に及ぼす圧力をp_A，p_Bとすると，同様に

$$p_A = \frac{n_A RT}{V},\ p_B = \frac{n_B RT}{V} \quad \cdots\cdots②$$

①，②より，

$$p = p_A + p_B \quad (2\cdot17)$$

となる。混合気体の各成分気体が単独で示す圧力を分圧という。

一般に，**容器中の混合気体の圧力は各成分気体の分圧の和に等しい。**これを分圧の法則という。たとえば1 atmの空気中には，体積(物質量)比でN_2が80％，O_2が20％存在するので，$p_{N_2} = 0.8\,\mathrm{atm}$，$p_{O_2} = 0.2\,\mathrm{atm}$である。

このSECTIONのまとめ　気体の圧力と体積

□気体の圧力 ☞ p.197	・**圧力**…面の単位面積あたりに加わる力。圧力p〔Pa〕の気体が面積S〔m^2〕に垂直に加える力F〔N〕は， $F = pS$ ・**ボイルの法則**…一定温度の気体では，圧力と体積は反比例する。 $pV =$ (一定)　…等温変化 ・**シャルルの法則**…一定圧力の気体では，体積と絶対温度は比例する。 $\frac{V}{T} =$ (一定)　…定圧変化 ・**ボイル・シャルルの法則**…気体について一般に， $\frac{pV}{T} =$ (一定)
□理想気体の状態方程式 ☞ p.202	・**アボガドロ定数**…1 molあたりの粒子数。 $N_A = 6.02 \times 10^{23}/\mathrm{mol}$ ・**気体定数**…気体1 molにおけるボイル・シャルルの法則の比例定数$R = \frac{pV}{T} = 8.31\,\mathrm{J/(mol \cdot K)}$。 ・**理想気体の状態方程式**…$pV = nRT$ ・**分圧の法則**…容器中の混合気体の圧力は，各成分気体の分圧の和に等しい。

SECTION 2 分子の運動と圧力

1 | 気体分子の熱運動

1 気体の圧力と分子の運動

❶気体の分子運動　気体の分子はばらばらになっていて，空間を自由に飛びまわっている。分子の運動方向や速度はそれぞれ異なっている。このような分子の運動を熱運動という(☞p.178)。気体の温度を上げると，熱運動がさかんになる。これは，熱エネルギーが個々の分子の運動エネルギーに変換され，分子の平均の速度が速くなるためである。

補足　気体分子が熱運動をしていることは，煙などを観察するとわかる。煙を顕微鏡で観察すると，煙の粒子がブルブルと振動しながら不規則に運動している。これは**ブラウン運動**という現象で，気体分子がいろいろな方向からいろいろな速度で不規則に衝突するために起こる。(☞p.178)

❷気体の圧力　気体を容器に閉じこめると，気体の分子は自由に運動して，たえず容器の壁に衝突してはね返る。**衝突で分子が容器の壁に与える力積(☞p.126)が，気体の圧力の原因である。図21**のような1辺L〔m〕，容積$V=L^3$〔m^3〕の立方体の容器の中に，質量m〔kg〕の気体分子がN個入っているものとする。分子どうしの衝突は考えず，容器の壁と気体分子の衝突は**完全弾性衝突**(☞p.134)であるとする。**図21**のようにx，y，z軸をとり，分子の速度$\vec{v}$のx，y，z成分をv_x，v_y，v_zとする。

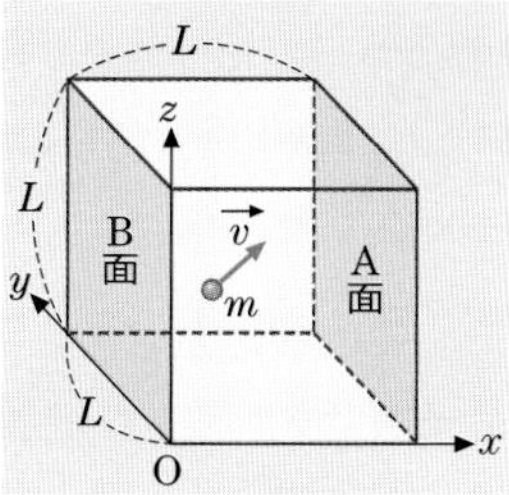

図21　気体分子の運動

いま，x軸と垂直なA面に1個の分子が衝突してはね返る場合を考える。壁と分子の衝突は(完全)弾性衝突なので，分子の速さは衝突しても変わらない。

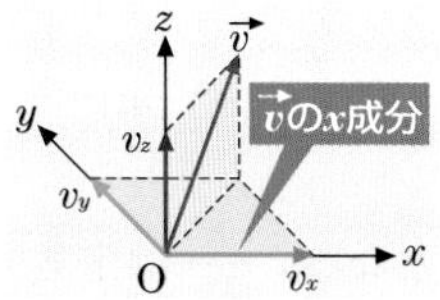

図22　速度のx，y，z成分

①このときの分子の運動量変化は，**図23**より

$$m(-v_x)-mv_x=-2mv_x$$

で，これは分子がA面から受けた力積に等しい。

②作用・反作用の法則により，A面は分子から同じ大きさの力積を反対向きに受けるので，次のようになる。

A面の受けた力積$=2mv_x$

分子のx方向の運動だけを考えると，A面とB面の間の距離Lを往復する$(2L)$ごとに1回A面に衝突するので，時間t〔s〕の間に1個の分子がA面に衝突する回数は，移動距離$v_x\times t$を$2L$で割った$\dfrac{v_xt}{2L}$回である。

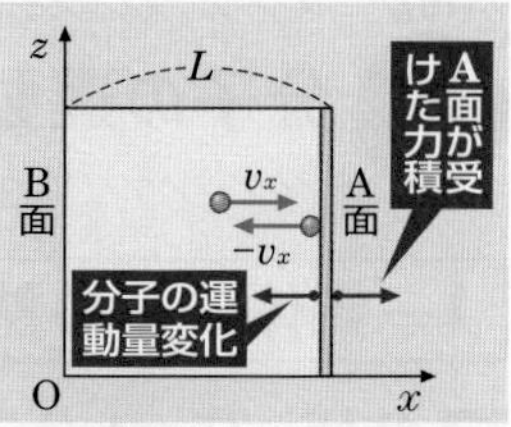

図23　壁が受ける力積(x成分)

③時間t[s]の間に1個の分子がA面に及ぼす力積の大きさは，$2mv_x \times \dfrac{v_x t}{2L} = \dfrac{m{v_x}^2 t}{L}$　となる。

④気体分子1個がA面に及ぼす平均の力をf[N]とし，t[s]間の力積をftと表すと，$ft = \dfrac{m{v_x}^2 t}{L}$より$\boldsymbol{f = \dfrac{m{v_x}^2}{L}}$と表される。

⑤全気体分子からA面が受ける力Fは，N個の気体分子の速度のx成分はそれぞれちがうので，その2乗の平均値を$\overline{{v_x}^2}$と表し，上式を少し変えて，$\boldsymbol{F = N \times \dfrac{m\overline{{v_x}^2}}{L} = \dfrac{Nm\overline{{v_x}^2}}{L}}$とする。

⑥いま，N個の分子のv，v_x，v_y，v_zの2乗の平均をそれぞれ$\overline{v^2}$，$\overline{{v_x}^2}$，$\overline{{v_y}^2}$，$\overline{{v_z}^2}$とすると，三平方の定理から$\overline{v^2} = \overline{{v_x}^2} + \overline{{v_y}^2} + \overline{{v_z}^2}$である。また，気体はどの方向にも同等に分布しているので，$\overline{{v_x}^2} = \overline{{v_y}^2} = \overline{{v_z}^2}$である。両式から，$\overline{{v_x}^2} = \dfrac{1}{3}\overline{v^2}$となる。

⑦A面が受ける力Fは，$\boldsymbol{F = \dfrac{Nm}{L} \cdot \dfrac{\overline{v^2}}{3} = \dfrac{Nm\overline{v^2}}{3L}}$となる。

⑧気体の圧力p[Pa]はA面の単位面積あたりに受ける力なので，次のようになる。

$$\boldsymbol{p = \frac{F}{L^2} = \frac{Nm\overline{v^2}}{3L^3} = \frac{Nm\overline{v^2}}{3V}} \quad (V\text{は気体の体積}) \qquad (2\cdot18)$$

補足　(1)　(2・18)式を変形すると，$pV = \dfrac{Nm\overline{v^2}}{3}$となる。温度一定のとき$\overline{v^2}$は一定なので，これはボイルの法則$pV = k$ (☞ p.198)を表している。

(2)　気体の密度をρとすると，$\rho = \dfrac{Nm}{V}$より，$p = \dfrac{1}{3}\rho\overline{v^2}$と表される。

❸分子の運動エネルギー　分子数N個の気体の物質量をn[mol]とすると，1molの分子数はアボガドロ定数N_A個なので，$N = nN_A$となる。これを(2・18)式に代入して，$p = \dfrac{nN_A m\overline{v^2}}{3V}$より，$pV = \dfrac{nN_A m\overline{v^2}}{3}$となる。この式と理想気体の状態方程式$pV = nRT$を比較し，分子1個の平均の運動エネルギー$\dfrac{1}{2}m\overline{v^2}$を求めると，

$$\frac{nN_A m\overline{v^2}}{3} = nRT \quad \text{つまり，} \quad \frac{1}{2}m\overline{v^2} = \frac{3RT}{2N_A} \qquad (2\cdot19)$$

となる。$\dfrac{R}{N_A}$は定数で，これをボルツマン定数といい，kという記号で表す。

$$\boldsymbol{k = \frac{R}{N_A}} = \frac{8.31}{6.02 \times 10^{23}} = 1.38 \times 10^{-23}\,\text{J/K} \qquad (2\cdot20)$$

ボルツマン定数は気体の種類によらず一定である。ボルツマン定数を用いると，分子1個の平均運動エネルギーは，$\boldsymbol{\dfrac{1}{2}m\overline{v^2} = \dfrac{3}{2}kT}$　(2・21)

と表される。(2・21)式は，**理想気体の分子の平均運動エネルギーは絶対温度に比例する**ことを示している。

補足　(2・21)式から，分子の平均運動エネルギーは温度一定ならば気体の種類によらず一定なので，同じ温度のもとでは，重い分子は速度が小さく，軽い分子は速度が大きい。また，ボルツマン定数kは1 mol（分子N_A個）の気体定数RをN_A個で割ったものなので，1個の分子の気体定数と考えてよい。

POINT!

分子1個の平均運動エネルギー　$\dfrac{1}{2}m\overline{v^2} = \dfrac{3RT}{2N_A} = \dfrac{3}{2}kT$

❹分子運動の速度　ある温度での気体分子の速度は図24のような分布を示す。この分布をマクスウェル分布という。分子の速度はこのようにまちまちであるから，分子の速度を表す目安として**2乗平均速度**$\sqrt{\overline{v^2}}$（**2乗平均平方根速度**または単に**平均の速度**ともいう）を使う。分子のモル質量がM〔kg/mol〕の気体1 molの質量はM〔g〕なので，分子1個の質量m〔kg〕は，

$$m = \frac{M}{N_A}$$

これを(2・19)式に代入し2乗平均速度$\sqrt{\overline{v^2}}$を求めると，

$$\frac{1}{2}\cdot\frac{M}{N_A}\overline{v^2} = \frac{3RT}{2N_A}$$

よって，$\sqrt{\overline{v^2}} = \sqrt{\dfrac{3RT}{M}}$　　(2・22)

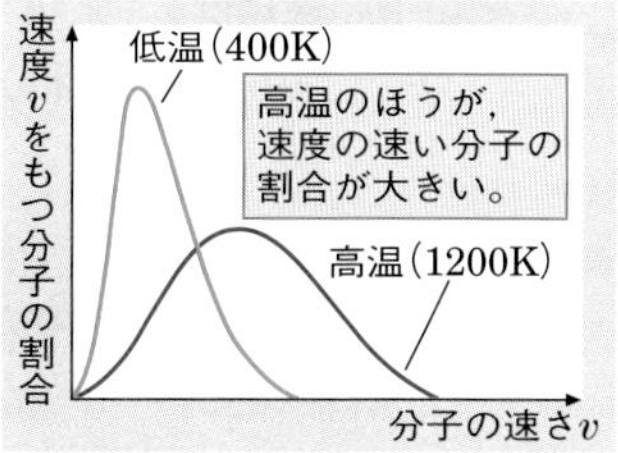

図24　気体分子の速度分布

補足　ここでは，モル質量の単位をkg/molとしている。**分子量**は1 molあたりの質量をgで表した数値なので，分子量M'のモル質量はM' g/mol $= M' \times 10^{-3}$ kg/mol。

参考　273 K（0℃）での2乗平均速度は，H_2で1.8 km/s，N_2で0.49 km/s，O_2で0.46 km/sである。

このSECTIONのまとめ　分子の運動と圧力

□気体分子の熱運動 ☞ p.205	• 質量mの気体分子が容積Vの中にN個あり，気体分子の速さの2乗の平均が$\overline{v^2}$であるとき，圧力pは， $p = \dfrac{Nm\overline{v^2}}{3V}$ • 気体分子1個の平均運動エネルギーは， $\dfrac{1}{2}m\overline{v^2} = \dfrac{3RT}{2N_A} = \dfrac{3}{2}kT$ ここでボルツマン定数$k = \dfrac{R}{N_A} = 1.38 \times 10^{-23}$ J/K • **2乗平均速度**…速さの2乗平均の平方根をとった値。分子のモル質量M〔kg/mol〕の気体の2乗平均速度$\sqrt{\overline{v^2}}$は， $\sqrt{\overline{v^2}} = \sqrt{\dfrac{3RT}{M}}$

CHAPTER 2 練習問題

解答 ☞ p.536

1 〈気体の圧力〉〈物理基礎〉

45 cm × 60 cm の机の表面にはたらく大気の圧力による力の大きさは，何 kg の物体がのっていることに相当するか。ただし，地表における大気の圧力は 1 atm = 1.013×10^5 Pa，重力加速度 $g = 9.8$ m/s^2 とする。

2 〈ボイルの法則〉

ピストンのついた円筒形容器に 1 mol の気体を封じた。このとき，容器内の圧力は 1.0×10^5 Pa，体積は 2.5×10^{-2} m^3 だった。温度一定のまま，この気体の体積を 1.0×10^{-2} m^3 にした。このときの気体の圧力を求めよ。

3 〈シャルルの法則〉

ピストンのついた円筒形容器に 1 mol の気体を封じた。このとき，容器内の温度は 27℃，体積は 2.5×10^{-2} m^3 だった。この気体を圧力一定のまま加熱したところ，体積が 5.0×10^{-2} m^3 になった。このとき，気体の温度は何℃になったか。ただし，0℃ = 273 K とする。

4 〈ボイル・シャルルの法則〉

密閉容器に気体を封じ，さらにこの気体の圧力が 2 倍，体積が 3 分の 1 になるように温度を調節した。このとき，気体の絶対温度は何倍になったか。

5 〈状態方程式と気体定数〉

標準状態（0℃，1 atm = 1.013×10^5 Pa）において，理想気体 1 mol の体積は 0.0224 m^3 である。これらのことから，気体定数 R の値を求めよ。

6 〈2 乗平均速度〉

気体分子の 2 乗平均速度について，次の各問いに答えよ。ただし，気体定数 R を 8.3 J/(mol·K)，水素原子 H のモル質量を 1.0 g/mol，酸素原子 O のモル質量を 16 g/mol とする。必要なら平方根表（☞ p.509）を用いよ。

(1) 300 K における酸素分子 O_2 の 2 乗平均速度はいくらか。

(2) 600 K における酸素分子 O_2 の 2 乗平均速度は，(1)の何倍か。

(3) 300 K における水素分子 H_2 の 2 乗平均速度は，(1)の酸素分子の何倍か。

(4) 300 K の酸素と 300 K の水素を混合したとき，それぞれの分子の運動エネルギーの平均値は減るか，増えるか，変化しないか。それぞれについて答えよ。

⑦〈気体分子の運動〉

1辺がLの立方体容器に，質量mの気体の分子がちょうど1 mol，すなわちアボガドロ定数をN_A/molとしてN_A個入っている。分子どうしは全く衝突せず，重力の影響は無視でき，器壁とは完全弾性衝突をするものとする。これについて説明した次の文中の空欄を，それぞれ適切な数式でうめよ。ただし，同じ番号の空欄には同じ数式が入る。

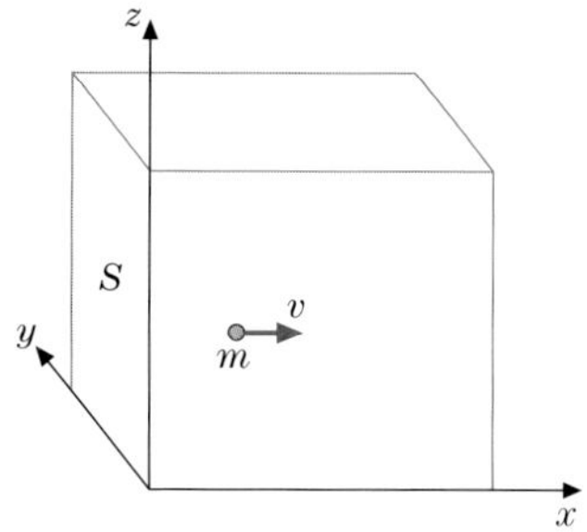

速さvでx軸に平行に運動する1個の分子の運動に注目すると，この分子は器壁Sとは垂直に衝突するので，x軸に平行なまま往復運動をし，一定の長さを進むごとに器壁Sに衝突すると考えてよい。

分子が器壁Sに衝突してから，次のSとの衝突までの移動距離は①［　　］である。時間tの間に，分子はvt進むので，その間の衝突回数は，$\dfrac{vt}{①［\quad］}$である。

器壁Sとの衝突では，運動量が②［　　］から－②［　　］に変化するので，1回の衝突で分子が器壁Sに与える力積の大きさは③［　　］である。したがって，時間tの間に1個の分子が器壁に与える力積は，④［　　］である。

ここで単純化するために，N_A個ある分子の$\dfrac{1}{3}$がx方向，$\dfrac{1}{3}$がy方向，$\dfrac{1}{3}$がz方向のみの速度の大きさvで運動をしていると考える。すると，$\dfrac{1}{3}N_A$個の分子が器壁Sに与える全力積Ftは，$Ft=$⑤［　　］$\times t$となる。ここでFは壁を押す力の平均に相当し，$F=$⑤［　　］と表せる。

器壁Sの面積Sは，$S=L^2$であり，圧力pは単位面積あたりの力であるから，

$$p=\frac{F}{S}=⑥［\quad］$$

となる。また，容器の体積Vは$V=L^3$なので，$pV=\dfrac{F}{S}\times L^3$となり，いろいろな方向，いろいろな速度で分子が運動したとし，v^2の平均値を$\overline{v^2}$としたときの議論から得られた，

$$pV=\frac{1}{3}N_A m\overline{v^2}$$

と結果が一致する。

さて，1 molでの状態方程式$pV=RT$と比較すると，$\dfrac{1}{3}N_A m\overline{v^2}=RT$であり，さらに変形すると

$$\frac{1}{2}m\overline{v^2}=⑦［\quad］$$

が得られる。ここで$k=\dfrac{R}{N_A}$を用いると，

$$\frac{1}{2}m\overline{v^2}=⑧［\quad］$$

となる。この$k=1.38\times10^{-23}$ J/Kは，ボルツマン定数とよばれる。

⑧より，分子数N_A個の1 molの気体分子のもつ運動エネルギーEは，Rを用いて$E=$⑨［　　］となる。

CHAPTER

3 » 気体の内部エネルギー

SECTION 1

気体の内部エネルギー

1 | 気体の内部エネルギーと仕事

1 気体の内部エネルギー （!）重要

気体は分子間の距離が大きいので，分子間力による位置エネルギーは無視できるほど小さい。したがって，**気体の内部エネルギーは個々の分子の熱運動の運動エネルギーの総和に等しい。**特に単原子分子の場合は，分子の回転や振動を考えなくてもよいので，**熱運動のエネルギーはすべて分子の運動エネルギーと考えてよい。**分子1個の平均運動エネルギーは，(2・19)式(☞ p.206)より，

$$\frac{1}{2}m\overline{v^2}=\frac{3RT}{2N_A}$$

である。

1 molの気体中にはN_A (アボガドロ定数)個の分子があるので，1 molの気体の内部エネルギーは，$N_A\times\frac{1}{2}m\overline{v^2}=\frac{3}{2}RT$となる。気体$n$ [mol]の場合はn倍すればよいので，n [mol]の単原子分子理想気体の内部エネルギーU〔J〕は次のようになる。

$$U=\frac{3}{2}nRT \qquad (2\cdot23)$$

温度がΔT高くなったときの内部エネルギーΔUの変化は，$\Delta U=\frac{3}{2}nR\Delta T$となる。

POINT!

単原子分子理想気体n〔mol〕の内部エネルギー　$U=\frac{3}{2}nRT$

内部エネルギーの変化　$\Delta U=\frac{3}{2}nR\Delta T$

2 気体と仕事

❶気体が外部にする仕事　図25のように，水平に置いた断面積S〔m^2〕のシリンダー内に閉じこめた気体を加熱する。ピストンがなめらかに動くとき，シリンダー内の気体の圧力は**つねに大気圧pに等しい。**気体がピストンを押す力$F'=pS$なので，気体を熱したとき気体が膨張してピストンがΔl〔m〕移動したなら，気体がピストンにした仕事W'は，

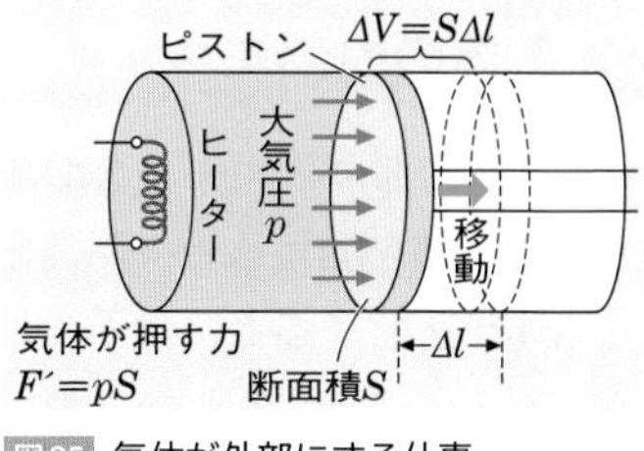

図25 気体が外部にする仕事

$W'=F'\cdot\Delta l=pS\cdot\Delta l$となる。この式の$S\cdot\Delta l$はシリンダー内の体積変化を表しているので，これを$\Delta V$とすると，気体が一定圧力$p$のもとで外部にする仕事$W'$は，

$$W'=p\cdot\Delta V \tag{2・24}$$

となる。膨張では$\Delta V>0$から$W'>0$，圧縮(収縮)では$\Delta V<0$から$W'<0$となる。

POINT!
気体が外部にする仕事　$W'=p\cdot\Delta V$　(圧力一定，ΔVは膨張が正)

❷外力が気体にする仕事　気体が膨張するとき，気体がピストンをF'の力で押しているとすると，**作用・反作用の法則**より，ピストンが気体を押す力Fは，$F=-F'$であるから，外力が気体にする仕事Wは，

$$W=F\cdot\Delta l=-F'\cdot\Delta l=-p\cdot\Delta V=-W' \tag{2・25}$$

このように**気体が膨張するとき，気体は外部に正の仕事W'をし，外力は気体に負の仕事Wをする。**反対に，気体が圧縮されるとき外力は気体に正の仕事をする。

❸p-Vグラフと気体が外部にする仕事

気体が一定圧力pのもとで膨張するようすを，縦軸に気体の圧力p，横軸に気体の体積Vをとってグラフにかくと，**図26(a)**のような横軸に平行な直線になる。

最初の体積をV_1，膨張後の体積をV_2とすると，体積変化ΔVは，$\Delta V=V_2-V_1$であるから，気体が外部にする仕事W'は，$W'=p\cdot\Delta V=p(V_2-V_1)$となり，**図26(a)の着色した長方形の部分の面積**で表されることになる。

同様に**圧力が変化する場合(図26(b))でも，p-Vグラフの囲む面積がW'となる。**

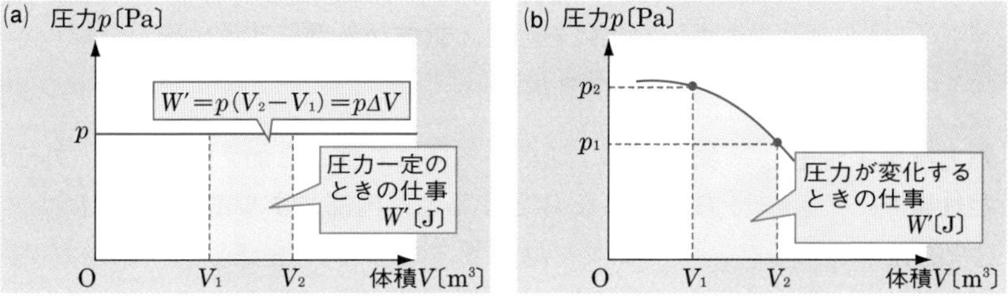

図26 p-Vグラフと気体がする仕事

2 | 熱力学第１法則と仕事

1 気体の内部エネルギーと熱，仕事との関係

気体の内部エネルギーを増加させる方法には，次の２つがある。

①**気体に熱を加えると**，熱運動が活発になり，分子の運動エネルギーが増加する。

②**気体を圧縮すると**，分子の速度が速くなり，分子の運動エネルギーが増加する。

補足 ピストンを一定の速さv_0で動かして気体を圧縮する場合を考える。図27のように，気体分子が速度vでピストンに衝突し，速度v'ではね返るとする。分子とピストンの衝突は**完全弾性衝突**（☞ p.134）なので，図27で左向きの速度を正とすると，

$$1 = -\frac{v' - v_0}{v - v_0} \quad \text{より，} \quad v' = -v + 2v_0$$

vは右向きなので$-v$は正となり，$-v = +|v|$であるから，$v' = |v| + 2v_0$。よって，分子の衝突後の速さは衝突前の速さより$2v_0$大きくなることがわかる。反対に，ピストンを右向き（膨張）に動かす場合は，v_0が負なので，分子の衝突後の速さは元の速さより$2v_0$小さくなる。

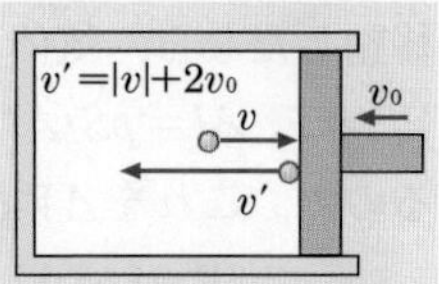

図27 気体分子の速度の変化

2 熱力学第１法則

気体に外部から熱を加えたり，外力が仕事をすると，気体の内部エネルギーはそのぶんだけ増加する。外から気体に加えた熱量Q，外から気体にした仕事W，内部エネルギーの変化（増加）量ΔUの間には，熱力学第１法則（☞ p.188）が成りたつ。

POINT!

熱力学第１法則　$\Delta U = Q + W$　　Wは外力が気体にする仕事（収縮は正，膨張は負）

このSECTIONのまとめ　気体の内部エネルギー

□気体の内部エネルギーと仕事 ☞ p.210	・単原子分子理想気体n〔mol〕の**内部エネルギー**U〔J〕と**内部エネルギー変化**ΔU〔J〕は， $U = \frac{3}{2}nRT$，$\Delta U = \frac{3}{2}nR\Delta T$ ・定圧変化において，**気体が外部にする**仕事W'は， $W' = p\Delta V$
□熱力学第１法則と仕事 ☞ p.212	・**熱力学第１法則**…気体に外部から加えた熱をQ，外部からの仕事をWとすると，内部エネルギー変化ΔUは $\Delta U = Q + W = Q - W'$

SECTION 2 気体の変化と熱量

1 | 気体のモル比熱

1 気体のモル比熱 ！重要

単位量の物質の温度を1Kだけ上げるのに必要な熱量が**比熱**(☞ p.185)である。気体は単位量としてkgやgのかわりにmolを使うことが多い。**物質1 molの温度を1Kだけ上げるのに必要な熱量**をモル比熱という。n〔mol〕の気体にQ〔J〕の熱量を与えたとき，温度がΔT〔K〕上がったとすると，モル比熱Cは，

$$C=\frac{Q}{n\cdot\Delta T}\text{〔J/(mol·K)〕}\quad つまり，\ Q=nC\cdot\Delta T \qquad (2\cdot26)$$

2 定積モル比熱と定圧モル比熱 ！重要

❶定積モル比熱　体積が変わらないようにして気体に熱を加えたときの変化を定積変化といい，このときのモル比熱を定積モル比熱という。

定積変化では，気体は外部から仕事をされないので，熱力学第1法則より，

$$\Delta U=Q+0=Q$$

となる。つまり，**加えられた熱はすべて内部エネルギーに変換される**。温度T〔K〕の単原子分子理想気体n〔mol〕をQ〔J〕の熱を加えて定積変化させたとき，温度がΔT〔K〕上昇したとすると，内部エネルギーの増加量は，(2·23)式(☞ p.210)より，

$$\Delta U=\frac{3}{2}nR(T+\Delta T)-\frac{3}{2}nRT=\frac{3}{2}nR\cdot\Delta T=Q$$

定積モル比熱をC_Vとすると，(2·26)式により，

$$Q=nC_V\cdot\Delta T=\frac{3}{2}nR\cdot\Delta T$$

よって，

$$C_V=\frac{3}{2}R\ (\fallingdotseq 12.5\,\text{J/(mol·K)}) \qquad (2\cdot27)$$

補足　温度T〔K〕の単原子分子理想気体n〔mol〕の内部エネルギーを表す(2·23)式を，定積モル比熱C_Vを用いて書き直すと，次の関係が成りたつ。

$$U=\frac{3}{2}nRT=nC_VT \qquad (2\cdot28)$$

また，内部エネルギーの変化量を表す式も，次のように書きかえることができる。

$$\Delta U=\frac{3}{2}nR\cdot\Delta T=nC_V\cdot\Delta T \qquad (2\cdot29)$$

POINT!

定積モル比熱　$Q=nC_V\cdot\Delta T$　　$C_V=\dfrac{3}{2}R$　(単原子分子理想気体)

例題　気体が吸収する熱量

単原子分子理想気体n〔mol〕の圧力と体積を図のように変化させた。状態Aの圧力と体積はそれぞれp_0，V_0である。A→Bは定積変化，B→Cは温度Tの等温変化，C→Aは定圧変化である。B→Cの過程で気体が外部にした仕事はW（$W>0$）であった。気体定数をRとして，次の問いに答えよ。

(1)　状態Aの気体の温度T_Aはいくらか。

(2)　過程A→Bで気体が吸収した熱量Q_{AB}はいくらか。

(3)　過程B→Cで気体が吸収した熱量Q_{BC}はいくらか。

(4)　過程C→Aで気体が外部にした仕事W_{CA}および気体が吸収した熱量Q_{CA}はいくらか。

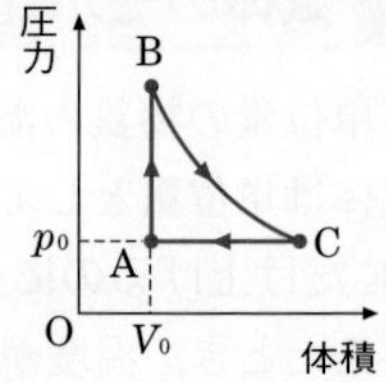

(5)　A→B→C→Aと一巡する過程全体で気体が吸収した熱量はいくらか。

着眼　A→Bは定積変化，B→Cは等温変化，C→Aは定圧変化である。

解説　(1)　状態Aについての状態方程式は，$p_0V_0=nRT_A$　より，$T_A=\dfrac{p_0V_0}{nR}$　……答

(2)　A→Bは定積変化であるから，$Q=nC_V\cdot\Delta T$より，

$$Q_{AB}=\frac{3}{2}nR(T-T_A)=\frac{3}{2}nR\left(T-\frac{p_0V_0}{nR}\right)=\frac{3}{2}(nRT-p_0V_0)\quad\text{……答}$$

(3)　B→Cは等温変化であるから，$\Delta T=0$で内部エネルギーは変化しない。気体が外部からされる仕事は$-W$なので，熱力学第1法則より，

$$0=Q_{BC}+(-W)\qquad よって，\quad Q_{BC}=W\quad\text{……答}$$

(4)　状態Cの温度はTであるから，状態Cの体積をV_Cとすると，状態方程式は，

$$p_0V_C=nRT\quad より，\quad V_C=\frac{nRT}{p_0}$$

よって，C→Aで気体が外部にした仕事は，(2・24)式（$W'=p\cdot\Delta V$）より，

$$W_{CA}=p_0(V_0-V_C)=p_0\left(V_0-\frac{nRT}{p_0}\right)=p_0V_0-nRT\quad\text{……答}$$

C→Aの内部エネルギーの増加量は，　$\Delta U=\dfrac{3}{2}nR\cdot\Delta T$より，

$$\Delta U_{CA}=\frac{3}{2}nR(T_A-T)=\frac{3}{2}nR\left(\frac{p_0V_0}{nR}-T\right)=\frac{3}{2}(p_0V_0-nRT)$$

外力が気体にする仕事は$-W_{CA}$，熱力学第1法則より，

$$\Delta U_{CA}=Q_{CA}+(-W_{CA})$$

$$Q_{CA}=\Delta U_{CA}+W_{CA}=\frac{3}{2}(p_0V_0-nRT)+p_0V_0-nRT=\frac{5}{2}(p_0V_0-nRT)\quad\text{…答}$$

(5)　Q_{AB}，Q_{BC}，Q_{CA}の和を求めればよい。

$$Q_{AB}+Q_{BC}+Q_{CA}=\frac{3}{2}(nRT-p_0V_0)+W+\frac{5}{2}(p_0V_0-nRT)$$

$$=p_0V_0-nRT+W\quad\text{……答}$$

❷定圧モル比熱　圧力が変わらないようにして気体に熱を加えたときの変化(**シャルルの法則**☞p.199にしたがう)を**定圧変化**といい，この場合のモル比熱を**定圧モル比熱**という。圧力p〔Pa〕，温度T〔K〕，体積V〔m^3〕の単原子分子理想気体n〔mol〕の圧力が変わらないようにして，外部からQ〔J〕の熱を加えたところ，温度がΔT〔K〕上昇し，体積がΔV〔m^3〕だけ増加したとする。このとき，気体が外部にした仕事W'は，(2･24)式(☞p.211)より$W'=p\cdot\Delta V$であるから，熱力学第1法則より，

$$\Delta U=Q+W=Q-W'=Q-p\cdot\Delta V$$

よって，$Q=\Delta U+p\cdot\Delta V$　……①

つまり，**加えられた熱の一部が内部エネルギーに変換され，残りは仕事になる。**このときの内部エネルギーの変化量は，

$$\Delta U=\frac{3}{2}nR(T+\Delta T)-\frac{3}{2}nRT=\frac{3}{2}nR\cdot\Delta T \quad \cdots\cdots②$$

また，理想気体の状態方程式$pV=nRT$から，$p(V+\Delta V)=nR(T+\Delta T)$

よって，　$p\cdot\Delta V=nR\cdot\Delta T$　……③

①，②，③より，$Q=\frac{3}{2}nR\cdot\Delta T+nR\cdot\Delta T=\frac{5}{2}nR\cdot\Delta T$　……④

定圧モル比熱をC_pとすると，(2･26)式より，

$$Q=nC_p\cdot\Delta T \quad \cdots\cdots⑤$$

となるので，④，⑤より，$C_p=\frac{5}{2}R\ (\fallingdotseq 20.8\mathrm{J/(mol\cdot K)})$　(2･30)

POINT!

定圧モル比熱　$Q=nC_p\cdot\Delta T$　　$C_p=\frac{5}{2}R$　(単原子分子理想気体)

❸定積モル比熱と定圧モル比熱の関係　理想気体では，定積変化でも定圧変化でも，温度がΔTだけ上がったときの内部エネルギーの変化量ΔUは同じ$\frac{3}{2}nR\Delta T$である。ΔUを定積モル比熱C_V，定圧モル比熱C_pを用いて表すと，

$\Delta U=nC_V\cdot\Delta T+0$(定積変化)　　また，$\Delta U=nC_p\cdot\Delta T-p\Delta V$(定圧変化)

よって，　$nC_p\cdot\Delta T=nC_V\cdot\Delta T+p\cdot\Delta V$

この式は，**定圧変化では定積変化の場合より，外部に気体が膨張して仕事をするぶんだけ余分な熱量が必要なことを示している。**状態方程式より，$p\cdot\Delta V=nR\cdot\Delta T$を上式に代入すると，$nC_p\cdot\Delta T=nC_V\cdot\Delta T+nR\cdot\Delta T$

つまり，　$C_p=C_V+R$　(2･31)

これは単原子分子以外の理想気体でもつねに成りたち，マイヤーの式と呼ばれる。

注意　単原子分子理想気体では$C_V=\frac{3}{2}R$，$C_p=\frac{5}{2}R$が成りたつが，**実在気体**(☞p.202)ではC_VやC_pの値がずれるので，使うときには注意が必要である。このときでも，$C_p=C_V+R$は近似的には成りたつ。

補足　酸素分子O_2や窒素分子N_2は2個の原子が結びつき1個の分子をつくっているので，**二原子分子**と呼ばれる。原子が固く結びついた二原子分子では，外部から与えられた熱が，分子の速度のほか，分子の回転のエネルギーを増加させるのにも使われるので，単原子分子の理想気体の場合よりモル比熱の値が大きくなる。二原子分子の理想気体の定積モル比熱は$C_V=\frac{5}{2}R$，定圧モル比熱は$C_p=\frac{7}{2}R$である。単原子分子の場合と値は異なるが，$C_p=C_V+R$となり(2･31)式の関係は成りたっている。

POINT!

理想気体の定積モル比熱と定圧モル比熱の関係(マイヤーの式)

$$C_p=C_V+R$$

例題　気球の膨張

熱を伝えない物質でできた気球にヘリウムが入っている。その体積は0℃，1atmで$0.35\,m^3$であった。これを温めて体積を$0.52\,m^3$にするのに必要な熱量を求めよ。気球内の圧力はつねに1atmに保たれているものとし，気体定数$R=8.31\,J/(mol\cdot K)$とする。ヘリウムは単原子分子の理想気体として考えること。

着眼　$Q=nC_p\cdot\Delta T$である。

解説　気体の体積が$0.52\,m^3$になったときの温度をT'〔K〕とすれば，シャルルの法則より，

$$\frac{V}{T}=\frac{0.35}{273}=\frac{0.52}{T'}\quad より，\quad T'=406\,K$$

ヘリウムは単原子分子であるから，定圧モル比熱は，(2･30)式より，

$$C_p=\frac{5}{2}R=\frac{5}{2}\times 8.31=20.8\,J/(mol\cdot K)$$

ヘリウム1molの体積は，0℃，1atmで$22.4\times10^{-3}\,m^3$であるから，気球内のヘリウムの物質量は，$n=\frac{0.35}{22.4\times10^{-3}}=15.6\,mol$

よって，求める熱量は，$Q=nC_p\cdot\Delta T=15.6\times20.8\times(406-273)=4.3\times10^4\,J$

答 $4.3\times10^4\,J$

2 | 気体の変化と熱量

1 等温変化

❶**等温変化**　気体の温度が変わらないようにして，圧力や体積を変えることを**等温変化**という。たとえば，熱を伝えやすい金属で作った容器に気体を入れ，圧力や体積をゆっくり変化させると，容器内外で熱の出入りを行い，等温変化をする。

等温変化では，ボイルの法則(☞p.198)が成りたつので，p-Vグラフは図28のような双曲線になる。温度が一定なので，内部エネルギーの変化$\Delta U=0$となる。

よって，熱力学第1法則より，$\Delta U = Q + W = 0$
つまり，$Q = -W$となる。

❷**等温圧縮** 外力が気体に正の仕事Wをするので，外から気体に与える熱Qが負になる。つまり，気体が外部に熱を放出する。これは，外力がした仕事Wをすべて熱に変え，外部に放出することを意味する。この仕事Wは図28のグラフの曲線と横軸に囲まれる図形の面積(緑色部分)として表される(計算するには積分を用いる)。

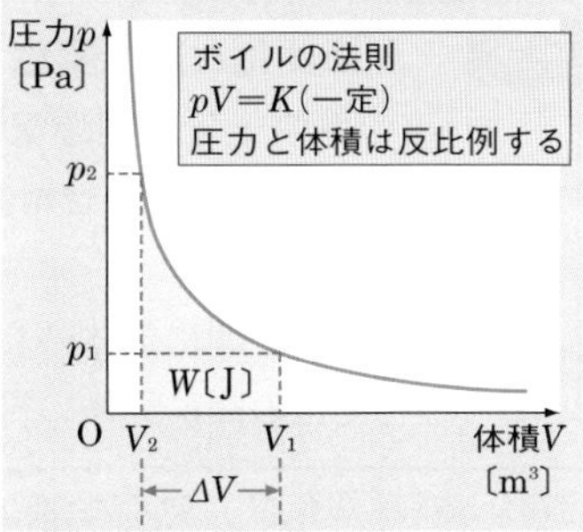

図28 等温変化と仕事

❸**等温膨張** 外力が気体に負の仕事をするので，$W < 0$で，$Q > 0$になる。よって，気体が外部から熱Qを吸収し，これをすべて外部に対する仕事$W'(= -W)$に変える。

2 断熱変化 重要

❶**断熱変化** 容器の周囲を断熱材で囲んで，**外部と気体の間の熱の出入りができない**ようにして，気体の圧力や体積を変えることを断熱変化という(☞ p.189)。

断熱変化では，気体に外から与える熱$Q = 0$であるから，熱力学第1法則より，

$$\Delta U = 0 + W = W$$

となる。すなわち，外力が気体にした仕事Wはすべて内部エネルギーの増加ΔUになる。

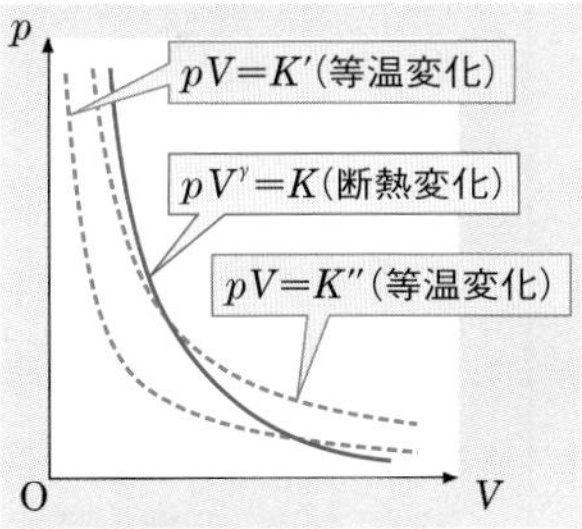

図29 断熱変化のp-Vグラフ

❷**断熱圧縮** 外力が気体にする仕事Wが正であるから，ΔUは正になり，**気体の温度が上がる。**

❸**断熱膨張** 外力が気体にする仕事Wが負であるから，ΔUは負になり，**気体の温度が下がる。**

参考 断熱変化では，pV^{γ}＝一定 の関係が成りたつ。γ(ガンマ)は**比熱比**を表し，$\gamma = \dfrac{C_p}{C_V}$である。図29の$p$-$V$グラフからもわかるように，断熱圧縮，断熱膨張で気体の圧力は等温変化(ボイルの法則☞ p.198にしたがう)の場合よりそれぞれ増加，減少する。

❹**真空中への膨張** 断熱膨張で，理想気体が真空中にひろがっていく場合，すなわち，**圧力0のところへ気体が膨張する場合は**，気体は外部に仕事をしない。そのため，**内部エネルギーは減少せず，温度は変わらない。**このような膨張を自由膨張という。

POINT!
気体の変化の取り扱い
定積変化→$W = 0$　等温変化→$\Delta U = 0$　断熱変化→$Q = 0$

例題 **断熱変化と定圧変化**

1molの単原子分子理想気体を，圧力p_1，体積V_1の状態から，圧力p_2，体積V_2の状態に断熱変化させた。その後，この状態から体積V_3の状態に定圧変化させた。

(1) 断熱変化の間に気体のした仕事はいくらか。

(2) 定圧変化の間に気体の得た熱量はいくらか。

着眼 断熱変化は，熱力学第1法則で，$Q=0$とおく。定圧変化では，定圧モル比熱を用いて式を立てればよい。温度は状態方程式から求められる。

解説 (1) 圧力p_1，体積V_1のときの温度をT_1，圧力p_2，体積V_2のときの温度をT_2とすると，物質量が1molなので，気体の状態方程式より，

$p_1V_1=RT_1$ ……①

$p_2V_2=RT_2$ ……②

となる。断熱変化であるから，熱力学第1法則で，$Q=0$とすると，

$\Delta U=Q+W=W$

よって，$W=\Delta U=\dfrac{3}{2}R\cdot\Delta T=\dfrac{3}{2}R(T_2-T_1)$

Wは気体が外部からされた仕事であるから，気体のした仕事W'は，①，②を用いて，

$W'=-W=\dfrac{3}{2}R(T_1-T_2)=\dfrac{3}{2}(p_1V_1-p_2V_2)$ ……**答**

(2) 定圧変化をした後は，圧力p_2，体積V_3の状態になっている。このときの温度をT_3とすると，状態方程式より，

$p_2V_3=RT_3$ ……③

となる。単原子分子理想気体の定圧モル比熱は，$C_p=\dfrac{5}{2}R$であるから，求める熱量は，②，③を用いて，

$Q=C_p\Delta T=\dfrac{5}{2}R(T_3-T_2)=\dfrac{5}{2}(p_2V_3-p_2V_2)=\dfrac{5}{2}p_2(V_3-V_2)$ ……**答**

3 サイクル

❶サイクル 一定量の気体の圧力，体積，温度などがいろいろと変化した後，最初の状態にもどるような過程をサイクル(循環過程)という。熱機関では，サイクルを利用して連続運転を行い，仕事を取り出している。

❷1サイクルの仕事 いま，一定量の気体が，圧力p_1，体積V_1の状態Aから出発し，図30に示すように，A→B→C→Dの順に状態を変化させた後，再び状態Aにもどる1つのサイクルを考える。

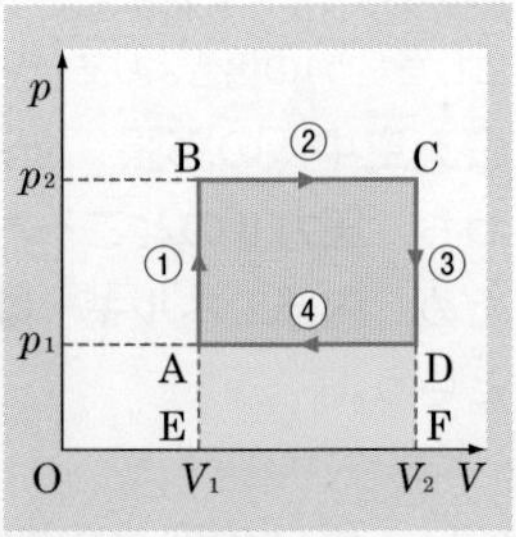

図30 サイクル

①A→Bの変化は**定積変化**で，気体は外部に仕事をしない。

②B→Cの変化は**定圧変化**で，この間に気体が外部にする仕事 W_{BC} は，

$$W_{BC} = p_2(V_2 - V_1)$$

である。W_{BC} は**図30**の長方形BCFEの面積で表される。

③C→Dの変化は**定積変化**であるから，気体は外部に仕事をしない。

④最後にD→Aの変化は**定圧変化**で，この間に気体が外部にする仕事 W_{DA} は，

$$W_{DA} = p_1(V_1 - V_2)$$

である。W_{DA} は負であり，その大きさは**図30**の長方形ADFEの面積で表される。

したがって，1サイクル中に気体が外部にした仕事 W は，

$$W = W_{BC} + W_{DA} = p_2(V_2 - V_1) + p_1(V_1 - V_2) = (p_2 - p_1)(V_2 - V_1)$$

となる。これは**図30**の p-V グラフの1サイクルが囲む**長方形ABCDの面積に等しい。**

❸ 1サイクルに気体が吸収する熱量　気体がサイクルを1回循環すると，温度も元にもどるので，**内部エネルギーの変化 $\Delta U = 0$** である。熱力学第1法則より，

$$\Delta U = Q + W = 0 \qquad つまり，\quad Q = -W = W'$$

となり，**1サイクル中に気体が吸収した熱量 Q は，気体が外部にした仕事 W'（$= -W$）に等しい。**

POINT!

1サイクル中に気体が外部にする仕事は，p-V グラフの1サイクルが囲む図形の面積で表され，気体が吸収した熱量に等しい。

例題　サイクル

n〔mol〕の単原子分子理想気体が，右の p-V グラフのA→B→C→D→Aの順に変化する。これについて，次の各問いに答えよ。

(1)　1サイクルで気体が外部にする仕事を求めよ。

(2)　状態Bにおける内部エネルギーを求めよ。

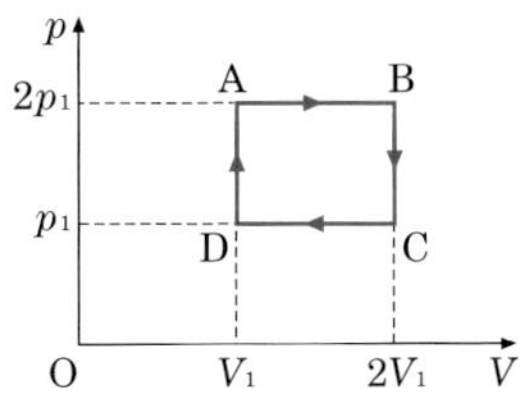

着眼　1サイクルの仕事は，p-V グラフが囲む図形の面積で表される。温度は状態方程式から求められる。

解説　(1)　1サイクルの間に気体が外部にする仕事は，p-V グラフの1サイクルが囲む長方形ABCDの面積に等しい。よって，$W = (2p_1 - p_1)(2V_1 - V_1) = p_1V_1$

(2)　状態Bにおける温度を T とすると，状態方程式より，

$$2p_1 \cdot 2V_1 = nRT$$

よって，内部エネルギーは，$U = \dfrac{3}{2}nRT = \dfrac{3}{2} \cdot 4p_1V_1 = 6p_1V_1$

答 (1) p_1V_1　(2) $6p_1V_1$

このSECTIONのまとめ 気体の変化と熱量

□気体のモル比熱 ☞ p.213	・**定積モル比熱**…体積一定のもと1molの気体の温度を1K上げるのに必要な熱量。単原子分子理想気体については， $\begin{cases} C_V = \frac{3}{2}R \\ \boldsymbol{Q = nC_V\Delta T} \end{cases}$ ・**定圧モル比熱**…圧力一定のもと1molの気体の温度を1K上げるのに必要な熱量。単原子分子理想気体については， $\begin{cases} C_p = \frac{5}{2}R \\ \boldsymbol{Q = nC_p\Delta T} \end{cases}$ ・**定積モル比熱と定圧モル比熱との関係（マイヤーの式）** $C_p = C_V + R$ この関係は単原子分子でなくても成りたつ。
□気体の変化と熱量 ☞ p.216	・**等温変化**…温度一定だと内部エネルギーの変化$\Delta U = 0$なので，膨張するときは外に仕事をしているぶんだけ熱を吸収している。気体に外から加えた熱をQ，外力がした仕事をWとすると， $Q = -W$ ・**断熱変化**…外部と熱のやりとりなしで気体が膨張・収縮するとき，仕事のぶんだけ内部エネルギーが変化し，温度が増減する。 ・**断熱変化と温度**…外力がした仕事をWとすると，$\Delta U = W$となるので，**収縮するとき$W > 0$となり温度上昇。膨張するとき$W < 0$となり温度降下。** ・**サイクル**…**1サイクルの間にp-Vグラフが囲む面積は，気体がした仕事の合計に等しく**，気体が吸収した熱量の合計となる。

CHAPTER 3

練習問題

解答☞p.537

① 〈ピストン内の気体のする仕事〉 テスト必出

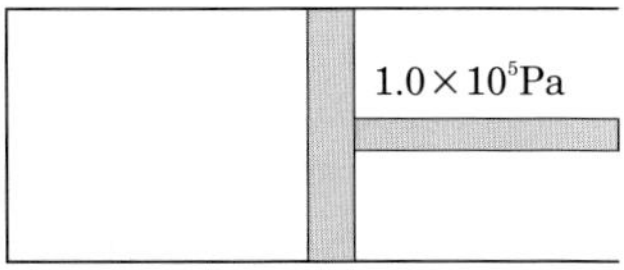

なめらかに動くピストンで円筒形容器内に封じられた気体がある。気体の圧力は大気圧と等しい1.0×10^5Paに保たれており，体積は1.5×10^{-2}m^{3}である。この気体を加熱したところ，ピストンを動かし，体積が2.0×10^{-2}m^{3}まで増えた。このとき，気体がピストンにした仕事を求めよ。

② 〈球形容器内の気体がする仕事〉

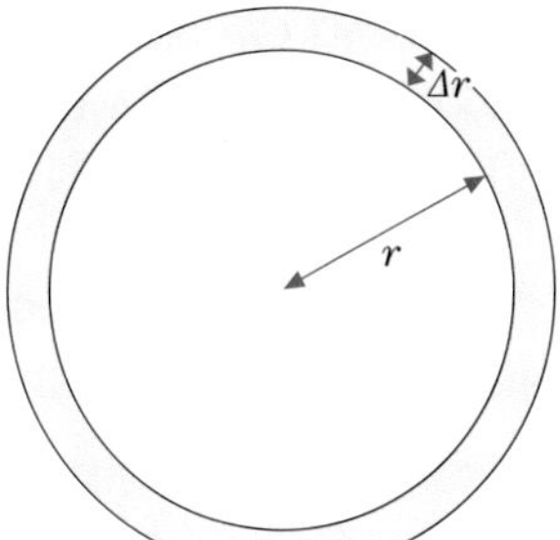

半径rの球形の風船内に気体が封じられている。気体の圧力はpである。この気体を加熱したところ，圧力一定のまま半径がわずかにΔr増加した。この気体について答えよ。

(1) 球の体積は$V=\dfrac{4}{3}\pi r^3$で表される。Δrがrに比べて小さく$(\Delta r)^2$，$(\Delta r)^3$の項は無視できるほど小さいとして，風船の体積増加ΔVを求めよ。
(2) 球の表面積は$S=4\pi r^2$で表される。気体が風船を押す力の大きさFを求めよ。
(3) 気体が風船にした仕事を求め，これをpとΔVを用いて表せ。

③ 〈気体の内部エネルギー①〉 テスト必出

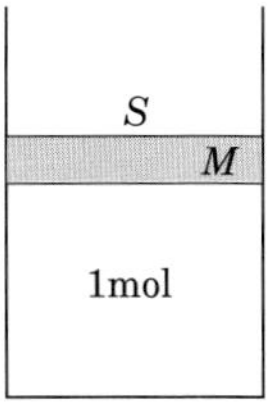

断面積Sの円筒容器の中に，単原子分子理想気体1molが，質量Mのなめらかに動くピストンで封じられている。はじめ気体は絶対温度T_0であった。気体定数をR，大気圧をp_0，重力加速度をgとして，次の各問いに答えよ。

(1) はじめの気体の圧力を求めよ。
(2) はじめの気体の体積を求めよ。

気体の温度をT_0からTまで上げた。

(3) このとき，気体の圧力はいくらになるか。
(4) このとき，気体の体積はいくらになるか。
(5) このとき，気体の内部エネルギーはいくらになるか。
(6) この過程で，気体が外部にした仕事はいくらか。
(7) この過程で，気体が吸収した熱量はいくらか。

④ 〈気体の内部エネルギー②〉

単原子分子理想気体1molをなめらかに動くピストンで円筒形容器に封じた。この気体を加熱したところ，圧力一定のままピストンが動き，温度が300Kから350Kに上昇した。気体定数$R = 8.31$ J/(mol·K)として答えよ。

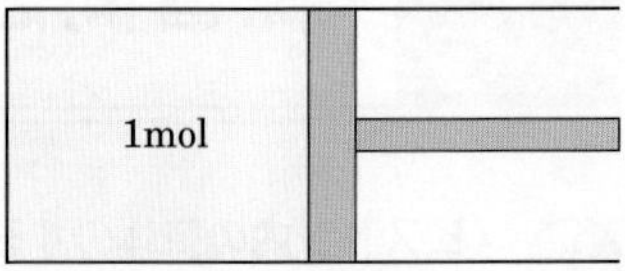

(1)　気体に加えた熱量を求めよ。
(2)　気体の内部エネルギーはどれだけ増加したか求めよ。
(3)　気体が外部にした仕事の大きさを求めよ。

⑤ 〈サイクル〉

理想気体が1molある。この気体の定圧モル比熱はC_p，定積モル比熱はC_Vである。この気体に次のような操作を行った。この操作について，あとの各問いに答えよ。

圧力p_1，体積V_1，温度T_1の状態Aから，圧力一定のもとでゆっくり加熱したところ，体積V_2，温度T_2の状態Bになった。

次に，いったん状態Aに戻し，体積一定のもとでゆっくり加熱したところ，圧力p_2，温度T_2の状態Cになった。

さらに，状態Cから等温変化させたところ，状態Bになった。

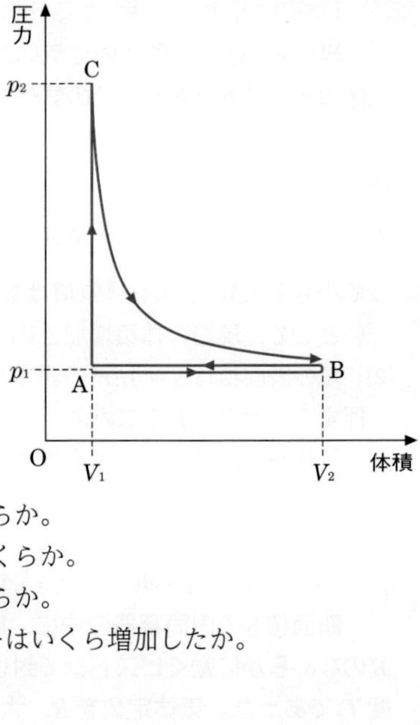

(1)　A→Bの過程で気体が吸収した熱量Q_1はいくらか。
(2)　A→Bの過程で気体が外部にした仕事Wはいくらか。
(3)　A→Cの過程で気体が吸収した熱量Q_2はいくらか。
(4)　AからCをへてBになる間に，内部エネルギーはいくら増加したか。
(5)　Q_1，Q_2，Wの関係はどうなっているか。
(6)　気体定数をRとすると，Wはいくらか。
(7)　C_p，C_V，Rの関係式を求めよ。

CHAPTER

4 » エネルギーの利用

SECTION 1 エネルギーの利用 物理基礎

1 太陽エネルギー

1 太陽エネルギー

太陽はその中心部における**核融合反応**(☞ p.485)によって，$\mathbf{3.9 \times 10^{26}\ W}$ (毎秒3.9×10^{26} J)ものエネルギーを生み出している。これらのエネルギーは光などの**熱放射**(☞ p.180)によって地球に運ばれる。大気圏外側まで到達するエネルギーは$\mathbf{1.37\ kW/m^2}$ (この値を太陽定数という)であり，**年間では**$\mathbf{5.5 \times 10^{24}\ J}$となる。これは人類が消費するエネルギーにくらべて，桁(けた)ちがいに大きい。

2 エネルギーの利用と太陽エネルギー

❶太陽エネルギーの利用　太陽からのエネルギーの大半は熱となり，すべてを利用することはできない(**熱力学第2法則**)。しかし大気の運動や降雨，海流など，**地球の大規模な現象の大半は太陽エネルギーによって引きおこされており**，これらを通して間接的に太陽エネルギーを利用している。

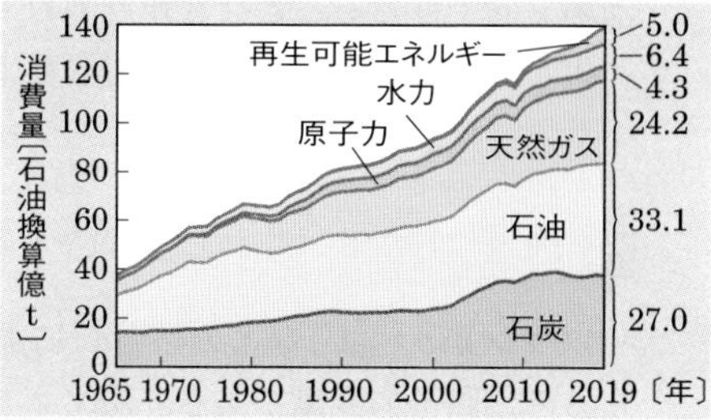

図31 世界の1次エネルギー消費の推移

❷化石燃料の利用と太陽エネルギー　生物の栄養生産をになうのは植物の**光合成**で，太陽エネルギーがもとになっている。主要な1次エネルギー★1である**石油**，**石炭**や**天然ガス**は，大昔の動植物が変性してできたもので**化石燃料**と呼ばれ，これらも太陽エネルギーがもとになったといえる。

★1 自然界に存在し，人間が利用するエネルギー資源を**1次エネルギー**という。太陽光や原子力も含まれる。

2 | 発電とエネルギー

1 発電とエネルギー

❶発電　1次エネルギーを使いやすいように変化させたのが2次エネルギーで，電気エネルギーやガソリン，プロパンガスなどがある。**電気エネルギーは移動しやすく，また利用しやすい。1次エネルギーの多くは，発電で電気エネルギーに変換される。**
❷枯渇性エネルギーと再生可能エネルギー　**化石燃料**は埋蔵量が限られており，枯渇性エネルギーと呼ばれる。**原子力**エネルギーも，ウランなどの地下資源を利用しているので，枯渇性エネルギーである。いっぽう，消費されても自然の力によって定常的・反復的に補充されるエネルギー資源を再生可能エネルギーと呼ぶ。再生可能エネルギーには，**太陽光，風力，地熱，バイオマス，潮汐力**などがある。

2 火力発電

石油，石炭，天然ガスなどの**化石燃料を燃焼させ，タービンを回して発電する**のが**火力発電**であり，全発電量のおよそ3分の2をしめている。化石燃料を燃焼させて，もっていた化学エネルギーを熱エネルギーに変え，さらにタービンを使って電気エネルギーに変換する。

熱エネルギーから蒸気タービンを使って電気エネルギーに変わる割合(熱効率☞p.191)は40％程度にすぎない。**燃焼した高温のガスでガスタービンを回し，さらにその廃熱で蒸気タービンを回す**コンバインドサイクルによって，熱効率を向上させることなどが行われている。

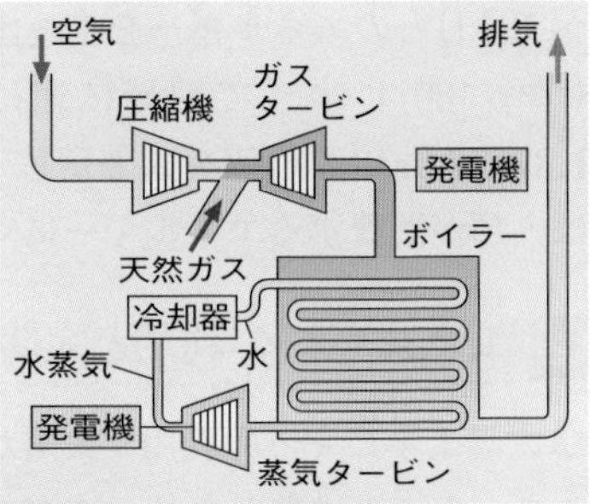

図32 コンバインドサイクル

化石燃料の偏在，枯渇，排ガスによる大気汚染や温暖化が根本的な問題になっている。

3 原子力発電 (くわしくは☞p.485～)

ウラン235 ($^{235}_{92}U$)などの核分裂によって発生する熱で蒸気タービンを回して発電するのが**原子力発電**である。熱エネルギーでタービンを回して発電するのは火力発電と同じである。2021年現在，全世界で434基が運転中，59基が建設中，82基が計画中である。過去にあったスリーマイル島原子力発電所(1979年)，チョルノービリ★1原子力発電所(1986年)，福島第一原子力発電所(2011年)などの重大事故では，環境中に放出された**放射性物質**(☞p.482)による汚染が問題となっている。また，原子炉の運転で生じる**使用済み核燃料**に含まれる放射性物質の処理や貯蔵も課題である。

★1 ウクライナ語由来の表記。ロシア語由来の表記であるチェルノブイリとしても知られる。

4 水力発電

海水などが太陽エネルギーによって蒸発し，上空から降雨となって地上に戻る。このとき高所にたまった**水の位置エネルギー**を利用するのが**水力発電**である。

自然の地形を利用するため建設に限界があり，**その比率は低くなってきている。**ダムによるせき止め湖もしだいに埋まるため，永久に使用できるわけではない。

夜間の余剰電力を用いて水を高所にくみ上げ，その落下時に発電させる**揚水発電**も水力発電の一種である。

補足　水力発電では化石燃料などの資源を消費することはないが，大規模なものほど環境破壊をともなうので，再生可能エネルギーに含める場合と含めない場合とがある。

5 再生可能エネルギーによる発電

❶太陽光発電　太陽電池(光電池)を用いて，太陽からの光エネルギーを直接電気エネルギーに変換するのが**太陽光発電**である。

天候に左右され，大電流も得られにくいことから利用は限定的である。しかし，これまで問題であった発電効率もしだいに改善され，寿命が長いこと，維持・管理が比較的容易なことから，実用範囲は増えてきている。

❷風力発電　**風のエネルギー(大気の運動エネルギー)**を利用するのが**風力発電**である。大気の循環を利用するという点からは，広い意味では太陽エネルギーを利用しているといえる。

立地や天候に左右されるという欠点はあるが，場所によっては採算性があり，実用化されている。

⊕発展ゼミ　太陽電池のしくみ

●一般的に使われている太陽電池は，n型半導体とp型半導体という2種類の**半導体**を図33のように接合させたもので，半導体ダイオード(☞p.379)の一種である。

●n型半導体とp型半導体の境界部分付近に光を当てると，結合をつくっている電子の一部が光のエネルギーによって結合から離れ，負(マイナス)の電荷をもった自由電子(☞p.316)となる。

●また，電子を失った部分は，電子の孔(あな)(ホール)となり，正(プラス)の電荷をもった粒子としてふるまうようになる(☞p.378)。

●このとき，**負の電荷をもつ自由電子はn型半導体に，正の電荷をもつホールはp型半導体に移動する。**そのため，n型側は負，p型側は正にそれぞれ帯電して電圧が生じる。

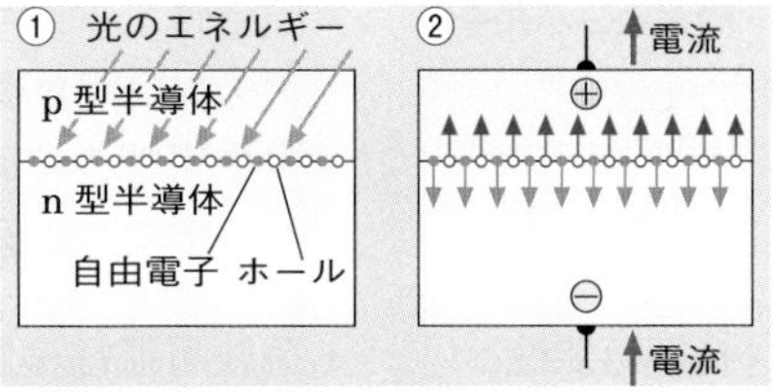

図33　太陽電池

❸その他の発電　火山の多い日本では，マグマに由来する熱を利用する**地熱発電**も利用されている。ほかに，潮の満ち引きを利用する**潮汐発電**を行っている地域もあるが，日本では普及していない。また，波のはたらきを利用する**波力発電**や，生物由来の有機物を利用した**バイオマス発電**などの研究も進められている。

3 | 持続可能性

1 持続可能性

人類が文明生活を営む上では，現在の生活だけでなく将来の子孫が生きていけるかという観点も重要である。人間活動が将来も続いていくかどうかを示す考え方を**持続可能性**(**サステナビリティ**；sustainability)という。

2 資源・環境と持続可能性

化石燃料を本格的に利用しはじめた19世紀以降，その消費量は増加しつづけていて，長い年月をかけてつくられたものを短期間で消費しているため枯渇が危ぶまれている。新たな鉱脈が見つかったとしても，採掘可能な期間(**可採年数**)は数十年から百数十年程度と考えられており，化石燃料に依存した社会は持続可能ではない。

資源だけでなく，大気，海洋，土壌などの環境を維持することも，持続可能性を評価する上では重要である。20世紀には資源の乱用，環境汚染など多くの問題がおきた。これらを解決していくことが，人類の持続可能性を保つために必要である。

このSECTIONのまとめ　エネルギーの利用

□太陽エネルギー ☞p.223	・**太陽定数**…**1.37 kW/m²**の太陽放射が地球の大気圏外側まで到達している。 ・**化石燃料**…石油・石炭・天然ガスなど，太古の生物に由来する燃料。
□発電とエネルギー ☞p.224	・**枯渇性エネルギー**…人間が消費したあと**補充されることのない限りのある**エネルギー。 ・**再生可能エネルギー**…人間が消費しても自然の力によって**定常的あるいは反復的に補充される**エネルギー。
□持続可能性 ☞p.226	・**持続可能性**…**サステナビリティ**ともいい，人間活動が将来も続くかどうかを示す考え方。

CHAPTER 4 練習問題 解答 p.537

解答 p.537

① 〈太陽エネルギー〉物理基礎

太陽は，内部の核融合反応によって生み出した膨大なエネルギーを，おもに熱放射として外部に放出している。ここで，右図のように，地球の位置で太陽からの放射に垂直な面を考えたとき，面$1\,m^2$あたりに届く放射のエネルギーを太陽定数といい，大きさは$1.37\times10^3\,W/m^2$であることがわかっている。地球－太陽間の距離を$1.5\times10^{11}\,m$として，次の各問いに答えよ。

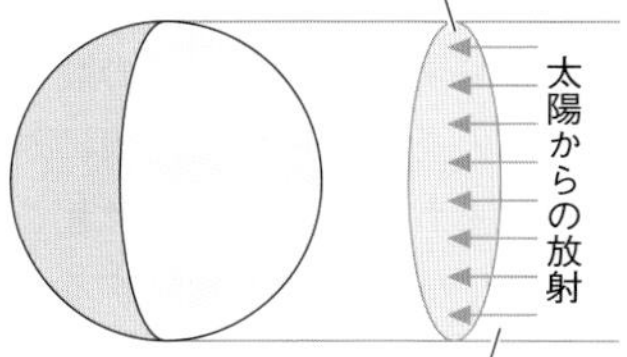

(1) 太陽が１秒に放射する全エネルギーを求めよ。

(2) 地球に届いた太陽エネルギーのうち，平均して30％が吸収されることなく宇宙空間に反射される。地球の半径を$6.4\times10^6\,m$として，地球の大気や地面が１年間に受けとる太陽エネルギーの大きさを求めよ。

(3) 火星－太陽間の距離を$2.3\times10^{11}\,m$として，火星における太陽定数に相当する値を求めよ。

② 〈再生可能エネルギー〉物理基礎

石油・石炭・天然ガスなどの化石燃料は，もともとは生物に由来し，さらに言えばそのエネルギーは太陽エネルギーによってつくられた自然エネルギーである。しかし，化石燃料は，再生可能エネルギーとは区別される。その理由を簡単に説明せよ。

③ 〈発電〉物理基礎

電力は人間の生活や産業において欠かせないエネルギーの形である。次にあげる発電システムについて，それぞれ考えられる利点と欠点を簡単に述べよ。

(1) 火力発電
(2) 水力発電
(3) 原子力発電
(4) 風力発電
(5) 太陽光発電

④ 〈二酸化炭素の回収〉物理基礎

A君は，機械を用いて大気中の二酸化炭素を回収して炭素と酸素に分解すれば，地球温暖化を防ぐと同時に，炭素は燃料となるのでエネルギー問題も解決すると考えた。しかし，A君の考え方には重大な誤りがある。それは何か，簡単に説明せよ。

定期テスト予想問題❶ 解答 p.538

解答 p.538

時 間60分
合格点70点
得点

1 〈物質の変化と熱〉 物理基礎

次の文の空欄を最も適当な語句でうめよ。 〔各3点…合計24点〕

①［　　］の異なる2物体を，外部と熱のやりとりが起こらないように接触させると，熱が移動して①［　　］の高い物体は②［　　］に，低い物体は③［　　］になっていく。このことを，熱放射や対流に対して④［　　］という。やがて両者の①［　　］が等しくなると，それ以上④［　　］は起こらない。この状態を⑤［　　］という。物質の状態が固体，液体，気体の間で変化するときには，熱の出入りが起こる。このときに出入りする熱を⑥［　　］という。固体から液体に変化するときに吸収する⑥［　　］を⑦［　　］といい，液体から気体に変化するときに吸収する⑥［　　］を⑧［　　］という。

2 〈水の温度変化と熱①〉 物理基礎

水が，次の(1)～(4)のような温度変化と状態変化を行うために必要な熱量を求めよ。ただし，水の比熱を $4.2\,\mathrm{J/(g\cdot K)}$，氷の融解熱を $3.4\times10^2\,\mathrm{J/g}$，水の気化熱を $2.3\times10^3\,\mathrm{J/g}$ とする。 〔各3点…合計12点〕

(1) 100gの水を20℃から100℃にするのに必要な熱量
(2) 0℃の氷100gをすべてとかすのに必要な熱量
(3) 100℃の水100gをすべて水蒸気にするために必要な熱量
(4) 20℃の水100gをすべて水蒸気にするために必要な熱量

3 〈比熱と熱容量〉 物理基礎

アルミニウム製で30.0gの分銅を沸騰した水でじゅうぶん温め，20.0℃，200gの水に入れてしばらくおいた。実験は20.0℃，1atmで行ったものと考え，またアルミニウムの比熱を $0.88\,\mathrm{J/(g\cdot K)}$，水の比熱を $4.2\,\mathrm{J/(g\cdot K)}$ とする。 〔各4点…合計12点〕

(1) 水と分銅の温度がともに t〔℃〕になったとして，熱量保存の式を立てよ。
(2) (1)で求めた式から，t を求めよ。
(3) 実際に実験を行うと，(2)で求めた値と異なったという。求めた値より大きな数値，小さな数値のいずれになったと考えられるか。その理由とあわせて答えよ。

4 〈大気圧〉 物理基礎

大気圧について，次の各問いに答えよ。 〔各4点…合計12点〕

(1) 地表での大気圧はおよそ，$1.0\times10^5\,\mathrm{Pa}$ である。$1\,\mathrm{cm^2}$ の面積にはたらく力は何Nか。
(2) 地表での大気圧は，その面の上に乗っている空気の重さと考えることができる。$1\,\mathrm{cm^2}$ の面積の上に乗っている空気の質量はいくらか。重力加速度を $9.8\,\mathrm{m/s^2}$ とする。
(3) 常温で1気圧の空気の密度はおよそ1.2g/Lである。大気は上空に行くほど希薄になり温度も一様でないが，かりに一様な密度だとすると大気の厚みは何mになるか。

5 〈熱力学第1法則〉〈物理基礎〉

右図のような円筒形容器に，なめらかに動くピストンで封じられた気体がある。この気体に熱Q〔J〕を加えたところ，気体は膨張し，ピストンに対して2.0×10^2Jの仕事をした。次の問いに答えよ。

〔各5点…合計20点〕

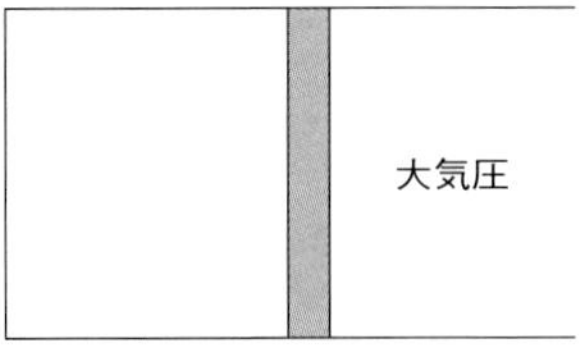

(1)　気体がピストンからされた仕事W〔J〕はいくらか。

(2)　このとき，気体の内部エネルギーは3.0×10^2J増えた。気体の状態はどのように変化したか，理由とともに説明せよ。

(3)　(2)のとき，気体に加えた熱量Q〔J〕はいくらか。

(4)　この円筒形容器を熱機関だと考えると，(2)のときの熱効率は何%か。

6 〈水の温度変化と熱②〉〈物理基礎〉

密閉容器中にある量の氷を封入し，20J/sで発熱するヒーターで，圧力を1atmに保ちながら加熱した。このとき，温度の時間変化は右図のようになった。この量の氷をとかした水の熱容量は76J/K，1atmでの蒸発熱は4.1×10^4Jであることがわかっている。ヒーターの発する熱はすべて状態の変化に使用されるものとする。〔各4点…合計12点〕

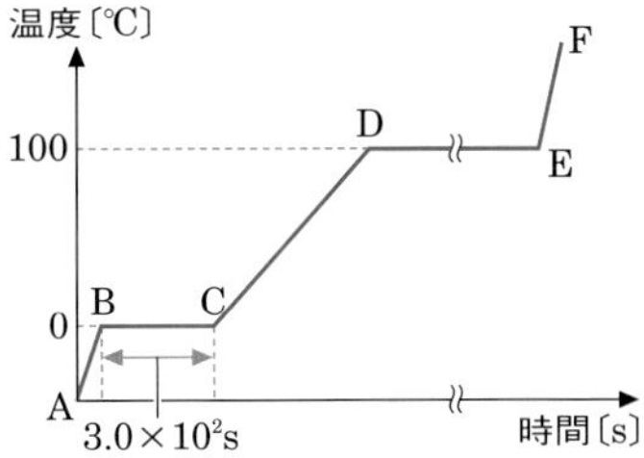

(1)　この氷の融解熱はいくらか。

(2)　DからEまでの時間はいくらか。

(3)　EからFにおいて，圧力ではなく水蒸気の体積を一定に保って加熱すると，EからFの温度変化はどうなるか。**ア**～**ウ**のうち最も適当なものを選べ。

ア　圧力を一定に保ったときとくらべて急になる。

イ　圧力を一定に保ったときと変わらない。

ウ　圧力を一定に保ったときとくらべておだやかになる。

7 〈ジュールの実験〉〈物理基礎〉

右図の装置で，それぞれ50kgのおもりB，Cを同時に落下させ，熱量計内の羽根車を回して内部の水の水温を上昇させた。おもりの落下距離を2.0m，水の質量を200g，水の比熱を4.2J/(g·K)，重力加速度の大きさを$9.8\,\mathrm{m/s^2}$とし，落下の仕事はすべて水温上昇に使われるとする。

〔各4点…合計8点〕

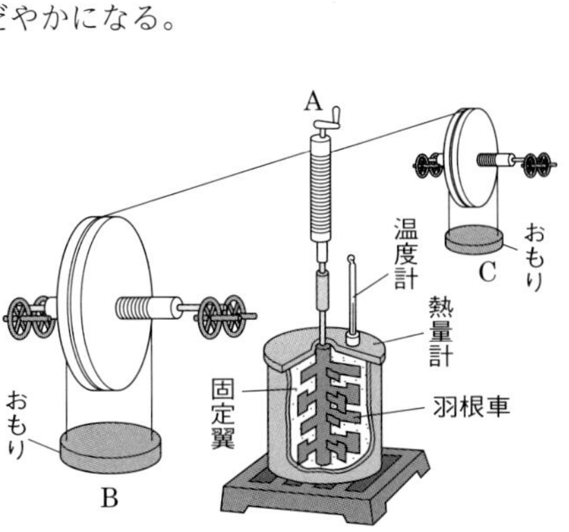

(1)　おもりの落下による重力の仕事を求めよ。

(2)　おもりの落下で水温は何℃上昇するか。

定期テスト予想問題❷

解答 ☞ p.539

時　間90分
合格点70点

得点	

1 〈定圧変化と定積変化〉

次のp-V図で示すように，単原子分子理想気体1 molの状態をA→B→C→D→Aのように変化させた。これについてあとの問いに答えよ。〔各3点…合計21点〕

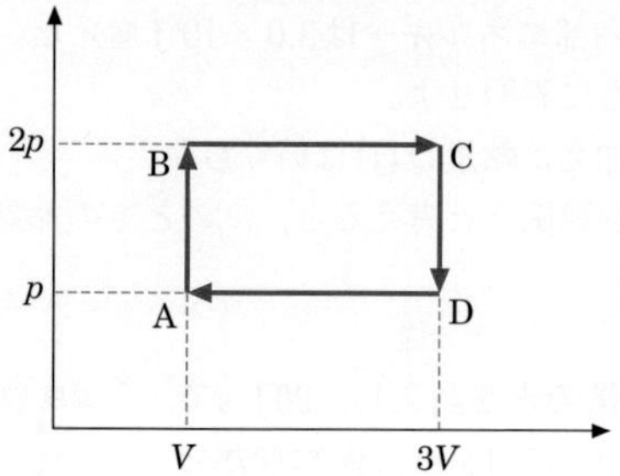

(1)　A→Bの過程で気体の内部エネルギーの変化はいくらか。

(2)　A→Bの過程で気体が吸収した熱量はいくらか。

(3)　B→Cの過程で気体の内部エネルギーの変化はいくらか。

(4)　B→Cの過程で気体が外部にした仕事はいくらか。

(5)　B→Cの過程で気体が吸収した熱量はいくらか。

(6)　A→B→C→D→Aの過程で気体が外部にした正味の仕事はいくらか。

(7)　A→B→C→D→Aの過程で気体が吸収した正味の熱量はいくらか。

2 〈気体の混合〉

体積V_A，V_Bの球形容器A，Bにそれぞれ同じ種類の気体が封入されており，圧力はそれぞれp_A，p_B，絶対温度はそれぞれT_A，T_Bである。両容器は体積の無視できる細いパイプでつながっているが，はじめはパイプがコックで止められていた。コックを開くと，気体は自由に行き来できるようになり，両容器内の圧力はp，温度はTでそれぞれ等しくなった。気体は理想気体とみなせるものとして，次の各問いに答えよ。

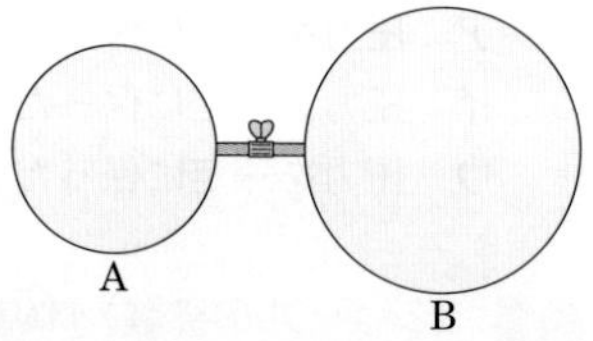

〔各4点…合計20点〕

(1)　コックを開く前の容器A内の気体の物質量をn_Aとし，容器B内の気体の物質量をn_Bとして，それぞれについての状態方程式を立てよ。

(2)　コックを開いたあとの気体全体についての状態方程式を立てよ。

(3)　この過程で外部と熱も仕事の出入りもないことを考えて，T_A，T_B，Tの間で成りたつ関係を記せ。

(4)　pをp_A，p_B，V_A，V_Bを用いて表せ。

(5)　Tをp_A，p_B，V_A，V_B，T_A，T_Bを用いて表せ。

3 〈気体の変化と仕事〉

断面積Sの円筒容器になめらかに動くピストンを取りつけ，単原子分子理想気体1 molを封じた。このとき，圧力がp_0，絶対温度がT_0，容器の底とピストンまでの距離はLであった。以下の各問いに答えよ。

〔各3点…合計15点〕

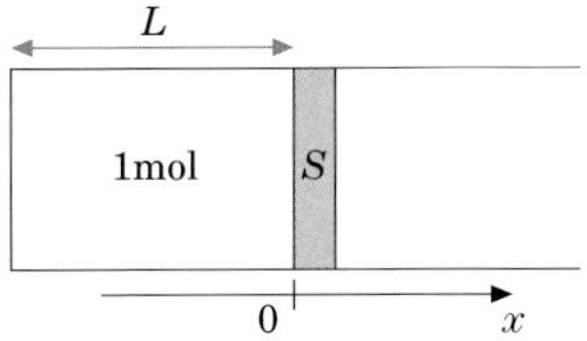

Ⅰ　ピストンを固定せずにこの気体を加熱したところ，容器の底とピストンまでの距離は$\frac{3}{2}L$になった。

(1)　気体の温度をT_0で表せ。

(2)　気体がピストンにした仕事をp_0，L，Sで表せ。

(3)　気体の内部エネルギーの変化をp_0，L，Sで表せ。

(4)　このとき気体に加えた熱量をp_0，L，Sで表せ。

Ⅱ　気体をはじめの状態に戻したあと，ピストンを固定したまま加熱し，Ⅰと同じ温度まで変化させた。

(5)　はじめの状態からⅠと同じ温度になるまでに，気体に加えた熱量をp_0，L，Sで表せ。

4 〈ピストンの振動〉

断面積Sの熱伝導性のよい円筒容器(内部の気体の温度が一定に保たれる)の中に，単原子分子の理想気体1 molが，なめらかに動く質量mのピストンで封じられている。はじめ，ピストンと容器の底からの距離はdである。この位置を原点とし，大気圧をp_0として，各問いに答えよ。　〔(1)〜(3)各4点，(4)8点…合計20点〕

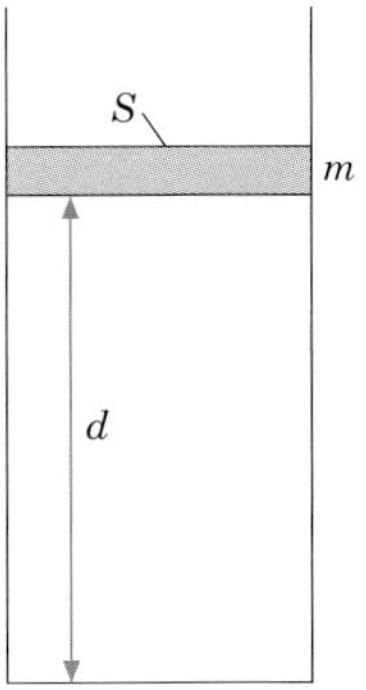

(1)　温度を一定に保ったままピストンを正方向にわずかにx変位させたとき，気体の圧力pはいくらになるか。

この状態でピストンから手を離したところ，ピストンは振動しはじめた。

(2)　ピストンにはたらく力の合力は，$F = pS - (p_0S + mg)$である。$F \fallingdotseq -kx$と表したとき，kはいくらになるか。ただし，$x \ll d$であることから，$\frac{x}{d+x} \fallingdotseq \frac{x}{d}$と近似せよ。

(3)　この振動は単振動とみなせる。その周期を求めよ。

(4)　同じ実験を，等温で行うのではなく，断熱容器を用いて行った。このとき，振動の周期は長くなるか短くなるか。理由とともに述べよ。

5 〈気体の状態方程式〉

半径がrの球形容器に質量mの分子がN個ある。分子どうしは全く衝突せず，重力の影響は考えず，器壁とは完全弾性衝突をするものとする。これについて述べた以下の文中の①～⑪を適当な式で，⑫を適当な語句でうめよ。

〔各2点…合計24点〕

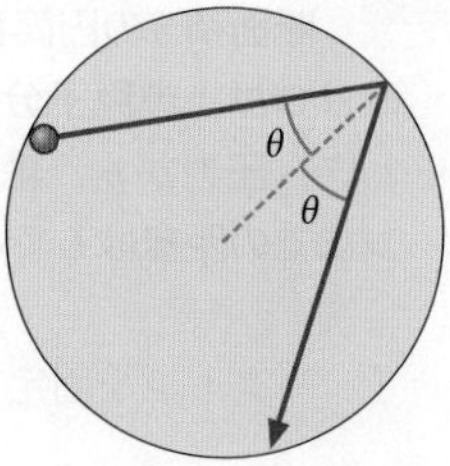

速さvで運動する1個の分子の運動に注目する。器壁との衝突では，法線となす角度は変わらないので，一定の長さを進むごとに器壁に衝突すると考えてよい。

分子と器壁が衝突するときに器壁の法線となす角をθとすると，上図より，衝突と次の衝突までの距離は①［　　］である。時間tの間に分子はvt進むので，その間の衝突回数は$\dfrac{vt}{①[\quad]}$である。

器壁との衝突では，運動量の器壁に垂直な成分が$mv\cos\theta$から$-mv\cos\theta$に変化するので，1回の衝突で器壁に与える力積の大きさは，②［　　］である。

したがって，時間tの間に1個の分子が器壁に与える力積の大きさをm，v，rを用いて表すと，

$$②[\quad] \times \frac{vt}{①[\quad]} = ③[\quad]$$

である。

容器中には気体分子がN個あるので，全分子のv^2の平均値を$\overline{v^2}$とすると，N個の分子が器壁に与える全力積は，$Ft = N \times ③[\quad]$である。ここでFは壁を押す力の時間平均であり，この式を変形して$F = ④[\quad]$と表せる。

圧力pは，その定義より面積あたりにはたらく力である。半径rの球の表面積Sは，$S = ⑤[\quad]$であるから，pをm，N，r，vを用いて表すと，

$$p = \frac{F}{⑤[\quad]} = ⑥[\quad]$$

となる。

また，半径rの球の体積Vは$V = ⑦[\quad]$となるので，pVをm，N，vを用いて表すと，

$$pV = \frac{F}{S} \times ⑦[\quad] = ⑧[\quad]$$

となる。

ここで，状態方程式$pV = nRT$と比較すると，⑧［　　］$= nRT$である。アボガドロ定数をN_Aとすると$N = nN_A$なので，m，n，N_A，vを用いると$nRT = ⑨[\quad]$が得られる。この式をさらに変形すると，分子の平均運動エネルギー$\dfrac{1}{2}m\overline{v^2}$は，$N_A$，$R$，$T$を用いて$\dfrac{1}{2}m\overline{v^2} = ⑩[\quad]$と表せる。さらに，$k = \dfrac{R}{N_A}$を用いて簡単にすると，

$$\frac{1}{2}m\overline{v^2} = ⑪[\quad]$$

が得られる。この$k = 1.38 \times 10^{-23}$ J/Kは，⑫［　　］と呼ばれる。

第3編

波

• CHAPTER

1 » いろいろな波

SECTION 1 波の伝わり方 〈物理基礎〉

1 | 振動と波

1 波の動きと媒質の振動

❶水面波　池に石を投げると，水面に円形の波ができて広がっていく。水面に浮かんでいる木の葉は，波が通りすぎるとき，上下に振動するが，波といっしょに移動していくことはない。このことから，**水面の水は上下に振動しているだけで，波といっしょに移動しない**ことがわかる。このような，物質のある点に起こった運動がその物質内を伝わっていく現象を波または波動(はどう)といい，波を伝える物質を媒質(ばいしつ)，振動をはじめた点を波源という。

補足　水面にできる波を**水面波**という。水面波の媒質は水，音波(☞p.257)の媒質は空気，地震波の媒質は岩石である。真空を伝わる光や電波(☞p.423)では真空そのものが媒質になっている。

❷媒質の条件　水面に石を落とすと波ができるが，粘土の上に石を落としても波はできない。これは，水面には石によって穴をあけられても，すぐにもとにもどそうとする復元力がはたらくからである。一般に，媒質は変形したときに**復元力を生じる**ものでなければならず，媒質に**質量がある**ことも必要な条件である。波の速さは，媒質の復元力と質量によって決まる。

❸パルス波と連続波　図1のようにロープを水平に張り，一端を手でもつ。

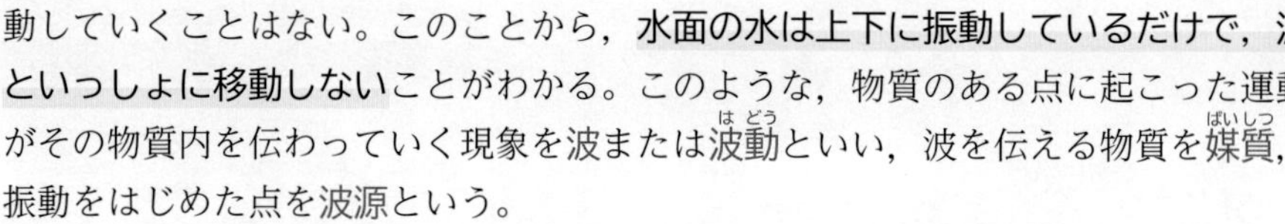

図1　パルス波の発生

①手をすばやくあげてもどすと，1つの山だけの波ができて動いていく。このように，1かたまりの短くて孤立した波をパルス波という。
②手をあげ，次にさげてもとにもどすと，山と谷が1つずつのパルス波ができる。
③手を連続して上下に動かすと，山と谷が交互に並んだ連続波ができる。

2 波を表す量 ⓘ重要

❶波長　波源の1回の振動(図1②)による波の長さを波長といい，λ(ラムダ)で表す。連続波では，**1つの山(谷)から隣の山(谷)まで**の長さにあたる。

❷振動数　媒質が振動して，1秒間に往復する回数のことを波の振動数という。

❸周期　媒質の1回の往復にかかる時間を波の周期という。振動数をf〔Hz(ヘルツ)〕，周期をT〔s〕とすると，次の関係がある。

$$T = \frac{1}{f} \qquad (3\cdot1)$$

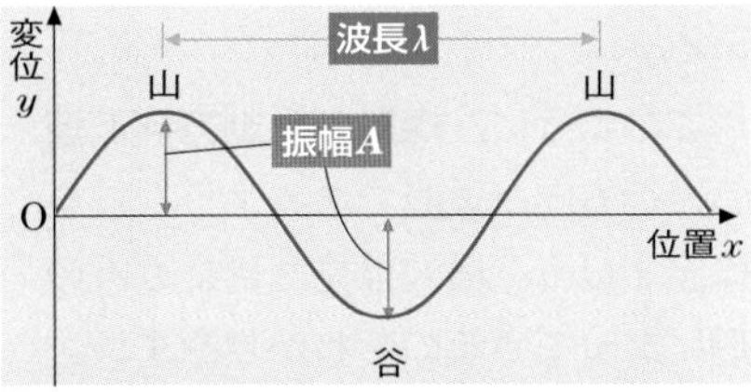

図2 波の用語

❹変位　波によって，媒質(ばいしつ)がもとの位置から動いた(ずれた)距離を変位という。

❺振幅(しんぷく)　変位の最大値を振幅[★1]という。

❻振動と波の速さ　図3のように点Pを反時計まわりに等速円運動をさせ，点Pと同期させるようにばねを持っている手を上下に運動させると，ばねには**正弦波**(せいげんは)(☞p.243)ができる。手を1回振動させる(点Pを1回転させる)と，波の先頭は1波長(λ)右に進む。この間に経過する時間はTだから，波の速さvは

$$v = \frac{\lambda}{T} \qquad (3\cdot2)$$

(3·1)式を用いてこれを変形すると，

$$v = f\lambda \qquad (3\cdot3)$$

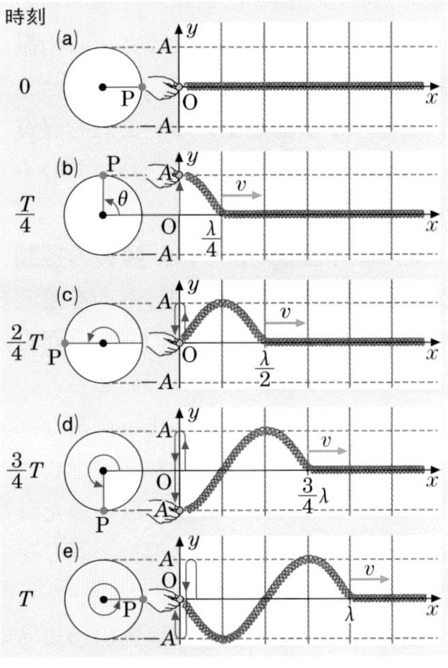

図3 原点の単振動と正弦波の波形

❼位相(いそう)　図の回転角θを位相という。図26で，(a)と(b)では，**位相の差は90°**である。(a)と(c)では**位相の差は180°**で，この関係を逆位相ともいう。(a)と(e)では**位相の差は360°**で，この関係を同位相ともいう。

★1 すなわち**山の高さ**または**谷の深さ**にあたり，正の値で表す。

POINT!

波長 λ〔m〕，振動数 f〔Hz〕
周期 T〔s〕，速さ v〔m/s〕 の関係　　$T=\dfrac{1}{f}$，$v=f\lambda$

3 横波と縦波のちがい　①重要

❶横波　図4(a)のように，水平方向にのばしたばねの端を鉛直方向に振動させると，波は水平方向に進んでいく。

このように，**媒質の振動方向と波の進行方向が垂直**であるような波を横波という。横波は見た目にも波の形になっているのでわかりやすい。

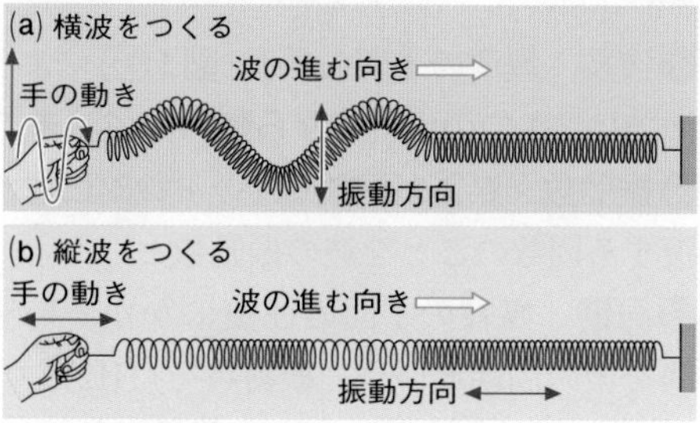

図4　横波と縦波

❷縦波　図5は長さの等しい単振り子を等間隔に並べて，おもりをばねで連結したものである。いま，左端のおもりを水平方向に振動させると，この振動が左から右へ伝わって，やがて全部のおもりが振動を始める。これも媒質の一部に起こった振動が伝わっていく現象であるから，波である。

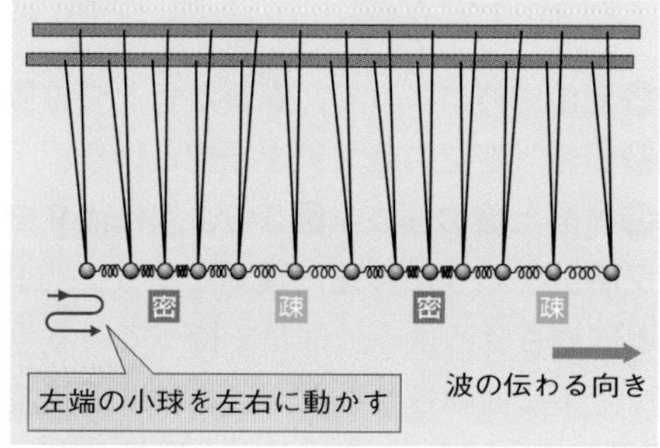

図5　縦波のモデル

図4(b)や図5のように，**媒質の振動方向と波の進行方向が同じ**ものを縦波という。

❸疎密波　図5で，左端のおもりが右に変位したときは，となりのおもりとの間隔がつまり，おもりが集まった密な部分ができる。この密な部分が右に進むと，その後ろにおもりの間隔が広がった疎な部分ができ，これも密な部分と同じ速さで右に進んでいく。

縦波では，このような**媒質のつまっている(密)なところとまばらである(疎)なところが交互にできる**ので，縦波のことを疎密波とも呼んでいる。

> COLUMN
>
> **地震波の横波と縦波**
>
> 一般に，横波と縦波(疎密波)とでは縦波のほうが速く伝わる。そのため，地震のときは最初に縦波の地震波(P波)が到達して小さくゆれ，次に横波の地震波(S波)が到達して大きくゆれはじめる。
>
> 地震波でも，横波と縦波は振動が進行方向に対して垂直か平行かで区別される。そのため，地面を鉛直方向(縦方向)にゆらすのが縦波で，水平方向(横方向)にゆらすのが横波というのは誤解である。

POINT!
横波…媒質の振動方向と波の進行方向が垂直
縦波(疎密波)…媒質の振動方向と波の進行方向が同じ

図6はコンピュータでえがいた縦波のようすである。この図は，本来は等間隔で並んでいる縦の線が，左右に振動しているようすを示している。中央の赤い線は点線の位置にあったもので，この図では右に大きくずれていることがわかる。これとは逆に，右端と左端の赤い線は左に大きくずれている。右側の2本の赤い点線の中央では，両側から縦の線が集まってきている**密**な部分ができている。同様に左側の2本の赤い点線の中央では，縦線が両側に広がっている**疎**な部分ができている。

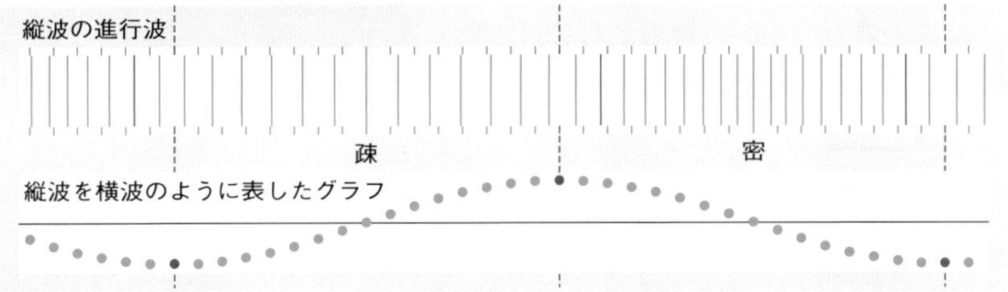

図6　縦波のようす

4 縦波の表し方

❶縦波のグラフ　図7(a)のx_0，x_1，…は，振動していないときの各媒質の位置である。縦波がきて媒質が振動をはじめ，ある瞬間の各媒質の位置が図7(b)のようになったとする。これを赤の矢印で記すと，変位の向きと大きさがわかる。ここで縦波の $+x$方向の変位を横波の $+y$方向の変位に，$-x$方向の変位を $-y$方向の変位に置きかえる。置きかえた変位ベクトルの先を結ぶと，図7(c)の緑線のグラフになる。これが縦波のグラフである。

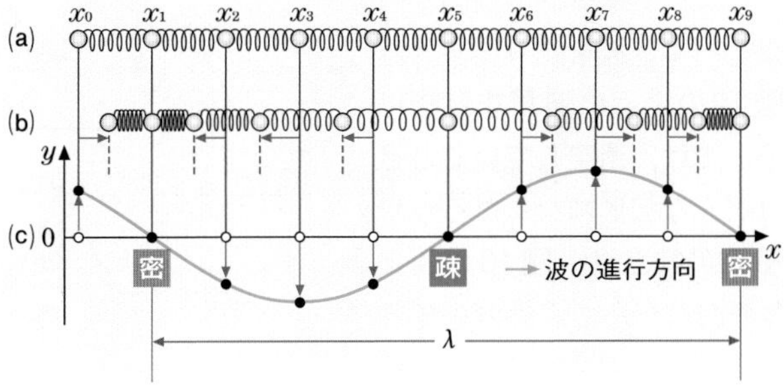

図7　縦波の表し方

❷疎な点と密な点　図7(a)のx_1，x_5，x_9の媒質は変位0であるが，その両側の媒質の変位をみると，x_1とx_9の媒質の両側の媒質はx_1やx_9に近づくように変位して密になっており，x_5の媒質の両側の媒質はx_5から遠ざかるように変位して疎になっている。**グラフの山から谷に移る所が密，谷から山に移る所が疎である。**

POINT!

縦波のグラフを $+x$ 方向に見ていくとき，
- 山から谷に移る所…密
- 谷から山に移る所…疎

2 | 重ねあわせの原理

1 波の重ねあわせ

❶ウェーブマシン　図8は，中心にある鋼板に垂直に，たくさんの金属棒を溶接したもので，**ウェーブマシン**と呼ばれる。金属棒の端を上下に動かすと，中心の鋼板がねじれて隣の棒が動きはじめ，全体が波のように動く。

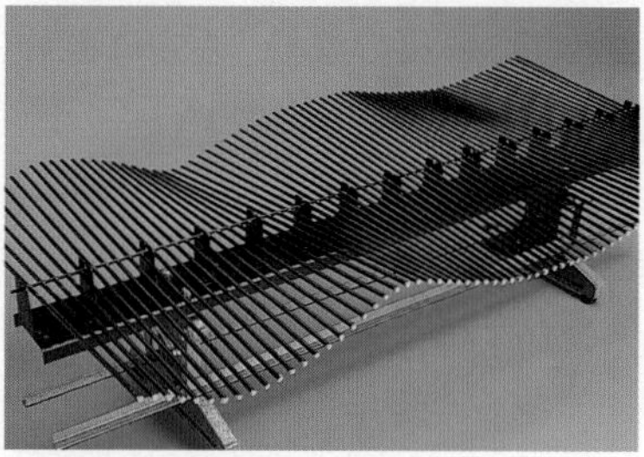

図8　ウェーブマシン

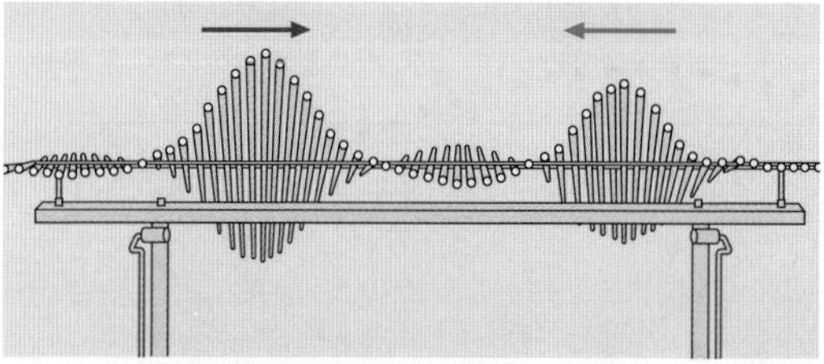

図9　両側からパルス波を送る実験

視点　ウェーブマシンの両側から山のパルス波を送り出したらどうなるだろうか。波どうしが衝突してはね返る，衝突後に波が消滅する，波がすり抜ける，などいろいろな予想ができる。

ウェーブマシンの両側から山のパルス波を送り出すと，図10のように**波がすり抜ける**。では，衝突しているときはどんな波形になるだろうか。

❷波の独立性　図10のAとBの波はだんだん近づいてきて，図の(c)で2つのパルス波がぶつかった後，(d)では2つのパルス波は何事もなかったように，もとの波形を保ってすり抜けるように進んでいる。

このように，**2つの波がぶつかっても，それぞれの波の振幅や波長などは変化しない。**この性質を波の独立性という。

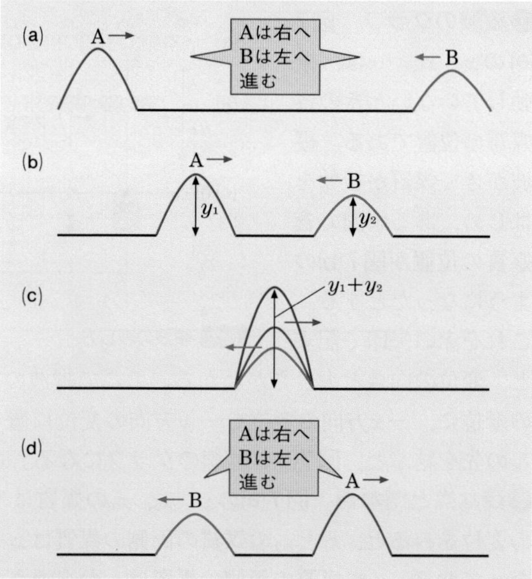

図10　波の重ねあわせ

❸波の重ねあわせの原理　前ページの図10(c)のように，2つのパルス波が重なるときは，どちらの波形でもない別の波ができる。このときの媒質の変位yは，**2つのパルス波の変位y_1，y_2を足しあわせたものになる。**すなわち，$y=y_1+y_2$である。これを波の重ねあわせの原理という。できた波を合成波という。

POINT!

波の重ねあわせの原理

変位y_1，y_2の合成波の変位yは，$y=y_1+y_2$

❹進行波と定在波　長いばねを振動させたときの波では，波の山や谷が移動するように見える。このような波を進行波という。しかし，ある条件のもとでばねを振動させ続けると，**ある場所は常に大きく振動し，ある場所はほとんど振動しないような波**ができる。このような波を定在波または**定常波**という。

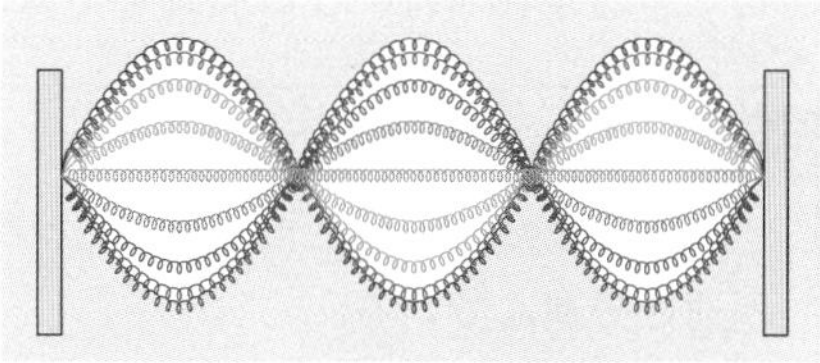

図11 定在波　視点 同じ場所で振動する。

❺定在波のメカニズム

波長と振幅が同じ2つの波が左右から伝わってきて，重なりあう場合を考える。図12(a)はC点で2つの波の先頭が出あっている状態で，以後$\frac{T}{8}$〔s〕ごとの状態を図に示している。

(c)の図では，**左右の波の山がC点で重なったために大きな山になっている。**以後順に見ていくと，A，C，E点では大きく振動していることがわかる。このような点を腹(はら)という。またB点とD点では，**片方の波が山になっているときには他方の波が必ず谷になっていて，重ねあわせると変位は0になる。**

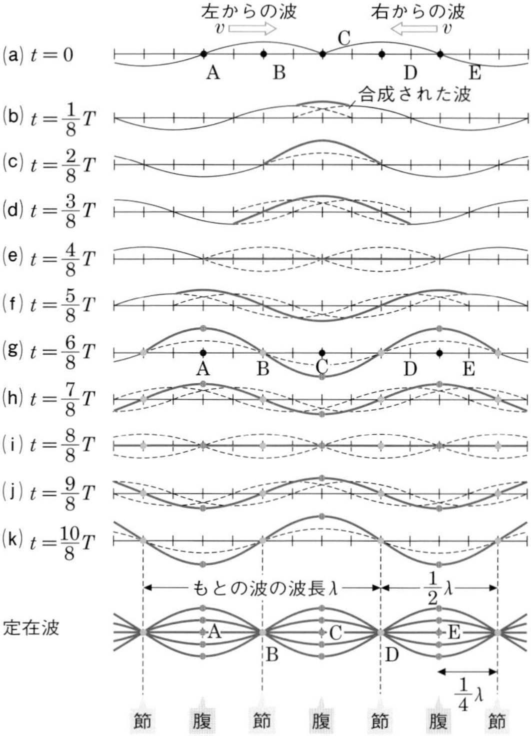

図12 定在波のできるようす

ここでは2つの波が常に逆位相になって変位が0になる。このような点を節(ふし)という。隣りあう腹と腹の間隔はもとの波の波長の$\frac{1}{2}$で，隣りあう腹と節の間隔はもとの波長の$\frac{1}{4}$になっている。

❻定在波の条件 定在波ができるのは，**一直線上を波長と振幅が同じ2つの波が互いに反対向きに伝わってくる場合**である。

実際には両側から波を送るのではなく，片方から波を送り(**入射波**)，その**反射波**との間で定在波をつくることが多い。一端を固定されたばねの他端を振動させたときにできる定在波は，この原理でできる。

例題 互いに逆方向に進む波

図のように，振幅と波長が等しい2つの波がx軸上を互いに逆向きに1.0m/sの速さで進んでいる。

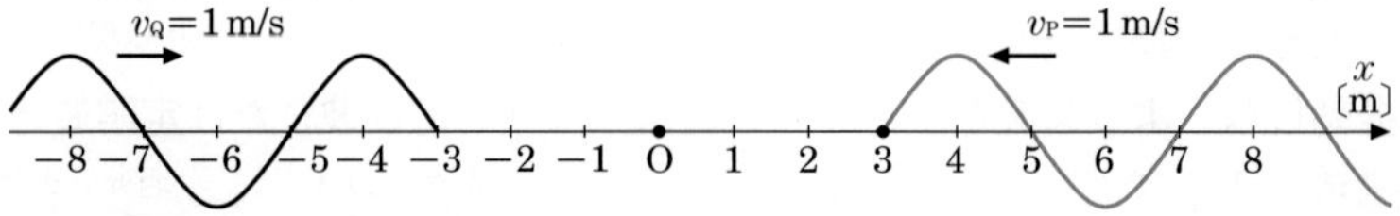

(1) 2つの波の波長を求めよ。
(2) 点Oは腹か節のどちらになるか。
(3) 点Oに最も近い節の位置の座標をあげよ。ただし，点Oが節である場合はそれ以外で最も近い節について答えること。
(4) 上図の状態から6.0秒後の波形を作図せよ。

着眼 2つの波が1秒後，2秒後，…にどうなっているかを図に表してみるとわかりやすい。

解説 (1) 山から山までの長さを求めると，8−4＝4mとなる。
(2) 点Oでは山と山，あるいは谷と谷が重なるので，点Oは腹となる。
(3) 点Oに最も近い節は，腹から$\frac{1}{4}$波長ずれた所なので，±1mの点である。
(4) 6秒後の波を重ねあわせる。

答 (1)4m (2)腹 (3)−1m，1m
(4)下図赤線

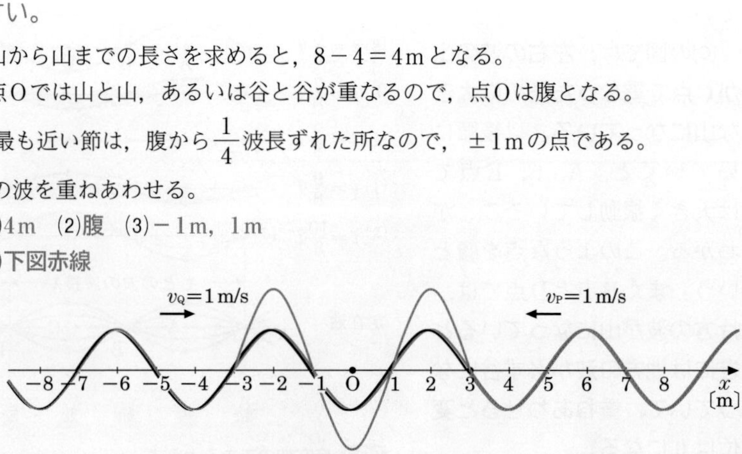

2 反射波の位相

定在波は入射波と反射波が重なりあう場合などにできる。

❶自由端での反射　自由に振動できる状態になっている媒質の端を自由端という。ウェーブマシンの端を自由端にしておいて，山のパルス波を送ると，図13のように，山のパルス波となって反射される。つまり，**波が自由端で反射するときは位相は変化せず，上下はそのままになる。(自由端に対し線対称)**

補足 (1) **反射波のかき方**　図14(b)〜(e)のように，入射波を媒質の端を越えた先までかいて(青破線)，それを媒質の端で折り返すと，反射波(赤線)になる。入射波と反射波は自由端に関し左右線対称。

(2) **入射波と反射波の重ねあわせ**　図14(b)〜(d)の，入射波と反射波が重なっている部分の波形は入射波と反射波の変位を合成したもの(紫線)になる。自由端の変位は入射波の 2 倍になる。

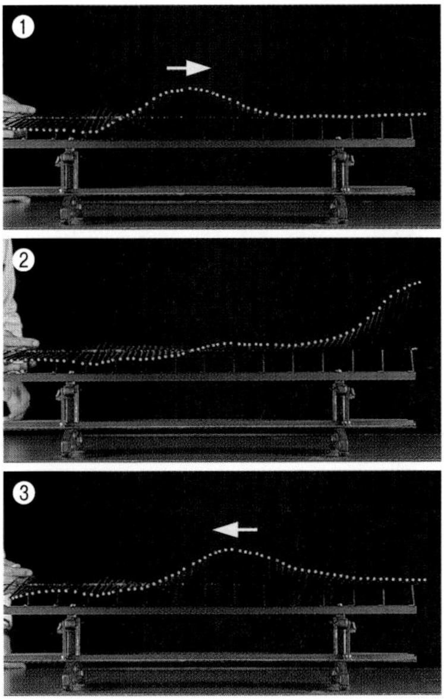

図13 ウェーブマシンの自由端反射

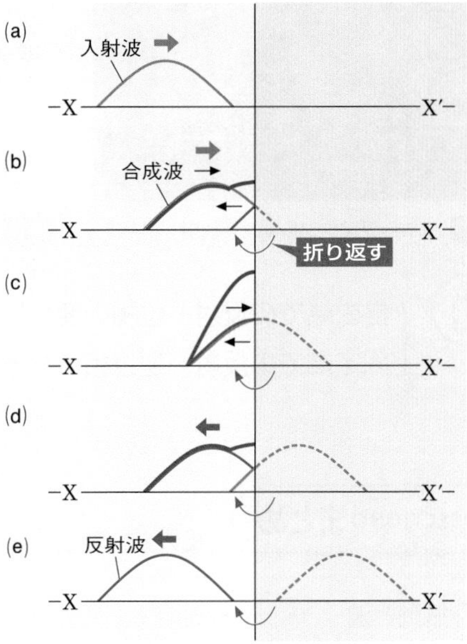

図14 自由端反射の入射波と反射波

❷固定端での反射　振動できない状態になっている媒質の端を固定端という。ウェーブマシンの端を固定端にしておいて，山のパルス波を送ると，次ページの図15のように，谷のパルス波になって反射される。つまり，**波が固定端で反射するときは，逆位相になって，上下が反転する。**★1

補足 (1) **反射波のかき方**　次ページの図16(b)〜(d)のように，入射波を媒質の端を越えた先までかき(青破線)，それを上下反対に折り返し(赤破線)，さらに左右反対に折り返すと(赤線)，反射波の波形になる。入射波と反射波は固定端に関し点対称である。

(2) **固定端の媒質の変位**　固定端の媒質は振動できないから，変位は常に 0 である。このため入射波と反射波の変位の向きは反対で大きさは等しい。

★1 正弦波では，波を表す式(☞ p.243)において角θを弧度法でπ(180°)だけずらしたものと等しいので，**位相がπずれる**ということもある。

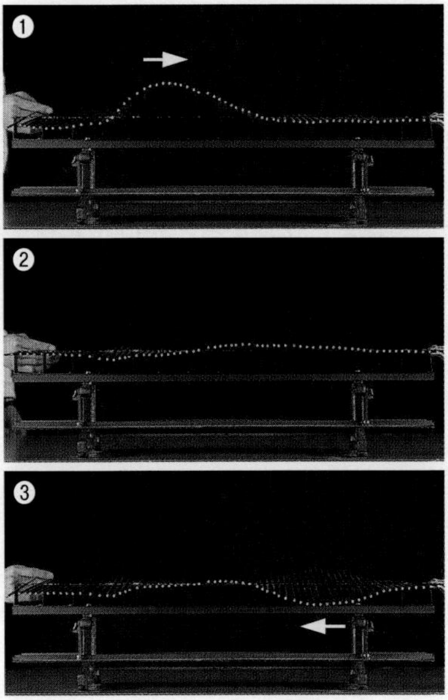

図15 ウェーブマシンの固定端反射

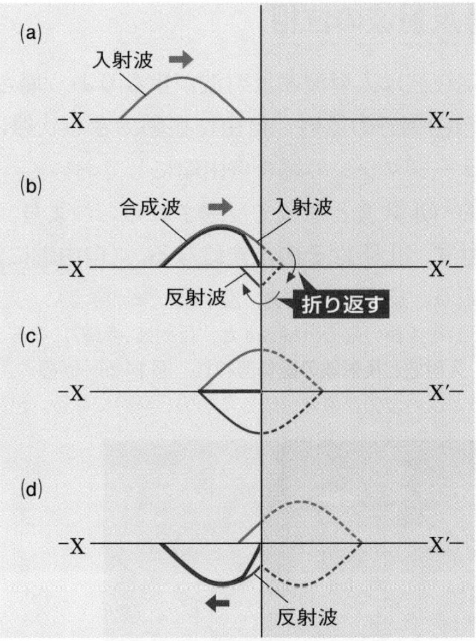

図16 固定端反射の入射波と反射波

POINT!

自由端での反射…位相の変化はない
固定端での反射…逆位相になる

このSECTIONのまとめ 波の伝わり方

□ 振動と波 ☞ p.234	・周期 T，振動数 f，波長 λ，速さ v の関係 $T=\dfrac{1}{f}$　$v=f\lambda$ ・**横波**…媒質が波の進行方向に**垂直**に振動する。 ・**縦波**…媒質が波の進行方向と**同じ方向**に振動する。
□ 重ねあわせの原理 ☞ p.238	・合成波の変位 y は，$y=y_1+y_2$ ・**定在波**…伝わっていないように見える波 **腹**…大きく振動する点　**節**…振動しない点 ・隣りあう腹と腹，節と節の間隔は**半波長**である。 ・反射波の位相 { 自由端…**位相変化なし** / 固定端…**逆位相になる**

SECTION 2 干渉と回折

1 | 正弦波

1 正弦波

❶**正弦波**　波形が**正弦曲線(サインカーブ)**で表せる波を正弦波という。**図17**のように，等速円運動をしている点Qに左から平行光線をあてるとy軸上に影Pができる。このPの運動を単振動という。媒質の各点が単振動をすると，**図18**のような正弦波になる。**図17**の角θは周期Tの間に2π rad[★1]回転するので，t〔s〕後の角θについて，角：時間$=\theta : t = 2\pi : T$の関係が成りたつ。よって，$\theta = \dfrac{2\pi}{T}t$となるので，P点の変位$y$は次の式で表される(**図18**)。

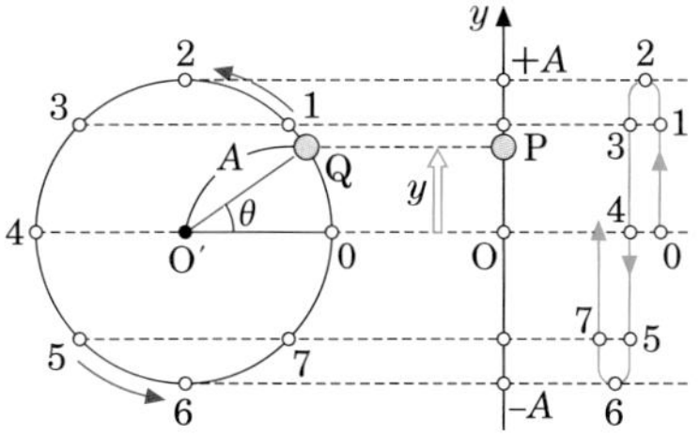

図17 等速円運動と単振動

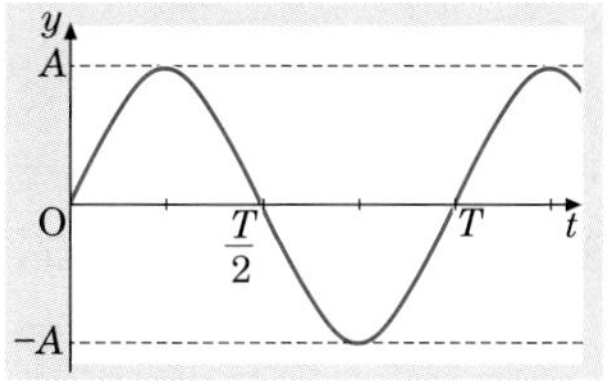

図18 正弦波のy-tグラフ

$$y = A\sin\theta = A\sin\frac{2\pi}{T}t \qquad (3\cdot4)$$

❷**原点の振動の式**　原点Oに波源があり媒質が(3･4)式の単振動をしているとすると，原点の波の変位y_Oは，周期をT，時間をtとして，$y_O = A\sin\dfrac{2\pi}{T}t$　で表される。

❸**距離xの点Pでの波の式**　原点から距離x離れた点Pでの波の式を考える。原点の振動が点Pに伝わるとき，波の速さをvとして時間$t' = \dfrac{x}{v}$の遅れが生じる。すなわち，時刻tでの点Pでの波の変位は，時刻$t-t'$の原点の振動の変位が伝わったものである(**図19**)。点Pの波の変位をy_Pとすると，

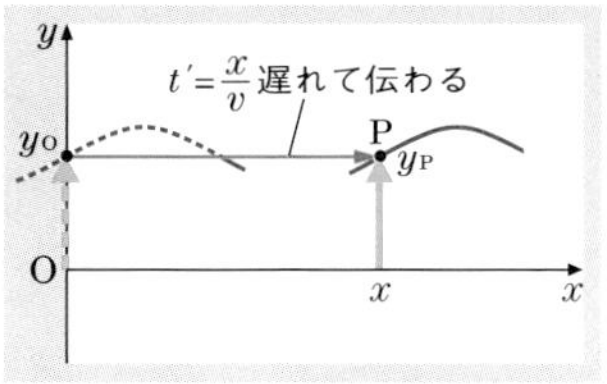

図19 距離xの点Pでの波の式

$$y_P = A\sin\frac{2\pi}{T}(t-t') = A\sin\frac{2\pi}{T}\left(t-\frac{x}{v}\right) \qquad (3\cdot5)$$

1周期の波の波長λと周期Tを考えると，$v = \dfrac{\lambda}{T}$より，$y_P = A\sin2\pi\left(\dfrac{t}{T}-\dfrac{x}{\lambda}\right)$

以上より，原点が(3･4)式の単振動をするとき，地点xで観測される波の一般式は，波の変位をyとして，次のように表される。

★1 以降，位相は**弧度法**(☞ p.142)で表すことにする。このとき，$2\pi\ \mathrm{rad} = 360°$である。

$$y = A\sin 2\pi\left(\frac{t}{T} - \frac{x}{\lambda}\right) \qquad (3\cdot6)$$

正弦波を表す式
$y = A\sin 2\pi\left(\frac{t}{T} - \frac{x}{\lambda}\right)$

補足　波がx軸の負の向きへ進むとき，$t' = \frac{x}{v}$だけ進むので，
$y = A\sin\frac{2\pi}{T}\left(t + \frac{x}{v}\right) = A\sin 2\pi\left(\frac{t}{T} + \frac{x}{\lambda}\right)$

例題　正弦波の式

時刻t〔s〕，位置x〔m〕での媒質の変位y〔m〕が，$y = 2\sin\pi(10t - 0.2x)$で表される波の振幅A〔m〕，周期T〔s〕，波長λ〔m〕，波の進む向きを答えよ。

着眼　与えられた式を$y = A\sin 2\pi\left(\frac{t}{T} - \frac{x}{\lambda}\right)$という形に変形する。

解説　$y = A\sin 2\pi\left(\frac{t}{T} - \frac{x}{\lambda}\right) = 2.0\sin\pi(10t - 0.20x)$　　波はx軸の正の向きに進む。

答　$A = 2.0\,\mathrm{m}$，$T = 0.20\,\mathrm{s}$，$\lambda = 10\,\mathrm{m}$，波の進む向き…x軸の正の向き

(3·6)式で時間tを一定にしてy-xグラフをかくと，その時刻における波形が得られる。また，位置xを一定にしてy-tグラフをかくと，その位置における媒質の変位の時間変化が得られる。図20は(3·6)を3次元のグラフで表したものである。

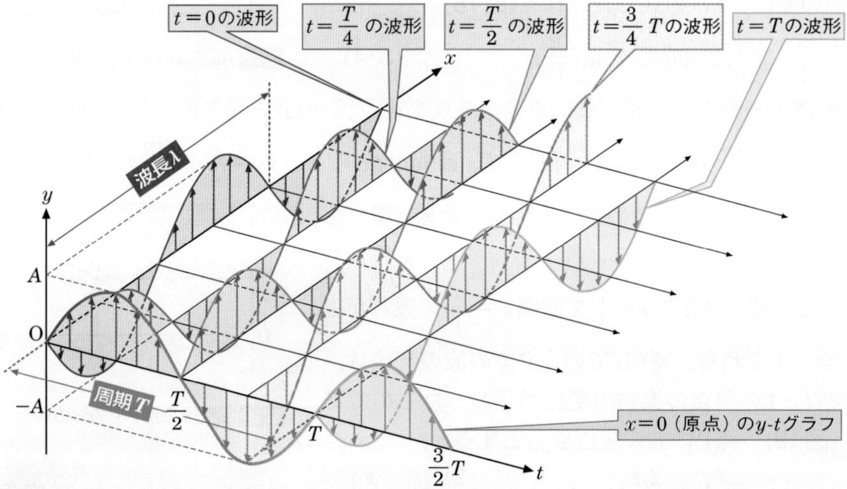

図20　波の式のグラフ

❹位相（いそう）　(3·6)式で$\boldsymbol{\phi = 2\pi\left(\frac{t}{T} - \frac{x}{\lambda}\right)}$（ファイ）とおいたとき，この$\phi$を位相という。$\phi$は無次元量(☞ p.13)である。(3·6)式で$t$を$t + T$で置きかえると，そのときの位相$\phi'$は，
$\phi' = 2\pi\left(\frac{t}{T} - \frac{x}{\lambda}\right) + 2\pi = \phi + 2\pi$となる。

$\sin\phi$ と $\sin(\phi+2\pi)$ は同じ値だから，**位相が 2π ずれるごとに y の値は同じになる。** このことは x を $x+\lambda$ に置きかえてもいえる。つまり，**時間的には1周期 T ごとに，空間的には1波長 λ ごとに位相が 2π rad だけ変化し，媒質の振動が同じになる。**

❺正弦波の y-t グラフ　はじめ静止していた長いばねの左端 $(x=0)$ を図21のように振動させる。このとき $x=\dfrac{\lambda}{4}$ の媒質はどのように振動するだろうか。これをグラフで表してみよう。p.244の図20より，$x=\dfrac{\lambda}{4}$ の場所に波が伝わってくるまで，$\dfrac{T}{4}$ の時間がかかる。つまり，$t=0\sim\dfrac{T}{4}$ では $x=\dfrac{\lambda}{4}$ の媒質は振動していない。

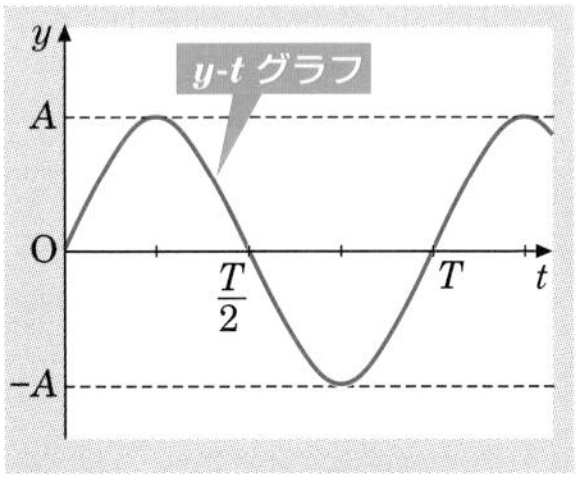

図21　$x=0$ の媒質の振動

$t=\dfrac{T}{4}$ からは図21と同じ振動をはじめることになるので，図22のような振動をすることになる。

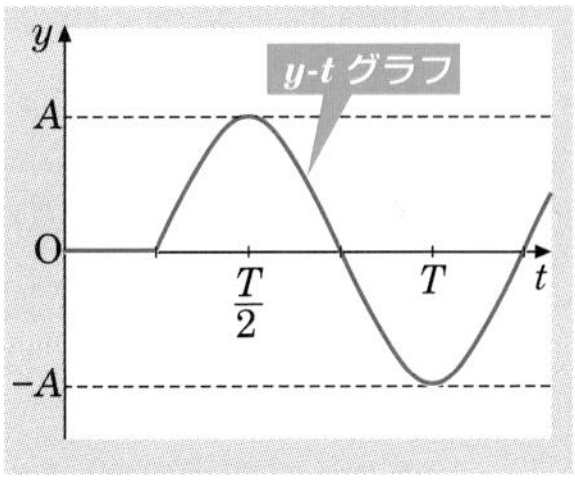

図22　$x=\dfrac{\lambda}{4}$ の媒質の振動

別の考え方をしよう。正弦波の式(3･6)に，$x=\dfrac{\lambda}{4}$ を代入すると，

$$y=A\sin2\pi\left(\frac{t}{T}-\frac{x}{\lambda}\right)=A\sin2\pi\left(\frac{t}{T}-\frac{1}{4}\right)$$
$$=A\sin\left(\frac{2\pi t}{T}-\frac{\pi}{2}\right)$$

となる。このグラフは図21を右に $\dfrac{\pi}{2}$ ずらしたものになる。

❻正弦波の y-x グラフ　はじめ静止していた長いばねの左端 $(x=0)$ を図21のように振動させて，1周期 $(t=T)$ 経過したときばねの振動は，右のグラフのような波形になっている。波は1周期で1波長進む(p.244の図20参照)。したがって，$x=\lambda$ より先には波が到達していないので，そこでは振動していない図となっている(図23)。

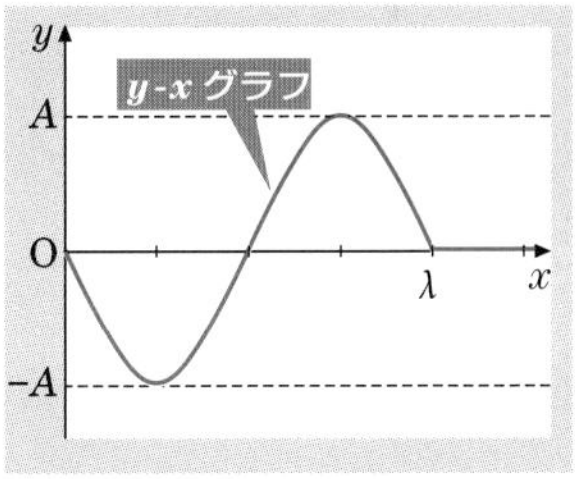

図23　$t=T$ のときのグラフ

さらに，図21では $t=\dfrac{T}{4}$ で山がつくられているので，x 軸上を伝わる波は山が波の先頭となっている。

別の考え方をしよう。(3･6)の正弦波の式に，$t=T$ を代入してみると，

$$y=A\sin2\pi\left(\frac{t}{T}-\frac{x}{\lambda}\right)=A\sin\left(\frac{2\pi T}{T}-\frac{2\pi x}{\lambda}\right)=-A\sin\frac{2\pi x}{\lambda}$$

となる。

第3編　波

この式は図23のグラフを表している。また，$t=2T+\dfrac{T}{4}$ の時刻でばねにできる波形は，図24のようになる。

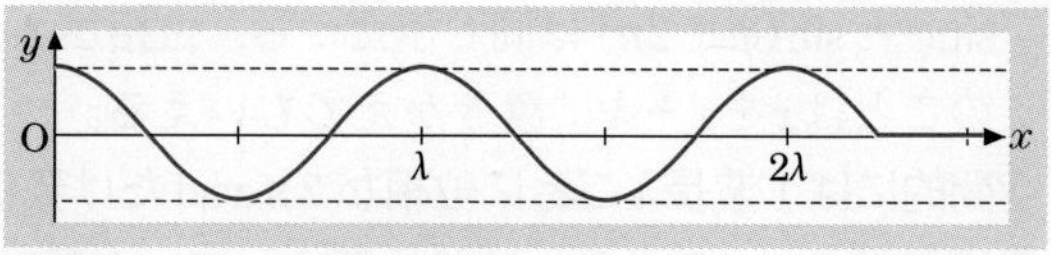

図24　$t=2T+\dfrac{T}{4}$ のときのグラフ

例題　波を表す式

原点の振動が右図で示される正弦波が x 軸上を正の向きに進んでいる。

(1)　波の伝わる速さを10cm/sとして，この波の時刻 t，位置 x〔cm〕における媒質の変位 y〔cm〕を表す式を書け。

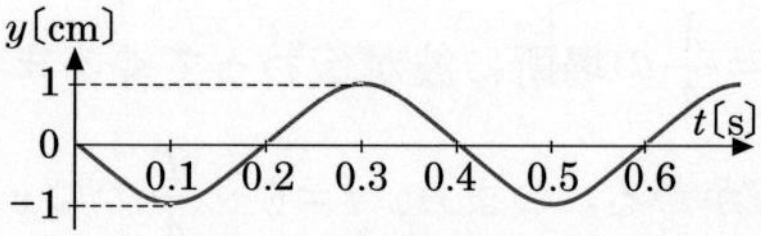

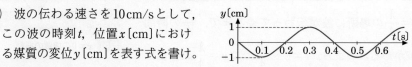

(2)　(1)の波と振幅，波長，速度が同じで，山の位置の x 座標がこの波より $\dfrac{1}{4}$ 波長だけ小さいほうにずれている波の式を書け。

着眼　まず，y-t グラフの式をつくり，それをもとにして，波を表す式に変形する。原点の媒質はまず負の向きに変位していることに注意する。

解説　(1)　グラフから振幅 $A=1\,\text{cm}$，周期 $T=0.4\,\text{s}$，波長 $\lambda=Tv=0.4\times10=4\,\text{cm}$

原点の媒質の変位が負から始まっているから，$y=-A\sin2\pi\dfrac{t}{T}=-\sin2\pi\dfrac{t}{0.4}$

座標 x における変位は，波が原点から位置 x まで移動するのに時間 $\dfrac{x}{v}$ だけかかるから，時刻が $\dfrac{x}{v}$ だけ前の原点の変位と等しい。よって，t を $t-\dfrac{x}{v}$ に置きかえると，

$$y=-\sin2\pi\frac{t-x/v}{0.4}=-\sin2\pi\left(\frac{t}{0.4}-\frac{x}{0.4v}\right)=-\sin2\pi\left(\frac{t}{0.4}-\frac{x}{4}\right)$$

(2)　次に，この波より山の x 座標が $\dfrac{\lambda}{4}$ だけ小さい波は，この波の y-x グラフを $\dfrac{\lambda}{4}$ だけ負の向きに平行移動したものであるから，x を $x+\dfrac{\lambda}{4}$ に置きかえると，

$$y=-\sin2\pi\left[\frac{t}{0.4}-\frac{1}{4}\left(x+\frac{\lambda}{4}\right)\right]=-\sin\left[2\pi\left(\frac{t}{0.4}-\frac{x}{4}\right)-\frac{\pi}{2}\right]=\cos2\pi\left(\frac{t}{0.4}-\frac{x}{4}\right)$$

答　(1) $y=-\sin2\pi\left(\dfrac{t}{0.4\,\text{s}}-\dfrac{x}{4\,\text{cm}}\right)$　(2) $y=\cos2\pi\left(\dfrac{t}{0.4\,\text{s}}-\dfrac{x}{4\,\text{cm}}\right)$

類題1　x 軸上を正の向きに進行する正弦波が，$y=5\sin\pi\left(0.2t-\dfrac{x}{100}\right)$ で表されるという。この波の振幅，周期，波長，速さはそれぞれいくらか。ただし，x，y の単位は〔m〕，t の単位は〔s〕である。（解答☞ p.540）

類題2　時刻 $t=0$ における波形が右図の実線で示される正弦波が，x 軸上を負方向に進んでいる。$t=0$ のときに点Aの位置にあった山が0.5sには点A′まで進み，点線のようになった。（解答☞ p.540）

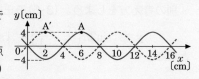

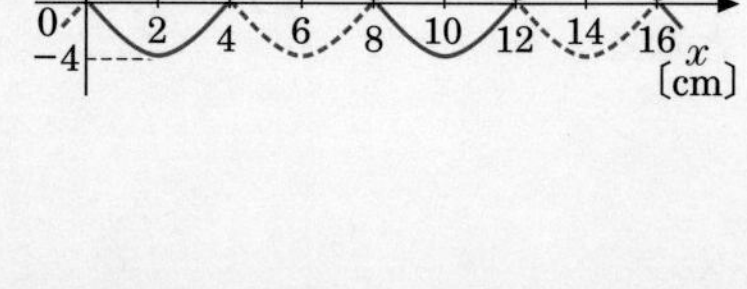

(1)　振幅，周期，波長，速さはそれぞれいくらか。
(2)　原点の媒質の変位yを時間tの関数として表せ。
(3)　時刻$t=0$における波形をyとxで表せ。
(4)　この波を表す式をy，x，tで表せ。

2 | 波の干渉

1 水面波の干渉 (!) 重要

水面の2点S_1，S_2を同じ周期でたたくと，**図25**のように，S_1，S_2から同心円状の波が広がって重なりあう。波の重ねあわせの原理より，2つの波の**山と谷が重なった所では，2つの波が打ち消しあって振動しない**。このような場所を連ねた曲線(**図25**のオレンジ色の線)を節線(せっせん)という。節線と節線の間は波の**山と山または谷と谷が重なる所で，強めあって大きく振動する。**

このように，波が強めあったり弱めあったりすることを波の干渉(かんしょう)という。

図26はコンピュータでえがいた干渉の図である。2つの波源から出た波が重なりあって干渉しており，振動しない点が節線をつくっている。

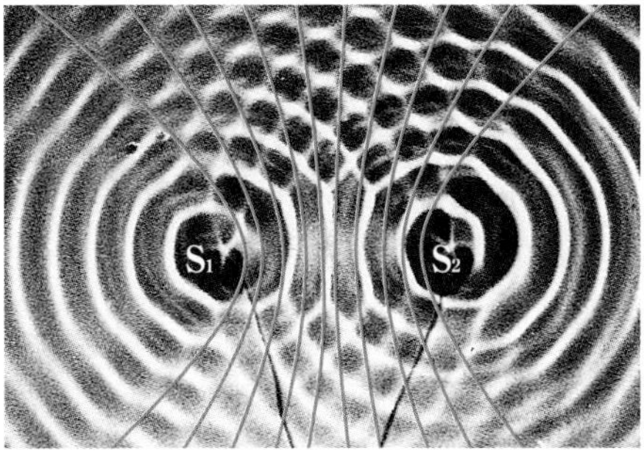

図25 水面波の干渉

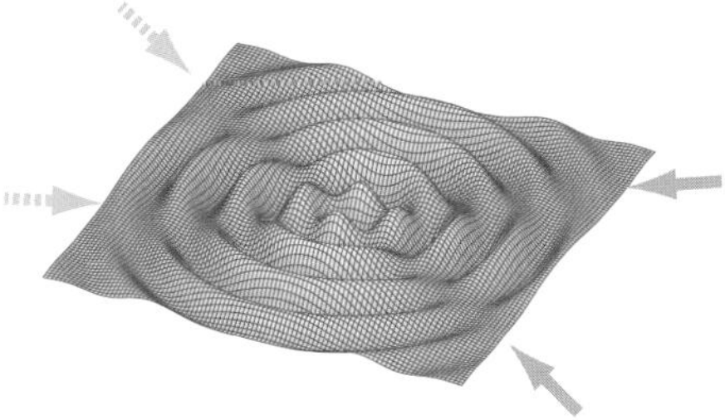

図26 コンピュータによる干渉図

視点　2本の節線が見られる。

2 干渉の条件

❶波が強めあう条件　**図27**は2つの波源S_1，S_2から波長λと振幅の等しい波が同位相で送り出されているようすを示している。**図27**の点Pで2つの波が重なったときどうなるか考える。

波源S_1，S_2は同位相の波を出すから，S_1，S_2から等距離の点では波の変位は等しい。したがって，直線S_1P上に，$S_1Q=S_2P$となる点Qをとると，点QでのS_1からの波の変位と点PでのS_2からの波の変位は等しい。

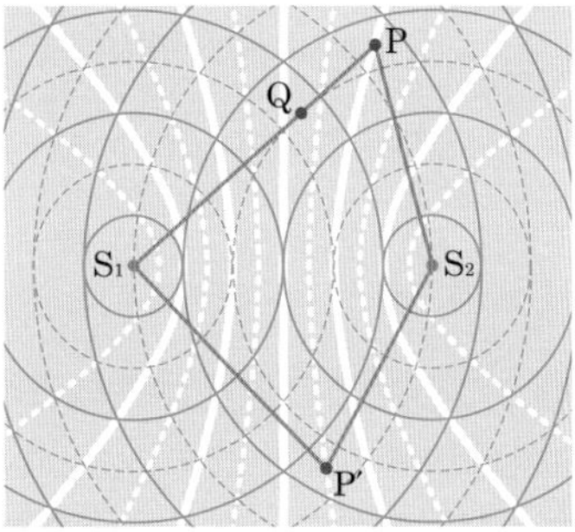

図27 2つの波源からの波の干渉

視点　青実線は波の山，青破線は波の谷で白破線は節線，白実線は2つの波が強めあう点を連ねた曲線。それぞれ双曲線となっている。

波の変位は1波長ごとに同じくり返しが起こるから，**QPが波長の整数倍**ならば，S_1からの波の点Pでの変位は点Qでの変位に等しく，したがってS_2からの波の点Pでの変位に等しくなる。よって，点PでS_1からの波とS_2からの波は**強めあう。**

QP＝$|S_1P-S_2P|$であるから，2つの波が**強めあう条件**は，mを整数として，

$$|S_1P-S_2P| = m\lambda \qquad (3\cdot7)$$

❷波が打ち消しあう条件　2つの波源からの同位相の波が打ち消しあうのは，2つの波の変位が逆になった場合である。変位が逆になるのは，距離にして半波長の差にあたるから，**図27のQPが（波長の整数倍＋半波長）**になっていれば，P点におけるS_1からの波とS_2からの波の変位が逆になるため，**打ち消しあう**。よって，**2つの波が打ち消しあう条件**は，

$$|S_1P-S_2P| = \left(m+\frac{1}{2}\right)\lambda \qquad (3\cdot8)$$

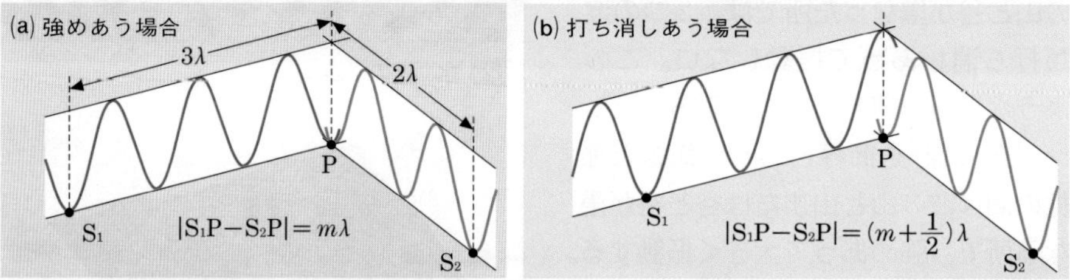

図28　波が強めあう場合と打ち消しあう場合

視点　立体図形をかいてみると，(a)ではS_1から出た波は点Pで谷をつくり，S_2から出た波も点Pで谷をつくる。このため点Pは深い谷となる。(b)では山と谷になって打ち消しあう。

補足　節線上で波が完全に打ち消しあって振動しなくなるとき，2つの波の振幅が等しい。また，波源S_1，S_2間には定在波が生じている。中点では必ず腹となる。

POINT!

同位相の波が強めあう条件…………$|S_1P-S_2P| = m\lambda$

同位相の波が打ち消しあう条件……$|S_1P-S_2P| = \left(m+\frac{1}{2}\right)\lambda$

S_1P，S_2P〔m〕：S_1P間，S_2P間の距離　λ〔m〕：波長　$m=0, 1, 2, \cdots$

❸2つの波源の位相が異なる場合　(3·7)式と(3·8)式は，2つの波源S_1，S_2が同位相の波を送り出しているときにだけ成りたつ。もし，2つの波源の出す波の**位相がπだけずれていたら**，つまり，S_1が山のときS_2が谷ならば，**図27**のS_1の波はそのままだが，S_2の波は青実線と青破線が入れかわるから，白実線と白破線も入れかわる。つまり，**2つの波源の波の位相が等しいときには強めあっていた場所が打ち消しあう場所になる**から，波の干渉の条件式も入れかわり，(3·8)式が強めあう条件，(3·7)式が打ち消しあう条件を示すことになる。

3 波の回折

1 回折

図29のように波の進路上に障害物を置く。このとき，波が直進しかしないものならば，障害物の裏側の部分には，波が入りこまないはずである。しかし，実際にはある程度まで波が回りこむ。この現象を**回折**という。波が回りこむ範囲は波長λが長いほど大きくなる。

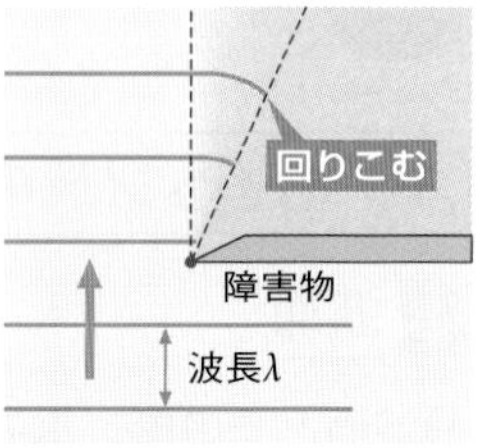

図29 回折

補足 回折は波特有の現象で，障害物やすきまの大きさと波長が近いときによく見られる。

2 スリットによる回折

波の進路上にすきま(スリット)をあけた障害物を置くと，波がスリットを通過するときに回折する。

図30は，幅のちがうスリットに同じ波長の波を入射させたときの写真である。これを見ると，**スリットの幅が波の波長にくらべて小さいほど，回折する角度が大きい**ことがわかる。ラジオの電波(波長が長い)がテレビの電波(波長が短い)よりビルのかげなどでも受信しやすいのは，この回折のためである。

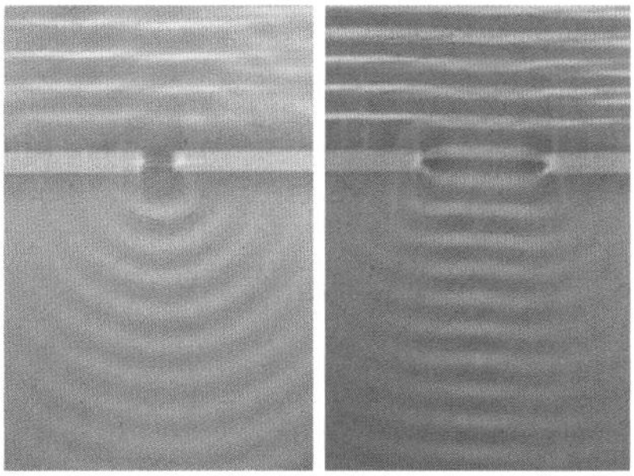

図30 スリットによる回折

このSECTIONのまとめ　干渉と回折

□ 正弦波 ☞ p.243	・**正弦波**を表す式…$y = A\sin 2\pi\left(\frac{t}{T} - \frac{x}{\lambda}\right)$ ・$\phi = 2\pi\left(\frac{t}{T} - \frac{x}{\lambda}\right)$を位相という。
□ 波の干渉 ☞ p.247	・**強めあう条件**　$\lvert S_1P - S_2P\rvert = m\lambda$ 　**打ち消しあう条件**　$\lvert S_1P - S_2P\rvert = \left(m + \frac{1}{2}\right)\lambda$
□ 波の回折 ☞ p.249	・**回折**…波が障害物の裏側に回りこむこと。波が回りこむ範囲は，波長が長いほど大きい。

SECTION 3 反射・屈折の法則

1 ホイヘンスの原理

1 波面

❶波面とその形 水面波が進んでいくのを見ると，山または谷がひとつながりの曲線になっている。この曲線を波面という。

波面とは，波の位相の等しい点をつないでできる曲線である。水面波の波面は平面的な円であるが，音波の波面は球面である。波面の形によって，円形波，球面波，平面波などと呼ばれる波がある。

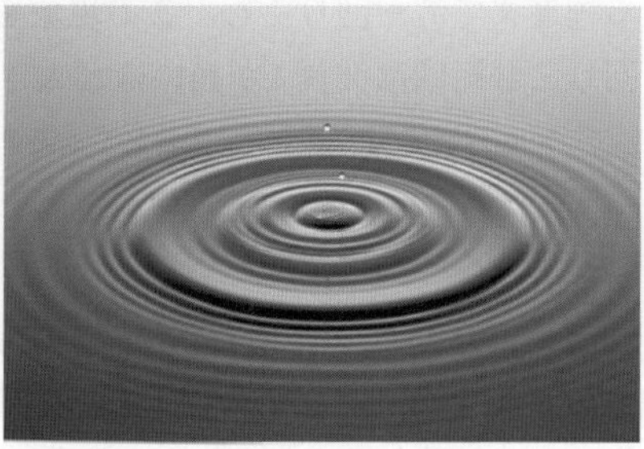

図31 水面波の波面

❷波の速度と波面 波の伝わる速さ(☞p.235)というのは，波面の速さのことである。**波面の速度の方向(波の進行方向)は波面に垂直である。**

2 ホイヘンスの原理 ①重要

❶素元波(そげんは) せまいスリット(☞p.249)を通った波は，**図30**のように，あたかもそのスリットが波源となったかのように進む。また，マッチ棒をたくさん棒にはりつけ，これで水面をたたくと，1つ1つのマッチ棒が波源となって円形波を送り出し，互いに重なりあってひとつながりの平面波になる。これらの事実から，ホイヘンス(オランダ，1629～1695)は**「進行する波からは，たえずその波面上の各点を波源とする波(素元波という)が発生し，これが重なりあって新しい波面をつくる」**とした。

❷新しい波面のでき方 **図32**のABのような波面があるとする。波面AB上の各点から素元波が速さvでひろがると，時間t後には半径vtの円形(球形)の素元波がAB上の各点から無数に出ていることになる。

これらの素元波が重なりあうと，その前面は強めあって，新しい波面A′B′となる。前面以外のところでは，少しずつ位相がちがうので，打ち消しあう。

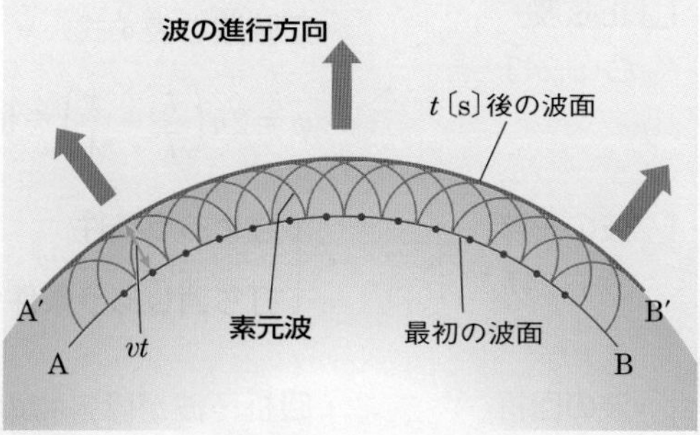

図32 ホイヘンスの原理

❸ホイヘンスの原理　一般に, 波面が速さvで進むとき, ある瞬間での波面上の各点は新しい波源となって, そこから素元波が速さvで送り出される。これらの素元波の全部に接する面(**包絡面**(ほうらくめん))が次の瞬間の波面となる。これをホイヘンスの原理という。

2｜反射の法則

1 反射の法則 (!)重要

❶波の反射　図33のように, 波がA→Oの方向に進んできて壁MNにあたり, 反射して, O→Bの方向に進んだとする。入射点OでMNに立てた**法線**[★1]XYとAO, BOのなす角をそれぞれ入射角, 反射角という。

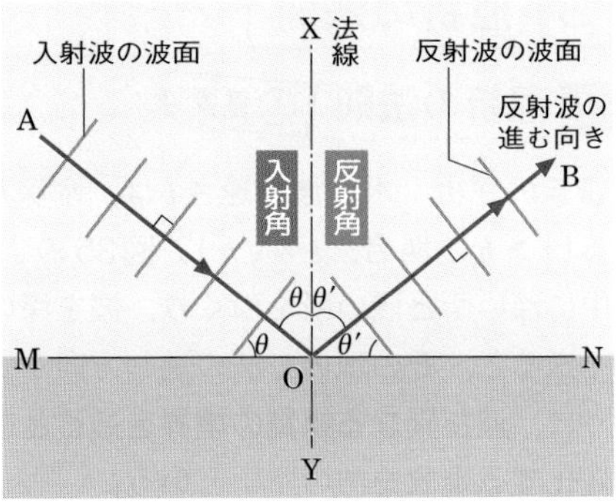

図33 反射の法則

❷反射の法則　波が反射するとき,

入射角θ＝反射角θ'

となる。これを反射の法則という。

POINT!
反射の法則
入射角θ＝反射角θ'

2 ホイヘンスの原理による反射の説明

図34において, ある時刻に入射波の波面AA′のAが壁MNに達したとしよう。波の伝わる速さがv〔m/s〕で, A′からひろがる素元波がBに達するのにt〔s〕かかったとすると, Aからひろがった素元波の半径はvtである。

ホイヘンスの原理によれば, Bを通る反射波の波面は, Aから出た素元波に接する。その接点をB′とすると, 反射波の進む方向はAB′の方向である。△ABB′と△BAA′はどちらも直角三角形で, 斜辺ABは共通, AB′＝BA′＝vtであることから, △ABB′と△BAA′は合同である。

したがって∠BAB′＝∠ABA′すなわち, $\theta=\theta'$となる。

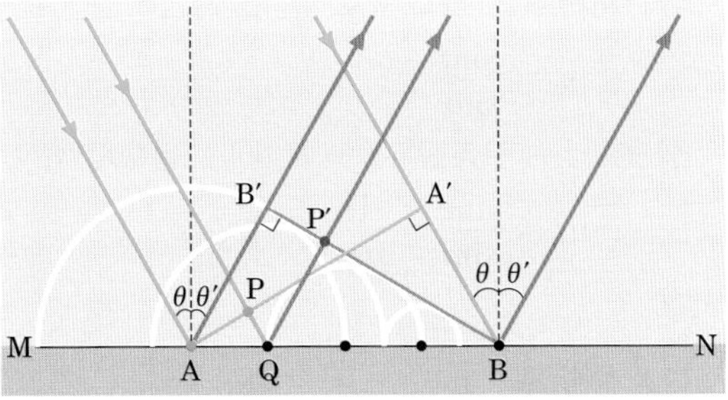

図34 ホイヘンスの原理による反射の法則の説明

★1 ある面や線に対して垂直な直線を, その面や線の**法線**という。

補足 図34で，波面AA′が壁MNにあたるとき，AとBの間の各点から出される素元波がすべてBB′上で重なりあうことを確かめておこう。波面AA′上の任意の点Pが壁MN上のQ点で反射し，波面BB′上のP′点に達するのにt〔s〕かかることが証明できればよい。

QP′⊥BB′であるから，△ABB′において，AB′∥QP′となり，$\dfrac{QP'}{AB'}=\dfrac{QB}{AB}$

また，PQ⊥AA′であるから，△BAA′において，PQ∥A′Bとなるので，$\dfrac{PQ}{A'B}=\dfrac{AQ}{AB}$

よって，$PQ+QP'=A'B\times\dfrac{AQ}{AB}+AB'\times\dfrac{QB}{AB}=vt\times\dfrac{AQ+QB}{AB}=vt\times\dfrac{AB}{AB}=vt$

3 屈折の法則

1 屈折の法則 ①重要

❶波の屈折 水面波の速さvは，水深hによって変わる($\lambda \gg h$[★1]の場合，$v \propto \sqrt{h}$[★2])。図35のように，水槽の中に深い所と浅い所をつくり，波を深い所から浅い所へ送ると，その境界で波の進む方向が変わる。このように，**波が異なる媒質の境界を通るときに進む方向が変化する**現象を波の屈折という。

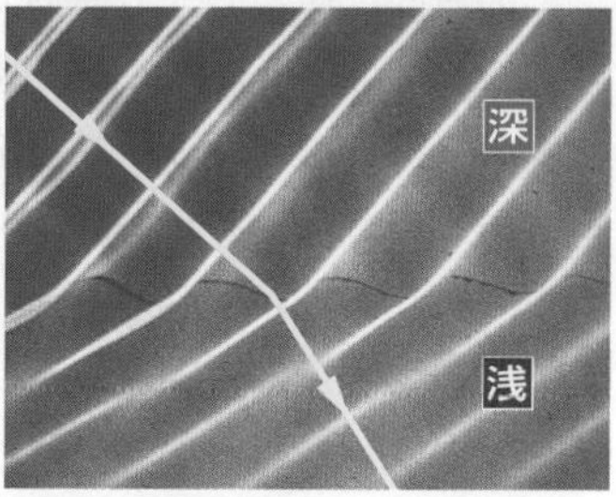

図35 水面波の屈折

❷屈折角 図36のように，異なる媒質1，2の境界面に波が入射すると，一部は反射し残りが屈折して，媒質2に進む。入射点Oで媒質の境界面に垂直に立てた法線XYと入射波の進行方向とのなす角iを入射角，屈折波の進行方向と法線XYとのなす角rを屈折角という。

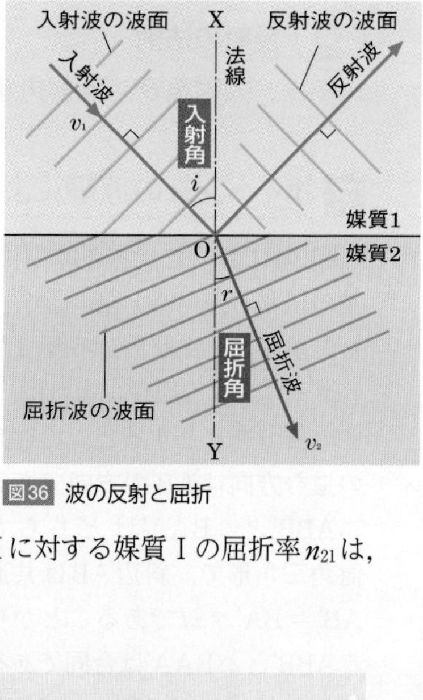

図36 波の反射と屈折

❸屈折の法則 入射角の大きさを変えたとき，入射角と屈折角の正弦の比$\dfrac{\sin i}{\sin r}$の値は一定である。そこで，この定数を媒質1に対する媒質2の(相対)屈折率といい，n_{12}と表す。

$$n_{12}=\frac{\sin i}{\sin r} \qquad (3\cdot9)$$

図36で，波が媒質Ⅱから媒質Ⅰに進む場合，媒質Ⅱに対する媒質Ⅰの屈折率n_{21}は，

$$n_{21}=\frac{\sin r}{\sin i}=\frac{1}{n_{12}}$$ となる。

POINT! 屈折率 $n_{12}=\dfrac{\sin i}{\sin r}$ $n_{21}=\dfrac{1}{n_{12}}$

★1 ≫や≪は，非常に大きいもしくは非常に小さいことを表す記号である。

★2 ∝は，比例することを表す記号である。この関係より，水面波を考える場合，水深がちがう場所は異なる媒質として扱う。

2 ホイヘンスの原理による屈折の説明

❶波が屈折する理由　波の伝わる速さのちがいで屈折が起こる。波の速さがv_1の媒質Ⅰから波の速さがv_2の媒質Ⅱに波が進む場合を考えよう。いま，図37のように，平面波の波面AA′の端Aが媒質の境界に達したとする。この後A′が境界に達するのにt〔s〕かかるなら，$A'B' = v_1t$である。この間にAから媒質Ⅱの中に出された素元波の半径はv_2tになる。B′からこの素元波に接線を引き，その接点をBとすると，$AB = v_2t$である。$v_1 \fallingdotseq v_2$より$A'B' \fallingdotseq AB$となり，AA′とBB′は平行にならず，波は屈折する。

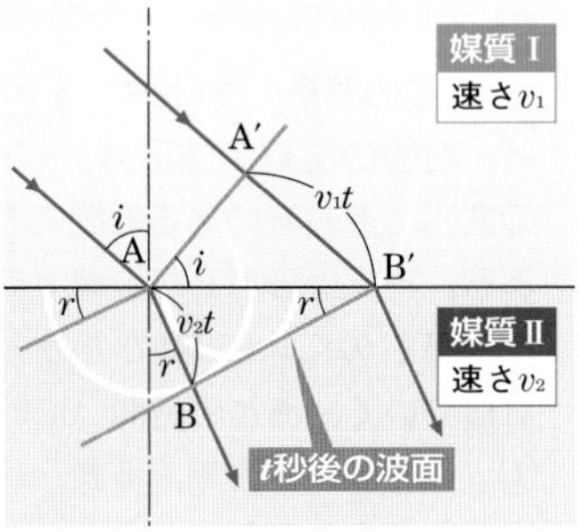

図37　ホイヘンスの原理による波の屈折の説明

❷屈折率と速さの関係　(3･9)式と図37より，

$$n_{12} = \frac{\sin i}{\sin r} = \frac{A'B'/AB'}{AB/AB'} = \frac{A'B'}{AB} = \frac{v_1t}{v_2t} = \frac{v_1}{v_2} \qquad (3\cdot10)$$

となる。いいかえると，屈折率は2つの媒質中の**波の速さの比に等しい。**

❸速さと角度　入射波より屈折波の速さが遅くなると$i > r$となり，進行方向は境界面の法線に近づくように屈折する。

❹屈折と波長　波が媒質1から媒質2に入るとき，境界面で接している媒質1と2はまったく同じ周期で振動をするから，媒質2の中の振動数は1の中の振動数と同じである。いま，振動数をf，媒質1，2の中の波の波長をλ_1，λ_2とすると，

$$n_{12} = \frac{v_1}{v_2} = \frac{f\lambda_1}{f\lambda_2} = \frac{\lambda_1}{\lambda_2} \qquad (3\cdot11)$$

$$\boldsymbol{n_{12} = \frac{v_1}{v_2} = \frac{\lambda_1}{\lambda_2}}$$

となり，**屈折率は波長の比に等しい**ことがわかる。

このSECTIONのまとめ　波の性質

□ホイヘンスの原理　☞p.250	・波面上の各点が**素元波**を出し，その**包絡面**(ほうらくめん)が次の波面となる。
□反射の法則　☞p.251	・**入射角と反射角は等しい。**　$\theta = \theta'$
□屈折の法則　☞p.252	・入射角iが変化しても**屈折率n_{12}は不変。**　$n_{12} = \frac{\sin i}{\sin r}$ ・**屈折率は速さまたは波長の比。**　$n_{12} = \frac{v_1}{v_2} = \frac{\lambda_1}{\lambda_2}$

CHAPTER 1 練習問題 解答 p.540

1 〈波の要素〉 物理基礎 テスト必出

右図の実線の波形は，x軸の正の方向に進む波のある瞬間のものである。実線上の点Pが破線上の点P′まで進むのに0.050秒かかった。これについて，あとの各問いに答えよ。

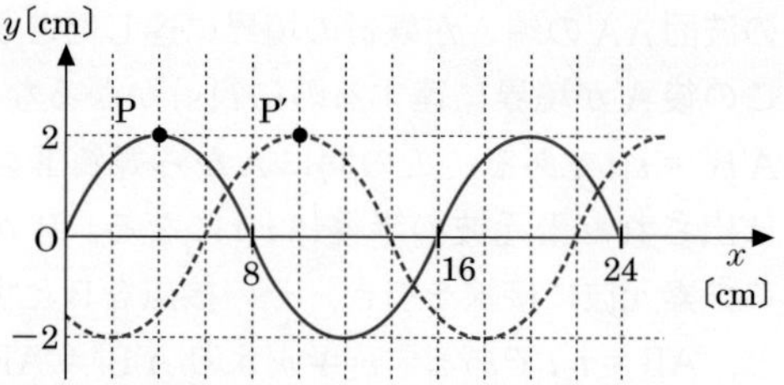

(1)　この波の，振幅，波長，伝わる速さをそれぞれ求めよ。
(2)　媒質の振動数，周期はそれぞれいくらになるか。
(3)　点Pが$x=16$cmの位置に移動するには何秒かかるか。
(4)　$x=8$cmの位置の媒質は，現在どの向きに運動しているか。
(5)　点Pが，図の実線の位置からその後どのような振動をするか，1周期のグラフをかけ。図の実線の位置を時刻$t=0$とし，縦軸に変位，横軸に時間をとるものとする。
(6)　原点Oでの変位yを，時刻tを含む式で表せ。実線の位置を$t=0$とする。
(7)　(6)を使って，位置xでの変位yを，tを含む式で表せ。

2 〈縦波の横波表示〉 物理基礎 テスト必出

右下図は，ある時刻の縦波の変位の場所による変化を表した図であり，x軸は波源Oからの距離，y軸は進行方向を正としたときの波の媒質の変位である。あとの(1)～(7)のそれぞれにあてはまるものを図中の記号a～gで答えよ。

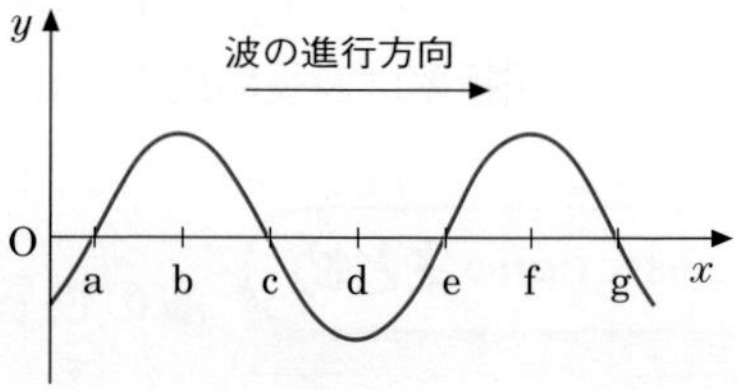

(1)　媒質が最も密な点
(2)　媒質が最も疎な点
(3)　媒質の速度が0である点
(4)　媒質の右向きの速度が最大である点
(5)　媒質の加速度が0である点
(6)　媒質の左向きの加速度が最大である点
(7)　点bと同位相，逆位相の点

3 〈正弦波〉 テスト必出

右図は，xの正の向きに速さ10m/sで進む正弦波のある時刻における波形である。

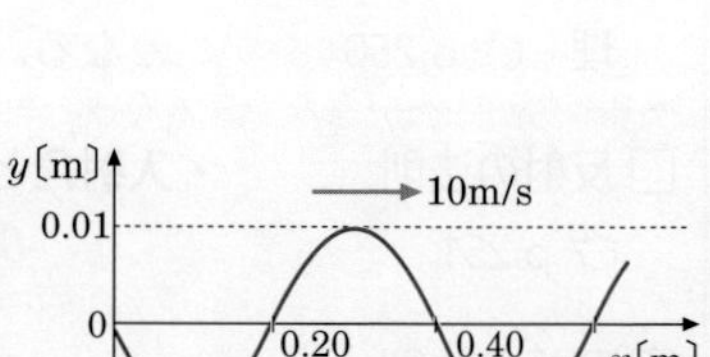

(1)　0.02秒後の波形を点線で図中にかけ。
(2)　図の波形の時刻を0として，t秒後の原点の媒質の変位y_0を表す式を書け。
(3)　t秒後の原点からx〔m〕の距離にある媒質の変位y〔m〕を表す式を書け。
(4)　はじめてy_0が0.005mになるのは，図の瞬間の何秒後か。

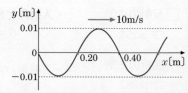

④ 〈正弦波のグラフ〉

x軸の正の向きに進み，原点の振動が図1のグラフで表される正弦波がある。次の問いに答えよ。

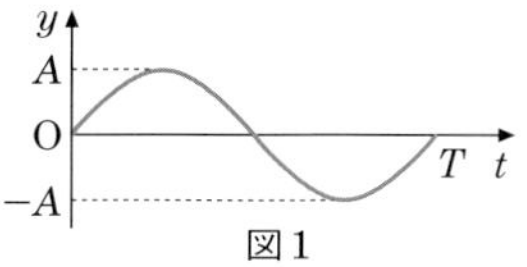

図1

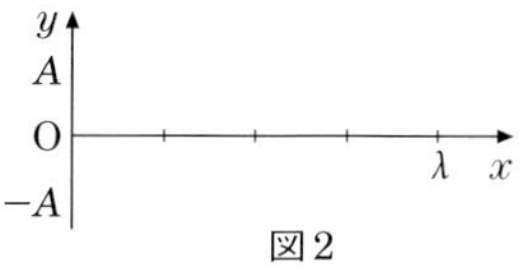

図2

(1)　y-xグラフを図2にかけ。

(2)　図2の波形を式で表せ。

(3)　この正弦波の変位yを，時間tを含む式で表せ。

(4)　原点の式を元に，原点から距離xの地点での波の変位yを，xとtおよび波長λを含む式で表せ。

⑤ 〈波の式〉

振幅2m，波長5mの正弦波が，波の伝わる速さ2.5m/sでx軸上を正の向きに進んでいる。

(1)　変位をyとして，この波を表す式を書け。

(2)　x軸上で，この波より山の位置が4分の1波長だけ正のほうにある波の式を書け。

⑥ 〈波の干渉〉 テスト必出

2つの波源A，Bは1秒間に10回の割合で振動しており，波長4cm，振幅0.2cmの波が同位相で広がっている。AB間は8cmであり，AP＝16cm，BP＝8cmとなるような点Pをとる。

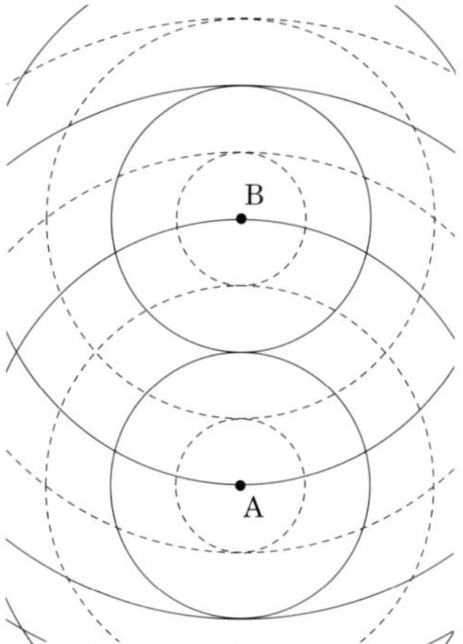

(実線は山，点線は谷を示す。)

(1)　この波の伝わる速さを求めよ。

(2)　線分ABの垂直二等分線上の点は，どのような振動をするか。

(3)　点Pはどのような振動をするか。

(4)　線分AB上で，波が打ち消しあって振動しない点はいくつできるか。また，それらの点の間の距離はいくらか。

(5)　波源A，Bが逆位相で振動していたら，点Pはどのような振動をするか。

⑦ 〈定在波〉 テスト必出

右図のように，x軸の正の向きに進む波A(実線)と，負の向きに進む波B(点線)があり，ともに波長が0.8m，振幅が2cm，波の進む速さが4m/sで，図は時刻$t=0$sにおける媒質の変位を表している。

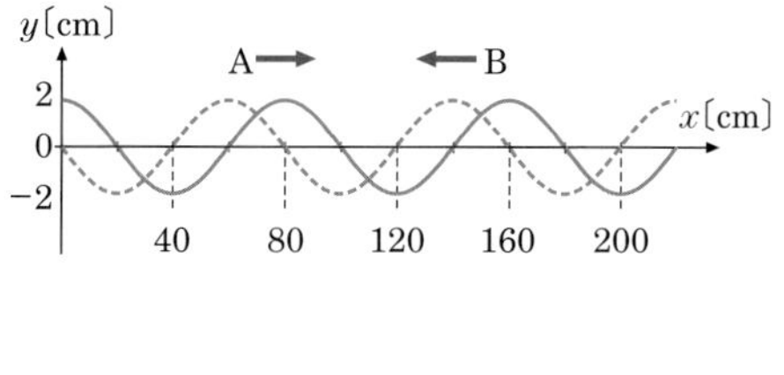

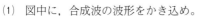

(1)　図中に，合成波の波形をかき込め。

(2)　定在波の節になる部分に•をつけよ。

(3)　媒質の振動の周期Tは何秒か。

8 〈波の式，定在波〉

次の文を読んで，あとの各問いに答えよ。

x軸の正の向きに進み，座標x〔m〕の媒質の時刻tにおける変位y_1〔m〕が，

$$y_1 = 0.2\sin 2\pi\left(\frac{t}{0.05} - \frac{x}{10}\right)$$

で表される波がある。

さらに負の向きに進む，波の各要素がこれと同じ波もあり，$t = 0$の瞬間における原点の媒質の変位は0で，波の位相も0であった。

(1)　負の向きに進む波を表す式y_2は，どのように書けるか。

(2)　2つの波が重なりあって，x軸上で定在波が観察された。このとき，$y = y_1 + y_2$を計算せよ。ただし，必要なら次の公式を使うこと。

$$\sin A + \sin B = 2\sin\frac{A+B}{2}\cos\frac{A-B}{2}$$

(3)　(2)のときの定在波の節の位置の座標を，整数nを用いて表せ。

9 〈屈折〉 テスト必出

振動数100 Hzの波が，媒質Ⅰから媒質Ⅱの中へ入射している。媒質ⅠおよびⅡの中での波の伝わる速さは，それぞれ4.00 m/s，3.00 m/sである。

(1)　媒質Ⅰの中での波の波長はいくらになるか。

(2)　媒質Ⅱの中での波の波長はいくらになるか。

(3)　媒質Ⅱの中で振動数はいくらになるか。

(4)　媒質Ⅰに対するⅡの屈折率はいくらになるか。

10 〈ホイヘンスの原理〉 テスト必出

次の文の空らんにあてはまる語句，記号などを記入せよ。ただし，同じ語句を複数回使用してよい。

1つの①［　　］上のすべての点は，それぞれの点を②［　　］とする球面波(これを③［　　］という)を出している。この③［　　］が波の進む向きにひろがり，それらを連ねると次の瞬間の④［　　］ができる。これを⑤［　　］という。

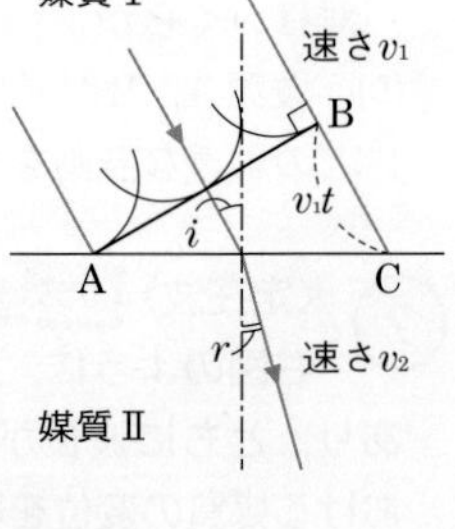

右の図のように，媒質ⅠからⅡに波が屈折する場合を考える。波面上の点Bが，時間tの間に速さv_1でC点まで達するとき，点Aからの速さv_2の③［　　］は，点Aを中心とする半径⑥［　　］の円周上まで進む。

求める屈折波の波面は，点⑦［　　］を通り，Aを中心とする円に引いた⑧［　　］である。

CHAPTER

2 » 音波

SECTION 1 音の伝わり方 〈物理基礎〉

1 ｜ 音波の性質

1 音源と音波

❶音源　ドラムをたたくと，膜が振動し，膜にふれている空気を圧縮または膨張させて，**空気に疎密の変化を与える。**この疎密の変化が空気中を伝わっていくのが音波である。このように，音を発生する音源(発音体)は**振動している。**おんさが振動すると，おんさに接触している空気も振動し，空気に疎密が生じる。おんさの振動とともに，この疎密がくり返されて，**疎密波**(☞ p.236)となって伝わっていく。

❷音波と媒質　音波は**疎密波(縦波)**で，空気だけでなく，気体，液体，固体はすべて媒質となって音を伝える。媒質のない**真空中では，音が伝わらない。**

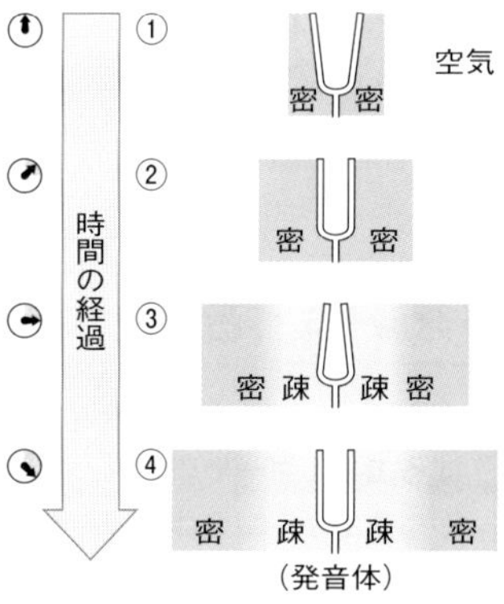

図38 おんさからの音波の発生

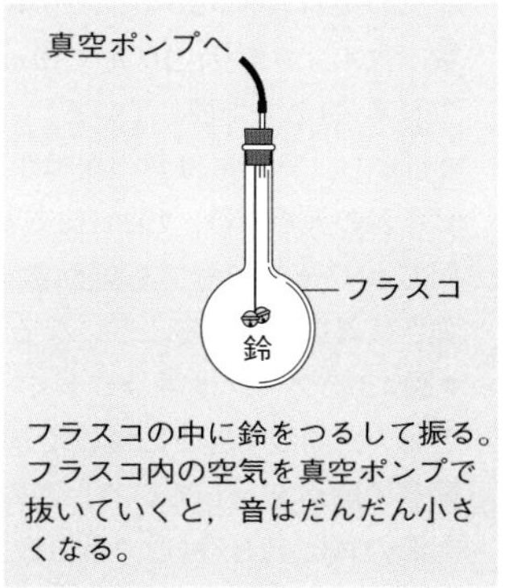

真空ポンプへ
フラスコ
鈴
フラスコの中に鈴をつるして振る。フラスコ内の空気を真空ポンプで抜いていくと，音はだんだん小さくなる。

図39 真空中で音は伝わるか

2 音の3要素 〈! 重要〉

❶音の高さ　音の振動数のちがいは，人の耳には音の高さのちがいとして聞こえる。**図40**は音楽で一般的に用いる音階(**平均律音階**)の標準振動数である。**1オクターブ高い音は，振動数が2倍の音**である。人の耳に聞こえる音波の振動数は**20～20000 Hz**程度である。この範囲の音を可聴音という。これより振動数が大きく，人の耳には聞こえない音を，超音波という(☞ p.261)。

❷音の大きさ ドラムを強くたたくと，周囲の物体が振動する。これは音波によってエネルギーが運ばれたことを示している。音の大きさとはこの**エネルギーの大きさ**と関係していて，同じ高さ(振動数)の音であれば振幅によって決まる。

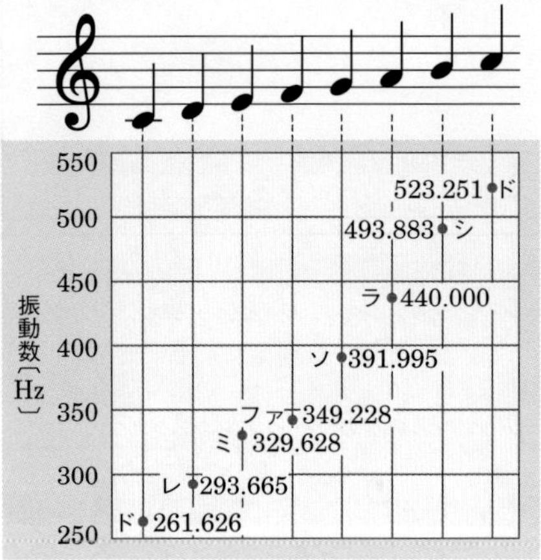

図40 音階と振動数

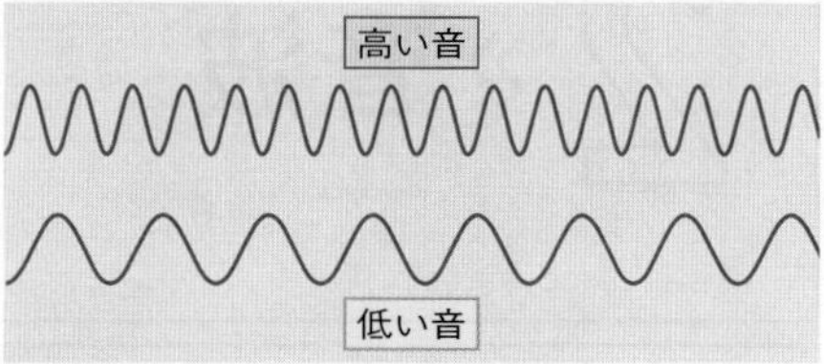

図41 音の高さ

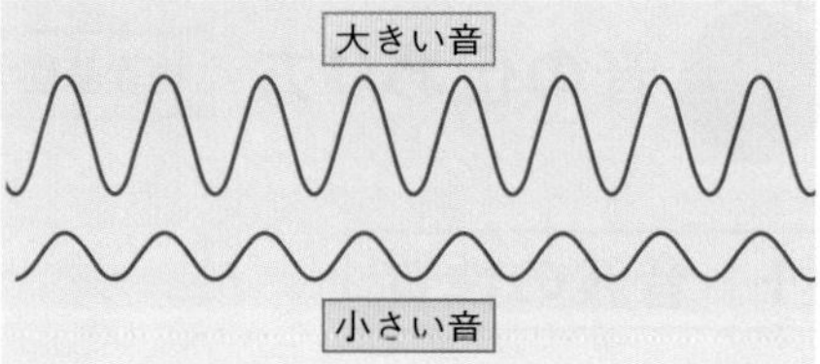

図42 音の大きさ

⊕発展ゼミ 音の強さ・大きさと振動数

●音の強さ(インテンシティ)というのは，**音波の進行方向に垂直な1 m^2 の面積を1 s間に通過するエネルギー**で表され，これは**振幅の2乗と振動数の2乗の積に比例**する。ソプラノ歌手が肉声でホール全体に声を響かせられるのは，振幅が大きいことにもよるが，振動数が大きいことにもよる。音の強さの単位は，上記の定義から $J/(m^2 \cdot s)$ となる。

●人間が聞くことのできる最小の音の強さ $I_0 = 10^{-12}\,J/(m^2 \cdot s) = 10^{-12}\,W/m^2$ という音のエネルギーの流れ I_0 を0 dB (デシベル)とし，$10I_0$ の値を10 dB，$100I_0$ の値を20 dB，…のように対数で表す。つまり，$10^n I_0 = 10n$ dBの関係が成りたつ。これは，人の耳が感じる音の大きさ(ラウドネス)をよく表している。

●しかし，実際には音の振動数によって感じる音の大きさは変わってくる。そこで人間の感じる音の大きさは，**1000 Hzで40 dBの音の大きさを40フォン**とする単位で表す。すなわち，同じ40フォンの音でも振動数によって音の強さは異なっていることになる。

●**図43**のグラフは等ラウドネスレベル曲線といい，同じ大きさに聞こえる音の強さと振動数の関係を示している。このグラフから，人間の耳は4 kHz付近で最も敏感になっていることがわかる。4 kHz付近の音の例としては，女性の悲鳴や赤ちゃんの泣き声がある。

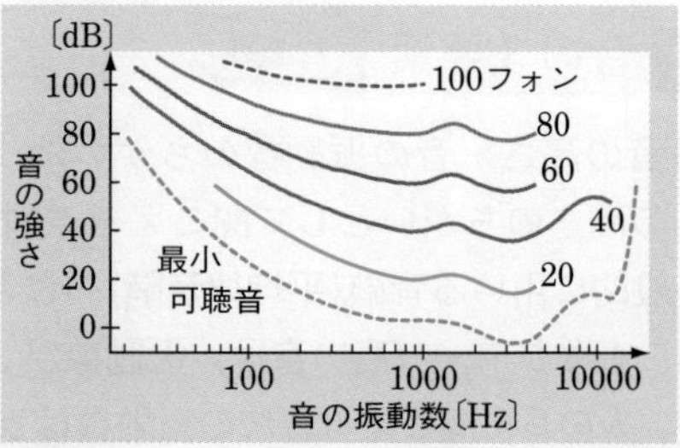

図43 等ラウドネスレベル曲線

❸音色（ねいろ）　同じ高さの音でも，フルートの音とバイオリンの音ではまったくちがって聞こえる。これを音色という。**図44**は，いろいろな楽器の音の波形を電気信号に変え，**オシロスコープ**という装置で表示した写真である。これを見るとわかるように，楽器がちがうと，音の波形はまるでちがう。音色のちがいはこの**波形のちがい**によって生じる。

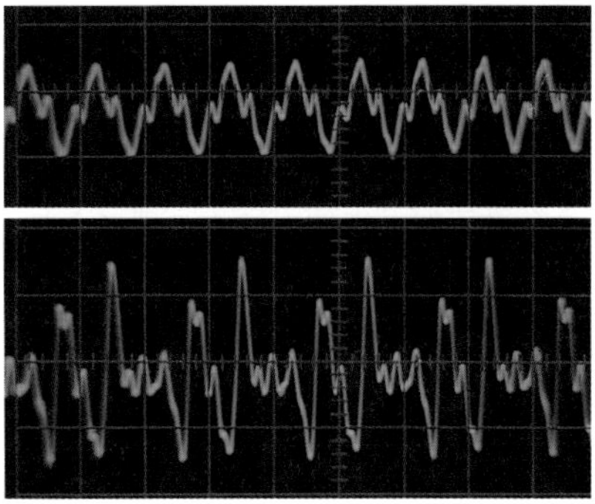

図44　音の波形(上：リコーダー，下：鍵盤ハーモニカ)（縦軸は変位，横軸は時間）

3 音の速さ

❶空気中の音速　乾燥した空気中を伝わる音の速さは，気温によって変化する。0℃のときの空気中の音速は**331.5m/s**で，気温が1℃(1K)高くなるごとに**0.6m/s**ずつ速くなる。よって，t℃のときの音速Vm/sは，次のように表せる。

$$V = 331.5 + 0.6t \quad (3\cdot12)$$

補足　V，tは数値を示す。気温15℃のときの音速は，$V = 331.5 + 0.6 \times 15 \fallingdotseq 341$m/sである。ふつう音の速さを**340m/s**とするのは，15℃のときの値をもとにしている。

POINT!
空気中の音速　$V = 331.5 + 0.6t$
V：音速(m/s)　t：気温(℃)

❷液体・固体中の音速　音波は空気中ばかりでなく，液体や固体の中も伝わる。鉄棒に耳をつけておき，誰かに鉄棒の遠くの部分を軽くたたいてもらうと，その音がよく聞こえる。これは音が鉄棒の中を伝わってくるからである。

液体中の音速は気体中の音速よりずっと大きい。たとえば水中では1500m/sである。固体中の音速は液体中よりもさらに大きい。たとえば鉄棒中では5950m/sである。一般に**音速は，固体中＞液体中＞気体中の順に大きい。**この理由は，気体に比べて液体や固体は体積が変化しにくく(☞p.182)，変位した媒質の復元力が大きいからである。

参考　水中では音のやってくる方向がわかりにくい。人は音が左右の耳に入る時間の差によって音の来る方向を判断しているが，水中では音速が大きいので，この時間差が短くなるからである。

表1　物質中の音速

物質		音速〔m/s〕
固体	氷	3230
	鉄	5950
液体	水(23～27℃)	1500
	エタノール	1207
気体	空気(乾燥0℃)	331.5
	水蒸気(100℃)	404.8
	水素(0℃)	1269.5
	ヘリウム(0℃)	970

2 音の反射・屈折・回折

1 音の反射

❶音の反射 音波も波の一種であり，異なる媒質の境界面で反射される。このとき，**音波も反射の法則**(☞ p.251)**にしたがう。**魚群探知機やコウモリは，出した超音波が反射した音を観測し，位置を把握している。

❷残響(ざんきょう) トンネルの中などで大声を出すと，音波がトンネルの壁で何回も反射し，長い間響く。この現象を残響という。劇場，音楽ホールなどでは，残響を適当に消す工夫がされている。

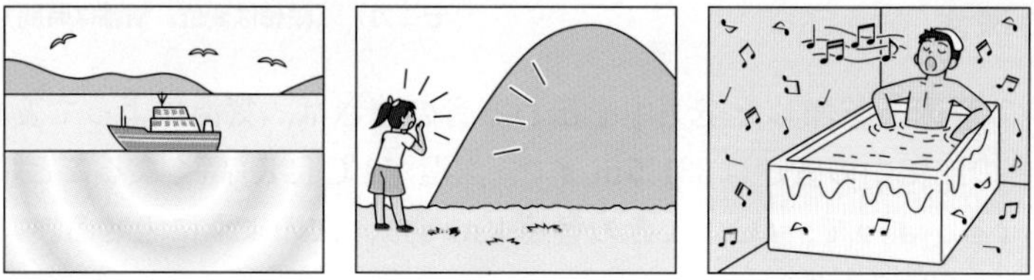

(a)ソナー(魚群探知機)　(b)やまびこ　(c)風呂場の残響

図45 反射の例

2 音の屈折

❶水中に入射する場合 音波が空気中から水中に入射すると，**水中の音速のほうが速い**ので，空気に対する水の屈折率(☞ p.252)は1より小さくなる。

$$n=\frac{\sin i}{\sin r}=\frac{v_1}{v_2}<1$$

そのため，屈折角rは入射角iより大きくなり，光の場合とは逆になる。

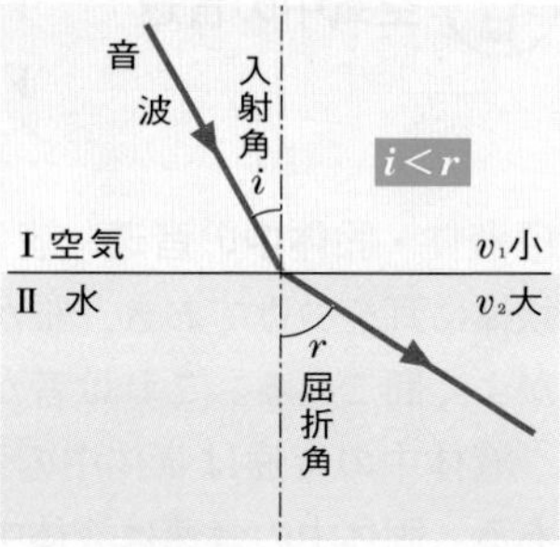

図46 音の屈折

❷夜間の遠くの物音 夜は昼よりも遠くの物音がよく聞こえる。この原因の1つは音の屈折である。

夜間は放射冷却によって地面が冷え，上空の空気のほうが暖かいので，音波の伝わる方向はしだいに水平方向に近づき，遠くの物音が届きやすい。

昼間は地面が熱く，上空の空気ほど冷たいので，地上で発せられた音波の伝わる方向は，屈折によって，しだいに鉛直上向きになる。

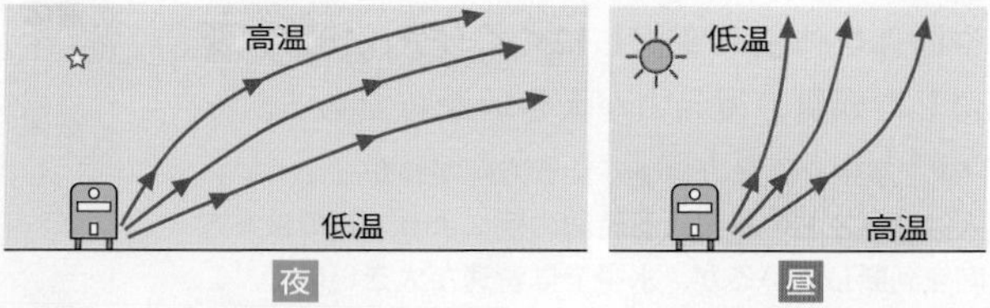

図47 夜と昼の音の屈折のちがい

3 音の回折

波はその波長よりも小さい物体にあたっても，回折(☞ p.249)して，その裏側に入りこむ。音波は光波よりも波長が長いため回折現象が現れやすい。可聴音(☞ p.257)の波長はおよそ1.7 cm ～ 17 m であるから，かなり大きな障害物でも，その裏へまわりこむ。たとえば物陰にいる人の話し声は，姿が見えなくても聞こえる。

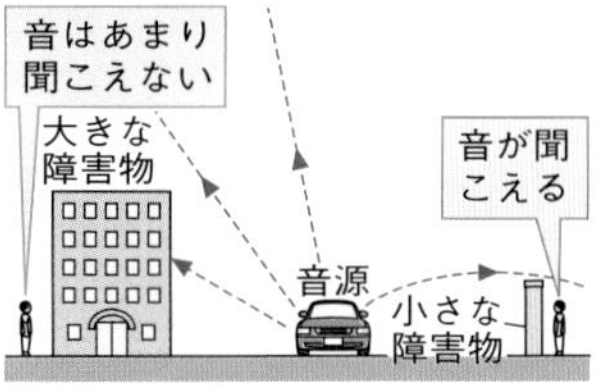

図48 音の回折

⊕発展ゼミ 超音波

●超音波を水中に照射すると，水を細かく振動させて，水中に存在する気体分子から無数の小さな泡をつくり出す。この泡は強いエネルギーをもっているので，これを利用して時計の内部の汚れを落としたり，2種類の混じり合わない液体を，細かいコロイド状にして均質にしたりすることができる。

●また，**超音波は水中をふつうの音よりもまっすぐ進む**ので，魚群を探知したり，海の深さをはかったりするのにも使われている。

●動物の中にも超音波を出しているものがいる。たとえば，イルカは超音波を利用して交信しあっていることがよく知られている。

●また，コウモリは超音波(50 ～ 90 kHz)のパルス波を出しながら飛び，その**反射音で反射物体までの距離や形を「見て」いる。**このため，コウモリの耳をロウでふさいでしまうと，うまく飛べなくなって，あちこちにぶつかったりする。

このSECTIONのまとめ 音の伝わり方

□ 音波の性質 ☞ p.257	・音の3要素 高さ…**振動数**によって決まる。 大きさ…**振幅**によって決まる。 音色…**波形**によって決まる。 ・音の速さ…気温t℃では，$V(\mathrm{m/s}) = 331.5 + 0.6t$
□ 音の反射・屈折・回折 ☞ p.260	・音の**反射**…やまびこの残響などの例がある。 ・音の**屈折**…音速のちがう媒質に入るとき屈折する。 ・音の**回折**…音波の波長は長いので，よく回折する。

SECTION 2 音の干渉と共鳴 物理基礎

1 | 音の干渉

1 音の干渉

❶ 2つのスピーカーの音の干渉(かんしょう)　図49のように，2つのスピーカーを並べ，1つの発振器につないで同じ振動数の音を出す。こうすると，2つのスピーカーからの音波が重なりあった所で干渉が起こる。

図49の赤色の実線は**同じ位相の音波が重なる所**で，**音が大きく聞こえる。**赤色の破線は，**半波長だけずれた音波が重なる所**で，**音が聞こえにくい。**この破線部分を，音波の節線(図25☞p.247)という。

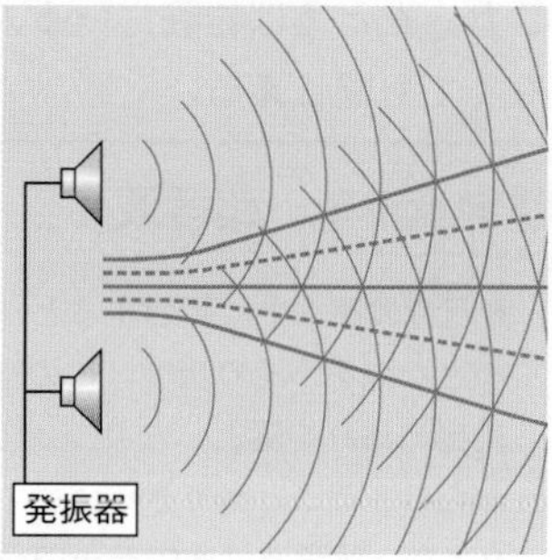

図49　2つのスピーカーの音の干渉

❷ おんさのまわりの音の干渉　図50(a)のように，耳のそばで振動しているおんさを回転させると，1回転の間に4回音が小さくなる。これは音波の干渉が原因である。図50(b)はおんさを真上から見たもので，おんさはXX′方向に振動する。XX′方向に音波の密部が出るとき，YY′方向には音波の疎部が出る。そのため，中間のAA′とBB′の線上では，疎部と密部が重なり合い，振動しない節線となる。

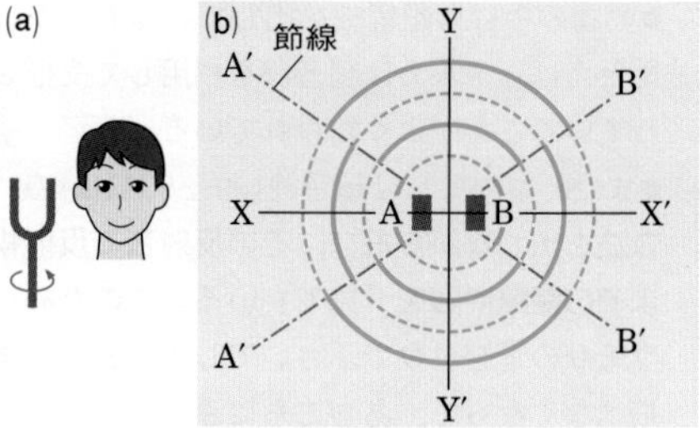

図50　おんさのまわりの音の干渉

2 うなり ①重要

❶ うなりの発生　振動数の等しい2つのおんさを用意し，図51のように，1つのおんさに金属片を取りつけて同時に鳴らす。すると，音は周期的に大きくなったり小さくなったりして，「ワーン，ワーン」というように聞こえる。この現象をうなりという。

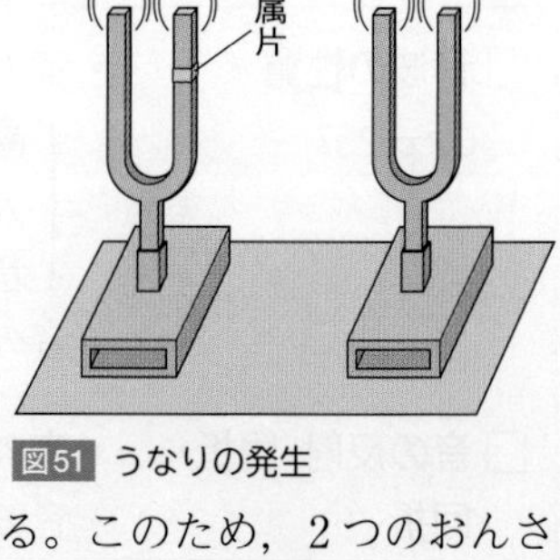

図51　うなりの発生

❷ うなりの原因　おんさに金属片をつけると，振動体の質量が大きくなるので，振動数が少し小さくなる。このため，2つのおんさの**振動数がわずかにちがう**ことになる。これがうなりの発生する原因である。

図52 うなりの波形
（Ⅰ・Ⅱ：もとの音波
Ⅲ：合成波）

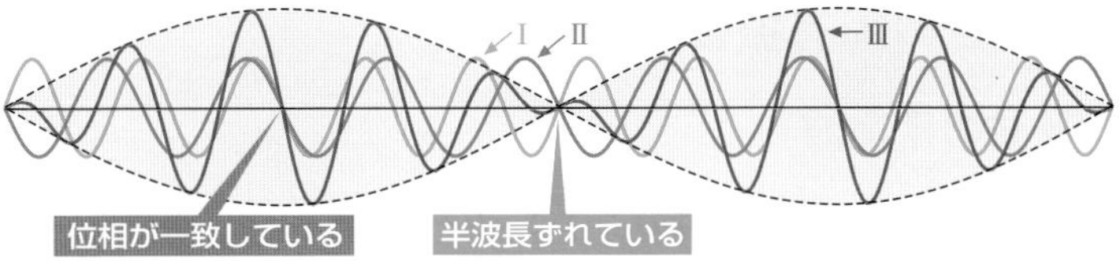

補足　図52に示すように，位相が一致した所では合成波の振幅が大きく，半波長ずれた所では合成波の振幅が0になる。このように，合成波の振幅がもとの音波の周期より長い周期で大きくなったり小さくなったりするので，音が「ワーン，ワーン」と聞こえるのである。

❸うなりの振動数　2つのおんさの振動数をf_1，f_2とする。2つの音波の位相が一致した時刻からT〔s〕後に再び位相が一致したとすれば，この間におんさが振動する回数はそれぞれf_1T，f_2Tである。この差は1回であるから，

$$|f_1T-f_2T|=1$$

T〔s〕に1回の割合でうなりが聞こえるから，うなりの振動数fは，

$$f=\frac{1}{T}=|f_1-f_2| \qquad (3\cdot 13)$$

となり，**うなりの振動数はもとの音波の振動数の差に等しい。**

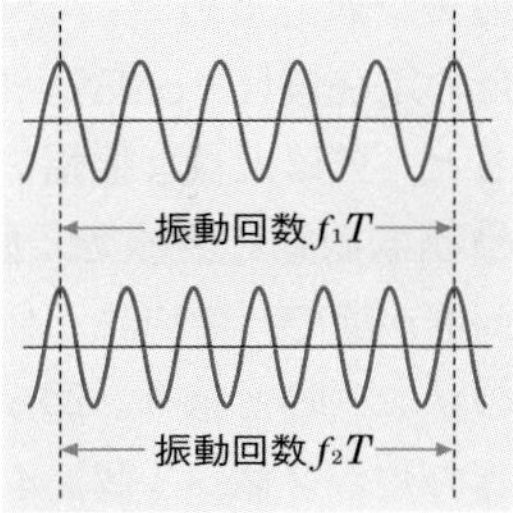

図53 2つの波形

POINT!
うなりの振動数　$f=|f_1-f_2|$
f〔Hz〕：うなりの振動数　f_1，f_2〔Hz〕：もとの音波の振動数

例題　3個のおんさとうなり

3個のおんさA，B，Cがある。おんさAの振動数は250Hzである。AとB，AとC，BとCを同時に鳴らすと，それぞれ毎秒2回，3回，5回のうなりが聞こえる。おんさBとCの振動数はそれぞれいくらか。

着眼　2つの音波の振動数f_1とf_2の大小が決まっていない場合は，$f_1>f_2$と$f_1<f_2$の2つの場合を考えなければならない。

解説　おんさB，Cの振動数をf_B，f_C〔Hz〕とすると，(3・13)式より，

$|f_B-250|=2$　であるから，　$f_B=252$Hz　または　248Hz

$|f_C-250|=3$　であるから，　$f_C=253$Hz　または　247Hz

これらの値のうち，$|f_B-f_C|=5$　を満たすのは，

$f_B=248$Hz，$f_C=253$Hz　または　$f_B=252$Hz，$f_C=247$Hz

の組み合わせである。　**答** B…248Hz，C…253Hz，または，B…252Hz，C…247Hz

2 | 弦の固有振動

1 弦の定在波

❶弦(げん)を伝わる横波　図54のように，スピーカーにつけた弦におもりをつり下げてぴんと張っておいて，スピーカーを鳴らすと，横波ができて弦を伝わる。波は滑車の所で反射し，波長と振幅が同じ2つの波が反対向きに進むことになり**入射波と反射波が干渉する。**スピーカーの振動数を小さいほうからしだいに大きくしていくと，波長が適当な長さになる所で，図55のような形の**定在波**(☞ p.239)ができる。定在波ができると，弦は大きな振幅で振動するようになる。

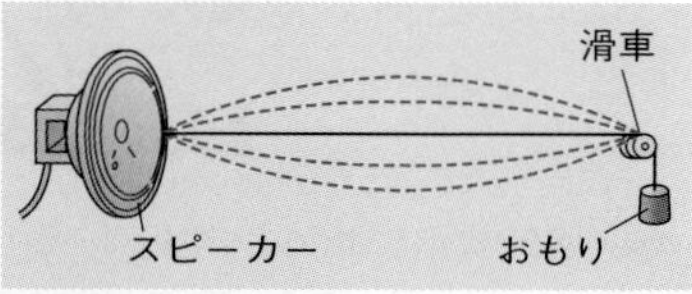

図54　弦を伝わる横波

❷基本振動と倍振動　図55(a)のように，弦の両端が節で，中央に1個だけ腹がある場合を弦の基本振動という。図55(b)，(c)，(d)のように，腹の数が2個，3個，4個，…とできる場合を，それぞれ2倍振動，3倍振動，4倍振動，…という。これらはそれぞれ基本振動の2倍，3倍，4倍，…の振動数で振動する場合である。

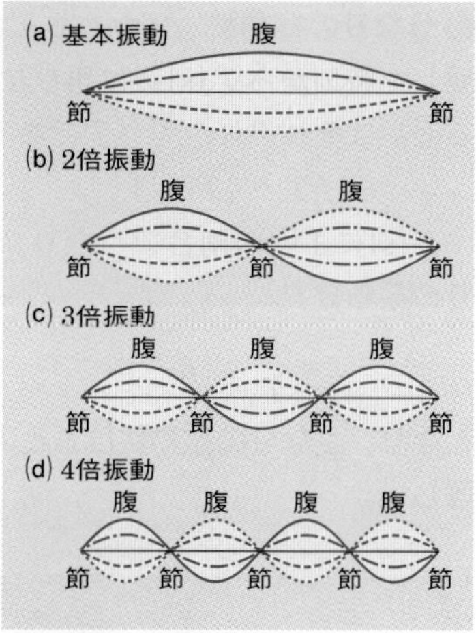

図55　弦の定在波

2 弦を伝わる波の速さ

❶弦の張力と質量　弦の張力が大きければ復元力も大きいので，弦が横に変位してもすぐ元にもどされる。したがって，振動数は大きくなる。また，弦の質量が大きければ慣性が大きいので，弦が変位したとき元にもどりにくい。したがって，振動数は小さくなる。このように，**弦の振動数は張力と質量によって決まる。**

❷弦を伝わる波の速さ　弦の1mあたりの質量を線密度という。線密度ρ(ロー)〔kg/m〕の弦を張力S〔N〕で張った場合，弦を伝わる横波の速さv〔m/s〕は，

$$v=\sqrt{\frac{S}{\rho}} \tag{3・14}$$

で与えられる。

POINT!

弦を伝わる横波の速さ　　$v=\sqrt{\dfrac{S}{\rho}}$

v〔m/s〕：波の速さ　　S〔N〕：弦の張力　　ρ〔kg/m〕：弦の線密度

3 弦の固有振動 ①重要

❶弦の定在波と振動数の関係　長さ l〔m〕の弦を張り，定在波をつくらせる。基本振動の波長を λ_1〔m〕，2 倍振動，3 倍振動，……，n 倍振動の波長をそれぞれ，λ_2，λ_3，……，λ_n〔m〕とする。定在波の節と節との間の距離は半波長 $\dfrac{\lambda}{2}$ に等しいから，

$$\frac{\lambda_1}{2}=l \qquad よって，\quad \lambda_1=2l$$

$$\frac{\lambda_2}{2}=\frac{l}{2} \qquad よって，\quad \lambda_2=\frac{2l}{2}=l$$

$$\frac{\lambda_3}{2}=\frac{l}{3} \qquad よって，\quad \lambda_3=\frac{2l}{3}$$

$$\vdots \qquad\qquad \vdots$$

$$\frac{\lambda_n}{2}=\frac{l}{n} \qquad よって，\quad \lambda_n=\frac{2l}{n}$$

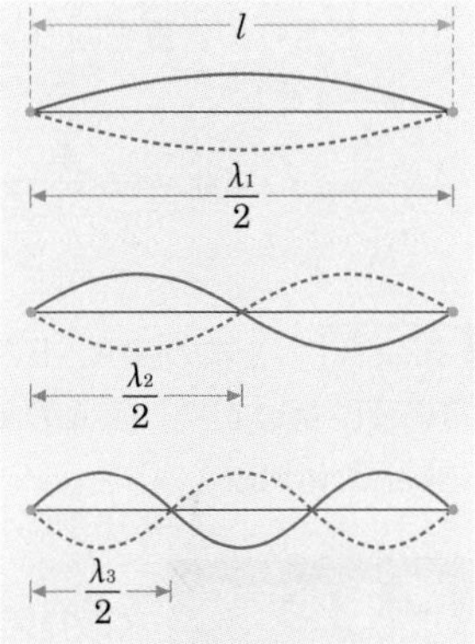

図56　弦の定在波の波長

このように定在波となる波長はとびとびの値である。ここで，n 倍振動の振動数を f_n〔Hz〕とし，弦を伝わる波の速さに(3･14)式を用いると，$v=f_n\lambda_n$ より，

$$f_n=\frac{v}{\lambda_n}=\frac{n}{2l}\sqrt{\frac{S}{\rho}} \qquad (n=1,\ 2,\ \cdots) \qquad (3\cdot15)$$

❷弦の固有振動数　弦の定在波の振動数は，(3･15)式で与えられるとびとびの値である。これらの振動数を弦の固有振動数という。弦をはじくと，弦は固有振動数で振動し，まわりの空気を同じ振動数で振動させるので，弦の固有振動数と同じ高さの音が発生する。

補足　弦をはじくと，基本振動だけでなく同時に倍振動も発生するが，ふつう耳に感じる音の高さは基本振動数によって決まる。また，音色(☞ p.259)は，倍振動の混ざりかたで決まっている。

POINT!

弦の固有振動数　$f_n=\dfrac{n}{2l}\sqrt{\dfrac{S}{\rho}}$　$\left[\begin{array}{l} l〔\mathrm{m}〕：弦の長さ\quad S〔\mathrm{N}〕：張力 \\ \rho〔\mathrm{kg/m}〕：線密度\quad n=1,\ 2,\ \cdots \end{array}\right]$

例題　弦の固有振動

長さ10.0 m，質量0.0490 g の弦を1.50 m の長さに切り，80.0 g のおもりをつり下げて水平に張った。この弦を振動させると，腹が 3 つの定在波ができた。重力加速度を9.8 m/s² として，各問いに答えよ。

(1)　弦の振動数はいくらか。

(2)　弦の長さを $\dfrac{1}{2}$ にして，腹の数を 4 つにし，(1)と同じ振動数の定在波を発生させるには，おもりの質量をいくらにすればよいか。

着眼 弦の線密度〔kg/m〕＝質量〔kg〕÷長さ〔m〕である。腹の数が3つになるのは，(3･15)式で$n=3$の場合である。MKS単位にそろえて代入すること。

解説 弦の線密度ρは，$\rho=0.0490\times10^{-3}\mathrm{kg}\div10.0\mathrm{m}=4.90\times10^{-6}\mathrm{kg/m}$
弦の張力Sは，$S=80.0\times10^{-3}\times9.8=7.84\times10^{-1}\mathrm{N}$

(1) (3･15)式で，$n=3$とすると，$f_3=\dfrac{3}{2\times1.50}\times\sqrt{\dfrac{7.84\times10^{-1}}{4.90\times10^{-6}}}=400\mathrm{Hz}$

(2) おもりの質量をm〔kg〕とすると，張力は，S〔N〕$=mg=9.8m$となる。(3･15)式で，$n=4$として，

$$400=\frac{4}{2\times\dfrac{1.50}{2}}\times\sqrt{\frac{9.8m}{4.90\times10^{-6}}}\qquad よって，\quad m=1.125\times10^{-2}\mathrm{kg}\fallingdotseq11\mathrm{g}$$

答 (1)400 Hz (2)11 g

類題3 2本の弦A，Bが両端を固定して張ってある。弦Bは，長さ，張力，直径，材質の密度がいずれも弦Aのn倍である。弦Bの基本振動数は弦Aの基本振動数の何倍か。
(解答☞p.542)

重要実験 弦の固有振動

操作

❶糸を10mの長さに切り取り，質量を測って線密度を求める。➡線密度〔kg/m〕は，質量〔kg〕を長さ〔m〕で割って求められる。

❷糸を適当な長さに切り，一端をスピーカーのコーンに固定し，他端をばねはかりに結びつけ，図57のようにセットする。

❸スピーカーを低周波発振器につないで，スイッチを入れると，スピーカーのコーンが振動し，弦が振動する。

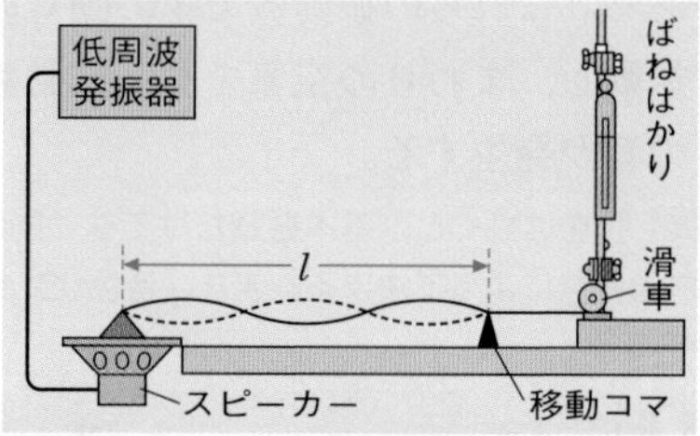

図57 弦の固有振動の実験装置

❹移動コマを動かして，弦に定在波ができるようにし，そのときの低周波発振器の振動数(弦の振動数fと等しい)，弦の振動部分の長さl，腹の数n，ばねはかりの読み(弦の張力S)を記録する。

❺低周波発振器の振動数を変えて，定在波の腹の数を変え，❹と同じ記録をとる。

❻低周波発振器の振動数を変えずに，ばねはかりを上下させて，弦の張力を変え，移動コマを動かして定在波をつくり，❹と同じ記録をとる。

結果 **考察**

❶弦の張力Sと弦の振動部分の長さlを変えないで，弦の振動数fを大きくすると，**腹の数nはfに比例**して増える。

❷弦の振動数fを変えずに，張力Sと弦の振動部分の長さlを変えると，**張力Sは$\left(\dfrac{l}{n}\right)^2$に比例**する。

3 共振と共鳴

1 共振

❶連成振り子　**振り子の固有振動数は糸の長さによって決まる。図58**のように，1本の横糸に，長さの等しい2本の振り子A，Bと，長さのちがう振り子Cとを結びつけ，Aを振らせる。すると，Aの振動によって横糸がゆれ，Bが振動しはじめる。Bの振幅はしだいに大きくなり，反対にAの振幅は小さくなる。

Bの振幅が最大になると，Aは静止するが，すぐまた振動しはじめ，振幅が大きくなっていく。反対にBの振幅はしだいに小さくなる。

AとBはこのような振動をくり返すが，この間Cはほとんど振動しない。

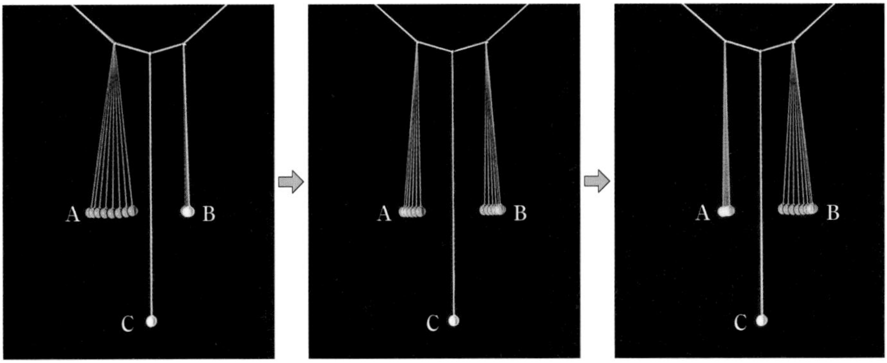

図58 連成振り子の振動

❷固有振動と共振　図58で，Bの振り子がAの振り子の振動につれて振れるのは，Aの振動による力が横糸を伝わって，Bにその固有振動の周期と同じ周期で加わるからである。ブランコをこぐときでも，ブランコの振動周期に合わせて力を加えるとしだいに振幅が大きくなる。**振動する物体はすべて，大きさやかたさなどによって固有振動数が決まっており，その周期と同じ周期で外力がはたらくと振動をはじめる。**この現象を共振という。

2 共鳴

せまい所に閉じこめられた空気は，その中で音波が往復するため，定在波ができやすく，固有振動数が決まる。このような空気が，その固有振動の周期と同じ周期の外力を受けて共振し，音を出す現象を共鳴(きょうめい)という。おんさの共鳴箱(図59)は，おんさの振動を箱に伝えて，箱の中の空気を共鳴させるためのものである。

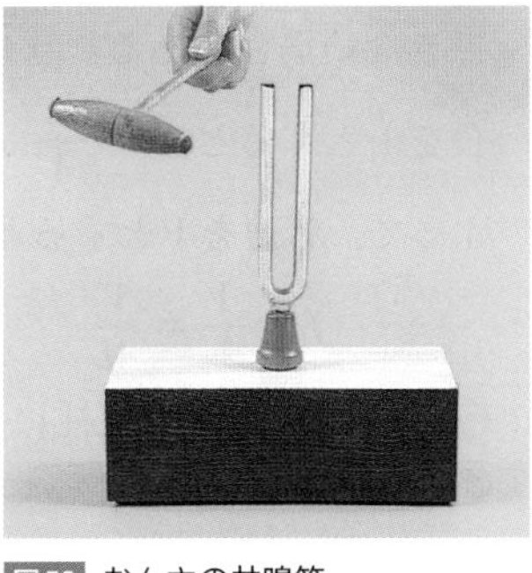

図59 おんさの共鳴箱

4 気柱の振動

1 閉管と開管

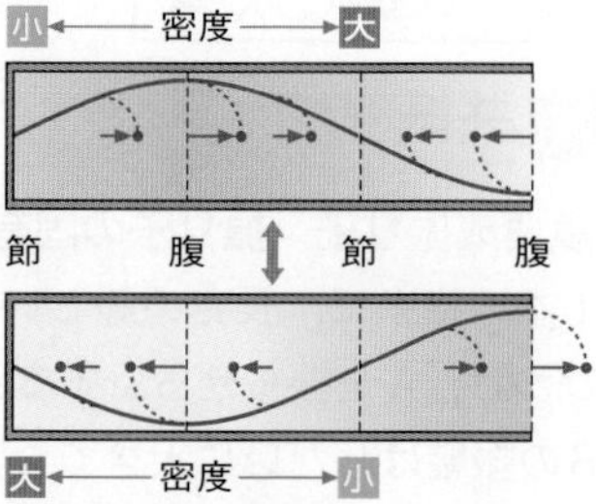

図60 閉管の定在波

視点 矢印は縦波の変位を示す。

❶**気柱** 管の中の空気を気柱という。これに音波が伝わると，管の端で反射した音波と入射した音波が干渉し，波長がある条件をみたすと定在波(☞p.239)ができる。すなわち，**気柱にも固有振動数がある。**

❷**閉管**(へいかん) 一端が閉じていて，他端が開いている管を閉管という。管の開いているほうの口(開口端)では，空気は大きく振動するので，定在波の腹になり，閉じているほう(閉端)は空気が振動できないので，定在波の節になる。図60は，縦波である音の定在波を，気柱の中にあたかも弦が入っているように横波の形でかいている。閉管内の気柱に定在波ができるときは，**閉じた端が節になり，開いた端が腹になる。**これに対して，空気の密度は，図60のように，節のところでは大きく変化し，腹のところではあまり変化しない。

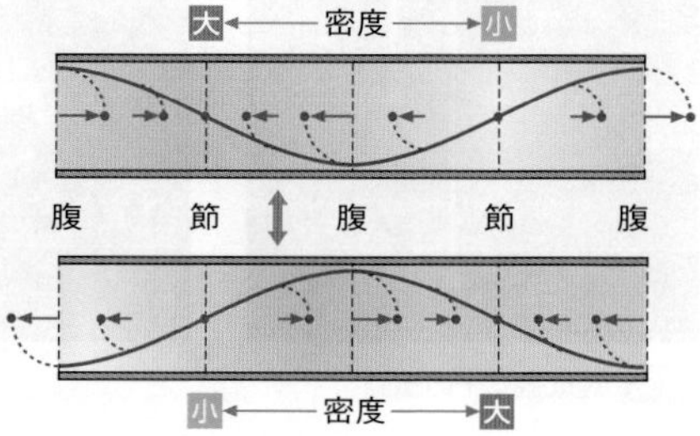

図61 開管の定在波

視点 開口端でも音波は反射し，定在波ができる。

❸**開管**(かいかん) 両端とも開いている管を開管という。開管内の気柱に定在波ができると，図61のように，**両端が腹になる。**空気の密度は，閉管の場合と同じように，節のところが大きく変化し，腹のところはあまり変化しない。

2 閉管の固有振動 ①重要

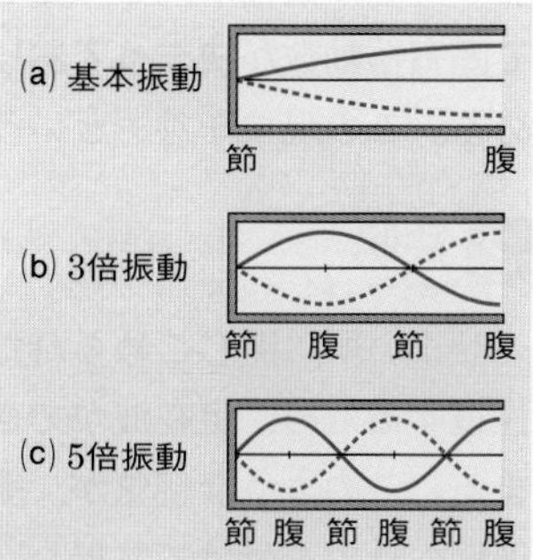

図62 閉管の固有振動

❶**基本振動** 閉管の基本振動は，図62(a)のように，**閉端が節，開口端が腹**となり，それ以外に節や腹ができない場合である。管の長さをl，基本振動の波長をλ_1とすると，$l=\dfrac{\lambda_1}{4}$ より，$\lambda_1=4l$

よって，音速をVとすると，基本振動数f_1は，

$$f_1=\frac{V}{\lambda_1}=\frac{V}{4l} \qquad (3\cdot16)$$

❷**倍振動** 閉管の気柱に送る音波の振動数を基本振動数から大きくしていくと，基本振動の3倍，5倍，…というように，基本振動の奇数倍のときに定在波ができる(図62)。これらは閉管の倍振動である。閉管には**奇数倍の倍振動しかできない。**

❸閉管の固有振動数　閉管の長さをl，基本振動，3倍振動，5倍振動，……の波長をそれぞれλ_1，λ_2，λ_3，……とすると，

$$l=\frac{\lambda_n}{4}(2n-1)\quad より，\quad \lambda_n=\frac{4l}{2n-1}\qquad (n=1,\ 2,\ \cdots)\qquad (3\cdot17)$$

となるので，音速をVとすると，基本振動，3倍振動，5倍振動，……の振動数f_1，f_2，f_3，……は，

$$f_n=\frac{V}{\lambda_n}=\frac{2n-1}{4l}V\qquad (n=1,\ 2,\ \cdots)\qquad (3\cdot18)$$

3 開管の固有振動　(!)重要

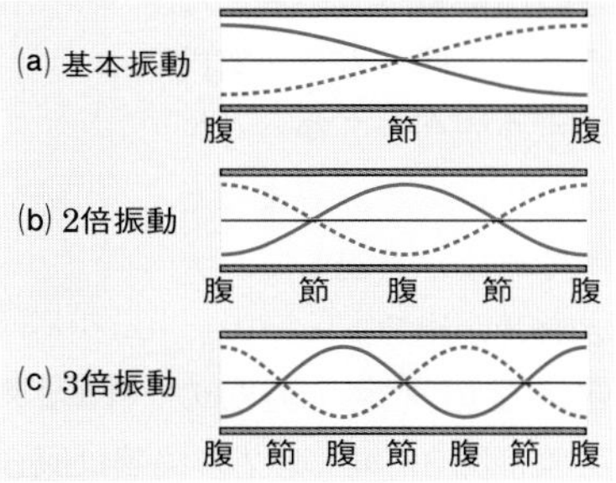

図63　開管の固有振動

❶基本振動　開管の基本振動は，図63(a)のように，両端が腹で，中央が節になる場合である。管の長さをl，基本振動の波長をλ_1とすると，$l=\dfrac{\lambda_1}{4}\times2$　より，　$\lambda_1=2l$

よって，音速をVとすると，基本振動数f_1は，

$$f_1=\frac{V}{\lambda_1}=\frac{V}{2l}\qquad (3\cdot19)$$

❷倍振動　開管に送る音波の振動数をしだいに大きくしていくと，基本振動の2倍，3倍，……のときに，図63(b)，(c)(，……)のような定在波ができる。これらを2倍振動，3倍振動，……という。

❸開管の固有振動数　開管の長さをl，基本振動，2倍振動，3倍振動，……の波長をそれぞれλ_1，λ_2，λ_3，……とすると，

$$l=\frac{\lambda_n}{4}\times2n\qquad より，\quad \lambda_n=\frac{2l}{n}\qquad (n=1,\ 2,\ \cdots)\qquad (3\cdot20)$$

となるので，音速をVとすると，基本振動，2倍振動，3倍振動，……の振動数f_1，f_2，f_3，……は，

$$f_n=\frac{V}{\lambda_n}=\frac{n}{2l}V\qquad (n=1,\ 2,\ \cdots)\qquad (3\cdot21)$$

POINT!

閉管の固有振動数　$f_n=\dfrac{2n-1}{4l}V$

開管の固有振動数　$f_n=\dfrac{n}{2l}V$　　$(n=1,\ 2,\ \cdots)$

f_n〔Hz〕：固有振動数　　l〔m〕：管の長さ　　V〔m/s〕：音速

補足　これらの式を暗記するよりも，図62，63から波長λ_nを求め，f_nを導き出せるようにするほうがよい。また，気柱の定在波で，開口端は自由端，閉端は固定端として反射する。

4 気柱共鳴の実験 ①重要

❶気柱の共鳴　図64のように長いガラス管を鉛直に固定し，底につないだゴム管から水を出し入れできるようにする。おんさを鳴らして，ガラス管の口にもっていき，ろうとを下げ，ガラス管内の水面の高さをゆっくり下げていくと，決まった所で気柱が共鳴して，大きな音が出る。

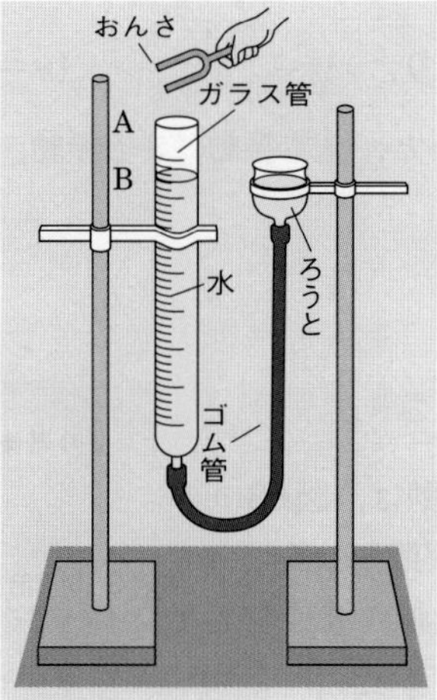

図64　気柱の共鳴実験

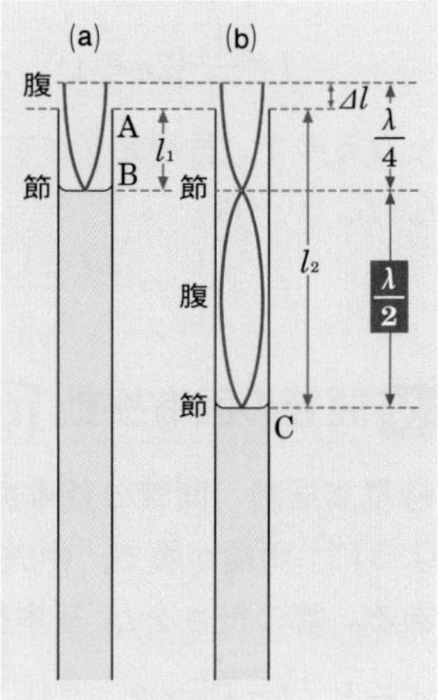

図65　開口端補正

❷波長の測定　最初の共鳴は図65(a)，第 2 の共鳴は図65(b)の場合にあたる。よって，**最初の共鳴位置Bと第 2 の共鳴位置Cの間の距離は半波長に等しい。**

そこで，管口AからB，Cまでの距離l_1，l_2を測定すれば，$l_2 - l_1 = \frac{\lambda}{2}$より，

$$\lambda = 2(l_2 - l_1)$$

となって，波長λが求められる。

❸開口端補正　管口Aと最初の共鳴位置Bとの間の距離l_1と図65のようにして求めた波長の$\frac{1}{4}$倍の長さとを比べると，l_1は$\frac{\lambda}{4}$より少し短い。これは定在波の**腹の位置が管口より少し外にある**からである。l_1と$\frac{\lambda}{4}$との差Δlを**開口端補正**という。

開口端補正Δlを考慮すると，閉管では気柱の長さを，$l' = l + \Delta l$　(lは管の長さ)としなければならない。一方，開管では両端で補正するので，気柱の長さを，$l'' = l + 2\Delta l$としなければならない。一般に管の半径rに対し$\Delta l \fallingdotseq 0.61r$の関係がある。

例題　**気柱の振動**

長さの調節できる開管がある。そばでおんさを鳴らしたら，管の長さが30cmのときに共鳴して大きな音が聞こえた。次に管の一端をふさいで，管の長さを0からしだいに増やしていくと，長さが5cmのときに最初の共鳴が聞こえた。はじめ開管で共鳴が聞こえたときの定在波の腹の数は何個か。開口端補正は無視できるものとして答えよ。

着眼 閉管の場合は，最初の共鳴音だから，基本振動であるが，開管の場合は何倍振動かわからない。これが何倍かを求めれば，腹の数がわかる。

解説 開口端補正を無視すると，開管の場合の波長は，(3･20)式より，

$$\lambda_n = \frac{2\times30}{n} = \frac{60}{n} \quad \cdots\cdots①$$

閉管にした後，最初の振動は基本振動だから，(3･17)式の $n=1$ の場合で，

$$\lambda_1 = \frac{4\times5}{2\times1-1} = 20\,\mathrm{cm} \quad \cdots\cdots②$$

①式の λ_n と②式の λ_1 は等しいから，$\dfrac{60}{n}=20$　　よって，　$n=3$

開管の 3 倍振動だから，腹は 4 個(図64(c)と同じ)。　答 4 個

類題4　長さ 50 cm の閉管に共鳴する音波の波長を，長いほうから 3 つあげよ。また，音速を 340 m/s とするとき，それぞれの音の振動数はいくらか。ただし，開口端補正は無視するものとする。(解答 ☞ p.542)

このSECTIONのまとめ　音の干渉と共鳴

□ 音の干渉 ☞ p.262	• **うなり**…振動数がわずかにちがう 2 つの音を同時に聞くと，うなりを生じる。 • **うなりの振動数**　$f=\lvert f_1-f_2\rvert$
□ 弦の固有振動 ☞ p.264	• 弦を伝わる波の速さ v〔m/s〕は，線密度を ρ〔kg/m〕，張力を S〔N〕とすると，$v=\sqrt{\dfrac{S}{\rho}}$ • **弦の固有振動数**…長さ l〔m〕の弦の固有振動数 f_n〔Hz〕は，　$f_n=\dfrac{n}{2l}\sqrt{\dfrac{S}{\rho}}$　　$(n=1,\ 2,\ \cdots)$
□ 共振と共鳴 ☞ p.267	• 振動する物体は，その固有振動と同じ周期で力を加えられると，大きく振動する。
□ 気柱の振動 ☞ p.268	• **閉管の固有振動**…閉端は節，開口端は腹になる。 $f_n=\dfrac{2n-1}{4l}V$　　$(n=1,\ 2,\ \cdots)$ • **開管の固有振動**…両端が腹になる。 $f_n=\dfrac{n}{2l}V$　　$(n=1,\ 2,\ \cdots)$ • **開口端補正**…実際の腹の位置は管口の少し外にある。

SECTION 3 ドップラー効果

1 ドップラー効果

踏切で列車が通り過ぎるのを待っているとき，列車が目の前を通り過ぎたとたん列車の警笛の音が急に低くなる。また，走る列車の中で聞こえる踏切の音は，踏切を通り過ぎたとたん低く聞こえるようになる。このように，**波源や観測者が動くことによって，その波の振動数が変化して観測される**現象をドップラー効果という。

1 音源が動く場合 ①重要

❶音源の移動と波長の変化　静止した波源が水面を一定の周期でたたくと，図66(a)のような同心円の波ができる。この波の波長はどこでも等しい。

ところが波源を一定の速度で移動させながら波をつくると，図66(b)のように，波源の前方では波長が短くなり，後方では波長が長くなる。空気中を伝わる音波の速度はどこでも同じだから，$v=f\lambda$ より，振動数 f と波長 λ は反比例する。

したがって，音源が移動すると，**音源の前方では振動数が大きく(音が高く)なり，後方では振動数が小さく(音が低く)なる。**

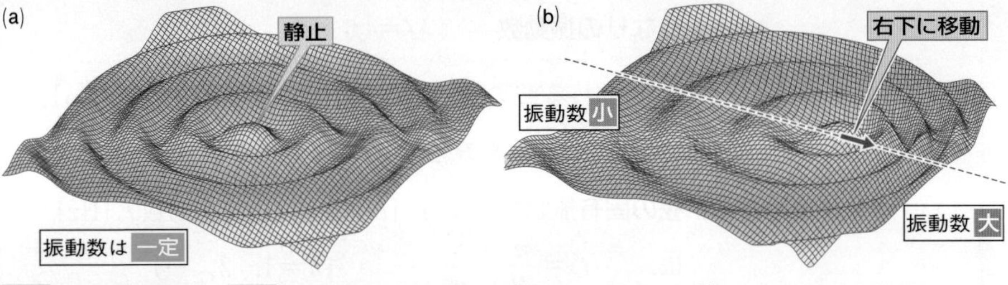

図66 波源の移動と波　視点 (a)は静止，(b)は右下に移動しているときの波

図67で，右に移動している音源が現在0の位置にあるとする。1秒前には1の位置にあり，4秒前には4の位置にあった。

4秒前に発した音の波面は，現在は4′の半円まで広がっている。この波面は4の位置を中心にした半円である。波面は音源といっしょには移動しないので，**音源の前方(図の右側)では，波面の間隔が狭くなっており，後方では広くなっている**ことがわかる。

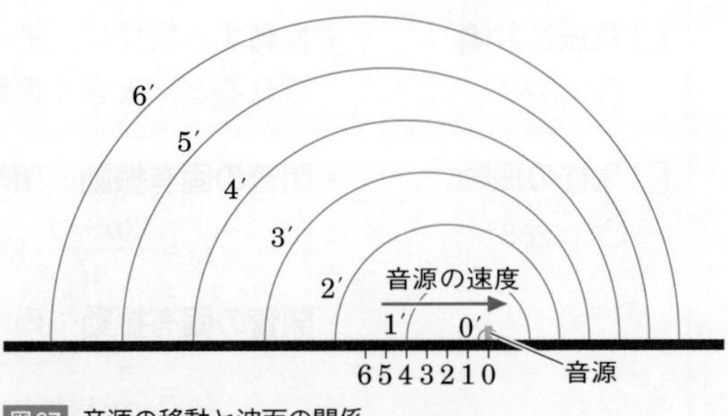

図67 音源の移動と波面の関係

❷音源が近づく場合　振動数f_0〔Hz〕の音を出している音源が速さv〔m/s〕で観測者に近づく場合を考えよう。音速をV〔m/s〕とすると，ある時刻に音源から出た音波の波面は，1秒後にはV〔m〕先へ行っている。

この間に，音源自身も同じ向きにv〔m〕進むから，1秒後の音源から音波の先頭の波面までの距離は$(V-v)$〔m〕である。1秒間にはf_0個の波ができるから，音源の前方の音波の波長λ_1〔m〕は，

$$\lambda_1=\frac{V-v}{f_0}$$

となる。

したがって，振動数f_1〔Hz〕は，

$$f_1=\frac{V}{\lambda_1}=\frac{V}{V-v}f_0 \qquad (3\cdot22)$$

となり，$f_1>f_0$なので，音は高くなる。

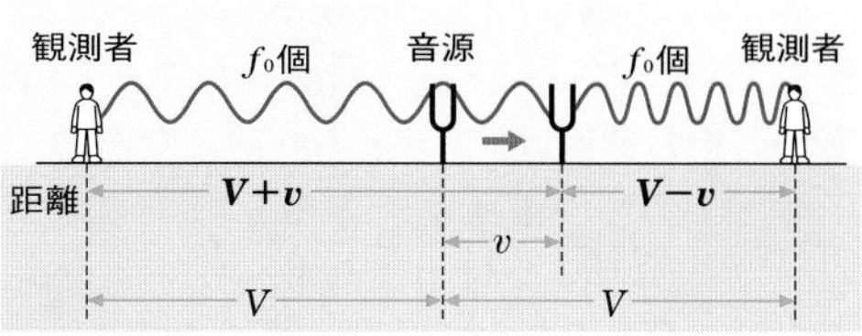

図68　音源が移動するときのドップラー効果

❸音源が遠ざかる場合　図68で，音源の後方に送り出される音波の波長λ_1'〔m〕は，$(V+v)$〔m〕の距離の中にf_0個の波が含まれているから，

$$\lambda_1'=\frac{V+v}{f_0}$$

となる。

したがって，振動数f_1'〔Hz〕は，

$$f_1'=\frac{V}{\lambda_1'}=\frac{V}{V+v}f_0 \qquad (3\cdot23)$$

となり，$f_1'<f_0$なので，音は低くなる。

(3･23)式は，(3･22)式でvを$-v$に置きかえれば得られるから，音源から観測者に向かう向きを正とし，音源が観測者から遠ざかる場合は$v<0$として扱えば，(3･23)式を(3･22)式に含めることができる。

COLUMN

ドップラーの思惑

ドップラー効果はオーストリアのドップラーが1841年に発見した。彼は夜空の星の色がちがう理由を説明しようとしていた。

光が波の一種であり，その色は光の波長によって決まる(☞p.287)ことはわかっていたので，星の運動によって光の波長が変化したのではと考えたのである。

残念ながら後になって星の色は表面温度によって決まる(☞p.180)とわかり，彼のねらいは外れてしまった。しかしこの考え方は宇宙の膨張速度の測定などに威力を発揮し，ドップラーの名を不滅のものにした。

2 観測者が動く場合

❶観測者が遠ざかる場合　振動数f_0〔Hz〕の音を出す音源が静止しているとすれば，音波の波長λ_0〔m〕はどこで測定しても同じで，音速をV〔m/s〕にすると，

$$\lambda_0=\frac{V}{f_0}$$

である。

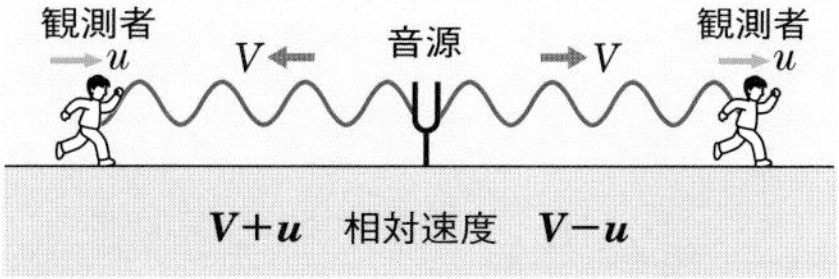

図69　観測者が動くときのドップラー効果

ここで観測者が速さu〔m/s〕で音源から遠ざかるとすると，観測者から見た音波の相対速度（☞ p.22）は$(V-u)$〔m/s〕になる。つまり，観測者からは，波長λ_0〔m〕の音波が速さ$(V-u)$〔m/s〕で伝わるように見えるので，観測される音の振動数f_2〔Hz〕は，

$$f_2=\frac{V-u}{\lambda_0}=\frac{V-u}{V}f_0 \qquad (3\cdot24)$$

となる。$f_2<f_0$なので，音は低くなる。

❷観測者が近づく場合　観測者が速さu〔m/s〕で音源に近づくと，観測者から見た音波の相対速度は$(V+u)$〔m/s〕になるので，観測される音の振動数f_2'〔Hz〕は，

$$f_2'=\frac{V+u}{\lambda_0}=\frac{V+u}{V}f_0 \qquad (3\cdot25)$$

となり，$f_2'>f_0$なので，音は高くなる。

この場合も音源から観測者に向かう向きを正とすれば，観測者が近づく場合は，$u<0$となり，(3·25)式は(3·24)式に含まれる。

3 ドップラー効果の一般式　①重要

❶音源も観測者も動く場合　一般的な場合として，**図70**のように，振動数f_0〔Hz〕の音源が速さv〔m/s〕で動き，その前方を観測者が速さu〔m/s〕で音源と同じ向きに動いている場合を考えよう。このとき，音源の前方に出ている音波の波長は，p.273のλ_1と同じで，次のようになる。

$$\lambda_1=\frac{V-v}{f_0}$$

これを観測者から見ると，波長λ_1〔m〕の音波が速さ$(V-u)$〔m/s〕で伝わっているから，その振動数f〔Hz〕は，

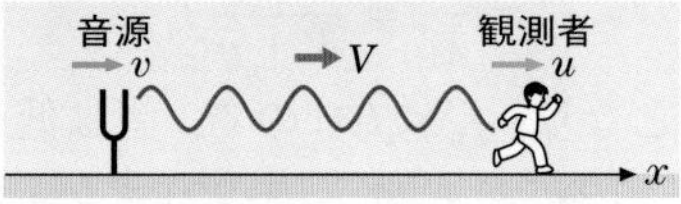

図70　一般的な場合のドップラー効果

$$f=\frac{V-u}{\lambda_1}=\frac{V-u}{V-v}f_0 \qquad (3\cdot26)$$

となる。

❷速度の正負の決め方　**図70**のように，**音源から観測者に向かう向きを$+x$の向きと決め**，これと反対向きの速度は，音速Vも含めてすべて負で表すことにすれば，(3·22)～(3·25)の式はすべて(3·26)式に含まれることになる。すなわち，(3·26)式が**ドップラー効果の一般式**ということになる。

POINT!

ドップラー効果　$f=\dfrac{V-u}{V-v}f_0$　（音源→観測者が正の向き）

f〔Hz〕：観測される振動数　　f_0〔Hz〕：音源の振動数
V〔m/s〕：音速　　u〔m/s〕：観測者の速度　　v〔m/s〕：音源の速度

例題　ドップラー効果

音源が，静止している観測者に向かって音速の 3 分の 1 の速さで近づいている。このとき，観測者が聞く音の振動数は音源の出す音の振動数の何倍か。

着眼　音源は観測者に近づいている。音源の速度の正負に注意して，ドップラー効果の式を使う。

解説　音速を V とすると，音源の速さは $v=\dfrac{V}{3}$ である。音源の振動数を f_0 とすると，観測者が聞く音の振動数 f は，

$$f=\frac{V}{V-\dfrac{V}{3}}f_0=\frac{3}{2}f_0$$

答 $\dfrac{3}{2}$ 倍

類題5　90.00 km/h の速さで走っている列車が 1000 Hz の振動数の警笛を鳴らし続けている。この警笛を線路の近くで聞くとき，列車が近づくときと遠ざかるときの振動数をそれぞれ求めよ。ただし，音速を 340.0 m/s とする。（解答☞ p.542）

4 斜め方向のドップラー効果

音源と観測者の移動する方向が一直線上にない場合のドップラー効果は，どのようになるだろうか。

図71 のように，上空を一定の速度 v_0〔m/s〕で飛行するジェット機の騒音を，地上に静止している観測者が聞くことを考えてみよう。

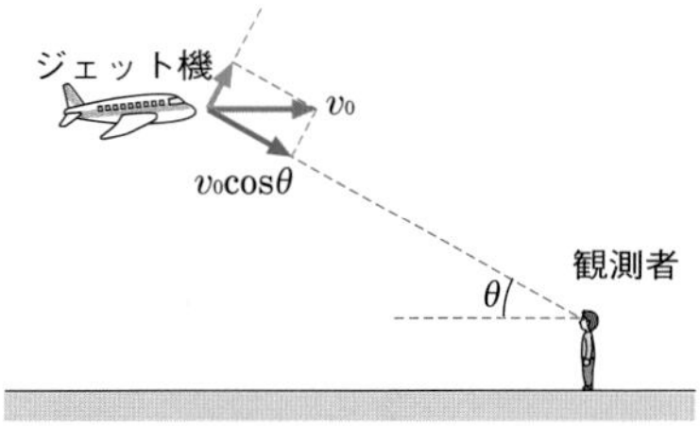

図71　音源の移動方向と観測者が一直線上にないときのドップラー効果

図71 のように，ジェット機の速度を，ジェット機と観測者を結ぶ直線方向と，それに垂直な方向に分解すると，ジェット機と観測者の距離は，$v_0\cos\theta$ の速さで縮まることになる。ここで，ジェット機の発する音の振動数を f_0〔Hz〕，観測者から見た音の振動数を f'〔Hz〕とすると，

$$f'=\frac{V}{V-v_0\cos\theta}f_0 \qquad (3\cdot27)$$

である。ここで，V〔m/s〕は空気中を伝わる音速を表す。

ジェット機がまだ遠方にあって近づいてくる場合は $\theta\fallingdotseq 0°$，遠ざかっていて遠方にある場合は $\theta\fallingdotseq 180°$ である。$\cos 0°=1$，$\cos 180°=-1$ なので，**ジェット機と観測者が十分に遠い場合は，それぞれ(3･22)式，(3･23)式(☞ p.273)と一致する。**

例題 斜め方向のドップラー効果

拡声器から510 Hzの音が出ているところで，観測者が8.0 m/sの速さで走っている。右図のように，拡声器と観測者を結んだ直線の鉛直方向に対する角度がちょうど30°になったとき，観測者が聞く音の振動数はいくらか。ただし，音速を340 m/sとする。

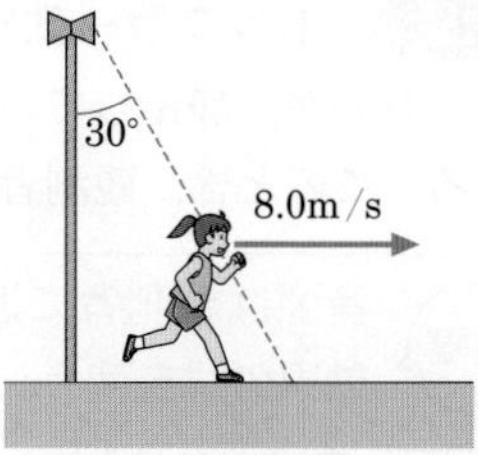

着眼 観測者の速度を，観測者と音源を結ぶ直線方向とそれに垂直な方向に分解し，直線方向成分を用いる。

解説 右図のように，観測者の速度を，音源と観測者を結ぶ直線方向とそれに垂直な方向に分解すると，直線方向の成分の大きさは4.0 m/sとなる。観測者と音源はこの速さで遠ざかるので，観測者が聞く音の振動数をfとすると，

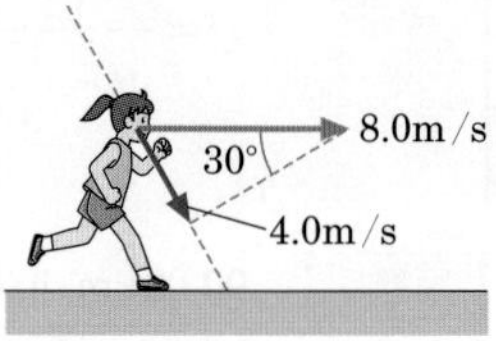

$$f=f_0\cdot\frac{V-v}{V}=510\times\frac{340-4.0}{340}=504\,\text{Hz}$$

答 504 Hz

⊕発展ゼミ 衝撃波

●波源の移動速度vが波の移動速度Vより小さい場合は，図72(a)のような波ができるが，vがVより大きくなると，(b)のようになる。

●この状態では，前方でたくさんの波が重なるため，振幅がひじょうに大きくなる。このような波を衝撃波という。音波の衝撃波はジェット機など，水面波の衝撃波はモーターボートなどによってつくられる。

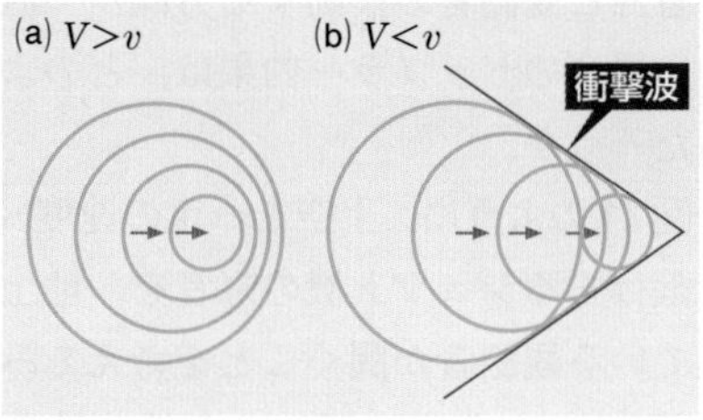

図72 波源の移動速度と波

このSECTIONのまとめ ドップラー効果

□ドップラー効果 p.272	・音源(振動数f_0〔Hz〕)が速度v〔m/s〕で近づき，観測者が速度u〔m/s〕で遠ざかっているときの振動数f〔Hz〕は，音速をV〔m/s〕とすると， $f=\frac{V-u}{V-v}f_0$〔Hz〕 ・音源と観測者の移動方向が一直線上にない場合は，観測者の速度(または音源の速度)の，**音源と観測者を結ぶ直線方向に分解した成分**を考えればよい。

CHAPTER 2

練習問題

解答 p.542

① 〈音の性質〉 物理基礎 テスト必出

音に関する次の各問いに答えよ。

(1) 気温が20℃のとき，空気中を伝わる音の速さはいくらか。

(2) あるおんさの音の波長は空気中で2.0mであった。空気中の音速を340m/sとすると，このおんさの振動数はいくらか。

(3) (2)のおんさの波長を水中で測定したところ，9.0mであった。水中を音波が伝わる速さはいくらか。

(4) 音波は，縦波，横波のどちらか。

(5) 音の高さ，大きさ，音色という3つの要素は，それぞれ一般的な波のもつ要素のうちどれによって決定されるか。

② 〈音の屈折〉

ヘリウム中の音速は空気中の音速の2.9倍である。音波において，空気に対するヘリウムの屈折率はいくらか。

③ 〈音に関する現象〉 物理基礎

次の現象は，それぞれ反射，屈折，回折，干渉のいずれと関係が深いか。最も適当なものをそれぞれ選べ。

(1) 振動数が少し違うおんさを同時に鳴らすと，うなりが聞こえる。

(2) 塀の向こう側の話し声が聞こえてくる。

(3) 「ヤッホー」と山に向かって叫ぶと，しばらくたってから「ヤッホー」という声が返ってくる。

(4) 昼間は聞こえてこなかった遠くの電車の音が，夜になると聞こえてくる。

(5) 窓を少し開けると，それまで小さかった騒音がよく聞こえてくる。

(6) トンネルの中で手をたたくと，その音が長い間聞こえる(これを残響という)。

(7) 2つのスピーカーから出る同位相の音は，聞く場所によって音が大きくなったり小さくなったりする。

4 〈音の干渉〉 物理基礎 テスト必出

次の文を読んで，あとの各問いに答えよ。

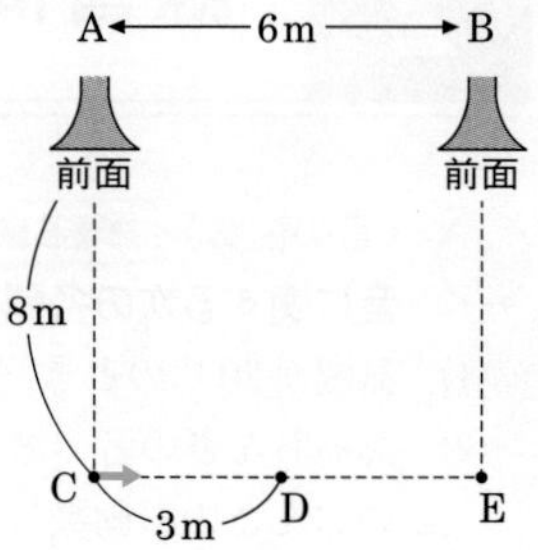

2つのスピーカーを6.0m離して設置し，両方のスピーカーから同じ振動数で同じ大きさの音を同じ位相で出力した。Aのスピーカーから8.0m離れた点Cから図の矢印の向きにゆっくり歩いていくと，音はいったん小さくなり，点Cから3m離れた点Dで最も大きく聞こえた。さらに歩いていくと音はまた小さくなり，点Eでまた最も大きくなった。スピーカーからの距離による音の大きさの変化は無視する。

⑴　スピーカーから出力されている音波の波長はいくらか。

⑵　点Eから左折して点Bに向かって歩き始めたとき，はじめて音が最も大きくなる点は点Bから何m離れているか。

⑶　点Eから右折して点Bから遠ざかる向きに歩き始める場合は，音はどのように変化するか。

5 〈うなり①〉 物理基礎 テスト必出

振動数が440Hzのおんさ Aと，振動数がわからないおんさ Bを同時に鳴らしたら，毎秒2回のうなりを生じた。また，振動数が435Hzのおんさ Cとおんさ Bを同時に鳴らしたら，毎秒3回のうなりを生じた。おんさ Bの振動数を求めよ。

6 〈うなり②〉 物理基礎

次の文を読んで，あとの各問いに答えよ。

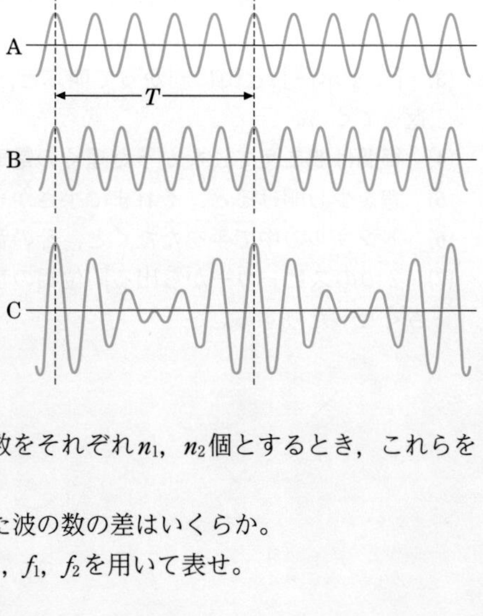

右図は，振動数が少しちがうおんさAとBの，変位と時間の模式図である。この2つのおんさを同時に振動させると，たがいに干渉してうなりが発生し，図Cのようなグラフになる。図中の2本の点線は，AとBがともに山になっている状態で，その間の時間をうなりの周期T[s]とする。おんさAとおんさBの振動数をそれぞれf_1[Hz]，f_2[Hz]とする。

⑴　T[s]の間におんさA，Bから出た波の数をそれぞれn_1，n_2個とするとき，これらをT，f_1，f_2を用いて表せ。

⑵　T[s]の間に，おんさA，Bから発生した波の数の差はいくらか。

⑶　⑵の結果を用いて，うなりの振動数fを，f_1，f_2を用いて表せ。

7 〈弦の振動①〉 物理基礎

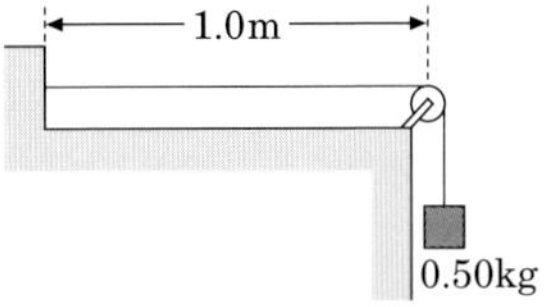

長さ1.2m，質量4.8gの針金の一端を固定し，他端には滑車を通して質量0.50kgのおもりをつるした。重力加速度を$9.8\,m/s^2$として，次の各問いに答えよ。

(1) この針金の線密度はいくらになるか。

(2) この針金を伝わる横波の速さはいくらになるか。

(3) 針金が固定されている所から滑車までの長さが1.0mとすると，この針金を基本振動させたとき，その振動数はいくらになるか。

(4) 針金はそのままでおもりの質量を4倍にすると，基本振動の振動数は何倍になるか。

8 〈弦の振動②〉 物理基礎

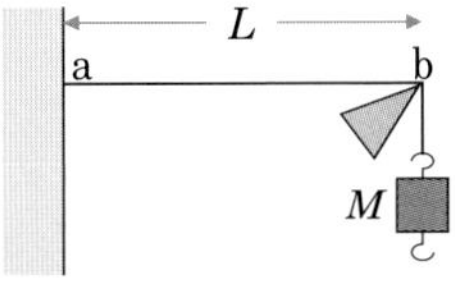

次の文中の □ に入れるべき式または数値を答えよ。

図のように，線密度ρの糸を張り，質量Mのおもりをつり下げた。aとbとの間隔はLとする。重力加速度の大きさをgとすると，糸に加わる張力の大きさは① □ と表される。

この糸の中ほどを軽くはじくと，基本振動が発生した。この振動の波長は② □ であり，振動の伝わる速さは③ □ である。

この振動により，振動数fの音を発生した。この糸の近くに，振動数355Hzの音を出しているおんさを近づけたところ，1秒間に5回のうなりを生じた。さらにごく軽いおもりを加えたところ，うなりの振動数はわずかに減少した。このことから，元の振動数fは④ □ Hzであることがわかる。$L=0.30\,m$，$M=9.0\,kg$のとき，この糸の線密度ρを求めると，⑤ □ kg/mとなる。ただし，$g=9.8\,m/s^2$とする。

9 〈気柱の共鳴〉 物理基礎 テスト必出

長いガラス管の中の水を上下させて気柱の長さを変え，未知のおんさの振動数を測定する実験を行った。おんさを振動させて管の口に近づけ，水面をゆっくり下げていったところ，水面が管口から16cmと50cmのときに音が共鳴して大きくなった。空気中の音速を340m/sとする。

(1) 何と何が共鳴して音が大きくなったのか。

(2) 共鳴音の波長は何cmか。

(3) 次に共鳴するのは，水面が管口から何cmになったときか。

(4) おんさの振動数はいくらか。

(5) 気温が高くなると音が共鳴するときの水面の高さはどうなるか。

(6) 水面にドライアイスを浮かせてじゅうぶんたってから実験すると，音が共鳴するときの水面の高さはどうなるか。次から選び，記号で答えよ。ただし，二酸化炭素中の音速は，0℃で258m/sとする。

ア 高くなる　**イ** 変化しない　**ウ** 低くなる

(7) 開口端補正は何cmか。

10 〈振動する音源〉

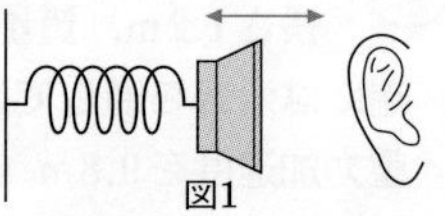
図1

任意の振動数の電気信号を発生させてスピーカーに出力できる装置がある。このスピーカーに，図1のようにばねを水平に取りつけ，左右(水平方向)に動くことができるようにした。スピーカーをつり合いの位置から右に引っ張り，静かに離して左右に振動させた。これについて，あとの各問いに答えよ。

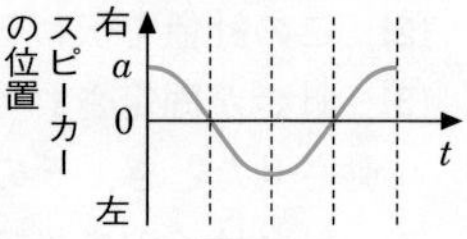

図2

(1) 発振器の振動数を一定にしておいて，スピーカーから出る音をスピーカーの右側で聞いた。スピーカーの位置が時間tとともに図2のように変化するとき，聞こえる音の振動数fの時間的変化はどうなるか。**ア**～**エ**のうちから選べ。スピーカーの移動速度は音速よりも遅いものとする。

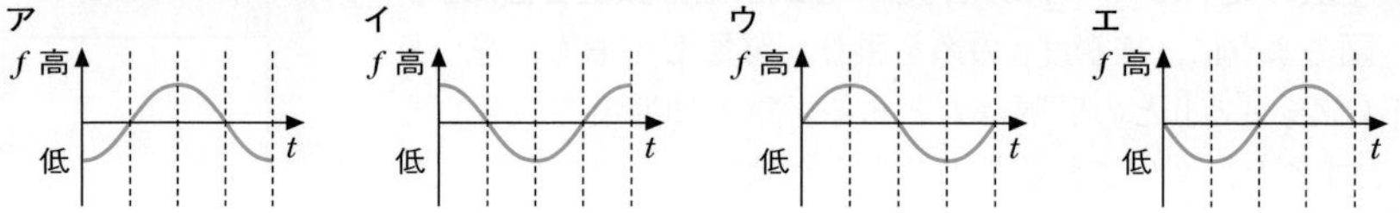

(2) (1)の実験で，ばね定数をk，スピーカーの質量をm，スピーカーの左右への往復運動の振幅をa，音速をvとしたとき，聞こえる最も高い音(振動数H)と，最も低い音(振動数L)の振動数の比$\dfrac{H}{L}$はいくらか。

11 〈ドップラー効果〉 テスト必出

800 Hzの警笛を鳴らしながら電車が20.0 m/sの速さで観測者の前を通り過ぎた。空気中を伝わる音の速さを340 m/sとして，次の各問いに答えよ。

(1) 電車が近づいてくるときの警笛は，観測者にはいくらの振動数の音に聞こえるか。

(2) (1)のときの音波の波長は何mになるか。

(3) 電車が遠ざかるときの警笛は，観測者にはいくらの振動数の音に聞こえるか。

12 〈うなりとドップラー効果〉 テスト必出

2つのおんさA，Bがある距離を隔てて静止している。おんさAの振動数は670 Hz，おんさBの振動数は690 Hzである。観測者が直線AB上にいるものとし，音速を340 m/sとして，以下の問いに答えよ。

(1) この場合に聞こえるうなりの振動数はいくらか。

(2) 観測者が動いたら，うなりがなくなった。観測者が動いた向きとその速さを求めよ。

• CHAPTER

3 » 光波

SECTION 1 光の伝わり方

1 | 光波

1 光の速さ ① 重要

光の速さは目ではとらえられない。光速を測定するために，いろいろな方法が考え出されてきた。

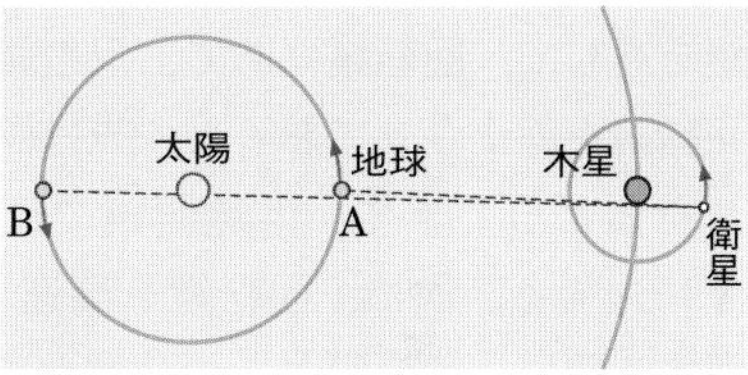

図73 レーマーの光速の測定

❶レーマーの測定　光速の測定に最初に成功したのは，デンマークのレーマーである(1675)。レーマーは天文学者で，木星の衛星の食(しょく)(衛星が木星の裏側にかくれる現象)の周期を調べているうちに，その周期が半年ごとに変化することに気がついた。レーマーは，**光が有限の速さで伝わる**ことが原因だと考え，次のようにして光速を計算した。

図73のBの位置で木星を見ると，Aの位置で見るときより，木星から光が伝わってくるのに時間がかかるので，それだけ食の始まる時刻が遅れるように見える。その差は，光がAB間(地球の公転軌道の直径)を横切る時間に等しい。この方法によって，レーマーは光速として 2.2×10^8 m/sという値を得た。

> **COLUMN**
>
> **ガリレオの光速の測定**
>
> 光の速さを測定しようとした最初の人はかの有名なガリレオであったといわれている。ガリレオは，助手にランプをもたせて山の頂上に立たせ，自分もランプをもって別の山の頂上に立ち，こちらのランプから光を送ったら，すぐに相手も光を送り返すという方法で，光の速さを測定しようとした。しかし，人間の動作の速さに比べて光の速さが速すぎたために，この方法は失敗に終わった。

❷フィゾーの測定 地球上の短い距離を使って光速を測定するのに最初に成功したのは，フランスのフィゾーである(1848)。

フィゾーの装置は**図74**のようなものである。光線を半透明鏡で反射させ，高速で回転する歯車の歯の間を通して遠方の反射鏡に送る。反射光が歯車のところへもどってきたとき，歯車が少し回転して，光の通り道が歯車の歯でさえぎられると，反射光は目に入らない。しかし，歯車の回転数を上げると，反射光が歯車のところへもどってきたとき，はじめに光が通り抜けたすきまの次のすきまがくるようになって，反射光が目に入るようになる。このときの歯車の回転数から，光が歯車と反射鏡の間を往復する時間がわかり，光速を求めることができる。この方法によって，フィゾーは，光速として，3.12×10^8 m/sという値を得た。

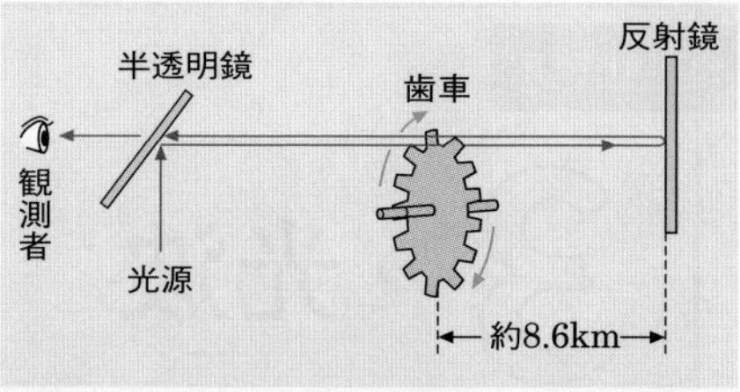

図74 フィゾーの光速の測定

❸フーコーの測定 フランスのフーコーは，**図75**のように，回転する鏡を使うことによって，さらに短い距離で光速を測定することに成功した(1862)。

図75のように，光源からの光を半透明鏡を通して，回転鏡にあて，反射鏡に送る。回転鏡を静止させておくと，光は同じ道すじをもどってきて，半透明鏡で反射してA′に達する。次に，回転鏡を高速で回転させると，光が回転鏡と反射鏡の間を往復する間に，回転鏡がAの位置からBの位置まで回転するので，反射光の道すじが少し変わり，B′に達する。A′B′間の距離から回転鏡の回転角が求められるので，それから光が回転鏡と反射鏡の間を往復した時間が求められる。こうしてフーコーは光速として，2.98×10^8 m/sという値を得た。

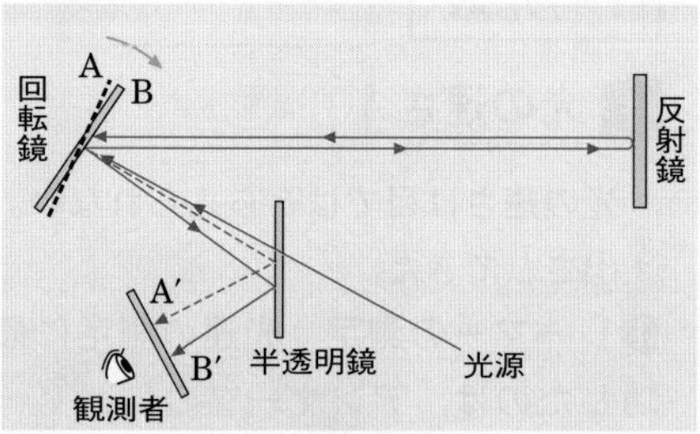

図75 フーコーの光速の測定

フーコーの方法では，回転鏡と反射鏡の間の距離を20mぐらいまで近づけることができる。それで，この間に水などの物質を置くことによって，物質中の光速を測定することができた。

❹レーザー光線を用いた測定 その後，レーザー光が発明され，光の波としての性質が測定に使えるようになった。これによって，真空中の光速cは，1983年に$\boldsymbol{c = 2.99792458 \times 10^8}$ **m/s**と決められ，長さの基準となっている。

POINT!

真空中の光の速さ

$$c = 2.99792458 \times 10^8 \text{ m/s} \fallingdotseq 3.00 \times 10^8 \text{ m/s}$$

2 光の本性

❶粒子説と波動説　17世紀，光の本性が粒子であるという粒子説と波動であるという波動説が対立した。ニュートンは光の屈折を次のように説明した。光が空気中から水中に入射すると，**図76**のように屈折する。空気中でも水中でも，光の粒子がまわりから受ける力の合力は0とみなしてよいから，光の粒子は等速直線運動をする。しかし，空気と水の境界面では，水の分子が及ぼす下向きの引力のほうが，空気の分子が及ぼす上向きの引力より大きいため，光は下向きに加速される。その結果水中の光速 v_2 は空気中の光速 v_1 より大きくなって屈折するという仮説で，粒子説に基づく。

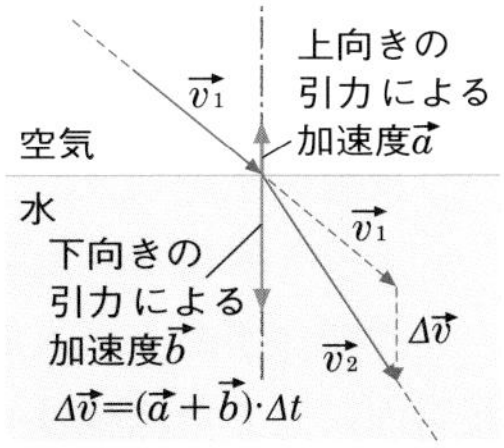

図76 粒子説による光の屈折の説明

❷波動説の勝利　19世紀になると，ヤングが光の干渉じま(☞p.296)を発見して，**光が波動である**ことが証明された。フーコーは水中の光速の測定に成功し(☞p.282)，それが空気中の光速より遅いことがわかって，**光の粒子説は打破された。**

❸偏光　**図77**のように，光を2枚の偏光板に通す。(a)のように，2枚の偏光板の軸の方向をそろえておくと，光は偏光板を通り抜けるが，(b)のように，2枚の偏光板の軸の方向を垂直にしておくと，光は第2の偏光板を通り抜けることができない。

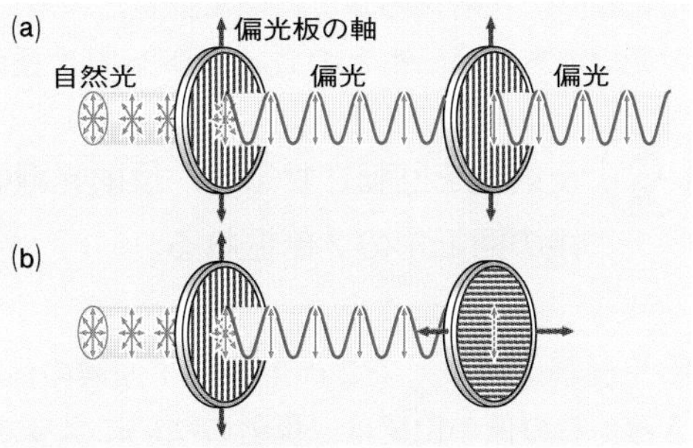

図77 偏光板を通った光波

これは光を横波と考えると説明できる。**ふつうの光(自然光)は，いろいろな方向の振動面をもった光の集まりであるが，**これを偏光板に通すと**1つの振動面をもつ光**だけが通り抜ける。これを偏光といい，その振動面と同じ方向の軸をもつ偏光板は通るが，垂直な方向の軸をもつ偏光板は通れない。**自然光が反射すると，特定の方向の偏光を多く含むようになる。**ウインドウディスプレイされた物がガラスの反射光で見にくいとき，偏光板で反射光をカットするとよく見える。釣りをする人が偏光めがねをかけるのも，水面からの反射光をさえぎって水中をよく見るためである。

図78 偏光板による反射光のカット

2 光の反射と屈折

1 光の反射 ①重要

❶反射の法則　光が媒質の境界面に達すると，反射する。光も波の一種であるから，**図79**のとおり**反射の法則**(☞ p.251)にしたがう。すなわち，

入射角θ＝反射角θ'

という関係がある。入射光線，反射光線，および反射面に立てた法線は同一平面上にある。

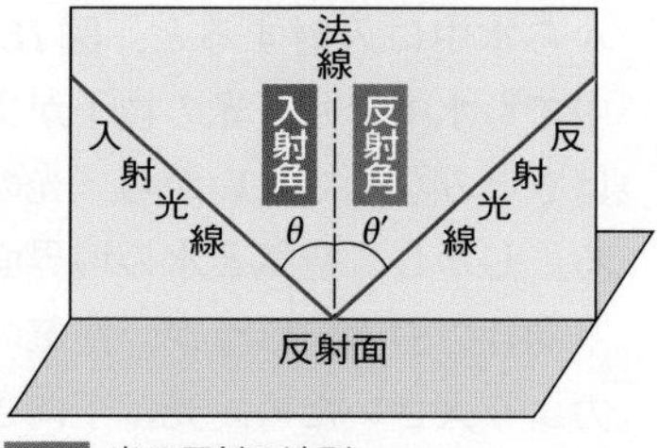

図79 光の反射の法則

補足 媒質の屈折率のちがいによって反射波の位相が変化する場合がある。(☞ p.300)

❷平面鏡の回転による反射光の振れ　**図80**のように，光線を反射している平面鏡を角度αだけ回転させると，法線もαだけ傾くので，入射角はαだけ増し，反射角もαだけ増す。したがって，反射光線の方向は，もとの方向より2αだけ振れる。

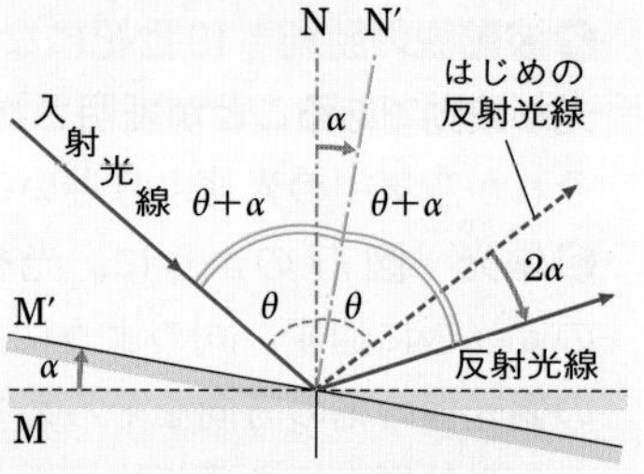

図80 平面鏡の回転による反射光の振れ

POINT!
反射鏡を回転させると，反射光線は鏡の回転角の2倍振れる。

❸平面鏡によってできる虚像(きょぞう)　平面鏡の前に物体を置くと，その像が鏡の裏にできる。この像の位置は，反射の法則によって求めることができる。

図81のように，平面鏡MM′の前に物体を置く。物体上の点Pからあらゆる方向に向かって光が反射されるが，平面鏡で反射して目Eに入る光は，**図81**のPOEだけである。観測者は，光線OEが目に入ると，光線OEを逆向きに延長した方向で，距離がPOEと等しい点に点Pの像P′があると感じる。よって，PO＝P′Oである。

反射の法則により，$\theta=\theta'$が成りたつから，∠P′ON′＝∠EON＝∠PON。よって，∠POQ＝∠P′OQとなる。△POQと△P′OQにおいて，PO＝P′O，OQは共通，∠POQ＝∠P′OQが成りたつから，△POQと△P′OQは合同で，PQ＝P′Q，∠PQO＝∠P′QO＝90°が成りたつ。

つまり，**像P′は平面鏡MM′に対して点Pと対称な位置にできる。**平面鏡によってできる像は，光がP′の位置に集まってできる像ではない。このような像を虚像という。

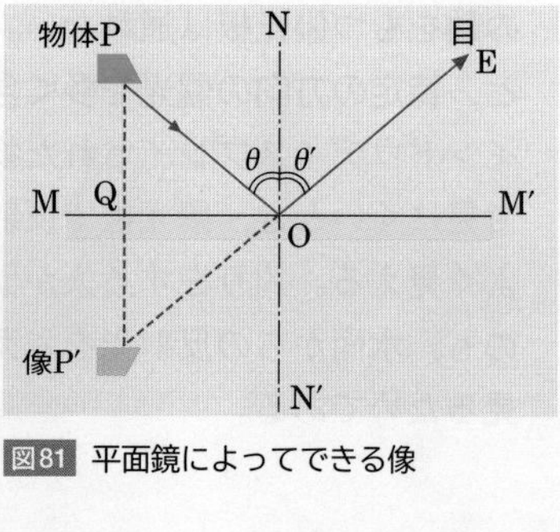

図81 平面鏡によってできる像

2 光の屈折 ① 重要

❶**屈折の法則**　光が空気中からガラス中に進む場合のように，異なる媒質の境界を斜めに通過するときは，**図82**のように屈折する。このとき，一般の波と同じように，**屈折の法則**(☞ p.252)が成りたつ。また，入射光線，屈折光線，入射点に立てた法線が同一平面上にある。

❷**相対**(そうたい)**屈折率**　光が屈折するのは，それぞれの媒質中での光の速さがちがうからである。媒質Ⅰ，Ⅱの中での光の速さをv_1，v_2，それぞれの波長をλ_1，λ_2とすると，媒質Ⅰに対する媒質Ⅱの屈折率n_{12}は，(3･10)，(3･11)式(☞ p.253)より，

$$n_{12}=\frac{\sin i}{\sin r}=\frac{v_1}{v_2}=\frac{\lambda_1}{\lambda_2}$$

となる。このような**2種類の媒質間の屈折率**を相対屈折率という。

❸**絶対屈折率**　光が真空中から物質中へ進む場合の屈折率を絶対屈折率という。ふつう単に屈折率といえば，絶対屈折率をさす。

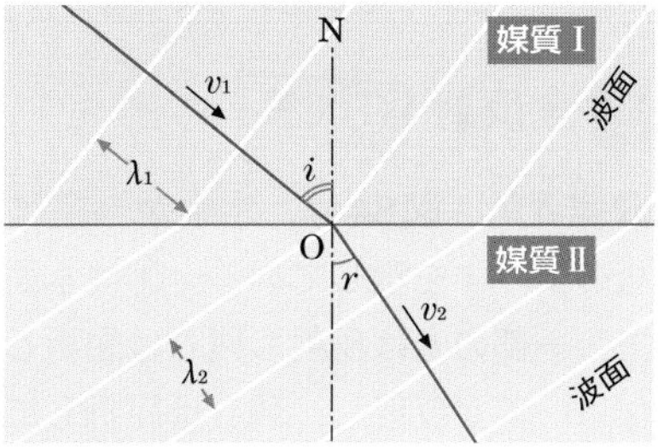

図82 光の屈折

❹**物質中の光速**　絶対屈折率nの物質中の光速をv，真空中の光速をcとすれば，屈折の法則により，次の関係をみたす。

$$n=\frac{c}{v}\qquad よって，\quad v=\frac{c}{n}\qquad (3･28)$$

物質中の光速

$$v=\frac{c}{n}$$

❺**相対屈折率と絶対屈折率の関係**　媒質Ⅰ，Ⅱの絶対屈折率をそれぞれn_1，n_2，光速をそれぞれv_1，v_2とすると，

(3･28)式より$v_1=\dfrac{c}{n_1}$，$v_2=\dfrac{c}{n_2}$であるから，媒質Ⅰに対する媒質Ⅱの相対屈折率n_{12}は，(3･10)式(☞ p.253)から，

$$n_{12}=\frac{v_1}{v_2}=\frac{\dfrac{c}{n_1}}{\dfrac{c}{n_2}}=\frac{n_2}{n_1}\qquad (3･29)$$

となる。

❻**見かけの水深**　水中にある物体は，**実際よりも浅い所にあるように見える。**これも光の屈折のために起こる。

図83のように，水深hの所にある物体Pを点Eから見ると，Pから出た光は点Aで屈折してEに達する。観測者は，光がAで曲がったことはわからないので，PはあたかもEAの延長上の点Bにあるように感じる。そのため，実際より浅い所にPがあるように見える。

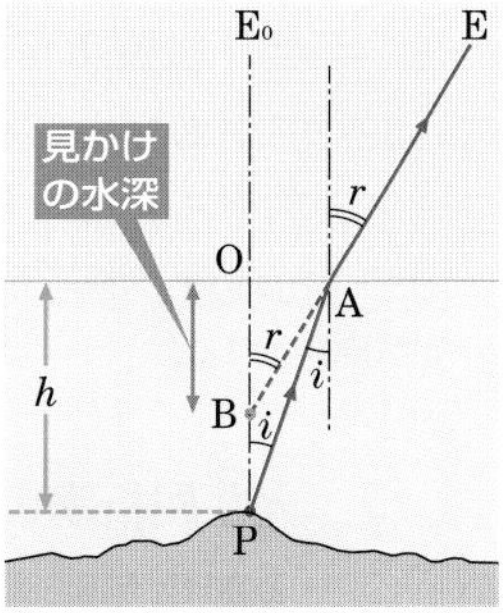

図83 見かけの水深

補足　空気に対する水の屈折率をnとすると，水に対する空気の屈折率は$\frac{1}{n}$であるから，図83で，

$$\frac{1}{n}=\frac{\sin i}{\sin r}=\frac{\frac{\mathrm{AO}}{\mathrm{AP}}}{\frac{\mathrm{AO}}{\mathrm{AB}}}=\frac{\mathrm{AB}}{\mathrm{AP}}$$

となる。ここで，目の位置をEから点Pの真上のE_0に近づけると，

$$\mathrm{AP}\fallingdotseq\mathrm{OP}=h\qquad\mathrm{AB}\fallingdotseq\mathrm{OB}$$

となるので，上式は，

$$\frac{1}{n}\fallingdotseq\frac{\mathrm{OB}}{h}\quad よって，\quad \mathrm{OB}\fallingdotseq\frac{h}{n}$$

となり，**真上から見た場合，実際の深さの$\frac{1}{n}$の深さに見える**ことになる。

見かけの深さは$\frac{h}{n}$

3 全反射　！重要

❶臨界角（りんかいかく）　図84は，水中から空気中へ進む光の屈折のようすを示している。①は水面に垂直に進むので，一部の光は反射し残りは屈折しないで直進する。②は一部が反射し，残りは屈折して空気中に出る。③は屈折角が90°になる場合で，**屈折光は水面と平行になる。**このときの入射角i_0を臨界角という。臨界角の大きさは，水の屈折率をnとすると，

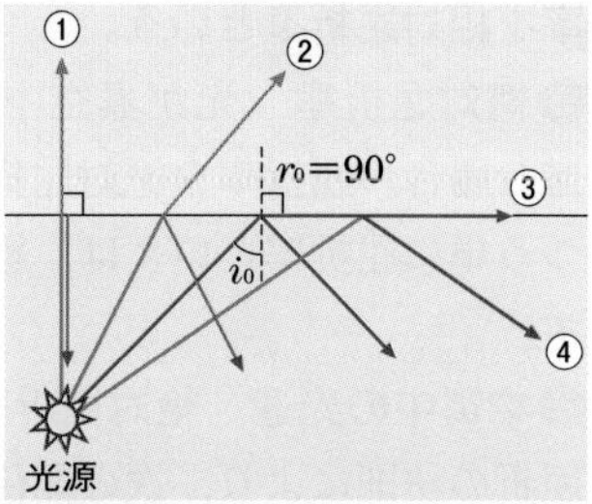

図84　臨界角と全反射

$$\frac{1}{n}=\frac{\sin i_0}{\sin 90^\circ}\quad より，\quad \sin i_0=\frac{1}{n}\qquad (3\cdot30)$$

となる。

❷全反射　図84の④の光線は，入射角が臨界角より大きい場合で，**屈折する光はなく，全部の光が反射する。**これを全反射という。一般に光が**屈折率の大きい物質から小さい物質に進むとき**には，屈折角のほうが入射角より大きいので，屈折角が90°になる入射角（臨界角）があり，これより大きい入射角で入射する光は全反射する。

補足　図84の①，②，③ではすべて，一部の光が反射される。

COLUMN
光ファイバー

光通信などに用いられる光ファイバーは屈折率の大きいガラスやプラスチックの繊維を屈折率の小さい繊維で包んだもので，光を入射させると，**図85**のように側面で全反射しながら進むので，光が弱まらずに遠くまで伝わる。また，光の進路を自由に曲げることもできる。

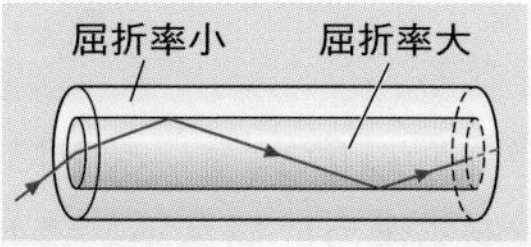

図85　光ファイバーの原理

POINT!
光が屈折率の大きい物質から小さい物質に進むとき，入射角が臨界角i_0より大きくなると全反射する。　$\sin i_0=\frac{1}{n}$

例題　**水中の光源をかくす円板の大きさ**

水面下hの所に光源がある。光源の真上の水面にできるだけ小さな円板を浮かべて，空気中から光源が見えないようにしたい。円板の半径をいくらにすればよいか。水の屈折率をnとして，hとnで表せ。

着眼　水中の光源から出る光のうち，水面で屈折して空気中に出てくる光を全部円板でさえぎればよい。水面で全反射する光は空気中からは見えない。

解説　図のように，光源から円板のふちに入射する光線の入射角が臨界角i_0に等しければよい。よって円板の半径をrとすると，

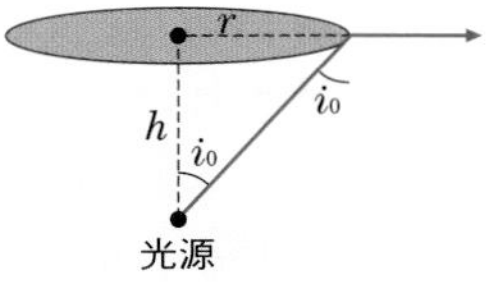

$$\tan i_0 = \frac{r}{h} \qquad \cdots\cdots ①$$

臨界角i_0の大きさは，(3･30)式より$\sin i_0 = \dfrac{1}{n}$なので，

$$\tan i_0 = \frac{\sin i_0}{\cos i_0} = \frac{\sin i_0}{\sqrt{1-\sin^2 i_0}} = \frac{\dfrac{1}{n}}{\sqrt{1-\left(\dfrac{1}{n}\right)^2}} = \frac{1}{\sqrt{n^2-1}} \qquad \cdots\cdots ②$$

①，②より，　$r = \dfrac{h}{\sqrt{n^2-1}}$

答　$\dfrac{h}{\sqrt{n^2-1}}$

類題6　下図のように，屈折率n_1の媒質Ⅰでできた平板を屈折率n_2の媒質Ⅱではさみ，媒質Ⅰの端面から入射角θで光を入射した。(解答☞ p.543)

(1)　屈折角の正弦の値はどのように表されるか。

(2)　入射した光が媒質Ⅱに入ることなく境界面で全反射されて，媒質Ⅰの中だけを進むための条件を求めよ。

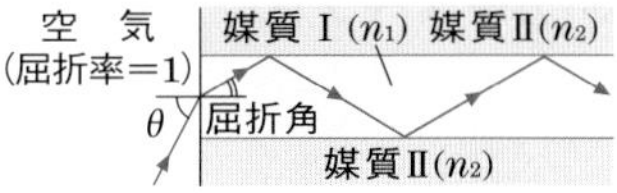

4 光の分散

❶光の波長と屈折率　真空中での光の速さは，その波長によらずに一定であるが，物質中の光の速さは波長によって異なり，波長が短いほど遅い。そのため，**屈折率は波長が短い光ほど大きい。**光の色のちがいは，波長のちがいによる。人の目に感じる光を可視光線といい，**波長の長いほうから，**赤，橙(だいだい)，黄，緑，青，藍(あい)，紫**となっている。**このうち，屈折率がいちばん大きいのは紫色光である。

❷光の分散　1つの波長からなる光を単色光といい，太陽光はいろいろな色の光が混じって白く見えるので白色光という。太陽光や白熱電球の光を**プリズム**に通すと，**図86**のように，いろいろな色の光に分かれる。この現象を光の分散という。

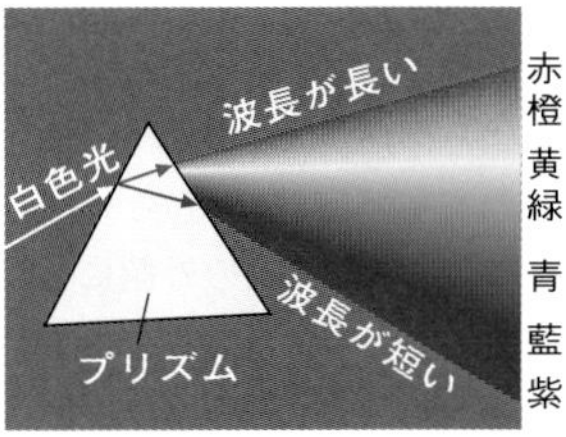

図86　光の分散

補足　真空中では，振動数(光の色)の違いがあっても光速度は一定だが，空気や物質中では，振動数が高いほど(可視光線では紫色に近いほど)光速度がやや遅くなるため屈折し，さまざまな色に分かれる。

❸スペクトル 光をプリズムに通して分散させると，波長の順に並んだ色の帯ができる。これをスペクトルという。

①**連続スペクトル** 太陽光や白熱電球のように，いろいろな色が連続して現れるスペクトルを連続スペクトルという。高温の物体が出す光(☞p.180)は連続スペクトルになる。

②**線スペクトル** ナトリウム(Na)，水素(H)，ネオン(Ne)などの出す光のスペクトルは細い線の集まりである。これは原子が出す光の特徴で，線スペクトルと呼ばれる(☞p.468)。

③**吸収スペクトル** 太陽光のスペクトルには，たくさんの暗線が入っている。これをフラウンホーファー線という。これは，太陽の光が太陽のまわりや地球のまわりにある低温の気体の中を通るときに，その気体中の原子や分子が特定の波長の光を吸収するためにできるもので，**吸収スペクトル**と呼ばれている。太陽光の吸収スペクトルを調べると，太陽のまわりの気体がどんな物質でできているかがわかる(☞p.468)。

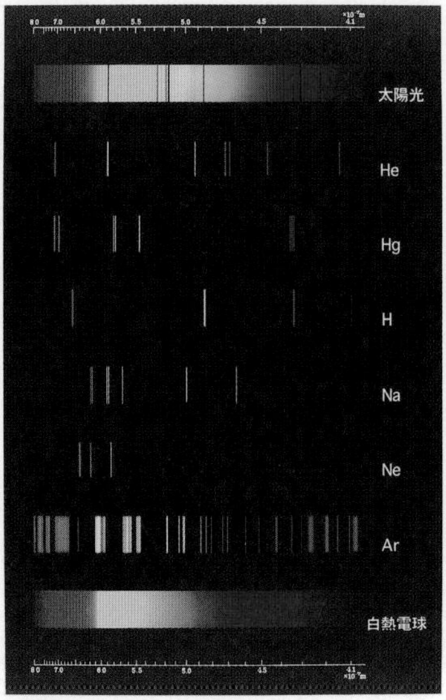

図87 いろいろな光のスペクトル

④**分子スペクトル** 窒素分子(N_2)の出す光のスペクトルを分散させると，線スペクトルにくらべて幅の広い線のスペクトルが得られる。他の分子が出す光のスペクトルでも，同じように幅広の線が見られ，**分子スペクトル**と呼ばれている。

⊕発展ゼミ 虹(にじ)のでき方

●雨上がりの空を太陽を背にしてながめると，美しい虹がかかっていることがある。虹は雨滴によって太陽光が分散してできる。

●ふつうの虹は，雨滴に入った光が図88(a)のように屈折と反射を行った結果，光が分散してできる。図から明らかに赤色光のほうが紫色光より仰角が大きいので，**赤色が上に見える。**これを主虹(1次の虹)という。

●まれに，主虹の外側にもう1つうすい虹が見えることがある。これを副虹(2次の虹)という。これは光が図88(b)のように進んで分散したものである。**副虹の色の順序は主虹と反対になっている。**

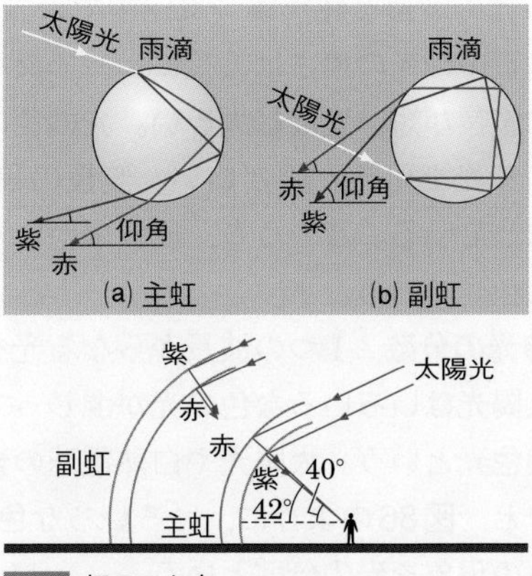

図88 虹のでき方

3 | レンズや球面鏡のはたらき

1 レンズを通る光の進み方

　レンズの中心を通り，レンズ面に垂直な直線を光軸という。**凸レンズ**に光軸と平行な光線をあてると，光線は凸レンズで屈折した後，光軸上の1点に集まる。この点を焦点という。レンズの中心から焦点までの距離を焦点距離という。**焦点はレンズの両側にあり，両方の焦点距離は等しい。**

　凹レンズに光軸と平行な光線をあてると，光線は凹レンズで屈折した後ひろがるが，これらの光線を反対向きに延長すると，延長線が光軸上の1点に集まる。この点が凹レンズの焦点である。**凹レンズの焦点も両側に1つずつあり，両方の焦点距離は等しい。**

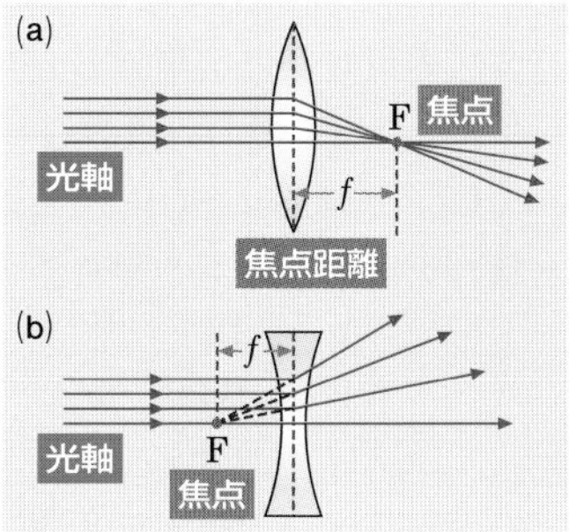

図89 レンズの焦点

2 レンズによる物体の像 ①重要

❶像の作図法　凸レンズの前に物体を置くと，物体上の1点から出た光は凸レンズを通った後，再び1点に集まる。この点にスクリーンを置くと，物体の像がうつる。**このようにスクリーンにうつすことのできる像**を実像（じつぞう）という。

　像の作図には，進み方のわかっている3本の光線を用いる。

〔凸レンズの場合〕

①**光軸と平行に進む光線は**，凸レンズを通った後，**焦点を通る。**

②**凸レンズの中心を通る光線は**，屈折しないで**直進する。**

③光源から**焦点を通る光線は**，凸レンズを出た後，**光軸に平行に進む。**

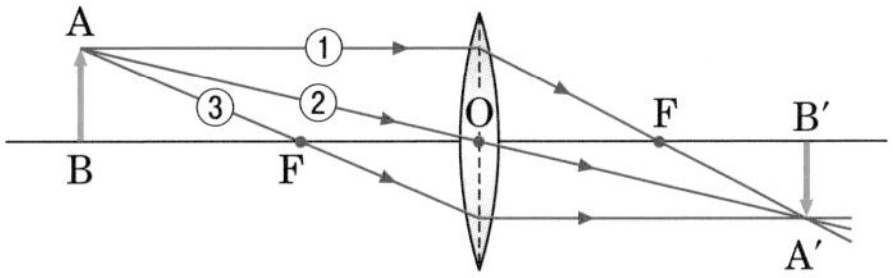

図90 凸レンズによる像の作図法

〔凹レンズの場合〕

①′**光軸と平行に進む光線は**，凹レンズを出た後，**焦点から出たようにひろがる。**

②′**凹レンズの中心を通る光線は**，屈折しないで**直進する。**

③′後方の**焦点に向かって進む光線は**，レンズを出た後，**光軸に平行に進む。**

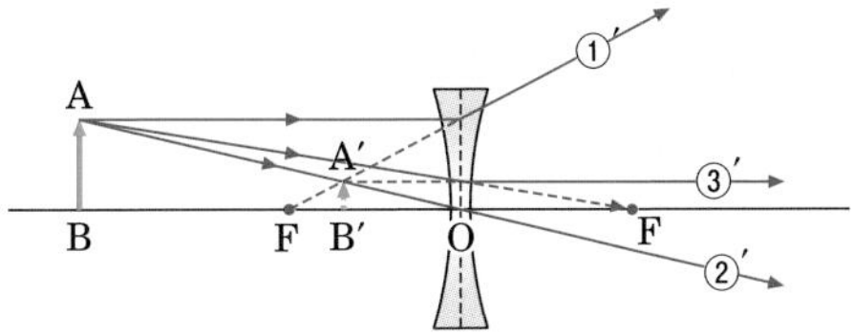

図91 凹レンズによる像の作図法

以上の3本の光線の交点が像の位置である。実際に作図するときは2本の光線の交点を求めればよい。図91の場合のように，レンズを出た光線がひろがって，交点が得られないときは，光線を反対向きに延長すると，その交点に像が見える。

❷**レンズの式**　図92のように，凸レンズの焦点F_1より外側に物体ABを置くと，レンズの反対側に実像A′B′ができる。ここで，レンズから物体までの距離BO＝a，レンズから像までの距離B′O＝b，焦点距離$OF_2=f$とおく。図92において△ABOと△A′B′O，および$\triangle POF_2$と$\triangle A'B'F_2$とは互いに相似であるから，

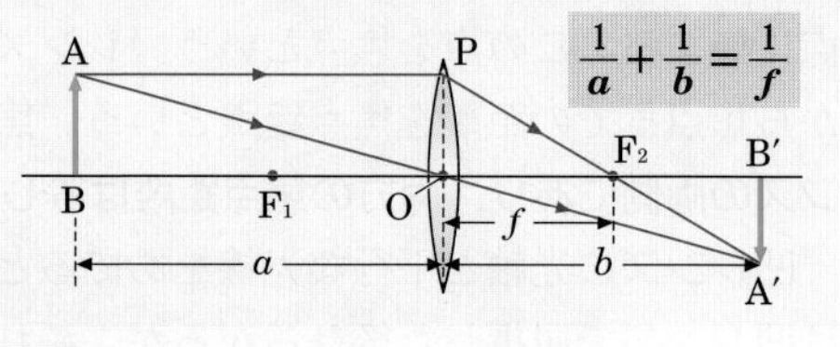

図92 凸レンズによってできる実像

$$\frac{AB}{A'B'}=\frac{BO}{B'O}=\frac{a}{b}$$

$$\frac{PO}{A'B'}=\frac{OF_2}{B'F_2}=\frac{f}{b-f}$$

PO＝ABであるから，

$$\frac{a}{b}=\frac{f}{b-f}\qquad よって，\quad \frac{1}{a}+\frac{1}{b}=\frac{1}{f} \tag{3・31}$$

となる。この式をレンズの式(写像公式)という。

❸**像の倍率**　物体に対する像の倍率mは，次のようになる。

$$m=\frac{A'B'}{AB}=\frac{B'O}{BO}=\left|\frac{b}{a}\right| \tag{3・32}$$

POINT!

レンズの式（写像公式）　$\dfrac{1}{a}+\dfrac{1}{b}=\dfrac{1}{f}$　　**像の倍率**　$m=\left|\dfrac{b}{a}\right|$

a〔m〕：レンズと物体間の距離　　b〔m〕：レンズと像間の距離
f〔m〕：焦点距離　　m：像の倍率

❹**凸レンズによる虚像(きょぞう)**　図93のように，凸レンズの焦点F_1より内側に物体ABを置くと，凸レンズを通った光線はひろがってしまうので，実像はできない。しかし，レンズを通った光線を目で受けると，A′B′の位置に像が見える。これが虫めがねの原理である。このような像を虚像という。

虚像は光が集まってできた像ではないので，スクリーンを置いても像はうつらない。図93で，△ABOと△A′B′Oおよび$\triangle F_2PO$と$\triangle F_2A'B'$とは互いに相似であるから，

$$\frac{AB}{A'B'}=\frac{BO}{B'O}\qquad \frac{PO}{A'B'}=\frac{F_2O}{F_2B'}$$

となる。

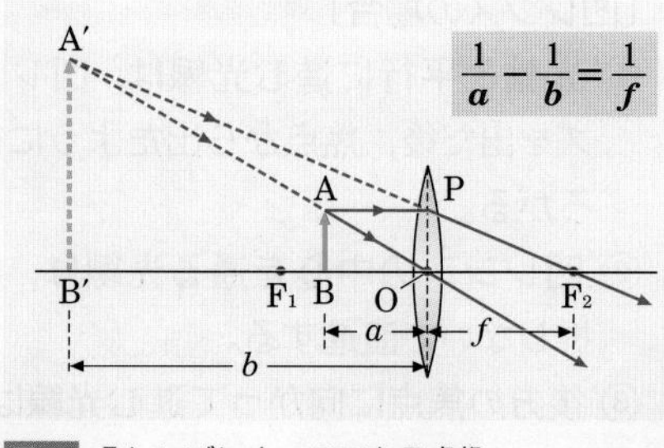

図93 凸レンズによってできる虚像

PO＝ABであるから，

$$\frac{a}{b}=\frac{f}{f+b} \qquad よって，\quad \frac{1}{a}-\frac{1}{b}=\frac{1}{f} \qquad (3\cdot33)$$

(3･33)式は，bを$-b$にすれば，(3･31)式と同じになる。それで虚像ができるときは，**像とレンズ間の距離を負の値で表す**ことにすれば，(3･31)式を共通の公式として用いることができる。凹レンズの場合は，fを負にすればよい。

POINT!

レンズの式のa，b，fの正負
- a：つねに正
- b：レンズの後方は正，前方は負
- f：凸レンズは正，凹レンズは負

重要実験　凸レンズの焦点距離

操作

❶ 図94のように，光学台に2本の先のとがった棒A，Bを置き，その間に凸レンズLを置く。A，Bの先端が凸レンズの光軸上にくるように，高さを調節する。

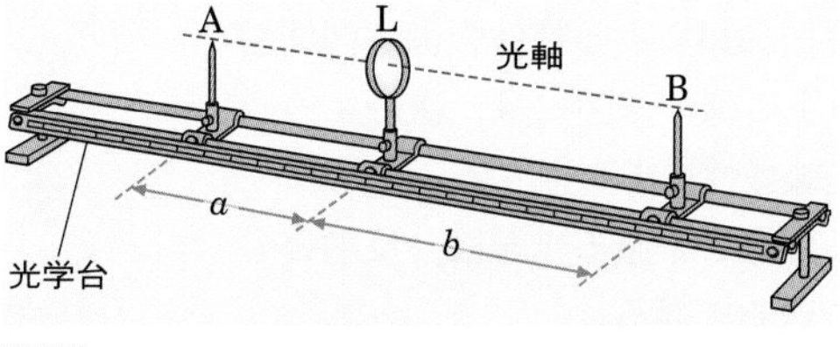

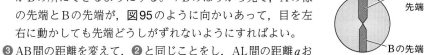

図94　凸レンズの焦点距離の測定

❷ AB間の距離を適当に定め，凸レンズLを動かして，Aの実像がBの所にできるようにする。➡Bのほうから見て，Aの像の先端とBの先端が，図95のように向かいあって，目を左右に動かしても先端どうしがずれないようにすればよい。

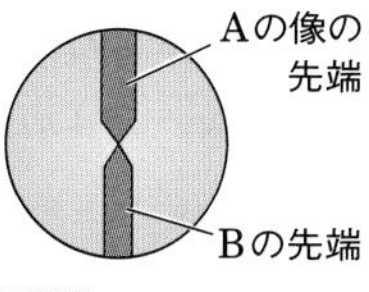

図95　像の見え方

❸ AB間の距離を変えて，❷と同じことをし，AL間の距離aおよびBL間の距離bをはかって記録する。

結果　考察

❶ 横軸にa，縦軸にbをとり，グラフをかくと，図96の(A)のような曲線になる。

❷ このグラフに$a=b$の直線をかきこむ。この直線と曲線(A)との交点のa座標またはb座標は$2f$（fは焦点距離）となる。➡レンズの公式において，$a=b$とすると，$a=b=2f$となる。

❸ 測定値をa軸上とb軸上にとり，2点を直線で結ぶと，これらの直線は定点Pを通る。点Pのa座標およびb座標は焦点距離に等しい。

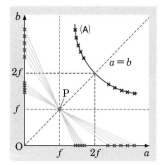

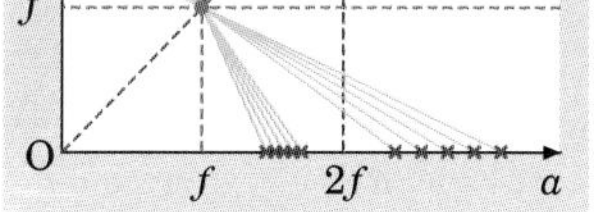

図96　測定値の処理

例題　物体と同じ大きさの実像

凸レンズによって物体と同じ大きさの実像ができるのは，物体をどこに置いたときか。また，その実像はどこにできるか。

着眼　物体と同じ大きさの実像というのは，倍率1の実像ということであるから，$m=1$のときのa，bの値を求めればよい。

解説　倍率1であるから，　$m=\dfrac{b}{a}=1$　したがって，　$a=b$

レンズの式において，$a=b$とすると，　$\dfrac{1}{a}+\dfrac{1}{a}=\dfrac{1}{f}$　よって，　$a=b=2f$

答 物体を焦点距離の2倍の点に置くと，実像も焦点距離の2倍の点にできる。

3 球面鏡による物体の像

❶球面鏡　球面の内側を鏡にしたものを凹面鏡（おうめんきょう），球面の外側を鏡にしたものを凸面鏡（とつめんきょう）といい，これらを球面鏡という。

❷凹面鏡による物体の像　凹面鏡による像の作図には，次のような光線の性質を利用する。

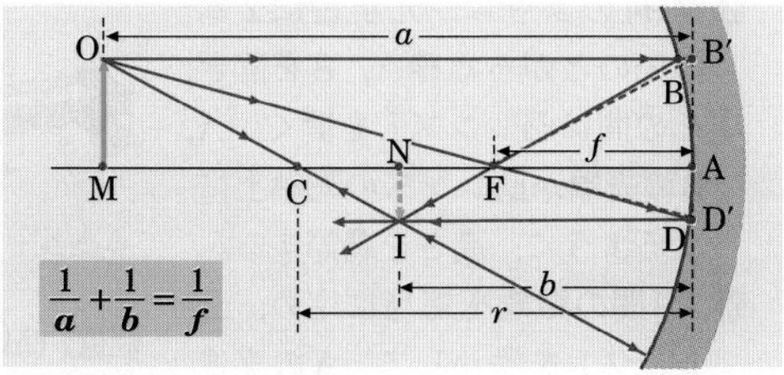

図97　凹面鏡による像の作図

①**球心Cを通る光線は，**反射後も**球心を通る。**

②**鏡心Aに入射した光線は，**鏡軸に**対称な方向に反射される。**

③**鏡軸に平行な近軸光線は，**反射後**焦点Fを通る。**

焦点距離　$f=\dfrac{r}{2}$　（r：球面の半径）

④**焦点Fを通過する近軸光線は，**反射後**鏡軸に平行になる。**

❸球面鏡の式　近軸光線の場合は球面の湾曲を無視できるので，図97の曲面BADは直線B′AD′で近似できて，

$\triangle$B′ID′ ∽ $\triangle$B′FAより，　$\dfrac{B'D'}{b}=\dfrac{B'A}{f}$

$\triangle$D′OB′ ∽ $\triangle$D′FAより，　$\dfrac{B'D'}{a}=\dfrac{AD'}{f}$

B′A＋AD′＝B′D′となることに注意して，この2式の辺々を加えると，

$$\frac{B'D'}{a}+\frac{B'D'}{b}=\frac{B'A}{f}+\frac{AD'}{f}=\frac{B'D'}{f}$$

よって，　$\dfrac{1}{a}+\dfrac{1}{b}=\dfrac{1}{f}$　(3･34)

これが凹面鏡の式（写像公式）である。

同様に凸面鏡の式は(3・34)式でb, fを負にしたものと同じになるので, (3・34)式を**球面鏡の式(写像公式)**という。

球面鏡では, 光軸に平行な入射光でも近軸光線から離れると焦点を通らない。これを球面収差といい, 避ける必要のある反射望遠鏡などでは**放物面鏡**を用いる。

表2 球面鏡でのa, b, f, rの正負と像

	凹面鏡		凸面鏡
f, r	正		負
a	正		正
	$a>f$	$a<f$	
b	正	負	負
像	倒立実像	正立虚像	正立虚像

❹球面鏡の利用　凹面鏡は懐中電灯や自転車・自動車のヘッドライトなどの反射鏡として用いられている。また, 凸面鏡を使うと広い範囲を見ることができるので, 自動車のバックミラーや曲がり角に設置されたカーブミラーなどに利用される。

このSECTIONのまとめ　光の伝わり方

□ **光波**
☞ p.281

- 光の速さは, 真空中で, 3.00×10^8 m/s。
- 光は**横波**である。

□ **光の反射と屈折**
☞ p.284

- 光は**反射の法則**に従って反射する。
- 光が媒質1から媒質2に進み屈折するとき

  相対屈折率 $n_{12}=\dfrac{\sin\theta_1}{\sin\theta_2}=\dfrac{v_1}{v_2}=\dfrac{\lambda_1}{\lambda_2}=\dfrac{n_2}{n_1}$

  (媒質1, 2中の入射角θ_1, 屈折角θ_2, 光速v_1, v_2, 波長λ_1, λ_2, 絶対屈折率n_1, n_2)

  また　$n_1\sin\theta_1=n_2\sin\theta_2$
- 屈折率nの物質中での光速は,

  $v=\dfrac{c}{n}$ (cは真空中の光速)
- 深さhの水中(水の屈折率はn)にある物体を真上から見ると, $\dfrac{h}{n}$**の深さ**の所に見える。
- 光が**屈折率の大きい物質から小さい物質に入射**するとき, 入射角が臨界角i_0より大きくなると, **全反射**する。

  $\sin i_0=\dfrac{1}{n}$

□ **レンズや球面鏡のはたらき**
☞ p.289

- **レンズの式**　$\dfrac{1}{a}+\dfrac{1}{b}=\dfrac{1}{f}$　{凸レンズは　$f>0$ / 凹レンズは　$f<0$}
- **レンズの倍率**　$m=\left|\dfrac{b}{a}\right|$　{実像は　$b>0$ / 虚像は　$b<0$}

SECTION 2 光の回折と干渉

1 光の回折

1 光の回折

回折というのはp.249で述べたように，波が障害物の裏側に回り込む現象である。光を小さな穴に通すと，細い光線になるが，回折してひろがる現象は，くふうしないと観察できない。可視光線の波長は380～770nm（ナノメートル；1nm＝10^{-9}m）程度なので，5mm程度の小さな穴でも，光の波長の約10^4倍の大きさである。これでは回折はほとんど起こらない。図98は，**光の波長の数倍程度の細いすきま**(スリット)に光を通したときのものである。これを見ると，中心の明るい光の両側にも光がとどいていて，光が回折したことがわかる。

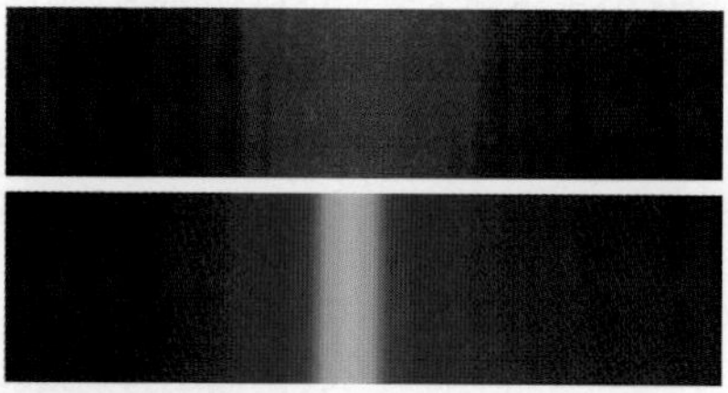

図98 単色光による回折じま

視点 上は赤色光，下は青色光。赤色光のほうがよく回折する。

2 単スリットによる回折じま

❶回折じま 図98の写真を見ると，**中心の明るい光の両端にひろがった光は，明るい所と暗い所がしま模様になっている。**これを**回折じま**という。

❷回折じまができる理由 スリットに波長λの単色光が入射すると，**図99**のように，スリット上の各点(A_1, A_2, …, A_k, B_1, B_2, …, B_k)が波源となって**素元波**(☞ p.250)を出し，光は回折する。回折によって，入射方向から角θだけ振れ，遠方の点Pの方向に向かう光を考える。いまA_1PとB_kPの距離の差が単色光の波長λに等しいとすると，A_1PとB_1Pの距離の差は$\dfrac{\lambda}{2}$であり，

順に$|A_2P-B_2P|=|A_3P-B_3P|=\cdots$

$=|A_kP-B_kP|=\dfrac{\lambda}{2}$となるので，**$A_1$～$A_k$から出る光と，$B_1$～$B_k$から出る光はすべて打ち消しあい，P点は暗くなる。**

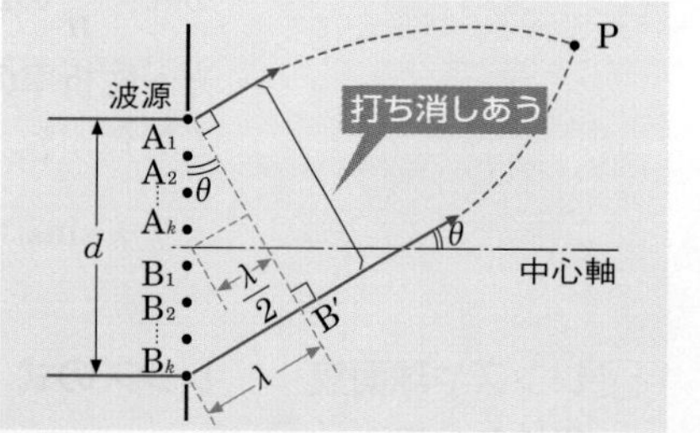

図99 スリットを通った光の干渉

スリットの幅をdとすると，

$$d\sin\theta=\lambda$$

を満たす角θの方向では，光は打ち消しあって暗いしまになる。

❸暗いしまのできる条件　図99で，**A_1P と B_kP の距離の差が波長 λ の 2 倍に等しいときは，**A_1P と A_kP の距離の差が λ に等しくなるので，この間のすべての波によって打ち消しあう。B_1P と B_kP の間も同様に打ち消しあう。つまり，**A_1P と B_kP の距離の差が波長 λ の m 倍（m は整数）ならば，打ち消しあう光が m 組できるので，すべて打ち消しあう。**したがって，暗いしまのできる条件は，次式で示される。

$$d\sin\theta = m\lambda \qquad (m = 1,\ 2,\ 3,\ \cdots\cdots) \qquad (3\cdot35)$$

❹明るいしまのできる条件　図100のように，A_1P と B_kP の距離の差が $\frac{3}{2}\lambda$ に等しい場合は，A_1P との距離の差が λ になるところまでの光はすべて打ち消しあうが，残りの波源からの光は打ち消しあう相手がないので，P点の方向に向かう光は明るくなる。

この場合に限らず，**A_1P と B_kP の距離の差が波長 λ の $\left(m+\frac{1}{2}\right)$ 倍に等しい場合は，打ち消しあう光が m 組できるほかに，打ち消しあう相手のない光が残るので，明るくなる。**したがって明るいしまのできる条件は，

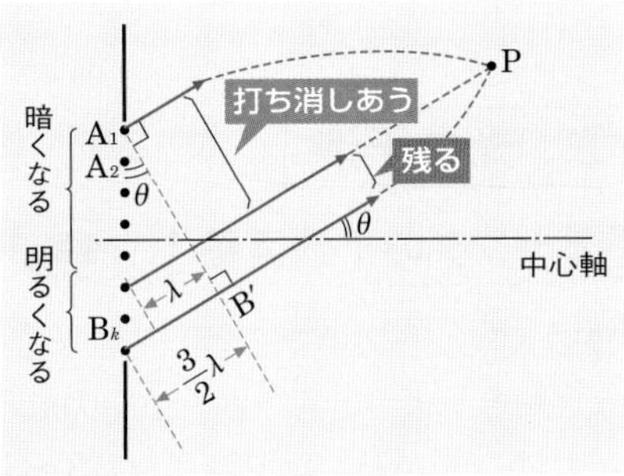

図100　明るいしまができる場合

$$d\sin\theta = \left(m+\frac{1}{2}\right)\lambda \qquad (m = 1,\ 2,\ 3,\ \cdots\cdots) \qquad (3\cdot36)$$

となる。

❺中心の明るいしま　P点が中心軸上にある場合は，図101に示すように，$A_1P = B_kP$，$A_2P = B_{k-1}P$，……，$A_kP = B_1P$ というように，すべての波源から出る光にP点までの距離が等しい相手があるので，**すべての光が強めあって，明るいしまになる。**

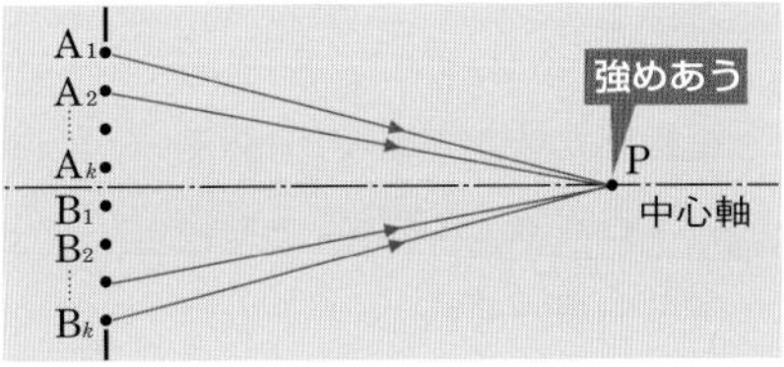

図101　中心の明るいしま

❻回折角　図102は，回折じまの明るさと中心からの距離の関係を表したグラフである。中心の明るいしまとそのとなりの明るいしまでは，明るさが極端にちがう。そこで，中心以外の明るいしまを無視するとすれば，光が回折する範囲は，中心の明るいしまのとなりの暗いしままでである。この暗いしまは(3・35)式の $m = 1$ の場合にあたるから，このときの角を θ_0 とすると，

$$d\sin\theta_0 = \lambda \text{ から，} \sin\theta_0 = \frac{\lambda}{d} \qquad (3\cdot37)$$

この角 θ_0 を回折角という。

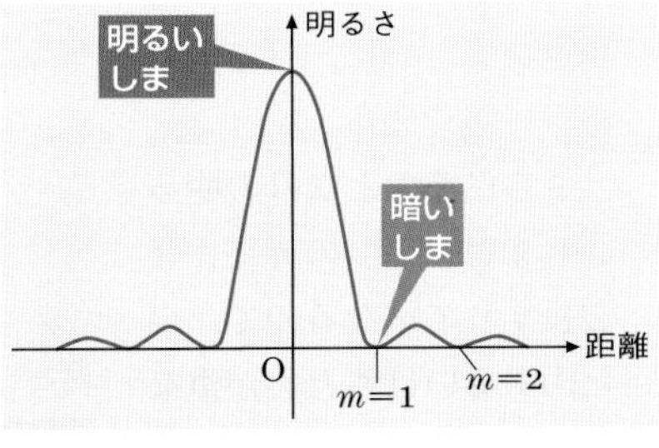

図102　回折じまの明るさ

補足 (3·37)式から，スリット幅dが同じでも，波長λが大きければ，回折角θ_0は大きくなることがわかる。図98（☞ p.294）で赤色光のほうが明るいしまの幅が広いのはそのためである。スリットに白色光をあてると，波長によって回折角がちがうので，回折じまのふちに虹のような色がつく。

POINT!

単スリットによる回折じま
- 暗いしま：$d\sin\theta = m\lambda$
- 明るいしま：$d\sin\theta = \left(m + \dfrac{1}{2}\right)\lambda$

［$m = 1, 2, \cdots$　d：スリット幅　λ：光の波長］

2 | 光の干渉

1 ヤングの干渉実験 ①重要

❶複スリットのはたらき　光波の干渉を調べるために，p.247の図25と同じような実験をしようと思うと，**位相のそろった2つの光源**が必要になるが，これを作ることはむずかしい。ヤング(1773～1829，イギリス)は，図103のように，光を一度スリットに通し，スリットで回折した**光を接近した2つのスリット**(複スリット)**に通す**ことで，この問題を解決した。こうすると，S_1，S_2はSから等距離にあるので，S_1，S_2から出る素元波は位相のそろったものになる。

❷干渉じま　S_1S_2の垂直二等分線上には，明るいしまができる。ここは図103からわかるように，S_1とS_2から出た光波の山と山あるいは谷と谷とが重なっているところである。

そのすぐとなりの暗いしまは，S_1とS_2から出た光波が半波長ずれて重なった所で，2つの光波の山と谷が重なるために，打ち消しあって暗くなる。

さらにそのとなりの明るいしまは，2つの光波が1波長ずれて重なるので，山と山あるいは谷と谷が重なって，明るくなる。

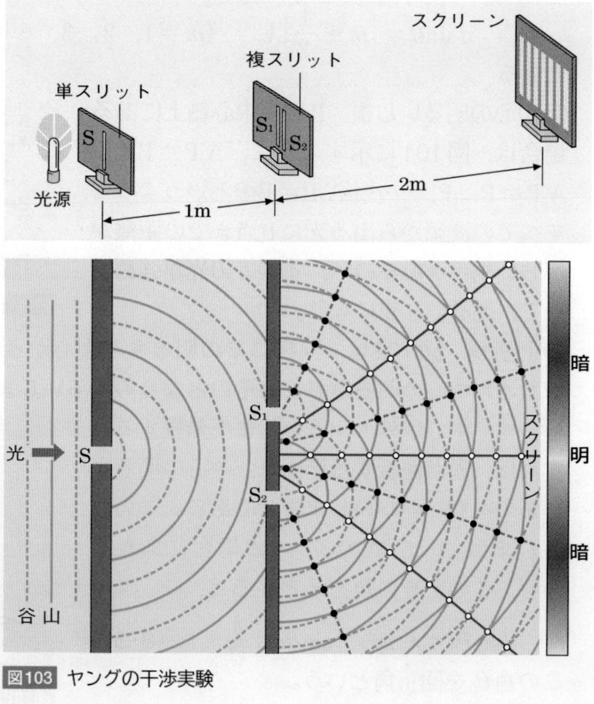

図103 ヤングの干渉実験

❸干渉じまの条件 図104に示すように，ヤングの干渉実験において，明るいしまや暗いしまができる条件は，p.247に述べた水面波の場合と同じで，スクリーン上の点をPとすると，

明るいしま…光波が強めあう条件は，

$$|S_1P - S_2P| = m\lambda \qquad (3\cdot38)$$

暗いしま…光波が打ち消しあう条件は，

$$|S_1P - S_2P| = \left(m + \frac{1}{2}\right)\lambda \qquad (m = 0,\ 1,\ 2,\ \cdots\cdots) \qquad (3\cdot39)$$

となる。

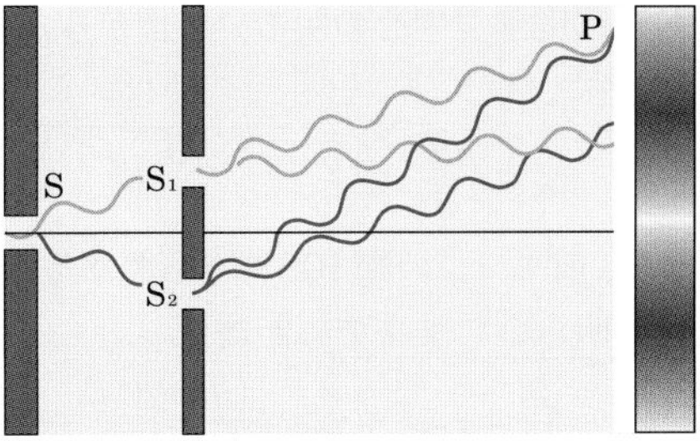

図104 明暗のしまと位相のずれ

❹経路差 干渉する2つの光波のたどった道すじの距離の差を経路差という。図105(a)のように，複スリットS_1，S_2の間隔をd〔m〕とし，dよりはるかに大きな距離l〔m〕だけ離してスクリーンを置くものとする。S_1S_2の垂直二等分線とスクリーンの交点をOとし，スクリーン上の点Pと点Oとの距離をx〔m〕とする。lはdよりはるかに大きいので，図105(b)のようにS_1PとS_2Pはほぼ平行とみなしてよい。また，θは非常に小さいので，近似式$\sin\theta \fallingdotseq \tan\theta$が成りたつ。よって，経路差は，

$$|S_1P - S_2P| = d\sin\theta \fallingdotseq d\tan\theta = \frac{dx}{l}$$

となる。これを用いて(3·38)，(3·39)式を書きかえると，干渉じまの条件式は，

明るいしま…$\dfrac{dx}{l} = m\lambda \qquad (3\cdot40)$

暗いしま……$\dfrac{dx}{l} = \left(m + \dfrac{1}{2}\right)\lambda \qquad (3\cdot41)$

となる。

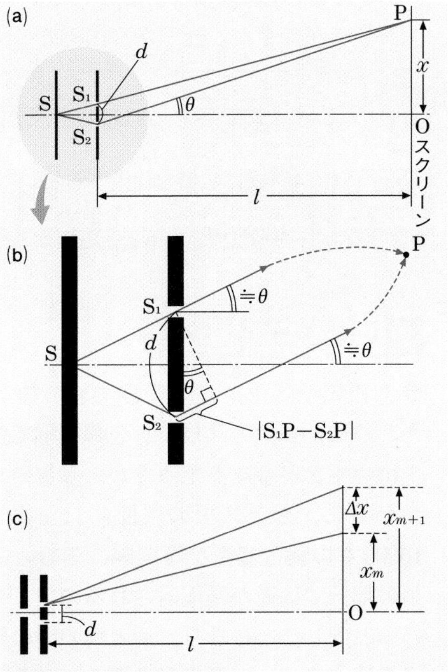

図105 経路差としまの間隔

POINT!

ヤングの干渉実験

明るいしま：$\dfrac{dx}{l} = m\lambda$

暗いしま：$\dfrac{dx}{l} = \left(m + \dfrac{1}{2}\right)\lambda$

〔$m = 0,\ 1,\ 2,\ \cdots$
λ：波長　d：スリットの幅
l：スリットとスクリーンの距離〕

第3編 波

❺しまの間隔　中心の明るいしまから m 番目の明るいしままでの距離を x_m とすると，(3･40)式より，

$$x_m = \frac{ml\lambda}{d}$$

となる。前ページの図105(c)からわかるように，明るいしまの間隔 Δx〔m〕は，$(m+1)$ 番目の明るいしままでの距離 x_{m+1} と x_m との差に等しいから，

$$\Delta x = x_{m+1} - x_m = \frac{(m+1)l\lambda}{d} - \frac{ml\lambda}{d} = \frac{l\lambda}{d} \quad (3･42)$$

となる。

> **しまの間隔**
> $$\Delta x = \frac{l\lambda}{d}$$

❻可干渉性　**レーザー光**を用いてヤングの干渉実験をする場合は，単スリットが不要で，直接複スリットにあてれば干渉じまを観察できる。これはレーザー光が**位相のよくそろった光**だからである。干渉じまを生じるような光波は互いに可干渉性をもつという。レーザー光は互いに高い可干渉性をもつ光である。

例題　**ヤングの干渉実験**

ヤングの干渉実験で，複スリットの間隔を0.60mm，複スリットからスクリーンまでの距離を1.2mとしたとき，スクリーンの中央付近に，間隔1.2mmの干渉じまができた。光源から出る光の波長は何nmか。

着眼　(3･42)式に与えられた数値を代入して，λ を求める。

解説　(3･42)式に数値を代入すると，

$$1.2 \times 10^{-3} = \frac{1.2\lambda}{0.60 \times 10^{-3}} \qquad よって，\quad \lambda = 6.0 \times 10^{-7}\,\mathrm{m} = 600 \times 10^{-9}\,\mathrm{m}$$

答 600nm

2 回折格子　①重要

❶回折格子　ヤングの干渉実験の複スリットのかわりに，**多数のスリットを等間隔で並べたもの**を用いるとどうなるだろうか。多数のスリットのかわりに，ガラス板の表面に1cmあたり400～10000本の割合で溝を等間隔に刻む。こうすると，溝の部分では光が乱反射されるので，光を通さないのと同じことになり，溝と溝の間の部分だけが光を通すスリットの役目をする。このようにしてつくられたものを回折格子といい，溝と溝の間隔(スリットの間隔に等しい)を格子定数という。

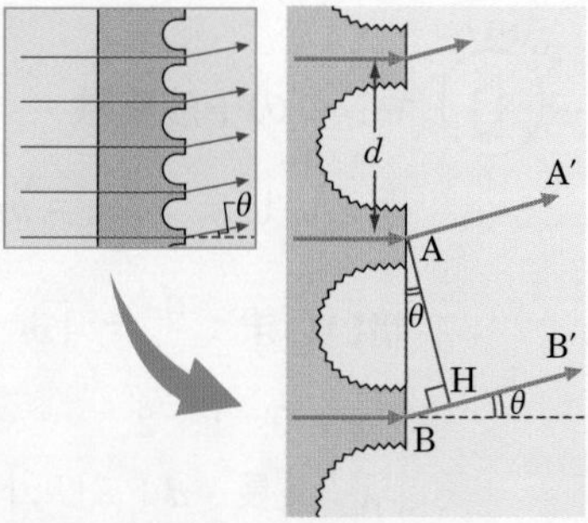

図106　回折格子

視点　溝ではなく，残ったガラス板の平らな面から回折光が出る。

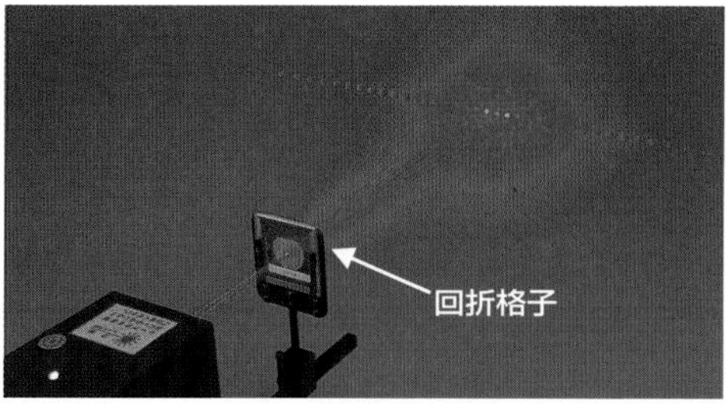

図107 回折格子によるレーザー光の回折

❷干渉条件　回折格子に位相のそろった光をあてると，スリットを通った光は回折する。そのうち，**図106**のように，隣りあったスリットA，Bを通り，入射方向から角θだけ振れてA′，B′へ向かう光の経路差BHは，格子定数(溝の間隔)をdとすると，

$$\mathrm{BH} = d\sin\theta$$

である。この経路差が波長λの整数倍であれば，AA′の光とBB′の光は遠方の点で強めあう。したがって，明るいしまができる条件は，

$$d\sin\theta = m\lambda \qquad (m = 0,\ \pm1,\ \pm2,\ \cdots\cdots) \qquad (3\cdot43)$$

となる。A，B以外のスリットを通った光でも，**AA′と平行に進む光はすべて位相が等しい**から，強めあって，ひじょうに明るいはっきりした線ができる。

POINT!

回折格子の明るいしま

$$d\sin\theta = m\lambda$$

d〔m〕：格子定数　λ〔m〕：波長　$m = 0,\ \pm1,\ \pm2,\ \cdots\cdots$

例題　**回折格子**

格子定数がそれぞれd，d'の2つの回折格子A，Bに同じ波長λの単色光を格子面に垂直に入射させたところ，A，Bによって生じた2次のスペクトル線($m = 2$)の回折角θ_2，$\theta_2{}'$がそれぞれ30°および45°であった。Aの1cmあたりの格子線の数が4.25×10^3本ならば，用いた単色光の波長λ，およびBの1cmあたりの格子線の数はそれぞれいくらか。ただし，$\sqrt{2} = 1.414$とする。

着眼　1cmあたりの格子線の数の逆数が格子定数である。格子定数がわかったら，(3・43)式に数値を代入する。

解説　Aの格子定数は，$d = \dfrac{1}{4.25\times10^3}$cmであるから，(3・43)式を用いて，

$$\frac{1}{4.25\times10^3}\times\sin30° = 2\lambda \quad から，\ \lambda = 5.88\times10^{-5}\,\mathrm{cm} \fallingdotseq 588\,\mathrm{nm}$$

Bの格子定数は，(3・43)式を用いて，

$$d'\sin45° = 2\lambda = d\sin30°$$

ゆえに，Bの1cmあたりの格子線の数は，

$$\frac{1}{d'} = \frac{\sin45°}{\sin30°}\cdot\frac{1}{d} = \frac{\sqrt{2}}{d} \fallingdotseq 6.01\times10^3$$

答 **単色光の波長…**588nm，**Bの格子線の数…1cmあたり**6.01×10^3本

第3編　波

❸反射型回折格子　よくみがいた金属の表面につけた等間隔の溝に光をあてると，反射光も干渉する。図108で，波面ABが反射されてA′B′となって進み，$|AB'-BA'|=m\lambda$ が成りたつとき，光は強めあう。これを反射型回折格子という。CDなどの光ディスクの表面には等間隔の細かいみぞがあるので，反射型回折格子の代用としてはたらき，光をあてるとスペクトルが見える。

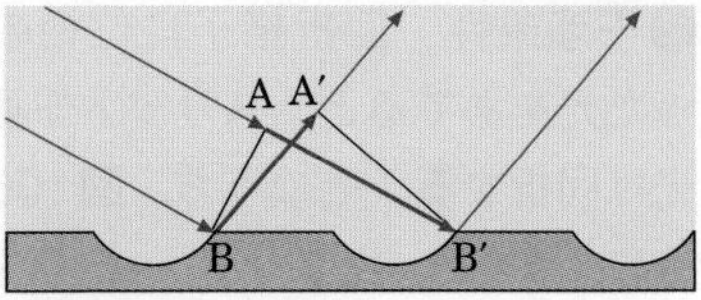

図108　反射型回折格子

3 薄膜による干渉　①重要

❶薄膜(はくまく)の反射光の干渉　シャボン玉や水面にひろがった油膜には，虹のような美しい色がつく。これらは，薄い膜で反射された光の干渉によって起こる。図109のように，薄い膜に光があたると，一部は膜の表面でB→D→Gのように反射し，**残りは屈折していったん膜の中に入り，裏面で反射して，A→E→D→Gのように出てくる。**この2つの光が，互いに干渉する。

❷反射光の位相変化　波は固定端で反射するとき，逆位相になる。光の場合は，光の伝わる**速さが大きい媒質から小さい媒質に進むときの境界面が固定端**にあたる。屈折率でいうと，**屈折率の小さい媒質から大きい媒質に進むときの境界面が固定端にあたる。**屈折率が大きいことを光学的に密であるという。図109のD点は固定端で，反射光は逆位相になるが，E点は自由端だから，反射光の位相の変化はない。このことから干渉条件を調べる。

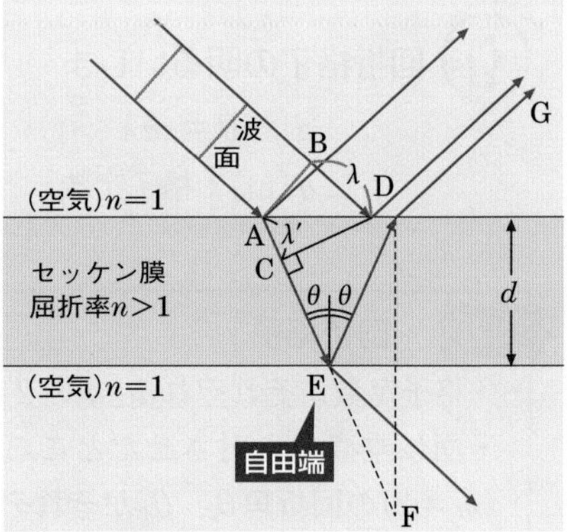

図109　薄膜の反射光の干渉

POINT!
屈折率小→大の反射では，逆位相になる(固定端)。
屈折率大→小の反射では，位相の変化はない(自由端)。

❸光路差　図109の光線ACEDGとBDGの経路差を求めよう。波面ABが屈折して膜の中に入り，波面CDになったとすると，2つの光線の経路の差はCEDである。光の真空中での波長をλ，膜中での波長をλ'，膜の屈折率をnとして干渉条件を考えるとき，CEDがλ'の何倍かが問題になるが，$\lambda'=\dfrac{\lambda}{n}$より，$n\times$CEDが$\lambda$の何倍かを考えても同じである。このように，**屈折率nの物質中の距離をn倍した値**を光学的距離といい，経路の差を光学的距離に直した値を光路差という。光学的距離や光路差は，物質中の距離を真空の距離に換算したときの長さである。

❹干渉条件　図109で，線分AEの延長線と，D点を通り膜面に垂直な直線との交点をFとすると，ED＝EFであるから，CED＝CFとなる。膜の厚さをd，E点における入射角をθとすると，∠CFD＝θ，DF＝$2d$であるから，光路差は，

$$n \times \mathrm{CED} = n \times \mathrm{CF} = n \times \mathrm{DF}\cos\theta = 2nd\cos\theta$$

となる。D点での位相の変化がなければ，光路差が波長の整数倍に等しいとき強めあうが，**D点では逆位相になるため，干渉条件は反対になる。**すなわち，

明るくなる条件…$2nd\cos\theta = \left(m + \dfrac{1}{2}\right)\lambda$　($m = 0,\ 1,\ 2,\ \cdots$)　(3･44)

暗くなる条件……$2nd\cos\theta = m\lambda$　(3･45)

POINT!

薄膜の干渉条件 $\begin{cases} (明)\ \ 2nd\cos\theta = \left(m + \dfrac{1}{2}\right)\lambda \\ (暗)\ \ 2nd\cos\theta = m\lambda \qquad (m = 0,\ 1,\ 2,\ \cdots) \end{cases}$

n：薄膜の屈折率　d〔m〕：薄膜の厚さ　θ：薄膜中の反射角　λ〔m〕：波長

例題　シャボン玉の色

厚さ150nmのシャボン玉は何色に見えるか。色または波長で答えよ。ただし面に垂直に入射する白色光を考え，シャボン玉液の屈折率は1.33とする。

着眼　シャボン玉の膜に白色光をあてたとき，反射光が強めあうのは，波長がいくらの場合かを求める。可視光の波長は，$4 \times 10^{-7} \sim 8 \times 10^{-7}$mの範囲にある。

解説　白色光がシャボン玉に垂直に入射する場合を考えると，(3･44)式において，$\theta = 0$となるから，$2 \times 1.33 \times 150 \times 10^{-9} \times 1 = \left(m + \dfrac{1}{2}\right)\lambda$　したがって，$m = \dfrac{3.99 \times 10^{-7}}{\lambda} - \dfrac{1}{2}$

上式に，$\lambda = 4 \times 10^{-7} \sim 8 \times 10^{-7}$を代入すると，$m \fallingdotseq 0 \sim 0.5$となる。$m$は整数であるから，$m = 0$と決まる。よって，$0 = \dfrac{3.99 \times 10^{-7}}{\lambda} - \dfrac{1}{2}$

したがって，$\lambda = 2 \times 3.99 \times 10^{-7} \fallingdotseq 800 \times 10^{-9}$m　答 赤色(800nm)

＋発展ゼミ　厚い膜では干渉が起こらないか

●たとえば，屈折率1.5，厚さ1mmの膜に垂直に白色光を入射させるとすると，干渉によって強めあう光の波長λは，$\lambda\,[\mathrm{m}] = \dfrac{2nd\cos\theta}{m + \dfrac{1}{2}} = \dfrac{2 \times 1.5 \times 1 \times 10^{-3} \times 1}{m + \dfrac{1}{2}}$

●可視光の波長は，$\lambda = 4 \times 10^{-7} \sim 8 \times 10^{-7}$mであるから，上式を満足する$m$の値は，$m \fallingdotseq 3800 \sim 7500$となり，すべての色の光について強めあう場合が存在する。そのため，**反射光は白色光となり，干渉は観察されない。**ただし，純粋な単色光を用いれば，干渉が観察できる。

参考 **レンズのコーティング**　めがねやカメラのレンズは薄く色づいて見える。これはレンズの表面にフッ化マグネシウムなどの薄膜を蒸着しているためである。これは**反射光を減らして，透過光を増やすためにつけるものである。**

図110で，空気，ガラス，薄膜の屈折率をそれぞれ1.0，1.5，1.4とし，波長$\lambda = 5.6 \times 10^{-7}$ mの光が右側から入射したとする。薄膜の表面と裏面で反射した光は，反射の際に逆位相になるので，膜の厚さをdとすると，打ち消しあう条件は，

$$2nd = \left(m + \frac{1}{2}\right)\lambda$$

$m = 0$とすると，$d = \dfrac{\lambda}{4n} = \dfrac{5.6 \times 10^{-7}}{4 \times 1.4} = 1.0 \times 10^{-7}$ m

となり，薄膜の厚さをこの程度にすると，この光は反射しない。一方，透過光のうち，薄膜の裏面と表面で２度反射するほうは，１度だけ位相がずれるので，反射光が打ち消しあう条件のとき，透過光は強めあう。

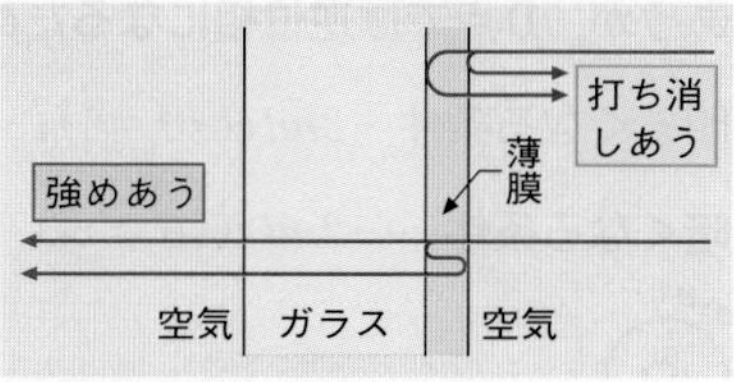

図110 コーティング

4 くさび形空気層による干渉 ① 重要

❶**干渉条件**　図111のように，２枚の平面ガラス板の片方を密着させ，ここからLだけ離れたところに厚さDの薄い紙をはさむ。上から波長λの単色光をあてると，下側のガラスの上面で反射する光Aと上側のガラスの下面で反射する光Bが干渉してしま模様が見える。図のxの位置に明るいしまができたとすると，**光Aは光Bより経路長が$2d$だけ長い。**光Aが反射するときは，**位相が反転する**ので，**AとBが強めあう干渉をする条件**は，

$$2d = \left(m + \frac{1}{2}\right)\lambda \qquad (m = 0,\ 1,\ 2,\ \cdots) \tag{3・46}$$

また，$\dfrac{d}{x} = \dfrac{D}{L}$であるから，$m$番目の明るいしまの位置$x_m$は，次のようになる。

$$x_m = \frac{L\lambda}{2D}\left(m + \frac{1}{2}\right) \tag{3・47}$$

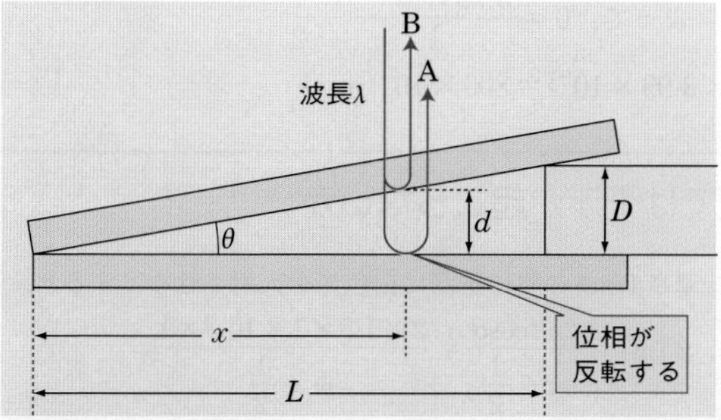

図111 くさび形空気層による干渉

注意 図111は，説明をわかりやすくするために，θを大きくかいてある。実際には，$L \fallingdotseq 20$ cmに対して，Dがうすい紙１枚くらいの大きさのときによく見える。したがって，θは図には表せないほど小さい。

❷明るいしまの間隔　明るいしまの間隔Δxは，x_{m+1}からx_mを引いて，

$$\Delta x = x_{m+1} - x_m = \frac{L\lambda}{2D} \qquad (3\cdot48)$$

となる。しまの間隔Δxをはかれば，薄い紙の厚さDを知ることができる。また，$d = x\tan\theta \fallingdotseq x\theta$より，２枚のガラス面のなす角$\theta$も知ることができる。

5 ニュートンリング （!）重要

❶ニュートンリング　**図112(a)**のように平らなガラス板の上に曲率半径の大きな平凸（へいとつ）レンズをのせ，上から光をあてると，**図112(b)**のような**同心円の明暗のしま**が見える。これをニュートンリングという。ニュートンリングは，レンズの下面Dで反射した光とガラス板の上面Eで反射した光とが干渉してできる。

❷経路差　D点で反射する光とE点で反射する光の経路差は2DEである。D点を通るリングの半径をr，凸レンズの球面の曲率半径をRとして，DEの距離dを求めてみよう。**図112(a)**において，△ABDと△BDEは相似であるから，BD＝lとすると，

$$\frac{l}{2R} = \frac{d}{l} \quad から，\ l^2 = 2Rd \qquad \cdots\cdots①$$

三平方の定理により，

$$l^2 = r^2 + d^2 \qquad \cdots\cdots②$$

①，②より，lを消去すると，

$$r^2 = d(2R - d) \qquad \cdots\cdots③$$

$R \gg d$なので，$2Rd - d^2 \fallingdotseq 2Rd$とすると，③式は，$r^2 \fallingdotseq 2Rd$

よって，**往復距離**$\boldsymbol{2d = \frac{r^2}{R}}$　……④

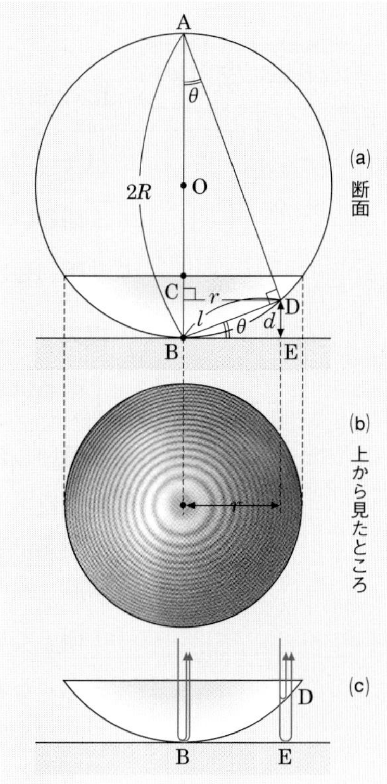

図112 ニュートンリング

注意　実際にはRは大きく，DE間のすきまは図より小さい。

❸干渉条件　**図112(c)**の**D点での反射**は，光学的に密→疎（屈折率大→小）の場合であるから，**位相のずれはないが**，**E点での反射**は，光学的に疎→密の場合であるから，**位相がπだけずれる。**したがって，２つの光の経路差$2d$が光の波長λの整数倍に等しいときは暗いリングになり，整数倍より半波長長いときは明るいリングになる。④式より，$2d = \frac{r^2}{R}$であるから，干渉条件は次のようになる。

POINT!

ニュートンリングの干渉条件($m = 0,\ 1,\ 2,\ \cdots$)

明るいリング　$2d = \dfrac{r^2}{R} = \left(m + \dfrac{1}{2}\right)\lambda$　(3・49)

暗いリング　$2d = \dfrac{r^2}{R} = m\lambda$　(3・50)

このSECTIONのまとめ　光の回折と干渉[★1]

□光の回折 ☞ p.294	・**単スリット**…スリット幅をdとすると， **明るいしまの条件**　$d\sin\theta = \left(m + \dfrac{1}{2}\right)\lambda$ **暗いしまの条件**　$d\sin\theta = m\lambda$
□光の干渉 ☞ p.296	・**複スリット**…スリットの間隔をdとすると， **明るいしまの条件**　$\dfrac{dx}{l} = m\lambda$ **暗いしまの条件**　$\dfrac{dx}{l} = \left(m + \dfrac{1}{2}\right)\lambda$ ・**回折格子**…格子定数(溝の間隔)をdとすると， **明るいしまの条件**　$d\sin\theta = m\lambda$ ・**薄膜**…膜の厚さをdとすると， **明るくなる条件**　$2nd\cos\theta = \left(m + \dfrac{1}{2}\right)\lambda$ **暗くなる条件**　$2nd\cos\theta = m\lambda$ ・**くさび形空気層**…m番目の明るいしまの位置x_mとしまの間隔Δxは， $x_m = \dfrac{L\lambda}{2D}\left(m + \dfrac{1}{2}\right),\ \Delta x = \dfrac{L\lambda}{2D}$ ・**ニュートンリング**…リングの半径をr，レンズの曲率半径をRとすると， **明るいリングの条件**　$2d = \dfrac{r^2}{R} = \left(m + \dfrac{1}{2}\right)\lambda$ **暗いリングの条件**　$2d = \dfrac{r^2}{R} = m\lambda$

★1 明るい部分や暗い部分の条件式よりも，どの経路の光とどの経路の光が干渉するのかが大切である。作図から干渉条件が導き出せるようにすること。

CHAPTER 3

練習問題 解答 ☞ p.544

① 〈光の速さ〉 物理基礎

地球から1.5×10^8 km離れた太陽面に黒点が現れてから，地球上でそれが観測されるまでどれほどの時間がかかるか。ただし，光の速さを3.00×10^8 m/sとする。

② 〈フィゾーの光速測定〉

地上で光の速さを最初に測ったのはフィゾーで，下のような装置を用いた。

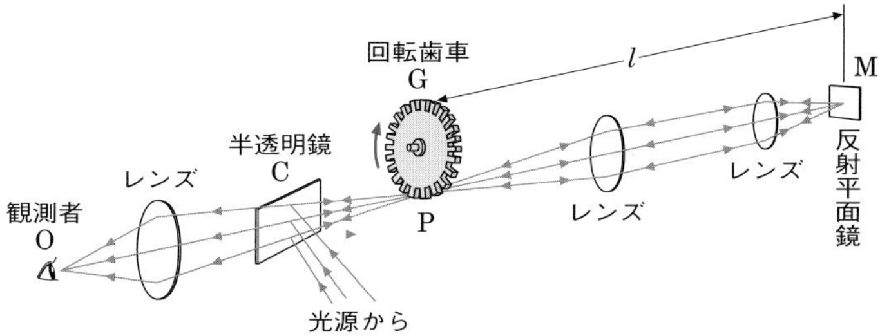

光源から出た光は半透明鏡Cで反射され，回転歯車G（歯数720で，1つの歯と1つのすきまの大きさは同じ）の歯の間を通り，距離$l = 8633$ m離れた反射鏡Mで反射されて，歯車の歯の間にもどってくる。歯車の回転数を上げていくと，歯車の歯の間を通過した光がMで反射されてもどってくる間に，歯車が回転して歯の部分でさえぎられるようになり，観測者には光が見えなくなる。まったく光が見えないときの回転数は12.6 Hzであった。以下，この回転数の場合について，各問いに答えよ。

(1) 光が歯の間を通過する点Pでは，1秒間に何個の歯車の歯が通過するか。

(2) 歯車が少し回転して，点Pが歯と歯のすき間になってから再び歯に変わるまでの時間を求めよ。

(3) 前問で求めた時間の間に，光はGM間を往復している。このことから光の速さを求めよ。

③ 〈フーコーの光速測定〉 テスト必出

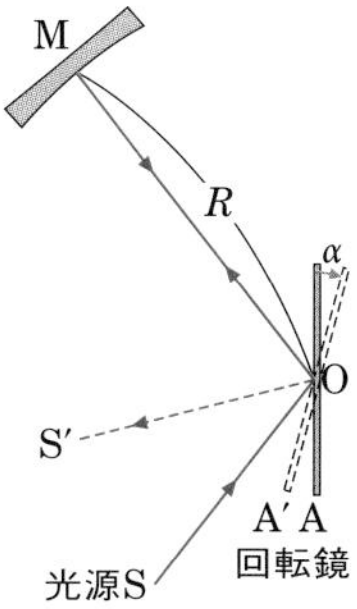

光源Sを出た光が，回転平面鏡がAの位置にあるときにO点で反射されてMに向かう。Mには固定された鏡があり，光は反射されてO点にもどっていく。しかし，この間に回転平面鏡はα rad回転をしているので，光はSの方向にもどらずに，S′に進んでしまう。

(1) 回転平面鏡の回転数をn〔Hz〕としたとき，nとαの間の関係を求めよ。ただし，光がO→M→Oと進む時間をt〔s〕とする。

(2) OM間の距離をRとして，αから光の速さcを求める式を導け。

(3) $R = 40.4$ m，$n = 1000$，$c = 3.00 \times 10^8$ m/sとしたとき，鏡の回転角αはいくらになるか。

4 〈光の反射〉

鉛直に立っている鏡に向かって0.8m/sの速さで歩いていくとき，自分から見て自分の像が近づく速さはどれほどになるか。

5 〈光の屈折〉

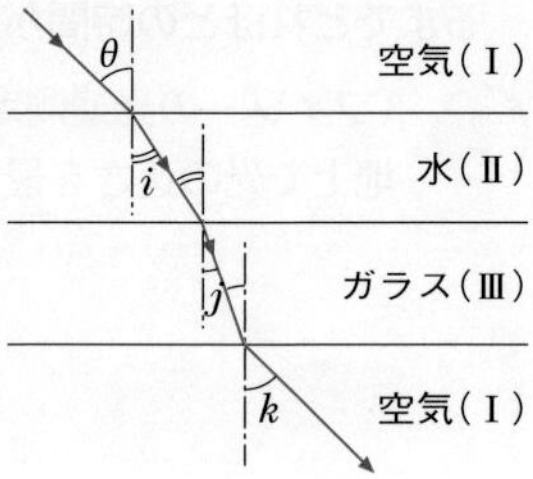

空気(Ⅰ)，水(Ⅱ)，ガラス(Ⅲ)，空気(Ⅰ)の4層が図のように接している。ここで，空気から水に入射するときの屈折率をn_{12}，ガラスから空気に入射する場合の屈折率をn_{31}のように表すことにする。このとき，次の各問いに答えよ。

(1)　n_{12}をθ，iを用いて表せ。

(2)　水中での光速をc_2，ガラスの中での光速をc_3として，n_{23}をc_2およびc_3を用いて表せ。

(3)　n_{23}を，n_{12}およびn_{31}を用いて表せ。

6 〈全反射〉 テスト必出

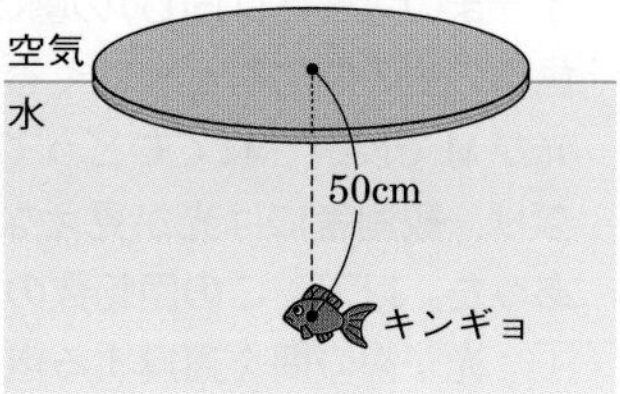

水面から50cmの深さにいるキンギョは，その真上の水面に浮かんでいる円板によってその姿をかくすことができる。水の屈折率を$\frac{4}{3}$，$\sqrt{2}=1.41$，$\sqrt{7}=2.65$として，円板の半径として必要な最小値を求めよ。ただし，キンギョの大きさは無視できるものとする。

7 〈光の分散〉

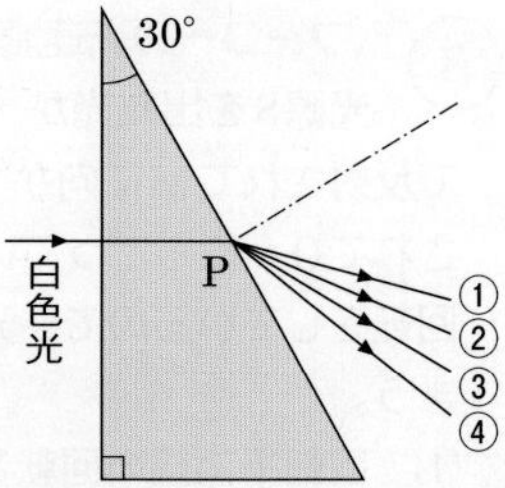

頂角30°の直角プリズムに，図のように白色光を入射させた。これについて，次の問いに答えよ。

(1)　光がプリズムのP点から出ると，連続スペクトルになる。このような現象を何というか。

(2)　図の①，②，③，④の光は，それぞれ青，赤，緑，黄のいずれかを示す。それぞれどれに対応するか。

(3)　入射光を単色光に変えた。プリズムの屈折率を$\sqrt{3}$として，屈折角が何度になるか求めよ。

⑧ 〈レンズによる像〉 テスト必出

焦点距離20cmの凸レンズの前方80cmの所に，高さ10cmの棒が光軸に垂直に立てられている。

(1) この棒の像の位置を求めよ。

(2) この棒の像の種類を求めよ。

(3) この棒の像の大きさを求めよ。

(4) 棒を凸レンズの前方15cmの所に動かすと，この棒の像の位置，像の種類，像の大きさはどのようになるか。

⑨ 〈レンズの性質〉

一般的なガラスでできたレンズについて，次の各問いに答えよ。

(1) 凸レンズのふくらみを大きくしたとき，焦点距離はどのように変化するか。

(2) 屈折率の大きい物質でレンズをつくったとき，焦点距離はどのように変化するか。

(3) 水中でレンズの焦点距離を測ると，空気中で測ったときに比べてどのように変化するか。

(4) レンズの焦点距離を，赤い光と紫の光を使ってそれぞれ測ったとする。どちらの焦点距離が大きいか。

⑩ 〈回折格子〉

次の文中の空らんにあてはまる数値，式，語句などを記入せよ。

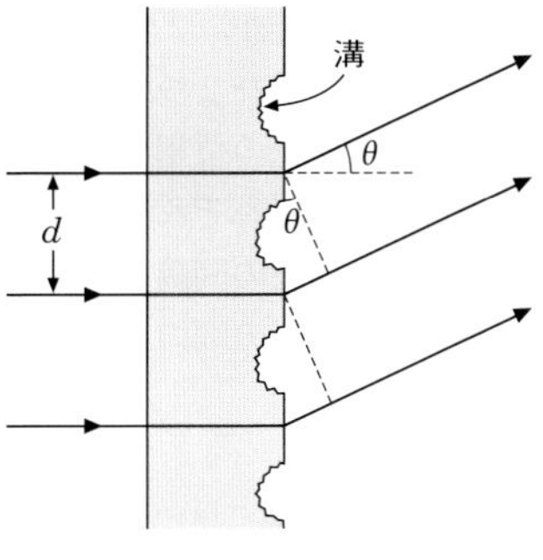

図のように，ガラス板の表面に多数の細い溝を等間隔にきざみこんだものを①［　　］といい，溝の間隔を②［　　］という。

これに光をあてると，溝の部分では光は乱反射してしまうが，溝と溝の間は光が通り抜けることができるので，③［　　］の役割をする。図のように隣りあう溝から④［　　］した光の経路差は⑤［　　］であるから，これが⑥［　　］の整数倍になると光は強めあい，スクリーン上に明線をつくる。回折格子からθの方向に進む光が強めあう条件は，

⑦［　　］$= m\lambda \quad (m = 0,\ \pm 1,\ \pm 2,\ \cdots\cdots)$

である。

回折格子に白色光をあてると，⑥［　　］のちがいによって強めあう方向θがちがってくるので，⑧［　　］が観察できる。

11 〈薄膜による干渉〉 テスト必出

屈折率$\sqrt{3}$の物質でできた厚さdの薄い膜がある。真空中でこの膜に波長λの単色光を入射角60°であてると，一部は膜の表面で反射し，残りはいったん膜の中に入った後，裏面で反射して出てきた。次の各問いに答えよ。

(1) 反射の際に位相のずれが生じるのは，B，Oのどちらの点で反射するときか。

(2) 屈折角θはいくらか。

(3) 膜の中での光の波長はいくらか。

(4) 図で，A→O→B→Eの経路を通る光とC→B→Eの経路を通る光の光路差はいくらか。

(5) $\lambda = 600\,\text{nm}$ ($1\,\text{nm} = 10^{-9}\,\text{m}$)のとき，(4)の2つの経路を進んだ光が強めあうためには，膜の厚さはいくらでなければならないか。膜の厚さの最小値を求めよ。

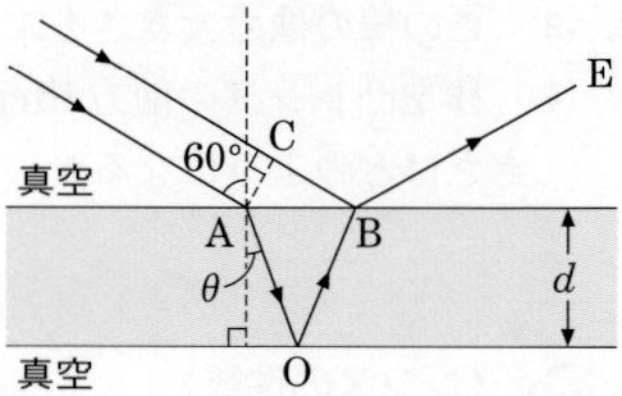

12 〈2枚のガラス板による干渉〉 テスト必出

長さ20cm，厚さ3mmの細長いガラス板2枚を図のように重ね，一端に直径0.2mmの針金をはさんで，ガラス板の間に細いくさび状のすきまをつくる。ガラス板の上から，波長500nmの光をガラス面に垂直にあてて，上から見ると，平行な明暗のしま模様が見えた。これについて，次の問いに答えよ。

(1) 明暗のしま模様をつくる原因となった光は，右図のA，B，C，Dのどの点で反射した光か。2つ答えよ。

(2) (1)で答えた2つの点で光が反射するとき，反射光の位相は変化するか，変化しないかをそれぞれについて答えよ。

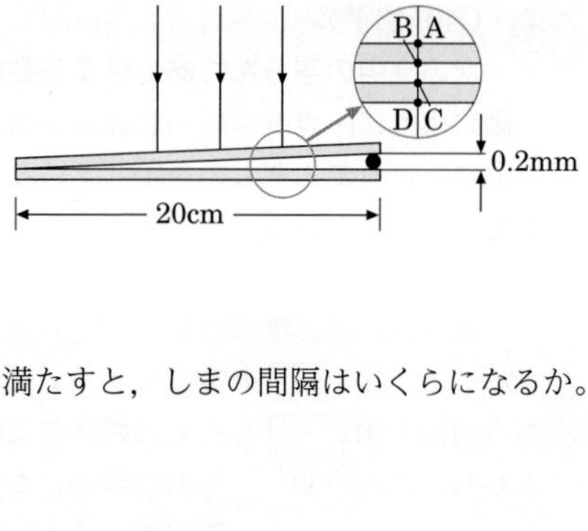

(3) しま模様の間隔はいくらか。

(4) ガラス板の間のすきまを水(屈折率1.33)で満たすと，しまの間隔はいくらになるか。

13 〈ニュートンリング〉

曲率半径R_1の平凸レンズを曲率半径R_2の平凹レンズの上にのせ，上方から波長λの単色光をあてた。このとき，上方から見ると，中心から距離rの位置にm番目の明線の輪が生じ，そこでの空気層の厚さがdであったとする。rをm，R_1，R_2，λを用いて表せ。ただし，$d \ll R_1$として考えること。

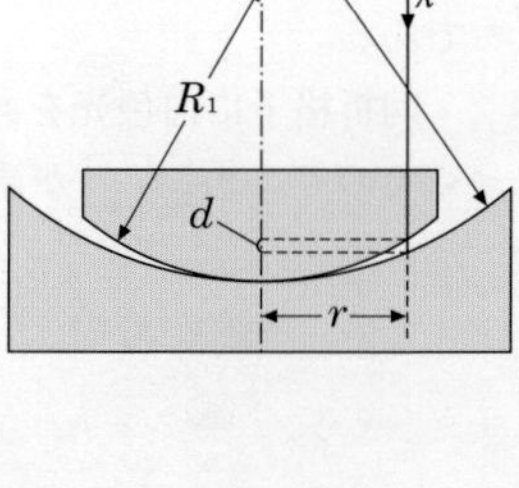

定期テスト予想問題❶ 解答 p.546

解答 p.546

時　間90分　合格点70点　得点

1 〈波長・振動数・周期・波の速さ〉 物理基礎

15 m/sの速さで波が伝わる長いロープについて，各問いに答えよ。〔各２点…合計６点〕

(1) このロープの一端を毎秒５回単振動させた。振動の周期は何秒か。

(2) (1)のとき，ロープにできた波の波長は何mになるか。

(3) このロープの一端を１回振動させると，波の先端は何m先まで進んでいるか。ただし，毎秒５回の割合で振動させた場合について考えよ。

2 〈波の式，波長，周期〉

原点Oに波源があり，ここから周囲に向かって，振幅A，周期T，波長λの正弦波が発生している。いま，原点の変位をy，時間をtとして，$y=A\sin kt$のように振動していた。次の各問いに答えよ。〔各３点…合計９点〕

(1) kを求め，原点の振動の式をTを含む式で表せ。

(2) 原点から距離x離れた点Pでは，原点の振動はΔtだけ遅れて伝わる。Δtを求めよ。

(3) 点Pの変位y_Pを，xとt，T，λを含む式で表せ。

3 〈重ねあわせの原理，波の反射〉 物理基礎

次の各問いに答えよ。〔各２点…合計４点〕

(1) ２つの波A，Bを重ねあわせ，合成された波の形を図中に描け。

(2) 波Aが右に進み固定端Pで反射するときの反射波を図中に描け。

(1)
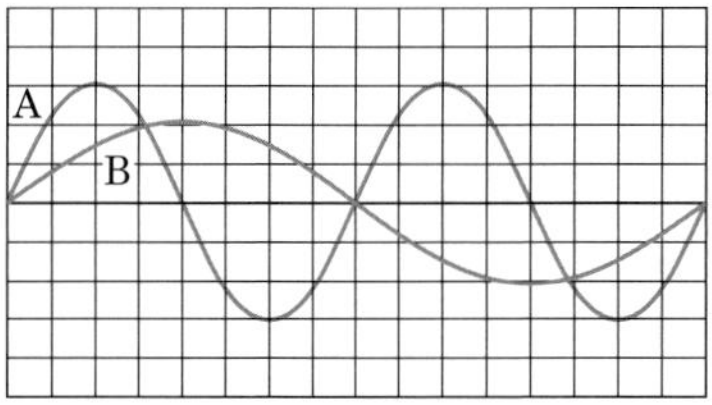

(2)
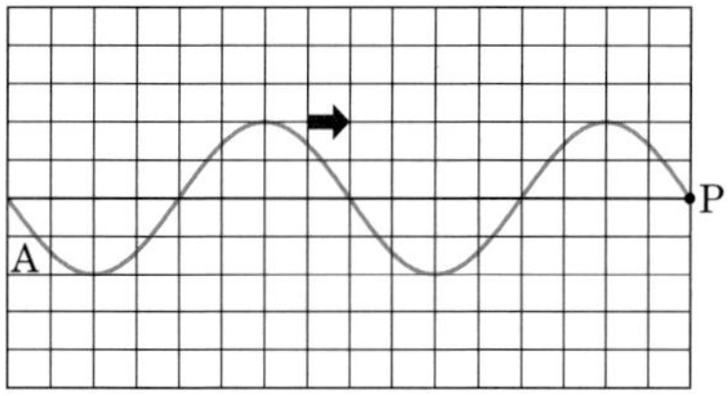

4 〈y-xグラフ・縦波〉 物理基礎

縦波がx軸上を左から右に進行しているとき，各媒質のつり合いの位置からの変位を90°だけ反時計まわりに回転させれば，右の図のように，ある時刻における各位置の媒質の変位の状態をグラフに示すことができる。この曲線は正弦曲線であるとして，あとの各問いに答えよ。〔各３点…合計12点〕

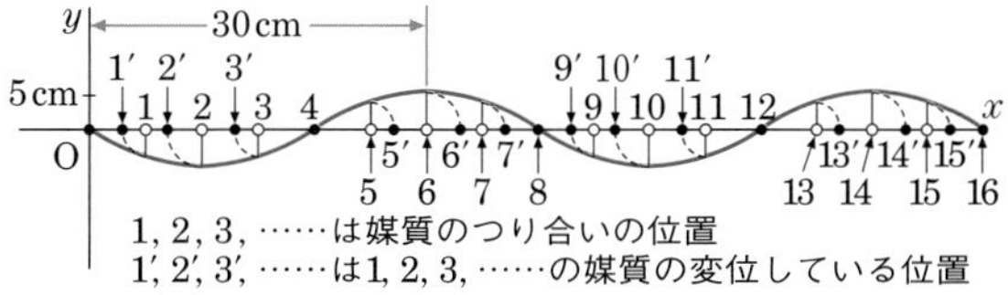

(1) 変位が０の状態にあるのは，どの番号で示される媒質か。

(2) 媒質が集中して密部をつくっている場所の中心はどの番号の位置か。

(3) 媒質が疎部をつくっている場所の中心となるのは，どの番号の位置か。

(4) 振幅，波長はそれぞれ何cmか。

5 〈水波の干渉〉 物理基礎

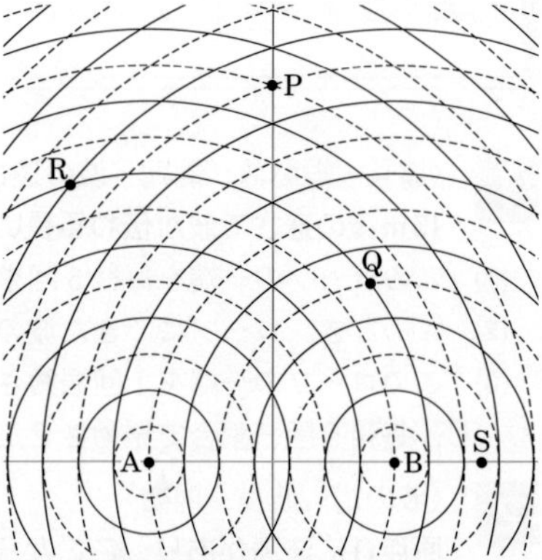

図のように，水面上で7.0cm離れた2点A，Bから，波長2.0cm，振幅0.30cm，振動数10Hzの等しい波が，同じ位相で送り出されている。図の実線は，これらの波のある時刻の山線を，また，点線は谷線を表している。次の各問いに答えよ。〔各3点…合計21点〕

(1)　この波の伝わる速さはいくらか。

(2)　線分ABの垂直二等分線上の点Pは，どのような振動をするか。

(3)　AQ＝8.0cm，BQ＝5.0cmの点Qは，どのような振動をするか。

(4)　一般に，A，Bからの距離の差が3.0cmの点は，どのような振動をするか。また，それらの点を連ねた曲線を図にかきこめ。

(5)　AR＝8.0cm，BR＝12cmの点Rはどのような振動をするか。

(6)　線分AB上で，Aからの波とBからの波が打ち消しあって振動しない点は，いくつできるか。また，それらの点の間隔はいくらか。

(7)　直線AB上で，A，Bの外側の点Sは，どのような振動をするか。

6 〈音の干渉・クインケ管〉 物理基礎

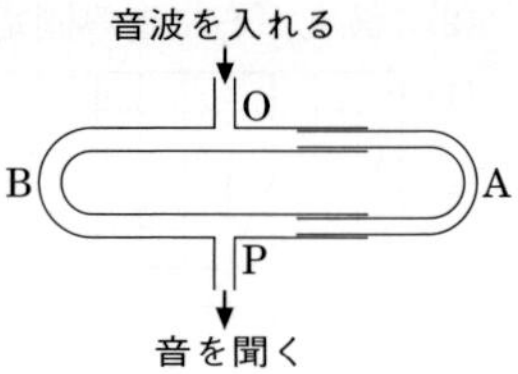

右図の管はクインケ管といい，音波の干渉現象を確かめることができる装置である。管のAの部分を出し入れすることによって，管OAPの経路の長さが変えられるようになっている。Oから入った音波は，2つの経路OAPとOBPに分かれて進み，再び出会って干渉する。

いま，ある振動数の音をOから連続的に送り続けながら，A部を静かに引き出していくと，8.5cm引き出すごとに，Pから出る音が小さくなった。音速を340m/sとすると，この音波の振動数はいくらか。〔3点〕

7 〈弦の固有振動〉

右図のように，線密度ρ〔kg/m〕の弦に質量m〔kg〕の物体が滑車を通してつり下げられており，2つの琴柱AB間の長さはl〔m〕である。滑車の摩擦は無視してよく，重力加速度の大きさをg〔m/s²〕とする。次の各問いに答えよ。ただし，線密度ρ〔kg/m〕，張力S〔N〕の弦における波の速さv〔m/s〕は，$v=\sqrt{\dfrac{S}{\rho}}$となるものとする。〔各4点…合計20点〕

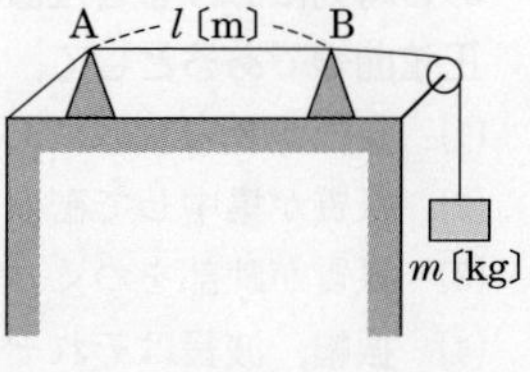

(1)　一般に，弦をはじいたときに生じる波は，縦波か横波か。

(2)　この弦に生じる波の基本振動数f_0はいくらか。

(3)　この弦の断面の半径を2倍にし，他の条件を同じにしておけば，そのときの基本振動数は(2)で求めた基本振動数f_0の何倍になるか。

(4)　(3)でさらにつり下げられた物体の質量m〔kg〕を何倍にすれば，(2)で求めた基本振動数f_0と同じになるか。

(5)　$\rho = 9.81 \times 10^{-4}$ kg/m，$l = 0.250$ m の弦がある。質量m〔kg〕をいくらにすれば，基本振動数が2.00×10^2 Hz になるか。ただし，$g = 9.81$ m/s^2 とする。

8　〈気柱の振動〉

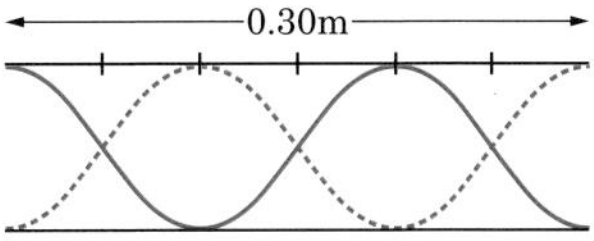

長さ0.30 mの開管に，スピーカーを使って発振器から振動を与えたところ，管内に右図のような定在波ができていた。音速を3.4×10^2 m/sとして，次の問いに答えよ。　〔各3点…合計9点〕

(1)　気柱内の定在波の波長は何mか。

(2)　発振器の振動数は何Hzか。

(3)　発振器の振動数を少しずつ上げていったところ，f'で再び管内に定在波が生じた。f'は何Hzか。

9　〈うなり〉

振幅，振動方向，速度が同じで振動数が異なる2つの横波P，Qが，ともにx軸の正方向に進んでいる。図は，ある時刻tにおけるそれぞれの波による媒質の変位を，x軸上でlだけ離れた2点A，Gの間について示したものである。これらの波の速さをvとして，次の問いに答えよ。　〔各4点…合計16点〕

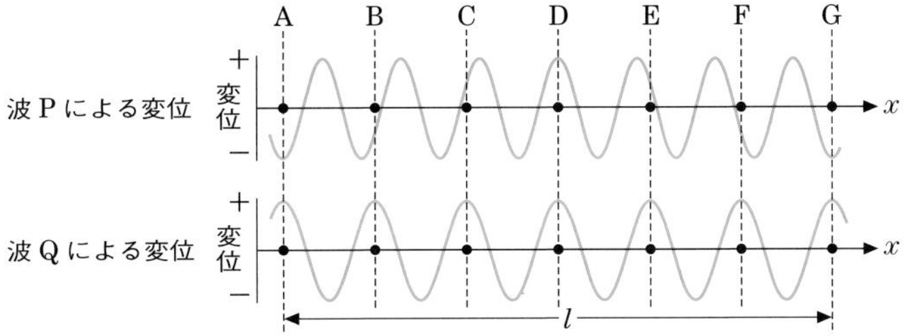

(1)　波Pの振動数はいくらか。

(2)　時刻tにおいて，波P，Qの重ねあわせによる媒質の変位の大きさが最大になる位置は，点A～Gのどれか。

(3)　時刻tにおいて，波P，Qの重ねあわせによる媒質の変位の大きさが最大になる位置は，x軸上でいくらの間隔で並ぶか。

(4)　x軸上の1点において，波P，Qの重ねあわせによる媒質の変位の大きさが最大になるのは単位時間あたり何回か。

定期テスト予想問題❷

解答 ☞ p.547

時　間90分
合格点70点

得点

1 〈波の式〉

座標x〔m〕の点の時刻t〔s〕における媒質の変位y〔m〕が，$y=4\sin\pi\left(t-\frac{x}{3}\right)$で表される正弦波がある。次の各問いに答えよ。〔各3点…合計6点〕

⑴　この波の振幅，波の速さ，振動数，周期，波長をそれぞれ求めよ。

⑵　$t=0$のときの波形をグラフに表せ。

2 〈波のグラフ・波の式〉

次の文を読んで，あとの各問いに答えよ。〔各2点…合計8点〕

ロープを伝わる正弦波について，ある時刻t_0での変位の場所による変化を調べたら，図1のようになった。一方，A点での変位の時間変化をある時刻t_1以後について調べたら，図2の実線のようになった。なお，図2で，点線は他の場所での変化を表す。

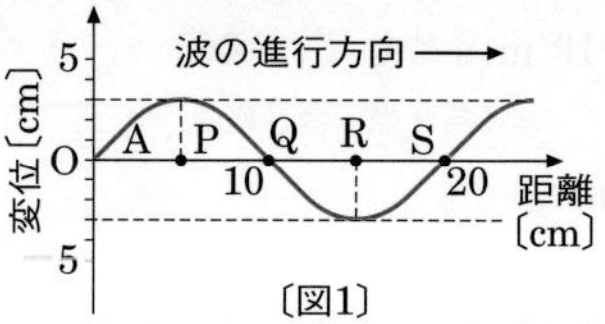

〔図1〕

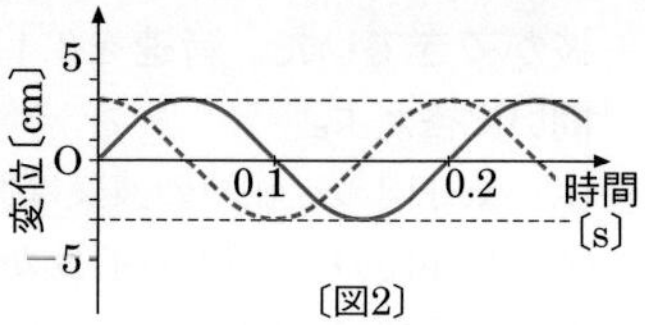

〔図2〕

⑴　この波の振幅，波長，振動数をそれぞれ求めよ。

⑵　この波の速さを求めよ。

⑶　図2において，点線で示された変位の時間変化は，図1のP，Q，R，Sのどの位置での時間変化を示すものか。記号で答えよ。

⑷　図1において，$t_0=0$として，P点における変位y〔cm〕を時間t〔s〕の正弦関数で表せ。

3 〈気柱・うなり・音の干渉〉

音の性質について，次の各問いに答えよ。〔各3点…合計15点〕

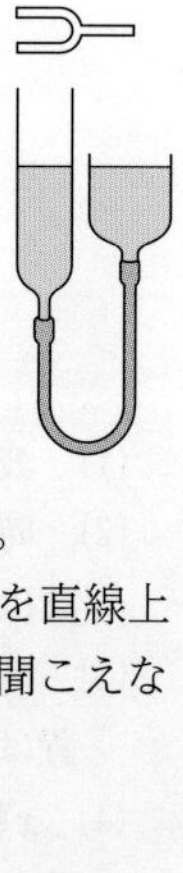

⑴　右図のように，ガラス管の管口の近くでおんさを鳴らしておいて，水位を変え，急に音が大きくなる位置を測定した。その位置は管口から16.5cm，50.5cm，84.5cmとつづいて測定された。

①　気柱内の定在波の波長を求めよ。

②　空気中の音速を340m/sとして，おんさの振動数を求めよ。

⑵　⑴で使ったおんさAと振動数不明のおんさBをともに鳴らすと，毎秒4回のうなりが生じた。また，振動数505Hzのおんさ Cとおんさ Bをともに鳴らすと，毎秒1回のうなりが生じた。おんさBの振動数を求めよ。

⑶　⑵の，おんさAとおんさBを結ぶ一直線上中央に置いていたマイクロホンを直線上で等速度運動させると，マイクロホンに接続されたスピーカーからうなりが聞こえなくなった。

①　マイクロホンは，A，Bどちらの向きに動かされたか。

②　空気中の音速を340m/sとして，マイクロホンの動いた速さを求めよ。

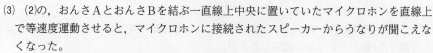

4 〈光の屈折①〉

屈折率 n_1，厚さ h_1 のガラス板と，屈折率 n_2，厚さ h_2 のガラス板を密着させた合わせガラスがある。これをガラス面と垂直な方向から見たとき，合わせガラスの見かけの厚さを求めよ。 〔6点〕

5 〈全反射〉

ガラスから水に光が入射する場合に，全反射になる臨界角が60°であった。水の屈折率を $\dfrac{4}{3}$ として，そのガラスの屈折率を求めよ。ただし，$\sqrt{3}=1.73$ とする。 〔5点〕

6 〈光の屈折②〉

右の図は，光が絶対屈折率 n の物質から物質A，B，C，D（屈折率をそれぞれ，n_A，n_B，n_C，n_D とする）に，同じ入射角で入射したときの屈折のようすを示している。これについて，次の各問いに答えよ。 〔各3点…合計12点〕

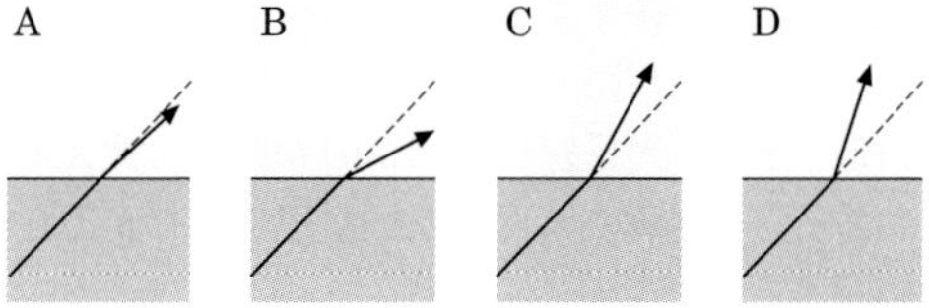

(1) 物質A，B，C，Dを，屈折率の大きいものから順に並べて示せ。

(2) 光が屈折しても，その速さがほとんど変わらないのは，A，B，C，Dのどの場合か。

(3) 全反射が最も小さい入射角で起こる物質は，A，B，C，Dのどれか。

(4) (3)の物質の臨界角を θ_0 とするとき，θ_0 が満足する式を示せ。

7 〈ヤングの干渉実験①〉

次の文中の①～⑥にあてはまる数値，式，語句などを入れ，あとの(1)，(2)の問いにも答えよ。 〔①～⑥各2点，(1)(2)各3点…合計18点〕

図のように，空気中に1本のスリット S_0 をもつスリット板，きわめて接近した2本のスリット S_1，S_2 をもつスリット板，すりガラスGを平行にして立てる。S_0 およびすりガラスGの中心Oは，線分 S_1S_2 の垂直二等分線上にあるとし，Gと S_1S_2 との距離は l とする。

いま，S_1S_2 の垂直二等分線上に光源Lを置き，波長 λ の単色光をスリット S_0 にあてると，すりガラス上に明暗のしま模様が現れる。これは S_1，S_2 からの光が① [　　] するからである。このとき，整数 $m>0$ を用いると，すりガラス上のP点が，

明るいしまになる条件は，$|S_1P-S_2P|=$ ② [　　]

暗いしまになる条件は，$|S_1P-S_2P|=$ ③ [　　]

である。ここで，スリットの間隔を d，$OP=x$ とすると，d と x は l に比べて十分に小さいので，これらの文字を用いると，$|S_1P-S_2P|=$ ④ [　　]

②と④より，$x=$ ⑤ [　　] が導かれる。

隣りあう明点どうしの間隔 Δx は，$\Delta x=$ ⑥ [　　]

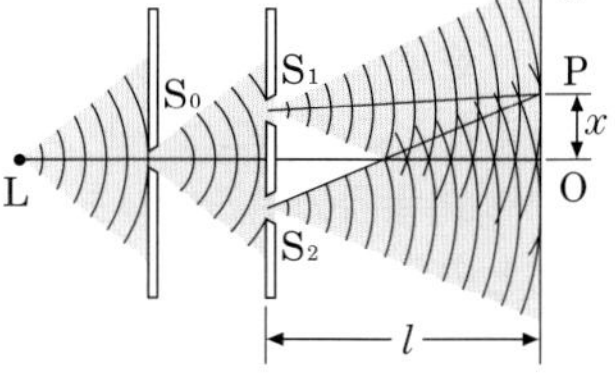

(1) $d=0.600\,\mathrm{mm}$，$l=1.00\,\mathrm{m}$，$\Delta x=0.980\,\mathrm{mm}$ の場合，λ を求めよ。

(2) (1)の装置全体を屈折率1.33の水の中に置いた場合，Δx の値はいくらになるか。

8 〈ヤングの干渉実験②〉

右図に示すように，波長λの単色光をスリットS_0に通し，さらに二重スリットS_1，S_2を通して，これから100cm離れたついたてPの上で受ける。いま，二重スリットS_1，S_2の間隔を0.2mmとしたとき，ついたて上で中央の明るい線から両側に明るい線が並び，その間隔は3.0mmであった。この実験に用いた単色光の波長λを求めよ。

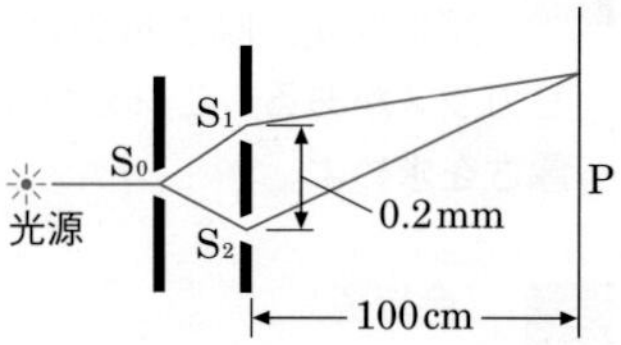

〔6点〕

9 〈回折格子〉

白色光を回折格子にあて，5m離れたスクリーン上で回折模様を観察したところ，中央の明るい線から20cmの所が紫色(波長：400nm)になっていた。これについて，次の各問いに答えよ。〔各3点…合計9点〕

(1) この回折格子の格子間隔はいくらか。

(2) 赤色の光(波長：700nm)が明るく見えるのは，中心からどれくらい離れた所か。

(3) 格子間隔の大きい回折格子にとりかえたら，回折模様の間隔はどのようになるか。

10 〈レンズのコーティング〉

レンズの表面には，反射光を減らし，透過光を増すために，透明な薄膜を真空蒸着してある。これをコーティングという。いま，屈折率1.50のガラスでできたレンズの表面に屈折率1.40の物質でコーティングをほどこしたものに，波長580nmの光を，レンズ面に垂直に入射させた場合を考える。〔各3点…合計9点〕

(1) この膜の中での光の波長はいくらか。

(2) 反射光の強さを極小にする，膜の厚さの最小値を求めよ。

(3) かりにコーティングした物質の屈折率が1.60であったとしたら，反射光の強さを極小にするための膜の厚さの最小値はいくらになるか。

11 〈ニュートンリング〉

平面ガラスの上に，曲率半径のわからない平凸レンズを図のように置いて，上から580nmの黄色光をあてたところ，ニュートンリングが観察された。中心から10番目の明るいリングの半径は0.35cmであった。あとの各問いに答えよ。

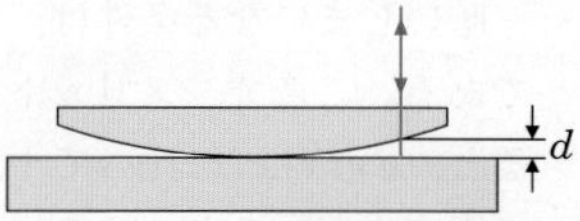

〔各3点…合計6点〕

(1) 10番目のリングが見える位置で，平面ガラスと平凸レンズとの間の間隔は何cmか。

(2) この平凸レンズの曲率半径はいくらか。

第4編

電気と磁気

• CHAPTER

1 » 電場と電位

SECTION 1 静電気と電流 物理基礎

1 | 正電気と負電気

1 物質と電気

❶**原子の中にある電気**　物質はすべて原子から構成されている。原子は**図1**のように，中心に**正の電気**をもつ原子核があり，そのまわりをいくつかの**負の電気**をもつ電子がまわっている(☞ p.479)。電気現象は，電子や原子核のもつ電気によって起こる。

❷**導体と不導体**　金属のように電気を通す物質を導体という。一方，プラスチック・エボナイト・ガラス・ゴムのように，ふつうの状態で電気を通さない物質を不導体(または**絶縁体**)という。

❸**金属はなぜ電気を通すのか**　金属は金属原子が整然と並んだ**結晶構造**をしている。金属では原子の外側の電子は金属原子から離れやすい性質をもっており，特定の原子に属さないで金属内を自由に動きまわることができる。これを自由電子という。金属棒の両端に電池を接続すると，金属の内部に電場(☞ p.318)ができ，自由電子は電場から静電気力を受けて同じ向きに移動する。これにより電流が流れるのである。不導体では自由電子が極端に少ないため，電流は流れない。

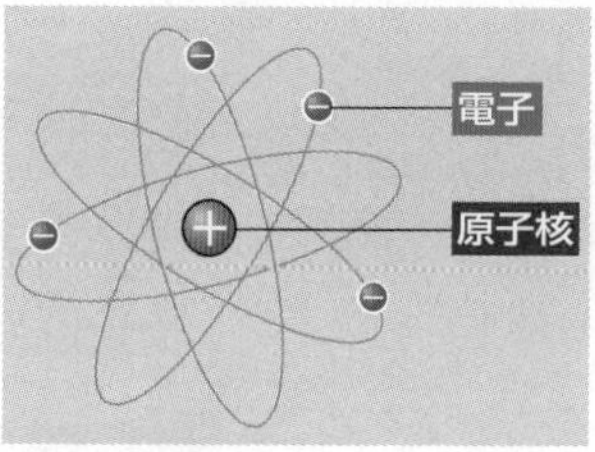

図1　原子の構造

視点　原子核(＋)のまわりを電子(－)がまわっている。

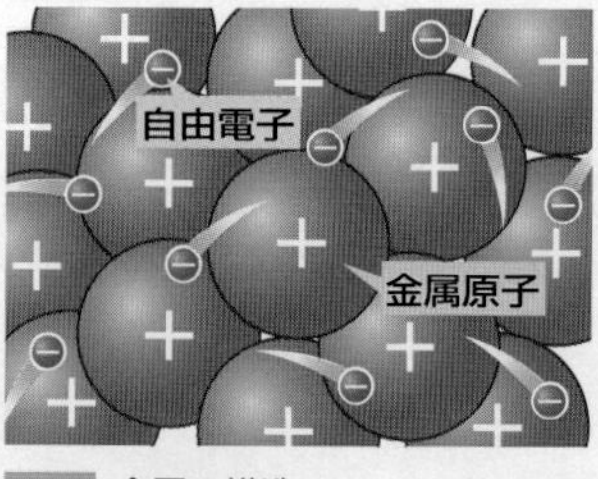

図2　金属の構造

視点　自由電子は金属内を自由に動きまわる。いっぽう，金属原子は電子を失い，陽イオンとなっている。

2｜静電気 （くわしくは☞p.321～）

1 静電気 ①重要

❶摩擦電気　プラスチックの下敷きなどで髪の毛をこすると，髪の毛が逆立つ。これは下敷き(負)と髪の毛(正)が電気を帯びたためである。**一般に，異なる物質をこすり合わせると，一方の物質は正の電気を帯び，もう一方の物質は負の電気を帯びる。**

物質が電気を帯びることを帯電といい，摩擦によって生じた電気を摩擦電気という。電気には正電気と負電気の２種類がある。

❷摩擦電気の発生　ガラス棒を絹の布で摩擦すると，ガラス棒は正に，絹の布は負に帯電する。エボナイト棒を毛皮で摩擦すると，エボナイト棒は負に，毛皮は正に帯電する。異なる物質どうしをこすり合わせたときにそれぞれが正と負に帯電するのは，負の電気を帯びた電子が一方の物質Ａからもう一方の物質Ｂに移動するためである。

Ａは**電子が不足している状態なので正電気**を帯び，Ｂは**電子が過剰になっている状態なので負電気**を帯びる。このとき，摩擦によって発生する電気は電子の移動によるものなので，**発生した正電気の総量と負電気の総量は必ず等しい。**

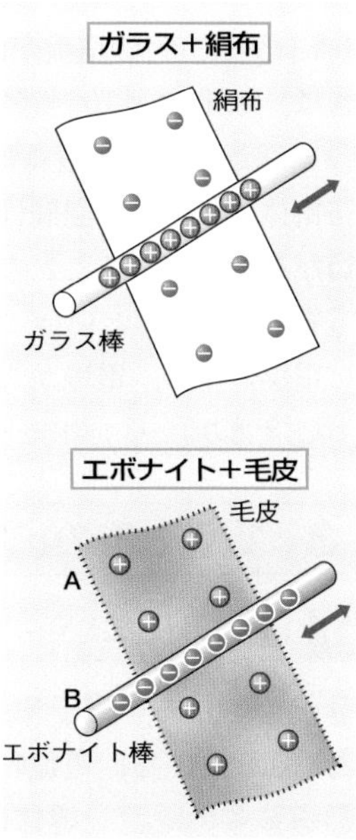

図3　摩擦電気の発生

❸静電気　帯電した物体(**帯電体**)では，電気は表面にとどまって動かない。このような状態にある電気を静電気という。

❹静電気力　正に帯電したガラス棒と負に帯電したエボナイト棒を近づけると**互いに引きあう(引力)**。これに対し，ガラス棒どうし，エボナイト棒どうしなど同種の電気を帯びている場合は，**互いにしりぞけあう(斥力(せきりょく)・反発力)**。このような電気の間にはたらく力を静電気力または電気力という。また，**物体にはたらく静電気力は物体の帯びている電気の量に比例する。**[★1]

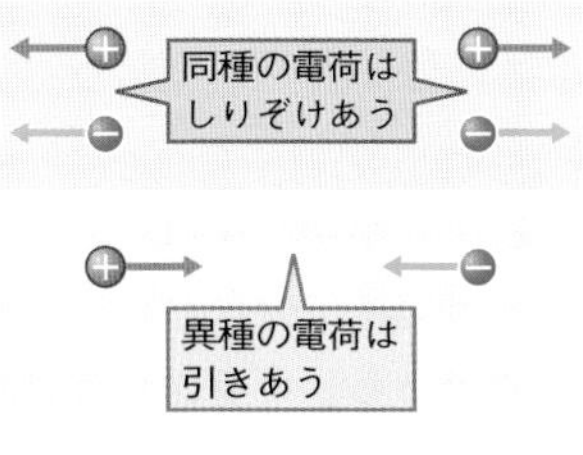

図4　静電気力

POINT!
電気には正電気と負電気の２種類しかない。
同種の電気は反発しあい，異種の電気は引きあう。

★1 静電気力の大きさについては，p.321で学ぶ。

❺**電荷**　**帯電した物体が帯びている電気の量**を，電気量または電荷という。

ただし，電荷という言葉は**電気を帯びた粒子または点**という意味で使うこともあり，1つの文章中に両者が混在しているときがある。

❻**電荷の単位**　電荷(電気量)の単位にはクーロン(**記号C**)を使う。また，導線に1A(アンペア)(☞p.319)の電流が流れるとき，1秒に流れる電気量が1Cである。電子の電気量は，-1.60×10^{-19}Cで，この量の絶対値を電気素量(そりょう)といい，記号$\boldsymbol{e}$で表す。

❼**電場**　帯電体の近くに他の電荷をもっていくと，その電荷は静電気力を受ける。帯電体のまわりの空間はどこでも電荷が力を受けるので，**空間自体にそのような性質がある**と考えることもできる。このような静電気力のはたらく空間を電場(でんば)または電界(☞p.323)といい，その強さは記号$\boldsymbol{E}$で表す。電源に導線をつなぐと，導線内に電場が生じ，電場から受けた静電気力によって電子が移動する。

補足　重力のはたらく空間を重力場と呼び，その強さは記号gで表す。

3｜電流とそのにない手

1　電流のにない手

❶**電流の正体**　電子やイオンなどの電荷が移動すると電流が生ずる。電流の正体は**電荷の移動**である。

❷**導体中の電流**　導体に電池や電源をつなぐと導体内に電場が生じて，**負の電荷をもつ自由電子が負極(－極)から正極(＋極)に移動し**(☞p.355)，電流が流れる。

❸**電解質水溶液中の電流**　食塩などの電解質を水に溶かすと，**陽イオン**と**陰イオン**に分かれる。電池を電極につなぐと，溶液中に電場ができ，陽イオンが負極へ，陰イオンが正極へ移動し，電流が流れる。

❹**気体中の電流**　気体に強い電場をかけると放電が起こり電流が流れる。これは気体分子の一部が陽イオンと電子に分かれ，これらが電流のにない手となるためである。ガラス管に陽極と陰極の金属板を封入し，気体の圧力を10^{-6}atm以下にして数千V(ボルト)の電圧をかけると，陰極から陽極へと向かう陰極線が観察できる。陰極線の正体は負の電荷をもつ電子の流れである。

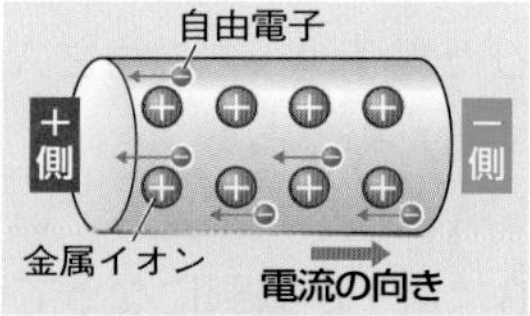

図5　導体中の電流

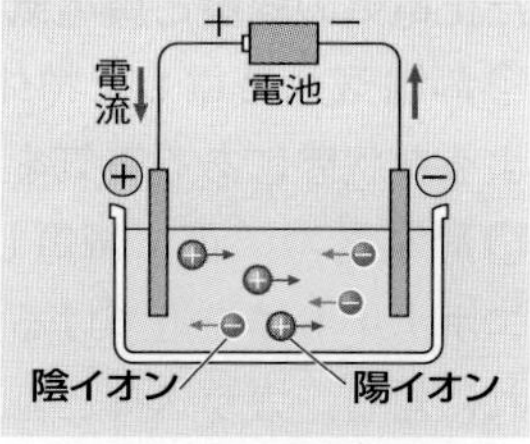

図6　水溶液中の電流

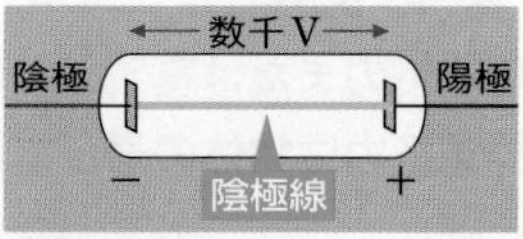

図7　陰極線

2 導体中の電流 ①重要

❶電気回路　豆電球を電池と金属導線でつなぐと豆電球が点灯する。これは，導線や電球のフィラメントに電気が流れたためと解釈できる。この電気の流れを**電流**という。電流の流れる道すじは，図8のように1周してもどる閉じた輪になっている。これを**電気回路**または**回路**という。

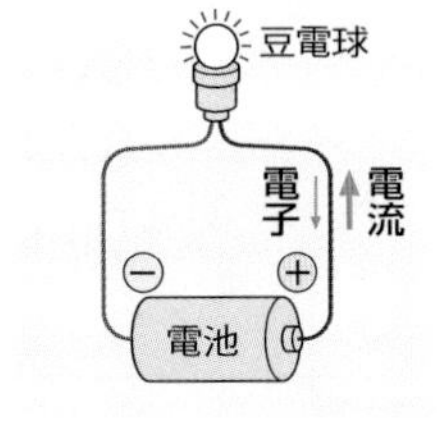

図8 電気回路

❷電流の向き　**電流の向きは正の電荷が移動する向き**と定める。電池に導線をつなぐと**電流は正極から負極へと流れる。**導体中の電流の正体は，負の電荷をもつ自由電子の流れで，静電気力により負極から正極へと移動する。すなわち，**電流の向きは電子の流れる向きと逆**である。

❸電流の大きさと単位　電流の大きさは，導体の断面を1秒間に通過する電気量で表される。**1秒間に1Cの電荷が通過するような電流の大きさを1A(アンペア)**と定義する。したがって，導体の断面をt〔s〕の時間の間にQ〔C〕の電荷が通過するときの電流の大きさI〔A〕は，次の式で表される。

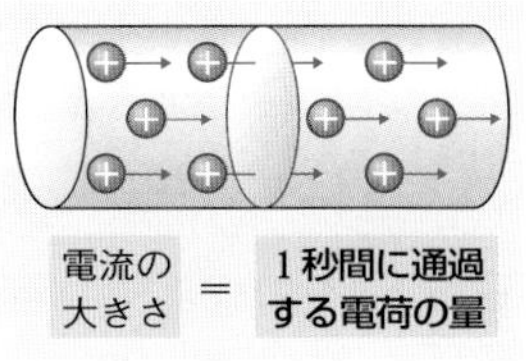

図9 電流の大きさ

$$I = \frac{Q}{t} \qquad (4\cdot1)$$

1A＝1C/sである。また，1Aの$\frac{1}{1000}$を**1mA(ミリアンペア)**という。

❹導体中の電子の速さと電流の強さ　導線を電源につなぐと，導線内に正極から負極へ向かう向きの電場が生ずる。金属内の自由電子は，この電場により静電気力を受け，電場と逆向き(負極から正極へ向かう向き)に運動する。

いま，図10の導線内を自由電子がすべて平均の速さv〔m/s〕で流れているとする。**長さv〔m〕の円筒ABを考えると，断面B上にあった自由電子は1秒後には断面Aに達する。**よって円筒AB内に含まれていた自由電子はすべて1秒後には断面Aを通過することになる。導線中の自由電子の数を1m^{3}あたりn個，導線の断面積をS〔m^2〕とすると，円筒AB内の自由電子数はnvS個となる。電子1個の電気量を$-e$〔C〕とすると，円筒内の電子の電気量は$-envS$〔C〕となる。電流の強さの定義より，**断面を1秒間に通過した電気量が電流の強さI〔A〕なので，**

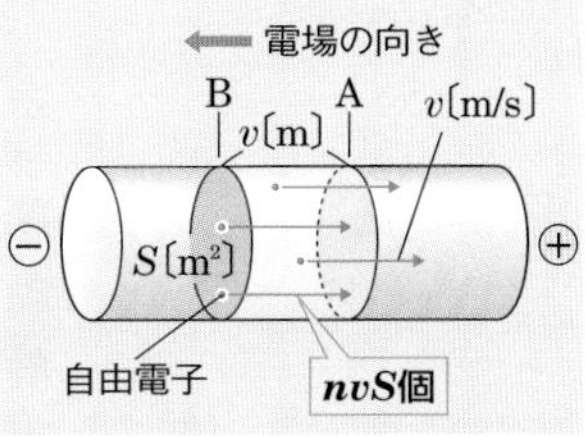

図10 導線中の自由電子の移動

$$I = envS \qquad (4\cdot2)$$

補足 向きや強さが一定の電流を**定常電流**という。

POINT!

電流の強さ $I=\dfrac{Q}{t}=envS$

I〔A〕：電流の強さ　Q〔C〕：時間t〔s〕に導線を通過する電気量
e〔C〕：電気素量　n〔個/m^3〕：電子の密度
v〔m/s〕：電子の平均速度　S〔m^2〕：導線の断面積

例題　金属中の電子の平均速度

断面積1mm^{2}の銅線に1.0Aの電流が流れているとき，この銅線の中の自由電子の平均速度を求めよ。ただし，銅に含まれている自由電子の密度は8.5×10^{28}個/m^3，電子の電荷は-1.6×10^{-19}Cである。

着眼　(4･2)式からvを求める式をつくり，与えられた数値を代入すればよい。このとき，単位に注意すること。

解説　(4･2)式より，

$$v=\frac{I}{enS}=\frac{1.0}{1.6\times10^{-19}\times8.5\times10^{28}\times1\times10^{-6}}\fallingdotseq7.4\times10^{-5}\,\text{m/s}$$

答 7.4×10^{-5}m/s

このSECTIONのまとめ　静電気と電流

□ 正電気と負電気 ☞ p.316	・**原子の構造**…**正電気**をもつ**原子核**のまわりを**負電気**をもつ**電子**がまわっている。 ・**金属の構造**…陽イオンの間を**自由電子**が動きまわる。
□ 静電気 ☞ p.317	・**摩擦電気**…異なる物質をこすり合わせると，電子が移動して，**一方は正に，他方は負に帯電する。** ・**静電気力**…電荷間にはたらく力。異種の電荷間には**引力**が，同種の電荷間には**斥力**(せきりょく)**(反発力)**がはたらく。 ・**電気素量**…電子のもつ電気量の絶対値。
□ 電流とそのにない手 ☞ p.318	・金属中では，**自由電子の移動**が電流となる。 **電流の単位**…アンペア(記号A)。1A＝1C/s ・**導線を流れる電流**　$I=envS$

SECTION 2 電場と電位

1 クーロンの法則

1 クーロンの法則 重要

❶静電気力 帯電した物体の電気の量を電気量または電荷という。また，静止している2つの電荷の間にはたらく引力や斥力などの力を静電気力または**電気力**(☞ p.317)という。

❷クーロンの法則 静電気力の性質は**クーロン**(フランス，1736～1806)によって研究された。クーロンの実験によると，2つの小さな帯電体の電荷(点電荷という)の間ではたらく静電気力の大きさFは，**点電荷間の距離rの2乗に反比例し，2つの点電荷q_1，q_2の積に比例する**ことがわかった。これをクーロンの法則といい，次の式で表される[★1]。この式の比例定数k_0は，実験により大きさが決定される。

$$F = k_0 \frac{q_1 q_2}{r^2} \qquad (4\cdot3)$$

参考 上式は，p.160の**万有引力の法則**の(1・121)式とよく似ている。両方とも物体どうしが離れていてもはたらく力で，力の大きさが物体間の距離の2乗に反比例する性質があることが共通している。

❸電気量の単位 電磁気学では，MKS単位系の3つの基本単位(m，kg，s)に電流の単位アンペア(A)を加えた4つの単位を基本単位とする**MKSA単位系**を用いる(☞ p.13)。MKSA単位系での電荷の単位は**クーロン(C)**である。1クーロンとは，導線に1アンペアの電流が流れているとき，その導線の断面を1秒間に流れる電荷である(☞ p.319)。

❹比例定数k_0の値 実験によると，真空中で1クーロンの2つの電荷が1m離れているとき，それらの間に作用する静電気力は約9.0×10^9Nである。よって，

$$k_0 \fallingdotseq 9.0 \times 10^9\,\mathrm{N\cdot m^2/C^2}$$

となる。k_0を静電気力によるクーロンの法則の比例定数(クーロン定数)という。

POINT!

クーロンの法則 $F = k_0 \dfrac{q_1 q_2}{r^2} \fallingdotseq 9.0 \times 10^9 \dfrac{q_1 q_2}{r^2}$ (4・4)

F〔N〕：静電気力　q_1，q_2〔C〕：電気量　r〔m〕：電荷間の距離

補足 クーロンの法則の比例定数は，$k_0 = \dfrac{1}{4\pi\varepsilon_0}$と表されることもある。$\varepsilon_0$は**真空の誘電率**という定数で，$\varepsilon_0 = 8.9 \times 10^{-12}\,\mathrm{C^2/(N\cdot m^2)}$である(☞ p.326)。なお，$k_0 = 9.0 \times 10^9\,\mathrm{N\cdot m^2/C^2}$となるのは，真空中や空気中などの場合だけで，空間が油などの絶縁物で満たされている場合は一般にk_0の値が小さくなる。

★1 そのため静電気力を**クーロン力**(りょく)ともいう。

第4編 電気と磁気

❺静電気力の符号　正電荷を＋，負電荷を－で表すと，同種の電荷間には斥力，異種の電荷間には引力がはたらくから，**Fが＋なら斥力，－なら引力を表す。**

例題　静電気力

表面を導体にした同じ大きさの軽い小球A，Bがある。A球をナイロン糸でつるし，B球を絶縁体の棒の先に固定する。2つの小球に正の電荷を等量与えたところ，A球をつるしているナイロン糸が鉛直方向と30°の角をなしてつり合った。A球の質量は5.0×10^{-4}kg，A，Bは同一水平面上にあり，その距離が4.5×10^{-2}mであったとして，小球1個のもつ電荷を求めよ。ただし，重力加速度$g=9.8\,\mathrm{m/s^2}$，静電気力のクーロンの法則の比例定数$k_0=9.0\times10^9\,\mathrm{N\cdot m^2/C^2}$とする。

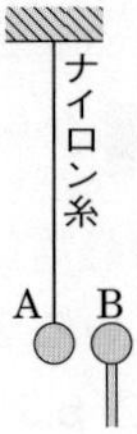

着眼　小球A，Bは同種の電気を帯びているから，A，B間にはたらく静電気力は斥力である。小球Aにはほかに，重力と糸の張力がはたらいて，つり合う。

解説　小球Aにはたらく静電気力F，重力mg，糸の張力Tの向きは，それぞれ右図のようになっている。よって，

$$F=mg\tan30^\circ=5.0\times10^{-4}\times9.8\times\frac{1}{\sqrt{3}}$$
$$=2.83\cdots\times10^{-3}\,\mathrm{N}$$

となる。ここでクーロンの法則を用いる。A，Bの電荷は等しいから，(4·4)式の$q_1=q_2=q$〔C〕とおくと，

$$2.83\times10^{-3}=9.0\times10^9\times\frac{q^2}{(4.5\times10^{-2})^2}$$

よって，$q=2.5\times10^{-8}$C　　**答 2.5×10^{-8}C**

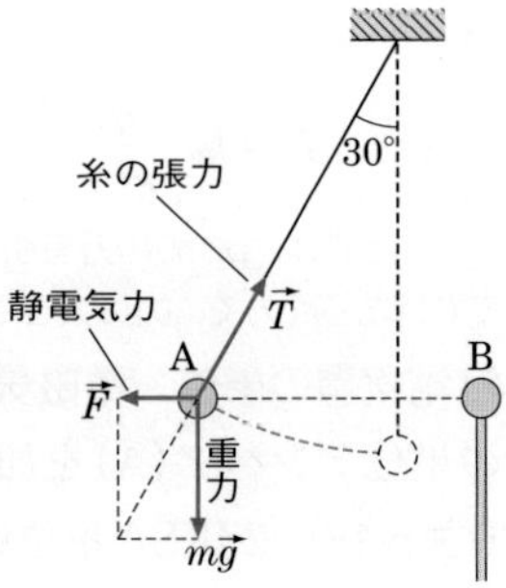

類題1　一方が他方の3倍の電気量をもつ2つの小帯電球が，真空中で20cm離れて置かれているとき，互いに0.30Nの静電気力を及ぼしあったとすれば，各球の電荷はいくらか。ただし，静電気力のクーロンの比例定数$k_0=9.0\times10^9\,\mathrm{N\cdot m^2/C^2}$とする。(解答☞p.549)

2｜電場

1 電場　(!)重要

❶場（ば）　帯電体の近くに他の電荷をもっていくと，その電荷は静電気力を受ける。帯電体のまわりの空間では，どこでも電荷が力を受けるから，空間自体にそのような性質があると考えることができる。このような**特別な性質をもつ空間**のことを場と呼ぶ。**静電気力のはたらく場**を**電場**（でんば）または電界(☞p.318)という。

補足　磁石のまわりの磁気力のはたらく場は**磁場**または**磁界**と呼ばれる(☞p.386)。地球や太陽などのまわりには，万有引力(☞p.159)の場ができている。

❷電場の強さと向き　電場に正電荷を置いたときと負電荷を置いたときとでは，作用する静電気力の向きは反対になる。そこで，**正電荷が受ける力の向き**を電場の向きと決める。また，静電気力の大きさも電荷によってちがうので，**＋1Cの電荷（単位電荷）が受ける力の大きさ**を電場の強さと決める。このように，電場は大きさと向きをもつベクトルである。

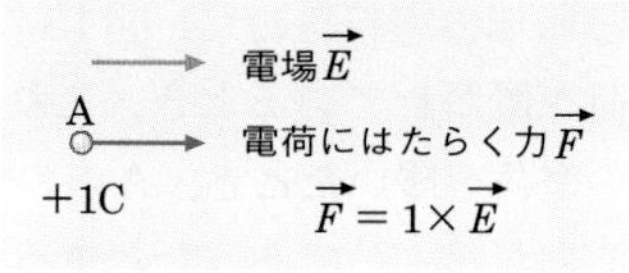

図11　電場

❸電場の単位　電場中に単位電荷を置き，それが$\vec{E}$〔N〕の力を受けたとする。**同じ点にq〔C〕の電荷を置くと，電荷が受ける力$\vec{F}$〔N〕は$\vec{E}$〔N〕のq倍**なので，

$$\vec{F}=q\vec{E} \qquad (4\cdot5)$$

つまり，$\vec{E}=\dfrac{\vec{F}}{q}$ 　(4・6)

となる。よって，電場の単位はニュートン毎クーロン（記号N/C）である。

補足　電場にはボルト毎メートル（V/m）という単位も使われる。1N/C＝1V/mである（☞p.331）。

POINT!

電荷q〔C〕が電場$\vec{E}$〔N/C〕から受ける静電気力$\vec{F}$〔N〕　$\vec{F}=q\vec{E}$

❹点電荷のまわりの電場　ある点Oに点電荷＋q〔C〕を置いたとして，そのまわりにどのような電場ができるかを考える。点Oからr〔m〕離れた任意の点Pに＋1Cの電荷を置いたとき，これに作用する静電気力の大きさが点Pの電場の強さである。この力の大きさをE〔N〕とすると，(4・3)式より，

$$E=k_0\frac{q}{r^2} \qquad (4\cdot7)$$

となる。これが点Pの電場の強さE〔N/C〕を表す。

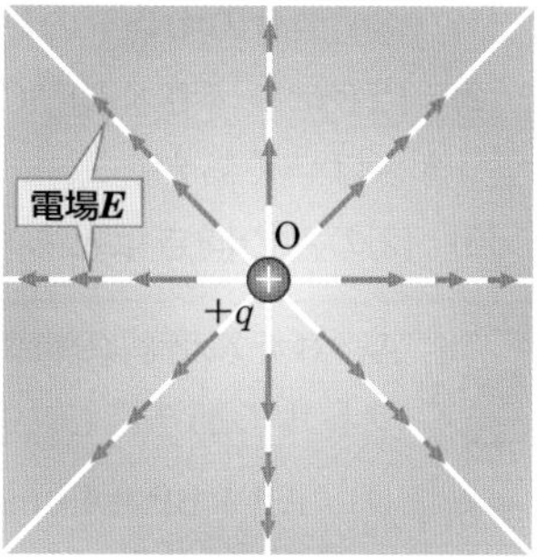

図12　正の点電荷のまわりの電場

補足　点電荷＋qのまわりの電場の強さは，電荷を中心とした半径rの球面上ではすべて等しい。電場の向きは中心から外に向かう向きであるから，いろいろな点の電場のベクトルをかくと，図12のような球対称の分布を示す。

POINT!

点電荷のまわりの電場の強さ

$$E=k_0\frac{q}{r^2}$$

［E〔N/C〕：電場の強さ　q〔C〕：電気量　r〔m〕：電荷からの距離
k_0〔N・m²/C²〕：静電気力におけるクーロンの法則の比例定数］

第4編　電気と磁気

❺電場の重ねあわせ　図13のように2点A，Bにそれぞれ $+q_1$〔C〕，$-q_2$〔C〕の電荷が置かれているとき，これらのまわりの電場はどうなるだろうか。C点に +1C の電荷を置いたとき，A点の電荷から作用する力が $\vec{E_1}$〔N〕，B点の電荷から作用する力が $\vec{E_2}$〔N〕であったとすると，C点の電荷は，

$$\vec{E}=\vec{E_1}+\vec{E_2}$$

で表される $\vec{E}$〔N〕の力を受ける。

したがって，C点の電場の強さは E〔N/C〕ということになる。C点において，A点，B点の電荷がつくる電場はそれぞれ $\vec{E_1}$〔N/C〕，$\vec{E_2}$〔N/C〕であるから，C点の電場は，これらを平行四辺形の法則（☞ p.58）を用いて合成したものに等しい。**電場は力と同様にベクトルであるから，ベクトルの合成にしたがうのである。**

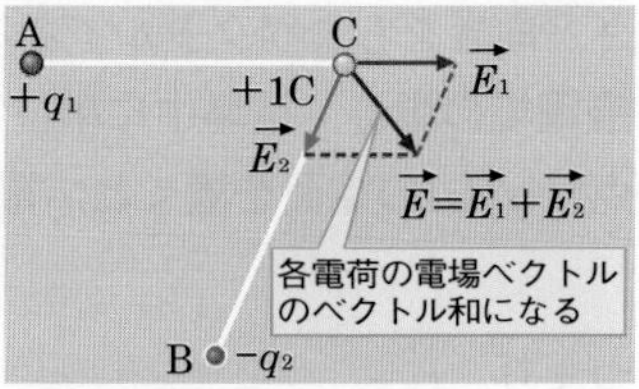

図13　電場の重ねあわせ

例題　**2つの点電荷のまわりの電場**

真空中の8.0m離れた2点A，Bにそれぞれ $+2.0\times10^{-5}$C，-5.0×10^{-5}C の点電荷が置かれている。静電気力におけるクーロンの法則の比例定数 $k_0=9.0\times10^9\text{N}\cdot\text{m}^2/\text{C}^2$ として，次の各問いに答えよ。

(1)　線分ABの中点Pの電場の強さを求めよ。

(2)　点Pに -4.0×10^{-5}C の点電荷を置いたとき，この点電荷が受ける力の大きさはいくらか。

(3)　(2)の力の向きはどちら向きか。

着眼　A，Bそれぞれの電荷が点Pにつくる電場をべつべつに求めて，それらをベクトルの加法にしたがって合成すればよい。

解説　(1)　AP＝BP＝4.0m であるから，A，Bそれぞれの電荷が点Pにつくる電場 E_A，E_B は，(4·7)式より，

$$E_A=9.0\times10^9\times\frac{2\times10^{-5}}{4^2}\fallingdotseq1.13\times10^4\text{N/C}$$

$$E_B=9.0\times10^9\times\frac{5\times10^{-5}}{4^2}\fallingdotseq2.81\times10^4\text{N/C}$$

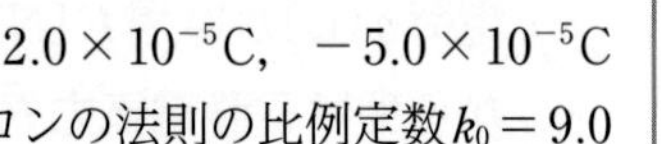

$\vec{E_A}$ も $\vec{E_B}$ も P→B の向きであるから，合成電場 $\vec{E}$ は，

$$\vec{E}=\vec{E_A}+\vec{E_B}=1.13\times10^4+2.81\times10^4\fallingdotseq3.9\times10^4\text{N/C}$$

(2)　(4·5)式により，

$$F=qE=4.0\times10^{-5}\times3.94\times10^4\fallingdotseq1.6\text{N}$$

(3)　負電荷は電場の向きと反対向きの力を受けるから，力の向きは P→A の向き。

答 (1) 3.9×10^4N/C　(2) 1.6N　(3) P→Aの向き

類題2　1辺の長さ1.0mの正方形ABCDの各頂点A，B，C，Dに，それぞれ3.0μC，2.0μC，−4.0μC，および2.0μCの電荷が固定してある。対角線ACとBDの交点Oにおける電場を求めよ。ただし，静電気力におけるクーロンの法則の比例定数$k_0 = 9.0 \times 10^9 \mathrm{N \cdot m^2/C^2}$とする。（解答☞ p.549）

2 電気力線 ①重要

❶電気力線（でんきりきせん）　電場に電荷を置くと静電気力を受けるが，この力とつり合う力を加えながら，電荷を静電気力の方向へゆっくり動かすと，電荷は図14のような曲線に沿って移動する。この曲線を電気力線という。

図14の電気力線上の任意の点Pの電場$\vec{E}$は，A，Bの電荷がそれぞれ点Pにつくる電場$\vec{E}_A$，$\vec{E}_B$を合成したものである。点Pに置いた正電荷をゆっくり動かすと，電場$\vec{E}$の向きに動くから，点Pにおいて**電気力線に引いた接線の方向は電場の方向と一致する。**

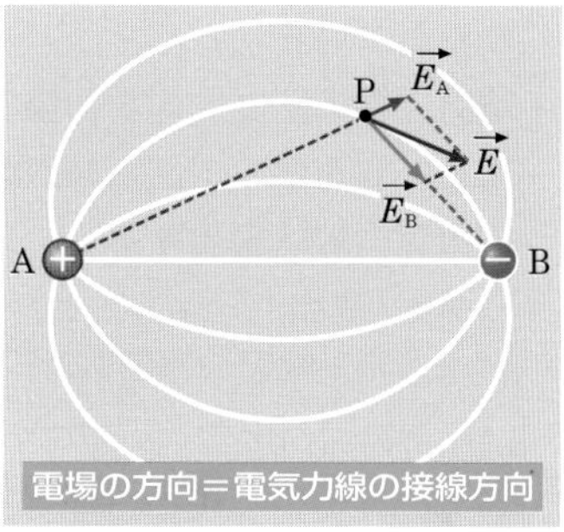

図14　電気力線

視点　点A，Bに同じ大きさの正負の点電荷を置いた場合の電気力線を示す。

図12（☞ p.323）の白線も電気力線を表すもので，点電荷のまわりの電気力線は，この図のように放射状の直線になる。

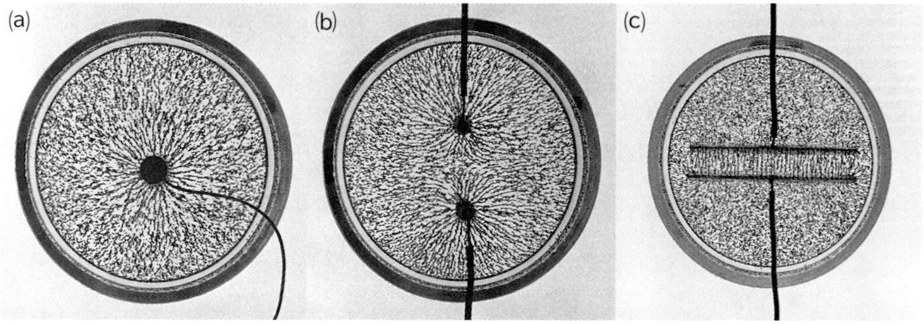

図15　電気力線のモデル

視点　ペトリ皿にいろいろな形の電極を置き，四塩化炭素と流動パラフィンを入れる。この中にマツバボタンなどの軽い小さな種子を浮遊させて，電極に高い電圧をかけると，種子は電気力線に沿って並ぶので，電気力線のようすを観察することができる。

(a)　中央の小さな電極に正，まわりの環状の電極に負の電圧を加えた場合。点電荷のまわりに放射状の電気力線が見られる。

(b)　2つの小さな電極に，ともに正の電気を加え，まわりの環状の電極に負の電圧を加えた場合。

(c)　2枚の板状の電極のそれぞれに正，負の電圧を加えた場合。平行板コンデンサーの極板間に平行な電気力線が見られる（☞ p.338）。

❷電気力線の性質

①電気力線の接線の向きは，正電荷を置いたときに受ける静電気力の向きと同じで，**正電荷から出て負電荷に入る**ものと決める。

②電気力線は，枝分かれしたり交わったりしない。

③**電気力線の密度は電場の強さに比例する。**したがって，電場が強い所ほど電気力線は密集する。

補足 電気力線が枝分かれしたり交わったりしていると，その点にきた電荷は同時に2つの方向に動くということになってしまう。

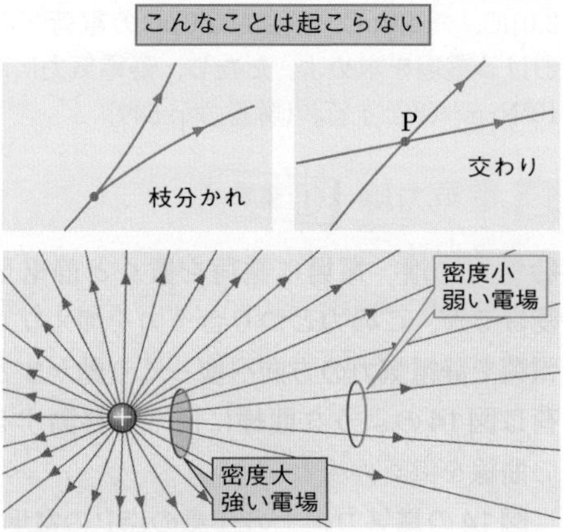

図16 電気力線の性質

❸ガウスの法則

電気力線の密度は電場の強さに比例するので，**強さE〔N/C〕の電場では，電場に垂直な面の$1\,\mathrm{m}^2$あたりにE本の電気力線を引く**と決めて，$+q$〔C〕の正電荷から出る電気力線の総数を求めてみよう。

真空中で図17のように，$+q$〔C〕の点電荷を中心とする半径r〔m〕の球面を考えると，球面上の電場の強さE〔N/C〕は，(4･7)式により，

$$E = k_0\frac{q}{r^2}$$

である。正電荷からは電気力線が放射状に出ているから，この球面は電気力線に垂直である。したがって，この球面の$1\,\mathrm{m}^2$あたりを貫く電気力線の数は$k_0\dfrac{q}{r^2}$本である。中心の正電荷から出る電気力線の総数Nは，この球面全体をつらぬく電気力線の総数に等しいから，

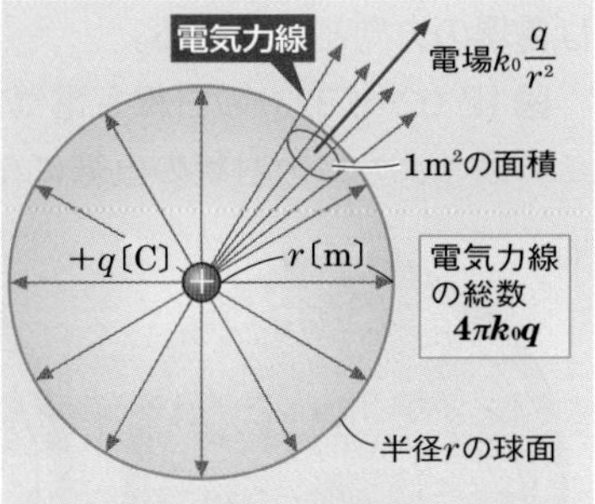

図17 正電荷から出る電気力線の総数

$$N = k_0\frac{q}{r^2}\times 4\pi r^2 = \boldsymbol{4\pi k_0 q} \tag{4･8}$$

で与えられる。(4･8)式に現れた定数$4\pi k_0$を$\dfrac{1}{\varepsilon_0}$と書きかえると，**真空中で$+q$〔C〕の電荷をとりかこむ任意の閉曲面から出ている電気力線の総数は$\dfrac{q}{\varepsilon_0}$本である。**これをガウスの法則という。ここに出てきたε_0を真空の誘電率という。クーロンの法則の比例定数k_0と真空の誘電率ε_0との間には，次の関係がある。

$$\boldsymbol{4\pi k_0 = \frac{1}{\varepsilon_0}} \qquad \text{つまり，} \boldsymbol{k_0 = \frac{1}{4\pi\varepsilon_0}}$$

3　電位

1　電位と電位差

❶電荷を運ぶ仕事と位置エネルギー　地上で物体をもち上げるには，重力にさからって物体を動かす仕事をしなければならない。そしてその仕事は**位置エネルギー**として物体にたくわえられる。**電場の中で電荷を静電気力にさからって移動させるにも仕事が必要**で，その仕事は位置エネルギーとなって電荷にたくわえられる。

図18のような一様な電場Eの中で，正電荷q〔C〕を，距離d〔m〕離れた点Aから点Bまで静電気力にさからって動かすときに必要な仕事を考える。

(a)のように電場と直線ABとのなす角をθとする。直線ABにそって動かす場合，**静電気力にさからう力が$qE\cos\theta$，移動距離がdなので，必要な仕事は$qEd\cos\theta$となる。**次に，点Cを通る階段状に動かす経路を考える。AからCまで動かすのに必要な力はqE，距離は$d\cos\theta$なので，この部分での仕事は$qEd\cos\theta$。CからBまで動かすとき，移動方向と力が垂直なので，この部分での仕事は0となり，**合計の仕事はA→Bの直線経路の場合と同じ$qEd\cos\theta$となる。**

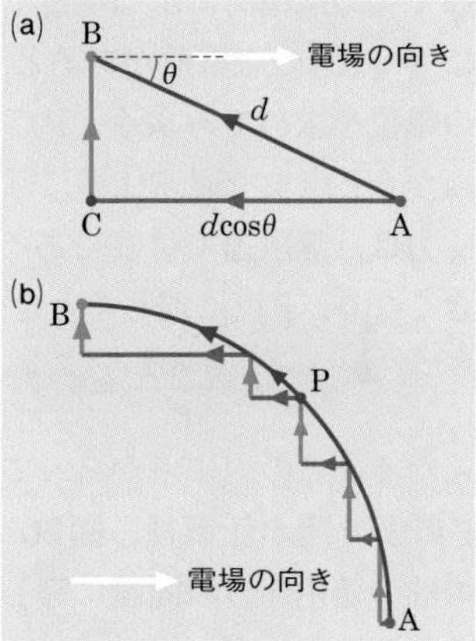

図18　電荷を運ぶ仕事

(b)のような曲線経路APBの場合でも，こまかい直線経路に近似して考えると，必要な仕事は同じ$qEd\cos\theta$となる。すなわち，**静電気力にさからって電荷を動かす仕事は経路によらない。**言いかえると，静電気力は保存力(☞p.117)である。

❷電位　重力による位置エネルギーは基準点からの高さによって決まる。同じように電荷の位置エネルギーについても，高さにあたるものとして，電位というものを考えることができる。電場中のある点に置かれた**単位電荷がもつ電気力による位置エネルギー**をその点の**電位**と定義する。

❸電位の基準点　重力による位置エネルギーを表すには，その基準点を決めなければならない。これと同じように，電位を表すにも，基準点を決める必要がある。電位の基準点はどこにとってもよいが，**理論的には無限の遠方の電位を0にとる場合が多く，実用的には大地の電位を基準点にとることが多い。**

補足　回路の1点を地面につなぐことを**アース**という(☞p.332)。アースされた点は電位0である。

❹電位差(電圧)　電位の基準点はどこにとってもよいので，ある点の電位は，基準点の選び方によって変わる。しかし，**2点間の電位の差**は，基準点をどこにとっても同じである。この2点間の電位の差を**電位差**または**電圧**という。

❺電位や電圧の単位　電位や電圧の単位はボルト(記号V)である。1Vとは，**単位電荷を運ぶのに1Jの仕事が必要であるような2点間の電位差**のことである。電荷を運ぶ仕事W〔J〕は電荷q〔C〕と電位差V〔V〕に比例するので，

$$W = qV \qquad (4\cdot9)$$

という関係が成りたつ。よって，〔V〕=〔J/C〕である。

2 点電荷による電位 ①重要

❶1個の点電荷による電位　図19のように，真空中でA点に$+q$〔C〕の点電荷があるとき，A点からr〔m〕離れたP点の電位を求めてみよう。P点の電位は，単位電荷を無限遠点からP点まで運ぶ仕事にほかならない。正電荷にはたらく力は，無限遠では0であるが，P点に近づくにつれて大きくなり，P点に達したときの力は，(4・3)式により，

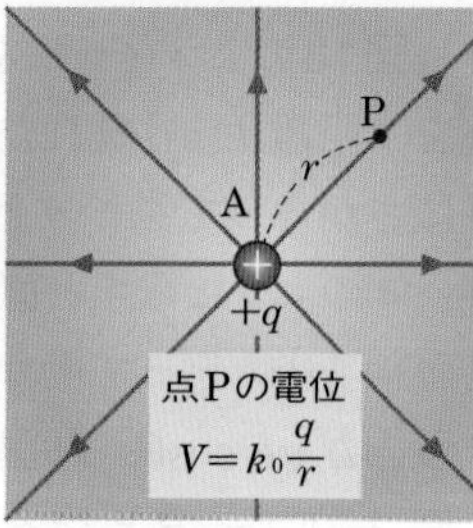

図19　点電荷による電位

$$F = k_0\frac{q\times1}{r^2} = k_0\frac{q}{r^2}$$

となる。この力にさからって，電荷を無限遠点からP点まで運ぶ仕事は，図20のグラフの曲線と横軸の間の着色部分の面積に等しいので，万有引力による位置エネルギー(☞p.161)と同様に

$$W = k_0\frac{q}{r}$$

となる。したがって，点Pの電位V〔V〕は，

$$V = k_0\frac{q}{r} \qquad (4\cdot10)$$

となる。

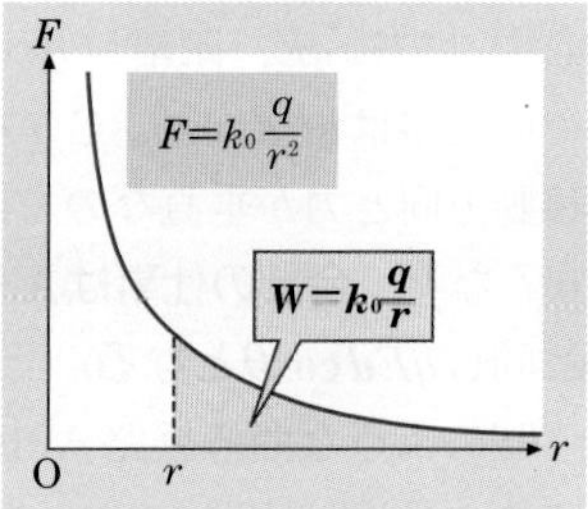

図20　電荷を運ぶ仕事

POINT!

真空中でq〔C〕の点電荷からr〔m〕離れた点の電位V〔V〕　$V = k_0\frac{q}{r}$　(無限遠点を基準)

❷電位の重ねあわせ　真空中で，図21のA点に$+q_1$の点電荷，B点に$-q_2$の点電荷がある場合，各電荷によるC点の電位V_1，V_2〔V〕は，

$$V_1 = k_0\frac{q_1}{r_1} \qquad V_2 = -k_0\frac{q_2}{r_2}$$

であるが，C点の電位V〔V〕は，それらを足しあわせたものに等しい。これを**電位の重ねあわせの原理**という。

$$V = V_1 + V_2 = k_0\left(\frac{q_1}{r_1} - \frac{q_2}{r_2}\right)$$

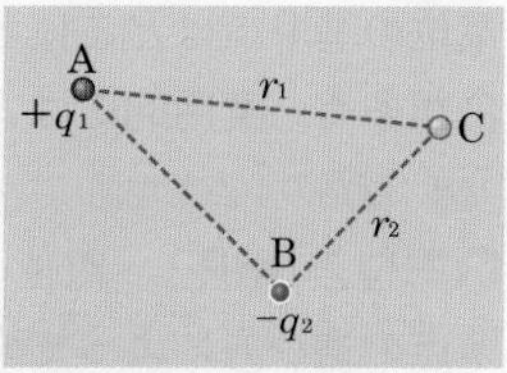

図21　電場の重ねあわせ

例題　**電位の重ねあわせ**

真空中で6m離れたA点とB点のそれぞれに $+q$〔C〕の点電荷が置かれている。ABの中点Cにおける電位〔V〕を，クーロンの法則の比例定数 k_0 を使って示せ。

着眼　真空中で q〔C〕の点電荷から r〔m〕離れた点の電位 V〔V〕は，$V=k_0\dfrac{q}{r}$ である。

解説　A点，B点の電荷によるC点の電位をそれぞれ V_1，V_2〔V〕とすると，AC＝BC＝3mであるから，

$$V_1=k_0\frac{q}{3}\qquad V_2=k_0\frac{q}{3}$$

C点の電位 V〔V〕は，電位の重ねあわせの原理により，

$$V=V_1+V_2=k_0\frac{q}{3}+k_0\frac{q}{3}=\frac{2}{3}k_0q$$

答　$\dfrac{2}{3}k_0q$〔V〕

3 等電位面(線)　①重要

❶等電位面と等電位線　電場中で電位の等しい点を連ねると1つの面ができる。この面を等電位面という。等電位面をある平面で切ると，電位の等しい線ができる。この線を等電位線という。等電位面(線)は一定の電位差の間隔でえがく。

❷等電位面(線)の性質

① **等電位面(線)の密な所は電場が強く，疎な所は電場が弱い。** 図22で，＋1Cの電荷を電気力線に沿ってAからBまで運ぶ仕事はCからDまで運ぶ仕事に等しい。なぜならば，AとCとは等電位であり，BとDも等電位であるから，AB間の電位差はCD間の電位差と等しいためである。いっぽう，AB＜CDであるから，電荷を運ぶのに必要な力の平均値は，AB間のほうがCD間より大きい。したがって，電場の強さはAB間のように等電位面(線)の密な所のほうが，CD間のように疎な所より強いといえる。

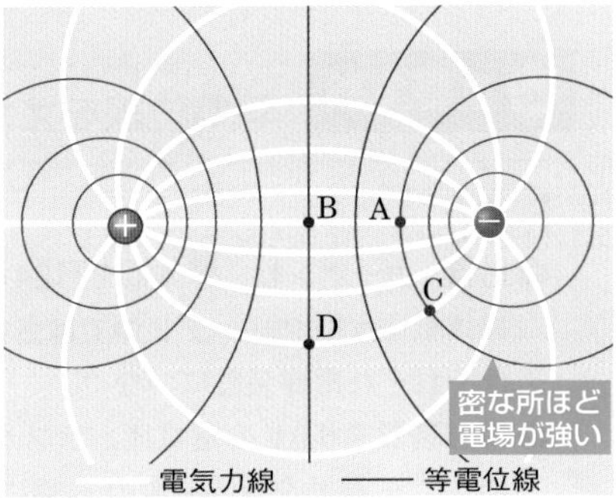

図22　電気力線と等電位線

② **等電位面(線)上で電荷を動かす仕事は0。** 同じ等電位面(線)上の2点間の電位差は0であるから，この2点間で電荷を動かす仕事は0である。ちょうど，地上で物体を水平方向に移動させても，重力は仕事をしないのと同じである。

③ **等電位面(線)と電気力線とは直交する。** もし，そうでないならば，電場ベクトルが等電位面(線)の方向の成分をもつことになり，電荷を等電位面(線)上で動かすのに仕事が必要になって，②の性質に反する。

❸電場と電位の関係　2枚の金属板を平行にして向かいあわせ，それぞれに等量の正電荷と負電荷を与えると，極板間には**一様な強さの電場が生じる。**すなわち図23のように，等電位面は極板に平行で等間隔になり，電気力線は極板と垂直で等間隔である。

極板間の距離をd〔m〕，電場の強さをE〔N/C〕とすると，＋1Cの電荷をB点からA点まで運ぶには，E〔N〕の力を加えてd〔m〕動かすことから，Ed〔J〕の仕事をしなければならない。一方，極板間の電位差をV〔V〕とすると，この仕事はV〔J〕に等しいから，

$$V = Ed \qquad (4\cdot11)$$

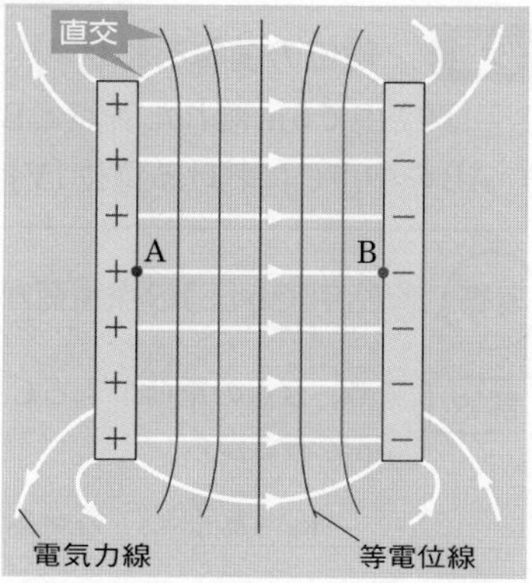

図23　平行極板間に生じる電場の等電位線と電気力線

POINT!

等電位面：同じ電位の点を連ねた面

- 等電位面上で電荷を動かす仕事は0。
- 等電位面と電気力線とは直交する。

重要実験　等電位線をえがく

操作

❶白紙，カーボン紙，導体紙を図24のように重ね，導体紙を大型クリップ2つではさむ。クリップはそれぞれ電源装置につなぐ。

❷電源装置を6.0Vの定電圧，テスターを電圧計にし，－端子を電源装置の－極につなぐ。

❸テスターの＋極を導体紙の上にふれ，テスターの指針が1.0Vを示す点をいくつか探し，その点を＋極の棒の先で強くおして，印をつける。

❹テスターの指針が2.0V，3.0V，4.0V，5.0Vを示す点についても，❸と同じ操作を行う。その後，導体紙をはずして，白紙に記録された点を結び，等電位線をえがく。

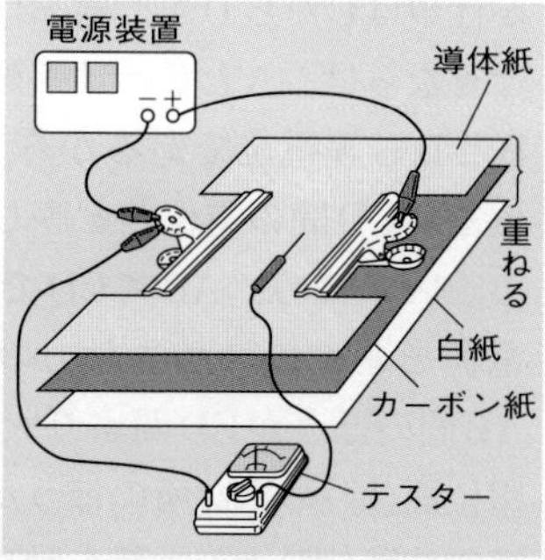

図24　等電位線をえがく実験

視点　カーボン紙は黒い面を白紙側にして図のように重ねる。

結果　**考察**

❶クリップの間では，等電位線はクリップに平行で等間隔なので，電場は一様である。

❷クリップの外側ではひろがっているので，電場はクリップ間より小さい。

❹**電場の単位**　(4・11)式から，

$$E=\frac{V}{d} \tag{4・12}$$

となるので，電場の単位はボルト毎メートル(記号 V/m)とも表される。

N/C と V/m は同じ大きさの単位である。

4　電場中の導体

1　導体内部の電荷　重要

❶**電荷の分布**　導体を帯電させると，電荷どうしは斥(せき)力をおよぼしあって，互いに遠ざかろうとするため，**電荷は導体の表面にのみ分布し，導体内部には分布しない。**したがって，導体内部には電場が存在しない。図25のような中空の導体を帯電させると，電荷は外側の表面にだけ分布し，内側の表面には分布しない。

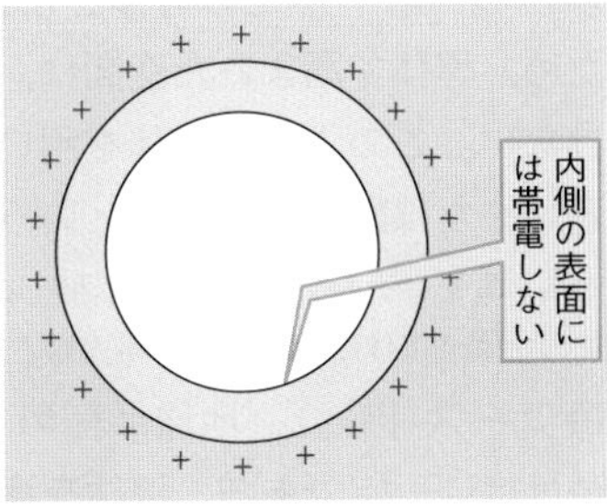

図25　中空導体の帯電

❷**導体の形と電荷の分布**　球形の導体を帯電させると電荷は表面に一様に分布するが，**複雑な形の導体では，電荷の分布密度は形によってちがう。**図26は，複雑な形の導体を帯電させ，電荷の分布密度を小さな導体球と箔検電器(☞p.333)を用いて調べる方法である。この結果，表面の**とがった部分に多くの電荷が分布していることがわかる。**

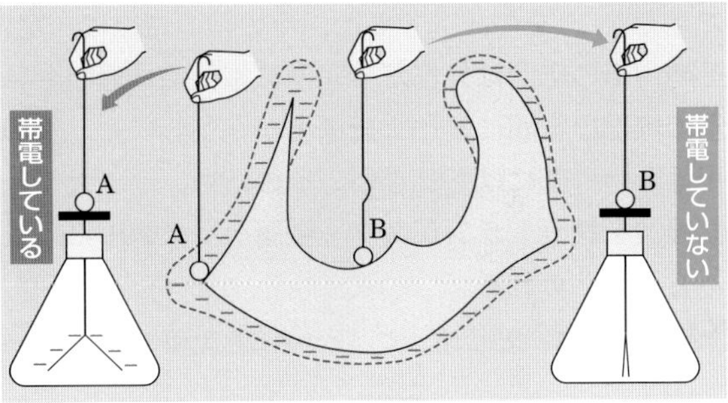

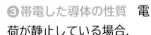

図26　導体表面の電荷の分布

視点　水色の部分の厚さで電荷の量を表している。

❸**帯電した導体の性質**　電荷が静止している場合，

① **導体内部に電場は存在しない。**もし，電場が存在するとすれば，導体内部の自由電子は静電気力を受けて運動をはじめるから，電荷が静止しているという前提に反する。これは，**導体を帯電させると，導体内部の電場が 0 になるように電荷が導体表面に分布する**と考えてもよい。

② **帯電導体はどの部分も電位が等しい。**帯電導体の表面は等電位面である。もし，導体内で電位の等しくない所があるとすると，そこには電場が存在することになり，①の性質に反する。

③**帯電導体の表面の電場の方向は導体表面に垂直である。**もし，垂直でないとすると，導体の表面に平行な電場成分があることになってしまう。すると，自由電子はこの電場成分から力を受けて動いてしまう。これは，①に反する。

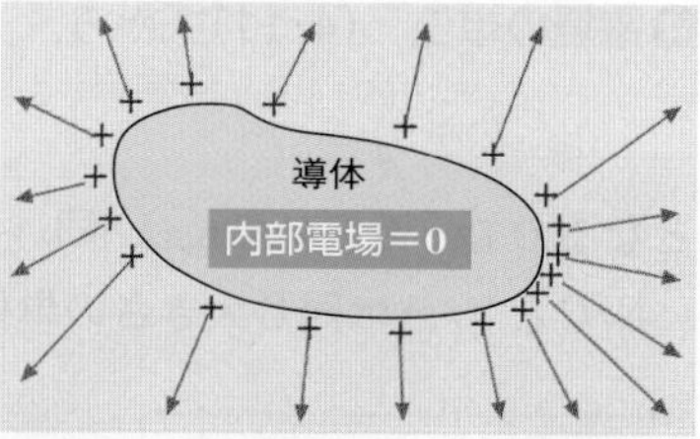

図27 導体表面の電場

2 静電遮蔽

❶静電遮蔽(しゃへい)　中空の導体を帯電させても，その空洞(くうどう)内には電場ができない。このため，導体で囲まれた空間は，外部の電場がどのように変化しても，その影響を受けない。このように導体を用いて空間をかこみ，外部の電場をさえぎることを静電遮蔽または**静電シールド**という。

補足　電子レンジの中に携帯電話を入れると，外からかけてもつながらない。これも，電子レンジの扉の金網や本体によって，静電遮蔽されているからである。

❷アース(接地)　地球は極めて大きな導体であり，その電位はほぼ一定である。**導体を導線で地面につなぐと，その導体の電位は地面の電位と等しくなり，一定に保たれる。**これをアースまたは接地という。導体でできた箱(または金網でできたかご)をアースすると，その箱の電位は一定に保たれ，その内部の空間は外部から完全に電気的に遮断される。また，箱の内部の空間に変化する電場が存在しても，その電場の作用は箱の外部にはもれない。そのため，ラジオやテレビでは，高周波を扱うトランジスタを金属ケースの中に入れ，そのケースをアースするという方法がとられる。

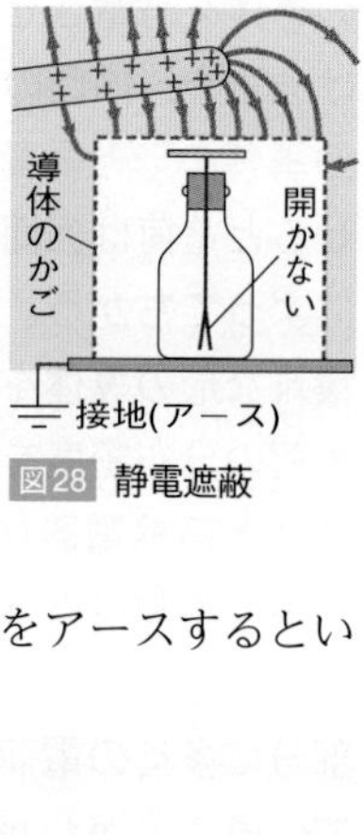

図28 静電遮蔽

補足　地球の電位を0にとると，アースされた点の電位は0になる(☞p.327)。

3 静電誘導 ！重要

❶静電誘導　**絶縁された導体に帯電体を近づけると，図29のように導体に電気が発生する。**帯電体に近い側は帯電体と異種の電荷が発生し，帯電体に遠い側は同種の電荷が発生する。この現象を静電誘導という。静電誘導は金属などの導体に起こる現象である。

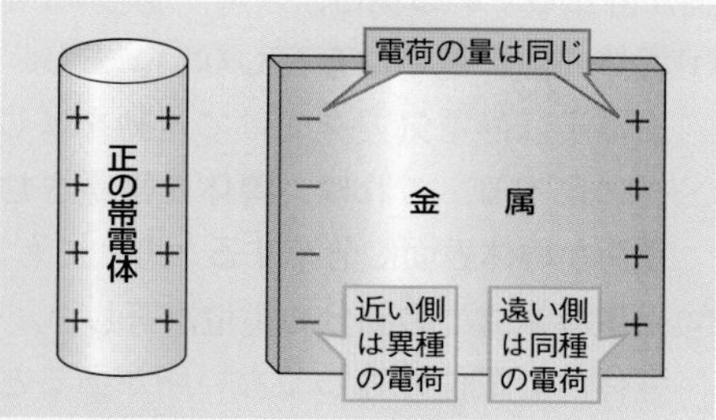

図29 静電誘導

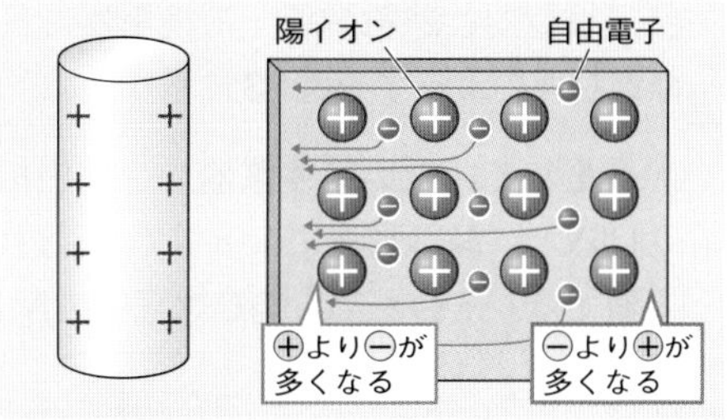

図30 静電誘導の原理

❷静電誘導の原理　金属などの導体は自由電子をもつ。**帯電体を導体に近づけると，静電気力を受けた自由電子が移動し電荷のかたよりを生ずる。**例えば，金属に正の帯電体を近づけると，自由電子は引力を受け帯電体に近い側に移動する。近い側では自由電子が増えるので，負に帯電(異種の電荷)する。遠い側では電子が少なくなるので正に帯電(同種の電荷)する。**静電誘導で生じた正の電気量と負の電気量の大きさは等しく，2つの和は0(電気的に中性)となる。**また，帯電体を遠ざけると，導体中の自由電子の分布がもとに戻るため，導体の電荷はなくなる。

導体と帯電体との距離を近づけたり，帯電体の電気量を大きくしたりすると，静電誘導によって発生する電気量も大きくなる。

POINT!
静電誘導

①帯電体に近い側には異種の，遠い側には同種の電荷が発生する。
②静電誘導で発生した正電荷と負電荷の電気量の大きさは等しい。
③帯電体を近づけたり，帯電体の電気量を大きくしたりすると，静電誘導によって発生する電気量も大きくなる。

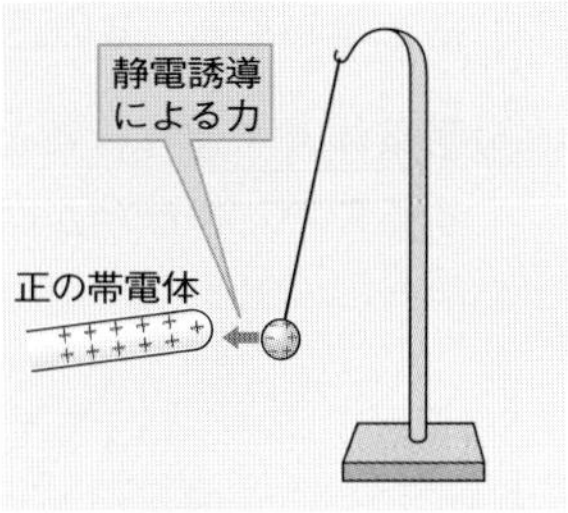

図31 電気振り子

❸電気振り子　物体が帯電しているかどうかを静電誘導の原理を使って調べる装置が**電気振り子**である。これは，図31のように直径4mmのコルク球の表面に墨汁などを塗り，表面を導体にして，つり下げたものである。これに正の帯電体を近づけると，コルク球の表面上で，帯電体に近い側は負の，遠い側は正の電荷を生ずる。**近い側は帯電体と異種の電荷なので引きあい，コルク球は帯電体の側に近寄る。**

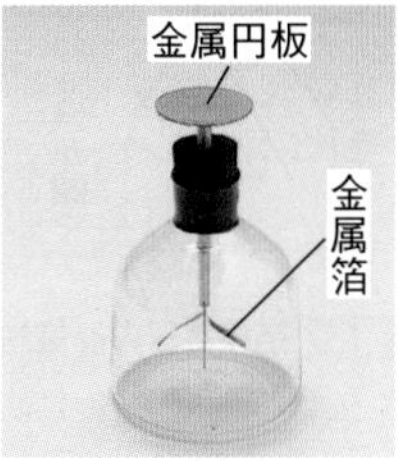

図32 箔検電器

❹箔(はく)検電器　静電誘導の原理を利用して，物体の帯電の正負や電気量を調べるための装置が，**図32**の箔検電器である。

金属円板に帯電体を近づけると，静電誘導によって帯電体に近い側の円板には異種の電荷が，遠い側の金属箔には同種の電荷が生ずる。

すると，**箔どうしは同種の電荷をもつので反発して開く。**静電誘導による電気量が大きいほど，箔は大きく開く。

第4編 電気と磁気

❺箔検電器と静電誘導 箔検電器に負に帯電したエボナイト棒を近づけたときの静電誘導のようすを図33に示す。

①帯電していない箔検電器の金属円板Bに，負に帯電したエボナイト棒Aを近づけると，静電誘導によって，Aに近いBは正に帯電し，Aから遠い箔Cは負に帯電する。そのため，**箔Cは互いに斥力を及ぼしあって開く。**

②AをさらにBに近づけると，Bの正電荷は増加するので，Cの負電荷も増加する。そのため，**箔Cの開きは大きくなる。**この状態からAを取り除くと，Bの正電荷とCの負電荷が打ち消しあい，箔検電器は帯電していない最初の状態にもどる。また，帯電体AをBに接触させると，Aの負電荷がBに移り，Bの正電荷をうち消して全体が負の電荷を帯びる。Aを取り除くと，C の負電荷が全体にひろがり，**箔検電器全体が負電気を帯びる**ことになる。

負の帯電体Aを用いて，箔検電器全体を正に帯電させることもできる。③以下にその方法を述べる。

③負の帯電体AをBに近づけたまま，Bに手をふれると，**箔Cが閉じる。**これはBやCにあった電荷が人体を通って(人体は導体)地面に逃げたためである。

補足 Bに手をふれたのだから，Bの正電荷のみが逃げると考えやすいが，そうではない。Bの正電荷はAの負電荷に引きつけられているから，その多くは逃げることができない。Bに手をふれると，検電器と人体と地面はひとつながりの導体になるので，**Bの正電荷の一部と自由電子はAからいちばん遠い地面まで押しやられる。**このため箔は閉じるがBに正電荷が残る。

④指を離しても，**Bの正電荷は残っている。**

⑤帯電体Aを遠ざけると，Bの正電荷が箔検電器全体にひろがり，**箔Cも正に帯電する**ので，再び箔が開く。

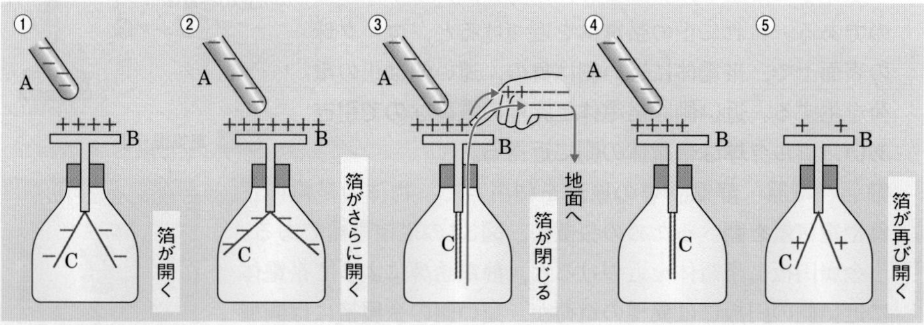

図33 箔検電器の静電誘導

⊕発展ゼミ　箔検電器による電荷の種類の判定

●箔検電器の箔が帯電していて，開いているとき，その電荷の正負は，次のようにして確かめることができる。

●箔検電器に**負に帯電したエボナイト棒を近づけたとき，箔がますます開く**ようなら，最初箔検電器がもっていた電気は負電気である。これは，自由電子がさらに下に移動するからである。

●箔検電器に**負に帯電したエボナイト棒を近づけたとき，箔が閉じる**ようなら，最初箔検電器がもっていた電気は正電気である。これは，図34(b)のように自由電子が下に移動して中和するためである。エボナイト棒をさらに近づけると，さらに自由電子が移動し，箔は負電気を帯びて開く。

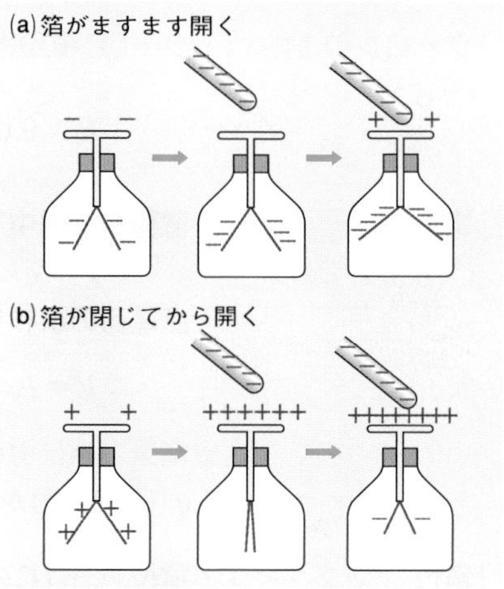

図34　電荷の種類の判定

4 誘電分極

❶**不導体の帯電**　プラスチックの下敷きを洋服や髪の毛でこすると，小さな紙切れが下敷きに吸いよせられる。これは下敷きが電気を帯び(☞p.317)，それによって紙切れの表面に電荷が生じ，静電気力を及ぼしあったためである。**不導体でも導体と同じように，近い側に帯電体と異種の電荷が，遠い側に同種の電荷が発生する。**不導体に起こるこの帯電現象を誘電分極という。

❷**誘電分極の原理**　不導体を帯電体の近くに置くと，帯電体の静電気力により，不導体を構成している原子や分子の電荷の分布が変化し，分子内の正電荷や負電荷が図のように同じ方向に並ぶようになる。**そして，不導体内部の＋と－の電荷が打ち消しあい，不導体の表面の正と負の電荷だけが残るようになる。**不導体は誘電分極をするので，誘電体とも呼ばれる。

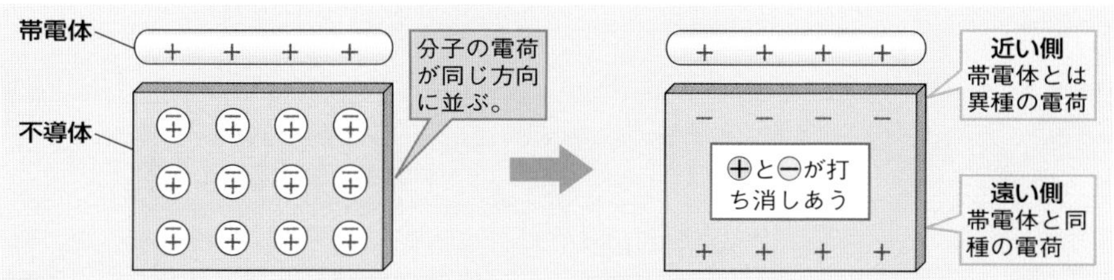

図35　誘電分極のモデル

このSECTIONのまとめ　電場と電位

□ クーロンの法則 ☞ p.321	・**クーロンの法則**… $F = k_0 \frac{q_1 q_2}{r^2}$ $k_0 \fallingdotseq 9.0 \times 10^9 \mathrm{N \cdot m^2/C^2} = \frac{1}{4\pi\varepsilon_0}$
□ 電場 ☞ p.322	・**電荷が電場中で受ける力** $\vec{F} = q\vec{E}$ ・**点電荷のまわりの電場** $E = k_0 \frac{q}{r^2}$ ・電気力線に引いた接線の方向は電場の方向を示す。 ・q〔C〕の電荷からは $4\pi k_0 q$ 本の電気力線が出る。
□ 電位 ☞ p.327	・**電位**… ＋1Cの正電荷がもつ位置エネルギーに等しい。 V〔V〕の電位差のある2点間で電荷 q を運ぶ仕事は， $W = qV$ ・**点電荷による電位**　$V = k_0 \frac{q}{r}$ ・等電位面上で電荷を動かす仕事は0。
□ 電場中の導体 ☞ p.331	・電荷は導体表面に分布し，導体内部には分布しない。 ・**アース(接地)された導体**で囲まれた空間は，外部の電場の影響を受けない。 ・**静電誘導**…**導体**に電荷を近づけると，導体内の自由電子が移動して，**等しい量の正電荷と負電荷が発生する。** ・**誘電分極**…**不導体**に電荷を近づけると，不導体内の原子や分子が分極して，**等しい量の正電荷と負電荷が発生する。**

SECTION 3 電気容量とコンデンサー

1 平行板コンデンサー

1 電気容量 ①重要

❶**電荷をたくわえる導体**　箔検電器の金属円板を帯電したエボナイト棒でなでると，箔検電器が帯電する。検電器に限らず，一般に**導体は電荷をたくわえる入れ物としてのはたらきがある。**

❷**電荷をたくわえるモデル**　図36のように断面積の異なる円柱容器A，Bに等量の水を入れると，断面積の小さいAの水位h_AのほうがBの水位h_Bより高くなる。この場合，水量を電荷に対応させると，水位に対応するのは電位である。なぜならば，導体に正電荷を帯電させると，**導体は電荷に比例した位置エネルギーをもつ**からである。

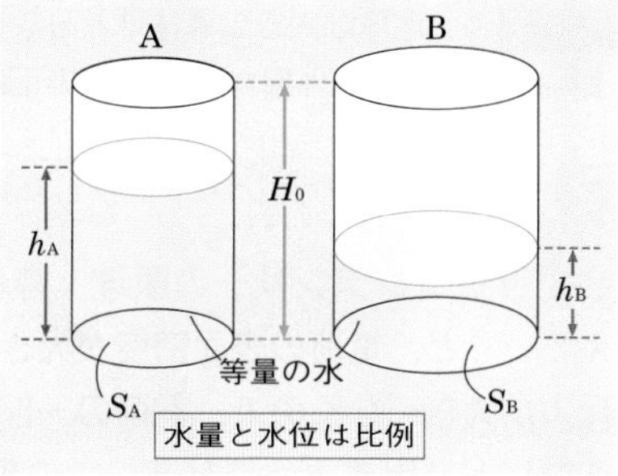

図36　電気容量のモデル

❸**電気容量**　図36のモデルで，水量をQ，水位をh，断面積をSとすると，$Q=Sh$の関係が成立する。電荷の場合も，**導体がたくわえる電荷Qは電位Vに比例する**から，比例定数をCとすると，

$$Q=CV \qquad (4\cdot13)$$

という関係が成りたつ。Cは図36のモデルの断面積Sに相当する量で，電気容量という。電気容量は電荷をたくわえる容器としての導体の電気的性能を表す量で，**導体の電位を＋1V上昇させるのに必要な電荷**と定義される。

❹**電気容量の単位**　(4・13)式により，$C=\dfrac{Q}{V}$となるから，電気容量の単位はC/Vであり，ファラド(記号F)という名前がつけられている。1Fは導体に＋1Cの電荷がたくわえられたときの電位が＋1Vになるような電気容量の大きさである。1Fは，ふつう電気容量の値としては大きすぎるので，その10^{-6}倍の**μF**(マイクロファラド)や，10^{-12}倍の**pF**(ピコファラド)なども用いられる。

POINT!

電気容量　$Q=CV$

Q〔C〕：電気量　　C〔F〕：電気容量　　V〔V〕：電圧

例題 **導体の電気容量**

絶縁された導体の球を帯電させて，その電位を測定したら，25000 V であり，たくわえられた電荷は 1.25×10^{-6} C であった。この導体球の電気容量はいくらか。

着眼 導体がたくわえる電荷は電位に比例する。

解説 (4・13)式より，$C = \dfrac{Q}{V} = \dfrac{1.25 \times 10^{-6}}{25000} = 50.0 \times 10^{-12}\,\mathrm{F} = 50.0\,\mathrm{pF}$ **答** 50.0 pF

類題3 地球は大きな導体球とみなせ，電気容量は約 700 μF である。地球の電位を 0.10 V 上昇させるには，外部からいくらの正電荷を与えればよいか。（解答☞p.549）

2 平行板コンデンサー ①重要

❶平行板コンデンサーの原理 導体に電荷をたくわえていくと，電荷の表面密度が大きくなり，**電荷間の斥力が大きくなるので，電荷の一部は導体の表面から空間にとび出すようになる。**この現象を放電という。そのため，1つの孤立した小さな導体に多量の電荷をたくわえることは困難である。

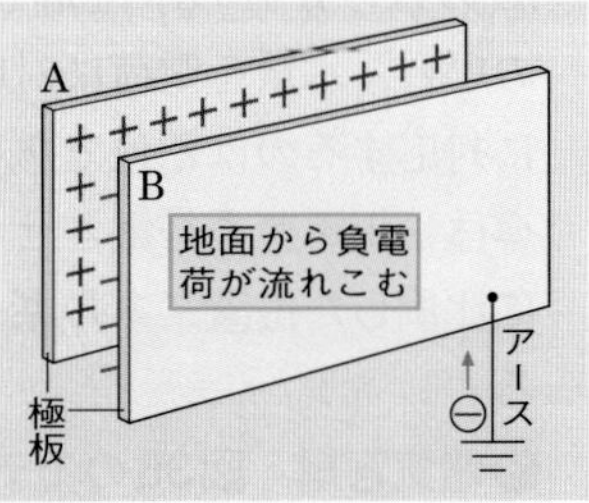

図37 平行板コンデンサーの原理

図37のように，2枚の金属板 A，B を平行に向かいあわせ，B をアースする。A に正電荷を与えると，B の A に向かいあう側の表面には，静電誘導によって負電荷が現れる。この負電荷は地面から B に流れこんだものである。こうなると，**A の正電荷は B の負電荷に引きつけられるので，逃げにくくなり，多量の電荷がたくわえられるようになる。**このようなしくみのものを平行板コンデンサーという。

❷平行板コンデンサーにたくわえられる電荷 平行板コンデンサーの電気容量を C〔F〕，2枚の極板間の電圧を V〔V〕，正極板にたくわえられた電気量を Q〔C〕とすれば，(4・13)式と同じ関係が成りたつ。

❸平行板コンデンサーの性質 2枚の極板間の間隔を極板に比べてひじょうに小さくした平行板コンデンサーを充電すると，図38のように，電場は主に極板間だけにでき，電場の強さは一様である（☞p.325）。ここで，電荷を一定に保ったまま極板間の間隔をさらに小さくしても，電気力線の密度が変わらないから，電場の強さも同じである。

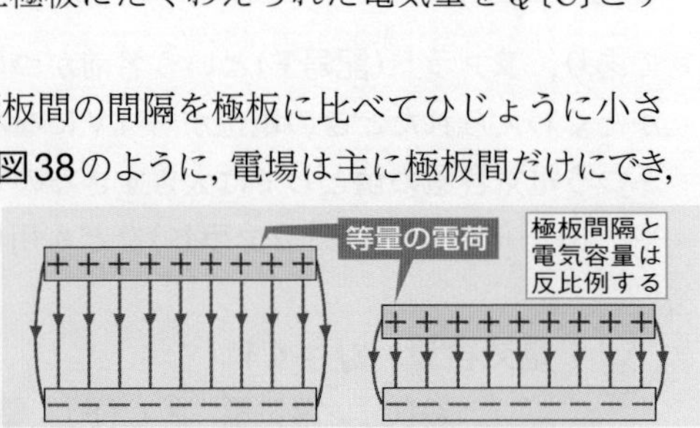

図38 平行板コンデンサーの極板の間隔と電場

電場Eが一定の場合，電気力線に沿って距離dだけ離れた2点間の電位差Vは，p.330の(4･11)式によりdに比例するから，極板間の距離が小さくなると，電位差Vは小さくなる。(4･13)式で，電気量Qを一定に保ったまま電位差Vが小さくなると，Cは反比例して大きくなるから，**電気容量Cは極板間隔dに反比例する。**

❹平行板コンデンサーの電気容量　真空中で，面積S〔m²〕の極板を2枚，間隔d〔m〕で向かいあわせた平行板コンデンサーの正極板に$+Q$〔C〕の電荷をたくわえた場合を考える。極板間の電位差をV〔V〕とすると，極板間の電場E〔V/m〕は，

$$E=\frac{V}{d}$$

ガウスの法則(☞p.326)により，Q〔C〕の電荷から出る電気力線の総数Nは，$N=\frac{Q}{\varepsilon_0}$

電場Eの面1m²あたりの電気力線の数はE本であるから，$N=SE=S\frac{V}{d}=\frac{Q}{\varepsilon_0}$

ゆえに電気容量$C=\frac{Q}{V}=\varepsilon_0\frac{S}{d}$　　(4･14)

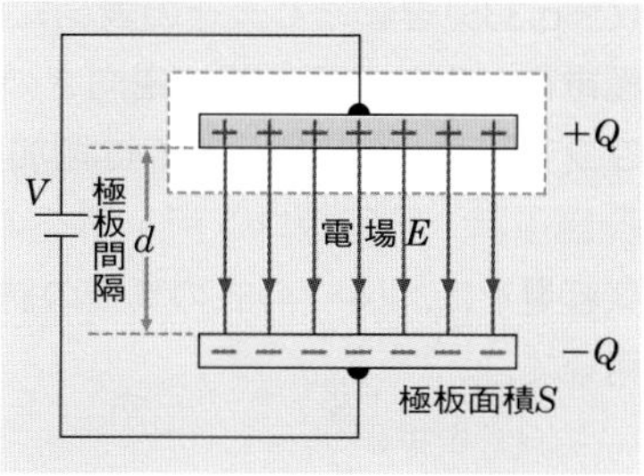

図39　平行板コンデンサーの電気容量

POINT!

平行板コンデンサーの電気容量Cは，極板面積Sに比例し，極板間隔dに反比例する。　$C=\varepsilon_0\frac{S}{d}$

例題　**平行板コンデンサー**

電気容量5×10^2μFの平行板コンデンサーについて，次の問いに答えよ。

(1)　両極板を200Vの電源に接続すると，いくらの電荷がたくわえられるか。

(2)　極板間隔を3倍にし，極板面積を2倍にすると，電気容量は何倍になるか。

(3)　両極板を電源に接続したまま，極板間隔を2倍にすると，極板にたくわえられる電荷は何倍になるか。

着眼　平行板コンデンサーにたくわえられる電荷は，平行板コンデンサーの電気容量と2枚の極板間の電圧との積となる。

解説　(1)　(4･13)式により，$Q=CV=5\times10^{-4}\times200=0.1$C

(2)　極板間隔を3倍にすると，電気容量は反比例して$\frac{1}{3}$倍になる。一方，極板面積を2倍にすると，電気容量は比例して2倍になるから，$\frac{1}{3}\times2=\frac{2}{3}$倍になる。

(3)　極板間隔を2倍にすると，電気容量は$\frac{1}{2}$倍になる。極板間電圧はもとのままだから，極板にたくわえられる電荷は$\frac{1}{2}$倍になる。

答 (1)0.1C　(2)$\frac{2}{3}$倍　(3)$\frac{1}{2}$倍

3 誘電体を挿入したコンデンサー ①重要

❶誘電体を挿入したときの変化

平行板コンデンサーの両極を電源に接続して充電した後，電源を切り離し，コンデンサーの極板間にすきまなく誘電体(不導体)を挿入する(図40)。すると，誘電体は誘電分極(☞p.335)を起こし，その表面に分極電荷が現れて極板間に逆向きの電場ができ，極板間の電圧Vが小さくなるため，**コンデンサーの電気容量Cは増加する**ことになる。

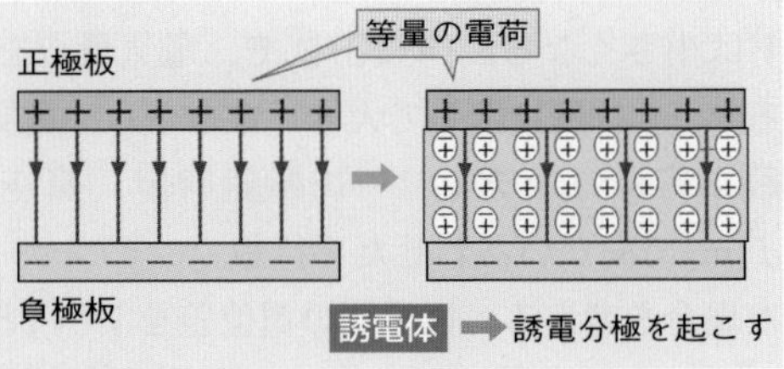

図40　誘電体を挿入したコンデンサー

❷誘電率　平行板コンデンサーの極板間にすきまなく誘電体を挿入した場合の電気容量Cは，(4・14)式の真空の誘電率ε_0のかわりに，挿入した誘電体の誘電率εを用いて，

$$C = \varepsilon\frac{S}{d} \tag{4・15}$$

と表される。

❸比誘電率　誘電体の誘電率εと真空の誘電率ε_0との比$\dfrac{\varepsilon}{\varepsilon_0}$を比誘電率といい，$\varepsilon_r$で表す。極板面積$S$，極板間隔$d$の平行板コンデンサーの極板間が真空の場合の電気容量をC_0，極板間を誘電率εの誘電体で満たした場合の電気量をCとすると，

> **比誘電率**
> $$\varepsilon_r = \frac{\varepsilon}{\varepsilon_0}$$

$$C_0 = \varepsilon_0\frac{S}{d} \qquad C = \varepsilon\frac{S}{d}$$

であるから，

$$\frac{C}{C_0} = \frac{\varepsilon}{\varepsilon_0} = \varepsilon_r$$

つまり，

$$C = \varepsilon_r C_0 \tag{4・16}$$

となる。したがって，次のようにいえる。

> POINT!
> **平行板コンデンサーの極板間を比誘電率ε_rの誘電体で満たすと，電気容量Cは，極板間が真空の場合の電気容量C_0のε_r倍になる。**
> $$C = \varepsilon_r C_0$$

参考　空気の比誘電率は1.0006なので，極板間が空気の場合の電気容量は真空の場合とほぼ等しい。チタン酸バリウムの比誘電率は3000～5000もあるので，小型で電気容量の大きなコンデンサーを作る場合には，このような誘電体を極板間に挿入する。

例題　**極板間に誘電体をつめたコンデンサー**

厚さ0.050mmのパラフィン紙の裏と表に，半径20cmの円形のアルミニウム板をはりつけて作ったコンデンサーの電気容量は何μFか。ただし，パラフィン紙の比誘電率を$\varepsilon_r = 2.5$，真空の誘電率を$\varepsilon_0 = 8.9 \times 10^{-12}$ F/mとする。

次に，このコンデンサーを100Vの電源で充電すると，電極には何Cの電荷がたくわえられるか。

着眼　2枚のアルミニウム円板（極板）の間にパラフィン紙（誘電体）をはさんでいるから，パラフィン紙の厚さが極板間隔になる。

解説　コンデンサーの極板面積$S = \pi r^2 = 3.14 \times 0.20^2 = 0.126\,\text{m}^2$であるから，コンデンサーの電気容量は，

$$C = \varepsilon_r C_0 = \varepsilon_r \cdot \varepsilon_0 \frac{S}{d} = 2.5 \times 8.9 \times 10^{-12} \times \frac{0.126}{0.050 \times 10^{-3}} \fallingdotseq 5.6 \times 10^{-8}\,\text{F} = 0.056\,\mu\text{F}$$

このコンデンサーを100Vで充電したときにたくわえられる電荷は，

$$Q = CV = 5.6 \times 10^{-8} \times 100 = 5.6 \times 10^{-6}\,\text{C}$$

答　**電気容量**…0.056μF　**電荷**…5.6×10^{-6}C

類題4　極板間に空気（比誘電率1.0）が入っている1.0×10^{-3}μFのコンデンサーを電源につないで330Vに充電してから，電源を切り離し，極板間にすきまなくパラフィンを入れたら，極板間の電圧が150Vになった。パラフィンの比誘電率を求めよ。（解答☞p.549）

類題5　極板間に比誘電率4.0のガラス板をはさんだコンデンサーを充電し，電源を切り離した後，ガラス板を引き抜くと，極板間の電圧はもとの何倍になるか。（解答☞p.549）

4 コンデンサーにたくわえられるエネルギー　①重要

❶コンデンサーを充電する仕事　図41は，コンデンサーを充電するしくみを示すモデルである。モーターでベルトを矢印の向きに動かして，極板Aから負電荷を運び出し，極板Bに移す。こうすると，極板Aは正に，極板Bは負に帯電し，それぞれの正，負の電荷の大きさは等しい。

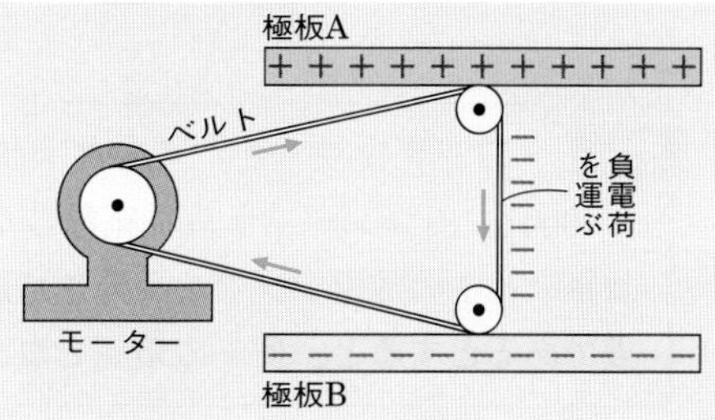

図41　コンデンサーの充電のモデル

さて，極板A，Bに電荷がないときは，ベルトを動かす仕事は0である。しかし**極板A，Bに電荷がたまりはじめると，ベルト上の負電荷は極板Aの正電荷から引力を受け，極板Bの負電荷からは斥力を受ける**。したがって，これらの力にさからって負電荷を運ぶためには，モーターが仕事をしなければならない。**この仕事は，極板にたまる電荷が多くなるほど大きくなる**。この仕事が電気エネルギーとなってコンデンサーにたくわえられる。

❷コンデンサーがたくわえるエネルギー　図41の装置で，極板AからBに負電荷を運ぶと，A，B間に電圧が生じる。電圧がV'〔V〕になるまでに運ばれた負電荷の総量を$-Q'$〔C〕とすると，(4・13)式より，$\boldsymbol{Q'=CV'}$の関係が成りたつ。

この状態から，さらに微小量の電荷$-\Delta Q'$〔C〕をAからBまで運ぶ。このとき極板間の電圧はV'〔V〕のままであるとすると，そのときに必要な仕事は$\Delta Q'V'$〔J〕である。これは図42の緑色にぬった長方形の面積に等しい。

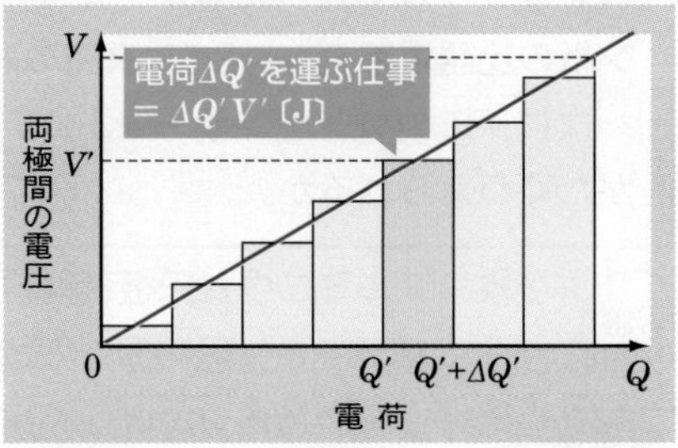

図42　コンデンサーに電荷をたくわえる仕事

最初の電荷0の状態から，$\Delta Q'$〔C〕運ぶごとにこのような長方形を作っていくと，図42の水色の長方形のようになる。合計Q〔C〕の電荷を運ぶのに必要な仕事は，これらの長方形の面積の総和である。**$\Delta Q'$を小さくとって，分割を細かくすると，仕事の合計はグラフの直線と横軸との間にかこまれる直角三角形の面積に等しくなる。**したがって，仕事の総量は$\dfrac{1}{2}QV$〔J〕となる。この仕事が静電エネルギーU〔J〕としてコンデンサーにたくわえられる。(4・13)式を用いて式を変形すると，次のようになる。

$$U=\frac{1}{2}QV=\frac{1}{2}CV^2=\frac{1}{2}\cdot\frac{Q^2}{C} \qquad (4\cdot17)$$

POINT!

コンデンサーがたくわえるエネルギー

$$U=\frac{1}{2}QV=\frac{1}{2}CV^2=\frac{1}{2}\cdot\frac{Q^2}{C}$$

〔Q〔C〕：電気量
V〔V〕：電圧
C〔F〕：電気容量〕

例題　コンデンサーがたくわえるエネルギー

1000 μFのコンデンサーを充電したときの静電エネルギーを利用して，ストロボライトの放電ランプを発光させたい。1回の発光に180 Jのエネルギーが必要であるとすると，何Vの電源でコンデンサーを充電すればよいか。

着眼　1000 μFのコンデンサーに180 Jのエネルギーがたくわえられるときの電圧を求めればよい。

解説　(4・17)式より，

$$U=\frac{1}{2}CV^2 \quad よって，\quad V=\sqrt{\frac{2U}{C}}=\sqrt{\frac{2\times180}{1000\times10^{-6}}}=600\,\mathrm{V}$$

答 600 V

類題6　平行板コンデンサーにたくわえられる電気量を2倍にしたとき，極板間の距離を何倍にすれば，たくわえられるエネルギーが元の値と同じになるか。(解答☞p.550)

2 | コンデンサーの接続

1 コンデンサーの並列接続　① 重要

❶並列接続したコンデンサーの電圧　図43のように，2つ以上のコンデンサーの極板の片方ずつをそれぞれまとめて電源につなぐ方法を並列接続という。並列接続では，**どのコンデンサーにも同じ電圧がかかる。**

❷並列接続の合成容量　電気容量C_1〔F〕，C_2〔F〕の2個のコンデンサーを並列接続して，電圧V〔V〕の電源につなぐ場合を考える。各コンデンサーにはV〔V〕の電圧がかかるから，それぞれのコンデンサーにたくわえられる電荷をQ_1〔C〕，Q_2〔C〕とすると，

$$Q_1 = C_1V \qquad Q_2 = C_2V$$

となる。2つの並列コンデンサーを同じ電気容量をもつ1つのコンデンサーと置きかえ，その電気容量をC（合成容量という）とする。C〔F〕の合成容量をV〔V〕の電圧で充電すると，$Q_1 + Q_2$〔C〕の電荷をたくわえるから，$Q_1 + Q_2 = CV$に上のQ_1，Q_2を代入すると，

$$C_1V + C_2V = CV \quad よって， \quad C = C_1 + C_2$$

となる。つまり，並列接続の合成容量は，**各コンデンサーの電気容量の和に等しい。**この関係は，コンデンサーが3つ以上でも成りたつ。

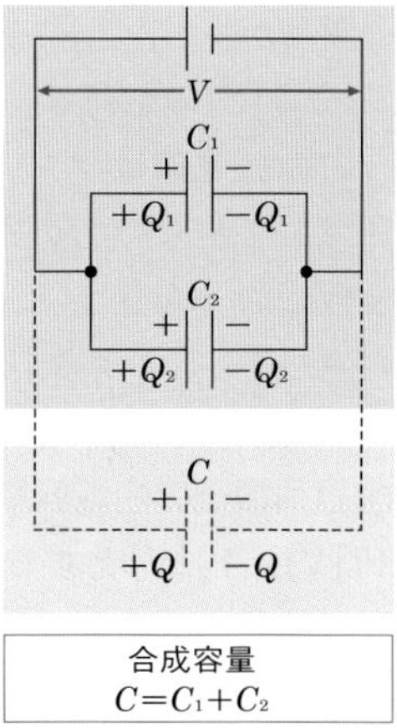

図43　コンデンサーの並列接続

POINT!

並列接続の合成容量　$C = C_1 + C_2 + \cdots\cdots$　(4・18)

例題　コンデンサーの並列接続

電気容量C_1，C_2の2つのコンデンサーをそれぞれ電圧V_1，V_2で充電した後，＋極どうし，－極どうしをつないだ。極板間の電圧はいくらになるか。

着眼　並列接続したコンデンサーの合成容量は，各コンデンサーの電気容量の和に等しいことから考える。

解説　最初コンデンサーにたくわえられた電荷をQ_1，Q_2とすると，(4・13)式より，

$$Q_1 = C_1V_1 \qquad Q_2 = C_2V_2 \quad \cdots\cdots ①$$

2つのコンデンサーの電荷は保存され，接続後の電圧をVとすると，電荷はC_1V，C_2Vなので，

$$Q_1 + Q_2 = C_1V + C_2V \quad \cdots\cdots ②$$

①，②より，　$V = \dfrac{C_1V_1 + C_2V_2}{C_1 + C_2}$

答　$\dfrac{C_1V_1 + C_2V_2}{C_1 + C_2}$

2 コンデンサーの直列接続 ①重要

❶直列接続したコンデンサーの電荷　図44のように，2つ以上のコンデンサーの極板を順に1列につないで電源に接続する方法を直列接続という。

電気容量 C_1〔F〕，C_2〔F〕の充電していない2つのコンデンサーを直列接続して，電圧 V〔V〕の電源につなぐ。ここで，コンデンサー C_1 の正極板に $+Q$〔C〕の電荷が生じたとすると，負極板には静電誘導による $-Q$〔C〕の電荷が生じる。

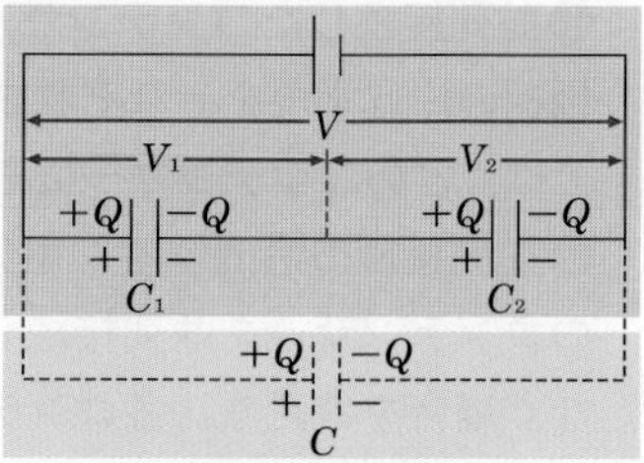

合成容量　$\dfrac{1}{C}=\dfrac{1}{C_1}+\dfrac{1}{C_2}$

図44　コンデンサーの直列接続

この負電荷はコンデンサー C_2 の正極板へ電荷が運ばれて生じたものだから，コンデンサー C_2 の正極板には $+Q$〔C〕，C_2 の負極板には $-Q$〔C〕の電荷が生じる。このように，充電していないコンデンサーを直列接続して，電圧をかけると**各コンデンサーに等量の電荷がたくわえられる。**

❷直列接続の合成容量　図44で，コンデンサー C_1，C_2 の極板間の電圧をそれぞれ V_1〔V〕，V_2〔V〕とすると，(4・13)式より，

$$Q=C_1V_1=C_2V_2 \qquad V_1=\frac{Q}{C_1} \qquad V_2=\frac{Q}{C_2} \qquad \cdots\cdots①$$

また，コンデンサー C_1，C_2 を直列にしたものと同じ電気容量をもつ1つのコンデンサーの電気容量(合成容量)を C〔F〕とすると，これには V〔V〕の電圧で Q〔C〕の電荷がたくわえられていることになるから，(4・13)式より，

$$Q=CV \qquad V=\frac{Q}{C} \qquad \cdots\cdots②$$

電圧の関係から，$V=V_1+V_2$ であるから，この式に①，②を代入すると，

$$\frac{Q}{C}=\frac{Q}{C_1}+\frac{Q}{C_2}$$

つまり，$\dfrac{1}{C}=\dfrac{1}{C_1}+\dfrac{1}{C_2}$

となる。すなわち，**直列接続の合成容量の逆数は，各コンデンサーの電気容量の逆数の和に等しい**という関係がある。この関係は，コンデンサーが3つ以上の場合にも成りたつ。

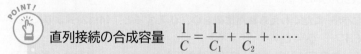

POINT!

直列接続の合成容量　$\dfrac{1}{C}=\dfrac{1}{C_1}+\dfrac{1}{C_2}+\cdots\cdots$　(4・19)

補足　多くのコンデンサーを直列接続して充電すると，各コンデンサーに等量の電荷が生じるが，そのうち電源につながっている極板に生じた電荷だけが電源から運ばれたもので，その他はすべて静電誘導によって生じたものであるから，たくわえられた電荷には加えない。

例題　コンデンサーの直列接続

放電してある電気容量C_1，C_2の2つのコンデンサーを直列接続して，電圧Vの電源につなぐ。

(1)　それぞれのコンデンサーにたくわえられる電荷はいくらか。

(2)　充電されたコンデンサーを切り離し，正極板どうし，負極板どうしをつなぐと，それぞれのコンデンサーにたくわえられる電荷はいくらになるか。

着眼　放電したコンデンサーを直列接続して充電するとそれぞれ等量の電荷がたまる。これは合成容量をもつコンデンサーにたくわえられる電荷と等しい。

解説　(1)　電気容量C_1，C_2の2つのコンデンサーを直列接続したものの合成容量をCとすると，(4･19)式により，

$$\frac{1}{C}=\frac{1}{C_1}+\frac{1}{C_2}=\frac{C_1+C_2}{C_1C_2}\qquad C=\frac{C_1C_2}{C_1+C_2}$$

それぞれのコンデンサーにたくわえられる電荷Qは，合成容量をもつコンデンサーを考えたときにたくわえられる電荷に等しいから，(4･13)式により，

$$Q=CV=\frac{C_1C_2V}{C_1+C_2}$$

(2)　C_1とC_2の正極板どうし，負極板どうしをつなぐと，正極側の電荷は$2Q$となる。接続後の電圧をV'とすると，それぞれC_1V'，C_2V'の電荷となる。電荷は保存されるので，

$$2Q=(C_1+C_2)V'\qquad V'=\frac{2Q}{C_1+C_2}=\frac{2C_1C_2V}{(C_1+C_2)^2}$$

よって，それぞれのコンデンサーにたくわえられる電荷は，(4･13)式により，

$$Q_1=C_1V'=\frac{2C_1{}^2C_2V}{(C_1+C_2)^2}\qquad Q_2=C_2V'=\frac{2C_1C_2{}^2V}{(C_1+C_2)^2}$$

答　(1)$\frac{C_1C_2V}{C_1+C_2}$　(2)$C_1\cdots\frac{2C_1{}^2C_2V}{(C_1+C_2)^2}$　$C_2\cdots\frac{2C_1C_2{}^2V}{(C_1+C_2)^2}$

類題7　電気容量C_1，C_2，C_3の3つのコンデンサーを右図のようにつないで，電圧Vの電源に接続する。コンデンサーC_1の極板間の電圧はいくらになるか。3つのコンデンサーは最初充電されていなかったものとする。(解答☞p.550)

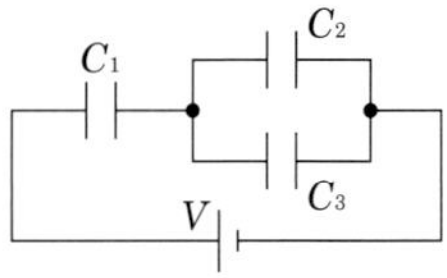

類題8　4μFと6μFのコンデンサーC_1，C_2を直列につなぎ，その両端を600Vの電源につなぐ。(解答☞p.550)

(1)　C_1，C_2の合成容量を求めよ。

(2)　C_1，C_2にたくわえられる電荷はそれぞれいくらか。

(3)　C_1，C_2の極板間の電圧はそれぞれいくらか。

3 極板間に金属板や誘電体をさしこんだコンデンサー　重要

❶極板間に金属板をさしこんだ場合　極板面積S，極板間隔dのコンデンサーの極板間に，図45(a)のように，面積S，厚さxの金属板をさしこむと，コンデンサーを充電したとき，金属板の表面b，cにも誘導電荷が現れる。したがって，**これは極板aと金属板の表面b，および金属板の表面cと極板dとの間にそれぞれコンデンサーが構成され，それらが図45(b)のように直列に接続されたものと同じことになる。** ab間の距離をd_1，cd間の距離をd_2，もとのコンデンサーの電気容量をC_0，ab間，cd間のコンデンサーの電気容量をC_1，C_2とすると，

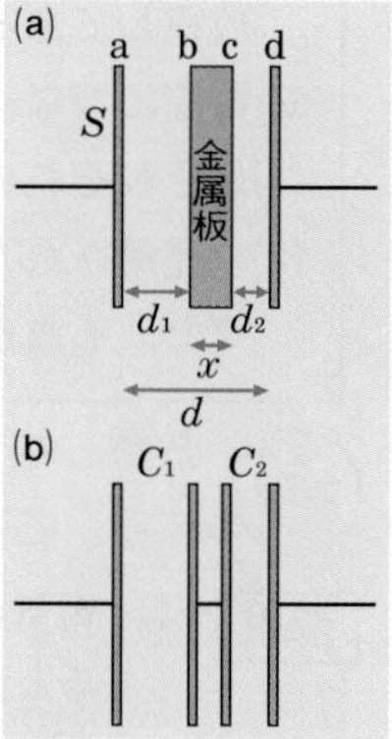

図45　極板間に金属板をさしこんだコンデンサー

$$C_0=\varepsilon_0\frac{S}{d}\qquad C_1=\varepsilon_0\frac{S}{d_1}\qquad C_2=\varepsilon_0\frac{S}{d_2}$$

となる。

C_1とC_2の合成容量をCとすると，

$$\frac{1}{C}=\frac{1}{C_1}+\frac{1}{C_2}=\frac{d_1}{\varepsilon_0 S}+\frac{d_2}{\varepsilon_0 S}=\frac{d_1+d_2}{\varepsilon_0 S}$$

つまり，$C=\varepsilon_0\dfrac{S}{d_1+d_2}=\varepsilon_0\dfrac{S}{d-x}=\dfrac{d}{d-x}C_0$　　($d_1+d_2=d-x$　より)

となる。

この式は，**極板間がdよりxだけ短くなったのと同じ電気容量**を表している。

POINT!
コンデンサーの極板間に厚さxの金属板をさしこむと，極板間の距離がxだけ短いコンデンサーと同じになる。

❷極板間に誘電体をさしこんだ場合　図45の金属板のかわりに比誘電率ε_rの誘電体をさしこんだ場合(図46(a))は，少し事情が変わる。**この場合はab間とcd間だけではなく，bc間もコンデンサーを構成する。** ab間とcd間の合成容量は上で求めたCである。bc間のコンデンサーの電気容量C_3は，

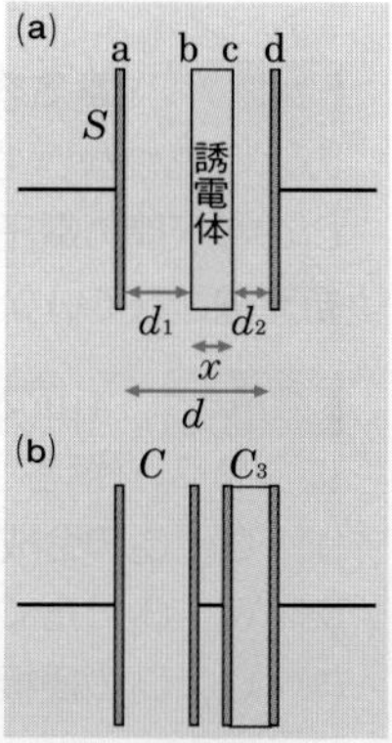

図46　極板間に誘電体をさしこんだコンデンサー

$$C_3=\varepsilon_r\varepsilon_0\frac{S}{x}$$

である。全体の合成容量C'は，図46(b)のように，CとC_3が直列接続されたものと考えて，

$$\frac{1}{C'}=\frac{1}{C}+\frac{1}{C_3}=\frac{d-x}{\varepsilon_0 S}+\frac{x}{\varepsilon_r\varepsilon_0 S}=\frac{\varepsilon_r(d-x)+x}{\varepsilon_r\varepsilon_0 S}$$

つまり，$C'=\dfrac{\varepsilon_r\varepsilon_0 S}{\varepsilon_r(d-x)+x}$

となる。

4 コンデンサーの耐電圧

❶耐電圧　コンデンサーにたくわえる電荷を増やしていくと，しだいに電圧が高くなる。電圧がある限度を超えると，**極板間で放電が起こって，極板間の絶縁が破れてコンデンサーが破壊される。**コンデンサーを破壊せずに極板間にかけることのできる最大の電圧を耐電圧という。ふつう誘電体を挿入すると耐電圧が増す。

❷直列接続したコンデンサーの耐電圧　いくつかのコンデンサーを直列につないで電源につなぐと，各コンデンサーには電気容量に反比例して電圧が加わる。電源の電圧を大きくしていったとき，**どれか1つのコンデンサーの電圧が耐電圧に達したら，もうそれ以上電源の電圧を上げることはできない。**このときの各コンデンサーの電圧の和が全体の耐電圧となる。したがって**電気容量と耐電圧の等しいコンデンサーをn個直列につないだものの耐電圧は，1個のコンデンサーのn倍になる。**

補足　たくさんのコンデンサーを直列接続すると，電気容量は減るが，耐電圧は増えるので，耐電圧の高いコンデンサーをつくるときに直列接続が用いられる。

❸並列接続したコンデンサーの耐電圧　並列接続の場合，各コンデンサーに加わる電圧は等しいから，いちばん耐電圧の小さいコンデンサーの耐電圧以上の電圧をかけることはできない。したがって，これが全体の耐電圧となる。

例題　コンデンサーの耐電圧

電気容量2μF，耐電圧500VのコンデンサーC_1と電気容量4μF，耐電圧200VのコンデンサーC_2とを直列につないだものには，最大何Vまで電圧がかけられるか。

着眼　直列接続では，C_1，C_2にかかる電圧の比は一定である。このことから，どちらが先に耐電圧に達するかがわかる。

解説　C_1とC_2にかかる電圧をV_1，V_2とする。C_1，C_2にたくわえられる電荷Qは等しいから，(4･13)式により，

$$Q = 2\times10^{-6}V_1 = 4\times10^{-6}V_2 \qquad \text{よって，} \quad V_1 = 2V_2$$

つまり，C_1にはつねにC_2の2倍の電圧がかかる。C_1の耐電圧はC_2の耐電圧の2倍より大きいから，電源の電圧を上げていくと，C_2のほうが先に耐電圧に達することになる。

$V_2 = 200$Vのとき，

$$V_1 = 2\times200 = 400\,\text{V}$$　（耐電圧より小さい）

であるから，全体の耐電圧Vは，

$$V = V_1 + V_2 = 400 + 200 = 600\,\text{V}$$

答 600V

類題9　電気容量4μF，耐電圧200VのコンデンサーC_1と電気容量6μF，耐電圧100VのコンデンサーC_2とを並列につないだものがある。この回路には最大いくらの電荷をたくわえることができるか。(解答☞p.550)

⊕発展ゼミ　マクスウェルの応力

●極板間に誘電体を満たしたコンデンサーを充電したとする。2 枚の極板には，正と負の電荷がたまるから，極板どうしは引力を及ぼしあう。

●極板間の誘電体は図47のように誘電分極(☞p.340)する。この分極電荷は，電場の方向では正と負の電荷が向かいあっているので，互いに引きあう。これが極板を引きあう力になると考えてよい。しかし，電場と垂直な方向では，同符号の電荷が並んでいるので，互いに反発する。このように，**電場が存在する場所では，電場の方向に張力，電場と垂直な方向に圧力を生じている**と見ることができる。これを，マクスウェルの応力という。

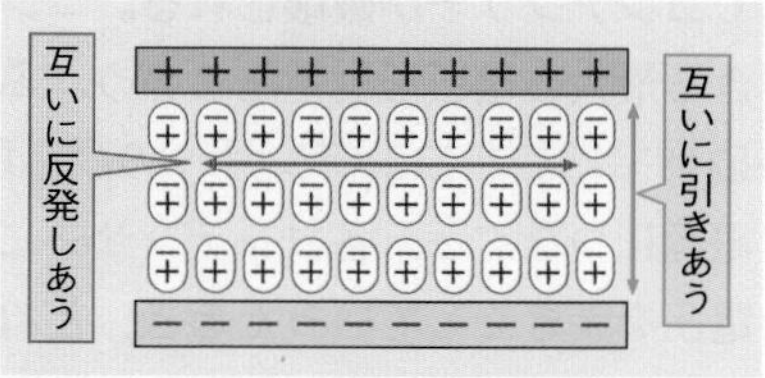

図47　マクスウェルの応力

●コンデンサーの両極に一定の電圧をかけたとき，極板に生じる電荷は誘電率 ε に比例するから，**マクスウェルの応力は $\boldsymbol{\varepsilon}$ に比例する**と考えられる。

●極板間が真空の場合も同様に考えると，マクスウェルの応力は真空の誘電率 ε_0 に比例することになる。

このSECTIONのまとめ　電気容量とコンデンサー

□平行板コンデンサー　☞p.337

- **電気容量の単位**…ファラド(**記号**F)。$1\,\mathrm{F}=1\,\mathrm{C/V}$。
  $1\,\mu\mathrm{F}=10^{-6}\,\mathrm{F}$，$1\,\mathrm{pF}=10^{-12}\,\mathrm{F}$。
- 平行板コンデンサーにたくわえられる電荷は，
  $Q=CV$
- 極板面積 S，極板間隔 d の平行板コンデンサーの電気容量は，　$C=\varepsilon_0\dfrac{S}{d}$
- 極板間に**比誘電率 $\boldsymbol{\varepsilon_r}$** の誘電体を満たした平行板コンデンサーの電気容量は，極板間が真空の場合の **$\boldsymbol{\varepsilon_r}$ 倍**になる。
- **コンデンサーにたくわえられるエネルギー**
  $$U=\frac{1}{2}QV=\frac{1}{2}CV^2=\frac{1}{2}\cdot\frac{Q^2}{C}$$

□コンデンサーの接続　☞p.343

- **並列接続**の合成容量　$C=C_1+C_2+\cdots\cdots$
- **直列接続**の合成容量　$\dfrac{1}{C}=\dfrac{1}{C_1}+\dfrac{1}{C_2}+\cdots\cdots$

CHAPTER 1

練習問題　解答 ☞ p.550

① 〈陰極線〉 物理基礎

右図は，希薄な気体が封入されたガラス管内にある陰極と陽極の間に高電圧をかけて放電させ，陰極から放出されるもの(陰極線)を観察する装置である。

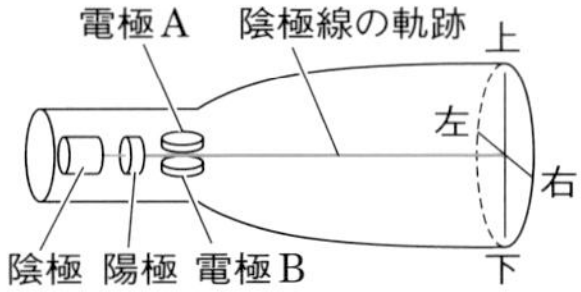

(1) 陰極線の実体は何か。

(2) 電極Aが＋側，電極Bが－側になるよう電圧をかけると陰極線は上下左右どちらに曲がるか。

② 〈クーロンの法則〉

等しい電気量をもつ2つの点電荷を5.0cm隔てて置いたところ，1.0×10^{-3}Nの力をおよぼしあった。静電気力におけるクーロンの法則の比例定数$k_0 = 9.0\times10^9\,\mathrm{N\cdot m^2/C^2}$とする。

(1) 1つの点電荷の電気量は何Cか。

(2) 1つの点電荷が，他方の点電荷の位置につくる電場の強さはいくらか。

③ 〈静電気力〉 テスト必出

次の文の空らんに入る適当な数値を，あとの**ア**～**カ**から1つ選べ。

真空中に，qと$3q$に帯電した同じ大きさの金属小球が2個ある。この球を接触させたのち，もとの位置まで離した。接触前に2球間にはたらいていたクーロン力の大きさは，接触後のそれの□倍である。

ア $\frac{1}{4}$　**イ** $\frac{1}{2}$　**ウ** $\frac{3}{4}$　**エ** $\frac{4}{3}$　**オ** 2　**カ** 3

④ 〈静電気力の合成〉

1辺r〔m〕の正三角形の頂点A，B，Cに，それぞれ$+q$〔C〕，$-q$〔C〕，$-q$〔C〕の電荷があるとき，C点にある電荷が受ける静電気力の合力の大きさと向きを求めよ。ただし，静電気力におけるクーロンの法則の比例定数をk_0〔$\mathrm{N\cdot m^2/C^2}$〕とする。

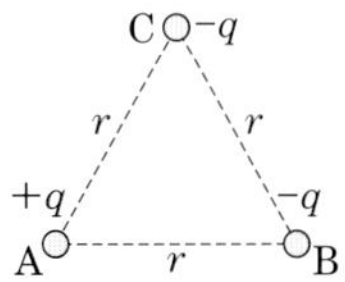

⑤ 〈電荷と静電気力〉 テスト必出

1辺の長さが1.0mの正方形ABCDの各頂点A，B，C，Dにそれぞれ3.0μC，2.0μC，－4.0μCおよび2.0μCの電荷が固定してある。このとき，頂点Aの電荷にはたらく力の大きさと向きを求めよ。ただし，静電気力におけるクーロンの法則の比例定数$k_0 = 9.0\times10^9\,\mathrm{N\cdot m^2/C^2}$，$\sqrt{2} = 1.41$とする。

6 **〈平行極板間の電場〉**

広い2枚の平面電極板を空気中で平行に間隔d〔m〕で向かい合わせ，電位差をV〔V〕に保つ。これについて，次の問いに答えよ。

(1)　この極板間の電場の強さE〔V/m〕を求めよ。

(2)　V＝10000Vに保ったまま，間隔dをしだいに小さくしていくと，dがいくらになったとき放電を起こすか。ただし，放電は電場の強さが40kV/cmのとき起こるものとする。

7 **〈電場中における帯電体のつり合い〉**

次の文を読んで，問いに答えよ。

2枚の平行な金属板がd〔m〕の間隔で水平に置かれ，その間にV〔V〕の電圧がかけられていて，一様な電場ができている。この電場の中に，半径r〔m〕，密度ρ〔kg/m^3〕の極めて小さなプラスチックの球が，帯電した状態で静止していたとする。金属板の間の空間は真空とし，また重力加速度をgとすれば，このプラスチック球が帯びている電荷q〔C〕はどのような式で表されるか。

8 **〈電場中で電荷を移動させるのに必要な仕事〉** テスト必出

図のような一様な強さの電場の中で，＋5.0×10^{-3}Cの電荷を曲線ABに沿って，点Aから点Bまで動かすのに10Jの仕事が必要であった。

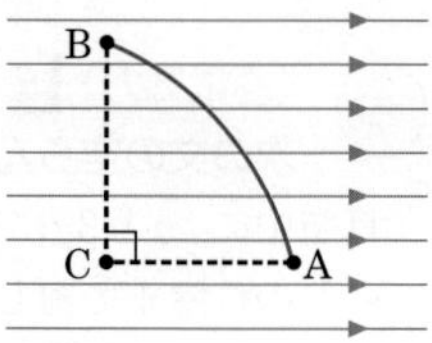

(1)　＋2.0×10^{-3}Cの電荷を点Aから点Bまで動かすのに必要な仕事を求めよ。

(2)　＋5.0×10^{-3}Cの電荷を点Bから点Aまで動かすのに必要な仕事を求めよ。

(3)　図において，AC＝10cmとすると，電場の強さはいくらか。

9 **〈静電気力による加速〉**

右の図のように，垂直に立てた細長い筒の底に，電気量Qの点電荷が固定されている。これについて，次の文の空らんに適当な記号あるいは式を記入せよ。

この筒の高さhの位置から，Qと同符号の電気量qをもつ質量mの点電荷を静かにはなすと，重力により落下しはじめた。電気量qの点電荷の速度が最初に0になる高さは，［　　］である。ただし，重力加速度をg，静電気力の比例定数をk_0とする。

⑩ 〈電位〉 テスト必出

広い2枚の金属板を平行にして水平に置いてある。内面の間隔を3.0cmに保ち，その中に質量1.4gの物体を置き，5.6μCの電荷が与えてある。下の金属板を接地した場合，上の金属板の電位をいくらにすれば，物体を宙づりにできるか。ただし，重力加速度を$9.8\,\mathrm{m/s^2}$とする。

⑪ 〈静電誘導〉

帯電していない箔検電器がある。負の帯電体を金属板に近づけたところ，箔は開いた。この実験について，次の問いに答えよ。

(1) 金属板および箔の電荷の正負を答えよ。
(2) さらに帯電体を金属板に近づけるとき，箔の開き方はどのようになるか。
(3) (2)の状態のまま，指を金属板にふれた。このとき，手を通って大地に流れるのは，正負どちらの電荷か。
(4) (3)の操作の後，指を離した。箔の開き具合はどうなるか。また，金属板に帯電している電荷は正負どちらか。
(5) 次に，帯電体も遠ざけた。金属板および箔の電荷の正負を答えよ。

⑫ 〈平行板コンデンサー〉 テスト必出

面積Sの広い平板上に，正の電荷Qが一様に分布している場合，そのまわりの電場は，図1に示すように平板に垂直で，平板から外側に向き，その大きさはいたるところ，$\dfrac{1}{2}\cdot\dfrac{Q}{\varepsilon_0 S}$である。ただし，$\varepsilon_0$は誘電率である。平板の周辺部分の電場は上記のものと異なるが，その影響は無視できると考えてよい。これについて，あとの各問いに答えよ。

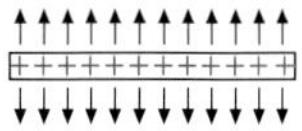
図1

(1) 負の電荷$-Q$が面積Sの広い平面上に一様に分布した場合，電場の方向，向きを右図に記入せよ。

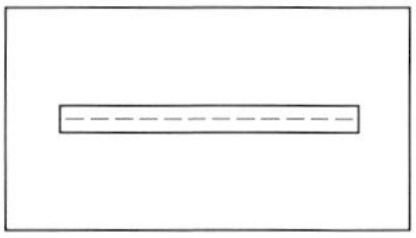

図2のような極板の面積S，極板間の距離dの平行板コンデンサーの2枚の極板A，Bに，それぞれ$+Q$，$-Q$の電荷($Q>0$)を与えた。

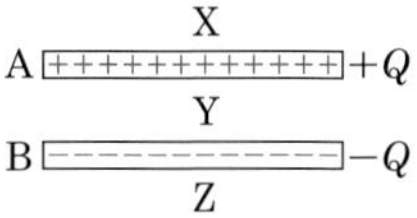

図2

(2) 図のX，Y，Z部分の電場の強さをそれぞれ求めよ。また，電場の方向，向きはどのようになるか。
(3) 極板A，B間の電位差を求めよ。
(4) コンデンサーの電気容量を求めよ。
(5) コンデンサーがたくわえた静電エネルギーをε_0，Q，S，dを用いて表せ。
(6) 極板A上の全電荷が，極板B上の全電荷から受ける力をε_0，Q，Sを用いて表せ。また，その力の方向，向きはどのようになるか。

第4編 電気と磁気

13 〈誘電体をはさんだコンデンサーの電気容量〉

次の文を読んで，問いに答えよ。

面積$3.5\,m^2$のアルミニウム箔２枚の間に$0.045\,mm$の厚さの絶縁体をはさんだコンデンサーがある。ただし，この絶縁体の比誘電率を2.2，真空の誘電率を$8.9\times10^{-12}\,F/m$とする。このコンデンサーを100Vで充電した。

(1)　このコンデンサーの電気容量を求めよ。

(2)　たくわえられる電荷はいくらになるか。

(3)　たくわえられる静電エネルギーはいくらになるか。

14 〈コンデンサーのエネルギー〉 テスト必出

平行板コンデンサーをある電圧で充電した後，電源を取り去り，極板間隔を３倍にすると，極板間の電圧，およびコンデンサーにたくわえられている静電エネルギーは，それぞれもとの何倍になるか。

15 〈コンデンサーの静電エネルギー〉

電気容量がC_1，C_2のコンデンサーをそれぞれ電圧V_1，V_2で充電した。その後，同符号に帯電した電極どうしを接続すると，全静電エネルギーはいくらになるか。

16 〈極板間に金属板を差しこんだコンデンサー〉 テスト必出

次の問いに答えよ。

平行に置いた同じ面積の金属電極１，２の間に，同じ面積の厚い金属板３が平行に入っている。１と３との間隔をd_1，３と２との間隔をd_2 $(d_2>d_1)$とする。極板１，２および金属板３を，右図のように，起電力Vの２つの電池につないだ。

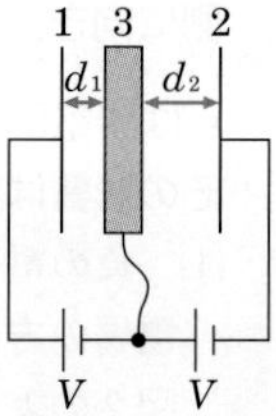

(1)　金属板にたくわえられる電荷は極板１にたまる電荷の何倍か。ただし，１，２，３ともはじめは電荷をもっていなかったとする。

(2)　金属板につけてある導線を切り離し，金属板を右へd_2-d_1だけ平行移動させると，電極１にたくわえられる電荷は，はじめの何倍になるか。

17 〈コンデンサーの接続〉 テスト必出

図のように，V_1〔V〕に充電した電気容量C_1〔F〕のコンデンサーと，V_2〔V〕に充電した電気容量C_2〔F〕のコンデンサーの＋極どうしを接続した場合に対して，C_2の向きを反対にして接続した場合では，スイッチSを閉じたのちの，コンデンサーC_1にたくわえられている電気量の比はいくらになるか。

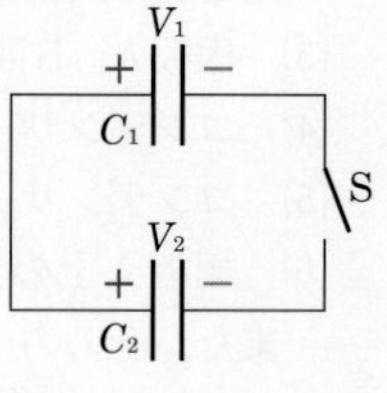

• CHAPTER

2 » 直流回路

SECTION 1 物質と電気抵抗 物理基礎

1 電気抵抗

1 オームの法則と電気抵抗 (!) 重要

❶オームの法則　1826年，ドイツのオームは金属線を流れる**電流の強さ I〔A〕(アンペア)が金属線の両端の電圧 V〔V〕(ボルト)に比例する**ことを発見した。この比例定数を $\frac{1}{R}$ とおくと，

$$I=\frac{V}{R} \quad \text{または，} \quad V=RI \qquad (4\cdot20)$$

と表すことができる。この関係をオームの法則といい，定数 R を電気抵抗または抵抗という。また，抵抗の両端の電圧を電位差，**抵抗による**電圧降下ともいう。

❷電気抵抗の単位　(4・20)式からわかるように，電気抵抗は電圧と電流の比で表される。**電気抵抗の単位は**オーム(記号Ω)**を使い，1Ω＝1V/Aである。**

POINT!

オームの法則　$I=\frac{V}{R}$　または，$V=RI$

V：電圧〔V〕　I：電流〔A〕　R：電気抵抗〔Ω〕

補足　オームの法則は，Rの値が変化しない抵抗器ではよく成りたつ。しかし，電球のフィラメントや，半導体，電解質水溶液では，温度などによってRの値が変化するため，VとIは比例しない。このような物質を**非線形抵抗**または**非直線抵抗**という(☞ p.373)。

例題　電気抵抗

一定の電気抵抗をもつ電熱線の両端の電圧を20Vから25Vに増加させたら，電流が0.20A増加した。この電熱線の電気抵抗を求めよ。

着眼　電圧を縦軸に，電流を横軸にとってグラフをかくと，右図のような原点を通る直線になる。この直線の傾きが電熱線の電気抵抗を表す。

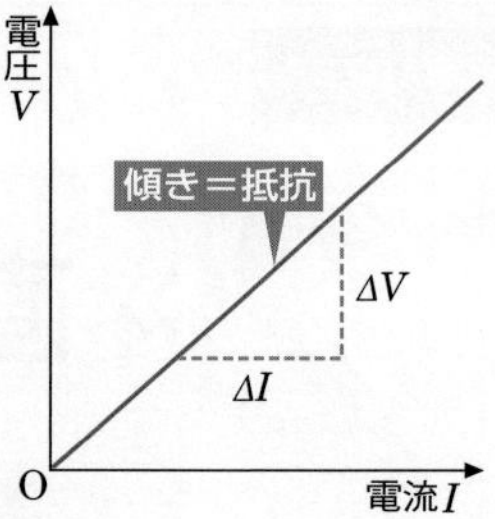

解説　ここでは，電圧の変化 ΔV と電流の変化 ΔI が与えられているが，これらの比 $\dfrac{\Delta V}{\Delta I}$ も V-I グラフの直線の傾きを表すから，電気抵抗に等しい。よって，電気抵抗 R は，

$$R=\frac{\Delta V}{\Delta I}=\frac{25-20}{0.2}=25\,\Omega$$

答 $25\,\Omega$

❸電気抵抗の大きさ　一様な太さの導線の電気抵抗 R〔Ω〕は，**導線の長さ l〔m〕に比例し，その断面積 S〔m²〕に反比例する。** 比例定数を ρ（ロー）と表すと，

$$R=\rho\frac{l}{S} \tag{4・21}$$

の関係が成りたつ。**ρ** を抵抗率といい，単位は **Ω・m** である。

POINT!
導線の電気抵抗 R〔Ω〕は，導線の長さ l〔m〕に比例し，断面積 S〔m²〕に反比例する。　$R=\rho\dfrac{l}{S}$

例題　電気抵抗

抵抗率 $1.70\times10^{-8}\,\Omega\cdot\mathrm{m}$ の銅線を用いて，発電所から 250 km 離れた町に電気を送る。

(1)　送電線の直径を 2.00 cm とすると，1 本の送電線の全抵抗は何 Ω か。

(2)　送電線に 200 A の電流を流すと，送電線 1 本あたりの電圧降下は何 V か。

着眼　まず，送電線の断面積を求め，(4・21)式から送電線の全抵抗を求める。次に(4・20)式から電圧降下を求める。

解説　(1)　送電線の断面積 S は，$S=\pi r^2=3.14\times(1.00\times10^{-2})^2=3.14\times10^{-4}\,\mathrm{m^2}$

1 本の送電線の全抵抗 R は，(4・21)式より，

$$R=\rho\frac{l}{S}=1.70\times10^{-8}\times\frac{250\times10^3}{3.14\times10^{-4}}\fallingdotseq13.5\,\Omega$$

(2)　電圧降下 V は，(4・20)式より，

$$V=RI=13.5\times200=2700\,\mathrm{V}$$

答 (1)13.5 Ω　(2)2700 V

補足　実際は，送電線で失われる電力(☞p.362)が小さくなるように，送電電圧を高くして送電電流を小さくしている。こうすると送電線での電圧降下が小さくなる。

類題 10　直径 1.0 mm の電熱線で全抵抗 200 Ω の電熱線をつくりたい。長さをいくらにしたらよいか。ただし，電熱線の抵抗率を $1.1\times10^{-6}\,\Omega\cdot\mathrm{m}$ とする。(解答☞p.552)

2 電気抵抗と電子の運動

❶電気抵抗のモデル　金属に電場を加えると，金属内の自由電子は電場から力を受け，電場と逆の向きに加速される。加速された電子は，やがて**金属の陽イオンに衝突**してはね返されたり，進路を曲げたりして減速するが，再び**電場によって加速**する。**自由電子は加速と減速をくり返しながら，平均すると一定の速さで進む。**

このようすは，図48のようなモデルで表すことができる。これは斜面の上にたくさんの釘を打ちつけたもので，上から鋼球をころがすと，鋼球は釘に衝突しながら，ジグザグのコースをたどって降りていく。鋼球が自由電子に，釘が陽イオンに対応している。

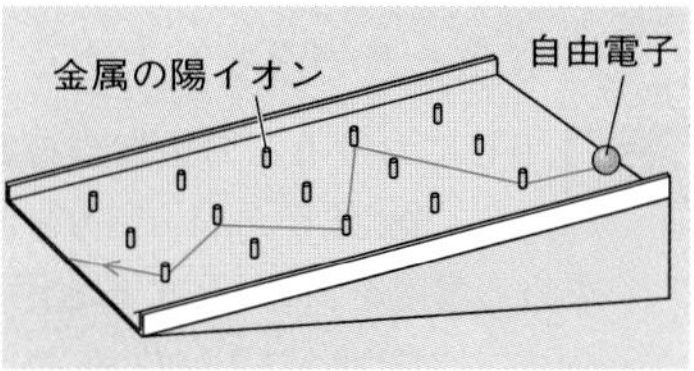

図48　電気抵抗のモデル

補足　厳密にいうと，電子を散乱させるのは陽イオンの熱振動と不純物である。

❷金属の抵抗率の温度変化　金属の温度が上昇すると，金属の陽イオンや自由電子の熱運動が激しくなり，自由電子と陽イオンの衝突回数が増加する。そのため抵抗が温度とともに上昇する。実験の結果によると，0℃における金属の抵抗率をρ_0〔Ω·m〕，温度t〔℃〕における抵抗率をρ〔Ω·m〕とすると，せまい範囲では次の関係がある。

$$\rho = \rho_0(1 + \alpha t) \qquad (4\cdot22)$$

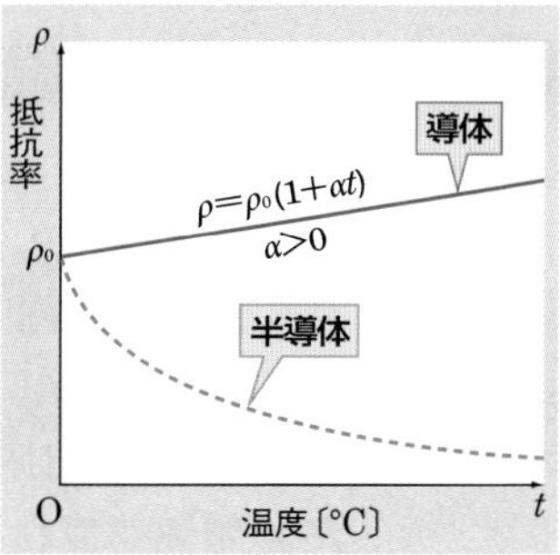

図49　抵抗率の温度変化

αは温度が1℃変化したときの抵抗率の変化の割合を示す値で，**抵抗率の温度係数(単位は1/K)**といい[★1]，**金属では正である。**これに対し，半導体ではふつう温度が高くなると抵抗率が小さくなる。

補足　半導体では，温度が高くなるにつれて，結合を作っていた電子の一部がエネルギーを得て自由電子となる。それにともなって，電子が抜け出た孔(あな)(ホール)も増える。電気を伝える自由電子やホールの数が増えるので，電流が流れやすくなるのである。(☞p.377)

❸金属の電気抵抗の温度変化　(4·21)式からわかるように，金属導線の電気抵抗は，長さや断面積が変わらなければ，抵抗率に比例する。したがって，**電気抵抗と温度の間にも，(4·22)式と似た関係が成りたつ。**すなわち，0℃のときの電気抵抗をR_0〔Ω〕，t〔℃〕のときの電気抵抗をR〔Ω〕とすると，次の関係が成りたつ。

$$R = R_0(1 + \alpha t) \qquad (4\cdot23)$$

POINT!

抵抗率の温度変化　$\rho = \rho_0(1 + \alpha t)$

電気抵抗の温度変化　$R = R_0(1 + \alpha t)$

★1 単位だけを示す場合は1/Kと書くが，数値につける場合には1はつけない。

例題　**金属導線の温度**

ある金属線の電気抵抗は，30.0℃のとき58.24Ωであった。この金属線をある温度にすると，電気抵抗が48.28Ωになる。この温度は何度か。ただし，この金属線の抵抗率の温度係数を3.9×10^{-3}/Kとする。

着眼　30℃のときの電気抵抗からR_0を求め，それをもとに電気抵抗が48.28Ωになるときの温度を求める。

解説　0℃におけるこの金属線の電気抵抗値をR_0〔Ω〕とすると，(4・23)式より，

$$58.24 = R_0(1 + 3.9\times10^{-3}\times30.0)\qquad \text{よって，}\quad R_0 \fallingdotseq 52.14\,\Omega$$

求める温度をt〔℃〕とすると，(4・23)式より，

$$48.28 = 52.14(1 + 3.9\times10^{-3}t)\qquad \text{よって，}\quad t \fallingdotseq -19.0\,℃$$

答　−19.0℃

2｜抵抗の接続

1　抵抗の直列接続　①重要

❶抵抗の直列接続と電流　図50(a)のように，2個の電気抵抗R_1，R_2〔Ω〕を電流の流れる道すじが1本になるようにつなぐことを抵抗の直列接続という。直列につないだ抵抗の両端A，C間に電圧V〔V〕を加えると，R_1，R_2に電流が流れる。このとき実験の結果によると，R_1を流れる電流とR_2を流れる電流は等しい。このように，抵抗の直列接続では，**どの抵抗にも同じ大きさの電流が流れる。**

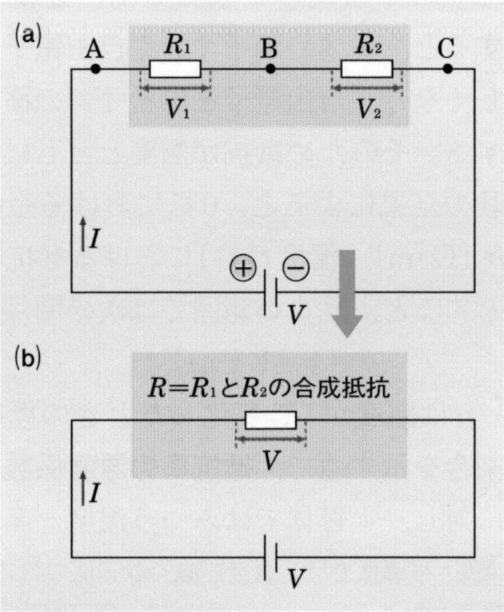

図50　抵抗の直列接続

❷直列接続における電圧の関係　図50(a)の抵抗R_1，R_2を流れる電流の大きさをI〔A〕とすると，R_1，R_2による電圧降下V_1，V_2〔V〕は，

$$V_1 = R_1I \qquad V_2 = R_2I \qquad \cdots\cdots①$$

となる。抵抗の直列接続では，**各抵抗による電圧降下の和は，電源の端子間の電圧に等しい。**よって，$V = V_1 + V_2$　……②

❸直列接続の合成抵抗　R_1とR_2を直列につないだものと同じはたらきをもつ1つの抵抗RをR_1，R_2の合成抵抗という。合成抵抗RにはV〔V〕の電圧がかかり，I〔A〕の電流が流れるから，オームの法則により，$V = RI$　……③

①，③を②に代入すると，

$$RI = R_1I + R_2I \qquad \text{よって，}\quad R = R_1 + R_2 \qquad (4\cdot24)$$

このように，**直列接続の合成抵抗は，各抵抗値の和に等しい。**この関係は，抵抗が3個以上になっても成りたつ。

直列接続の合成抵抗　$R = R_1 + R_2 + \cdots\cdots$　(4・25)

例題　抵抗の直列回路

$8\,\Omega$の抵抗R_1と$12\,\Omega$の抵抗R_2とを図のように10Vの電池Eにつないだ。

(1)　回路の合成抵抗は何Ωか。

(2)　R_1を流れる電流は何Aか。

(3)　A点をアースして，その電位を0Vとすると，B点の電位は何Vか。

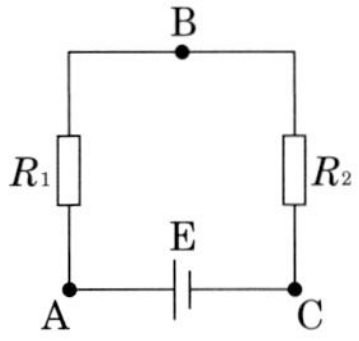

着眼　電流は，E→A→R_1→B→R_2→C→Eという1本道を流れるから，R_1とR_2は直列になっている。

解説　(1)　(4・24)式により，合成抵抗Rは，　$R = R_1 + R_2 = 8 + 12 = 20\,\Omega$

(2)　R_1を流れる電流Iは，合成抵抗を流れる電流に等しいので，$I = \dfrac{V}{R} = \dfrac{10}{20} = 0.5\,\text{A}$

(3)　R_1による電圧降下V_1は，　$V_1 = R_1 I = 8 \times 0.5 = 4\,\text{V}$

B点はA点よりV_1だけ電位が低いから，　B点の電位は，$0 - 4 = -4\,\text{V}$

答 (1)$20\,\Omega$　(2)$0.5\,\text{A}$　(3)$-4\,\text{V}$

類題 11　100V用500Wのヒーター(抵抗$20\,\Omega$)と100V用100Wのヒーター(抵抗$100\,\Omega$)を直列に接続して，これを100Vの電源につなぐ。(解答☞p.552)

(1)　回路の合成抵抗はいくらになるか。　(2)　回路を流れる電流を求めよ。

2 抵抗の並列接続　①重要

❶並列接続と電圧　2つの電気抵抗R_1，R_2を図51(a)のようにつなぎ，電源から出た電流が枝分かれして流れるようにつなぐことを抵抗の並列接続という。電源電圧をV〔V〕とすると，R_1にもR_2にもV〔V〕の電圧がかかっている。このように，**並列に接続された抵抗には同じ電圧がかかる。**

❷並列接続における電流の関係　図51(a)のA点にI〔A〕の電流が流れこみ，A点からは，C点に向かってI_1〔A〕，B点に向かってI_2〔A〕の電流が流れ出るとすれば，電流は保存されるから，

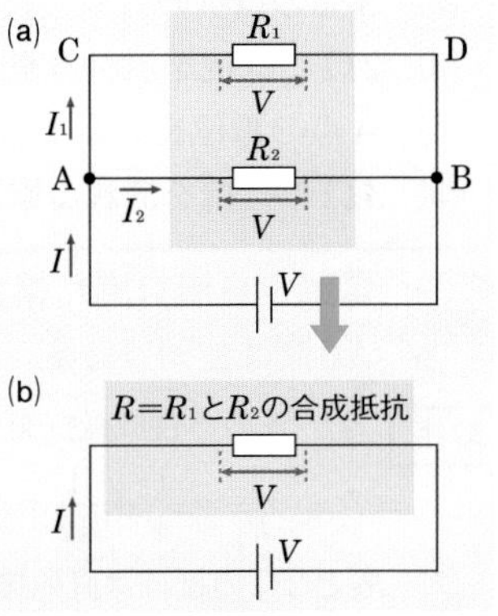

図51　抵抗の並列接続

$$I = I_1 + I_2 \qquad \cdots\cdots①$$

の関係が成りたつ。R_1，R_2を流れる電流I_1，I_2〔A〕は，オームの法則により，

$$I_1 = \frac{V}{R_1} \qquad I_2 = \frac{V}{R_2} \qquad \cdots\cdots②$$

となる。このように，並列接続された抵抗を流れる**電流は各抵抗に反比例する。**

❸並列接続の合成抵抗　抵抗R_1とR_2を並列に接続したものとまったく同じはたらきをする1つの抵抗Rを，抵抗R_1とR_2の合成抵抗という。前ページの図51(b)のように，合成抵抗RをV〔V〕の電源に接続すると，RにはI〔A〕の電流が流れるから，オームの法則により，

$$I = \frac{V}{R} \qquad \cdots\cdots③$$

の関係が成りたつ。②，③を①に代入すると，$\dfrac{V}{R} = \dfrac{V}{R_1} + \dfrac{V}{R_2}$　　よって，

$$\frac{1}{R} = \frac{1}{R_1} + \frac{1}{R_2} \qquad (4\cdot26)$$

となる。すなわち，**並列接続の合成抵抗の逆数は，各抵抗の逆数の和に等しい。**この関係は，抵抗が3個以上の場合にも成りたつ。

POINT!

並列接続の合成抵抗　$\dfrac{1}{R} = \dfrac{1}{R_1} + \dfrac{1}{R_2} + \cdots\cdots$　(4・27)

補足　2つの抵抗R_1，R_2による合成抵抗Rを求めるには，$R = \dfrac{R_1 R_2}{R_1 + R_2}\left(= \dfrac{積}{和}\right)$を使うとよい。

例題　**抵抗の並列回路**

3個の抵抗4Ω，12Ω，2Ωと，6Vの電池を図のように接続した。

(1) AB間の2個の抵抗の合成抵抗はいくらか。

(2) 3個の抵抗の合成抵抗はいくらか。

(3) 2Ωの抵抗を流れる電流はいくらか。

(4) A点の電位を0とすると，B点の電位は何Vか。

(5) 4Ωの抵抗を流れる電流はいくらか。

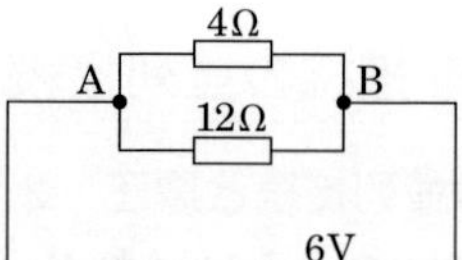

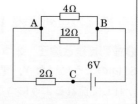

着眼　電源から流れ出た電流は，A点で枝分かれし，B点で再び合流するから，AB間は並列である。AB間の合成抵抗と2Ωの抵抗は直列につながれている。

解説　(1) 求める合成抵抗をR_1とすると，(4・26)式により，

$$\frac{1}{R_1} = \frac{1}{4} + \frac{1}{12} = \frac{1}{3} \qquad よって，\quad R_1 = 3\,\Omega$$

(2) R_1と2Ωの抵抗は直列接続だから，合成抵抗R_2は，(4・24)式により，

$$R_2 = R_1 + 2 = 3 + 2 = 5\,\Omega$$

(3)　2Ωの抵抗を流れる電流は，合成抵抗R_2を流れる電流に等しいから，オームの法則より，

$$I=\frac{V}{R_2}=\frac{6}{5}=1.2\,\text{A}$$

(4)　2Ωの抵抗によるAC間の電位差V_1は，

$$V_1=RI=2\times1.2=2.4\,\text{V}$$

であるから，AB間の電位差V_2は，

$$V_2=6-V_1=6-2.4=3.6\,\text{V}$$

B点の電位はA点の電位よりV_2だけ低いから，

$$0-3.6=-3.6\,\text{V}$$

(5)　4Ωの抵抗には，$V_2=3.6\,\text{V}$の電圧がかかっているから，オームの法則により，

$$I=\frac{V_2}{R}=\frac{3.6}{4}=0.9\,\text{A}$$

答 (1)3Ω　(2)5Ω　(3)$1.2\,\text{A}$　(4)$-3.6\,\text{V}$　(5)$0.9\,\text{A}$

類題12　右図の回路について，次の問いに答えよ。ただし，スイッチKの抵抗は0とする。(解答☞p.553)

スイッチKが開いているとき，

(1)　AB間の合成抵抗を求めよ。

(2)　CD間の電圧は何Vか。

次に，スイッチKを閉じると，

(3)　CD間の電圧は何Vとなるか。

(4)　このとき，Kを流れる電流は何Aか。

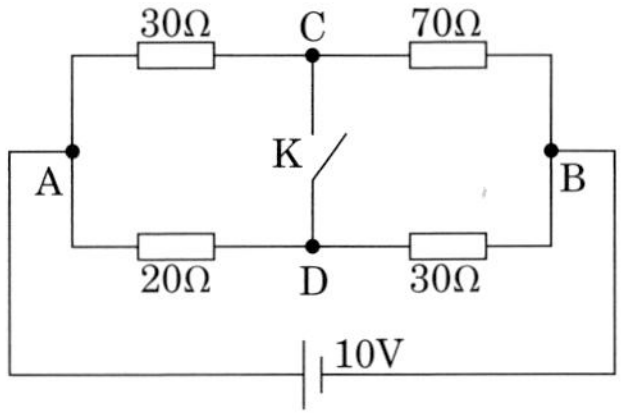

このSECTIONのまとめ　物質と電気抵抗

□電気抵抗 ☞p.353	・**電気抵抗**…電流の流れにくさ。単位は**オーム**(Ω)。 ・**オームの法則**　$I=\frac{V}{R}$　または，　$V=RI$ ・**導線の電気抵抗**　$R=\rho\frac{l}{S}$　(ρは抵抗率) ・**抵抗率の温度変化**　$\rho=\rho_0(1+\alpha t)$ ・**抵抗の温度変化**　$R=R_0(1+\alpha t)$
□抵抗の接続 ☞p.356	・**直列接続**…各抵抗に**同じ大きさの電流**が流れる。 **合成抵抗**　$R=R_1+R_2+\cdots\cdots$ ・**並列接続**…各抵抗に**同じ大きさの電圧**が加わる。 **合成抵抗**　$\frac{1}{R}=\frac{1}{R_1}+\frac{1}{R_2}+\cdots\cdots$

SECTION 2 電気とエネルギー 物理基礎

1 | 電流と仕事

1 ジュール熱 ① 重要

❶ジュール熱　導体に電流が流れると，熱が発生する。この熱をジュール熱という。電気ストーブ，電気毛布，電気アイロン，電球などはジュール熱を利用したものである(☞ p.363)。

❷ジュール熱の発生　導体の両端に電圧を加えて，その内部に電場をつくると，導体内の自由電子は電場から力を受け，加速される。**加速された自由電子は導体中の陽イオンと衝突し，イオンを激しく振動させる。**

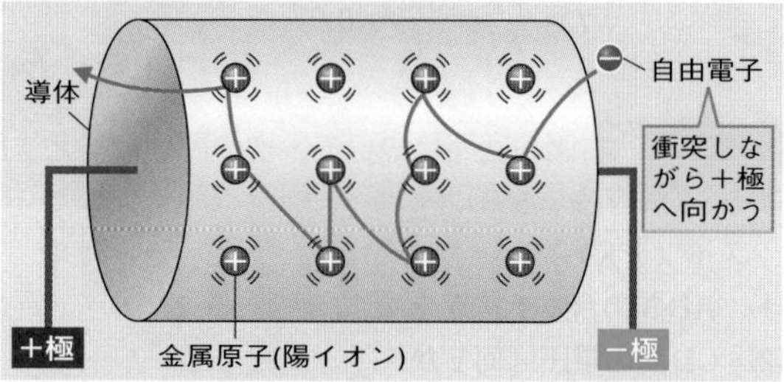

図52　ジュール熱の発生

視点　金属原子は陽イオンとなり振動している。

こうして，自由電子が電場から得たエネルギーは陽イオンの熱振動のエネルギーに変換され，導体の内部エネルギー(☞ p.188)が増加するため，温度が上昇する。

❸ジュールの法則　導線で発生するジュール熱を求めよう。いま，図53に示すように，抵抗 R〔Ω〕の導線を電圧 V〔V〕の電源につなぎ，I〔A〕の電流を時間 t〔s〕流したとする。t〔s〕間に導体中を移動した電気量 q〔C〕は，電流の定義(☞ p.319)より

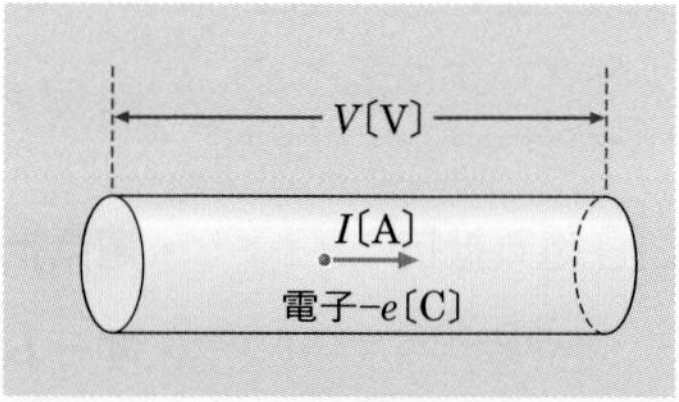

図53　ジュールの法則

$$q = It \qquad \cdots\cdots①$$

となる。

ここで，電源の電場が電荷 q を運ぶ仕事 W〔J〕は

$$\boldsymbol{W = qV} \qquad \cdots\cdots②$$

であることがわかっている。

よって，①と②から，

$$W = VIt \qquad (4\cdot28)$$

となる。

電場のした仕事Wは，導線中の自由電子の運動エネルギーになり，最終的にはすべて導線中のイオンの熱振動のエネルギーに変換される。よって，この仕事Wが導線で発生するジュール熱Q〔J〕に等しい。このことから，

$$Q = VIt \qquad (4\cdot29)$$

となる。

(4･29)式の関係をジュールの法則という。

❹ジュールの法則のいろいろな表現　(4･29)式は，オームの法則$V = RI$を用いると，次のようないろいろな式に変形できる。

$$Q = VIt = I^2Rt = \frac{V^2}{R}t \qquad (4\cdot30)$$

この式から，抵抗線の発熱に関して，次のようにまとめることができる。

① **電流が一定の場合，QはRに比例する。** $Q = I^2Rt$において，I^2tを定数と考えると，QはRに比例する。たとえば，電球と導線とを接続して電流を流すと，電球は発熱するが，導線は発熱しない。これは，電球のフィラメントの抵抗が導線の抵抗よりはるかに大きいからである。

② **電圧が一定の場合，QはRに反比例する。** $Q = \frac{V^2}{R}t$において，V^2tを定数と考えると，QはRに反比例する。たとえば，家庭内の電灯はすべて並列に接続されているので，等しい電圧が加わるが，このようなときは，抵抗の小さい電球ほどジュール熱を多く発生し，明るく輝く。

POINT!

ジュールの法則　$Q = VIt = I^2Rt = \dfrac{V^2}{R}t$

［Q〔J〕：ジュール熱　V〔V〕：電圧　I〔A〕：電流
R〔Ω〕：抵抗　t〔s〕：時間］

例題　**ジュール熱**

どんな抵抗を接続しても端子間の電圧が一定である電源(定電圧電源)に抵抗線A，Bを接続する場合を考える。Bの長さはAのn倍，断面(円)の半径はAのm倍，抵抗率はAのk倍であるとすると，Bの単位時間あたりの発熱量はAの何倍か。

着眼 抵抗線Aの，長さをl，断面積をS，抵抗率をρ，抵抗値をR_Aとすると，$R=\rho\dfrac{l}{S}$より，$R_A=\rho\dfrac{l}{S}$となる。同様に，抵抗線Bの抵抗値を求める。

解説 抵抗線Bの抵抗値をR_Bとすると，

$$R_B=k\rho\frac{nl}{m^2S}=\frac{kn}{m^2}\cdot\rho\frac{l}{S}=\frac{kn}{m^2}R_A$$

となるから，Bの抵抗値はAの$\dfrac{kn}{m^2}$倍である。

単位時間の発熱量は，(4・30)式に$t=1\,\mathrm{s}$を代入した，$Q=\dfrac{V^2}{R}$であり，いま電圧Vは一定であるから，抵抗Rに反比例することになる。

よって，Bの発熱量はAの$\dfrac{m^2}{kn}$倍になる。 答 $\dfrac{m^2}{kn}$倍

2 電力と電力量 ①重要

❶電力 単位時間に電気器具によって消費される電気エネルギーを消費電力あるいは単に電力という。電力Pは，単位時間に発生するジュール熱に等しいから，(4・30)式より，

$$P=\frac{Q}{t}=VI$$

となる。

これは次のように表すこともできる。

$$P=I^2R$$

$$P=\frac{V^2}{R}$$

❷電力の単位 電力を供給する側を電源，電力を消費する側を負荷という。負荷にかかる電圧と負荷を流れる電流との積が消費電力に等しい。したがって，電力の単位はV・Aに等しい。また，電力は単位時間あたりに消費する電気のエネルギーであるから，その単位はJ/sでもあり，これは仕事率の単位**W（ワット）**(☞p.111)に等しい。

POINT!

電力 $P=VI=I^2R=\dfrac{V^2}{R}$ (4・31)

P〔W〕：電力 V〔V〕：電圧 I〔A〕：電流 R〔Ω〕：抵抗

❸電力量 電流のする仕事の総量を電力量という。電力量は，**(電力)×(時間)**で求められるので，電力量の単位は仕事の単位と同じ**ジュール(記号J)**である。電力量の単位として，**キロワット時(記号kWh)**も用いられる。1kWhは，1kWの電力で1時間(1h)の間にする仕事の量である。

例題　**電力量**

200 V 用，2.00 kW の電気ストーブがある。

(1)　これを 200 V で使用すると，流れる電流は何 A か。

(2)　これを 180 V で 10.0 時間使用する場合の消費される電力量は何 kWh か。ただし，ストーブの電気抵抗は電圧によって変わらないとする。

着眼　単位時間に消費される電気エネルギーを消費電力といい，電力 P は単位時間に発生するジュール熱に等しい。

解説　(1)　(4･31)式　$P=VI$ より，

$$I=\frac{P}{V}=\frac{2000}{200}=10.0\,\text{A}$$

(2)　この電気ストーブの抵抗値は，オームの法則より，

$$R=\frac{V}{I}=\frac{200}{10.0}=20\,\Omega$$

なので，

$$Pt=\frac{V^2}{R}t=\frac{180^2}{20}\times 10=16.2\times 10^3\,\text{Wh}$$
$$=16.2\,\text{kWh}$$

答 (1) 10.0 A　(2) 16.2 kWh

補足　1 kWh は何 J かを計算する場合，次のようになる。　$1\,\text{kWh}=1000\,\text{W}\times 3600\,\text{s}=3.6\times 10^6\,\text{J}$

❹ジュール熱の利用

①**ヒーター**　電気ストーブ，電気アイロンなどの**電熱線**として，おもに抵抗率の大きな**ニクロム線**(ニッケル・クロム合金)や**カンタル線**(鉄・クロム・アルミニウム合金)が用いられる。

②**白熱電球**　ガラス球の中を真空にして，その中に細いタングステンの**フィラメント**を封じ込んだものである。電流が流れると，フィラメントが加熱され，熱エネルギーの一部が熱放射(☞ p.180)によって光に変わる。

③**ヒューズ**　鉛，スズ，アンチモンなどの合金でできていて，220 ～ 320℃ ぐらいの低い温度でとける。電流回路に過大な電流が流れると，ヒューズの部分にジュール熱が発生し，ヒューズがとけて回路が開くので，安全装置として用いられる。

このSECTIONのまとめ　電気とエネルギー

□電流と仕事 ☞ p.360	・**ジュールの法則**　$Q=VIt=I^2Rt=\dfrac{V^2}{R}t$ ・**電力**…単位時間に消費される電気エネルギー。 $P=VI=I^2R=\dfrac{V^2}{R}$

SECTION 3 さまざまな回路

1 | 電池の起電力と内部抵抗

1 電池の内部抵抗

電気抵抗とオームの法則については，p.353で述べた。ここでは，電池の内部にある抵抗について考える。

❶電池の内部抵抗 単3乾電池の＋極と－極を太い導線でつなぐと，何Aの電流が流れるだろうか。導線の抵抗を$1.0\times10^{-4}\,\Omega$とすると，電圧が1.5Vなのでオームの法則から，$I=\dfrac{1.5\,\mathrm{V}}{1.0\times10^{-4}\,\Omega}=15\,\mathrm{kA}$となって，巨大な電流が流れるのではと考える人がいるかもしれない。しかし，電流計をつないで回路を流れる電流を測ってみると，4Aぐらいの電流しか流れていない。この値から回路の抵抗を計算してみると，$R=\dfrac{V}{I}=\dfrac{1.5\,\mathrm{V}}{4\,\mathrm{A}}\fallingdotseq0.4\,\Omega$となる。

電流計の電気抵抗は，これほど大きくはない。いったい何の抵抗だろうか。実は，これは電池の内部抵抗なのである。電池の＋極と－極を導線でつないで電流を流すと，電池の内部にも電流が流れる。電池の内部にも電気抵抗があるために，極端に大きな電流は流れない。

❷電池の内部抵抗の原因 電池から電流を取り出すとき，電池の内部では，**正負に帯電したイオンが移動して電流が流れる。この移動をさまたげるものが電池の内部抵抗である。**電池の内部抵抗の大きさは，電池の構造によって異なる。一般に，電池の極板の面積が大きく，極板間隔が小さいほど内部抵抗は小さい。乾電池の場合，使っていくと，内部抵抗が増加する。

参考 一般の電源にも電気抵抗がある。これを**電源の内部抵抗**という。

❸電池の起電力と端子(たんし)電圧 電池に電流が流れていないときの電池の＋極と－極の間の電圧を電池の起電力という。**電池に電流が流れているときの電池の＋極と－極の間の電圧は，電池の起電力より小さい。**このときの電池の両極間の電圧を電池の端子電圧という。電池の端子電圧が起電力より低いのは，電池に電流が流れると，電池の内部抵抗による電圧降下を生じるためである。電池の起電力をE〔V〕，内部抵抗をr〔Ω〕とし，この電池にI〔A〕の電流が流れたとすると，電池の内部抵抗による電圧降下はrI〔V〕であるから，電池の端子電圧V〔V〕は，

$$V=E-rI \qquad (4\cdot32)$$

と表される。

POINT!

電池の端子電圧　$V = E - rI$

E〔V〕：起電力　I〔A〕：電流　r〔Ω〕：内部抵抗

❹電池の等価回路　電池にはすべて内部抵抗r〔Ω〕があるから，電池の外部に抵抗R〔Ω〕を接続すると，回路全体では$(R+r)$〔Ω〕の抵抗があることになる。この抵抗に起電力E〔V〕がかかると考えると，回路に流れる電流I〔A〕は，

$$I = \frac{E}{R+r} \qquad (4\cdot33)$$

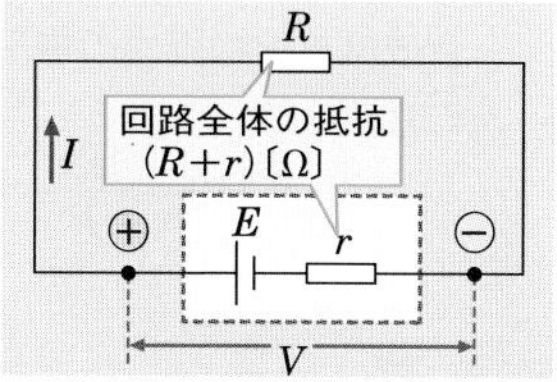

図54　電池の等価回路

となる。これはRとrを直列に接続した場合の電流と同じだから，電池を，起電力Eと内部抵抗rとが直列に接続されたもの(図54の破線のわく内)と考えることができる。(4･33)式を変形すると，

$$E = RI + rI \qquad \cdots\cdots①$$

となるから，電池の起電力は，電池の内部抵抗による電圧降下と外部抵抗による電圧降下の和に等しいといえる。RIは電池の端子電圧Vに等しいから，①式は，

$$E = V + rI$$

と書きかえられる。これは(4･32)式と同じである。

例題　**電池の起電力と内部抵抗**

右の図で，Dは起電力と内部抵抗がどちらも未知な電池である。スイッチK_2を開いたまま，スイッチK_1を閉じると，電圧計は1.42V，電流計は40mAを示した。また，K_1，K_2をともに閉じると，電圧計は1.35V，電流計は110mAを示した。電池の起電力E，内部抵抗r，外部抵抗R_1，R_2をそれぞれ求めよ。ただし，電流計の内部抵抗はきわめて小さく，電圧計の内部抵抗はきわめて大きいものとする。

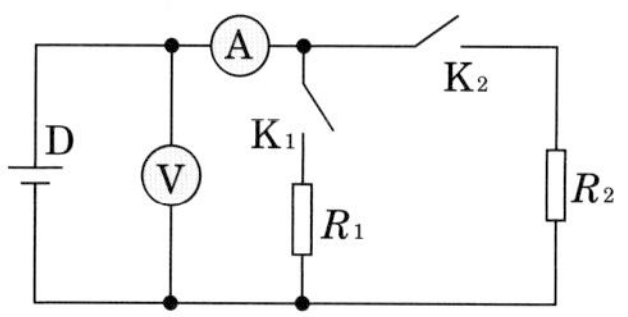

着眼　電圧計の読みは，電池の端子電圧Vである。

解説　(4･32)式に，電圧計と電流計の測定値(単位はV，A)を代入すると，

$$\begin{cases} 1.42 = E - 0.040r \\ 1.35 = E - 0.110r \end{cases}$$

この2式をEとrに関する連立1次方程式として解くと，$E = 1.46\,\text{V}$　$r = 1.0\,\Omega$

スイッチK_1のみを閉じたとき，回路の全抵抗は$(R_1 + r)$であるから，(4･33)式より，

$$0.040=\frac{1.46}{R_1+1.0} \qquad R_1=35.5\,\Omega$$

スイッチK_1とK_2の両方を閉じると，R_1とR_2は並列接続になる。R_1とR_2の合成抵抗Rは，

$$\frac{1}{R}=\frac{1}{R_1}+\frac{1}{R_2}=\frac{1}{35.5}+\frac{1}{R_2}=\frac{35.5+R_2}{35.5R_2}$$

合成抵抗Rの両端の電圧が1.35Vのとき，Rに0.110Aの電流が流れると考えると，オームの法則より，

$$0.110=\frac{1.35}{R}=1.35\times\frac{35.5+R_2}{35.5R_2} \qquad R_2 \fallingdotseq 18.8\,\Omega$$

答 $E=1.46\,\mathrm{V}$ $r=1.0\,\Omega$ $R_1=35.5\,\Omega$ $R_2=18.8\,\Omega$

類題13 起電力1.45V，内部抵抗0.8Ωの電池に5.0Ωの抵抗をつないだとき，回路を流れる電流の大きさと電池の端子電圧を求めよ。(解答☞p.553)

2 電池の接続

❶電池の直列接続 図55は，起電力と内部抵抗がそれぞれ(E_1, r_1)，(E_2, r_2)である2個の電池を直列に接続した回路に外部抵抗Rを接続した場合を示す。回路全体の合成抵抗は(r_1+r_2+R)〔Ω〕であり，起電力は(E_1+E_2)〔V〕となるので，回路を流れる電流の大きさI〔A〕は，

$$I=\frac{E_1+E_2}{r_1+r_2+R}$$

となる。このように，**電池を直列に接続すると，全体の起電力は各電池の起電力の和となり，全体の内部抵抗も各電池の内部抵抗の和となる。**

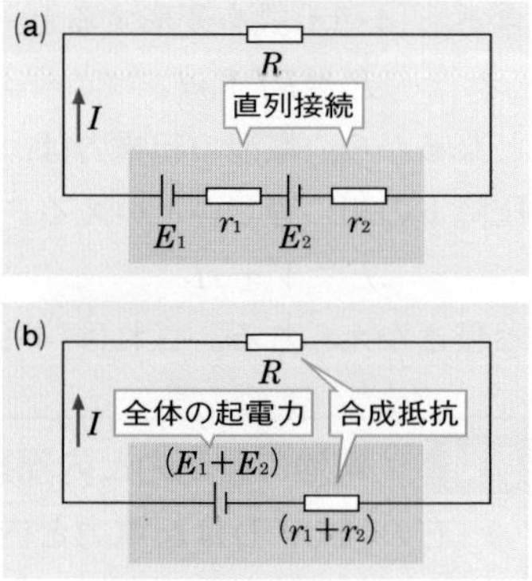

図55 電池の直列接続

⊕発展ゼミ 電池の最大消費電力

●起電力E〔V〕，内部抵抗r〔Ω〕の電池に外部抵抗R〔Ω〕をつなぐとき，外部抵抗で消費される電力をP〔W〕，流れる電流をI〔A〕とすると，$P=I^2R$，$I=\dfrac{E}{r+R}$であるから，

$$P=\frac{RE^2}{(r+R)^2} \quad \cdots\cdots①$$

となる。Eとrは定数，PとRは変数である。

●Rが0以上の実数で変化するとき，Pが最大となるRの値を求める。①をRについて整理して，$PR^2+(2rP-E^2)R+r^2P=0$ ……②

●Rが実数解をもつ条件は**(判別式)≧0**なので，

$$(2rP-E^2)^2-4r^2P^2\geqq 0$$

これを展開して整理すると，

$$P\leqq\frac{E^2}{4r}$$

となる。

●よって，Pのとりうる最大値は$\dfrac{E^2}{4r}$で，そのときのRの値を②から求めると，$R=r$であり，$R\geqq 0$なので条件を満たす。よって，**外部抵抗と電池の内部抵抗が等しいとき，外部抵抗の消費電力が最大になる。**

❷電池の並列接続　図56のように，起電力E〔V〕，内部抵抗r〔Ω〕の同じ電池を2個並列につなぎ，それに外部抵抗R〔Ω〕を接続する。Rを流れる電流をI〔A〕とすると，それぞれの電池には$\dfrac{I}{2}$〔A〕の電流が流れる。したがって，それぞれの電池の端子電圧V〔V〕は，次のようになる。

$$V = E - r\cdot\frac{I}{2}$$

この電圧Vが外部抵抗Rに加わって電流Iが流れるから，オームの法則より，

$$E - r\cdot\frac{I}{2} = RI \qquad \text{つまり，} \quad I = \frac{E}{\dfrac{r}{2} + R}$$

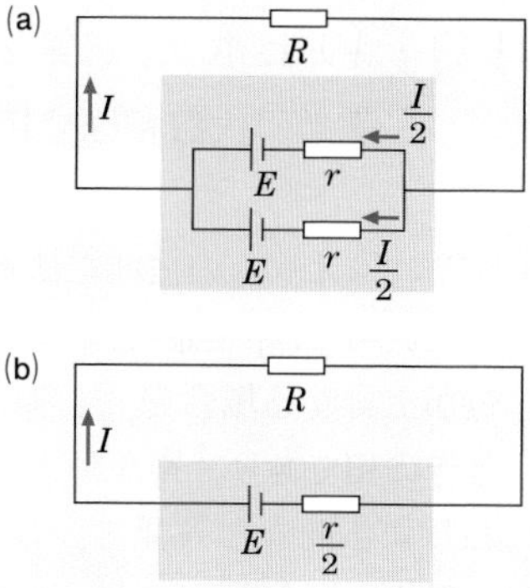

図56　電池の並列接続

このように，**同じ電池をn個並列につなぐと，全体の起電力は1個の電池の起電力に等しく，全体の内部抵抗は1個の電池の内部抵抗の$\dfrac{1}{n}$になる。**

注意　起電力や内部抵抗の異なる電池を並列に接続した場合は，複雑になるので，これから学ぶキルヒホッフの法則を用いて求める。

2｜キルヒホッフの法則

1 キルヒホッフの法則　重要

抵抗や電池などが複雑に接続されていて，オームの法則では各部の電流や電圧降下などが求められない場合，以下に述べるキルヒホッフの法則を用いる。

POINT!　キルヒホッフの第1法則：**電流回路のある分岐点に流れ込む電流の総和は，その分岐点から流れ出る電流の総和に等しい。**

これは電流が保存することを表した法則である。図57のように，回路の分岐点Pに電流I_1，I_2，I_3が流れこみ，分岐点Pから電流I_4，I_5が流れ出ている場合，

$$\boldsymbol{I_1 + I_2 + I_3 = I_4 + I_5}$$

という関係がある。一般に分岐点を通る電流I_iの符号を，流れこむものを＋，流れ出すものを－とすると，キルヒホッフの第1法則は，次のようになる。

$$\sum_{i=1}^{n} I_i = 0 \qquad (4\cdot34)$$

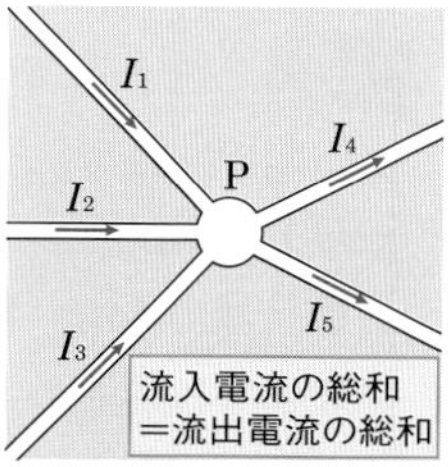

図57　キルヒホッフの第1法則

POINT!
キルヒホッフの第 2 法則：任意の 1 まわりの電流回路について，起電力の代数和は抵抗による電圧降下の代数和に等しい。

これはオームの法則を拡張した法則である。起電力の代数和とは，**回路を 1 まわりする向きから見て，電位が上昇する場合を＋，降下する場合を－にとったときの和**であり，電圧降下の代数和とは，回路を 1 まわりする向きから見て，電位が降下する場合を＋，上昇する場合を－にとったときの和である。たとえば，右図のような回路で，A→B→C→D→A の向きに 1 まわりするとすれば，電池の向きから考えて，起電力 E_1，E_4 は正，E_2，E_3 は負，また，電流の向きから考えて，電圧降下 R_1I_1，R_4I_4 は正，R_2I_2，R_3I_3 は負となる。したがって，次の関係が成りたつ。

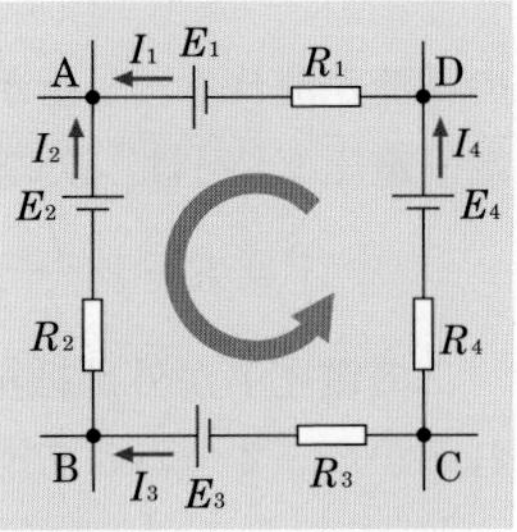

図58　キルヒホッフの第 2 法則

$$\boldsymbol{E_1 + (-E_2) + (-E_3) + E_4 = R_1I_1 + (-R_2I_2) + (-R_3I_3) + R_4I_4}$$

一般には，　$\displaystyle\sum_{i=1}^{n} E_i = \sum_{i=1}^{m} R_iI_i$ 　(4･35)

2 キルヒホッフの法則の適用法

図59の回路でキルヒホッフの法則を適用する。

①まず，**未知の電流 I_1，I_2，I_3 の向きを適当に仮定する。**

②**適当な分岐点を選んで，第 1 法則を適用する。**分岐点 F を選ぶと，第 1 法則は，$I_1 + I_2 = I_3$

③**適当な回路を選び，まわる向きを決めて，第 2 法則を適用する。**回路 A→F→C→B→A を選ぶと，$E_1 = r_1I_1 + RI_3$

④式は未知数の数だけ必要なので，いろいろな回路を選んで，第 2 法則を適用する。

⑤できた式を連立方程式として解く。

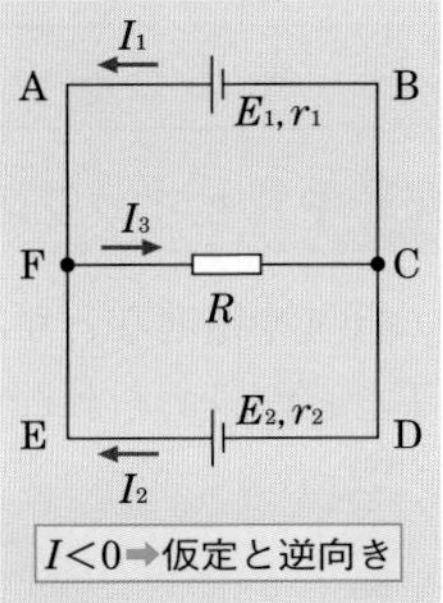

図59　キルヒホッフの法則の利用

例題　**キルヒホッフの法則**

図の回路で，E_1 は起電力 1.5 V，内部抵抗 0.20 Ω の電池，E_2 は起電力 3.0 V，内部抵抗 0.40 Ω の電池，R は 2.0 Ω の抵抗器である。各素子を流れる電流 I_1，I_2，I_3 の向きを図のように仮定し，これらの大きさと実際の向きを求めよ。

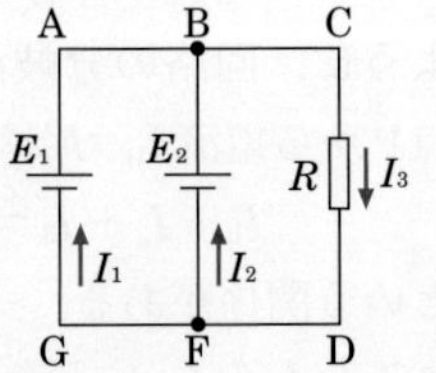

着眼　電流の値が負になった場合は，実際の向きが仮定した向きと反対であることを示している。

解説 B点について，キルヒホッフの第1法則を適用すると，

$$I_1 + I_2 = I_3 \quad \cdots\cdots ①$$

回路A→B→C→D→F→G→Aについて，キルヒホッフの第2法則を適用すると，

$$1.5 = 0.2I_1 + 2I_3 \quad \cdots\cdots ②$$

回路B→C→D→F→Bについて，キルヒホッフの第2法則を適用すると，

$$3.0 = 0.4I_2 + 2I_3 \quad \cdots\cdots ③$$

①，②，③を連立方程式として解き，I_1，I_2，I_3を求めると，

$$I_1 = -1.9 \qquad I_2 = 2.8 \qquad I_3 = 0.94$$

I_1の値は負なので，電流の向きは仮定と反対向きになる。

答 $\boldsymbol{I_1}$…1.9A，A→G　$\boldsymbol{I_2}$…2.8A，F→B　$\boldsymbol{I_3}$…0.94A，C→D

3 | 電流計と電圧計

1 電流計

❶電流計の原理　**電流計**は電流の大きさをはかる計器であり，電流が磁場から受ける力(☞p.401)を利用したものがほとんどである。磁場中にコイルを置き，そこに電流を流すと，コイルは電流の大きさに比例した回転力を磁場から受ける。この回転力をはかって，電流を求める。

図60 電流計

❷分流器　電流計のコイルはひじょうに細い導線で作られているので，あまり大きな電流を流せない。大きな電流を測定するには，**コイルと並列に抵抗値の小さい導線を接続し，大部分の電流をその導線に流すようにする。**この導線のことを分流器(あるいは**シャント**)という。分流器とコイルに流れる電流の大きさは，それぞれの抵抗値に反比例するので，両方の抵抗値の比を適当に選ぶと，1つの電流計の測定範囲をいろいろに変えることができる。

補足 電流計は回路に直列に挿入するから，電流計をつなぐと，回路の合成抵抗が増加し，電流が減少する。したがって，電流計の内部抵抗はできるだけ小さいほうが望ましい。

例題　**電流計の分流器**

内部抵抗が1.00Ωで，最大1mAまで測定できる電流計を，最大100mAまで測定できるようにしたい。何Ωの分流器を電流計のコイルに接続すればよいか。

着眼 電流計のコイルには最大1mAまでしか流せないから，残りの99mAを分流器のほうに流すようにする。

解説　右の図のように，分流器としてR〔Ω〕の導線を電流計のコイルと並列につなぐ。

電流計に流入する電流100 mAのうち，電流計のコイルに1 mA，分流器に残りの99 mAを流せば，電流計の指針は最大目盛りの1 mAまで振れるので，それを100 mAと読みかえればよい。

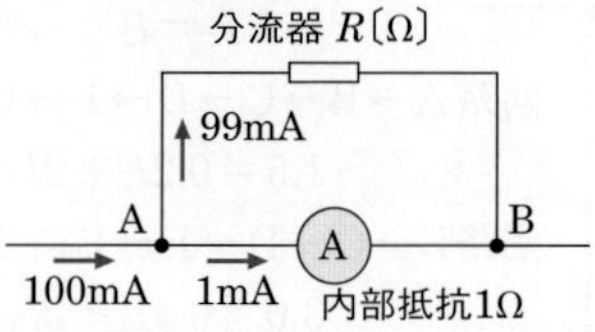

この場合，コイルの抵抗1 Ωによる電圧降下と分流器による電圧降下が等しいから，

$1.00\,\Omega \times 1\,\mathrm{mA} = R \times 99\,\mathrm{mA}$　より，$R \fallingdotseq 0.0101\,\Omega$　　**答** $0.0101\,\Omega$

2 電圧計

❶電圧計の原理　**電圧計**の原理は電流計と同じで，電流の流れているコイルが磁場から受ける回転力を利用したものがほとんどである。ただし，電圧計では，**コイルと直列に抵抗値の大きい導線が接続されている。**内部抵抗R_0〔Ω〕の電圧計を電位差V〔V〕の2点間につなぐと，電圧計には，$I = \dfrac{V}{R_0}$〔A〕の電流が流れ，指針が振れるから，そのとき指針がさす位置の目盛りを$R_0 I$〔V〕と決めればよい。

❷倍率器　電圧計の測定範囲を大きくするには，R_0を大きくすればよいから，電圧計と直列に大きな抵抗Rを入れればよい。この抵抗Rを電圧計の倍率器という。

補足　電圧計は抵抗などに並列に接続するから，電圧計をつなぐと，回路の全抵抗が減少し，電流が増加する。この影響を小さくするため，電圧計の内部抵抗はできるだけ大きいほうが望ましい。

参考　デジタル式の電流計や電圧計では，コイルではなく**A-D変換回路**（**アナログ・デジタル変換回路**）を使い，電圧や電流の値をいちどデジタル量に変換してから測定する。

例題　**電圧計の倍率器**

内部抵抗10 kΩ，最大10 Vまで測定できる電圧計を，最大100 Vまで測定できる電圧計にするには，何kΩの倍率器を用いればよいか。

着眼　電圧計には最大10 Vまでしか電圧をかけられないから，残りの90 Vが倍率器にかかるようにすればよい。

解説　右図のように，内部抵抗10 kΩの電圧計と直列にR〔Ω〕の倍率器を接続するとする。AB間に100 Vの電圧をかけたとき，内部抵抗10 kΩに10 V，倍率器に残りの90 Vの電圧がかかるようになればよい。電圧計に流れる電流をI〔A〕とすると，倍率器にも同じ大きさの電流が流れるから，オームの法則により，

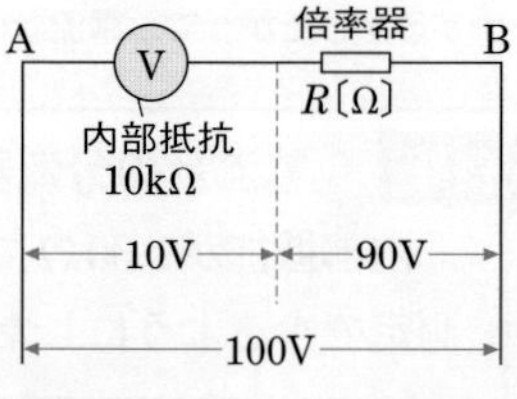

$10 = 10 \times 10^3 I$　　$90 = RI$

よって，

$R = 90 \times 10^3\,\Omega = 90\,\mathrm{k}\Omega$　　**答** $90\,\mathrm{k}\Omega$

4 ホイートストンブリッジ

1 ホイートストンブリッジ　重要

❶**電気抵抗の精密測定**　電気抵抗の大きさR〔Ω〕は，それを流れる電流I〔A〕とその両端の電圧降下V〔V〕を測定すれば，オームの法則によって，$R=\dfrac{V}{I}$と求めることができる。しかし，**電圧計や電流計には内部抵抗があるから，この方法では精密な測定はできない。**そこで考案されたのがホイートストンブリッジである。

❷**ホイートストンブリッジ**　ホイートストンブリッジは，図61のような回路で構成されている。R_1，R_2は抵抗値が既知の精密抵抗器，R_3は抵抗値を変えられる可変抵抗器，R_Xが抵抗値を測定しようとする抵抗器である。Gは微小な電流を測る**検流計**である。スイッチK_1を閉じて回路に電流を流すと，CD間にはふつう電位差が生じるが，**R_3の抵抗値を調節することで，**CD間の電位差が0になり，スイッチK_2を閉じても，**検流計Gに電流が流れないようにできる。**このとき，R_1とR_3に流れる電流は等しいから，これをI_1とする。また，R_2とR_Xに流れる電流も等しいから，これをI_2とする。CD間の電位差が0であるから，R_1とR_2による電圧降下は等しく，R_3とR_Xによる電圧降下も等しい。よって，

$$\begin{cases} R_1I_1=R_2I_2 & \cdots\cdots① \\ R_3I_1=R_XI_2 & \cdots\cdots② \end{cases}$$

となる。①式を②式で辺々割ると，

$$\frac{R_1}{R_3}=\frac{R_2}{R_X}\qquad つまり，\quad R_X=\frac{R_2R_3}{R_1} \tag{4・36}$$

となって，R_Xの値が求められる。R_1，R_2，R_3に図62のような精密な抵抗箱を用いると，未知抵抗R_Xの値を精密に測定することができる。

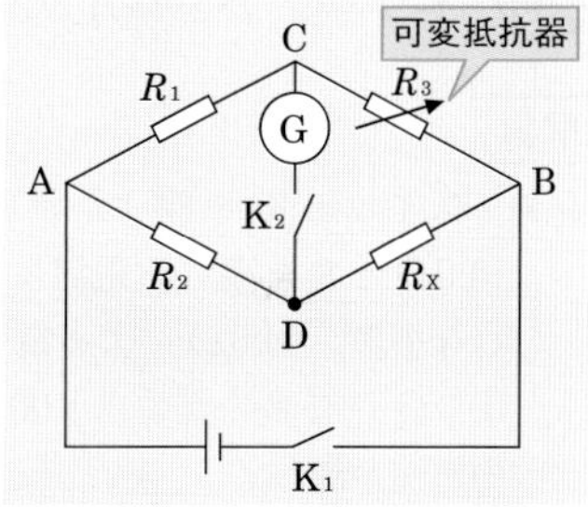

図61　ホイートストンブリッジ

図62　抵抗箱

POINT!　ホイートストンブリッジ　$\dfrac{R_1}{R_3}=\dfrac{R_2}{R_X}$

参考　(4・36)式を変形すると，$R_1R_X=R_2R_3$となる。この式は図61の平行四辺形の回路の向かいあった抵抗どうしの積が等しいという関係になっている。あるいは，$\dfrac{R_1}{R_2}=\dfrac{R_3}{R_X}$と変形すると，図61の抵抗の配列と式の中の文字の配列が同じになる。これを手がかりにすると覚えやすい。

例題　**ホイートストンブリッジ**

1.00Ω，10.0Ω，24.5Ωの3個の精密抵抗と未知の抵抗Rを右図のようにつないだ回路がある。

(1)　スイッチK_1，K_2を閉じても，検流計Gに電流が流れないとき，抵抗Rの値はいくらか。

(2)　Rの抵抗値を(1)の場合より大きくすると，検流計には，どちら向きに電流が流れるか。

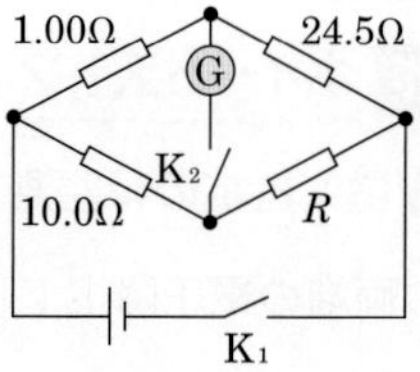

着眼　スイッチK_1，K_2を閉じても検流計Gに電流が流れないから，この回路はホイートストンブリッジになっている。

解説　(1)　(4･36)式より，$R=\dfrac{10.0\times24.5}{1.00}=245\,\Omega$

(2)　スイッチK_2を開いた状態で考える。Rの抵抗値を(1)の場合より大きくすると，10.0ΩとRを流れる電流は小さくなる。1.00Ωと24.5Ωを流れる電流ははじめと同じなので，10.0Ωによる電圧降下は1.00Ωによる電圧降下より小さくなる。よって，10.0Ωの右側の電位は1.00Ωの右側の電位より高くなるため，検流計には，上向きの電流が流れる。

答 (1)245Ω　(2)上向き

2 電位差計

電池に電流を流さないようにして，電池の起電力を精密に測定する装置が電位差計である。**図63**に電位差計の回路を示す。ABは一様な抵抗線で，PはAB上を動かすことのできる接点である。AP間の抵抗値は，ABに沿ってつけられた目盛りによって精密に測ることができる。EはABに一定の電流を流すための電源である。E_0は標準電池で，その起電力E_0〔V〕は既知である。E_1は起電力を測定しようとする電池，Gは鋭敏な検流計である。

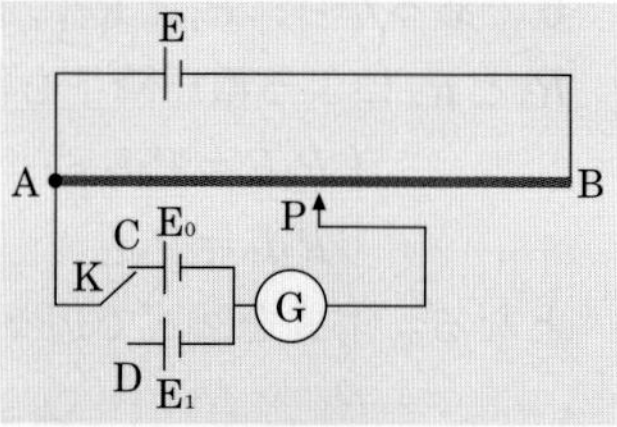

図63　電位差計の回路

まずスイッチKをC側に接し，接点Pを動かして，**検流計Gに電流が流れない**ようにする。このときのAP間の抵抗をR_0〔Ω〕とする。

次に，スイッチKをD側に接し，接点Pを動かして，検流計Gに電流が流れないようにする。このときのAP間の抵抗をR〔Ω〕とする。

検流計Gに電流が流れないとき，AP間の抵抗による電圧降下は，スイッチKを接したほうの電池の起電力に等しいから，ABを流れる電流をI〔A〕とすると，

$$R_0I=E_0\qquad RI=E_1$$

この2式から，$E_1=\dfrac{R}{R_0}E_0$　となって，E_1の値を精密に求めることができる。

5 非直線抵抗

1 非直線抵抗

❶非直線抵抗　抵抗器に電圧をかけて電流を流すと，電流と電圧の関係はオームの法則にしたがうので，電流と電圧の関係をグラフに表すと原点を通る直線になる。このような抵抗を直線抵抗(または**線形抵抗**)という。

しかし，**電球のフィラメント**などは，電流と電圧の関係を表すグラフが直線にならず，たとえば図64のような曲線になる。このような抵抗を非直線抵抗(または**非線形抵抗**)という。非直線抵抗には，電球のフィラメントのほかに，**電解質溶液**，**電動モーター**，蛍光灯などの**気体放電管**，**半導体ダイオード**(☞ p.379)などがある。

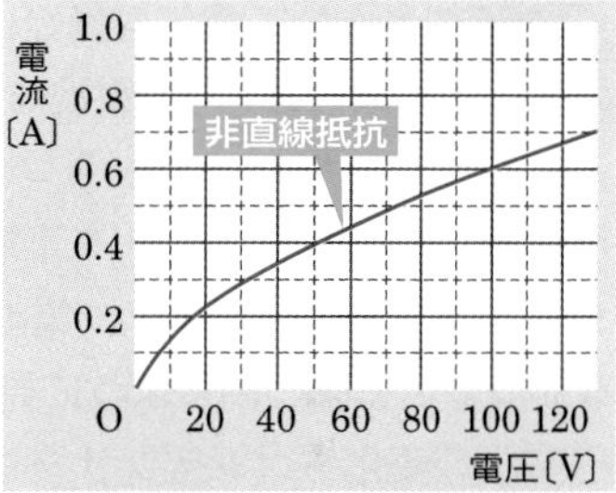

図64　電球の電流－電圧特性曲線

❷特性曲線　電球の電流と電圧の関係が図64のような曲線になるのは，フィラメントの抵抗が高温のために大きくなることが原因である。**それぞれの非直線抵抗をグラフにすると，それぞれの原因によって特有の曲線を示す。**これを特性曲線という。

❸非直線抵抗を含む回路　非直線抵抗を流れる電流Iと両端の電圧Vとの関係は，一次式ではなく特性曲線で与えられる。それを利用して，電流や電圧を求める。

例題　非直線抵抗を含む回路

電流－電圧特性が図64で示される電球に，150Ωの抵抗を直列につなぎ，全体に120Vの電圧を加えた。このとき，電球のフィラメントを流れる電流とフィラメントにかかる電圧を求めよ。

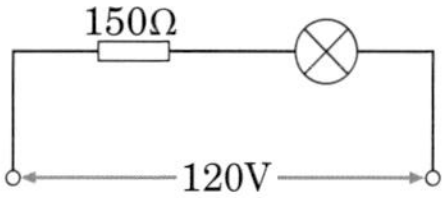

着眼　電球のフィラメントを流れる電流をI〔A〕，フィラメントにかかる電圧をV〔V〕，直列につないだ抵抗をR〔Ω〕，全体に加えた電圧をE〔V〕とすると，抵抗Rによる電圧降下はRI〔V〕であるから，$V=E-RI$　の関係がある。

解説　$V=E-RI$に数値を代入すると，

$$V=120-150I$$

となる。フィラメントにかかる電圧Vと流れる電流Iとは，上式の関係と図64の特性曲線の関係とを同時に満足させなければならないから，上式の直線のグラフを特性曲線のグラフにかきこみ，交点の電流，電圧の値を読みとる。　**答** 電流…0.44 A　電圧…55 V

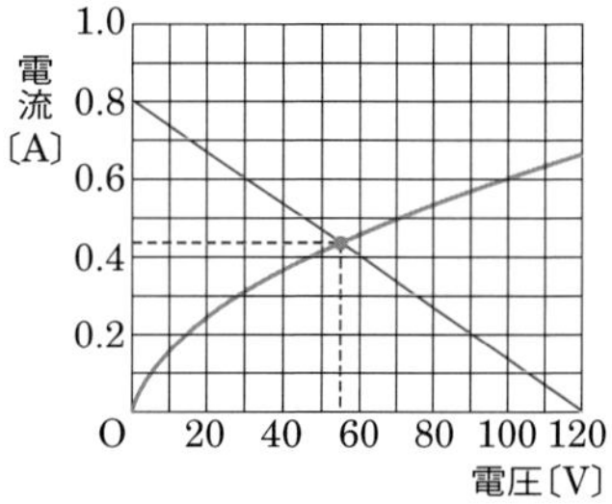

6｜コンデンサーを含む直流回路

1 コンデンサーの充電 ①重要

❶コンデンサーの充電　コンデンサーは極板間が絶縁されていて，ふつうは極板間を電流が流れることはない。しかし，充電や放電の過程では，あたかもコンデンサーを通って電流が流れるような現象が起こる。

図65のように，電気容量C〔F〕のコンデンサーとR〔Ω〕の抵抗，起電力E〔V〕の電池を直列につなぐ。スイッチを入れると，電池の－極からコンデンサーの負極板に電子が移動し，コンデンサーの正極板から電池の＋極へ電子が移動する。この現象は，**電池の＋極と－極が導体でつながっているのと同じように見える。**

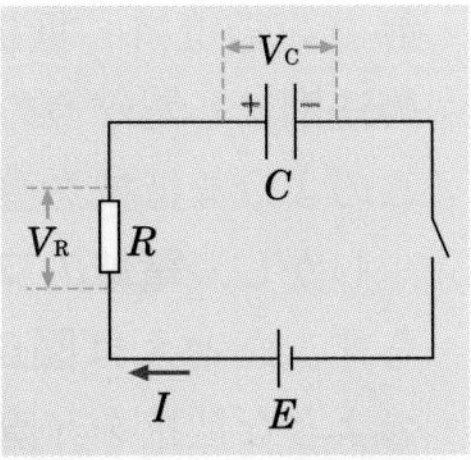

図65　コンデンサーの充電

❷電圧の変化　コンデンサーに電荷がたくわえられると，極板間に電圧V_C〔V〕が生じる。V_Cの大きさは，最初電荷がないときは0であるが，電流が流れはじめると，図66(a)のように変化する。**$V_C=E$になると，充電は完了し，V_Cはそれ以上は増えない。**このように，コンデンサーの充電には，ある程度の時間がかかる。この時間は抵抗や電気容量が大きいほど長い。

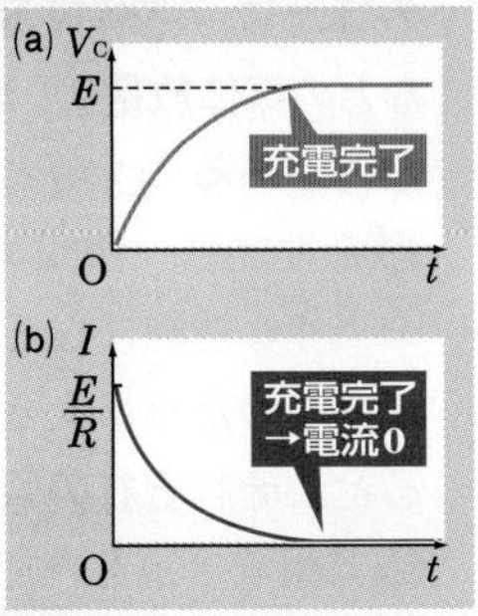

図66　コンデンサーの電圧と電流

❸電流の変化　図65の回路に電流が流れると抵抗Rの両端に電圧降下V_Rが生じる。V_Rの大きさは，$E=V_R+V_C$　より，$V_R=E-V_C$　であるから，回路を流れる電流I〔A〕は，オームの法則より，$I=\frac{V_R}{R}=\frac{E-V_C}{R}$で与えられる。**最初電荷がないときは，$V_C=0$であるから，$I=\frac{E}{R}$である。これはコンデンサーを抵抗0の導線とみなしたのと同じである。**コンデンサーの電荷が増えてくると，V_Cがしだいに大きくなり，それにつれてV_Rが小さくなるから，電流も小さくなる。そのようすは，図66(b)のグラフに示されている。**コンデンサーの充電が完了すると，$V_C=E$となるので，$V_R=0$となり，電流Iは0となる。**

補足　図67のような回路で，最初スイッチS_2を開いておき，スイッチS_1を閉じると，コンデンサーCが充電される。充電が完了したときのコンデンサーの極板間の電圧は電池の起電力E〔V〕に等しい。次に，スイッチS_1を開いてS_2を閉じると，コンデンサーが放電し，抵抗R_2に電流が流れる。電流の大きさは，最初$\frac{E}{R_2}$〔A〕であるが，コンデンサーの電圧が下がるにつれて小さくなる。

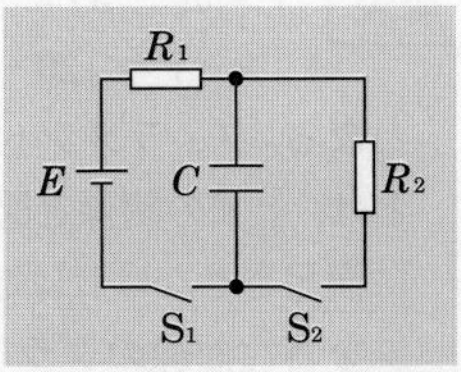

図67　コンデンサーの放電

2 コンデンサーのつなぎかえ

充電したコンデンサーのつなぎ方を変えると，電荷が移動して電位が変わる場合がある。このような場合は，次の3つの条件を考慮すれば，移動する電荷や新しい電位を求めることができる。

①孤立した導体にたまっている電荷は保存される。

②各コンデンサーについて，(4･13)式 $Q=CV$ が成りたつ。

③回路を1周して，電圧を足しあわせると，0になる(☞p.368)。

例題　コンデンサーのつなぎかえ

15Vの電池，1μF，2μF，3μFのコンデンサー C_1，C_2，C_3，スイッチ K_1，K_2 および検流計Gを図のようにつなぎ，点Bをアースする。最初どちらのスイッチも開いており，コンデンサーは充電されていない。

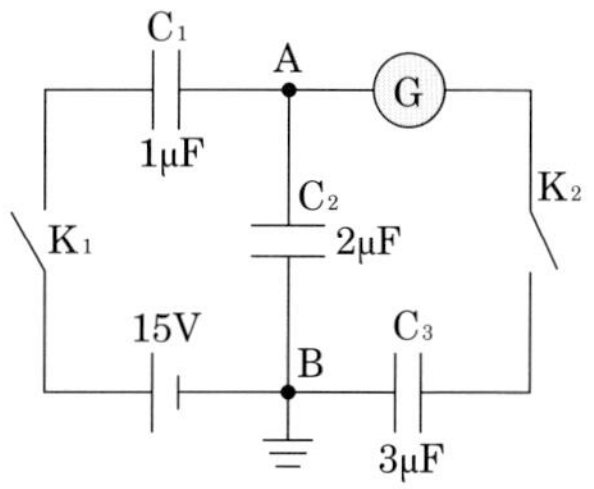

(1)　まず，スイッチ K_1 を閉じてしばらくしたときの点Aの電位を求めよ。

(2)　(1)のあと，K_1 を開き，K_2 を閉じてしばらくしたときの点Aの電位を求めよ。

(3)　(2)のとき，検流計Gを流れて C_3 に移った電荷はいくらか。

着眼　最初に K_1 を閉じると，C_1 と C_2 が充電される。C_1 と C_2 は直列である。次に K_1 を開いて，K_2 を閉じると，C_2 から C_3 に電荷が移動して，C_3 が充電される。

解説　(1)　C_1 と C_2 の電圧を，それぞれ V_1，V_2 とすれば，　$V_1+V_2=15\text{V}$　……①

C_1 と C_2 は直列だから，それぞれにたまる電荷は等しい。これを Q とすると，

$Q=1\times10^{-6}V_1=2\times10^{-6}V_2$　よって，　$V_1=2V_2$　……②

①，②より，　$V_1=10\text{V}$　　$V_2=5\text{V}$

点Aの電位は C_2 の電圧に等しいから，$V_2=5\text{V}$

(2)　K_1 を開き，K_2 を閉じたとき，C_2 と C_3 にたくわえられた電荷をそれぞれ Q_2，Q_3 とする。

C_2 と C_3 のA側の極板は孤立しているので，電荷は保存される。よって，

$Q_2+Q_3=Q=2\times10^{-6}\times5=10\times10^{-6}\text{C}$　……③

C_2 と C_3 は並列であるから，電圧は等しい。これを V とすると，

$Q_2=2\times10^{-6}V$　　$Q_3=3\times10^{-6}V$　……④

③，④より，$V=2\text{V}$

点Aの電位は C_2 の電位に等しいから，$V=2\text{V}$

(3)　検流計を流れた電荷は C_3 の正極板にたくわえられたから，Q_3 を求めればよい。

④より，　$Q_3=3\times10^{-6}\times2=6\times10^{-6}\text{C}$

答　(1)5V　(2)2V　(3)$6\times10^{-6}\text{C}$

このSECTIONのまとめ　さまざまな回路

□電池の起電力と内部抵抗 ☞ p.364	・電池には内部抵抗rがあるため，電池に電流Iが流れているとき，その端子電圧Vは起電力EよりrIだけ小さい。 $V = E - rI$ ・電池は，起電力Eと内部抵抗rとが直列に接続されたものと考える。 ・**電池の直列接続**…全体の起電力は各起電力の和に等しい。全体の内部抵抗も各内部抵抗の和に等しい。 ・**電池の並列接続**…同じ規格の電池をn個並列にすると，全体の起電力は1個の起電力に等しく，全体の内部抵抗は1個の$\frac{1}{n}$になる。
□キルヒホッフの法則 ☞ p.367	・**第1法則**…電流回路のある分岐点に流れこむ電流の総和は，その分岐点から流れ出る電流の総和に等しい。 ・**第2法則**…任意の1まわりの電流回路について，起電力の代数和は抵抗による電圧降下の代数和に等しい。
□電流計と電圧計 ☞ p.369	・**電流計**…**コイルと並列**に抵抗の小さい**分流器**を入れる。分流器の抵抗によって電流計の測定範囲を変えられる。 ・**電圧計**…**コイルと直列**に抵抗の大きい**倍率器**を入れる。倍率器の抵抗によって電圧計の測定範囲を変えられる。
□ホイートストンブリッジ ☞ p.371	・抵抗R_1とR_3，R_2とR_Xをそれぞれ直列につないで，中央を検流計でつなぐ。検流計が0をさすとき，$\frac{R_1}{R_3} = \frac{R_2}{R_X}$ ・**電位差計**…電池に電流を流さないで，起電力をはかる。
□非直線抵抗 ☞ p.373	・**非直線抵抗**…オームの法則にしたがわない。電球など。 ・電流と電圧の関係は**特性曲線**で与えられる。
□コンデンサーを含む直流回路 ☞ p.374	・コンデンサーと抵抗を直列につないだものに電池をつなぐと，最初は，$I = \frac{E}{R}$の電流が流れるが，コンデンサーの電圧がV_Cになると，$I = \frac{E - V_C}{R}$になる。

SECTION 4 半導体

1 半導体

1 半導体と導体・不導体

❶導体の電気的性質　金属や黒鉛(グラファイト)など，**抵抗率が小さく電気をよく流す物質**を導体という。導体中には，原子核のまわりの軌道から離れて移動できる**自由電子**があり，この移動によって電流が流れる。(☞p.355)

❷不導体・半導体の電気的性質　プラスチックやガラス，セラミックスなどのように**抵抗率が大きく電気を流しにくい物質**を不導体または絶縁体という。不導体には金属のような自由電子は存在せず電流が流れにくい。

ケイ素(Si)やゲルマニウム(Ge)などは，両者の中間の抵抗率を示し，これらを半導体という。

温度を変化させるとき，導体では高温になるほど抵抗率は増加し，逆に半導体や不導体の場合は高温になると抵抗率は減少する。このような電気的性質や熱的性質のちがいは，固体中の電子の状態のちがいによる。

表1　20℃での抵抗率〔Ω・m〕

導体	銅	1.6×10^{-8}
	アルミニウム	2.8×10^{-8}
	鉄	9.8×10^{-8}
半導体	ケイ素	2.3×10^{3}
	ゲルマニウム	0.47
不導体	ガラス	$10^{9}\sim10^{12}$
	ナイロン	$10^{8}\sim10^{13}$

2 p型半導体・n型半導体

❶真性半導体　ケイ素(Si)やゲルマニウム(Ge)は周期表の14族に属し，炭素(C)と同様に4個の**価電子**(最も外側の電子)をもっている。1個の原子はまわりの4個の原子と結合して結晶をつくる。原子どうしの結合では，互いに電子を1個ずつ出しあい，1組の電子のペアをつくって，2個の電子を共有する。これを共有結合という。

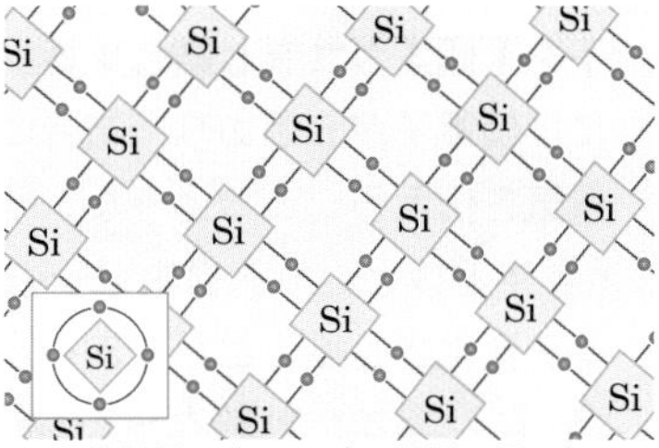

図68　真性半導体

原子1個は4個の原子と結合しているので8個の電子を共有する。**このため不純物を含まないSiやGeには自由電子が存在せず，絶対零度(0K)では電流を流すことはできない。**しかし，温度を上げたり，光を与えたりすると，原子に共有されていた電子のごく一部が，原子の束縛から離れて動きまわれるようになり，電流がごくわずか流れる。このように，不純物を含まない半導体を，真性半導体という。

❷ホール(正孔) **真性半導体中で共有されていた電子が1つ結合から外れると，原子どうしが結合する上で電子が足りない部分が1か所できる。**この電子が足りない部分を，電子の欠乏した孔とみなしホール(正孔)という。**結合をつくっていた電子が自由電子として抜けたあとの部分がホールになる**ので，真性半導体中の自由電子とホールの数は同じである。

❸ホールの移動 ホールは不安定であり，**まわりの電子を捕らえようとする性質がある。**結合をつくっていた電子がホールに飛びこむと，その電子がもともとあった部分がホールとなる。そのホールにまた別の電子が飛びこむことがくり返され，ホールが結晶内を移動するように見える。

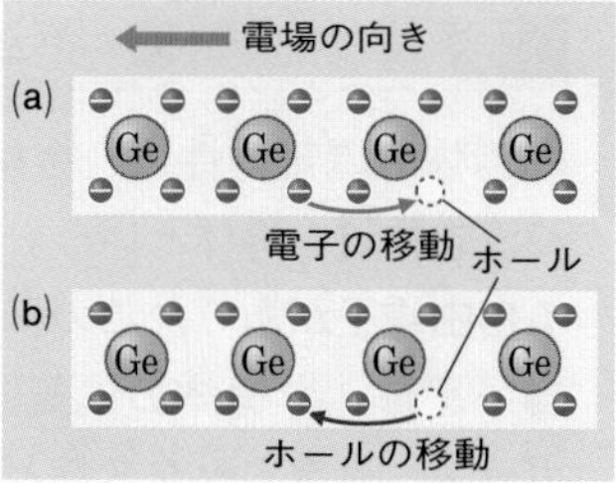

図69 ホールの移動

このとき，ホールはあたかも速度とエネルギーをもった独立粒子のようにふるまう。ホールをもった結晶に電場をかけると，ホールは電場の向き(電子とは逆向き)に移動して電流が流れる。自由電子もホールも電気を運ぶことができるので，キャリアという。

補足 半導体の温度が上がると，電子のエネルギーが大きくなり，結合から外れやすくなるので，電子やホールの数が増加する。温度が上昇するとき，**熱運動による抵抗の増加(**☞p.355**)よりもキャリアの増加で流れやすくなる効果のほうが大きいので，**半導体の抵抗率は高温ほど小さくなる。

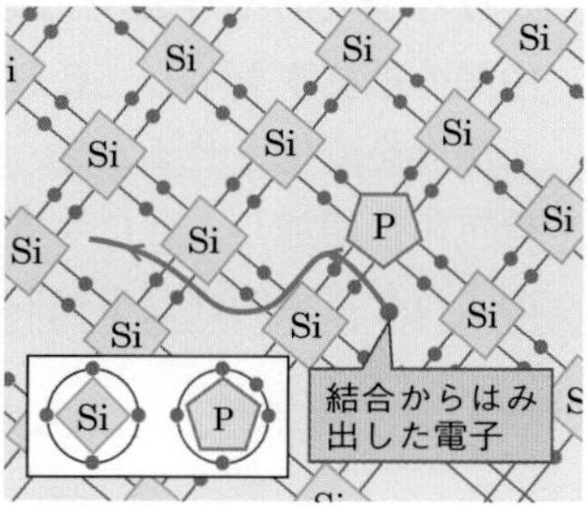

図70 n型半導体

❹n型半導体 純粋なSiやGeの結晶中に，ヒ素(As)やリン(P)など価電子が5個ある15族の元素を不純物として微量混ぜると，これらはまわりの原子と電子を1個ずつ共有し結合する。しかし，不純物原子には価電子が5個あり，結合に4個使っても1個余る。この電子は**自由電子**となり，**電気を伝える。**このような，結合からはみ出した電子により電流が流れる半導体をn型半導体という。自由電子の数は不純物の原子数と同じため，**不純物の量で抵抗率を変化させることができる。**

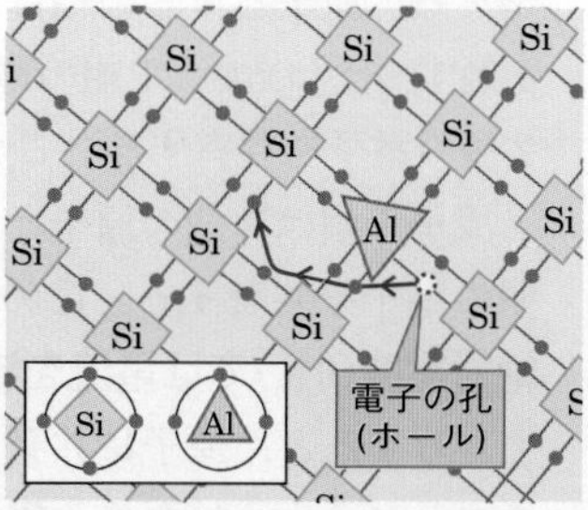

図71 p型半導体

❺p型半導体 純粋なSiやGeの結晶中に，アルミニウム(Al)，インジウム(In)やホウ素(B)など価電子が3個ある13族の元素を，不純物として微量混ぜると，これらの原子は価電子を3個しかもたないため，まわりのSiやGeと結合するときに，1か所だけ電子が不足してホールができ，それが電気を伝える。ホールが電流のにない手となる半導体をp型半導体という。n型半導体とp型半導体を合わせて**不純物半導体**という。

3 ダイオード

❶pn接合　図72(a)のように，p型半導体とn型半導体を接合したものをpn接合といい，その両端に電極をつけたものを半導体ダイオードという。半導体ダイオードは図72(b)のような記号で表される。pn接合では，pからnに向けて(順方向)だけ電流を流すが，nからpへ向けて(逆方向)は電流を流せない。

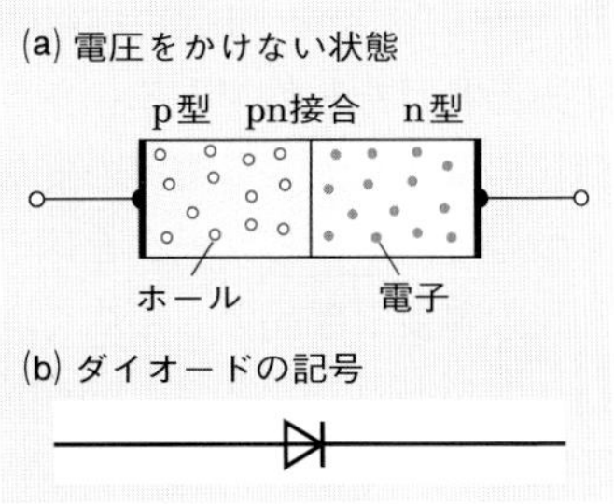

図72　半導体ダイオード

このように，一方向だけに電流を流す作用を整流作用という。半導体ダイオードの用途の一つに**交流を直流に変換する整流作用**(☞ p.422)がある。また，半導体ダイオードは**LED**(**発光ダイオード**)や**太陽電池**(☞ p.225)としても用いられる。

❷順方向　図73(a)に示すように，p型を＋極，n型を－極につないでpn接合に電圧を加える。p型中のホールは－極へ向かい，n型中の電子は＋極へ向かって移動するので，pからnへ電流が流れる。**p型のホール，n型の電子はpn接合部を越えたところで，それぞれn型中の電子，p型中のホールと結合し消滅する。**

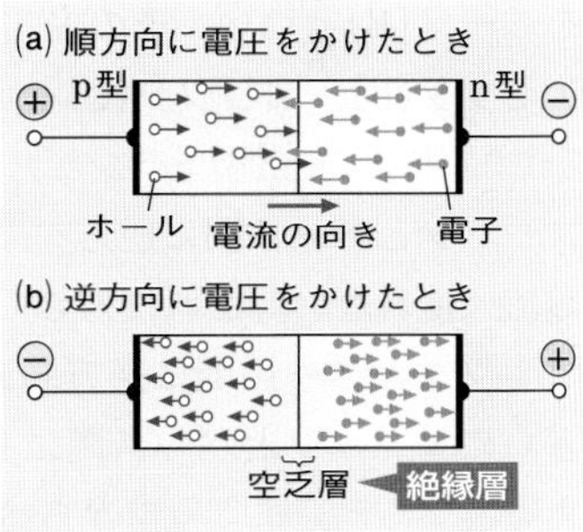

図73　順方向と逆方向

いっぽう－極側では，電極からn型に電子が供給され，＋極へと向かう。＋極側では，電子が電極へ移動し，新たなホールがつくられ－極へと向かう。こうして，pn接合には，**電圧を加えている間，ホールや電子が補給されて電流が流れ続ける。**これを順方向という。

❸逆方向　図73(b)に示すように，p型を－極，n型を＋極につないでpn接合に電圧を加えると，p型の中のホールは－極へ向かって，n型中の電子は＋極へ向かって移動する。このため，**接合を超えての電子やホールの移動がなく，**電流はほとんど流れない。これを逆方向という。

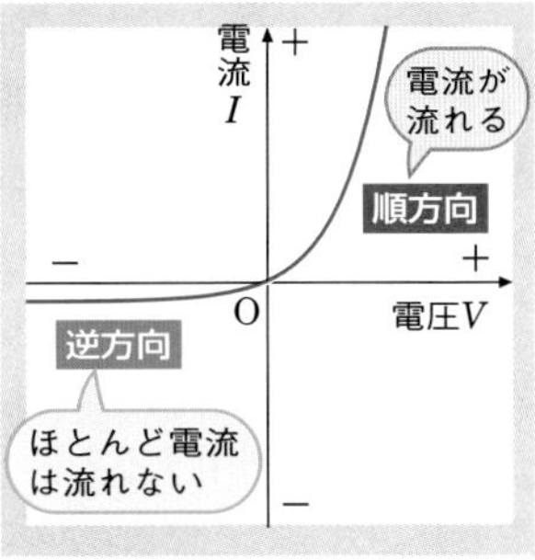

図74　半導体ダイオードの電圧－電流特性

視点　半導体ダイオードに逆方向の電圧をかけたとき，電流はほとんど流れず，その大きさもほぼ変化しない。

第4編　電気と磁気

4 トランジスタ

❶トランジスタ トランジスタは**2つのpn接合を組みあわせたもの**である。トランジスタは，微弱な電流の変化を大きな電流の変化に変える**増幅作用**をもつので，コンピュータをはじめ，さまざまな電子回路の重要な部品として広く用いられている。

❷npn型トランジスタ・pnp型トランジスタ

図75のように2つのn型半導体の間に薄いp型半導体をはさんだものを**npn型トランジスタ**といい，図76のように2つのp型半導体の間に薄いn型半導体をはさんだものを**pnp型トランジスタ**という。また，それぞれのトランジスタで，中央の薄い部分を**ベース(B)**といい，その左右の半導体をそれぞれ**エミッタ(E)，コレクタ(C)**という。

❸増幅作用 npn型トランジスタに図77(a)のように，コレクタとベース間に逆方向の電圧 V_C を加えても，電流は流れない。これに対して，図77(b)のように，コレクタとベース間に逆方向の電圧 V_C を加えて，さらにエミッタとベース間に順方向の電圧 V_B を加える。すると，エミッタからベースに電子が流れこみ，ベース電流 I_B が流れるようになる。

このとき，ベースは非常に薄いため，エミッタからベースに入った電子の一部だけが，ベース内のホールと結合して，ベース電流は小さな値となる。一方，**エミッタからベースに入った電子の大部分は，ベースを通り抜けてより電位の高いコレクタに流れこみ，大きな電流(コレクタ電流 I_C)となる。**

このことを利用すると，ベース電圧 V_B (入力信号)を変化させることにより，ベース電流 I_B の小さな電流の変化を，コレクタ電流 I_C (出力信号)の大きな電流の変化に変えることができる。これが，**増幅作用**である。

POINT!
トランジスタ…**2つのpn接合を組みあわせたもの**で**増幅作用**をもつ。

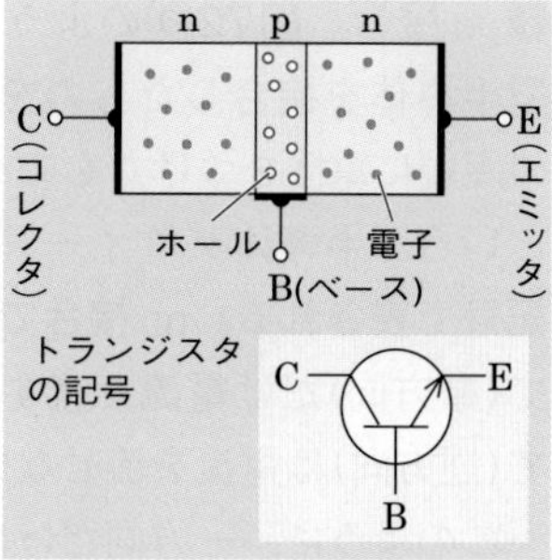

図75 npn型トランジスタ

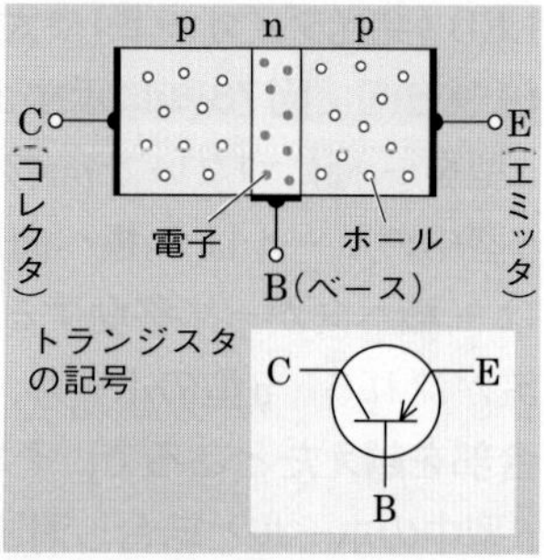

図76 pnp型トランジスタ

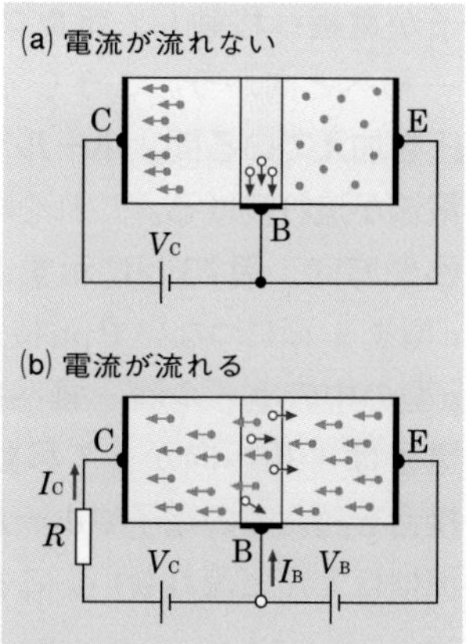

図77 npn型トランジスタの増幅作用

❹増幅率　たとえば，図78のようにベース電流の変化を4としたとき，コレクタ電流の変化が96になったとする。このとき，**増幅率**は24倍となる。

増幅作用によるコレクタ電流の変化量をΔI_Cとすると，コレクタにつないだ外部抵抗Rの両端には，

$$\Delta V = R \cdot \Delta I_C$$

の電圧変化を得ることができる。

実際のトランジスタでは増幅率は数十倍から数百倍である。

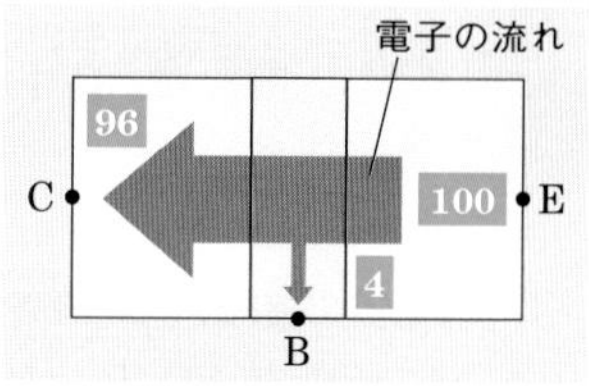

図78 増幅率

視点 ベースとコレクタの電流の変化の比が信号の増幅率となる。$\left(\frac{96}{4} = 24\text{倍}\right)$

❺トランジスタのキャリア　**npn型トランジスタのキャリアはおもに負の電荷をもつ自由電子である。**自由電子はエミッタからコレクタに向かって移動するため，電流はコレクタからエミッタへと流れる。いっぽう，**pnp型トランジスタのキャリアはおもに正の電荷をもつホール(正孔)なので**，電荷および電流は，エミッタからコレクタへと流れる。

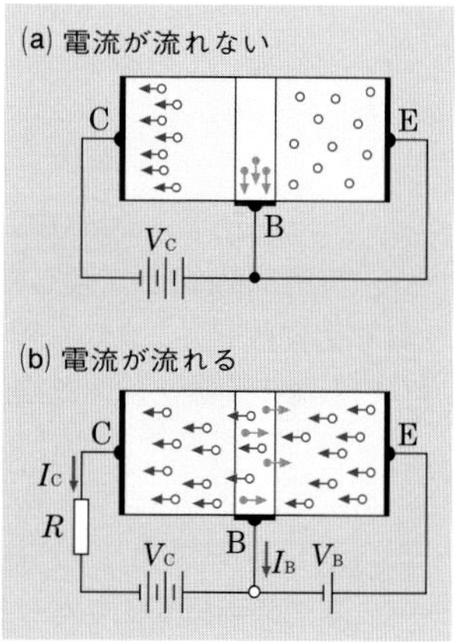

図79 pnp型トランジスタの増幅作用

このSECTIONのまとめ　半導体

□ 半導体 p.377	・**導体・不導体・半導体**の電気的性質のちがいは，固体中の電子の状態のちがいによる。 ・n型半導体…結合からはみ出した電子(**自由電子**)が電気を伝える。 ・p型半導体…**ホール**(電子の孔(あな))が電気を伝える。 ・**半導体ダイオード**…p型とn型の半導体を接合したもの。順方向に接続したときだけ電流が流れる。 ・**トランジスタ**…薄い半導体を異種の半導体ではさんだもので**npn型**と**pnp型**がある。**増幅作用**をもつ。

CHAPTER 2

練習問題

解答 p.553

① 〈抵抗の接続〉 物理基礎

4つの抵抗R_1, R_2, R_3, R_4を右の図のように接続した回路がある。ただし，$R_1=40\,\Omega$, $R_2=30\,\Omega$, $R_3=20\,\Omega$, $R_4=10\,\Omega$とする。R_3に100 mAの電流が流れているものとして，次の各問いに答えよ。

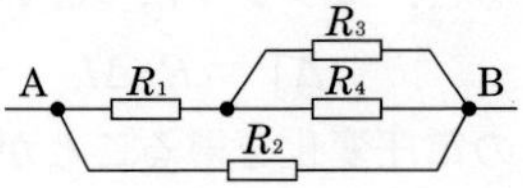

(1) R_4を流れている電流はいくらか。

(2) AB間の電位差はいくらか。

(3) R_2に流れている電流はいくらか。

② 〈ジュール熱〉 物理基礎

質量500 gの水に浸したニクロム線に2.5 Aの電流を30分間流したら，水の温度が54℃上昇した。ニクロム線で発生した熱がすべて水の温度上昇に費やされたとして，ニクロム線の両端に加えた電圧を求めよ。ただし，水の比熱は4.2 J/(g·K)とする。

③ 〈電池の起電力と内部抵抗〉 テスト必出

電池の両極間にすべり抵抗器と電圧計とを並列につないだところ，すべり抵抗器の電気抵抗が16.2 Ωおよび8.1 Ωのときに，電圧計がそれぞれ1.39 Vおよび1.32 Vを示した。この回路について，次の各問いに答えよ。ただし，電圧計に流れる電流は無視できるほど小さいものとする。

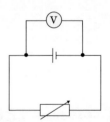

(1) この電池の起電力と内部抵抗はいくらか。

(2) この電池の両極間に15.0 Ωの抵抗器をつないだとすると，流れる電流はいくらか。

(3) (2)の抵抗器で消費される電力はいくらか。

④ 〈最大消費電力〉 物理基礎

起電力E〔V〕，内部抵抗r〔Ω〕の電池にすべり抵抗器を右の図のように接続した回路がある。すべり抵抗器の抵抗値をいくらにしたとき，その抵抗器内で単位時間に発生する熱量が最大になるか。また，そのときの消費電力はいくらか。

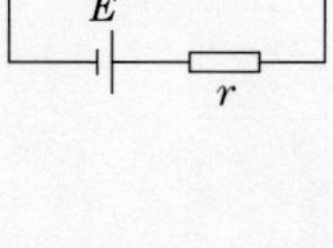

5 〈直流回路とキルヒホッフの法則〉テスト必出

右の図の回路で，R_1，R_2，R_3，R_4，R_5は抵抗値がそれぞれ10Ω，30Ω，20Ω，40Ω，60Ωの抵抗器，E_1，E_2は起電力がそれぞれ6.0V，2.0Vの電池で，それらの内部抵抗は無視できるほど小さいものとする。これについて，次の各問いに答えよ。

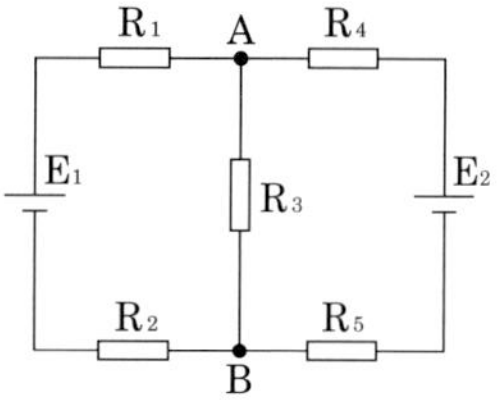

(1) R_1，R_3，R_4を流れる電流をそれぞれ求めよ。

(2) AB間の電圧はいくらか。

(3) 抵抗R_3を回路から取りはずすと，AB間の電圧は何Vになるか。

6 〈電池の並列接続〉

起電力E_1，内部抵抗r_1の電池，起電力E_2，内部抵抗r_2の電池，および抵抗値Rの抵抗器を右の図のようにつないだ電流回路がある。それぞれの電池，および抵抗器に流れる電流の大きさ（図のI_1，I_2，およびI）を求めよ。

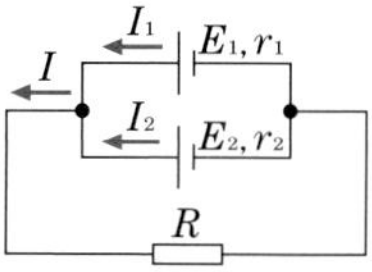

7 〈ホイートストンブリッジ〉テスト必出

右の図において，R_1，R_2は抵抗値がそれぞれ10Ω，15Ωの抵抗器，R_3はすべり抵抗器，R_4は白金線である。R_1，R_2，R_3は温度が変化しても抵抗値が変わらないが，R_4は一般的な金属と同様に変化する。0℃において，検流計の指針が0を示すようにすべり抵抗器を調整したら，R_3は30Ωであった。これについて，次の各問いに答えよ。

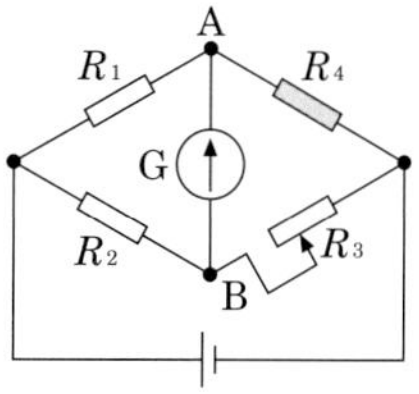

(1) この回路をそのままにして，温度を50℃にしたとき，検流計を流れる電流の向きはA→Bの向きか，それともB→Aの向きか。

(2) 50℃において検流計の指針が0を示すようにR_3を調整しなおしてから，温度を20℃に変え，検流計の指針が再度0を示すようにするためには，R_3を3.6Ω減少させなければならなかったという。この白金線の抵抗の温度係数はいくらと推定されるか。

8 〈電位差計〉テスト必出

右の図の回路で，E_0，Eは内部抵抗の無視できる電池，PQは太さが一様な長さ100.0cmの抵抗線で，その抵抗値は20.0Ωである。また，Aは電流計，Gは検流計，SはPQ上をすべり動く接点である。

いま，SがPから52.0cmの距離にあるとき，Aの読みが0.150Aで，Gには電流が流れなかった。このとき，電池Eの起電力は何Vか。

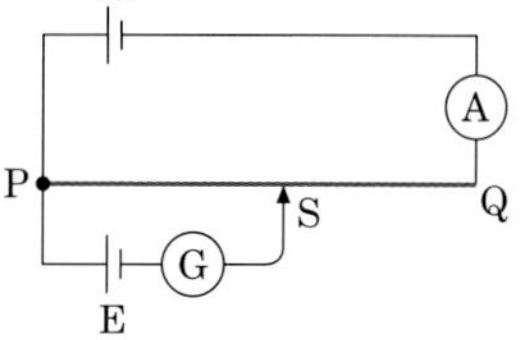

9　〈電流計〉テスト必出

内部抵抗200Ω，最大目盛り0.5mAの直流電流計を用いて，いくつかの測定を行った。これについて，次の各問いに答えよ。

(1)　最大5Vまで測れる直流電圧計として使うには，何Ωの抵抗をどのようにつなげばよいか。

(2)　この直流電流計と起電力1.5Vの電池および抵抗R_0を用いて，右の図に示す回路をつくり，抵抗値が未知の抵抗Rを測定する抵抗計を作りたい。R_0をいくら以上にしたらよいか。ただし，電池の内部抵抗は0とし，Rの範囲は0から無限大まで取りうるものとする。

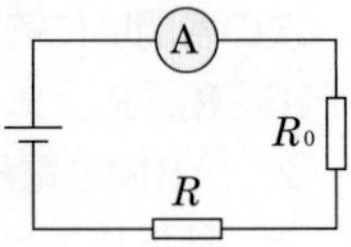

(3)　(2)の抵抗計で，ある抵抗器の抵抗値を測定したら，電流計の針が0.25mAを示した。この抵抗器の抵抗値はいくらか。

10　〈コンデンサーを含む回路〉テスト必出

抵抗$R_1 = 20\,\Omega$，$R_2 = 20\,\Omega$，起電力30V(内部抵抗5.0Ω)の電池E，容量12μFのコンデンサーC，スイッチKを図のように接続した。これについて，次の各問いに答えよ。

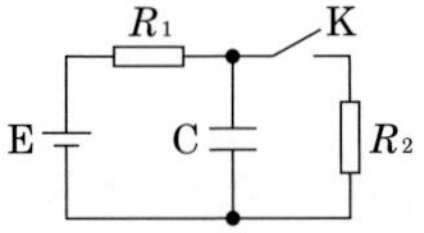

(1)　Kを開いてしばらくたったとき，コンデンサーにたくわえられる電気量を求めよ。

(2)　Kを閉じてしばらくたったとき，コンデンサーにたくわえられる電気量を求めよ。

11　〈非直線抵抗①〉テスト必出

タングステン電球のフィラメントにかかる電圧と流れる電流の関係を，20℃の室内で直流電源を用いてじゅうぶん安定した状態で測定したところ，右のグラフを得た。次の各問いに答えよ。

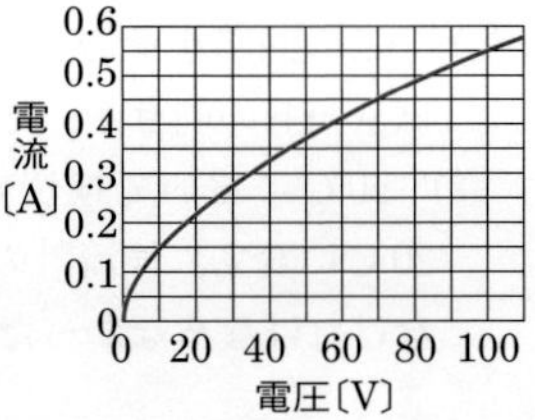

(1)　タングステンフィラメントのt℃での電気抵抗Rは，

$$R = R_0[1 + 5.50 \times 10^{-3}(t - 20)]$$

(ただし，R_0は20℃でのフィラメントの電気抵抗値で，$R_0 = 18.2\,\Omega$である)で与えられるものとし，上の実験で電圧が100Vのときのフィラメントの温度を求めよ。

(2)　この電球と，100Ωの固定抵抗とを右の図のように直列につなぎ，全体に50Vの電圧をかけると，安定した状態のとき何Aの電流が流れるか。ただし，固定抵抗の電気抵抗値は温度によって変化しないものとする。

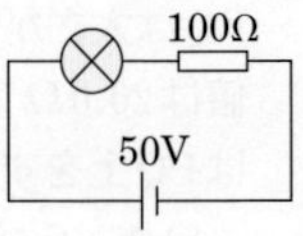

⑫ 〈非直線抵抗②〉 テスト必出

次の文を読んで，あとの問いに答えよ。

右の図１の回路で，R_1は抵抗値が200Ωの固定抵抗器，R_2は半導体の抵抗器で，R_2を流れる直流電流とその両端の直流電圧との関係は図２で与えられるものとする。

⑴　この回路で，$E=25$Vの直流電圧を加えたとき，流れる全電流Iはいくらか。

⑵　⑴の場合に，AB間の電位差はいくらか。

⑶　電圧Eを25Vから増加させたとき，ある値において，AB間の電位差が0になった。このときのEの値を求めよ。

図１

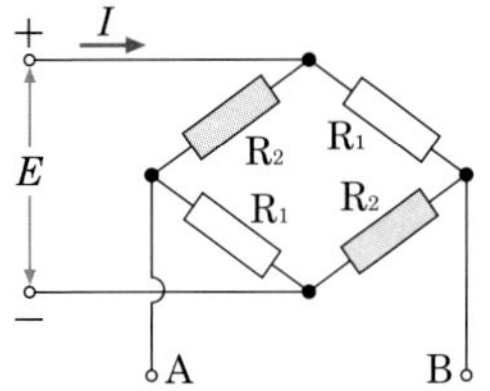

図２

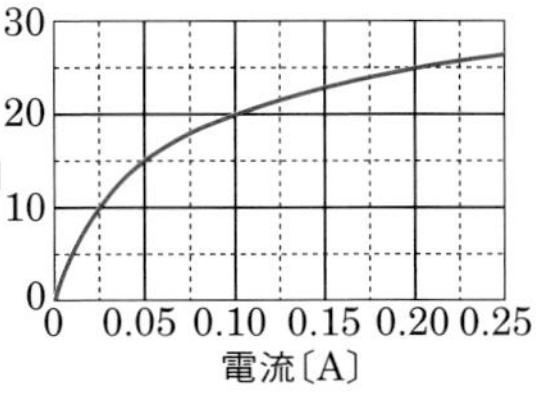

⑬ 〈半導体〉

次の文の［　　］の中に適当な語句を記入せよ。

半導体には，p型半導体と①［　　］型半導体とがある。前者は電流のにない手が②［　　］であり，後者は③［　　］である。両者を接合したものを半導体④［　　］といい，その接合部を⑤［　　］という。

④［　　］のp型半導体のほうに＋の電圧を加えると，その中の⑥［　　］は接合部に向かって流れ，そこを通り抜けて⑦［　　］型半導体に進入し，その中の⑧［　　］と結合して消滅する。−の電圧を加えた⑨［　　］の中の⑩［　　］は接合部を通って⑪［　　］型半導体に進入し，その中の⑫［　　］と結合して消滅する。

それぞれの中で不足した固有の電荷はそれぞれの電極から補給されるので，電流は流れ続ける。このような方向を⑬［　　］という。電圧の向きを逆にすると，p型半導体の中の⑭［　　］や⑮［　　］型半導体の中の⑯［　　］はそれぞれの電極に向かって流れてしまい，⑰［　　］をまたいだ電流は流れなくなる。このような方向を⑱［　　］という。

⑭ 〈ダイオード〉 テスト必出

図の回路で，Dは理想的なダイオードで，矢印の向きに電流が流れるときは抵抗0，矢印と逆向きのときは抵抗が無限大である。これについて，あとの各問いに答えよ。

⑴　電流I_3が流れるための起電力Eの値の範囲を求めよ。

⑵　このときのI_3を縦軸，Eを横軸にとってグラフをかけ。

⑶　Dに電流が流れなくなる瞬間のI_1はいくらか。

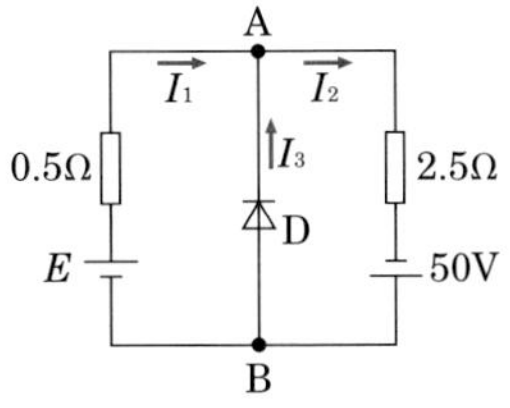

CHAPTER

3 » 電流と磁場

SECTION 1

電流と磁場 物理基礎

1 | 電流は磁場をつくる (くわしくは☞p.394～)

1 磁場と磁力線

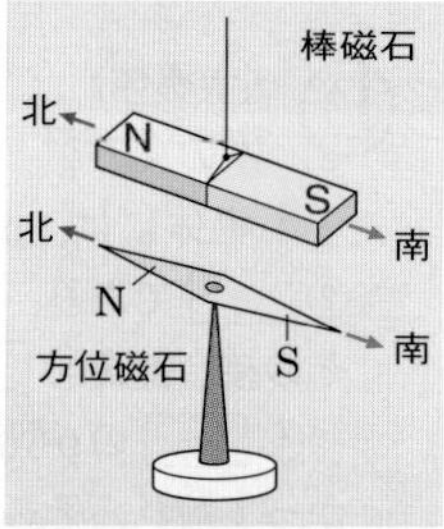

図80 磁極と方位

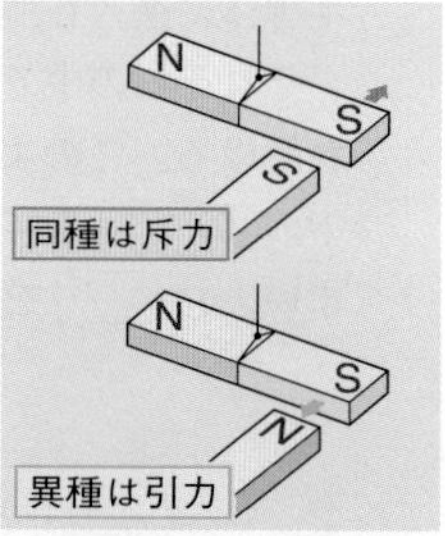

図81 磁気力

❶磁極 磁石の両端には，鉄粉をよく吸いつける場所がある。これを磁極という。磁石にはN極とS極の２種類の磁極がある。図80のように棒磁石を糸でつるしたり，方位磁石を水平に置くと，ほぼ南北を向いて静止する。このとき北を向く磁極がN極，南を向く磁極がS極である。

❷磁気力 電荷と同様に**同種の極どうしは反発しあい，異種の極どうしは引きあう。**この力を磁気力または磁力という。

❸磁場 磁極が磁気力を受けるとき，**そのまわりの空間が特別な性質をもっている**と考えることができる。★1 磁気力のはたらく場を磁場または磁界といい，記号$\vec{H}$で表す。磁場も電場と同様に大きさと向きをもつベクトルであり，**N極が引きつけられる向きが磁場の向き**と定められている。

❹磁力線 磁石のまわりに鉄粉をまくと図82のような曲線状の模様があらわれる。これは，磁場中の鉄粉が磁場の向きに沿って並ぶ性質をもつからである。

この模様は，磁場のようすを理解するのに役立つのでこのような**空間の各点での磁場を連ねた曲線**を考える。これを磁力線という。

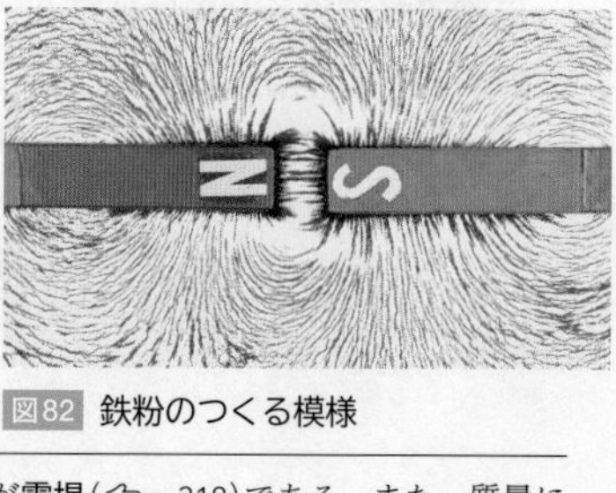

図82 鉄粉のつくる模様

★1 同様に，電荷によって静電気力がはたらくように変化した空間が電場(☞p.318)である。また，質量によって万有引力がはたらくように変化した空間が重力場である。

❺磁力線の性質　磁場はN極が引きつけられる向きなので，**磁力線はN極から出てS極に入る曲線**となり，途中で交わったり，枝分かれしたりすることはない。また，**磁力線が集まっているところほど，強い磁場である。**

棒磁石において，磁力線が入ってくる磁極がS極になり，磁力線が出ていく磁極がN極になる。

参考　同様に電場を連ねて描いた曲線を**電気力線**（☞p.325）という。

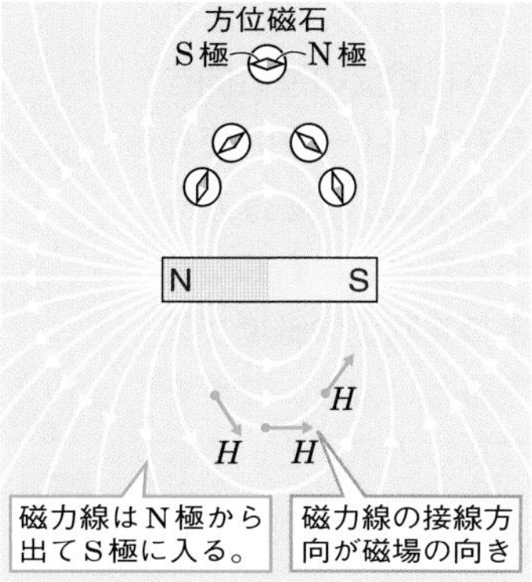

図83　磁力線

2　電流がつくる磁場

❶直線電流がつくる磁場　図84に示すように，大きな長方形状に巻いた導線の束に，垂直になるよう板をとりつける。導線に直流電流を流している状態で板の上に鉄粉をふりまくと，鉄粉は図85のように，導線を中心とした同心円に沿うように並ぶ。

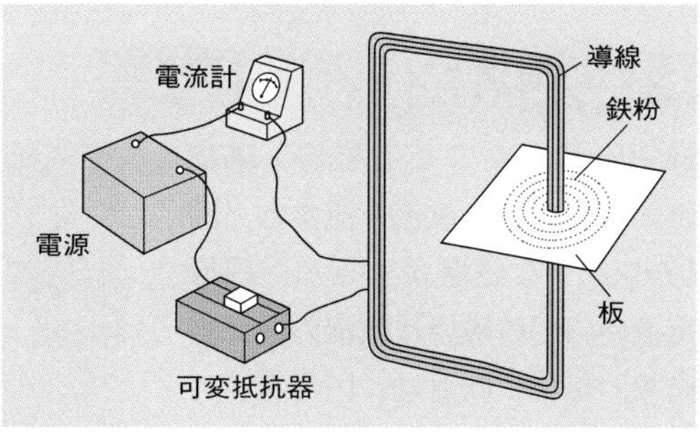

図84　磁場を調べる実験

このことから**直線上の導線に電流を流すと，そのまわりには，導線を中心としてそれに垂直な同心円状の磁場ができる**ということがわかる。

注意　図84のように導線を巻いたとき，観察したい辺の対辺や，となりの辺にある導線を中心とした磁場も生じる。この磁場の影響を受けないように，導線はじゅうぶん大きく巻く必要がある。

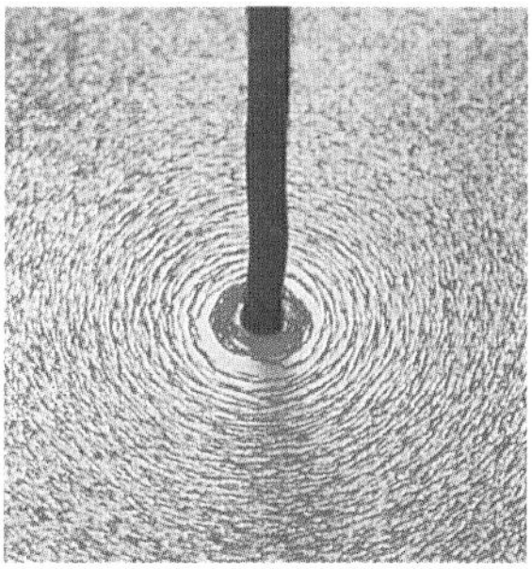
図85　直線電流の磁場

POINT!

直線電流による磁場…導線を中心として，それに垂直な同心円に沿った方向の磁場が生じる。

❷右ねじの法則　図84の実験で，板の上に**方位磁石**をのせると，磁場の向きを調べることができる。すると，磁場の向きは，電流を上から下に流したときに時計まわり，下から上に流したときに反時計まわりになっていることがわかる。

すなわち，図86のように**電流の進む向きを右ねじ**[★1]**（一般に使われるねじ）の進行方向としたとき，右ねじをまわす向きの磁場ができる**といえる。これを右ねじの法則という。

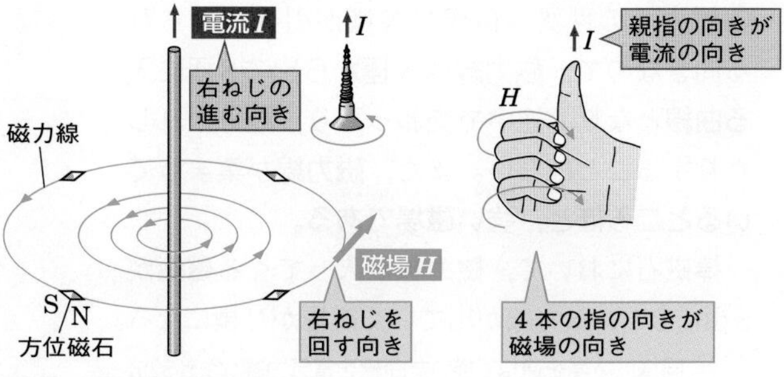

図86　直線電流の磁場の向き

POINT!
右ねじの法則…右ねじの進む向きの電流を流すと，右ねじをまわす向きの磁場が生じる。

3 円形電流とソレノイド　重要

❶円形電流がつくる磁場　導線を円形に束ねて電流を流すと，図87のような磁場ができる。円形電流の内部の磁場は電流の面に垂直で，磁場の向きは，円形電流の微小な部分を直線電流とみなして右ねじの法則を適用すればわかる。電流の向きに右ねじをまわすと，磁場の向きはねじの進む向きになっている。

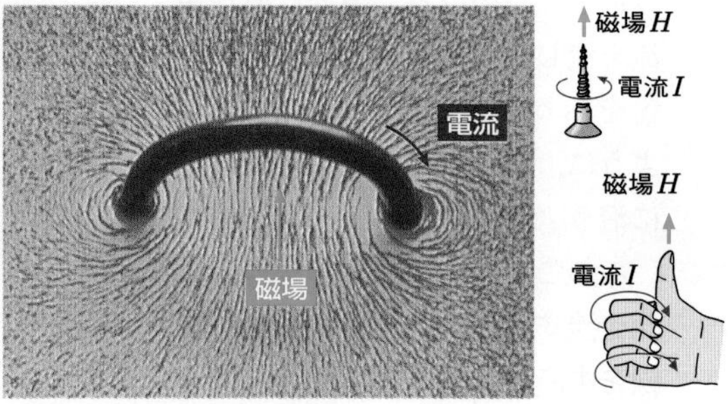

図87　円形電流がつくる磁場

❷ソレノイドがつくる磁場

導線を円筒に巻いたものをコイルといい，そのうち，導線を長い円筒に均等に，しかも密に巻いたものをソレノイドという。ソレノイドに電流を流すと図88のような磁場ができる。十分に長いソレノイドを考えると，**ソレノイド内部の磁場はソレノイドの軸に平行であり，すぐ外側の磁場は0である。**磁場の向きは円形電流と同じようにして知ることができる。

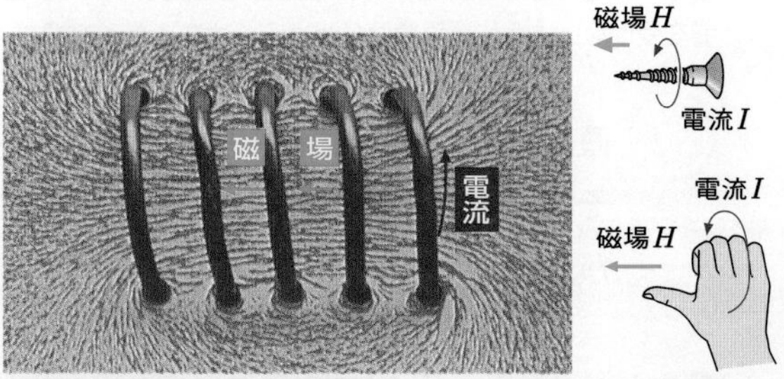

図88　ソレノイドがつくる磁場

★1 ふつうの木(もく)ねじや蛇口の取っ手のように，時計まわり（右まわり）に回すと奥に進んでしまるねじである。

例題　**直線電流による磁場**

紙面に垂直な2本の導線A，Bに同じ大きさの電流Iが流れている。⊗は紙面の表から裏へ流れる電流を，⊙は紙面の裏から表へ流れる電流を示している。

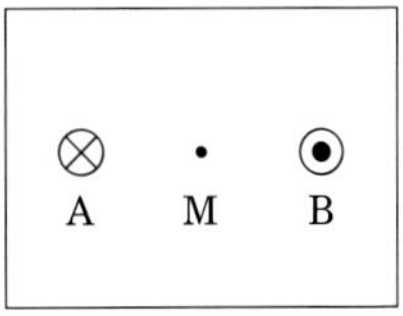

(1)　ABの中点Mに導線Aがつくる磁場の向きを示せ。
(2)　中点Mでの導線AとBによる磁場の向きを示せ。

着眼　右ねじの法則を使う。

解説　Mを通る磁力線は，右ねじの法則よりAは時計まわり，Bは反時計まわりである。磁力線の接線方向が磁場の向きなので，Mでは磁場はともに下向きになり，全体でも下向きとなる。

答　下図赤矢印

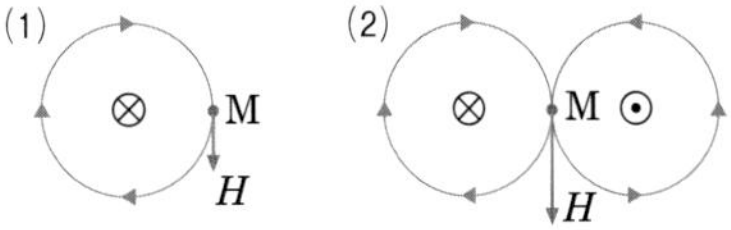

補足　電流の向きと電流のつくる磁場の向き，電流の向きと電流が磁場から受ける力の向きは互いに垂直(☞p.390)なので，すべてを平面上に書き表すことはできない。そこで，この例題のように紙面の裏から表に出てくるような向きを⊙，紙面の表から裏に入っていく向きを⊗で示すことがある。⊙は弓矢のやじり，⊗は弓矢のやばねを前後から見たようすを表している。

例題　**磁場の向き**

次のような導線に電流を流した場合，P点での磁場の向きはaかbか。また，(3)，(4)で，コイルを棒磁石とみなすとN極になるのはA，Bどちら側か。

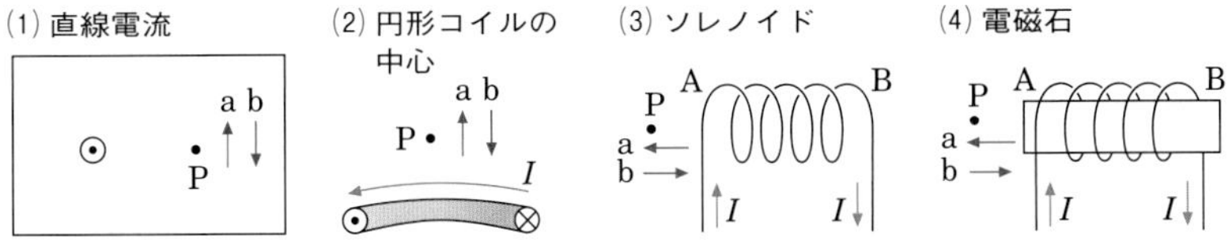

着眼　右ねじの法則を使って電流の向きから磁場の向きを求める。このとき，磁力線の出ている側がN極となる。

解説　(1)　紙面裏から表への電流のつくる磁場は反時計まわりなので，点Pでは上向きのa。
(2)　電流の向きを右手の指の向きとすると，磁場の向きに対応した親指の向きは上向きになるのでa。
(3)　電流の向きにあわせて右手の指を折り曲げると，親指(磁場)の向きは右向きのb向き。このとき，Bから磁力線が出るのでN極はB側。
(4)　(3)と逆向きの電流なので，a向き，N極はA側。

答　(1)a　(2)a　(3)b，B　(4)a，A

第4編　電気と磁気

2｜電流は磁場から力を受ける（くわしくは☞p.401～）

1 電流が磁場から受ける力

❶電磁力　図89のような装置で，磁石の間に置いたアルミパイプに電流を流すと，パイプはレールに沿って運動する。パイプのまわりには電流による磁場が生じており，これが磁石による磁場と力を及ぼしあい，パイプが移動したと考えられる。このような，電流が磁場から受ける力を電磁力という。

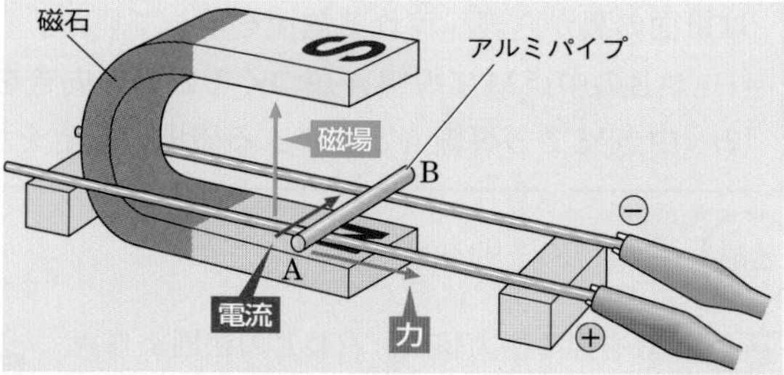

図89　電流が磁場から受ける力

❷電流が磁場から受ける力の向き　図90(a)はパイプABのまわりの磁場をAの側から見たものである。図90(a)の緑色の線は磁石の磁場，青色の線は直線電流ABによる磁場である。この2つを合成すると，図90(b)のように電流の左側では磁力線が密に，右側では疎(そ)になる。**磁力線にはゴムひものように張力があって，曲げられるとまっすぐになろうとする性質がある**ので，導線の左側の磁力線は導線を右向きに押す。

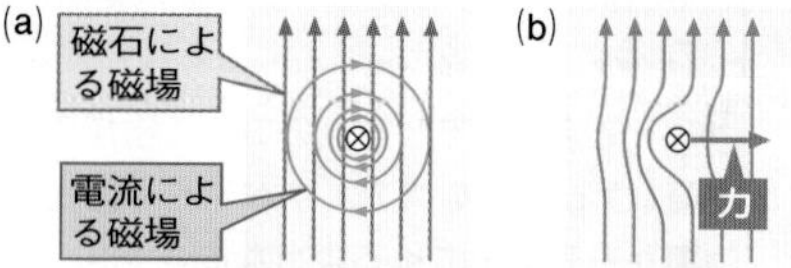

図90　電流が受ける力と磁力線

❸フレミングの左手の法則　電流が磁場から受ける力F〔N〕の向き，磁場H〔A/m〕の向き，電流I〔A〕の向きは，左手の3本の指を図91のように互いに垂直に立てたとき，順に親指，人差し指，中指の向きに対応している。

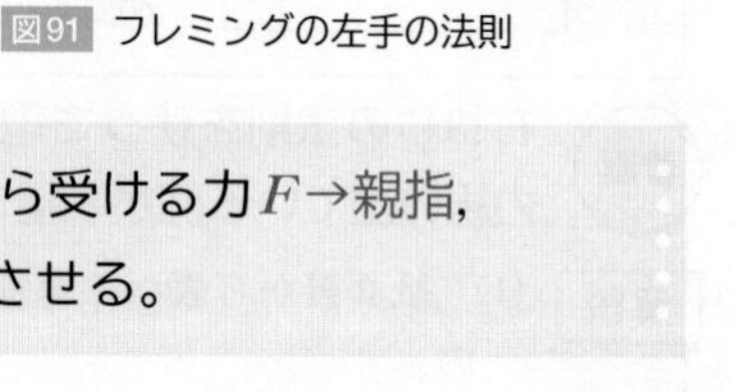

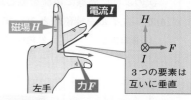

図91　フレミングの左手の法則

POINT!
フレミングの左手の法則…**電流が磁場から受ける力F→親指，磁場H→人差し指，電流I→中指に対応させる。**

例題　**電流が受ける力の向き**

紙面に垂直に流れる直線電流Iに磁場を加えたところ，紙面と平行な力を受けた。このときの力の向きを示せ。

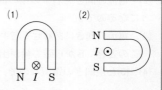

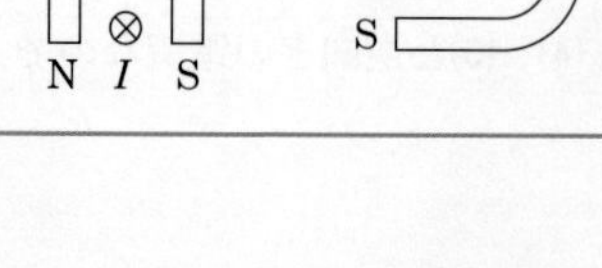

着眼　NからSへ向かう向きが磁場Hの向きである。

解説　フレミングの左手の法則を使う。　　答 (1)下向き　(2)右向き

2 モーターのしくみ

❶モーターの構造　モーターは電流が磁場から受ける力を利用して回転運動する装置である。直流モーターは，**磁石，コイル，整流子，ブラシ**からなる。

❷モーターの回転の原理　図92のコイルABCDに電流を流す。(a)では導線ABは上向きに，導線CDは下向きに力を受け，時計まわりに回りはじめる。(b)ではABは上向き，CDは下向きに力を受け，さらに回転する。(c)の状態になると整流子によりコイルを流れる電流は逆転する。このため，ABは下向き，CDは上向きの力を受け時計まわりをつづける。**整流子により半回転に一度コイルを流れる電流の向きが逆転する**ため，コイルは同じ方向(時計まわり)に回りつづける。

　交流モーターでは整流子がないが，半回転に一度電流の向きが変わる**交流電流**(☞p.421)を供給するため，やはり同じ方向に回転をつづける。

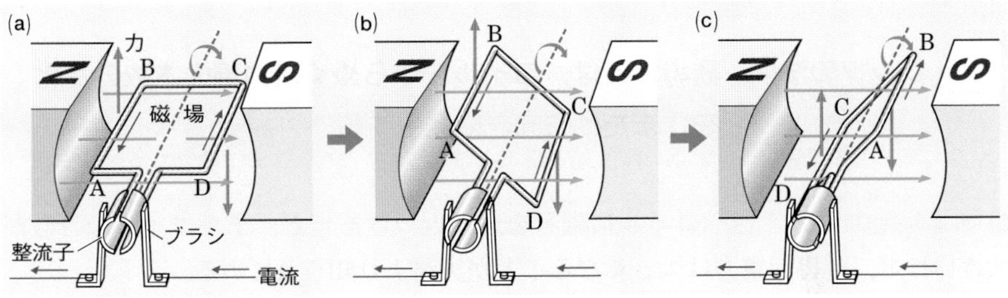

図92 直流モーターの回転の原理

3 磁場の変化は電流をつくる　(くわしくは☞p.413～)

1 電磁誘導

❶電磁誘導　表2のように，コイルに磁石を出入りさせたり，磁石にコイルを近づけたり遠ざけたりすると，コイルの両端に電圧が生じ，電流が流れる。この現象を電磁誘導，生じた電圧を誘導起電力，流れた電流を誘導電流という。**コイルの内部をつらぬく磁力線の数が変化すると，誘導起電力(電流)が発生する。**

❷誘導起電力の向き　誘導起電力の向きは，次のようになっている。

①N極が近づくときと遠ざかるときでは誘導起電力の向きは逆になる。

②N極をS極に変えると，誘導起電力の向きはN極の場合と逆になる。

③磁石を近づけるかわりにコイルを近づけても誘導起電力の向きは変わらない。

❸レンツの法則　コイルの左端に棒磁石を近づけたり遠ざけたりすると，コイルをつらぬく磁力線の本数が変化する。検流計をつけて調べると，**表2**のようになる。

表2　外部磁場の変化と誘導電流の向きおよびそれによる磁場

	①N極を近づける	②N極を遠ざける	③S極を近づける	④S極を遠ざける
外部の磁場	右向き増加	右向き減少	左向き増加	左向き減少
変化をさまたげる磁場	左向き	右向き	右向き	左向き
誘導電流による磁場（レンツの法則）	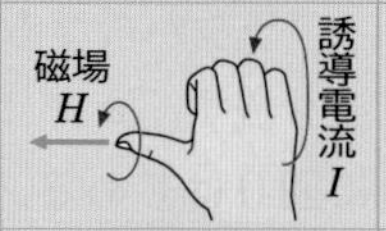	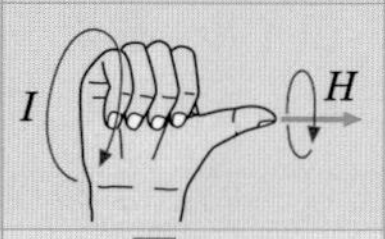	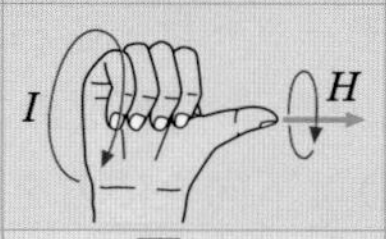	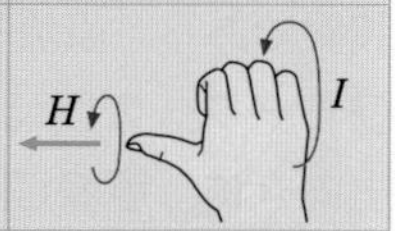
外部磁場の変化と誘導電流による磁場の関係	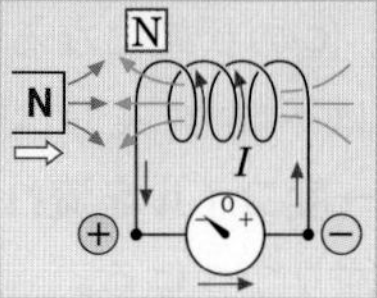	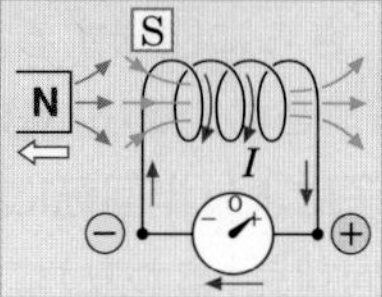	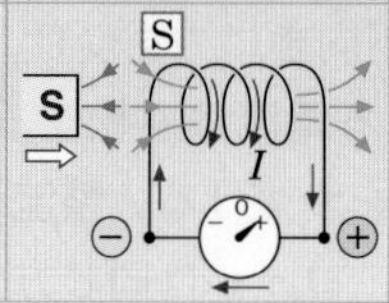	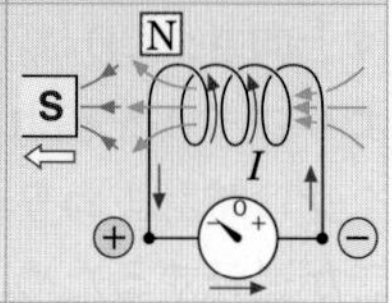

補足　レンツの法則は，外部の磁石の運動の変化をさまたげるように誘導電流が発生し，コイルが磁石となり運動をさまたげると考えてもよい。**表2**の①では，N極がコイルに近づくときに，誘導電流でコイルの左端がN極となり反発する。誘導電流の向きは右ねじの法則で求められる。

POINT!
レンツの法則…**誘導電流は，コイルをつらぬく磁力線の本数の変化をさまたげる向きに発生する。**

❹誘導起電力の大きさ　コイルに磁石を速く近づけるほど，またコイルの巻数が大きいほど，誘導起電力は大きくなることが実験より知られている。

補足　誘導起電力の大きさは，コイルをつらぬく磁力線の本数が変化する速度と巻数に比例する。

POINT!
誘導起電力の大きさ…**誘導起電力は，コイルをつらぬく磁力線の本数が変化する速さやコイルの巻数が大きいほど，大きくなる。**

例題　**誘導電流の時間的変化**

コイルの中心を，棒磁石が右向きに通過した。コイルに流れる誘導電流の時間的変化を表すグラフはどれか。コイルの赤の矢印が電流の正の向きを表す。

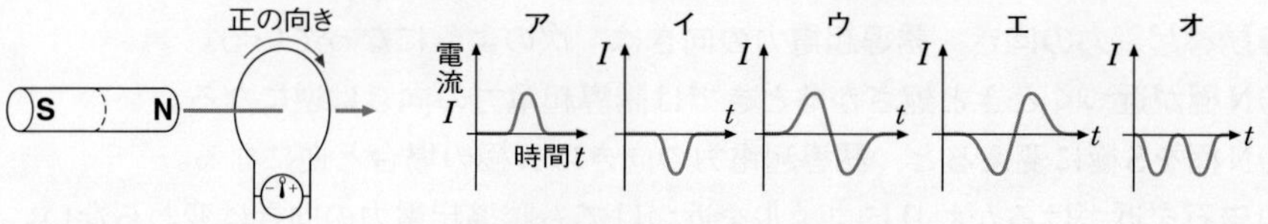

着眼　レンツの法則，右ねじの法則より考える。

解説　棒磁石のN極が近づくときは，誘導電流によってできる磁場は，レンツの法則より左向きになる。この磁場をつくる誘導電流は，右ねじの法則から負の向きに流れ，誘導起電力も負となる。

S極が遠ざかるときは，誘導電流の向きはこの逆になる。

したがって，電流が最初は負，次に正になるグラフを選べばよい。　答 エ

2 発電機のしくみ

図93のように直流モーターに抵抗をつなぎ，モーターを回転させる。

図93(a)から(b)の状態になると，コイルをつらぬく磁力線の数が増加する。レンツの法則により，コイルのABCDの向きに誘導電流が流れる。**整流子とブラシにより半回転ごとに電流の向きが変わり，直流電流が取り出せる。**これを直流発電機という。

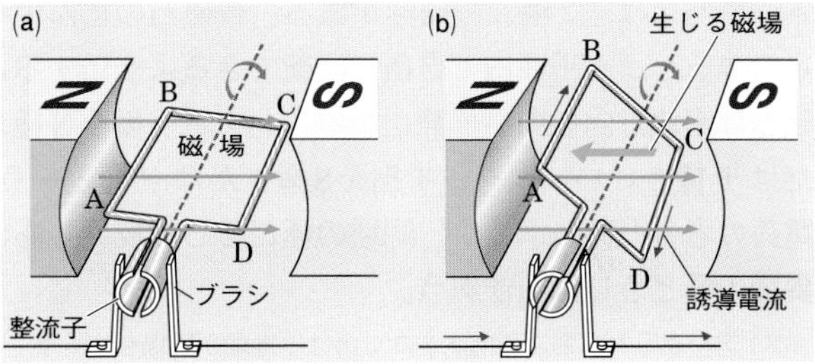

図93　直流発電機の原理

このSECTIONのまとめ　電流と磁場

□ 電流は磁場をつくる p.386	・**磁力線の向き**…磁力線はN極から出て，S極に入る。 ・**右ねじの法則**…電流を右ねじの進む向きに流すと，右ねじを回す向きの磁場が生ずる。
□ 電流は磁場から力を受ける p.390	・**フレミングの左手の法則**…電流が磁場から受ける力Fを親指，磁場Hを人差し指，電流Iを中指に対応させる。
□ 磁場の変化は電流をつくる p.391	・**レンツの法則**…誘導電流は，コイルをつらぬく磁力線の本数の変化をさまたげる向きに発生する。 ・**誘導起電力**…電磁誘導で生じる電圧。コイルをつらぬく磁力線の本数が変化する速さとコイルの巻数が大きいほど，誘導起電力は大きい。

SECTION 2 電流による磁場

1 磁極と磁場

1 磁極

❶磁極 p.386でも学んだように，磁石の両端には，鉄粉をよく吸いつける場所があり，これを**磁極**という。1本の磁石には，2種類の磁極がある。棒磁石のまん中を糸でつるし，水平面内で自由に回転できるようにすると，磁石は南北方向を向いて静止する。北をさす極を**N極**または＋**極**といい，南をさす極を**S極**または－**極**という。電荷の場合と同じように，**同種の極どうしは反発しあい，異種の極どうしは引きあう。**

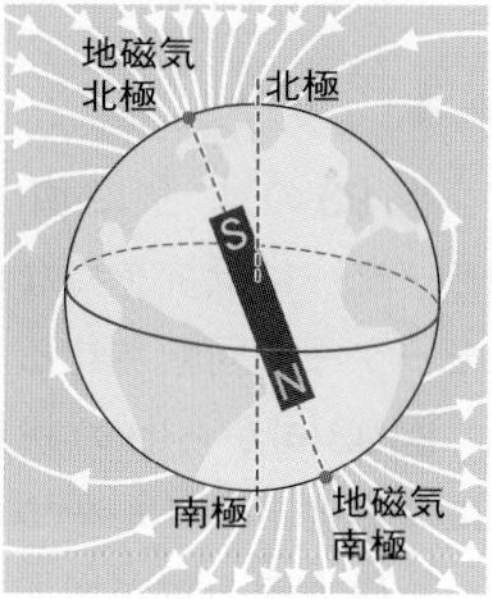

図94 地磁気の極

補足 方位磁石がおおよそ南北を向くのは，地球が磁場をつくっているからである。地磁気の磁場の向きが実際に鉛直上向き，鉛直下向きになる地表の点をそれぞれ**磁南極**，**磁北極**という。また，地球を1つの大きな磁石だと考え，棒磁石のつくる磁場で近似したときに，棒磁石のN極，S極の延長線と地表との交点をそれぞれ**地磁気南極**，**地磁気北極**という。

❷クーロンの法則 磁極の強さを**磁気量**といい，ウェーバ(**記号Wb**)という単位で表す。磁気量m〔Wb〕の磁極と磁気量m'〔Wb〕の磁極とが距離r〔m〕だけ離れているとき，両者の間にはたらく力F〔N〕の大きさは，m，m'に比例し，r^2に反比例する。これを式で表すと，

$$F = k_m \frac{mm'}{r^2} \qquad (4\cdot37)$$

となる。これを**磁気力に関するクーロンの法則**といい，この比例定数k_mは，

$$k_m = \frac{10^7}{(4\pi)^2}\,\mathrm{N\cdot m^2/Wb^2}$$ という値をもつ。

(4・37)式の比例定数k_mは，真空の透磁率μ_0と呼ばれる量を用いて，

$$k_m = \frac{1}{4\pi\mu_0} \qquad (4\cdot38)$$

と表されることもある。μ_0は電磁気関係の式によく現れる量で，

$$\mu_0 = 4\pi \times 10^{-7}\,\mathrm{N/A^2} \fallingdotseq 1.257 \times 10^{-6}\,\mathrm{N/A^2}$$

という値をもつ。μ_0を用いて(4・37)式を書きかえると，次のようになる。

$$F = \frac{1}{4\pi\mu_0}\cdot\frac{mm'}{r^2} \qquad (4\cdot39)$$

2 磁場 ①重要

❶磁場の強さ　磁極に力を及ぼす空間を磁場または磁界という。**磁場の強さは，1 Wbの磁極が磁場から受ける力の大きさで表す。**すなわち，m〔Wb〕の磁極が磁場からF〔N〕の力を受けるとき，磁場の強さHとは，

$$F = mH \qquad (4\cdot40)$$

という関係が成りたつ。この式で定義される磁場の単位は**ニュートン毎ウェーバ(記号N/Wb)**である。

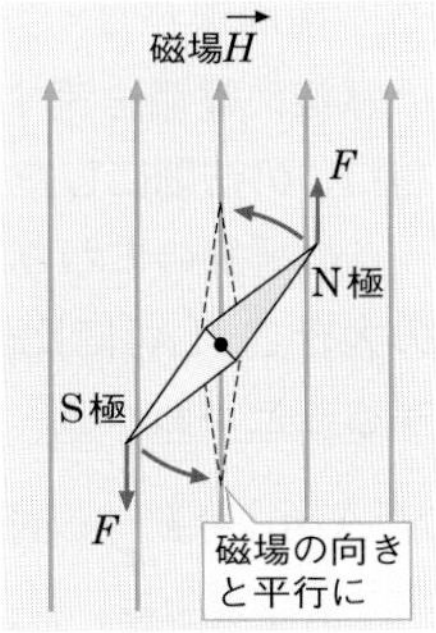

図95　磁場の向き

❷磁場の向き　磁場も電場と同じように大きさと向きをもつベクトルである。水平面内で回転できるようにした磁針(細長い金属板の磁石)を磁場の中に置くと，磁針のN極とS極は，**図95**のように互いに反対向きに同じ大きさの力を受ける。磁針全体では**偶力**(☞p.94)を受けることになるので，磁針は回転し，磁針のN極とS極を結ぶ直線が磁場$\vec{H}$と平行になったところで静止する。このとき**磁針のN極が指す向きを磁場の向きと決める。**

❸磁力線　磁石の周囲に鉄粉をまくと，N極とS極をむすぶ模様が多く現れる(☞p.386)。これはあとに述べるように**それぞれの鉄粉が磁場の向きに沿って磁石になり，N極とS極が引きあって線状に並ぶ**ためである。磁場のようすを理解するために，このような**空間の各点での磁場を連ねた曲線を考えたものが磁力線である。**

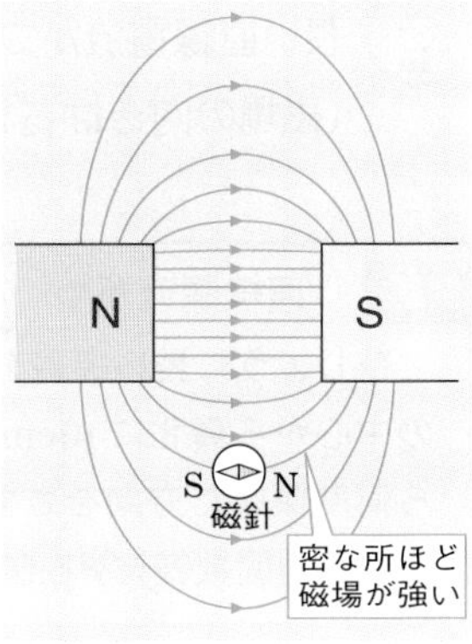

図96　磁力線

電気力線(☞p.325)と同様に，**磁場の向きは磁力線の接線の向き**になる。また，**磁力線の密度が磁場の強さに比例する**ようになっている。

補足　磁力線にはゴムひものように張力があって，曲げられるとまっすぐになろうとする性質がある。この性質は，磁場における**マクスウェルの応力**(☞p.348)として理解されている。

❹磁化　磁場の作用により鉄粉などが磁石になる現象を磁化という。これはコンデンサーの中に入れた誘電体が電場の作用によって**誘電分極**を生じる現象(☞p.340)と似ている。磁化の強さは，磁性体の端に単位面積あたりに現れる磁気量I〔$\mathrm{Wb/m^2}$〕で表される。この単位を**テスラ(記号T)**と呼ぶこともある。$1\,\mathrm{T} = 1\,\mathrm{Wb/m^2}$である。

❺強磁性体　磁場の作用によって強く磁化する物質を強磁性体という。強磁性体には，**鉄，ニッケル，コバルト**およびその合金や**フェライト**などの酸化物がある。強磁性体はふつう，いちど磁場によって磁化すると磁場を取り去っても磁化が残る。

2 | 電流がつくる磁場の強さ

1 直線電流がつくる磁場 ①重要

❶直線電流がつくる磁場の強さ　じゅうぶん長い直線状の導線に電流を流すと，p.387で述べたように同心円状で**右ねじの法則にしたがう向きの磁場ができる。**

この導線のまわりに生じる磁場の強さを調べると，**電流の大きさI〔A〕に比例し，電流からの距離r〔m〕に反比例**することがわかる。よって，適当な比例係数kを用いて，

H〔A/m〕$= k\dfrac{I}{r}$と表すことができる。

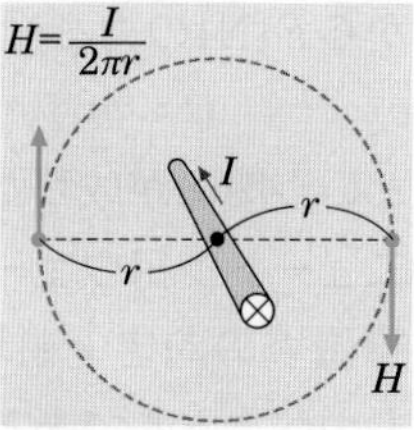

図97 直線電流がつくる磁場

この式で定義した**磁場の単位はA/m**である。ここで，**磁気量の単位Wb**（☞ p.394）を，**1A/m＝1N/Wbとなるように定義する**と，

$$H = \frac{I}{2\pi r} \qquad (4\cdot41)$$

POINT!

長い直線電流がつくる磁場の強さ（磁場の向きは右ねじの法則で決まる）　$H = \dfrac{I}{2\pi r}$　$\begin{bmatrix} I〔\mathrm{A}〕：電流 \\ r〔\mathrm{m}〕：距離 \end{bmatrix}$

例題　直線電流がつくる磁場

ひじょうに長い導線を鉛直に張り，これに20Aの電流を上向きに流す。導線の中心から真北に10cm離れた所に小さな磁針を置くと，磁針のN極は真北から何度傾いた方向をさすか。ただし，地磁気の水平成分を25A/mとし，必要なら三角関数表（☞ p.508）を用いること。

着眼　磁場はベクトルであるから，電流がつくる磁場と地磁気の磁場の方向がちがう場合は，ベクトル和を求めなければならない。

解説　電流がつくる磁場$\vec{H_i}$は西向きで，その強さは，(4·41)式より，

$$H_i = \frac{I}{2\pi r} = \frac{20}{2 \times 3.14 \times 0.10}$$
$$\fallingdotseq 31.8\,\mathrm{A/m}$$

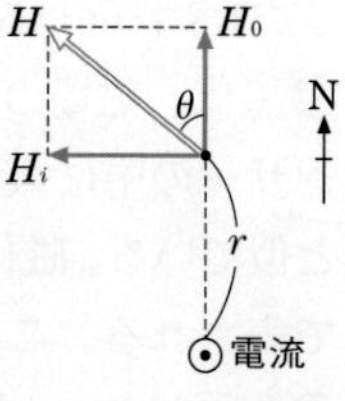

地磁気の水平成分$\vec{H_0}$は北向きであるから，$\vec{H_i}$と$\vec{H_0}$の関係は右図のようになる。$\vec{H_i}$と$\vec{H_0}$の合成磁場を$\vec{H}$とし，$\vec{H}$が北方向となす角をθとすると，

$$\tan\theta = \frac{H_i}{H_0} = \frac{31.8}{25} = 1.27$$

三角関数表を用いて，$\tan\theta = 1.27$となるθを求めると，$\theta \fallingdotseq 52°$　**答** 52°

❷**アンペールの法則**　(4・41)式を変形すると，

$$2\pi rH = I \qquad \cdots\cdots ①$$

となる。

磁気量1Wbの磁極が受ける力Fは，(4・40)式より

$$F = mH = H$$

なので，①式の左辺はI〔A〕の直線電流を中心とする半径rの円周上を，そこにできている磁場Hの**磁力線に沿って磁気量1Wbの磁極が1周するときに，磁場が磁極に対してする仕事の大きさを表している。**また，右辺は円の内部を通る電流の大きさを表している。

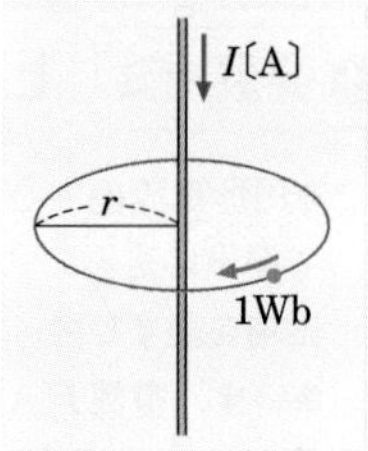

図98 アンペールの法則

アンペールは，このことが円だけでなく，任意の閉曲線についても成りたつことを確かめ，次のような法則にまとめた。

「＋1Wbの磁極が，電流のつくる磁場の中を任意の閉じた曲線に沿って1周するとき，**磁場がその磁極に対してする仕事は，その閉曲線の内部を通る電流の大きさの和に等しい。**ただし，電流は，磁極を右ねじのまわる向きに動かすとき，右ねじの進む向きに流れる場合を正の向きとする。」

これをアンペールの法則という。

2 円形電流がつくる磁場　①重要

❶**磁場の向き**　導線を円形に束ねて電流を流すと，**図99**のような磁場ができる(☞p.388)。円形電流の内部の磁場は電流の面に垂直で，磁場の向きは，円形電流の微小な部分を直線電流とみなして右ねじの法則を適用すればよい。電流の向きに右ねじをまわすと，磁場の向きはねじの進む向きになる。

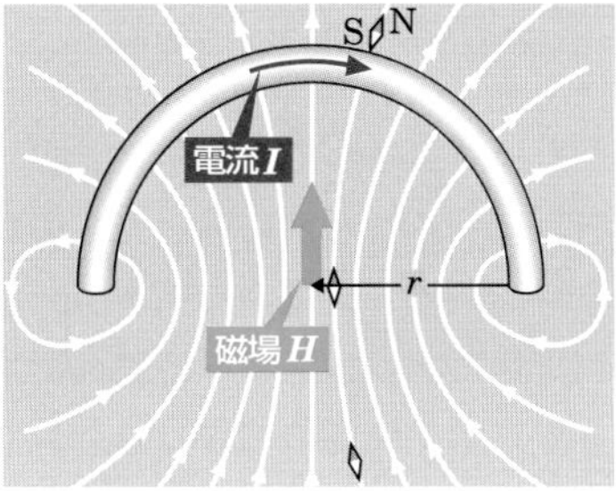

図99 円形電流がつくる磁場

❷**磁場の強さ**　半径r〔m〕の円形導線にI〔A〕の電流が流れているとき，その中心の磁場の強さH〔A/m〕は，

$$H = \frac{I}{2r} \qquad (4\cdot42)$$

という式で与えられる。この式は**ビオ・サバールの法則**(☞p.398)から導かれる。

POINT!

円形電流の中心の磁場　$H = \dfrac{I}{2r}$　$\left[\begin{array}{l} I〔A〕：電流 \\ r〔m〕：円形電流の半径 \end{array}\right]$

注意　(4・42)式のIは1本の導線を流れる電流ではなく，導線の束を流れる全電流の和である。たとえば，2Aの電流が流れる導線を100本束ねた場合は，$I = 2 \times 100 = 200$ Aとする。

発展ゼミ ビオ・サバールの法則

●円形電流の中心では，磁力線に沿って磁場が変化しているので，アンペールの法則によって簡単に磁場の式を導くことはできない。このような場合には，**電流の微小部分から生じる磁場を表すビオ・サバールの法則を用いるとよい。**

●いま，電流I〔A〕が流れている導線の長さΔsの部分(これを**電流素片**といい，$I\Delta s$〔A·m〕で表す)が，そこからr〔m〕離れた点Pに生じる磁場を測定すると，その磁場ΔH〔A/m〕はr^2に反比例するとともに，電流の向きと，図のように電流素片から点Pにのばしたベクトル$\vec{r}$とのなす角をθとしたときの$\sin\theta$にも比例し，

$$\Delta H=\frac{I\Delta s\sin\theta}{4\pi r^2}$$

という関係が成りたつ。

●**磁場の向きは，電流の向きから$\vec{r}$のほうへ右ねじをまわすとき，ねじの進む向き**となる(図100)。これがビオ・サバールの法則である。

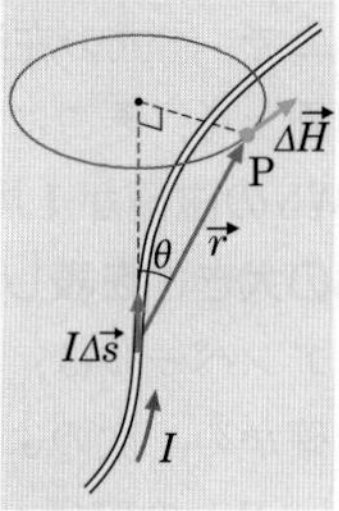

図100 ビオ・サバールの法則

●円形電流の中心磁場の場合は，電流からの距離はすべてr，$\theta=90°$であり，$s=2\pi r$であるから，

$$H=\frac{I\times 2\pi r\sin 90°}{4\pi r^2}=\frac{I}{2r}$$

となって，(4·42)式が導かれる。

3 ソレノイドがつくる磁場

❶ソレノイド内部の磁場の強さ 導線を円筒に巻いたものが**コイル**であり，とくに，導線を長い円筒に均等に，しかも密に巻いたものが**ソレノイド**である。

ソレノイドに電流を流すと，**図101**のような磁場ができる。ソレノイド内部の磁場はソレノイドに平行で，すぐ外側の磁場は0とみなせる(☞ p.388)。

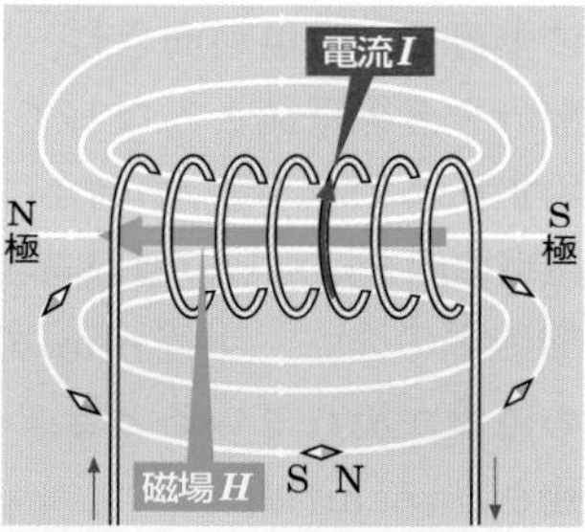

図101 ソレノイドによる磁場

軸方向1 mあたりにn回巻いた長いソレノイドにI〔A〕の電流が流れているとき，その内部の磁場の強さ〔A/m〕は，

$$H=nI \qquad (4·43)$$

という式で与えられる。

POINT!

ソレノイド内部の磁場
(長いソレノイドの中央)

$$H=nI$$

H〔A/m〕：磁場　n〔回/m〕：巻数　I〔A〕：電流

❷ソレノイド内部磁場の計算　(4・43)式の成りたつ理由をアンペールの法則(☞p.397)によって考えてみよう。

図102はソレノイドの断面を示す。⊗印は電流が紙面に垂直に表から裏に向かって流れていることを表し，⊙印は反対に，電流が紙面に垂直に裏から表に向かって流れていることを表す。

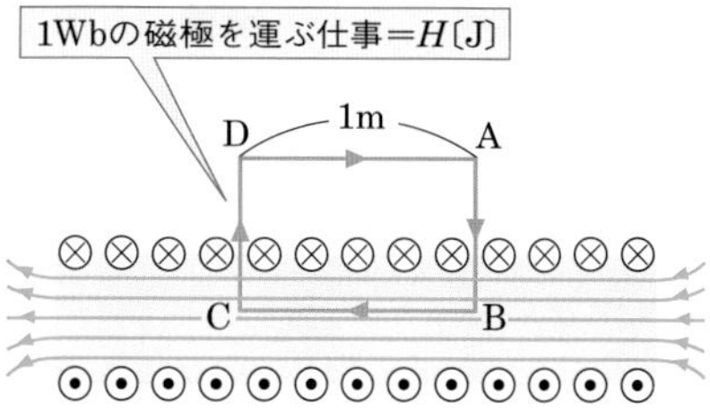

図102　ソレノイドの断面とその内部の磁場

図102の長方形の経路A→B→C→D→Aに沿って1Wbの磁極を1周させる仕事を考えると，**辺AB，CD，DAでは，その辺に沿う磁場の成分は0と考えてよい**から，磁極を運ぶ仕事は0である。

ソレノイド内部の磁場の強さをH〔A/m〕とすると，この磁場によって**単位磁極**($m=1$ Wb)にはたらく力F〔N〕は，$F=mH=H$である。この力は磁極が移動する向きと同じ向きなので，BC間(距離$x=1$ m)での仕事W〔J〕は，

$$W=Fx=F=H$$

となる。

したがって，**1Wbの磁極を長方形A→B→C→D→Aの経路に沿って運ぶ仕事はH〔J〕**であることになる。

アンペールの法則により，この仕事が長方形ABCDの内部を流れる全電流に等しいので，

$$H=nI$$

となり，(4・43)式が導かれる。

❸電磁石　ソレノイドのつくる磁場は，棒磁石がつくる磁場によく似ている。ソレノイドの端のうち，**磁力線が外に出ていく側がN極に，磁力線が入っていく側がS極になる。**

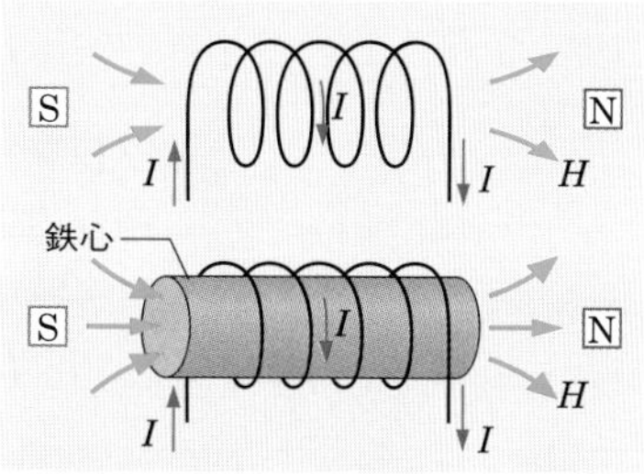

図103　電磁石による磁場

ソレノイドに電流を流すとき，ソレノイドの内部に鉄などの**強磁性体**を入れると，磁場によって強磁性体が**磁化**する(☞p.395)。すなわち，中に入れた鉄などが磁場をつくり出すようになる。**磁化によって生じた磁場が電流のつくる磁場と重なりあうことで，より強い磁場を得ることができる**(☞p.417)。この原理を応用したものが**電磁石**である。

このとき，電磁石の中に入れる強磁性体には鉄が使われ，これを**鉄心**という。

このSECTIONのまとめ　電流による磁場

□ 磁極と磁場 ☞ p.394	・**磁極**…N極とS極がある。同種の極どうしは反発しあい，異種の極どうしは引きあう。 ・**磁気力に関するクーロンの法則** $F=k_{\mathrm{m}}\dfrac{mm'}{r^2}$ $k_{\mathrm{m}}=\dfrac{1}{4\pi\mu_0}=\dfrac{10^7}{(4\pi)^2}\,\mathrm{N\cdot m^2/Wb^2}$ **真空の透磁率**　$\mu_0=4\pi\times10^{-7}\,\mathrm{N/A^2}$ ・**磁場**…磁極に力を及ぼす空間。 磁気量 m〔Wb〕の磁極が H〔A/m〕の磁場から受ける力 F〔N〕は， $F=mH$ 磁場の向きは，磁針のN極がさす向き。 ・**磁力線**…接線の方向が磁場の方向を示す。
□ 電流がつくる磁場の強さ ☞ p.396	・**直線電流がつくる磁場**…電流に垂直な平面上に同心円状の磁場ができる。磁場の向きは**右ねじの法則**による。I〔A〕の電流から r〔m〕離れた点の磁場 H〔A/m〕は， $H=\dfrac{I}{2\pi r}$ ・**円形電流がつくる磁場**…円形電流の中心には，電流面に垂直な磁場ができる。半径 r〔m〕の円形電流 I〔A〕の中心の磁場は， $H=\dfrac{I}{2r}$ ・**ソレノイドがつくる磁場**…ソレノイド内部には軸に平行な磁場ができる。1mあたり n 回巻いたソレノイドに I〔A〕の電流を流すと，内部の磁場は， $H=nI$

SECTION 3 磁場が電流に及ぼす力

1 直線電流が磁場から受ける力

1 電流が磁場から受ける力の大きさ ①重要

電流が磁場から受ける力の向きについては，p.390で述べた。ここでは，力の大きさについて考える。実験によると，磁場に垂直に置かれた導線に流れる電流が磁場から受ける力の大きさF〔N〕は，磁場の強さH〔A/m〕，電流の大きさI〔A〕，磁場中の導線の長さl〔m〕に比例し，

$$F = \mu IHl$$

と表される。比例定数μ〔N/A^2〕は電流のまわりの物質の磁気的な性質で決まる量で，透磁率と呼ばれる。とくに，真空中では**真空の透磁率μ_0**（☞ p.394）を用いて，

$$F = \mu_0 IHl$$

となる。図104のように，電流と磁場が垂直でなく，角θをなしているときは，磁場の強さの電流に垂直な方向の成分$H\sin\theta$を用いて，

$$F = \mu IHl\sin\theta \quad (4\cdot44)$$

とすればよい。これが電流が磁場から受ける力の大きさを表す一般式である。

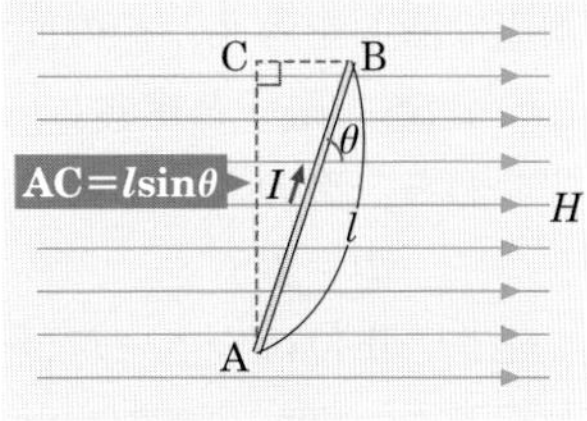

図104 電流と磁場のなす角

POINT!

電流が磁場から受ける力の大きさ　$F = \mu IHl\sin\theta$

［μ〔N/A^2〕：透磁率　I〔A〕：電流　H〔A/m〕：磁場
l〔m〕：導線の長さ　θ〔rad〕：電流と磁場のなす角］

2 磁束密度と磁束

❶磁束密度　(4・44)式に，**(透磁率)×(磁場の強さ)μH**という量が現れている。この量を磁束密度と定義し，Bという記号で表す。磁束密度はベクトルで，

$$\vec{B} = \mu\vec{H} \quad (4\cdot45)$$

と表される。

POINT!

磁束密度　$\vec{B} = \mu\vec{H}$

$\vec{B}$〔T〕：磁束密度　μ〔N/A^2〕：透磁率　H〔A/m〕：磁場

磁束密度の単位はウェーバ毎平方メートル(記号 $\mathrm{Wb/m^2}$)またはテスラ(記号 T)である。磁束密度 B を用いて(4・44)式を書きかえると，次のようになる。

$$F = IBl\sin\theta \quad (4\cdot46)$$

POINT!
電流が磁場から受ける力の大きさ $F = IBl\sin\theta$

❷**磁束線** 磁力線(☞ p.395)と同じように，**磁束密度ベクトルの向きが接線の方向と一致するようにかいた曲線**を磁束線という[★1]。磁束密度の大きい所では磁束線が密になり，磁束密度の小さい所ではまばらになる。

磁束線は磁力線とちがって，磁極からわき出したり，磁極に吸い込まれたりせず，**磁性体の中を通って，必ず最初の点までもどり，ひとつながりの閉じた曲線になる。**

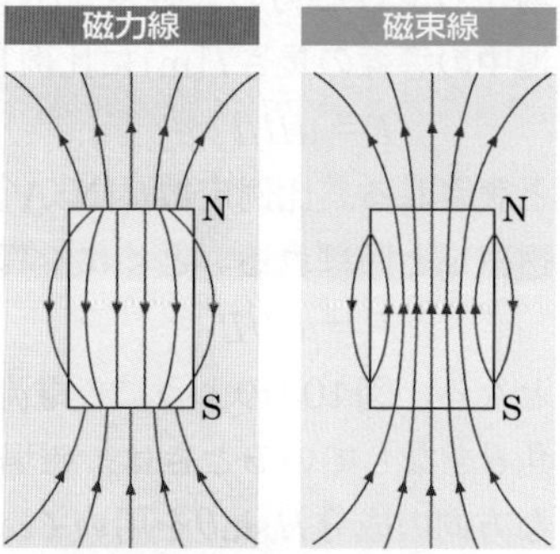

図105 磁力線と磁束線

❸**磁束** 磁束密度 B〔T〕の磁場の中に，磁場と垂直な断面を考え，その面積 S〔$\mathrm{m^2}$〕と磁束密度との積 BS を磁束と定義し，$\boldsymbol{\Phi}$(ファイ)という記号で表す。すなわち，次のように表される。

$$\Phi = BS \quad (4\cdot47)$$

磁束の単位はウェーバ(記号 Wb)である。

補足 真空中では，磁束密度 B は磁場 H に比例し，その比例定数が μ_0 である。この限りでは，磁束密度と磁場とは，単位が異なるだけで，大したちがいはない。しかし，電磁誘導などで磁性体が磁場中にあると，事情が変わってくる。

3 平行な電流間にはたらく力 ①重要

❶**力の向き** 平行に張った2本の導線に，**図106(a)のように同じ向きの電流を流す。**左の導線を流れる電流が右の導線部分につくる磁束密度 B は，下向きである。右の導線を流れる電流は，この磁束密度 B の中を流れるので，右の導線は，フレミングの左手の法則より，左向きの力を受ける。同様に，左の導線は右向きの力を受ける。よって，両電流は互いに**引きあう**。

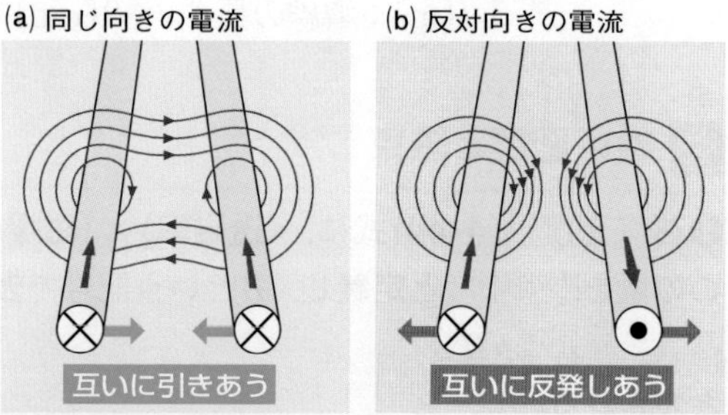

図106 平行な電流間にはたらく力

電流の向きが，**図106(b)**のように**反対向き**の場合は，同じ理由で互いに**反発しあう**。

★1 一般的には，磁束線のことを「磁力線」という用語で表す場合もある。

❷力の大きさ　図107のように，真空中に2本の導線A，Bを間隔d〔m〕で平行に張る。導線AにはI_1〔A〕，BにはI_2〔A〕の電流を同じ向きに流すと，電流I_1が導線Bのところにつくる磁場の強さH_1〔A/m〕は，(4･41)式(☞ p.396)より，$H_1=\dfrac{I_1}{2\pi d}$なので，磁束密度B_1は(4･45)式より$B_1=\mu_0 H_1=\dfrac{\mu_0 I_1}{2\pi d}$で与えられ，導線Bの長さ$l$〔m〕が磁場から受ける力$F$〔N〕は，(4･46)式より，

$$F=I_2\cdot\frac{\mu_0 I_1}{2\pi d}\cdot l\times 1=\frac{\mu_0 I_1 I_2 l}{2\pi d} \qquad (4\cdot 48)$$

となる。作用・反作用の法則から，**導線Aも同じ大きさの力をBと反対向きに受ける。**

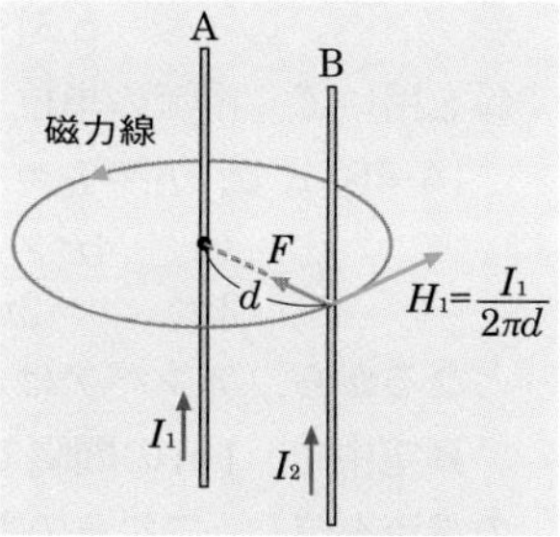

図107　平行電流間にはたらく力の大きさ

POINT!

平行電流間にはたらく力 { 同じ向きの電流間…引きあう / 反対向きの電流間…反発しあう }

平行電流間の力の大きさ　$F=\dfrac{\mu_0 I_1 I_2 l}{2\pi d}$　[d〔m〕：電流の距離 / l〔m〕：導線の長さ]

例題　平行電流間にはたらく力

真空中で長い直線導線に電流Iが流れている。直線導線と同一平面内に1辺dの正方形の閉回路ABCDがある。閉回路の1辺ABは直線導線と平行で，直線導線からdだけ離れている。いま，閉回路に電流iを右図の向きに流すとき，閉回路にはたらく力の大きさと向きを求めよ。

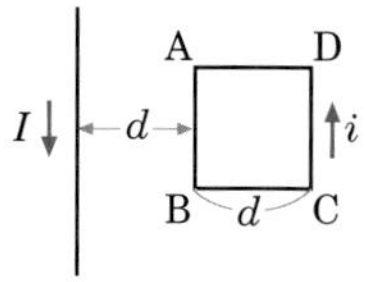

着眼　辺ADはIによる磁場から上向きの力を受け，辺BCは下向きの力を受けるが，この2つの力はつり合うから，合力には無関係である。

解説　閉回路の辺ABおよびCDを流れる電流iがIによる磁場から受ける力をそれぞれ$\vec{F_1}$，$\vec{F_2}$とすると，ABの電流iはIと同じ向きだから，ABはIと引きあう。よって，$\vec{F_1}$は左向きである。CDの電流iはIと反対向きだから，CDはIと反発しあう。よって，$\vec{F_2}$は右向きである。$\vec{F_1}$，$\vec{F_2}$の大きさは，(4･48)式により，

$$F_1=\frac{\mu_0 Iid}{2\pi d}=\frac{\mu_0 Ii}{2\pi} \qquad F_2=\frac{\mu_0 Iid}{2\pi\cdot 2d}=\frac{\mu_0 Ii}{4\pi}$$

したがって，閉回路ABCDにはたらく力の合力は，左向きを正として，

$$F_1+(-F_2)=\frac{\mu_0 Ii}{2\pi}-\frac{\mu_0 Ii}{4\pi}=\frac{\mu_0 Ii}{4\pi}$$

答　大きさ…$\dfrac{\mu_0 Ii}{4\pi}$　向き…直線導線に向かう向き

❸アンペアの定義　p.319では電気量から電流の単位を定義したが，(4・48)式の関係を用いて，電流の単位を力学的に定義することもできる。

(4・48)式で，$I_1 = I_2 = 1\,\mathrm{A}$，$l = d = 1\,\mathrm{m}$とすると，

$$F = \frac{\mu_0}{2\pi} = \frac{4\pi \times 10^{-7}}{2\pi} = 2 \times 10^{-7}\,\mathrm{N}$$

となるから，アンペアはこの式を用いて定義している。すなわち，

真空中で，**1mの間隔で平行に張られた非常に長い2本の直線導線**に同じ大きさの電流を流し，**これらの電流間では及ぼしあう力が導線1mあたり2×10^{-7}Nのとき，この電流の強さは1Aである。**

2｜コイルが磁場から受ける力

1 コイルが受ける偶力

❶コイルの各辺にはたらく力　図108のような長方形のコイルABCDを導線で作り，磁束密度B〔T〕の磁場の中に，辺BCが磁場と平行になるように置く。このコイルにI〔A〕の電流を，図108の赤い矢印の向きに流したとき，コイルの各辺が磁場から受ける力について調べよう。

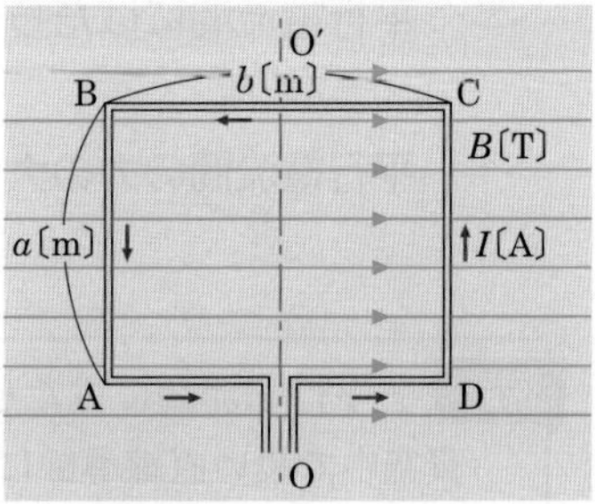

図108　磁場中のコイル

辺BCと辺ADは磁場と平行であるから，これらの部分を流れる電流は磁場から力を受けない。**辺ABを流れる電流は，紙面に垂直で裏から表に向かう力F_1を受ける。**F_1の大きさは，(4・46)式より，

$$F_1 = IBa\sin 90^\circ = IBa$$

である。**辺CDを流れる電流は，紙面に垂直で表から裏に向かう力F_2を受ける。F_2の大きさはF_1と同じである。**

❷コイルが受ける偶力のモーメント　コイルの辺ABとCDが受ける力は，大きさが等しく，向きが反対であるから，偶力(☞p.94)になり，コイルABCDを回転させるはたらきがある。偶力のモーメントの大きさL〔N・m〕は，(1・74)式より，

$$L = F_1 b = IBab \qquad (4\cdot 49)$$

となる。

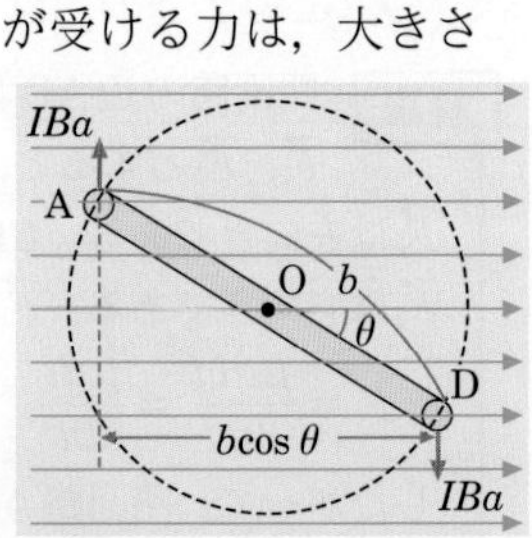

図109　コイルが受ける偶力のモーメント

(4・49)式から，コイルが磁場から受ける偶力のモーメントはコイルの面積abに比例する。コイルの形が長方形でない場合も，偶力のモーメントは面積に比例する。

コイルが図108のOO′を回転軸として回転すると，AB，CDが磁場から受ける力の大きさは変わらないが，偶力のモーメントのうでの長さは回転角θとともに変化する。辺BCが磁場の方向と角θをなすとき，偶力のうでの長さは$b\cos\theta$であるから，偶力のモーメントの大きさLは，

$$L = IBab\cos\theta \tag{4・50}$$

となる。

3　ローレンツ力

1　荷電粒子が磁場から受ける力　(!) 重要

❶ローレンツ力（りょく）　図110に示すように，陰極線の進路に垂直に磁場をかけると，陰極線の進路が曲がる。それは，陰極線は電子の流れで，反対向きに流れる電流と同じなので，それが磁場から力を受けるからである。一般に，**荷電粒子が磁場中を運動するときに磁場から受ける力**をローレンツ力という。

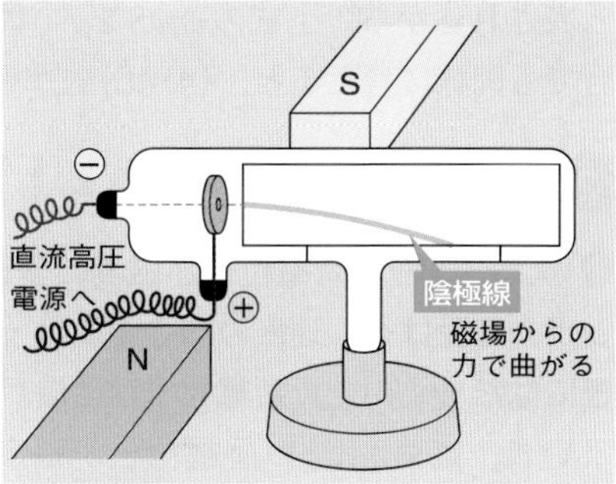

図110　磁場によって曲げられる陰極線

❷ローレンツ力の向き　図110の陰極線中の電子が受けるローレンツ力$\vec{F}$の向きと，磁場$\vec{B}$および速度$\vec{v}$の向きとの関係は，図111(a)のようになっている。電子のかわりに正電荷を運動させると，図111(b)のようになる。正電荷の運動する向きを電流の向きと考えると，**ローレンツ力の向きは，電流が磁場から受ける力の向きによって決まる。**

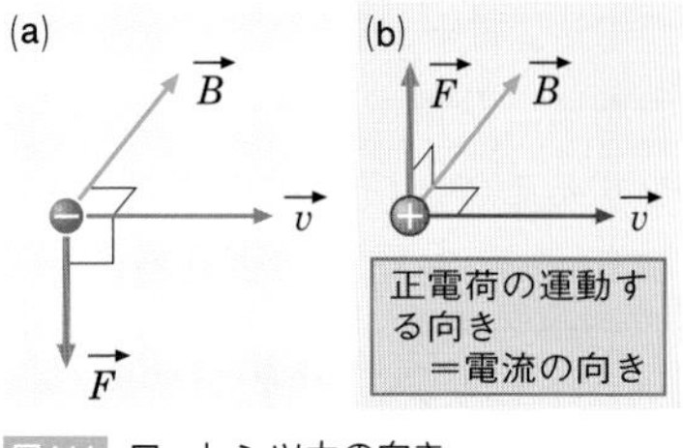

図111　ローレンツ力の向き

❸ローレンツ力の大きさ　電荷q〔C〕の荷電粒子が，速度v〔m/s〕で磁束密度B〔T〕の磁場中を，磁場と垂直な向きに運動するとき，荷電粒子にはたらくローレンツ力の大きさF〔N〕は，

$$F = qvB \tag{4・51}$$

と表される。

POINT!
ローレンツ力　$F = qvB$
向きは磁場と速度に垂直
［F〔N〕：ローレンツ力　q〔C〕：電荷
v〔m/s〕：速度　B〔T〕：磁束密度］

❹電流が磁場から受ける力の原因 磁場と垂直な方向に張った導線に電流を流したとき，導線が磁場から受ける力は，**導線中を流れる自由電子にはたらくローレンツ力が原因であると考えられる。**

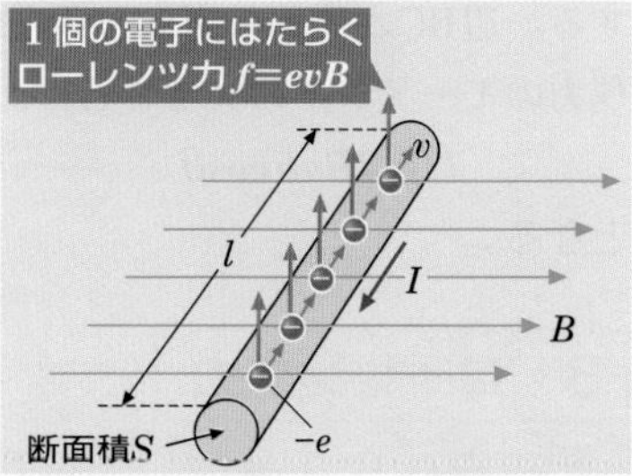

図112 導線中を流れる自由電子にはたらくローレンツ力

いま，磁束密度B〔T〕の磁場に垂直に長さl〔m〕，断面積S〔m^2〕のまっすぐな導線を置き，I〔A〕の電流を流す。このときの電子の平均速度をv〔m/s〕，電子の電荷を$-e$〔C〕とすると，1個の電子にはたらくローレンツ力f〔N〕は，$\boldsymbol{f=evB}$である。

導線内の自由電子の密度を$\boldsymbol{n}$〔個/m^3〕とすると，この導線に含まれる自由電子の総数は，$N=nlS$であるから，すべての自由電子にはたらくローレンツ力の総和F〔N〕は，$F=Nf=nlS\cdot evB$ となる。ところで，(4･2)式(☞p.319)により，電流Iは，$\boldsymbol{I=envS}$と表されるから，上式の$envS$をIで置きかえると，$\boldsymbol{F=IBl}$となる。垂直でない場合でも同様に考えると，(4･46)式が導かれる。

2 磁場中の荷電粒子の運動 ①重要

❶等速円運動 **荷電粒子が磁場に垂直に飛びこむと，速度と垂直な向きにローレンツ力を受ける。**速度の向きが変わっても，**ローレンツ力はつねに速度と垂直な向きにはたらく**ので，荷電粒子は磁場が一様であれば**等速円運動**(☞p.143)をする。

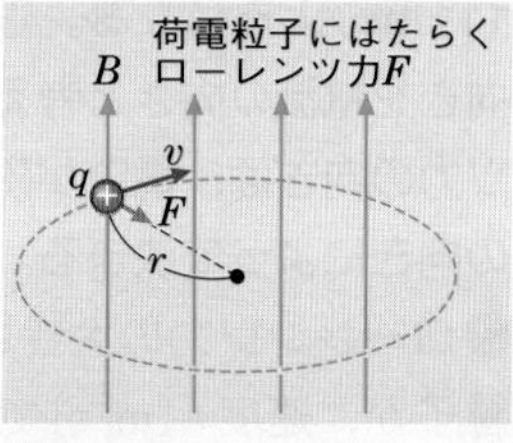

図113 磁場中の荷電粒子の等速円運動

いま，電荷q〔C〕の荷電粒子が磁束密度B〔T〕の磁場に垂直な方向に，速度v〔m/s〕で飛びこんだとすると，荷電粒子にはたらくローレンツ力F〔N〕は，

$$F=qvB$$

である。荷電粒子はこの力を向心力として**等速円運動**をするので，円運動の半径をr〔m〕とすると，その運動方程式は，次式で表せる。

$$\boldsymbol{m\frac{v^2}{r}=qvB} \qquad (4\cdot52)$$

❷荷電粒子の比電荷 荷電粒子の電荷qと質量mの比$\dfrac{q}{m}$を比電荷という。荷電粒子の等速円運動の運動方程式から，比電荷は，

$$\frac{q}{m}=\frac{v}{Br}$$

と表されるので，別の方法で**荷電粒子の速度$\boldsymbol{v}$を求めれば，磁束密度$\boldsymbol{B}$と円運動の半径$\boldsymbol{r}$とから荷電粒子の比電荷が求められる**ことになる。

❸円運動の周期 荷電粒子の等速円運動の運動方程式(4・52)から，円運動の半径r〔m〕は$r=\frac{mv}{qB}$ となるので，等速円運動の周期T〔s〕は，$T=\frac{2\pi r}{v}=\frac{2\pi m}{qB}$ となり，**周期は速度v〔m/s〕には無関係で，比電荷$\left(\frac{q}{m}\right)$によって決まる**ことがわかる。

❹らせん運動 図114のように，荷電粒子が磁場と角θをなす方向に速度vで入射したときは，速度を磁場に垂直な方向の成分と磁場に平行な方向の成分とに分解して考えればよい。すなわち，荷電粒子は**磁場と垂直な方向には速度$v\sin\theta$で等速円運動をし，磁場と平行な方向には速度$v\cos\theta$で等速直線運動をするため，図114のようならせん運動となる。**

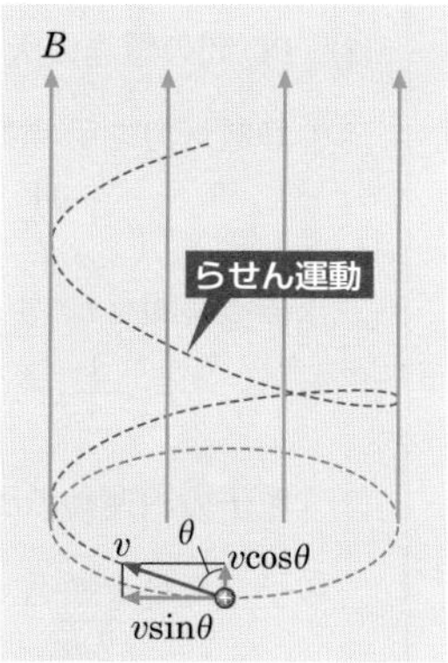

図114 荷電粒子のらせん運動

第4編 電気と磁気

例題　磁場，電場中の荷電粒子の運動

図のように，長さl，半径Rの中空の円筒がある。両端の円の中心をP，Qとする。円筒内には点Pから点Qに向かって一様な電場があり，PQ間の電位差はVである。電場と同じ向きで磁束密度Bの一様な磁場がある。いま，電荷q $(q>0)$，質量mの粒子を点Pから円筒の軸に垂直に速さvで入射させた。次の問いに答えよ。

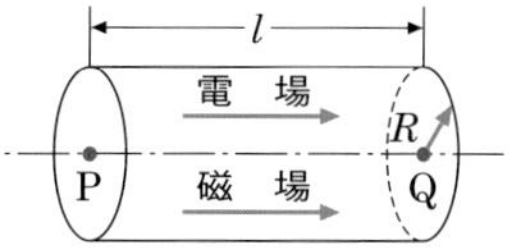

(1) 粒子が円筒の側壁に衝突しないためのBの最小の大きさを求めよ。
(2) 点Pから出発した粒子が点Qを含む他端の面に達するまでの時間を求めよ。
(3) 粒子が点Qを通過するための条件を求めよ。正の整数をnとせよ。

着眼 荷電粒子は磁場と垂直に入射するので，磁場と垂直な平面内で等速円運動をする。一方，粒子は電場方向に一定の力を受けるので，円筒の軸の方向には等加速度運動をする。

解説 (1) 粒子は磁場からローレンツ力を受けて等速円運動をする。円運動の半径をrとすると，円運動の運動方程式より，

$$m\frac{v^2}{r}=qvB \qquad r=\frac{mv}{qB}$$

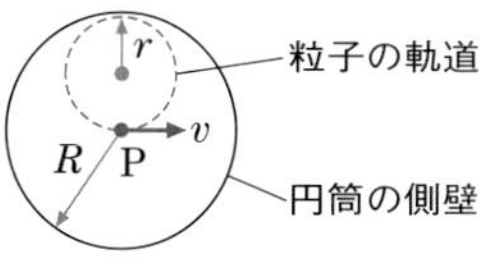

粒子は右図のように，円筒の軸と側壁との間で円運動をすることになるので，粒子が円筒の側壁に衝突しないための条件は，

$$r<\frac{R}{2} \qquad \text{よって，} \quad \frac{mv}{qB}<\frac{R}{2} \qquad B>\frac{2mv}{qR}$$

(2)　PQ間の電場の大きさEは，$E=\dfrac{V}{l}$であるから，粒子は電場の向きに，$F=qE=\dfrac{qV}{l}$の静電気力を受ける。よって，粒子の加速度をaとすると，運動方程式より，

$$ma=\frac{qV}{l}\qquad a=\frac{qV}{ml}$$

求める時間をtとすると，粒子は円筒の軸に平行に初速度0の等加速度運動をするから，

$$l=\frac{1}{2}at^2\qquad よって，\quad t=\sqrt{\frac{2l}{a}}=l\sqrt{\frac{2m}{qV}}$$

(3)　粒子の円運動の周期をTとすると，$T=\dfrac{2\pi r}{v}=\dfrac{2\pi m}{qB}$

粒子が点Qを通過するためには，tがTの整数倍であればよいから，

$$l\sqrt{\frac{2m}{qV}}=n\frac{2\pi m}{qB}\qquad よって，\quad B=\frac{n\pi}{l}\sqrt{\frac{2mV}{q}}$$

答 (1)$\dfrac{2mv}{qR}$　(2)$l\sqrt{\dfrac{2m}{qV}}$　(3)$B=\dfrac{n\pi}{l}\sqrt{\dfrac{2mV}{q}}$

補足　この原理は，1点から出た電子を再び1点に収束させる**電子レンズ**に応用されている。

3 ホール効果

❶ホール効果　電流が流れている導体や半導体の板に，電流に垂直に磁場を加えると電流と磁場とに垂直な方向に電位差(ホール電圧)が生じる。この現象はホール(アメリカ，1855～1938)によって発見されたので，ホール効果と呼ばれている。

❷ホール電圧　**図115**のように，磁束密度B〔T〕をかけた直方体の導体に，強さI〔A〕の電流を流す。このとき自由電子(電気量 $-e$〔C〕，$e>0$)が，電流の向きとは逆向きに速さv〔m/s〕で移動しているとすると，

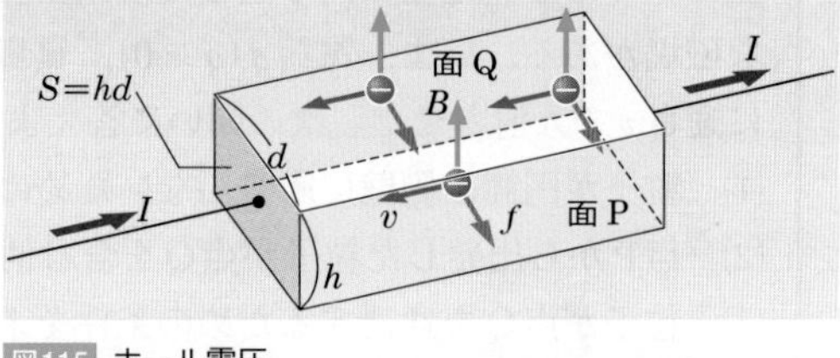

図115　ホール電圧

大きさ$f=evB$〔N〕のローレンツ力がはたらいて運動の方向が曲げられ，自由電子は面Pのほうに集まる。よって，**面Pは負に，面Qは正に帯電し，その結果，面Qから面Pに向かう向きに，強さE〔N/C〕の電場ができる。**

この電場は，電子に対してローレンツ力とは逆向きの力eE〔N〕を及ぼす。やがて，ローレンツ力fと電場からの力eEがつり合うようになると電子は直進するようになり，これ以上の帯電はなくなる。**このとき，面Qと面Pとの間に一定の電位差(ホール電圧) V_Hが生じている。**このV_Hは，次のように求められる。

①ローレンツ力$f=evB$と電場からの力eEがつり合うから，$\boldsymbol{evB=eE}$

②これから，面Qから面Pに向かう電場の強さEは，$\boldsymbol{E=vB}$

よって面Qから面Pまでの距離をdとすると，ホール電圧V_Hは次のようになる。

$$V_H=Ed=vBd \qquad (4\cdot53)$$

POINT!

ホール電圧
$V_H = vBd$

V_H〔V〕：ホール電圧　v〔m/s〕：電子の速度
B〔T〕：磁束密度　d〔m〕：導体の力方向の厚さ

例題　ホール電圧

電子の速さと電流の強さの関係式 $I = envS$（☞ p.319）を利用して，ホール電圧 V_H を，I，B，e，n，h で表せ。

着眼　S は断面積であるから，$S = hd$ と表される。I の式を v の式に変形して，V_H の式に代入すればよい。

解説　$I = envS$ より，$v = \dfrac{I}{enS}$

これと $S = hd$ を用いると，$V_H = \dfrac{I}{enhd} \times Bd = \dfrac{IB}{enh}$

答 $\dfrac{IB}{enh}$

このSECTIONのまとめ　磁場が電流に及ぼす力

□ 直線電流が磁場から受ける力 ☞ p.401	・**力の向き**は，電流および磁場の向きに垂直。 **力の大きさ**　$F = \mu IHl\sin\theta = IBl\sin\theta$ ・**磁束密度**　$B = \mu H$ **磁束**　$\Phi = BS$ ・**平行な電流間にはたらく力** **同じ向き**の電流間…**引きあう** **反対向き**の電流間…**反発しあう** $F = \dfrac{\mu_0 I_1 I_2 l}{2\pi d}$
□ コイルが磁場から受ける力 ☞ p.404	・**コイルが磁場から受ける偶力のモーメント** $L = IBab\cos\theta$
□ ローレンツ力 ☞ p.405	・荷電粒子が磁場に垂直に運動するときに受ける力。 $F = qvB$ ・荷電粒子は**磁場に垂直な平面内で等速円運動をする。** $m\dfrac{v^2}{r} = qvB$ ・**ホール電圧**　$V_H = vBd$

CHAPTER 3 練習問題

解答 ☞ p.555

①〈直線電流がつくる磁場〉

水平面内で自由に回転できる小磁針の上1.0cmのところに，水平に南北方向に導線を張って電流を流したところ，磁針は30°回転して止まった。このときの電流の大きさを求めよ。ただし，地磁気の水平成分は25A/m，$\sqrt{3}=1.73$とする。

②〈2本の直線電流による磁場〉 テスト必出

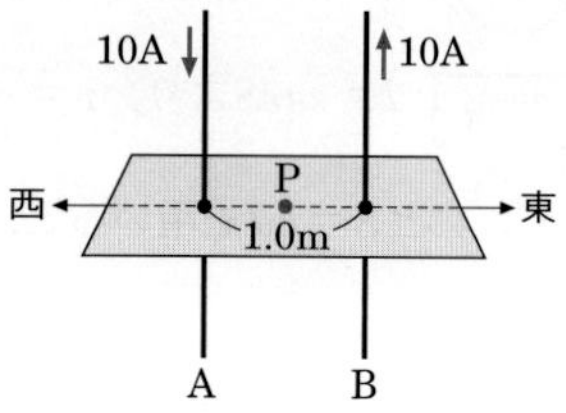

図に示すように，長い直線導線A，Bを，東西方向に間隔1.0mあけて鉛直に張り，Aには下向きに，Bには上向きにそれぞれ10Aの電流を流した。このとき，A，B間の中点Pにおける磁場の大きさと向きとを求めよ。ただし，P点での地磁気の水平成分は25A/mとする。

③〈円形電流と直線電流との合成磁場〉 テスト必出

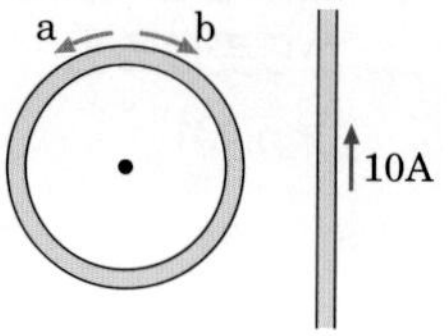

導線を半径10cmの円筒に10回巻いて，円形のコイルをつくる。このコイルの面と同一平面上で，コイルの中心から20cm離れた所に長い直線導線を張り，図の矢印の向きに10Aの電流を流す。このとき，コイルの中心の磁場が0になるようにするためには，コイルに何Aの電流をどの向きに流せばよいか。電流の向きは，右図のa，bで答えよ。地磁気は無視してよい。

④〈ソレノイド内部の磁場〉 テスト必出

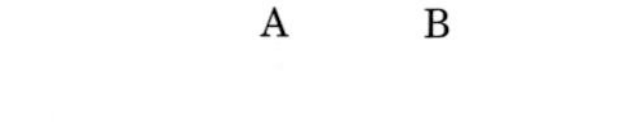

半径2.0cm，長さ30cmの円筒形に細い導線を3000回巻いて単層ソレノイドをつくった。このソレノイドの中にコの字形に曲げた導線ABCDをさしこみ，導線のBC部分(長さ2.0cm)がコイルの軸と垂直になるようにした。空気の透磁率を$4\pi\times10^{-7}$N/A^{2}とする。ソレノイドに0.50Aの電流を流したときについて，次の各問いに答えよ。

(1) ソレノイド内部の中央付近にできる磁場の強さはいくらか。

(2) ソレノイドをつらぬく磁束はいくらか。

(3) 導線ABCDに2.0Aの電流を流したとき，導線のBC部分が受ける力の大きさはいくらか。

5 〈電流ブランコのつり合い〉 テスト必出

質量m，長さlの導線PQを用いて，右図のような電流ブランコをつくった。ブランコの振れる所には，鉛直上向きに磁束密度Bの磁場を与えた。導線PQに電流Iを流したところ，ブランコは鉛直方向と角θをなしてつり合った。これについて，次の問いに答えよ。

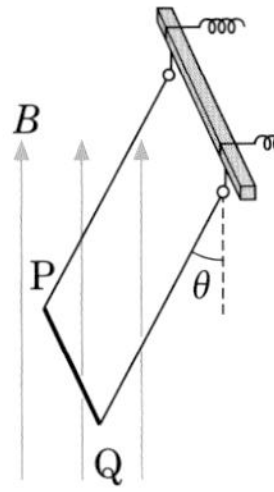

(1)　電流Iは導線PQをどちら向きに流れているか。

(2)　磁束密度Bを，m，l，I，θ，および重力加速度gで表せ。ただし，電流ブランコの導線PQ以外の部分の質量は無視してよい。

6 〈平行電流間にはたらく力〉

図のように，真空中にじゅうぶん長い2本の導線が，距離dだけ隔てて平行に置かれている。この2本の導線にそれぞれI_1，I_2の電流を逆向きに流した。真空の透磁率をμ_0として，次の問いに答えよ。

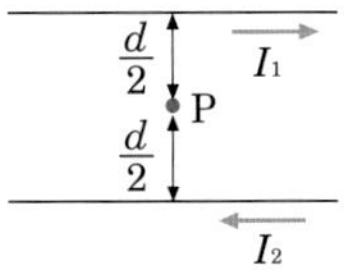

(1)　2本の導線の中間点Pにおける磁場の強さはいくらか。

(2)　この2本の導線が互いに受ける力は単位長さあたりいくらか。

7 〈電磁力とばねの弾性力のつり合い〉 テスト必出

次の文を読んで，あとの各問いに答えよ。

水平で一様な磁場の中に，切口が一様な1本の針金を置き，その両端を磁場の中心から等距離にある，鉛直で強さと長さの等しい2本のばねでつるす。針金は水平で，磁場の方向に垂直である。磁場の中にある針金の長さはLであり，針金のその他の部分およびばねに対する磁場の影響は考えなくてよいものとし，またばねののびは加えられた力に比例するものとする。この針金に強さI_1の直流を図に示す向きに流すとき，ばねの長さはl_1となり，また強さI_2の直流を逆の向きに流すとき，ばねの長さはl_2となった。

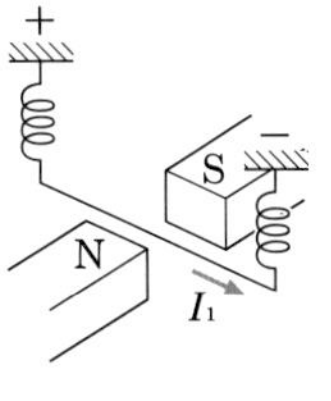

(1)　電流を流さないときのばねの長さはどれだけか。

(2)　磁場の強さをもとの2倍にして，強さI_1の直流を図に示す向きに流すとき，ばねの長さはどれほどになるか。

8 〈荷電粒子の磁場中の運動〉

初速度0の荷電粒子を電位差Vの電場で加速し，磁束密度の大きさがBで向きが入射方向と垂直の一様な磁場に垂直に入射したところ，半径rの円運動をした。この粒子の，電荷qと質量mとの比$\dfrac{q}{m}$をV，B，rで表せ。

9 〈荷電粒子の等速直線運動〉 テスト必出

真空中で，強さEの一様な電場と磁束密度Bの一様な磁場が図のように加えられている。いま，正の荷電粒子を原点Oから速さvで打ち出すと，この粒子は等速直線運動をした。これについて，次の問いに答えよ。

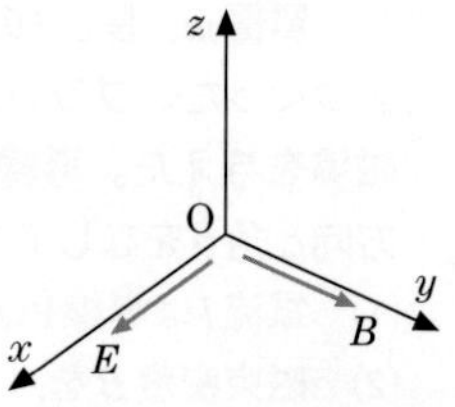

(1)　粒子は原点Oからどの向きに打ち出されたか。

(2)　粒子の速さvをEとBで表せ。

10 〈磁場中でのイオンの運動〉

次の文を読み，あとの□中に適当な式を記入せよ。

半径Rの金属円筒に，間隔d，電位差Vの平行平板電極がつけてあり，円筒内の空間には磁束密度Bの磁場が，紙面に垂直に裏から表への向きにかけてある。いま，質量m，正電荷eをもつイオンが点Aから初速度0で放たれ，電極間の電場によって加速されて，開口部Cから円筒の中心軸に向かって打ちこまれた。重力の影響は考えない。

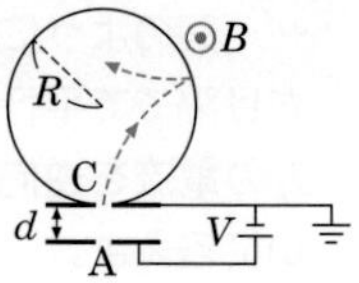

(1)　イオンがAからCまで運動する時間は，$t=$①□であり，Cにおけるイオンの速さは，$v=$②□である。

(2)　円筒内の空間で，イオンは半径$r=$③□の円弧をえがいて進み，円筒の壁と完全弾性衝突する。

(3)　Bを適当に選ぶと，開口部Cを出たイオンは円筒の壁と3回衝突した後にちょうどCにもどってくる。これに要する時間Tは，$T=$④□であり，このときのBの値B_mは，$B_m=$⑤□である。

11 〈質量のちがうイオンの運動(質量分析器)〉 テスト必出

次の文を読んで，あとの各問いに答えよ。

図のような容器Dがある。Dの内部は真空で，紙面に垂直に裏から表へ向かう一様な磁場の中におかれている。イオン源から出たイオンXを初速度v_0で点PからD内に入れると，Xは半円をえがいてPからaの距離にある点Qに達する。Xの質量をmとする。

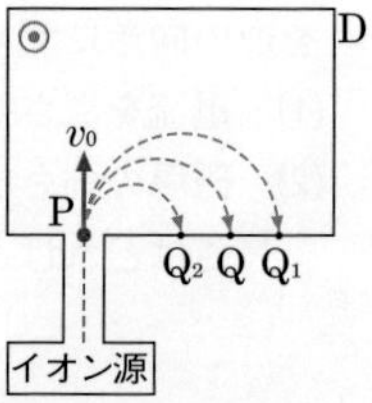

(1)　Xの電荷は正か負か。

(2)　Xが磁場から受ける力の大きさはいくらか。

(3)　Xの初速度だけを変えたところ，Pからbの距離にある点Q_1に達した。このときの初速度はいくらか。

(4)　(3)のとき，PからQ_1までの飛行時間はいくらか。

(5)　Xと同じ電荷をもつ別のイオンYを，Xと同じ方向に初速度v_0でD内に入れたら，半円をえがいてPから$0.8a$の距離にある点Q_2に達した。Yの質量はいくらか。

CHAPTER

4 » 電磁誘導と電磁波

SECTION 1 電磁誘導

1 誘導起電力

1 誘導起電力の大きさ

❶導体棒に発生する誘導起電力　誘導起電力の向きについては，p.391で述べた。ここでは，その大きさについて考えよう。磁場の中で導体棒を，**磁束線を横切るように動かすと，導体棒に起電力が誘導される。**磁場の中で導体棒を動かすと，導体棒はそれをさまたげる力を磁場から受けるから，その力にさからって導体棒を動かすためには，導体棒に力を加えて仕事をしなければならない。つまり，この操作によって，**力学的エネルギーが電気エネルギーに変換される**のである。

図116のように，磁場と垂直な平面上に，コの字形の導線ABCDを置き，この上で導体棒PQを，ABとつねに垂直になるようにして右向きに動かす場合を考えてみよう。四角形PCBQをコイルと考える。PQが右向きに動くと四角形PCBQの面積が増加するから，コイルをつらぬく磁束が増加する。すると，**その磁束の増加をさまたげるように，下向きの磁束をつくる誘導電流がP→C→B→Q→Pの向きに流れる。**この誘導電流の大きさをI〔A〕とする。

導体棒PQにQ→Pの向きの電流が流れると，PQは磁場から左向きの力F〔N〕を受ける。PQの長さをl〔m〕，磁場の磁束密度をB〔T〕とすると，

$$F = IBl$$

である。この力にさからって，PQを右向きに等速度v〔m/s〕で動かすためには，PQに右向きの外力F〔N〕を加えつづけなければならない。

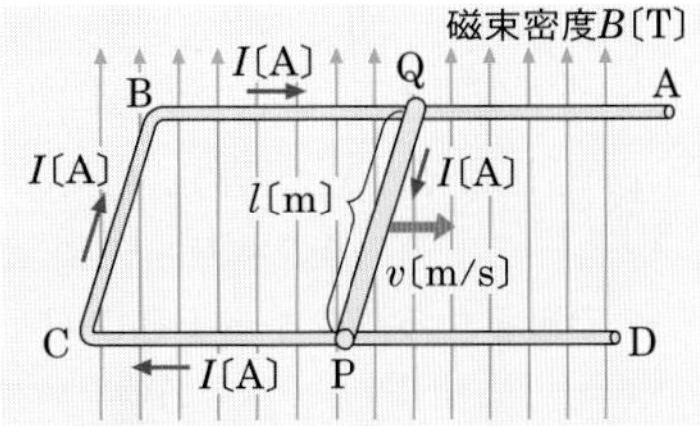

図116 磁場中を動く導体棒の電磁誘導

　この力の仕事率をP〔J/s〕とすると,

$$P = Fv = IBlv$$

となる。ここでエネルギー保存の法則が成立するとすれば，上の仕事率は導体棒PQに発生する電力に等しくなければならない。よって，導体棒PQに誘導される起電力をV〔V〕とすれば,

$$VI = IBlv \quad \text{より,} \quad V = vBl \tag{4·54}$$

という関係が成立する。

POINT!

導体棒が磁場に垂直に動くときに発生する誘導起電力　$V = vBl$　$\left[\begin{array}{l} v〔\text{m/s}〕：\text{棒の速さ} \\ l〔\text{m}〕：\text{棒の長さ} \end{array}\right]$

❷ファラデーの電磁誘導の法則　(4·54)式のvlは単位時間に導体棒PQが通過する面積であるから，vBlは単位時間に導体棒が横切る磁束(☞ p.402)である。したがって，時間Δt〔s〕の間におけるコイル内部の磁束変化を$\Delta \Phi$〔Wb〕とすると,

$$V = -\frac{\Delta \Phi}{\Delta t} \tag{4·55}$$

と表すことができる。負号は，誘導起電力がいつでも磁束の変化をさまたげる向きに生じることを表す。この関係をファラデーの電磁誘導の法則という。

POINT!

ファラデーの電磁誘導の法則　$V = -\dfrac{\Delta \Phi}{\Delta t}$

V〔V〕：起電力　$\Delta \Phi$〔Wb〕：磁束変化　Δt〔s〕：経過時間

例題　**誘導起電力**

　断面積4.0cm², 500回巻きの円形コイルをつらぬく磁場の磁束密度が1.5秒間に3.0Tから18.0Tに増加した。誘導起電力の大きさを求めよ。

着眼　磁束の変化率$\dfrac{\Delta \Phi}{\Delta t}$が求められるから，ファラデーの電磁誘導の法則を使えばよい。この法則はコイル1巻きぶんの誘導起電力を表すことに注意する。

解説　コイルをつらぬく磁束の変化量$\Delta \Phi$は,

$$\Delta \Phi = B'S - BS = S(B' - B) = 4.0 \times 10^{-4} \times (18.0 - 3.0) = 6.0 \times 10^{-3}\,\text{Wb}$$

であるから，コイル1巻きぶんの誘導起電力V_0は，(4·55)式より,

$$V_0 = -\frac{\Delta \Phi}{\Delta t} = -\frac{6.0 \times 10^{-3}}{1.5} = -4.0 \times 10^{-3}\,\text{V}$$

コイルは500回巻きであるから，全体の誘導起電力の大きさVは,

$$V = 500|V_0| = 500 \times 4.0 \times 10^{-3} = 2.0\,\text{V}$$

答 2.0V

類題 14　右図のように，紙面に垂直に表から裏に向かう磁束密度2.0Tの磁場の中を，100回巻きの長方形コイルABCD（辺ADは磁場の外にある）が右向きに5.0cm/sの一定速度で，紙面に平行に動いている。このときコイルに誘導される起電力の大きさを求めよ。ただし，BCの長さは15cmであるとする。（解答☞p.557）

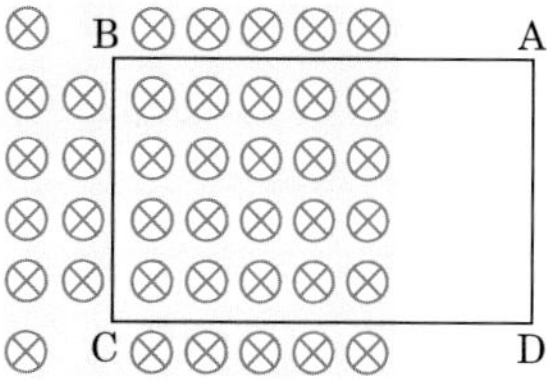

2 電磁誘導と自由電子

❶ローレンツ力による電磁誘導の解釈　電磁誘導が起こる理由を自由電子にはたらくローレンツ力をもとにして考える。**図117**のように導体棒ABを上向きの磁場と垂直に右向きに動かすと，導体棒の中に含まれている自由電子も導体棒といっしょに右向きに動くから，**自由電子にはA→Bの向きのローレンツ力がはたらく。**ローレンツ力の大きさF〔N〕は，電子の電荷を$-e$〔C〕，導体棒の速度をv〔m/s〕，磁束密度をB〔T〕とすると，(4･51)式より，

$$F=evB$$

である。ローレンツ力を受けると，自由電子はB端に集まるので，導体棒内部にはA→Bの向きの電場が生じる。そのため，AB間の自由電子にはB→Aの向きの静電気力がはたらく。**この静電気力とローレンツ力がつり合うと，自由電子の移動は止まる。**このときのAB間の電位差をV〔V〕とすると，導体棒の中の電場は，$E=\dfrac{V}{l}$であるから，自由電子が受ける静電気力は$F'=eE=\dfrac{eV}{l}$となる。このF'とローレンツ力が等しくなり，

$$\frac{eV}{l}=evB \qquad より, \qquad V=vBl$$

となる。これは(4･54)式と同じである。このVが誘導起電力である。

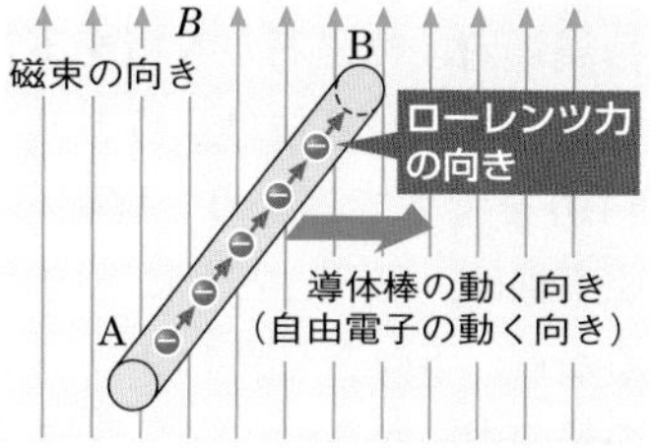

図117　磁場中を動く導体棒の中の自由電子の動き

❷磁束の変化と誘導電場　**コイルを固定して磁石を動かす場合，自由電子は動かないため，ローレンツ力では説明できない。**

いま，コイルの一部分をなす導線ABは静止しており，磁石による磁束線が$-y$の向きに一定の速さvで動いているものとしよう。この状況で，導線とともに静止した人P，磁石とともに動く人Qを考える。

電磁誘導によって発生する電圧はコイルと磁石の相対運動のみで決まるので，このときに電子の受ける力は，Pが導線とともに$+y$の向きに速さvで運動し，Qが磁石とともに静止している場合（**図118**☞p.416）と同じになる。

Qから見ると，導線中の自由電子にローレンツ力が働くために電子が移動している。

第4編　電気と磁気

一方Pから見ると，静止した電荷を移動させる力はローレンツ力では説明できないため，**電場による力と考えるしかない。**

以上の議論より，コイルが静止していて磁石が動いた場合の電磁誘導では，**磁束線が運動する（時間変化する）と電場（誘導電場）が発生する**と考えざるを得ない。

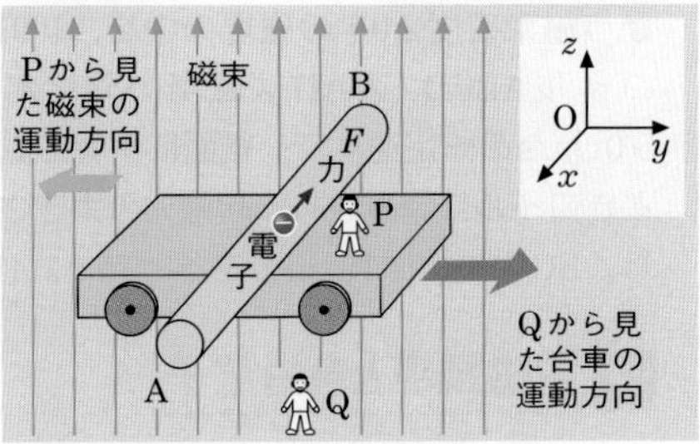

図118　磁場が動く場合の電磁誘導の解釈

誘導電場の大きさをE〔V/m〕とすると，$F = eE = evB$より，次の式が導かれる。

$$E = vB \qquad (4\cdot 56)$$

POINT!

磁束が変化すると，電場が誘導される。　$E = vB$

E〔V/m〕：誘導電場　v〔m/s〕：磁束の速度　B〔T〕：磁束密度

❸**渦電流**　棒磁石がN極を下にして落下し，導線の輪を通り抜けようとしている場合（図119）を考えてみよう。導線の輪のまわりの磁束線は，磁石とともに下向きに運動しているから，下向きを図119の$-y$の向き，導線の輪の中心から外へ向かう向きを$+z$の向きと考えると，上から見て**反時計まわりにまわる向きの電場が誘導される**ことになる。導線の輪のかわりに導体の板をおいた場合も同じ向きの電場が誘導され，**導体の板には同心円状に電流が流れる。**これを渦電流という。

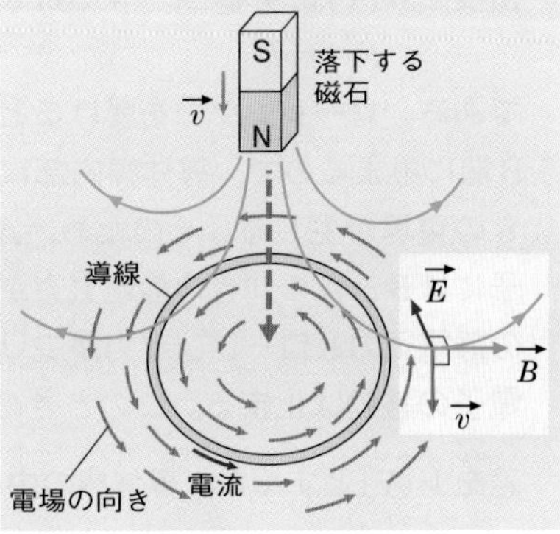

図119　落下する磁石による誘導電場

2 | 相互誘導と自己誘導

1 相互誘導

❶**相互誘導**　図120(a)のように，2つのコイルA，Bの軸が一致するように並べておき，コイルAのスイッチを入れると，コイルBの検流計の針が振れて，誘導電流が流れることがわかる。**コイルBに誘導電流が流れるのは，コイルAのスイッチを閉じた後のごく短い間だけ**で，あとは流れない。次にコイルAのスイッチを切ると，コイルBにごく短い間誘導電流が流れる。この電流の向きは最初の電流の向きと反対である。以上のように，2つのコイルの一方の電流が原因になって，他方のコイルに誘導起電力が発生する現象を相互誘導という。

❷相互誘導の原因　コイルAのスイッチを開閉して電流を変化させると，コイルAの磁束が変化する。この磁束の一部はコイルBもつらぬいており，コイルBをつらぬく磁束も変化し，コイルBに誘導起電力が発生する。**誘導起電力が発生するのは，磁束が変化している間だけであるから，スイッチを入れて電流が0から定常電流になるまで，および，スイッチを切って，電流が定常電流から0になるまでの間だけ誘導電流が流れるのである。**

❸コイルに鉄心を入れた場合　図120(b)のように，2つのコイルを1本の鉄心に通すと，コイルBの誘導電流は，(a)の場合よりはるかに大きくなる。鉄の透磁率は非常に大きいので，鉄心を入れると，コイルをつらぬく磁束が大きくなり，その変化率も大きくなるため，誘導起電力も大きくなるからである。

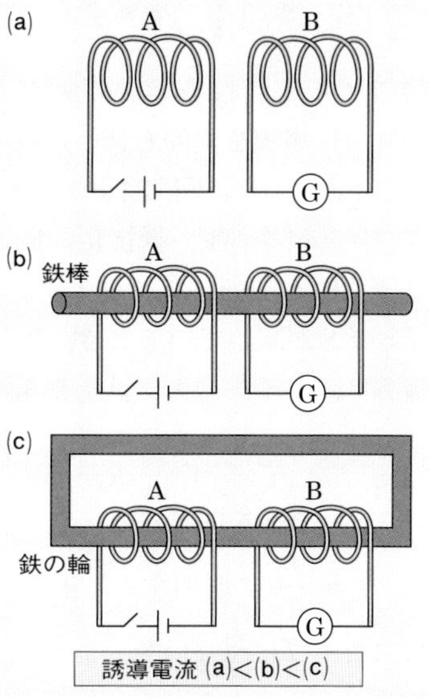

図120　相互誘導

また，図120(c)のように鉄心をリング状にすると，磁化によって鉄心の端に現れる磁極がなくなるため，磁化が増え，誘導電流はさらに大きくなる。

❹相互誘導起電力　コイルBの誘導起電力の大きさはコイルBをつらぬく磁束の時間的変化$\left(\dfrac{\Delta\Phi}{\Delta t}\right.$ ☞ p.414$\left.\right)$によって決まり，磁束の変化はコイルAの電流の変化によって決まる。すなわちコイルAの電流が時間Δt〔s〕の間にΔI_1〔A〕だけ変化したとすると，コイルBに生じる誘導起電力V_2〔V〕は，次のように表せる。

$$V_2 = -M\frac{\Delta I_1}{\Delta t} \tag{4・57}$$

Mは比例定数で，相互インダクタンスと呼ばれる。負号は，コイルAの電流の変化をさまたげる向きの誘導起電力がコイルBに生じることを意味する。

❺相互インダクタンスの単位　相互インダクタンスMの単位はヘンリー(記号H)である。**1Hとは，毎秒1Aの割合でコイルAの電流が変化するとき，コイルBに1Vの誘導起電力を生じるような1組のコイルA，Bの相互インダクタンス**である。相互インダクタンスの大きさは，2つのコイルの形，大きさ，位置関係，鉄心の透磁率などによって決まる。

POINT!

相互誘導起電力　$V_2 = -M\dfrac{\Delta I_1}{\Delta t}$　$\left[\begin{array}{l} M〔\mathrm{H}〕：相互インダクタンス \\ \Delta I_1〔\mathrm{A}〕：電流変化　\Delta t〔\mathrm{s}〕：時間 \end{array}\right]$

2 自己誘導 ①重要

❶コイルを流れる電流の変化 リング状の鉄心に導線を何回も巻いたものをチョークコイルという。図121(a)のように，チョークコイルに電池E，抵抗R_1，R_2を直列につなぎ，R_2と並列にスイッチSをつなぐ。スイッチSが開いているとき，R_1に流れる電流I_1は，コイルの電気抵抗や電池の内部抵抗を無視すると，$I_1=\dfrac{E}{R_1+R_2}$である。

スイッチSを閉じると，R_1に流れる電流は，$I_2=\dfrac{E}{R_1}$に増加する。R_1の両端をオシロスコープにつないで，このときの電流の変化のようすを調べると，図121(b)のように，スイッチを閉じたり開いたりしてから，電流が定常状態になるまでに一定の時間がかかることがわかる。いっぽう，チョークコイルをつないでいないときは，図121(c)のように，電流は急激に変化する。

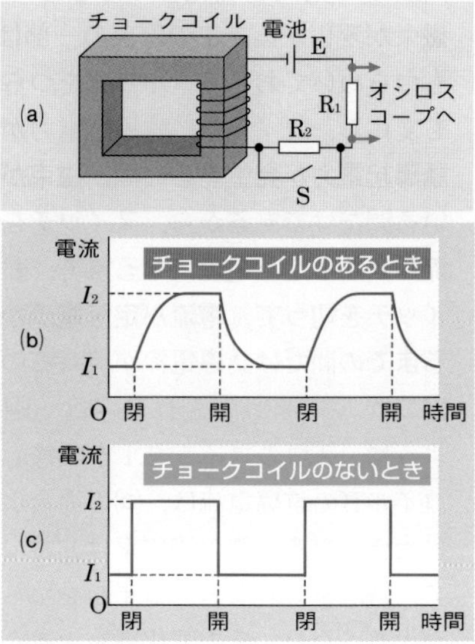

図121 自己誘導

❷自己誘導 上に述べたように，**コイルには電流の急激な変化をさまたげるはたらきがある**。コイルを流れる電流が変化すると，コイルをつらぬく磁束が変化するため，コイル自身に誘導起電力が発生する。この現象を自己誘導という。**自己誘導起電力**は電流の変化をさまたげる向きに発生するので，逆起電力ともいう。

❸自己誘導起電力の大きさ 自己誘導起電力V〔V〕は，コイルを流れる電流の時間的変化$\dfrac{\Delta I}{\Delta t}$に比例するので，比例定数を$L$とおくと，次の関係が成立する。

$$V=-L\frac{\Delta I}{\Delta t} \qquad (4\cdot58)$$

❹自己インダクタンス (4・58)式の比例定数Lを自己インダクタンスといい，その単位は相互インダクタンスと同じく，H（ヘンリー）である。**1Hとは毎秒1Aの割合で電流が変化するとき，コイルに発生する自己誘導起電力が1Vであるような自己インダクタンスの大きさ**である。

POINT!

自己誘導起電力（逆起電力） $V=-L\dfrac{\Delta I}{\Delta t}$ 〔L〔H〕：自己インダクタンス　ΔI〔A〕：電流変化　Δt〔s〕：時間〕

例題　自己インダクタンス

長さl〔m〕，断面積S〔m^2〕の鉄心に導線をn回巻いてつくったチョークコイルの自己インダクタンスはいくらか。ただし，鉄の透磁率をμとする。

着眼　単位時間にチョークコイルを流れる電流の変化と磁束の変化から自己誘導起電力を求め，式を比較する。

解説　チョークコイルを流れる電流が時間Δtの間にIから$(I+\Delta I)$まで増加したとすると，このときの磁束の変化量$\Delta\Phi$は，定義式(4・45)および(4・47)式より，

$$\Delta\Phi=\Phi'-\Phi=B'S-BS=\mu H'S-\mu HS=\mu S(H'-H)$$
$$=\mu S\left[\frac{n}{l}(I+\Delta I)-\frac{n}{l}I\right]=\frac{\mu Sn\cdot\Delta I}{l}$$

よって，自己誘導起電力Vは，(4・55)式より，$V=-n\dfrac{\Delta\Phi}{\Delta t}=-\dfrac{\mu Sn^2}{l}\cdot\dfrac{\Delta I}{\Delta t}$

これを(4・58)式　$V=-L\dfrac{\Delta I}{\Delta t}$と比較して，$L=\dfrac{\mu Sn^2}{l}$…答

類題15　コイルを含む回路を流れる電流を一定の割合で減少させ，5.0×10^{-3}sの間に，1.0Aから0Aにした。この間，コイルの両端に500Vの誘導起電力が生じた。このコイルの自己インダクタンスはいくらか。(解答☞p.557)

3 コイルにたくわえられるエネルギー

コイルに電流が流れると，コイルのまわりには磁場ができ，**磁気エネルギーがコイルにたくわえられる。**自己インダクタンスL〔H〕のコイルに電流i〔A〕が流れ，短い時間Δt〔s〕の間に電流がΔi〔A〕だけ変化したとすると，コイルの両端には自己誘導起電力$L\dfrac{\Delta i}{\Delta t}$〔V〕が現れる。

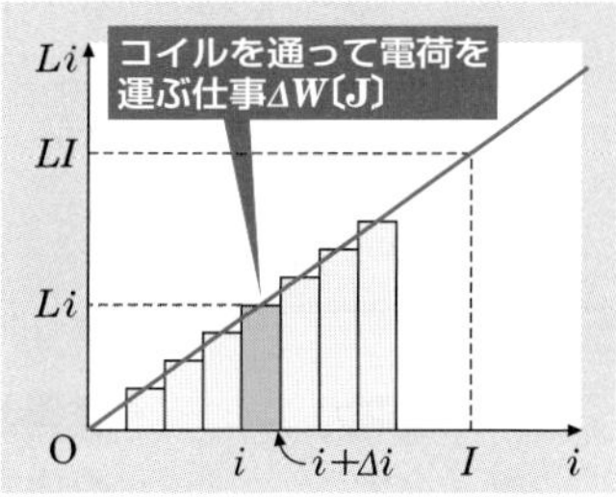

図122　コイルを通って電荷を運ぶ仕事

Δt〔s〕間にコイルに流れる電荷は$i\Delta t$〔C〕であるから，この電荷をコイルを通って運ぶのに必要な仕事ΔW〔J〕は，

$$\boldsymbol{\Delta W}=i\Delta t\times L\frac{\Delta i}{\Delta t}=\boldsymbol{Li\Delta i}$$

となる。

コイルを流れる電流を0からしだいに増加させていくとき，ΔWの大きさは図122の着色した長方形の面積で表されるから，電流がI〔A〕になるまでの仕事の量はこれらの長方形の面積を加え合わせたものになる。

したがって，電流がI〔A〕のとき，コイルにたくわえられる磁気エネルギーU〔J〕は，図122のグラフの直線と横軸との間につくられる三角形の面積で表される。

よって，次の関係が成りたつ。

$$U=\frac{1}{2}LI^2 \qquad (4\cdot59)$$

POINT!

コイルにたくわえられるエネルギー　$U=\frac{1}{2}LI^2$

例題　**コイルにたくわえられるエネルギー**

　チョークコイルに2.0 Aの電流が流れている。スイッチを切ったら，0.010秒後に電流が0になり，このときコイルの両端に3000 Vの起電力が誘導された。スイッチを切る前にコイルにたくわえられていたエネルギーはいくらか。

着眼　コイルに電流が流れるとコイルのまわりに磁場ができるため，磁気エネルギーがコイルにたくわえられている。

解説　(4･58)式より，

$$3000=-L\times\frac{0-2.0}{0.010}$$

$$L=15\,\mathrm{H}$$

よって，コイルにたくわえられていたエネルギーは，(4･59)式より，

$$U=\frac{1}{2}LI^2=\frac{1}{2}\times15\times2.0^2=30\,\mathrm{J}$$

答 30 J

このSECTIONのまとめ　電磁誘導

☐ **誘導起電力**
☞ p.413

- **誘導起電力の大きさ**…長さlの導体棒が速さvで磁場Bの中を垂直に運動するとき，$V=vBl$
- **ファラデーの電磁誘導の法則**…$V=-\frac{\Delta\Phi}{\Delta t}$

☐ **相互誘導と自己誘導**
☞ p.416

- **相互誘導**　$V_2=-M\frac{\Delta I_1}{\Delta t}$
  （Mは**相互インダクタンス**）
- **自己誘導**　$V=-L\frac{\Delta I}{\Delta t}$
  （Lは**自己インダクタンス**）
- **コイルにたくわえられるエネルギー**　$U=\frac{1}{2}LI^2$

SECTION 2 交流と電磁波 物理基礎

1 交流 （くわしくは☞p.425）

1 直流と交流

❶直流と交流　電池から得られる電気は，電圧や電流の向きが一定で変化しない。このような電気を直流という。これに対し，家庭で使っている100Vの電気は，電圧や電流の向きが周期的に変化している。このような電気を交流という。

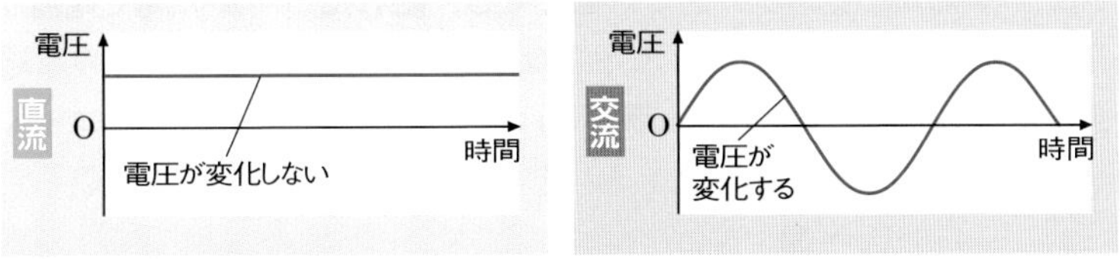

図123 直流(左)と交流(右)の電圧の変化

❷交流の周波数と周期　交流電流の流れる向きの変化が，1秒間に何回くり返されるかを表す数を，交流の周波数あるいは**振動数**といい，波と同様に，記号f，単位ヘルツ(**記号**Hz)で表す(☞p.235)。たとえば，東日本における電源の交流の周波数は50Hzであり，1秒間に50回電流が振動している。西日本における電源の交流の周波数は60Hzであり，毎秒60回電流が振動している。

1回の振動に要する時間を周期といい，記号はT，単位は秒(s)で表す。また，周波数fと周期Tの間には，次の関係がある。

$$f = \frac{1}{T} \qquad (4\cdot60)$$

2 交流の発生

磁場の中でコイルを回転させると，コイルをつらぬく磁力線の数が回転とともに周期的に変化し，交流を発生させることができる。このような装置を交流発電機という。

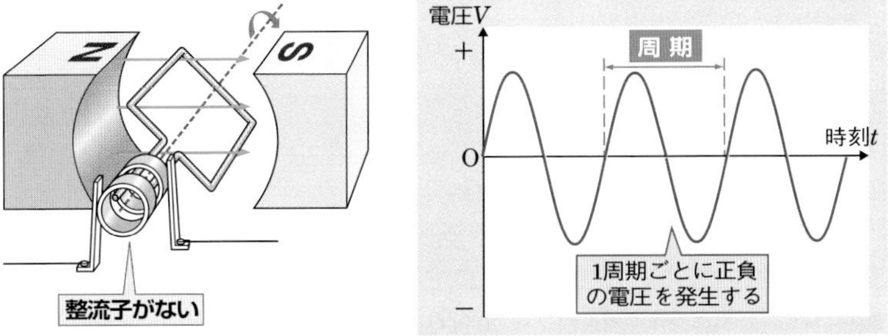

図124 交流発電機(左)と発生する交流(右)

3 変圧器のしくみ

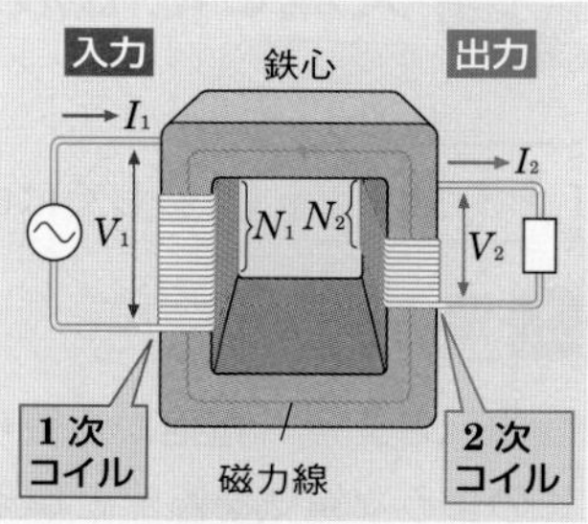

図125　変圧器のしくみ

❶相互誘導　2つのコイルを接近させて並べ，コイル1に交流を流す。コイル1では交流電流によって，周期的に変化する磁力線が発生する。近くに置いたコイル2では，コイルをつらぬく磁力線の本数が変化し，電磁誘導による誘導起電力が発生する。このような現象を相互誘導という。電圧を入力したコイルを1次コイル，誘導起電力を発生したコイルを2次コイルという。**相互誘導を使うと，導線が直接つながっていなくても，離れたコイルの間で電流が伝わる。**

❷変圧器　鉄心で磁力線を逃がさないようにして，相互誘導の原理を使い，電圧を変換する装置を変圧器(トランス)という。1次コイル，2次コイルの電圧[★1]をそれぞれV_1，V_2，コイルの巻数をそれぞれN_1，N_2とすると，次の関係が成りたつ。

$$V_1 : V_2 = N_1 : N_2 \tag{4·61}$$

電柱には変圧器が取りつけられており，電線から送られてきた電圧を下げている。また，電気器具のACアダプターにも変圧器が使われており，多くの場合電圧を下げたあと整流して直流に変換している。

❸変圧器と電力　理想的な変圧器では，1次コイルに流れる電流をI_1，2次コイルに流れる電流をI_2とすると，次の関係が成りたつ。

$$V_1 I_1 = V_2 I_2 \tag{4·62}$$

すなわち，**電源が1次コイルに入力した電流の電力(☞p.362)と，2次コイルから出力される電流の電力は同じ**になる。

➕発展ゼミ　交流の整流

●**半導体ダイオード**は，電流を一方向にだけ流す部品である。これと抵抗，コンデンサーで，図126の回路をつくり，スイッチを開いておいて，A点に図127(a)のような電圧を加えると，a点に(b)のような，山だけが残った電圧が現れる。これを脈流という。

●次にスイッチを閉じると，コンデンサーの充放電によって，(b)の山と山の間がならされ，(c)のような電圧が現れる。こうして，交流が直流に変えられる。

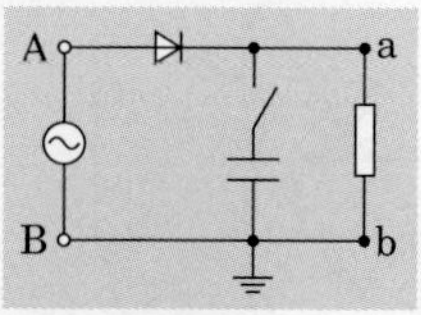

図126　整流回路

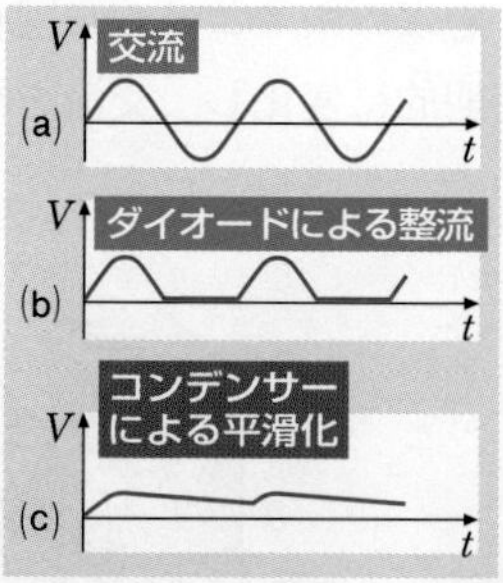

図127　交流の整流

★1 正確には，電圧の**実効値**という(☞p.427)。これは，変動する電圧の平均値のようなものである。

例題　変圧器

1次側コイル・2次側コイルの巻数が，それぞれ200回・800回の変圧器がある。1次側に100Vの交流を流し，2次側に50Ωの抵抗をつないだ。2次側の電圧，電流を求めよ。

着眼　1次側・2次側の巻数がわかっているので，(4･61)式から2次側の電圧を求めることができる。電流はオームの法則から求める。

解説　(4･61)式より，

$$100 : V_2 = 200 : 800$$

$$V_2 = 400\,\text{V}$$

オームの法則より，

$$I_2 = \frac{V_2}{R} = \frac{400}{50} = 8.0\,\text{A}$$

答 電圧…400V　電流…8.0A

2｜電磁波

1 電磁波の発生

❶電磁波の発生　電磁波とは，**電気的な振動と磁気的な振動が空間を伝わる現象**である。変化する磁場は電磁誘導の原理で変化する電場をつくる(☞p.391)。また，変化する電場は変化する磁場をつくる。これをくり返し電場や磁場の変化が波として空間を伝わっていくのが電磁波である。

波長が0.1mm以上の電磁波を電波という。光も波長が特定の範囲にある電磁波である。電磁波は波なので，音と同様に反射や屈折(☞p.260)をする。

❷電磁波の振動数と波長　電磁波が真空中を伝わる速さは，光と同じ**3.0×10^8 m/s**である。電磁波の速度をc〔m/s〕，振動数(周波数)をf〔Hz〕，波長(1組の山と谷の長さ)をλ(ラムダ)〔m〕とすると，次の関係が成りたつ。

$$c = f\lambda \qquad (4･63)$$

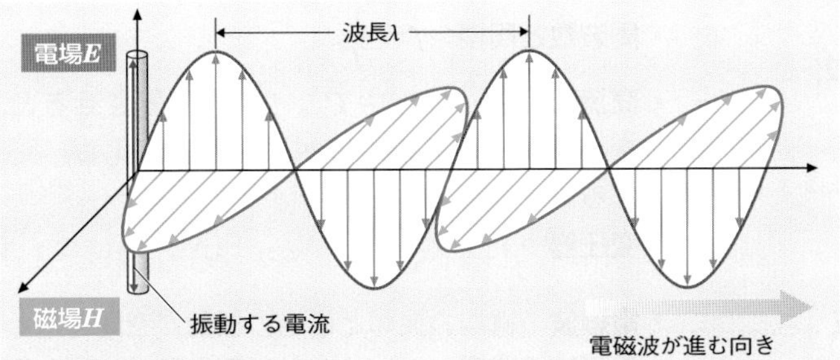

図128　電磁波の伝わり方

❸いろいろな電磁波　電磁波は波長(振動数)によって性質が異なる。それらの性質を利用して，さまざまな用途に用いられている。

電磁波はおもに波長によって分類されており，**電波**(☞ p.438)や**赤外線**，**光**(目で見ることができるので**可視光線**ともいう)，**紫外線**，**X線**や**γ線**(☞ p.481)などに分けられる。

> COLUMN
> ## 電子レンジ
> 波長がおよそ1mから1mmの電波をマイクロ波という。電子レンジは食物に2.45GHzのマイクロ波をあてて温める装置である。マイクロ波をあてると，食物中の水分子が1秒間に約24億5000万回もの回転振動を行うことで，食物が温められる。したがって，乾燥した食物にはあまり効果がない。

表3　いろいろな電磁波

波長	1km	100m	10m	1m	10cm	1cm	1mm	10^{-4}m
振動数	300kHz	3MHz	30MHz	300MHz	3GHz	30GHz	300GHz	3×10^{12}Hz
分類	長波(LF)	中波(MF)	短波(HF)	超短波(VHF)	極超短波(UHF)	センチ波(SHF)	ミリ波(EHF)	サブミリ波
用途	電波時計	AM放送	非接触IC	FM放送	TV放送 携帯電話 電子レンジ	衛星放送	気象レーダー	

波長	10^{-5}m	10^{-6}m	10^{-7}m	10^{-8}m	10^{-9}m	10^{-10}m	10^{-11}m	10^{-12}m
振動数	3×10^{13}Hz	3×10^{14}Hz	3×10^{15}Hz	3×10^{16}Hz	3×10^{17}Hz	3×10^{18}Hz	3×10^{19}Hz	3×10^{20}Hz
分類	赤外線	可視光線	紫外線			X線		γ線
用途	放射温度計 赤外線リモコン		殺菌			X線写真	ガンマナイフ	

補足　Mはメガ(10^6)，Gはギガ(10^9)を表す。

参考　紫外線とX線，X線とγ線はそれぞれ，波長(振動数)だけによっては区別されず，発生した原因などによって分類される。たとえば，放射線崩壊によって発生した電磁波(☞ p.482)はγ線である。

このSECTIONのまとめ　交流と電磁波

□交流 ☞ p.421	・**周波数と周期**…$f=\dfrac{1}{T}$ ・**交流の発生**…磁場中でコイルを回転させると，コイルをつらぬく磁力線の数が周期的に変化し，交流が発生する。 ・**変圧器**…$V_1:V_2=N_1:N_2$　(N_1，N_2はコイルの巻数)
□電磁波 ☞ p.423	・**電磁波**…電場の振動と磁場の振動が空間を伝わる現象。 ・**電磁波の速度**…$c=f\lambda$　(fは振動数，λは波長)

SECTION 3 交流回路

1 交流

1 交流電圧と交流電流

❶交流発電機の原理　図129(a)のように，磁場中でコイルを一定の速さで回転させると，コイルをつらぬく磁束が周期的に変化し，コイルの両端A，B間に周期的に変化する誘導起電力が発生する。この起電力は周期的に電圧の向きが逆転する。このような電圧を交流電圧，それによって流れる電流を交流電流または交流という。

❷交流電圧の式　図129(b)は(a)を真上から見たところを示す。コイルの面が磁場に垂直な位置からの角をθ〔rad〕，コイルの回転の角速度をω〔rad/s〕，時間をt〔s〕として，$t=0$のとき，$\theta=0$とすると，$\theta=\omega t$　となる。

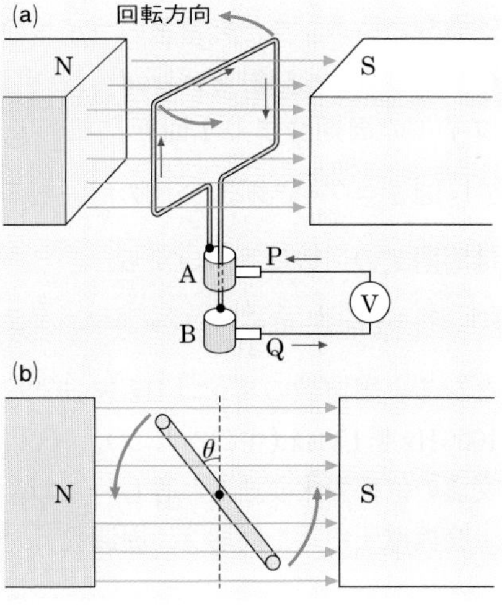

図129 交流発電機の原理

$\theta=0$のときコイルをつらぬく磁束Φ_0〔Wb〕は，磁場の磁束密度をB〔T〕，コイルの面積をS〔m^2〕とすると，

$$\Phi_0=BS$$

である。ここからθの大きさが変化したとき，磁場と垂直な方向へのコイルの射影の面積は$S\cos\theta$であるから，このときコイルをつらぬく磁束Φ〔Wb〕は，

$$\Phi=BS\cos\theta=BS\cos\omega t$$

となる。これをグラフに表すと，図130(a)のようになる。コイルに発生する誘導起電力V〔V〕は，(4･55)式より，$V=-\dfrac{\Delta\Phi}{\Delta t}$である。$\dfrac{\Delta\Phi}{\Delta t}$は次のように求める。ある時刻$t$においてコイルをつらぬく磁束を$\Phi$，これよりわずか後の時刻$(t+\Delta t)$における磁束を$(\Phi+\Delta\Phi)$とすると，$\Phi+\Delta\Phi=BS\cos\omega(t+\Delta t)$より，$\Delta\Phi=(\Phi+\Delta\Phi)-\Phi=BS\cos\omega(t+\Delta t)-BS\cos\omega t$

ここで，三角関数の公式$\cos A-\cos B=-2\sin\dfrac{A+B}{2}\sin\dfrac{A-B}{2}$を用いると，

$$\Delta\Phi=BS\left[-2\sin\left(\omega t+\frac{\omega\Delta t}{2}\right)\sin\frac{\omega\Delta t}{2}\right]$$

この式でΔtがじゅうぶん小さければ,

$$\sin\left(\omega t+\frac{\omega\Delta t}{2}\right)\fallingdotseq\sin\omega t \qquad \sin\frac{\omega\Delta t}{2}\fallingdotseq\frac{\omega\Delta t}{2}$$

となるので，コイルに発生する誘導起電力Vは,

$$V=-\frac{\Delta\Phi}{\Delta t}=-\frac{BS}{\Delta t}\left(-2\sin\omega t\times\frac{\omega\Delta t}{2}\right)=BS\omega\sin\omega t \qquad (4\cdot64)$$

となる。したがって，起電力の最大値V_0〔V〕は，$\sin\omega t=1$のときで,

$$V_0=BS\omega$$

誘導起電力の変化は図130(c)のようになり，**磁束の変化とは位相がずれている。**

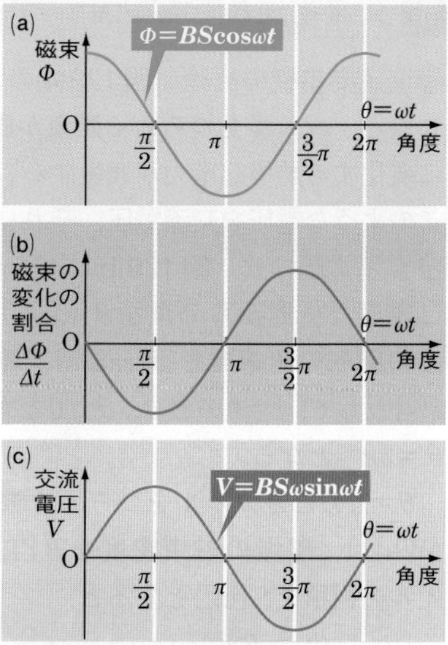

図130 磁束の変化と交流電圧の関係

❸交流の周期と周波数　交流の流れる向きが毎秒何回変化するかを表す数を交流の**周波数**という。交流発電機のコイルの回転の角速度(☞ p.142)をω〔rad/s〕とすると，コイルの周期つまり1回転に要する時間T〔s〕は$T=\dfrac{2\pi}{\omega}$である。交流の周波数f〔Hz〕は周期Tの逆数に等しいから,

$$f=\frac{1}{T}=\frac{\omega}{2\pi}$$

となる。周波数の単位はHz（ヘルツ）で，1000 Hzを**1 kHz**（キロヘルツ），1000 kHzを**1 MHz**（メガヘルツ）という。このωは，交流の位相変化の速度と等しいため交流の角周波数と呼ぶこともある。

交流電圧の式を周期T，周波数f，角周波数ωを用いて表すと，次のようになる。

POINT!

交流電圧　$$V=V_0\sin\omega t=V_0\sin2\pi\frac{t}{T}=V_0\sin2\pi ft \qquad (4\cdot65)$$

2 交流の実効値 ①重要

❶交流の電力　交流電圧$V=V_0\sin\omega t$を抵抗R〔Ω〕に加えたときに流れる交流電流I〔A〕は，オームの法則より,

$$I=\frac{V}{R}=\frac{V_0}{R}\sin\omega t=I_0\sin\omega t \qquad (4\cdot66)$$

となる。$I_0=\dfrac{V_0}{R}$は交流電流の最大値である。

ここで，抵抗で消費される電力P〔W〕を求めると,

$$P = VI = V_0 \sin\omega t \cdot I_0 \sin\omega t$$
$$= V_0 I_0 \sin^2 \omega t$$
$$= \frac{V_0 I_0}{2}(1 - \cos 2\omega t) \quad (4\cdot67)$$

となる。これをグラフに表すと，図131(c)のようになる。

❷交流の実効値　図131(c)のグラフの曲線と横軸とで囲まれる部分の面積は消費電力量Ptを表す。このグラフの上に，$P = \frac{1}{2}V_0 I_0$の直線を引くと，この直線より上にある曲線と下にある曲線とは形が同じなので，図に点線の矢印で示したように，山の部分を谷にはめこむと，**電力量は$P = \frac{1}{2}V_0 I_0$の直線と横軸との間にできる長方形の面積に等しくなる**。このことから，**電力の平均値$\overline{P}$は，$\overline{P} = \frac{1}{2}V_0 I_0$**であることがわかる。この式を書きかえて，$\overline{P} = \frac{1}{\sqrt{2}}V_0 \cdot \frac{1}{\sqrt{2}}I_0$　とすることができる。この式は，**平均の電力が，交流電圧，交流電流のそれぞれの最大値の$\frac{1}{\sqrt{2}}$にあたる電圧と電流の積に等しいことを示している**。そこで，これらの値をそれぞれ，交流電圧，交流電流の実効値と定義する。

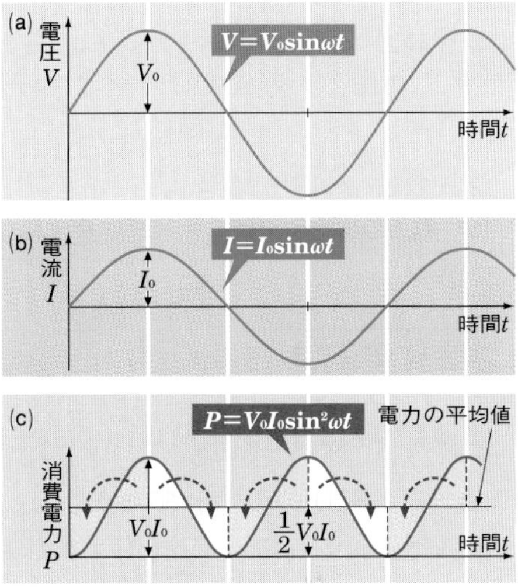

図131　交流の電力とその平均値

POINT!

交流の実効値
- **電圧**　$V_e = \dfrac{V_0}{\sqrt{2}}$　(4・68)
- **電流**　$I_e = \dfrac{I_0}{\sqrt{2}}$　(4・69)

[V_e：電圧の実効値　V_0：電圧の最大値　I_e：電流の実効値　I_0：電流の最大値]

参考　家庭に送られてくる交流電圧は100 Vであるが，これは実効値で示されている。したがって，最大値は$100 \times \sqrt{2} \fallingdotseq 141$ Vである。交流用の電圧計や電流計の目盛りも実効値を示す。

例題　交流の実効値と消費電力

100 Vの交流電圧を20 Ωの抵抗に加えたとき，次の(1)～(3)の値を求めよ。ただし，$\sqrt{2} = 1.41$とする。

(1)　交流電流の実効値　　(2)　電流の最大値

(3)　抵抗で消費される電力の平均値

着眼 100 V の交流電圧というのは，電圧の実効値のことである。

解説 (1) オームの法則より，　$I_e=\dfrac{V_e}{R}=\dfrac{100}{20}=5.0\,\mathrm{A}$

(2) 電流の最大値 I_0 は，　$I_0=\sqrt{2}\,I_e=1.41\times5.0\fallingdotseq7.1\,\mathrm{A}$

(3) 電力の平均値 P は，　$P=V_eI_e=100\times5.0=500\,\mathrm{W}$

答 (1)5.0 A　(2)7.1 A　(3)500 W

2 交流回路

1 コイルを流れる交流

❶電流と電圧の位相　図132(a)のように，電気抵抗が無視できる理想的なコイルに交流電圧 $V=V_0\sin\omega t$〔V〕を加えたときに流れる交流電流 I〔A〕を求めてみよう。コイルの自己インダクタンスを L〔H〕とすると，電流が周期的に変化するから，コイルには自己誘導が起こり，**逆起電力 $-L\dfrac{\Delta I}{\Delta t}$〔V〕が発生する**。この回路に**キルヒホッフの第 2 法則**（☞ p.368）を適用すると，

$$V_0\sin\omega t-L\frac{\Delta I}{\Delta t}=0 \quad \cdots\cdots①$$

となる。電流が $I=I_0\sin(\omega t-\theta)$ と表されるとして，p.425 で $\dfrac{\Delta\Phi}{\Delta t}$ を求めたのと同じ方法で，

$$\frac{\Delta I}{\Delta t}=I_0\omega\cos(\omega t-\theta) \quad \cdots\cdots②$$

が得られる。②を①に代入すると，

$$V_0\sin\omega t-LI_0\omega\cos(\omega t-\theta)=0 \quad \cdots\cdots③$$

③が t に無関係に成立するためには，

$$V_0=LI_0\omega \quad \cdots\cdots④$$

$$\sin\omega t=\cos(\omega t-\theta) \quad \cdots\cdots⑤$$

でなければならない。

ところで $\cos\left(\omega t-\dfrac{\pi}{2}\right)=\sin\omega t$ だから，⑤より $\theta=\dfrac{\pi}{2}$。また，④より，$I_0=\dfrac{V_0}{\omega L}$ であるから，電流の式は，

$$I=I_0\sin(\omega t-\theta)$$

$$=\frac{V_0}{\omega L}\sin\left(\omega t-\frac{\pi}{2}\right) \quad (4\cdot70)$$

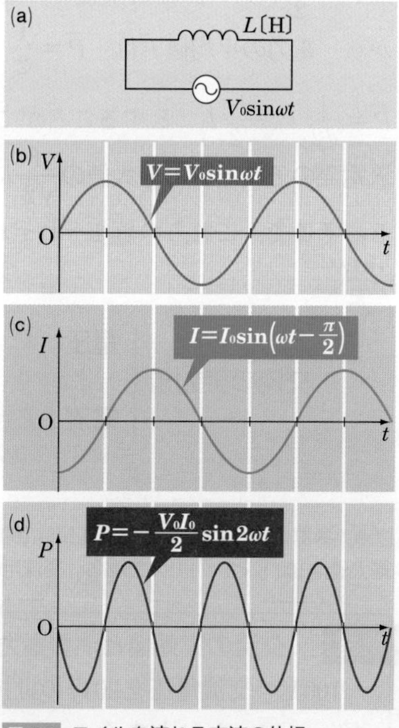

図132 コイルを流れる交流の位相

となる。(4・70)式から**電流の位相は電圧の位相より $\dfrac{\pi}{2}$ だけ遅れる**ことがわかる。

グラフで示すと，図132(c)のようになる。電流と電圧の位相がずれるため，電力Pのグラフは図132(d)のようになる。このように電力に正負ができるため，電力の平均値はゼロになる。

POINT!

コイルを流れる交流
電圧　$V=V_0\sin\omega t$
電流　$I=\dfrac{V_0}{\omega L}\sin\left(\omega t-\dfrac{\pi}{2}\right)$　$\left(位相が\dfrac{\pi}{2}遅れる\right)$

❷コイルの誘導リアクタンス　p.428の④式を，$V_0=\omega LI_0$と書きかえると，オームの法則と同じ形になり，ωLは直流に対する抵抗と同じはたらきをすることがわかる。**ωL〔Ω〕をコイルのリアクタンスまたは誘導リアクタンスという。**

2 コンデンサーを流れる交流　①重要

❶電流と電圧の位相　コンデンサーに直流電圧をかけると，充電が完了するまでは導線に電流が流れるが，充電が完了すると，電流は流れなくなる。しかし**交流電圧を加えると，コンデンサーは充電と放電をくり返すので，導線には電流が流れつづける。**電気容量C〔F〕のコンデンサーに交流電圧$V=V_0\sin\omega t$〔V〕をかけた場合の電流I〔A〕の式を求めてみよう。

ある瞬間のコンデンサーの極板上の電荷をQ〔C〕とすると，

$$Q=CV \quad \cdots\cdots ①$$

である。この極板にΔt〔s〕間にΔQ〔C〕の電荷が流れこむとすると，このときの電流I〔A〕は，

$$I=\frac{\Delta Q}{\Delta t} \quad \cdots\cdots ②$$

と表される。極板にΔQ〔C〕の電荷がたまることによって，極板間の電位差がΔV〔V〕増加するとすれば，

$$\Delta Q=C\Delta V \quad \cdots\cdots ③$$

の関係が成立するので，②と③より，

$$I=C\frac{\Delta V}{\Delta t} \quad \cdots\cdots ④$$

となる。ここでまた，p.425で$\dfrac{\Delta \Phi}{\Delta t}$を求めたのと同じ方法を用いると，

$$\frac{\Delta V}{\Delta t}=V_0\omega\cos\omega t \quad \cdots\cdots ⑤$$

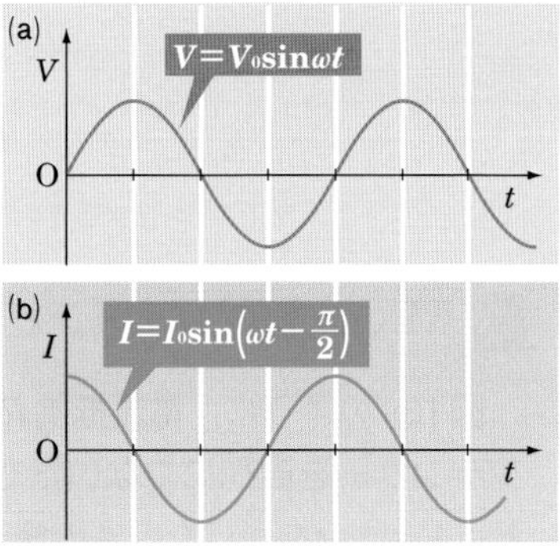

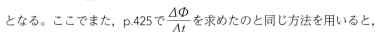

図133 コンデンサーを流れる交流の位相

であるから，次のようになる。

$$I = V_0\omega C\cos\omega t = V_0\omega C\sin\left(\omega t + \frac{\pi}{2}\right) \qquad (4\cdot71)$$

よって，**コンデンサーを流れる交流電流の位相は電圧の位相より$\frac{\pi}{2}$だけ進む。**

POINT!

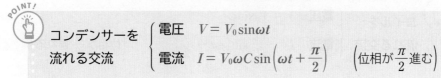

コンデンサーを流れる交流
- 電圧　$V = V_0\sin\omega t$
- 電流　$I = V_0\omega C\sin\left(\omega t + \frac{\pi}{2}\right)$　（位相が$\frac{\pi}{2}$進む）

❷コンデンサーの容量リアクタンス　(4·71)式の $V_0\omega C = I_0$ とおくと，

$V_0 = \frac{1}{\omega C}I_0$となる。**この$\frac{1}{\omega C}$〔Ω〕がコンデンサーの交流に対する抵抗にあたる量で，コンデンサーのリアクタンスまたは容量リアクタンスと呼ばれる。**

例題　コンデンサーのリアクタンス

電気容量50μFのコンデンサーに周波数50Hz，実効値20Vの交流電圧を加えたとき，コンデンサーを流れる交流電流の実効値を求めよ。

着眼　交流電流，交流電圧の実効値をそれぞれI_e，V_eとすると，$V_e = \frac{1}{\omega C}I_e$である。

解説　このコンデンサーのリアクタンスは，周波数をfとすると，

$$\frac{1}{\omega C} = \frac{1}{2\pi fC} = \frac{1}{2\times3.14\times50\times50\times10^{-6}}$$

よって，$I_e = \omega CV_e = 2\times3.14\times50\times50\times10^{-6}\times20 = 0.314 \fallingdotseq 0.31\,\mathrm{A}$　**答** 0.31 A

3 RLC直列回路のインピーダンス

図134のように，**電気抵抗R，自己インダクタンスLのコイル，電気容量Cのコンデンサーを直列につないだもの**をRLC直列回路という。この回路に，交流電圧$V = V_0\sin\omega t$をかけたときの電流を求めてみよう。

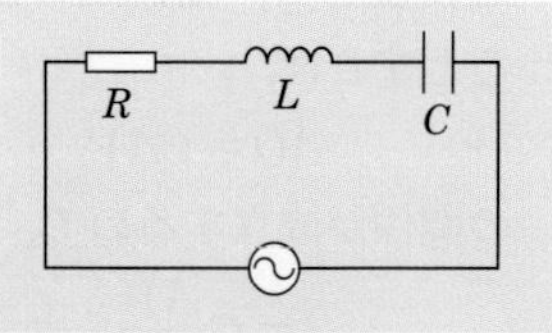

図134　RLC直列回路

直列回路では，電流はどこでも等しいから，電流の位相を基準にとると，抵抗の電圧降下V_Rの位相は電流の位相と同じであるが，**コイルの電圧降下V_Lの位相は電流の位相V_Rより$\frac{\pi}{2}$だけ進んでおり，コンデンサーの電圧降下V_Cの位相は電流の位相より$\frac{\pi}{2}$だけ遅れている。**すなわち，各部の電圧降下は，図135のグラフに示したような時間変化をする。これは，図135のグラフの左に示したV_L，V_R，V_Cのベクトルを左まわりに同じ角速度で回転させたときの各ベクトルの縦軸に対する影（正射影）の変化と同じである。

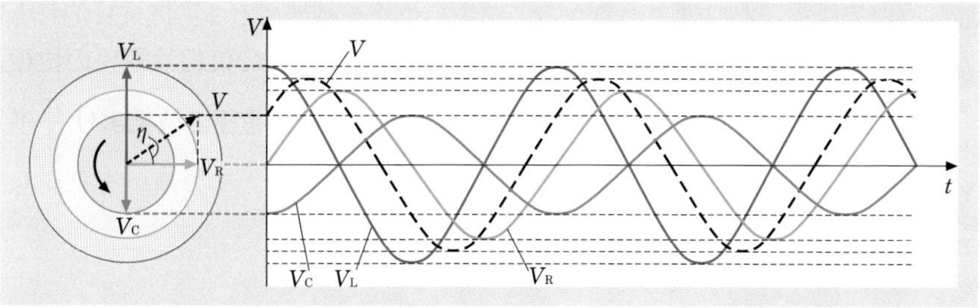

図135 RLC直列回路の各部における電圧降下の位相変化

直列回路全体の電圧は各電圧降下の和に等しい。よって，電流の最大値をI_0とすると，R，L，Cの各電圧降下ベクトルの大きさは，RI_0，ωLI_0，$\dfrac{I_0}{\omega C}$であるから，合成ベクトルの大きさは，

$$V=\sqrt{(RI_0)^2+\left(\omega LI_0-\frac{I_0}{\omega C}\right)^2}=I_0\sqrt{R^2+\left(\omega L-\frac{1}{\omega C}\right)^2} \quad (4\cdot72)$$

となる。この式は，オームの法則と同じ形をしているから，上式に現れた

$$Z=\sqrt{R^2+\left(\omega L-\frac{1}{\omega C}\right)^2} \quad (4\cdot73)$$

は，交流に対して一種の抵抗としてはたらくことがわかる。Zを**直列回路のインピーダンス**という。Zの単位は抵抗と同じくΩである。

電圧の合成ベクトルと電流との位相差をη（イータ）とすると，電流の位相はV_Rの位相と同じだから，ηの大きさは，

$$\tan\eta=\frac{\omega LI_0-\dfrac{I_0}{\omega C}}{RI_0}=\frac{\omega L-\dfrac{1}{\omega C}}{R} \quad (4\cdot74)$$

で与えられる。**電流の位相は電圧の位相よりηだけ遅れる**から，次のようになる。

$$I=I_0\sin(\omega t-\eta)$$

4 RLC並列回路のインピーダンス

図136のように，**電気抵抗R，自己インダクタンスLのコイル，電気容量Cのコンデンサーを並列につないだもの**をRLC並列回路という。

この回路に，交流電圧

$$V=V_0\sin\omega t$$

をかけたとき，回路に流れる電流を求めてみよう。

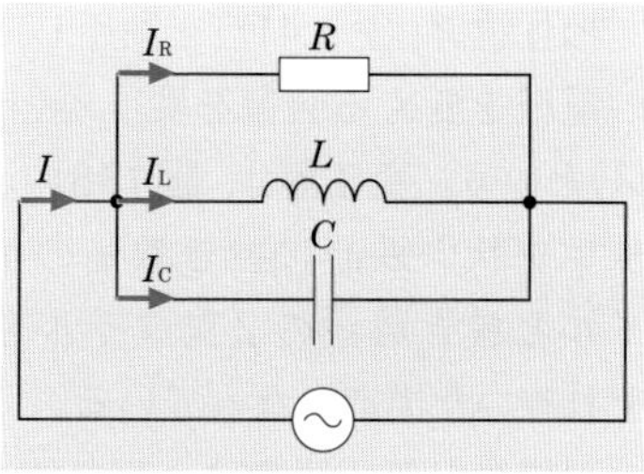

図136 RLC並列回路

並列回路では電圧が共通であるから，電圧の位相を基準にとる。抵抗に流れる電流I_Rの位相は電圧と同じであるが，**コイルに流れる電流I_Lの位相は電圧の位相より$\frac{\pi}{2}$遅れており，コンデンサーに流れる電流I_Cの位相は，電圧の位相より$\frac{\pi}{2}$進んでいる。**これをRLC直列回路の場合(☞p.431)と比較して，その違いを確認しておこう。グラフで示すと，**図137**のような時間変化をする。

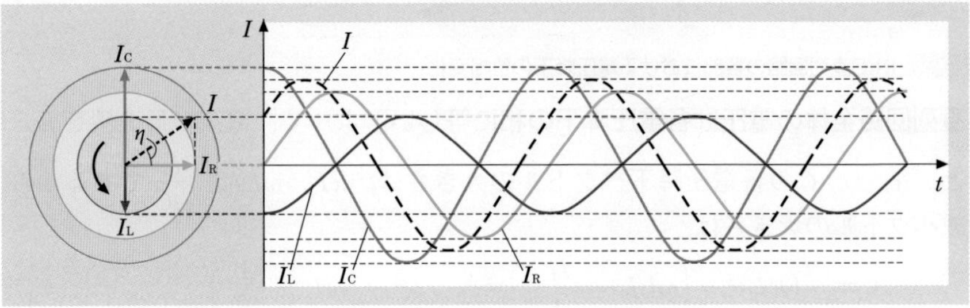

図137　RLC並列回路の各部における電流の位相変化

電圧の最大値をV_0とすると，R，L，Cに流れる電流ベクトルの大きさは，$\frac{V_0}{R}$，$\frac{V_0}{\omega L}$，$V_0\omega C$であるから，回路に流れる電流ベクトルの和の大きさIは，

$$I=\sqrt{\left(\frac{V_0}{R}\right)^2+\left(V_0\omega C-\frac{V_0}{\omega L}\right)^2}=V_0\sqrt{\frac{1}{R^2}+\left(\omega C-\frac{1}{\omega L}\right)^2} \tag{4・75}$$

となる。ここで

$$Z=\frac{1}{\sqrt{\frac{1}{R^2}+\left(\omega C-\frac{1}{\omega L}\right)^2}} \tag{4・76}$$

とおくと，$V_0=ZI$となるので，Zは一種の抵抗としてはたらくことがわかる。このZを**並列回路のインピーダンス**という。単位は抵抗と同じく**Ω**である。

5 変圧器

相互誘導(☞p.417)を利用して交流の電圧を変える装置を**変圧器(トランス)**という。変圧器は，**図138**のように，リング状の鉄心に巻き数n_1の1次コイルと巻き数n_2の2次コイルをそれぞれ巻いた構造になっている。

理想的な変圧器では，1次コイルに流れる交流電流によってつくられた磁束が，鉄心を通って2次コイルもつらぬく。

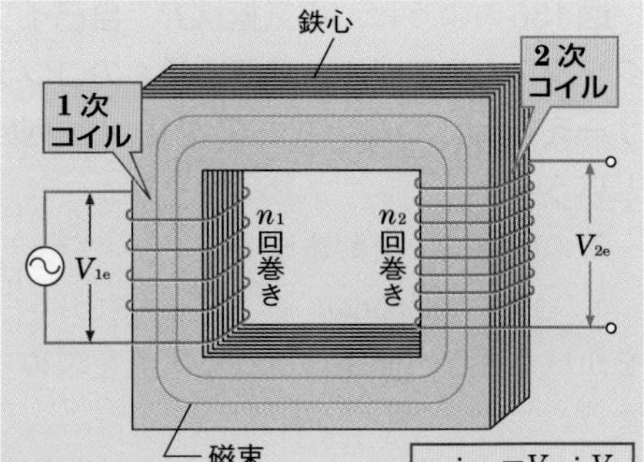

図138　変圧器

1次コイルの電流の変化により，2次コイルに誘導起電力

$$V_{2e} = -n_2\frac{\Delta\Phi}{\Delta t} \quad \cdots\cdots ①$$

が生じたとすると，このとき1次コイルには，$-n_1\dfrac{\Delta\Phi}{\Delta t}$で表される自己誘導起電力が生じる。1次コイルに加えた交流電圧をV_{1e}とすると，キルヒホッフの第2法則により，

$$V_{1e} = -n_1\frac{\Delta\Phi}{\Delta t} \quad \cdots\cdots ②$$

が成立する。①，②より，

$$\frac{V_{1e}}{V_{2e}} = \frac{n_1}{n_2} \quad (4\cdot77)$$

の関係が成りたつ。

すなわち，理想的な変圧器では，**1次側と2次側の電圧の比は1次コイルと2次コイルの巻き数の比に等しい。**

さらに，理想的な変圧器では，**1次側の電力と2次側の電力が等しい**ので，1次側と2次側の電流をI_{1e}，I_{2e}と表すと，

$$V_{1e}I_{1e} = V_{2e}I_{2e} \quad (4\cdot78)$$

が成りたつ。この関係は**エネルギー保存の法則**(☞ p.191)を表している。

3 | 電気振動と電磁波

1 電気振動 ①重要

❶振動回路　図139(a)のように，コイルLとコンデンサーCとを並列につなぎ，コイルの両端をオシロスコープの入力端子に接続しておく。

最初，スイッチをK_1側に倒してコンデンサーを充電する。次にスイッチをK_2側に倒すと，オシロスコープに図139(b)のような波形が現れる。これは**コイルを流れる電流の向きが周期的に変わった**ことを示しており，電気振動と呼ばれる。

コイルとコンデンサーを接続した回路は，電気振動を発生する性質があるので，振動回路と呼ばれる。

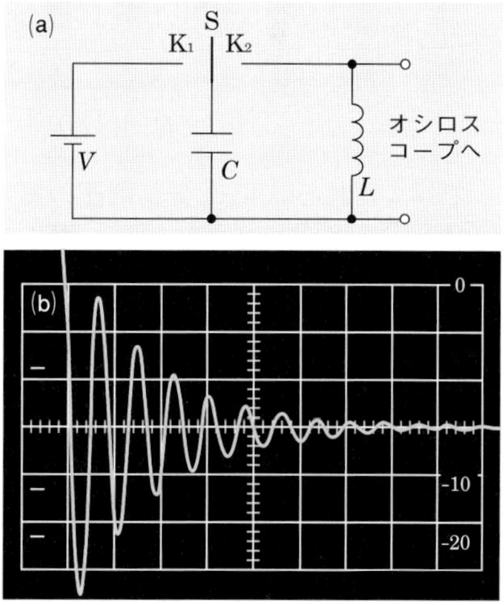

図139　振動回路と電気振動

❷電気振動の原因 充電したコンデンサーをコイルにつなぐと，コンデンサーの電荷はコイルを通って放電するが，**コイルの自己誘導作用により，電流は急速には増加せず，コンデンサーの電荷が0になったとき，電流が最大になる。**このとき，コイルの両端の電圧は0になるが，コイルの自己誘導作用のために，電流はすぐには0にならず，同じ向きに流れつづける。そのため，コンデンサーは最初と逆向きに充電される。次に，コンデンサーから最初とは反対向きの電流が流れはじめ，上と同じことがくり返される。これが電気振動である。

❸電流と電圧の位相 電気振動が起こっているときの**コンデンサーの電圧**と**コイルを流れる電流**の位相は，**図140**のように，$\frac{\pi}{2}$**だけずれている。**コンデンサーの電気エネルギーは，時刻t_0，t_2，t_4，……で最大になる。その中間の時刻t_1，t_3，t_5，……ではコンデンサーの電気エネルギーが0になるかわりにコイルの磁気エネルギーが最大になる。このことから，**電気振動はコンデンサーの電気エネルギーとコイルの磁気エネルギーが交換される現象**といえる。実際の振動回路では，コイルなどに抵抗があり，エネルギーの一部はジュール熱に変換されるため，**図139(b)**のように振動の振幅はしだいに小さくなる。これを減衰(げんすい)振動という。

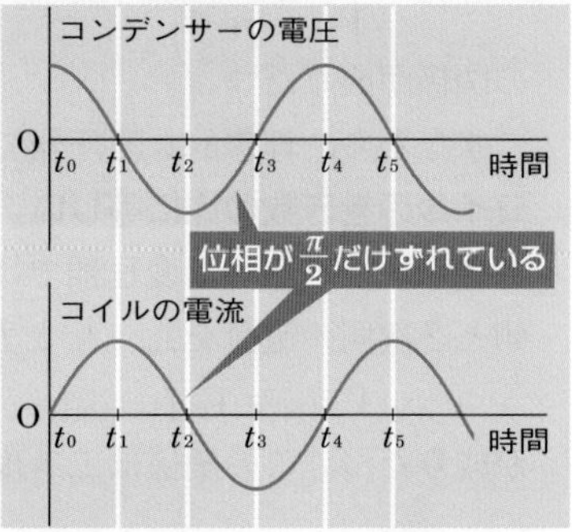

図140 振動電流とコンデンサーの電圧の位相

❹回路の共振 **図141(a)**のように，コンデンサーC，コイルL，抵抗Rを直列につないだ回路に交流電圧$V=V_0\sin\omega t$を加えると，電流の実効値I_eは，(4·72)式より，

$$I_e=\frac{V_e}{Z}=\frac{V_e}{\sqrt{R^2+\left(\omega L-\dfrac{1}{\omega C}\right)^2}} \quad (4·79)$$

で与えられる。V_eは交流電圧の実効値(☞p.427)である。電源の角周波数ωを変化させると，電流の実効値は**図141(b)**のグラフのようになる。電流が極大になるのは，**回路のインピーダンスZが極小になる**ときで，(4·79)式の分母の根号の中の

$$\omega L-\frac{1}{\omega C}=0 \quad (4·80)$$

のときである。

このとき，回路は電源の周波数に共振したという。このときの角周波数を，回路の共振角周波数または固有角周波数といい，ω_0〔rad/s〕で表す。

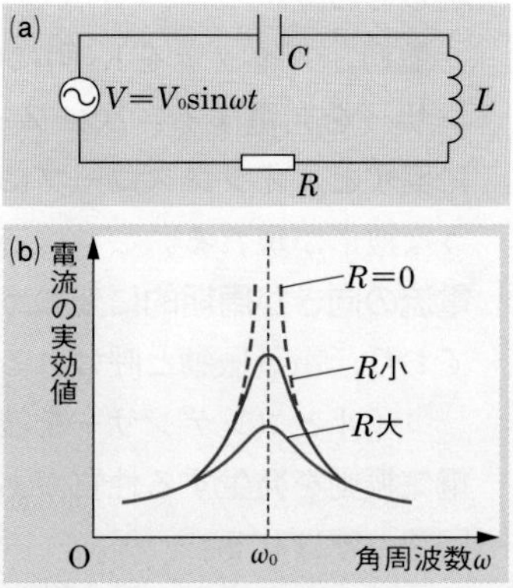

図141 共振回路と共振角周波数

ω_0の値は，(4・80)式で$\omega = \omega_0$とおくことにより，

$$\omega_0 = \frac{1}{\sqrt{LC}} \tag{4・81}$$

と求められる。また，ω_0に対応する周波数を共振周波数または固有周波数といい，f_0〔Hz〕で表す。$\omega_0 = 2\pi f_0 = \dfrac{1}{\sqrt{LC}}$であるから，次のようになる。

POINT!

回路の共振周波数　$f_0 = \dfrac{1}{2\pi\sqrt{LC}}$　(4・82)

例題　振動回路

自己インダクタンス1.0mHのコイルを用いて，4.0kHzの電気振動を発生させる振動回路をつくるには，何μFのコンデンサーを用いればよいか。

着眼　コイルとコンデンサーを接続した回路は，電気振動を発生する性質があり，振動回路という。

解説　(4・82)式より，$C = \dfrac{1}{4\pi^2 f_0^2 L} = \dfrac{1}{4.0 \times 3.14^2 \times (4 \times 10^3)^2 \times 1.0 \times 10^{-3}} \fallingdotseq 1.6 \times 10^{-6}\,\mathrm{F}$

答 1.6μF

2 電磁波の発生と速さ

❶マクスウェルの予想とヘルツの実験　p.415で述べたように，磁束が変化すると電場が誘導される。それならば，逆に**電場が変化すると磁場が誘導される**のではないかと，イギリスの**マクスウェル**(1831～1879)は予想した。マクスウェルは，磁束の変化が電場を誘導すると，その誘導された電場が新たに磁場を誘導する結果，**電場と磁場の振動が図142のような波となって空間を伝わる**という大胆な理論を展開した。これを電磁波という。図142で，電場ベクトル$\vec{E}$から磁場ベクトル$\vec{H}$のほうへ右ねじをまわしたとき，右ねじの進む向きが電磁波の進む向きとなる。

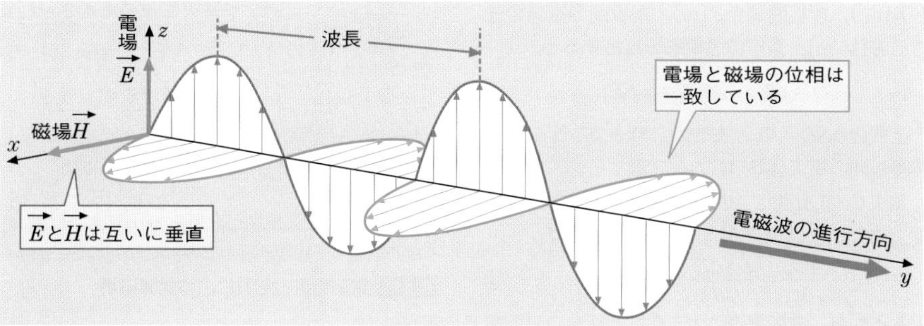

図142 電磁波

電磁波が実際に存在することは，1888年に，ドイツのヘルツ(1857～1894)が図143に示すような実験をして確かめ，マクスウェルの理論が正しいことを証明した。

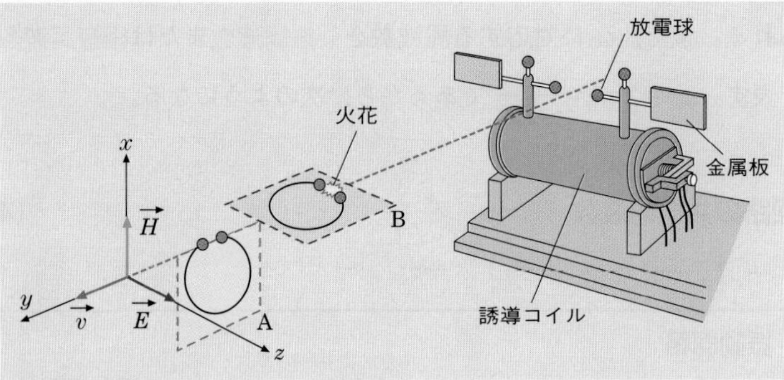

図143　ヘルツの実験

視点　ヘルツは誘導コイルの放電球の間で火花放電をさせせると，離れた所にあるリング状の針金の切れ目に火花が飛ぶことを確かめた。このとき，針金のリングをAの向きにすると，火花は飛ばない。

❷電束電流　図144のようなコンデンサーを含む回路に振動電流が流れると，極板間の電場が変化する。このとき，極板間には電子の移動はないが，両方の極板につながっている導線には，**あたかも極板間を電子が移動しているように電流が流れる。**それで，極板間における電場の変化を一種の電流とみなし，電束電流(変位電流)という。誘電体が分極するときには，分子の中で電荷が移動する。また，誘電体がなくても，真空は$\varepsilon_0 E$の分極を生じるから，これの時間的変化によっても電流が流れる。**誘電体と真空の両方の分極の時間的変化による電流**が電束電流なのである。

補足　**電束電流の大きさ**

図144で，Δt〔s〕間に平行板コンデンサーの電荷Q〔C〕がΔQ〔C〕増加したとすると，回路を流れる電流の強さI〔A〕は，

$$I=\frac{\Delta Q}{\Delta t} \quad \cdots\cdots①$$

で与えられる。ところで，コンデンサーの電気容量をC〔F〕，極板間の電圧をV〔V〕，極板の面積をS〔m²〕，極板間隔をd〔m〕，極板間の電場の強さをE〔V/m〕，真空の誘電率をε_0とすると，

$$Q=CV=\varepsilon_0\frac{S}{d}V=\varepsilon_0 SE \quad \cdots\cdots②$$

上式の$\varepsilon_0 SE=\Phi_e$とおき，これをコンデンサーの極板間の電束(電気変位)と定義する。

電束Φ_eがΔt間に$\Delta\Phi_e$だけ変化するとき，電束電流の大きさ(電束の時間的変化の割合)は，

$$\frac{\Delta\Phi_e}{\Delta t}=\frac{\varepsilon_0 S\Delta E}{\Delta t}=\frac{\Delta Q}{\Delta t}=I \quad \cdots\cdots③$$

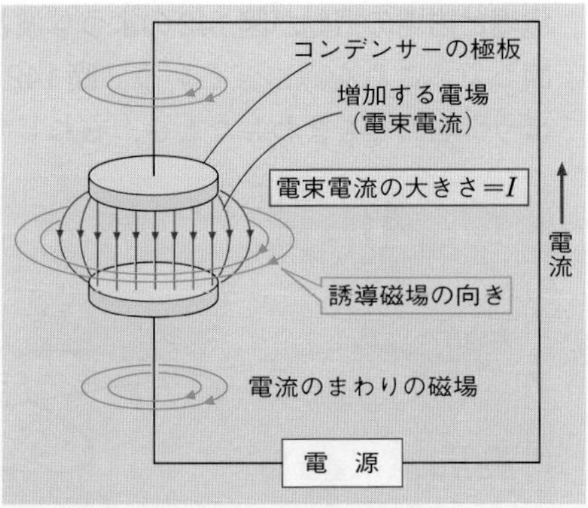

図144　電束電流とそれによる誘導磁場

となるから，電束電流の大きさは回路を流れる電流に等しい。

❸進行する電場がつくる磁場　電磁波は，電場ベクトル$\vec{E}$と磁場ベクトル$\vec{H}$からなり，これは図142に示したように互いに垂直になっていて，しかもこれらの波の位相は一致している。いま，電磁波が速さv〔m/s〕で図145の点Pまできたとする。この瞬間には，点Pの右側にはまだ電場も磁場もない。**このΔt〔s〕後には，電場も磁場も$v\Delta t$〔m〕だけ右に進むから，閉曲線PQRSP内には新たに電気力線が生じ，電束電流が流れることになる。**

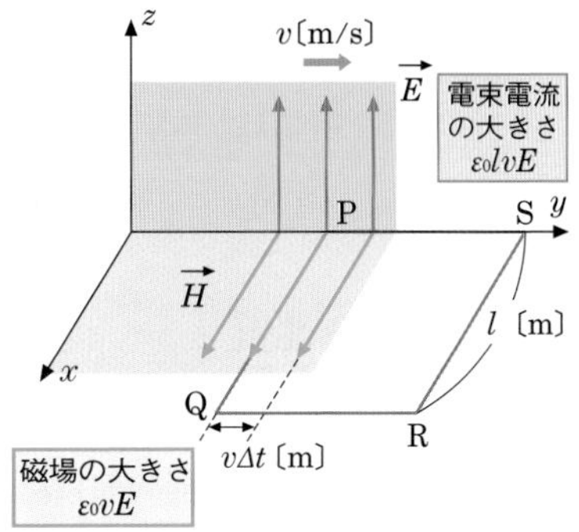

図145　進行する電場がつくる磁場

Δtをじゅうぶん小さくとれば，電場の大きさも磁場の大きさも変わらないと考えてよいから，閉曲線PQRSPをつらぬく電束は，Δt〔s〕の間に

$$\Delta\Phi_{\mathrm{e}} = \varepsilon_0 \cdot \Delta S \cdot E = \varepsilon_0 lv \cdot \Delta t \cdot E$$

だけ増加するので，電束電流の大きさは，

$$\boldsymbol{\frac{\Delta\Phi_{\mathrm{e}}}{\Delta t} = \varepsilon_0 lvE}$$

である。電束電流がつくる磁場にも**アンペールの法則**(☞ p.397)が成りたつとすると，その電流での閉曲線に沿う磁場は経路PQだけに存在するから，

$$Hl = \varepsilon_0 lvE \quad \text{つまり，} \quad \boldsymbol{H = \varepsilon_0 vE} \qquad (4\cdot83)$$

となる。これが進行する磁場の大きさを与える式である。

❹進行する磁場がつくる電場　p.416で述べたように，磁束密度Bの磁場が速度vで進行すると，$E = vB$〔V/m〕の電場が誘導される。真空中では$B = \mu_0 H$なので，

$$\boldsymbol{E = \mu_0 vH} \qquad (4\cdot84)$$

となる。

❺電磁波の速さ　(4・83)式で表される磁場と(4・84)式で表される電場とは，**互いに無関係な量ではなく，一方から他方が生み出される関係にある**から，これらは同時に成立しなければならない。したがって，

$$H = \varepsilon_0 vE = \varepsilon_0 v \cdot \mu_0 vH = \varepsilon_0\mu_0 v^2 H \qquad \text{つまり，} \quad \boldsymbol{v = \frac{1}{\sqrt{\varepsilon_0\mu_0}}} \qquad (4\cdot85)$$

となる。これが**電磁波が真空中を伝わる速さ**である。

(4・85)式に，

$$\varepsilon_0 = \frac{1}{4\pi \times 9.0 \times 10^9}\,\mathrm{C^2/(N \cdot m^2)}, \quad \mu_0 = 4\pi \times 10^{-7}\,\mathrm{N/A^2}$$

を代入して，vの値を計算すると，

$$\boldsymbol{v = 3.0 \times 10^8\,\mathrm{m/s}}$$

が得られる。

第4編　電気と磁気

これは真空中を伝わる光の速さ(☞ p.282)に等しい。これが光の本性は電磁波であるという考えの根拠になった。

POINT!

電磁波の真空中での速さ $v = \dfrac{1}{\sqrt{\varepsilon_0 \mu_0}}$

v〔m/s〕：電磁波の速さ　ε_0〔F/m〕：真空の誘電率
μ_0〔N/A²〕：真空の透磁率

3 電磁波の性質

❶偏波 図146に示すように，マイクロ波を放射する送信器の前に，アンテナとダイオードからなる電場検出器を(a)のようにおくとマイクロ波が受信されるが，(b)のようにおくとマイクロ波は受信されない。これは，送信器から出されたマイクロ波の電場の方向が1つの平面内にあるからである。これを**偏波**(へんぱ)という。[★1] 電磁波は偏波をつくることができることから，横波であることがわかる。

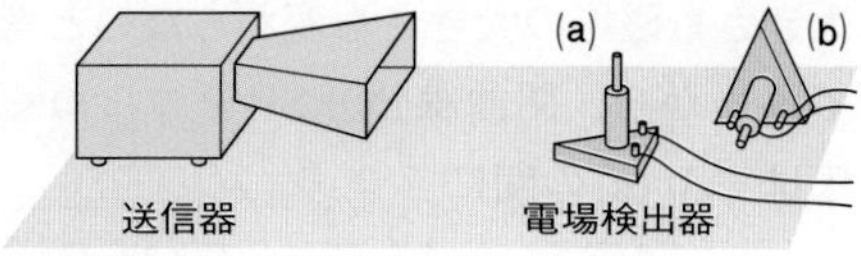

図146 偏波を調べる実験

❷電磁波の反射 電磁波は金属板などにあたると反射する。それは導体内部では電場が0であり，境界面では入射した電場と反対向きの電場を生じるからである。**磁場の向きはそのままなので，電磁波の向きが反対になる。**

❸電磁波の屈折 電磁波のうち，赤外線よりも波長が短いものを電波という(☞ p.424)。電波の進路にパラフィンのプリズムをおくと，電波が屈折(☞ p.252)する。これは空気中とパラフィン中の電波の速さがちがうからである。このように，光以外の電磁波も速さのちがいで**屈折**する。

❹電磁波の回折と干渉 電磁波も波であるから，**回折**(☞ p.249)や**干渉**(☞ p.247)が見られる。図147のように，マイクロ波送信器の前に金属板を3枚，少し間をあけて並べ，複スリットをつくる。複スリットの後方のABに沿って電場検出器を動かすと，受信されるマイクロ波に強弱があるので，ヤングの実験(☞ p.296)のような回折と干渉が起こっていることがわかる。

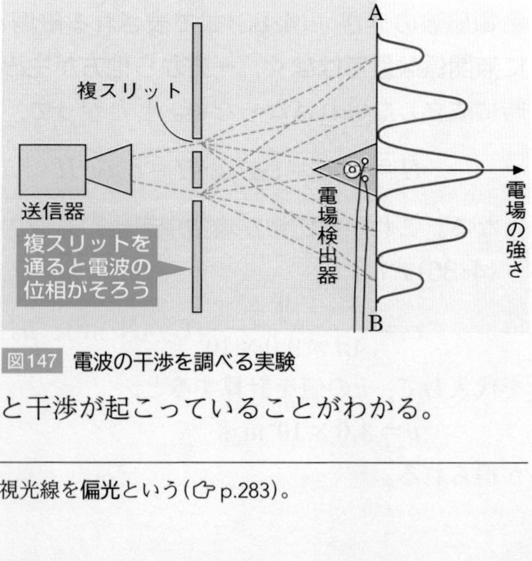

図147 電波の干渉を調べる実験

★1 同様に，電場の方向が1つの平面内にある可視光線を**偏光**という(☞ p.283)。

このSECTIONのまとめ　交流回路

□ 交流 ☞ p.425	・**交流電圧**…磁束密度Bの磁場中で面積Sのコイルを角速度ωで回転させるとき，交流電圧は， $V = V_0\sin\omega t = V_0\sin2\pi ft$　　（$V_0 = BS\omega$） ・**交流の実効値** $V_e = \dfrac{V_0}{\sqrt{2}}$　　$I_e = \dfrac{I_0}{\sqrt{2}}$
□ 交流回路 ☞ p.428	・**コイル**を流れる交流電流の位相は， 電圧より$\dfrac{\pi}{2}$**遅れる**。 $I = \dfrac{V_0}{\omega L}\sin\left(\omega t - \dfrac{\pi}{2}\right)$ ωLは**誘導リアクタンス** ・**コンデンサー**を流れる交流電流の位相は， 電圧より$\dfrac{\pi}{2}$**進む**。 $I = V_0\omega C\sin\left(\omega t + \dfrac{\pi}{2}\right)$ $\dfrac{1}{\omega C}$は**容量リアクタンス** ・RLC**直列回路**のインピーダンス $Z = \sqrt{R^2 + \left(\omega L - \dfrac{1}{\omega C}\right)^2}$ ・RLC**並列回路**のインピーダンス $Z = \dfrac{1}{\sqrt{\dfrac{1}{R^2} + \left(\omega C - \dfrac{1}{\omega L}\right)^2}}$
□ 電気振動と電磁波 ☞ p.433	・**振動回路**…コイルとコンデンサーを含む回路。 ・**回路の共振周波数**…L〔H〕のコイルとC〔F〕のコンデンサーの直列回路の共振周波数f_0〔Hz〕は， $f_0 = \dfrac{1}{2\pi\sqrt{LC}}$ ・**電磁波の発生**…電場が変化すると磁場を誘導し，その磁場の変化によって電場が誘導される。 ・**真空中の電磁波の速さ**…$v = \dfrac{1}{\sqrt{\varepsilon_0\mu_0}}$

CHAPTER 4 練習問題

解答☞p.557

1 〈誘導電流の向き〉

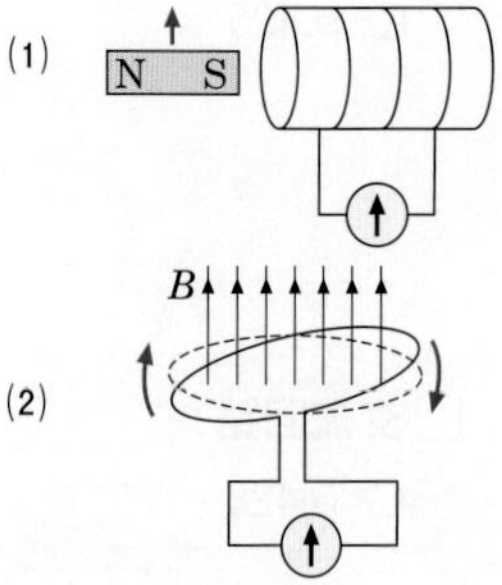

右の図において，(1)は磁石を矢印の向きに動かす操作，(2)はコイルを矢印の向きに傾ける操作を表している。このとき，各コイルには誘導電流が流れるか。流れるとすれば，その電流は検流計をどちら向きに流れるか。

2 〈移動する導体棒の誘導起電力〉 テスト必出

次の文を読んで，あとの各問いに答えよ。

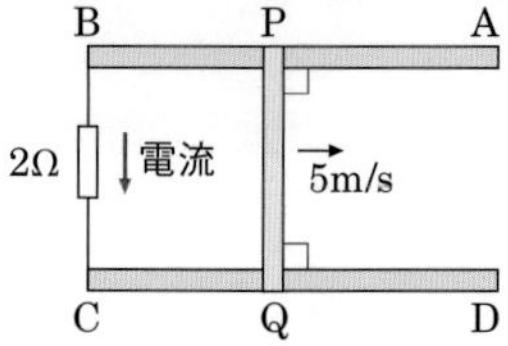

紙面に垂直で一様な磁場がある。図のようなコの字形の導線ABCDがあり，BCの部分の抵抗は2.0Ωで，他の部分には抵抗はないものとする。導体棒PQは20cmで，AB，CDに垂直に接しながら，右向きに5.0m/sの速さで動いている。このとき，B→Cの向きに4.0×10^{-3}Aの電流が流れた。棒を動かすのに摩擦はないものとする。

(1) 磁場の向きはどちらか。

(2) 磁束密度はいくらか。

(3) PQを動かすのに要する外力の大きさはいくらか。

3 〈相互インダクタンス〉

2つのコイルを同じ鉄心に巻き，一方のコイルの電流が2.5秒間に0.15Aから2.75Aに変化したとき，他方のコイルに7.8Vの電圧が生じた。

(1) 相互インダクタンスを求めよ。

(2) 誘導起電力を15Vとするためには，他方のコイルの電流の変化率をいくらにすればよいか。

4 〈交流発電機〉 テスト必出

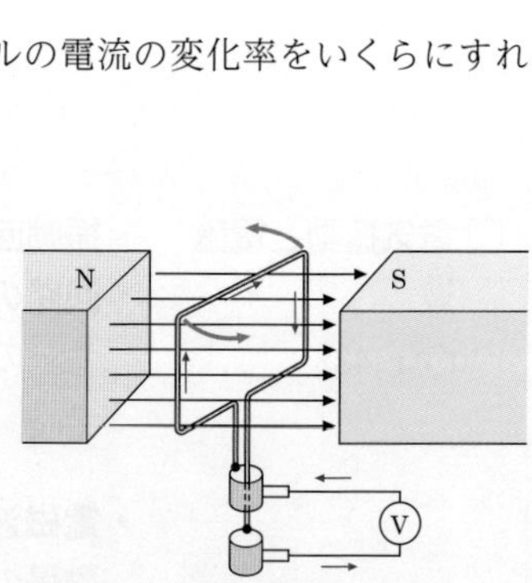

磁束密度1.5Tの一様な磁場の中で，巻き数100回のコイルを磁場と垂直な回転軸のまわりに毎秒50.0回の割合で回転させたところ，交流起電力が発生した。コイルの面積を$20\,\mathrm{cm^2}$として，次の各問いに答えよ。

(1) 交流起電力の周波数はいくらか。

(2) コイルの角速度は何rad/sか。

(3) 交流の最大起電力は何Vか。

(4) 交流発電機のコイルの両端が開いている場合には，コイルは容易に回転するが，コイルの両端を導線で接続すると，コイルは回転しにくくなる。この理由を説明せよ。

5 〈実効値〉

蛍光灯は一定の電圧以上にならないと放電しないので，点灯しない。放電電圧が92Vの蛍光灯について，次の問いに答えよ。ただし，$\sqrt{2}=1.41$とする。

(1) この蛍光灯は，実効値何V以上の交流で点灯するか。

(2) 実効値100Vの正弦波交流を加えると，点灯している時間と消えてる時間とでは，どちらが長いか。

6 〈交流の位相〉 テスト必出

右の図の回路の端子AB間に，コイル，抵抗，コンデンサーのいずれか1つを挿入して，電圧Vと電流iの特性を測ったら，下の(a)，(b)，(c)のようなグラフが得られた。(a)，(b)，(c)のそれぞれは，端子AB間にどれを挿入したものか。

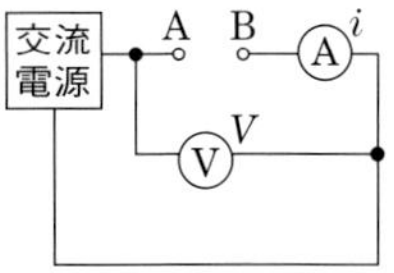

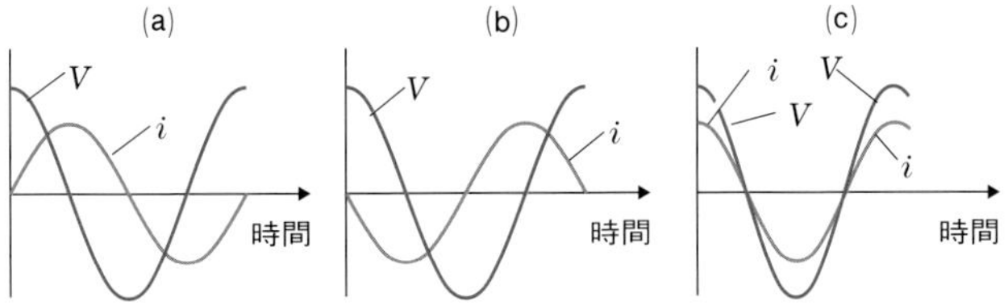

7 〈インピーダンス〉

右の図のように，$R=500\,\Omega$の抵抗，自己インダクタンスが$L=10\,\text{H}$のコイル，電気容量が$C=6\,\mu\text{F}$のコンデンサーがある。これらに100V用10Wの電球Aをそれぞれ直列につなぎ，さらに，その両端を電源装置につないだ。これについて，次の各問いに答えよ。

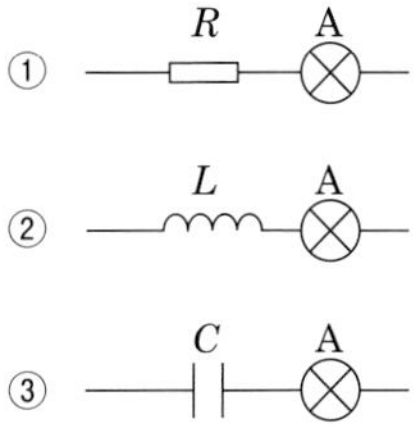

(1) 電源から100Vの直流電圧をかけて十分な時間が経過したあと，電球の明るさはどうなるか。明るいほうから番号で示せ。

(2) 電源から実効値100V，周波数50Hzの交流電圧をかけて十分な時間が経過したあと，電球の明るさはどうなるか。明るいほうから番号で示せ。

8 〈振動回路①〉 テスト必出

ある振動回路のコイルの自己インダクタンスは200μH（マイクロヘンリー），コンデンサーの電気容量は400pFであった。この回路の固有周波数を求めよ。

9　〈振動回路②〉 テスト必出

図のように，起電力Eの電池，スイッチS，抵抗値Rの抵抗，インダクタンスLのコイルおよび電気容量Cのコンデンサーからなる回路がある。スイッチSを閉じてからじゅうぶん時間がたっている。R以外でエネルギーが熱に変わることはないものとして次の各問いに答えよ。

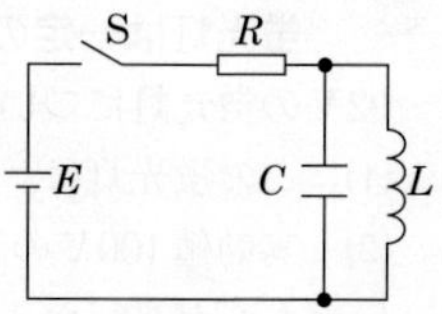

(1)　抵抗を流れる電流はいくらか。

(2)　コイルにたくわえられるエネルギーはいくらか。

(3)　スイッチを開いたところ，コンデンサーの電圧は振動し始めた。その電圧の最大値はいくらか。

(4)　(3)のとき，スイッチを開いてからコンデンサーの電圧の大きさがはじめて最大となるまでの時間はいくらか。

10　〈同調〉

インダクタンスが5.0×10^{-2} μHのコイルとコンデンサーを，抵抗を無視できる導線で結んだ閉回路がある。この回路は波長3.1 mの電波に同調した。このコンデンサーの電気容量は何μFか。光速を3.0×10^{8} m/sとして求めよ。

11　〈共振周波数〉 テスト必出

ラジオの受信機のコイルのインダクタンスが200 μHであるとすると，周波数500 kHzから2000 kHzまでの電波を受信するには，コンデンサーの電気容量の変わりうる範囲をどれだけにすればよいか。

12　〈電磁波〉

次の文の□の中に適当な語句や数値を入れよ。

電磁波は①□と②□との振動による波動であり，縦波か横波かで分類すると③□にあたる。それらの振動面はお互いに④□しており，電磁波の進行方向は右ねじを⑤□の方向から⑥□の方向に回転したときにねじの進む向きになっている。電磁波の進行速度は，真空中で⑦□$\times10^{⑧□}$ m/sである。

定期テスト予想問題❶

解答☞p.558

時　間60分 合格点70点	得 点

1 〈不導体に発生する電荷〉 物理基礎

不導体に負の帯電体を近づけた。 〔各 5 点…合計10点〕

(1) このとき，帯電体と遠い側に生じる電荷は正か，負か。

(2) (1)のような現象を何というか。

2 〈オームの法則①〉 物理基礎

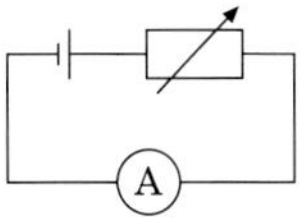

図のように，抵抗値を連続的に変えられる抵抗(可変抵抗)に起電力Eの電池(内部抵抗 0)と電流計をつなぐ。可変抵抗の値がR_0のとき，電流はI_0だった。可変抵抗の値をR_0から$2R_0$に変化させたときの電流の大きさの変化を，縦軸を電流，横軸を抵抗としてグラフにかけ。 〔6 点〕

3 〈オームの法則②〉 物理基礎

次の各問いに答えよ。 〔(1) 5 点，(2)(3)各 6 点…合計17点〕

(1) 3.0kΩの抵抗を電池につなぐと2.0mAの電流が流れた。電池の電圧を求めよ。

(2) 2.4Ω，4.0Ω，6.0Ωの抵抗を12Vの電池に並列に接続する。合成抵抗および電池を流れる電流を求めよ。

(3) 3.0Ω，6.0Ω，9.0Ωの抵抗を12Vの電源に直列に接続する。9.0Ωの抵抗の両端の電圧と抵抗を流れる電流の値を求めよ。

4 〈合成抵抗〉 物理基礎

図のように，3 つの部分に分けられた 7 個のR〔Ω〕の抵抗R_1～R_7，r〔Ω〕の抵抗r および内部抵抗が無視できる起電力E〔V〕の電池からなる回路がある。これについて，次の各問いに答えよ。 〔各 4 点…合計12点〕

(1) CD間の合成抵抗R_Xはいくらか。

(2) CとC′およびDとD′とをそれぞれ接続したときのAB間の合成抵抗R_Yはいくらか。

(3) さらにAとA′，BとB′を接続したら，抵抗rを流れる電流がI〔A〕であった。このとき，CD間を結ぶ抵抗R_1を流れる電流を求めよ。

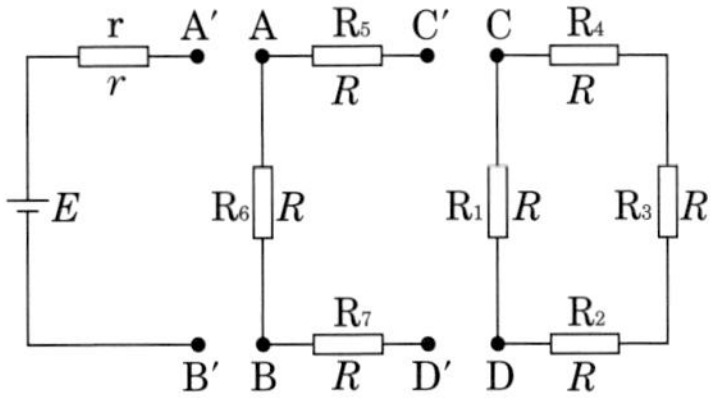

5 〈変圧器〉物理基礎

1次側の巻数が100回，2次側の巻数が800回の変圧器がある。1次側に20Vの交流電源をつなぎ，2次側には40Ωの抵抗をつないだ。次の問いに答えよ。ただし，変圧器の変換効率を100％とする。〔各5点…合計10点〕

(1)　2次側の電圧および電流を求めよ。

(2)　1次側の電流を求めよ。

6 〈電波の波長と周期〉物理基礎

あるFMラジオ局の電波の振動数は80MHzだった。光速を3.0×10^8 m/s，1MHz $= 10^6$ Hzとして，この電波の波長λ〔m〕および周期T〔s〕を求めよ。〔6点〕

7 〈電磁誘導〉物理基礎

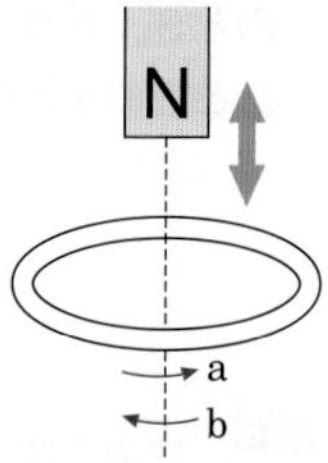

図のコイルに次のような条件で磁石やコイルを動かすとき，コイルに流れる電流の向きはa，bどちらか。〔各5点…合計15点〕

(1)　N極を近づける。

(2)　S極を遠ざける。

(3)　磁石のN極からコイルを遠ざける。

8 〈磁場が電流におよぼす力〉物理基礎

ペトリ皿に硫酸銅水溶液を入れ，その円筒に沿って内側に1つの電極をはりつける。ペトリ皿の中央にもう1つの電極を置く。中央の電極を正極に，円筒の内側の電極を負極になるように直流電源に接続する。この装置を強い磁石のN極の上にのせると，硫酸銅水溶液は回転運動をはじめる。上から見て硫酸銅水溶液の運動は時計まわりか，それとも反時計まわりか。〔6点〕

9 〈導線を流れる電流〉物理基礎

金属の導線を流れる電流は，その金属中の伝導電子(自由電子)の移動によって説明される。導線の断面積を3.0×10^{-2} cm²，電子の電荷を1.6×10^{-19} Cとして，次の各問いに答えよ。〔各6点…合計18点〕

(1)　時間t〔s〕の間に，この導線の断面を通過する伝導電子の電気量の総和がQ〔C〕であるとき，電流I〔A〕を求めよ。

(2)　この導線に含まれる伝導電子の単位体積当たりの数を8.5×10^{22}個/cm³とする。この導線の長さ1.0cm当たりに含まれる伝導電子の数はいくらか。

(3)　(2)において，導線を流れる電流が10Aであるとき，伝導電子の導線に沿った移動の速さはいくらか。

定期テスト予想問題❷ 解答 p.559

時　間90分 合格点70点	得点

1 〈電場と仕事〉

図のように，1辺が1.0mの正方形の頂点P，Q，Rにそれぞれ$+1.0\times10^{-3}$C，-4.0×10^{-3}C，$+1.0\times10^{-3}$Cの電荷を置いた。これについて，あとの(1)〜(5)に適当な数値を入れよ。ただし真空の誘電率をε_0としたとき，$\dfrac{1}{4\pi\varepsilon_0}=9.0\times10^9\,\mathrm{N\cdot m^2/C^2}$とする。〔各2点…合計10点〕

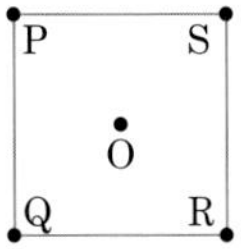

(1) S点における電場の大きさは［　　］V/mである。

(2) S点での電位は［　　］Vである。

(3) 正方形の対角線の交点Oにおける電位は［　　］Vである。

(4) O点からS点まで，+1.0Cの電荷を運ぶのに要する仕事は［　　］Jである。

(5) その粒子の質量を3.6×10^{-3}kgとする。それをS点に置いたところ，電場からだけの力を受けて動きだした。それがO点にきたときの速さは［　　］m/sである。

2 〈コンデンサー①〉

次の文を読んで，あとの各問いに答えよ。〔各3点…合計12点〕

図のような電気回路において，Eは起電力Vの電池，C_1，C_2，C_3は電気容量Cのコンデンサー，S_1，S_2，S_3はスイッチである。はじめ，S_1，S_2，S_3は全部開いており，C_1，C_2，C_3には電荷がないものとする。

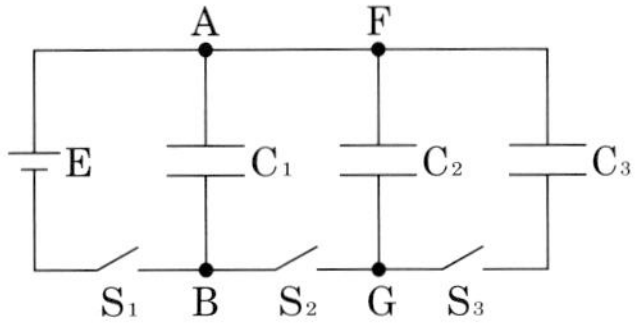

(1) まずS_1だけを閉じ，次にS_1を開いてS_2を閉じた。このときのAB間の電位差を求めよ。

(2) 次に，S_2を開き，S_3を閉じた。このときのFG間の電位差を求めよ。

(3) 次に，S_3を閉じたまま，再びS_2を閉じた。このときのFG間の電位差を求めよ。

(4) 次に，S_2，S_3を閉じたまま，S_1を閉じた。このときのAB間の電位差を求めよ。

3 〈等電位面と電気力線〉

次の図は，ある空間の等電位面を示したものである。各等電位面の間隔は2Vであり，斜線を引いた所は正に帯電した導体である。これについて，次の各問いに答えよ。〔各3点…合計15点〕

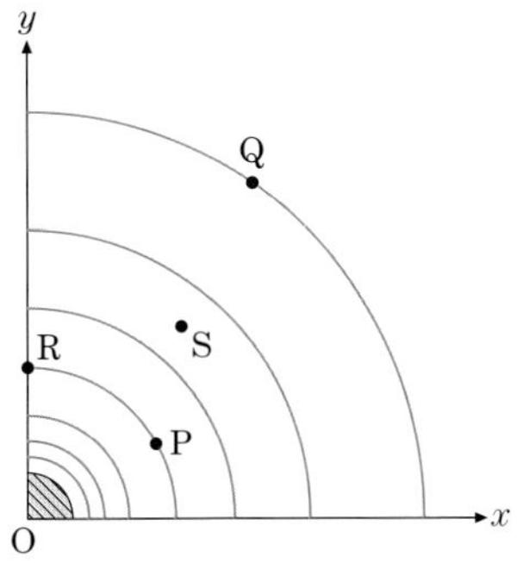

(1) 点Pを通る電気力線をえがけ。

(2) 点Pの電位が50Vのとき，点Qの電位はいくらか。

(3) 点Pから点Rに電荷を動かす仕事はいくらか。

(4) 点Sの電場の強さはほぼいくらか。ただし，S点をはさむ等電位面の間隔は5cmとする。

(5) 点Pから点Q，点Rを経由して点Pまで+1Cの電荷を動かす仕事は，合計でいくらになるか。

4 〈コンデンサー②〉

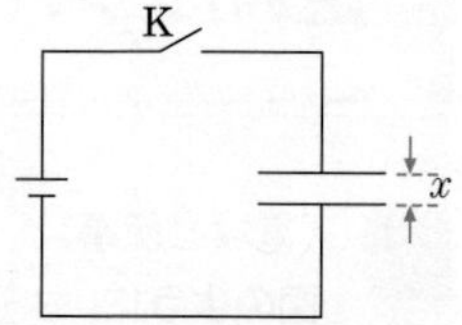

起電力が一定の電池，電気容量が変えられる平行板コンデンサー，スイッチKを右の図のように接続する。コンデンサーの極板面積は常に一定で，極板間隔xは$0 < x \leqq d$の範囲で自由に変えられる。また，$x = d$のときの電気容量はC_0で，スイッチKを閉じて十分に時間がたったとき，極板間の電場の強さはE_0となっていた。

〔各４点…合計16点〕

⑴　スイッチKを閉じたままで，極板間隔を$x = \frac{2}{3}d$に変えたときの，極板間の電場の強さをE_0を用いて示せ。

次に，極板間隔を再び$x = d$にして，十分に時間がたった後，スイッチKを開く。そして極板間隔を$x = \frac{d}{2}$に変えた。

⑵　極板間の電場の強さを求めよ。

⑶　極板間の電位差を求めよ。

⑷　この過程において，どれだけの仕事を必要としたか求めよ。

5 〈回路の起電力〉

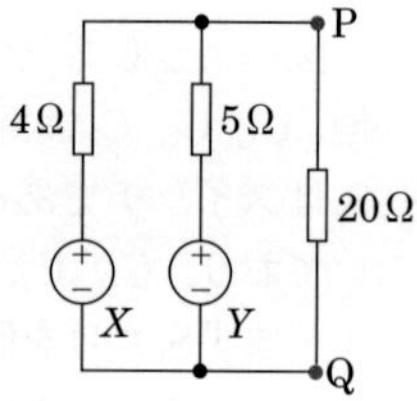

図のように，２つの直流電源と３つの抵抗器とをつないだ回路がある。電源の起電力X，Yは可変であり，その内部抵抗は無視できる。X，Yの値を調節して，２点P，Q間の電位差を10Vの一定値に保つとする。あとの各問いに答えよ。

〔各３点…合計９点〕

⑴　X，Yの間の関係式を求めよ。

⑵　Xを横軸に，Yを縦軸にとって，上記のX，Yの間の関係式をグラフで示せ。

⑶　4Ωと5Ωとの２つの抵抗器で消費される電力の和を最小にするようなXおよびYの値を求めよ。

6 〈電流が流れる条件〉

R，$2R$，$3R$，$4R$の抵抗と未知の抵抗x，スイッチS，起電力Eの電池を図のように接続した。これについて，次の各問いに答えよ。

〔各３点…合計９点〕

⑴　スイッチSを閉じたとき，CD間には電流が流れなかった。xの値を求めよ。

⑵　このとき，AD間の電位差はいくらか。

⑶　スイッチSを閉じたとき，C→Dの向きに電流が流れるためのxの条件を求めよ。

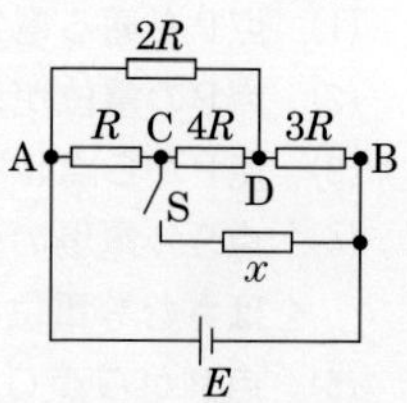

7 〈コンデンサー③〉

面積S〔m²〕，極板の間隔d〔m〕の平行平板コンデンサーを充電してQ〔C〕の電荷をたくわえた。このコンデンサーの極板間に，極板と同じ面積で電荷をもたない厚さt〔m〕の金属板を挿入する。次の問いに答えよ。ただし，真空の誘電率をε_0とする。

〔各3点…合計12点〕

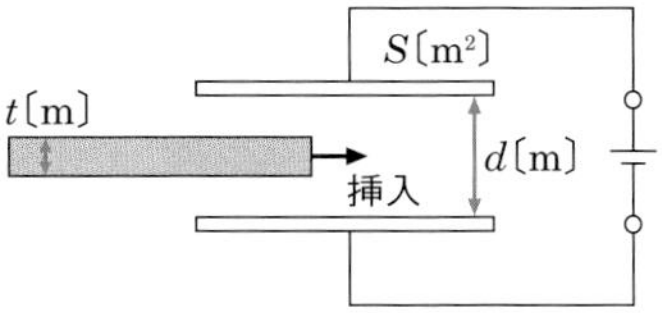

(1) 電池をはずして挿入する場合，極板に現れる電荷を求めよ。

(2) (1)によるエネルギー変化を求めよ。

(3) 電池を接続したまま電位差V〔V〕を保ちながら挿入する場合，極板に現れる電荷を求めよ。

(4) (3)によるエネルギー変化を求めよ。

8 〈放電管に流れる電流〉

抵抗r（抵抗値100 kΩ），可変抵抗R（抵抗値0～100 kΩの範囲で変化させることができる），電池E（起電力100 V）および放電管Dが，図1のように連結してある。Dにかかる電圧vとその中を流れる電流iの関係は図2で表される。　〔各3点…合計9点〕

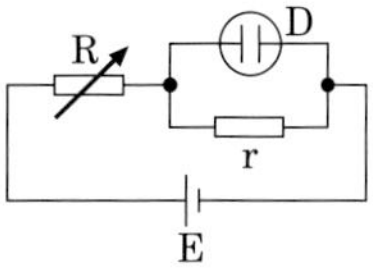

図1

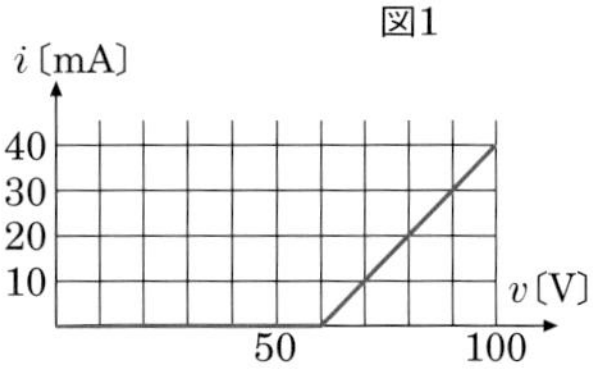

図2

(1) Dに電流が流れるためには，rに流れる電流は何mAより大きくなければならないか。

(2) Dに電流が流れるためには，Rの抵抗値は何kΩより小さければよいか。

(3) Dに電流が流れているとき，Dにかかる電圧v〔V〕をRの抵抗値R〔kΩ〕の関数として求めよ。

9 〈ダイオードの特性〉

図1のように，AB間に半導体ダイオードを置き，Bに対するAの電位をVとしたとき，AからBに流れる電流IとVの関係は図2のように与えられる。AB間に図3のように時間変化する電圧V〔V〕をかけたとき，ダイオードに流れる電流I〔mA〕と時間t〔s〕との関係を表すグラフはどれか。　〔8点〕

図1

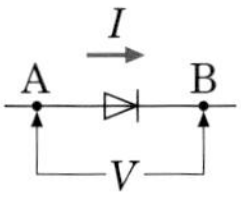

図2

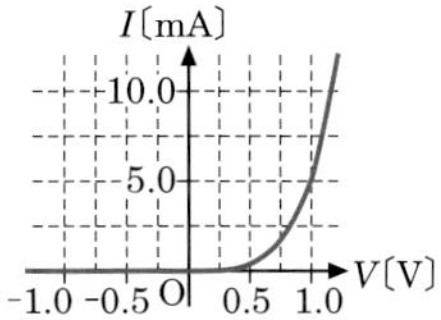

図3

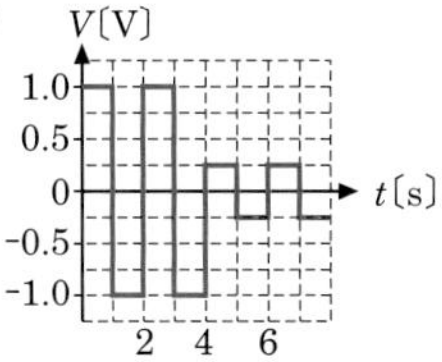

ア

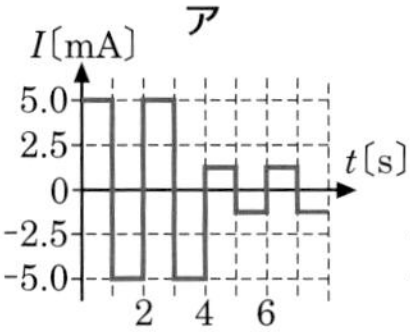

イ

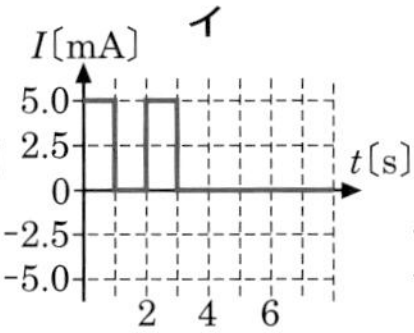

ウ

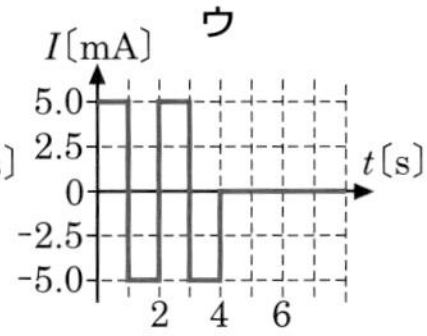

エ

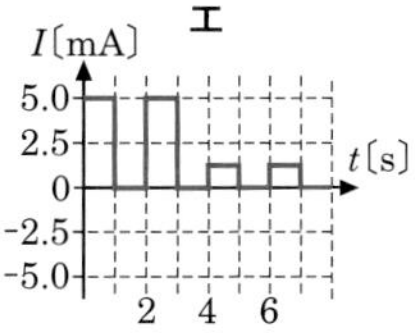

定期テスト予想問題③ 解答 p.561

時 間90分
合格点70点

得点

1 〈磁場と直線電流〉

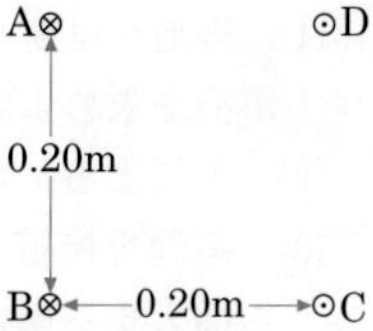

右図のA，Bは，紙面に垂直に表から裏に向かう直線電流，C，Dは，紙面に垂直に裏から表に向かう直線電流で，いずれも10Aであり，AB間，BC間，CD間，DA間の距離はいずれも0.20mである。これについて，次の各問いに答えよ。ただし，$\sqrt{2}=1.41$，$\sqrt{5}=2.24$とする。〔各3点…合計9点〕

(1) 電流Aが点Cにつくる磁場の強さを求め，向きを図示せよ。
(2) 電流A，B，Dが点Cにつくる合成磁場の強さを求め，向きを図示せよ。
(3) 導線Cの長さ1mあたりにはたらく力の大きさを求め，その向きを説明せよ。ただし，空気の透磁率は1.26×10^{-6}N/A^{2}とする。

2 〈コイルのつくる磁場〉

次の文を読み，問いに答えよ。〔6点〕

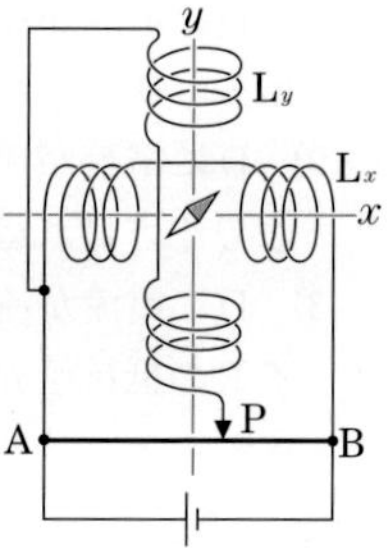

互いに直交する軸をもつ長さの等しいコイルL_x，L_yがある。両者が交わるところに小磁針が置いてある。このコイルと長さ60cmの白金線ABを右図のように電池につないだ。接点Pを移動するとき，小磁針がx軸となす角が45°になるのは，APの長さが何cmのときか。ただし，L_xは100回巻きで抵抗1.0Ω，L_yは400回巻きで抵抗2.0Ω，白金線の抵抗は3.0Ωとする。また，電池の内部抵抗，地磁気の影響は無視する。

3 〈ソレノイドのつくる磁場〉

次の文の ＿＿ にあてはまる数値を答えよ。〔5点〕

断面積が4.0cm^2，長さが30cm，巻き数が ＿＿ 回のソレノイドコイルに800mAの直流電流を流したところ，コイルをつらぬく磁束は，6.0×10^{-7}Wbであった。ただし，真空の透磁率は1.26×10^{-6}N/A^{2}である。

4 〈コイルに流す電流と磁場〉

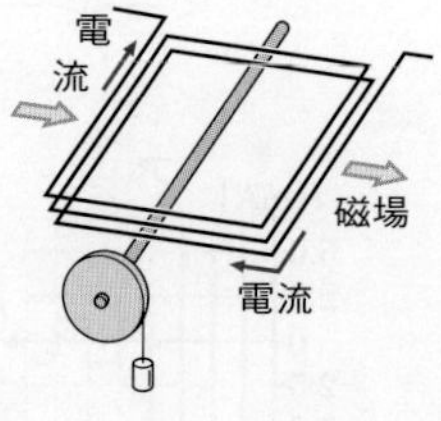

1辺が5.0cm，巻き数20回の正方形のコイルの中心軸に半径1.0cmの滑車をとりつけ，この軸を，右図のように，磁束密度2.0×10^{-2}Tの水平な磁場と垂直になるように置き，滑車に質量10gのおもりをつける。このとき，コイルの面を磁力線と平行の位置で静止させるためには，コイルにどれだけの電流を流せばよいか。ただし，重力加速度の大きさを9.8m/s^{2}とする。〔5点〕

5 〈電磁誘導①〉

紙面に垂直で表から裏に向いている一様な磁場がある。下図のように，長方形のコイルの一部がこの磁場内にある。これを手で引いて，一定の速さ$\boldsymbol{v}$〔m/s〕で動かすと，コイルに電流が流れる。磁場の磁束密度はB〔T〕，LMの長さは$\boldsymbol{l}$〔m〕として，次の問いに答えよ。

〔各３点…合計21点〕

(1) この電流の向きは，L→Mか，M→Lか。

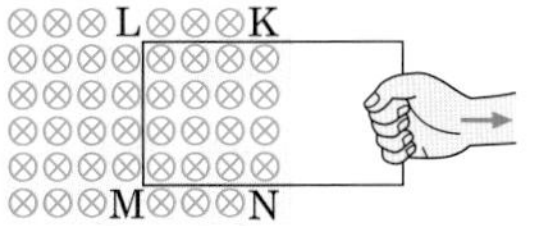

(2) 磁場がLM部分を流れる電流におよぼす力の向きは，手の引く力と同じ向きか，逆向きか。

(3) 長方形コイルの抵抗はR〔Ω〕である。コイルを流れる電流は何Aか。

(4) このとき，単位時間あたりに発生する熱は何J/sか。

(5) このとき，手で引く力の大きさは何Nか。

(6) このとき，手で引く力のする仕事は単位時間あたり何J/sか。

(7) (4)の答えと(6)の答えが一致する理由を，エネルギーに関する法則にもとづいて説明せよ。

6 〈電磁誘導②〉

半径$\boldsymbol{r}$の金属製で図のような車輪状の物体を，軸に平行で一様な磁場中で右図の向きに回転させるとき，次の各問いに答えよ。

〔各３点…合計９点〕

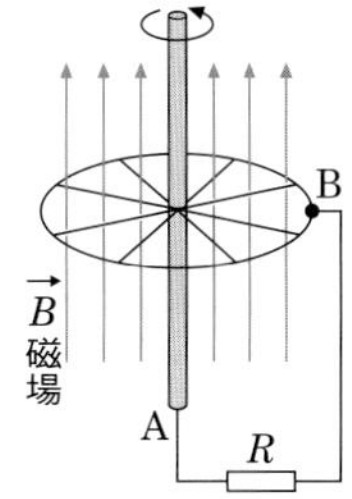

(1) Rにはどの向きの電流が流れるか。

(2) この磁場の磁束密度をB，毎秒の回転数を$\boldsymbol{n}$とすると，AB間に生じる起電力はいくらか。

(3) 抵抗Rのかわりに電源をつなぐと，どんなことが起こるか。

7 〈誘導起電力①〉

磁束密度Bの一様な磁場の中で，２辺の長さがそれぞれ$\boldsymbol{a}$と$\boldsymbol{b}$の長方形のコイルが磁場に垂直な軸のまわりに，一定の角速度$\boldsymbol{\omega}$で回転している。これについて，次の各問いに答えよ。

〔各３点…合計12点〕

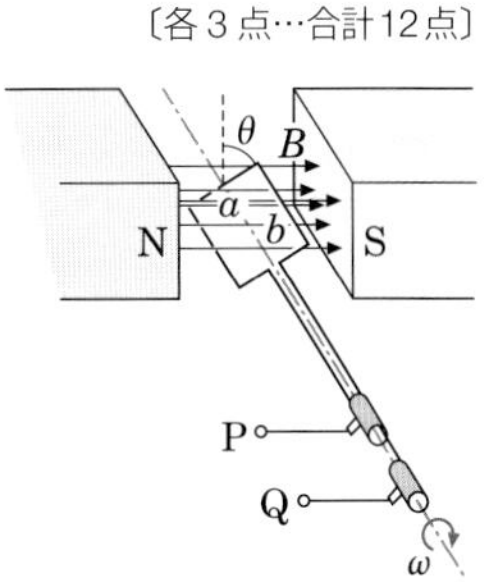

(1) コイルの面が磁場に垂直な位置から角θだけ傾いている瞬間に，コイルに発生する起電力はいくらか。

(2) PQ間に抵抗Rを接続して，コイルを同じ角速度ωで回転させるとき，コイルの面が磁場に垂直な位置から角θだけ傾いている瞬間に，コイルに流れる交流電流はいくらか。

(3) (2)の瞬間に必要な偶力のモーメントはいくらか。

(4) この回転運動をさせるのに必要な外力のする仕事率の平均値を求めよ。

8 〈誘導起電力②〉

抵抗10Ω，インダクタンス1.0Hのコイルがある。これを流れる電流Iが，ある瞬間に2Aで，しかも増加しつつあるとき，コイルの両端の電位差はいくらか。また，Iが減りつつあるときはどうか。電流の変化は，いずれの場合も$\frac{1}{100}$s間に1.0Aの割合とする。〔5点〕

9 〈相互誘導〉

同じ鉄心に相互インダクタンス0.5Hの2つのコイルが巻かれている。1次コイルに流れる電流Iを変化させたら，2次コイルには，右図のような電圧が現れた。これについて，次の各問いに答えよ。

〔各3点…合計6点〕

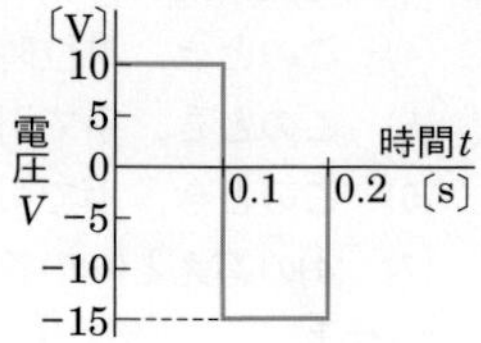

⑴　1次コイルに流れた電流はどのように変化したのか。グラフに示せ。ただし，$t=0$で$I=0$とする。

⑵　1次コイルに流れた電流の最大値はいくらか。

10 〈インピーダンス〉

実効値100V，50Hzの交流電源と自己インダクタンス20Hのコイル，容量3.0μFのコンデンサー，抵抗値10.4kΩの抵抗器がある。これについて，以下の各問いに答えよ。

〔各3点…合計12点〕

⑴　コイルの両端に交流電圧をかけたとき，コイルに流れる電流の実効値はいくらか。

⑵　コンデンサーの両端に交流電圧をかけたとき，コンデンサーに流れる電流の実効値はいくらか。

⑶　コイル，コンデンサーを直列につないだとき，全体のインピーダンスはいくらか。

⑷　抵抗，コイル，コンデンサーを直列につなぎ，その両端に交流電圧をかけたとき，回路全体に流れる電流の実効値はいくらか。

11 〈共振周波数①〉

電気容量C_1，C_2のコンデンサー，自己インダクタンスLのコイル，電池E，スイッチS_1，S_2，S_3からなる回路がある。はじめにS_1を閉じて，再び開く。次にS_2も同様に操作する。さらにS_3を閉じたら，周波数f_1の振動電流が流れた。続いてS_2も閉じると周波数f_2の振動電流が流れた。$f_1=3f_2$であるとき，C_1はC_2の何倍か。

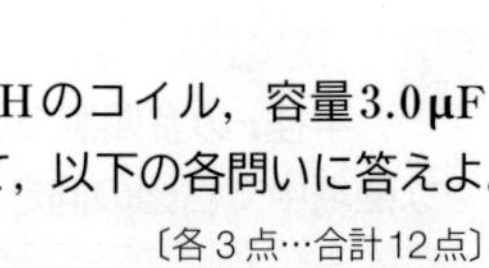

〔5点〕

12 〈共振周波数②〉

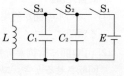

自己インダクタンス4.00×10^{-4}Hのコイルと電気容量9.00×10^{-10}Fのコンデンサーをつないだ共振回路がある。この回路に生じる電気振動の周期は何sか。〔5点〕

第5編

原子と原子核

• CHAPTER

1 » 電子

SECTION 1 電子

1 | 電場中の電子の運動

1 真空放電

❶**真空放電**　ガラス管に陰極と陽極を封入し，両極間に数千ボルトの高電圧をかけて，管内の空気を真空ポンプで抜いていく。やがて，管内の気圧が低くなると両極間に放電が起こるようになる。このように，低圧の気体中で起こる放電を真空放電という。放電のようすは管内の気体の圧力によって異なる。

❷**ガイスラー管**　放電管の圧力がおよそ10^{-4}atm (10^{-4}気圧)以下になると，管内の気体が光りはじめる。この圧力の放電管をガイスラー管といい，ネオンサインや蛍光灯に用いられている。

❸**クルックス管**　放電管の圧力が10^{-6}atm程度になると気体の発する光は消え，陰極に向かいあったガラス壁がうすい緑色の蛍光を発するようになる。この程度の圧力の放電管をクルックス管という。

❹**陰極線**　クルックス管で陰極に向かいあったガラス管壁が蛍光を発するのは，陰極から何らかの放射線が出るためと考えられ，陰極線と名付けられた。

その後，陰極線の正体は電子であるとわかり，電子線とも呼ばれるようになった。

陰極線は目に見えないが，その通り道に蛍光板(蛍光を発する物質を塗った板)を置くと，通り道が見える。**真空放電はこれらのように，電子線を発生させる方法の1つである。**

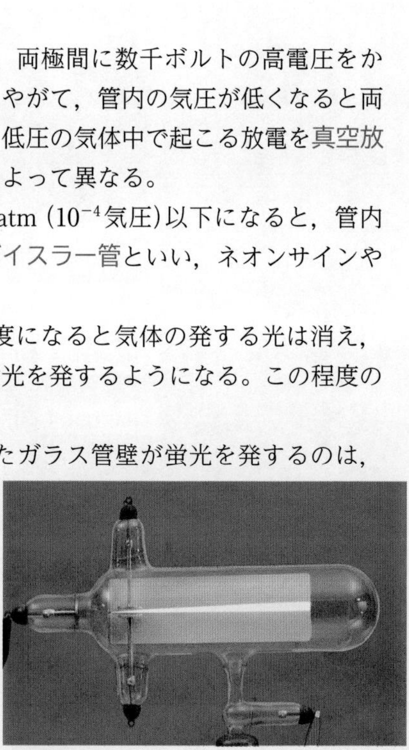

図1　陰極線

2 熱電子の発生と加速 ！重要

❶熱電子の発生　**金属を高温にすると，金属内部の自由電子が激しく運動し，その一部が金属の表面から外に飛び出す。**このような電子を熱電子という。熱電子を発生させて取り出す装置を電子銃(じゅう)という。電子銃はオシロスコープのブラウン管などに利用されている。

❷電子の加速　図2は，放電管内にヒーター，陰極，陽極を封入した装置である。陰極をヒーターで加熱し熱電子を飛び出させ，陰極と穴のあいた陽極に高電圧V〔V〕をかけて電子を加速させ，陽極に向かわせる。加速された電子が陽極の穴を通り抜け，速さv_0〔m/s〕で飛び出す。

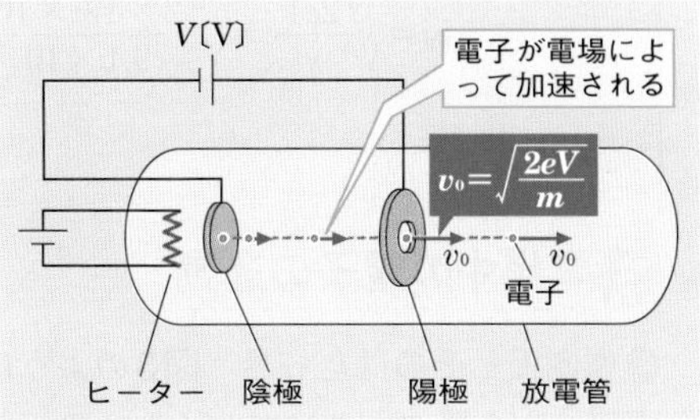

図2　電子の加速

陰極から飛び出した熱電子の速さを0，電子の電荷を$-e$〔C〕とすると，**陰極－陽極間で電場のした仕事はeV〔J〕となる。この仕事が，電子が陽極に達したときの運動エネルギーEに等しいので，**

$$E=\frac{1}{2}mv_0^2=eV \qquad (5\cdot1)$$

の関係が成りたつ。これより，電子が陽極に達したときの速さv_0〔m/s〕は，

$$v_0=\sqrt{\frac{2eV}{m}} \qquad (5\cdot2)$$

POINT!

電子の運動エネルギー　$E=\frac{1}{2}mv_0^2=eV$　［e〔C〕：電気素量　V〔V〕：加速電圧］

❸電子ボルト　電子が1Vの電圧で加速されるときのエネルギーは，電子の電荷が$-e=-1.60\times10^{-19}$Cなので，

$$eV=1.60\times10^{-19}\times1=1.60\times10^{-19}\text{J}$$

である。これを1電子ボルトまたはエレクトロンボルトといい，1eVと書く。電子や原子の世界ではエネルギーの単位としてJは大きすぎるのでeVを使うことが多い。

補足　10^6eVを1メガ電子ボルト(MeV)，10^9eVを1ギガ電子ボルト(GeV)という。

例題　電子の加速

電荷-1.6×10^{-19}C，質量9.1×10^{-31}kgの電子を1.0kVの電圧で加速するとき，電子が得る運動エネルギーは何Jか。また，そのときの電子の速さはいくらか。

着眼　電子の運動エネルギーの関係式 $\frac{1}{2}mv_0^2 = eV$ から考える。

解説　電子が得た運動エネルギーは，(5･1)式より，

$$\frac{1}{2}mv_0^2 = eV = 1.6\times10^{-19}\times1000 = 1.6\times10^{-16}\,\mathrm{J}$$

電子の速さは，(5･2)式より，

$$v_0 = \sqrt{\frac{2eV}{m}} = \sqrt{\frac{2\times1.6\times10^{-16}}{9.1\times10^{-31}}} \fallingdotseq 1.9\times10^7\,\mathrm{m/s}$$

答 運動エネルギー… $1.6\times10^{-16}\,\mathrm{J}$
速さ… $1.9\times10^7\,\mathrm{m/s}$

3 電場中の電子の運動

❶偏向板とそのはたらき　図3のように，陽極の中央に穴をあけておくと，陰極からきた電子の一部が穴を通り抜ける。穴を速さ v_0 で通り抜けた電子は電場がないので，**等速直線運動をする。**こうして，速度 v_0 の電子線(電子の流れ)が得られる。このとき，**電子線の進路に蛍光板Cを置くと，電子線の進路を見ることができる。**

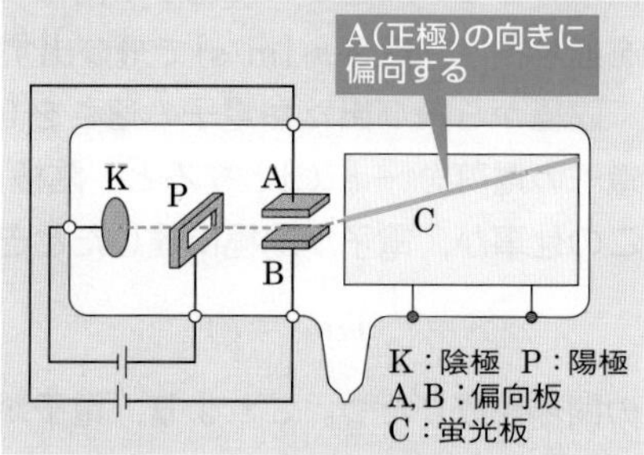

図3　偏向板によって曲げられた電子線

電子線の進路を，図3のA，Bのように向かい合った金属板ではさみ，これらに正負の電圧をかけ電場を発生させる。**電子は負電荷をもつので，正の金属板のほうに引かれて進路が曲がる。**このような金属板を，偏向板という。

❷電場を通過する電子の運動　質量 m〔kg〕，電気量 $-e$〔C〕の電子が，偏向板A，B間に生じている電場に速度 v_0〔m/s〕で飛びこんだ後の運動を調べよう。

図4に示すように，電場と垂直方向に x 軸，電場と逆向きに y 軸をとり，電場の入り口を原点Oとする。

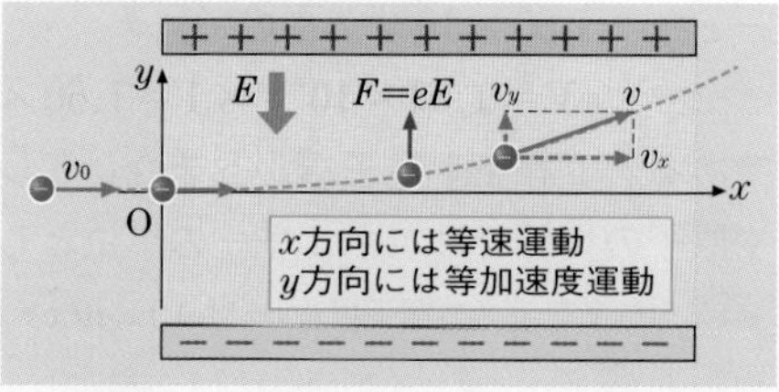

図4　電場中の電子の運動

電子は負電荷をもつので，電場と逆向き(y 軸の正の向き)に力を受ける。力の大きさは，電場の強さを E〔V/m〕として，(4･5)式(☞p.323)より eE〔N〕である。また，このとき x 方向には力は生じない。

よって，**x 方向には等速直線運動，y 方向には等加速度運動をする。**これは x 軸を水平方向とした水平投射(☞p.43)の場合と同じである。

❸電場を通過する電子の軌跡　x，y方向の加速度をa_x，a_y，速度をV_x，V_y，t〔s〕後の位置をx，yとする。x方向には力がはたらかず$a_x=0$，x方向の初速度がv_0なので，

$$v_x = v_0, \quad x = v_0 t \qquad \cdots①$$

電子のy方向の運動方程式は$ma_y=eE$より，$a_y=\dfrac{eE}{m}$，y方向の初速度が0なので，

$$v_y = at = \frac{eE}{m}t, \quad y = \frac{1}{2}at^2 = \frac{eE}{2m}t^2 \qquad \cdots②$$

①，②式からtを消去して，これらの関係式を求めると，　$\boldsymbol{y=\dfrac{eE}{2mv_0{}^2}x^2}$　…③

③式のとおり，yがxの2次関数になるので，**電子の軌跡は放物線をえがく。**

補足　静電気力にくらべて，電子にはたらく重力は非常に小さいので，ここでは無視できる。

2｜電子の比電荷と電気素量

1 電子の比電荷

❶電子の比電荷の測定方法　陰極線は，電場・磁場による曲がり方から，負電荷をもつ粒子の流れであることは知られていた。イギリスのトムソン(1856～1940)は以下の実験によって，**電子の電気量の大きさeをその質量で割った比電荷$\dfrac{e}{m}$が一定であることを示した。**

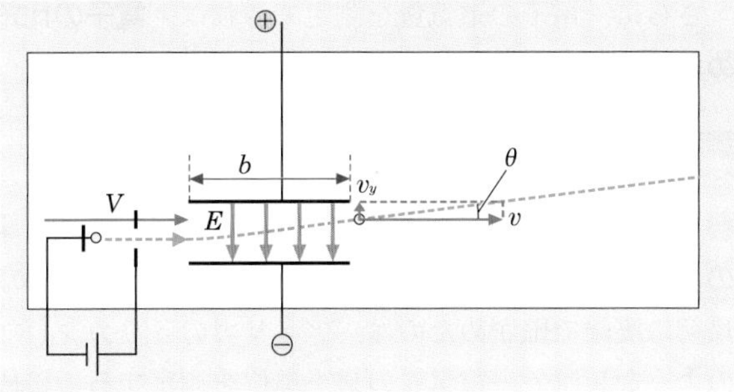

図5　偏向板による電子線の振れ

図5のように，陰極線を電場Eをかけた長さbの偏向板間に速度vで入射させ，通過後の振れ角θを測る。ここで，**偏向板の間を通り抜けた電子にはたらく重力は無視できるので，電子は偏向板を抜けた後に等速直線運動をすると考えてよい。**偏向板間での偏向板に垂直な方向の運動方程式は，その方向の加速度をa_yとすると$ma_y=eE$であり，偏向板を通過する時間tは，$t=\dfrac{b}{v}$であるから，通過後の速度の偏向板に垂直な方向の成分v_yは，

$$v_y = a_y t = \frac{eE}{m}\cdot\frac{b}{v} = \frac{eEb}{mv} \quad \text{よって，} \tan\theta = \frac{v_y}{v} = \frac{eEb}{mv^2} \qquad \cdots\cdots①$$

次に，電場Eを磁束密度Bの磁場(紙面の裏側から表側にかける)に変えたとき，振れ角がϕになるとして同様に考えると，偏向板間での偏向板に垂直な方向の運動方程式は，$ma_y=evB$となり，極板を通過する時間は$t=\dfrac{b}{v}$で変わらないから，

$$v_y = a_y t = \frac{evB}{m}\cdot\frac{b}{v} = \frac{eBb}{m}$$

よって，$\tan\phi = \dfrac{v_y}{v} = \dfrac{eBb}{mv}$ ……②

①，②から v を消去すると，次の式が得られる。

$$\frac{e}{m} = \frac{E\tan^2\phi}{B^2 b\tan\theta}$$

これから，**電場 E，磁場 B を与えて振れ角 θ，ϕ を測れば比電荷が求められる。**

荷電粒子の比電荷を調べる方法はいろいろあるが，電場・磁場をそれぞれかけて曲がり方を調べるか，または同時にかけて曲がり方を調べるのが一般的である。

❷電子の比電荷の大きさとその意義　実験結果によると，**陰極線のもとになっている粒子の比電荷は，陰極の金属の種類や放電管内の気体の種類を変えても一定の値をとる**ことがわかった。これは電子がどんな物質中にも**共通に含まれている粒子**であることを示す。電子の比電荷の値は，

$$\frac{e}{m} = 1.759 \times 10^{11}\,\mathrm{C/kg}$$

である。

トムソンの実験で重要なことは，陰極の種類や封入気体によらず，**一定の比電荷が得られることによって，固有の粒子の存在を示した**点にある。このことから，一般にはトムソンの実験が「電子の発見」といわれている。

さらに，電子の電気量を測定できれば，**電子の比電荷の値から「電子の質量を求めることができる」**という点で大きな意義をもつ。

2 電気素量 ①重要

❶ミリカンの実験　電気量には最小単位が存在し，**「すべての電気量はその整数倍のとびとびの値になる」**，という考えはファラデーの時代からあった。そのことを最初に実験で確かめたのは，アメリカのミリカン（1868～1953）である。彼は，図6のような装置で，電気量の最小単位を測定するのに成功した。

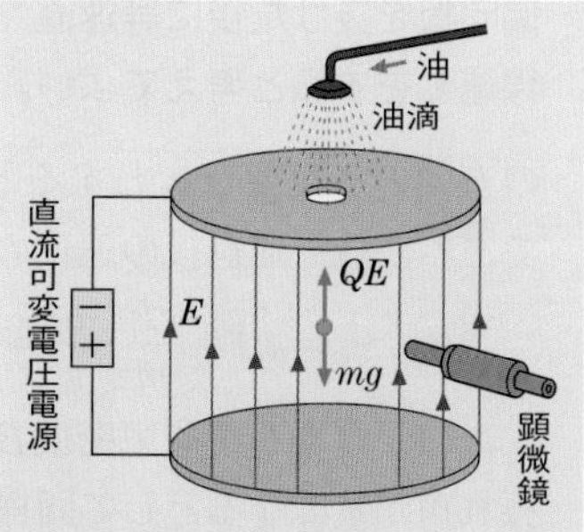

図6 ミリカンの実験装置

2 枚の平行平板電極に電圧をかけて，その間に一様な電場 E〔V/m〕をつくる。その中に霧吹きで微小な油滴を吹き入れると，空気との摩擦でわずかに静電気を帯びる。油滴の質量を m〔kg〕，電気量を Q〔C〕とすると，油滴にはたらく力は，重力 mg〔N〕と静電気力 QE〔N〕である。電圧を変化させて電場 E の強さを調節し，$mg = QE$ の条件を満たすと，油滴にはたらく力はつり合い，油滴は上昇も下降もしなくなる。このときの電場の強さ E と油滴の質量 m の値から，油滴の電気量 Q の大きさがわかる。

❷電気素量　図6で，極板間にX線を照射すると，空気の分子の一部がイオン化し油滴に電荷を与えるため，油滴の電気量が変化する。ミリカンはX線を照射するごとに，油滴の電気量を測定し，その値がある最小の電気量の整数倍となっていることを発見した。その電気量を**電気素量**といい，記号eで表す。その値は，

$$e = 1.602 \times 10^{-19}\,\mathrm{C}$$

である。

電気素量は，電気量の最小値であり，電子や陽子の電気量の絶対値に等しい。

補足　陽子の電気量がe，電子の電気量が$-e$である。

❸電子の質量　電子の比電荷と，電気素量の値から，電子の質量mが求められる。

$$m = \frac{e}{e/m} = \frac{1.602 \times 10^{-19}\,\mathrm{C}}{1.759 \times 10^{11}\,\mathrm{C/kg}} \fallingdotseq 9.11 \times 10^{-31}\,\mathrm{kg}$$

このSECTIONのまとめ　電子

□電場中の電子の運動 ☞ p.452	・**真空放電**…低圧の中で起こる放電。 ・高電圧をかけた**クルックス管**で陰極から放出されるものを**陰極線**という。 ・陰極線の正体は**電子**の流れである。 ・電圧Vで加速された電子の運動エネルギーは， $\frac{1}{2}mv_0{}^2 = eV$ ・陽極に達したときの速度は， $v_0 = \sqrt{\frac{2eV}{m}}$
□電子の比電荷と電気素量 ☞ p.455	・**比電荷**…質量mに対する電気量qの比$\frac{q}{m}$。 ・**電気素量**…電気量の最小単位。eで表す。 $e = 1.60 \times 10^{-19}\,\mathrm{C}$

CHAPTER 1 練習問題

解答 ☞ p.563

1 〈電子の運動エネルギー〉

クルックス管に200 Vの電圧をかけたとき，加速される電子について答えよ。ただし，電子の質量$m=9.1\times10^{-31}$ kg，電気素量$e=1.6\times10^{-19}$ Cとする。また，必要なら巻末の平方根表を用いること。

(1) 陽極に達するときの電子の運動エネルギーは何Jか。

(2) 電子の速度はいくらか。

(3) 電圧を1000 Vに変えた。電子の運動エネルギーと速度は，それぞれ最初の何倍になるか。

2 〈比電荷〉 テスト必出

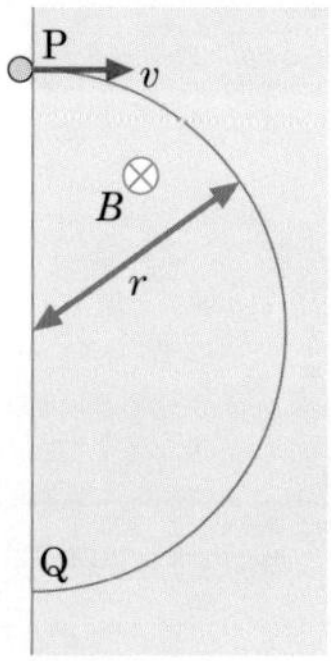

電子を電圧Vで紙面に平行で右向きに加速し，速度vで紙面に垂直な磁束密度Bの領域に突入させたところ，電子は点Pから半円をえがき，点Qに達したという。これについて答えよ。

(1) 電子の速度vを，電子の質量m，電気素量e，加速電圧Vを用いて表せ。

(2) 円運動の半径rを，m，e，B，vを用いて表せ。

(3) (1)，(2)からvを消去し，電子の比電荷を，B，V，rを用いて表せ。

3 〈トムソンの実験〉

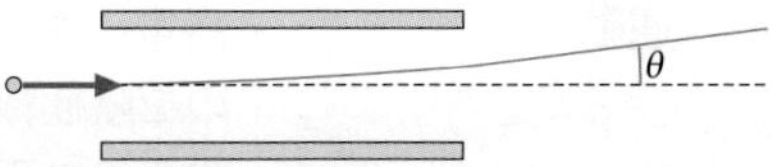

電子に電圧をかけて加速し，長さlの平行極板間に速度vで突入させた。極板間には一様な電場Eがあり，電子は進行方向に対して垂直に力を受け，図のようにもとの進行方向に対して角度θだけ偏向した。これについて次の各問いに答えよ。ただし，電子の質量をm，電気量を$-e$とする。

(1) 電子の，進行方向に対して垂直な方向の加速度の大きさを求めよ。

(2) 極板間を通過した直後の，はじめの進行方向に対して垂直な速度成分を求めよ。

(3) 電子がもとの進行方向に対してなす角θの正接$\tan\theta$を求めよ。

(4) この装置に垂直な磁場を与え，電子を直進させたい。どの向きに磁場を与えればよいか。

(5) 加速電圧をVとし，(4)のときの磁束密度をBとする。電子の比電荷を，E，V，Bを用いて表せ。

• CHAPTER

2 » 原子の構造

SECTION 1 波動性と粒子性

1 | 光電効果

1 光電効果の特徴

❶光電効果(こうでんこうか)　**金属に紫外線などの波長の短い電磁波を照射すると，金属の表面から電子が飛び出す。**この現象を光電効果といい，飛び出した電子を光電子(こうでんし)という。

❷光電効果の実験と特徴　箔(はく)検電器(☞ p.333)に亜鉛板など金属板をのせ，負電荷を与えて箔を十分に開かせる(図7)。この亜鉛板に紫外線を照射すると，箔が閉じていく。これは電子が亜鉛板から飛び出し，負電荷が減少するためで，この電子が光電子である。この実験では，次の特徴が見られる。

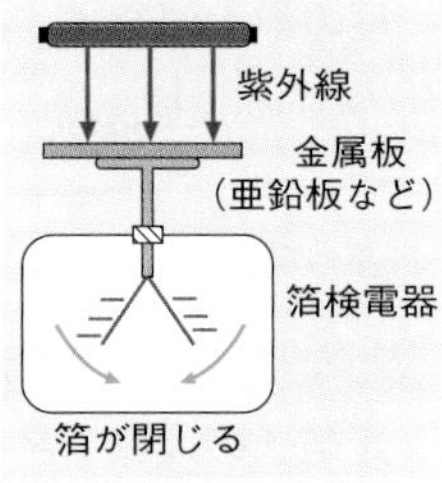

図7　光電効果の実験

① 金属の種類を変えても，同様の結果が認められる。しかし，箔の閉じる速さは金属の種類によって異なる。
② 紫外線よりもずっと波長の長い光を金属板に照射したときは，**いくら強い光をあてても，光電効果は見られない。**
③ 光電効果が起こる光ならば，強い光ほど単位時間に飛び出す光電子の数が多い。

2 光電子の運動エネルギー

❶光電管　図8のように，金属板を陰極K，細い金属棒を陽極Pとした真空管を光電管という。Kを－極に，Pを＋極に接続し，金属板に紫外線を照射すると，光電効果によってKから飛び出した光電子がPにとらえられ，光電管につないだ回路に，光電流(こうでんりゅう)(K→P)が流れる。この強さは，単位時間に飛び出す光電子の数に比例する。

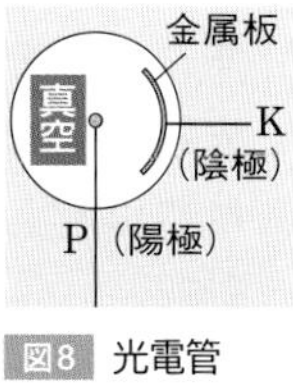

図8　光電管

補足　光電流をはかれば光量がわかるので，光電管は光量を測定するのに使われる。

❷光電子の運動エネルギー 図9のような回路をつくり，陽極Pの電位を陰極Kの電位より低くすると，金属板から飛び出した光電子は，金属板のほうに引きもどされる向きの力を受けるが，光電子の初速度が大きければ，電子はこの力を振り切って陽極Pに到達するので光電流が流れる。

このときの電位差をV〔V〕とすると，金属板から飛び出した光電子は陽極Pに達するまでに電場から$-eV$〔J〕の仕事をされるから，光電子の初速度をv_0〔m/s〕，質量をm〔kg〕とすると，光電子が陽極Pに達する条件は，次のようになる。

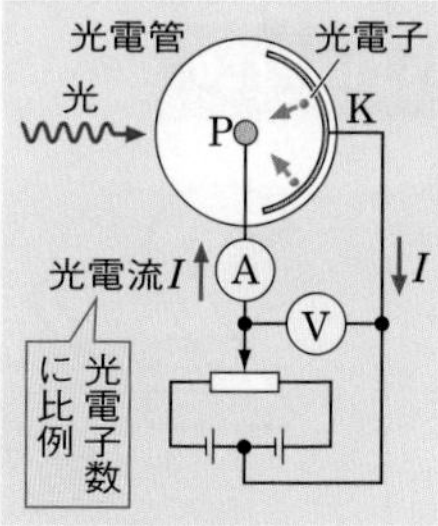

図9 光電子の運動エネルギーの測定

$$\frac{1}{2}mv_0{}^2 - eV \geqq 0 \qquad (5\cdot3)$$

電位差Vを大きくしていくと，陽極Pに達する光電子数が減少するので，光電流がしだいに小さくなる。光電流が0になったときの電位差をV_0〔V〕とすると，この電位差のとき，**最大の運動エネルギーをもつ光電子でも陽極Pに達することができなくなった**ので，光電子の初速度の最大値をv_{max}とすると，

$$\frac{1}{2}m(v_{max})^2 - eV_0 = 0$$

よって，$\frac{1}{2}m(v_{max})^2 = eV_0 \qquad (5\cdot4)$

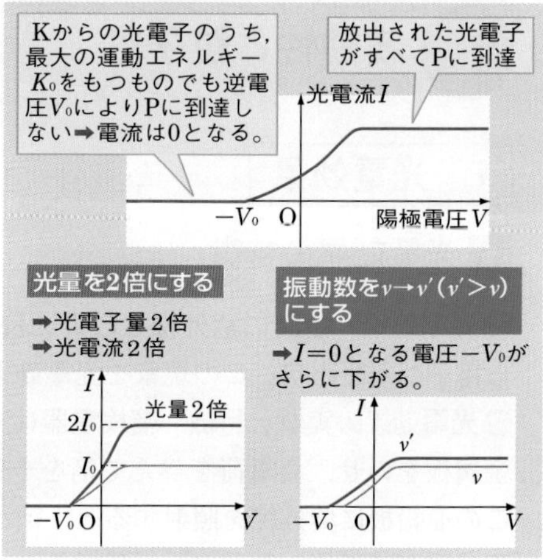

図10 光電流Iと陽極電圧Vの関係

となり，**V_0〔V〕を測定することによって，光電子の運動エネルギーの最大値を求めることができる。**光電流Iと陽極電圧Vのグラフは図10のようになる。

3 光電子の運動エネルギーと光の振動数の関係 ①重要

❶限界振動数・限界波長 光電管の金属板にいろいろな振動数ν（ニュー）〔Hz〕の光を照射したときに飛び出す光電子の運動エネルギーの最大値E〔J〕を測定し，Eとνの関係を表すグラフをかくと，図11のようになる。この結果から，**光電効果はある特定の振動数ν_0〔Hz〕以上の光を照射しなければ起こらない**ことがわかる。この振動数ν_0を限界振動数といい，それに対応する波長λ_0〔m〕を限界波長という。金属の種類を変えると，ν_0の値が変わる。

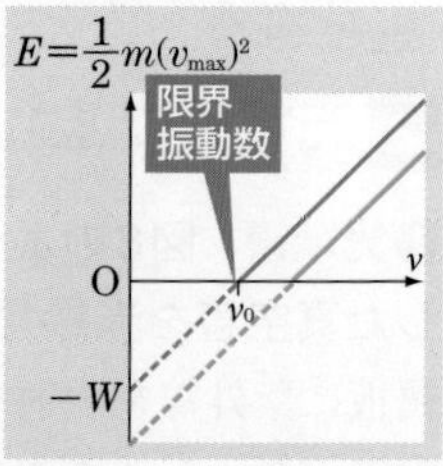

図11 光電子のエネルギーと光の振動数の関係

❷仕事関数　図11のグラフの直線の傾きは，金属の種類が変わっても同じである。この傾きをh〔J·s〕とし，グラフを左下に延長したときの縦軸との交点の値(切片)を$-W$〔J〕とすると，このグラフの式は，次のように表される。

$$\frac{1}{2}m(v_{\text{max}})^2 = h\nu - W \tag{5·5}$$

Wは金属から電子を引き出すのに必要な仕事の大きさで，仕事関数という。

2 | 光子

1 光子

光電効果の現象は，光を波動と考えるだけでは説明できない。ドイツのアインシュタイン(1879～1955)は，光電効果において(5·5)式が成立することを**「光は$h\nu$〔J〕のエネルギーをもつ粒子であって，そのエネルギーの一部が金属表面から電子をたたき出す仕事W(仕事関数)に使われ，残りのエネルギーが光電子の運動エネルギーになる。」**と解釈した。この粒子を**光子**(こうし)(**光量子**)または**フォトン**という。

hはプランク定数といい，測定によって$h = 6.63\times10^{-34}$ J·sが得られている。

POINT!

光電子の運動エネルギー　$\frac{1}{2}m(v_{\text{max}})^2 = h\nu - W$

［h〔J·s〕：プランク定数　ν〔Hz〕：振動数
　W〔J〕：仕事関数　$h\nu$〔J〕：光子のエネルギー］

例題　**光電効果**

波長がλ以上の光をあてると光電子を出さず，λ以下ならば光電子を出す金属がある。この金属に波長$\frac{\lambda}{2}$の光をあてたとき，飛び出す電子の速さの最大値はいくらか。ただし，電子の質量をm，光速をc，プランク定数をhとする。

着眼　λはこの金属の限界波長である。限界波長の光によってたたき出された光電子の運動エネルギーはほぼ0に等しい。

解説　波長λの光の振動数をνとすると，$c = \nu\lambda$より，$\nu = \frac{c}{\lambda}$

波長λの光をあてたとき飛び出す光電子の運動エネルギーの最大値は，(5·5)式より，

$$\frac{1}{2}m(v_{\text{max}})^2 = h\nu - W = h\frac{c}{\lambda} - W = 0 \qquad W = \frac{hc}{\lambda}$$

波長$\frac{\lambda}{2}$の光をあてたとき飛び出す光電子の運動エネルギーの最大値は，速さをvとして

$$\frac{1}{2}mv^2 = h\frac{c}{\lambda/2} - W = \frac{2hc}{\lambda} - \frac{hc}{\lambda} = \frac{hc}{\lambda} \qquad \text{よって，}\quad v = \sqrt{\frac{2hc}{m\lambda}}$$ ……**答**

第5編　原子と原子核

2 波束

光に粒子的性質が認められたといっても，光の波動的性質が否定されたわけではない。**光は波動性と粒子性の二重の性質をもつ**と考えればよいのである。これを光の二重性という。そこで，光のモデルとして，連続した波のかわりに，波の一部が独立したようなモデルが考え出された。これを波束（はそく）という(図12)。

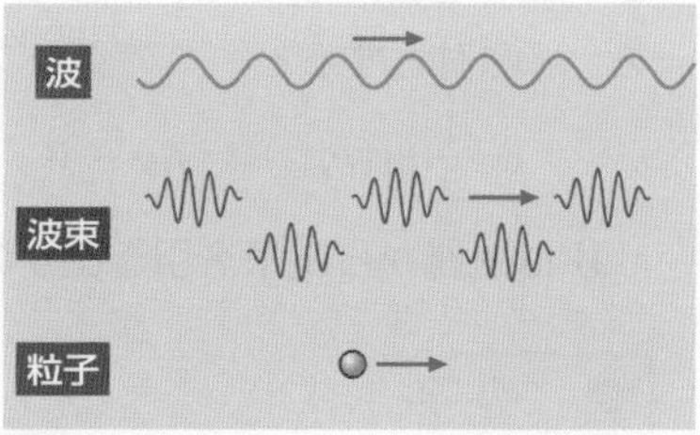

図12 光子のモデル

3 X線の波動性と粒子性

1 X線の発生

❶X線の波長　X線を発生させるには，高真空管内で電子を数万～数十万ボルトの電圧で加速し，陽極の金属に衝突させる。電荷 $-e$〔C〕をもつ電子が V〔V〕の電圧で加速されると，eV〔J〕の運動エネルギーをもち，このエネルギーによって電磁波(X線)が発生する。このとき，**1個の電子のもっていた運動エネルギーの一部が1個のX線光子になる**ので，X線光子のエネルギー E〔J〕は，その振動数を ν〔Hz〕として，

$$E = h\nu \leqq eV$$

で表される。X線の波長 λ〔m〕は，光速を c とすると，

$$\lambda = \frac{c}{\nu} \geqq \frac{hc}{eV}$$

なので，発生するX線のうち最短波長 $\lambda_{\min}$〔m〕は，

$$\boldsymbol{\lambda_{\min} = \frac{hc}{eV}} \qquad (5\cdot6)$$

となり，加速電圧 V〔V〕によって決まる。

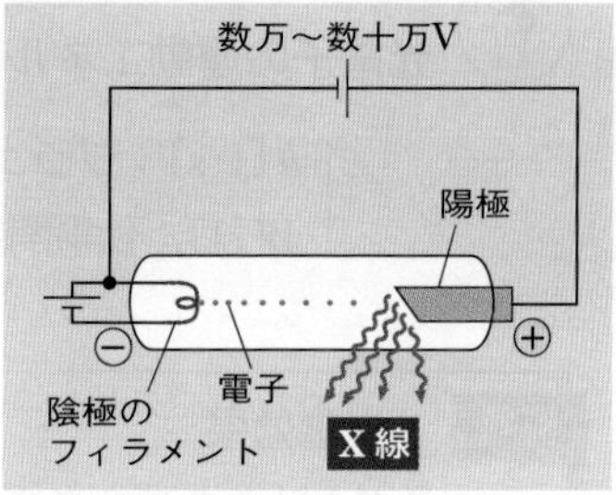

図13 X線の発生装置

❷連続X線と固有X線　図13のような装置でX線を発生させると，**加速電圧で決まる最短波長 $\lambda_{\min}$ 以上のX線が連続的に生じる。**これを連続X線という。しかし加速電圧を上げていくと，連続X線のほかに，**特定の波長のX線が多量に発生することがある。**このX線の波長は陽極の金属の種類によって決まるので固有X線または特性X線と呼ばれる。固有X線は，陽極の金属原子に電子が衝突したとき，内側の軌道(☞ p.472)の電子がたたき出され，その準位に外側の軌道の電子が落ちこむことで発生する。

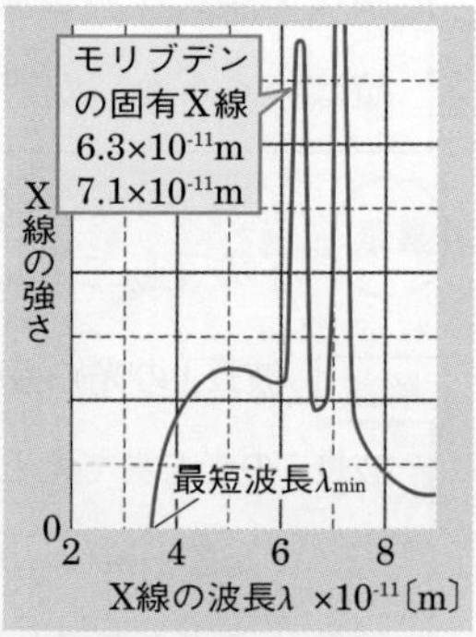

図14 $_{42}$Mo のX線スペクトル

2 X線の回折と干渉

①ラウエ斑点　X線は，1895年，ドイツのレントゲンに正体不明の放射線として発見された。その後研究が進むにつれて，波長のきわめて短い電磁波ではないかと考えられるようになった。ドイツのラウエ(1879～1960)はこのことを確かめるため，**食塩の結晶にX線をあてたところ，X線が回折・干渉**(☞ p.294)**して，図15のような回折像をつくった。**これをラウエ斑点という。このように波動としての性質を示したので，X線は電磁波の一種と認められた。

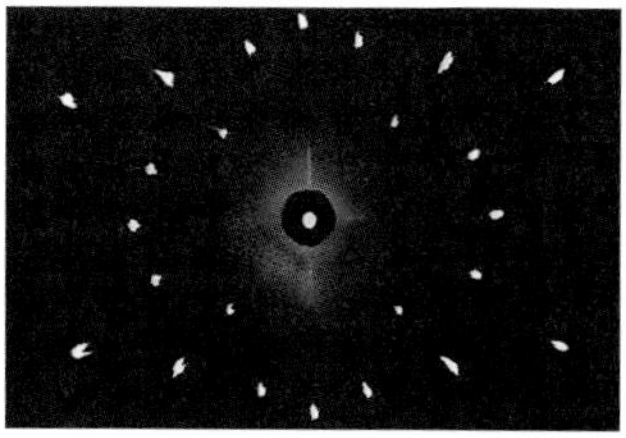

図15　ラウエ斑点

②ブラッグの反射条件　X線を結晶にあてると，X線は平行ないくつかの原子面で反射し，同じ方向に進むものが互いに干渉(☞ p.296)する。いまX線の波長をλ〔m〕，原子面の間隔をd〔m〕とすると，**図16**の$\mathrm{A \to B \to C}$と$\mathrm{A' \to B' \to C'}$の経路差は，

$$\mathrm{DB'E} = \mathrm{DB'} + \mathrm{B'E} = 2d\sin\theta$$

である。よって，mを整数として

$$2d\sin\theta = m\lambda \qquad (5\cdot7)$$

が成りたつとき，回折X線は強めあう。この関係をブラッグの反射条件または単にブラッグの条件という。

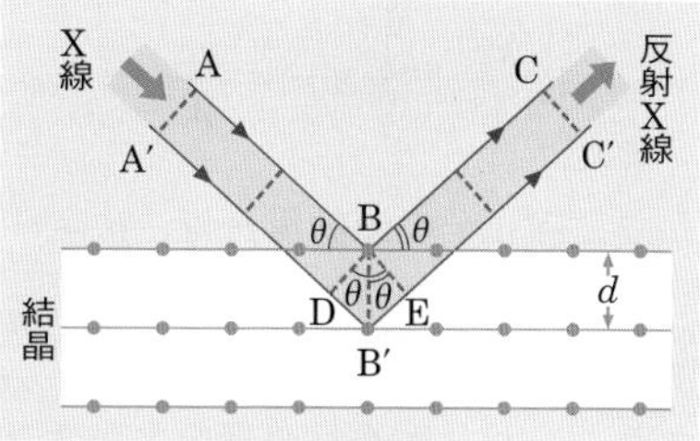

図16　ブラッグの反射条件

POINT!

ブラッグの反射条件

$$2d\sin\theta = m\lambda$$

［d〔m〕：原子面間隔　θ：X線の入射角
m：正の整数　λ：X線の波長］

3 X線の粒子性

①コンプトン効果　1923年，アメリカのコンプトン(1892～1962)は，X線を物質にあてたときに**散乱されるX線の中に，入射X線よりも波長の長いものが含まれていることを発見した**。コンプトンは，波長は散乱方向によって決まり，この現象は光が物質中の電子をはじき飛ばすことによって生じると説明した。この現象はコンプトン効果と呼ばれ，光電効果と並んで光の粒子性を示す代表的な現象である。

　測定により，入射X線の方向と散乱されたX線の方向とのなす角(散乱角)θと波長変化との関係は，

$$\lambda' - \lambda \fallingdotseq 2.4 \times 10^{-12}(1 - \cos\theta)\ \mathrm{m} \qquad (5\cdot8)$$

で表されることがわかった。

第5編　原子と原子核

❷コンプトンによる説明　アインシュタインによって，光はエネルギー $h\nu$ とともに運動量 $\dfrac{h\nu}{c}$ をもつ粒子，すなわち光子の流れであることが示されていた(☞ p.461)。そこでコンプトンは，1個のX線光子が1個の電子をはね飛ばし，その際に，**X線光子と電子が完全弾性衝突(☞ p.134)をして，エネルギーと運動量がともに保存される**と考えると，測定結果と一致することを示した。

入射X線の振動数を ν〔Hz〕，波長を λ〔m〕，散乱X線の振動数を ν'〔Hz〕，波長を λ'〔m〕，電子の質量を m〔kg〕，散乱後の電子の速度を v〔m/s〕，真空中の光速度を c〔m/s〕，プランク定数を h〔J·s〕とする。

入射X線光子のエネルギー E_1 は，$E_1 = h\nu = \dfrac{hc}{\lambda}$

散乱X線光子のエネルギー E_2 は，$E_2 = h\nu' = \dfrac{hc}{\lambda'}$

であるから，**エネルギー保存の法則**(☞ p.191)より，次の関係が成立する。

$$\frac{hc}{\lambda'} + \frac{1}{2}mv^2 = \frac{hc}{\lambda} \qquad \cdots\cdots ①$$

また，

入射X線光子の運動量 p_1 は，$p_1 = \dfrac{h\nu}{c} = \dfrac{h}{\lambda}$

散乱X線光子の運動量 p_2 は，$p_2 = \dfrac{h\nu'}{c} = \dfrac{h}{\lambda'}$

であるから，衝突後の散乱X線光子が入射X線の方向となす角を θ，散乱電子と入射X線の方向とのなす角を ϕ とすれば，**運動量保存の法則(☞ p.129)を次のように各成分ごとに立てることができる。**

入射方向について，

$$\frac{h}{\lambda'}\cos\theta + mv\cos\phi = \frac{h}{\lambda} \qquad \cdots\cdots ②$$

また，入射方向と垂直な方向について，

$$\frac{h}{\lambda'}\sin\theta = mv\sin\phi \qquad \cdots\cdots ③$$

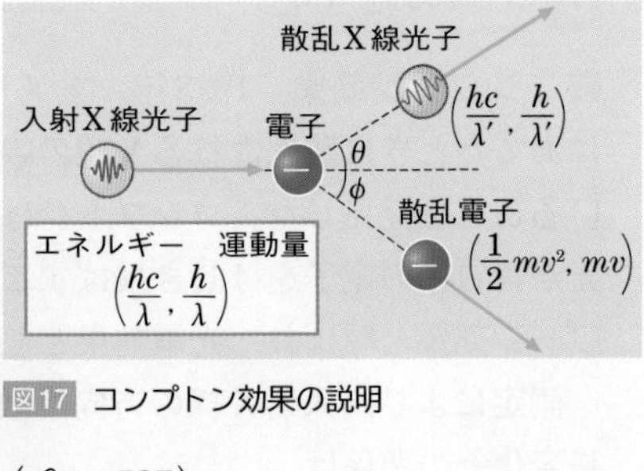

図17　コンプトン効果の説明

となる。①～③から，ϕ と v を消去すると，

$$h\left(\frac{\lambda'}{\lambda} + \frac{\lambda}{\lambda'} - 2\cos\theta\right) = 2mc(\lambda' - \lambda) \qquad \cdots\cdots ④$$

ここで，$\Delta\lambda = \lambda' - \lambda$ とすると，

$$\frac{\lambda'}{\lambda} = \frac{\lambda + \Delta\lambda}{\lambda} = 1 + \frac{\Delta\lambda}{\lambda}$$

また，$\Delta\lambda \ll \lambda$ なので，次のように近似できる(☞ p.507)。

$$\frac{\lambda}{\lambda'} = \left(\frac{\lambda'}{\lambda}\right)^{-1} = \left(1 + \frac{\Delta\lambda}{\lambda}\right)^{-1} \fallingdotseq 1 - \frac{\Delta\lambda}{\lambda}$$

すると，$\frac{\lambda'}{\lambda}+\frac{\lambda}{\lambda'} \fallingdotseq 2$となるので，④から，次の関係が得られる。

$$\lambda'-\lambda \fallingdotseq \frac{h}{mc}(1-\cos\theta) \quad \cdots\cdots ⑤$$

⑤式の係数$\frac{h}{mc}$に$m=9.1\times10^{-31}\,\mathrm{kg}$，$c=3.0\times10^{8}\,\mathrm{m/s}$，$h=6.6\times10^{-34}\,\mathrm{J\cdot s}$を代入して計算すると，

$$\frac{h}{mc} \fallingdotseq 2.4\times10^{-12}\,\mathrm{m}$$

が得られ，前記の測定結果と一致する。

補足　相対性理論によると，運動量pをもつ質量mの粒子のエネルギーEは，

$$E=\sqrt{p^2c^2+m^2c^4}$$

と表せることが明らかになっている。静止している粒子の運動量は0なので，この式から静止している粒子のエネルギー(**静止エネルギー**)E_0は，

$$E_0=mc^2$$

と表すことができる。

これらを用いると，①は次のようになる。

$$\frac{hc}{\lambda'}+\sqrt{p^2c^2+m^2c^4}=\frac{hc}{\lambda}+mc^2 \quad \cdots\cdots ①'$$

この①'からは近似なしで同じ結果が得られる。

このSECTIONのまとめ　波動性と粒子性

□ 光電効果 ☞ p.459	• 光電流が0となる電圧V_0から，光電子の運動エネルギーの最大値が求められる。 $\frac{1}{2}m(v_{\max})^2=eV_0$
□ 光子 ☞ p.461	• 光電子の運動エネルギーの最大値は金属の仕事関数W[J]と照射した光の振動数ν[Hz]で表される。 $\frac{1}{2}m(v_{\max})^2=h\nu-W$
□ X線の波動性と粒子性 ☞ p.462	• ブラッグの反射条件(ブラッグの条件) $2d\sin\theta=m\lambda$ • 照射された電子の1個分のエネルギーで発生するX線の最短波長が決まる。 $\lambda_{\min}=\frac{hc}{eV}$

SECTION 2 粒子の波動性

1 物質波

❶ド・ブロイの仮説 光が干渉することなどから，19世紀には光の本性は波動であるという考えが確立していた(☞ p.283)が，**光電効果**(☞ p.459)の現象については波動性からはうまく説明できなかった。

アインシュタインは光が$E=h\nu$というエネルギーをもつ粒子だと考えて光電効果の現象を説明した(☞ p.461)。光の粒子である光子は$E=h\nu$というエネルギーと同時に運動量$p=\dfrac{h\nu}{c}$をもつことは，**コンプトン効果**(☞ p.463)から理解できる。

フランスのド・ブロイ(1892～1987)は1924年，逆に**電子など粒子だと考えられていたものが波動性をもつ**という大胆な仮説を提出した。

光子の波長λをプランク定数hと運動量pで表すと，次のようになる。

$$\lambda=\frac{c}{\nu}=h\cdot\frac{c}{h\nu}=\frac{h}{p}$$

ド・ブロイは，このことから類推して，質量mの粒子が速度vで動いているときの運動量は，$p=mv=\dfrac{h}{\lambda}$であるから，この粒子は次式で表される波長λの波動性をもっていると仮定した。

$$\lambda=\frac{h}{mv} \tag{5・9}$$

この波動を物質波またはド・ブロイ波という。1927年ダビソンとジャーマーは，薄いニッケルの表面に電子線をあてる実験を行った。この結果，ラウエ斑点(☞ p.463)と似たような回折像が得られたことで，物質波の存在が確かめられた。

> **POINT!**
> **物質波の波長** $\lambda=\dfrac{h}{mv}$ 〔λ〔m〕：波長　h〔J·s〕：プランク定数　m〔kg〕：質量　v〔m/s〕：速さ〕

❷波動と粒子の二重性 物質波の発見によって，ミクロの世界では，それまで波動あるいは粒子と考えられていたものが，どちらも**波動性と粒子性をあわせもつ**ものと考えられるようになった。これを，波動と粒子の二重性という。

この二重性を説明するために，**量子論**(☞ p.473)が発展した。この考えによると，ミクロの世界では，粒子の位置と運動量の2つを同時に正確に定めることができない。これを不確定性原理(☞ p.474)といい，粒子が波動性をあわせもつという二重性と深く関係していると考えられている。

2 電子波

❶電子波の回折　電子を加速すると，(5･9)式で示される波長をもつ波の性質を示す。これを電子波という。電子線が波動性をもっているので，電子線を結晶にあてたときに，回折像が得られる。

❷電子顕微鏡　電子顕微鏡は電子波を利用している。光学顕微鏡では，光の回折のため，可視光の波長(約10^{-9}m)よりも小さい物体の像を得ることはできないが，電子波は，**電子の加速電圧を上げれば，波長を非常に短くすることができるので，光学顕微鏡よりはるかに倍率の高い顕微鏡をつくることができる。**

例題　**電子線の波長**

電子を6.0×10^4Vで加速すると，電子波の波長はいくらになるか。ただし電子の電荷の大きさを1.6×10^{-19}C，電子の質量を9.1×10^{-31}kg，プランク定数を6.6×10^{-34}J･sとする。

着眼　電子をV〔V〕の電圧で加速したときに電子が得る運動エネルギーは，電子の電荷の大きさをe〔C〕，電子の質量をm〔kg〕，電子の速度をv〔m/s〕とすると，$\frac{1}{2}mv^2 = eV$より，$v = \sqrt{\frac{2eV}{m}}$となる。

解説　電子波の波長は，(5･9)式より，

$$\lambda = \frac{h}{mv} = \frac{h}{m\sqrt{\frac{2eV}{m}}} = \frac{h}{\sqrt{2meV}}$$

となるから，

$$\lambda = \frac{6.6 \times 10^{-34}}{\sqrt{2 \times 9.1 \times 10^{-31} \times 1.6 \times 10^{-19} \times 6.0 \times 10^4}} \fallingdotseq 5.0 \times 10^{-12}\text{m}$$

答 5.0×10^{-12}m

このSECTIONのまとめ　粒子の波動性

□ 物質波 ☞ p.466	・ミクロの世界では，粒子も**波動性**をあわせもつ。 ・**物質波の波長**　$\lambda = \frac{h}{mv}$
□ 電子波 ☞ p.467	・電子線を結晶にあてると，回折像をつくり，波動性を示す。 ・可視光よりも波長が短いので，**電子顕微鏡**などに利用される。

SECTION 3 原子の構造と量子論

1 | 原子のエネルギー準位

1 原子スペクトル

❶線スペクトル　酸素・水素・窒素などの気体を低圧で封入した放電管に高電圧をかけて放電させると，それぞれの気体に特有の色を出し，その光を分光器にかけると，すべて**線スペクトル**(☞ p.288)になっている。**気体状の単体原子の出す光のスペクトルは線スペクトルである。**

図18(a)のように，ナトリウムを含む物質，たとえば食塩を高温にしたときに出る光のスペクトルを観察すると，波長590nmの位置に**輝線**(きせん)が観察される。これはナトリウム原子の出す光である。

❷吸収スペクトル　電球の光は連続スペクトルになるが，電球の光を図18(b)のように，ナトリウムを含む物質の蒸気(電球のフィラメントより低温)の中を通した後，分光器にかけて観察すると，およそ波長590nmの位置に暗線のある**吸収スペクトル**が観察される。

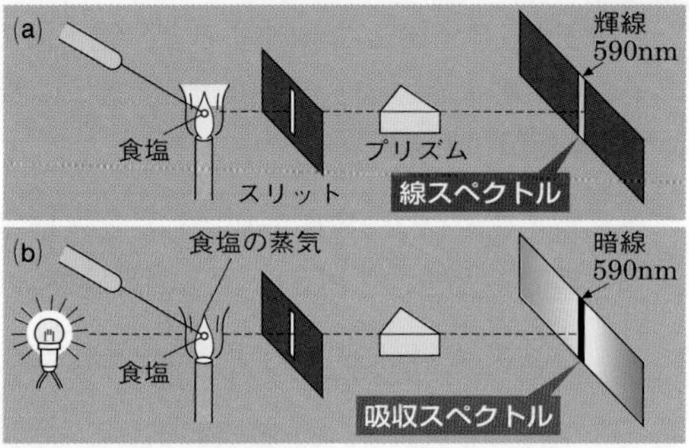

図18　ナトリウム原子の線スペクトルと吸収スペクトル

2 原子のエネルギー準位

❶とびとびのエネルギー　上の実験から，ナトリウム原子は波長590nmの光を放出したり，吸収したりすることがわかる。

ナトリウム原子が通常の状態でもつエネルギーをEとし，590nmの光子のエネルギーをΔEとすると，ナトリウム原子が光子を吸収すると，そのエネルギーは$E+\Delta E$になり，この原子が光子を放出すると，そのエネルギーはEにもどる。

ナトリウム原子は波長590nm以外の波長の光子を吸収したり放出したりすることはないので，ナトリウム原子のエネルギーは**$E+\Delta E$かEのどちらかで，その中間の値はない。**

原子のもつエネルギーの大きさは，すべてこのように**とびとびの値**になっている。この値を原子のエネルギー**準位**(じゅんい)という。

❷フランク・ヘルツの実験　原子のエネルギーがとびとびの値をとることは，フランクとヘルツの実験によって確認された。**図19**のように，低圧の水銀蒸気を満たした放電管内に陰極C，金網P_1，陽極P_2を封入し，Cから電子を出し，CP_1間の電圧で加速する。P_1をP_2より約0.5V高電位に保っておいて，CP_1間の電圧を上げていくと，電流計に流れる電流が，**図19**のグラフに示すように，約4.9V増すごとに急激に減る。

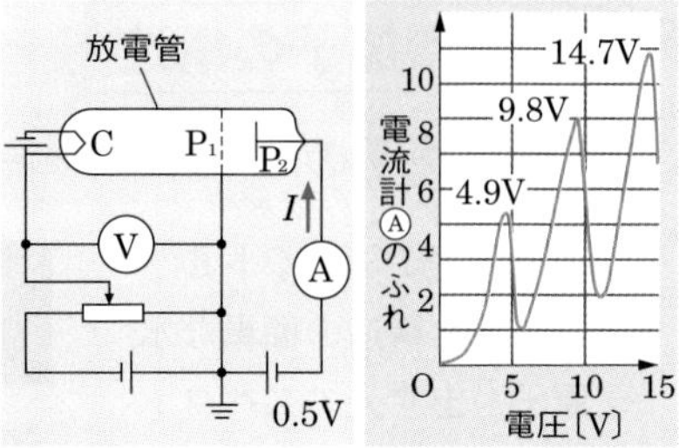

図19　フランク・ヘルツの実験

　これは，**電子のエネルギーが4.9eVに達したところで水銀原子にそのエネルギーを吸収されて0.5eV未満となり，電子がP_2に到達できなくなる**からであると考えられる。このことから，水銀原子のエネルギー準位の差は4.9eVであるといえる。

補足　エネルギーなどがとびとびの値しかとれなくなることを**量子化**されるという。

❸振動数条件　一般に，**原子内に存在する電子が光子を吸収して，$h\nu$のエネルギーを受け取ると，原子のエネルギー準位はEからE'に上がる。**EとE'とのエネルギーの差は$h\nu$に等しいので，

$$E' - E = h\nu$$

の関係が成立する。原子のエネルギーがより上の準位まで高まることを**原子のエネルギーが励起**(れいき)**される**という。

　電子のエネルギーが励起された状態からもとの状態に戻るときには，そのエネルギー差

$$E' - E = h\nu$$

に等しいエネルギーをもつ光子を放出する。これを**振動数条件**という。

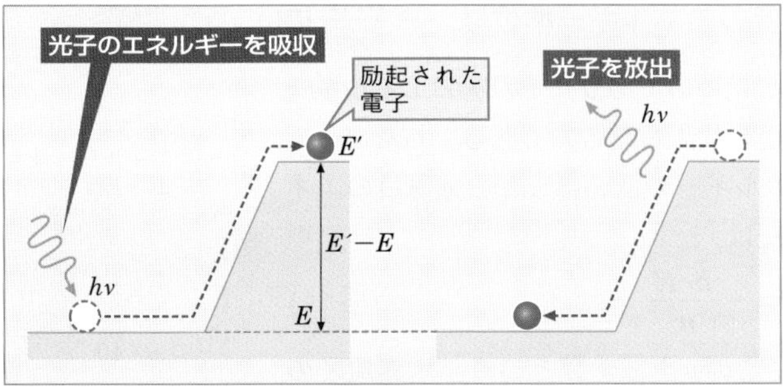

図20　光子の吸収，放出のモデル

POINT!

振動数条件：原子内に存在する電子は，光子を吸収すると励起され，励起された電子がもとの状態にもどるとき，光子を放出する。

2 水素原子の構造

1 水素原子のエネルギー準位 ！重要

❶水素原子のスペクトル

いちばん構造の簡単な水素原子が出す光のスペクトルは図21のようになっており，それぞれの線スペクトルに対応する光子のエネルギー$h\nu$を計算で求めた結果をその下に示してある。

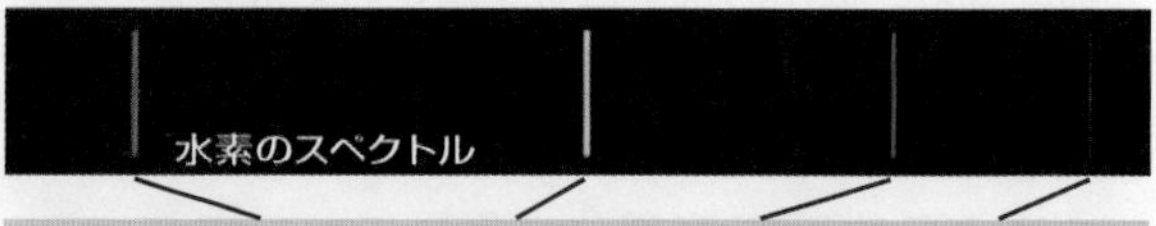

λ〔nm〕	656.3	486.1	434.0	410.2
ν〔Hz〕	4.571×10^{14}	6.172×10^{14}	6.912×10^{14}	7.314×10^{14}
$h\nu$〔J〕	3.03×10^{-19}	4.09×10^{-19}	4.58×10^{-19}	4.84×10^{-19}

図21 水素の線スペクトルと対応する光子のエネルギー

スイスの数学者バルマーは，**水素の線スペクトルの振動数に規則性があること**を発見し，これをもとにスウェーデンの物理学者リュードベリが次の関係式を示した。cは光速，Rはリュードベリ定数と呼ばれる定数で，$cR=3.291\times10^{15}$ Hz。n'，nは正の整数($n'<n$)である[★1]。

$$\nu〔\mathrm{Hz}〕=\frac{c}{\lambda}=cR\left(\frac{1}{n'^2}-\frac{1}{n^2}\right) \tag{5・10}$$

❷水素原子のエネルギー準位　(5・10)式を用いると，水素原子が出す光子のエネルギーは，

$$h\nu=hcR\left(\frac{1}{n'^2}-\frac{1}{n^2}\right)=\frac{hcR}{n'^2}-\frac{hcR}{n^2} \quad \cdots\cdots①$$

となり，2項の差で表される。前ページで述べたように，$h\nu=E'-E$であるから，①式の各項が水素原子のエネルギー準位を示すと考えられる。

そこで，エネルギー準位の最大値を0として，エネルギー準位を負の値で表すことにすると，**水素原子の最低のエネルギー準位は，$-\dfrac{hcR}{n^2}$に$n=1$を代入したものであり，その次のエネルギー準位は，$n=2$を代入したものである。**したがって，一般に，エネルギーの低いほうからn番目のエネルギー準位E_nは，

$$E_n=-\frac{hcR}{n^2} \tag{5・11}$$

と表される。このnを量子数という。

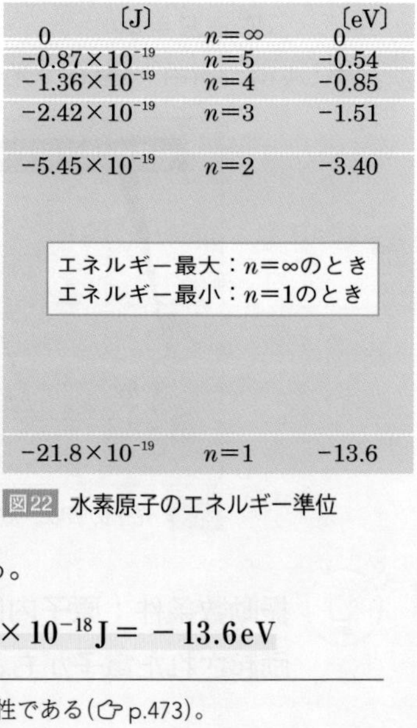

図22 水素原子のエネルギー準位

水素原子の最低のエネルギー準位は，(5・11)式に$n=1$およびh，cRの値を代入して計算すると，次のようになる。

$$E_1=-\frac{6.63\times10^{-34}\times3.29\times10^{15}}{1^2}=-2.18\times10^{-18}\,\mathrm{J}=-13.6\,\mathrm{eV}$$

★1 バルマーが発見したのは，$n'=2$に相当する線スペクトルの規則性である(☞p.473)。

補足　$n=1$のとき，水素原子はエネルギーが最も低く安定した状態になる。これを**基底状態**(きてい)という。また，$n \geqq 2$のとき，原子のエネルギーは基底状態より高い。この状態を**励起状態**(れいき)という。

POINT!

水素原子のn番目のエネルギー準位

$$E_n = -\frac{hcR}{n^2} = -\frac{13.6\,\mathrm{eV}}{n^2} \quad \left[\begin{array}{l} h〔\mathrm{J \cdot s}〕：プランク定数 \\ R〔1/\mathrm{m}〕：リュードベリ定数 \end{array}\right]$$

2 水素原子のボーア模型　重要

❶電子の円運動　原子の中心に原子核があり，その周囲を電子が円運動していると考える原子の模型を軌道模型またはボーア模型という。水素原子は，e〔C〕の電荷をもつ原子核のまわりを，$-e$〔C〕の電荷をもつ1個の電子が円運動している。デンマークのボーアは，この電子は(5･11)式で示されるとびとびのエネルギーをもつことから，**電子がとりうる円軌道の半径もとびとびの値になる**と仮定した。

いま，電子が原子核を中心とする半径rの円周上を速さvで等速円運動をしていると仮定する。電子の質量をmとすると，等速円運動の向心力は，$F = m\dfrac{v^2}{r}$(☞p.144)で与えられる。この向心力は，原子核と電子との間ではたらく静電気力によるものであるから，次のようになる(☞p.321)。

$$m\frac{v^2}{r} = k_0\frac{e^2}{r^2}$$

したがって，電子の運動エネルギーは，次式で表される。

$$\frac{1}{2}mv^2 = \frac{1}{2}\cdot\frac{k_0e^2}{r} \qquad (5･12)$$

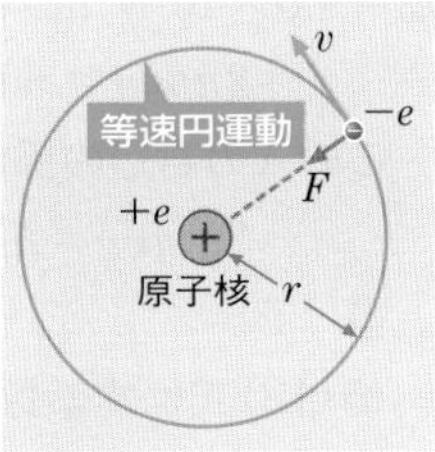

図23　電子の円運動

❷電子の位置エネルギー　電荷e〔C〕をもつ原子核から距離r離れた点の電位は，無限遠を基準にとると，$V = k_0\dfrac{e}{r}$である(☞p.328)から，水素の原子核から距離rだけ離れた点にある電子の位置エネルギーは，次のようになる。

$$U = -e \times k_0\frac{e}{r} = -k_0\frac{e^2}{r} \qquad (5･13)$$

❸電子の軌道半径　水素原子の軌道電子の全エネルギーE〔J〕は，電子の運動エネルギーと位置エネルギーの和で与えられるから，次のようになる。

$$E = \frac{1}{2}mv^2 + U = \frac{1}{2}\cdot\frac{k_0e^2}{r} - \frac{k_0e^2}{r} = -\frac{1}{2}\cdot\frac{k_0e^2}{r} \qquad (5･14)$$

この値は，水素のスペクトルから導かれたエネルギー準位の値と一致しなければならない。(5･11)式より，$-\dfrac{1}{2}\cdot\dfrac{k_0e^2}{r} = -\dfrac{hcR}{n^2}$　となり，次式が得られる。

$$r = \frac{k_0e^2}{2hcR}\cdot n^2 \qquad (5･15)$$

❹とびとびの軌道半径　(5・15)式に，$k_0 = 9.0 \times 10^9 \mathrm{N \cdot m^2/C^2}$，$e = 1.6 \times 10^{-19} \mathrm{C}$，$h = 6.63 \times 10^{-34} \mathrm{J \cdot s}$，$cR = 3.29 \times 10^{15} \mathrm{Hz}$を代入すると，

$$r = 0.53 \times 10^{-10} n^2 \mathrm{m} \qquad (5\cdot16)$$

となる。

(5・16)式に$n = 1$を代入したとき半径rは最小となり，この半径をa_0とすると，

$$\boldsymbol{a_0 = 5.3 \times 10^{-11} \mathrm{m}}$$

となる。これを**ボーア半径**という。

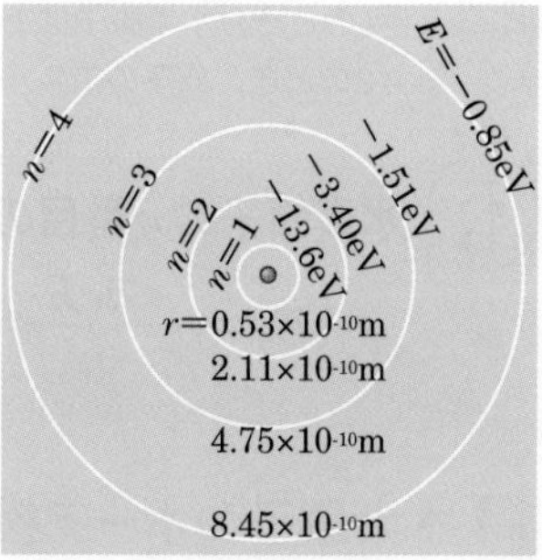

図24　水素原子の軌道半径

(5・16)式に，$n = 1, 2, 3, \cdots$を代入した値が水素原子の軌道半径であり，図24のようなとびとびの大きさになる。これらの軌道上に電子が存在する状態を定常状態という。

❺量子条件　電子の運動量mvと電子軌道の円周$2\pi r$の積は，(5・12)式を用いて，

$$mv \times 2\pi r = me\sqrt{\frac{k_0}{mr}} \times 2\pi r = 2\pi e\sqrt{mrk_0} \qquad (5\cdot17)$$

(5・17)式に，$m = 9.11 \times 10^{-31} \mathrm{kg}$，$r = 0.53 \times 10^{-10} n^2 \mathrm{m}$，$e = 1.6 \times 10^{-19} \mathrm{C}$，$k_0 = 9.0 \times 10^9 \mathrm{N \cdot m^2/C^2}$を代入すると，

$$2\pi mvr = 6.63 \times 10^{-34} n$$

この式の右辺の係数はプランク定数hの値に等しくなることがわかっていて，

$$\boldsymbol{2\pi mvr = hn} \qquad (5\cdot18)$$

と書ける。

(5・18)式は水素原子の電子軌道について，**運動量と円周の積がプランク定数の整数倍になる**もののみが可能であることを示す。

これを量子条件という。

❻量子条件の意味　(5・18)式を変形すると，

$$\boldsymbol{2\pi r = \frac{h}{mv} \cdot n} \qquad (5\cdot19)$$

となる。この式の右辺の$\dfrac{h}{mv}$は電子波の波長を表す(☞p.466)。したがって，この式は**電子の軌道の円周が電子波の波長の整数倍に等しい**ことを表している。

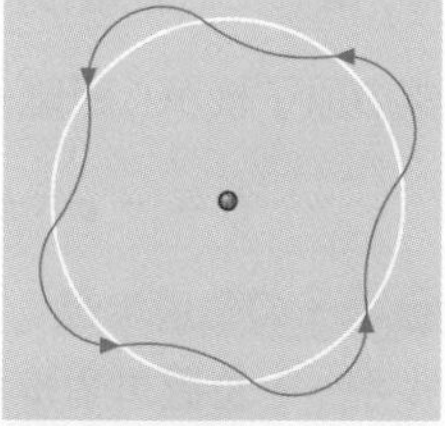
図25　水素原子の電子波

これは図25のように，電子波が**定在波**(☞p.239)をつくっていることを意味する。いいかえれば，**電子波が定在波となるような軌道だけが安定に存在する**ということが量子条件の意味である。

❼水素原子のスペクトル

量子数 n の状態から n' ($n > n'$) に移るとき，放出される光子の振動数 ν は，量子条件より，$E_n - E_{n'} = h\nu$ を満たす。このとき，

$$E_n = -\frac{hcR}{n^2} \quad より，\quad \frac{1}{\lambda} = R\left(\frac{1}{n'^2} - \frac{1}{n^2}\right)$$

となる。バルマーが見つけたスペクトル(☞p.470)は，$n' > 2$ の状態から $n = 2$ の状態に移るときの光の系列である。このことを，横軸に波長，縦軸にエネルギーをとって表したものが図26である。

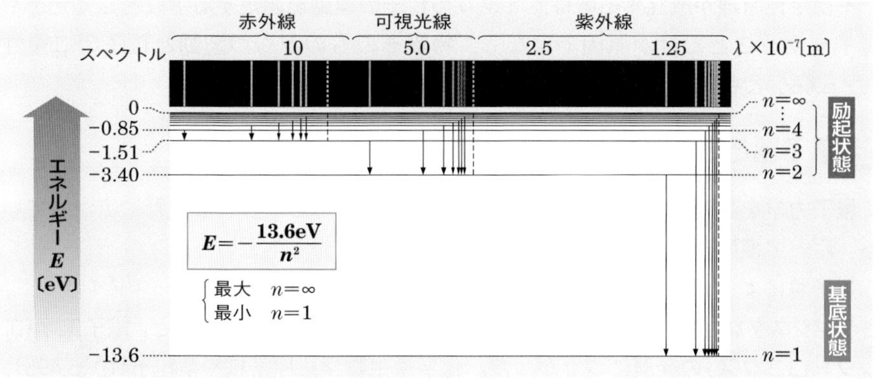

図26　水素原子のスペクトルとエネルギー準位

視点　原子は，高いエネルギー準位から，より安定な低いエネルギー準位に移ろうとする。このとき，2つの準位の差のエネルギーをもつ光子が放出される。$n' = 2$ にあたる可視部のスペクトル群をバルマー系列，$n' = 3$ にあたる赤外部をパッシェン系列，$n' = 1$ にあたる紫外部をライマン系列という。

3｜量子論

1 量子力学

❶量子　**ある量の整数倍しかとらない量について，その単位量のことを量子という。** たとえば，電気量は電気素量 e の整数倍であり，振動数 ν (ニュー) の光のエネルギーは光子のエネルギー $h\nu$ (h はプランク定数 ☞p.461) の整数倍である。このとき，e，$h\nu$ などの値が量子である。

❷量子力学　ボーア模型によって求める水素原子のスペクトルは，実際に観測されるスペクトルとよく一致した。しかし，ボーア模型では定常状態についてしか説明できないなどの問題が残されていた。

1920年代の半ばになって，**ドイツのハイゼンベルクとオーストリアのシュレディンガーは，それぞれボーア模型を一般化することに成功した。** これによって，ミクロな粒子の運動を取り扱うための力学である量子力学が誕生した。

❸不確定性原理 量子力学の研究によって，**ミクロな世界では粒子の位置xと運動量pを，同時にかつ正確には決めることができない**ことが明らかになった。これを不確定性原理という。不確定性原理によると，位置xと運動量pを同時に考えようとするとき，それぞれの不確定性(値の標準偏差)をΔx，Δpとすると，

$$\Delta x \cdot \Delta p \geqq \frac{h}{4\pi} \qquad (5\cdot20)$$

が成りたつ。これは，**位置を正確に決めるためにΔxを小さくすると，Δpが大きくなる，すなわち運動量の値が不正確になってしまう**ことを意味する。

不確定性原理が成立するのは，ミクロの粒子の運動を測定する手段として光子や電子を使うことだけが原因ではなく，物質そのものがもつ**波動と粒子の二重性**(☞ p.466)とも深く関係していると考えられている。

2 量子論とその応用

量子力学を基礎にする理論は，物理現象を解明するさまざまな分野に広がっている。ボーア模型にはじまるこれらの理論を総称して量子論という。

量子論によって物体中での電子の動きが明らかになり，半導体素子(ダイオード，トランジスタなど☞ p.379)やそれらを用いた集積回路(IC)の発明など，**電子工学(エレクトロニクス)**の発展につながった。化学や生物学，原子核や素粒子(☞ p.495)，宇宙の構造を解明する物理学でも量子論は重要な役割を担っている。

このSECTIONのまとめ 原子の構造と量子論

□原子のエネルギー準位 ☞ p.468	・原子のエネルギー準位はとびとびの値をとる。 ・**振動数条件**…原子内の電子は光子を吸収すると励起され，励起状態からもとにもどるとき，光子を出す。
□水素原子の構造 ☞ p.470	・**水素原子のエネルギー準位** $E_n = -\frac{hcR}{n^2}$ ・**電子の軌道半径** $r = \frac{k_0 e^2}{2hcR} n^2$ ・**量子条件** $2\pi mvr = hn$
□量子論 ☞ p.473	・**量子**…ある量の整数倍しかとらない量における単位量。 例 電気量は電気素量eの整数倍である。 振動数νの光のエネルギーは光子のエネルギー$h\nu$の整数倍である。 ・**量子力学**…ミクロの粒子を取り扱う力学。

CHAPTER 2 練習問題 解答 p.564

1 〈光電効果①〉

次の文章の□に適当な語句を入れよ。

光電効果は，光や紫外線などを金属に当てたとき，その表面から，①□が放出される現象である。放出されるものが①□であることは，次の実験によって確かめることができる。

金属をのせた箔検電器を②□の電荷で帯電させて箔を開かせ，その後金属に光を当てると，箔は閉じる。逆に③□に帯電させて箔を開かせてから，金属に光を当てると，箔は閉じない。

光電効果は光の④□性が表れる現象である。①□が物質中から取り出されるためには，結合から引き離すための仕事が必要である。波動のような連続的なエネルギーの流れが，金属表面の原子に均等に吸収されたとすると，①□の放出にはある程度時間がかかるはずである。ところが，①□は，光が当たるとほぼ同時に放出される。

また，金属それぞれ固有の振動数(限界振動数と呼ばれる)ν_0以下の振動数の光では，強い(エネルギー量が多い)光を当てても，光電子が放出されない。逆に，振動数ν_0以上の光では，弱い光を当てても，光電子が放出される。これは光が④□性をもっており，プランク定数をhとしたとき，振動数νの光は，$E=$⑤□のエネルギーをもつ④□と考えると説明がつく。

光電子の運動エネルギーの最大値は，光の振動数のみに依存する。

2 〈光子〉

光子のエネルギーについて，次の各問いに答えよ。ただし，光速$c=3.0\times10^{8}\,\mathrm{m/s}$，プランク定数$h=6.6\times10^{-34}\,\mathrm{J\cdot s}$とする。

(1) 周波数が$5.2\times10^{14}\,\mathrm{Hz}$である電磁波の光子は，いくらのエネルギーをもっているか。

(2) 光子が$4.4\times10^{-20}\,\mathrm{J}$というエネルギーをもつ電磁波の波長はいくらか。

3 〈光電効果②〉 テスト必出

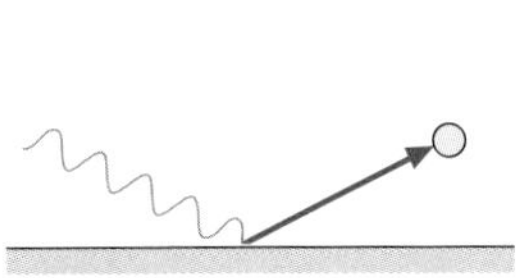

ある金属に波長$3.0\times10^{-7}\,\mathrm{m}$の紫外線を当てたところ，表面から電子が放出された。しだいに波長の長い光を当てたところ，$4.0\times10^{-7}\,\mathrm{m}$を超えると電子の放出はなくなった。プランク定数を$h=6.6\times10^{-34}\,\mathrm{J\cdot s}$，真空中の光速度を$c=3.0\times10^{8}\,\mathrm{m/s}$として，次の問いに答えよ。

(1) この金属の仕事関数はいくらか。

(2) この金属に波長$3.0\times10^{-7}\,\mathrm{m}$の紫外線を当てたときに放出された電子の運動エネルギーの最大値はいくらか。

4 〈ブラッグ反射〉

X線管では，高電圧で加速した電子が陽極に衝突するときにX線が発生する。

(1) 陽極で発生するX線の最短波長λ_0を求めよ。ただし，X線管の電圧をV，電気素量をe，真空中の光速度をc，プランク定数をhとする。

(2) 波長λ_0のX線を格子定数dの金属結晶に照射する。結晶面となす角θをしだいに増していくと，特定の角度でX線の強度が極大になる。はじめに極大となるときの角度をθとして，$\sin\theta$を求めよ。

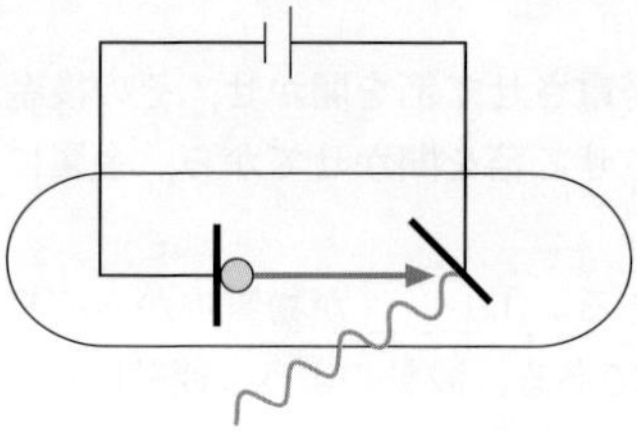

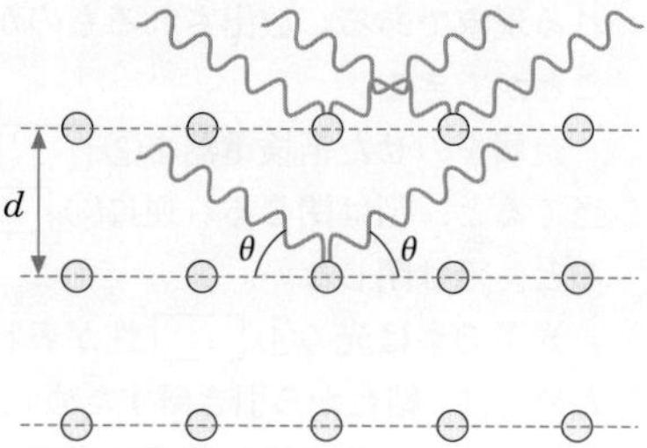

5 〈コンプトン効果〉 テスト必出

物質にX線を照射したとき，波長がわずかに長く，λからλ'に変化する散乱が見られる。その波長変化は散乱角θによって決まり，

$$\lambda' - \lambda = \frac{h}{mc}(1 - \cos\theta)$$

の関係がある。ここで，mは電子の質量，cは真空中の光速度，hはプランク定数である。この関係はX線光子と電子との弾性散乱，すなわち運動量とエネルギーの保存から理解することができる。

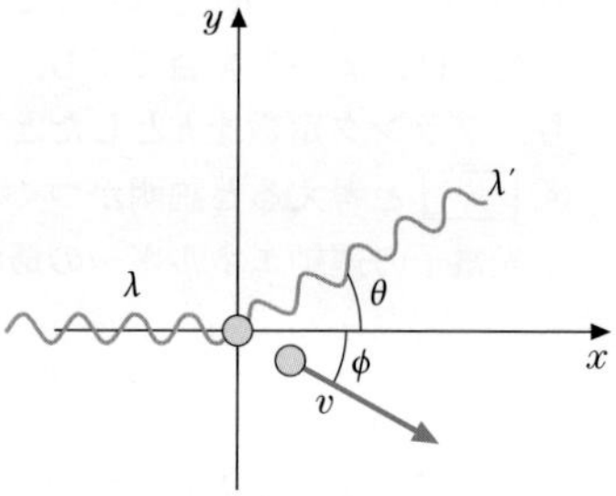

(1) 図のx方向について成りたつ運動量保存則の関係を表す式を記せ。

(2) 図のy方向について成りたつ運動量保存則の関係を表す式を記せ。

(3) 光子と電子のエネルギー保存則の関係を表す式を記せ。

6 〈電子の波動性〉

ブラウン管では1.2×10^4 Vの高電圧で電子を加速している。プランク定数を6.6×10^{-34} J·s，電気素量を1.6×10^{-19} C，電子の質量を9.1×10^{-31} kgとする。

(1) 電子の電子波としての波長を求めよ。

(2) 加速電圧が100 Vのときの波長はどうか。

7 〈水素原子のスペクトル〉

水素原子の基底状態のエネルギー準位は，$E_1 = -13.6\,\mathrm{eV}$である。

(1) E_2，E_3の値はそれぞれ何eVか。

(2) バルマー系列のスペクトルで，最も波長の長い光子のエネルギーは何eVか。

8 〈水素原子のエネルギー準位①〉 テスト必出

水素原子の運動エネルギーと位置エネルギーの和E_nを，プランク定数h，真空の誘電率ε_0，電子の質量m，電気素量e，および自然数nを用いて表すと，次のようになる。

$$E_n = -\frac{\pi m e^4}{8\varepsilon_0{}^2 h^2}\cdot\frac{1}{n^2}$$

これから水素原子の定常状態において，エネルギーの値は量子数n（$n=1$，2，3，…）によって指定されるとびとびの特定の値をとることがわかる。これをエネルギー準位という。

(1) エネルギー準位が最も低い定常状態になるのは，量子数nが，いくつのときか。

(2) このエネルギー準位にある状態は何と呼ばれるか。

(3) エネルギー準位が(2)よりも高い状態は何と呼ばれるか。

(4) 電子が，エネルギー準位E_nの定常状態から，それより低いエネルギー準位E_mの定常状態に移るときに放出される光の振動数をνとする。νとE_nおよびE_mの満たすべき関係式を示せ。

9 〈水素原子のエネルギー準位②〉

水素原子の固有スペクトルは，ボーアの理論によって説明される。次の文章を読み，あとの問いに答えよ。

以下，電子の質量をm，電子の速度をv，電気素量をe，クーロンの法則の定数をk，プランク定数をh，真空中の光速度をc，軌道半径をr，エネルギー準位をE_nとする。また，$n=1$，2，3，…は，量子数と呼ばれる。

ボーアの理論によると，軌道電子は$2\pi r =$ ① ［　　］ …(＊) を満たすものに限られる(ボーアの量子条件)。一方，古典論的に考えると，クーロン力が向心力となっているから，

$k\dfrac{e^2}{r^2} =$ ② ［　　］ …(＊＊) を満たすはずである。

(＊)，(＊＊)が同時に成りたっているとすると，電子軌道はnによって決まり，

$r =$ ③ ［　　］ $\times n^2$　で表される。エネルギー準位は，

$$E_n = \frac{1}{2}mv^2 + ④\,[\quad] = -\frac{ke^2}{2r} = -⑤\,[\quad] \times \frac{1}{n^2}$$

(1) ① ［　　］ ～⑤ ［　　］ を適当な文字式で埋めよ。

(2) 水素原子のスペクトルの波長は，

$$\frac{1}{\lambda} = R\left(\frac{1}{n'^2} - \frac{1}{n^2}\right)\quad (R\text{はリュードベリ定数})$$

で表される。⑤ ［　　］ をRを用いて表せ。

(3) ⑤ ［　　］ の値を数値で表すと，$2.2\times10^{-18}\,\mathrm{J}$となる。$E_4$から$E_2$に移るとき，放出される光子のエネルギーは何Jか。また，何eVか。$e = 1.6\times10^{-19}\,\mathrm{C}$として答えよ。

第5編　原子と原子核

CHAPTER

3 » 原子力エネルギー

SECTION

1 原子力エネルギー 〈物理基礎〉

1 | 原子の構造

1 原子核の発見

❶原子内部の正電荷の分布　**物質から電子を取り出す**には，熱したり，電磁波を照射したりして，**エネルギーを与えなければならない**(☞ p.459)。このことから，**電子は原子に束縛(そくばく)されている**ことがわかる。電子は負電荷をもっているので，**電子を束縛しているのは，原子内の正電荷をもつ部分**であると考えられる。この正電荷が原子内にどのように分布しているかについて，20世紀のはじめには，いくつかのモデルが提唱されていた。たとえばイギリスのトムソンは，正電荷は原子内に一様に分布していると考えた。一方日本の長岡半太郎は，正電荷は原子の中心にあり，そのまわりを円盤状に電子がまわっているというモデルを提唱した。

❷ラザフォードの実験　イギリスのラザフォードの指導のもと，ガイガーとマースデンは，上記のことを調べるために，放射性同位元素であるポロニウムから放出される α 線(放射線の一種☞ p.481)を薄い金箔(きんぱく)に照射し，**α 粒子の進路が曲げられるようすをくわしく調べた。** α 粒子は正電荷をもつから，原子内部の正電荷から斥力(反発力)を受ける。

もし，トムソンのモデルのように，正電荷が原子内に**一様に分布しているとすれば，α 粒子の進路はそれほど影響は受けない**と考えられる。しかし，長岡のモデルのように，**正電荷が原子の中心に集まっているとすれば，α 粒子の中には，大きく進路を変えられるものもある**と考えられる。実験の結果は次のようであった。

①大部分の α 粒子は，金箔によって散乱されることなく，直進した。

②少数ではあるが，金箔によって散乱され，**大きく進路を変えるものがあった。**

❸**原子核** ラザフォードによる実験の解析から，**原子内の正電荷は，原子の中心の小さな部分(原子の直径の10^{-5}倍程度の大きさ)に集まっている**ことがわかった。これを原子核という。

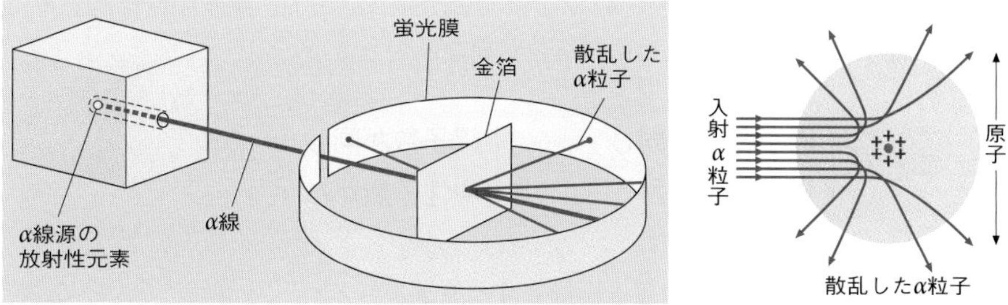

図27 ラザフォードの実験

2 原子の構造

ラザフォードの実験によって，原子は原子核と電子からできていることがわかった。デンマークのボーアはさらに研究を進め，次のような原子モデルを提唱した。

①原子核は原子の大部分の質量をしめており，**正電荷をもっている。**

②原子核のまわりを電子が電気的引力を受けて運動している。**原子核がもっている正電荷の総量と全電子の負電荷の総量の絶対値とは等しい。**

③電子の軌道半径は連続的ではなく，とびとびの値になっている(☞p.471)。

2 | 原子核の構成

1 陽子と中性子 (!)重要

❶**陽子と原子番号** 原子の中の電子の負電荷の量と原子核の正電荷の量とは等しい。原子核の中には$+e$〔C〕の正電荷をもつ陽子が存在し，その質量は電子の1836.2倍(1.6726×10^{-27} kg)である。それぞれの原子の陽子数と電子数は等しい。

原子の陽子数を原子番号という。すなわち**原子番号Zの原子の原子核にはZ個の陽子があって$+Ze$〔C〕の正電荷をもち，**そのまわりをZ個の電子がまわっている。

❷**質量数** トムソンは陽イオンの比電荷を測定し，**すべての原子核の質量は陽子の整数倍にほぼ等しい**ことをつきとめた。この整数Aを原子核の質量数という。

❸**中性子** 質量数Aは普通，原子番号Zより大きいので，原子核は陽子だけでなく，**陽子とほぼ同じ質量で電荷をもたない粒子を含む**ことがわかる。この粒子を中性子といい，1932年にチャドウィックによってその存在が確認された。陽子と中性子をまとめて核子(かくし)という。中性子の質量は電子の質量の1838.7倍(1.6750×10^{-27} kg)で，陽子よりわずかに大きい。核子どうしは核力で強く結合されている。

❹同位体 トムソンはさらに，**同じ原子の原子核でも質量数が異なるものが存在することを発見した。**たとえば，水素には，$A=1$のもののほかに，$A=2$の水素(**重水素**という)がわずかに存在する。このような原子核を，互いに**同位体**(アイソトープ)であるという。同位体どうしは原子番号Zが等しいので，**陽子の数は同じであるが，中性子の数がちがう**ために質量数が異なるのである。

POINT!

同位体 { 原子番号が同じ / 質量数がちがう } ＝ { 陽子数が同じ / 中性子数がちがう }

❺原子核の記号 原子核の種類は質量数Aと原子番号Zで決まるので，原子核を記号で表すには，図28のように，**元素記号の左上に質量数を，左下に原子番号を添えて書く。**

補足 同位体を区別するとき，原子名に質量数を続けて呼びわける。たとえば質量数13の窒素を窒素13，質量数14の窒素を窒素14という。

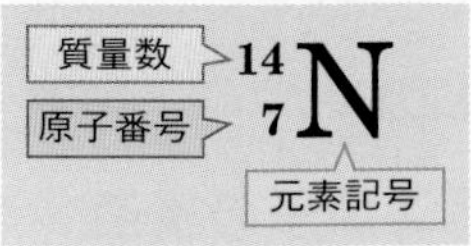

図28 原子核の記号

2 原子核の質量と大きさ

❶原子質量単位 原子核の質量の単位に炭素原子$^{12}_{6}$Cの質量の$\frac{1}{12}$を用いると，値がほぼその質量数と同じになりわかりやすい。この質量の単位を(統一)**原子質量単位**(記号**u**)といい，

$$1\mathrm{u}=1.66054\times10^{-27}\mathrm{kg}$$

この値は，おおよそ核子1個分の質量と考えてよい。

❷原子核の大きさ 原子の大きさは10^{-10}m＝0.1nm(ナノメートル) (1nm＝10^{-9}m)程度であるが，原子核の大きさは，それよりはるかに小さく，$10^{-14}\sim10^{-15}$mである。原子核は陽子と中性子がぎっしりつまったもので，その半径rと質量数Aの間には，$r^3 \fallingdotseq (1.2\times10^{-6})^3\mathrm{nm}\times A$という関係があることが知られている。

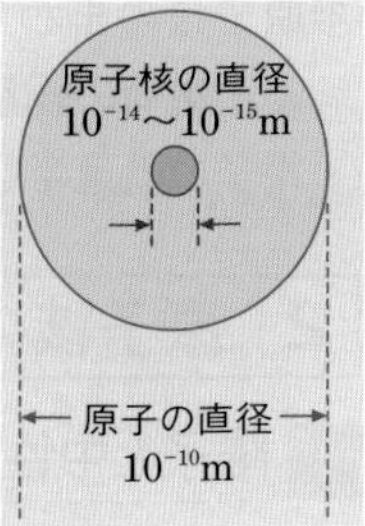

図29 原子核の大きさ

❸原子核の安定性 原子核のようなせまい範囲では，陽子どうしの電気的な反発力は非常に大きい。したがって，核子を結びつける核力はさらに大きいことがわかる。**陽子と中性子は力を及ぼしあいながら常に入れ替わっており，同じくらいの数だとバランスがよい。**原子番号20くらいまでで安定な原子核は，$^{40}_{20}$Caのように陽子と中性子が同数である。原子番号が大きくなると陽子どうしの反発力が増すために，中性子の数が大きいほうが安定で，鉛のように原子番号の大きな原子核では，$^{208}_{82}$Pbのように，中性子数が陽子数の1.5倍くらいのものが安定である。**原子番号が84以上になると，程度の差こそあれ不安定である**(☞ p.489)。

3 放射線

1 放射線

❶原子核の崩壊　原子番号84以上の原子核，それ以下でも陽子数と中性子数のバランスがよくない原子核は不安定である。**不安定な原子核はエネルギーを放射線として放出し，より安定な原子核に変化する。**原子核が放射線を出して他の原子核に変化する現象を，放射性崩壊または放射性壊変という。

補足　不安定な原子核をもち放射線を出す同位体を**放射性同位体**，安定な原子核をもつ同位体を**安定同位体**という。

❷放射線の種類　細長い穴をあけた鉛製の容器に放射線を出す物質を入れておくと，放射線は穴の方向だけに放出される。この放射線を磁場の中に通すと，進路が3つに分かれる(図30)。これらをそれぞれアルファ線(α線)，ベータ線(β線)，ガンマ線(γ線)という。

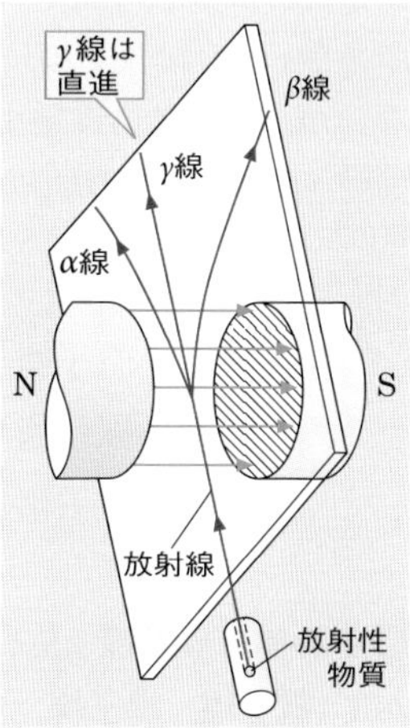

図30　放射線の種類

❸α線　α線の本体は**ヘリウムの原子核$^4_2$He**である[★1]。原子核がα線を出して他の原子核に変化することをα崩壊という。原子番号Z，質量数Aの原子核がα崩壊すると，**$^4_2$Heが出ていくのだから，原子番号$Z-2$，質量数$A-4$の別の原子核に変化する。**α線が物質を透過する性質は3種の放射線の中で最も弱く，紙でさえぎられる。放射線が物質中を通過すると，その原子内の電子をはね飛ばし，原子をイオン化する。この作用を電離作用という。α線の電離作用は3種の放射線のうちで最も大きい。

❹β線　β線の本体は**電子e^-**である。原子核がβ線を出して他の原子核に変化することをβ崩壊という。β崩壊は，**原子核中の中性子1個が陽子に変化する過程で，電子が1個発生する。したがって，中性子が1個減少し，陽子が1個増加する。**すなわち質量数Aが不変で，原子番号Zが$Z+1$の別の原子核になる。電子は質量が小さく，磁場による力(☞ p.405)で曲がりやすい。β線の物質を透過する能力は3種のうちではγ線の次に大きく，厚さ数mmのアルミニウム板でさえぎられる。電離作用はα線の次に大きい。

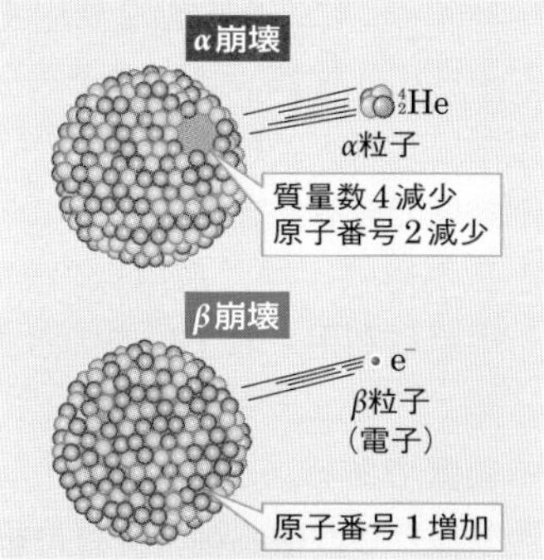

図31　**α崩壊とβ崩壊**

★1 陽子2個，中性子2個である$^4_2$Heはその結合力が強く，これがまとまった単位で核から出ていく。このヘリウム原子核$^4_2$Heを**α粒子**という。

❺γ線　γ線の本体は**非常に波長の短い電磁波**なので，磁場内でも力を受けず直進する。**γ線を放出しても，原子番号および質量数は変化しない。**ただエネルギーが減少して，安定な状態になる。γ線の透過能力は3種の放射線の中で最大で，厚さ数cmの鉛板でなければ遮蔽(しゃへい)できないが，電離能力は最小である。

表1　3種類の放射線の性質

	透過能力	電離能力	本体
α線	小	大	$^4_2$He原子核
β線	中	中	電子
γ線	大	小	電磁波(光子)

補足　γ線を放出しても原子番号や質量数は変わらないが，放出したγ線のエネルギーのぶんだけ原子核のもつエネルギーが小さくなり，安定した状態になる。これを**γ崩壊**ということがある。

POINT!

α崩壊…原子番号：$Z \to Z-2$　　質量数：$A \to A-4$

β崩壊…原子番号：$Z \to Z+1$　　質量数：変わらない

γ崩壊…原子番号も質量数も変わらない

❻その他の放射線　広い意味では，X線や電離能力をもつ高エネルギーの粒子線すべて(電子線，陽子線，中性子線，重粒子線など)も放射線である。

中性子線は原子炉(☞ p.485)などでつくられる。中性子線は透過能力が非常に大きく，鉛の板も通過するが，厚いコンクリートや水を含んだタンクなどで遮蔽される。

参考　宇宙空間を飛んでいる放射線を**宇宙線**といい，おもに陽子などの粒子線からなる。また粒子線は，**加速器**をつかい，電荷をおびた粒子を電場で加速させてつくることもできる。

2 放射線の検出と単位

❶放射線の強度の単位　放射線を出す原子核を含む物質を，一般に放射性物質といい，とくに，放射線を利用する目的があるものを放射線源と呼ぶこともある。放射線を出す性質，またはその強度を放射能と呼び，**ベクレル**(記号Bq)という単位を用いて表す。1Bqとは1秒間に1個の割合で原子核が崩壊して放射線を出す放射能強度である。また，3.7×10^{10}Bqを1**キュリー**(記号Ci)という。★1

❷放射線検出器　放射線の強さを調べるのに最も手軽に利用されているのはガイガー計数管(ガイガー・ミュラー計数管，GM計数管)と呼ばれる装置である。これは図32のように，金属円筒を陰極とし，中心軸の位置に細い金属線を通して陽極としたものをガラス管内に封じたものである。

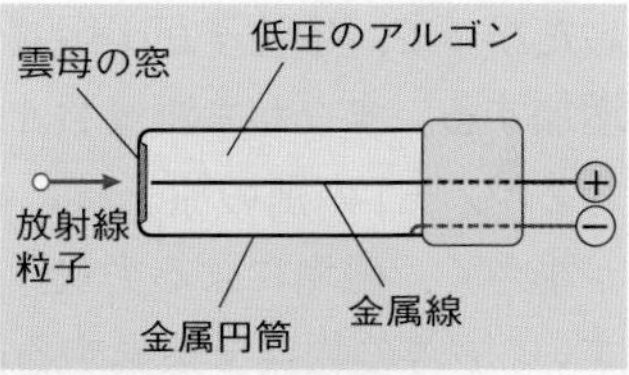

図32　ガイガー計数管

ガラス管内には低圧のアルゴンなどの気体が封入されていて，**放射線が管の端の窓から飛び込むと，気体が電離し，金属線と金属円筒の間で放電が起こる。**このとき瞬間的に電流が流れるので，その回数を計測する。

★1　1gのラジウム226の放射能強度である。つまり，1gのラジウムのうち3.7×10^{10}個が1秒間に崩壊する。

他の原理を使った検出器もある。放射線が蛍光物質に吸収されると蛍光物質のエネルギーが高くなり，もとに戻るとき発光する。この性質を利用して，放射線のあたった回数を計測するのが**シンチレーション計数管**である。シンチレーション計数管はガイガー計数管と異なり，放射線のエネルギーのちがいもわかる。

半導体に放射線が入射すると，**自由電子とホール（電子の抜けた孔（あな））**をつくる。**半導体検出器**はこれを検出する。半導体検出器はエネルギー分解能がさらに高い。

中性子は，電荷をもたないため，電離能力が小さい。そのため，計測には核反応を利用した**BF_3計数管**，**核分裂計数管**などが用いられる。

放射線作業従事者は，**放射線被曝（ほうしゃせんひばく）**（☞ p.484）の量を継続的に測定する必要がある。個人線量計として，フィルムバッジやポケット線量計が用いられる。

❸霧箱（きりばこ）　水やアルコールなどの蒸気が過飽和状態になっているところに放射線が通過すると，**空気の分子が電離して生じたイオンを凝結核として，通り道に沿った小さな液滴ができ，放射線の飛跡が観察できる。**このような装置を霧箱という。過飽和の蒸気のつくり方により，飽和した状態から空気を断熱膨張（☞ p.189）させて冷却する**膨張霧箱**，下部から容器を冷却して温度勾配（こうばい）をつくり出す**拡散霧箱**とがある。霧箱の原理は飛行機雲とよく似ている。

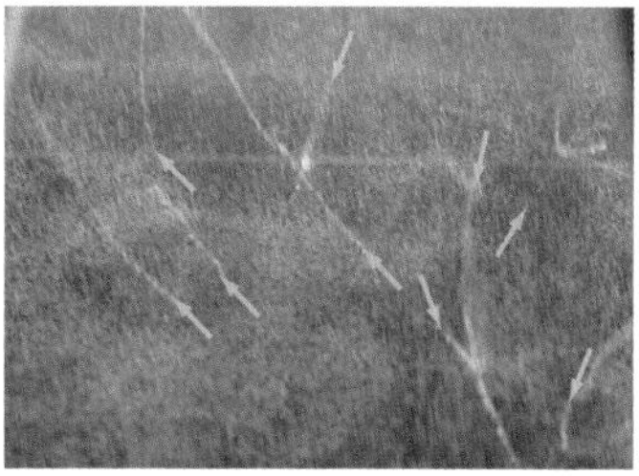

図33　拡散霧箱

視点　矢印の部分が放射線の飛跡である。放射線の通った瞬間に液滴が生じ，ゆっくりと消えていく。

3 放射線の利用

❶トレーサー法　放射性同位体を含む化合物を生物体に与えると，**放射性のない同位体と同じように生物体内に入り，化学反応する。**そのため，放射性同位体の挙動を追跡して元素のふるまいを調べることができる。これをトレーサー法という。

❷工業的応用　γ線やX線の透過力を利用し，物体を破壊せずに内部の傷の有無などを検査する**非破壊検査**がある。また，γ線や粒子線を試料に照射して核反応させて試料中に放射性同位元素をつくり，わずかな成分を分析する**放射化分析**も行われている。

放射線のエネルギーや電離作用によって重合・分解・硬化などを生じさせる**化学利用**も行われている。また，人工的に突然変異を行わせて品種改良を行う**放射線育種**や**発芽抑制**，注射器・食品などの**滅菌（めっきん）**にも使われる。他にも，α線などのエネルギーを熱源として電力をつくりだす**RI電池**が，宇宙探査機などに用いられている。

身近なところでは，蛍光灯の点灯管や煙探知機にも用いられていたが，国内ではあまり使われなくなってきている。

❸医学的応用　**X線撮影(レントゲン撮影)**が広く使われている。また，強い放射線を人体に照射すると電離作用のため細胞の一部が破壊されることを利用してがん細胞を壊すことができる。**コバルト60**によるγ線を用いる**ガンマナイフ**が一般的だが，**加速器**を用いた粒子線も利用されている。**PET(陽電子断層法)**は，がん細胞に集まりやすい物質に**陽電子**($+e$の電荷をもち，電子とよく似た粒子☞p.495)を放出する同位体を混ぜて体内に注入し，陽電子の出すγ線により病巣を特定する方法である。

❹年代測定　^{14}Nと宇宙線との反応で，^{14}Cが大気中に一定量存在する。生きた動植物は常に代謝を行っているので，大気と同じ比率(炭素1gあたり約100Bq)の^{14}Cを保つ。死んだのちは5730年の**半減期**でβ崩壊するので，^{14}Cの比率を測って**考古学的年代の測定**ができる。長寿命の核種分析で岩石の年代も測定される。

補足　放射性物質は崩壊してその量を減らしていく。このとき，ある時点から量が半分になる時間を**半減期**という。たとえば^{14}Cは5730年後に半分，11460年後にははじめの$\frac{1}{4}$倍になる(☞p.490)。

4 放射線の安全性

❶被曝線量の単位　人体が放射線をあびることを被曝(ひばく)という。1kgあたりの吸収エネルギーが1Jであるとき，その**吸収線量**を**1Gy(グレイ)**と呼ぶ。人体などへの影響は放射線の種類によって異なり，また，人体の部位によっても異なる。

それを考慮した線量を実効線量と呼び，単位**Sv(シーベルト)**で表す。全身被曝については吸収線量[Gy]に**線質係数**をかける。α線の線質係数は20なので，1Gyのとき20Svである。β線とγ線の線質係数は1なので，1Gyのとき1Svである。

❷人体への影響　1Svを超えると，**白血球の減少**などの急性症状が現れる。さらに大線量をあびると**体内の多くの細胞が壊れて死にいたる。**短期的な被曝では，2～3Svが致死量といわれる。急性症状が現れなくても，**白血病**や**がん**の発生の確率が増加し，100mSvあたり0.5％のがん死増になるとされている。

1990年のICRP(International Commission on Radiological Protection：国際放射線防護委員会)勧告では，職業人(放射線業務従事者)については連続する5年間について年平均20mSv，一般公衆に対して年間1mSvを限度としており[★1]，国内の法令もこれに基づいている。

❸自然放射線　自然界にはカリウム40や炭素14，ラドン222などの放射性同位体が広く存在する。そうした**自然放射線**による被曝は世界平均で年間2.4mSvとされるが，地域差が大きい。

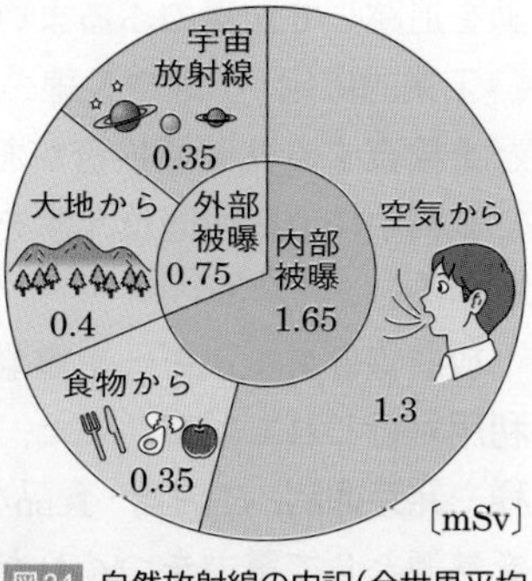

図34　自然放射線の内訳(全世界平均，1998年国連科学委員会報告)

★1 被曝制限値には自然放射線や医療被曝によるものは含めない。

4 | 原子力エネルギーの利用

1 原子力エネルギーの利用

❶核分裂　**ウランのように大きな原子核は，2つの原子核に分かれることがあり，その際に核エネルギーを放出する。**これを核分裂という。ウラン235 ($^{235}_{92}U$)原子核は中性子を吸収すると不安定になり，核分裂を起こす。

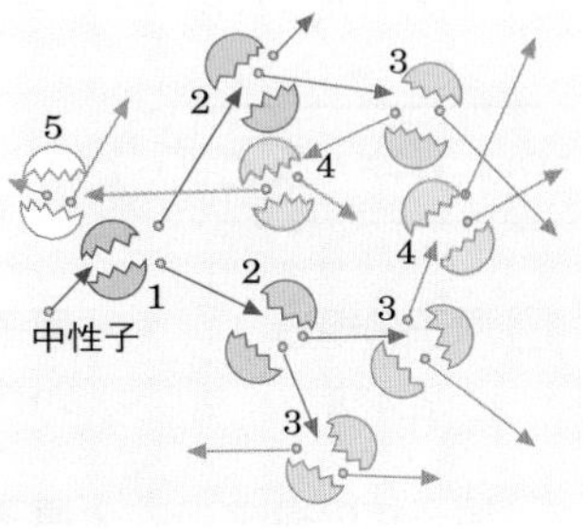

図35　連鎖反応

そのとき2～3個の中性子を放出し，その中性子が他の$^{235}_{92}U$原子核に吸収されると，つぎつぎと核分裂が起こる。これを連鎖反応という。連鎖反応が短時間に進行すると，一時に多量の熱と放射線が発生して爆発が起きる。これを利用したものが**原子爆弾**である。

❷原子炉　核分裂で放出された中性子のうち，**平均1個が次の核分裂に使われる状態**を実現すると，核分裂は同じ速さで安定的に継続する。この状態を臨界という。原子炉では臨界を保つことで，発生するエネルギーを取り出すことができる。

原子炉で発生した**熱エネルギー**は，蒸気タービンなどを使うことで**電気エネルギー**に変換することができる。これを利用したものが**原子力発電**(☞ p.224)である。

❸ウラン濃縮　天然に産出するウランのうち，99.3%がウラン238 ($^{238}_{92}U$)であり，残りの0.72%がウラン235 ($^{235}_{92}U$)である。**ウラン238はウラン235よりも核分裂を起こしにくいので，連鎖反応を起こすためにはウラン235の比率を高める必要があり，**人工的にウラン235の比率を高めたものを濃縮ウランという。

濃縮度を100%近くまで高めると，爆発的に連鎖反応が起こるようになるため，原子爆弾の材料になる。**原子炉では臨界状態に保つため，数%程度の濃縮にとどめたウランを用いる。**

❹原子炉のしくみと制御　原子炉で用いられる核燃料は，濃縮ウランを二酸化ウランにして焼き固め，金属管に詰めたもの(**燃料棒**)である。核分裂の際に発生した中性子は非常に高速であり，ウラン235に吸収されにくい。燃料棒を水中に入れると，水によって中性子が減速されるので，ウラン235に吸収されやすくなって連鎖反応が起こりやすくなる。

原子炉ではさらに，中性子をよく吸収する物質を詰めた**制御棒**を出し入れすることで中性子の量を調節し，臨界を保っている。

❺核融合　水素などの小さな原子核は結合したほうがエネルギーは低いので，結合する過程でエネルギーを放出する。これを核融合という。**核融合反応は，静電気力に逆らって核力のはたらく範囲内に原子核どうしが近づかないと起こらない。**

恒星中心部は非常に高温なので，水素が核融合反応を起こし，それが恒星のエネルギー源となっている。地上で核融合を実現するのには，**高温状態の水素(電離状態すなわちプラズマ)を高密度で一定空間内に閉じ込める必要がある。**これは非常に困難なことで，実用化はまだ先のことである。

このSECTIONのまとめ　原子力エネルギー

□原子の構造 p.478	・**原子**…正電荷をもつ**原子核**とそのまわりをまわる**電子**からなる。原子の質量の大部分は原子核が占める。
□原子核の構成 p.479	・**原子核**…**陽子**と**中性子**からなる。陽子は正電荷をもつ。陽子と中性子をまとめて**核子**という。 ・**原子番号**＝陽子数 ・**質量数**＝陽子数＋中性子数 ・**同位体**…原子番号が同じで，質量数が異なる原子核。
□放射線 p.481	・**α線**…ヘリウム原子核${}^{4}_{2}\mathrm{He}$の流れ。原子核がα線を出すと，原子番号が2，質量数が4減少する。 ・**β線**…電子の流れ。原子核がβ線を出すと，原子番号が1増加する。質量数は変わらない。 ・**γ線**…電磁波。γ線を出しても，原子番号・質量数は変わらない。 ・**その他の放射線**…陽子線，中性子線，重粒子線など。
□放射線の検出と単位 p.482	・**放射線の強度の単位**…Bq（ベクレル），Ci（キュリー） ・**放射線検出器**…ガイガー計数管，霧箱など ・**放射線の利用**…トレーサー法，非破壊検査，がん治療など
□放射線の安全性 p.484	・**被曝**…人体が放射線をあびること。 ・**吸収線量の単位**…Gy（グレイ） ・**実効線量の単位**…Sv（シーベルト）
□原子力エネルギーの利用 p.485	・**核エネルギー**…核子の結合エネルギーの一部が**核分裂**によって解放される。 ・**原子炉**…ウラン235の核分裂の連鎖反応をコントロールして発電に利用する。

CHAPTER 3

練習問題 解答☞p.565

解答☞p.565

① 〈放射線の種類〉 物理基礎 テスト必出

次の文中の □ を適当な語句でうめよ。

原子核から放出される放射線には，α線，β線，γ線の3種類がある。この3種類を比較すると，電離能力は① □，② □，③ □ の順に大きく，透過性は④ □，⑤ □，⑥ □ の順に大きい。

α線の正体は⑦ □，β線の正体は⑧ □，γ線の正体は⑨ □ である。

② 〈放射能と放射線の単位〉 物理基礎

次の文中の □ を適当な語句でうめよ。

放射線を出す原子核を含む物質を，一般に① □ といい，放射線を出す性質，またはその強度を② □ と呼ぶ。

② □ の強度には③ □ (記号Bq)という単位が用いられる。1Bqとは④ □ 間に1回の割合で原子核が崩壊して放射線を出す強度である。

また，3.7×10^{10}Bqを1⑤ □ (記号Ci)という。これは1gのラジウム226の② □ の強さである。

③ 〈放射線の利用〉 物理基礎

放射線の利用について，〔A群〕の内容と最も関係の深い語を〔B群〕からそれぞれ1つずつ選べ。

〔A群〕

(1) 遺跡などからの試料に含まれる炭素14の比率を測る。
(2) 太陽光の少ない場所に向かう外惑星探査機の電源にする。
(3) 放射線照射によって，人工的に突然変異を起こさせる。
(4) 物体中の傷の有無などを，物体を破壊せずに行う。
(5) 放射性同位体を含む物質を測定することによって，目的とする物質の移動や分布を追跡する。
(6) がん細胞に集まりやすい物質に陽電子を放出する同位体を混ぜて体内に注入し，病巣を特定する。

〔B群〕

ア トレーサー法
イ 非破壊検査
ウ 放射線育種
エ RI電池
オ PET検査
カ 年代測定

4 〈被曝線量の単位〉 物理基礎

次の文中の □ にあてはまる語句を，あとの〔語群〕から選んでうめよ。

人体が放射線をあびることを① □ という。1kgあたりの吸収エネルギーが1Jであるとき，その② □ を1③ □ とする。また，人体などへの影響を考慮した線量を④ □ といい，単位は⑤ □ である。

短期的な① □ で急性症状が現れなくても，白血病や⑥ □ の発生の確率が増加する。100mSvで0.5％の⑥ □ 死増がある。

ICRP（放射線防護委員会）勧告では，一般公衆に対して線量限度を⑦ □ 1mSvとしており，国内の法令もこれに基づいている。

〔語群〕

ア　シーベルト　**イ**　ベクレル　**ウ**　グレイ
エ　吸収線量　**オ**　実効線量　**カ**　被曝
キ　がん　**ク**　心臓疾患　**ケ**　1日あたり
コ　1年あたり

5 〈放射線の計測〉 物理基礎

次に述べる特徴をもつ放射線計測器を，それぞれあとのア～エから選べ。

(1)　放射線の種類によらず測定でき，GM計数管とも呼ばれる。
(2)　蛍光物質に放射線があたると発光する性質を利用する。
(3)　放射線が発生させる自由電子－ホールの対を検出する。エネルギー分解能が高い。
(4)　身体につけ，個人ごとの被曝量を管理する。

ア　フィルムバッジ
イ　シンチレーション計数管
ウ　ガイガー・ミュラー計数管
エ　半導体検出器

6 〈自然放射線〉 物理基礎

自然界には広く放射性同位体が存在し，自然放射線による被曝は世界平均で年間2.4mSvである。右の円グラフは自然放射線による被曝の原因の割合を大まかに示したものである。最も大きな割合を占めるAに相当するものは何か。次のア～オから適切なものを選べ。

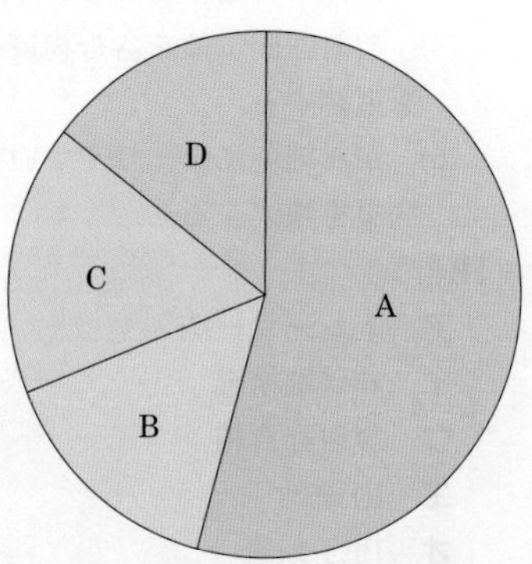

ア　大地からの放射線
イ　食品
ウ　大気中のラドン
エ　過去の核実験や原子力事故
オ　宇宙線

CHAPTER

4 » 原子と原子核

SECTION 1 原子核

1 原子核の崩壊

1 安定な原子核・不安定な原子核

❶放射性原子核　原子核は陽子と中性子で構成される(☞p.479)が，実在できる原子核では，陽子と中性子の数の組みあわせは限られており，約3000種類である。このうち**安定なものは約300種類にすぎず**，その他は不安定で，放射線を出して崩壊(☞p.481)する放射性原子核である。

❷原子核の崩壊　鉛(原子番号82)より大きな原子核は陽子どうしの静電気力が大きく，α崩壊するものが多い。原子番号(陽子数)20くらいまでは，陽子数と中性子数が等しいと安定で，核が大きくなるにしたがって，中性子数が多いほうが安定になる。陽子数と中性子数のバランスが悪いと，陽子-中性子の転換であるβ崩壊が起こる。

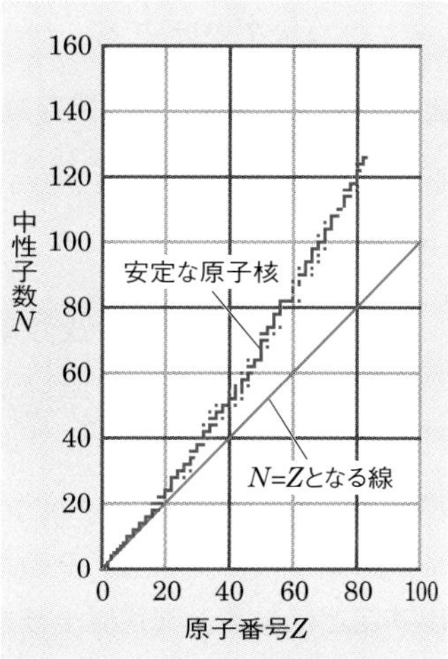

図36　安定な原子核の陽子数と中性子数

2 放射性原子核の崩壊速度

❶放射性原子核の崩壊のしかた　放射性原子核の集合の中で，どの原子核がいつ崩壊するかということは，まったくわからない。しかし，多数の原子核の集合全体としては，毎秒崩壊を起こす原子核の数に統計的に一定のきまりがある。すなわち，**N個の放射性原子核の集合の中で毎秒崩壊する原子核の数はNに比例**する。

たとえば2000個の放射性原子核があって，毎秒全体の$\frac{1}{10}$ずつ崩壊するものとすると，はじめの1秒間に崩壊する原子核は200個であるから，崩壊せずに残っている原子核は1800個である。

すると，次の1秒間に崩壊する原子核は，$1800\times\frac{1}{10}=180$個となるから，崩壊せずに残る原子核は，$1800-180=1620$個である。同様にして，次の1秒間には，$1620\times\frac{1}{10}=162$個崩壊し，$1620-162=1458$個の原子核が崩壊せずに残る。

❷放射性原子核の半減期　放射性原子核の崩壊では，全量が崩壊するのに長い時間がかかる。そこで，ある時点に存在していた放射性原子核の**半数が崩壊するのに要する時間**を**半減期**と呼び，放射性原子核の寿命を表す量として用いる。

いま，半減期Tの放射性原子核がN_0個あるとする。この放射性原子核の残存量は時間Tごとに半減していくから，**図37**のようになる。

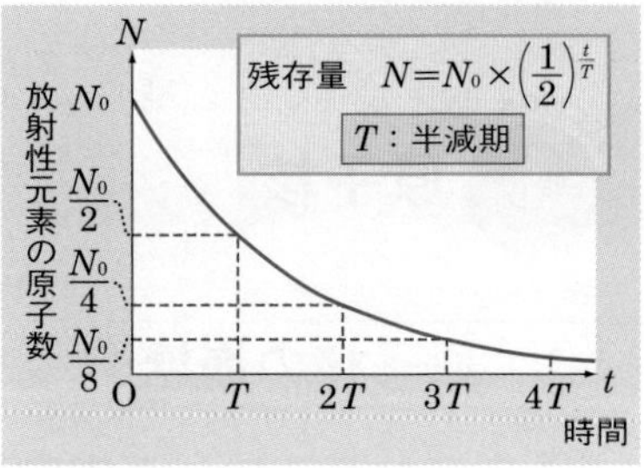

図37　放射性原子核の残存量

$$t=T\text{では}\frac{1}{2}N_0,\ t=2T\text{では}\left(\frac{1}{2}\right)^2N_0,\ t=3T\text{では}\left(\frac{1}{2}\right)^3N_0,\ \cdots,$$

となるから，時間t後の残存量をNとすると，次式となる。

$$N=N_0\times\left(\frac{1}{2}\right)^{\frac{t}{T}} \tag{5・21}$$

POINT!

放射性原子核の残存量　　$N=N_0\times\left(\frac{1}{2}\right)^{\frac{t}{T}}$

N：個数　N_0：最初の個数　t：経過時間　T：半減期

❸崩壊系列　大きな原子核が崩壊した先の原子核も不安定な場合，さらに崩壊して別の原子核に変わる。そのため，**安定な原子核までつぎつぎに崩壊して放射線を出すことになる。**安定原子核までの一連の系列を**崩壊系列**といい，4系列ある。★1

例題　**ラジウムの半減期**

ラジウムの半減期を1600年として，次の問いに答えよ。$\sqrt{2}=1.414$とする。

(1)　24gのラジウムがある。崩壊しないで残っているラジウムが3.0gになるのは何年後か。

(2)　1.0gのラジウムは，800年後には何gのラジウムになるか。

★1 質量数はα崩壊によって4だけ減り，β崩壊では変化しない。そのため，質量数を4で割った余りによって系列が分かれる。これらの系列は，安定な鉛またはタリウムに到達して終わる。

着眼　ラジウムの半減期Tは1600年である。最初の量をN_0として(5·21)式を用いて求めればよい。

解説　(1)　$3 = 24 \times \left(\frac{1}{2}\right)^{\frac{t}{1600}}$　より，$\frac{3}{24} = \left(\frac{1}{2}\right)^{\frac{t}{1600}}$　　$\left(\frac{1}{2}\right)^3 = \left(\frac{1}{2}\right)^{\frac{t}{1600}}$

よって，　$\frac{t}{1600} = 3$　すなわち，$t = 4800$年

(2)　$N = 1 \times \left(\frac{1}{2}\right)^{\frac{800}{1600}} = \left(\frac{1}{2}\right)^{\frac{1}{2}} = \frac{1}{\sqrt{2}} = \frac{\sqrt{2}}{2} = \frac{1.414}{2} = 0.707\,\text{g}$

答 (1)4.8×10^3年後　(2)0.71 g

類題1　半減期が15時間の放射性ナトリウム$^{24}_{11}\text{Na}$の原子核は，5日後に最初の何%が崩壊しないで残っているか。(解答☞p.565)

2　原子核の変換

1　原子核の結合エネルギー　①重要

❶質量とエネルギーの等価性　アインシュタインは，1905年に特殊相対性理論を発表した。その中で，質量をもつことと，それに対応するだけのエネルギーをもつことは同等であり，質量m〔kg〕の物体は，

$$E = mc^2 \qquad (c\text{は真空中の光速}) \qquad (5·22)$$

で表される**静止エネルギー**E〔J〕をもつということを論証した(☞p.465)。これを，**質量とエネルギーの等価性**という。

❷質量欠損　**原子核の質量Mは，それを構成する核子の質量の和よりわずかに小さい。**この差を質量欠損という。陽子，中性子の質量をそれぞれm_p，m_n，原子番号をZ，質量数をAとすれば，質量欠損ΔMは，

$$\Delta M = Zm_\text{p} + (A - Z)m_\text{n} - M$$

と表される。

❸結合エネルギー　原子核に質量欠損ΔMがあるということは，核子をばらばらに引き離した状態のときよりも，

$$\Delta E = \Delta Mc^2 \qquad (5·23)$$

だけエネルギーが少なくなっていることになるから，原子核を構成している核子をばらばらにするためには，ΔE〔J〕のエネルギーが必要である。このエネルギーを**結合エネルギー**という。

POINT!

質量とエネルギーの等価性　　$E = mc^2$

E〔J〕：エネルギー　m〔kg〕：質量　c〔m/s〕：真空中の光速

例題 **重水素核の結合エネルギー**

重水素の原子核は陽子と中性子1個ずつからできている。重水素核，陽子，中性子の質量はそれぞれ，3.3437×10^{-27} kg，1.6727×10^{-27} kg，1.6750×10^{-27} kg である。重水素核の結合エネルギーはいくらか。ただし，真空中の光速を 3.0×10^8 m/s とする。

着眼 重水素核の質量欠損ΔMは，$\Delta M = Zm_{\mathrm{p}} + (A - Z)m_{\mathrm{n}} - M$である。

解説 $\Delta M = (1.6727 \times 10^{-27} + 1.6750 \times 10^{-27}) - 3.3437 \times 10^{-27}$
$= 4.0 \times 10^{-30}$ kg

したがって，重水素核の結合エネルギーΔEは，(5･23)式より，

$$\Delta E = 4.0 \times 10^{-30} \times (3.0 \times 10^8)^2 = 3.6 \times 10^{-13}\,\mathrm{J}$$

答 3.6×10^{-13} J

2 原子核の変換 ①重要

❶核反応 **原子核に大きなエネルギーをもったα線，陽子，中性子などを衝突させるともとの原子核と異なる原子核に変換される場合がある。**たとえば，$^{14}_{7}\mathrm{N}$ (窒素14)原子核にα線を照射すると，陽子が放出され$^{17}_{8}\mathrm{O}$ (酸素17)原子核ができる。陽子は$^{1}_{1}\mathrm{H}$ (水素1)原子核といえるので，この反応は，

$$^{14}_{7}\mathrm{N} + {}^{4}_{2}\mathrm{He} \longrightarrow {}^{17}_{8}\mathrm{O} + {}^{1}_{1}\mathrm{H}$$

と示される。このように，原子核と他の粒子との衝突によって起こる反応を核反応といい，核反応を表す式を核反応式という。

❷質量数の保存 核反応式では一般に，左辺の質量数の和と右辺の質量数の和，および左辺の原子番号の和と右辺の原子番号の和がそれぞれ等しい。すなわち，**核反応の前後では，質量数の和および原子番号の和は保存される。**

例題 **核反応式**

プルトニウム原子核の崩壊反応の1つは次の式で表される。□は何か。

$$^{237}_{94}\mathrm{Pu} \longrightarrow {}^{233}_{92}\mathrm{U} + \square$$

着眼 原子記号の左上の数字は質量数，左下の数字は原子番号を表している。

解説 □の核の質量数は，$237 - 233 = 4$
□の核の原子番号は，$94 - 92 = 2$

よって，□は $^{4}_{2}\mathrm{He}$

答 $^{4}_{2}\mathrm{He}$

❸**核分裂**　図38は，核子1個あたりの結合エネルギーの大きさと質量数との関係を表している。これを見ると，質量数50～60の原子核の値がいちばん大きい。核子1個あたりの結合エネルギーが大きいということは，それだけ核子をばらばらにしにくいわけだから，原子核としては安定なのである。

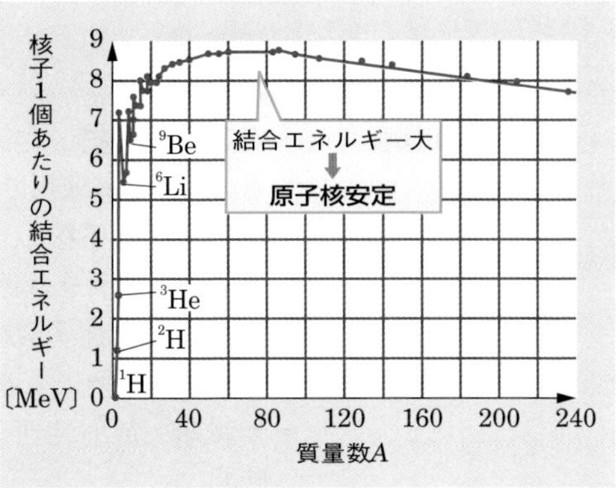

図38　核子1個あたりの結合エネルギー

質量数の非常に大きい原子核はそれより小さな原子核になったほうが安定なので，質量数が半分ぐらいの2つの原子核に分裂する。これを**核分裂**という。ウランの同位体である$^{235}_{92}$Uに遅い中性子を衝突させて吸収させると，同じぐらいの大きさの2個の原子核に分裂する。

たとえば，$^{235}_{92}$Uが核分裂するとき，次のような反応が起こる。

$$^{235}_{92}\mathrm{U} + {}^{1}_{0}\mathrm{n} \longrightarrow {}^{144}_{56}\mathrm{Ba} + {}^{89}_{36}\mathrm{Kr} + 3{}^{1}_{0}\mathrm{n} \qquad ({}^{1}_{0}\mathrm{n}は中性子)$$

補足　中性子を，質量数1，原子番号0の原子核とみなして$^{1}_{0}$nと書くことがある。こうすると核反応の前後での質量数と原子番号の変化がとらえやすい。

参考　核分裂で生じる元素の組み合わせは1つに決まっているのではない。たとえばウラン235は，上で述べた反応のほかに，$^{235}_{92}\mathrm{U} + {}^{1}_{0}\mathrm{n} \longrightarrow {}^{137}_{55}\mathrm{Cs} + {}^{95}_{37}\mathrm{Rb} + 4{}^{1}_{0}\mathrm{n}$や$^{235}_{92}\mathrm{U} + {}^{1}_{0}\mathrm{n} \longrightarrow {}^{131}_{53}\mathrm{I} + {}^{103}_{39}\mathrm{Y} + 2{}^{1}_{0}\mathrm{n}$などいろいろな組み合わせで核分裂する。これらの核分裂生成物の多くは不安定で，たとえばセシウム137は約30年，ヨウ素131は約8日，ルビジウム95やイットリウム103はそれぞれ1秒以下の半減期でβ崩壊して他の元素に変わる。さらに崩壊先の原子核も不安定な場合，安定な原子核までつぎつぎに崩壊して放射線を出しつづけることになる。

❹**核分裂と核エネルギー**　核分裂が起こると，核子の結合に使われていた結合エネルギーの一部が解放されて放出される。これを**核エネルギー**という。

1回の核分裂で放出されるエネルギーは約200 MeVで，これは一般に化学変化で出入りするエネルギーのおよそ10^6倍もの大きさである。

❺**核融合**　**質量数の非常に小さい原子核は，大きな原子核になったほうが安定である。**そのため，原子核どうしが静電気力にさからってある程度以上近づくと，2つの原子核が融合して1つの原子核になる。これを**核融合**という。

太陽の内部では，いくつかの段階をへて，水素がヘリウムと陽電子(電子の反粒子 ☞p.495)，電子ニュートリノ(☞p.495)に変化する，

$$4{}^{1}_{1}\mathrm{H} \longrightarrow {}^{4}_{2}\mathrm{He} + 2\mathrm{e}^{+} + 2\nu_{\mathrm{e}} \qquad (\mathrm{e}^{+}は陽電子，\nu_{\mathrm{e}}は電子ニュートリノ)$$

のような核融合反応が行われている。**太陽エネルギー**(☞p.223)のもとは，この核融合反応によって解放された結合エネルギーである。

このSECTIONのまとめ　原子核

□原子核の崩壊 ☞ p.489	・**安定な原子核**…約3000種類ある原子核のうち，安定なものは約300種類である。 ・**不安定な原子核**…放射線を出して崩壊する**放射性原子核**である。大きな原子核はα線を出す**α崩壊**をしやすく，陽子数と中性子数のバランスが悪い原子核は，陽子と中性子の転換による**β崩壊**をしやすい。 ・**半減期**…放射性原子核が崩壊して，半数になるまでの時間。 ・半減期をTとすると，時間tにおいて残っている原子核数Nは，$t=0$のときの原子核数N_0を用いて， $N=N_0\left(\frac{1}{2}\right)^{\frac{t}{T}}$
□原子核の変換 ☞ p.491	・**質量とエネルギーの等価性**…相対性理論により，質量とエネルギーは同等であり，$E=mc^2$となる。原子核の結合エネルギーは， $\Delta E=\Delta Mc^2$ で表される。 ・**質量欠損**…原子核の質量Mは構成する核子の質量の和より小さい。この質量差を質量欠損という。 $\Delta M=Zm_{\mathrm{p}}+(A-Z)m_{\mathrm{n}}-M$ ・**核反応式**…質量数の和，原子番号の和はそれぞれ保存される。 ・**核分裂**…ウランなどの大きな原子核は分裂すると，結合エネルギーの差だけエネルギーを放出する。 ・**核融合**…水素など非常に小さな原子核が核融合するとエネルギーを放出する。恒星内部での反応は核融合である。

SECTION 2 素粒子と宇宙

1 素粒子と力

1 素粒子

❶自然の階層性　19世紀の初めに，ドルトンが原子論を確立した頃は，原子が物質を構成する基本粒子と考えられていた。しかし，その後，すべての物質は分子から原子，原子は原子核と電子，原子核は陽子と中性子へと，その構成要素に分割できるとわかり，現在では，陽子や中性子もさらに基本的な構成要素から成立することがわかっている。**物質を構成する究極の構成要素としての粒子**のことを**素粒子**という。

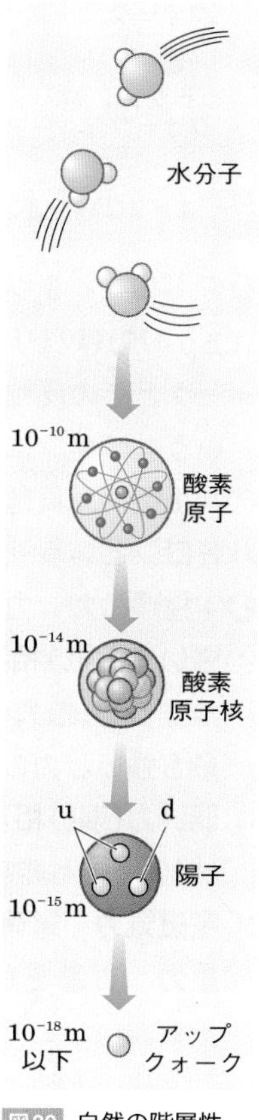

図39 自然の階層性

❷素粒子の分類　素粒子には，6種類の**クォーク**と6種類の**レプトン**，力を媒介する**ゲージ粒子**，質量をうみ出す**ヒッグス粒子**があると考えられている。また，**素粒子にはそれぞれ，質量と電荷の大きさが同じで電荷の符号が逆の，非常によく似た粒子が存在する。**このような粒子を**反粒子**といい，素粒子の反粒子も素粒子である。たとえば，$-e$の電荷をもつ電子の反粒子である**陽電子**(☞ p.493)は，$+e$の電荷をもつ。

参考　クォークや，ゲージ粒子のひとつであるグルーオン(☞ p.496)は，単独の粒子として取り出すことができないと考えられている。

❸クォーク　表2に示すように，u(アップ)，d(ダウン)，c(チャーム)，s(ストレンジ)，t(トップ)，b(ボトム)からなり，電気素量をeとすると，電荷は$\frac{2}{3}e$および$-\frac{e}{3}$である。クォークの反粒子も，電荷が正，負反転しているので，たとえばuの反粒子($\bar{\mathrm{u}}$：ユー・バー)の電荷は$-\frac{2}{3}e$となる。

❹レプトン　電荷$-e$をもつ電子(e)，ミュー粒子(μ)，タウ粒子(τ)と，次ページで述べる弱い力による現象でこれらの粒子とそれぞれ対をなす電子ニュートリノ(ν_e ☞ p.493)，ミュー・ニュートリノ(ν_μ)，タウ・ニュートリノ(ν_τ)をいう。これらのニュートリノは電荷をもたない。ニュートリノが質量をもっていることを世界で最初に発見したのは，岐阜県の神岡鉱山跡にある測定器★1である。

★1 この装置は**カミオカンデ**と呼ばれ，宇宙からのニュートリノの検出により小柴昌俊は2002年のノーベル物理学賞を受賞した。現在は後継の**スーパーカミオカンデ**を使った研究が行われている。

表2 素粒子の分類　　注意 この他，3つのグループのいずれにも分類されないヒッグス粒子がある。

クォーク		レプトン	
電荷: $\frac{2}{3}e$	電荷: $-\frac{1}{3}e$	電荷: $-e$	電荷: 0
u アップクォーク	d ダウンクォーク	e^- 電子	ν_e 電子ニュートリノ
c チャームクォーク	s ストレンジクォーク	μ^- ミュー粒子	ν_μ ミューニュートリノ
t トップクォーク	b ボトムクォーク	τ^- タウ粒子	ν_τ タウニュートリノ

ゲージ粒子
g グルーオン
W^+　Z^0　W^- ウィークボソン
γ 光子
G 重力子（未発見）

2 4つの基本的な力

❶**ハドロン**　3つのクォークから構成される粒子を**バリオン**という。陽子や中性子(☞p.479)はバリオンであり，陽子はuudから，中性子はuddからなる。また，クォークとその反粒子である反クォークから構成される粒子を**メソン**(または**中間子**)という。メソンにはπ中間子やK中間子などがあり，π中間子とK中間子にはそれぞれ正電荷，負電荷，中性電荷をもつ3種類がある。バリオンとメソンを総称して**ハドロン**という。

❷**4種類の力**　力を**相互作用**ともいい，基本的な力には次の4種類がある。

①**強い力(強い相互作用)**　クォークを結びつけてハドロンをつくる力や原子核をつくる力(**核力**☞p.479)，α崩壊をもたらす力などで，4つの基本的な力の中で最も強い。力の及ぶ距離は原子核の大きさ程度(10^{-15}m)である。

②**弱い力(弱い相互作用)**　たとえば，原子核のβ崩壊を起こす力で，力の及ぶ距離は10^{-18}mと非常に短い。

③**電磁気力**　電荷をもった粒子の間にはたらく力で，力の及ぶ距離は非常に長い。

④**重力**★1　質量をもった粒子の間にはたらく力で，強さは4つの基本的な力の中で最も弱い。このため，素粒子どうしが及ぼしあう力の中では無視することも多い。

3 ゲージ粒子

❶**場と対応する粒子**　電磁気力は電場(☞p.322)や磁場(☞p.386)という空間(**場**)によって及ぼされるが，この場に対応する光子(☞p.461)の媒介によって力が及ぼされるとも考えられる。このような力を媒介する粒子を**ゲージ粒子**という。

❷**ゲージ粒子と力**　強い力はグルーオンにより，弱い力はウィークボソン(**ウィークボゾン**)により，重力は重力子(グラビトン：未発見)によって媒介されると考えられている。

★1 素粒子や宇宙の分野では，万有引力(☞p.159)のことを重力とよぶことが多い。

表3　4つの基本的な力の特徴

基本的な力の名称	相対的な力の大きさ	力の到達距離	例	力を媒介する粒子
強い力	1	短い(10^{-15}m程度)	核力など	グルーオン
弱い力	10^{-10}	短い(10^{-18}m程度)	β崩壊など	ウィークボソン
電磁気力	10^{-3}	無限大	電磁気力	光子
重力	10^{-39}	無限大	万有引力	重力子(未発見)

2　宇宙の誕生

1　ビッグバンから銀河の誕生まで

❶ビッグバン　宇宙は，今から138億年前に超高温超高密度の灼熱(しゃくねつ)状態からはじまったと考えられている。**宇宙は誕生してすぐ，爆発的に膨張しはじめた。**これをビッグバンという。

❷対生成(ついせいせい)と対消滅(ついしょうめつ)　高エネルギーの光子は，電子と陽電子に分かれたり，陽子と反陽子に分かれたりする。このように，**光子がある粒子とその反粒子に分かれる**ことを，対生成という。また，**粒子とその反粒子が衝突して消滅し，エネルギーや他の素粒子**になる過程を対消滅という。

宇宙の温度が低くなると粒子と反粒子の対生成が起こらなくなり対消滅だけが続いた。このとき，粒子が反粒子よりもわずかに多かったために反粒子がなくなり，**私たちの宇宙には反物質が存在しなくなった**と考えられる。

❸核子の形成　ビッグバン直後の宇宙では，クォークや電子，ニュートリノ，光子などの素粒子と，その反粒子が飛びまわっていた。その約1万分の1秒後になると宇宙の膨張で温度が下がり，**クォークどうし結合して陽子や中性子**がうまれた。

❹元素合成　ビッグバンの3分後頃には，**陽子(水素原子核${}^{1}_{1}$Hといえる)どうし衝突して核融合(☞ p.493)し，**重水素(${}^{2}_{1}$H)や三重水素(${}^{3}_{1}$H)の原子核がうまれ，さらにそれらの核融合でヘリウムやリチウムの**原子核**がつくられた(元素合成)。

38万年後には，電子が原子核に捕えられて**原子**がつくられた。これにより，それまで**電子や陽子と頻繁にぶつかっていた光子が遠くまで飛べるようになった。**

❺銀河の誕生　さらに2億年後には，水素やヘリウムが比較的多い場所で，原子どうしがお互いの重力によって引きよせあって**恒星**をつくりだした。恒星の内部ではさらに核融合が進み，**重い元素**が合成されていった。ビッグバンから9億年後には，恒星どうしが重力で引きよせあって**銀河**がうまれた。

ビッグバンから138億年たった現在でも，宇宙は膨張を続けている。

2 ブラックホールとダークマター

❶ブラックホール　非常に質量が大きく，その強い重力でそばに近づいた物質や光を吸いこんでしまう，宇宙の落とし穴のような天体をブラックホールという。

ブラックホールは，太陽の約3倍以上の質量をもつ星が，生涯の最後に大爆発(**超新星爆発**)をしたあとにできると考えられている。

❷ダークマター　多くの銀河は，中心部分に多くの物質が集中しているように見える。このような銀河の外側にある星の運動を求めると，その速度は，中心からの距離の平方根に反比例するはずである。

しかし，速度は中心からの距離によらずほぼ一定であることが観測された。これにより**光を出さず目には見えない物質が大量に存在する**と考えられるようになった。

このような物質をダークマター(暗黒物質)という。観測できる宇宙の物質の5倍以上あると考えられ，未知の物質である可能性も含めて研究が進められている。

このSECTIONのまとめ　素粒子と宇宙

□素粒子と力 ☞ p.495	・**素粒子**…物質を構成する究極の構成要素としての粒子。 ・6種類の**クォーク**と6種類の**レプトン**，それらの**反粒子**，力を媒介する**ゲージ粒子**，質量をうみ出す**ヒッグス粒子**が素粒子である。 ・**4種類の力**…基本的な力には次の4種類がある。 ①**強い力**…クォークを結びつけ**ハドロン**を構成する力 ②**弱い力**…原子核のβ崩壊を起こす力 ③**電磁気力**…電荷をもった粒子の間にはたらく力 ④**重力**…質量をもった粒子の間にはたらく力 ・**力を媒介する粒子**…**ゲージ粒子** グルーオン，ウィークボソン，光子，重力子
□宇宙の誕生 ☞ p.497	・**ビッグバン**…138億年前に，高温高密度の灼熱状態の宇宙ではじまった爆発的な膨張。 ・**ブラックホール**…強い重力で近づいた物質や光を吸いこんでしまう天体。重い星の**超新星爆発**でできる。 ・**ダークマター**…観測できる物質の5倍以上あると考えられている見えない物質。未知の物質の可能性もある。

CHAPTER 4

練習問題 解答☞p.565

解答☞p.565

① 〈放射線のエネルギー〉

電気素量$e=1.6\times10^{-19}$Cとして次の問いに答えよ。

(1) 電子と陽電子が対消滅すると，511 keVのエネルギーをもつγ線の光子が2つ放射される。このγ線光子1つのもつエネルギーは何Jにあたるか。

(2) ラジウムがα崩壊すると，4.78 MeVのエネルギーをもつα線が放射される。このα線のもつエネルギーは何Jにあたるか。

② 〈原子核崩壊〉 テスト必出

次の原子核崩壊が起こったとき，生成原子核の質量数と原子番号はどのようになるか。以下の空欄を適切に埋めよ。

${}^{238}_{92}\mathrm{U} \xrightarrow{\alpha} {}^{①\square}_{②\square}\mathrm{Th}$　　${}^{226}_{88}\mathrm{Ra} \xrightarrow{\alpha} {}^{③\square}_{④\square}\mathrm{Th}$

${}^{137}_{55}\mathrm{Cs} \xrightarrow{\beta} {}^{⑤\square}_{⑥\square}\mathrm{Ba}$　　${}^{14}_{6}\mathrm{C} \xrightarrow{\beta} {}^{⑦\square}_{⑧\square}\mathrm{N}$

③ 〈半減期〉 テスト必出

^{226}Raは半減期1.6×10^{3}年でα崩壊する。このRaについて答えよ。

(1) Raの量がはじめの8分の1になるのは，何年経過した後か。

(2) 1.6×10^{4}年経過すると，Raの量ははじめのおよそ何分の1になっているか有効数字2桁で答えよ。

④ 〈年代測定〉

炭素14を用いて，年代測定を行うことができる。これについて，次の問いに答えよ。

(1) 生きている動植物でつくられる有機物が含む^{14}Cの割合がほぼ等しいのはなぜか。

(2) ^{14}Cを測定することによって動植物が死んだ年代がわかるのはなぜか。

(3) ^{14}Cは半減期5730年でβ崩壊する。ある遺跡から発掘された土器に付着する炭素に含まれる^{14}Cの割合が現代の生きている動植物に比べておよそ4分の1であった。この炭素は土器が作られた際に付着したものとすると，この土器の作られたのはおよそ何年前と考えられるか。有効数字1桁で概算せよ。

⑤ 〈原子核変換〉 テスト必出

次式で表される反応の□内を適切に埋めよ。

ラザフォードは，α線と空気中の窒素原子核との衝突によって，陽子が叩き出される反応を発見した。

${}^{14}_{7}\mathrm{N} + {}^{4}_{2}\mathrm{He} \longrightarrow {}^{①\square}_{②\square}③\square + {}^{1}_{1}\mathrm{H}$

チャドウィックは，ベリリウムにα線を当てると，中性子が放出されることを示した。

${}^{9}_{4}\mathrm{Be} + {}^{4}_{2}\mathrm{He} \longrightarrow {}^{④\square}_{⑤\square}⑥\square + {}^{1}_{0}\mathrm{n}$

第5編 原子と原子核

6 〈質量欠損〉 テスト必出

^{12}C原子の質量の12分の1を1u(原子質量単位)という。$1\,u = 1.66 \times 10^{-27}\,kg$である。陽子の質量は$m_p = 1.0073\,u$，中性子の質量は$m_n = 1.0087\,u$である。アボガドロ定数$N_A = 6.0 \times 10^{23}/mol$，真空中の光速度$c = 3.0 \times 10^8\,m/s$として，以下の各問いに答えよ。

(1)　^{4}He原子核の質量は4.0015uである。^{4}He原子核の質量欠損は何uか。

(2)　(1)は何kgか。

(3)　^{4}He原子核の1個の結合エネルギーは何Jか。

(4)　(3)は1molでは何Jになるか。

7 〈核分裂反応〉

ハーンとシュトラウスマンはウランに中性子を吸収させ，超ウラン元素を作ろうとしていた。しかし，実験の結果，超ウラン元素のかわりに，ウランよりはるかに軽いバリウムができていることを発見した。これは，次式のように，ウランが2つの原子核に分裂したことで説明できる。

(1)　□内を適切に埋め，核反応式を完成させよ。ただし，必要なら巻末の周期表を用いること。

$$^{235}_{92}U + ^{1}_{0}n \longrightarrow ^{①\square}_{②\square}③\square + ^{141}_{56}Ba + 3^{1}_{0}n$$

(2)　1個のウラン235原子核が核分裂する際に，約200MeVのエネルギーが放出される。^{235}Uが1.0gすべて核分裂した際に放出されるエネルギーは何Jか。ただし，電気素量$e = 1.6 \times 10^{-19}\,C$，アボガドロ定数$N_A = 6.0 \times 10^{23}/mol$とする。

8 〈恒星内部での核融合反応〉

太陽などの恒星の中心では核融合反応が行われ，エネルギー源となっている。これについて，次の問いに答えよ。

核融合反応の過程は次式で表される。

^{1}H ＋ ^{1}H ⟶ ^{2}H ＋ e^+ ＋ 0.4MeV　……①

^{2}H ＋ ^{1}H ⟶ ^{3}He ＋ 5.5MeV　……②

^{3}He ＋ ^{3}He ⟶ ^{4}He ＋ 2^1H ＋ 12.8MeV　……③

ここで，e^+は陽電子であり，周囲の電子との対消滅を行いエネルギーを放出する。

e^+ ＋ e^- ⟶ 1.0MeV　……④

①～④の各式から，水素原子核(陽子)4個と電子4個が1個のヘリウム原子核になるまでに放出されるエネルギーを求めよ。

定期テスト予想問題❶

解答☞p.566

時　間60分
合格点70点
得点

1 〈光電効果〉

光電効果について述べた次の(1)〜(5)の文の記述が正しくなるように，{　}にあてはまる語をそれぞれ選び，記号で答えよ。〔各4点…合計20点〕

(1) 光電管の陰極の金属の限界波長よりも，{**ア**　長い，**イ**　短い}波長の光を照射しても光電効果は起こらない。

(2) 照射光を波長を変えずにエネルギーを大きくしたとき，光電子の運動エネルギーの最大値は{**ア**　大きくなる，**イ**　変わらない，**ウ**　小さくなる}。

(3) 照射光のエネルギーを変えずに波長を短くしたとき，光電子の運動エネルギーの最大値は{**ア**　大きくなる，**イ**　変わらない，**ウ**　小さくなる}。

(4) 光電管の陰極の金属の種類を，より仕事関数の小さなものにしたとき，限界波長は{**ア**　長くなる，**イ**　変わらない，**ウ**　短くなる}。

(5) 光電管の陰極の金属の種類を，より仕事関数の小さなものにしたとき，同じ波長の照射光について，光電子の運動エネルギーの最大値は{**ア**　大きくなる，**イ**　変わらない，**ウ**　小さくなる}。

2 〈光電効果の実験〉

図のように，光電管(陽極P，陰極K)に直流電源と電流計を接続して，光電効果の実験を行う。電源により，光電管の陰極Kに対する陽極Pの電位を $-2V_0$ から $2V_0$ まで変えることができる。ただし $V_0>0$ とする。光電管に光を当てない状態では，陽極の電位にかかわらず，電流は流れなかった。電子の質量を m，電荷を $-e$ として，次の問いに答えよ。〔(1)6点，(2)8点…合計14点〕

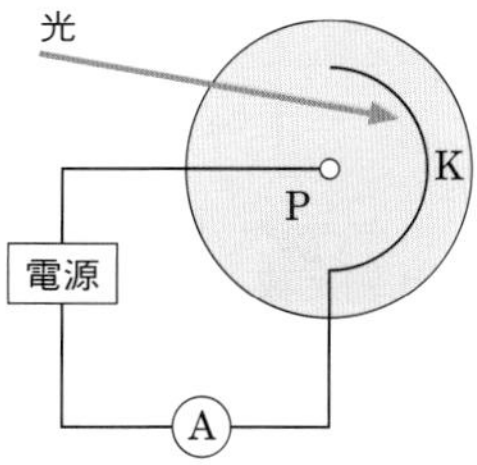

(1) 最初，光電管の陰極に一定の振動数 ν の光を当てた状態で，陽極の電位を $-2V_0$ から徐々に高くしていくと，$-V_0$ を越えたところで電流が流れ始めた。このことから，陰極を飛び出した電子の初速度の最大値を求めよ。

(2) 次に，光の単位時間当たりのエネルギーを一定に保ちながら，光の振動数を小さくしていく。それにつれて，電流が流れ始めるときの陽極の電位の値は徐々に高くなり，光の振動数が $\frac{1}{2}\nu$ のとき，0になった。このことから，陰極に用いた金属の仕事関数とプランク定数を求めよ。

3 〈磁場中で運動するイオン〉

質量m，電荷qをもつ陽イオンをVの電圧で加速する。イオンは速度vに加速され，紙面に垂直で一様な磁束密度Bの領域に達する。領域Bでは，イオンは半径Rの等速円運動をした。この実験について，次の問いに答えよ。〔各6点…合計30点〕

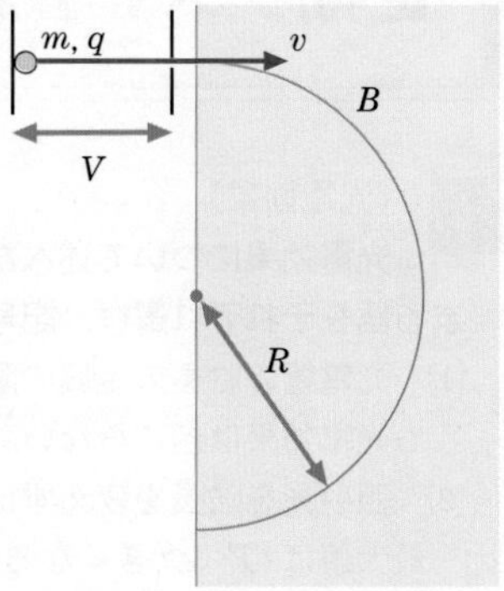

(1) 速度vをm，q，Vを用いて表せ。

(2) 磁場の向きは紙面に垂直である。表から裏の向きか，裏から表の向きか。

(3) 領域Bにおけるイオンについての円運動の運動方程式を立てよ。

(4) イオンの比電荷をV，B，Rを用いて表せ。

(5) 同位体のイオンで質量が4％大きな粒子を使って同じ実験を行うと，円運動の半径はおよそ何％変化するか。電気量を同じとし，必要なら次の近似式を使って求めよ。

$x \ll 1$のとき，$(1+x)^y \fallingdotseq 1+xy$

4 〈ボーアの水素原子モデル〉

以下の文章の空欄に適当な語句，数値，または式を入れよ。〔各4点…合計36点〕

ボーアの水素原子モデルによると，定常状態における軌道半径r_nとエネルギー準位E_nは次式で表される。

$$\begin{cases} r_n = \dfrac{h^2}{4\pi^2 k_0 m e^2} \cdot n^2 & \cdots\cdots(1) \\ E_n = -\dfrac{2\pi^2 k_0{}^2 m e^4}{h^2} \cdot \dfrac{1}{n^2} & \cdots\cdots(2) \end{cases}$$

ここで，mは電子の質量，eは電気素量，hはプランク定数，k_0はクーロンの法則の比例定数，nは自然数1，2，3，…である。

式中のnは①［　　］と呼ばれ，この値が②［　　］のとき，エネルギー準位は最低であり，このときの状態は③［　　］と呼ばれる。定常状態にあるとき，原子は光の吸収や放出を行わないが，nがn_2からn_1 $(n_2 > n_1)$に移るとき，放出される光の振動数は$\nu=$④［　　］と表される。

この結果は，水素原子のスペクトルの公式$\dfrac{1}{\lambda} = R\left(\dfrac{1}{n_1{}^2} - \dfrac{1}{n_2{}^2}\right)$をよく説明する。$R$は⑤［　　］と呼ばれ，$m$，$e$，$h$，$k_0$，および光速$c$を用いて，$R=$⑥［　　］と表される。$n$が非常に大きいとき，$n+1$から$n$の状態に移ることを考え，$\dfrac{1}{n^2} - \dfrac{1}{(n+1)^2} = \dfrac{2n+1}{n^2(n+1)^2} \fallingdotseq \dfrac{2}{n^3}$と近似すると，放出される光の振動数は$\nu=$⑦［　　］で表される。

電子の運動を古典力学にあてはめると1秒間の回転数は，m，e，k_0，rを用いて，⑧［　　］と表される。

古典電磁気学ではこれに等しい振動数の電磁波が放出されると考える。⑧［　　］の中のrに(1)式のr_nを代入すると，⑨［　　］となり，⑦［　　］と一致する。

定期テスト予想問題❷

解答☞p.566

時　間60分
合格点70点

得点	

1 〈放射線の性質〉 物理基礎

放射線について，次の各問いに答えよ。　〔各6点…合計12点〕

(1) ある放射性物質200 gは，1分間に1.86×10^3回のβ崩壊をおこし，β線を出している。この放射性物質1 gあたりの放射能量は何Bqか。

(2) 次の**ア**～**エ**のうち放射線に関する記述として適当でないものを1つ選べ。

ア　X線やγ線は，金属製品の構造や内部の損傷を検査することに用いられる。

イ　放射線の電離作用により，細胞や遺伝子は損傷を受ける。

ウ　放射線が生体に与える影響は，放射線の種類やエネルギーによらない。

エ　X線やγ線は透過力が強いので，被曝(ひばく)を防ぐために鉛板などが用いられる。

2 〈ウランの崩壊〉

ウランには$^{235}_{92}\mathrm{U}$と$^{238}_{92}\mathrm{U}$の2種類の同位体があり，それぞれの原子核は，α崩壊とβ崩壊をくり返して，いずれも安定な鉛Pbの原子核になる。　〔各5点…合計20点〕

(1) $^{235}_{92}\mathrm{U}$と$^{238}_{92}\mathrm{U}$が崩壊してできる鉛の同位体を，それぞれ次から1つずつ選べ。

ア　$^{205}_{82}\mathrm{Pb}$　**イ**　$^{206}_{82}\mathrm{Pb}$　**ウ**　$^{207}_{82}\mathrm{Pb}$　**エ**　$^{208}_{82}\mathrm{Pb}$

(2) $^{235}_{92}\mathrm{U}$は(1)の同位体に崩壊するまでに，α崩壊とβ崩壊をそれぞれ何回行うか。

(3) $^{238}_{92}\mathrm{U}$は(1)の同位体に崩壊するまでに，α崩壊とβ崩壊をそれぞれ何回行うか。

(4) $^{235}_{92}\mathrm{U}$と$^{238}_{92}\mathrm{U}$の半減期はそれぞれ，約7億年，約45億年である。現在，$^{235}_{92}\mathrm{U}$と$^{238}_{92}\mathrm{U}$の存在比は0.7％と99.3％であるが，45億年前の，$^{235}_{92}\mathrm{U}$と$^{238}_{92}\mathrm{U}$の存在比はおよそどれくらいであったと考えられるか。$2^{1.6}=3.0$として簡単な整数比で示せ。ただし，新たに合成される$^{235}_{92}\mathrm{U}$および$^{238}_{92}\mathrm{U}$については考えなくてよい。

3 〈核融合〉

あとに示す核融合反応について，例を参考にして空欄①，③には質量数と原子番号を付した元素記号を，空欄②，④には1回の反応で発生する熱エネルギーをそれぞれ記入せよ。ただし，$^{1}_{1}\mathrm{H}$，$^{2}_{1}\mathrm{H}$，$^{3}_{2}\mathrm{He}$，$^{4}_{2}\mathrm{He}$それぞれの核子1個あたりの結合エネルギーとして表に示す値を用いること。　〔各5点…合計20点〕

$^{2}_{1}\mathrm{H}$	$^{3}_{1}\mathrm{H}$	$^{3}_{2}\mathrm{He}$	$^{4}_{2}\mathrm{He}$
1.11 MeV	2.83 MeV	2.57 MeV	7.07 MeV

(例)　$^{2}_{1}\mathrm{H}+{}^{2}_{1}\mathrm{H}\longrightarrow$ 陽子 $+\ {}^{3}_{1}\mathrm{H}$　$+\ 4.05\ \mathrm{MeV}$

①　$^{2}_{1}\mathrm{H}+{}^{3}_{1}\mathrm{H}\longrightarrow$ 中性子 ＋① ［　　］ ＋② ［　　］ MeV

②　$^{2}_{1}\mathrm{H}+{}^{3}_{2}\mathrm{He}\longrightarrow$ 陽子 ＋③ ［　　］ ＋④ ［　　］ MeV

4 〈放出された粒子のエネルギー〉

ポロニウム $^{210}_{84}\mathrm{Po}$ から放出された α 線をベリリウム $^{9}_{4}\mathrm{Be}$ に当てたところ，電気的に中性な粒子が放出された。この粒子を，静止している水素原子核 $^{1}_{1}\mathrm{H}$ と窒素原子核 $^{14}_{7}\mathrm{N}$ に当てた。この粒子を水素原子核に当てたとき，はじき飛ばされた水素原子核の運動エネルギーは最大で5.6MeVであった。また，窒素原子核に当てたとき，はじき飛ばされた窒素原子核の運動エネルギーは最大で1.4MeVであった。原子核の質量は質量数に比例するものとして，次の各問いに答えよ。〔各6点…合計24点〕

(1)　ポロニウムからの α 線の放出と同時に生成された原子の，原子番号と質量数を示せ。

(2)　α 線をベリリウムに当てたときに放出された中性な粒子が中性子であると仮定して，同時に生成される原子核の原子番号と質量数をそれぞれ示せ。

(3)　(2)と同様に仮定し，水素原子核に当たった中性子の運動エネルギーを，エネルギー保存の法則と運動量保存の法則を用いて求めよ。

(4)　(3)と同様に考え，窒素原子核に当たった中性子の運動エネルギーを求めよ。

5 〈クォーク〉

クォークは物質を構成するもっとも基本的な粒子のひとつである。クォークからなる粒子には，クォーク3個でできた陽子などのバリオン(重粒子)と，クォーク1個と反クォーク1個でできたメソン(中間子)の2種類が存在する。これらについて，以下の各問いに答えよ。〔各6点…合計24点〕

Ⅰ　u，c，tクォークはそれぞれ電気素量の $+\dfrac{2}{3}$ 倍，d，s，bクォークはそれぞれ電気素量の $-\dfrac{1}{3}$ 倍の電荷をもっている。また，反クォークの電荷は元のクォークの符号を変えたものである。このことから以下のクォークで構成される粒子の電荷は，電気素量の何倍になるか答えよ。ただし，反uクォークは $\bar{\mathrm{u}}$，反dクォークは $\bar{\mathrm{d}}$ のように，反クォークは元のクォークの記号の上に￣をつけて示している。

①　陽子(uud)

②　K^+ 中間子$(\mathrm{u}\bar{\mathrm{s}})$

Ⅱ　粒子と反粒子が衝突すればともに消滅してエネルギーが解放される(対消滅)。逆に，十分なエネルギーがあれば粒子と反粒子がペアで生まれる(対生成)。例にならい，③，④の反応において，下線を引いたバリオンがどのようなクォークで構成されているか，それぞれ答えよ。

例　<u>Δ^-粒子</u>は，中性子(udd)と $\pi^-(\mathrm{d}\bar{\mathrm{u}})$ に崩壊する。　解答　ddd

③　<u>Δ^{++}粒子</u>は，陽子(uud)と $\pi^+(\mathrm{u}\bar{\mathrm{d}})$ に崩壊する。

④　陽子(uud)と $\pi^-(\mathrm{d}\bar{\mathrm{u}})$ が衝突して，K^0 中間子$(\mathrm{d}\bar{\mathrm{s}})$ と<u>Σ^0粒子</u>が生成された。

付録

元素の周期表

国際純正・応用化学連合（IUPAC）によって承認された元素を掲載した。

原子番号 ― 8 O ― 元素記号
酸素 ― 元素名
天然の平均原子量 ― 16.00
（ ）内はおもな同位体の質量数

H（元素記号が赤色）⇨ 単体は常温常圧で気体
Hg（元素記号が青色）⇨ 単体は常温常圧で液体
C（元素記号が黒色）⇨ 単体は常温常圧で固体

- 非金属元素
- 金属元素
- 詳しい性質が不明な元素
- 単体が半導体
- 単体が強磁性体
- 安定同位体をもたない

	1	2	3	4	5	6	7	8	9	10	11	12	13	14	15	16	17	18
1	1 H 水素 1.008																	2 He ヘリウム 4.003
2	3 Li リチウム 6.941	4 Be ベリリウム 9.012											5 B ホウ素 10.81	6 C 炭素 12.01	7 N 窒素 14.01	8 O 酸素 16.00	9 F フッ素 19.00	10 Ne ネオン 20.18
3	11 Na ナトリウム 22.99	12 Mg マグネシウム 24.31											13 Al アルミニウム 26.98	14 Si ケイ素 28.09	15 P リン 30.97	16 S 硫黄 32.07	17 Cl 塩素 35.45	18 Ar アルゴン 39.95
4	19 K カリウム 39.10	20 Ca カルシウム 40.08	21 Sc スカンジウム 44.96	22 Ti チタン 47.87	23 V バナジウム 50.94	24 Cr クロム 52.00	25 Mn マンガン 54.94	26 Fe 鉄 55.85	27 Co コバルト 58.93	28 Ni ニッケル 58.69	29 Cu 銅 63.55	30 Zn 亜鉛 65.38	31 Ga ガリウム 69.72	32 Ge ゲルマニウム 72.63	33 As ヒ素 74.92	34 Se セレン 78.96	35 Br 臭素 79.90	36 Kr クリプトン 83.80
5	37 Rb ルビジウム 85.47	38 Sr ストロンチウム 87.62	39 Y イットリウム 88.91	40 Zr ジルコニウム 91.22	41 Nb ニオブ 92.91	42 Mo モリブデン 95.96	43 Tc テクネチウム (99)	44 Ru ルテニウム 101.1	45 Rh ロジウム 102.9	46 Pd パラジウム 106.4	47 Ag 銀 107.9	48 Cd カドミウム 112.4	49 In インジウム 114.8	50 Sn スズ 118.7	51 Sb アンチモン 121.8	52 Te テルル 127.6	53 I ヨウ素 126.9	54 Xe キセノン 131.3
6	55 Cs セシウム 132.9	56 Ba バリウム 137.3	57〜71 ランタノイド	72 Hf ハフニウム 178.5	73 Ta タンタル 180.9	74 W タングステン 183.8	75 Re レニウム 186.2	76 Os オスミウム 190.2	77 Ir イリジウム 192.2	78 Pt 白金 195.1	79 Au 金 197.0	80 Hg 水銀 200.6	81 Tl タリウム 204.4	82 Pb 鉛 207.2	83 Bi ビスマス 209.0	84 Po ポロニウム (210)	85 At アスタチン (210)	86 Rn ラドン (222)
7	87 Fr フランシウム (223)	88 Ra ラジウム (226)	87〜103 アクチノイド	104 Rf ラザホージウム (267)	105 Db ドブニウム (268)	106 Sg シーボーギウム (271)	107 Bh ボーリウム (272)	108 Hs ハッシウム (277)	109 Mt マイトネリウム (276)	110 Ds ダームスタチウム (281)	111 Rg レントゲニウム (280)	112 Cn コペルニシウム (285)	113 Nh ニホニウム (278)	114 Fl フレロビウム (289)	115 Mc モスコビウム (289)	116 Lv リバモリウム (293)	117 Ts テネシン (293)	118 Og オガネソン (294)

ランタノイド	57 La ランタン 138.9	58 Ce セリウム 140.1	59 Pr プラセオジム 140.9	60 Nd ネオジム 144.2	61 Pm プロメチウム (145)	62 Sm サマリウム 150.4	63 Eu ユウロピウム 152.0	64 Gd ガドリニウム 157.3	65 Tb テルビウム 158.9	66 Dy ジスプロシウム 162.5	67 Ho ホルミウム 164.9	68 Er エルビウム 167.3	69 Tm ツリウム 168.9	70 Yb イッテルビウム 173.1	71 Lu ルテチウム 175.0
アクチノイド	89 Ac アクチニウム (227)	90 Th トリウム 232.0	91 Pa プロトアクチニウム 231.0	92 U ウラン 238.0	93 Np ネプツニウム (237)	94 Pu プルトニウム (239)	95 Am アメリシウム (243)	96 Cm キュリウム (247)	97 Bk バークリウム (247)	98 Cf カリホルニウム (252)	99 Es アインスタイニウム (252)	100 Fm フェルミウム (257)	101 Md メンデレビウム (258)	102 No ノーベリウム (259)	103 Lr ローレンシウム (262)

物理で使う数学の基礎知識

❶ 2次方程式の解の公式と判別式

①**解の公式**…係数が実数の2次方程式

$ax^2+bx+c=0$

の解は，

$$x=\frac{-b\pm\sqrt{b^2-4ac}}{2a}$$

②**判別式**…①の2次方程式において

$D=b^2-4ac$ を（2次方程式の解の）判別式といい，実数解の個数の判別に用いる。

$D>0 \Longleftrightarrow$ **2つの実数解**

$D=0 \Longleftrightarrow$ **1つの実数解（重解）**

$D<0 \Longleftrightarrow$ **実数解なし（虚数解）**

❷ 弧度法

半径 r の円で，中心角 θ となる扇形の円弧 l を考えて，$l=r$ となるときの中心角 θ を1 rad（1ラジアン）とする。

$$\theta=\frac{l}{r}$$

$360°=2\pi\,\mathrm{rad}$

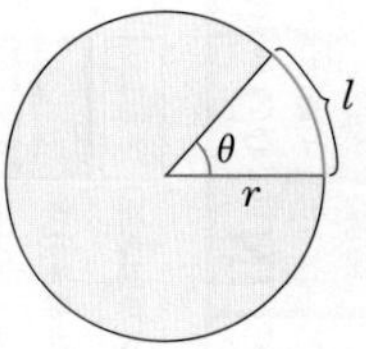

❸ 三角関数

①**三角関数の定義**…図のような座標平面上の半径 r の円を考える。点Pの座標を $(x,\ y)$，OPと x 軸の正方向とのなす角を θ として，次のように定義する。

$$\sin\theta=\frac{y}{r}$$

$$\cos\theta=\frac{x}{r}$$

$$\tan\theta=\frac{y}{x}$$

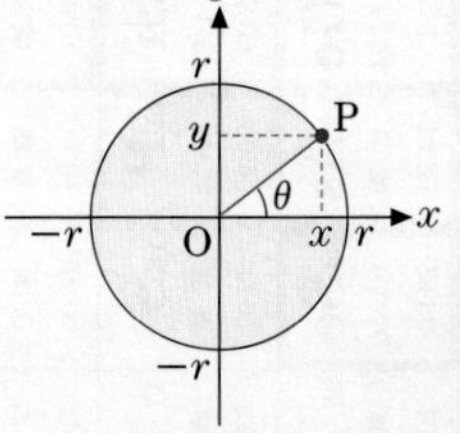

また，それぞれの2乗を $\sin^2\theta$，$\cos^2\theta$，$\tan^2\theta$ と書く。

②**三角関数の公式**　（すべて複号同順）

$$\tan\theta=\frac{\sin\theta}{\cos\theta} \qquad \sin^2\theta+\cos^2\theta=1$$

負角公式

$$\begin{cases}\sin(-\theta)=-\sin\theta\\ \cos(-\theta)=\cos\theta\\ \tan(-\theta)=-\tan\theta\end{cases}$$

余角公式

$$\begin{cases}\sin\left(\theta\pm\dfrac{\pi}{2}\right)=\pm\cos\theta\\ \cos\left(\theta\pm\dfrac{\pi}{2}\right)=\mp\sin\theta\end{cases}$$

補角公式

$$\begin{cases}\sin(\theta\pm\pi)=-\sin\theta\\ \cos(\theta\pm\pi)=-\cos\theta\\ \tan(\theta\pm\pi)=\tan\theta\end{cases}$$

加法定理

$$\begin{cases}\sin(\alpha\pm\beta)\\ \qquad=\sin\alpha\cos\beta\pm\cos\alpha\sin\beta\\ \cos(\alpha\pm\beta)\\ \qquad=\cos\alpha\cos\beta\mp\sin\alpha\sin\beta\end{cases}$$

2倍角の公式

$$\begin{cases}\sin2\theta=2\sin\theta\cos\theta\\ \cos2\theta=2\cos^2\theta-1\\ \qquad\quad=1-2\sin^2\theta\end{cases}$$

和積の公式

$$\sin\alpha\pm\sin\beta=2\sin\frac{\alpha\pm\beta}{2}\cos\frac{\alpha\mp\beta}{2}$$

合成公式

$$a\sin\theta+b\cos\theta$$
$$=\sqrt{a^2+b^2}\sin(\theta+\phi)$$

ただし，

$$\begin{cases}\sin\phi=\dfrac{b}{\sqrt{a^2+b^2}}\\ \cos\phi=\dfrac{a}{\sqrt{a^2+b^2}}\end{cases}$$

❹ ベクトル

①**ベクトル**…大きさと向きをもつ量をベクトルといい，始点と終点を結ぶ矢印のついた線分で表す。記号では $\vec{a}$，$\vec{b}$，…と表す。

②**ベクトルの相等**

平行移動で重なるベクトルは等しい。

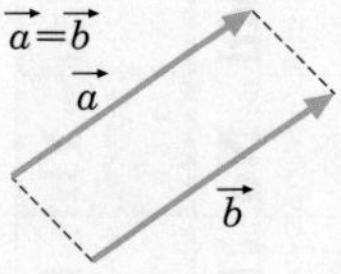

③逆ベクトル

大きさが同じで向きが反対のベクトル。

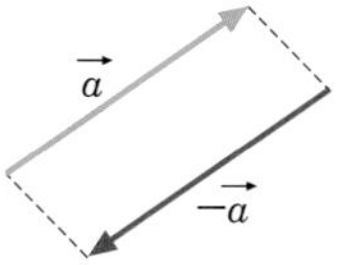

④ベクトルの実数倍

$k>0$なら同じ向きでk倍の大きさ。

$k<0$なら向きが逆で$-k$倍の大きさ。

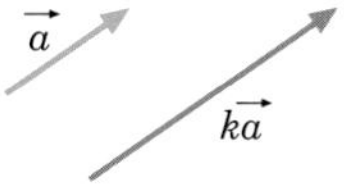

⑤ベクトルの和

(a)始点をそろえて平行四辺形をつくる。

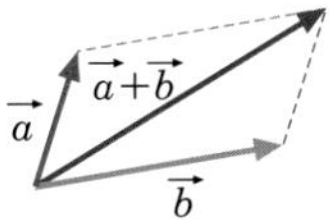

(b)一方の終点と他方の始点をそろえて三角形をつくる。

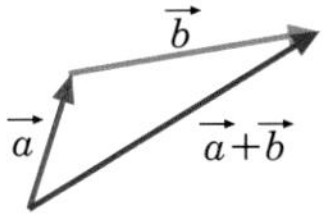

(c)各成分の和をとる(⑦)。

⑥ベクトルの差

(a)$\vec{a}$と$-\vec{b}$で平行四辺形をつくる。

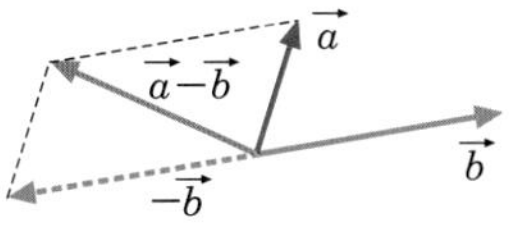

(b)始点どうしをそろえて三角形をつくる。

(c)各成分の差をとる(⑦)。

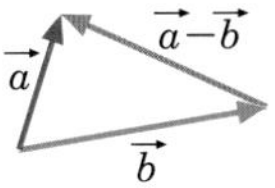

⑦ベクトルの成分

図のように，$\vec{a}$の始点を原点Oにして，$\vec{a}$を座標平面上にとったとき，終点のx座標a_x，y座標a_yがそれぞれ$\vec{a}$のx成分，y成分である。

$\vec{a}=(a_x,\ a_y)$

$a=|\vec{a}|=\sqrt{a_x^2+a_y^2}$

$a_x=a\cos\theta,\ a_y=a\sin\theta$

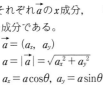

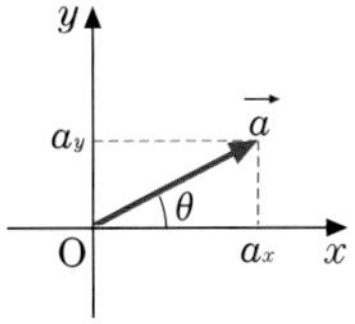

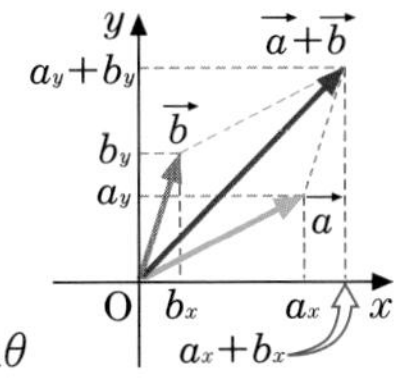

$\vec{a}=(a_x,\ a_y)$，$\vec{b}=(b_x,\ b_y)$のとき，

$\vec{a}\pm\vec{b}=(a_x\pm b_x,\ a_y\pm b_y)$

$k\vec{a}=(ka_x,\ ka_y)$

$\vec{a}\cdot\vec{b}=a_xb_x+a_yb_y=ab\cos\theta$

(θは$\vec{a}$と$\vec{b}$のなす角)

$\vec{a}\cdot\vec{b}$を$\vec{a}$と$\vec{b}$の内積という。

❺指数法則

$a\neq 0$で，nが正の整数のとき，

$$a^0=1,\quad a^{-n}=\frac{1}{a^n}$$

$a\neq 0$で，m，nが整数のとき，

$$a^m\times a^n=a^{m+n}$$

$$a^m\div a^n=a^{m-n}$$

$$\left(\frac{b}{a}\right)^m=\frac{b^m}{a^m},\quad (a^m)^n=a^{mn}$$

$$a^{\frac{n}{m}}=\sqrt[m]{a^n}$$ (この場合は$m>0$)

❻対数法則

aは正の定数で$a\neq 1$とする。$x=a^y$のとき，$y=\log_a x$と表し，aを底(てい)とする対数という。とくに底が10の対数を常用対数という。

$$\log_a a=1,\qquad \log_a 1=0$$

$$\log_a xy=\log_a x+\log_a y$$

$$\log_a\frac{x}{y}=\log_a x-\log_a y$$

$$\log_a x^n=n\log_a x$$

❼近似計算式

①$|x|$が1よりじゅうぶん小さいとき，xの2次以上の項を無視してよい。

$$(1+x)^n=1+nx+\frac{n(n-1)}{2}x^2+\cdots$$

$$\fallingdotseq 1+nx$$

nが整数でない場合でも，同様に近似できる。

$$\sqrt{1+x}=(1+x)^{\frac{1}{2}}\fallingdotseq 1+\frac{1}{2}x$$

②角度θ〔rad〕がじゅうぶん小さいとき，

$$\begin{cases}\sin\theta\fallingdotseq\theta\\ \cos\theta\fallingdotseq 1\\ \tan\theta\fallingdotseq\theta\end{cases}$$

三角関数表

角度θ 度	ラジアン	正弦 $\sin\theta$	余弦 $\cos\theta$	正接 $\tan\theta$
0	0.0000	0.0000	1.0000	0.0000
1	0.0175	0.0175	0.9998	0.0175
2	0.0349	0.0349	0.9994	0.0349
3	0.0524	0.0523	0.9986	0.0524
4	0.0698	0.0698	0.9976	0.0699
5	0.0873	0.0872	0.9962	0.0875
6	0.1047	0.1045	0.9945	0.1051
7	0.1222	0.1219	0.9925	0.1228
8	0.1396	0.1392	0.9903	0.1405
9	0.1571	0.1564	0.9877	0.1584
10	0.1745	0.1736	0.9848	0.1763
11	0.1920	0.1908	0.9816	0.1944
12	0.2094	0.2079	0.9781	0.2126
13	0.2269	0.2250	0.9744	0.2309
14	0.2443	0.2419	0.9703	0.2493
15	0.2618	0.2588	0.9659	0.2679
16	0.2793	0.2756	0.9613	0.2867
17	0.2967	0.2924	0.9563	0.3057
18	0.3142	0.3090	0.9511	0.3249
19	0.3316	0.3256	0.9455	0.3443
20	0.3491	0.3420	0.9397	0.3640
21	0.3665	0.3584	0.9336	0.3839
22	0.3840	0.3746	0.9272	0.4040
23	0.4014	0.3907	0.9205	0.4245
24	0.4189	0.4067	0.9135	0.4452
25	0.4363	0.4226	0.9063	0.4663
26	0.4538	0.4384	0.8988	0.4877
27	0.4712	0.4540	0.8910	0.5095
28	0.4887	0.4695	0.8829	0.5317
29	0.5061	0.4848	0.8746	0.5543
30	0.5236	0.5000	0.8660	0.5774
31	0.5411	0.5150	0.8572	0.6009
32	0.5585	0.5299	0.8480	0.6249
33	0.5760	0.5446	0.8387	0.6494
34	0.5934	0.5592	0.8290	0.6745
35	0.6109	0.5736	0.8192	0.7002
36	0.6283	0.5878	0.8090	0.7265
37	0.6458	0.6018	0.7986	0.7536
38	0.6632	0.6157	0.7880	0.7813
39	0.6807	0.6293	0.7771	0.8098
40	0.6981	0.6428	0.7660	0.8391
41	0.7156	0.6561	0.7547	0.8693
42	0.7330	0.6691	0.7431	0.9004
43	0.7505	0.6820	0.7314	0.9325
44	0.7679	0.6947	0.7193	0.9657
45	0.7854	0.7071	0.7071	1.0000

角度θ 度	ラジアン	正弦 $\sin\theta$	余弦 $\cos\theta$	正接 $\tan\theta$
46	0.8029	0.7193	0.6947	1.0355
47	0.8203	0.7314	0.6820	1.0724
48	0.8378	0.7431	0.6691	1.1106
49	0.8552	0.7547	0.6561	1.1504
50	0.8727	0.7660	0.6428	1.1918
51	0.8901	0.7771	0.6293	1.2349
52	0.9076	0.7880	0.6157	1.2799
53	0.9250	0.7986	0.6018	1.3270
54	0.9425	0.8090	0.5878	1.3764
55	0.9599	0.8192	0.5736	1.4281
56	0.9774	0.8290	0.5592	1.4826
57	0.9948	0.8387	0.5446	1.5399
58	1.0123	0.8480	0.5299	1.6003
59	1.0297	0.8572	0.5150	1.6643
60	1.0472	0.8660	0.5000	1.7321
61	1.0647	0.8746	0.4848	1.8040
62	1.0821	0.8829	0.4695	1.8807
63	1.0996	0.8910	0.4540	1.9626
64	1.1170	0.8988	0.4384	2.0503
65	1.1345	0.9063	0.4226	2.1445
66	1.1519	0.9135	0.4067	2.2460
67	1.1694	0.9205	0.3907	2.3559
68	1.1868	0.9272	0.3746	2.4751
69	1.2043	0.9336	0.3584	2.6051
70	1.2217	0.9397	0.3420	2.7475
71	1.2392	0.9455	0.3256	2.9042
72	1.2566	0.9511	0.3090	3.0777
73	1.2741	0.9563	0.2924	3.2709
74	1.2915	0.9613	0.2756	3.4874
75	1.3090	0.9659	0.2588	3.7321
76	1.3265	0.9703	0.2419	4.0108
77	1.3439	0.9744	0.2250	4.3315
78	1.3614	0.9781	0.2079	4.7046
79	1.3788	0.9816	0.1908	5.1446
80	1.3963	0.9848	0.1736	5.6713
81	1.4137	0.9877	0.1564	6.3138
82	1.4312	0.9903	0.1392	7.1154
83	1.4486	0.9925	0.1219	8.1443
84	1.4661	0.9945	0.1045	9.5144
85	1.4835	0.9962	0.0872	11.4301
86	1.5010	0.9976	0.0698	14.3007
87	1.5184	0.9986	0.0523	19.0811
88	1.5359	0.9994	0.0349	28.6363
89	1.5533	0.9998	0.0175	57.2900
90	1.5708	1.0000	0.0000	∞

★$\theta > 90°$の場合は補角公式や余角公式(☞ p.506)を用いて求める。

平方・平方根表

n^2	n	$\sqrt{n}$
1	**1**	$1 = 1.0000$
4	**2**	$\sqrt{2} = 1.4142$
9	**3**	$\sqrt{3} = 1.7321$
16	**4**	$2 = 2.0000$
25	**5**	$\sqrt{5} = 2.2361$
36	**6**	$\sqrt{6} = 2.4495$
49	**7**	$\sqrt{7} = 2.6458$
64	**8**	$2\sqrt{2} = 2.8284$
81	**9**	$3 = 3.0000$
100	**10**	$\sqrt{10} = 3.1623$
121	**11**	$\sqrt{11} = 3.3166$
144	**12**	$2\sqrt{3} = 3.4641$
169	**13**	$\sqrt{13} = 3.6056$
196	**14**	$\sqrt{14} = 3.7417$
225	**15**	$\sqrt{15} = 3.8730$
256	**16**	$4 = 4.0000$
289	**17**	$\sqrt{17} = 4.1231$
324	**18**	$3\sqrt{2} = 4.2426$
361	**19**	$\sqrt{19} = 4.3589$
400	**20**	$2\sqrt{5} = 4.4721$
441	**21**	$\sqrt{21} = 4.5826$
484	**22**	$\sqrt{22} = 4.6904$
529	**23**	$\sqrt{23} = 4.7958$
576	**24**	$2\sqrt{6} = 4.8990$
625	**25**	$5 = 5.0000$
676	**26**	$\sqrt{26} = 5.0990$
729	**27**	$3\sqrt{3} = 5.1962$
784	**28**	$2\sqrt{7} = 5.2915$
841	**29**	$\sqrt{29} = 5.3852$
900	**30**	$\sqrt{30} = 5.4772$
961	**31**	$\sqrt{31} = 5.5678$
1024	**32**	$4\sqrt{2} = 5.6569$
1089	**33**	$\sqrt{33} = 5.7446$
1156	**34**	$\sqrt{34} = 5.8310$
1225	**35**	$\sqrt{35} = 5.9161$

n^2	n	$\sqrt{n}$
1296	**36**	$6 = 6.0000$
1369	**37**	$\sqrt{37} = 6.0828$
1444	**38**	$\sqrt{38} = 6.1644$
1521	**39**	$\sqrt{39} = 6.2450$
1600	**40**	$2\sqrt{10} = 6.3246$
1681	**41**	$\sqrt{41} = 6.4031$
1764	**42**	$\sqrt{42} = 6.4807$
1849	**43**	$\sqrt{43} = 6.5574$
1936	**44**	$2\sqrt{11} = 6.6332$
2025	**45**	$3\sqrt{5} = 6.7082$
2116	**46**	$\sqrt{46} = 6.7823$
2209	**47**	$\sqrt{47} = 6.8557$
2304	**48**	$4\sqrt{3} = 6.9282$
2401	**49**	$7 = 7.0000$
2500	**50**	$5\sqrt{2} = 7.0711$
2601	**51**	$\sqrt{51} = 7.1414$
2704	**52**	$2\sqrt{13} = 7.2111$
2809	**53**	$\sqrt{53} = 7.2801$
2916	**54**	$3\sqrt{6} = 7.3485$
3025	**55**	$\sqrt{55} = 7.4162$
3136	**56**	$2\sqrt{14} = 7.4833$
3249	**57**	$\sqrt{57} = 7.5498$
3364	**58**	$\sqrt{58} = 7.6158$
3481	**59**	$\sqrt{59} = 7.6811$
3600	**60**	$2\sqrt{15} = 7.7460$
3721	**61**	$\sqrt{61} = 7.8102$
3844	**62**	$\sqrt{62} = 7.8740$
3969	**63**	$3\sqrt{7} = 7.9373$
4096	**64**	$8 = 8.0000$
4225	**65**	$\sqrt{65} = 8.0623$
4356	**66**	$\sqrt{66} = 8.1240$
4489	**67**	$\sqrt{67} = 8.1854$
4624	**68**	$2\sqrt{17} = 8.2462$
4761	**69**	$\sqrt{69} = 8.3066$
4900	**70**	$\sqrt{70} = 8.3666$

n^2	n	$\sqrt{n}$
5041	**71**	$\sqrt{71} = 8.4261$
5184	**72**	$6\sqrt{2} = 8.4853$
5329	**73**	$\sqrt{73} = 8.5440$
5476	**74**	$\sqrt{74} = 8.6023$
5625	**75**	$5\sqrt{3} = 8.6603$
5776	**76**	$2\sqrt{19} = 8.7178$
5929	**77**	$\sqrt{77} = 8.7750$
6084	**78**	$\sqrt{78} = 8.8318$
6241	**79**	$\sqrt{79} = 8.8882$
6400	**80**	$4\sqrt{5} = 8.9443$
6561	**81**	$9 = 9.0000$
6724	**82**	$\sqrt{82} = 9.0554$
6889	**83**	$\sqrt{83} = 9.1104$
7056	**84**	$2\sqrt{21} = 9.1652$
7225	**85**	$\sqrt{85} = 9.2195$
7396	**86**	$\sqrt{86} = 9.2736$
7569	**87**	$\sqrt{87} = 9.3274$
7744	**88**	$2\sqrt{22} = 9.3808$
7921	**89**	$\sqrt{89} = 9.4340$
8100	**90**	$3\sqrt{10} = 9.4868$
8281	**91**	$\sqrt{91} = 9.5394$
8464	**92**	$2\sqrt{23} = 9.5917$
8649	**93**	$\sqrt{93} = 9.6437$
8836	**94**	$\sqrt{94} = 9.6954$
9025	**95**	$\sqrt{95} = 9.7468$
9216	**96**	$4\sqrt{6} = 9.7980$
9409	**97**	$\sqrt{97} = 9.8489$
9604	**98**	$7\sqrt{2} = 9.8995$
9801	**99**	$3\sqrt{11} = 9.9499$
10000	**100**	$10 = 10.0000$
10201	**101**	$\sqrt{101} = 10.0499$
10404	**102**	$\sqrt{102} = 10.0995$
10609	**103**	$\sqrt{103} = 10.1489$
10816	**104**	$2\sqrt{26} = 10.1980$
11025	**105**	$\sqrt{105} = 10.2470$

問題の解答

第１編
物体の運動

p.23 類題

1 (1)北向きを正にとって考えると，船Aの速度$v_A=15$m/s，船Bの速度$v_B=10$m/sなので，船Aから見た船Bの相対速度v_{AB}は，

$$v_{AB}=v_B-v_A=-5\,\text{m/s}$$

となり，北向きが正なので**南向きに5m/s**。

(2)(1)と同様に北向きを正にとると，船Aから見た船Cの相対速度v_{AC}は，

$$v_{AC}=v_C-v_A=-5-15=-20\,\text{m/s}$$

となり，南向きに20m/sとなる。

ここで，もとの時刻に船Cは船Aから見て21.4km北にいたので，船Aと船Cが同じ位置にたどり着く時刻tは，船Aから見て船Cが21.4km南に進んだ時刻である。よって，

$$t=\frac{-21.4\,\text{km}}{v_{AC}}=\frac{-2.14\times10^4\,\text{m}}{-20\,\text{m/s}}$$
$$=1.07\times10^3\,\text{s}\fallingdotseq1.1\times10^3\,\text{s}$$

2 (1)東向きを正として，Bから見たAの相対速度v_1は，

$$v_1=v_A-v_B=30-(-50)=80\,\text{km/h}$$

となるので，**東向きに80km/h**

(2)Aから見たBの相対速度v_2は，

$$v_2=v_B-v_A=-50-30=-80\,\text{km/h}$$

となるので，**西向きに80km/h**

(3)**向きが逆で大きさが同じ**である。

p.28 類題

3 50.4km/h＝14m/sであるから，ブレーキをかけるまでに進む距離x_1は，

$$x_1=14\times0.60=8.4\,\text{m}$$

ブレーキをかけてから止まるまでに進む距離をx_2〔m〕とすると，$v^2-v_0{}^2=2ax$より，

$$0^2-14^2=2\times(-4.0)x_2\qquad x_2=24.5\,\text{m}$$

よって，$8.4+24.5=32.9\fallingdotseq33\,\text{m}$

p.30 類題

4 (1)(1・11)式$v=v_0+at$より，

$$0=3.0-2.5t\quad よって，\quad t=1.2\,\text{s}$$

(2)(1・12)式$x=v_0t+\frac{1}{2}at^2$より，

$$x=3.0\times1.2-\frac{1}{2}\times2.5\times1.2^2=1.8\,\text{m}$$

(3)(1・12)式より，$\frac{1.8}{2}=0\times t+\frac{1}{2}\times2.5t^2$

$$よって，\quad t=\sqrt{0.72}=0.6\sqrt{2}\fallingdotseq0.85\,\text{s}$$

p.34 類題

5 (1・18)式で，$y=0$とおくと，

$$0=v_0t-\frac{1}{2}gt^2\qquad t>0より，\ t=\frac{2v_0}{g}$$

6 (1)衝突直前のA，Bの速度をv_A，v_Bとすれば，(1・14)式，(1・17)式より，

$$\begin{cases}v_A=gt\\ v_B=v_0-gt\end{cases}$$

$v_A=v_B$であるから，$gt=v_0-gt$

$$よって，\quad t=\frac{v_0}{2g}$$

(2)衝突するまでにAが落下した距離をy_A，Bがのぼった距離をy_Bとすると，

$$\begin{cases}y_A=\frac{1}{2}gt^2\\ y_B=v_0t-\frac{1}{2}gt^2\end{cases}$$

よって，Aの最初の高さは，$y_A+y_B=v_0t=\frac{v_0{}^2}{2g}$

p.40 類題

7 岸から見た船の速度$\vec{v}$は，船の速度$\vec{v_{船}}$と川の速度$\vec{v_{川}}$の合成速度である。

三平方の定理より，

$$v=\sqrt{(\vec{v_{川}})^2+(\vec{v_{船}})^2}=\sqrt{1.5^2+3.0^2}$$
$$=\sqrt{1.5^2+(2\times1.5)^2}=1.5\sqrt{1+4}$$
$$=1.5\sqrt{5}=1.5\times2.24\fallingdotseq3.4\,\text{m/s}$$

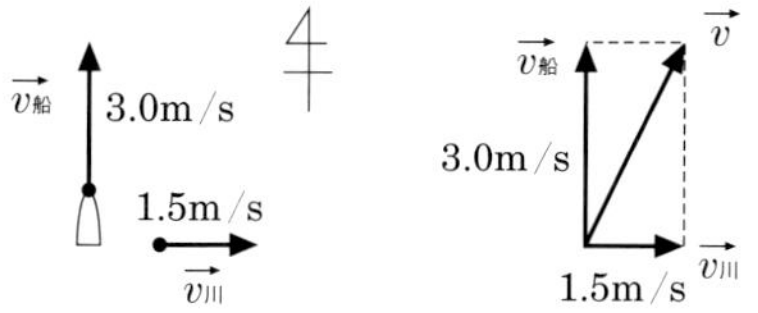

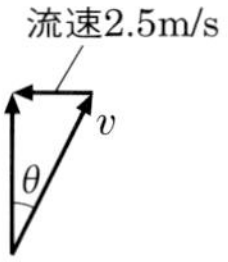

8　船を流れに垂直な方向よりθだけ流れに逆らう方向に向けて，速度vで進ませるとすると，

$$\frac{100}{v\cos\theta}=40 \qquad v\sin\theta=2.5$$

この２式より，$\tan\theta=1.0$　　$\theta=45°$

$$v=\frac{2.5}{\sin45°}=2.5\sqrt{2}$$
$$=2.5\times1.41\fallingdotseq3.5\,\mathrm{m/s}$$

答 45°上流に向けて，3.5m/sで進める。

p.42 類題

9　相対速度$\overrightarrow{v_{BA}}=\overrightarrow{v_A}-\overrightarrow{v_B}=\overrightarrow{v_A}+(-\overrightarrow{v_B})$より，下図のようになる。

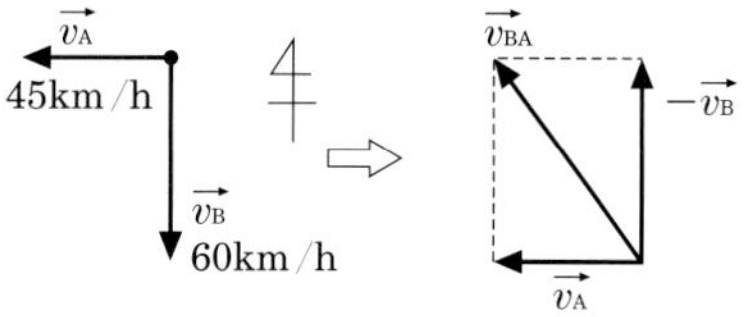

三平方の定理より，

$$v_{BA}=\sqrt{{v_A}^2+{v_B}^2}=\sqrt{45^2+60^2}$$
$$=15\sqrt{3^2+4^2}=75\,\mathrm{km/h}$$

p.45 類題

10　小石の初速度をv_0，小石ががけのふちを通る時刻をt_1とすれば，

$$20=v_0t_1 \qquad 10=\frac{1}{2}\times9.8{t_1}^2$$

この２式より，$v_0=14\,\mathrm{m/s}$

次に，小石ががけの真下からx〔m〕の点に落下するとし，その時刻をt_2とすると，

$$20+x=v_0t_2 \qquad 10+30=\frac{1}{2}\times9.8{t_2}^2$$

この２式より，$x=20\,\mathrm{m}$

p.50 練習問題

① (1)$36\,\mathrm{km/h}=36\times\dfrac{1000\,\mathrm{m}}{3600\,\mathrm{s}}$

$$=10\,\mathrm{m/s}=1.0\times10\,\mathrm{m/s}$$

(2)
$$25\,\mathrm{m/s}=25\times\frac{\frac{1}{1000}\,\mathrm{km}}{\frac{1}{3600}\,\mathrm{h}}$$
$$=25\times\frac{3600}{1000}\,\mathrm{km/h}$$
$$=90\,\mathrm{km/h}=9.0\times10\,\mathrm{km/h}$$

② (1)x-tグラフの傾きが(平均の)速さなので，

$$v=\frac{20-5}{10-0}=1.5\,\mathrm{m/s}$$

(2)x-tグラフの傾きは一定なので，速さは$v=1.5\,\mathrm{m/s}$のままである。よって，加速度は0

(3)5秒での変位xは，

$$x=5+vt=5+1.5\times5=12.5\,\mathrm{m}$$

よって，5秒から10秒までの変位は，

$$20-12.5=7.5\,\mathrm{m}$$

③ (1)2～4秒の平均の速度$\overline{v_1}$は，

$$\overline{v_1}=\frac{11-5}{4-2}=3\,\mathrm{m/s}$$

(2)4～6秒の平均の速度$\overline{v_2}$は

$$\overline{v_2}=\frac{21-11}{6-4}=5\,\mathrm{m/s}$$

(3)平均の加速度$\overline{a}$は，

$$\overline{a}=\frac{(5-3)\,\mathrm{m/s}}{(5-3)\,\mathrm{s}}=1\,\mathrm{m/s^2}$$

④ バスの速度の向き(北向き)を正の向きとして，相対速度を求める。

(1)①$20-15=5\,\mathrm{m/s}$

これは**北向きに**5m/sである。

②$-20-15=-35\,\mathrm{m/s}$

これは**南向きに**35m/sである。

(2)バイクの速度をvとすると，$v-15=10$

ゆえに，$v=25\,\mathrm{m/s}$

これは**北向きに**25m/sである。

⑤ 走っている電車Aから見た雨Bの落下速度は，雨の電車に対する相対速度$\overrightarrow{v_{AB}}$なので，

$$\overrightarrow{v_{AB}}=\overrightarrow{v_B}-\overrightarrow{v_A}=\overrightarrow{v_B}+(-\overrightarrow{v_A})$$

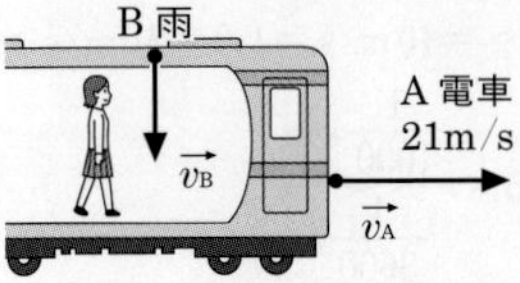

$-\overrightarrow{v_A}$，$\overrightarrow{v_B}$をベクトルの始点をそろえてかくと図のようになる。

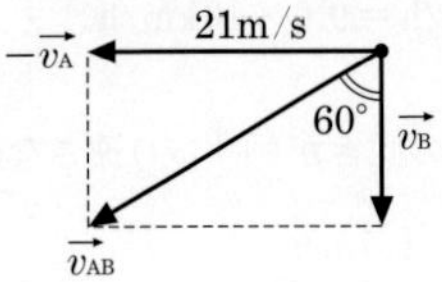

これから，大きさについて，

$$v_A:v_B:v_{AB}=\sqrt{3}:1:2=21:v_B:v_{AB}$$

ゆえに，$v_B=\dfrac{21}{\sqrt{3}}=7\sqrt{3}\fallingdotseq 12\,\mathrm{m/s}$

（別解）$v_B=\dfrac{v_A}{\tan 60°}=\dfrac{21}{\sqrt{3}}\fallingdotseq 12\,\mathrm{m/s}$

⑥ (1)船の速度$\vec{v}$は$v_{船}$と$v_{川}$の合成速度である。

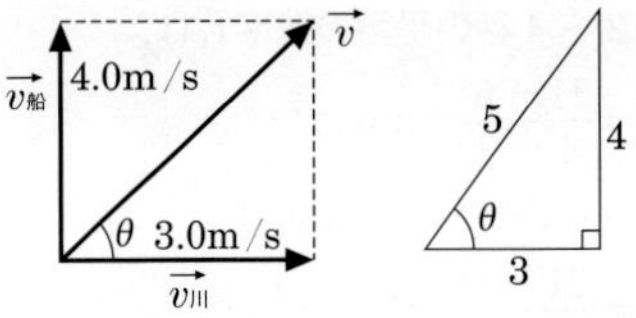

このとき，速度ベクトルのつくる直角三角形の辺の比は3：4：5なので，$\vec{v}$の速さは5.0m/sとなる。このとき，

$$v_x=v_{川}=3.0\,\mathrm{m/s},\quad v_y=v_{船}=4.0\,\mathrm{m/s}$$

(2)x，y方向を図の向きにとる。

$$t=\frac{Y}{v_{船}}=\frac{100}{4.0}=25\,\mathrm{s}$$

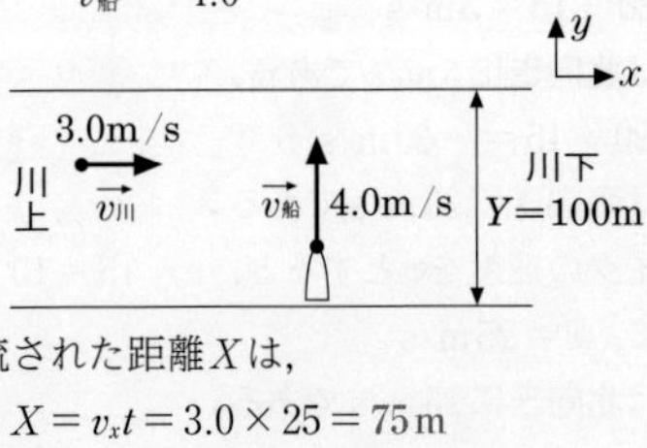

(3)流された距離Xは，

$$X=v_xt=3.0\times 25=75\,\mathrm{m}$$

(4)(1)より，$\tan\theta=\dfrac{v_y}{v_x}=\dfrac{4.0}{3.0}=1.33\cdots\fallingdotseq 1.3$

(5)$\vec{v}=\overrightarrow{v_{船}}+\overrightarrow{v_{川}}$，$\overrightarrow{v_{船}}=\vec{v}+(-\overrightarrow{v_{川}})$

これを図に表すと，下図のようになる。

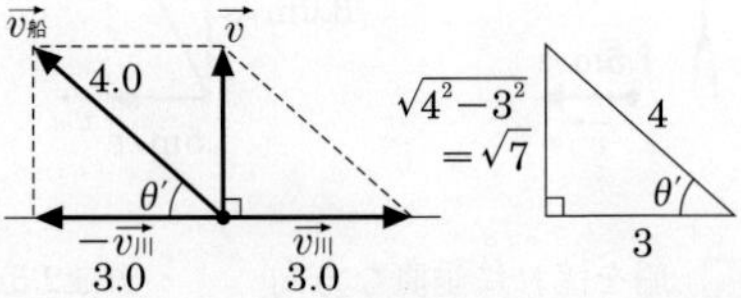

ベクトルのつくる辺の比より，

$$\tan\theta'=\frac{\sqrt{4^2-3^2}}{3}=\frac{\sqrt{7}}{3}=\frac{2.645}{3}\fallingdotseq 0.88$$

よって，三角関数表より$\theta'\fallingdotseq 41°$

⑦ (1)$a=\dfrac{(25-10)\,\mathrm{m/s}}{(5-0)\,\mathrm{s}}=3\,\mathrm{m/s^2}$

(2)$v=v_0+at$より，$0=20+a\times 4$

ゆえに，$|a|=5\,\mathrm{m/s^2}$

(3)$v=v_0+at$より，$-7=3+a\times 5$

ゆえに，$|a|=2\,\mathrm{m/s^2}$

⑧ (1)0s～2sの加速度a_1は，

$$a_1=\frac{(16-0)\,\mathrm{m/s}}{(2.0-0)\,\mathrm{s}}=8\,\mathrm{m/s^2}$$

2s～6sの加速度a_2は，

$$a_2=\frac{(16-16)\,\mathrm{m/s}}{(6.0-2.0)\,\mathrm{s}}=0\,\mathrm{m/s^2}$$

6s～10sの加速度a_3は，

$$a_3=\frac{(0-16)\,\mathrm{m/s}}{(10.0-6.0)\,\mathrm{s}}=-4\,\mathrm{m/s^2}$$

(2)v-tグラフとt軸との囲む面積が移動距離lを表すので，

$$l=\frac{2.0\times 16}{2}+16\times(6.0-2.0)+\frac{(10.0-6.0)\times 16}{2}$$
$$=16+64+32=112\,\mathrm{m}$$

(3)$\bar{v}=\dfrac{l}{t}=\dfrac{112}{10.0}=11.2\,\mathrm{m/s}$

⑨ (1)$v=v_0+at$より，$t=0$で$v_0=10\,\mathrm{m/s}$

$t=12$で$-14=10+a\times 12$

よって，$a=-2.0\,\mathrm{m/s^2}$　**左向きに2.0m/s²**

(2)$v=v_0+at=10-2.0t$

(3)$0=10-2.0t$より，$t=5.0\,\mathrm{s}$

(4)$x=v_0t+\dfrac{a}{2}t^2=10t-t^2$

(5) $x = 10 \times 12 - 12^2 = 120 - 144 = -24\,\mathrm{m}$
すなわち，**左向きに**24m
(6)(3)より，$t = 5.0\,\mathrm{s}$で右向きの運動が左向きの運動に変わる。
$t = 5.0\,\mathrm{s}$のとき，$x = 10 \times 5 - 5^2 = 25\,\mathrm{m}$
よって，0s～5sでの移動距離l_1は，
$$l_1 = |25 - 0| = 25\,\mathrm{m}$$
5s～12sでの移動距離l_2は，
$$l_2 = |-24 - 25| = 49\,\mathrm{m}$$
求める距離lは，
$$l = l_1 + l_2 = 25 + 49 = 74\,\mathrm{m}$$

⑩ (1) $v = v_0 + at$より，$30 = 10 + 25a$
よって，$a = 0.80\,\mathrm{m/s^2}$
(2) $v^2 - v_0{}^2 = 2ax$より，
$$15^2 - 5.0^2 = 2 \times a \times 100$$
よって，$a = 1.0\,\mathrm{m/s^2}$
(3) $v = v_0 + at$より，
$$v = 2.0 + 0.5 \times 10 = 7.0\,\mathrm{m/s}$$
$v^2 - v_0{}^2 = 2ax$より，$x = \dfrac{7.0^2 - 2.0^2}{2 \times 0.5} = 45\,\mathrm{m}$

⑪ (1) $v^2 - v_0{}^2 = 2ax$より，
$$0^2 - 12^2 = 2 \times a \times 18$$
よって，$a = -4.0\,\mathrm{m/s^2}$
(2) $v = v_0 + at$より，$0 = 12 - 4.0t$
よって，$t = 3.0\,\mathrm{s}$
(3)
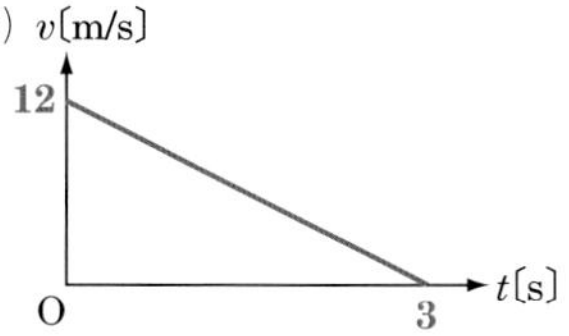

⑫ (1)重力加速度gだけがはたらく。**下向きに**$9.8\,\mathrm{m/s^2}$
(2) $v_1 = v_0 + at = 0 + 9.8 \times 1.0 = 9.8\,\mathrm{m/s}$
(3) $y_1 = v_0 t + \dfrac{at^2}{2} = 0 + \dfrac{9.8}{2} \times 1.0^2 = 4.9\,\mathrm{m}$
(4) $19.6 = \dfrac{9.8}{2} t_2{}^2$　ゆえに，$t_2 = 2.0\,\mathrm{s}$
(5) $v_2 = v_0 + at = 0 + 9.8 \times 2.0 = 19.6 \fallingdotseq 20\,\mathrm{m/s}$
(6) $v = v_0 + at$
$= 0 + 9.8t$
$= 9.8t$

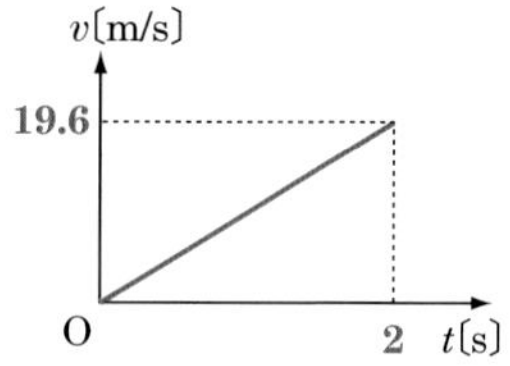

(7) $y = v_0 t + \dfrac{at^2}{2}$
$= \dfrac{9.8}{2} t^2$
$= 4.9t^2$

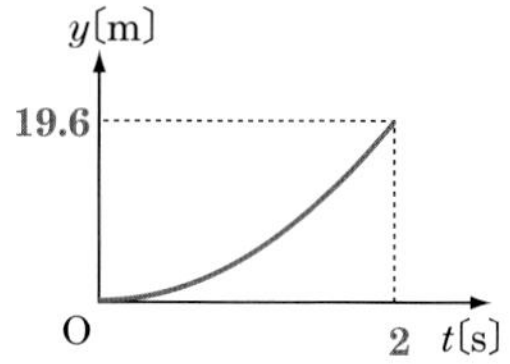

⑬ **①自由落下　②質量**　③9.8
④(標準)重力加速度　⑤g　⑥gt　⑦$\dfrac{1}{2}gt^2$

⑭ (1)初速度v_0〔m/s〕，重力加速度$g = 9.8\,\mathrm{m/s^2}$とすると，鉛直投射なので，
$$\text{速度}：v = v_0 - gt \qquad \text{高さ}：y = v_0 t - \frac{g}{2}t^2$$
一方，最高点の時刻をt_1とすると，最高点では$v = 0$となることより，
$$0 = v_0 - 9.8t_1$$
ここで，問いのグラフより，$t_1 = 1.0\,\mathrm{s}$
よって，$v_0 = 9.8 \times 1.0 = 9.8\,\mathrm{m/s}$
ゆえに，最高点$y_{\max}$は
$$y_{\max} = 9.8 \times 1.0 - \frac{9.8}{2} \times 1.0^2 = 4.9\,\mathrm{m}$$
(2)火星における鉛直投射の速度と高さの式は，
速度$v = 9.8 - 3.7t$　　高さ$y = 9.8t - \dfrac{3.7}{2}t^2$
最高点で$v = 0$となることから，
$$9.8 - 3.7t = 0 \qquad t = \frac{9.8}{3.7} \fallingdotseq 2.6\,\mathrm{s}$$
また，最高点$y_{\max}$は，
$$y_{\max} = 9.8 \times \frac{9.8}{3.7} - \frac{3.7}{2} \times \left(\frac{9.8}{3.7}\right)^2$$
$$= \frac{9.8^2}{2 \times 3.7} \fallingdotseq 13\,\mathrm{m}$$
これを満たすグラフは**エ**である。

⑮ (1) $v_1 = v_0 - gt = 19.6 - 9.8 \times 1.0$
$= 9.8\,\mathrm{m/s}$

$y_1 = v_0t - \dfrac{gt^2}{2} = 19.6 \times 1.0 - \dfrac{9.8}{2} \times 1.0^2$

$= 14.7\,\mathrm{m}$

(2)最高点で$v = 0$より，

$0 = v_0 - gt = 19.6 - 9.8t_2$

ゆえに，$t_2 = 2.0\,\mathrm{s}$，$v_2 = 0\,\mathrm{m/s}$

(3)$y_{\max} = v_0t_2 - \dfrac{gt_2{}^2}{2}$

$= 19.6 \times 2.0 - 4.9 \times 2.0^2 = 19.6\,\mathrm{m}$

(4)$y = 0 = v_0t - \dfrac{gt^2}{2} = 19.6t - 4.9t^2$

$= 4.9t(4.0 - 1.0t)$

$t \neq 0$より，$t_3 = 4.0\,\mathrm{s}$

また，t_3はt_2の2倍である。

(5)$v_3 = v_0 - gt_3 = 19.6 - 9.8 \times 4.0$

$= -19.6\,\mathrm{m/s}$

(6)

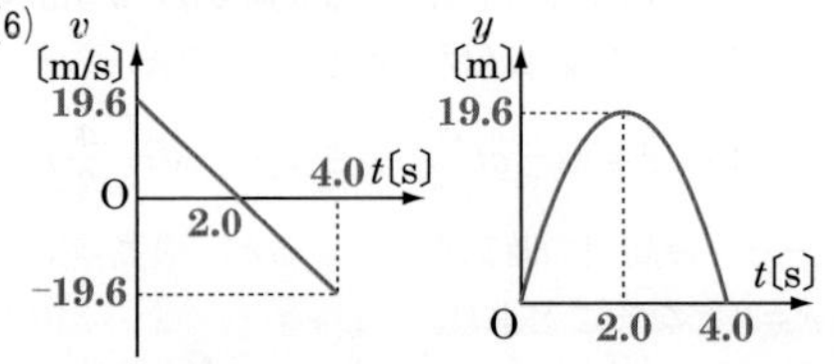

⑯　水平右方向をxの正の向き，鉛直下方向をyの正の向きとする。x方向は初速度$v_0 = 14.7\,\mathrm{m/s}$の等速直線運動，y方向は自由落下運動となる。

(1)y方向は自由落下運動なので，

$y = 19.6 = \dfrac{g}{2}t^2 = 4.9t^2$

ゆえに，$t = 2.0\,\mathrm{s}$

(2)x方向は等速直線運動なので，

$x = v_0t = 14.7 \times 2.0 \fallingdotseq 29\,\mathrm{m}$

(3)速度のx，y成分をそれぞれv_x，v_yとする。

$v_x = 14.7\,\mathrm{m/s}$

$v_y = gt = 9.8 \times 2.0 = 19.6\,\mathrm{m/s}$

$v = \sqrt{v_x{}^2 + v_y{}^2} = \sqrt{14.7^2 + 19.6^2}$

$= 4.9\sqrt{3^2 + 4^2} = 24.5 \fallingdotseq 25\,\mathrm{m/s}$

(4)$\tan\theta = \dfrac{v_y}{v_x} = \dfrac{19.6}{14.7} \fallingdotseq 1.33$

⑰　(1)x方向…等速直線運動

y方向…鉛直投射［等加速度直線運動］

(2)最高点で速度のy成分$v_y = 0$なので，

$v_y = 0 = 9.8 - 9.8t$　　$t = 1.0\,\mathrm{s}$

(3)$y = 0$となる時刻なので，$y = v_0t - \dfrac{g}{2}t^2$より，

$0 = 9.8t - 4.9t^2$

$t \neq 0$となる解は，$t = 2.0\,\mathrm{s}$

(4)$x = v_xt = 5.0 \times 2.0 = 10\,\mathrm{m}$

⑱　(1)再び地表にもどる時間t_2は，最高点に達する時間t_1の2倍である。一方，問題文より$t_2 = 6.0\,\mathrm{s}$なので，$t_1 = 3.0\,\mathrm{s}$

よって，3.0秒後。

(2)最高点の高さを$y_{\max}$，速度の鉛直成分をv_y，初速度の鉛直成分をv_{0y}とする。

最高点で，$v_y = v_{0y} - gt_1 = 0$

ゆえに，$v_{0y} = gt_1 = 9.8 \times 3.0 = 29.4\,\mathrm{m/s}$

よって，最高点$y_{\max}$は，

$y_{\max} = v_{0y}t_1 - \dfrac{g}{2}t_1{}^2$

$= 29.4 \times 3.0 - 4.9 \times 3.0^2$

$= 88.2 - 44.1 \fallingdotseq 44\,\mathrm{m}$

(3)初速度の水平成分をv_{0x}とすると，

$v_{0x} = \dfrac{88.2\,\mathrm{m}}{6.0\,\mathrm{s}} = 14.7 \fallingdotseq 15\,\mathrm{m/s}$

(4)$v_{0y} = 29.4 \fallingdotseq 29\,\mathrm{m/s}$

(5)$v_0 = \sqrt{v_{0x}{}^2 + v_{0y}{}^2} = \sqrt{14.7^2 + 29.4^2}$

$= 14.7\sqrt{5} \fallingdotseq 33\,\mathrm{m/s}$

⑲　点Aを原点，水平右向きにx軸，鉛直上向きにy軸をとる。このとき，初速度のx，y成分をv_{0x}，v_{0y}とする。

$v_{0x} = 19.6\cos 30° = 19.6 \times \dfrac{\sqrt{3}}{2} \fallingdotseq 17.0\,\mathrm{m/s}$

$v_{0y} = 19.6\sin 30° = 19.6 \times \dfrac{1}{2} = 9.80\,\mathrm{m/s}$

(1)最高点で$v_y = 0$より，

$v_y = 0 = v_{0y} - gt = 9.80 - 9.8t$

ゆえに，$t = 1.0\,\mathrm{s}$

(2)最高点のAからの高さ$y_{\max}$は，

$y_{\max} = v_{0y}t - \dfrac{g}{2}t^2$

$= 9.80 \times 1.0 - 4.9 \times 1.0^2 = 4.9\,\mathrm{m}$

水面からの高さは，$14.7 + 4.9 = 19.6\,\mathrm{m}$

(3)点Cのy座標は，$y = -14.7$

よって，$-14.7 = v_{0y}t - \dfrac{g}{2}t^2 = 9.8t - 4.9t^2$

4.9で割って整理すると，$t^2 - 2.0t - 3.0 = 0$

これから，$t = 3.0,\ -1.0$

$t > 0$より，$t = 3.0\,\mathrm{s}$

(4)水平方向の運動を考えて，

$$DC = v_{0x}t = 17.0 \times 3.0 = 51\,\mathrm{m}$$

p.70 類題

11　運動方程式より，

$$F = ma = 3.0\,\mathrm{kg} \times 2.5\,\mathrm{m/s^2} = 7.5\,\mathrm{kg \cdot m/s^2} = 7.5\,\mathrm{N}$$

12　東向きを正にとると，$ma = F$より，

$$a = \frac{F}{m} = \frac{4.5\,\mathrm{N}}{1.5\,\mathrm{kg}} = 3.0\,\mathrm{m/s^2}$$

よって，加速度は東向きに$3.0\,\mathrm{m/s^2}$

p.75 類題

13　1つのばねのばね定数をkとする。

(1)(a)のばねの伸びをxとすると，加えた力F_aは，(1·63)式より，$F_a = 2 \times kx = 2kx$

(b)全体でx伸びているとき1つのばねは$\dfrac{x}{2}$伸びているから，加えた力F_bは，

$$F_b = k \cdot \frac{x}{2} = \frac{kx}{2}$$

よって，$\dfrac{F_a}{F_b} = \dfrac{2kx}{kx/2} = 4$倍

(2)左端のばねの伸びをxとすれば，中央の並列ばねの伸びは$\dfrac{x}{2}$であるから，

$$2(3.0 + x) + \left(3.0 + \frac{x}{2}\right) = 10$$

よって，$x = 0.4\,\mathrm{cm}$

ばねの長さは，$3.0 + 0.4 = 3.4\,\mathrm{cm}$

(3)(1·63)式より，

$$1.0 \times 10^{-2}\,\mathrm{N} = k \times 0.4 \times 10^{-2}\,\mathrm{m}$$

よって，$k = 2.5\,\mathrm{N/m}$

(4)ばねの長さが半分になると，同じだけの力が加わったときの伸びも半分になるので，ばね定数は2倍になる。

p.83 類題

14　物体の加速度をaとして，運動方程式をたてると，

$2.0a = 22.6 - 2.0 \times 9.8$　から，　$a = 1.5$

求める距離は，$y = \dfrac{a}{2}t^2$より，

$$y = \frac{1}{2} \times 1.5 \times 4.0^2 = 12\,\mathrm{m}$$

p.84 類題

15　(1)，(2)糸の張力をTとし，A，Bの加速度を等しくaとすれば，

Aの運動方程式は，$Ma = T$

Bの運動方程式は，$ma = mg - T$

この2式より，$T = \dfrac{mMg}{m+M}$，$a = \dfrac{mg}{m+M}$

(3)求める速さをvとすると，(1·13)式により，

$$v^2 = 2ah = \frac{2mgh}{m+M}$$

よって，$v = \sqrt{\dfrac{2mgh}{m+M}}$

p.86 類題

16　Pの加速度をaとすれば，

Pの運動方程式は，　$Ma = Mg - S$

Dの運動方程式は，　$0 \times a = S - 2T$

Bの運動方程式は，　$mb = T - mg$

aとbの関係は，　$b = 2a$

この4式から，$a = \dfrac{M - 2m}{M + 4m}g$

17　初速度は，$v_0 = 72\,\mathrm{km/h} = 20\,\mathrm{m/s}$

平均の摩擦力の大きさをF，車の質量をm，加速度をa，止まるまでの時間をtとすると，

$$\begin{cases} ma = -F \\ 0 = v_0 + at \end{cases}$$

この2式より，

$$F = \frac{mv_0}{t} = \frac{1.0 \times 10^3 \times 20}{4.0} = 5.0 \times 10^3\,\mathrm{N}$$

p.88 類題

18 A，B間の動摩擦力は$\mu' mg$である。また，AとBの加速度をそれぞれα，βとおくと，

Aの運動方程式：$M\alpha = F - \mu' mg$

Bの運動方程式：$m\beta = \mu' mg$

ここでAから見たBの相対加速度をγとおくと，

$\gamma = \beta - \alpha$

このとき，求める時間tは，$-l = \dfrac{1}{2}\gamma t^2$

よって，これらを連立して解くと，

$$t = \sqrt{\frac{2Ml}{F - \mu'(m+M)g}}$$

p.90 類題

19 (1)糸の張力をTとし，A，Bの加速度をaとすると，

Aの運動方程式は，$Ma = Mg - T$

Bの運動方程式は，$Ma = T - Mg\sin 30°$

この2式より，$a = \dfrac{1}{4}g$

(2)求める速さをvとすれば，

$v^2 - v_0{}^2 = 2ax$により，$v^2 = 2ah = \dfrac{gh}{2}$

よって，$v = \sqrt{\dfrac{gh}{2}}$

p.97 類題

20 地球の質量をm，地球の重心から共通重心までの距離をx〔km〕とすれば，

$mx = \dfrac{1}{100}m(38 \times 10^4 - x)$ $x \fallingdotseq 3.8 \times 10^3$ km

p.104 練習問題

① (1)$F_{1x} = -10$ N

(2)$F_{1y} + F_{2y} = 20 + 10 = 30$ N

(3)$F_{1x} + F_{2x} = -10 + 30 = 20$ Nより，

$F_{3x} = -20$ N

(4)$F_{1y} + F_{2y} = 30$ Nより，$F_{3y} = -30$ N

$F_3 = \sqrt{F_{3x}{}^2 + F_{3y}{}^2} = \sqrt{(-20)^2 + (-30)^2}$

$= \sqrt{1300} = 10\sqrt{13}$ N

② (1)$W = mg = 5.0 \times 9.8 = 49$ N

(2)力のベクトルの比は，

$T_A : T_B : W = 2 : \sqrt{3} : 1 = T_A : T_B : 49$

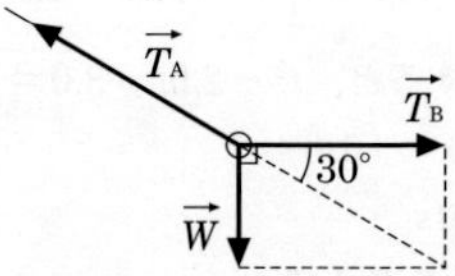

よって，$T_A = 2 \times 49 = 98$ N

$T_B = \sqrt{3} \times 49 = 1.73 \times 49 \fallingdotseq 85$ N

(別解) $\dfrac{W}{T_A} = \sin 30° = \dfrac{1}{2}$

ゆえに，$T_A = 2W = 2 \times 49 = 98$ N

また，$\dfrac{T_B}{T_A} = \cos 30° = \dfrac{\sqrt{3}}{2}$

ゆえに，$T_B = \dfrac{\sqrt{3}}{2}T_A = \dfrac{\sqrt{3}}{2} \times 98 \fallingdotseq 85$ N

③ ばねがおもりに及ぼす弾性力はおもりを引く向きにはたらき，重力は下向きにはたらくので，AとBにはたらく力は，図のようになる。おもりA，Bとも静止しているのでつり合っている。

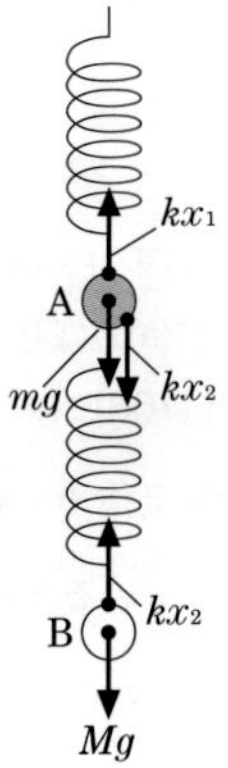

A：$mg + kx_2 + (-kx_1) = 0$ …①

B：$Mg + (-kx_2) = 0$ …②

②より，$kx_2 = Mg$

よって，$x_2 = \dfrac{Mg}{k}$ …③

①，③より，$mg + Mg = kx_1$

ゆえに，$x_1 = \dfrac{(m+M)g}{k}$

④ (1)左側のばねはxだけ伸びているので，小球にはたらく弾性力は縮む方向の左向き。右側のばねはxだけ縮んでいるので，小球にはたらく弾性力は伸びる向きの左向き。よって，**左向き**である。

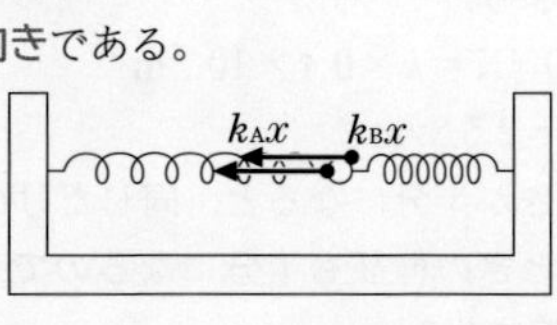

(2)小球にはたらく弾性力は，右向きを正として

$$-k_{\mathrm{A}}x+(-k_{\mathrm{B}}x)=-(k_{\mathrm{A}}+k_{\mathrm{B}})x$$

よって，弾性力の大きさは，$(k_{\mathrm{A}}+k_{\mathrm{B}})x$

⑤ (1)鉛直上向きをy軸の正の向き，水平右向きをx軸の正の向きとする。

動きだしたときの張力Tのy成分T_yは，

$$T_y=T\sin 30^\circ=\frac{T}{2}=\frac{4.9}{2}$$

y方向は，力のつり合いより，

$$N+(-mg)+T_y=N-2.0\times 9.8+\frac{4.9}{2}=0$$

ゆえに，$N=19.6-2.45=17.15\fallingdotseq 17\,\mathrm{N}$

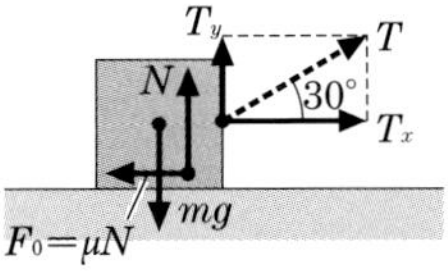

(2)動き出したときは，最大摩擦力F_0は，

$$F_0=T_x=T\cos 30^\circ$$

一方，$F_0=\mu N$であるから，

$$\mu=\frac{F_0}{N}=\frac{4.9\times\frac{\sqrt{3}}{2}}{17.15}\fallingdotseq 0.25$$

⑥ (1)

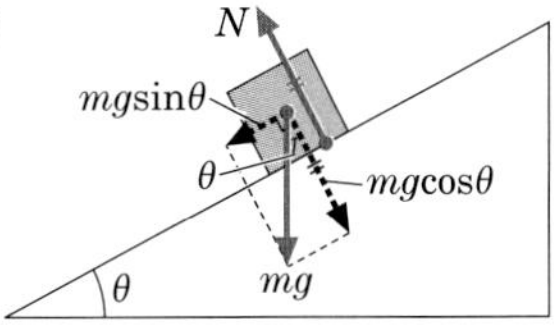

(2)$ma=mg\sin\theta$ ……①

(3)$0=N+(-mg\cos\theta)$ ……②

(4)①より$a=g\sin\theta$，②より$N=mg\cos\theta$

(5)動摩擦力$f'=\mu' N$を考えて，

$$ma'=mg\sin\theta+(-\mu' N)$$ ……③

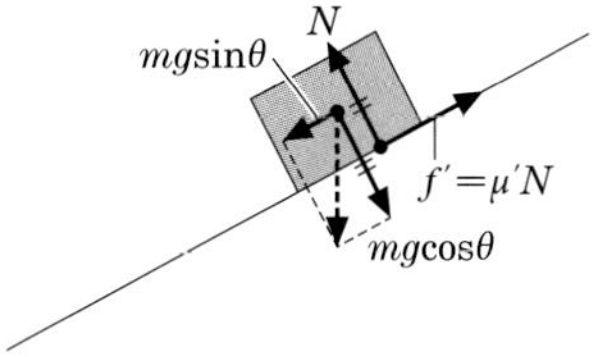

(6)y方向のつり合いは(2)と同じなので，(4)より，

$$N=mg\cos\theta$$ ……④

④を③に代入して，$ma'=mg\sin\theta-\mu' mg\cos\theta$

ゆえに，$a'=g(\sin\theta-\mu'\cos\theta)$

⑦ (1)A，Bの加速度をaとし，A，B間で及ぼしあう摩擦力をfとして，A，Bの運動方程式をたてると，

A：$m_{\mathrm{A}}a=f_{\mathrm{A}}-f$ ……①

B：$m_{\mathrm{B}}a=f$ ……②

①，②より，$f=\dfrac{m_{\mathrm{B}}f_{\mathrm{A}}}{m_{\mathrm{A}}+m_{\mathrm{B}}}$

また，$f\leqq\mu m_{\mathrm{B}}g$

よって，$\dfrac{m_{\mathrm{B}}f_{\mathrm{A}}}{m_{\mathrm{A}}+m_{\mathrm{B}}}\leqq\mu m_{\mathrm{B}}g$

ゆえに，$f_{\mathrm{A}}\leqq\mu g(m_{\mathrm{A}}+m_{\mathrm{B}})$

(2)A，Bの運動方程式は，

A：$m_{\mathrm{A}}\alpha=F-\mu' m_{\mathrm{B}}g$ ……③

B：$m_{\mathrm{B}}\beta=\mu' m_{\mathrm{B}}g$ ……④

③，④より，$\alpha=\dfrac{F-\mu' m_{\mathrm{B}}g}{m_{\mathrm{A}}}$，$\beta=\mu' g$

(3)A，Bの運動方程式は，

A：$m_{\mathrm{A}}\alpha'=\mu' m_{\mathrm{B}}g$ ……⑤

B：$m_{\mathrm{B}}\beta'=F'-\mu' m_{\mathrm{B}}g$ ……⑥

⑤，⑥より，$\alpha'=\dfrac{\mu' m_{\mathrm{B}}g}{m_{\mathrm{A}}}$，$\beta'=\dfrac{F'}{m_{\mathrm{B}}}-\mu' g$

⑧ 物体を押しつける力をFとすると，水平方向のつり合いより，壁が物体を垂直に押す抗力NはFと等しい。

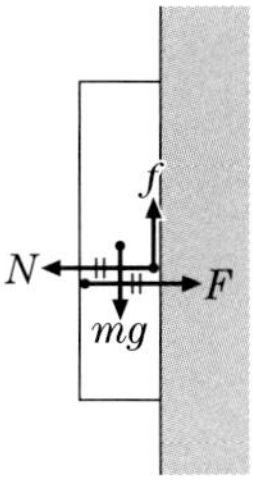

一方，鉛直方向のつり合いより，物体と壁との摩擦力$f=mg$となる。

押す力がFのときの最大摩擦力f_0は，$f_0=\mu F$であり，これが重力よりも大きくなればよいので，$\mu F\geqq mg$

ゆえに，$F\geqq\dfrac{mg}{\mu}$

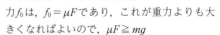

⑨ (1)運動方程式は，垂直抗力をNとして，

A：水平方向　$m\alpha=-\mu' N$ ……①

　　鉛直方向　$m\cdot 0=N+(-mg)$ ……②

B：水平方向　$M\beta=\mu' N$ ……③

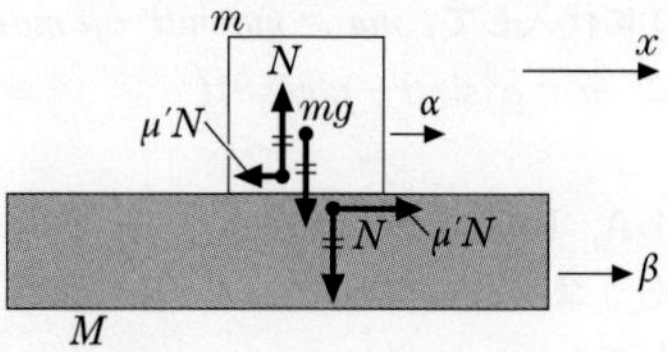

(2)①，②より，$m\alpha = -\mu' mg$

ゆえに，$\alpha = -\mu' g$

②，③より，$M\beta = \mu' mg$

ゆえに，$\beta = \dfrac{\mu' mg}{M}$

(3)Aがすべり終わったとき，AとBの相対速度は0となる。このときのA，Bの床に対する速度がv'である。水平面に対するA，Bの速度をそれぞれV_A，V_Bとすると，

$$\text{A}: V_A = v_0 + \alpha t = v_0 - \mu' gt$$

$$\text{B}: V_B = \beta t = \frac{\mu' mgt}{M}$$

時刻Tで両者はv'となるので，

$$v_0 - \mu' gT = \frac{\mu' mg}{M}T \qquad v_0 = \frac{(M+m)\mu' g}{M}T$$

よって，$T = \dfrac{Mv_0}{(M+m)\mu' g}$

一方，時刻TにおけるA，Bの位置x_1，X_1は，

$$x_1 = v_0 T + \frac{\alpha}{2}T^2,\ X_1 = \frac{\beta}{2}T^2$$

ゆえに，

$$L = x_1 - X_1 = v_0 T + \frac{\alpha - \beta}{2}T^2$$

$$= T\left(v_0 + \frac{\alpha - \beta}{2}T\right)$$

$$= \frac{Mv_0{}^2}{2(M+m)\mu' g}$$

(4)(3)より，

$$v' = \beta T = \frac{\mu' mg}{M} \cdot \frac{Mv_0}{(M+m)\mu' g}$$

$$= \frac{mv_0}{M+m}$$

(別解)運動量保存の法則より，

$$mv_0 = (M+m)\ v'$$

ゆえに，$v' = \dfrac{mv_0}{M+m}$

(5)

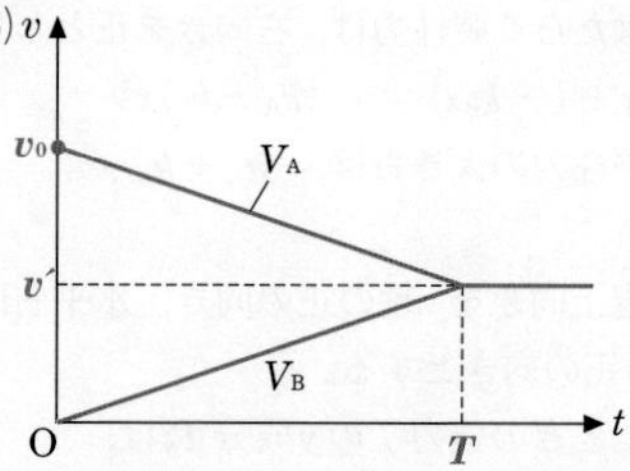

⑩ (1)円柱の上面には大気圧による力pSと，上面より上の液体による重力$\rho' Sxg$がかかるので，力の大きさは，$pS + \rho' Sxg$

(2)下面には大気の力pSと下面より上の部分の液体による重力$\rho' S(x+h)g$がかかる。

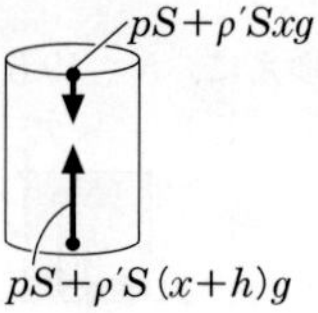

よって，浮力Fは，

$$F = [(pS + \rho' S(x+h)g] - (pS + \rho' Sxg)$$

$$= \rho' Shg$$

(3)物体の重力はρShgで下向き。

よって，合力は上向きを正として，

$$\rho' Shg - \rho Shg = (\rho' - \rho)Shg$$

ここで$\rho > \rho'$より，$\rho' - \rho < 0$

よって，合力は**大きさ$(\rho - \rho')Shg$で下向き**

⑪ 単位面積あたりの質量(密度)をkとすると，平板の質量はkS，切り取った板の質量はkS_2，残った部分の質量は$k(S - S_2)$となる。

ここで，重心Gを座標軸の中心とし，GからG_2への向きをx軸の正の向きとする。このとき，重心Gの位置は$x = 0$なので，

$$0 = \frac{k(S - S_2)x + kS_2 d}{k(S - S_2) + kS_2}$$

$$k(S - S_2)x + kS_2 d = 0 \qquad (S - S_2)x = -S_2 d$$

よって，$x = -\dfrac{S_2 d}{S - S_2}$

ゆえに，距離は，$\dfrac{S_2}{S - S_2}d$

⑫ 棒の長さをlとして，棒の左端を軸とする力のモーメントを考える。棒が静止しているので，力のモーメントの和は0である。

$$0 = T\sin\theta \times l + (-mg\cos\theta) \times \frac{l}{2}$$

$$T\sin\theta = \frac{mg\cos\theta}{2}$$

ゆえに，$T = \frac{mg\cos\theta}{2\sin\theta} = \frac{mg}{2\tan\theta}$

⑬ (1)棒が静止しているので，B点を軸とする力のモーメントの合計が0となる。

$(-F_A)0.7L + Mg \times 0.3L + (-mg) \times 0.2L = 0$

ゆえに，$0.7F_A = 0.3Mg - 0.2mg$

$$F_A = \frac{(3M-2m)g}{7}$$

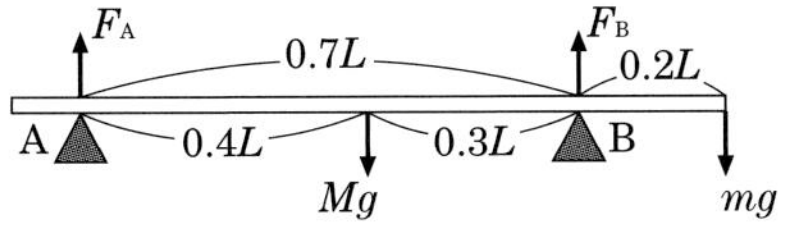

(2)棒が静止しているので，A点を軸とする力のモーメントの合計が0となる。

$F_B \times 0.7L + (-Mg) \times 0.4L + (-mg) \times 0.9L = 0$

ゆえに，$0.7F_B = 0.4Mg + 0.9mg$

$$F_B = \frac{(4M+9m)g}{7}$$

⑭ (1)はしごの上端Aには水平方向右向きの力Rがはたらき，下端Bには，水平方向左向きに摩擦力f，鉛直方向上向きに垂直抗力Nがはたらくとする。

水平方向の力のつり合い　$R - f = 0$　……①

鉛直方向の力のつり合い　$N - Mg = 0$　……②

ここで，三平方の定理より

$OA = \sqrt{(10l)^2 - (6l)^2} = 8l$なので，

B点のまわりの力のモーメントのつり合い

$Mg \times 3l - R \times 8l = 0$　……③

上端にはたらく力は③より，$R = \frac{3}{8}Mg$

下端にはたらく力の合力は，

②より$N = Mg$，①より$f = R = \frac{3}{8}Mg$

であるから，

$$\sqrt{N^2 + f^2} = \sqrt{(Mg)^2 + \left(\frac{3}{8}Mg\right)^2} = \frac{\sqrt{73}}{8}Mg$$

(2)$R > \mu N$ならば，はしごが滑りはじめる。

$\frac{3}{8}Mg > \mu Mg$　より，$\mu < \frac{3}{8}$

(3)右図

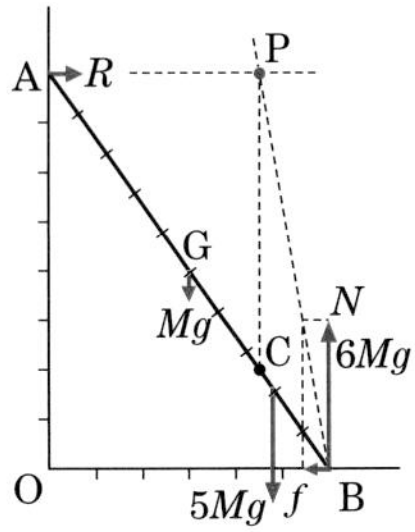

(4)人がはしごの下端からxのぼったとき，はしごがすべりはじめたとする。このとき上端にはたらく力をR'，下端にはたらく水平方向の力をf'，鉛直方向の力をN'とすると，

$R' = f'$　　$N' = 6Mg$

点Bのまわりの力のモーメントは，

$$Mg \times 3l + 5Mg \times \frac{3}{5}x - R' \times 8l = 0$$

これより，$f' = R' = \frac{3}{8l}(l + x)Mg$　……④

またすべりはじめる直前の摩擦力は，

$f' = \mu N' = \frac{1}{2} \times 6Mg = 3Mg$　……⑤

④，⑤より，$\frac{3}{8}\left(1 + \frac{x}{l}\right)Mg = 3Mg$

よって，$x = 7l$

p.112 類題

21　1h＝3600sとなるので，(1･81)式

$P = \frac{W}{t}$より，

$W = Pt = 100\,\mathrm{W} \times 3600\,\mathrm{s} = 3.60 \times 10^5\,\mathrm{J}$

p.115 類題

22　(1)(1･83)式より，$\frac{1}{2}mv^2$

(2)(1･79)式より，$W = Fx = \mu' mgx$

(3)エネルギーの原理より，

$$-\frac{1}{2}mv^2 = -\mu' mgx$$

よって，$\mu' = \frac{v^2}{2gx}$

(4)(3)より，$x = \frac{1}{2\mu' g}v^2$となるから，

vが2倍になるとxは4倍になる。

p.119 類題

23 小石がhだけ落下したとき速さが$2v_0$になるとする。力学的エネルギー保存の法則より，

$$\frac{1}{2}mv_0^2 + mgh = \frac{1}{2}m(2v_0)^2 \qquad h = \frac{3v_0^2}{2g}$$

p.120 類題

24 おもりの質量をmとすると，
力学的エネルギー保存の法則により，

$$mgl = mgl(1 - \cos 60°) + \frac{1}{2}mv^2$$

よって，　$v = \sqrt{gl}$

p.124 類題

25 求める速さをvとし，mの最初の高さを基準点にとって，力学的エネルギーの変化を表すと，摩擦力にされる仕事は$-\mu' Mgh$なので，

$$\left(\frac{1}{2}Mv^2 + \frac{1}{2}mv^2 - mgh\right) - 0 = -\mu' Mgh$$

となる。これより，$v = \sqrt{\dfrac{2(m - \mu' M)gh}{M + m}}$

p.130 類題

26 貨車1台の質量をm，連結後の速さをvとすると，運動量保存の法則より，

$$3mv_1 + 2mv_2 = 5mv \qquad v = \frac{3v_1 + 2v_2}{5}$$

p.131 類題

27 外部から見た燃焼ガスの速度をv'，ロケットの速度増加をΔVとすると，(1・8)式により，

$$-v = v' - (V + \Delta V) \quad \cdots\cdots ①$$

燃焼ガスを噴射すると，ロケットの質量は$(M - m)$になるので，運動量保存の法則により，

$$MV = mv' + (M - m)(V + \Delta V) \quad \cdots\cdots ②$$

①，②より，　$\Delta V = \dfrac{m}{M}v$

p.133 類題

28 Aの最初の速度の方向とそれと垂直な方向について，運動量保存の法則を適用すると，

$$m_A v_0 = m_A v_A \cos 60° + m_B v_B \cos 30°$$
$$0 = m_B v_B \sin 30° - m_A v_A \sin 60°$$

この2式より，$v_A = \dfrac{1}{2}v_0$，$v_B = \dfrac{\sqrt{3}\,m_A}{2m_B}v_0$

p.135 類題

29 ボールが床に衝突する直前の速さvは，

$v^2 = 2gh$　より，$v = \sqrt{2gh}$

ボールの衝突直後の速さv_0は，

$$v_0 = 0.5v = \sqrt{\frac{gh}{2}}$$

よって，ボールの上がる高さをh'とすると，

$0^2 - v_0^2 = -2gh'$　より，$h' = \dfrac{v_0^2}{2g} = \dfrac{h}{4}$

ボールが$\dfrac{h}{2}$まで上がるときの衝突直後の速さをv_0'とすると，$0^2 - v_0'^2 = -2g \cdot \dfrac{h}{2}$　より，

$$v_0' = \sqrt{gh}$$

よって，はねかえり係数eは，

$$e = \frac{v_0'}{v} = \frac{\sqrt{gh}}{\sqrt{2gh}} = \frac{1}{\sqrt{2}} = \frac{\sqrt{2}}{2}$$

p.137 練習問題

① (1) $W = Fx = 20 \times 4.0 = 80$ J

(2)摩擦力は左向きで20 Nなので，

$$W = (-20) \times 4.0 = -80 \text{ J}$$

(3)重力と移動方向のなす角は90°なので，仕事をしない。よって0 J

② (1)斜面に平行方向の運動方程式を考える。

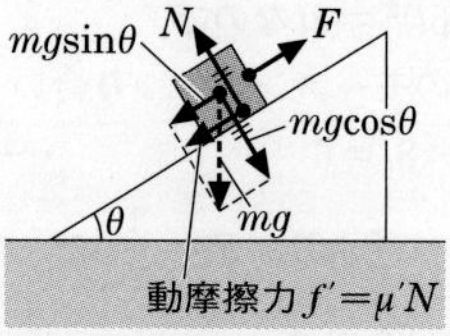

等速で移動させるとき，物体を引きあげる力をFとして，

$$m \cdot 0 = F + (-mg\sin\theta) + (-\mu' mg\cos\theta)$$

ゆえに，$F = mg(\sin\theta + \mu'\cos\theta)$

(2)AB間の距離xは，$\dfrac{h}{x} = \sin\theta$より，$x = \dfrac{h}{\sin\theta}$

よって，力のした仕事 W_1 は，

$$W_1 = Fx = \frac{mgh(\sin\theta + \mu'\cos\theta)}{\sin\theta}$$

(3)摩擦力と移動距離 x は逆向きなので，摩擦力のした仕事 W_2 は，

$$W_2 = (-\mu' mg\cos\theta) \times \frac{h}{\sin\theta} = -\frac{\mu' mgh}{\tan\theta}$$

(4)重力は下向き mg，移動距離は上向き h なので，重力のした仕事 W_3 は

$$W_3 = (-mg) \times h = -mgh$$

(5)垂直抗力 $N(=mg\cos\theta)$ と移動距離 x のなす角は90°なので，垂直抗力のした仕事 W_4 は，

$$W_4 = 0\,\mathrm{J}$$

(6)物体が外力によって等速度で移動するとき，外力のした仕事が物体にされた仕事になるので，(2)の W_1 と同じ。よって，物体のされた仕事 W_5 は，$W_5 = W_1 = \dfrac{mgh(\sin\theta + \mu'\cos\theta)}{\sin\theta}$

③ (1)F-x グラフの面積が物体のされた仕事 W になるので，$W = \dfrac{(8.0+10.0)6.0}{2} = 54\,\mathrm{J}$

(2)エネルギーの原理より，$\dfrac{m{v_1}^2}{2} - \dfrac{m{v_0}^2}{2} = W$

これより，$\dfrac{1\times {v_1}^2}{2} - \dfrac{1\times 6.0^2}{2} = 54$

よって，${v_1}^2 = 108 + 36 = 144$

ゆえに，$v_1 = \sqrt{144} = 12\,\mathrm{m/s}$

④ (1)l だけすべりおりるとき，鉛直方向の移動距離 h は，$\dfrac{h}{l} = \sin\theta$ より，$h = l\sin\theta$

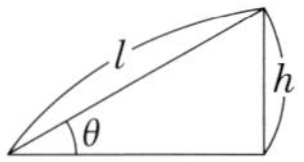

よって，重力によってされる仕事 W_G は，

$$W_G = mg \times l\sin\theta = mgl\sin\theta$$

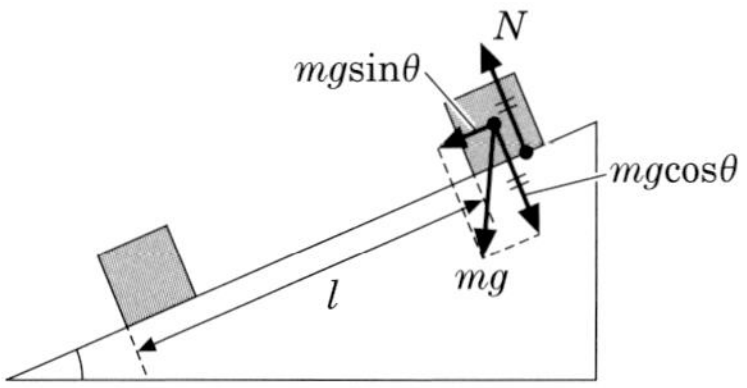

(2)移動距離 l と垂直抗力のはたらく方向のなす角は90°なので，$W_N = 0\,\mathrm{J}$

(3)重力からされる仕事の分だけ運動エネルギーが増える(エネルギーの原理)ので，

$$\frac{mv^2}{2} - \frac{m\cdot 0^2}{2} = mgl\sin\theta \qquad v = \sqrt{2gl\sin\theta}$$

⑤ ①$mgh_1 = 10 \times 9.8 \times (3.0 + 1.0)$

$= 392 \fallingdotseq 3.9 \times 10^2\,\mathrm{J}$

②$mgh_2 = 10 \times 9.8 \times 1.0 = 98\,\mathrm{J}$

③$mgh_3 = 10 \times 9.8 \times (3.0 + 1.0 - 6.0)$

$= -196 \fallingdotseq -2.0 \times 10^2\,\mathrm{J}$

⑥ (1)位置の変化を h として，図より

$L = L\cos\theta + h \qquad h = L(1-\cos\theta)$

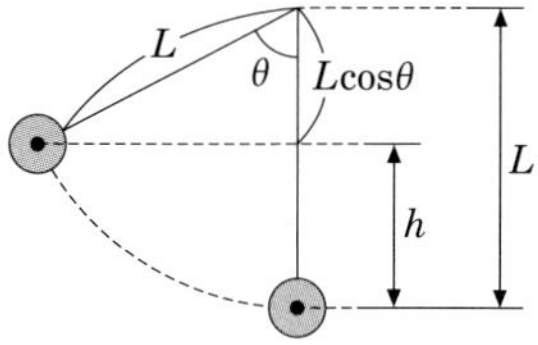

(2)張力 S とおもりの移動方向とのなす角は90°なので，張力のする仕事は0である。

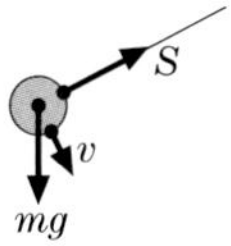

重力のする仕事は，

$$mg \times h = mgL(1-\cos\theta)$$

(3)力学的エネルギー保存則より，B点を重力による位置エネルギーの基準点として，

$$mgL(1-\cos\theta) + \frac{m\cdot 0^2}{2} = mg\cdot 0 + \frac{mv^2}{2}$$

ゆえに，$v = \sqrt{2gL(1-\cos\theta)}$

(別解)重力だけが仕事をするので，エネルギーの原理より，$\dfrac{mv^2}{2} - \dfrac{m\cdot 0^2}{2} = mgL(1-\cos\theta)$

ゆえに，$v = \sqrt{2gL(1-\cos\theta)}$

⑦ (1)最下点Rを位置エネルギーの基準点として，点Rでの速度を v_R とする。

点Qと点Rでの力学的エネルギー保存則より，

$$mgL + \frac{m\cdot 0^2}{2} = mg\cdot 0 + \frac{m{v_R}^2}{2} \qquad v_R = \sqrt{2gL}$$

(2)点Sの高さは，基準点Rから見て

$$\frac{L}{2}(1-\cos 60^\circ)=\frac{L}{4}$$

点Sでの速度をv_Sとして，点Qと点Sでの力学的エネルギー保存則より，

$$mgL+\frac{m\cdot 0^2}{2}=mg\cdot\frac{L}{4}+\frac{mv_S{}^2}{2}$$

これから，$\frac{mv_S{}^2}{2}=\frac{3mgL}{4}$

ゆえに，$v_S=\sqrt{\frac{3gL}{2}}$

(3)最高点での速さは速度の水平成分のみで，

$$v_S\cos 60^\circ=\frac{1}{2}\sqrt{\frac{3gL}{2}}$$

最高点の高さをhとして，力学的エネルギー保存則より，

$$mgL+\frac{m\cdot 0^2}{2}=mgh+\frac{1}{2}m\left(\frac{1}{2}\sqrt{\frac{3gL}{2}}\right)^2$$

ゆえに，$h=\frac{13}{16}L$

⑧ (1)力学的エネルギー保存の法則より

$$\frac{kr^2}{2}=\frac{kx^2}{2}+\frac{mv^2}{2} \quad \cdots\cdots①$$

これより，$mv^2=k(r^2-x^2)$

ゆえに，$v=\sqrt{\frac{k(r^2-x^2)}{m}}$ ……②

(2) ②より，vが最大になるのは，$x=0$のときである。

(3) ①より，$v=0$のとき，$\frac{kr^2}{2}=\frac{kx^2}{2}$

ゆえに，$x=\pm r$

(4)ばねによる位置エネルギーUは，$U=\frac{kx^2}{2}$

①より，運動エネルギーKは，

$$K=\frac{mv^2}{2}=\frac{k(r^2-x^2)}{2}$$

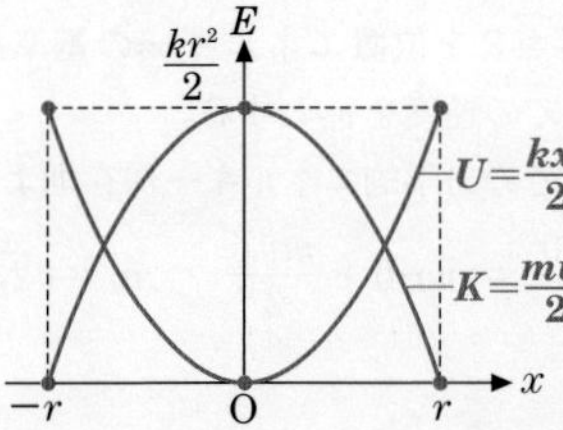

⑨ (1)$mg=kx_0$ より，$x_0=\frac{mg}{k}$

(2)力学的エネルギー保存の法則より，

$$\frac{1}{2}mv_1{}^2+\frac{1}{2}kx_0{}^2=\frac{1}{2}k(x_0+A)^2-mgA$$

(1)の結果を用いて，x_0を消去すると，

$$v_1=A\sqrt{\frac{k}{m}}$$

(3)おもりは振幅Aの振動をするから，

$$x_1=x_0-A$$

(4)エネルギーの原理より

$$W=U'-U$$
$$=\frac{1}{2}k(x_0+A)^2-mgA-\frac{1}{2}kx_0{}^2$$
$$=\frac{1}{2}kA^2$$

⑩ (1)摩擦力の仕事をWとして，エネルギーの原理より，

$$\frac{m\cdot 0^2}{2}-\frac{mv_0{}^2}{2}=W$$

$$W=-\frac{mv_0{}^2}{2}=-\frac{1.0\times 3.0^2}{2}=-4.5\mathrm{J}$$

(2)$\frac{m\cdot 0^2}{2}-\frac{mv_0{}^2}{2}=W=-4.5\mathrm{J}$

失われた力学的エネルギーは，4.5J

(3)動摩擦力による仕事Wは，

$$W=-f'x=-\mu' mgx$$

よって，$-4.5=-f'\cdot 2.0$

ゆえに，$f'=2.25\fallingdotseq 2.3\mathrm{N}$

(4)(3)より，$-4.5=-\mu'\times 1.0\times 9.8\times 2.0$

ゆえに，$\mu'=\frac{4.5}{19.6}=0.229\fallingdotseq 0.23$

⑪ 運動量の変化が力積を表すので，

$$力積=mv-mv_0=5.00\times(0-19.6)$$
$$=-98.0\mathrm{N\cdot s}$$

⑫ (1)左向きを正として考えると，

$$mv'-mv_0=0.50\times 5.0-0.50\times(-10)$$
$$=2.5+5.0=7.5\mathrm{kg\cdot m/s}$$

よって，左向きに7.5kg・m/s

(2)物体が壁から受けた力をfとすると，作用・反作用の法則より，壁が物体から受けた力は$-f$である。物体の受けた力積は，

$$ft = mv' - mv_0 = 7.5\,\mathrm{kg \cdot m/s} = 7.5\,\mathrm{N \cdot s}$$

で，左向きなので，壁が物体から受ける力積は，$-ft = -7.5\,\mathrm{N \cdot s}$すなわち，右向きに$7.5\,\mathrm{N \cdot s}$

⑬ (1)失われた運動エネルギーは，

$$\frac{mv^2}{2} - \frac{m+M}{2}\left(\frac{mv}{m+M}\right)^2 = \frac{Mmv^2}{2(m+M)}$$

(2)弾丸が木片にした仕事Wは，失われた運動エネルギーにあたるので，

$$W = \frac{Mmv^2}{2(m+M)}$$

(3)抗力をRとすると，

$$W = Rd = \frac{Mmv^2}{2(m+M)}$$

ゆえに，$R = \dfrac{Mmv^2}{2(m+M)d}$

⑭ バットがボールに与えた力を$\vec{F}$とすると，このときの力積は，

$$\vec{F}t = m\vec{v_2} - m\vec{v_1} = m[\vec{v_2} + (-\vec{v_1})]$$

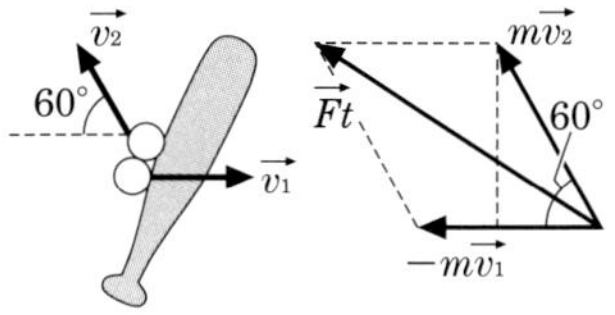

$-m\vec{v_1}$のx成分の大きさはmv_1

$m\vec{v_2}$のx成分の大きさは$\dfrac{mv_2}{2}$，y成分の大きさは$\dfrac{\sqrt{3}}{2}mv_2$

これから，$\vec{F}t$のx成分の大きさは$m\left(v_1 + \dfrac{v_2}{2}\right)$，

y成分の大きさは$\dfrac{\sqrt{3}}{2}mv_2$

よって，

$$|\vec{F}t|^2 = m^2\left(v_1 + \frac{v_2}{2}\right)^2 + m^2\left(\frac{\sqrt{3}}{2}v_2\right)^2 = m^2(v_1{}^2 + v_1v_2 + v_2{}^2)$$

ゆえに，$|\vec{F}t| = m\sqrt{v_1{}^2 + v_1v_2 + v_2{}^2}$

⑮ (1)運動量の増加量は，

$$mv - mv_0 = 1.0(13 - 5.0) = 8.0\,\mathrm{kg \cdot m/s}$$

(2)$Ft = mv - mv_0 = 8.0$

ゆえに，$F = \dfrac{8.0}{t} = \dfrac{8.0}{4.0} = 2.0\,\mathrm{N}$

(別解)力が一定なので，等加速度直線運動をする。$v = v_0 + at$より，

$$a = \frac{v - v_0}{t} = \frac{13.0 - 5.0}{4.0} = 2.0\,\mathrm{m/s^2}$$

$$F = ma = 1.0 \times 2.0 = 2.0\,\mathrm{N}$$

(3)(2)より，$Ft = 8.0\,\mathrm{N \cdot s}$

(別解) $Ft = 2.0 \times 4.0 = 8.0\,\mathrm{N \cdot s}$

(4)$\Delta E = \dfrac{mv^2}{2} - \dfrac{mv_0{}^2}{2} = \dfrac{1.0 \times (169 - 25)}{2.0} = 72\,\mathrm{J}$

(5)エネルギーの原理より，力のした仕事Wが運動エネルギーの変化量ΔEにあたるので，

$$W = 72\,\mathrm{J}$$

⑯ ①作用・反作用

②$F\Delta t = m_2v_2' - m_2v_2$

③$m_1v_1 + m_2v_2 = m_1v_1' + m_2v_2'$

④運動量保存

⑰ (1)運動量保存の法則より，

$$40 \times 15.0 + 60 \times 0 = 40 \times v_{\mathrm{A}} + 60 \times 9.0$$

$$40v_{\mathrm{A}} = 600 - 540 = 60$$

ゆえに，$v_{\mathrm{A}} = 1.5\,\mathrm{m/s}$，右向き

(2)AがBに与えた力積はBが受けた力積で，Bの運動量の変化に等しい。右向きを正として，

$$60 \times 9.0 - 60 \times 0 = 540 = 5.4 \times 10^2\,\mathrm{N \cdot s}$$

よって，右向きに$5.4 \times 10^2\,\mathrm{N \cdot s}$

(3)反発係数eは，

$$e = -\frac{v_{\mathrm{A}}' - v_{\mathrm{B}}'}{v_{\mathrm{A}} - v_{\mathrm{B}}} = -\frac{1.5 - 9.0}{15.0 - 0} = 0.50$$

(4)運動量保存の法則より，

$$(40 + 60) \times 6.0 = 40v_{\mathrm{A}}' + 60 \times 12$$

$$40v_{\mathrm{A}}' = 600 - 720 = -120$$

ゆえに，$v_{\mathrm{A}}' = -3.0\,\mathrm{m/s}$

よって，速さは$3.0\,\mathrm{m/s}$（左向き）

(5)Bの受けた力積より，

$$60 \times 12 - 60 \times 6.0 = 360 = 3.6 \times 10^2\,\mathrm{N \cdot s}$$

よって，右向きに$3.6 \times 10^2\,\mathrm{N \cdot s}$

⑱ 水平方向をx，鉛直方向をyとする。

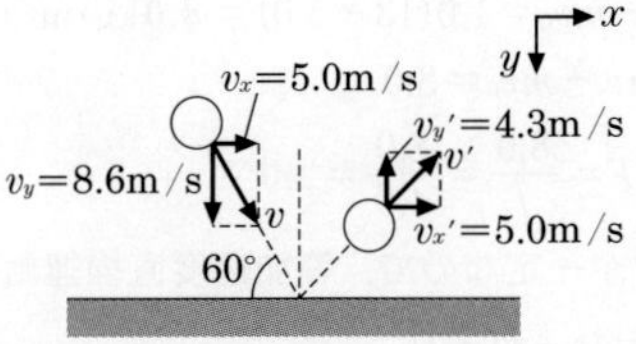

$v=10$m/sのときのx，y成分をv_x，v_y，衝突後の速さをv'，そのx，y成分を$v_x{}'$，$v_y{}'$とする。

$$v_x=v\cos60°=10\times\frac{1}{2}\text{m/s}$$

$$v_y=v\sin60°=10\times\frac{\sqrt{3}}{2}\text{m/s}$$

なめらかな面なので，水平方向の成分は不変である。よって，$v_x{}'=v_x=5.0\text{m/s}$

反発係数$e=0.5$より，

$$v_y{}'=ev_y=0.5\times5.0\sqrt{3}\text{m/s}$$

ゆえに，$v'=\sqrt{v_x{}'^2+v_y{}'^2}=2.5\sqrt{7}\fallingdotseq6.6\text{m/s}$

⑲ (1)$mv_0+M\cdot0=mv_0$

(2)運動量保存則より，$mv_0+M\cdot0=(m+M)v$

ゆえに，$v=\dfrac{mv_0}{m+M}$

⑳ 物体を投げた直後の人の水平方向の速さをV，物体の初速度をv_0，人と物体の質量をそれぞれM，mとする。

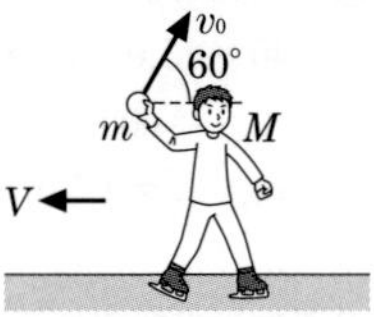

水平方向で運動量保存則が成りたつので，

$$(M+m)\times0=-MV+mv_0\cos60°$$

ゆえに，$V=\dfrac{mv_0\cos60°}{M}$

$$=\frac{1.0\times10\times\frac{1}{2}}{50}=0.10\text{m/s}$$

人が後退する距離をxとすると，水平面の運動で人の運動エネルギーの変化が摩擦力の仕事$f'x$に等しいので，

$$\frac{MV^2}{2}=f'x=\mu'Mgx$$

ゆえに，

$$x=\frac{MV^2}{2\mu'Mg}=\frac{V^2}{2\mu'g}=\frac{0.10^2}{2\times0.01\times9.8}$$

$$\fallingdotseq0.051\text{m}=5.1\times10^{-2}\text{m}$$

(別解)人が後退するときの運動方程式は，

$$Ma=-\mu'Mg$$

ゆえに，$a=-\mu'g=-0.01\times9.8=-0.098$

後退する距離をxとすると，

$$0^2-0.10^2=2\cdot(-0.098)\cdot x$$

よって，$x\fallingdotseq0.051\text{m}=5.1\times10^{-2}\text{m}$

㉑ (1)衝突直前の速さをvとする。力学的エネルギー保存則より，

$$mgH+\frac{m}{2}\cdot0^2=mg\cdot0+\frac{mv^2}{2}\qquad v=\sqrt{2gH}$$

(2)衝突前は下向きにv，衝突後は上向きにevの速さである。よって，ボールの受けた力積は，

$$Ft=m(-ev)-mv=-mv(1+e)$$

床の受けた力積は，作用・反作用の法則より，

$$-Ft=mv(1+e)=m(1+e)\sqrt{2gH}$$

(3)衝突後の上昇する高さをH'とすると，衝突後で力学的エネルギー保存則より，

$$mg\cdot0+\frac{m(e\sqrt{2gH})^2}{2}=mgH'+\frac{m}{2}\cdot0^2$$

$$me^2gH=mgH'\qquad H'=e^2H$$

(4)2回目の衝突後の速さは$e\times ev=e^2v$である。2回目に上昇する高さをH''とすると，力学的エネルギー保存則より，

$$\frac{m(e^2\sqrt{2gH})^2}{2}=mgH''\qquad H''=e^4H$$

㉒ $e=-\dfrac{v_1{}'-v_2{}'}{v_1-v_2}=-\dfrac{-20-5}{30-(-20)}=0.50$

㉓ 1回目の衝突直後のA，Bの速度をそれぞれv_A，v_Bとする。運動量保存則より，

$$mv+3m\cdot0=mv_\text{A}+3mv_\text{B}\quad\cdots\cdots①$$

弾性衝突より，反発係数eが1であるから，

$$e=1=-\frac{v_\text{A}-v_\text{B}}{v}\qquad v_\text{A}-v_\text{B}=-v\quad\cdots\cdots②$$

①，②より，$v_\text{A}=-\dfrac{v}{2}$，$v_\text{B}=\dfrac{v}{2}$

壁との衝突も弾性衝突なので，Aの速度は$\dfrac{v}{2}$，

Bの速度は $-\dfrac{v}{2}$ となる。

2回目の衝突後のA，Bの速度をそれぞれ v_A'，v_B' とすると，運動量保存則より，

$$m\cdot\frac{v}{2}+3m\cdot\left(-\frac{v}{2}\right)=mv_A'+3mv_B' \quad \cdots③$$

反発係数 e について，

$$e=1=-\frac{v_A'-v_B'}{\dfrac{v}{2}-\left(-\dfrac{v}{2}\right)} \quad \cdots\cdots④$$

③，④より，$v_A'=-v$，$v_B'=0$

p.155 類題

30　ばね定数 k は，$F=kx$ より，

$1.0\times10^{-3}\times9.8=k\times2.0\times10^{-2}$

よって，　$k=0.49\,\mathrm{N/m}$

振動の周期は，(1・114)式より，

$$T=2\times3.14\times\sqrt{\frac{1.0\times10^{-3}}{0.49}}\fallingdotseq0.28\,\mathrm{s}$$

p.165 練習問題

① (1)円軌道の半径は $l\cos\theta$ なので，求める遠心力の大きさ f は，

$$f=ml\cos\theta\cdot\omega^2=ml\omega^2\cos\theta$$

(2)遠心力を考慮に入れた，棒に平行な方向の力のつり合いより，

$$ml\omega_0^2\cos\theta\cdot\cos\theta=mg\sin\theta$$

ゆえに，　$\omega_0=\dfrac{1}{\cos\theta}\sqrt{\dfrac{g\sin\theta}{l}}$

(3)棒に沿って下向きに最大摩擦力がはたらく場合を考える。

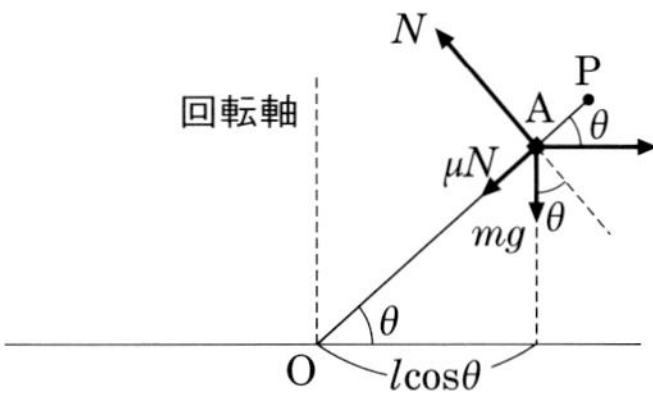

遠心力を考えた，棒に平行な方向の力のつり合いは，垂直抗力の大きさを N として，

$$ml\omega_m^2\cos\theta\cdot\cos\theta=mg\sin\theta+\mu N$$

棒に垂直な方向の力のつり合いより，

$$N=mg\cos\theta+ml\omega_m^2\cos\theta\cdot\sin\theta$$

N を消去して，

$$ml\omega_m^2\cos^2\theta=mg\sin\theta+\mu mg\cos\theta+\mu ml\omega_m^2\cos\theta\sin\theta$$

これを ω_m について解くと，

$$\omega_m=\sqrt{\frac{\sin\theta+\mu\cos\theta}{(\cos\theta-\mu\sin\theta)\cos\theta}\cdot\frac{g}{l}}$$

② 弾性力の向きと加速度の向きとは一致することに注意する。

①O，②A，B，③左，④左

⑤このとき，ばねの伸び $x=-0.30\,\mathrm{m}$ である。

ばね定数 $k=\dfrac{1.0}{0.10}=10\,\mathrm{N/m}$ なので，弾性力の大きさは，

$$|-kx|=10\times0.30=3.0\,\mathrm{N}$$

⑥左

⑦式 $F=-mA\omega^2\sin\omega t$ を，おもりが点Aにある場合で考える。このとき $\omega t=\dfrac{\pi}{2}$ なので，

$$3.0=2.5\omega^2\times0.3 \quad よって，\omega=2.0\,\mathrm{rad/s}$$

$T=\dfrac{2\pi}{\omega}$ より，$T=\dfrac{2\times3.14}{2.0}\fallingdotseq3.1\,\mathrm{s}$

⑧ $v=A\omega\cos\omega t$ より，

$$v_0=A\omega=0.3\times2.0=0.60\,\mathrm{m/s}$$

⑨ $a=-\omega^2x$ より，

$$a=A\omega^2=0.3\times4.0=1.2\,\mathrm{m/s^2}$$

③ おもりにはたらく重力と慣性力の合力が，電車内でのみかけの重力となる。

みかけの重力加速度を g' とすると，

$$mg'=\sqrt{(mg)^2+(ma)^2}=m\sqrt{g^2+a^2}$$

より，$g'=\sqrt{g^2+a^2}$

電車内の単振り子の周期は，

$$T=2\pi\sqrt{\frac{l}{g'}}=2\pi\sqrt{\frac{l}{\sqrt{g^2+a^2}}}$$

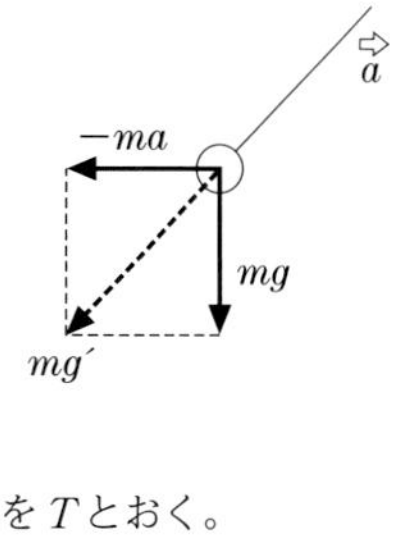

④ (1)糸の張力の大きさを T とおく。

鉛直方向の力のつり合いより，

$$T\cos\theta=mg \quad \cdots\cdots①$$

円運動の半径が$l\sin\theta$であることに注意して，水平面内の円の中心方向の運動方程式より，

$$m\,(l\sin\theta)\,\omega^2 = T\sin\theta \quad \cdots\cdots②$$

①，②よりTを消去して，$\omega = \sqrt{\dfrac{g}{l\cos\theta}}$

(2)糸が切れるのは$T = 2mg$となるときだから，

①より，$2mg\cos\theta = mg$

$$\cos\theta = \frac{1}{2} \qquad \theta = \frac{\pi}{3}$$

(3)糸が切れたときのおもりの速さをvとおく。vを用いて円の中心方向の運動方程式をたてて，

$$m\frac{v^2}{l\sin\theta} = T\sin\theta \qquad v = \sqrt{\frac{Tl}{m}}\sin\theta$$

これに，$T = 2mg$，$\theta = \dfrac{\pi}{3}$を代入すると，

$$v = \sqrt{\frac{3gl}{2}}$$

（別解）$r = l\sin\theta$なので，(1·97)式$v = r\omega$より，

$$v = r\omega = l\sin\frac{\pi}{3}\cdot\sqrt{\frac{g}{l\cos\frac{\pi}{3}}} = \sqrt{\frac{3gl}{2}}$$

⑤ (1)①宇宙船は軌道の長さ$2\pi R$を時間Tで1周するから，速さvは，$v = \dfrac{2\pi R}{T}$

②向心力の大きさFは，$F = m\dfrac{v^2}{R} = \dfrac{4\pi^2 mR}{T^2}$

③万有引力の大きさF_Gは，$F_G = G\dfrac{mM}{R^2}$

④$F = F_G$だから，$\dfrac{4\pi^2 mR}{T^2} = G\dfrac{mM}{R^2}$

ゆえに，$\dfrac{R^3}{T^2} = \dfrac{GM}{4\pi^2}$

⑤④より，$M = \dfrac{4\pi^2 R^3}{GT^2}$

(2)⑥Aでの面積速度は$\dfrac{1}{2}Rv_A$

⑦Bでの面積速度は$\dfrac{1}{2}\cdot 4R\cdot v_B$である。

面積速度一定の法則より，

$$\frac{1}{2}R\cdot v_A = \frac{1}{2}\cdot 4R\cdot v_B \qquad \frac{v_A}{v_B} = 4$$

⑧力学的エネルギー保存の法則は

$$\frac{1}{2}m{v_A}^2 - G\frac{mM}{R} = \frac{1}{2}m{v_B}^2 - G\frac{mM}{4R}$$

これに⑦の結果を適用して，

$$v_A = \sqrt{\frac{8}{5}} \times \sqrt{\frac{GM}{R}}$$

⑥ (1)Aにはたらく力の大きさをf，地球の質量をMとすると，万有引力がはたらくので，

$$f = G\frac{mM}{h^2}$$

ここで，$M = \rho \times \dfrac{4}{3}\pi r^3 = \dfrac{4}{3}\pi\rho r^3$であるから，

$$f = G\frac{m}{h^2} \times \frac{4}{3}\pi\rho r^3 = \frac{4\pi\rho G m r^3}{3h^2} \quad \cdots\cdots①$$

(2)半径hの球体部分の質量から万有引力を受けると考えればよいので，求める力fは，①のrをhに変えて，

$$f = \frac{4\pi\rho G m h^3}{3h^2} = \frac{4}{3}\pi\rho G m h$$

(3)Oからの距離xの地点での加速度をaとすると，小物体Aは距離に比例した力(引力)を受けるので，運動方程式は，

$$ma = -\frac{4}{3}\pi\rho G m x$$

ここで，$a = -\dfrac{4}{3}\pi\rho G x = -\omega^2 x$

と変形でき，物体はOを中心として単振動する。

このとき，$\omega = \sqrt{\dfrac{4}{3}\pi\rho G}$なので，

ゆえに，$T = \dfrac{2\pi}{\omega} = \sqrt{\dfrac{3\pi}{\rho G}}$

(4)小物体Aは周期Tの単振動をするので，位置x，速度vは，次のように表される。

$$x = r\cos\omega t \quad v = -r\omega\sin\omega t$$

$h = 0$のときに速度が最大となる。このときの速さv_0は，$v_0 = A\omega = 2r\sqrt{\dfrac{\pi\rho G}{3}}$

⑦ ①$t = 2\pi\sqrt{\dfrac{l}{g'}}$より，$g' = \dfrac{4\pi^2 l}{t^2}$

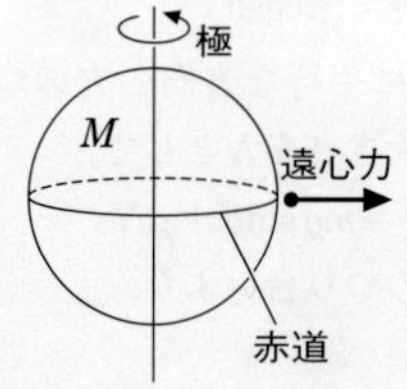

②物体の質量をm〔kg〕とすると，この星の上で物体がばねはかりをおす力はmg'〔N〕である。この力が，地球上で1kgの物体の受ける重力に等しいので，

$$mg' = 1 \times g \quad よって，\quad m = 1 \times \frac{g}{g'}\,\mathrm{kg}$$

③ ②と同様に考えると，$mg'' = 0.8 \times g$

よって，$g'' = 0.8\,\mathrm{kg} \times \dfrac{g}{m} = 0.8g'$

④自転　⑤遠心

⑥遠心力が原因となって，極と赤道の重力加速度に差が生じている。

$$遠心力：mR\omega^2 = mR\left(\frac{2\pi}{T}\right)^2 = 4\pi^2\frac{mR}{T^2}$$

$$重力加速度の差：\frac{mR\omega^2}{m} = \frac{4\pi^2 R}{T^2}$$

⑦極では遠心力がはたらかないので，万有引力だけが重力となる。

$$mg' = G\frac{mM}{R^2} \quad ゆえに，g' = \frac{GM}{R^2}$$

p.168 定期テスト予想問題❶

1 (1)$t_1 = 2\,\mathrm{s}$で$x_1 = 5\,\mathrm{m}$

$t_2 = 4\,\mathrm{s}$で$x_2 = 20\,\mathrm{m}$

よって，変位は$\Delta x = x_2 - x_1 = 20 - 5 = 15\,\mathrm{m}$

右向きが正なので，変位は**右向きに**15m。

(2)平均の速度$\overline{v} = \dfrac{\Delta x}{t_2 - t_1} = \dfrac{15}{4-2} = 7.5\,\mathrm{m/s}$

(3)A点でのx-tグラフの傾きは，

$$\frac{20-0}{5-1} = 5$$

よって，A点での速度は5m/s

B点でのx-tグラフの傾きは，$\dfrac{30-0}{5-2} = 10$

よって，B点での速度は10m/s

2 (1)合成速度は，下流に向かう向きを正として，

$$v_{川} + (-v_{船}) = 5.0 - 8.0 = -3.0\,\mathrm{m/s}$$

よって，川岸に対しては**上流方向に**3.0m/s

(2)合成速度$v_{船} + v_{川} = 8.0 + 5.0 = 13.0\,\mathrm{m/s}$

よって，川岸に対しては**下流方向に**13.0m/s

3 (1)速度が正のときに同じ向きに動きつづけるので，6.0秒後に最も離れた点になる。

(2)このときのグラフの面積より，

$$x_1 = \frac{1}{2} \times 6.0 \times 4.0 = 12\,\mathrm{m}$$

(3)$t = 6.0\,\mathrm{s} \sim 15\,\mathrm{s}$では負方向に進む。このとき，$t$軸の下側の面積が12になる点を探せばよい。すると，$t = 13\,\mathrm{s}$のときの面積が

$$x_2 = \frac{1}{2}[(13-6) + (13-8)] \times 2 = 12$$

となることがわかる。

(4)$t = 6.0\,\mathrm{s} \sim 15\,\mathrm{s}$までの面積より，

$$x_3 = \frac{1}{2}[(13-8) + (15-6)] \times 2 = 14\,\mathrm{m}$$

よって，$x_1 + x_3 = 12 + 14 = 26\,\mathrm{m}$

(5)正方向に$x_1 = 12\,\mathrm{m}$，負方向に$x_3 = 14\,\mathrm{m}$進むので，位置xは，$x = 12 + (-14) = -2$

よって，2mである。

4 (1)$v = v_0 + at$より，$t = 0$において，

$$20 = v_0 + 0 \quad よって，\quad v_0 = 20\,\mathrm{m/s}$$

加速度$a = -2.0\,\mathrm{m/s^2}$より，

$$v = 20 - 2.0t,\quad x = 20t - t^2$$

最も右に達するとき$v = 0$なので，

$$0 = 20 - 2.0t_1$$

ゆえに，$t_1 = 10\,\mathrm{s}$

$$x_1 = 20t_1 - t_1{}^2 = 20 \times 10 - 10^2 = 100\,\mathrm{m}$$

(2)再び原点を通るとき$x = 0$なので，

$$0 = 20t - t^2 = -t(t-20)$$

$t > 0$であるから，$t_2 = 20\,\mathrm{s}$

$$v_2 = 20 - 2.0 \times 20 = -20\,\mathrm{m/s}$$

よって，速さは20m/s

(3)$t_3 = 25\mathrm{s}$で，$v_3 = 20 - 2.0 \times 25 = -30$

よって，速さは30m/s

$$x_3 = 20 \times 25 - 25^2 = -125 \fallingdotseq -1.3 \times 10^2\,\mathrm{m}$$

5 (1)$v = v_0 + at$に，$v_0 = 10.0$，$t = 3.0$，$v = -5.0$を代入して，

$$-5.0 = 10.0 + a \times 3.0$$

これから，$a = -5.0$

よって，加速度は**負の向きに**5.0m/s²

(2)$v=10.0-5.0t$で，$v=0$として$t=2.0\text{s}$
よって，**2秒後**

(3)$x=v_0t+\dfrac{a}{2}t^2=10.0t-2.5t^2$

$x=0$として，$10.0t-2.5t^2=0$
これから，$-2.5t(t-4.0)=0$
$t>0$より，$t=4.0\text{s}$
よって，**4秒後**

6 (1)小物体は最高点では$v=0$となるので，
$0^2-19.6^2=-2\times9.8\times y$
ゆえに，$y=19.6\text{m}$
地面からの高さは，$24.5+19.6=44.1\fallingdotseq$**44m**
(2)小物体の位置yが，$y=-24.5\text{m}$になる時刻を求める。
$-24.5=19.6t-4.9t^2$　　$4.9(t^2-4t-5)=0$
$4.9(t-5)(t+1)=0$　　$t>0$より，$t=$**5.0s**
(3)投げてから$t=5.0\text{s}$後の速度vは，
$v=19.6-9.8\times5.0=-29.4\text{m/s}$
よって，速さは**29.4m/s**

7 (1)$v^2-v_0{}^2=2(-g)y$より，最高点で$v=0$であり，$y=10$を代入して，
$0^2-v_0{}^2=2\times(-9.8)\times10=-196=-14^2$
$v_0{}^2=14^2$，$v_0>0$より，$v_0=$**14m/s**
(2)最高点では，$v=$**0m/s**
(3)$v=14-9.8t$，最高点で$v=0$より，

$0=14-9.8t$　　$t=\dfrac{14}{9.8}\fallingdotseq1.4\text{s}$

よって，**1.4秒後**
(4)$v^2-v_0{}^2=2(-g)y$で$y=0$として，
$v^2-v_0{}^2=0$　　$v=\pm v_0=\pm14$
よって，求める速さは，$|v|=$**14m/s**

(5)$y=v_0t-\dfrac{g}{2}t^2=14t-4.9t^2$

$$=-4.9t\left(t-\frac{14}{4.9}\right)$$

$y=0$とおいて，$t>0$となるtを求めると，

$t=\dfrac{14}{4.9}=2.85\fallingdotseq2.9\text{s}$

よって，**2.9秒後**

(別解) $v=-14$より，$v=-14=14-9.8t$
$9.8t=28$
ゆえに，$t\fallingdotseq2.9\text{s}$　　よって，**2.9秒後**

8 (1)物体の質量をmとする。

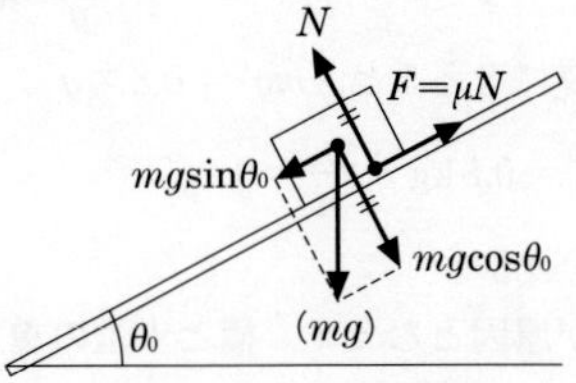

斜面に水平な方向で力がつり合うので，すべりはじめる瞬間に
$mg\sin\theta_0=\mu N$ (最大摩擦力)
斜面に垂直な方向で力がつり合うので，垂直抗力$N=mg\cos\theta_0$ (重力の垂直成分)
これから，$mg\sin\theta_0=\mu mg\cos\theta_0$

ゆえに，$\mu=\dfrac{mg\sin\theta_0}{mg\cos\theta_0}=\tan\theta_0$

(2)斜面に水平な方向の運動方程式は，動摩擦力$F'=\mu'N$より，加速度をaとして，
$ma=mg\sin\theta-F'=mg\sin\theta-\mu'mg\cos\theta$
$=mg(\sin\theta-\mu'\cos\theta)$
よって，$a=g(\sin\theta-\mu'\cos\theta)$
B点での速さvは，$2al=v^2-v_0{}^2=v^2$より，
$v=\sqrt{2al}=\sqrt{2gl(\sin\theta-\mu'\cos\theta)}$

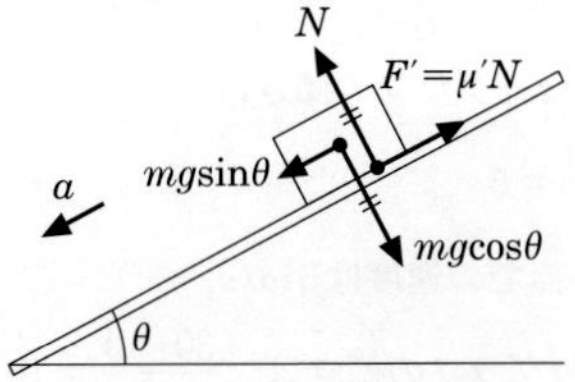

p.170 定期テスト予想問題❷

1 (1)垂直抗力をNとすると，
鉛直方向の力のつり合いより，
$F\sin60°+1.5\times9.8-N=0$　　……①
よって，$N=5\sqrt{3}+1.5\times9.8\fallingdotseq$**23N**
(2)摩擦力をfとすると，
水平方向の力のつり合いより，
$F\cos60°-f=0$　　……②

よって，$f=10\times\dfrac{1}{2}=5.0\,\mathrm{N}$

(3) ①より，　$N=\dfrac{\sqrt{3}}{2}F+14.7$　……③

物体が動きだす直前の摩擦力は最大摩擦力μNであるから，②，③より，

$$f=\frac{F}{2}=\mu N=0.30\times\left(\frac{\sqrt{3}}{2}F+14.7\right)$$

これを解いて，　$F\fallingdotseq 18\,\mathrm{N}$

(4)物体が動きださない条件は，$f\leqq\mu N$だから，②，③より，

$$f=\frac{F}{2}\leqq\mu N=\mu\left(\frac{\sqrt{3}}{2}F+14.7\right)$$

よって，　$\mu\geqq\dfrac{1}{\sqrt{3}+\dfrac{29.4}{F}}$

ここで，Fを変化させたときに，

$$0<\frac{1}{\sqrt{3}+\dfrac{29.4}{F}}<\frac{1}{\sqrt{3}}$$

なので，　$\mu\geqq\dfrac{1}{\sqrt{3}}\fallingdotseq 0.577$

2 (1)物体1がa〔m〕下降するとき，ひもは滑車の左右で$a+a=2a$〔m〕だけ物体1によって引かれる。したがって，このとき物体2は$2a$だけ上昇する。この関係は加速度にもあてはまるので，$2\alpha=-\beta$

または，$2\alpha+\beta=0$　……①

これは加速度αを上向きと考えても同様である。

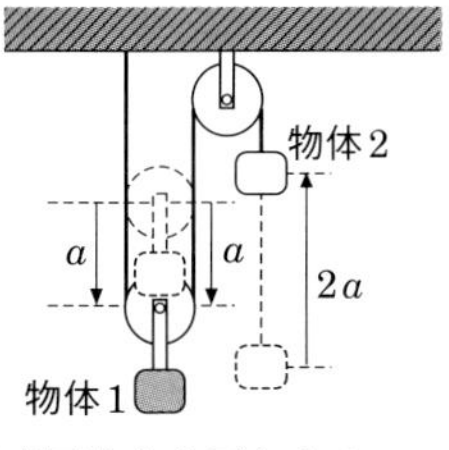

(2)鉛直下向きを正とする。

物体1：$M\alpha=Mg+(-2T)$　……②

物体2：$m\beta=mg-T$　……③

(3) ②−③×2より，

$$M\alpha-2m\beta=(M-2m)g \quad ……④$$

①より，$\beta=-2\alpha$

これを④に代入すると，

$$M\alpha+4m\alpha=(M-2m)g$$

ゆえに，$\alpha=\dfrac{M-2m}{M+4m}g$　……⑤

②，⑤より，

$$T=\frac{Mg}{2}-\frac{M\alpha}{2}=\frac{Mg}{2}\left(1-\frac{M-2m}{M+4m}\right)$$

$$=\frac{3Mmg}{M+4m}$$

(4)物体1が上昇するので，⑤において$\alpha<0$

よって，$M-2m<0$

すなわち，　$M<2m$

3 (1)おもりの加速度は木片の加速度と等しくaである。木片の質量をm_1，おもりの質量をm_2とし，水平方向をx，鉛直方向をyとする。

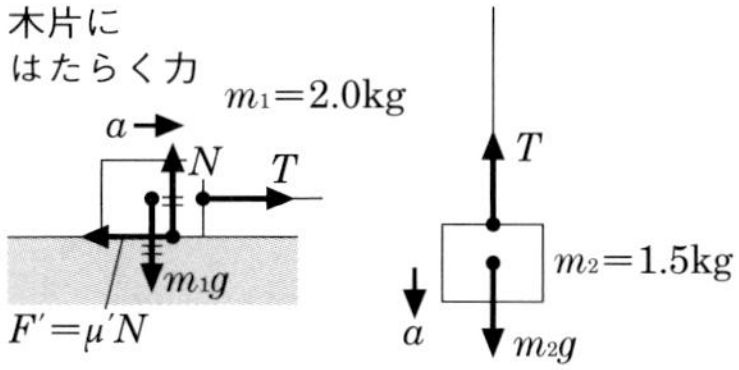

木片の運動方程式は，

水平方向：$m_1a=T-\mu' N$

鉛直方向：$m_1\cdot 0=m_1g+(-N)$

これに数値をあてはめて，

水平方向：$2.0a=T-0.25N$　……①

鉛直方向：$0=20-N$　……②

おもりの運動方程式は，$m_2a=m_2g-T$

よって，$1.5a=15-T$　……③

(2) ②より，$N=20\,\mathrm{N}$

これを①に代入して，$2.0a=T-5.0$

これと③より，$3.5a=10$　　$a\fallingdotseq 2.9\,\mathrm{m/s^2}$

③より，$T=15-1.5\times 2.9\fallingdotseq 11\,\mathrm{N}$

(3)荷物の質量をm〔kg〕とすると，木片＋荷物，およびおもりの運動方程式は，

$(2.0+m)a=T-0.25(2.0+m)\times 10$ …④

$1.5a=1.5\times 10-T$　……⑤

木片と荷物は等速運動をするので$a=0$となる。

④，⑤に$a=0$を代入して辺々加えると，

$0=15-2.5(2.0+m)$　　$m=4.0\,\mathrm{kg}$

4 (1) $W = mg \times x\cos 60°$

$$= 5.0 \times 9.8 \times 10 \times \frac{1}{2} \fallingdotseq 2.5 \times 10^2\,\mathrm{J}$$

(2) $W = mg\sin 30° \times x$

$$= 5.0 \times 9.8 \times \frac{1}{2} \times 10 \fallingdotseq 2.5 \times 10^2\,\mathrm{J}$$

(3)垂直抗力Nと移動方向のなす角は90°なので，

$W = 0$

または，$W = mg\cos 30° \times x\cos 90° = 0$

(4) $W = (-f') \times x = (-\mu' mg\cos 30°) \times x$

$$= -0.10 \times 5.0 \times 9.8 \times \frac{\sqrt{3}}{2} \times 10 \fallingdotseq -42\,\mathrm{J}$$

5 (1)ばねの縮みをx_0とすると，

$$mg\sin\theta = kx_0 \qquad x_0 = \frac{mg\sin\theta}{k}$$

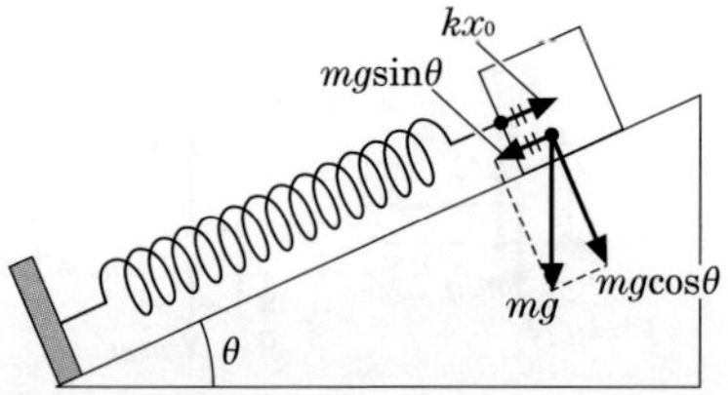

(2)ばねがx伸びると，物体の高さは$x\sin\theta$となる。(1)の位置を重力による位置エネルギーの基準点とし，その位置での速さをvとすると，力学的エネルギー保存の法則より，

$$\frac{m\cdot 0^2}{2} + \frac{k\cdot 0^2}{2} + mgx_0\sin\theta = \frac{mv^2}{2} + \frac{kx_0{}^2}{2}$$

ゆえに，$mgx_0\sin\theta = \dfrac{mv^2}{2} + \dfrac{kx_0{}^2}{2}$

$$\frac{m}{2}v^2 = mgx_0\sin\theta - \frac{kx_0{}^2}{2}$$

$$= kx_0{}^2 - \frac{kx_0{}^2}{2} = \frac{kx_0{}^2}{2}$$

よって，$v^2 = \dfrac{k}{m}x_0{}^2 = \dfrac{k}{m} \times \dfrac{m^2g^2\sin^2\theta}{k^2}$

$$= \frac{m}{k}g^2\sin^2\theta$$

ゆえに，$v = g\sin\theta\sqrt{\dfrac{m}{k}}$

(3)縮んだ長さの最大値をyとすると，最下点では$v=0$となるので，$mgy\sin\theta = \dfrac{1}{2}ky^2$

よって，$y \geqq 0$より$y = \dfrac{2mg\sin\theta}{k}$

求めるばねの長さをl'とすると，

$$l' = l - y = l - \frac{2mg\sin\theta}{k}$$

6 (1)伸び$x = -a$より，弾性力は

$F = kx = k(-a) = -ka$

よって，弾性力の大きさはka

(2)弾性エネルギーは，

$$E_1 = \frac{k}{2}(-a)^2 = \frac{ka^2}{2}$$

(3)小物体は，ばねの伸びが0のときに速さが最大となり，ばねから離れる。

このときの速さをvとすると，力学的エネルギー保存の法則より，

$$\frac{k(-a)^2}{2} + \frac{m\cdot 0^2}{2} = \frac{k\cdot 0^2}{2} + \frac{mv^2}{2}$$

整理して，$\dfrac{ka^2}{2} = \dfrac{mv^2}{2} \qquad v^2 = \dfrac{k}{m}a^2$

ゆえに，$v = a\sqrt{\dfrac{k}{m}}$

(4)あらい部分の摩擦力の仕事は，

$W = fl = -\mu mgl$

O点での力学的エネルギーE_Oは，力学的エネルギー保存の法則より，

$$E_O = \frac{mv^2}{2} = \frac{ka^2}{2}$$

B点を通過するときの力学的エネルギーE_Bは，

$$E_B = \frac{ka^2}{2} - \mu mgl$$

C点での速さは0なので，C点での力学的エネルギーE_Cは，

$$E_C = mgh + \frac{m\cdot 0^2}{2} = mgh$$

B点とC点では力学的エネルギー保存の法則が成りたつので，$mgh = \dfrac{ka^2}{2} - \mu mgl$

これから，$\mu mgl = \dfrac{ka^2}{2} - mgh$

ゆえに，$\mu = \dfrac{ka^2}{2mgl} - \dfrac{h}{l}$

(別解)エネルギーの原理より，B点とO点での運動エネルギーの変化は摩擦力のした仕事に等しい。よって，

$$\frac{mv_B^2}{2}-\frac{mv^2}{2}=-fl=-\mu mgl \quad \cdots\cdots①$$

力学的エネルギー保存の法則より，

$$\frac{mv_B^2}{2}=mgh \quad \cdots\cdots②$$

また，$\frac{mv^2}{2}=\frac{ka^2}{2}$ ……③

①～③より，$mgh-\frac{ka^2}{2}=-\mu mgl$

ゆえに，$\mu=\frac{ka^2}{2mgl}-\frac{h}{l}$

p.172 定期テスト予想問題❸

1 (1)水平方向では，加速度$a_x=0$より，初速度v_0の等速直線運動である。

ゆえに，$v_x=v_0$

鉛直方向では，初速度0，加速度$a_y=g$の等加速度直線運動である。

ゆえに，$v_y=0+gt=gt$

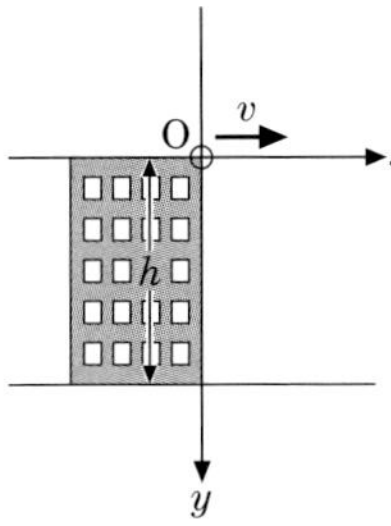

(2)x方向：等速直線運動[等速度運動]

y方向：自由落下運動[等加速度(直線)運動]

(3)$x=v_0t$，$y=\frac{g}{2}t^2$より，

$$(x,\ y)=\left(v_0t,\ \frac{g}{2}t^2\right)$$

(4)$x=v_0t$より，$t=\frac{x}{v_0}$

$$y=\frac{g}{2}t^2=\frac{g}{2}\left(\frac{x}{v_0}\right)^2=\frac{g}{2v_0^2}x^2$$

2 ①鉛直　②重　③等加速度(直線)
④等速直線
⑤⑦斜方投射で，水平方向は初速度$v_0\cos\theta$，加速度0の等速直線運動をする。ゆえに，

$$v_x=v_0\cos\theta \quad \cdots\cdots⑤$$

$$x=v_0\cos\theta\cdot t \quad \cdots\cdots⑦$$

⑥⑧鉛直方向は初速度$v_0\sin\theta$，加速度$-g$の等加速度運動(鉛直投射)をする。ゆえに，

$$v_y=v_0\sin\theta-gt \quad \cdots\cdots⑥$$

$$y=v_0\sin\theta\cdot t-\frac{g}{2}t^2 \quad \cdots\cdots⑧$$

⑨最高点では鉛直方向の速度成分$v_y=0$

⑩このときの時刻t_1は，$v_0\sin\theta-gt_1=0$

より，$t_1=\frac{v_0\sin\theta}{g}$

再び地上に達する時間をt_2とすると，

$$y=0=v_0\sin\theta\cdot t-\frac{g}{2}t^2$$
$$=-\frac{g}{2}t\left(t-\frac{2v_0\sin\theta}{g}\right)$$

$t_2>0$より，$t_2=\frac{2v_0\sin\theta}{g}$

よって，$t_2=\frac{v_0\sin\theta}{g}\times2=2t_1$

よって，t_2はt_1の2倍。

⑪速さvは，

$$v_x=v_0\cos\theta$$
$$v_y=v_0\sin\theta-gt_2=-v_0\sin\theta$$

より，$v=\sqrt{v_x^2+v_y^2}=v_0$

(別解)力学的エネルギー保存の法則より，

$$mv_0^2+mg\times0=mv^2+mg\times0$$

よって，　$v=v_0$

3 (1)Aから見たBの相対速度$\vec{v}$は，

$$\vec{v}=\vec{v_B}-\vec{v_A}$$

$|\vec{v_A}|=|\vec{v_B}|=10$より，図を参照して，

$$\vec{v}=10\sqrt{2}=14\text{m/s}$$

よって，東向きに14m/s

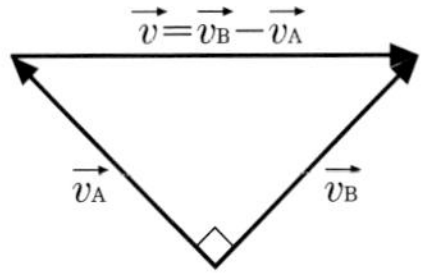

(2)Aから見た風の相対速度のベクトルを$\vec{v'}$(南向き，7m/s)，風の速度ベクトルを$\vec{v_1}$，Aの速

度ベクトルを$\vec{v_A}$（北西向き，10m/s）とすると，相対速度の関係を考えて，

$\vec{v'} = \vec{v_1} - \vec{v_A}$

ゆえに，$\vec{v_1} = \vec{v'} + \vec{v_A}$

これらのベクトルの関係は図のようになる。

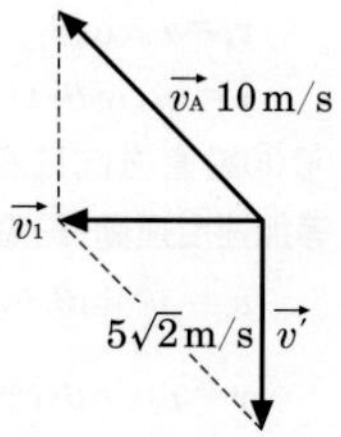

よって，

$|\vec{v_1}| = 5\sqrt{2} = 7\,\text{m/s}$

で西向きとなる。

4　(1) $v_{0x} = v_0\cos 60° = 20 \times \dfrac{1}{2} = 10\,\text{m/s}$

$v_{0y} = v_0\sin 60° = 20 \times \dfrac{\sqrt{3}}{2} = 17.3 \fallingdotseq 17\,\text{m/s}$

(2) $v_{1x} = v_{0x} = 10\,\text{m/s}$

$v_{1y} = v_0\sin\theta - gt = 17.3 - 9.8 \times 1.0 \fallingdotseq 8\,\text{m/s}$

(3) $v_{2x} = v_{0x} = 10\,\text{m/s}$

最高点では鉛直方向の速さは0なので，

$v_{2y} = 0\,\text{m/s}$

(4) $v_{2y} = 0 = v_0\sin\theta - gt_2$　……①

よって，$t_2 = \dfrac{v_0\sin 60°}{g} = \dfrac{20 \times \dfrac{\sqrt{3}}{2}}{9.8}$

$= 1.765\cdots \fallingdotseq 1.8\,\text{s}$

(5)鉛直方向には等加速度運動をするので，

$v_{2y}{}^2 - v_{0y}{}^2 = -2gH$が成りたち，

$-2gH = 0 - v_{0y}{}^2$

$H = \dfrac{v_{0y}{}^2}{2g} = \dfrac{300}{2 \times 9.8} = 15.3\cdots \fallingdotseq 15\,\text{m}$

（別解）最高点の高さ$H = v_{0y}t_2 - \dfrac{gt_2{}^2}{2}$　……②

ここで，$v_{0y} = v_0\sin\theta$　……③

また①より，$v_0\sin\theta - gt_2 = 0$　……④

③，④を②に代入して，

$H = gt_2{}^2 - \dfrac{gt_2{}^2}{2} = \dfrac{gt_2{}^2}{2}$

$= 4.9 \times 1.77^2 = 15.3\cdots \fallingdotseq 15\,\text{m}$

(6) $y = 0 = v_{0y}\cdot t - \dfrac{g}{2}t^2 = -\dfrac{gt}{2}\left(t - \dfrac{2v_{0y}}{g}\right)$

$t_3 \neq 0$より，$t_3 = \dfrac{2v_{0y}}{g} = 2 \times 1.765 \fallingdotseq 3.5\,\text{s}$

(7) $D = v_{0x} \times t_3 = 10 \times 3.53 \fallingdotseq 35\,\text{m}$

(8) $v_{3x} = v_{0x} = 10$

$v_{3y} = v_{0y} - gt_3 = v_0\sin\theta - g \times \dfrac{2v_0\sin\theta}{g}$

$= -v_0\sin\theta = -10\sqrt{3}$

ゆえに，$v_3{}^2 = v_{3x}{}^2 + v_{3y}{}^2 = 10^2 \times 4$

よって，$v_3 = 20\,\text{m/s}$

(9) $\tan\theta = \left|\dfrac{v_{3y}}{v_{3x}}\right|$

$= \left|\dfrac{10\sqrt{3}}{10}\right|$

$= \sqrt{3} = 1.73$

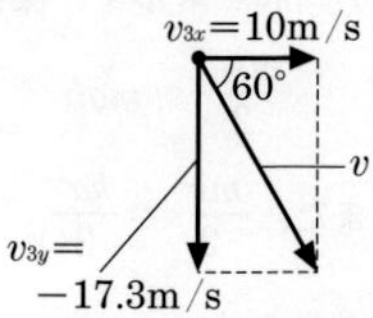

このとき$\theta = 60°$である。

5　天井の一端を軸として，棒が回転しないことにより，この点のまわりの力のモーメントの和は0になる。以下，このモーメントを考える。

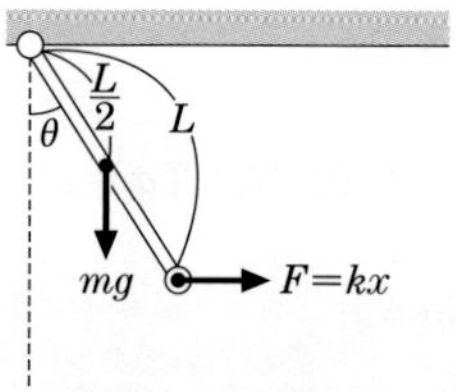

ばねの伸びをxとして，

$L\cos\theta\cdot kx + \left(-\dfrac{L}{2}\sin\theta \times mg\right) = 0$

$kx = \dfrac{L\sin\theta \times mg}{2L\cos\theta} = \dfrac{mg}{2}\tan\theta$

よって，$x = \dfrac{mg}{2k}\tan\theta$

6　(1)運動量保存の法則より，

$0.20 \times 4.0 + 0.10 \times (-2.0)$

$= 0.20 \times v_A + 0.10 \times v_B$

整理して，$2v_A + v_B = 6.0\,\text{m/s}$　……①

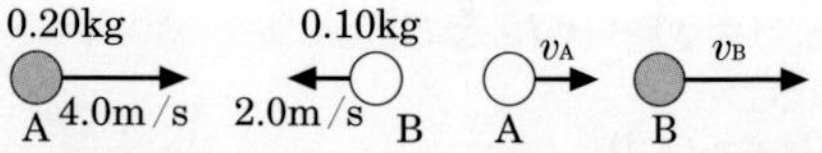

(2)反発係数

$e = -\dfrac{v_A - v_B}{4.0 - (-2.0)} = -\dfrac{v_A - v_B}{6.0} = 0.5$

ゆえに，$v_A - v_B = -3.0\,\text{m/s}$　……②

(3)①＋②より，$3v_A = 3.0$　　$v_A = 1.0\,\text{m/s}$

これを②に代入して，$v_B = 4.0\,m/s$

(4)求めるエネルギーをΔEとすると，

$$\Delta E = \frac{1}{2}\times 0.20\times 4.0^2 + \frac{1}{2}\times 0.10\times 2.0^2 - \left(\frac{1}{2}\times 0.20\times 1.0^2 + \frac{1}{2}\times 0.10\times 4.0^2\right)$$

$$= \frac{1}{2}(3.2+0.4) - \frac{1}{2}(0.2+1.6) = 0.9\,J$$

7 (1)x，y方向について，それぞれ運動量保存の法則が成りたつ。

x方向：$mv_0 = mv_A\cos 60° + mv_B\cos 30°$

ゆえに，$v_A + \sqrt{3}v_B = 2v_0$ ……①

y方向：$0 = mv_A\sin 60° + m\,(-v_B\sin 30°)$

ゆえに，$\sqrt{3}\,v_A - v_B = 0$ ……②

②より，$v_B = \sqrt{3}\,v_A$ ……③

③を①に代入して，$v_A + 3v_A = 2v_0$

ゆえに，$v_A = \frac{v_0}{2}$，③に代入して，$v_B = \frac{\sqrt{3}}{2}v_0$

(2)Bは最初静止していたので，$\vec{I_B} = m\vec{v_B} - 0$

$\therefore\quad I_B = m|\vec{v_B}| = \frac{\sqrt{3}\,mv_0}{2}$

向きは，x軸と時計回りに30°の向き。

p.174 定期テスト予想問題❹

1 (1)$T = \frac{2\pi r}{v} = \frac{2\times 3.14\times 0.5}{0.3} \fallingdotseq 10\,s$

(2)$n = \frac{1}{T} \fallingdotseq 0.096\,Hz$

(3)$v = r\omega$より，$\omega = \frac{v}{r} = \frac{0.30}{0.50} = 0.60\,rad/s$

(4)$a = \frac{v^2}{r} = \frac{0.30^2}{0.50} = 0.18\,m/s^2$

(5)物体にはたらく力は，重力と垂直抗力とひもの張力である。このうち，重力と垂直抗力は同じ大きさで逆向きにはたらくため，打ち消しあう。したがって，

合力＝ひもの張力

$= ma = 0.010\times 0.18 = 1.8\times 10^{-3}\,N$

2 (1)点Aと点Bにおける位置エネルギーをそれぞれU_A，U_B，運動エネルギーをそれぞれK_A，K_Bとおく。力学的エネルギー保存則より，

$U_A + K_A = U_B + K_B$

$U_B = 0$とすると，$mgh + 0 = 0 + \frac{1}{2}mv_B{}^2$

よって，$v_B = \sqrt{2gh}$

(2)点Cの高さは，$r + r\cos\theta$である。

$U_A + K_A = U_C + K_C$

$mgh + 0 = mgr\,(1+\cos\theta) + \frac{1}{2}mv_C{}^2$

よって，$v_C = \sqrt{2g[h - r(1+\cos\theta)]}$

(3)垂直抗力と重力の半径方向の成分。

(4)垂直抗力Nと重力mgの半径方向の成分の和が向心力になっているので，

$$N + mg\cos\theta = m\frac{v_C{}^2}{r}$$

よって，$N = m\frac{v_C{}^2}{r} - mg\cos\theta$

$$= \frac{2mgh}{r} - mg(2+3\cos\theta)$$

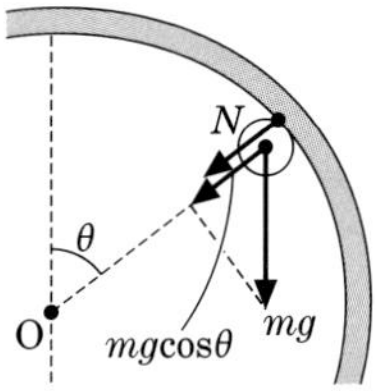

(5)点Dでは$\theta = 0$なので，$\cos\theta = 1$

$N \geqq 0$であればレールから離れない。

$$N = \frac{2mgh}{r} - mg(2+3) \geqq 0$$

$$mg\left(\frac{2h}{r} - 5\right) \geqq 0 \qquad h \geqq \frac{5}{2}r$$

(6)(5)の結果の式で等号が成りたつときだから，

$$h_{min} = \frac{5}{2}r$$

3 (1)重力，糸の張力

(2)物体は等加速度直線運動している。

(3)合力は$mg\tan\theta$なので，物体の運動方程式は，

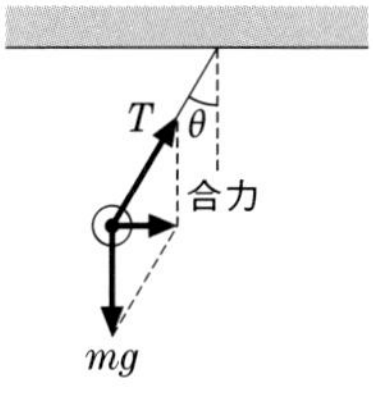

$ma = mg\tan\theta$ ……①

(4)重力，糸の張力，慣性力

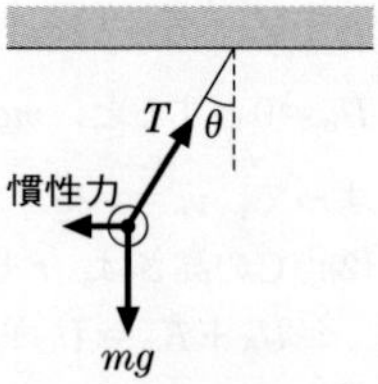

(5)物体は静止している。

(6)(4)の3つの力がつり合っているので，

$mg\tan\theta - ma = 0$

(7)①式より，　$a = g\tan\theta$

4　(1)重力，垂直抗力，ばねの弾性力

(2)物体は等速円運動をしている。

(3)等速円運動の加速度は$r\omega^2$なので，回転の中心に向かう向きを正として，運動方程式をたてると，$mr\omega^2 = kx$

(4)重力，垂直抗力，ばねの弾性力，遠心力[慣性力]

(5)物体は静止している。

(6)回転の中心に向かう向きを正としてつり合いの式をたてると，　$kx - mr\omega^2 = 0$

(7)(3)または(6)より$\omega = \sqrt{\dfrac{kx}{mr}}$

5　(1)おもりが右にxずれた点で，おもりは，左側のばねからは左向きの力kxを，右側のばねからも左向きの力kxを受けるので，おもりの加速度をaとして運動方程式をたてると，

$ma = -2kx$　よって，$a = -\dfrac{2k}{m}x$ ……①

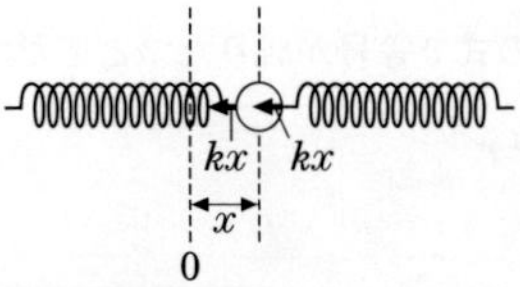

等速円運動の射影の加速度aは，$a = -\omega^2 x$と表されるので，①式と対比して，$\omega^2 = \dfrac{2k}{m}$

求める周期Tは，$T = \dfrac{2\pi}{\omega} = 2\pi\sqrt{\dfrac{m}{2k}}$

(2)$x = A\sin(\omega t + \theta_0) = A\sin\left(\sqrt{\dfrac{2k}{m}}\,t + \theta_0\right)$

ここで，$t=0$で$x=A$なので，

$x = A\sin\left(\sqrt{\dfrac{2k}{m}}\,t + \dfrac{\pi}{2}\right) = A\cos\left(\sqrt{\dfrac{2k}{m}}\,t\right)$

(3)$\begin{pmatrix}x=Aでのばねの\\弾性エネルギー\end{pmatrix} = \begin{pmatrix}x=0でのおもり\\の運動エネルギー\end{pmatrix}$

であるから，中心での速さをv_0とすると，

$\dfrac{1}{2}\cdot 2kA^2 = \dfrac{1}{2}mv_0^2$　　$v_0 = \sqrt{\dfrac{2k}{m}}A$

(4)$v = v_0\cos\left(\sqrt{\dfrac{2k}{m}}\,t + \dfrac{\pi}{2}\right) = -v_0\sin\left(\sqrt{\dfrac{2k}{m}}\,t\right)$

$= -A\sqrt{\dfrac{2k}{m}}\sin\left(\sqrt{\dfrac{2k}{m}}\,t\right)$

6　(1)$mgL(1-\cos\theta) = \dfrac{1}{2}mv^2$より，

$v = \sqrt{2gL(1-\cos\theta)}$

(2)$mgL(1-\cos\theta)$

(3)糸の張力と物体の運動方向とは常に90°になっているので，仕事は0

(4)位置エネルギーが最初と同じになるところまで上昇するので，最初と同じ高さである。

(5)最下点までの時間は，$\dfrac{1}{4}\cdot 2\pi\sqrt{\dfrac{L}{g}}$

釘に引っかかった後，最高点までの時間は，

$\dfrac{1}{4}\cdot 2\pi\sqrt{\dfrac{L'}{g}}$

これらの合計がおもりが右端から左端まで移動する時間なので，求める周期Tは，

$T = 2\left(\dfrac{\pi}{2}\sqrt{\dfrac{L}{g}} + \dfrac{\pi}{2}\sqrt{\dfrac{L'}{g}}\right)$

$= \pi\left(\sqrt{\dfrac{L}{g}} + \sqrt{\dfrac{L'}{g}}\right)$

7　(1)(1・86)式より，$\dfrac{1}{2}kx_0^2$

(2)力学的エネルギーが保存するので，物体Bの速さをv_Bとすると，

$\dfrac{1}{2}kx_0^2 = \dfrac{1}{2}mv_B^2$　ゆえに，$v_B = x_0\sqrt{\dfrac{k}{m}}$

(3)(1・110)式より，$T = 2\pi\sqrt{\dfrac{m}{k}}$

(4)振動の中心は自然長の位置で，振幅はx_0，時刻$t=0$における変位は$-x_0$である。よって，

$x = x_0\sin\left(\sqrt{\dfrac{k}{m}}\,t - \dfrac{\pi}{2}\right) = -x_0\cos\left(\sqrt{\dfrac{k}{m}}\,t\right)$

(5) A，Bの速度をそれぞれV，vとすると，力学的エネルギー保存の法則より，

$$\frac{1}{2}kx_0{}^2=\frac{1}{2}MV^2+\frac{1}{2}mv^2 \quad \cdots\cdots①$$

運動量保存の法則より，

$$MV+mv=0 \quad \cdots\cdots②$$

①，②を連立して解いて，

$$|v|=x_0\sqrt{\frac{Mk}{m(m+M)}}$$

8 (1)地球の中心からr離れた位置での加速度をa，万有引力定数をGとして，運動方程式をたてると，　$ma=G\dfrac{mM}{r^2}$

この式と$a=\dfrac{g}{2}$，$GM=gR^2$より，

$$\frac{1}{2}mg=\frac{mgR^2}{r^2} \qquad r^2=2R^2$$

よって，$r=\sqrt{2}R$

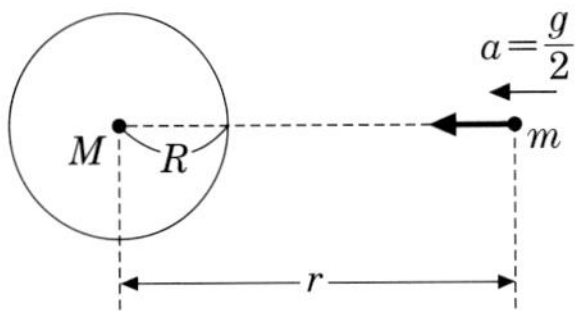

(2) $U=-G\dfrac{mM}{r}=-\dfrac{mgR^2}{r}$に$r=\sqrt{2}R$を代入して，$U=-\dfrac{mgR}{\sqrt{2}}$

9 (1) $U_r=-G\dfrac{mM}{r}$

(2)力学的エネルギー保存の法則より，

$U_\infty+K_\infty=U_r+K_r$　が成りたつので，

$$0+\frac{1}{2}mv_0{}^2=-G\frac{mM}{r}+\frac{1}{2}mv_r{}^2$$

よって，$v_r=\sqrt{\dfrac{2GM}{r}+v_0{}^2}$

(3) $U_\infty+K_\infty=U'_\infty+K'_\infty$より，

$$0+\frac{1}{2}mv_0{}^2=0+\frac{1}{2}mv_\infty{}^2 \qquad v_\infty=v_0$$

•第2編

熱とエネルギー

p.186 類題

1 この物体の熱容量Cは，砂と樹脂それぞれの熱容量を足したものであり，

$$C=0.80\times100+1.34\times100=214\,\mathrm{J/K}$$

である。比熱cは質量あたりの熱容量なので，

$$c=\frac{C}{m}=\frac{214}{100+100}=1.07\,\mathrm{J/(g\cdot K)}$$

p.195 練習問題

① 木片の運動エネルギーがすべて熱に変わるので，$K=\dfrac{1}{2}mv^2=\dfrac{1}{2}\cdot0.50\cdot2.0^2=1.0\,\mathrm{J}$

② (1)仕事＝電力×時間なので，

$$W=Pt=20(6\times60+20)=7.6\times10^3\,\mathrm{J}$$

(2)水の温度上昇のための熱は，

$$Q=200\times1.0\times(28-20)=1.6\times10^3\,\mathrm{cal}$$

熱の仕事当量をJ[J/cal]とすると，$W=JQ$より，

$7.6\times10^3=J\times1.6\times10^3$　　$J\fallingdotseq4.8\,\mathrm{J/cal}$

(3)**容器の熱容量，電熱線の熱容量，周囲への熱伝導，水の蒸発による気化熱など。**

③ ①ア　②ウ　③イ　④イ

氷と水が共存しているとき(②)，加熱しても氷の融解に熱が使われ，ほとんど温度は変わらない。沸騰中(④)も同様である。

④ (1)熱量保存の法則より，「金属球の放出した熱量」＝「水の吸収した熱量」である。

$100\times c\times(100-20)=400\times4.2\times(20-10)$

(2)(1)を解いて，$c=2.1\,\mathrm{J/(g\cdot K)}$

⑤ (1)熱量保存の法則より，「水の放出した熱量」＝「氷が融解のために吸収した熱量」＋「融解後の水の吸収した熱量」

$$500\times4.2\times(20-t)$$
$$=20\times Q+20\times4.2\times(t-0)$$

(2)上式より，$t \fallingdotseq 16$℃

⑥ (1)ク。石油(および酸素)の化学エネルギーによる発熱である。
(2)シ。光エネルギーによる起電力の発生である。
(3)サ。電気エネルギーによる発光である。
(4)ウ。水の位置エネルギーが運動エネルギーに変換され，さらに電磁誘導により発電する。
(5)カ。電気エネルギーから磁気を通じて金属に電流を流し，金属の抵抗により発熱する。

⑦ (1)地面に衝突するとき，ボールの運動エネルギーは，ボールの変形のほか，乱雑な分子の運動エネルギーに変わり，ボールと地面の温度が上昇する。そのため変形が戻ったときにボールの運動エネルギーは減少し，もとの高さに戻ることはない。
(2)熱伝導は，分子運動の激しい粒子集団とおだやかな粒子集団との平均化である。この平均化したものが，もとの状態に戻ることはない。
(3)水中に赤インクをたらすと，しだいに拡散して色のついた水となる。エネルギーの移動はないが，インクの分子と水分子の分布は乱雑になり，自然にもとの状態に戻ることはない。

p.199 類題

2 容器内の空気の圧力がp〔Pa〕になったとすると，ボイルの法則より，

$$1.0\times10^5 V = p\cdot\frac{3}{4}V \quad \cdots\cdots①$$

ここで，pは大気圧とおもりの重さによる圧力の和なので，おもりの質量をmとして，

$$p = 1.0\times10^5 + \frac{mg}{12\times10^{-4}} = \left(1.0+\frac{m}{12}\right)\times10^5$$

これを①に代入して計算すると，$m = 4.0\,\mathrm{kg}$

p.208 練習問題

① $F = pS = 1.013\times10^5\times(0.45\times0.60)$
$= 27351\,\mathrm{N}$

$mg = F$とすると，$m = \dfrac{F}{g} \fallingdotseq 2.8\times10^3\,\mathrm{kg}$

② 求める圧力をpとすると，ボイルの法則より，$p\times1.0\times10^{-2} = 1.0\times10^5\times2.5\times10^{-2}$

$p = 2.5\times10^5\,\mathrm{Pa}$

③ 求める温度の絶対温度をT〔K〕とすると，シャルルの法則より，

$$\frac{5.0\times10^{-2}}{T} = \frac{2.5\times10^{-2}}{273+27} \qquad T = 600\,\mathrm{K}$$

よって，摂氏温度t〔℃〕は，

$t = 600 - 273 = 327$℃

④ もとの圧力，体積，絶対温度をそれぞれp, V, Tとし，求める温度をT'とすると，

$$\frac{2p\times\frac{1}{3}V}{T'} = \frac{pV}{T}$$

よって，$T' = \dfrac{2}{3}T$ すなわち，$\dfrac{2}{3}$倍となる。

⑤ $pV = nRT$より，

$1.013\times10^5\times0.0224 = 1.0\times R\times273$

これを解いて， $R \fallingdotseq 8.31\,\mathrm{J/(mol\cdot K)}$

⑥ (1)分子量をMとすると分子1個の質量mは，

$m = \dfrac{M\times10^{-3}}{N_A}\,\mathrm{kg}$であるから，

$\dfrac{1}{2}m\overline{v^2} = \dfrac{3}{2}\cdot\dfrac{R}{N_A}T$より，

$$\sqrt{\overline{v^2}} = \sqrt{\frac{3RT\times10^3}{M}} = \sqrt{\frac{3\times8.3\times300\times10^3}{32}} \fallingdotseq 4.8\times10^2\,\mathrm{m/s}$$

(2) 2乗平均速度は絶対温度の平方根に比例し，

$\sqrt{\dfrac{600}{300}} \fallingdotseq 1.4$倍

(3) 2乗平均速度は分子量の平方根に反比例し，

$\sqrt{\dfrac{32}{2.0}} = 4.0$倍

(4) 2乗平均速度は異なるが，分子の運動エネルギーの平均値は変わらないので，酸素分子，水素分子とも変化しない。

⑦ ① $2L$　② mv　③ $2mv$

④ $\dfrac{mv^2t}{L}$　⑤ $\dfrac{N_A mv^2}{3L}$　⑥ $\dfrac{N_A mv^2}{3L^3}$

⑦ $\dfrac{3}{2}\cdot\dfrac{R}{N_A}T$　⑧ $\dfrac{3}{2}\cdot kT$　⑨ $\dfrac{3RT}{2}$

p.221 練習問題

① $W=p\Delta V$より，

$W=1.0\times10^5\times(2.0\times10^{-2}-1.5\times10^{-2})$

$=5.0\times10^2\,\mathrm{J}$

② (1)半径$r+\Delta r$の球の体積と半径rの球の体積の差なので，

$$\Delta V=\frac{4}{3}\pi[(r+\Delta r)^3-r^3]$$

$$=\frac{4}{3}\pi[(r+\Delta r)-r][(r+\Delta r)^2+(r+\Delta r)r+r^2]$$

$$=\frac{4}{3}\pi\Delta r[3r^2+3r\Delta r+(\Delta r)^2]$$

ここで，$(\Delta r)^2\fallingdotseq0$，$(\Delta r)^3\fallingdotseq0$を代入すると，

$$\Delta V\fallingdotseq\frac{4}{3}\pi\Delta r\times3r^2=4\pi r^2\Delta r$$

(2) $F=pS=4\pi pr^2$

(3) $W=F\Delta r=4\pi pr^2\Delta r=p\Delta V$

③ (1)求める圧力をpとすると，ピストンにはたらく力のつり合いの式$pS=p_0S+Mg$より，

$$p=p_0+\frac{Mg}{S}$$

(2)はじめの気体の体積をV_0とすると，気体の状態方程式$pV_0=nRT_0$より，

$$V_0=\frac{1\times RT_0}{p_0+\dfrac{Mg}{S}}=\frac{SRT_0}{Sp_0+Mg}$$

(3)圧力は変化しないので，$p=p_0+\dfrac{Mg}{S}$

(4)圧力一定なので，シャルルの法則より，

$$V=\frac{T}{T_0}V_0=\frac{SRT}{Sp_0+Mg}$$

(5)単原子分子気体なので，(2・23)式より

$$U=\frac{3}{2}nRT=\frac{3}{2}RT$$

(6)体積変化ΔVは，$\Delta V=\dfrac{SR}{Sp_0+Mg}(T-T_0)$

であるから，$W=p\Delta V=R(T-T_0)$

(7)定圧モル比熱$C_p=\dfrac{5}{2}R$を用いて，

$$Q=nC_p\Delta T=\frac{5}{2}R(T-T_0)$$

(別解) 熱力学第１法則より，

$$Q=\Delta U+W=\frac{5}{2}R(T-T_0)$$

④ (1)定圧モル比熱$C_p=\dfrac{5}{2}R$を用いて，

$Q=nC_p\Delta T=1038.75\fallingdotseq1.04\times10^3\,\mathrm{J}$

(2) $\Delta U=\dfrac{3}{2}R\Delta T=623.25\fallingdotseq6.23\times10^2\,\mathrm{J}$

(3)熱力学第１法則より，

$W=Q-\Delta U$

$=1038.75-623.25\fallingdotseq4.16\times10^2\,\mathrm{J}$

⑤ (1) $Q_1=C_p\Delta T=C_p(T_2-T_1)$

(2) $W=p_1\Delta V=p_1(V_2-V_1)$

(3) $Q_2=C_V\Delta T=C_V(T_2-T_1)$

(4) C→Bの過程は等温なので内部エネルギーの変化はない。求める内部エネルギーの変化は，

$\Delta U=Q_2=C_V(T_2-T_1)$

(5) A→Bの過程で熱力学第１法則を考えると，

$\Delta U=Q_1-W$

(4)より，$\Delta U=Q_2$なので，$Q_2=Q_1-W$

よって，$W=Q_1-Q_2$

(6) $W=p\Delta V=R\Delta T=R(T_2-T_1)$

(7) (5)にそれぞれの結果を代入して，

$R(T_2-T_1)=C_p(T_2-T_1)-C_V(T_2-T_1)$

ゆえに，$R=C_p-C_V$

すなわち，マイヤーの式が得られる。

p.227 練習問題

① (1)半径$1.5\times10^{11}\,\mathrm{m}$の球面が受ける太陽放射が，太陽が放射する全エネルギーである。

$1.37\times10^3\,\mathrm{W/m^2}\times4\pi\times(1.5\times10^{11})^2\,\mathrm{m^2}$

$\fallingdotseq3.9\times10^{26}\,\mathrm{W}$

よって，1sあたり$3.9\times10^{26}\,\mathrm{J}$

(2) 1年$=365\times24\times60\times60\,\mathrm{s}$であるから，

$1.37\times10^3\times0.7\times\pi\times(6.4\times10^6)^2$

$\times(365\times24\times60\times60)\fallingdotseq3.9\times10^{24}\,\mathrm{J}$

(3)球の表面積は半径の2乗に比例するので，太陽定数は太陽からの距離の2乗に反比例する。

$$1.37\,\mathrm{kW/m^2} \times \left(\frac{1.5 \times 10^{11}}{2.3 \times 10^{11}}\right)^2$$
$$= 0.583\,\mathrm{kW/m^2} = 583\,\mathrm{W/m^2}$$

火星の地表温度は地球に比べきわめて低い。

② 1年で消費した量が1年で回復しなければ再生可能エネルギーとはいえないが，化石燃料は非常に長い年月(数千万年から数億年)をかけてつくられたもので，消費するスピードに比べ生成のスピードが桁(けた)ちがいに小さいから。

③ おもなものを以下の表にまとめた。

	利　点	欠　点
(1)火力	・大都市近くに作ることができる ・出力調整が容易	・大気を汚染する ・二酸化炭素を放出する ・化石燃料が枯渇する
(2)水力	・運転時に燃料を必要としない ・二酸化炭素を放出しない	・大出力のものは立地が制限される ・建設が自然環境に影響を与える
(3)原子力	・運転時に二酸化炭素を放出しない	・重大事故が起きたときに，環境に決定的なダメージを与える ・燃料が偏在し，枯渇性である ・有害な使用済み燃料の管理が難しい
(4)風力	・運転時に燃料を必要としない	・採算の合う立地が限られる ・出力が大きくなく，安定しない
(5)太陽光	・運転時に燃料を必要としない	・効率が高くない ・設置に費用がかかる

④ 人間活動で発生した二酸化炭素は，有機物の燃焼で生まれている。二酸化炭素を分解するには，燃焼熱と等しいか，それ以上のエネルギーを投入しないとならないので，エネルギー資源と考えることは意味がない。また，熱力学第2法則より，大気中に拡散した二酸化炭素を回収するのに相当のエネルギーを投入する必要がある点も考慮されていない。

p.228 定期テスト予想問題❶

1 ①温度　②低温　③高温　④熱伝導　⑤熱平衡　⑥潜熱　⑦融解熱　⑧気化熱[蒸発熱]

2 (1)$4.2 \times 100 \times (100 - 20)$
$= 33600 \fallingdotseq 3.4 \times 10^4\,\mathrm{J}$

(2)$3.4 \times 10^2 \times 100 = 3.4 \times 10^4\,\mathrm{J}$

(3)$2.3 \times 10^3 \times 100 = 2.3 \times 10^5\,\mathrm{J}$

(4)(1)と(3)の熱量の和になる。

$3.36 \times 10^4 + 2.3 \times 10^5 \fallingdotseq 2.6 \times 10^5\,\mathrm{J}$

3 (1)$30 \times 0.88 \times (100 - t)$
$= 200 \times 4.2 \times (t - 20)$　……①

(2)①式より，$t \fallingdotseq 22.4\,℃$

(3)外部にエネルギーが放出されたため，小さな数値になったと思われる。容器も温度上昇をするので，その熱容量を考慮しなければならない。その他，外気への伝導，蒸発による気化熱などで必ず外部にエネルギーが放出される。さらに，水温は室温よりも高いから，外部から熱は伝わらない。これらも温度を下げる要因である。

4 (1)$1\,\mathrm{Pa} = 1\,\mathrm{N/m^2}$，$1\,\mathrm{cm^2} = 10^{-4}\,\mathrm{m^2}$なので，
$F = pS = 1.0 \times 10^5\,\mathrm{N/m^2} \times 10^{-4}\,\mathrm{m^2} = 10\,\mathrm{N}$

(2)$\dfrac{10\,\mathrm{N}}{9.8\,\mathrm{m/s^2}} \fallingdotseq 1.0\,\mathrm{kg}$

(3)空気の密度を$\mathrm{kg/m^3}$に変換すると，

$$1.2\,\mathrm{g/L} \times \frac{1000\,\mathrm{g/kg}}{1000\,\mathrm{L/m^3}} = 1.2\,\mathrm{kg/m^3}$$

よって，高さh[m]の気柱の質量は，$1\,\mathrm{m^2}$あたり$1.2 \times h$[kg]である。(1)，(2)と同様に考えると，

$$\frac{1.0\times10^5}{9.8}=1.2h \qquad h=8.5\times10^3\,\mathrm{m}$$

5 (1) $W=-2.0\times10^2\,\mathrm{J}$

(2)温度が高いほど内部エネルギーは大きいので，温度が上昇したといえる。

(3)熱力学第1法則より，$\Delta U=Q+W$

$$Q=\Delta U-W=\{3.0-(-2.0)\}\times10^2$$
$$=5.0\times10^2\,\mathrm{J}$$

(4) $e=\dfrac{2.0\times10^2}{5.0\times10^2}\times100=40\,\%$

6 (1) $20\times3.0\times10^2=6.0\times10^3\,\mathrm{J}$

(2) $\dfrac{4.1\times10^4}{20}=0.205\times10^4\fallingdotseq2.1\times10^3\,\mathrm{s}$

(3)外部に仕事をしないので，温度上昇が速くなる。よって，ア。

7 (1) $W=mgh=(50+50)\times9.8\times2.0$

$$=1960\fallingdotseq2.0\times10^3\,\mathrm{J}$$

(2) $Q=mc\Delta T$

$$\Delta T=\frac{Q}{mc}=\frac{1960}{200\times4.2}=2.33\fallingdotseq2.3\,^\circ\mathrm{C}$$

p.230 定期テスト予想問題❷

1 (1)変化の前後の状態方程式は，

$$pV=RT_{\mathrm{A}},\ 2pV=RT_{\mathrm{B}}$$

2式の辺々の差を取れば，$pV=R(T_{\mathrm{B}}-T_{\mathrm{A}})$

内部エネルギーの変化は，

$$\Delta U_{\mathrm{AB}}=\frac{3}{2}R\Delta T=\frac{3}{2}R(T_{\mathrm{B}}-T_{\mathrm{A}})=\frac{3}{2}pV$$

(2)外部と仕事のやりとりがないので，

$$Q_{\mathrm{AB}}=\Delta U_{\mathrm{AB}}=\frac{3}{2}pV$$

(3)変化の前後の状態方程式は，

$$2pV=RT_{\mathrm{B}},\ 2p\cdot3V=RT_{\mathrm{C}}$$

2式の辺々の差を取れば，$4pV=R(T_{\mathrm{C}}-T_{\mathrm{B}})$

内部エネルギーの変化は，

$$\Delta U_{\mathrm{BC}}=\frac{3}{2}R\Delta T=\frac{3}{2}R(T_{\mathrm{C}}-T_{\mathrm{B}})=6pV$$

(4) $W=2p(3V-V)=4pV$

(5)熱力学第1法則より，

$$Q_{\mathrm{BC}}=\Delta U_{\mathrm{BC}}+W=6pV+4pV=10pV$$

(6)D→Aの過程では，外部から

$$W'=p(3V-V)=2pV$$

の仕事をされるので，正味の仕事は，

$$W_{\mathrm{ABCD}}=W-W'=2pV$$

で，これはp-V図の長方形の作る面積に等しい。

(7)内部エネルギーは初めの状態に戻るのだから，熱力学第1法則より正味の吸収熱量は外部にした仕事に等しい。

$$Q_{\mathrm{ABCD}}=W_{\mathrm{ABCD}}=2pV$$

2 (1)気体A：$p_{\mathrm{A}}V_{\mathrm{A}}=n_{\mathrm{A}}RT_{\mathrm{A}}$

気体B：$p_{\mathrm{B}}V_{\mathrm{B}}=n_{\mathrm{B}}RT_{\mathrm{B}}$

(2) $p(V_{\mathrm{A}}+V_{\mathrm{B}})=(n_{\mathrm{A}}+n_{\mathrm{B}})RT$

(3)熱力学第1法則より，内部エネルギーが保存されるので，

$$\frac{3}{2}n_{\mathrm{A}}RT_{\mathrm{A}}+\frac{3}{2}n_{\mathrm{B}}RT_{\mathrm{B}}=\frac{3}{2}(n_{\mathrm{A}}+n_{\mathrm{B}})RT$$

よって，$n_{\mathrm{A}}T_{\mathrm{A}}+n_{\mathrm{B}}T_{\mathrm{B}}=(n_{\mathrm{A}}+n_{\mathrm{B}})T$

(4)(3)と(1)，(2)の式を比べると，

$$p_{\mathrm{A}}V_{\mathrm{A}}+p_{\mathrm{B}}V_{\mathrm{B}}=p(V_{\mathrm{A}}+V_{\mathrm{B}})$$

よって，$p=\dfrac{p_{\mathrm{A}}V_{\mathrm{A}}+p_{\mathrm{B}}V_{\mathrm{B}}}{V_{\mathrm{A}}+V_{\mathrm{B}}}$

(5)(3)の式に，$n_{\mathrm{A}}=\dfrac{p_{\mathrm{A}}V_{\mathrm{A}}}{RT_{\mathrm{A}}}$，$n_{\mathrm{B}}=\dfrac{p_{\mathrm{B}}V_{\mathrm{B}}}{RT_{\mathrm{B}}}$を代入して整理すると，

$$T=\frac{(p_{\mathrm{A}}V_{\mathrm{A}}+p_{\mathrm{B}}V_{\mathrm{B}})T_{\mathrm{A}}T_{\mathrm{B}}}{p_{\mathrm{A}}V_{\mathrm{A}}T_{\mathrm{B}}+p_{\mathrm{B}}V_{\mathrm{B}}T_{\mathrm{A}}}$$

3 (1)変化後の温度をTとすると，シャルルの法則より，

$$\frac{LS}{T_0}=\frac{\frac{3}{2}LS}{T}$$

ゆえに，$T=\dfrac{3}{2}T_0$

(2) $W=p\Delta V=p_0\left(\dfrac{3}{2}LS-LS\right)=\dfrac{1}{2}p_0LS$

(3) $\Delta U=\dfrac{3}{2}R\Delta T=\dfrac{3}{2}p\Delta V$

$$=\frac{3}{2}\times\frac{1}{2}p_0LS=\frac{3}{4}p_0LS$$

(4)熱力学第 1 法則より，

$$Q = \Delta U + W = \frac{5}{4}p_0LS$$

(5)定積変化なので，外に仕事をしない。

$$Q' = \Delta U = \frac{3}{4}p_0LS$$

4 (1)はじめの気体の圧力をp_1とすると，

$$p_1S = p_0S + mg$$

よって，$p_1 = p_0 + \dfrac{mg}{S}$

ボイルの法則より，

$$pS(d+x) = p_1Sd$$

よって，$p = \dfrac{p_1d}{d+x} = \dfrac{d}{d+x}\left(p_0 + \dfrac{mg}{S}\right)$

(2)$F = pS - (p_0S + mg) = -(p_0S + mg)\dfrac{x}{d+x}$

$$\fallingdotseq -(p_0S + mg)\frac{x}{d}$$

ゆえに，$k = \dfrac{p_0S + mg}{d}$

(3)ばねによる単振動の周期の式(1・110)より，

$$T = 2\pi\sqrt{\frac{m}{k}} = 2\pi\sqrt{\frac{md}{p_0S + mg}}$$

(4)変位あたりに対する圧力変化が大きくなり，ばね定数に相当するkが大きくなるので，周期は短くなる。

5 ①右図より，$2r\cos\theta$

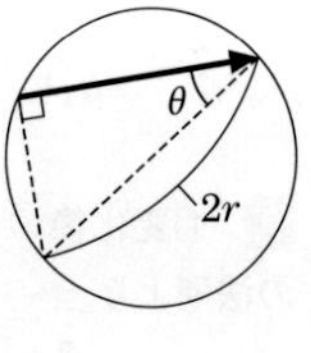

②$2mv\cos\theta$

③$\dfrac{mv^2t}{r}$　④$\dfrac{Nmv^2}{r}$

⑤$4\pi r^2$　⑥$\dfrac{Nmv^2}{4\pi r^3}$

⑦$\dfrac{4}{3}\pi r^3$　⑧$\dfrac{Nmv^2}{3}$

⑨$\dfrac{nN_Amv^2}{3}$　⑩$\dfrac{3RT}{2N_A}$　⑪$\dfrac{3}{2}kT$

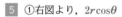

⑫ボルツマン定数

•第３編

波

p.246 類題

1 与えられた式を(3・6)式と同じ形に書きかえると，$y = 5\sin 2\pi\left(\dfrac{t}{10} - \dfrac{x}{200}\right)$となるから，

$A = 5\,\mathrm{m}$，$T = 10\,\mathrm{s}$，$\lambda = 200\,\mathrm{m}$

速さは(3・2)式より，$v = \dfrac{\lambda}{T} = \dfrac{200}{10} = 20\,\mathrm{m/s}$

答 振幅…5 m，周期…10 s，波長…200 m，速さ…20 m/s

2 (1)この波は0.5秒間に4 cm進むから，

速さは，$v = \dfrac{4\,\mathrm{cm}}{0.5\,\mathrm{s}} = 8\,\mathrm{cm/s}$

周期は(3・2)式より，$T = \dfrac{\lambda}{v} = \dfrac{8\,\mathrm{cm}}{8\,\mathrm{cm/s}} = 1\,\mathrm{s}$

答 振幅…4 cm，周期…1 s，波長…8 cm，速さ…8 cm/s

(2)(3・4)式より，$y = -4\sin 2\pi t$

(3)(3・5)式より，$y = -4\sin\dfrac{\pi x}{4}$

(4)(3・6)式より，$y = -4\sin 2\pi\left(t + \dfrac{x}{8}\right)$

p.254 練習問題

① (1)グラフから，振幅2 cm，波長16 cm

また，PP′ = 6 cmだから，$v = \dfrac{6}{0.05} = 120\,\mathrm{cm/s}$

(2)(3・3)式より，　$f = \dfrac{v}{\lambda} = \dfrac{120}{16} = 7.5\,\mathrm{Hz}$

(3・1)式より，　$T = \dfrac{1}{f} = \dfrac{1}{7.5} \fallingdotseq 0.13\,\mathrm{s}$

(3)$16 - 4 = 120t$より，　$t = 0.1\,\mathrm{s}$

(4)この後，変位が増加するので，上向き

(5)右図

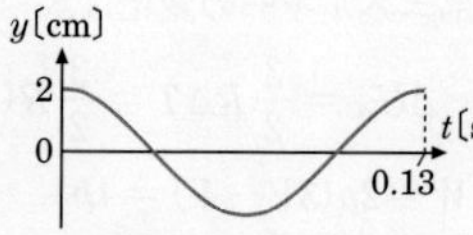

(6)原点の波は，$y=0$から変位が増加するので，

$$y=2\sin\frac{2\pi}{T}t=2\sin 20\pi t$$

(7)地点xでは，(6)の原点の振動が$t'=\frac{x}{v}$遅れて伝わるので，

$$y=2\sin\frac{2\pi}{T}\left(t-\frac{x}{v}\right)=2\sin 2\pi\left(\frac{t}{T}-\frac{x}{\lambda}\right)$$
$$=2\sin 2\pi\left(\frac{t}{0.1}-\frac{x}{0.16}\right)$$

② (1)c，g　(2)a，e　(3)b，d，f
(4)c，g　(5)a，c，e，g　(6)b，f
(7)同位相…f，逆位相…d

③ (1)右図

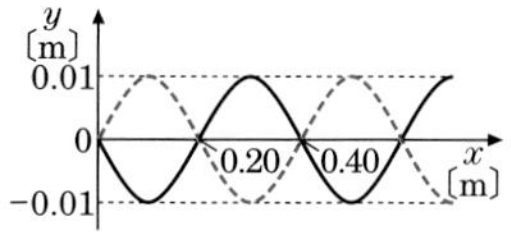

(2)周期は，$T=\frac{\lambda}{v}=\frac{0.40}{10}=0.040\,\text{s}$

初期位相は0であるから，

$$y_0=0.01\sin\frac{2\pi}{0.040}t=0.01\sin 50\pi t$$

(3)$y=0.01\sin 2\pi(25t-2.5x)$

(4)(2)の式で$y_0=0.005$とおくと，

$$0.005=0.01\sin 50\pi t \qquad 50\pi t=\frac{\pi}{6}$$

よって，　$t=0.0033\,\text{s}$

④ (1)$t=0$の原点の変位と$t=T$の$x=\lambda$の変位が等しいので，下図のようになる。

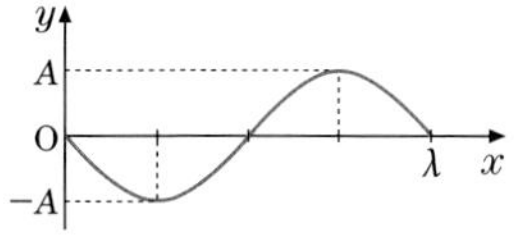

(2)この波の式は，$y=-A\sin\frac{2\pi x}{\lambda}$

(3)$y=A\sin\frac{2\pi}{T}t$

(4)(3)の原点の振動が，地点xで$\frac{x}{v}$遅れて伝わるので，

$$y=A\sin\frac{2\pi}{T}\left(t-\frac{x}{v}\right)=A\sin 2\pi\left(\frac{t}{T}-\frac{x}{\lambda}\right)$$

⑤ (1)(3・6)式に，

$$A=2\,\text{m},\ \lambda=5\,\text{m},\ T=\frac{\lambda}{v}=\frac{5}{2.5}=2\,\text{s}$$

を代入して，$y=2\sin 2\pi\left(\frac{t}{2}-\frac{x}{5}\right)$

(2)山の位置が$\frac{1}{4}$波長だけ右にある波は，位相が$\frac{\pi}{2}$進んでいるから，

$$y=2\sin\left[2\pi\left(\frac{t}{2}-\frac{x}{5}\right)+\frac{\pi}{2}\right]$$
$$=2\cos 2\pi\left(\frac{t}{2}-\frac{x}{5}\right)$$

⑥ (1)$v=f\lambda=10\times 4=40\,\text{cm/s}$

(2)A，Bから同位相の波がくるので，波は強めあい，大きく振動する。

(3)$\text{AP}-\text{BP}=16-8=8\,\text{cm}$で波長の整数倍だから，強めあって大きく振動する。

(4)直線AB上には定在波ができる。その節について答える。 答 点の数…4個，距離…2cm

(5)波が打ち消しあうので，振動しない。

⑦ (1)(2)節の位置は変化しないので，下図のようになる。

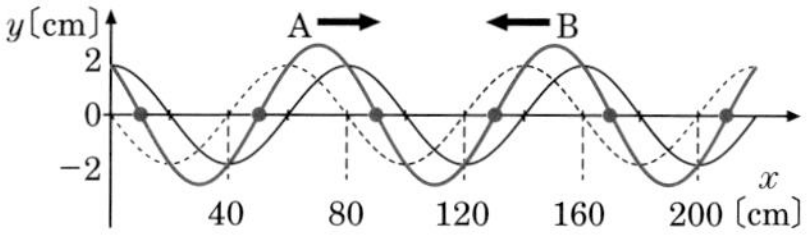

(3)$T=\frac{\lambda}{v}=\frac{0.8}{4}=0.2\,\text{s}$

⑧ (1)$y_2=0.2\sin 2\pi\left(\frac{t}{0.05}+\frac{x}{10}\right)$

(2)$y=0.2\sin 2\pi\left(\frac{t}{0.05}-\frac{x}{10}\right)$

$$+0.2\sin 2\pi\left(\frac{t}{0.05}+\frac{x}{10}\right)$$
$$=2\times 0.2$$
$$\times\sin\frac{2\pi}{2}\left[\left(\frac{t}{0.05}-\frac{x}{10}\right)+\left(\frac{t}{0.05}+\frac{x}{10}\right)\right]$$
$$\times\cos\frac{2\pi}{2}\left[\left(\frac{t}{0.05}-\frac{x}{10}\right)-\left(\frac{t}{0.05}+\frac{x}{10}\right)\right]$$
$$=0.4\sin\frac{2\pi t}{0.05}\cos\frac{-2\pi x}{10}$$
$$=0.4\sin 40\pi t\cos\frac{\pi x}{5}$$

(3)節はtの変化に無関係に$y=0$となる点だから，

$\cos\frac{\pi x}{5}=0$　より，　$\frac{\pi x}{5}=\frac{\pi}{2}(2n+1)$

よって，　$x=\frac{5}{2}(2n+1)$

⑨ (1)$\lambda_1=\frac{v_1}{f}=0.0400\,\mathrm{m}=4.00\times10^{-2}\,\mathrm{m}$

(2)$\lambda_2=\frac{v_2}{f}=0.0300\,\mathrm{m}=3.00\times10^{-2}\,\mathrm{m}$

(3)振動数は変わらないから，100Hz

(4)(3·10)式より，$n_{12}=\frac{v_1}{v_2}=\frac{4}{3}\fallingdotseq1.33$

⑩ ①**波面**，②**波源**，③**素元波**，④**波面**，⑤**ホイヘンスの原理**，⑥v_2t，⑦C，⑧**接線**

p.266 類題

3　弦Aの基本振動数をf_1，長さをl，張力をS，線密度をρとすると，(3·15)式より，

$f_1=\frac{1}{2l}\sqrt{\frac{S}{\rho}}$となる。

弦Bの断面積はAのn^2倍，材質の密度はAのn倍なので，線密度はAのn^3倍になる。

よって，弦Bの基本振動数f_1'は，

$$f_1'=\frac{1}{2nl}\sqrt{\frac{nS}{n^3\rho}}=\frac{1}{2n^2l}\sqrt{\frac{S}{\rho}}=\frac{1}{n^2}f_1$$

答 $\frac{1}{n^2}$倍

p.271 類題

4　(3·17)式，(3·18)式で，$n=1$，2，3を代入した場合にあたる。閉管の長さは50cmだから，$n=1$のときの波長λ_1は，

$$\lambda_1=\frac{4\times50}{2\times1-1}=200\,\mathrm{cm}$$

音速を340m/sとしたときの振動数f_1は，

$$f_1=\frac{340}{\lambda_1}=\frac{340}{2}=170\,\mathrm{Hz}$$

$n=2$，3のときも同様に求める。

答 波長…200cm，67cm，40cm

振動数…170Hz，510Hz，850Hz

p.275 類題

5　列車の速度は，90.00km/h＝25.00m/sだから，近づくときの振動数は，(3·22)式より，

$$f=\frac{340}{340-25}\times1000\fallingdotseq1079\,\mathrm{Hz}$$

遠ざかるときの振動数は，同様に，

$$f'=\frac{340}{340+25}\times1000\fallingdotseq931.5\,\mathrm{Hz}$$

p.277 練習問題

① (1)(3·12)式より，

$V=331.5+0.6\times20=343.5\,\mathrm{m/s}$

(2)$f=\frac{V}{\lambda}=\frac{340}{2.0}=1.7\times10^2\,\mathrm{Hz}$

(3)$V=f\lambda=170\times9.0\fallingdotseq1.5\times10^3\,\mathrm{m/s}$

(4)音波は進行方向に振動する**縦波**である。

(5)音の高さ…**振動数**，大きさ…**振幅と振動数**，音色…**波形**

(8)最大波長は，$\lambda_1=\frac{340}{20}=17\,\mathrm{m}$

最小波長は，$\lambda_2=\frac{340}{20000}=0.017\,\mathrm{m}$

答 0.017m～17m

② 空気中の音速をVとすると，(3·10)式より屈折率nは，　$n=\frac{V}{2.9V}\fallingdotseq0.34$

③ (1)**干渉**　(2)**回折**　(3)**反射**　(4)**屈折**　(5)**回折**　(6)**反射**　(7)**干渉**

④ (1)E点で音が強めあうのは，AEとBEの差が1波長に等しいからである。よって，

$\lambda=\mathrm{AE}-\mathrm{BE}=\sqrt{6^2+8^2}-8=2.0\,\mathrm{m}$

(2)求める点をFとすると，AF－BFが2波長のときに音が強めあう。$x=\mathrm{BF}$とすると，

$\sqrt{6^2+x^2}-x=2\times2$　よって，$x=2.5\,\mathrm{m}$

(3)点EからBと反対向きに進んでいったとき，最終的にはA，Bからの距離の差が0に近づいていく。点Eでの距離の差は1波長分であり，これが0に近づいていくので，**音はいったん小さくなったあと，しだいに大きくなっていく。**

これは，あとから光波で学ぶヤングの実験と同じように考えることもできる。

⑤ $f_B = 440 \pm 2\,\mathrm{Hz}$　　$f_B = 435 \pm 3\,\mathrm{Hz}$
両方の式を満足するf_Bは，$f_B = 438\,\mathrm{Hz}$

⑥ (1)$n_1 = f_1 T$　　$n_2 = f_2 T$
(2)うなりが1回なので，波の数の差も1
(3)$|n_1 - n_2| = |f_1 T - f_2 T| = |f_1 - f_2| T = 1$
よって，$f = \dfrac{1}{T} = |f_1 - f_2|$

⑦ (1)$\rho = \dfrac{4.8 \times 10^{-3}\,\mathrm{kg}}{1.2\,\mathrm{m}} = 4.0 \times 10^{-3}\,\mathrm{kg/m}$
(2)(3・14)式より，$v = \sqrt{\dfrac{0.50 \times 9.8}{4.0 \times 10^{-3}}} = 35\,\mathrm{m/s}$
(3)波長は，$\dfrac{\lambda}{2} = 1.0$より，　$\lambda = 2.0\,\mathrm{m}$
よって，振動数は，$f = \dfrac{v}{\lambda} = \dfrac{35}{2.0} \fallingdotseq 18\,\mathrm{Hz}$
(4)(3・15)式より，振動数は弦の張力の平方根に比例するから，$\sqrt{4} = 2$倍になる。

⑧ ①Mg　②$2L$　③$\sqrt{\dfrac{Mg}{\rho}}$　④350
⑤(3・15)式より，$350 = \dfrac{1}{2 \times 0.30}\sqrt{\dfrac{9.0 \times 9.8}{\rho}}$
よって，　$\rho = 2.0 \times 10^{-3}\,\mathrm{kg/m}$

⑨ (1)**おんさとガラス管内の空気**
(2)$\dfrac{\lambda}{2} = 50 - 16$　　よって，$\lambda = 68\,\mathrm{cm}$
(3)$50 + (50 - 16) = 84\,\mathrm{cm}$
(4)$f = \dfrac{v}{\lambda} = \dfrac{340\,\mathrm{m/s}}{0.68\,\mathrm{m}} = 500\,\mathrm{Hz}$
(5)気温が高くなると，空気中の音速が大きくなるので，波長が長くなり，共鳴を起こす水面の位置は**低くなる**。
(6)水面にドライアイスを浮かせておくと，ガラス管内は二酸化炭素で満たされる。二酸化炭素中の音速は空気中より小さいので，波長は空気中より短い。そのため，共鳴する水面の位置は空気の場合より高くなる。よって，ア。
(7)$\dfrac{\lambda}{4} = 16 + \Delta l$，$\lambda = 68\,\mathrm{cm}$より，
開口端補正$\Delta l = 1\,\mathrm{cm}$

⑩ (1)スピーカーが最も速く右向きに動くとき音は高くなり，最も速く左向きに動くとき低くなる。よって，**エ**。
(2)スピーカーが振動の中心を通る速さをuとすると，力学的エネルギー保存の法則より，
$$\frac{1}{2}mu^2 = \frac{1}{2}ka^2 \quad \text{よって，} \quad u = a\sqrt{\frac{k}{m}}$$
(3・22)，(3・23)式より，
$$H = \frac{v}{v-u}f_0 \qquad L = \frac{v}{v+u}f_0$$
よって，$\dfrac{H}{L} = \dfrac{v+u}{v-u} = \dfrac{v\sqrt{m} + a\sqrt{k}}{v\sqrt{m} - a\sqrt{k}}$

⑪ (1)(3・22)式より，
$$f_1 = \frac{340}{340-20} \times 800 = 850\,\mathrm{Hz}$$
(2)$\lambda_1 = \dfrac{V}{f_1} = \dfrac{340}{850} = 0.400\,\mathrm{m}$
(3)(3・23)式より，
$$f_1' = \frac{340}{340+20} \times 800 \fallingdotseq 756\,\mathrm{Hz}$$

⑫ (1)(3・13)式より，$f = |690 - 670| = 20\,\mathrm{Hz}$
(2)両方の振動数が等しくなれば，うなりは消える。観測者がAに近づく向きに動く速さをuとすると，Bからは遠ざかることになり，
(3・24)，(3・25)式より，
$$\frac{340+u}{340} \times 670 = \frac{340-u}{340} \times 690$$
よって，　$u = 5.0\,\mathrm{m/s}$
観測者はAに近づき，Bから遠ざかる向きに5.0m/sで動いたことになる。

p.287 類題

6 (1)屈折角をrとすると，(3・9)式より，
$$n_1 = \frac{\sin\theta}{\sin r}$$
よって，$\sin r = \dfrac{\sin\theta}{n_1}$

(2)媒質Ⅰ→Ⅱで全反射となる臨界角をi_0とすると，$\frac{n_2}{n_1}=\frac{\sin i_0}{\sin 90^\circ}$　よって，$\sin i_0=\frac{n_2}{n_1}$

$i_0<90^\circ-r$のとき全反射する。ここで，

$$\sin i_0<\sin(90^\circ-r)=\cos r$$

$$\cos r=\sqrt{1-\sin^2 r}=\frac{\sqrt{n_1{}^2-\sin^2\theta}}{n_1}$$

となるので，$\frac{n_2}{n_1}<\frac{\sqrt{n_1{}^2-\sin^2\theta}}{n_1}$より，

$$\sin\theta<\sqrt{n_1{}^2-n_2{}^2} \quad \cdots\cdots ①$$

また，空気中から媒質Ⅰに入る条件は，

$$\frac{\sin\theta}{n_1}\leqq 1 \quad \text{よって，} \sin\theta\leqq n_1 \quad \cdots\cdots ②$$

①，②より，　$\sin\theta<\sqrt{n_1{}^2-n_2{}^2}$

p.305 練習問題

① $t=\frac{1.5\times10^8\times10^3\,\text{m}}{3.00\times10^8\,\text{m/s}}=500\,\text{s}=$ **8分20秒**

② (1)1回転で720個の歯がP点を通過する。1秒間に12.6回転するので，P点を通過する歯の数は，$720\times12.6=9072\fallingdotseq 9.07\times10^3$個

(2)1つの歯から隣りの歯まで回転する時間tは，(1)の結果より，

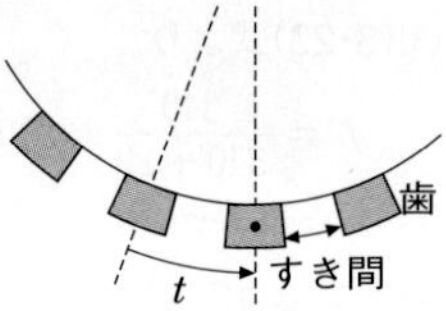

$$t=\frac{1}{9.07\times10^3}$$

1つの歯から隣りのすき間まで回転する時間は$\frac{t}{2}$〔s〕である。

よって，　$\frac{t}{2}=\frac{1}{2\times9.07\times10^3}\fallingdotseq 5.51\times10^{-5}\,\text{s}$

(3)光は$2l$の距離を進むのに，$\frac{t}{2}$〔s〕かかるので，光速cは，

$$c=\frac{2l}{\frac{t}{2}}=\frac{2\times8633}{\frac{1}{2\times9.07\times10^3}}\fallingdotseq 3.13\times10^8\,\text{m/s}$$

③ (1)1回転の回転角は2π radより$\alpha=2\pi nt$

(2)$\frac{2R}{c}=t=\frac{\alpha}{2\pi n}$　　よって，　$c=\frac{4\pi nR}{\alpha}$

(3)$\alpha=\frac{4\pi nR}{c}=\frac{4\times3.14\times1000\times40.4}{3.00\times10^8}$

$\fallingdotseq 1.69\times10^{-3}\,\text{rad}$

④ 像も同じ速さで自分に向かって歩いてくるので，相対速度は，

$$v=0.8-(-0.8)=1.6\,\text{m/s}$$

⑤ (1)(3·9)式より，$n_{12}=\frac{\sin\theta}{\sin i}$

(2)(3·10)式より，$n_{23}=\frac{c_2}{c_3}$

(3)$n_{12}=\frac{\sin\theta}{\sin i}$，$n_{31}=\frac{\sin j}{\sin k}$，$n_{23}=\frac{\sin i}{\sin j}$

$k=\theta$であるから，$n_{23}=\frac{1}{n_{12}n_{31}}$

⑥ キンギョから円板のふちに向かう光線の入射角θが臨界角になればよい。円板の半径をrとすると，

$\sin\theta=\frac{r}{\sqrt{r^2+50^2}}$であるから，$\frac{4}{3}=\frac{\sqrt{r^2+50^2}}{r}$

よって，$r=\frac{150\times\sqrt{7}}{7}\fallingdotseq 56.8\,\text{cm}$

⑦ (1)波長が長いほど屈折しにくく，短いほど屈折しやすい。

これを**分散**という。

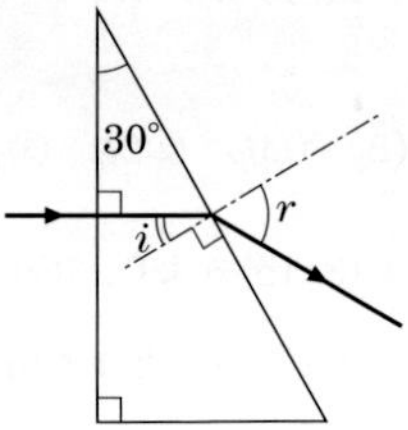

(2)(1)より，①は**赤**，②は**黄**，③は**緑**，④は**青**である。

(3)図より，入射角$i=30^\circ$である。

与えられた屈折率$\sqrt{3}$は，真空→プリズムと進む場合で，プリズム→真空と進む場合の屈折率は$\frac{1}{\sqrt{3}}$である。ゆえに，$\frac{1}{\sqrt{3}}=\frac{\sin 30^\circ}{\sin r}$

これから，$\sin r=\frac{\sqrt{3}}{2}$　　よって，$r=60^\circ$

⑧ (1)棒をレンズの前方80cmの所に立てたときは，(3·31)式により，$\frac{1}{80}+\frac{1}{b}=\frac{1}{20}$

$$b=26.7\fallingdotseq 27\,\text{cm}$$

よって，**レンズの後方27cm**。

(2)$b>0$だから，**実像**。

(3)像の大きさは，$10\times\frac{b}{a}=10\times\frac{26.7}{80}\fallingdotseq 3.3\,\text{cm}$

(4)棒をレンズの前方15cmの所に立てたときは，

$\frac{1}{15}+\frac{1}{b}=\frac{1}{20}$　　よって，$b=-60\,\text{cm}$

レンズの前方60cmの所に虚像ができる。

像の大きさは，$10\times\frac{60}{15}=40\,\text{cm}$

⑨ (1)**短くなる**

(2)屈折率が大きいほど屈折が大きくなるので，焦点距離が**短くなる**

(3)相対屈折率が小さくなるので，**長くなる**

(4)波長の長い光のほうが屈折しにくいので，**赤い光**

⑩ **①回折格子，②格子定数，③スリット，④回折，⑤$d\sin\theta$，⑥波長，⑦$d\sin\theta$，⑧連続スペクトル**

⑪ (1)屈折率が小さい側から大きい側に入射するときの反射で位相が反転するので，B

(2)$\sqrt{3}=\frac{\sin 60^\circ}{\sin\theta}$　　$\sin\theta=\frac{1}{2}$より，$\theta=30^\circ$

(3)$\frac{\lambda}{\sqrt{3}}$　　(4)$2nd\cos\theta=3d$

(5)強め合う条件は，$3d=\left(m+\frac{1}{2}\right)\lambda$

$m=0$の場合，$3d=\frac{1}{2}\times 600\times 10^{-9}$

よって，$d=100\times 10^{-9}\,\text{m}=100\,\text{nm}$

⑫ (1)B, C　(2)B…**変化しない**，C…**変化する**

(3)ガラス板の左端からxの所のすきまの間隔をdとすると，$\frac{x}{d}=\frac{200}{0.2}$　より，$d=10^{-3}x$

反射光が打ち消しあう条件は，整数mを用い

$2d=2\times 10^{-3}x=m\lambda$　より，$x_m=\frac{m\lambda}{2\times 10^{-3}}$

よって，しま模様の間隔は，

$$\Delta x=x_{m+1}-x_m=\frac{(m+1)\lambda}{2\times 10^{-3}}-\frac{m\lambda}{2\times 10^{-3}}$$
$$=\frac{\lambda}{2\times 10^{-3}}=2.5\times 10^{-4}\,\text{m}$$

(4)水中での光の波長は空気中の波長の$\frac{1}{1.33}$で，(3)から，しまの間隔は光の波長に比例するので，すきまを水で満たすと，しまの間隔が(3)の値の$\frac{1}{1.33}$になる。$\frac{2.5\times 10^{-4}}{1.33}\fallingdotseq 1.9\times 10^{-4}\,\text{m}$

⑬ 下図は問題図の拡大図で，Aで反射する光に位相の変化はない。位相が変化するのは，屈折率nの小さい物質から大きい物質へ向かう光が，その境界で反射する場合である。

したがって，Bで反射する光は，逆位相になる。

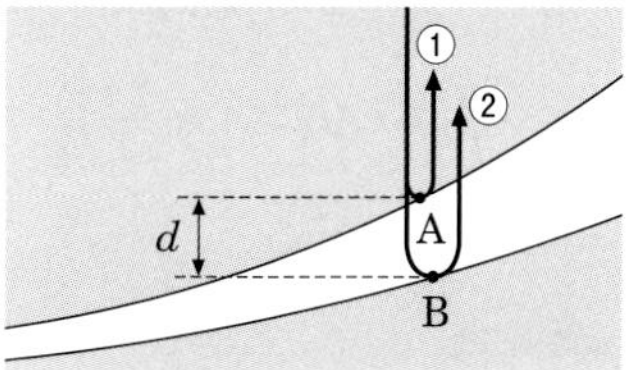

①と②の光の経路差は$2d$だから，m番目の明線が，この場所にできる条件は

$$2d=\left(m+\frac{1}{2}\right)\lambda\quad(m=0,\ 1,\ 2,\ \cdots)$$

である。ここで，dをr，R_1，R_2で表す。

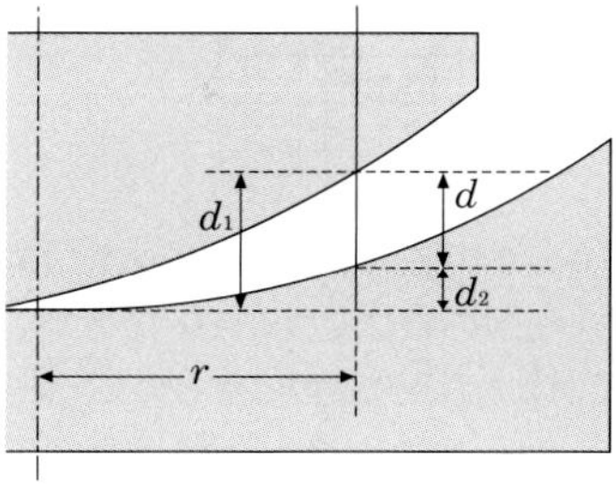

図のように，d_1，d_2を決めると，平凸レンズと平面板によるニュートンリング(☞p.303)と同様に，$d_1=\frac{r^2}{2R_1}$，$d_2=\frac{r^2}{2R_2}$

$$2d=2(d_1-d_2)=r^2\left(\frac{1}{R_1}-\frac{1}{R_2}\right)=r^2\cdot\frac{R_2-R_1}{R_1R_2}$$

$$r=\sqrt{\left(m+\frac{1}{2}\right)\lambda\times\frac{R_1R_2}{R_2-R_1}}$$

p.309 定期テスト予想問題❶

1 (1)(3・1)式より，　$T=\frac{1}{f}=\frac{1}{5}=0.2\,\mathrm{s}$

(2)(3・3)式より，　$\lambda=\frac{v}{f}=\frac{15}{5}=3\,\mathrm{m}$

(3)波は1回の振動で1波長進む。　**答** 3m

2 (1)正弦波の波の変位yは$y=A\sin\frac{2\pi}{T}t$で表せるので，$\frac{2\pi}{T}t=kt$より，$k=\frac{2\pi}{T}$

よって，$y=A\sin\frac{2\pi}{T}t$

(2)波の速さ$v=\frac{\lambda}{T}$，遅れの時間$\Delta t=\frac{x}{v}=\frac{T}{\lambda}x$

(3)$y_{\mathrm{p}}=A\sin\frac{2\pi}{T}(t-\Delta t)=A\sin\frac{2\pi}{T}\left(t-\frac{Tx}{\lambda}\right)$

$\quad=A\sin 2\pi\left(\frac{t}{T}-\frac{x}{\lambda}\right)$

3 **下図の赤線**

(1)

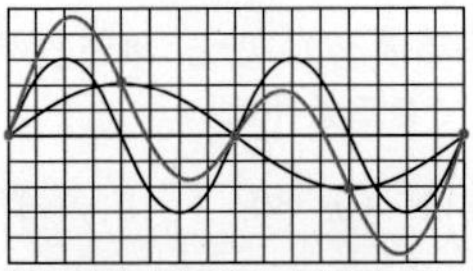

(2)

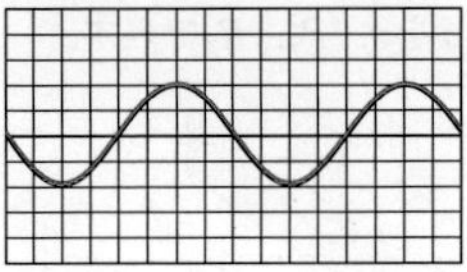

4 (1)$y=0$の点なので，4，8，12，16

(2)変位が正から負に変わる点なので，8，16

(3)変位が負から正に変わる点なので，4，12

(4)振幅は5cm，また$\frac{3}{4}$波長が30cmなので，40cm

5 (1)$v=f\lambda=10\times2.0=20\,\mathrm{cm/s}$

(2)AP＝BPだから，A，Bのそれぞれから点Pにくる波は位相が等しいため強めあい，**振幅0.60cm，振動数10Hzの振動**をする。

(3)AQとBQの距離の差は，

$\quad\mathrm{AQ}-\mathrm{BQ}=8.0-5.0=3.0\,\mathrm{cm}$

で，半波長1.0cmの奇数倍(3倍)になるから，Aからの波とBからの波は互いに打ち消しあい，点Qは**振動しない**。

(4)(3)と同じ理由で，これらの点では**振動しない**。図は**下図**のようになる。

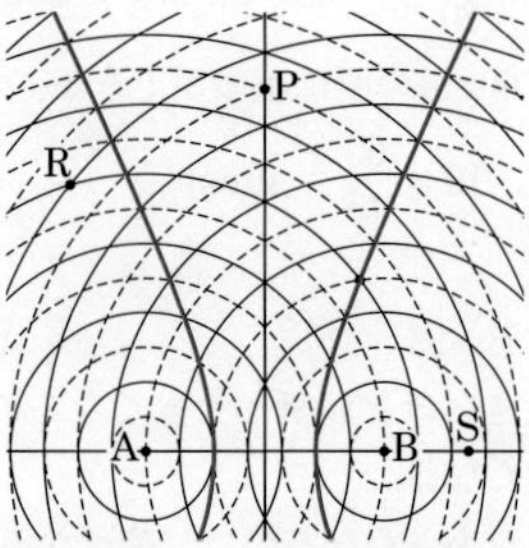

(5)$\mathrm{BR}-\mathrm{AR}=12-8.0=4.0\,\mathrm{cm}$

すなわち，半波長1.0cmの偶数倍(4倍)になっているから，(2)と同じ理由で，点RではAからの波とBからの波は互いに強めあい，**振幅0.60cm，振動数10Hzの振動**をする。

(6)下図のように，適する点をNとし，AN＝xとすると，ANとBNの距離の差は，

$\quad\mathrm{AN}-\mathrm{BN}=x-(7.0-x)=2x-7.0$

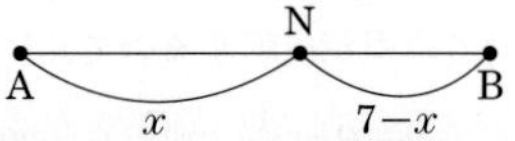

これが半波長の奇数倍であればよいから，

$\quad 2x-7.0=\pm(2m+1)\times1.0$

$\quad(m=0,\ 1,\ 2,\ \cdots)$

これから，$x=\frac{7\pm(2m+1)}{2}$

$0<x<7.0$の範囲で，この式を満たすxの値を求めると，

$\quad m=0$のとき，$x=4,\ 3$

$\quad m=1$のとき，$x=5,\ 2$

$\quad m=2$のとき，$x=6,\ 1$

適する点は**Aから1.0cmおきに6個**できる。

(7)$\mathrm{SA}-\mathrm{SB}=\mathrm{AB}=7.0\,\mathrm{cm}$

すなわち，点SはA，Bからの距離の差が半波長の奇数倍(7倍)だから，**振動しない**。

6 この音波の波長をλ[m]，2つの経路の差をl[m]とすると，音が弱くなったときは，

$\quad l=(2m+1)\cdot\frac{\lambda}{2}\quad(m=0,\ 1,\ 2,\ \cdots)$

8.5cm＝0.085m引き出すと，再び音が弱くなるから，$l+0.085\times2=[2(m+1)+1]\cdot\frac{\lambda}{2}$

この2つの式を辺々引くと，$0.085\times2=2\cdot\frac{\lambda}{2}$

よって，$\lambda=0.17\,\mathrm{m}$

求める振動数fは，$f=\frac{340}{0.17}=2.0\times10^3\,\mathrm{Hz}$

7 (1)横波

(2)弦を伝わる波の速さは，$v=\sqrt{\frac{mg}{\rho}}$，

波長は，$\lambda=2l$であるから，

$$f_0=\frac{v}{\lambda}=\frac{1}{2l}\sqrt{\frac{mg}{\rho}}$$

(3)弦の半径を2倍にすると，断面積が4倍になるので，線密度も4倍になる。振動数は線密度の平方根に反比例するから，線密度が4倍になれば，振動数は$\frac{1}{2}$倍になる。

(4)振動数は質量の平方根に比例するから，振動数を2倍にするためには，質量を4倍にすればよい。

(5)(2)の式に数値を代入すると，

$$2.00\times10^2=\frac{1}{2\times0.250}\sqrt{\frac{m\times9.81}{9.81\times10^{-4}}}$$

よって，$m=1.00\,\mathrm{kg}$

8 (1)定在波の節～腹は波長の$\frac{1}{4}$で，この長さが$\frac{l}{6}$である。

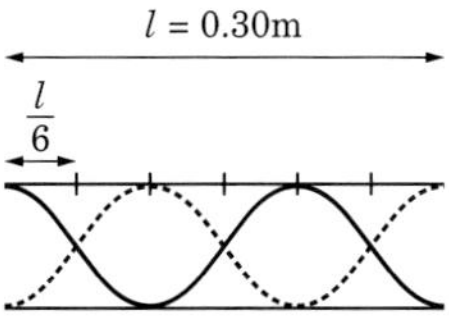

よって，$\frac{\lambda}{4}=\frac{l}{6}$より，$\lambda=\frac{2l}{3}=0.20\,\mathrm{m}$

(2)$f=\frac{V}{\lambda}=\frac{3.4\times10^2}{0.20}=1.7\times10^3\,\mathrm{Hz}$

(3)図の振動は3倍振動で，次に定在波ができるのは4倍振動のときである。$\frac{f'}{f}=\frac{4}{3}$より，

$$f'=\frac{4}{3}\times1.7\times10^3=2267\fallingdotseq2.3\times10^3\,\mathrm{Hz}$$

9 (1)AG間の距離lは7波長分にあたるから，波Pの波長λは，$\lambda=\frac{l}{7}$となる。よって，波Pの振動数fは，$f=\frac{v}{\lambda}=\frac{7}{l}\cdot v=\frac{7v}{l}$

(2)波Pと波Qを重ねあわせると下図のようになるから，求める位置はDである。

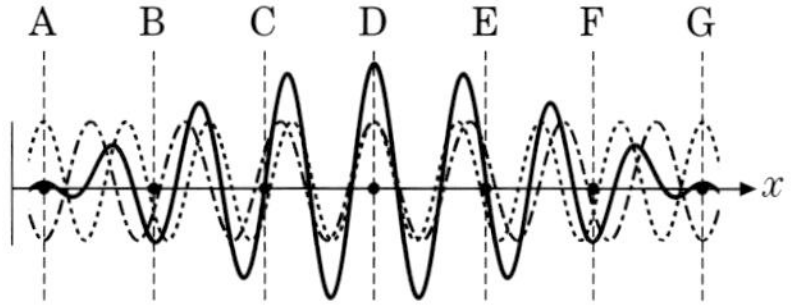

(3)点Dの状態になるのは，x軸上で，Dから距離lだけ離れるごとに生じるから，求める間隔はlである。

(4)これはうなりの回数を求めるのと同じである。波Qの波長λ'は，$\lambda'=\frac{l}{6}$であるから，振動数f'は，$f'=\frac{v}{\lambda'}=\frac{6v}{l}$

うなりの回数は，$f-f'=\frac{7v}{l}-\frac{6v}{l}=\frac{v}{l}$

p.312 定期テスト予想問題❷

1 与えられた式を(3・6)式の形に直すと，

$$y=4\sin\pi\left(t-\frac{x}{3}\right)=4\sin2\pi\left(\frac{t}{2}-\frac{x}{6}\right)$$

(1)振幅$A=4\,\mathrm{m}$，周期$T=2\,\mathrm{s}$，波長$\lambda=6\,\mathrm{m}$

振動数は，$f=\frac{1}{T}=\frac{1}{2}=0.5\,\mathrm{Hz}$

波の速さは，$v=f\lambda=0.5\times6=3\,\mathrm{m/s}$

(2)$t=0$のとき，

$y=-4\sin\frac{\pi x}{3}$

よって，右図

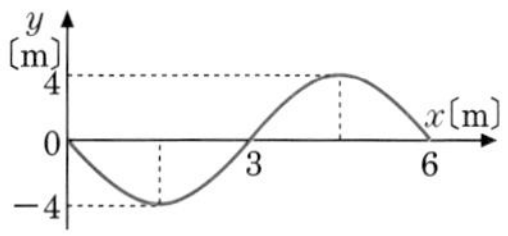

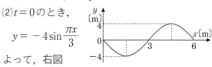

2 (1)図1より振幅3cm，波長20cmである。図2より周期が0.2sであるから，振動数は，

$$f=\frac{1}{T}=\frac{1}{0.2}=5\,\mathrm{Hz}$$

(2)(3・3)式より，$v=5\times20=100\,\mathrm{cm/s}$

(3)点線は実線より位相が時間にして$\frac{T}{4}$進んで

いるから，図1でAより$\frac{\lambda}{4}$だけ位相の進んでいる点を求める。 答 R

なお，点PはOより$\frac{\lambda}{4}$位相が遅れていることに注意。

(4)(3・6)式で，t_0での位相がπなので，

$A=3$，$T=0.2$，$x=5$，$\lambda=20$を代入すると，

$$y=3\sin 2\pi\left(\frac{t}{0.2}-\frac{5}{20}+\frac{1}{2}\right)$$
$$=3\sin\pi\left(10t+\frac{1}{2}\right)$$

3 (1)①$\frac{\lambda}{2}=50.5-16.5$　　$\lambda=68\,\mathrm{cm}$

②$f=\frac{v}{\lambda}=\frac{340}{0.68}=500\,\mathrm{Hz}$

(2)$f_B=500\pm 4$　から，　$f_B=504$または496

　$f_B=505\pm 1$　から，　$f_B=506$または504

両方を満足するのは，$f_B=504\,\mathrm{Hz}$

(3)①ドップラー効果により，Aの音が高くなり，Bの音が低くなって，等しい振動数になればよいから，Aに向かって動いた。

②$\frac{340+v}{340}\times 500=\frac{340-v}{340}\times 504$

　よって，　$v\fallingdotseq 1.4\,\mathrm{m/s}$

4 屈折率n_1のガラスに対する屈折率n_2のガラスの相対屈折率は，$n_{12}=\frac{n_2}{n_1}$である。

屈折率n_2，厚さh_2のガラスの，n_1側から見た見かけの厚さは，$h_2'=\frac{h_2}{n_{12}}=\frac{n_1}{n_2}h_2$である。

したがって，合わせガラスの見かけの厚さは，屈折率n_1，厚さ(h_1+h_2')のガラス板の見かけの厚さhに等しい。よって，

$$h=\frac{h_1+h_2'}{n_1}=\frac{h_1}{n_1}+\frac{h_2}{n_2}$$

5 ガラスの屈折率をnとすると，

$$\frac{n}{4/3}=\frac{1}{\sin 60^\circ}\qquad n=\frac{8\sqrt{3}}{9}\fallingdotseq 1.5$$

6 (1)(3・9)式より屈折率が大きいほど屈折角が小さくなるので，D，C，A，B

(2)ほとんど屈折しないA

(3)最も屈折角が大きいB

(4)$\frac{n_B}{n}=\frac{\sin\theta_0}{\sin 90^\circ}$　　よって，　$\sin\theta_0=\frac{n_B}{n}$

7 ①干渉，②$m\lambda$，③$\left(m+\frac{1}{2}\right)\lambda$

④$|S_1P-S_2P|=d\sin\theta\fallingdotseq d\tan\theta=\frac{dx}{l}$

⑤$\frac{m\lambda l}{d}$

⑥$\Delta x=x_{m+1}-x_m=\frac{(m+1)\lambda l}{d}-\frac{m\lambda l}{d}=\frac{\lambda l}{d}$

(1)⑥より，

$$\lambda=\frac{d\Delta x}{l}=\frac{0.600\times 10^{-3}\times 0.980\times 10^{-3}}{1.00}$$
$$=5.88\times 10^{-7}\,\mathrm{m}=588\,\mathrm{nm}$$

(2)水中では，光の波長が$\frac{\lambda}{n}$になるから，

$$\Delta x'=\frac{\lambda}{n}\cdot\frac{l}{d}=\frac{\Delta x}{n}$$
$$=7.37\times 10^{-4}\,\mathrm{m}=0.737\,\mathrm{mm}$$

8 (3・42)式より，

$$3.0\times 10^{-3}=\frac{100\times 10^{-2}\lambda}{0.2\times 10^{-3}}\qquad \lambda=6.0\times 10^{-7}\,\mathrm{m}$$

9 (1)(3・43)式で，

$m=1$，$\sin\theta\fallingdotseq\tan\theta=\frac{20}{500}=\frac{1}{25}$とすると，

$$d=1\times 400\times 10^{-9}\times 25=1.0\times 10^{-5}\,\mathrm{m}$$

(2)中心からx〔cm〕とする。

(3・43)式で，$m=1$，$\sin\theta\fallingdotseq\frac{x}{500}$とおくと，

$$\sin\theta=\frac{m\lambda}{d}=\frac{1\times 700\times 10^{-9}}{1.0\times 10^{-5}}\fallingdotseq\frac{x}{500}$$

よって，　$x=35\,\mathrm{cm}$

(3)格子間隔dと回折模様の間隔xは反比例するから，dを大きくすると，xは小さくなる。

10 (1)$\lambda'=\frac{\lambda}{n}=\frac{580}{1.4}\fallingdotseq 414\,\mathrm{nm}$

(2)膜の表面で反射する光も裏面で反射する光も位相が変化するから，膜の厚さをdとして，光が打ち消しあう条件は，

$$2nd=\left(m+\frac{1}{2}\right)\lambda$$

$m=0$とすると，

$$d=\frac{\lambda}{4n}=\frac{580}{4\times1.4}\fallingdotseq104\,\mathrm{nm}$$

(3)膜の表面で反射する光は位相が変化するが，膜の裏面で反射する光は位相が変化しないので，光が打ち消しあう条件は，$2nd=m\lambda$

$m=1$とすると，

$$d=\frac{\lambda}{2n}=\frac{580}{2\times1.6}\fallingdotseq181\,\mathrm{nm}$$

11 (1)光が強めあうとき，ガラスとガラスの間隔dは，0以上の整数mをつかって次のように表せる。

$$2d=\left(m+\frac{1}{2}\right)\lambda$$

10番目の明線は$m=9$のときなので，

$$d=\frac{1}{2}\left(9+\frac{1}{2}\right)\times580\times10^{-9}$$
$$=2.755\times10^{-6}\,\mathrm{m}\fallingdotseq2.8\times10^{-4}\,\mathrm{cm}$$

(2)(3･49)式で$m=9$とし，数値を代入する。

$$\frac{(0.35\times10^{-2})^2}{R}=\left(9+\frac{1}{2}\right)\times580\times10^{-9}$$

よって，　$R=2.2\,\mathrm{m}=220\,\mathrm{cm}$

第4編

電気と磁気

p.322 類題

1 それぞれの電荷をq，$3q$とすると，クーロンの法則より，

$$0.30=9.0\times10^9\times\frac{q\times3q}{0.20^2}$$

$q\fallingdotseq6.7\times10^{-7}\,\mathrm{C}$，$3q=2.0\times10^{-6}\,\mathrm{C}$

p.325 類題

2 A，B，C，Dの各電荷による電場を$\vec{E}_{\mathrm{A}}$，$\vec{E}_{\mathrm{B}}$，$\vec{E}_{\mathrm{C}}$，$\vec{E}_{\mathrm{D}}$とする。

$\vec{E}_{\mathrm{B}}$と$\vec{E}_{\mathrm{D}}$とは大きさが同じで向きが反対だから打ち消しあう。$\vec{E}_{\mathrm{A}}$と$\vec{E}_{\mathrm{C}}$は同じ向きであるから，合成電場の大きさは，(4･7)式より，

$$E_{\mathrm{A}}+E_{\mathrm{C}}=k_0\frac{3.0\times10^{-6}}{r^2}+k_0\frac{4.0\times10^{-6}}{r^2}$$

上式に，$k_0=9.0\times10^9$，$r=\dfrac{\sqrt{2}}{2}\,\mathrm{m}$を代入すると，

$$E_{\mathrm{A}}+E_{\mathrm{C}}\fallingdotseq1.3\times10^5\,\mathrm{N/C}$$

答 A→Cの向きに，$1.3\times10^5\,\mathrm{N/C}$

p.338 類題

3 (4･13)式より，

$\Delta Q=C\Delta V=700\times10^{-6}\times0.10=7.0\times10^{-5}\,\mathrm{C}$

p.341 類題

4 最初コンデンサーにたくわえられた電荷をQ_0，最初の電圧をV_1，あとの電圧をV_2，パラフィンの比誘電率をε_{r}とすると，

$$Q_0=CV_1=\varepsilon_{\mathrm{r}}CV_2 \qquad \varepsilon_{\mathrm{r}}=\frac{V_1}{V_2}=\frac{330}{150}=2.2$$

5 コンデンサーにたくわえられた電荷をQ，ガラス板をはさまないときのコンデンサーの容量をC，最初の電圧をV_1，あとの電圧をV_2とすると，Qは不変なので$Q=4.0CV_1=CV_2$

よって，　$V_2=4.0V_1$　　**答** 4.0倍

p.342 類題

6 (4･17)式より，電荷を2倍にしてもエネルギーをもとと同じにするには，容量を4倍にすればよいことがわかる。
(4･14)式より容量は極板間の距離に反比例するから，極板間の距離を $\frac{1}{4}$ 倍にすればよい。

p.345 類題

7 全体の合成容量を C，C_1 の極板間の電圧を V_1，たくわえられた電荷を Q とする。

$\frac{1}{C}=\frac{1}{C_1}+\frac{1}{C_2+C_3}$ より，　$C=\frac{C_1(C_2+C_3)}{C_1+C_2+C_3}$

よって，$Q=CV=\frac{C_1(C_2+C_3)V}{C_1+C_2+C_3}=C_1V_1$

であるから，　$V_1=\frac{C_2+C_3}{C_1+C_2+C_3}V$

8 (1)合成容量を C〔μF〕とすると，

$$\frac{1}{C}=\frac{1}{4}+\frac{1}{6}=\frac{5}{12}\qquad C=2.4\,\mu\mathrm{F}$$

(2)直列接続なので2つのコンデンサーにたくわえられた電荷は等しく，

$$Q=CV=2.4\times10^{-6}\times600$$
$$=1.44\times10^{-3}\fallingdotseq1.4\times10^{-3}\,\mathrm{C}$$

(3)C_1，C_2 の電圧をそれぞれ V_1，V_2 とする。

$$V_1=\frac{Q}{C_1}=\frac{1.44\times10^{-3}}{4\times10^{-6}}=360\,\mathrm{V}$$
$$V_2=600-360=240\,\mathrm{V}$$

p.347 類題

9 最大100Vの電圧しかかけられないから，電荷の最大値は，

$Q=CV=(4+6)\times10^{-6}\times100=1\times10^{-3}\,\mathrm{C}$

p.349 練習問題

① (1)陰極線は，**電子**の流れである。
(2)電極A，B間に電圧がかかっていないときは，陰極線は陰極から陽極へ直進する。電極A，B間に電圧をかけると，A極が＋なので電子はクーロン力により引きよせられて上側に曲がり，B極が負なので反発して上側に曲げられる。A，Bともに上側なので，答えは**上側**。

② (1)クーロンの法則より，

$$1.0\times10^{-3}=9.0\times10^{9}\times\frac{q^2}{0.05^2}$$

よって，$q=\frac{5}{3}\times10^{-8}\fallingdotseq1.7\times10^{-8}\,\mathrm{C}$

(2)電場は，(4･6)式より，

$$\frac{F}{q}=1.0\times10^{-3}\times\frac{3}{5}\times10^{8}=6.0\times10^{4}\,\mathrm{N/C}$$

(別解)電場は，(4･7)式より，

$$E=9.0\times10^{9}\times\frac{1}{0.05^2}\times\left(\frac{5}{3}\times10^{-8}\right)$$
$$=6.0\times10^{4}\,\mathrm{N/C}$$

③ 接触前の力は，クーロンの法則より，

$$F_1=k_0\frac{q\times3q}{r^2}=\frac{3k_0q^2}{r^2}$$

接触後は，電荷を $2q$ ずつもつから，力は，

$$F_2=k_0\frac{2q\times2q}{r^2}=\frac{4k_0q^2}{r^2}\qquad\frac{F_1}{F_2}=\frac{3}{4}$$

答 ウ

④ C点にある電荷がA，B点の電荷から受ける力をそれぞれ $\vec{F_A}$，$\vec{F_B}$ とすると，これらの向きは右図のようになる。

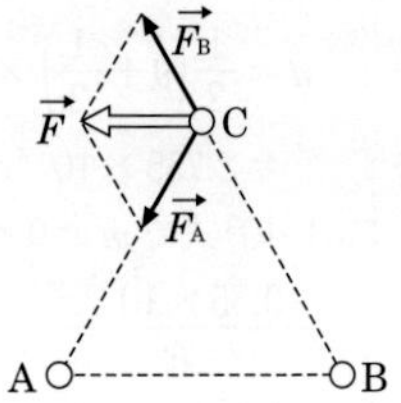

したがって，$\vec{F_A}$ と $\vec{F_B}$ の合力 $\vec{F}$ はABに平行で，B→Aの向きになる。図より，$\vec{F}$ の大きさは，$\vec{F_A}$ の大きさと同じになり，クーロンの法則より，

$$F=F_A=k_0\frac{q^2}{r^2}$$

⑤ Aの電荷がB，C，Dの各点の電荷から受ける力を $\vec{F_B}$，$\vec{F_C}$，$\vec{F_D}$ とすると，それらの力は右図のような向きにはたらく。

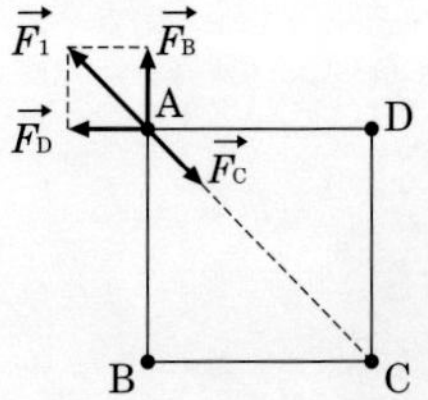

$\vec{F}_B$と$\vec{F}_D$の合力の大きさは，

$$F_1 = \sqrt{2}\,F_B = \sqrt{2}\,k_0\frac{3.0\times10^{-6}\times2.0\times10^{-6}}{1.0^2}$$

$\vec{F}_C$の大きさは，

$$F_C = k_0\frac{3.0\times10^{-6}\times4.0\times10^{-6}}{(\sqrt{2})^2}$$

全部の合力の大きさは，

$$F = F_1 - F_C = (8.4-6.0)\times10^{-12}\times9.0\times10^9$$
$$\fallingdotseq 2.2\times10^{-2}\,\mathrm{N}$$

向きはC→Aの向き

⑥ (1)(4・12)式より，$E=\dfrac{V}{d}$

(2)$40\,\mathrm{kV/cm} = 4.0\times10^6\,\mathrm{V/m}$であるから，

$\dfrac{10000}{d} \geqq 4.0\times10^6$　　$d \leqq 2.5\times10^{-3}\,\mathrm{m}$

⑦ 電場の強さは，$E=\dfrac{V}{d}$，プラスチック球の質量は，$m=\dfrac{4}{3}\pi r^3\rho$である。

プラスチック球にはたらく静電気力と重力がつり合うから，$qE=mg$より，

$$q=\frac{mg}{E}=\frac{4}{3}\pi r^3\rho g\times\frac{d}{V}=\frac{4\pi r^3\rho gd}{3V}$$

⑧ AB間の電位差をVとすると，(4・9)式より，

$5.0\times10^{-3}\,V=10$　　$V=2.0\times10^3\,\mathrm{V}$

(1) $W=qV=2.0\times10^{-3}\times2.0\times10^3=4.0\,\mathrm{J}$

(2)AからBまで動かす仕事の逆なので，$-10\,\mathrm{J}$

(3)(4・12)式より，

$$E=\frac{2.0\times10^3}{10\times10^{-2}}=2.0\times10^4\,\mathrm{V/m}$$

⑨ 求める高さをyとすると，エネルギー保存の法則より，

$mgh+k_0\dfrac{Qq}{h}=mgy+k_0\dfrac{Qq}{y}$　　$y=\dfrac{k_0Qq}{mgh}$

⑩ 電場の強さは，(4・12)式より，$E=\dfrac{V}{d}$であるから，$mg=qE=q\dfrac{V}{d}$のとき，物体はつり合う。よって，

$$V=\frac{mgd}{q}=\frac{1.4\times10^{-3}\times9.8\times3.0\times10^{-2}}{5.6\times10^{-6}}$$
$$\fallingdotseq 74\,\mathrm{V}$$

静電気力は上向きであるから，$-74\,\mathrm{V}$。

⑪ (1)金属板…正，箔…負　(2)さらに開く

(3)負　(4)閉じている，正

(5)金属板…正，箔…正

⑫ (1)右図

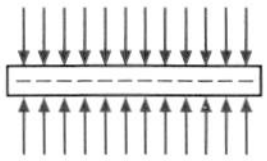

(2)各極板による電場を合成する。

X…0，Y…$\dfrac{Q}{\varepsilon_0 S}$，Z…0

Yの電場は極板に垂直で，A→Bの向き

(3)(4・11)式より，$V=Ed=\dfrac{Qd}{\varepsilon_0 S}$

(4)コンデンサーの電気容量をCとすると，

(4・13)式$Q=CV$より，

$Q=\dfrac{CQd}{\varepsilon_0 S}$　　よって，$C=\dfrac{\varepsilon_0 S}{d}$

(5)(4・17)式より，$U=\dfrac{1}{2}QV=\dfrac{Q^2d}{2\varepsilon_0 S}$

(6)(4・5)式より，

$$F=QE_B=Q\times\frac{1}{2}\cdot\frac{Q}{\varepsilon_0 S}=\frac{Q^2}{2\varepsilon_0 S}$$

力は極板に垂直で，A→Bの向き

⑬ (1)電気容量は(4・14)，(4・16)式より，

$$C=\varepsilon_r\varepsilon_0\frac{S}{d}$$
$$=2.2\times8.9\times10^{-12}\times\frac{3.5}{0.045\times10^{-3}}$$
$$\fallingdotseq 1.5\times10^{-6}\,\mathrm{F}$$

(2)たくわえられる電荷は，(4・13)式より，

$$Q=CV=1.5\times10^{-6}\times100=1.5\times10^{-4}\,\mathrm{C}$$

(3)静電エネルギーは，(4・17)式より，

$$U=\frac{1}{2}CV^2=\frac{1}{2}\times1.5\times10^{-6}\times100^2$$
$$=7.5\times10^{-3}\,\mathrm{J}$$

⑭ コンデンサーの電気容量は極板間隔に反比例するから，極板間隔を3倍にすると，電気容量は$\dfrac{1}{3}$になる。最初の電圧をV，あとの電圧をV'とすると，(4･13)式より，

$$Q=CV=\frac{C}{3}V' \quad \text{つまり，} V'=3V$$

となり，電圧は3**倍**になる。
静電エネルギーは，(4･17)式より，
Qが一定ならばVに比例するから，エネルギーも3**倍**になる。

⑮ それぞれの電荷をQ_1，Q_2とすると，

$$Q_1=C_1V_1 \qquad Q_2=C_2V_2$$

接続すると，電気容量がC_1のコンデンサーとC_2のコンデンサーの電位差Vが同じになるまで電荷が移動する。

$$C_1V_1+C_2V_2=(C_1+C_2)V$$

よって，$V=\dfrac{C_1V_1+C_2V_2}{C_1+C_2}$

全静電エネルギーは，(4･17)式より，

$$U=\frac{1}{2}QV=\frac{1}{2}\cdot(C_1V_1+C_2V_2)\cdot\frac{C_1V_1+C_2V_2}{C_1+C_2}$$
$$=\frac{(C_1V_1+C_2V_2)^2}{2(C_1+C_2)}$$

⑯ (1)1と3，3と2の間に構成されるコンデンサーの容量をそれぞれC_1，C_2とすると，
(4･14)式より，$C_1=\varepsilon_0\dfrac{S}{d_1}$，$C_2=\varepsilon_0\dfrac{S}{d_2}$なので，

$$C_2=\frac{d_1}{d_2}C_1 \qquad \cdots①$$

極板1，2にたまる電荷をQ_1，Q_2とすると，
(4･13)式より，

$$Q_1=C_1V \qquad Q_2=-C_2V=-\frac{d_1}{d_2}C_1V$$

金属板3にたまる電荷は，

$$-Q_1-(-Q_2)=-C_1V+\frac{d_1}{d_2}C_1V$$
$$=\frac{d_1-d_2}{d_2}C_1V=\frac{d_1-d_2}{d_2}Q_1$$

答 $\dfrac{d_1-d_2}{d_2}$倍

(2)金属板を右へd_2-d_1だけ平行移動すると，1と3の間の電気容量がC_2，3と2の間の電気容量がC_1になる。1と3，3と2の間の電圧をそれぞれV_1，V_2とすると，

$$V_1+V_2=2V \qquad \cdots\cdots②$$

金属板3の電荷は保存されるから，

$$-C_2V_1+C_1V_2=\frac{d_1-d_2}{d_2}C_1V \qquad \cdots\cdots③$$

電極1にたまる電荷は，①～③より，

$$Q_1'=C_2V_1=\frac{d_1(3d_2-d_1)}{d_2(d_1+d_2)}C_1V$$

答 $\dfrac{d_1(3d_2-d_1)}{d_2(d_1+d_2)}$倍

⑰ 図の場合，スイッチSを入れた後の電圧をVとすると，

$$C_1V_1+C_2V_2=(C_1+C_2)V \qquad V=\frac{C_1V_1+C_2V_2}{C_1+C_2}$$

C_2の向きを反対にして，スイッチSを入れた後の電圧をV'とすると，

$$C_1V_1-C_2V_2=(C_1+C_2)V'$$

よって，$V'=\dfrac{C_1V_1-C_2V_2}{C_1+C_2}$

求める比は，$\dfrac{C_1V'}{C_1V}=\dfrac{V'}{V}=\dfrac{C_1V_1-C_2V_2}{C_1V_1+C_2V_2}$

p.354 類題

10 直径1mmの電熱線の断面積は，

$$S=\pi r^2=3.14\times(0.5\times10^{-3})^2$$
$$=7.85\times10^{-7}\,\mathrm{m^2}$$

(4･21)式より，

$$l=\frac{RS}{\rho}=\frac{200\times7.85\times10^{-7}}{1.1\times10^{-6}}\fallingdotseq1.4\times10^2\,\mathrm{m}$$

p.357 類題

11 (1)500W，100Wのヒーターの抵抗を直列接続しているので，それぞれR_1，R_2とすると，
(4･24)式より，合成抵抗は，

$$R=R_1+R_2=20+100=120\,\Omega$$

(2)オームの法則より，

$$I=\frac{V}{R}=\frac{100}{120}\fallingdotseq0.833\,\mathrm{A}$$

p.359 類題

12　(1)ACBとADBが並列になっていると考えると，合成抵抗は，

$$\frac{1}{R}=\frac{1}{30+70}+\frac{1}{20+30}\qquad R\fallingdotseq 33.3\,\Omega$$

(2)Cを流れる電流I_Cは，オームの法則より，

$$I_C=\frac{10}{30+70}=0.1\,\mathrm{A}$$

であるから，BC間の電圧V_{BC}は，

$$V_{BC}=70\times I_C=70\times 0.1=7.0\,\mathrm{V}$$

同様にして，$I_D=\dfrac{10}{20+30}=0.2\,\mathrm{A}$

$$V_{BD}=30\times I_D=30\times 0.2=6.0\,\mathrm{V}$$

よって，CD間の電圧は，

$$V_{CD}=V_{BC}-V_{BD}=7.0-6.0=1.0\,\mathrm{V}$$

(3)スイッチKを閉じると，C→Dの向きに電流が流れるが，Kの抵抗は0だから，電位差は0。

(4)Kを下向きに流れる電流をi，AC間，AD間を流れる電流をI_1，I_2とすると，電圧の関係から，

$$\begin{cases}30I_1=20I_2\\70(I_1-i)=30(I_2+i)\\20I_2+30(I_2+i)=10\end{cases}$$

この3式から，$i=3.0\times 10^{-2}\,\mathrm{A}$

p.366 類題

13　電流Iは，(4･33)式により，

$$I=\frac{E}{R+r}=\frac{1.45}{5+0.8}=0.25\,\mathrm{A}$$

端子電圧Vは，(4･32)式により，

$$V=E-rI=1.45-0.8\times 0.25\fallingdotseq 1.3\,\mathrm{V}$$

p.382 練習問題

① (1)R_4を流れる電流は，$100\times 20=I_4\times 10$より

$$I_4=100\times\frac{20}{10}=200\,\mathrm{mA}$$

(2)R_1を流れる電流は，$I_1=100+200=300\,\mathrm{mA}$であるから，AB間の電位差は，

$$V_{AB}=300\times 10^{-3}\times 40+100\times 10^{-3}\times 20=14\,\mathrm{V}$$

(3)$I_2=\dfrac{V_{AB}}{R_2}=\dfrac{14}{30}\fallingdotseq 4.7\times 10^2\,\mathrm{mA}$

$$=4.7\times 10^{-1}\,\mathrm{A}$$

② ニクロム線で発生した熱量は(4･29)式より，$Q=VIt$を用いて$Q=V\times 2.5\times 30\times 60$

また，(2･4)式より$Q=500\times 4.2\times 54$

よって，$V\fallingdotseq 25\,\mathrm{V}$

③ (1)すべり抵抗器を流れる電流は，

$I=\dfrac{1.39}{16.2}\,\mathrm{A}$，$\dfrac{1.32}{8.1}\,\mathrm{A}$である。(4･32)式より，

$$1.39=E-\frac{1.39}{16.2}r\qquad\cdots\cdots①$$

$$1.32=E-\frac{1.32}{8.1}r\qquad\cdots\cdots②$$

①，②より，$E\fallingdotseq 1.47\,\mathrm{V}$，$r\fallingdotseq 0.91\,\Omega$

(2)(4･33)式より，$I=\dfrac{1.47}{15.0+0.91}\fallingdotseq 0.092\,\mathrm{A}$

(3)(4･31)式より，

$$P=I^2R\fallingdotseq 0.092^2\times 15.0=0.13\,\mathrm{W}$$

④ すべり抵抗器の抵抗をRとおくと，この回路に流れる電流Iは，$I=\dfrac{E}{R+r}$となる。よって抵抗器で消費される電力Pは，

$$P=I^2R=\frac{RE^2}{(R+r)^2}\qquad\cdots\cdots①$$

よって，p.366の発展ゼミと同様に考えて，

$R=r$のときにPは最大値$\dfrac{E^2}{4r}$をとる。

(別解) $P>0$なので，Pが最大となるのは$\dfrac{1}{P}$が最小のとき。

①より，$\dfrac{1}{P}=\dfrac{1}{E^2}\left(R+2r+\dfrac{r^2}{R}\right)$

$$=\frac{1}{RE^2}(R-r)^2+\frac{4r}{E^2}$$

となり，$R=r$のときにPは最大値$\dfrac{E^2}{4r}$をとる。

⑤ (1)電流の向きを下の図のように仮定する。

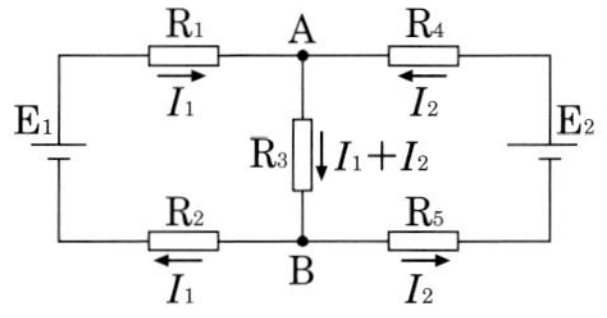

閉回路$E_1R_1AR_3BR_2E_1$について，

$10I_1 + 20(I_1 + I_2) + 30I_1 = 6.0$　……①

閉回路$E_2R_4AR_3BR_5E_2$について，

$40I_2 + 20(I_1 + I_2) + 60I_2 = 2.0$　……②

①，②より，$I_1 = 0.1\,\mathrm{A}$　$I_2 = 0$

答 R_1…**0.1A**，R_3…**0.1A**，R_4…**0A**

(2) $V_{AB} = R_3 I_1 = 20 \times 0.1 = \mathbf{2.0\,V}$

(3)回路を右まわりに電流Iが流れるとすると，

$10I + 40I + 60I + 30I = 6.0 - 2.0$　$I = \dfrac{1}{35}\,\mathrm{A}$

$V_{AB} = 60 \times \dfrac{1}{35} + 2.0 + 40 \times \dfrac{1}{35} \fallingdotseq \mathbf{4.9\,V}$

⑥ キルヒホッフの法則により，

$I = I_1 + I_2$　……①

$I_1 r_1 + IR = E_1$　……②

$I_2 r_2 + IR - E_2$　……③

①～③より，

$$I_1 = \frac{(E_1 - E_2)R + E_1 r_2}{(r_1 + r_2)R + r_1 r_2}$$

$$I_2 = \frac{(E_2 - E_1)R + E_2 r_1}{(r_1 + r_2)R + r_1 r_2}$$

$$I = \frac{E_1 r_2 + E_2 r_1}{(r_1 + r_2)R + r_1 r_2}$$

⑦ (1)温度が上がると，R_4の抵抗が大きくなり，R_1を流れる電流が減少するので，$V_A > V_B$となり，**A→Bの向き**に流れる。

(2)0℃における白金線の抵抗は，(4・36)式より，

$\dfrac{10}{R_0} = \dfrac{15}{30}$　$R_0 = 20\,\Omega$

50℃と20℃のときについて，金属の電気抵抗の温度変化に関する(4・23)式$R = R_0(1 + \alpha t)$を用いると，

$\dfrac{10}{20(1 + 50\alpha)} = \dfrac{15}{R_3}$　……①

$\dfrac{10}{20(1 + 20\alpha)} = \dfrac{15}{R_3 - 3.6}$　……②

①，②より，$\alpha = \mathbf{0.004/K}$

⑧ 検流計に電流が流れていないので，PSによる電圧降下が電池の起電力に等しいから，

$E = R_{PS} I = \dfrac{52.0}{100.0} \times 20.0 \times 0.150 = \mathbf{1.56\,V}$

⑨ (1)電流計と**直列**にR〔Ω〕の抵抗をつなぎ，0.5mAの電流が流れたとき，全体の電圧が5Vになればよい。ゆえに，

$5 = 0.5 \times 10^{-3}(200 + R)$

よって，$R = \mathbf{9800\,\Omega}$

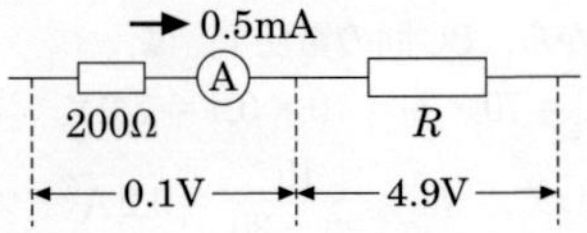

(2)$R = 0$のときに流れる電流が最大になる。よって，電流計に0.5mAの電流が流れるようにすればよい。ゆえに，

$1.5 = 0.5 \times 10^{-3}(200 + R_0)$

よって，$R_0 = \mathbf{2800\,\Omega}$

(3)$1.5 = 0.25 \times 10^{-3}(200 + 2800 + r)$

よって，$r = \mathbf{3000\,\Omega}$

⑩ (1)コンデンサーの極板間の電圧は電池の起電力に等しい。

$Q = CV = 12 \times 10^{-6} \times 30 = \mathbf{3.6 \times 10^{-4}\,C}$

(2)コンデンサーの極板間の電圧はR_2の電圧降下に等しい。回路を流れる電流は，

$I = \dfrac{30}{20 + 20 + 5} = \dfrac{2}{3}\,\mathrm{A}$だから，

$Q = CV_2 = CIR_2 = 12 \times 10^{-6} \times \dfrac{2}{3} \times 20$

$= \mathbf{1.6 \times 10^{-4}\,C}$

⑪ (1)グラフから100Vのときの電流は0.55Aであるから，このときのフィラメントの抵抗値は，$R = \dfrac{100}{0.55} \fallingdotseq 182\,\Omega$

よって，$182 = 18.2[1 + 5.5 \times 10^{-3}(t - 20)]$

$t \fallingdotseq \mathbf{1.66 \times 10^3\,℃}$

(2)回路に流れる電流をI〔A〕，電球の電圧降下をV〔V〕とすると，

$50 = 100I + V$

の関係が成立する。

この式のグラフを問題図にかき入れると，

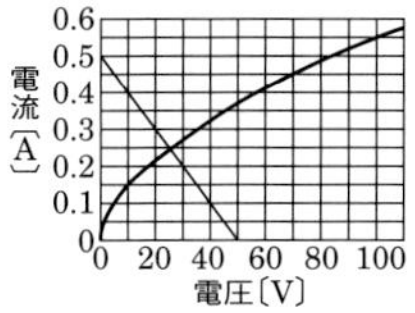

曲線との交点を読みとり，おおよその電流の値を求めると，$I = 0.25\,\mathrm{A}$

⑫ (1)回路が対称的であるから，並列部分には等しい電流が流れる。この電流をI_1，R_2の電圧降下をVとすると，

$$V = 25 - 200 I_1$$

このグラフを図2にかきこむと，

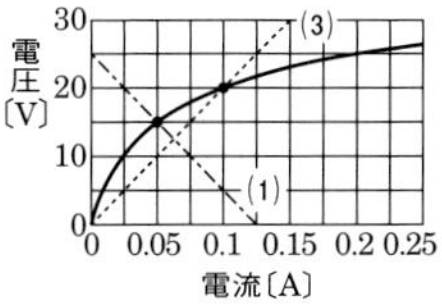

曲線との交点を求めると，$I_1 = 0.05\,\mathrm{A}$

$$I = 2I_1 = 2 \times 0.05 = 0.1\,\mathrm{A}$$

(2)R_2の電圧降下は，グラフから15 Vだから，

$$V_{AB} = 15 - 200 \times 0.05 = 5\,\mathrm{V}$$

(3)R_1を流れる電流をI_2，R_2の電圧降下をV'とすると，　$200 I_2 = V'$

このグラフを図2にかきこんで，曲線との交点を求めると，$V' = 20\,\mathrm{V}$

よって，$E = 2V' = 40\,\mathrm{V}$

⑬ ①n，②**ホール**，③**電子**，④**ダイオード**，⑤**pn接合**，⑥**ホール**，⑦n，⑧**電子**，⑨**n型半導体**，⑩**電子**，⑪p，⑫**ホール**，⑬**順方向**，⑭**ホール**，⑮n，⑯**電子**，⑰**pn接合**，⑱**逆方向**

⑭ (1)キルヒホッフの法則を用いると，

$$I_1 + I_3 = I_2 \qquad 0.5 I_1 = E \qquad 2.5 I_2 = 50$$

よって，　$I_1 = 2E \qquad I_2 = 20$

$I_3 = I_2 - I_1 = 20 - 2E > 0$であれば$I_3$が流れるから，

$$E < 10\,\mathrm{V}$$

(2)右図

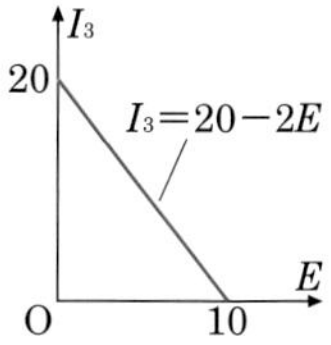

(3)$I_3 = 0$のとき，

$E = 10\,\mathrm{V}$，

$I_1 = I_2$であるから，

$0.5 I_1 + 2.5 I_1 = 10 + 50$

よって，$I_1 = 20\,\mathrm{A}$

p.410 練習問題

① 電流による磁場$\vec{H}$は東西方向になり，地磁気の水平成分との合成磁場が南北方向と30°の角をなす。

よって，$H = 25\tan 30° = \dfrac{25}{\sqrt{3}}\,\mathrm{A/m}$

(4・41)式より，　$\dfrac{25}{\sqrt{3}} = \dfrac{I}{2 \times 3.14 \times 1.0 \times 10^{-2}}$

よって，　$I \fallingdotseq 0.91\,\mathrm{A}$

② A，Bの電流によってP点にできる磁場はどちらも南向きで，その大きさはそれぞれ

$$H = \frac{10}{2 \times 3.14 \times 0.5} \fallingdotseq 3.2\,\mathrm{A/m}$$

よって，地磁気の水平成分との合成磁場は，北向きを正として

$$H' = 25 - 3.2 \times 2 = 18.6\,\mathrm{A/m}$$

よって，これは**北向き**。

③ 直線電流によってコイルの中心にできる磁場は，紙面に垂直で，裏から表に向かう向きであるから，コイルによってできる磁場はその反対向きであればよい。

よって，電流の向きはb。

それぞれの電流がつくる磁場の大きさが等しければよいから，(4・41)，(4・42)式より，

$$\frac{10}{2 \times 3.14 \times 0.20} = 10 \times \frac{I}{2 \times 0.10}$$

よって，電流の大きさ$I \fallingdotseq 0.16\,\mathrm{A}$

④ (1)(4・43)式より，

$$H = nI = \frac{3000}{0.30} \times 0.5 = 5.0 \times 10^3\,\mathrm{A/m}$$

(2)ソレノイド内部の磁束密度Bは，(4・45)式より，

$B=\mu H=4\pi\times10^{-7}\times5.0\times10^{3}$
$=6.28\times10^{-3}\,\mathrm{T}$

磁束Φは，(4･47)式より，

$\Phi=BS=6.28\times10^{-3}\times\pi(2.0\times10^{-2})^2$
$\fallingdotseq 7.9\times10^{-6}\,\mathrm{Wb}$

(3)(4･46)式より，

$F=IBl=2.0\times6.28\times10^{-3}\times2.0\times10^{-2}$
$\fallingdotseq 2.5\times10^{-4}\,\mathrm{N}$

⑤ (1)導線PQを流れる電流が磁場から受ける力が水平方向左向きになっているから，電流は，**P→Qの向き**に流れている。
(2)電流が磁場から受ける力と重力との合力の向きが鉛直方向と角θをなすから，

$F=IBl=mg\tan\theta$　より，$B=\dfrac{mg\tan\theta}{Il}$

⑥ (1)それぞれの電流がP点につくる磁場の向きは同じだから，その合成磁場は，

$$H=\frac{I_1}{2\pi(d/2)}+\frac{I_2}{2\pi(d/2)}=\frac{I_1+I_2}{\pi d}$$

(2)(4･48)式より，$F=\dfrac{\mu_0 I_1 I_2}{2\pi d}$

⑦ (1)針金の質量をm，ばねの自然長をl_0，ばね定数をkとする。電流を流さないときのばねの長さをlとすると，

$mg=2k(l-l_0)$　……①

電流I_1を矢印の向きに流すと，電流が磁場から受ける力は上向きであるから，

$mg-I_1BL=2k(l_1-l_0)$　……②

電流I_2をI_1と反対向きに流したときは，

$mg+I_2BL=2k(l_2-l_0)$　……③

①～③から，m，B，k，l_0を消去して，

$$l=\frac{I_1l_2+I_2l_1}{I_1+I_2}$$

(2)求めるばねの長さをl'とすると，

$mg-2I_1BL=2k(l'-l_0)$　……④

①～④から，

$$l'=\frac{I_1(2l_1-l_2)+I_2l_1}{I_1+I_2}$$

⑧ 電場で加速した後の荷電粒子の速度をvとすると，

$qV=\dfrac{1}{2}mv^2$　……①

磁場中では，ローレンツ力が向心力となって円運動をするから，

$m\dfrac{v^2}{r}=qvB$　……②

①，②から　$\dfrac{q}{m}=\dfrac{2V}{r^2B^2}$

⑨ (1)正の荷電粒子は$+x$方向に静電気力を受けるから，$-x$方向のローレンツ力を受ければよい。したがって，運動方向は**$+z$方向**。
(2)$qvB=qE$　より，　$v=\dfrac{E}{B}$

⑩ ①AC間のイオンの加速度aは，

$ma=e\dfrac{V}{d}$　より，　$a=\dfrac{eV}{md}$

変位を求める(1･12)式　$x=v_0t+\dfrac{1}{2}at^2$　より，

$d=\dfrac{1}{2}at^2=\dfrac{eVt^2}{2md}$　　$t=d\sqrt{\dfrac{2m}{eV}}$

②エネルギーの原理より，

$\dfrac{1}{2}mv^2=eV$　　$v=\sqrt{\dfrac{2eV}{m}}$

③磁場内では，ローレンツ力が向心力となって等速円運動をするから，

$m\dfrac{v^2}{r}=evB$　　$r=\dfrac{mv}{eB}=\dfrac{1}{B}\sqrt{\dfrac{2mV}{e}}$

④3回衝突してCにもどるためには，ちょうど円周を4等分する点に衝突すればよい。したがって，このときイオンが通る経路の長さは，半径Rの円周に等しくなる。よって，

$$T=\frac{2\pi R}{v}=2\pi R\sqrt{\frac{m}{2eV}}=\pi R\sqrt{\frac{2m}{eV}}$$

⑤③の式で，$r=R$，$B=B_{\mathrm{m}}$とすれば，

$R=\dfrac{1}{B_{\mathrm{m}}}\sqrt{\dfrac{2mV}{e}}$　$B_{\mathrm{m}}=\dfrac{1}{R}\sqrt{\dfrac{2mV}{e}}$

⑪ (1)v_0の向きと電流の向きが同じなので，電荷は**正**

(2)向心力の大きさを求めればよい。(1・103)式より，$F=m\dfrac{v_0^2}{a/2}=\dfrac{2mv_0^2}{a}$

(3)イオンがQに達するときの運動方程式は，

$m\dfrac{v_0^2}{a/2}=qv_0B$　　より，

$2mv_0=aqB$　　……①

なので，軌道の直径は初速度に比例するため，Q_1に達するときの初速度をv_1とすると，

$\dfrac{v_0}{v_1}=\dfrac{a}{b}$　　$v_1=\dfrac{b}{a}v_0$

(4)飛行時間は半径bの円を半周する時間より，

$t=\dfrac{\pi b/2}{v_1}=\dfrac{\pi b}{2}\times\dfrac{a}{bv_0}=\dfrac{\pi a}{2v_0}$

(5) ①式から，質量も軌道の直径に比例するから，Yの質量をMとすると，

$\dfrac{m}{M}=\dfrac{a}{0.8a}$　　$M=0.8m$

p.415 類題

14　BCの長さをl，コイルを動かす速さをvとすると，誘導起電力の大きさは，

$V=100\dfrac{\Delta\Phi}{\Delta t}=100B\dfrac{\Delta S}{\Delta t}=100vBl$

$=100\times2.0\times15\times10^{-2}\times5.0\times10^{-2}=1.5\,\mathrm{V}$

p.419 類題

15　(4・58)式より，

$500=-L\dfrac{\Delta I}{\Delta t}=-L\dfrac{0-1.0}{5.0\times10^{-3}}$　　$L=2.5\,\mathrm{H}$

p.440 練習問題

① (1)左向きのHが減少するので流れる，右向き

(2)Sが増えて，$\Phi=BS$が増加するので流れる，左向き

② (1)紙面の表から裏に向かう向き

(2)PQに発生した誘導起電力は，(4・54)式より，

$V=vBl=B\times20\times10^{-2}\times5=B\,[\mathrm{V}]$

よって，オームの法則より，

$B=RI=2.0\times4.0\times10^{-3}=8.0\times10^{-3}\,\mathrm{T}$

(3)PQを流れる電流が磁場から受ける力にさからって，PQを動かすから(4・46)式より，

$F=IBl=4.0\times10^{-3}\times8.0\times10^{-3}\times20\times10^{-2}$

$=6.4\times10^{-6}\,\mathrm{N}$

③ (1)(4・57)式より，

$7.8=M\times\dfrac{2.75-0.15}{2.5}$　　$M=7.5\,\mathrm{H}$

(2)(1)と同様に考えて

$15=7.5\dfrac{\Delta I_1}{\Delta t}$　　$\dfrac{\Delta I_1}{\Delta t}=2.0\,\mathrm{A/s}$

④ (1)コイルの回転数と起電力の周波数は同じなので，$f=50.0\,\mathrm{Hz}$

(2)$\omega=2\pi f=2\times3.14\times50.0=314\,\mathrm{rad/s}$

(3)コイルは100回巻きだから(4・64)式より，

$V_0=100BS\omega\fallingdotseq94\,\mathrm{V}$

(4)コイルの両端を導線でつなぐと，コイルに誘導電流が流れ，この電流が磁場からコイルの運動をさまたげる向きの力を受けるから。

⑤ (1)最大電圧92Vの交流電圧の実効値は，

$V_e=\dfrac{92}{\sqrt{2}}=\dfrac{92}{1.41}\fallingdotseq65\,\mathrm{V}$

(2)実効値100Vの交流電圧の最大値は，

$V_0=100\sqrt{2}=100\times1.41=141\,\mathrm{V}$

電圧が92Vになるときの位相をθとすると，

$141\sin\theta=92$　より，$\sin\theta=0.65$

$\sin45^\circ\fallingdotseq0.71$であるから，$\theta<45^\circ$となり，点灯している時間のほうが長い。

⑥ コンデンサーの電流は電圧より$\dfrac{\pi}{2}$進み，コイルの電流は電圧より$\dfrac{\pi}{2}$遅れる。よって，

(a)コイル　(b)コンデンサー　(c)抵抗

⑦ (1)電球Aの抵抗は100Vのとき，

$r=\dfrac{V^2}{P}=\dfrac{100^2}{10}=1000\,\Omega$

で，これは一定と考える。直流電圧をかけてしばらく経過したあと，コイルの抵抗は0とみなせる。よって，①の全抵抗は1000＋500

$=1500\,\Omega$，②の全抵抗は$1000\,\Omega$である。また，コンデンサーは電流を流さないので，②，①，**③の順に明るい。**

(2)電球の明るさは，インピーダンスが小さいほど明るいので，インピーダンスを比較する。

①の全抵抗R'は，$500+1000=1500\,\Omega$

よって，$R'^2=2.25\times10^6\,\Omega^2$

②$Z_2=\sqrt{r^2+(\omega L)^2}=\sqrt{r^2+(2\pi fL)^2}$

$=\sqrt{1000^2+(2\times3.14\times50\times10)^2}$

よって，$Z_2{}^2\fallingdotseq10.8\times10^6\,\Omega^2$

③$Z_3=\sqrt{r^2+\left(\dfrac{1}{\omega C}\right)^2}=\sqrt{r^2+\left(\dfrac{1}{2\pi fC}\right)^2}$

$=\sqrt{1000^2+\left(\dfrac{1}{2\times3.14\times50\times6\times10^{-6}}\right)^2}$

よって，$Z_3{}^2\fallingdotseq1.28\times10^6\,\Omega^2$

$Z_3<R'<Z_2$なので，③，①，**②の順に明るい。**

⑧ (4･82)式より，

$$f_0=\frac{1}{2\times3.14\times\sqrt{400\times10^{-12}\times200\times10^{-6}}}$$

$\fallingdotseq5.6\times10^5\,\mathrm{Hz}$

⑨ (1)コンデンサーは電流を通さず，コイルの抵抗は0とみなせるので，$I=\dfrac{E}{R}$

(2)(4･59)式より，$U=\dfrac{1}{2}LI^2=\dfrac{LE^2}{2R^2}$

(3)エネルギー保存の法則より，

$\dfrac{1}{2}CV^2=\dfrac{LE^2}{2R^2}$　　$V=\dfrac{E}{R}\sqrt{\dfrac{L}{C}}$

(4)求める時間は，電気振動の周期の$\dfrac{1}{4}$。

$$\frac{T}{4}=\frac{2\pi\sqrt{LC}}{4}=\frac{\pi\sqrt{LC}}{2}$$

⑩ この電波の振動数は，

$$f=\frac{v}{\lambda}=\frac{3.0\times10^8}{3.1}\,\mathrm{Hz}$$

(4･82)式より，$C=\dfrac{1}{4\pi^2Lf^2}$

$$=\frac{3.1^2}{4\times3.14^2\times5.0\times10^{-8}\times(3.0\times10^8)^2}$$

$\fallingdotseq5.4\times10^{-11}\,\mathrm{F}=5.4\times10^{-5}\,\mu\mathrm{F}$

⑪ 500 kHzに同調するときの電気容量は，前問と同様に，

$$C_1=\frac{1}{4\times3.14^2\times200\times10^{-6}\times(500\times10^3)^2}$$

$\fallingdotseq5.1\times10^{-10}\,\mathrm{F}=510\,\mathrm{pF}$

2000 kHzに同調するときの電気容量は，

$$C_2=\frac{1}{4\times3.14^2\times200\times10^{-6}\times(2000\times10^3)^2}$$

$\fallingdotseq3.2\times10^{-11}\,\mathrm{F}=32\,\mathrm{pF}$

答 32～510 pF

⑫ **①②電場[電界]，磁場[磁界]**(順不同)，**③横波，④直交，⑤電場[電界]，⑥磁場[磁界]，⑦3.0，⑧8**

p.443 定期テスト予想問題❶

1 (1)負　(2)誘電分極

2 オームの法則より，$I=\dfrac{V}{R}$となる。これはIとRが反比例していることを示す(双曲線)。

抵抗R_0での電流I_0は，$I_0=\dfrac{E}{R_0}$

一方，抵抗が$2R_0$での電流Iは，

$$I=\frac{E}{2R_0}=\frac{I_0}{2}$$

よって，右図のようになる。

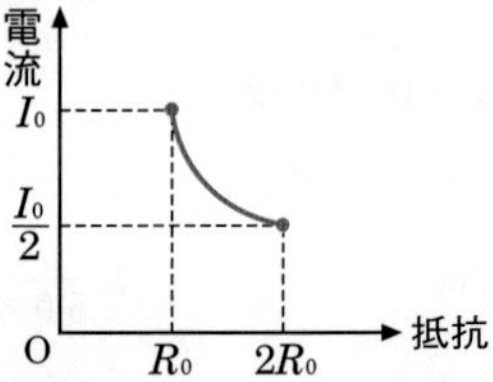

3 (1)オームの法則より，

$V=RI=3.0\times10^3\times2.0\times10^{-3}=6.0\,\mathrm{V}$

(2)並列なので，合成抵抗Rは，

$$\frac{1}{R}=\frac{1}{2.4}+\frac{1}{4.0}+\frac{1}{6.0}=\frac{5+3+2}{12}=\frac{10}{12}$$

よって，$R=\dfrac{12}{10}=1.2\,\Omega$

また，オームの法則より，$I=\dfrac{V}{R}=\dfrac{12}{1.2}=10\,\mathrm{A}$

(3)直列なので，合成抵抗Rは，

$R=3.0+6.0+9.0=18.0\,\Omega$

回路を流れる電流Iは，オームの法則から，

$$I=\frac{V}{R}=\frac{12}{18.0}\fallingdotseq 0.67\,\mathrm{A}$$

直列では回路を流れる電流と各抵抗を流れる電流が等しい。9.0Ωの抵抗の電圧は，オームの法則より，$V=RI=9.0\times\frac{12}{18.0}=6.0\,\mathrm{V}$

4 ⑴(4・27)式より，

$$\frac{1}{R_X}=\frac{1}{R}+\frac{1}{3R}\qquad R_X=\frac{3}{4}R$$

⑵$\frac{1}{R_Y}=\frac{1}{R}+\frac{1}{2R+R_X}\qquad R_Y=\frac{11}{15}R$

⑶AC間の電流をI_Xとすると，AB間の電流は$(I-I_X)$となる。AB，ACDBの電位差Vは等しいので，

$$R(I-I_X)=(2R+R_X)I_X\qquad I_X=\frac{4}{15}I$$

求める電流をI_1とすれば，上と同様に，

$$3R(I_X-I_1)=RI_1\qquad I_1=\frac{3}{4}I_X=\frac{1}{5}I$$

5 ⑴変圧器で，$N_1:N_2=V_1:V_2$

$100:800=20:V_2\qquad V_2=160\,\mathrm{V}$

$$I=\frac{V_2}{R}=\frac{160}{40}=4.0\,\mathrm{A}$$

⑵1次側の電力と2次側の電力は等しいので，電流をIとして，$20\times I=160\times 4.0$

よって，$I=\frac{160\times 4.0}{20}=32\,\mathrm{A}$

6 $c=f\lambda$より，$f=80\times 10^6$

$$\lambda=\frac{c}{f}=\frac{3.0\times 10^8}{80\times 10^6}=3.75\fallingdotseq 3.8\,\mathrm{m}$$

$$T=\frac{1}{f}=\frac{1}{80\times 10^6}=1.25\times 10^{-8}\fallingdotseq 1.3\times 10^{-8}\,\mathrm{s}$$

7 ⑴外部の磁場は下向きの磁力線が増えるので，誘導電流は上向きの磁場を増やすように流れる。
よって，aの向き。

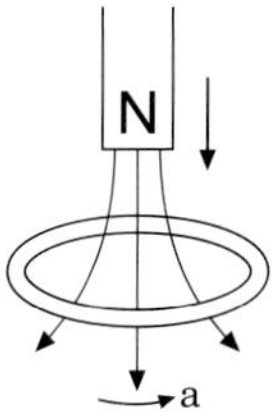

⑵外部の磁場は上向きの磁力線が減るので，誘導電流は上向きの磁力線を増やす向きに流れる。
よって，aの向き。

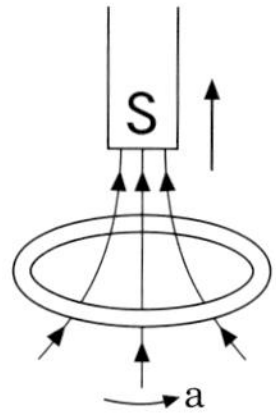

⑶コイルを遠ざけると，コイルをつらぬく下向きの磁力線が減る。そのため，誘導電流は下向きの磁力線を増やす向きに流れる。
よって，bの向き。

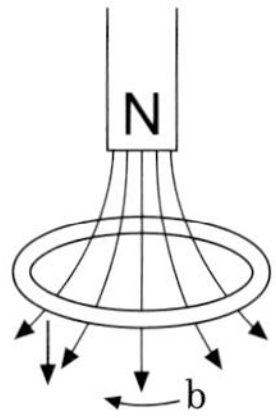

8 硫酸銅水溶液中には，銅イオンなど正の電荷をおびた陽イオンと，硫酸イオンなど負の電荷をおびた陰イオンがある。
陽イオンは中心から周辺に向かって動き，進行方向に対して右向きの力を受けるので，上から見て時計まわりに運動する。また，陰イオンは周辺から中心に向かって動き，進行方向に対して左向きの力を受けるので，上から見て時計まわりに運動する。よって，硫酸銅水溶液全体が上から見て**時計まわり**に回転する。

9 ⑴(4・1)式より，$I=\frac{Q}{t}$

⑵$8.5\times 10^{22}\times(3.0\times 10^{-2}\times 1.0)\fallingdotseq 2.6\times 10^{21}$

⑶(4・2)式より，

$$v=\frac{I}{enS}=\frac{10}{1.6\times 10^{-19}\times 8.5\times 10^{22}\times 3.0\times 10^{-2}}$$

$$\fallingdotseq 2.5\times 10^{-2}\,\mathrm{cm/s}=2.5\times 10^{-4}\,\mathrm{m/s}$$

p.445 定期テスト予想問題❷

1 ⑴P，Q，Rの電荷がS点につくる電場$\vec{E}_P$，$\vec{E}_Q$，$\vec{E}_R$とする。それぞれの大きさは，(4・7)式により，

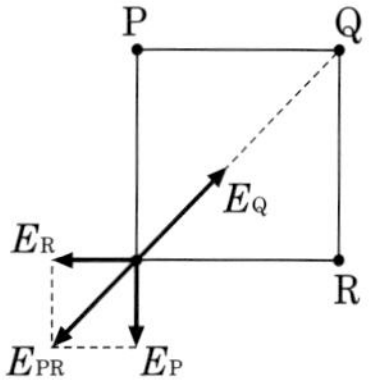

$E_P = E_R$
$$= 9.0\times10^9\times\frac{1.0\times10^{-3}}{1.0^2} = 9.0\times10^6\,\mathrm{V/m}$$
$$E_Q = 9.0\times10^9\times\frac{4.0\times10^{-3}}{(\sqrt{2})^2} = 18.0\times10^6\,\mathrm{V/m}$$
合成電場の大きさは,
$$E_Q-\sqrt{2}\,E_P = 18.0\times10^6-1.41\times9.0\times10^6 \fallingdotseq 5.3\times10^6\,\mathrm{V/m}$$
(2)(4・10)式により,
$$V = V_P+V_Q+V_R = 9.0\times10^9\left(\frac{1.0\times10^{-3}}{1.0}\times2-\frac{4.0\times10^{-3}}{\sqrt{2}}\right) \fallingdotseq -7.5\times10^6\,\mathrm{V}$$
(3)(4・10)式により,
$$V' = 9.0\times10^9\left(\frac{1.0\times10^{-3}}{\sqrt{2}/2}\times2-\frac{4.0\times10^{-3}}{\sqrt{2}/2}\right) = -2.545\cdots \fallingdotseq -2.5\times10^7\,\mathrm{V}$$
(4)(4・9)式により,
$$W = q(V-V') = 1.0\times9.0\times10^9\times(2\times10^{-3}-2\sqrt{2}\times10^{-3}+2\sqrt{2}\times10^{-3})\times10^6 = 1.8\times10^7\,\mathrm{J}$$
(5)粒子がO点でもつ運動エネルギーが電場からされた仕事に等しいから, $W=\frac{1}{2}mv^2$
$$v=\sqrt{\frac{2W}{m}}=\sqrt{\frac{2\times1.8\times10^7}{3.6\times10^{-3}}} = 1.0\times10^5\,\mathrm{m/s}$$

2　(1)S_1を閉じると, C_1が充電される。電圧はVで, 電荷は$Q=CV$である。S_1を開いて, S_2を閉じると, C_2が充電される。
電圧をV_1とすると, 電荷が保存されるので,
$$2CV_1 = CV \quad よって,\ V_1=\frac{V}{2}$$
(2)S_2を開きS_3を閉じると, C_3が充電される。電圧をV_2とすると,
$$2CV_2 = CV_1 = \frac{CV}{2} \quad よって,\ V_2=\frac{V}{4}$$
(3)S_2を閉じたときの電圧をV_3とすると,
$$3CV_3 = CV \quad よって,\ V_3=\frac{V}{3}$$
(4)すべてのコンデンサーが電池に並列に接続されるから, 電圧はV。

3　(1)右図

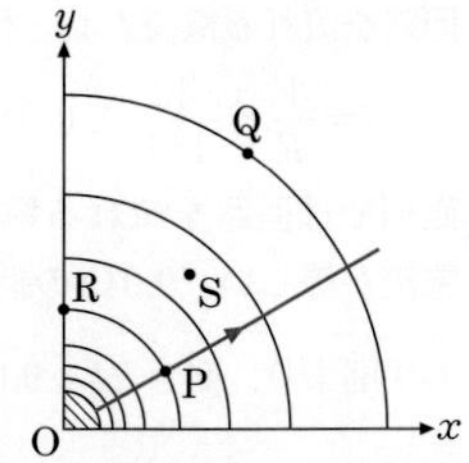

(2)44 V
(3)点Pと点Qは等電位なので, 0
(4)(4・12)式より,
$$E=\frac{V}{d}=\frac{2}{0.05} = 40\,\mathrm{V/m}$$
(5)同じ点に戻る仕事なので, 0

4　(1)電池の起電力をV_0とすると, $V_0=E_0d$
求める電場をEとすると,
$$V_0=E_0d=E\times\frac{2}{3}d \quad より,\ E=\frac{3}{2}E_0$$
(2)極板の電荷が変わらないから, 電場はE_0のまま。
(3)電位差は, $V=E_0\times\frac{d}{2}=\frac{E_0d}{2}$
(4)仕事はコンデンサーのエネルギーの変化量に等しい。(4・17)式により,
$$\Delta E=\frac{1}{2}QV-\frac{1}{2}QV_0=\frac{1}{2}C_0V_0(V-V_0) = \frac{1}{2}C_0E_0d\left(\frac{E_0d}{2}-E_0d\right) = -\frac{C_0E_0^2d^2}{4}$$

5　(1)電源X, Yを流れる電流をI_X, I_Yとすると, キルヒホッフの第2法則より,
$$4I_X+10=X \quad \cdots\cdots①$$
$$5I_Y+10=Y \quad \cdots\cdots②$$
また, オームの法則より,
$$20(I_X+I_Y)=10 \quad \cdots\cdots③$$
①~③より,
$$5X+4Y=100 \quad \cdots\cdots④$$
(2)右図

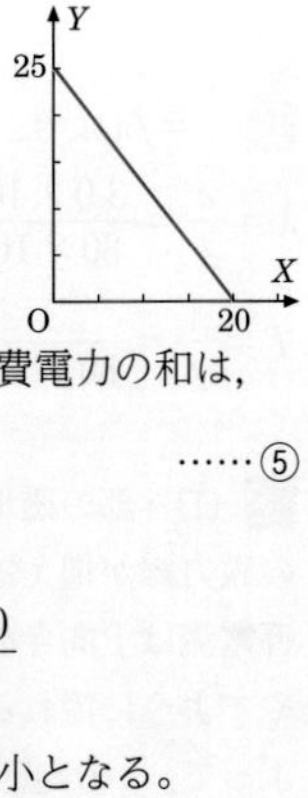

(3)(4・31)式より, 2抵抗の消費電力の和は,
$$P=\frac{X^2}{4}+\frac{Y^2}{5} \quad \cdots\cdots⑤$$
④, ⑤からYを消去すると,
$$P=\frac{9}{16}\left(X-\frac{100}{9}\right)^2+\frac{500}{9}$$
よって, $X=\frac{100}{9}\fallingdotseq 11\,\mathrm{V}$で最小となる。
これを④に代入して, $Y=\frac{100}{9}\fallingdotseq 11\,\mathrm{V}$

6 (1)ホイートストンブリッジと同じような回路である。CD間には電流が流れないので，
(4·36)式より，$\frac{2R}{3R}=\frac{R}{x}$ $\quad x=\frac{3}{2}R$
(2)AD間の抵抗とDB間の抵抗だけ考えればよい。よって，$E'=\frac{2R}{2R+3R}E=\frac{2}{5}E$
(3)点Cの電位が(1)のときより高ければよいので，

$$x>\frac{3}{2}R$$

7 (1)電池をはずしても，電流が流れなければ電荷は変化しないので，電荷はQ。
(2)金属板を挿入する前の電気容量Cは，
$C=\varepsilon_0\frac{S}{d}$ であるから，
エネルギーUは，$U=\frac{1}{2}\cdot\frac{Q^2}{C}=\frac{dQ^2}{2\varepsilon_0 S}$
金属板を挿入すると，極板間隔が$(d-t)$になったのと同じになるので，電気容量C'は，
$C'=\varepsilon_0\frac{S}{d-t}$となり，エネルギー$U'$は，

$$U'=\frac{1}{2}\cdot\frac{Q^2}{C'}=\frac{(d-t)Q^2}{2\varepsilon_0 S}$$

よって，エネルギーの変化ΔUは，

$$\Delta U=U'-U=\frac{(d-t)Q^2}{2\varepsilon_0 S}-\frac{dQ^2}{2\varepsilon_0 S}$$
$$=-\frac{Q^2t}{2\varepsilon_0 S}$$

(3)極板間の電位差がVに保たれるから，たくわえられる電荷Q'は，

$$Q'=C'V=\varepsilon_0\frac{S}{d-t}\times V=\frac{\varepsilon_0 SV}{d-t}$$

(4)エネルギーの変化は，

$$\frac{1}{2}C'V^2-\frac{1}{2}CV^2=\frac{V^2}{2}(C'-C)$$
$$=\frac{V^2}{2}\left(\frac{\varepsilon_0 S}{d-t}-\frac{\varepsilon_0 S}{d}\right)=\frac{\varepsilon_0 SV^2t}{2d(d-t)}$$

8 (1)rに流れる電流をIとすると，
$v>60\,\mathrm{V}$であるから，$v=100\times10^3I>60$
よって，$I>0.60\times10^{-3}\,\mathrm{A}=0.60\,\mathrm{mA}$
(2)Rの電圧降下が40Vより小さければよいから，
$0.60\times10^{-3}R<40$ $\quad R<67\times10^3\,\Omega=67\,\mathrm{k\Omega}$
(3)$v\geqq60$〔V〕のとき，

i〔mA〕$=v$〔V〕-60 ……①

抵抗rに流れる電流をI〔mA〕とすると，

v〔V〕$=100\,\mathrm{k\Omega}\times I$〔mA〕 ……②

$v+R(I+i)=100$ ……③

①～③より，$v=\frac{2000(5+3R)}{100+101R}$

9 図2より，Bに対するAの電位Vが負のときは電流は0(流れない)であり，正のときのみ電流が流れる。図3のように時間変化する電圧Vで，1～2，3～4，5～6，7～8秒でVは負となるので電流Iは0となる。これを満たすグラフは**イ**または**エ**である。

さらに，図3のグラフで電圧Vが正のとき，図2から電流Iを求めると，
0～1秒，2～3秒 で$V=1.0\,\mathrm{V}$，$I=5.0\,\mathrm{mA}$
4～5秒，6～7秒 で$V=0.25\,\mathrm{V}$，$I=0\,\mathrm{mA}$
これを満たすグラフは**イ**

p.448 定期テスト予想問題❸

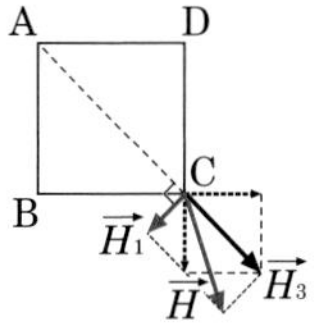

1 (1)(4·41)式により，

$$H_1=\frac{10}{2\times3.14\times0.20\sqrt{2}}$$
$$\fallingdotseq5.6\,\mathrm{A/m}$$

向きは右図の$\vec{H_1}$の向き
(2)電流B，DがC点につくる磁場の大きさは等しい。その大きさは，
(4·41)式より，

$$H_2=\frac{10}{2\times3.14\times0.20}=\sqrt{2}H_1$$

Bがつくる磁場はD→Cで，Dがつくる磁場はB→Cの向きだから，この2つの合成磁場はA→Cの向きで，その大きさは，

$$H_3=\sqrt{2}H_2=2H_1$$

全体の合成磁場は，$\vec{H_1}+\vec{H_3}$となる。
$\vec{H_1}$と$\vec{H_3}$は垂直だから，合成磁場の大きさは，

$$H=\sqrt{H_1{}^2+H_3{}^2}=H_1\sqrt{5}\fallingdotseq13\,\mathrm{A/m}$$

向きは図の$\vec{H}$の向き
(3)(4·44)式により，
$F=1.26\times10^{-6}\times10\times13\times1\fallingdotseq1.6\times10^{-4}\,\mathrm{N}$
向きは図の$\vec{H}$から反時計回りに90°の向き

2　L_xとL_yの磁場の強さが等しくなればよい。L_xとL_yの電流をI_x，I_yとする。ソレノイド内部の磁場の強さは電流と単位長さあたりの巻き数に比例するから，$\dfrac{I_x}{I_y} = \dfrac{400}{100} = 4$になればよい。

AP間の抵抗をR，AP間を流れる電流をIとし，APL_yAとABL_xAでキルヒホッフの法則より

$$RI - 2 \times I_y = 0 \quad \cdots\cdots①$$

$$RI + (3 - R)(I + I_y) - 1 \times I_x = 0 \quad \cdots\cdots②$$

①，②より，$\dfrac{I_x}{I_y} = \dfrac{6}{R} + 3 - R = 4$

よって，$0 \leqq R \leqq 3\,\Omega$より，$R = 2\,\Omega$

白金線の抵抗は長さに比例するから，

$$AP = 60 \times \frac{2}{3} = 40\,\mathrm{cm}$$

3　求める巻き数をN，ソレノイドの長さをlとおくと，(4·43)，(4·45)，(4·47)式より

$$\Phi = BS = \mu_0 HS = \mu_0 nIS = \mu_0 \frac{N}{l} IS$$

$$N = \frac{\Phi l}{\mu_0 IS} = \frac{6.0 \times 10^{-7} \times 0.30}{1.26 \times 10^{-6} \times 800 \times 10^{-3} \times 4.0 \times 10^{-4}}$$

$\fallingdotseq 4.5 \times 10^2$**回**

4　コイルが受ける偶力のモーメントとおもりが滑車に与える力のモーメントが等しくなればよい。(4·49)式より，

$L = 20IBab = mgr$　(rは滑車の半径)

$$I = \frac{mgr}{20Bab} = \frac{10 \times 10^{-3} \times 9.8 \times 10 \times 10^{-2}}{20 \times 2.0 \times 10^{-2} \times (5.0 \times 10^{-2})^2}$$

$= 9.8\,\mathrm{A}$

5　(1)⊗向きの磁束が減るので，⊗向きの磁場をつくる向きの電流が流れるので，M→L

(2)逆向き(図の左向き)

(3)誘導起電力は，(4·54)式より，$V = vBl$であるから，電流は，$I = \dfrac{V}{R} = \dfrac{vBl}{R}$

(4)電力を求める。$P = \dfrac{V^2}{R} = \dfrac{(vBl)^2}{R}$

(5)電流が磁場から受ける力Fは，(4·46)式より，

$$F = IBl = \frac{vB^2l^2}{R}$$

(6)力と運動が同じ向きなので，仕事率Pは，

$$P = \frac{Fx}{t} = \frac{Fvt}{t} = \frac{(vBl)^2}{R}$$

(7)**手がコイルにする仕事がコイルに発生するジュール熱以外のものに変換されないから，仕事とエネルギーの関係とエネルギー保存の法則によって，これらは互いに等しくなる。**

6　(1)放射部外向きの誘導起電力を生じるので，Rに**左向き**の電流が流れる。

(2)$V = \dfrac{\Delta\Phi}{\Delta t} = \dfrac{B\Delta S}{\Delta t} = B \times n\pi r^2 = \pi n r^2 B$

(3)放射状の金属棒に流れる電流が磁場から力を受け，**車輪が回転する。**

7　(1)図129(b)と(4·64)式より$V = Bab\omega\sin\theta$

(2)$I = \dfrac{V}{R} = \dfrac{Bab\omega\sin\theta}{R}$

(3)$L = IBab\cos\theta = \dfrac{B^2a^2b^2\omega\sin\theta\cos\theta}{R}$

(4)実効値で求める電力に等しいから，

$$P = \frac{I_0V_0}{2} = \frac{1}{2} \times \frac{Bab\omega}{R} \times Bab\omega = \frac{(Bab\omega)^2}{2R}$$

8　コイルの電圧降下は，

$$V = RI = 10 \times 2.0 = 20\,\mathrm{V}$$

コイルの自己誘導起電力は，(4·58)式より，

$$V' = -L\frac{\Delta I}{\Delta t} = -1.0 \times \frac{1.0}{1/100} = -100\,\mathrm{V}$$

よって，電流が増加しつつあるときは，

$$V_1 = V + V' = 20 - 100 = -80\,\mathrm{V}$$

電流が減少しつつあるときは，

$$V_2 = V - V' = 20 + 100 = 120\,\mathrm{V}$$

9　(1)$t = 0 \sim 0.1\,\mathrm{s}$では，(4·57)式により，

$$10 = -0.5\frac{\Delta I_1}{\Delta t} \qquad \frac{\Delta I_1}{\Delta t} = -20\,\mathrm{A/s}$$

$t = 0.1 \sim 0.2\,\mathrm{s}$では，

$$-15 = -0.5\frac{\Delta I_1}{\Delta t}$$

$$\frac{\Delta I_1}{\Delta t} = 30\,\mathrm{A/s}$$

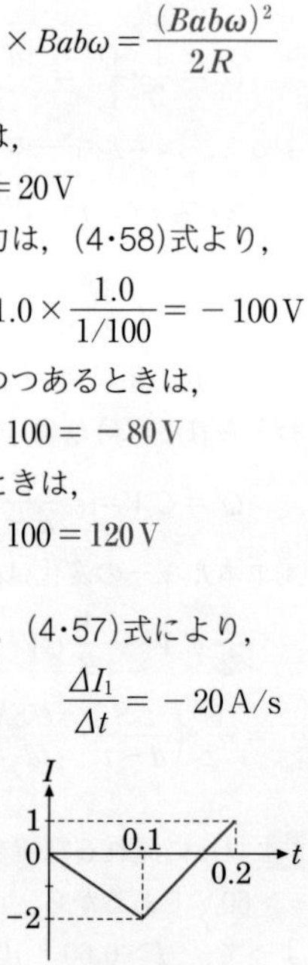

よって，グラフは**上図**のようになる。

(2)2 A

10 (1)コイルを流れる電流は，(4・70)式を実効値の式に書きなおして，

$$I_e = \frac{V_e}{\omega L} = \frac{V_e}{2\pi f L} = \frac{100}{2\times 3.14\times 50\times 20}$$
$$\fallingdotseq 1.6\times 10^{-2}\,\mathrm{A}$$

(2)コンデンサーを流れる電流は，(4・71)式より，

$$I_e = V_e\omega C = 2\pi f C V_e$$
$$= 2\times 3.14\times 50\times 3\times 10^{-6}\times 100$$
$$\fallingdotseq 9.4\times 10^{-2}\,\mathrm{A}$$

(3)(4・73)式で$R=0$とおけばよいので，

$$Z = \left|\omega L - \frac{1}{\omega C}\right| = 5.222\cdots\times 10^3$$
$$\fallingdotseq 5.2\times 10^3\,\Omega$$

(4)(4・72)式より，

$$I_e = \frac{V_e}{\sqrt{R^2 + \left(\omega L - \frac{1}{\omega C}\right)^2}}$$
$$= \frac{100}{\sqrt{(10.4\times 10^3)^2 + (5.22\times 10^3)^2}}$$
$$= \frac{100}{12\times 10^3} \fallingdotseq 8.3\times 10^{-3}\,\mathrm{A}$$

11 (4・82)式により，

$$f_1 = \frac{1}{2\pi\sqrt{LC_1}} \qquad f_2 = \frac{1}{2\pi\sqrt{L(C_1+C_2)}}$$
$$\frac{f_1}{f_2} = \sqrt{\frac{C_1+C_2}{C_1}} = 3 \quad \text{より，}\quad \frac{C_1}{C_2} = \frac{1}{8}$$

12 (4・82)式より，

$$T = \frac{1}{f_0} = 2\pi\sqrt{LC}$$
$$= 2\times 3.14\times\sqrt{4.00\times 10^{-4}\times 9.00\times 10^{-10}}$$
$$\fallingdotseq 3.8\times 10^{-6}\,\mathrm{s}$$

第5編

原子と原子核

p.458 練習問題

① (1)$\frac{1}{2}mv^2 = eV = 1.6\times 10^{-19}\times 200$
$$= 3.2\times 10^{-17}\,\mathrm{J}$$

(2)$v = \sqrt{\frac{2eV}{m}}$
$$= \sqrt{\frac{2\times 1.6\times 10^{-19}\times 200}{9.1\times 10^{-31}}}$$
$$\fallingdotseq 8.4\times 10^6\,\mathrm{m/s}$$

(3)電圧が$1000\div 200 = 5$倍になるので，運動エネルギーは5倍，速度は$\sqrt{5}\fallingdotseq 2.2$倍になる。

② (1)$\frac{1}{2}mv^2 = eV$より，$v = \sqrt{\frac{2eV}{m}}$

(2)$m\frac{v^2}{r} = evB$より，$r = \frac{mv}{eB}$

(3)(1)，(2)より，

$$r^2 = \frac{m^2}{e^2B^2}v^2 = \frac{m^2}{e^2B^2}\times\frac{2eV}{m}$$

よって，$\frac{e}{m} = \frac{2V}{B^2r^2}$

③ (1)垂直方向の運動方程式$ma_y = eE$より，

$$a_y = \frac{eE}{m}$$

(2)極板を通過する時間は$t = \frac{l}{v}$となるので，

$$v_y = a_y t = \frac{eE}{m}\cdot\frac{l}{v} = \frac{eEl}{mv}$$

(3)$\tan\theta = \frac{v_y}{v} = \frac{eEl}{mv^2}$

(4)磁場により下向きの力を与えればよいので，紙面の**表→裏**の向きの磁場を与えればよい。

(5)$\frac{1}{2}mv^2 = eV$および，$eE = evB$からvを消去し，$\frac{e}{m} = \frac{E^2}{2VB^2}$

p.475 練習問題

① ①電子 ②負 ③正 ④粒子 ⑤$h\nu$

② (1)$E = h\nu = 6.6 \times 10^{-34} \times 5.2 \times 10^{14}$

$\fallingdotseq 3.4 \times 10^{-19}\,\mathrm{J}$

(2)$c = \nu\lambda$より，

$$\lambda = \frac{c}{\nu} = \frac{hc}{E}$$

$$= \frac{6.6 \times 10^{-34} \times 3.0 \times 10^{8}}{4.4 \times 10^{-20}}$$

$$= 4.5 \times 10^{-6}\,\mathrm{m}$$

③ (1)$W = h\dfrac{c}{\lambda_0}$

$$= 6.6 \times 10^{-34} \times \frac{3.0 \times 10^{8}}{4.0 \times 10^{-7}}$$

$$\fallingdotseq 5.0 \times 10^{-19}\,\mathrm{J}$$

(2)$K_0 = h\nu - W \fallingdotseq 1.7 \times 10^{-19}\,\mathrm{J}$

④ (1)$\dfrac{hc}{\lambda_0} = eV$より，$\lambda_0 = \dfrac{hc}{eV}$

(2)$2d\sin\theta = m\lambda$の関係において，$m = 1$より，

$$\sin\theta = \frac{\lambda_0}{2d}$$

⑤ 波長λの電磁波の運動量は$\dfrac{h\nu}{c} = \dfrac{h}{\lambda}$，エネルギーは$h\nu = \dfrac{hc}{\lambda}$なので，

(1)$\dfrac{h}{\lambda} = \dfrac{h}{\lambda'}\cos\theta + mv\cos\phi$

(2)$0 = \dfrac{h}{\lambda'}\sin\theta - mv\sin\phi$

(3)$\dfrac{hc}{\lambda} = \dfrac{hc}{\lambda'} + \dfrac{1}{2}mv^2$

⑥ (1)$\dfrac{1}{2}mv^2 = eV$，および$\lambda = \dfrac{h}{mv}$より，

$$\lambda = \frac{h}{\sqrt{2meV}}$$

$$= \frac{6.6 \times 10^{-34}}{\sqrt{2 \times 9.1 \times 10^{-31} \times 1.6 \times 10^{-19} \times 1.2 \times 10^{4}}}$$

$$\fallingdotseq 1.1 \times 10^{-11}\,\mathrm{m}$$

(2)(1)と同様にして，

$$\lambda \fallingdotseq 1.2 \times 10^{-10}\,\mathrm{m}$$

⑦ (1)(5・11)式より，

$$E_2 = E_1 \times \frac{1}{2^2} = -3.40\,\mathrm{eV}$$

$$E_3 = E_1 \times \frac{1}{3^2} \fallingdotseq -1.51\,\mathrm{eV}$$

(2)バルマー系列は，$n = 2$の準位に移るときの系列なので，

$$E_3 - E_2 \fallingdotseq 1.89\,\mathrm{eV}$$

⑧ (1)$n = 1$ (2)基底状態 (3)励起状態

(4)エネルギーが保存されるので，$h\nu = E_n - E_m$

⑨ (1)①$n\dfrac{h}{mv}$ ②$m\dfrac{v^2}{r}$

③ (＊)をvについて解くと，

$$v = \frac{nh}{2\pi rm}$$

これを(＊＊)に代入して，

$$k\frac{e^2}{r^2} = \frac{m}{r}\left(\frac{nh}{2\pi rm}\right)^2$$

これをrについて解くと，

$$r = \frac{h^2}{4\pi^2 mke^2} \times n^2$$

④ ⑤$E_n = \dfrac{1}{2}mv^2 - k\dfrac{e^2}{r}$

$$= \frac{ke^2}{2r} - \frac{ke^2}{r}$$

$$= -\frac{ke^2}{2} \times \frac{4\pi^2 mke^2}{h^2 n^2}$$

$$= -\frac{2\pi^2 mk^2 e^4}{h^2} \times \frac{1}{n^2}$$

(2)$h\nu = E_n - E_{n'}$

$$= \frac{2\pi^2 mk^2 e^4}{h^2}\left(\frac{1}{n'^2} - \frac{1}{n^2}\right)$$

これと$\dfrac{1}{\lambda} = R\left(\dfrac{1}{n'^2} - \dfrac{1}{n^2}\right)$を比べると，

$$h\nu \times \frac{h^2}{2\pi^2 mk^2 e^4} = \frac{1}{\lambda R}$$

これから，$R = \dfrac{2\pi^2 mk^2 e^4}{\nu\lambda h^3} = \dfrac{2\pi^2 mk^2 e^4}{ch^3}$

よって，$\dfrac{2\pi^2 mk^2 e^4}{h^2} = hcR$

(3)$2.2 \times 10^{-18} \times \left(\frac{1}{2^2} - \frac{1}{4^2}\right)$

$\fallingdotseq 4.1 \times 10^{-19}\,\mathrm{J} \fallingdotseq 2.6\,\mathrm{eV}$

p.487 練習問題

① ①α線　②β線　③γ線
④γ線　⑤β線　⑥α線
⑦ヘリウム原子核　⑧電子　⑨電磁波

② ①放射性物質　②放射能　③ベクレル
④1秒　⑤キュリー

③ (1)カ　(2)エ　(3)ウ　(4)イ　(5)ア　(6)オ

④ ①カ　②エ　③ウ　④オ　⑤ア　⑥キ
⑦コ

⑤ (1)ウ　(2)イ　(3)エ　(4)ア

⑥ **エ**は自然放射線ではない。自然放射線源のうち最も大きいのは大気中のラドンである。
答 ウ

p.491 類題

1 5日間＝24×5＝120hなので，5日後の残存率は(5･21)式より，

$$\frac{N}{N_0} = \left(\frac{1}{2}\right)^{\frac{120}{15}} = \left(\frac{1}{2}\right)^8 = \frac{1}{256} \fallingdotseq 0.0039$$

よって，およそ0.39％

p.499 練習問題

① (1)$511\,\mathrm{keV} = (1.6 \times 10^{-19}) \times 511 \times 10^3$
$\fallingdotseq 8.2 \times 10^{-14}\,\mathrm{J}$
(2)$4.78\,\mathrm{MeV} = (1.6 \times 10^{-19}) \times 4.78 \times 10^6$
$\fallingdotseq 7.6 \times 10^{-13}\,\mathrm{J}$

② α崩壊では質量数が4，原子番号が2減少し，β崩壊では原子番号だけが1増加する。
①234　②90　③222　④86　⑤137
⑥56　⑦14　⑧7

③ (1)$\frac{1}{8} = \left(\frac{1}{2}\right)^3$より，
$1.6 \times 10^3 \times 3 = 4.8 \times 10^3$
よって，4.8×10^3年後となる。
(2)$\left(\frac{1}{2}\right)^{10} = \frac{1}{1024}$
$\fallingdotseq \frac{1}{1000}$

④ (1)$^{14}\mathrm{C}$は宇宙線の作用により大気中でつくられ，生成と崩壊がつり合う一定量である。生物中の炭素は植物の光合成により生態系に取りこまれたもので，一定の割合になるから。
(2)動植物の死後は代謝がなくなって，$^{14}\mathrm{C}$が崩壊したぶんだけ減少し，死後の経過時間で割合が決まるから。
(3)$\frac{1}{4} = \left(\frac{1}{2}\right)^2$より，
$5730 \times 2 = 11460 \fallingdotseq 10000$年前

⑤ 反応の前後で質量数の和と原子番号の和は保たれるので，
①17　②8　③O　④12　⑤6　⑥C

⑥ (1)$\Delta m = (1.0073 \times 2 + 1.0087 \times 2) - 4.0015$
$= 0.0305\,\mathrm{u}$
(2)$0.0305 \times 1.66 \times 10^{-27} \fallingdotseq 5.06 \times 10^{-29}\,\mathrm{kg}$
(3)$\Delta mc^2 \fallingdotseq 4.6 \times 10^{-12}\,\mathrm{J}$
(4)$\Delta mc^2 \times N_\mathrm{A} \fallingdotseq 2.7 \times 10^{12}\,\mathrm{J}$

⑦ (1)①92　②36　③Kr
(2)$^{235}\mathrm{U}$ 1gの個数は$\frac{N_\mathrm{A}}{235}$なので，
$(200 \times 10^6) \times (1.6 \times 10^{-19}) \times \frac{6 \times 10^{23}}{235}$
$\fallingdotseq 8.2 \times 10^{10}\,\mathrm{J}$

⑧ ①×2＋②×2＋③＋④×2を計算する。
$4\,{}^1\mathrm{H} + 2\mathrm{e}^- \longrightarrow {}^4\mathrm{He} + 26.6\,\mathrm{MeV}$

p.501 定期テスト予想問題❶

1 (5･5)式をもとに考える。

(1)ア (2)イ (3)ア (4)ア (5)ア

2 (1)$\frac{1}{2}mv^2=eV_0$より,

$$v=\sqrt{\frac{2eV_0}{m}}$$

(2)仕事関数をWとすると,

$$eV_0=h\nu-W,\ 0=h\cdot\frac{1}{2}\nu-W$$

が成り立つので,

$$h=\frac{2eV_0}{\nu},\ W=eV_0$$

3 (1)$\frac{1}{2}mv^2=qV$より,

$$v=\sqrt{\frac{2qV}{m}}$$

(2)裏から表 (3)$m\frac{v^2}{R}=qvB$

(4)$v=\sqrt{\frac{2qV}{m}}$, $m\frac{v^2}{R}=qvB$からvを消去して,

$$\frac{q}{m}=\frac{2V}{B^2R^2}$$

(5)mとR^2が比例するのでRは$\sqrt{m}$に比例する。

$$\sqrt{1.04}=(1+0.04)^{\frac{1}{2}}\fallingdotseq 1+0.02$$

であるから,Rは約2%増加する。

4 ①量子数 ②1 ③基底状態

④$h\nu=E_{n_2}-E_{n_1}$より,

$$\nu=\frac{2\pi^2k_0{}^2me^4}{h^3}\left(\frac{1}{n_1{}^2}-\frac{1}{n_2{}^2}\right)$$

⑤リュードベリ定数

⑥$\frac{1}{\lambda}=R\left(\frac{1}{n_1{}^2}-\frac{1}{n_2{}^2}\right)$, $c=\nu\lambda$より,

$$\nu=cR\left(\frac{1}{n_1{}^2}-\frac{1}{n_2{}^2}\right)$$

$$cR=\frac{2\pi^2k_0{}^2me^4}{h^3}$$

ゆえに,$R=\frac{2\pi^2k_0{}^2me^4}{ch^3}$

⑦$\frac{4\pi^2k_0{}^2me^4}{h^3}\cdot\frac{1}{n^3}$

⑧$k_0\frac{e^2}{r^2}=m\frac{v^2}{r}$より,

$$v=e\sqrt{\frac{k_0}{mr}}$$

よって,

$$\frac{v}{2\pi r}=\frac{e}{2\pi}\sqrt{\frac{k_0}{mr^3}}$$

⑨$\frac{e}{2\pi}\sqrt{\frac{k_0}{m}\left(\frac{4\pi^2k_0me^2}{h^2n^2}\right)^3}=\frac{4\pi^2k_0{}^2me^4}{h^3}\cdot\frac{1}{n^3}$

p.503 定期テスト予想問題❷

1 (1)$1.86\times10^3\div200\div60=0.155\,\mathrm{Bq}$

(2)ウ

2 (1)質量数の変化はα崩壊で4減少するだけなので,4の倍数でしか変化しない。

$^{235}_{92}\mathrm{U}$は,235→231→・・・→207より,ウ

$^{238}_{92}\mathrm{U}$は,238→234→・・・→206より,イ

(2)(3)α崩壊の回数をm回,β崩壊の回数をn回とすると,

$^{235}_{92}\mathrm{U}$については,

$$207=235-4m$$
$$82=92-2m+n$$

より,$m=7$, $n=4$

$^{238}_{92}\mathrm{U}$については,

$$206=238-4m$$
$$82=92-2m+n$$

より,$m=8$, $n=6$

(4)45億年前,$^{238}_{92}\mathrm{U}$は現在のほぼ2倍存在した。

$^{235}_{92}\mathrm{U}$は$\frac{45}{7}\fallingdotseq6.4$より,現在の$2^{6.4}$倍存在した。

$$2^{6.4}=\frac{2^8}{2^{1.6}}=\frac{256}{3}\fallingdotseq85$$

よって,

$$(0.7\times85):(99.3\times2)\fallingdotseq60:200=3:10$$

3 ①$^4_2\mathrm{He}$

②$7.07\times4-(1.11\times2+2.83\times3)=17.57\,\mathrm{MeV}$

③$^4_2\mathrm{He}$

④$7.07\times4-(1.11\times2+2.57\times3)=18.35\,\mathrm{MeV}$

4 (1) $^{210}_{84}\mathrm{Po} \longrightarrow {}^{206}_{82}\mathrm{Pb} + {}^{4}_{2}\mathrm{He}$

となるので，原子番号は82，質量数は206

(2) $^{9}_{4}\mathrm{Be} + {}^{4}_{2}\mathrm{He} \longrightarrow {}^{12}_{6}\mathrm{C} + {}^{1}_{0}\mathrm{n}$

となるので，原子番号は6，質量数は12

(3)衝突は弾性衝突と考えることができ，散乱粒子のエネルギーが最大になるのは，一直線上の衝突の場合である。中性子，水素原子核の質量をmとする。

水素原子核に当てる場合，中性子の衝突速度をv_0とし，衝突後の中性子の速度をv_1，水素原子核の速度をv_2とすれば，運動量保存則より，

$$mv_1 + mv_2 = mv_0 \quad \cdots\cdots ①$$

また，反発係数の(1·92)式より，

$$1 = -\frac{v_1 - v_2}{v_0 - 0} \quad \cdots\cdots ②$$

①，②式より，$v_1 = 0$，$v_2 = v_0$

よって，

$$\frac{1}{2}mv_0{}^2 = \frac{1}{2}mv_2{}^2 = 5.6\,\mathrm{MeV}$$

(4)中性子の質量をmとすれば，窒素原子核の質量は$14m$である。

窒素原子核に当てる場合，衝突後の中性子の速度をv_3，窒素原子核の速度をv_4とすれば，運動量保存則より，

$$mv_3 + 14mv_4 = mv_0 \quad \cdots\cdots ①$$

はねかえり係数の式より，

$$1 = -\frac{v_3 - v_4}{v_0 - 0} \quad \cdots\cdots ②$$

①，②式より，

$$v_3 = -\frac{13}{15}v_0,\quad v_4 = \frac{2}{15}v_0$$

これと$^{14}_{7}\mathrm{N}$の運動エネルギーが1.4MeVであることから，

$$\frac{1}{2}\cdot 14mv_4{}^2 = \frac{56}{225}\cdot\frac{1}{2}mv_0{}^2 = 1.4\,\mathrm{MeV}$$

よって，

$$\frac{1}{2}mv_0{}^2 = 1.4 \times \frac{225}{56} \fallingdotseq 5.6\,\mathrm{MeV}$$

5 ①$\frac{2}{3} \times 2 - \frac{1}{3} = 1$より，1倍

②$\frac{2}{3} + \frac{1}{3} = 1$より，1倍

③uuu $\longrightarrow$ uud + u$\bar{\mathrm{d}}$と考えられるのでuuu

④uud + d$\bar{\mathrm{u}}$ $\longrightarrow$ d$\bar{\mathrm{s}}$ + udsと考えられるのでuds

さくいん

赤数字は中心的に説明してあるページを示す。

1・A・α

あ

か

さ

た

な

は

ま

や

ら

わ

数式一覧

番号は本文中の数式番号と対応している。

・第1編
物体の運動

1. 絶対誤差 = 測定値 − 真の値　13
2. 相対誤差〔%〕 $= \dfrac{|\text{絶対誤差}|}{\text{真の値}} \times 100$　14
3. $v = \dfrac{\Delta x}{\Delta t}$　19
4. $1\,\mathrm{m/s} = 3.6\,\mathrm{km/h}$　19
5. $\vec{v} = \dfrac{\Delta \vec{x}}{\Delta t}$　20
6. $\bar{v} = \dfrac{\Delta x}{\Delta t} = \dfrac{x_2 - x_1}{t_2 - t_1}$　20
7. $x = vt$　21
8. $v_{\mathrm{BA}} = v_{\mathrm{A}} - v_{\mathrm{B}}$　22
9. $v_{\mathrm{AB}} = v_{\mathrm{B}} - v_{\mathrm{A}}$　22
10. $\bar{a} = \dfrac{\Delta v}{\Delta t} = \dfrac{v_2 - v_1}{t_2 - t_1}$　24
11. $v = v_0 + at$　26
12. $x = v_0 t + \dfrac{1}{2}at^2$　26
13. $v^2 - v_0{}^2 = 2ax$　27
14. $v = gt$　32
15. $y = \dfrac{1}{2}gt^2$　32
16. $v^2 = 2gy$　32
17. $v = v_0 - gt$　33
18. $y = v_0 t - \dfrac{1}{2}gt^2$　33
19. $v^2 - v_0{}^2 = -2gy$　33
20. $v = v_0 + gt$　35
21. $y = v_0 t + \dfrac{1}{2}gt^2$　35
22. $v^2 - v_0{}^2 = 2gy$　35
23. $v = \sqrt{v_0{}^2 + (gt)^2}$　36
24. $x = v_0 t$　36
25. $y = \dfrac{1}{2}gt^2$　36
26. $y = \dfrac{g}{2v_0{}^2}x^2$　36
27. $v_x = v_0 \cos\theta$　36
28. $v_y = v_0 \sin\theta - gt$　36
29. $x = v_0 \cos\theta \cdot t$　36
30. $y = v_0 \sin\theta \cdot t - \dfrac{1}{2}gt^2$　36
31. $v = \sqrt{v_x{}^2 + v_y{}^2}$　37
32. $y = -\dfrac{g}{2v_0{}^2\cos^2\theta}x^2 + \tan\theta \cdot x$　37
33. $v_x = v\cos\theta$　40
34. $v_y = v\sin\theta$　40
35. $v^2 = v_x{}^2 + v_y{}^2$　40
36. $\overrightarrow{v_{\mathrm{BA}}} = \overrightarrow{v_{\mathrm{A}}} - \overrightarrow{v_{\mathrm{B}}}$　41
37. $\overrightarrow{v_{\mathrm{AB}}} = \overrightarrow{v_{\mathrm{B}}} - \overrightarrow{v_{\mathrm{A}}}$　41
38. $\vec{a} = \dfrac{\Delta\vec{v}}{\Delta t} = \dfrac{\vec{v_2} - \vec{v_1}}{\Delta t}$　42
39. $v_x = v_0$　43
40. $v_y = gt$　43
41. $v = \sqrt{v_0{}^2 + (gt)^2}$　43
42. $\tan\theta = \dfrac{gt}{v_0{}^2}$　43
43. $x = v_0 t$　43
44. $y = \dfrac{1}{2}gt^2$　43
45. $y = \dfrac{g}{2v_0{}^2}x^2$　44
46. $v_x = v_0\cos\theta$　45
47. $v_y = v_0\sin\theta - gt$　45
48. $v = \sqrt{v_0{}^2 + (gt)^2 - 2gv_0 t\sin\theta}$　45
49. $x = v_0\cos\theta \cdot t$　46
50. $y = v_0\sin\theta \cdot t - \dfrac{1}{2}gt^2$　46
51. $y = -\dfrac{g}{2v_0{}^2\cos^2\theta}x^2 + \tan\theta \cdot x$　46
52. $H = \dfrac{v_0{}^2\sin^2\theta}{2g}$　46
53. $t = \dfrac{2v_0\sin\theta}{g}$　46
54. $L = \dfrac{v_0{}^2\sin 2\theta}{g}$　47
55. $ma = mg + (-kv)$　48
56. $F_x = F\cos\theta$　59
57. $F_y = F\sin\theta$　59
58. $\vec{F_1} + \vec{F_2} = \vec{0}$　60
59. $\vec{F_1} + \vec{F_2} + \vec{F_3} = \vec{0}$　60
60. $\vec{F_1} + \vec{F_2} + \vec{F_3} + \cdots = \vec{0}$　61
61. $ma = F$　68
62. $m\vec{a} = \vec{F}$　68
63. $F = kx$　73
64. $F_0 = \mu N$　76
65. $F' = \mu' N$　78
66. $\vec{R} = \vec{N} + \vec{F}$　79
67. $p = \dfrac{F}{S}$　80
68. $p = \rho hg$　80
69. $p' = p_0 + p = p_0 + \rho hg$　80
70. $F = \rho Vg$　81
71. $M = FL$　93
72. $M = FL\sin\theta$　93
73. $M_1 + M_2 + M_3 + \cdots = 0$　94
74. $M = Fa$　95
75. $\begin{cases} x_{\mathrm{G}} = \dfrac{m_1x_1 + m_2x_2 + \cdots}{m_1 + m_2 + \cdots} \\ y_{\mathrm{G}} = \dfrac{m_1y_1 + m_2y_2 + \cdots}{m_1 + m_2 + \cdots} \end{cases}$　97
76. $\begin{cases} F_{1x} + F_{2x} + F_{3x} + \cdots = 0 \\ F_{1y} + F_{2y} + F_{3y} + \cdots = 0 \end{cases}$　98
77. $M_1 + M_2 + M_3 + \cdots = 0$　98
78. $L_1 : L_2 = F_2 : F_1$　101
79. $W = Fx$　108
80. $W = Fx\cos\theta$　109
81. $P = \dfrac{W}{t}$　111
82. $P = \dfrac{Fx}{t} = Fv$　112
83. $K = \dfrac{1}{2}mv^2$　113
84. $\dfrac{1}{2}mv^2 - \dfrac{1}{2}mv_0{}^2 = W$　114
85. $U = mgh$　115
86. $U = \dfrac{1}{2}kx^2$　116
87. $E_2 - E_1 = W$　123
88. $\vec{F}\Delta t = m\vec{v} - m\vec{v_0}$　127
89. $m_{\mathrm{A}}v_{\mathrm{A}} + m_{\mathrm{B}}v_{\mathrm{B}} = m_{\mathrm{A}}v_{\mathrm{A}}{}' + m_{\mathrm{B}}v_{\mathrm{B}}{}'$　129
90. $m_{\mathrm{A}}\vec{v_{\mathrm{A}}} + m_{\mathrm{B}}\vec{v_{\mathrm{B}}} = m_{\mathrm{A}}\vec{v_{\mathrm{A}}'} + m_{\mathrm{B}}\vec{v_{\mathrm{B}}'}$　132
91. $e = -\dfrac{v}{v_0} = \left|\dfrac{v}{v_0}\right|$　134
92. $e = -\dfrac{v_{\mathrm{A}}{}' - v_{\mathrm{B}}{}'}{v_{\mathrm{A}} - v_{\mathrm{B}}}$　136
93. $\theta = \dfrac{L}{r}$　142
94. $L = r\theta$　142
95. $v = \dfrac{2\pi r}{T}$　143
96. $\omega = \dfrac{2\pi}{T}$　143
97. $v = r\omega$　143
98. $n = \dfrac{1}{T}$　143
99. $a = v\omega$　144
100. $a = r\omega^2$　144
101. $a = \dfrac{v^2}{r}$　144
102. $F = mr\omega^2$　144
103. $F = m\dfrac{v^2}{r}$　144
104. $x = A\sin\omega t$　151
105. $v = A\omega\cos\omega t$　151
106. $a = -A\omega^2\sin\omega t = -\omega^2 x$　151
107. $T = \dfrac{2\pi}{\omega} = \dfrac{1}{f}$　152
108. $F = -Kx$　153
109. $\omega^2 = \dfrac{K}{m}$　153
110. $T = \dfrac{2\pi}{\omega} = 2\pi\sqrt{\dfrac{m}{K}}$　153
111. $F = -kx$　154
112. $a = -\dfrac{k}{m}x$　154
113. $\omega^2 = \dfrac{k}{m}$　154
114. $T = \dfrac{2\pi}{\omega} = 2\pi\sqrt{\dfrac{m}{k}}$　154
115. $F = -\dfrac{mg}{l}x$　155
116. $T = \dfrac{2\pi}{\omega} = 2\pi\sqrt{\dfrac{l}{g}}$　156
117. $E = \dfrac{1}{2}kx^2 + \dfrac{1}{2}mv^2 = \dfrac{1}{2}kA^2$　157
118. $E = -mgx + \dfrac{1}{2}kx^2 + \dfrac{1}{2}mv^2$　158
119. $r_1v_1\sin\theta_1 = r_2v_2\sin\theta_2$　159
120. $T^2 = ka^3$　159

121. $F=G\frac{mM}{r^2}$ 160
122. $U=-G\frac{mM}{r}$ 161
123. $g=\frac{GM}{R^2}$ 161
124. $\frac{1}{2}mv^2-G\frac{mM}{r}$ $=$一定 163

・第2編
熱とエネルギー

1. $T=273+t$ 179
2. $1\,\mathrm{cal}=4.19\,\mathrm{J}$ 179
3. $W=JQ$ 181
4. $Q=mc\Delta T$ 185
5. $Q=C\Delta T$ 185
6. $C=mc$ 185
7. $C=m_1c_1+m_2c_2+\cdots$ 185
8. $\Delta U=Q+W$ 188
9. $W=Q_1-Q_2$ 191
10. $e=\frac{W}{Q_1}=1-\frac{Q_2}{Q_1}$ 191
11. $p=p_0+\frac{Mg}{S}$ 197
12. $pV=k$ (一定) 198
13. $\frac{V}{T}=k$ (一定) 199
14. $\frac{pV}{T}=k$ (一定) 200
15. $R=8.31\,\mathrm{J/(mol\cdot K)}$ 202
16. $pV=nRT$ 203
17. $p=p_\mathrm{A}+p_\mathrm{B}$ 204
18. $p=\frac{Nm\overline{v^2}}{3V}$ 206
19. $\frac{1}{2}m\overline{v^2}=\frac{3RT}{2N_\mathrm{A}}$ 206
20. $k=\frac{R}{N_\mathrm{A}}$ $=1.38\times10^{-23}\,\mathrm{J/K}$ 206
21. $\frac{1}{2}m\overline{v^2}=\frac{3}{2}kT$ 206
22. $\sqrt{\overline{v^2}}=\sqrt{\frac{3RT}{M}}$ 207
23. $U=\frac{3}{2}nRT$ 210
24. $W'=p\cdot\Delta V$ 211
25. $W=-p\cdot\Delta V=-W'$ 211
26. $Q=nC\cdot\Delta T$ 213
27. $C_V=\frac{3}{2}R$ 213
28. $U=\frac{3}{2}nRT=nC_VT$ 213
29. $\Delta U=\frac{3}{2}nR\cdot\Delta T$ $=nC_V\cdot\Delta T$ 213
30. $C_p=\frac{5}{2}R$ 215
31. $C_p=C_V+R$ 215

・第3編
波

1. $T=\frac{1}{f}$ 235
2. $v=\frac{\lambda}{T}$ 235
3. $v=f\lambda$ 235
4. $y=A\sin\theta$ $=A\sin\frac{2\pi}{T}t$ 243
5. $y_\mathrm{P}=A\sin\frac{2\pi}{T}\left(t-\frac{x}{v}\right)$ 243
6. $y=A\sin2\pi\left(\frac{t}{T}-\frac{x}{\lambda}\right)$ 244
7. $|\mathrm{S_1P}-\mathrm{S_2P}|=m\lambda$ 248
8. $|\mathrm{S_1P}-\mathrm{S_2P}|$ $=\left(m+\frac{1}{2}\right)\lambda$ 248
9. $n_{12}=\frac{\sin i}{\sin r}$ 252
10. $n_{12}=\frac{v_1}{v_2}$ 253
11. $n_{12}=\frac{\lambda_1}{\lambda_2}$ 253
12. $V=331.5+0.6t$ 259
13. $f=|f_1-f_2|$ 263
14. $v=\sqrt{\frac{S}{\rho}}$ 264
15. $f_n=\frac{n}{2l}\sqrt{\frac{S}{\rho}}$ 265
16. $f_1=\frac{V}{4l}$ 268
17. $\lambda_n=\frac{4l}{2n-1}$ 269
18. $f_n=\frac{2n-1}{4l}V$ 269
19. $f_1=\frac{V}{2l}$ 269
20. $\lambda_n=\frac{2l}{n}$ 269
21. $f_n=\frac{n}{2l}V$ 269
22. $f_1=\frac{V}{V-v}f_0$ 273
23. $f_1'=\frac{V}{V+v}f_0$ 273
24. $f_2=\frac{V-u}{V}f_0$ 274
25. $f_2'=\frac{V+u}{V}f_0$ 274
26. $f=\frac{V-u}{V-v}f_0$ 274
27. $f'=\frac{V}{V-v_0\cos\theta}f_0$ 275
28. $v=\frac{c}{n}$ 285
29. $n_{12}=\frac{v_1}{v_2}=\frac{n_2}{n_1}$ 285
30. $\sin i_0=\frac{1}{n}$ 286
31. $\frac{1}{a}+\frac{1}{b}=\frac{1}{f}$ 290
32. $m=\left|\frac{b}{a}\right|$ 290
33. $\frac{1}{a}-\frac{1}{b}=\frac{1}{f}$ 291
34. $\frac{1}{a}+\frac{1}{b}=\frac{1}{f}$ 292
35. $d\sin\theta=m\lambda$ 295
36. $d\sin\theta=\left(m+\frac{1}{2}\right)\lambda$ 295
37. $\sin\theta_0=\frac{\lambda}{d}$ 295
38. $|\mathrm{S_1P}-\mathrm{S_2P}|=m\lambda$ 297
39. $|\mathrm{S_1P}-\mathrm{S_2P}|$ $=\left(m+\frac{1}{2}\right)\lambda$ 297
40. $\frac{dx}{l}=m\lambda$ 297
41. $\frac{dx}{l}=\left(m+\frac{1}{2}\right)\lambda$ 297
42. $\Delta x=\frac{l\lambda}{d}$ 298
43. $d\sin\theta=m\lambda$ 299
44. $2nd\cos\theta$ $=\left(m+\frac{1}{2}\right)\lambda$ 301
45. $2nd\cos\theta=m\lambda$ 301
46. $2d=\left(m+\frac{1}{2}\right)\lambda$ 302
47. $x_m=\frac{L\lambda}{2D}\left(m+\frac{1}{2}\right)$ 302
48. $\Delta x=\frac{L\lambda}{2D}$ 303
49. $\frac{r^2}{R}=\left(m+\frac{1}{2}\right)\lambda$ 304
50. $\frac{r^2}{R}=m\lambda$ 304

・第4編
電気と磁気

1. $I=\frac{Q}{t}$ 319
2. $I=envS$ 319
3. $F=k_0\frac{q_1q_2}{r^2}$ 321
4. $F=9.0\times10^9\frac{q_1q_2}{r^2}$ 321
5. $\vec{F}=q\vec{E}$ 323
6. $\vec{E}=\frac{\vec{F}}{q}$ 323
7. $E=k_0\frac{q}{r^2}$ 323
8. $N=4\pi k_0q$ 326
9. $W=qV$ 328
10. $V=k_0\frac{q}{r}$ 328
11. $V=Ed$ 330
12. $E=\frac{V}{d}$ 331
13. $Q=CV$ 337
14. $C=\frac{Q}{V}=\varepsilon_0\frac{S}{d}$ 339
15. $C=\varepsilon\frac{S}{d}$ 340
16. $C=\varepsilon_\mathrm{r}C_0$ 340
17. $U=\frac{1}{2}QV=\frac{1}{2}CV^2$ $=\frac{1}{2}\cdot\frac{Q^2}{C}$ 342
18. $C=C_1+C_2+\cdots$ 343
19. $\frac{1}{C}=\frac{1}{C_1}+\frac{1}{C_2}+\cdots$ 344
20. $I=\frac{V}{R}$, $V=RI$ 353
21. $R=\rho\frac{l}{S}$ 354

22. $\rho=\rho_0(1+\alpha t)$　355
23. $R=R_0(1+\alpha t)$　355
24. $R=R_1+R_2$　356
25. $R=R_1+R_2+\cdots$　357
26. $\dfrac{1}{R}=\dfrac{1}{R_1}+\dfrac{1}{R_2}$　358
27. $\dfrac{1}{R}=\dfrac{1}{R_1}+\dfrac{1}{R_2}+\cdots$　358
28. $W=VIt$　360
29. $Q=VIt$　361
30. $Q=VIt=I^2Rt=\dfrac{V^2}{R}t$　361
31. $P=VI=I^2R=\dfrac{V^2}{R}$　362
32. $V=E-rI$　364
33. $I=\dfrac{E}{R+r}$　365
34. $\sum_{i=1}^{n}I_i=0$　367
35. $\sum_{i=1}^{n}E_i=\sum_{i=1}^{m}R_iI_i$　368
36. $\dfrac{R_1}{R_3}=\dfrac{R_2}{R_X}$　371
37. $F=k_m\dfrac{mm'}{r^2}$　394
38. $k_m=\dfrac{1}{4\pi\mu_0}$　394
39. $F=\dfrac{1}{4\pi\mu_0}\cdot\dfrac{mm'}{r^2}$　394
40. $F=mH$　395
41. $H=\dfrac{I}{2\pi r}$　396
42. $H=\dfrac{I}{2r}$　397
43. $H=nI$　398
44. $F=\mu IHl\sin\theta$　401
45. $\vec{B}=\mu\vec{H}$　401
46. $F=IBl\sin\theta$　402
47. $\Phi=BS$　402
48. $F=\dfrac{\mu_0I_1I_2l}{2\pi d}$　403
49. $L=IBab$　404
50. $L=IBab\cos\theta$　405
51. $F=qvB$　405
52. $m\dfrac{v^2}{r}=qvB$　406
53. $V_H=Ed=vBd$　408
54. $V=vBl$　414
55. $V=-\dfrac{\Delta\Phi}{\Delta t}$　414
56. $E=vB$　416
57. $V_2=-M\dfrac{\Delta I_1}{\Delta t}$　417
58. $V=-L\dfrac{\Delta I}{\Delta t}$　418
59. $U=\dfrac{1}{2}LI^2$　420
60. $f=\dfrac{1}{T}$　421
61. $V_1:V_2=N_1:N_2$　422
62. $V_1I_1=V_2I_2$　422
63. $c=f\lambda$　423
64. $V=BS\omega\sin\omega t$　426
65. $V=V_0\sin\omega t=V_0\sin2\pi ft$　426
66. $I=\dfrac{V_0}{R}\sin\omega t=I_0\sin\omega t$　426
67. $P=\dfrac{V_0I_0}{2}(1-\cos2\omega t)$　427
68. $V_e=\dfrac{V_0}{\sqrt{2}}$　427
69. $I_e=\dfrac{I_0}{\sqrt{2}}$　427
70. $I=\dfrac{V_0}{\omega L}\sin\left(\omega t-\dfrac{\pi}{2}\right)$　428
71. $I=V_0\omega C\sin\left(\omega t+\dfrac{\pi}{2}\right)$　430
72. $V=I_0\sqrt{R^2+\left(\omega L-\dfrac{1}{\omega C}\right)^2}$　431
73. $Z=\sqrt{R^2+\left(\omega L-\dfrac{1}{\omega C}\right)^2}$　431
74. $\tan\eta=\dfrac{\omega L-\dfrac{1}{\omega C}}{R}$　431
75. $I=V_0\sqrt{\dfrac{1}{R^2}+\left(\omega C-\dfrac{1}{\omega L}\right)^2}$　432
76. $Z=\dfrac{1}{\sqrt{\dfrac{1}{R^2}+\left(\omega C-\dfrac{1}{\omega L}\right)^2}}$　432
77. $\dfrac{V_{1e}}{V_{2e}}=\dfrac{n_1}{n_2}$　433
78. $V_{1e}I_{1e}=V_{2e}I_{2e}$　433
79. $I_e=\dfrac{V_e}{Z}=\dfrac{V_e}{\sqrt{\dfrac{1}{R^2}+\left(\omega C-\dfrac{1}{\omega L}\right)^2}}$　434
80. $\omega L-\dfrac{1}{\omega C}=0$　434
81. $\omega_0=\dfrac{1}{\sqrt{LC}}$　435
82. $f_0=\dfrac{1}{2\pi\sqrt{LC}}$　435
83. $H=\varepsilon_0vE$　437
84. $E=\mu_0vH$　437
85. $v=\dfrac{1}{\sqrt{\varepsilon_0\mu_0}}$　437

第5編　原子と原子核

1. $E=\dfrac{1}{2}mv_0{}^2=eV$　453
2. $v_0=\sqrt{\dfrac{2eV}{m}}$　453
3. $\dfrac{1}{2}mv_0{}^2-eV\geqq0$　460
4. $\dfrac{1}{2}m(v_{max})^2=eV_0$　460
5. $\dfrac{1}{2}m(v_{max})^2=h\nu-W$　461
6. $\lambda_{min}=\dfrac{hc}{eV}$　462
7. $2d\sin\theta=m\lambda$　463
8. $\lambda'-\lambda\fallingdotseq2.4\times10^{-12}(1-\cos\theta)\,\mathrm{m}$　463
9. $\lambda=\dfrac{h}{mv}$　466
10. $\nu=cR\left(\dfrac{1}{n'^2}-\dfrac{1}{n^2}\right)$　470
11. $E_n=-\dfrac{hcR}{n^2}$　470
12. $\dfrac{1}{2}mv^2=\dfrac{1}{2}\cdot\dfrac{k_0e^2}{r}$　471
13. $U=-k_0\dfrac{e^2}{r}$　471
14. $E=-\dfrac{1}{2}\cdot\dfrac{k_0e^2}{r}$　471
15. $r=\dfrac{k_0e^2}{2hcR}\cdot n^2$　471
16. $r=0.53\times10^{-10}n^2\,\mathrm{m}$　472
17. $mv\times2\pi r=2\pi e\sqrt{mrk_0}$　472
18. $2\pi mvr=hn$　472
19. $2\pi r=\dfrac{h}{mv}\cdot n$　472
20. $\Delta x\cdot\Delta p\geqq\dfrac{h}{4\pi}$　474
21. $N=N_0\times\left(\dfrac{1}{2}\right)^{\frac{t}{T}}$　490
22. $E=mc^2$　491
23. $\Delta E=\Delta Mc^2$　491

［編者紹介］

三浦　登（みうら・のぼる）

1941年東京生まれ。1964年東京大学工学部物理工学科を卒業。同大学院博士課程中退後，同助手。オックスフォード大学研究員を経て東京大学物性研究所助教授，教授。2003年定年退官後，同大学名誉教授。独ドレスデン・ライプニッツIFW研究所客員教授。工学博士。

専攻は物性物理学，特に強磁場物性，半導体物理学，磁性物理学。おもな著書に『続々物性科学のすすめ』，『磁気と物質』，『極限実験技術』，『強磁場の発生と応用』，『磁性物理学とその応用』などがある。また，高校の物理教科書の監修者，執筆者として理科教育にも携わっている。

前田京剛（まえだ・あつたか）

1958年東京生まれ。1981年東京大学工学部物理工学科を卒業。同大学院博士課程を中退後，同助手，同講師。1993年，東京大学教養学部基礎科学科に助教授として着任，現教授（大学院重点化により，所属組織の現在の正式名称は，東京大学大学院総合文化研究科）。工学博士。

専攻は物性物理学，特に電荷密度波，超伝導といった量子凝縮現象についての実験的研究。主な著書に『擬一次元物質の物性』，『高温超伝導体の物性』，『実験物理学講座』，『物性物理学演習』，『電気伝導入門』など。また，中学校理科・高校物理教科書の監修者・執筆者として理科教育にも携わっている。

□ 執筆協力　北村俊樹　吉澤純夫

□ 編集協力　㈱オルタナプロ　吉田幸恵　松本陽一郎

□ 本文デザイン　㈱ライラック

□ 図版作成　甲斐美奈子　㈱オルタナプロ

□ 写真提供　OPO/OADIS　国立科学博物館　東海大学チャレンジセンター　中込八郎　仲下雄久　NASA

シグマベスト

理解しやすい 物理＋物理基礎

編　者　三浦登・前田京剛

発行者　益井英郎

印刷所　中村印刷株式会社

発行所　株式会社文英堂

〒601-8121　京都市南区上鳥羽大物町28

〒162-0832　東京都新宿区岩戸町17

（代表）03-3269-4231

●落丁・乱丁はおとりかえします。

重要物理定数

物理定数名	記号	数値
標準重力加速度	g	9.80665 m/s^2
万有引力定数	G	6.67408×10^{-11} N·m^2/kg^2
熱の仕事当量	J	4.184 J/cal
標準気圧	p_0	1atm=760mmHg=1.01325×10^5 Pa
アボガドロ定数*	N_A	6.02214076×10^{23} /mol
理想気体1molの体積（標準状態）		2.241397×10^{-2} m^3/mol
気体定数	R	8.314462618 J/(mol·K)
ボルツマン定数*	k	1.380649×10^{-23} J/K
空気中の音速（0℃）		331.45 m/s
真空中の光速*	c	2.99792458×10^8 m/s
静電気力のクーロン定数	k_0	8.98755188×10^9 N·m^2/C^2
真空の誘電率	ε_0	$8.854187813\times10^{-12}$ F/m
磁力のクーロン定数	k_m	6.332574×10^4 N·m^2/Wb^2
真空の透磁率	μ_0	$1.2566370621\times10^{-6}$ N/A^2
電気素量	e	$1.602176634\times10^{-19}$ C
電子の質量	m	9.10938356×10^{-31} kg
電子の比電荷	$\dfrac{e}{m}$	1.75882001×10^{11} C/kg
原子質量単位	(1u)	$1.660539040\times10^{-27}$ kg
陽子の質量	m_p	$1.672621898\times10^{-27}$ kg
中性子の質量	m_n	$1.674927471\times10^{-27}$ kg
リュードベリ定数	R	1.097373156816×10^7 /m
プランク定数*	h	6.62607015×10^{-34} J·s

※SI基本単位の定義に関係する物理量には，*を付した。

ギリシャ文字

A	α	アルファ	I	ι	イオタ	P	ρ	ロー
B	β	ベータ	K	κ	カッパ	Σ	σ	シグマ
Γ	γ	ガンマ	Λ	λ	ラムダ	T	τ	タウ
Δ	δ	デルタ	M	μ	ミュー	Υ	υ	ウプシロン
E	ε	イプシロン	N	ν	ニュー	Φ	φ ϕ	ファイ
Z	ζ	ゼータ	Ξ	ξ	グザイ	X	χ	カイ
H	η	イータ	O	o	オミクロン	Ψ	ψ	プサイ
Θ	θ	シータ	Π	π	パイ	Ω	ω	オメガ

※読み方は代表的なものを掲載した。